KUHMINSA

한 발 앞서나가는 출판사, 구민사
독자분들도 구민사와 함께 한 발 앞서나가길 바랍니다.

구민사 출간도서 中 수험서 분야

- 용접
- 자동차
- 조경/산림
- 품질경영
- 산업안전
- 전기
- 건축토목
- 실내건축

- 기술사
- 기계
- 금속
- 환경
- 보일러
- 가스
- 공조냉동
- 위험물

전문가를 위한 첫걸음, 구민사는 그 이상을 봅니다!

전국 도서판매처

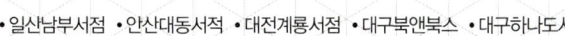

• 일산남부서점 • 안산대동서적 • 대전계룡서점 • 대구북앤북스 • 대구하나도서
• 포항학원사 • 울산처용서림 • 창원그랜드문고 • 순천중앙서점 • 광주조은서림

www.kuhminsa.co.kr

자격증 시험 접수부터 자격증 수령까지!

1. 필기 원서 접수
큐넷(www.q-net.or.kr)
필기 시험은 회원 가입 후
인터넷 접수만 가능
(사진 파일, 접수비(인터넷 결제) 필요)
응시자격 요건 반드시 확인

2. 필기 시험
입실 시간 미준수 시 시험 **응시 불가**
준비물 : 수험표, 신분증, 필기구 지참

5. 실기 시험
필답형과 작업형으로 분류
원서 접수 시 선택한 장소와
시간에 맞게 시험을 봅니다.
준비물 : 수험표, 신분증, 필기구 지참!

6. 최종합격 확인
큐넷(www.q-net.or.kr)
사이트에서 확인

전문가를 위한 첫걸음, 구민사는 그 이상을 봅니다!

상시시험 12종목
굴삭기운전기능사, 지게차운전기능사, 미용사(일반), 미용사(피부), 미용사(네일)
미용사(메이크업), 조리기능사(양식, 일식, 중식, 한식), 제과·제빵기능사

필기 합격 확인
큐넷(www.q-net.or.kr)
사이트에서 확인

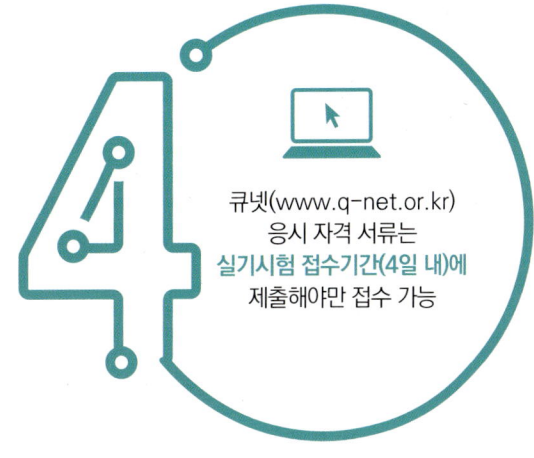

실기 원서 접수
큐넷(www.q-net.or.kr)
응시 자격 서류는
실기시험 접수기간(4일 내)에
제출해야만 접수 가능

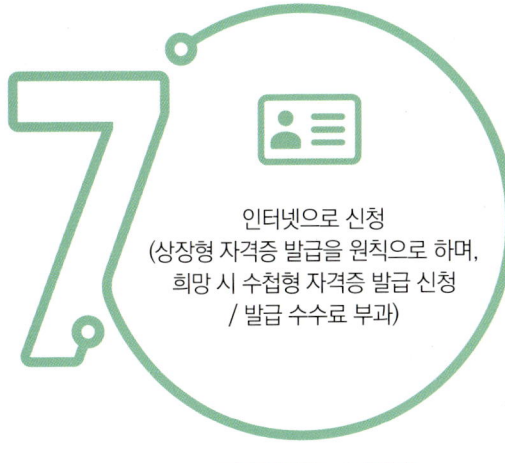

자격증 신청
인터넷으로 신청
(상장형 자격증 발급을 원칙으로 하며,
희망 시 수첩형 자격증 발급 신청
/ 발급 수수료 부과)

자격증 수령
인터넷으로 발급(출력)
(수첩형 자격증 등기 수령 시
등기 비용 발생)

추천사

추천사

건축설계분야에 입문하시는 여러분들에게 추천하는 본 교재는 오랜 기간의 합격 Know-how를 충분히 수록하였으므로 자격 취득의 지름길로 안내하여 드릴 것입니다.
본 교재는 모든 분들에게 합격의 기쁨을 드릴 수 있음을 확신합니다.

추천사를 쓰신 이승우 학교장님은 1990년 한국일보에 국가기술자격증 최다 보유자로(당시 21개 종목) 발표된 이래 2001(당시 28개 종목)까지 10년 넘게 국가기술자격증 국내 최다 보유자를 위치를 지켜왔습니다.

[주요약력]
- 1994.10(동아일보) 제16회 기능장 시험에서 전국수석(평균88점)
- 주요일간지(중앙, 조선, 동아, 경향 外), TV(KBS, SBS, MBC), 라디오 등 인터뷰 및 출연

[주요강연 및 표창]
- 유네스코 국제직업박람회 및 대학 등 초청강연
- 교육부장관 표창(2회)

[현재]
- (인천)현대 CAD 디자인 직업전문 학교장
- 설계해석 전문기업 CLG 고문
- 3D프린터 기술·운용 자격시험센터 대표(인천, 경기)

머리말

건축도면을 그릴 수 있는 프로그램?

당연히 CAD를 떠올리게 됩니다. 설계의 기본 Tool이며 이를 사용하는 것이 기본 중의 기본입니다. 그렇지만 CAD를 잘한다는 것을 증명하기 위한 여러 가지 방법 중 "자격증"이 자신을 드러내기에 가장 적합하며 전산응용건축제도기능사 자격증이 필요합니다. 물론 상위자격증인 산업기사와 건축기사가 있으나 산업기사 실기시험은 손으로 직접 도면을 작도하는 방식에서 필답형으로 변경되었으며, 건축기사 실기시험은 이미 오래전부터 필답형으로 유지되고 있습니다. 현재로서는 건축분야에서 CAD를 이용한 자격증은 전산응용건축제도기능사 자격증이 유일합니다.

그렇다면 실기시험은 어떤 방식으로 출제되는가?

제시된 단독주택 평면도를 이용하여 이에 따르는 조건을 적용한 뒤 단면상세도와 입면도를 작도하고 출력하는 것으로 진행됩니다. 시험범위가 단독주택으로 한정돼 있는 만큼 난이도가 높지 않지만 공간과 건축의 개념이 서지 않으면 마냥 쉽다고는 할 수 없겠습니다. 이에 본 교재는 주택 각 부분의 작도순서를 자세하게 설명하고 있으며 각 챕터 마지막에 다양한 조건으로 과제를 제시하여 시험을 준비하는 분들이 빠르게 적응할 수 있도록 구성하였습니다.

본 교재의 구성은?

[집필진의 노하우]
강단경력 20년 이상 강의경력의 강사가 직접 가르치고 있는 내용을 집필하여 수험생이 무엇이 어려운지, 무엇이 궁금한지를 누구보다 잘 알고 있어 이를 적용하여 구성하였습니다.

[피드백을 통한 복습]
각 단원 마지막 문제수록 및 주의사항을 명시하여 다시 한번 복습할 수 있게 구성하여 정확한 기본개념 등을 알 수 있게 정리하였습니다.

[도면 이해를 위한 3D 도면 첨부]
내용 이해가 어려운 부분에 3D를 첨부하고 다양한 방향으로 도면을 제시하면서 설명을 더하여 쉽게 이해할 수 있도록 하였습니다.

[출제경향 파악]
과년도 예상 문제를 수록하여 시험에 대한 대비를 할 수 있도록 하였고 각 도면에서 어렵거나 주의해야 할 부분에 대하여 따로 자세하게 설명해 놓았습니다.

저자의 노력에도 시정할 부분, 잘못된 부분이 있을 것이며 그때마다 따뜻한 조언 부탁드립니다.

전산응용건축제도기능사 필기교재를 처음 출간한 뒤 이듬해, 늦어도 그다음 해에는 전산응용건축제도실기 교재를 출간하리라 계획하였고 자신했습니다. 이제야 실기교재를 완성하고 머리말을 쓰고 있는 제 뒤통수는 왜 이리 따끔거리는지. 아무리 자기합리화를 해도 스스로가 이해되지 않는 한 점 한 점의 부끄러움들. 그럼에도 이 책이 출간되기까지 오랜 시간 기다려주신 구민사 조규백 대표님께 깊은 죄송함과 많은 감사를 드리고 출간을 누구보다 기뻐해 주신 이승우 학교장님께도 감사한 마음을 전합니다.

저자 정한철

이 책의 구성과 특징

01 도면 작업 상세 과정 & 도면독해 수록

- 전산응용건축제도기능사 실기에 대한 핵심만을 수록하였습니다.
- 평면도를 이용한 도면 독해로 실전시험에 대비하였습니다.

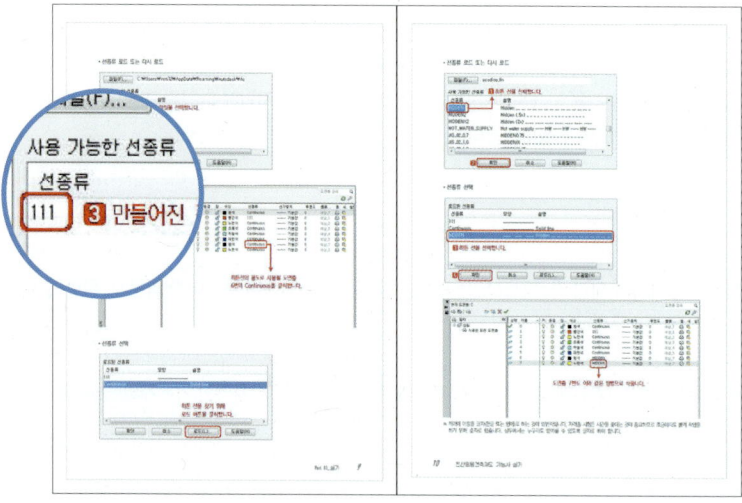

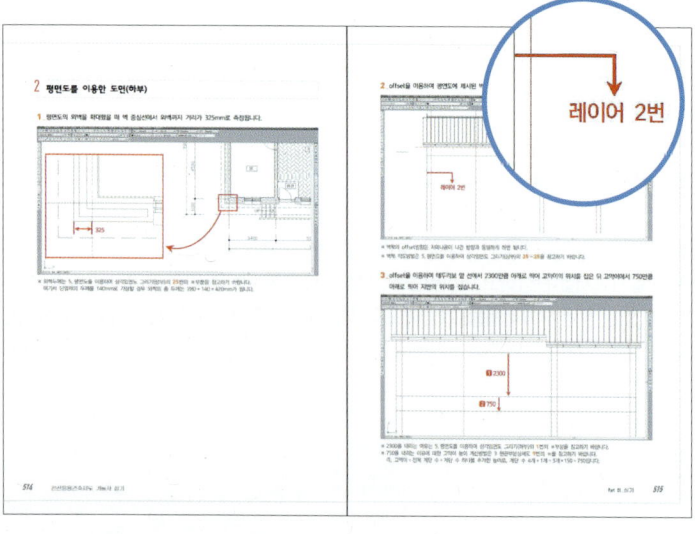

02 국가기술자격 검정 실기시험 예상문제 수록

- 전산응용건축제도기능사 국가기술자격 검정 실기시험 예상문제를 수록하여 실전시험에 대비하였습니다.

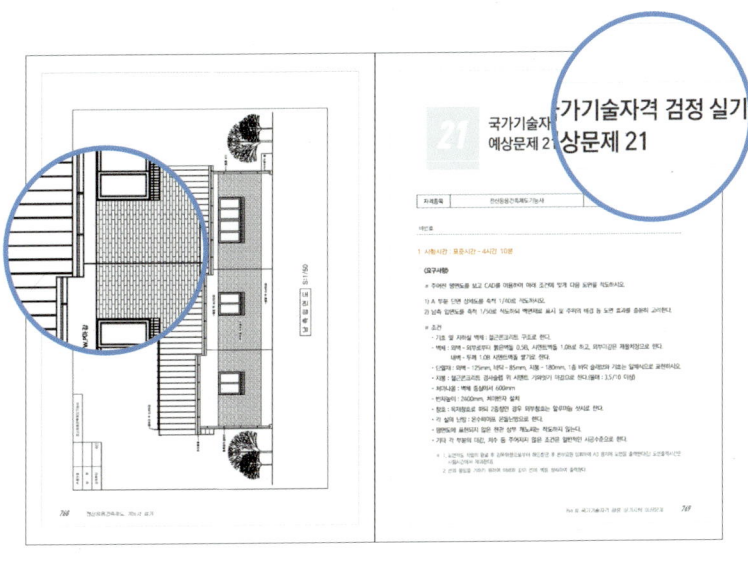

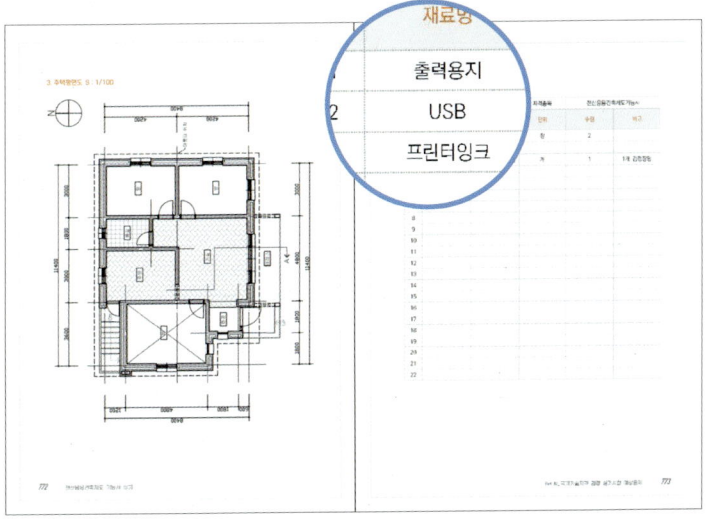

출제기준&시험정보 – 전산응용건축제도기능사 실기

직무분야	건설	중직무분야	건축	자격종목	전산응용건축제도기능사	적용기간	2024.1.1~ 2025.12.31
직무내용	건축설계 내용을 시공자에게 정확히 전달하기 위하여 CAD 및 건축 컴퓨터그래픽 작업으로 건축설계에서 의도하는 바를 시각화하는 직무이다.						
수행준거	1. 계획설계도면, 기본설계도면, 실시설계도면 등 건축설계 설계 도서를 CAD 작업을 통해 작성할 수 있다. 2. CAD 및 건축 컴퓨터그래픽 작업으로 건축물의 2D, 3D를 시각화할 수 있다.						
실기검정방법		작업형		시험시간		5시간 정도	

실기과목명	주요항목	세부항목	세세항목
전산응용건축제도 작업	1. 건축설계 설계 도서작성	1. 계획설계도면 작성하기	1. 건축개요 도면작성(대지면적, 건폐율, 용적률, 위치, 사이트분석, 주차대수 산정, 법규검토)을 할 수 있다. 2. 건물의 위치와 옥외 시설물의 위치를 결 정하여 배치계획도면을 작성할 수 있다. 3. 용도에 따라 공간을 배치하여 동선을 고려한 평면계획도면을 작성할 수 있다. 4. 개구부 위치와 형상, 외벽의 마감을 고려한 입면계획도면을 작성할 수 있다. 5. 실별 필요 천장고와 천장마감을 고려한 단면계획도면을 작성할 수 있다. 6. 기능, 미관, 경제성을 고려한 실내외 재료 마감표를 작성할 수 있다.
		2. 기본설계도면 작성하기	1. 법규 체크리스트를 작성하여 적용방침을 결정하며 관련법에 적합하게 각층 바닥 면적 및 연면적 과 건축면적 등을 산출할 수 있다. 2. 부지 주변현황 및 건물의 정확한 위치, 부지의 주요 지표높이, 옥외시설물의 종류와 내용이 표기된 구체적인 배치도를 작성할 수 있다. 3. 건물형태와 마감재료 및 창호의 위치, 크기, 재료 등이 표기된 모든 면의 입면도를 작성할 수 있다. 4. 건물 전체의 층수와 층고 및 천정고, 주요 OPEN공간 등 건물의 크기와 공간의 형태가 표현되고, 대지와의 관계가 표현된 단면도를 작성할 수 있다. 5. 단열, 차음, 방수 및 시공성을 검토하여 지상과 지하부분의 외벽 평·입·단면의 기본상세도를 작성할 수 있다. 6. 설계 개요, 계획개념, 시스템, 개략예산의 내용을 명료하게 표현하여 설계설명서를 작성할 수 있다.

실기과목명	주요항목	세부항목	세세항목
전산응용건축 제도 작업		3. 실시설계도서 작성하기	1. 건물 전체의 전반적인 내용을 파악하고 필요한 부분을 판단하여 도면 일람표를 작성 할 수 있다. 2. 최종 결정된 내용을 상세하게 표현한 실시설계 기본도면을 작성할 수 있다. 3. 시공과 기능에 적합한 상세도를 작성 할 수 있다. 4. 구조 계산서를 기준으로 구조도면과 각종 일람표를 작성할 수 있다. 5. 설계와 공사에 관한 전반적이고 기본적인 내용을 정리하여 시방서를 작성할 수 있다. 6. 설계 개요, 설계개념, 시스템, 공사예정 공정표의 구체적인 내용을 상세하게 기술한 설계 설명서를 작성할 수 있다. 7. 추정 공사비 예산서를 작성할 수 있다.
	2. 실내건축설계 시각화 작업	1. 2D 표현하기	1. 설계목표와 의도를 이해할 수 있다. 2. 설계단계별 도면을 이해할 수 있다. 3. 계획안을 2D로 표현할 수 있다.
		2. 3D 표현하기	1. 설계목표와 의도를 이해할 수 있다. 2. 설계단계별 도면을 이해할 수 있다. 3. 도면을 바탕으로 3D 작업을 할 수 있다. 4. 3D 프로그램을 활용하여 동영상으로 표현할수 있다.

[시험수수료]

필기 : 14,500원 / 실기 : 21,000원

[취득방법]

① 시행처 : 한국산업인력공단

② 관련학과 : 실업계 고등학교의 건축과

③ 시험과목: **필기** 1. 건축계획 및 제도 2. 건축구조 3. 건축재료 / **실기** 전산응용건축제도작업

④ 검정방법: **필기** 객관식 4지 택일형 60문항(60분) / **실기** 작업형(4시간 정도 내외)

⑤ 합격기준: 100점을 만점으로 하여 60점 이상

[출제경향]

2024년 시행되는 전산응용건축제도기능사 실기시험문제는 2023년 시행된 문제와 동일한 유형으로 출제될 예정.

PART 1 실기

01 도면작업을 위한 기본 세팅하기 … 2
1. 척도지정 및 테두리선 지정 … 2
2. MVSETUP 설정 시 용지 크기 … 3
3. 중심선 만들기 … 4
4. Layer의 분류 및 용도 … 5
5. 레이어 세팅하기 … 6
6. Ltscale을 이용하여 도면 스케일 일치 … 11
7. 표제란 만들기 … 11
8. 도면별 글자 크기 … 12

02 치수변수를 적용한 치수입력 … 13
1. 치수의 정의 … 13
2. 치수변수 설정하기 … 14

03 부분상세도 작도하기 … 20
1. 기초부분단면상세도 … 20
2. 치수기입하기 … 46
3. 방부분단면상세도 … 58
4. 욕실부분단면상세도 … 76
5. 창입면상세도(일반 창, 테라스 창) … 90
6. 창단면상세도-1(일반 창) … 106
7. 창단면상세도-2(테라스 창) … 135
8. 문입단면상세도-1(목재 문) … 148
9. 문입단면상세도-2(현관 문) … 164
10. 테라스부분단면상세도 … 191

11. 현관부분단면상세도		217
12. 계단참(테라스)부분단면상세도		246
13. 계단참(현관)부분단면상세도		270
14. 지하실부분단면상세도		292
15. 처마부분단면상세도 - 1		306
16. 처마부분단면상세도 - 2		324
17. 용머리부분단면상세도		348
18. 지붕입단면상세도		369

04 평면도를 이용하여 단면도 그리기(상부 및 하부) 396

   1. 평면도를 이용한 도면독해(상부) 396
   2. 평면도를 이용한 도면독해(하부) 414

05 평면도를 이용하여 삼각입면도 그리기(상부 및 하부) 440

   1. 평면도를 이용한 도면독해(상부) 440
   2. 평면도를 이용한 도면독해(하부) 462

06 평면도를 이용하여 사각입면도 그리기(상부 및 하부) 488

   1. 평면도를 이용한 도면독해(상부) 488
   2. 평면도를 이용한 도면(하부) 514

07 평면도에서 해석해야 하는 부분(난간단면) 536

   1. 평면도를 이용한 도면독해 536

08 평면도에서 해석해야 하는 부분(엄지기둥) 543

   1. 평면도를 이용한 도면독해 543

09 평면도에서 해석해야 하는 부분(처마)   550
   1. 평면도를 이용한 도면독해   550

10 평면도에서 해석해야 하는 부분(화단)   559
   1. 평면도를 이용한 도면독해   559

11 평면도에서 해석해야 하는 부분(화단단면)   567
   1. 평면도를 이용한 도면독해   567

12 평면도에서 해석해야 하는 부분(평아치)   577
   1. 평면도를 이용한 도면독해   577

13 평면도에서 해석해야 하는 부분(둥근아치 - 실외)   585
   1. 평면도를 이용한 도면독해   585

14 평면도에서 해석해야 하는 부분(둥근아치 - 내부입면)   592
   1. 평면도를 이용한 도면독해   592

15 평면도에서 해석해야 하는 부분(둥근아치 - 내부단면)   604
   1. 평면도를 이용한 도면독해   604

PART 2 국가기술자격 검정 실기시험 예상문제

01 국가기술자격 검정 실기시험 예상문제 1 … 618

02 국가기술자격 검정 실기시험 예상문제 2 … 625

03 국가기술자격 검정 실기시험 예상문제 3 … 632

04 국가기술자격 검정 실기시험 예상문제 4 … 639

05 국가기술자격 검정 실기시험 예상문제 5 … 646

06 국가기술자격 검정 실기시험 예상문제 6 … 653

07 국가기술자격 검정 실기시험 예상문제 7 … 660

08 국가기술자격 검정 실기시험 예상문제 8 … 667

09 국가기술자격 검정 실기시험 예상문제 9 … 674

10 국가기술자격 검정 실기시험 예상문제 10 … 682

11 국가기술자격 검정 실기시험 예상문제 11 … 690

12 국가기술자격 검정 실기시험 예상문제 12 … 699

13 국가기술자격 검정 실기시험 예상문제 13 … 707

14 국가기술자격 검정 실기시험 예상문제 14   714

15 국가기술자격 검정 실기시험 예상문제 15   723

16 국가기술자격 검정 실기시험 예상문제 16   730

17 국가기술자격 검정 실기시험 예상문제 17   737

18 국가기술자격 검정 실기시험 예상문제 18   744

19 국가기술자격 검정 실기시험 예상문제 19   753

20 국가기술자격 검정 실기시험 예상문제 20   761

21 국가기술자격 검정 실기시험 예상문제 21   769

22 국가기술자격 검정 실기시험 예상문제 22   776

23 국가기술자격 검정 실기시험 예상문제 23   783

24 국가기술자격 검정 실기시험 예상문제 24   790

25 국가기술자격 검정 실기시험 예상문제 25   797

26 국가기술자격 검정 실기시험 예상문제 26   804

27 국가기술자격 검정 실기시험 예상문제 27   811

PART 1

실기

01 도면작업을 위한 기본세팅하기

1 척도지정 및 테두리선 지정

 **MVSETUP**

| 명령 | MVSETUP ↵ |

도면공간을 사용가능하게 합니까? [아니오(N)/예(Y)] : n ↵
단위 유형 입력 [공학(S)/십진(D)/엔지니어링(E)/건축(A)/미터법(M)] : m ↵
미터 축척
(5000)   1 : 5000
(2000)   1 : 2000
(1000)   1 : 1000
(500)   1 : 500
(200)   1 : 200
(100)   1 : 100
(75)   1 : 75
(50)   1 : 50
(20)   1 : 20
(10)   1 : 10
(5)   1 : 5
(1)   전체
축척 비율 입력 : 원하는 도면 스케일을 입력합니다. ↵
용지 폭 입력 : 2. VSETUP설정 시 용지 크기를 참고하여 입력합니다. ↵
용지 높이 입력 : 2. VSETUP설정 시 용지 크기를 참고하여 입력합니다. ↵

※ 용지 폭과 높이 지정방법은 도면을 세로로 설정한 후 작업하느냐 가로로 설정한 후 작업하느냐에 따라 가로와 세로의 순서를 바꾸어 입력하면 됩니다.

2 MVSETUP 설정 시 용지 크기

용지	실제 용지 크기	MVSETUP 설정 시 용지 크기
A4	297×210	283 × 196
A3	420×297	396 × 273
A2	594×420	570 × 396
A1	841×594	817 × 570
A0	1189×841	1165 × 817

※ 실제 용지 크기보다 작게 해야 테두리선이 나오게 됩니다.

3 중심선 만들기

● Linetype

| 명령 | -LT ↵ |

• 선종류 파일 작성 또는 추가

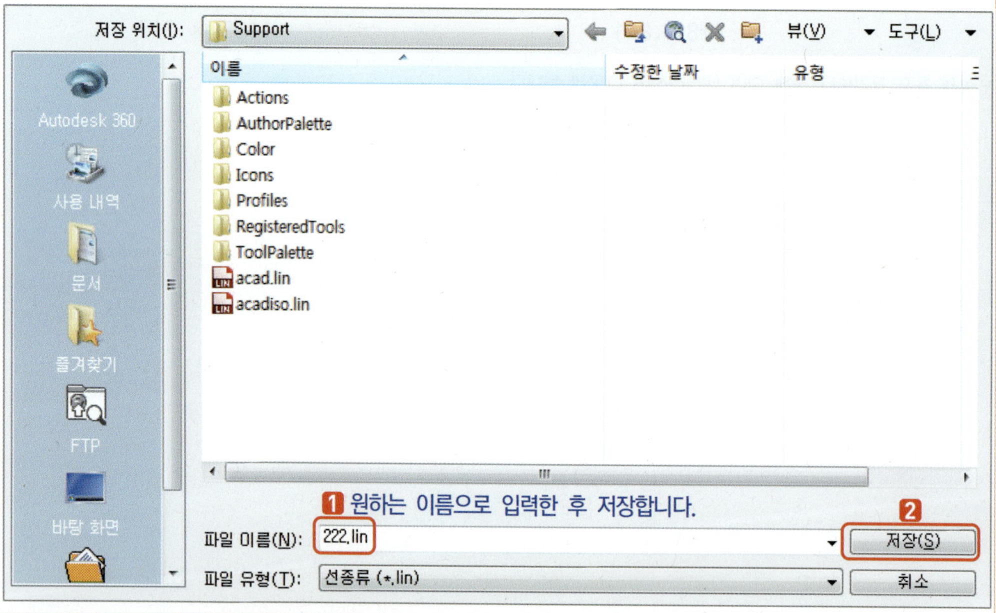

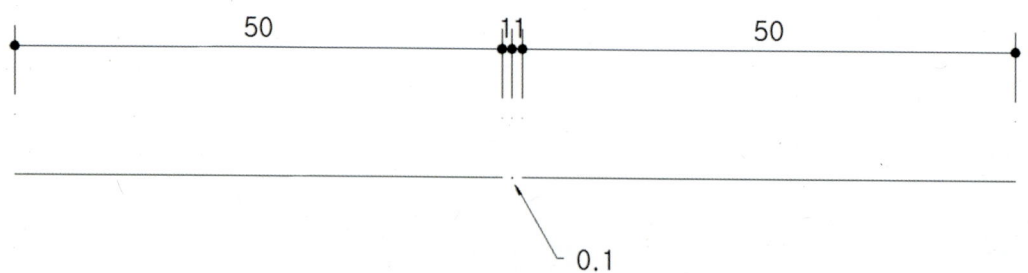

설명 문자 : ↵ (이 곳은 사용자가 선 종류에 대한 설명을 기입하는 것으로 안 해도 무방합니다.)
A, 50, -1, .1, -1 ↵
새 선종류 정의가 파일로 저장됨. ↵

※ 숫자 기입 시 50,-1,.1,-1는 띄어서 쓰지 않습니다. 또한 50,-1,.1,-1의 정의는 다음과 같습니다.
　50만큼 선이 만들어지고 1만큼 끊어진 다음 0.1의 길이로 선을 만든 뒤 다시 1만큼을 끊는 것의 반복입니다.

4 Layer의 분류 및 용도

레이어	용도	선종류	색상
0	입면선	continuous	흰색
1	중심선	center	빨간색
2	단면선	continuous	노란색
3	지시선	continuous	녹색
4	문자 및 치수글자	continuous	하늘색
5	해치	continuous	파란색
6	XL pipe	hidden	흰색
7	볼트	hidden	노란색

※ 각각의 레이어가 사용되는 용도를 지정하고 작업을 합니다. 위 표는 자격증 시험에 정의된 색상별로 레이어를 분류하였습니다.

5 레이어 세팅하기

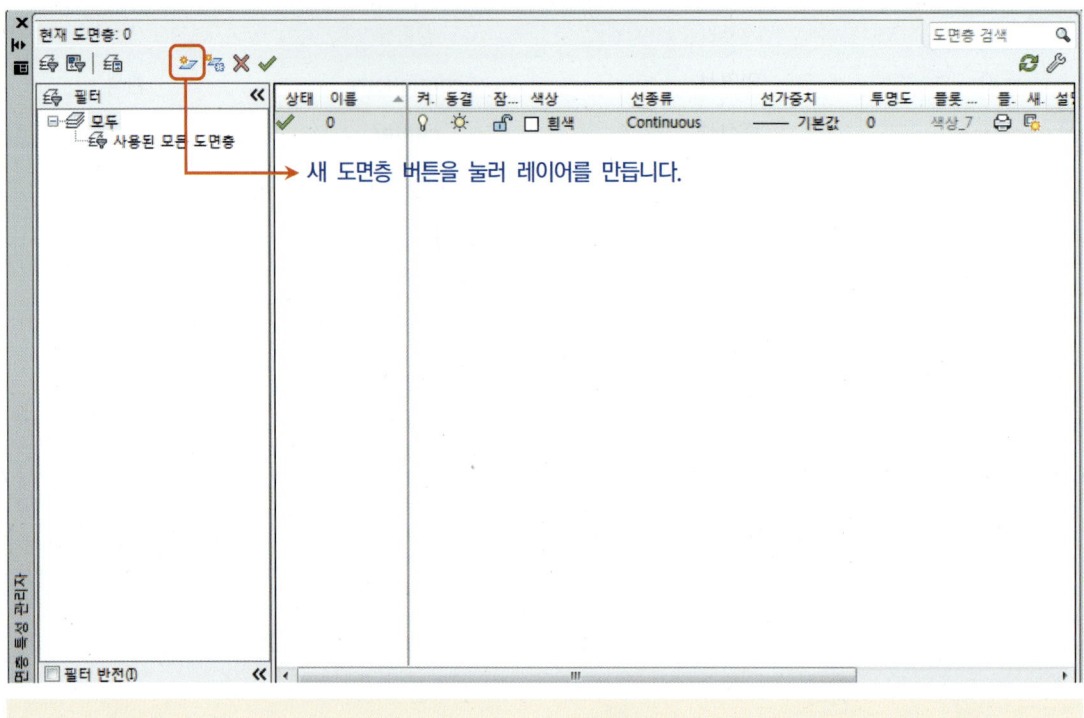

명령 LA ↵

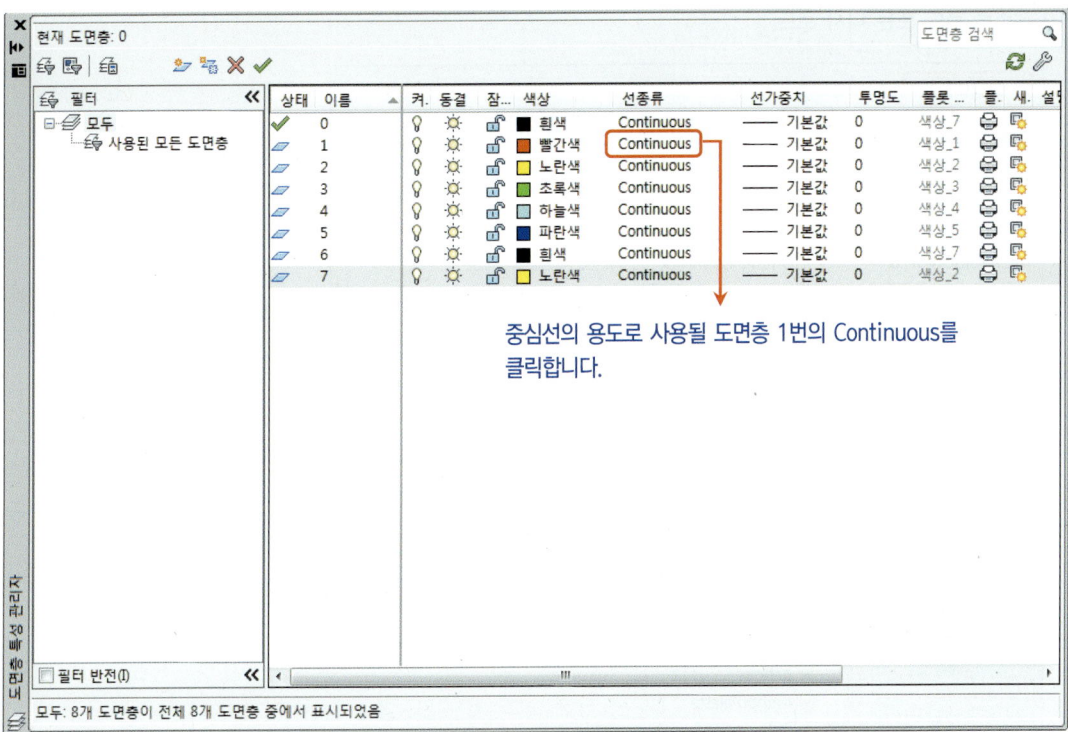

• 선종류 선택

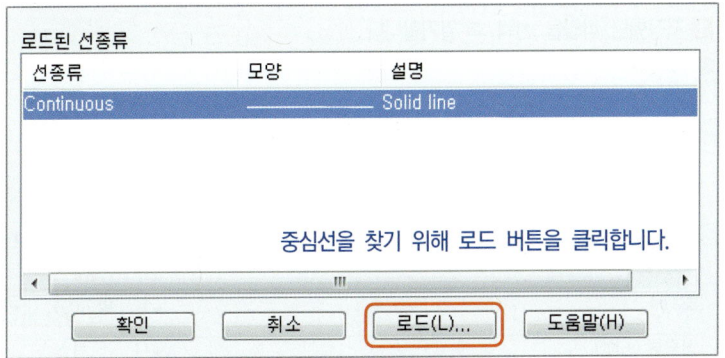

• 선종류 로드 또는 다시 로드

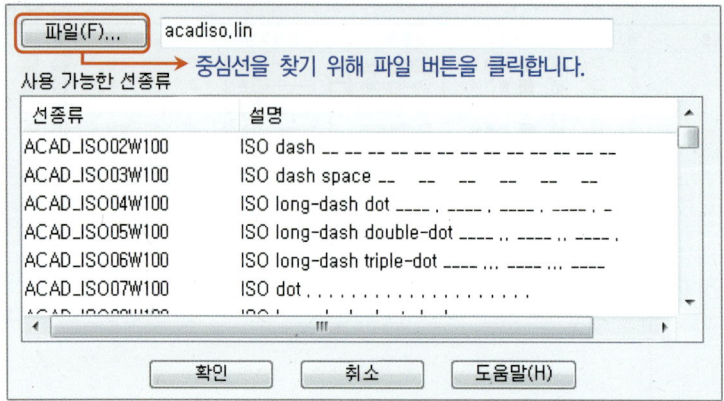

• 선종류 파일 선택

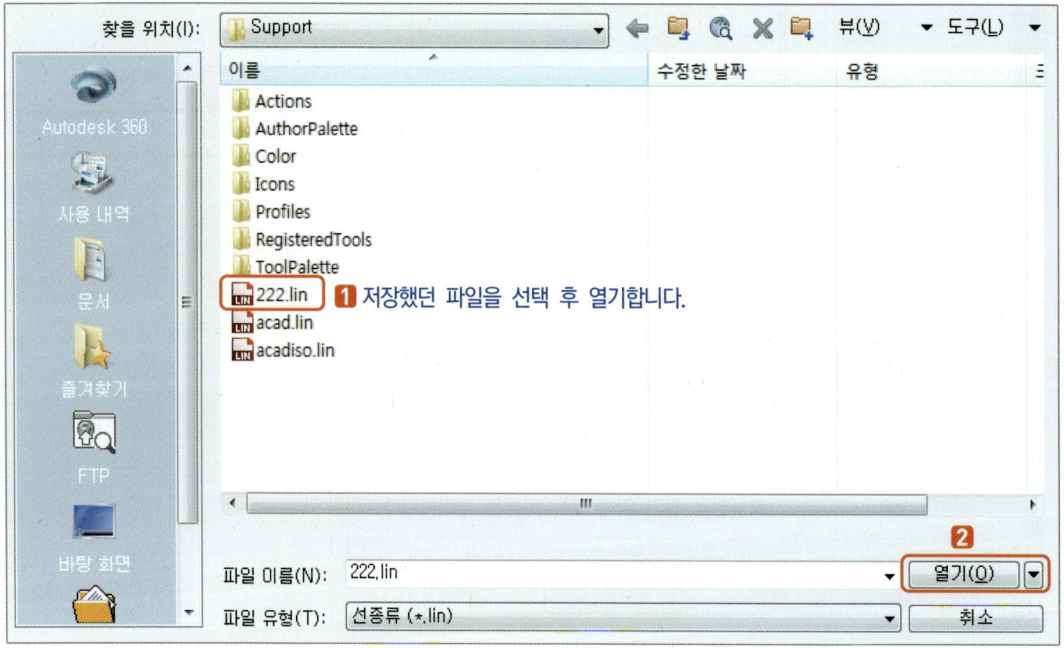

• 선종류 로드 또는 다시 로드

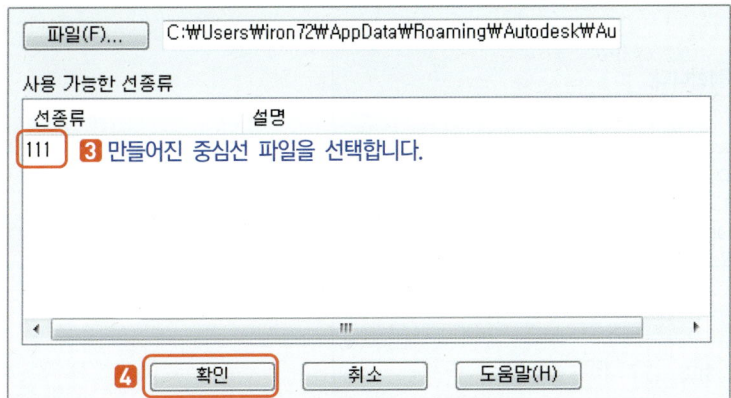

❸ 만들어진 중심선 파일을 선택합니다.
❹ 확인

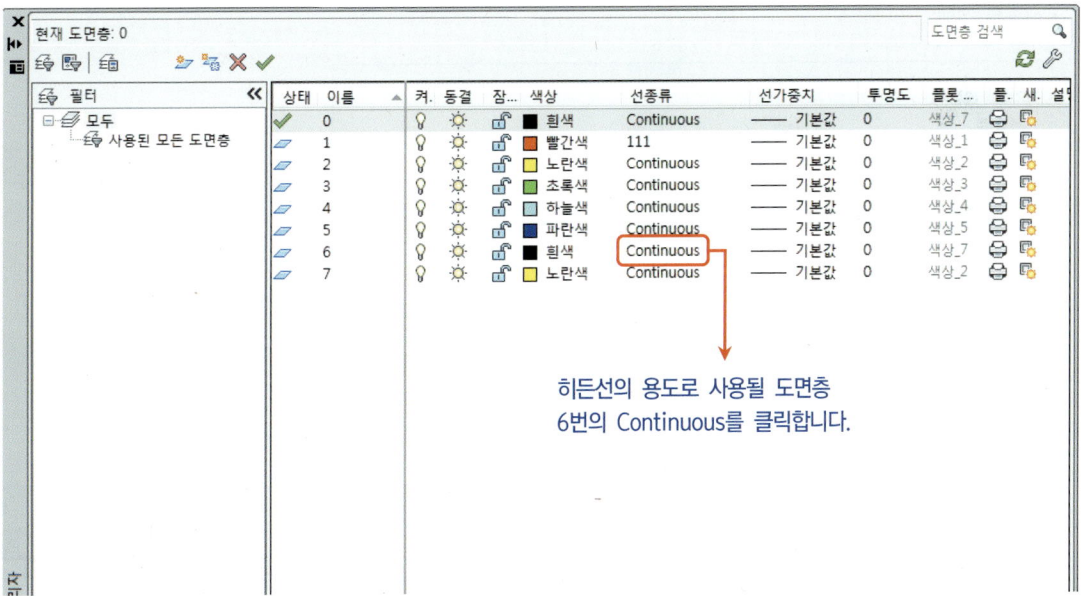

히든선의 용도로 사용될 도면층
6번의 Continuous를 클릭합니다.

• 선종류 선택

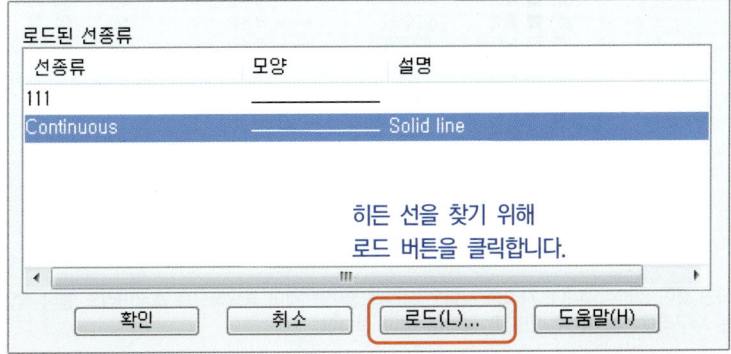

히든 선을 찾기 위해
로드 버튼을 클릭합니다.

- 선종류 로드 또는 다시 로드

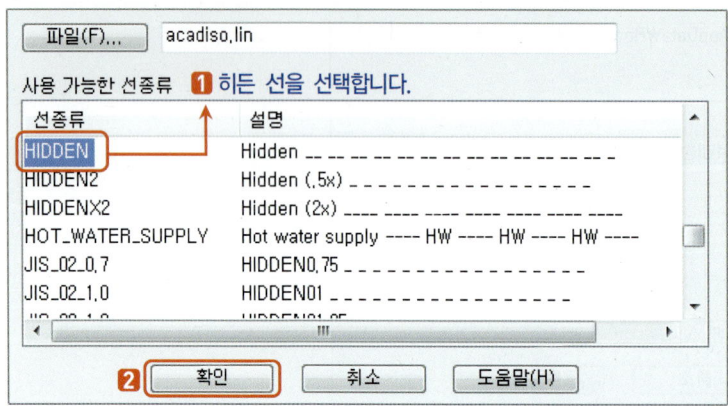

- 선종류 선택

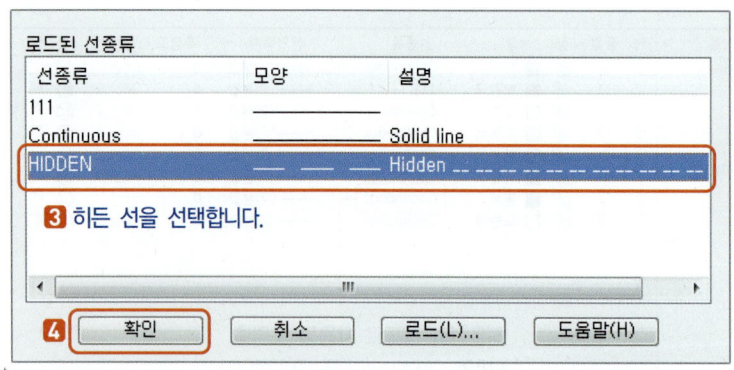

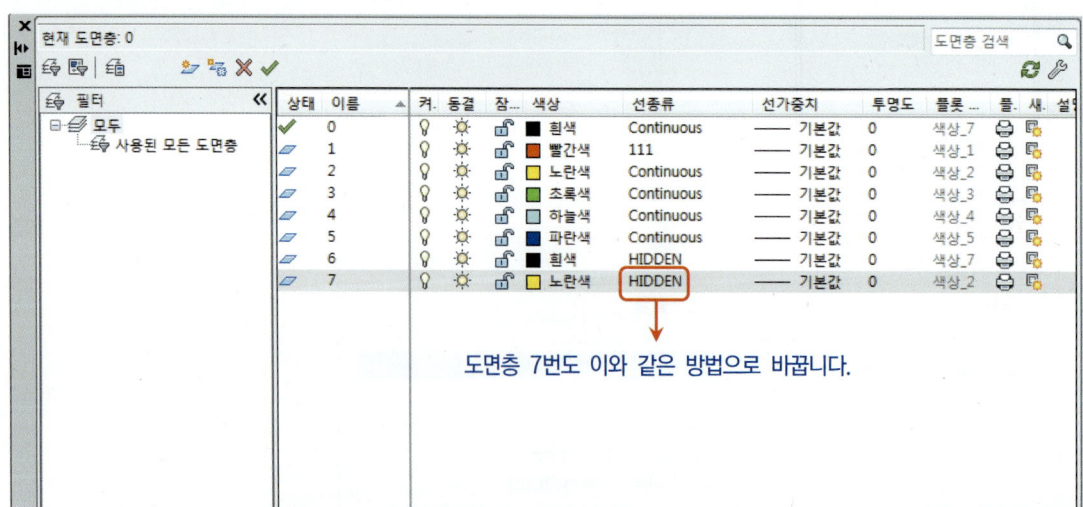

※ 레이어 이름을 글자(한글 또는 영어)로 하는 것이 일반적입니다. 자격증 시험은 시간을 줄이는 것이 중요하므로 조금이라도 빨리 작업을 하기 위해 숫자로 했습니다. 실무에서는 누구라도 알아볼 수 있도록 글자로 해야 합니다.

6 Ltscale을 이용하여 도면 스케일 일치

 Ltscale

| 명령 | LTS ↵ |

새 선종류 축척 비율 입력 <1.0000> : 도면스케일과 일치하는 숫자를 입력합니다. ↵

※ 도면스케일과 일치하는 숫자라는 뜻은 mvsetup에서 입력한 척도비율과 일치되는 숫자를 입력하라는 것입니다.
   예를 들어 mvsetup에서 입력한 축척비율이 40이었다면 lts역시 40을 입력하면 됩니다.

7 표제란 만들기

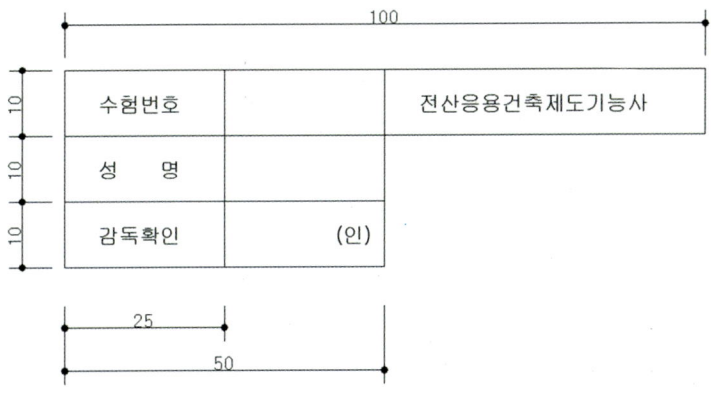

※ 위와 같이 만든 후 Scale 명령을 이용하여 도면스케일에 맞게 크기를 키워야 합니다. 참고로 표제란에 삽입되는 글자크기는 2.4입니다.

8 도면별 글자 크기

	글자 크기	척도	예시
각 실 세부내용	2	각 도면의 척도를 곱하여 최종 크기를 결정한다.	도면척도가 1/20일 때 $2 \times 20 = 40$
각 실 이름	3		도면척도가 1/20일 때 $3 \times 20 = 60$
G.L	4		도면척도가 1/20일 때 $4 \times 20 = 80$
타이틀	5		도면척도가 1/20일 때 $5 \times 20 = 100$

 # 치수변수를 적용한 치수입력

1 치수의 정의

※ 치수는 아래와 같이 정의되며 도면에 치수를 기입하기 위해서는 치수변수를 설정해 주어야 합니다.

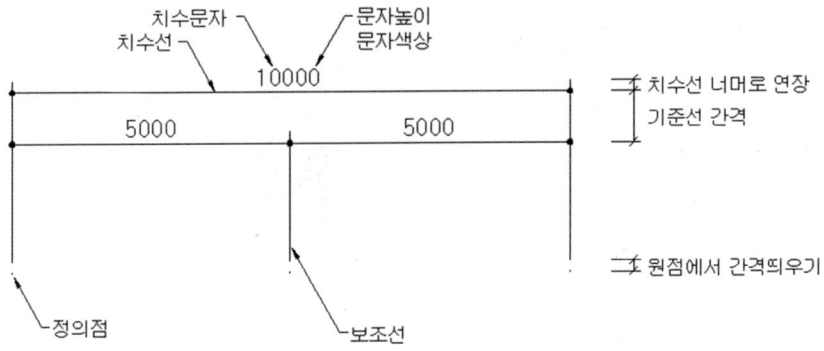

2 치수변수 설정하기

● DIMSTYLE

1_dimstyle에서 치수변수를 설정합니다.

> 명령 d ↵

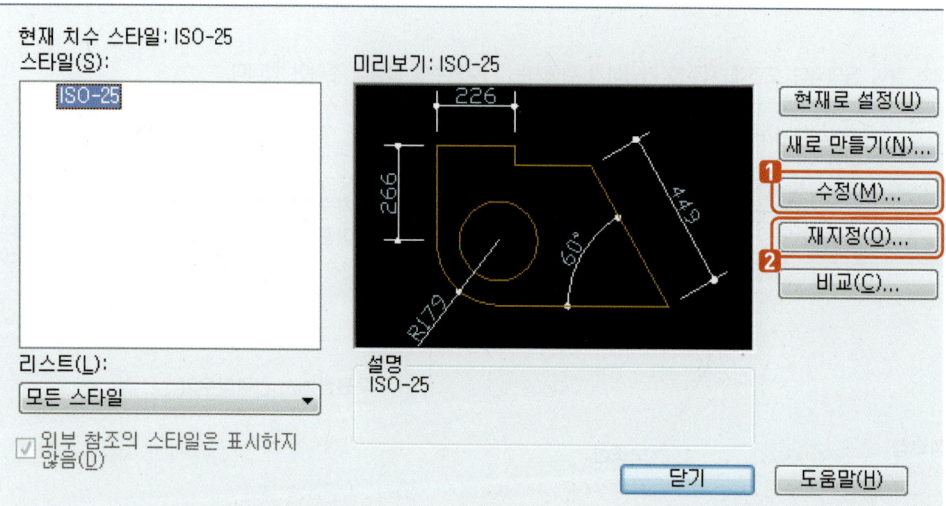

위의 창에서 **1**번 수정 버튼을 누릅니다.

※ **1** 수정 : 처음 변수를 바꿀 때 사용합니다.
※ **2** 재지정 : 중간에 다른 유형으로 바꿀 때 사용합니다.

2_ 선 탭에서 아래와 같이 표시된 부분의 변수를 조정합니다.

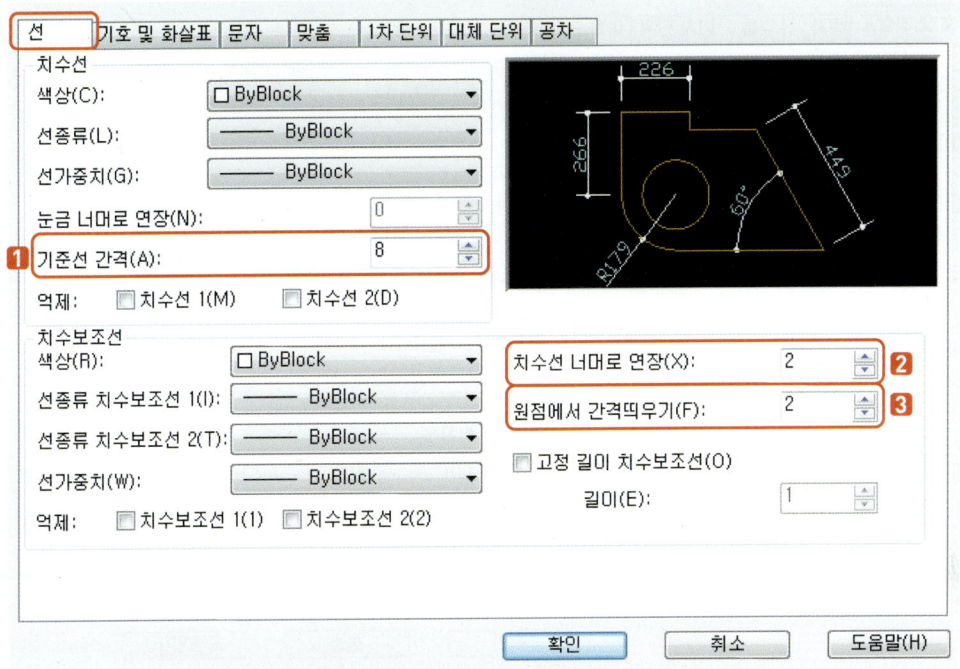

※ **1** 기준선 간격 설정 : 치수선과 치수선의 간격을 조절하는 변수입니다.

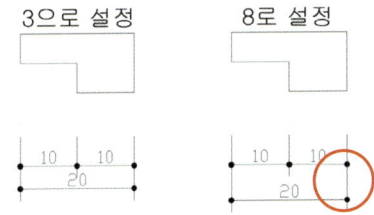

※ **2** 치수선 너머로 연장 : 치수선에서 치수보조선의 길이를 조절하는 변수입니다.

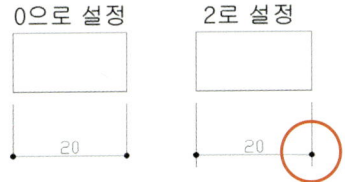

※ **3** 원점에서 간격띄우기 : 물체에서 치수보조선의 간격을 조절하는 변수입니다.

3_ 기호 및 화살표 탭에서 아래와 같이 표시된 부분의 변수를 조정합니다.

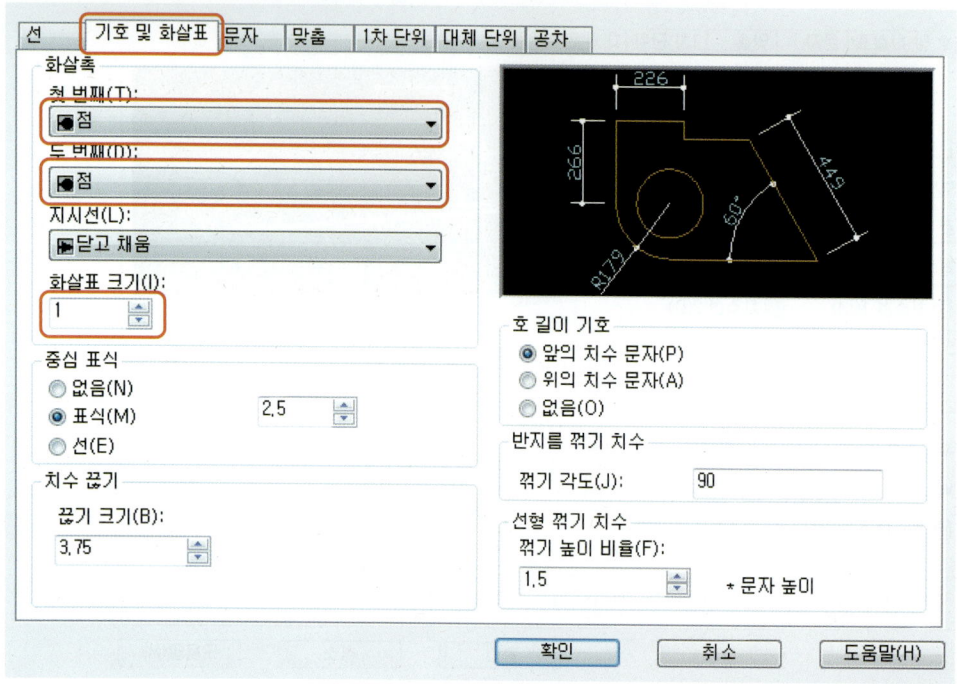

4_ 문자 탭에서 아래와 같이 표시된 부분의 변수를 조정합니다.

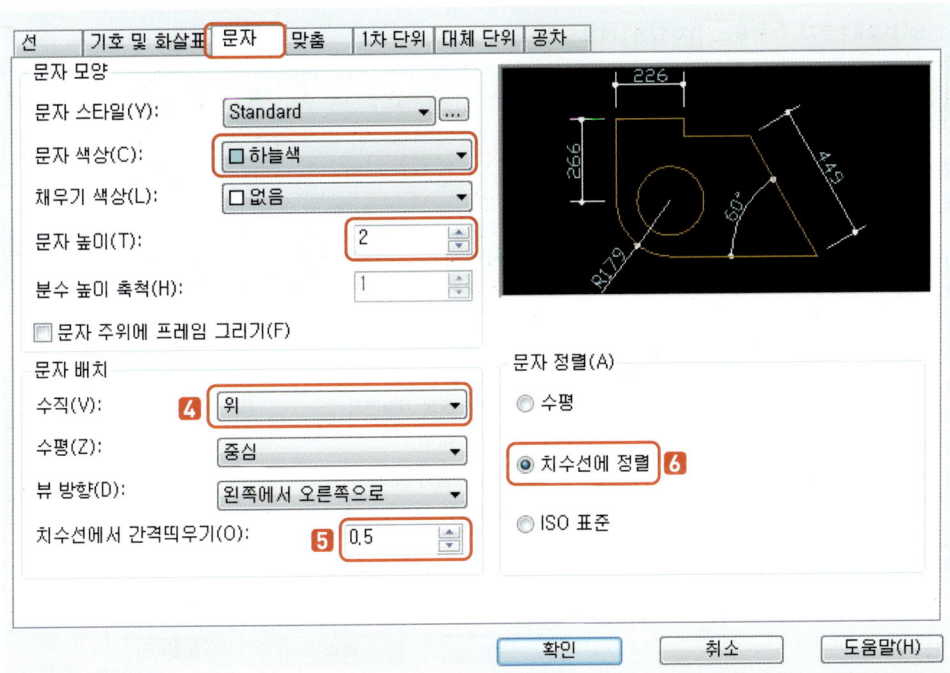

※ **4** 수직 : 문자를 치수선 위로 올리는 변수입니다.

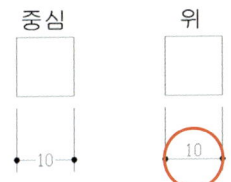

※ **5** 치수선에서 간격띄우기 : 치수문자를 치수선에서 높여주는 변수입니다.

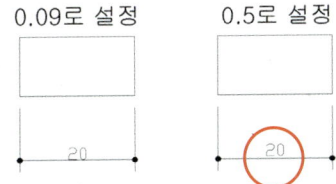

※ **6** 치수선에 정렬 : 물체에서 치수보조선의 간격을 조절하는 변수입니다.

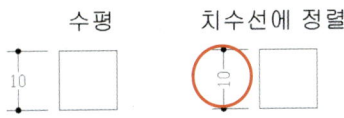

5_ 맞춤 탭에서 아래와 같이 표시된 부분의 변수를 조정합니다.

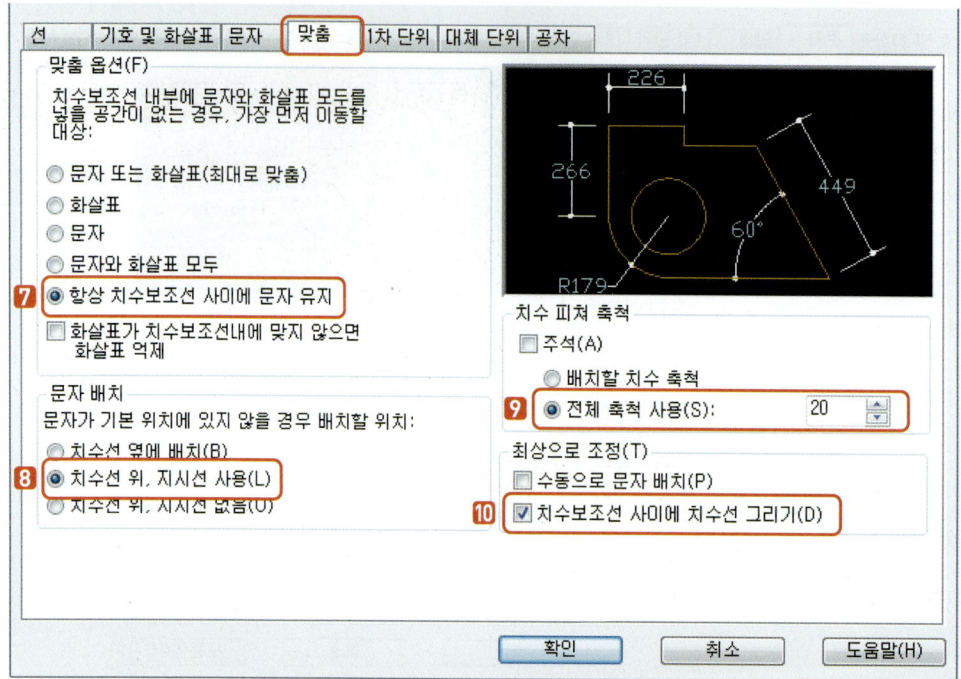

※ **7** 항상 치수보조선 사이에 문자 유지 : 좁은 치수선 사이에 문자를 유지시키는 변수입니다.

치수보조선
사이에 문자
유지

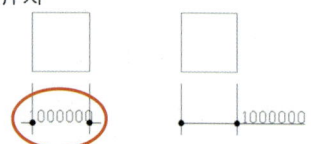

※ **8** 치수선 위 지시선 사용 : 좁은 치수선 사이에 치수문자가 겹칠 경우 지시선을 사용하는 변수입니다.

※ **9** 전체 축척 사용 : 가장 중요한 것으로 모든 변수가 적용이 되기 위해서는 mvsetup에서 설정한 척도와 일치해야 합니다.
예를 들어, mvsetup 척도를 20으로 했다면 마찬가지로 20으로 설정해야 합니다.

※ **10** 치수보선선 사이에 치수선 그리기 : 좁은 치수선 사이에 치수선을 나타나게 하는 변수입니다.

치수보조선
사이에 치수선
그리기

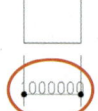 

6_1차 단위 탭에서 아래의 표시된 부분의 변수를 조정합니다.

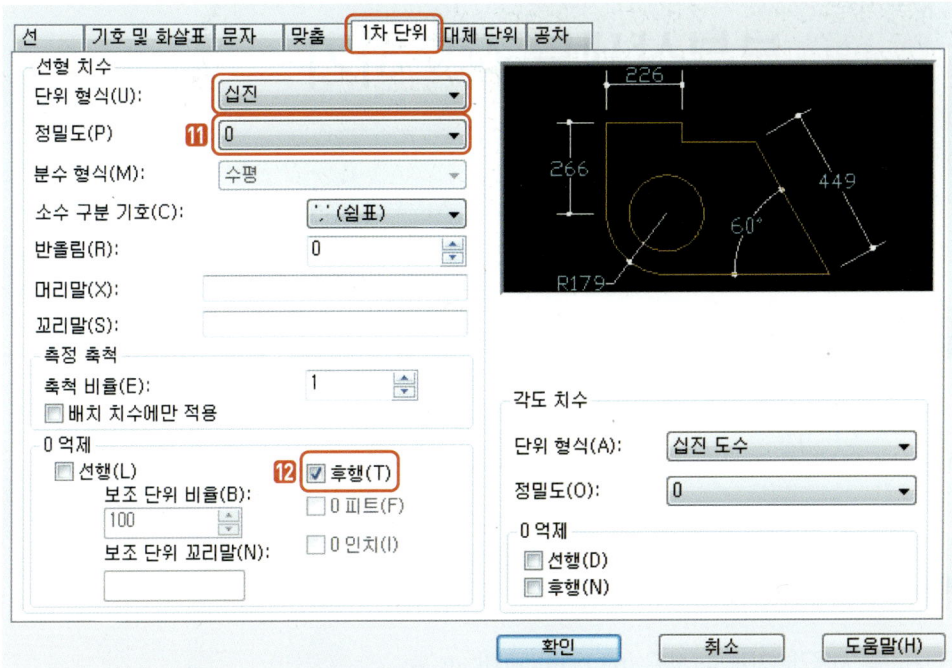

※ **11** 정밀도 : 소수점 이하 자리수를 제어하는 변수입니다.

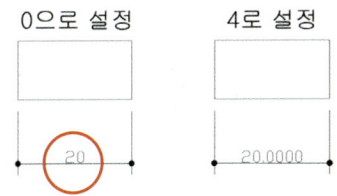

※ **12** 후행 : 후행을 억제하면 소수점 뒷자리의 0을 억제하는 변수입니다.

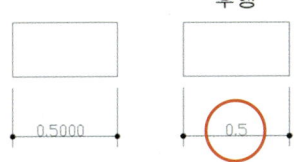

03 부분상세도 작도하기

1 기초부분단면상세도

1_mvsetup에서 도면척도를 20으로 맞추고 용지크기를 A4로 만듭니다.

```
명령  MVSETUP ↵

도면공간을 사용가능하게 합니까? [아니오(N)/예(Y)] : n ↵
단위 유형 입력 [공학(S)/십진(D)/엔지니어링(E)/건축(A)/미터법(M)] : m ↵
미터 축척
(5000)  1 : 5000
(2000)  1 : 2000
(1000)  1 : 1000
(500)   1 : 500
(200)   1 : 200
(100)   1 : 100
(75)    1 : 75
(50)    1 : 50
(20)    1 : 20
(10)    1 : 10
(5)     1 : 5
(1)     전체
축척 비율 입력 : 20 ↵
용지 폭 입력 : 283 ↵
용지 높이 입력 : 196 ↵
```

2_layer에서 다음과 같이 도면층을 만듭니다.

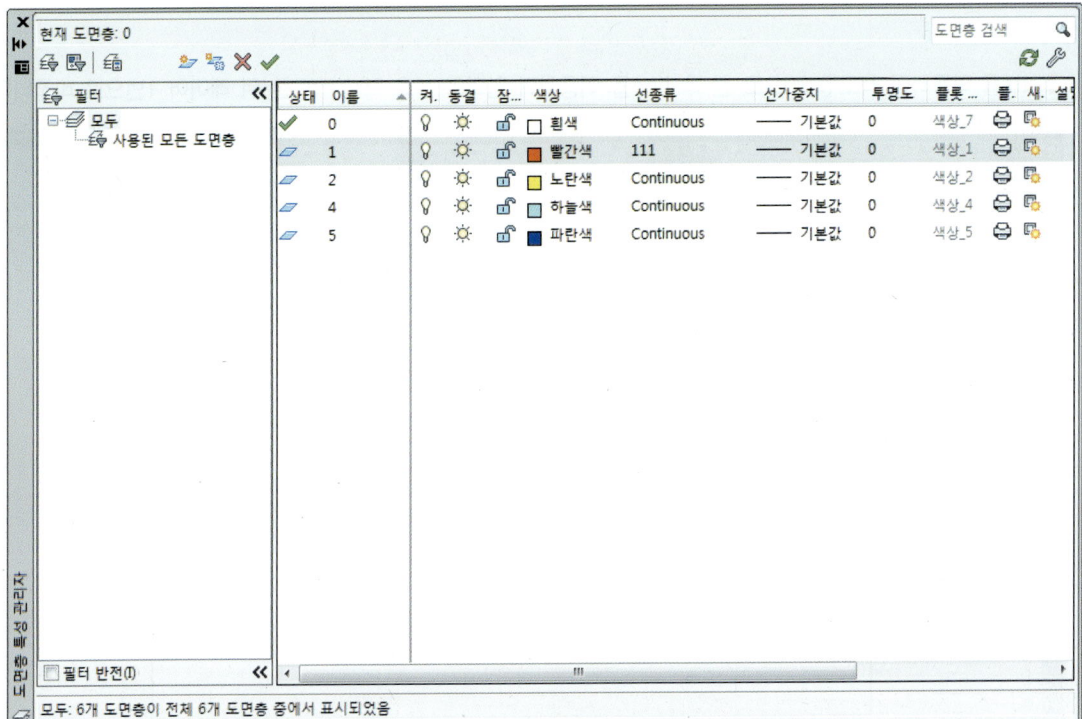

기초부분단면 그리기

3_ lts를 이용하여 척도를 20으로 한 후 line을 이용하여 임의의 선을 하나 작도한 뒤 레이어 1번으로 바꿉니다.

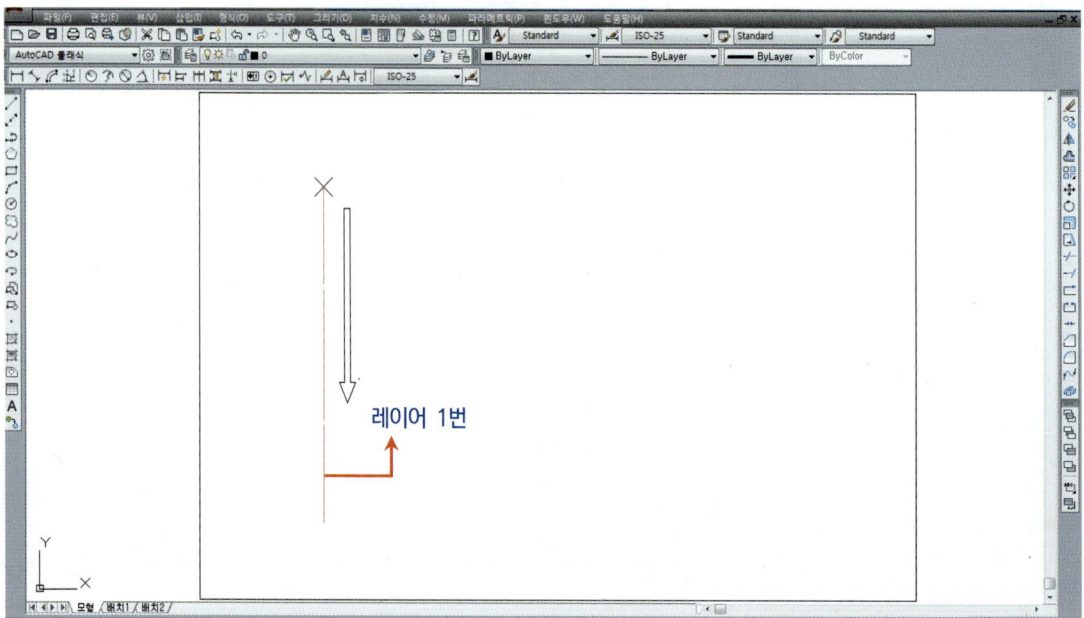

※ lts의 척도 값과 mvsetup의 척도 값이 동일해야 중심선 등이 제대로 보입니다.

4_ offset을 이용하여 중심선(동그라미 부분)에서 오른쪽으로 95만큼 간격을 띄고 도면층 2로 바꿉니다.

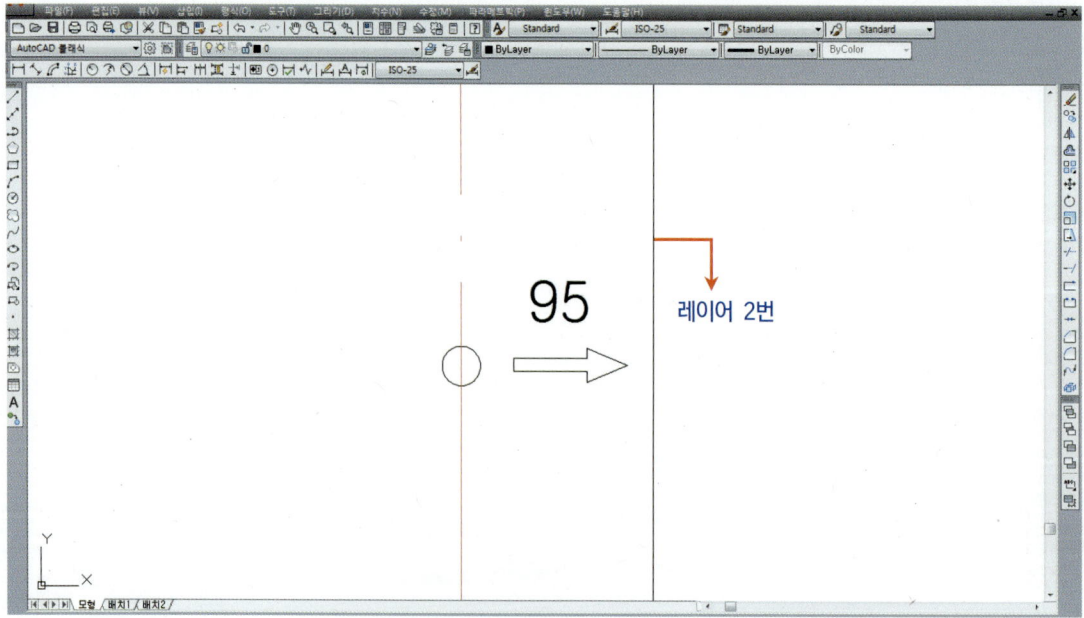

5_offset을 이용하여 단열재와 벽 두께를 모두 더한 간격을 우측 라인(동그라미 부분)에서 왼쪽 으로 간격을 띕니다.

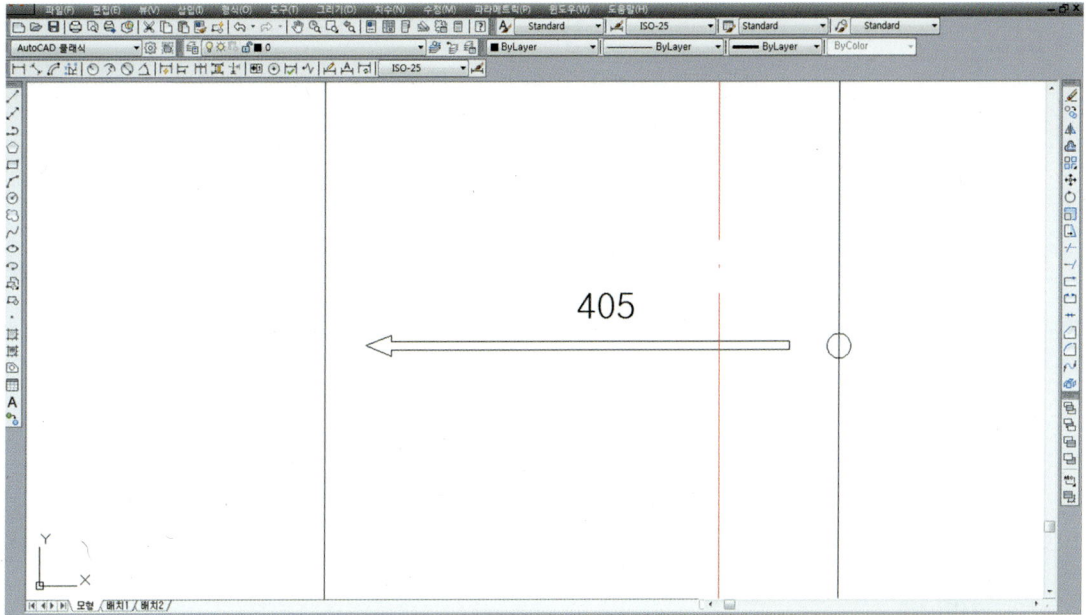

※ 단열재는 보통 120mm 또는 125mm로 출제되며 여기서는 125mm로 하였습니다. 또한, 외벽 두께는 1.5B로 출제되며 단열재를 제외한 벽두께는 280mm(붉은 벽돌 0.5B : 90mm, 시멘트 벽돌 1.0B : 190mm)가 됩니다. 여기에 단열재를 포함한 총 벽두께는 280mm+125mm이므로 405mm입니다.

※ 외벽두께 계산 : 붉은 벽돌 0.5B + 단열재 두께 + 시멘트벽돌 1.0B

6_line을 이용하여 좌측 벽체 선 중간점에서 임의로 선을 긋고 도면층 2로 바꿔 땅의 기준선을 만듭니다.

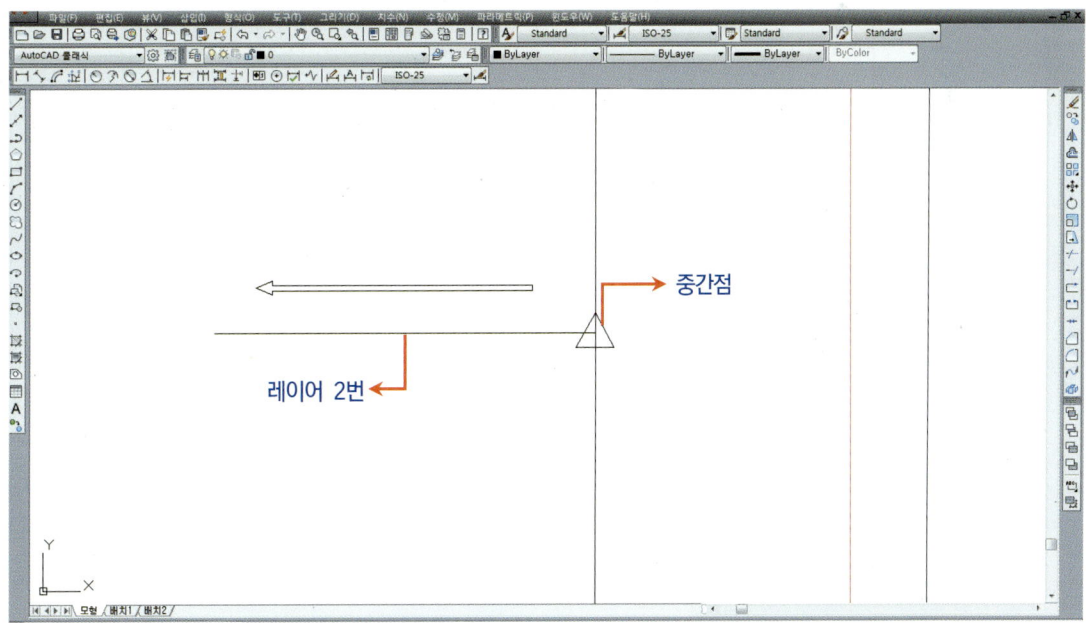

7_ offset을 이용하여 아래와 같이 간격을 띄어 지층의 간격을 설정합니다.

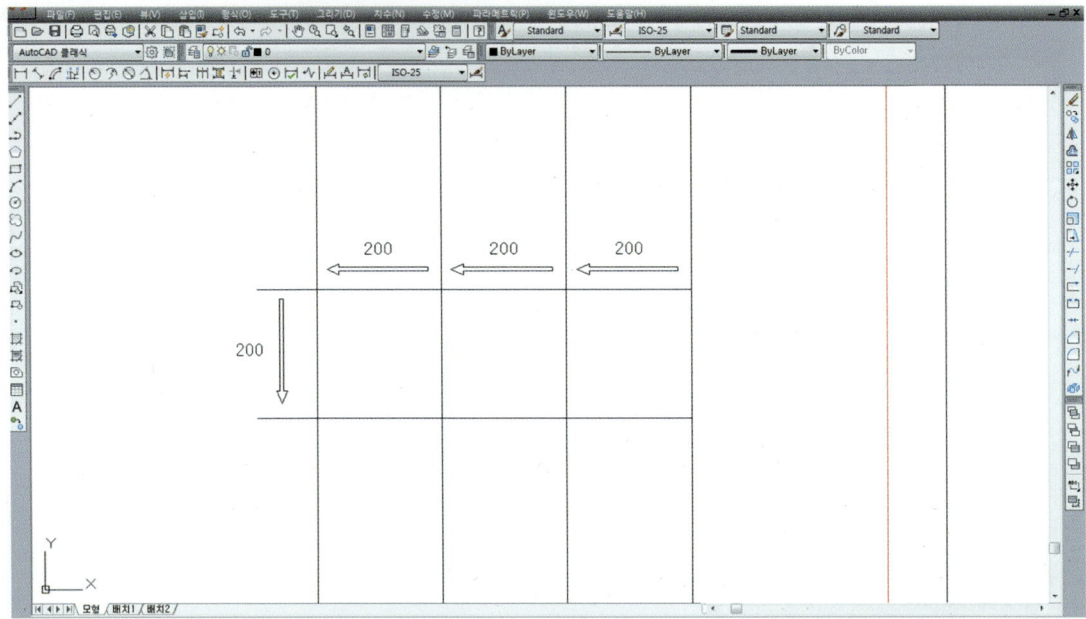

※ 지층을 표현할 때 수직 칸의 수는 최소 3칸이 되도록 하며, 더 만들어도 됩니다.

8_ line을 이용하여 대각선을 그어 (동그라미 부분)지층을 표현한 뒤 수직 line 2개(hidden 선)를 erase 합니다.

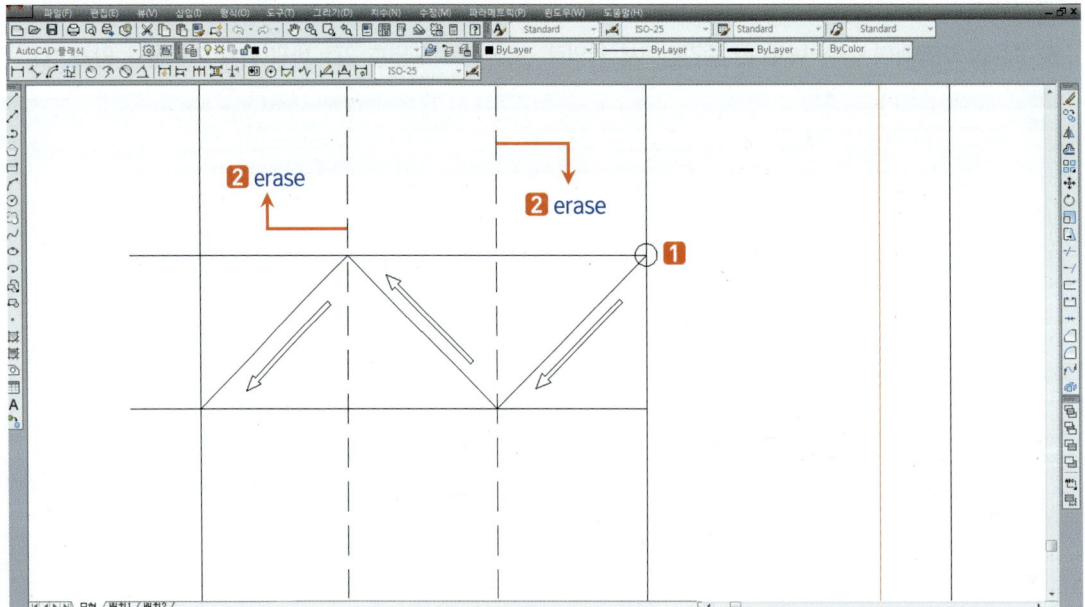

9_hatch를 이용하여 아래와 같이 설정 후 지면에 해치를 합니다.

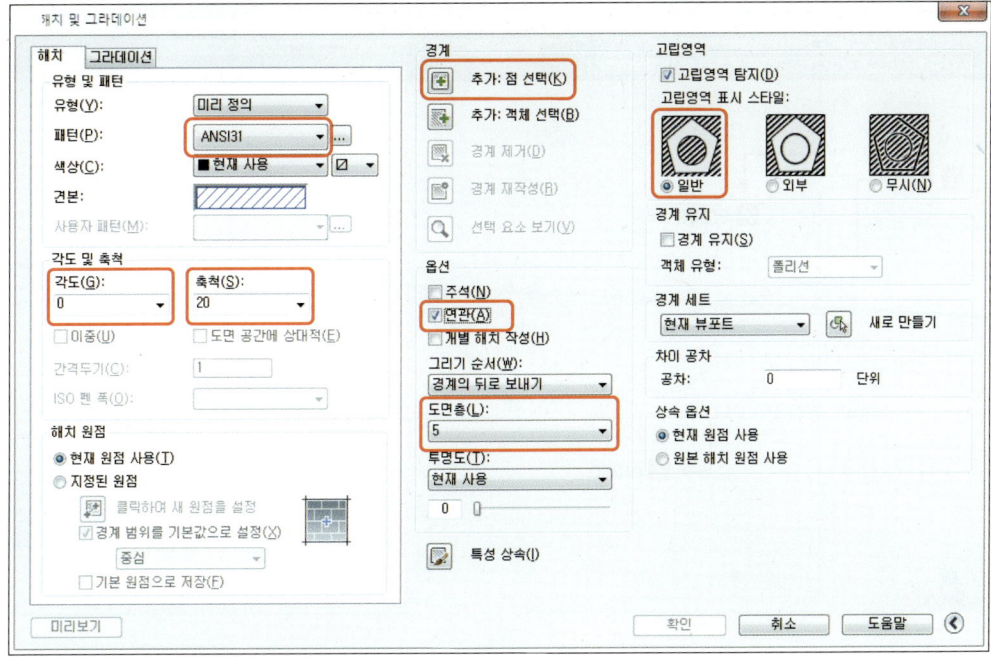

※ ANSI 종류의 해치 특징은 각도를 0°로 설정했을 때 45°로 표현되므로 하나의 면은 0°, 나머지 면은 90°를 설정하고 해치를 합니다.

10_hatch를 할 때는 아래와 같이 해치를 합니다.

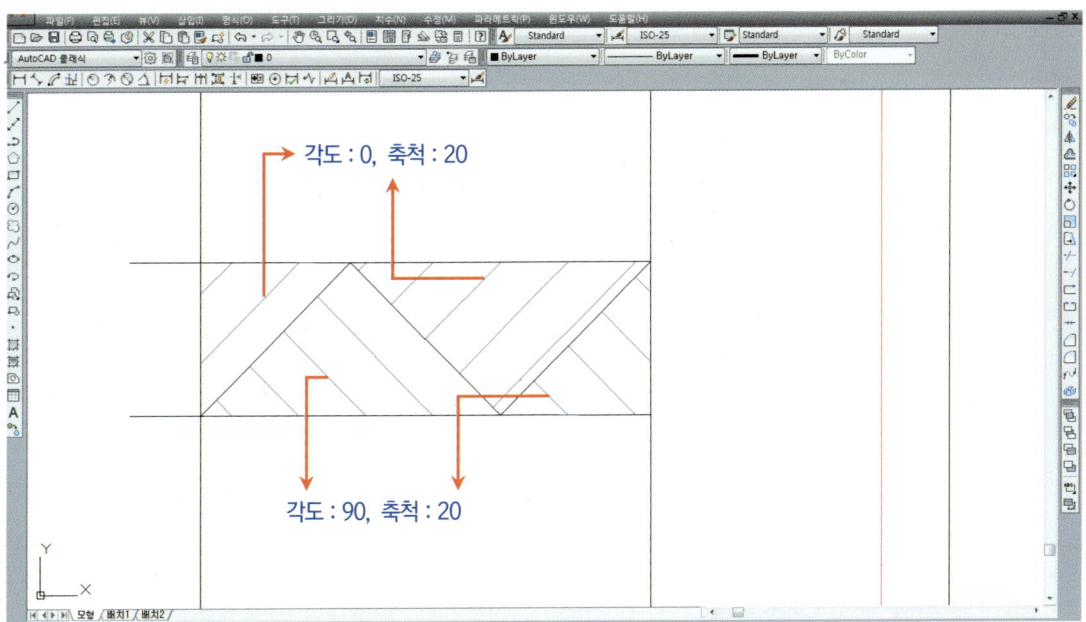

※ 지반에 해치를 할 때 위쪽이 90°, 아래쪽이 0°가 되도록 해치를 해도 무방합니다.

11_ trim을 이용하여 지반의 바깥부분(hidden 선)을 잘라내고 나머지 line을 erase합니다.

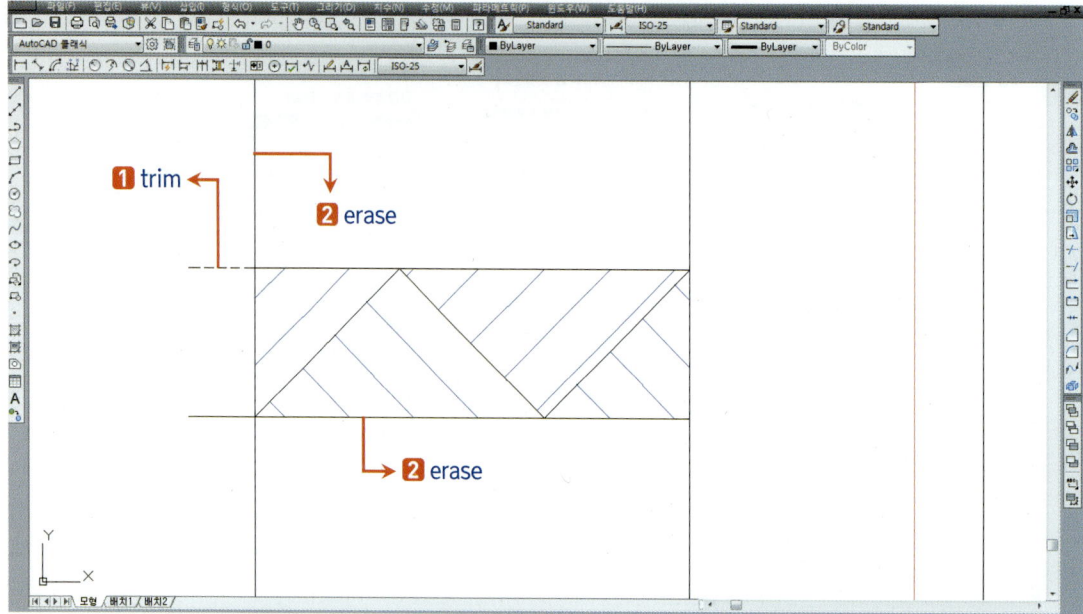

12_ offset을 이용하여 지반 (hidden 선)에서 고막이 600, 동결선 900으로 간격을 띕니다.

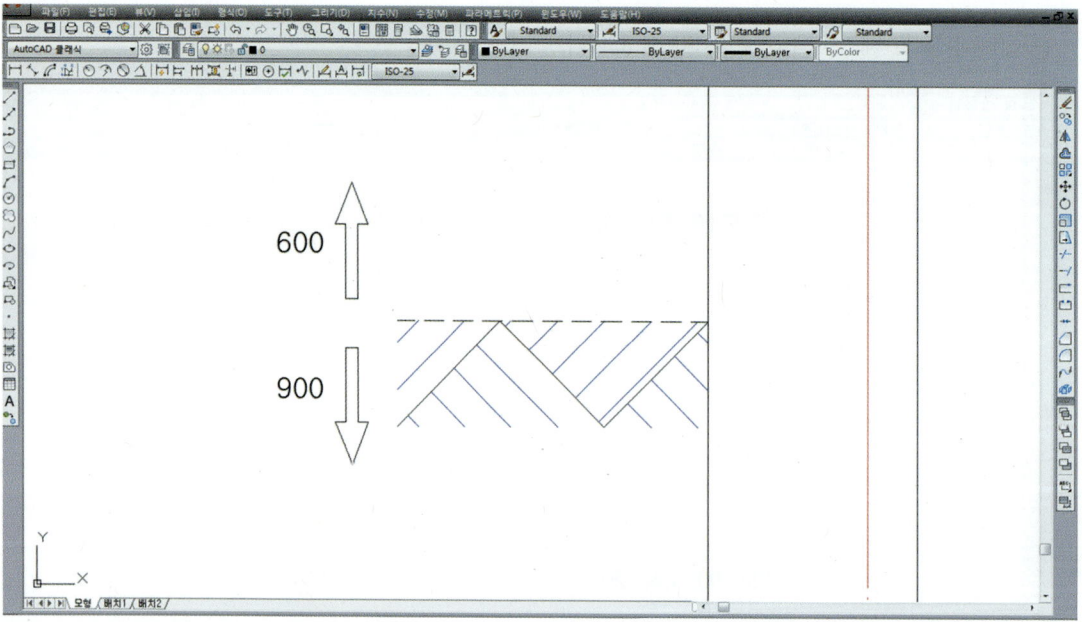

※ 고막이란 지반에서 방, 거실, 부엌까지의 높이이며(욕실 제외) 보통은 600이지만, 계단높이에 따라 그 이상해야 할 때도 있습니다.
※ 동결선이란 겨울에 지하수가 어는 깊이를 연결한 한계선으로 중부지방 기준인 900을 고정 값으로 하였습니다.

13_offset을 이용하여 1.0B벽돌 너비인 190을 입력하고 간격(동그라미 부분)을 띕니다.

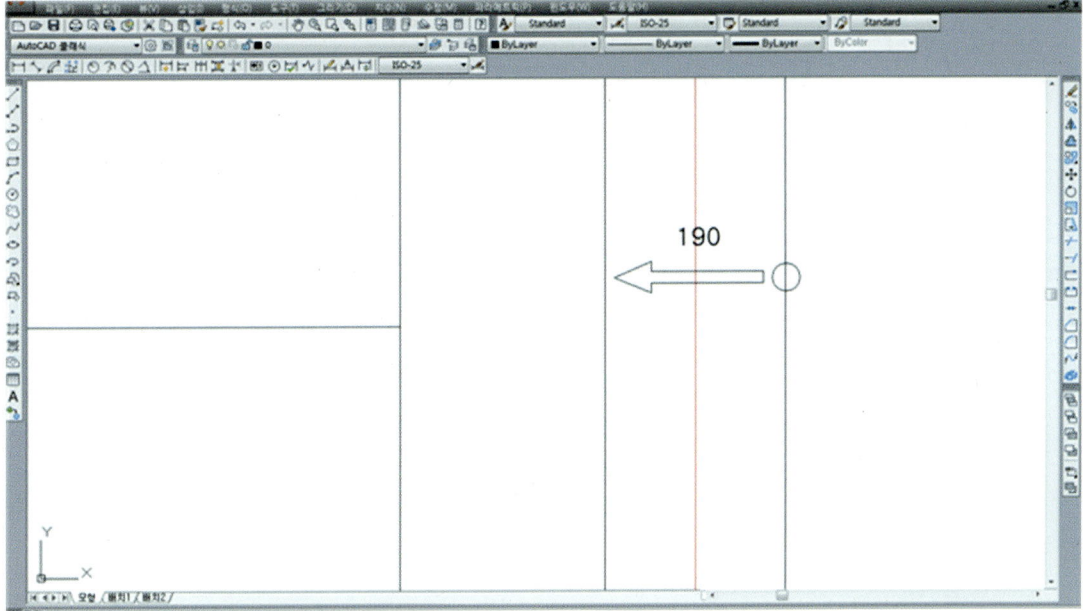

14_offset을 이용하여 단열재 두께 125를 입력하고 간격(동그라미 부분)을 띕니다.

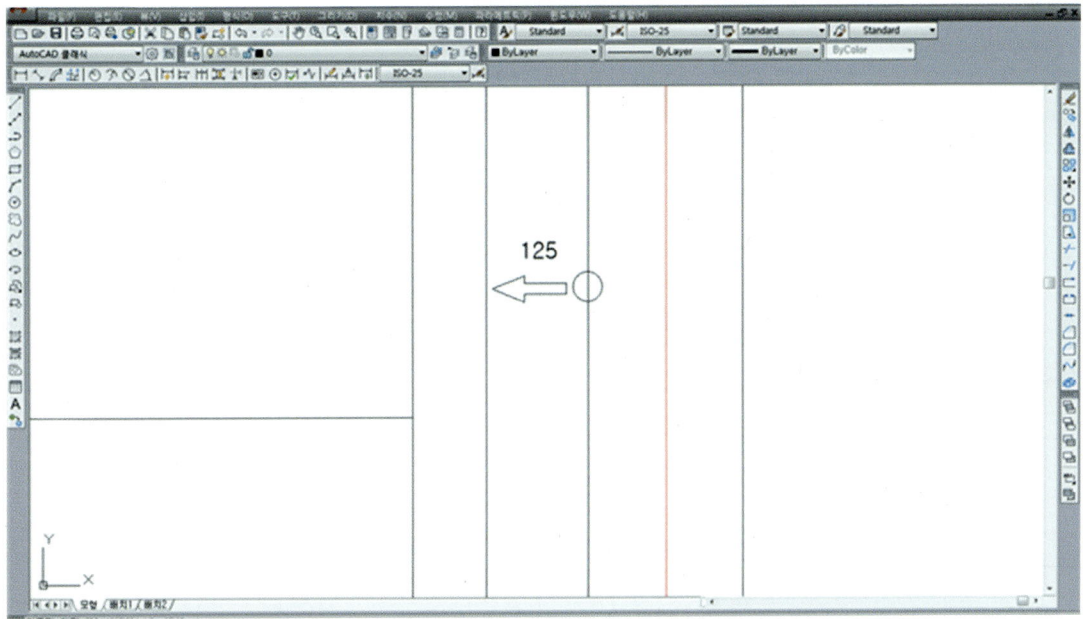

※ 외벽 단열재 두께는 매회 시험마다 다르게 출제되며 보통 120mm 또는 125mm로 출제되고 있습니다.
※ 현재 공동주택 외 외기에 직접 면하는 외벽 단열재 두께는 중부2지역 기준(서울, 인천 등)으로 등급별로 135mm, 155mm, 180mm, 200mm로 지정하고 있습니다.

15_fillet을 이용하여 고막이 line과 단열재 우측부분(동그라미 부분 클릭)의 모서리를 정리합니다.

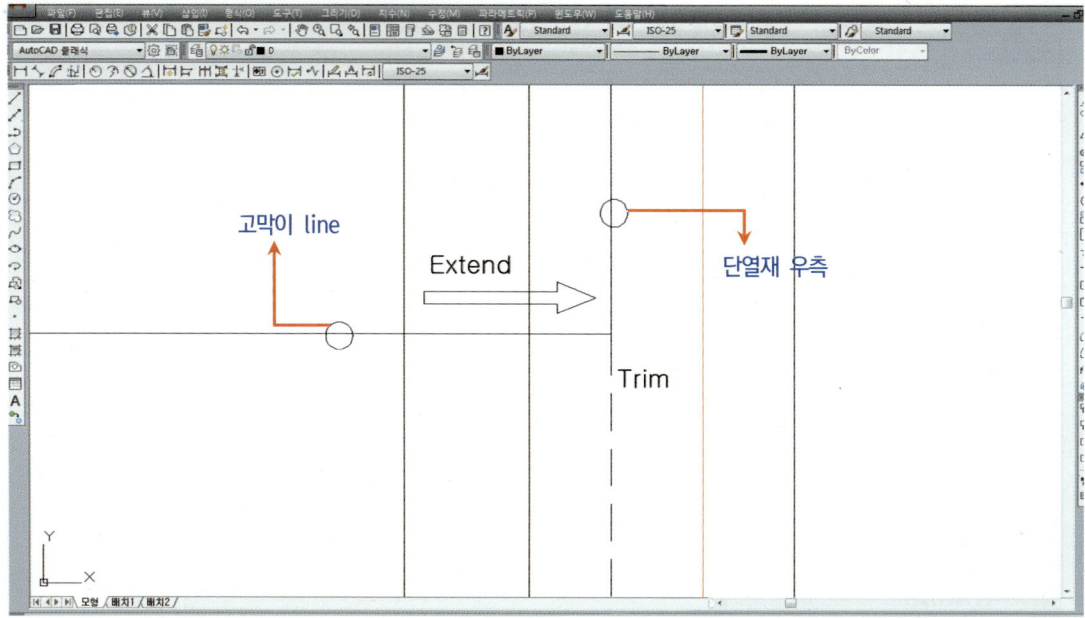

※ fillet을 이용하게 되면 extend와 trim의 효과를 볼 수 있으며, 이때 반지름은 0, 자르기 옵션은 〈자르기〉로 돼 있어야 합니다.

16_trim을 이용하여 나머지 부분(hidden 선)을 잘라냅니다.

17_offset을 이용하여 벽돌두께 57로 간격을 띄고 trim을 이용하여 (hidden 선)자릅니다.

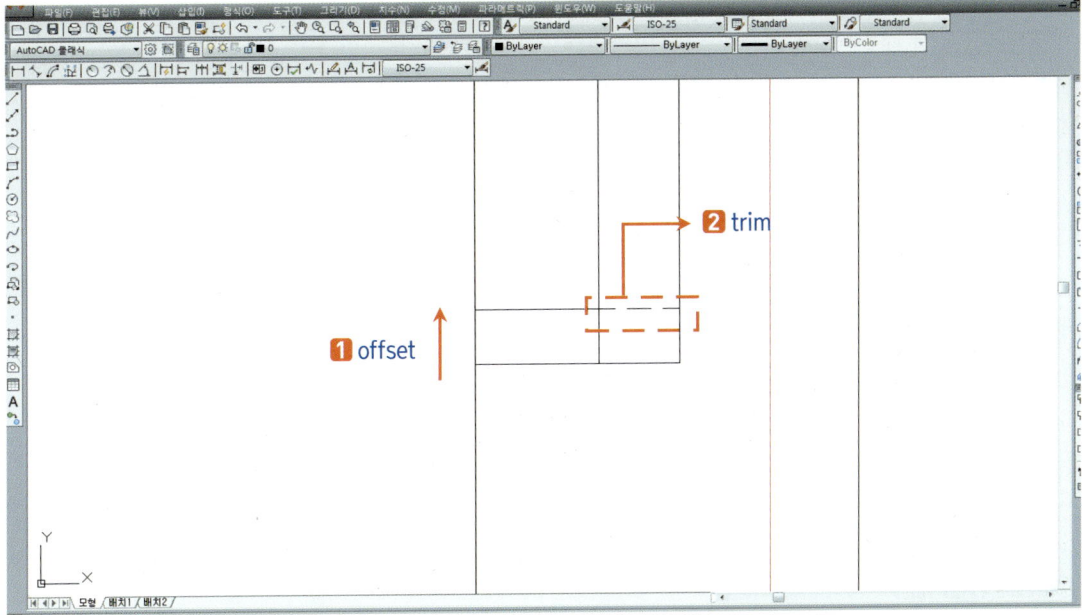

18_offset을 이용하여 벽돌두께 57로 간격을 띄고 벽 끝 (동그라미 부분)까지 extend한 뒤 trim을 이용하여 (hidden 선)자릅니다.

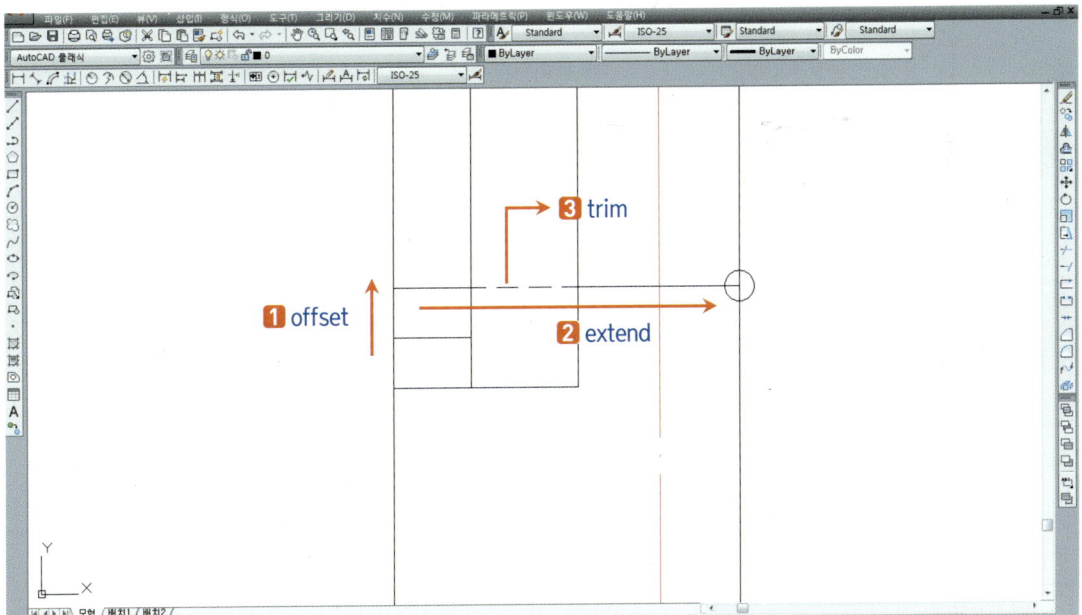

19_array를 이용하여 선을 선택하고(hidden 선) 행의 수(11 또는 12), 행 간격 57 입력하여 완성합니다.

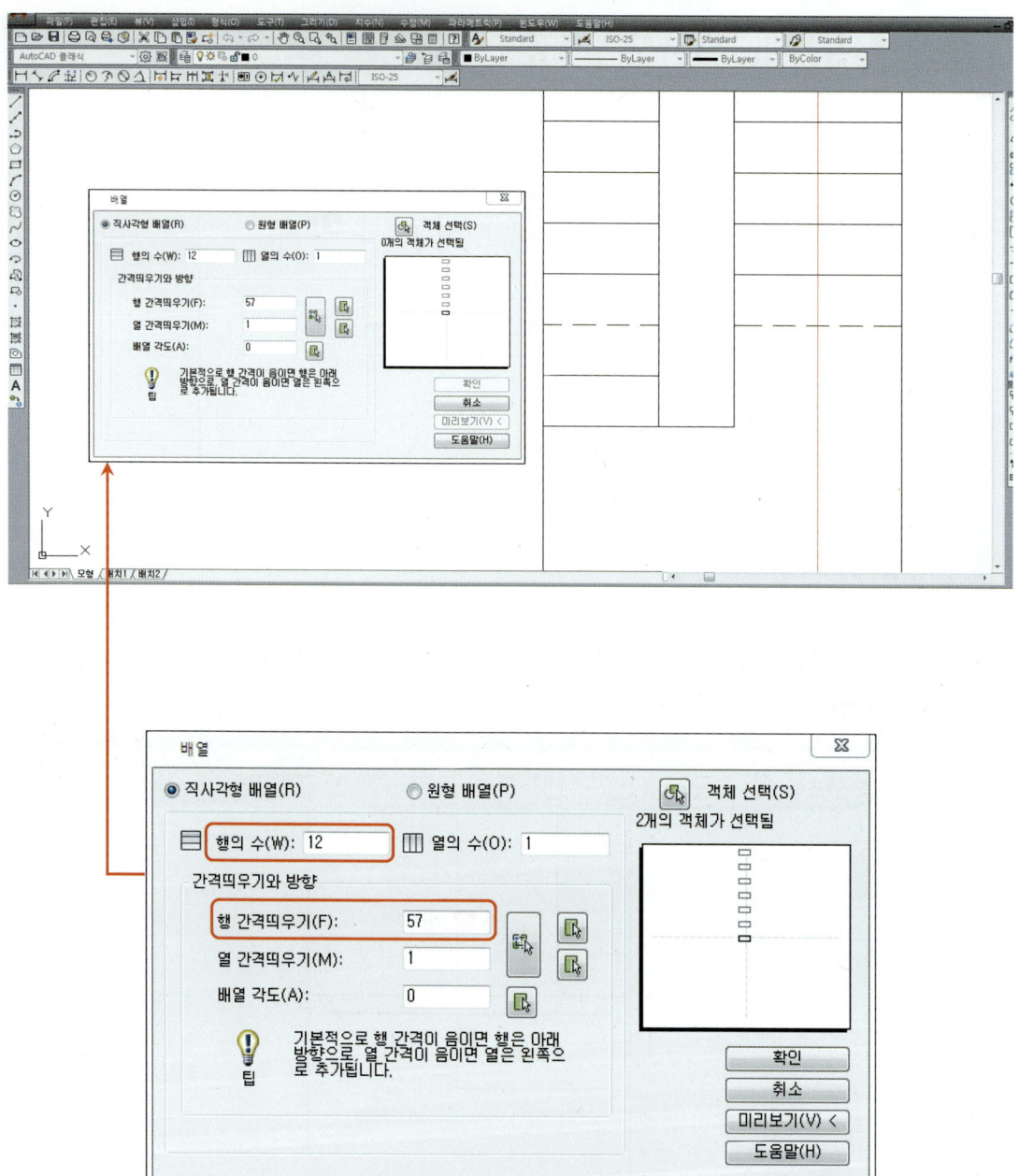

20_ offset을 이용하여 아래와 같이 기초 높이와 너비의 간격(동그라미 부분)을 띕니다.

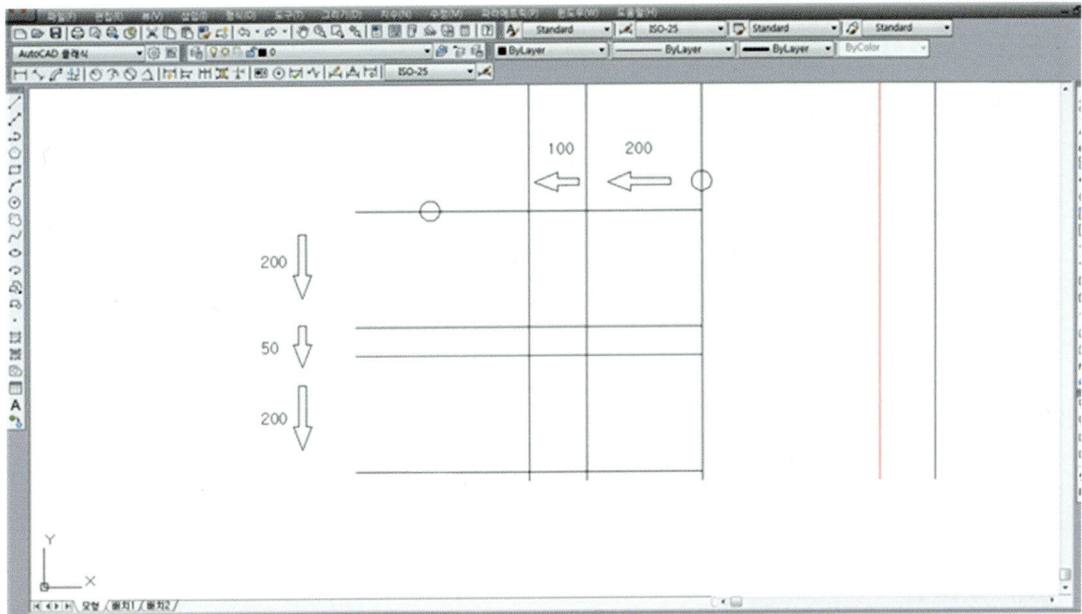

21_ fillet을 이용하여 (×부분 클릭, □부분 클릭, ▲부분 클릭, ■부분 클릭) 모서리 정리를 합니다.

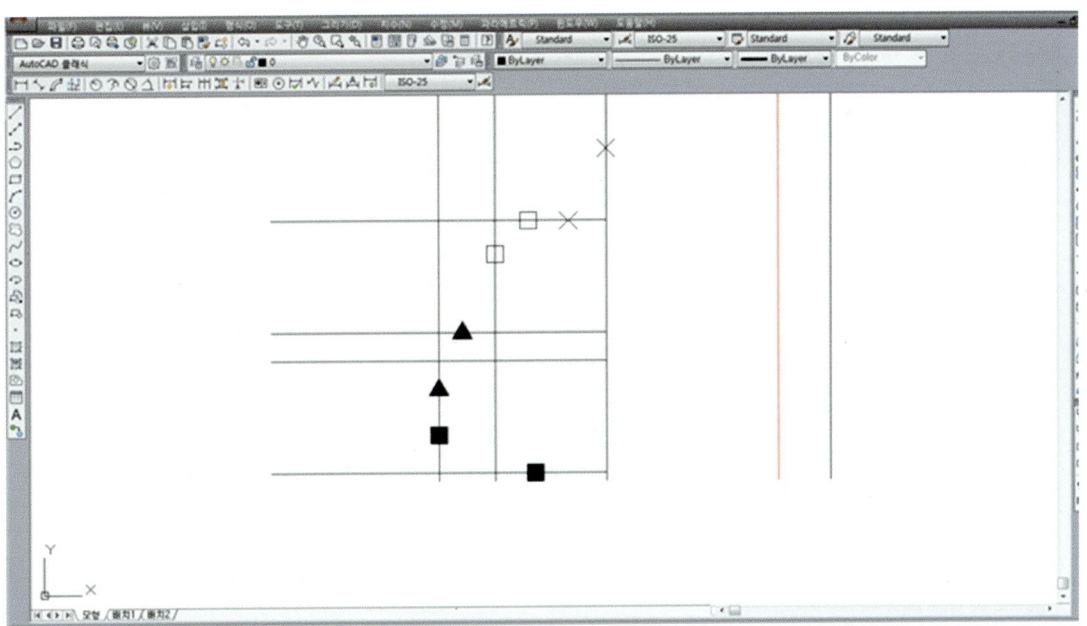

※ fillet을 이용하게 되면 extend와 trim의 효과를 볼 수 있으며, 이때 반지름은 0, 자르기 옵션은 〈자르기〉로 돼 있어야 합니다.

22_ trim을 이용하여 기준을 선택한 뒤 (동그라미 친 부분) 나머지 부분(hidden 선)을 잘라냅니다.

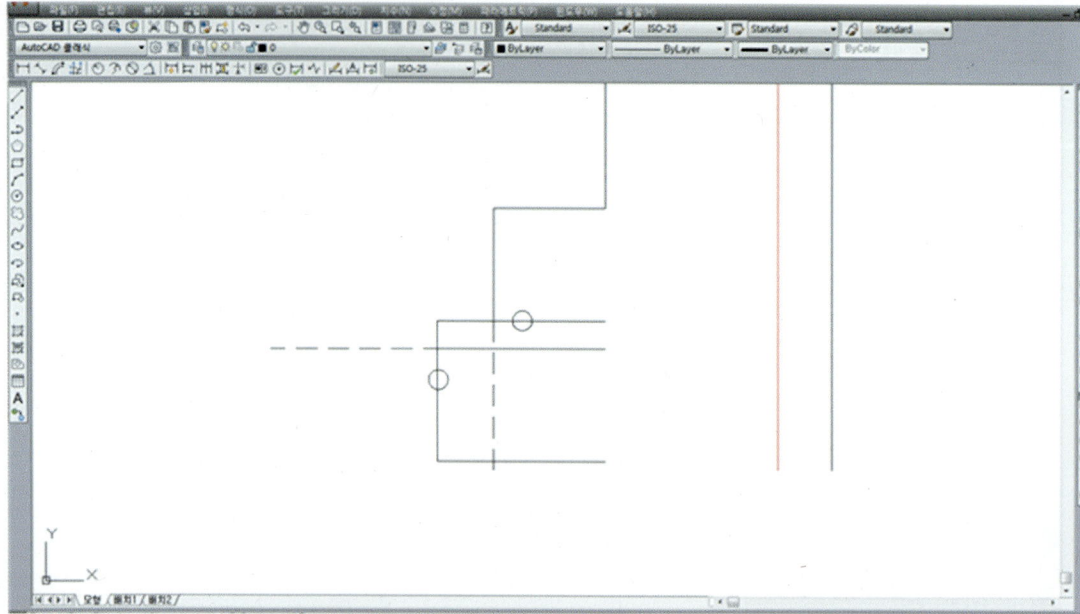

23_ offset을 이용하여 전체 벽두께 405의 반만큼 간격 (hidden 선)을 띕니다.

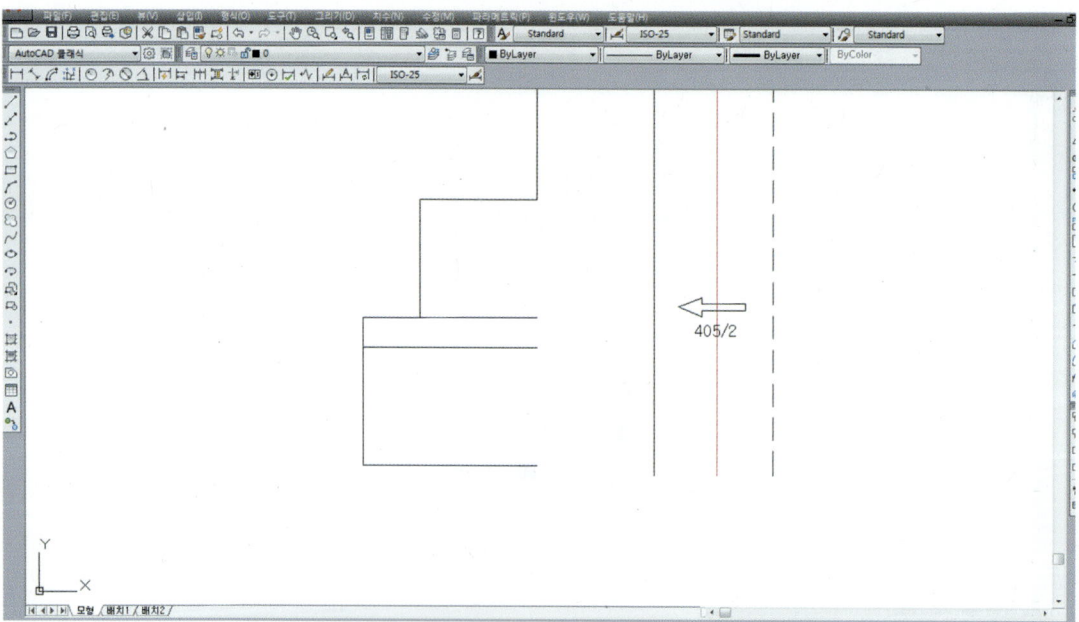

※ offset을 사용할 때 "전체거리/나눌 개수"를 입력하면 원하는 거리만큼 간격이 띄어집니다.

24_ extend를 이용하여 가운데 선까지 3개의 line(hidden 선)을 연장합니다.

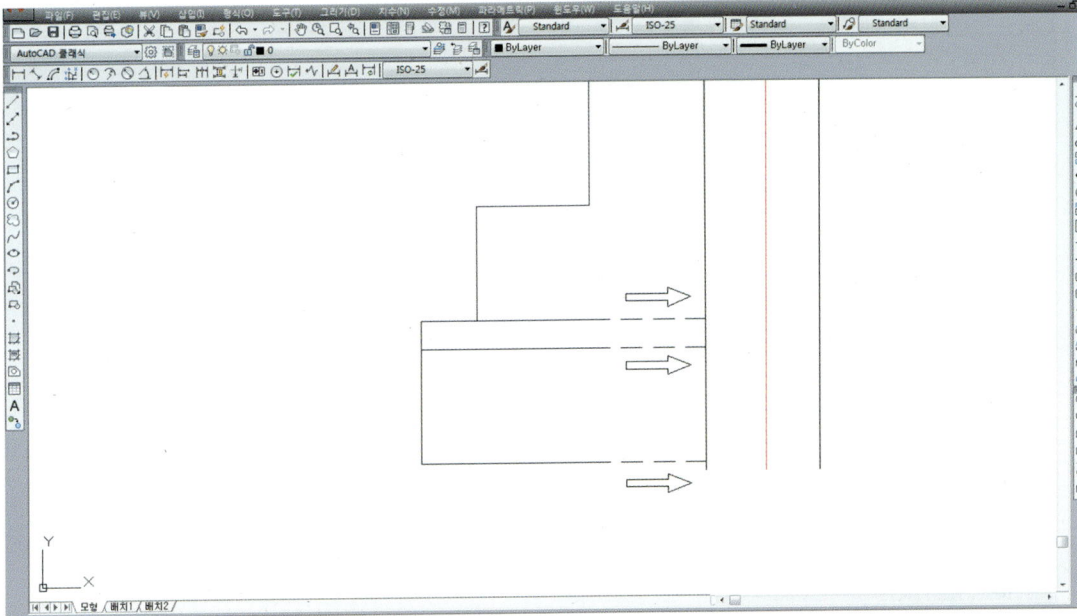

25_ erase를 이용하여 가운데 line을 지운 뒤 mirror를 이용하여 반대편 부분으로 대칭시킵니다.

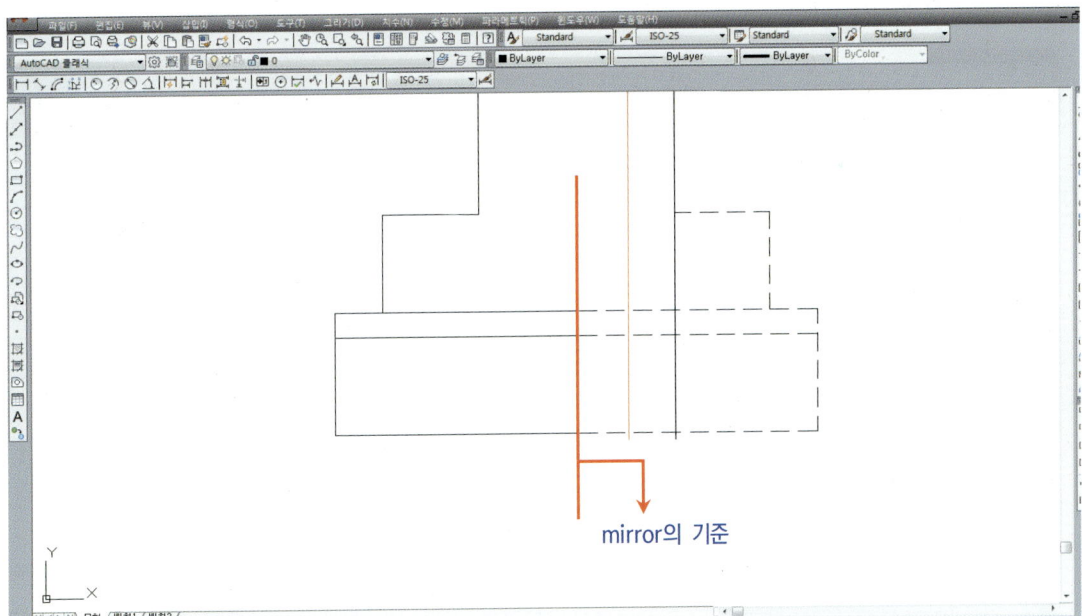

mirror의 기준

26_ fillet을 이용하여 모서리(동그라미 부분)를 정리합니다.

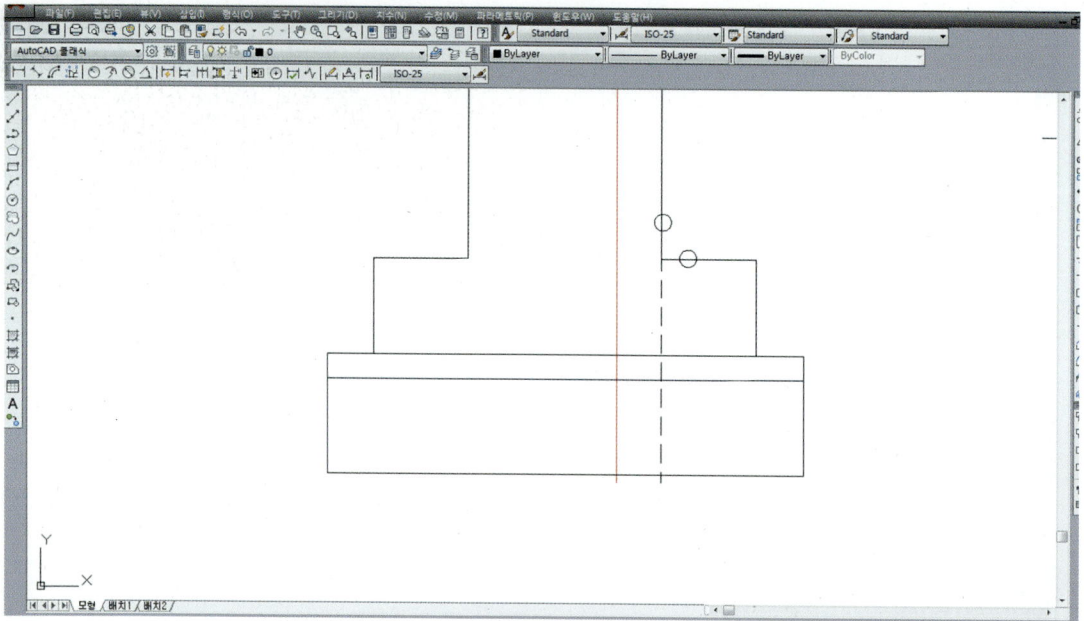

27_ 철근을 표현하기 위해 line으로 적당한 길이의 극좌표 45°로 선을 만든 뒤 (hidden 선) offset 거리 20을 입력하여 간격을 띕니다.

28_ extend를 이용하여 철근을 연장한 뒤 철근의 가운데 선은 레이어 2번, 양쪽 선은 레이어 5번으로 바꿉니다. 그 후에는 pline을 이용하여 자갈로 사용할 마름모를 만듭니다.

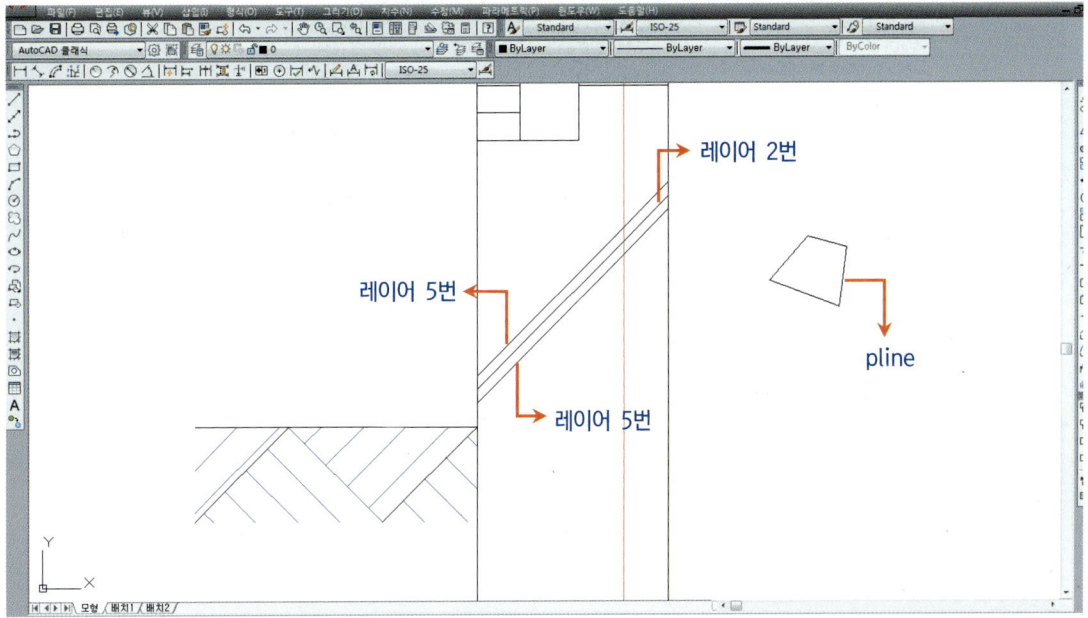

29_ pline으로 선을 그린 뒤 마무리할 때에는 옵션에 "닫기(c)"로 해야 합니다. 그러지 않고 끝점으로 마무리하게 되면 아래와 같은 결과가 나오므로 주의해야 합니다.

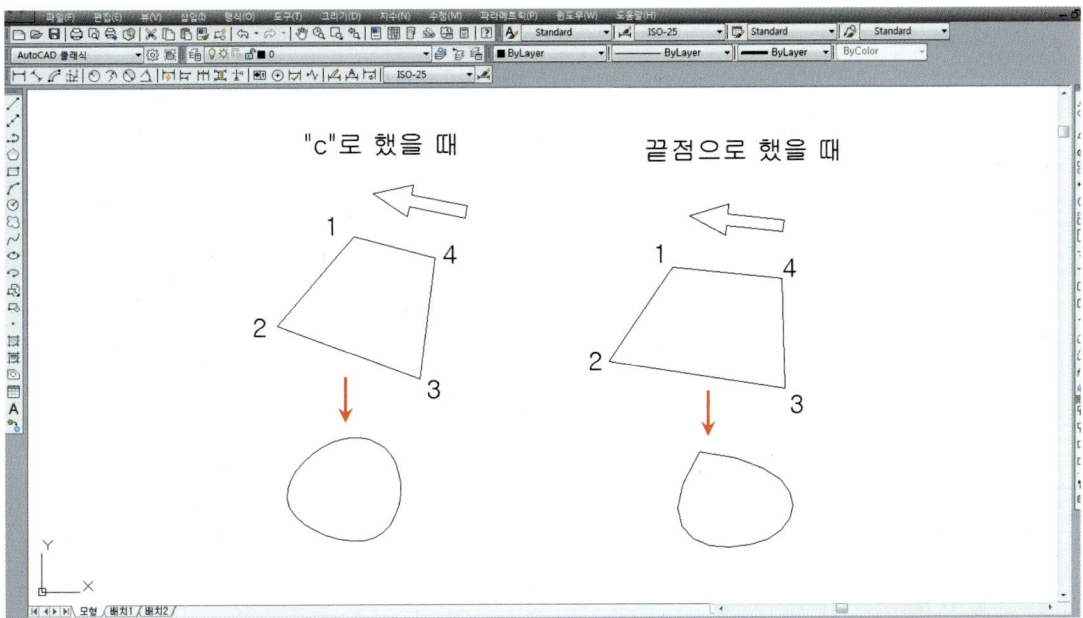

30_ pedit를 이용하여 pline으로 그려놓은 마름모를 선택하고 옵션의 스플라인(s)을 이용하여 자갈 모양을 만든 후 도면층 2로 바꿉니다.

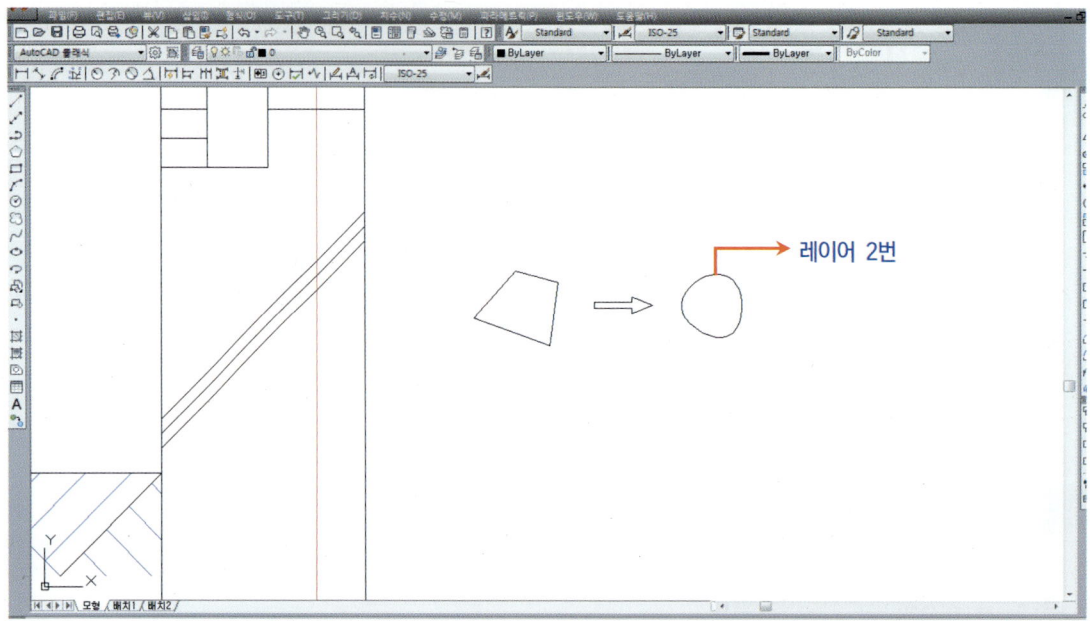

31_ copy를 이용하여 자갈을 한 번만 복사한 뒤 scale로 0.5배를 줄인 뒤 작아진 자갈을 copy하여 아래와 같이 만듭니다.

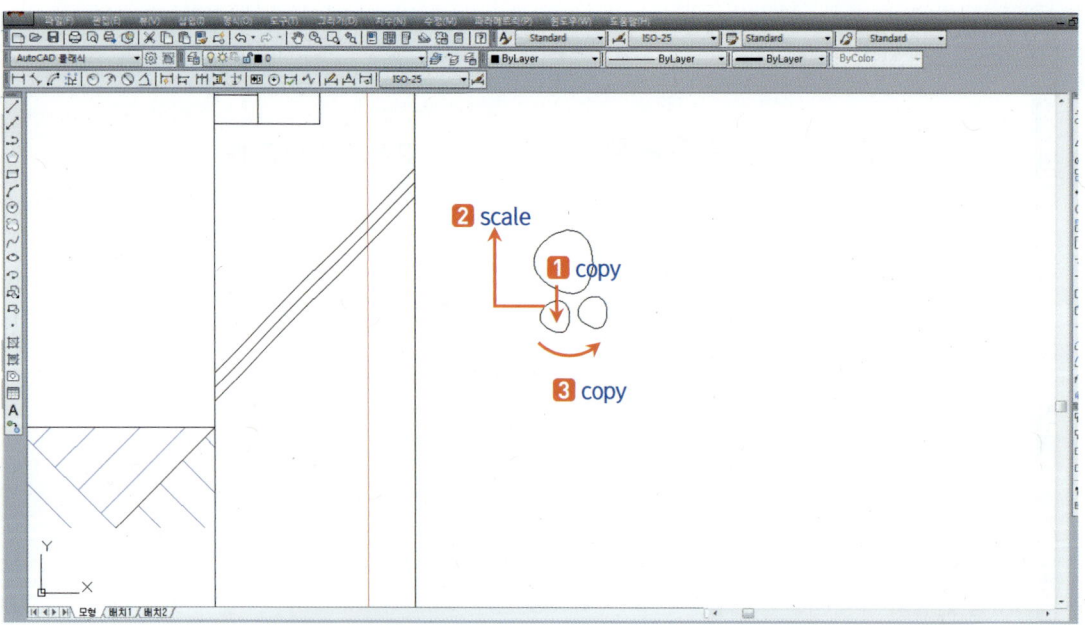

32_move를 이용하여 자갈을 철근 사이로 이동합니다.

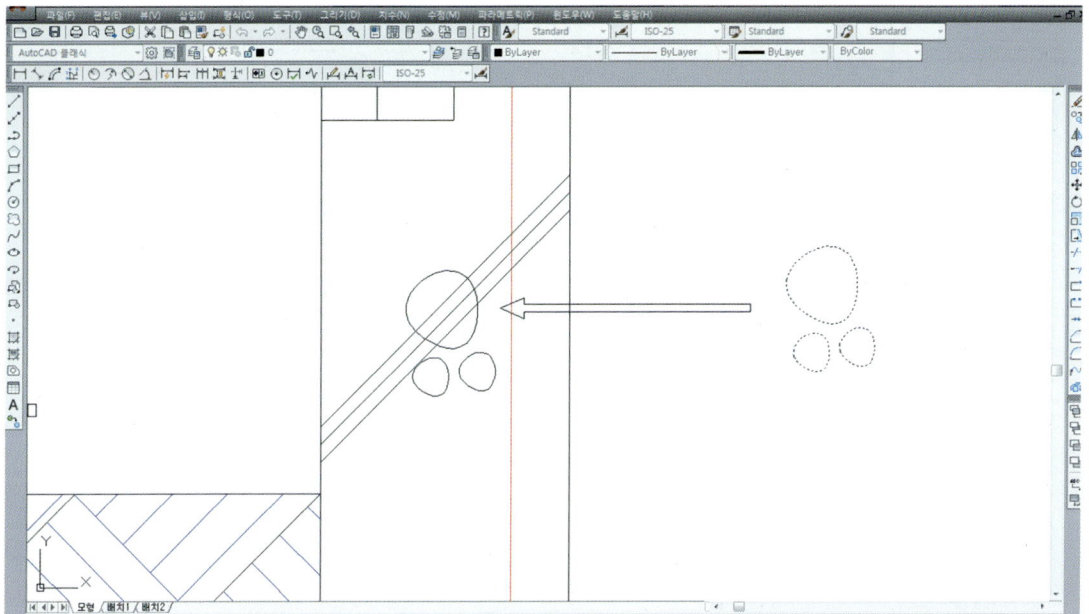

33_copy를 이용하여 아래쪽 임의의 위치로 복사합니다.

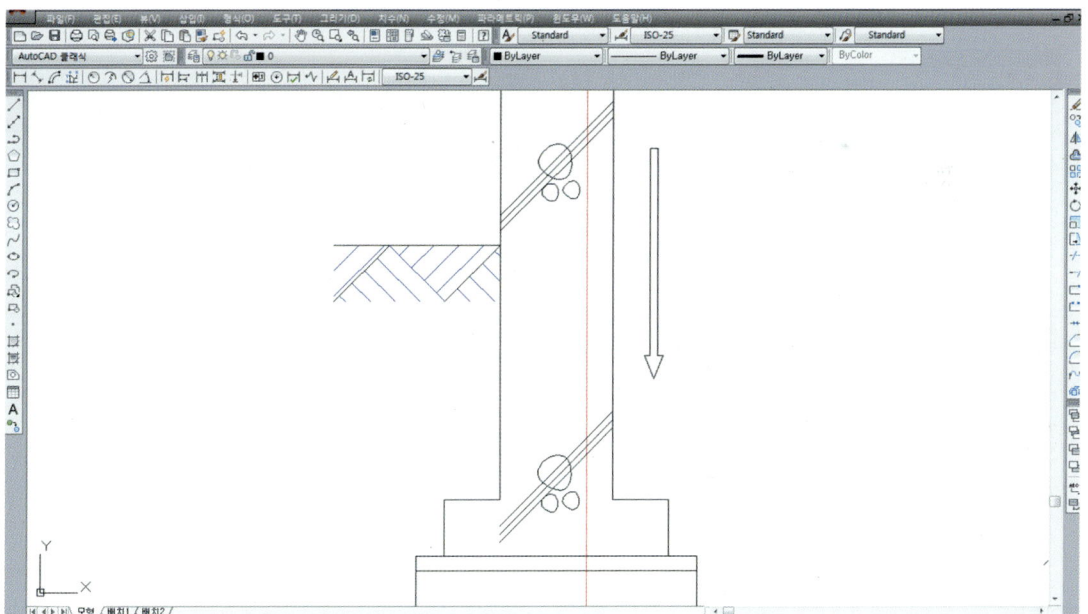

34_ extend를 이용하여 연장하고자할 기준(동그라미 부분)까지 늘려 철근콘크리트의 모양을 마무리합니다.

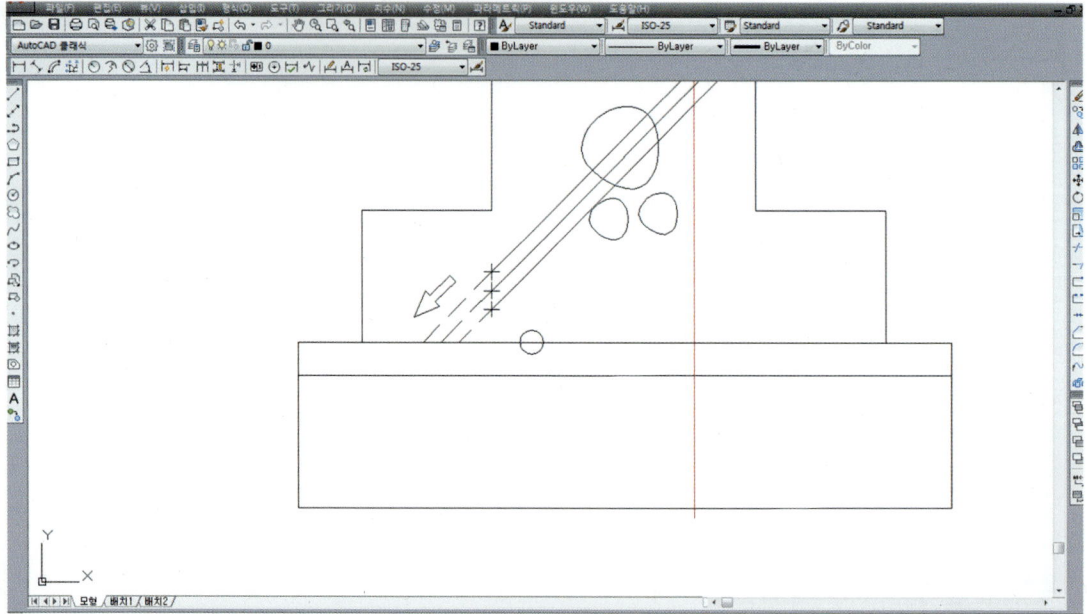

35_ line을 이용하여 임의의 한 점에서(✕ 표시) 적당한 길이의 극좌표 60°로 line을 만든 뒤 아래와 같이 편집하여 잡석다짐의 기본적인 부분을 만듭니다.

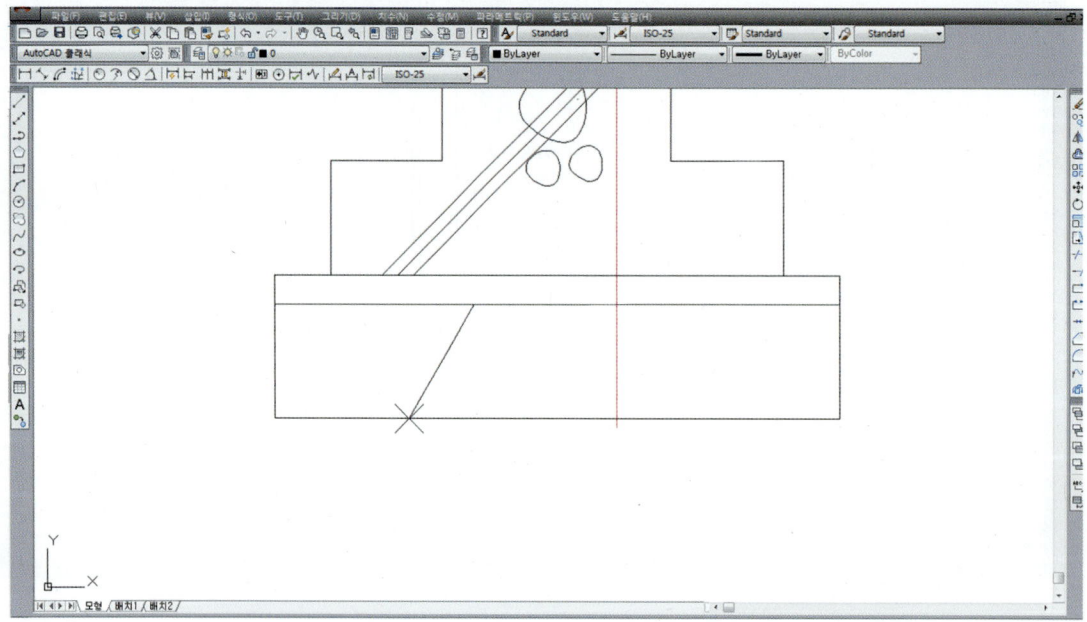

※ line을 짧게 그렸을 경우에는 extend로 연장하고, line을 길게 그렸을 경우에는 trim으로 잘라 편집합니다.

36_offset을 이용하여 30만큼 간격 (hidden 선)을 띕니다.

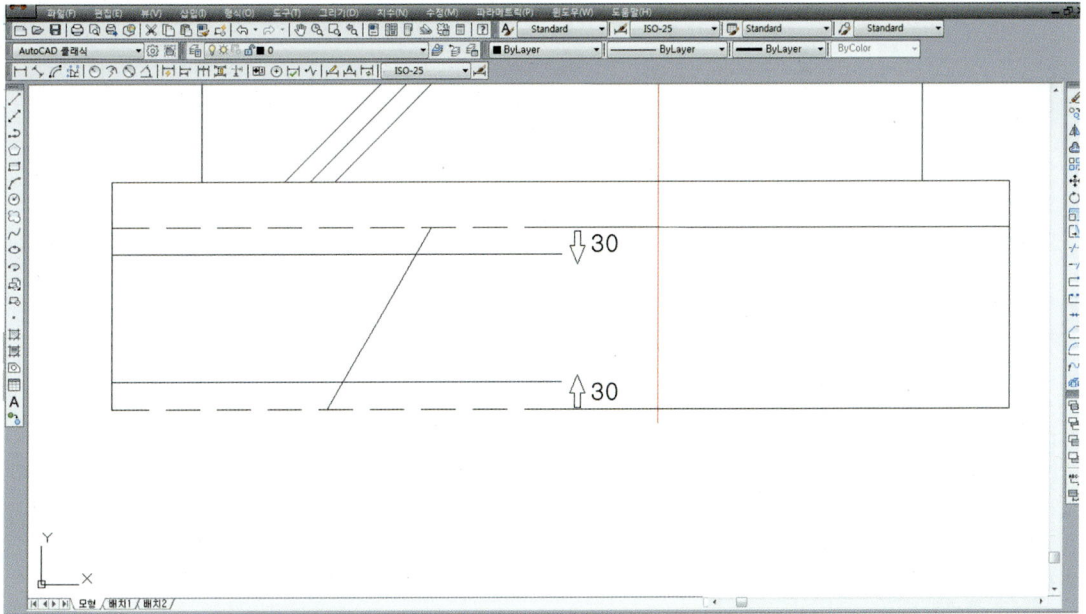

37_line을 이용(동그라미 부분)하여 상대좌표 @-30,30을 입력합니다.

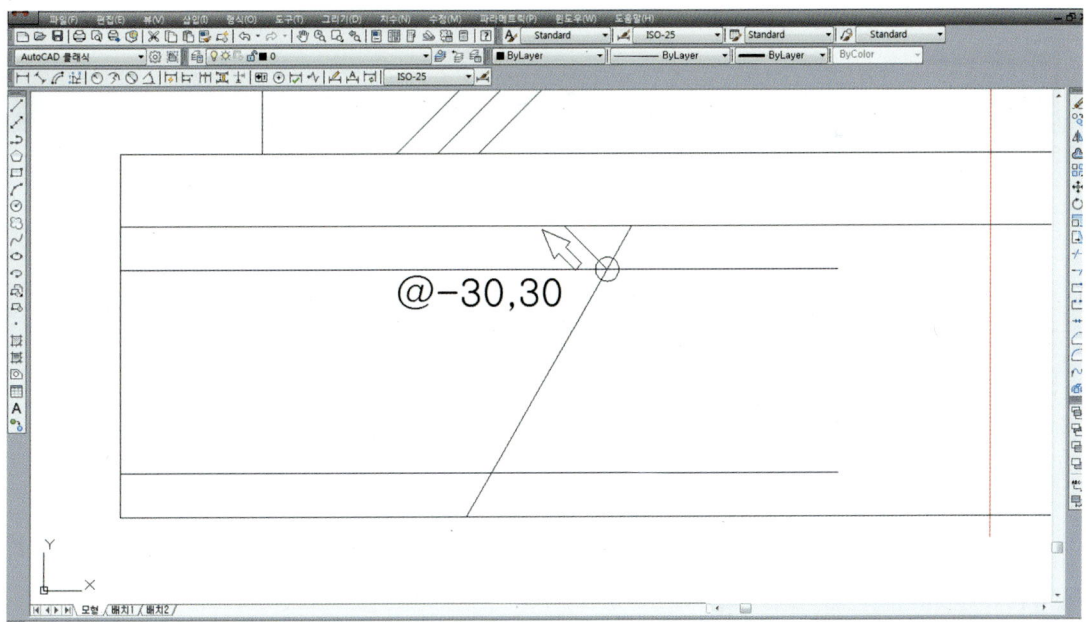

38_ copy를 이용하여 (hidden 선)아래쪽으로 (✗ 표시에서 ✗ 표시까지)복사하고 도면층을 5번으로 바꿉니다.

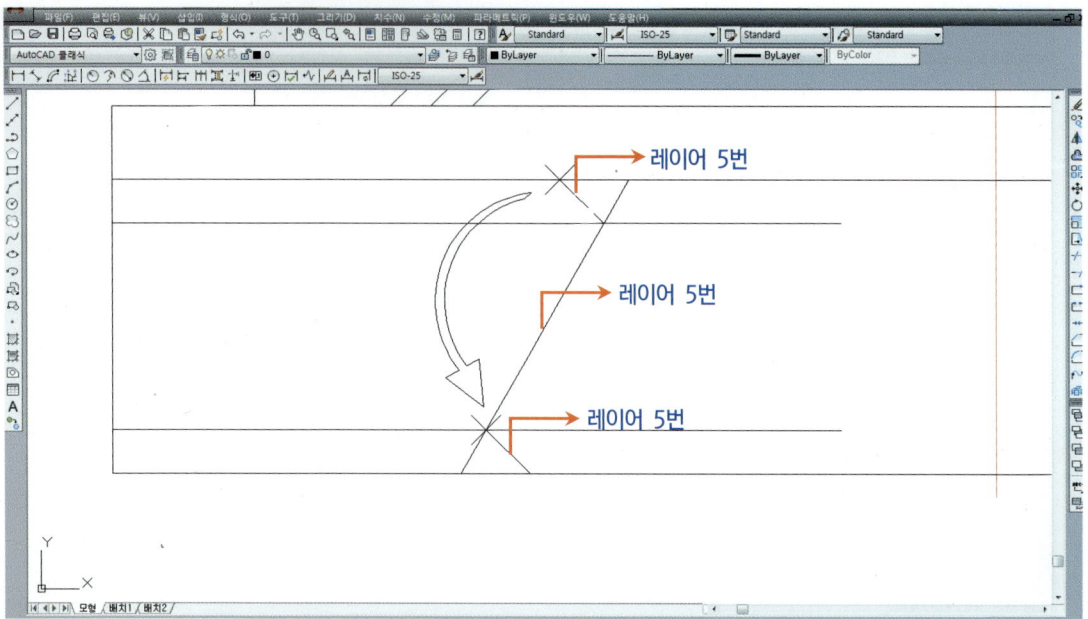

39_ erase를 이용하여 30간격의 line 두 개를 삭제한 뒤 copy를 이용하여 선택한 뒤 (hidden 선) 임의의 위치로 복사하여 잡석다짐을 마무리합니다.

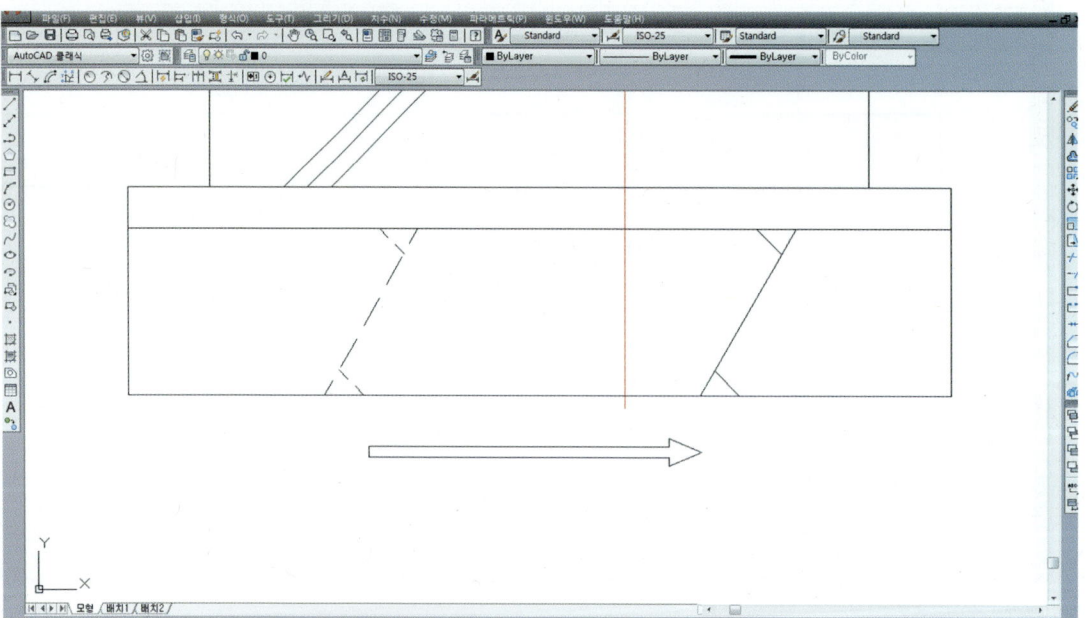

40_ line을 이용하여 벽돌 윗부분에 임의로 수평절단 line을 만들고 임의의 한 점 (동그라미 부분)에서 아래의 순서대로 만들고 trim을 이용하여 절단 line 사이(hidden 선)를 잘라냅니다.

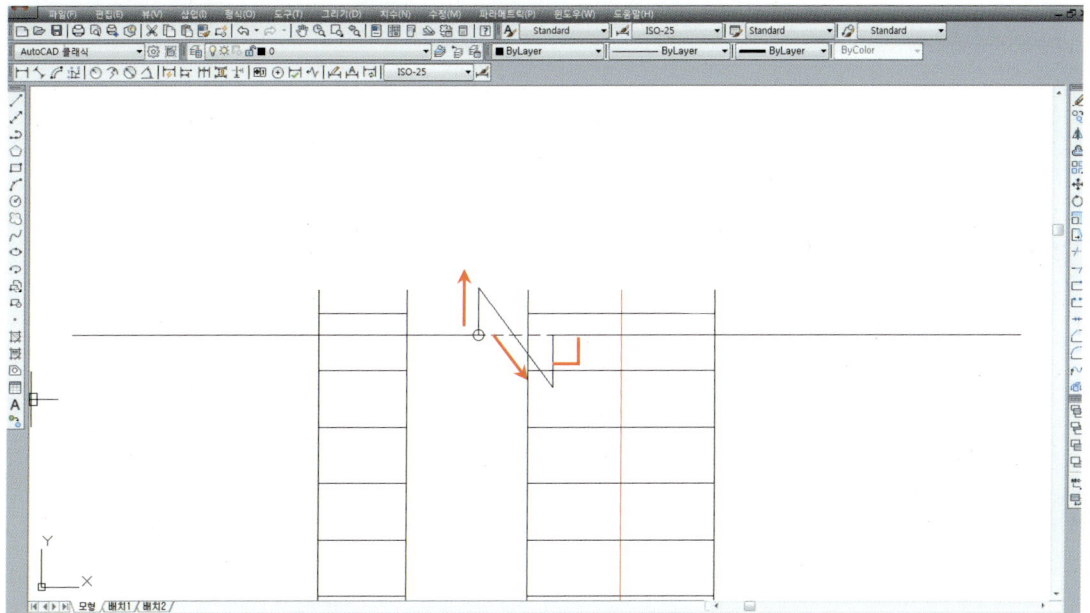

41_ trim과 erase를 이용하여 수평절단 선 위에 있는 벽돌부분을 편집하고 도면층 2로 바꿉니다.

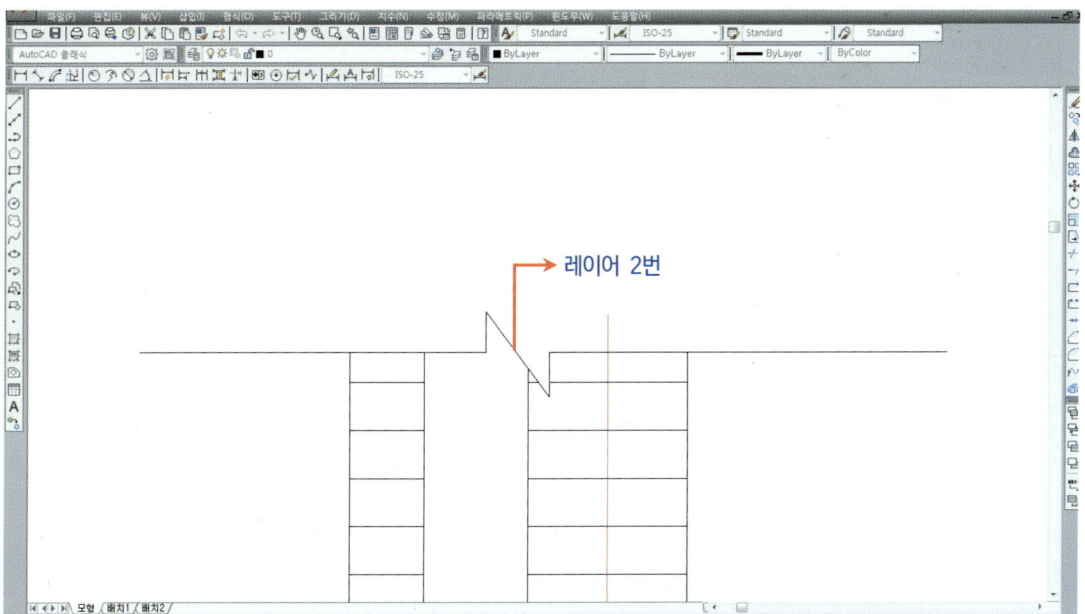

42_ rectangle과 pline을 이용하여 벽돌에 해치를 하기 위한 영역을 만듭니다.

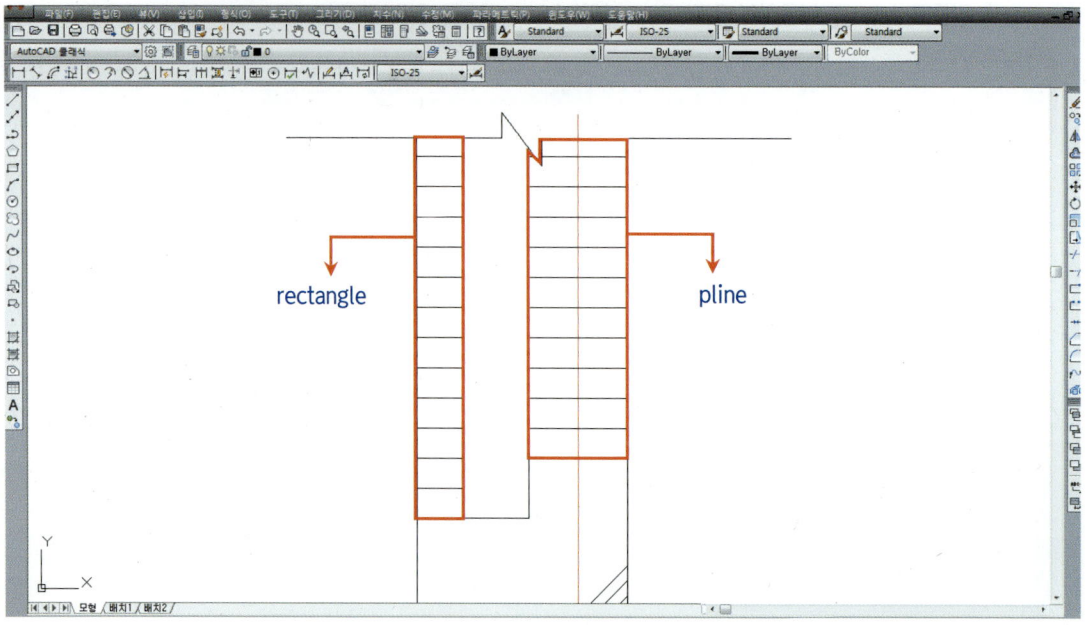

43_ hatch에서 아래와 같이 설정 후 rectangle과 pline에 해치를 하기 위해 추가 : 객체선택을 클릭합니다.

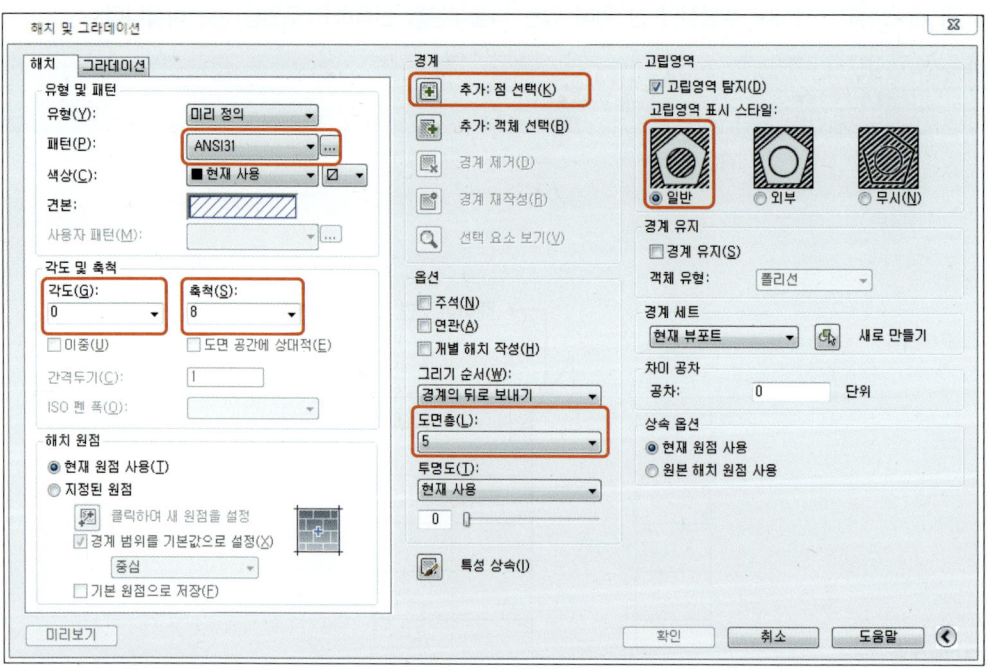

44_ rectangle과 pline을 클릭 (hidden 선)하여 선택하고 확인을 클릭합니다.

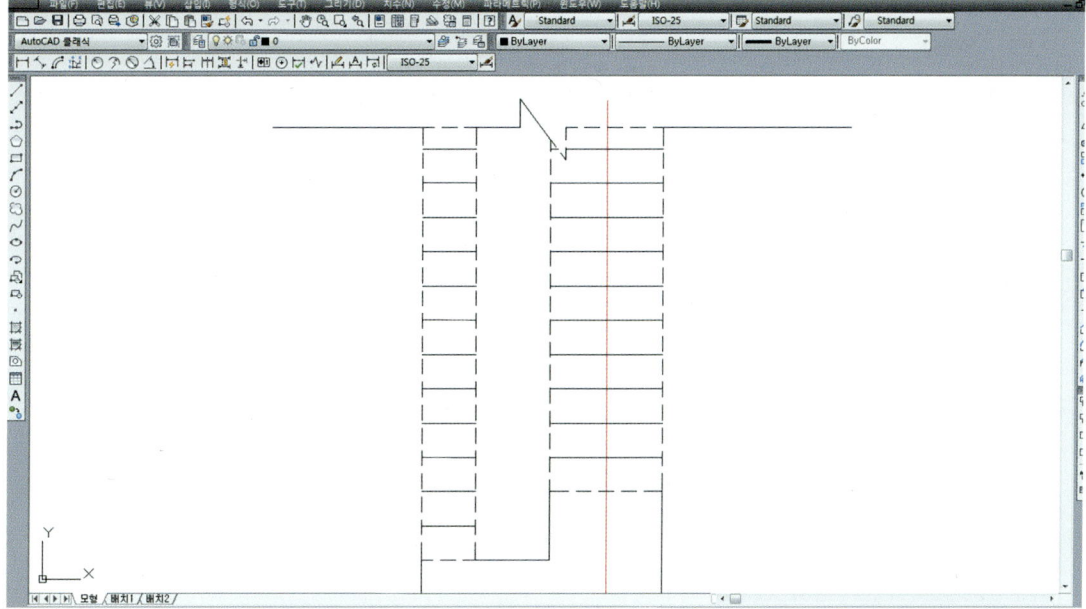

45_ 아래와 같이 벽돌해치가 완성됩니다.

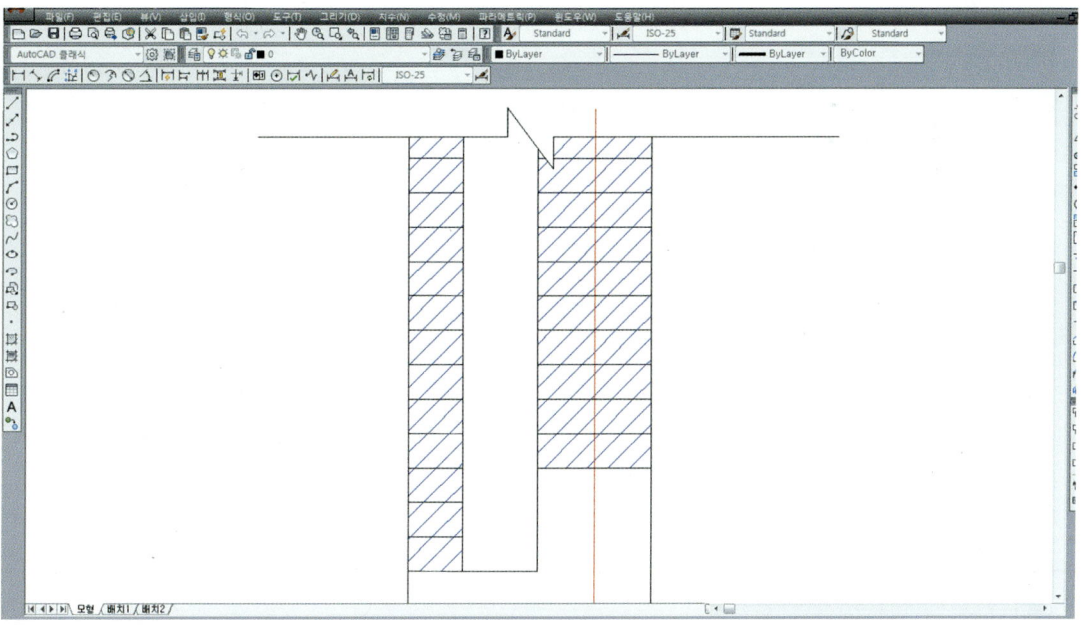

※ 벽돌 hatch가 완성되면 rectangle과 pline을 erase로 삭제합니다.

46_hatch에서 아래와 같이 설정 후 단열재 해치를 합니다.

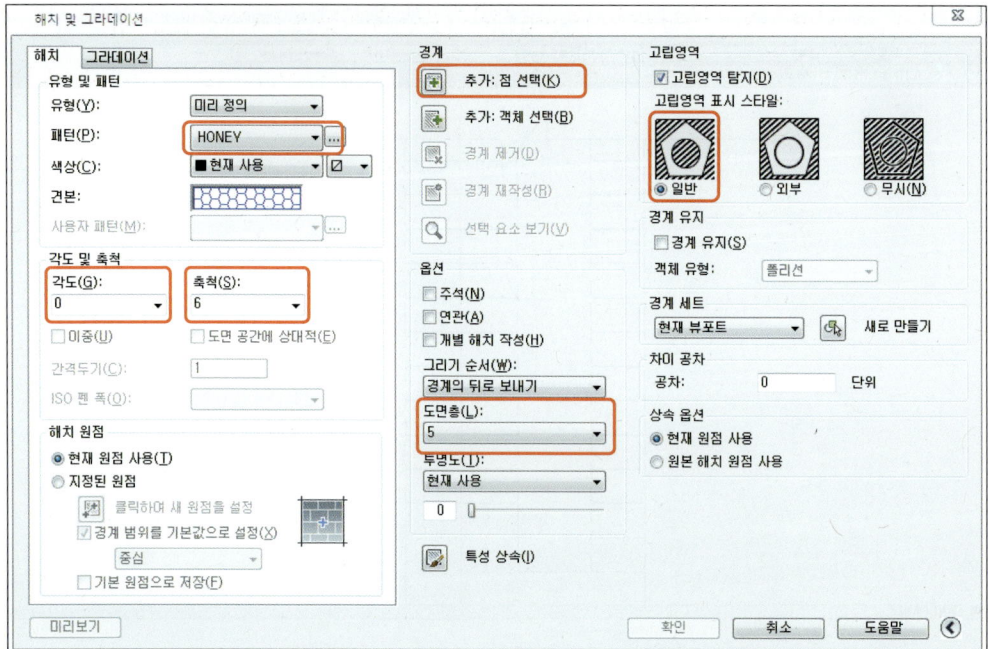

47_단열재가 들어갈 내부공간을 클릭(hidden 선)하여 선택하고 확인을 클릭합니다.

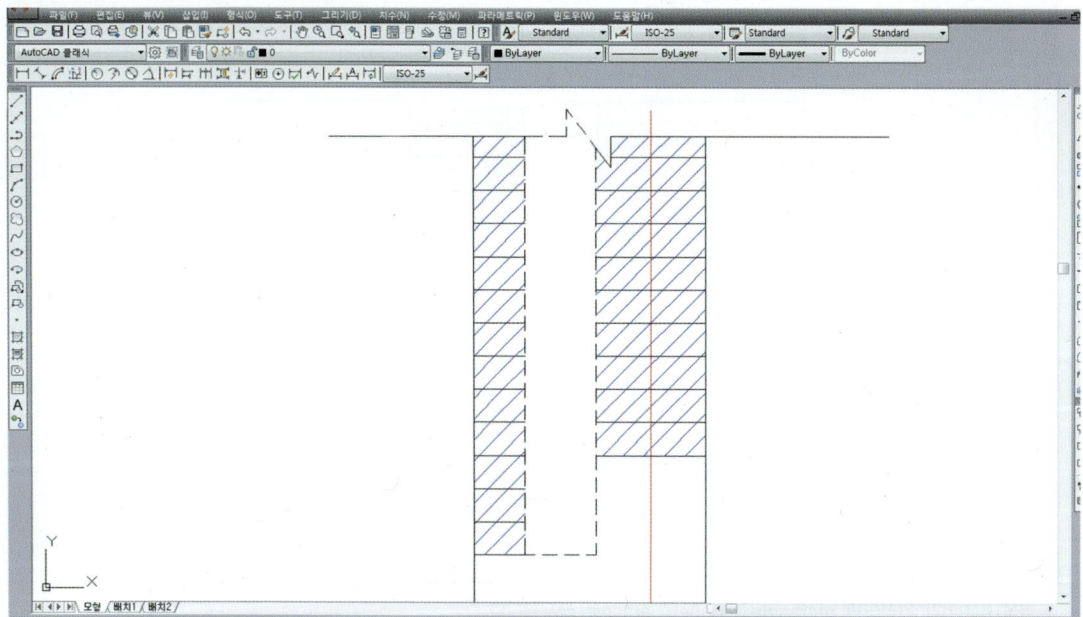

48_ 아래와 같이 단열재 해치가 완성됩니다.

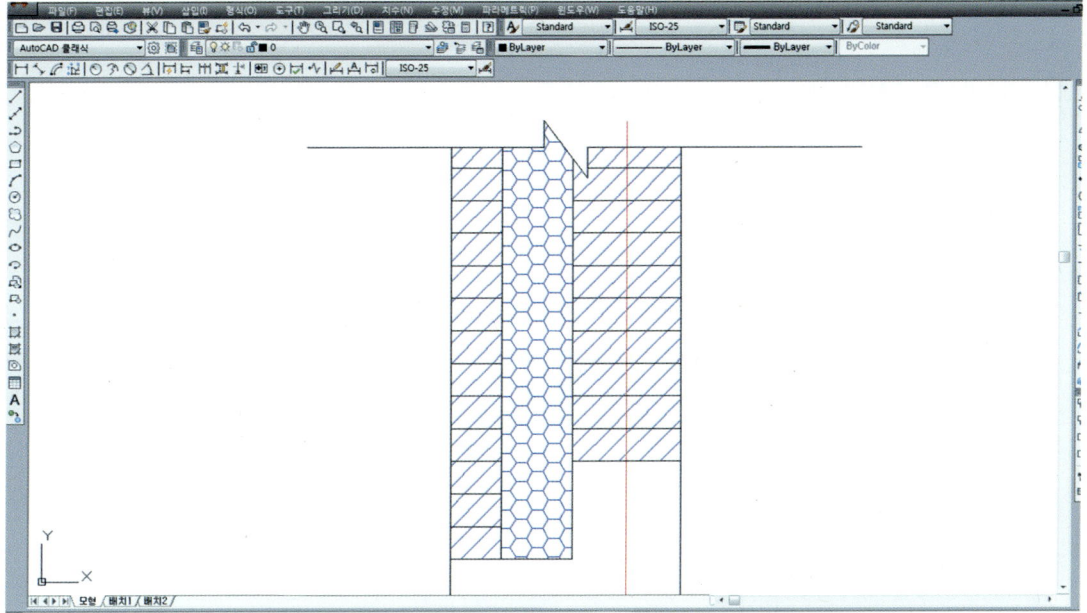

2 치수기입하기

1_ 치수변수를 조정합니다.

※ 치수변수 조정방법은 2. 치수변수를 적용한 치수입력을 참고하여 먼저 변수를 바꾼 후 치수입력을 하기 바랍니다.
※ 치수변수에서 문자 색상을 하늘색으로 해야 하지만, CAD화면 배경색(흰색)에서 보이지 않아 고치지 않았습니다.

2_ line을 이용하여 길이 100으로 그린(동그라미 부분) 뒤 offset으로 100, 200 간격을 띕니다.

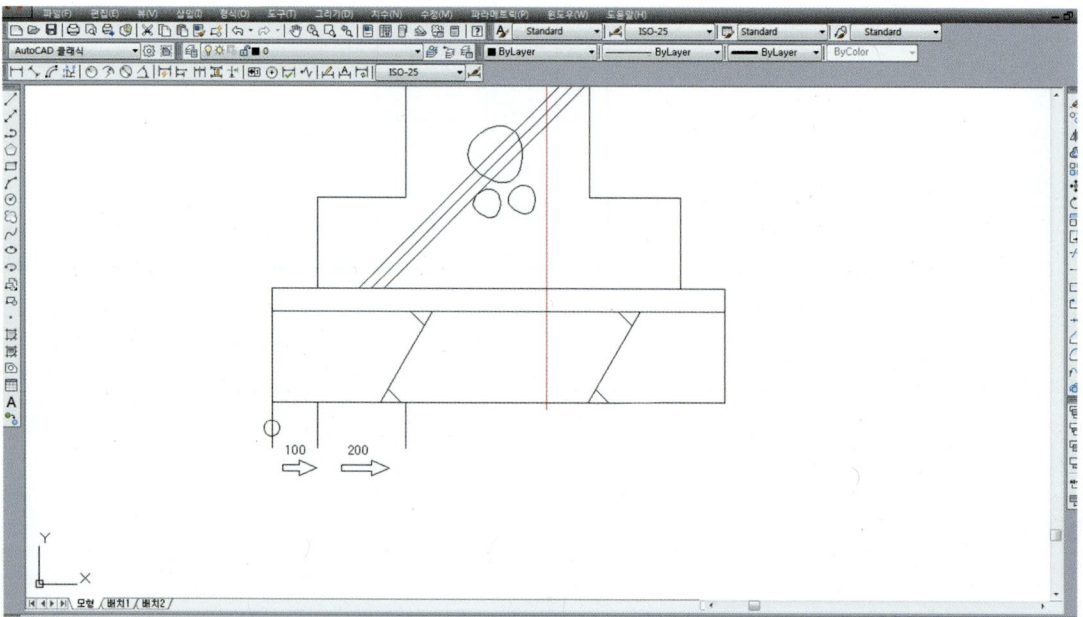

3_mirror를 이용하여 대칭 축(✘ 표시)을 기준으로 수직방향으로 (hidden 선) 대칭합니다.

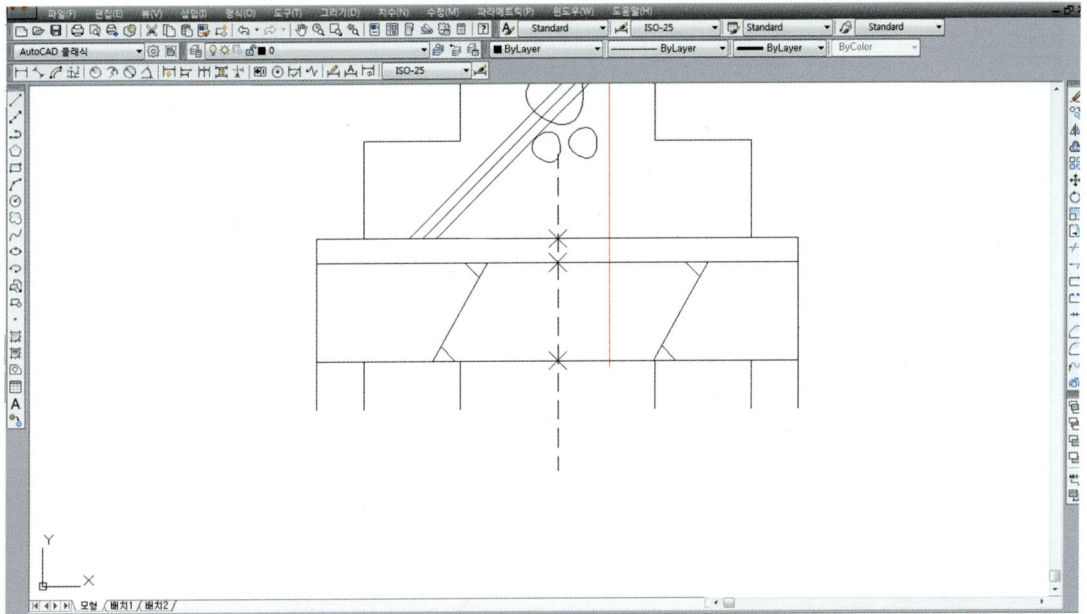

4_line을 이용하여 길이 100으로 그린(동그라미 부분) 뒤 offset으로 200, 50, 200 간격을 띕니다.

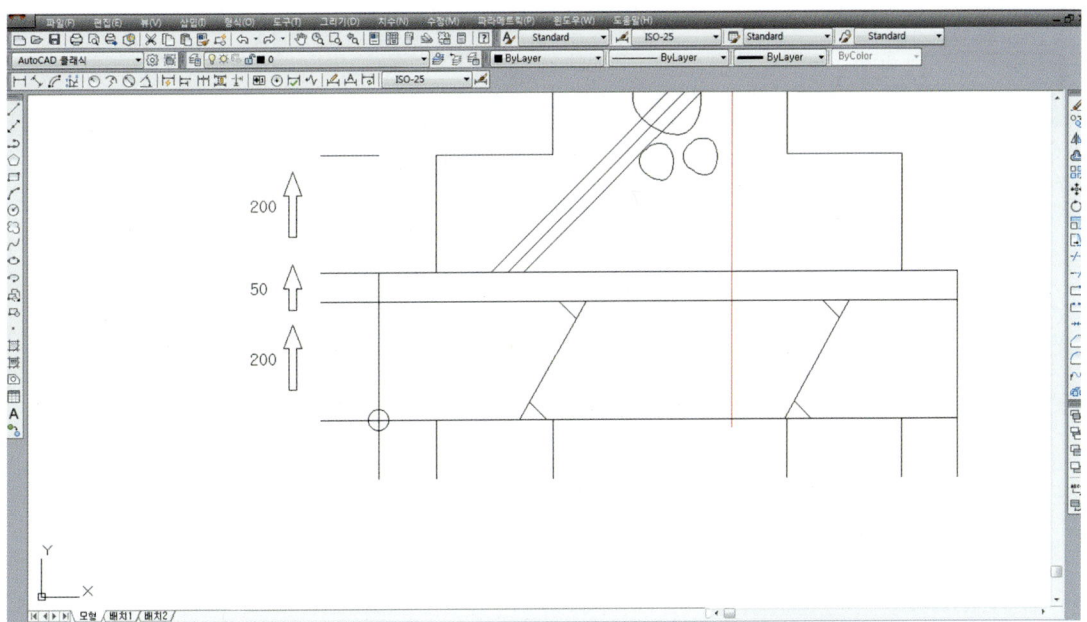

5_신속치수 아이콘을 클릭하고 치수 기입할 선을 선택(hidden 선)한 뒤 옵션에서 다중 (S)을 선택합니다.

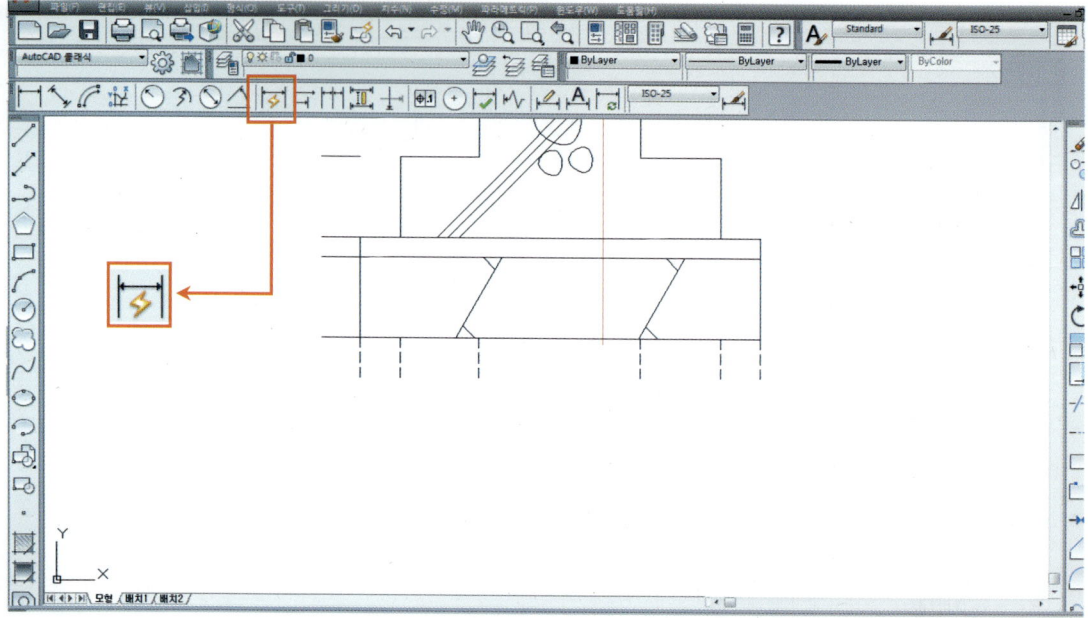

6_아래방향으로 마우스를 내린 뒤 임의의 점(✗ 표시)에 클릭합니다.

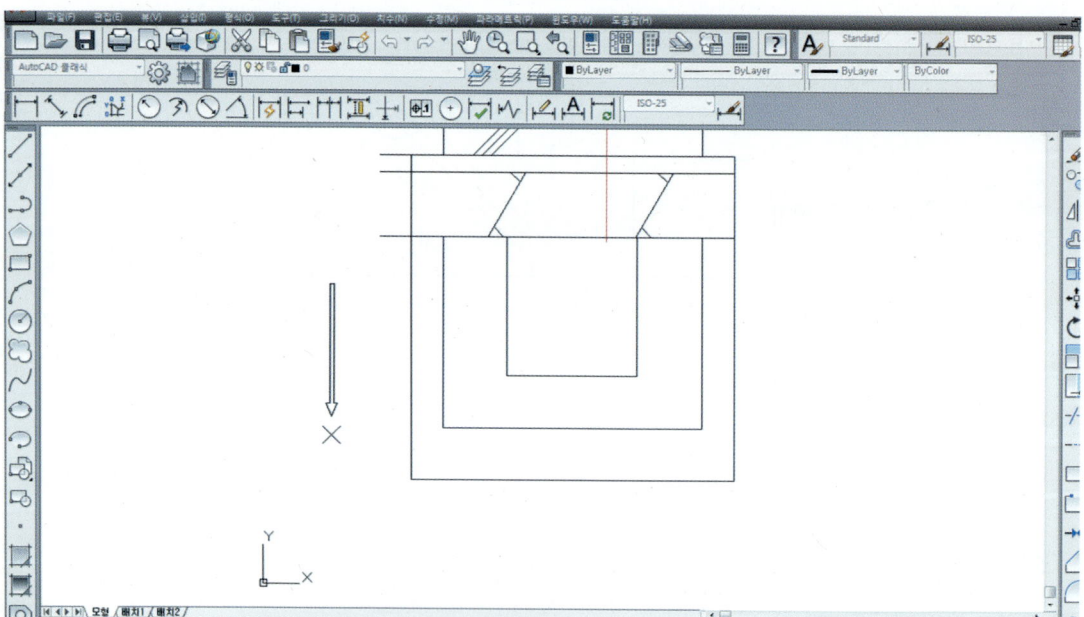

7_ 치수업데이트 아이콘을 클릭하고 치수선을 선택한 뒤 ↵합니다.

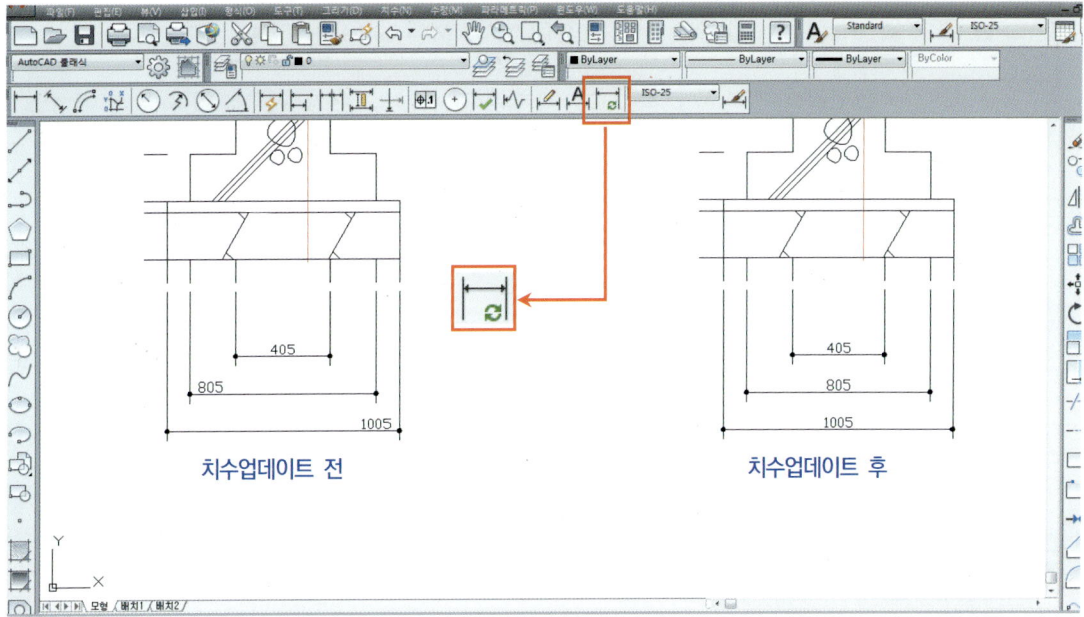

8_ 신속치수 아이콘을 클릭하고 치수 기입할 선을 선택(hidden 선)한 뒤 옵션에서 연속 (C)을 선택합니다.

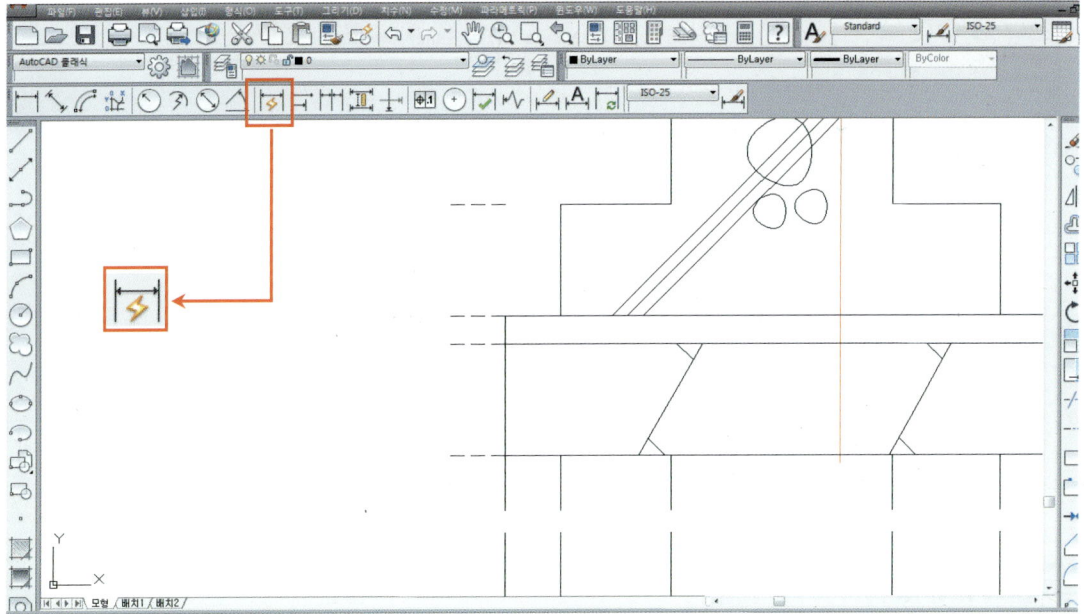

9_ 왼쪽방향으로 마우스를 옮긴 뒤 임의의 점(X 표시)에 클릭합니다.

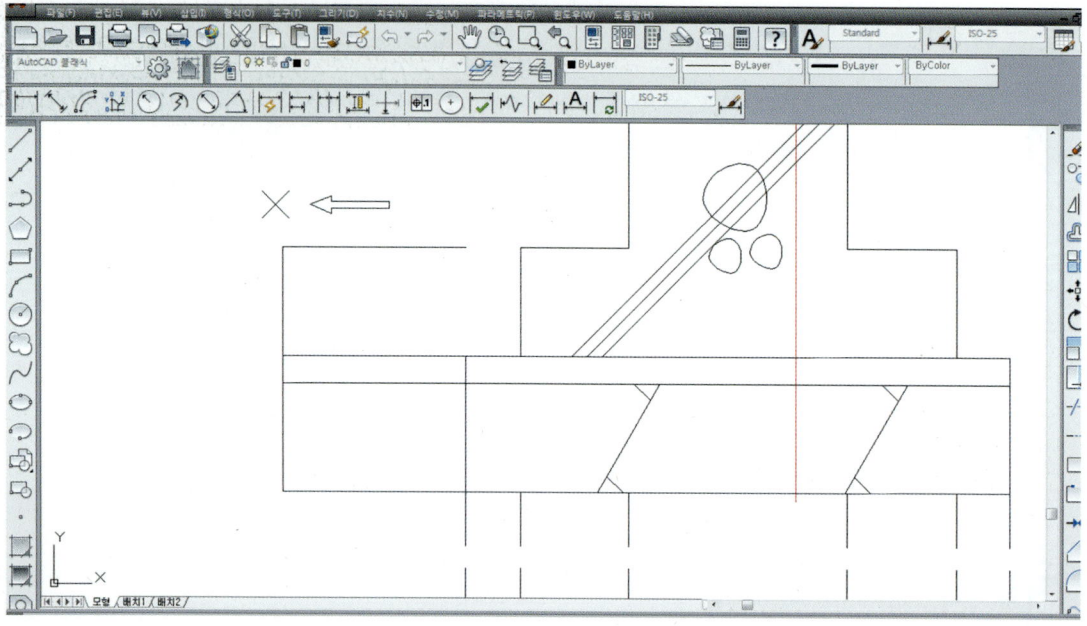

10_ 임의로 만든 선을 모두 지웁니다.

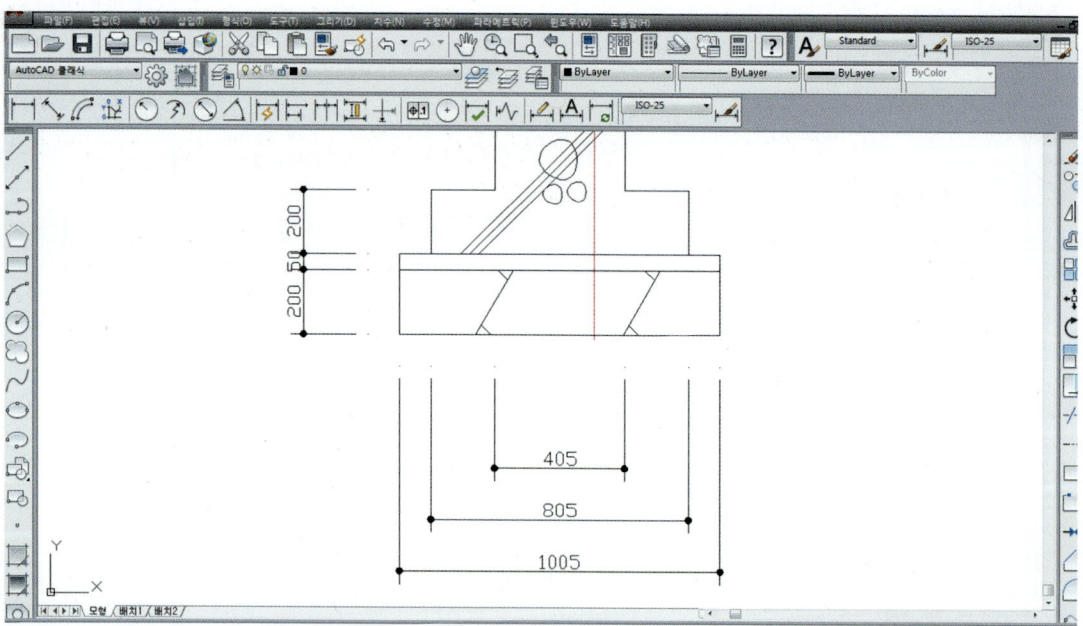

11_ line을 이용하여 길이를 지반 line보다 길게 (동그라미 친 부분)그린 뒤 offset으로 200, 50, 200, 900, 600의 간격을 띄고 마지막에는 offset의 옵션 통과점(T)을 이용하여 간격을 띕니다.

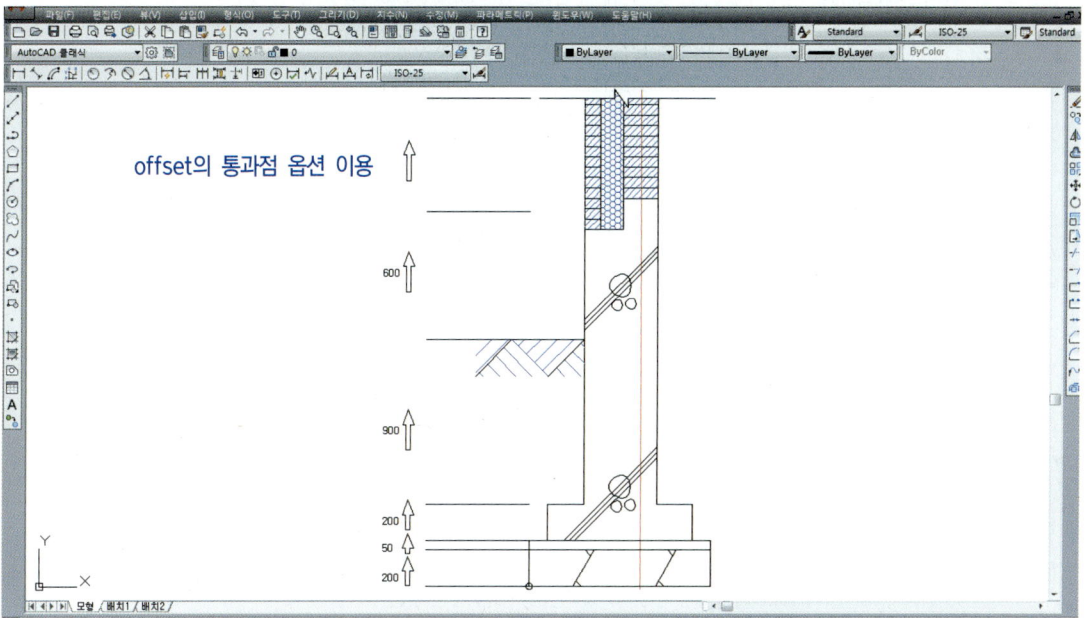

※ offset의 통과점(T) : 물체의 특정위치를 지정하여 통과점에 물체를 간격띄우기 합니다.

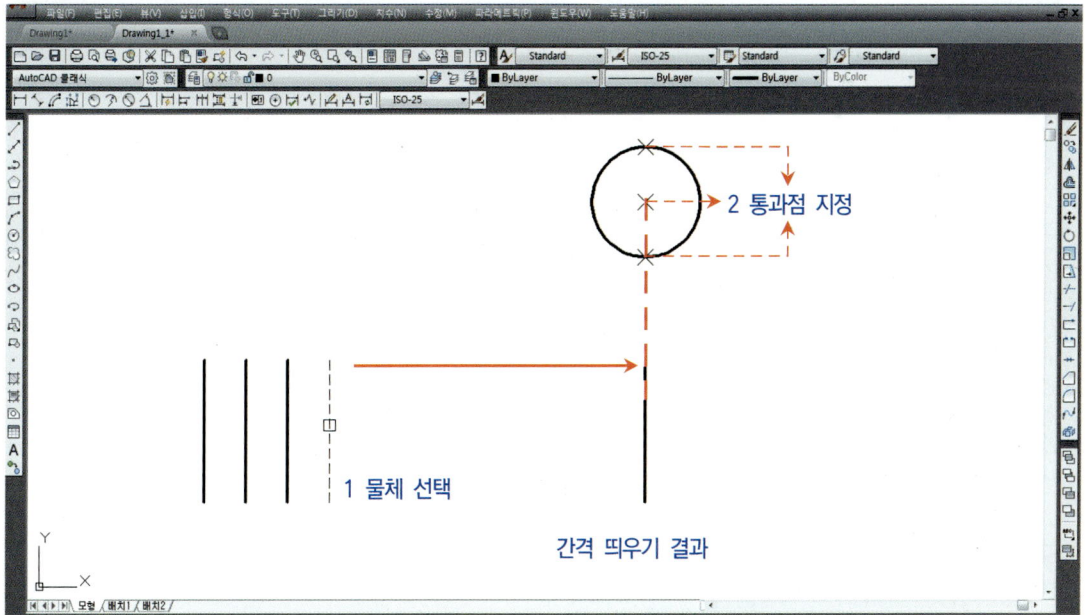

12_ 신속치수 아이콘을 클릭하고 치수 기입할 선을 선택(hidden 선)한 뒤 옵션에서 연속 (C)을 선택합니다.

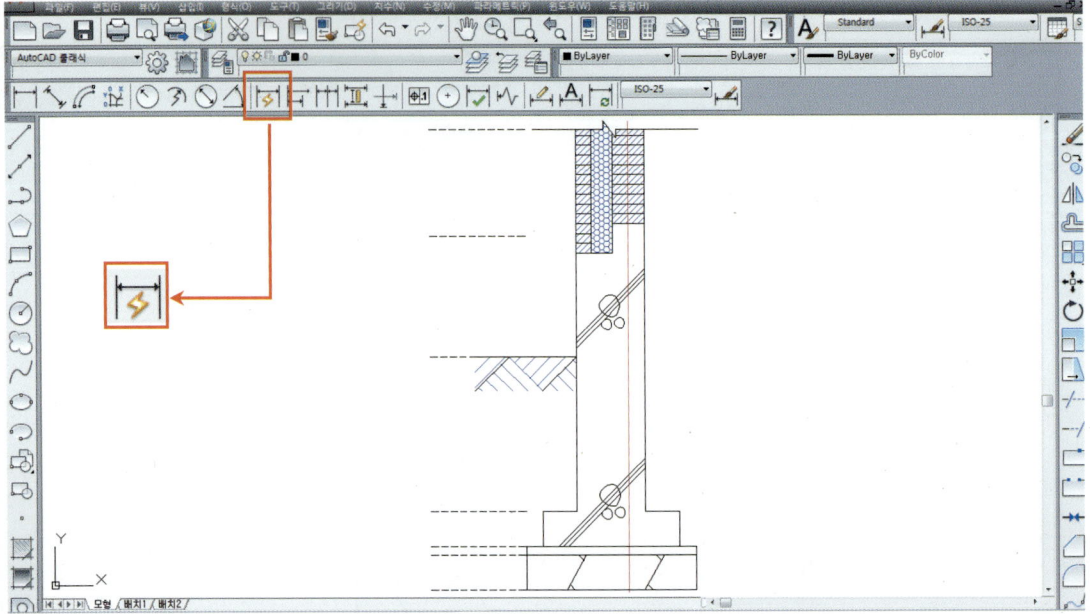

13_ 왼쪽방향으로 마우스를 옮긴 뒤 임의의 점(✕ 표시)에 클릭합니다.

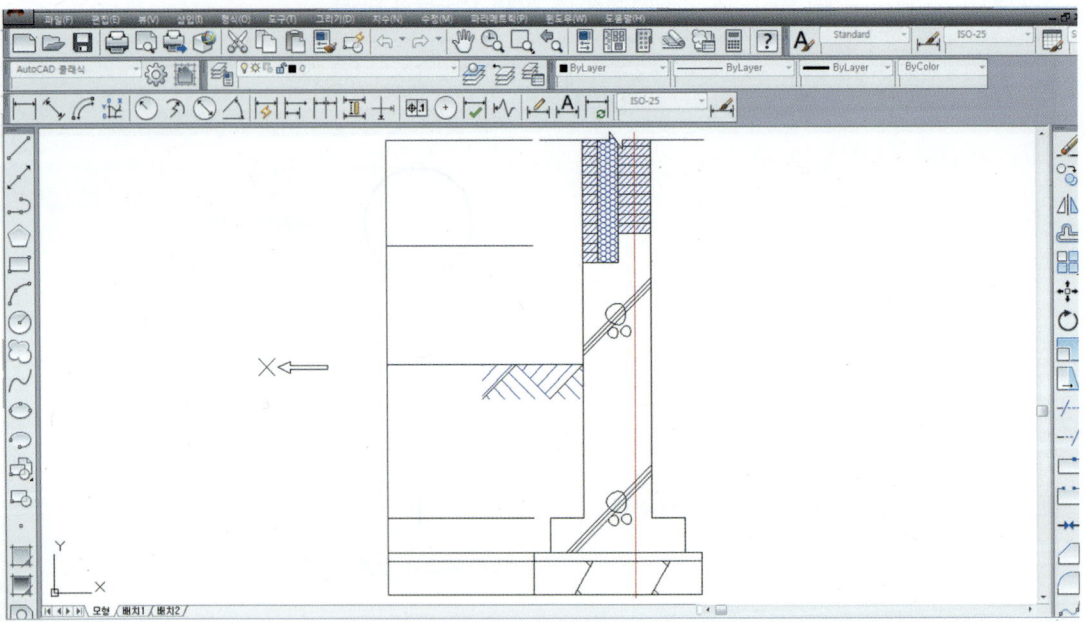

14_ 기준선 아이콘을 클릭하고 최종 치수 기입할 선을 클릭(녹색 박스)하고 esc 버튼을 눌러 종료합니다.

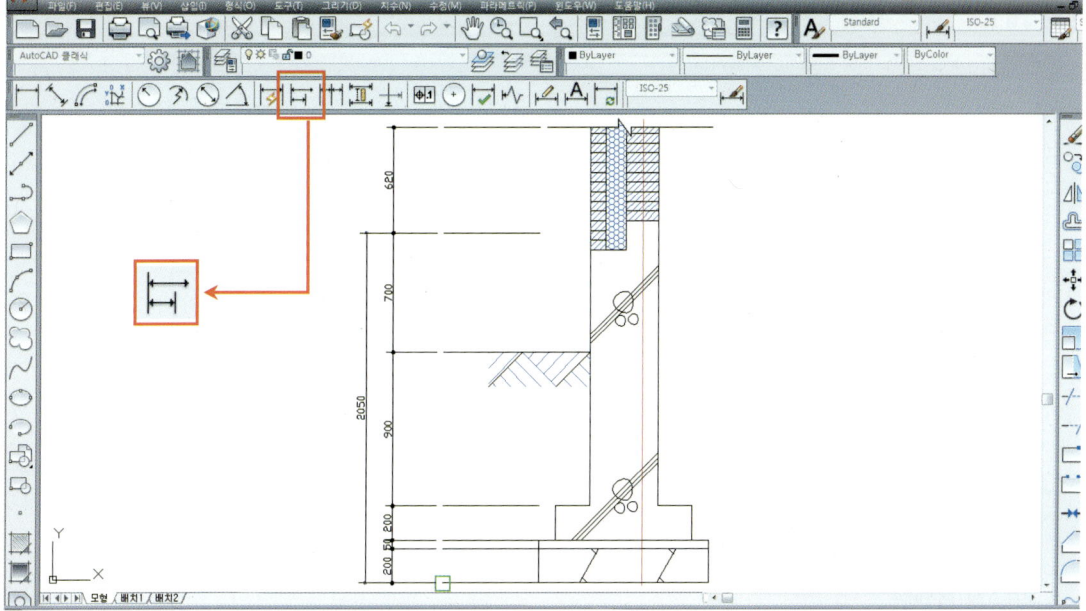

15_ 제일 위에 있는 치수를 클릭하여 grip박스와 grip박스(파란색 박스) 사이를 더블클릭합니다.

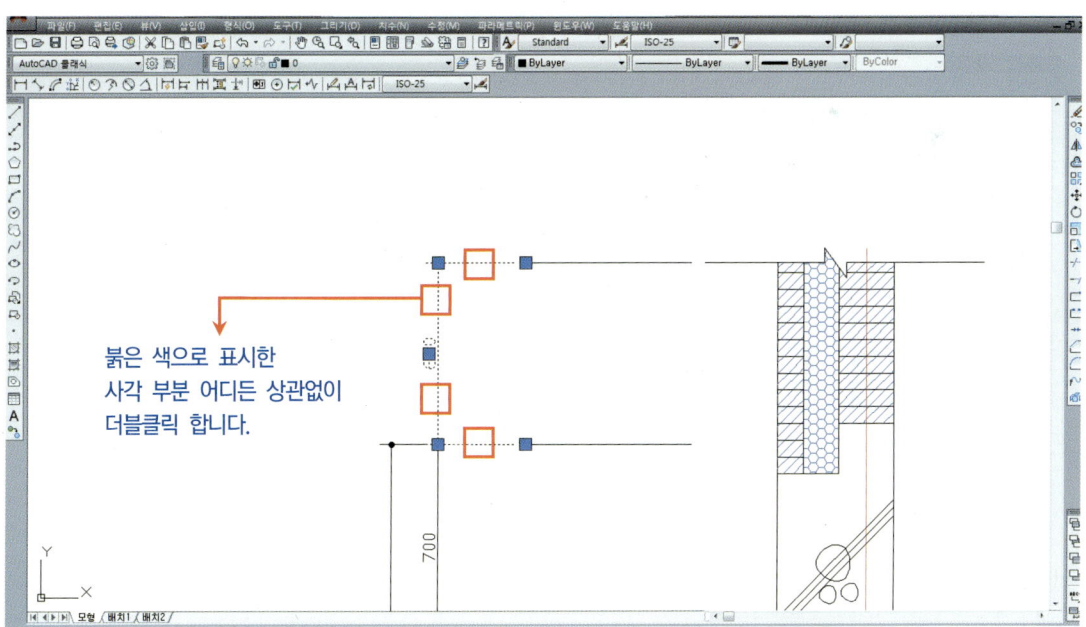

※ grip 박스 : 사용자가 옵션에서 grip박스의 색상을 바꿀 수 있기 때문에 파란색이 아닐 수 있습니다.

Part 01_실기 **53**

16_ 글자를 설계치수로 변경하고 확인버튼을 누른 뒤 임의로 만든 line을 모두 지웁니다.

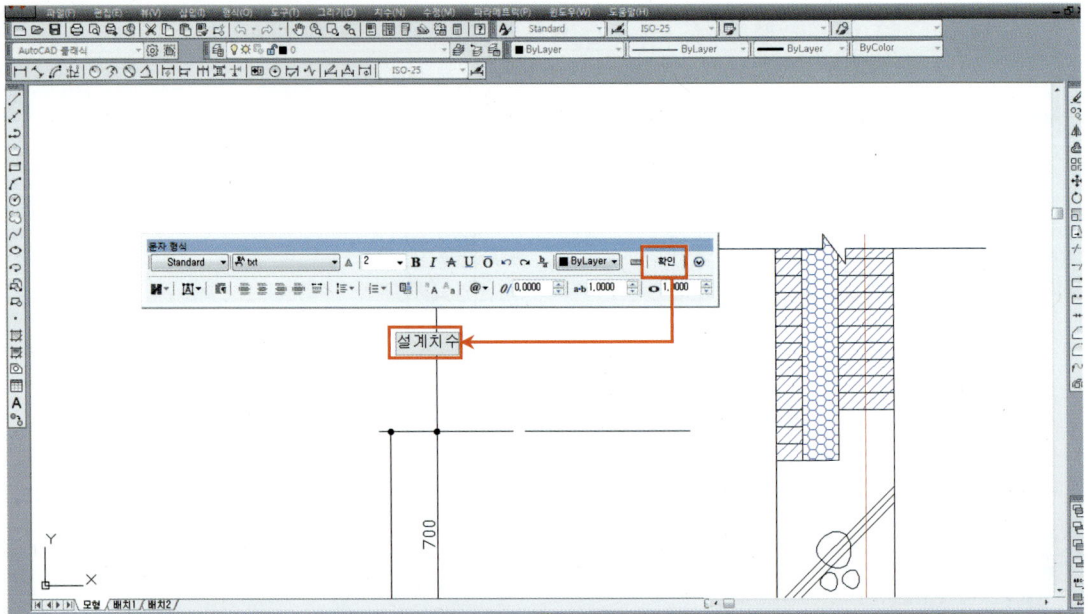

17_ 지반선 부분에 mtext를 이용하여 G.L이라는 글자를 입력하고 글자크기는 4로 지정합니다. 글자가 완성되면 도면층을 4로 바꿉니다.

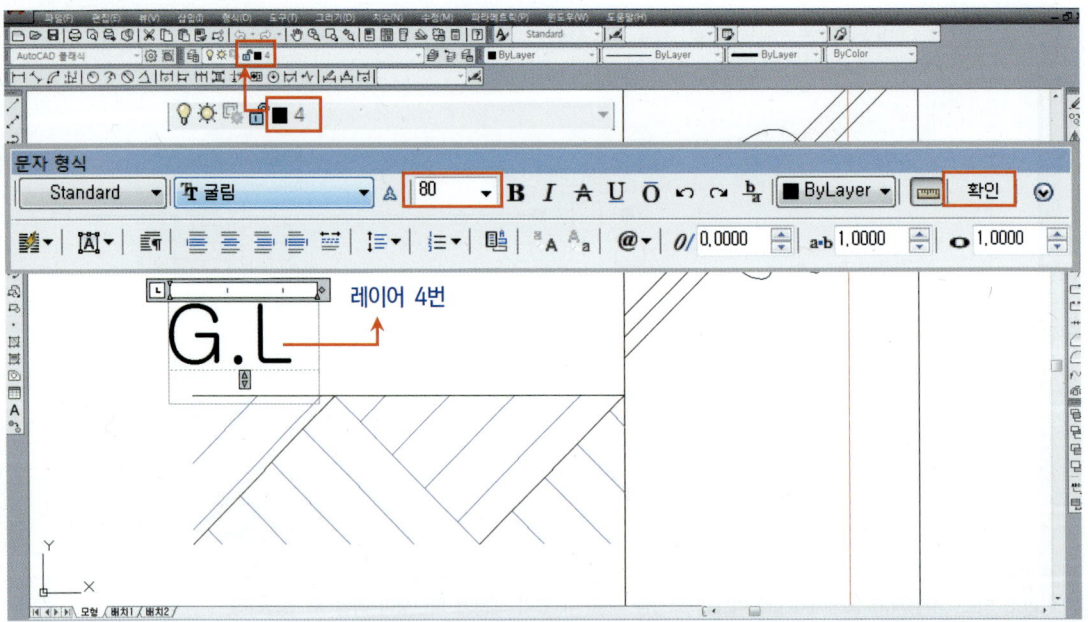

※ 도면층 4의 실제 색깔은 하늘색이며, 여기서는 캐드배경화면을 흰색으로 놓고 작업하여 글자를 검정색으로 표현하였습니다. 실제 작업을 하실 때에는 도면층 4의 색깔을 하늘색으로 하시기 바랍니다. 또한, 글자크기는 도면 척도를 곱하여 사용해야함으로 최종 글자 크기는 4(글자크기)×20(도면척도)이 되어 80 크기로 합니다.

18_ 도면 아래쪽에 **17**번과 같은 방법으로 기초부분단면상세도 S : 1/20이라는 글자를 입력하고 글자 크기는 5로 지정합니다. 글자가 완성되면 도면층을 4로 바꿉니다.

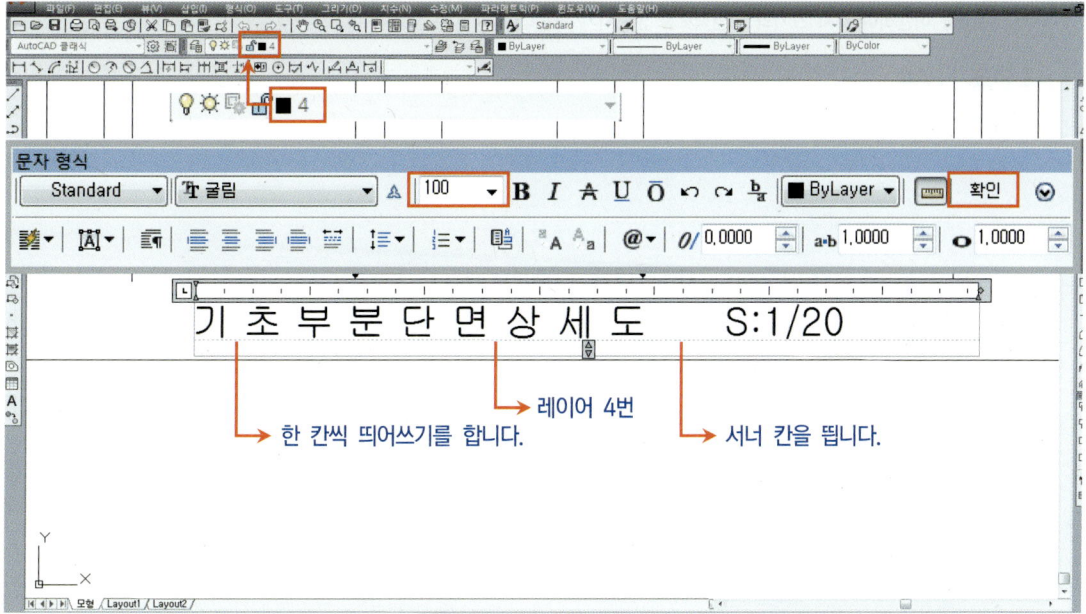

19_ rectangle을 이용하여 기초부분단면상세도 주변으로 박스를 만들고 도면층을 0으로 합니다.

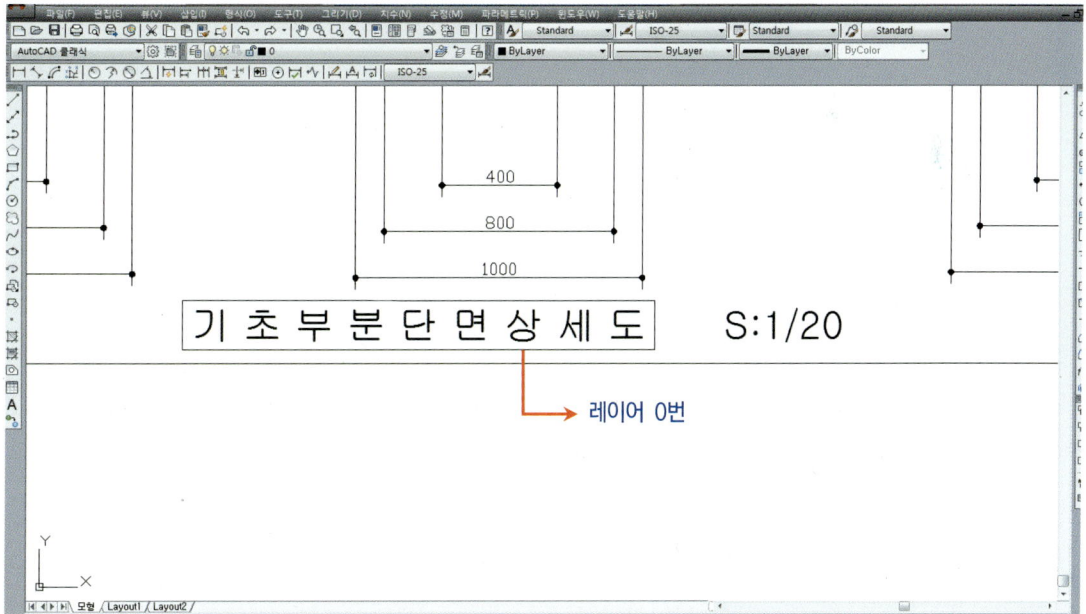

다음의 기초부분단면상세도를 작도해 보시기 바랍니다.

※ mvsetup을 이용하여 용지 크기와 도면척도를 만드시기 바랍니다.

- 도면크기 : A4
- 도면척도 : 20

[조건]

- 벽돌 : 외부로부터 0.5B(90mm), 시멘트벽돌 1.0B(190mm)
- 단열재 : 좌측부터 125mm(중심선 위치는 내부로),
  　　　　　　　 120mm(중심선 위치는 가운데로),
  　　　　　　　 135mm(중심선 위치는 내부로)
- 고막이 : 600mm
- 동결선 : 900mm

※ 도면을 반대로 그려보는 연습이 반드시 필요합니다. 꼭 연습해 보시기 바랍니다.
※ 반대로 연습하실 때 철근표시 및 잡석다짐과 해치를 반대로 해서는 안 됩니다.

기초부분단면상세도

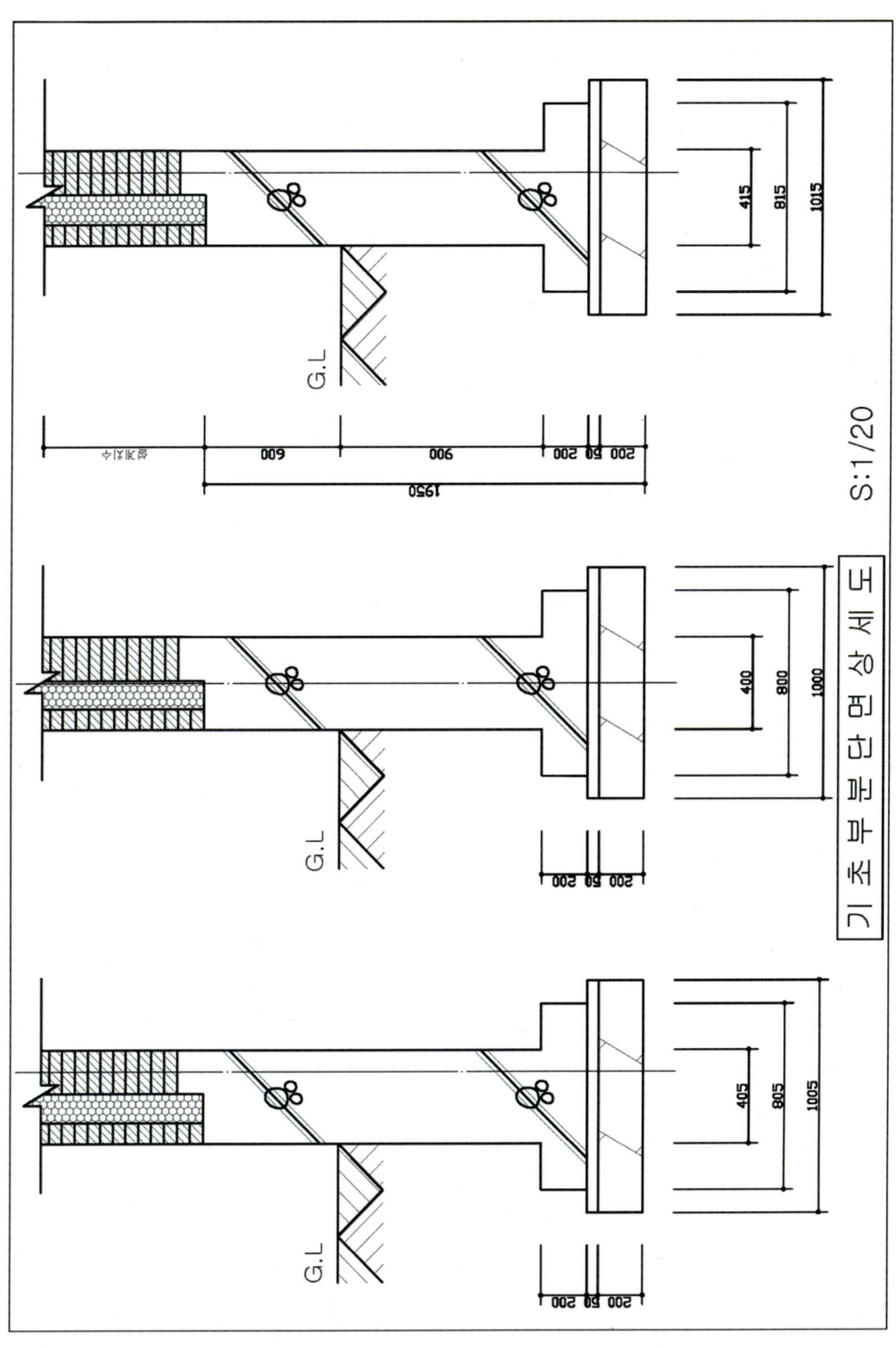

3 방부분단면상세도

1_mvsetup에서 도면척도를 20으로 맞추고 용지크기를 A4로 만듭니다.

명령 **MVSETUP** ↵

도면공간을 사용가능하게 합니까? [아니오(N)/예(Y)] : n ↵
단위 유형 입력 [공학(S)/십진(D)/엔지니어링(E)/건축(A)/미터법(M)] : m ↵
미터 축척
(5000) 1 : 5000
(2000) 1 : 2000
(1000) 1 : 1000
(500)   1 : 500
(200)   1 : 200
(100)   1 : 100
(75)   1 : 75
(50)   1 : 50
(20)   1 : 20
(10)   1 : 10
(5)   1 : 5
(1)   전체
축척 비율 입력 : 20 ↵
용지 폭 입력 : 283 ↵
용지 높이 입력 : 196 ↵

2_ layer에서 다음과 같이 도면층을 만듭니다.

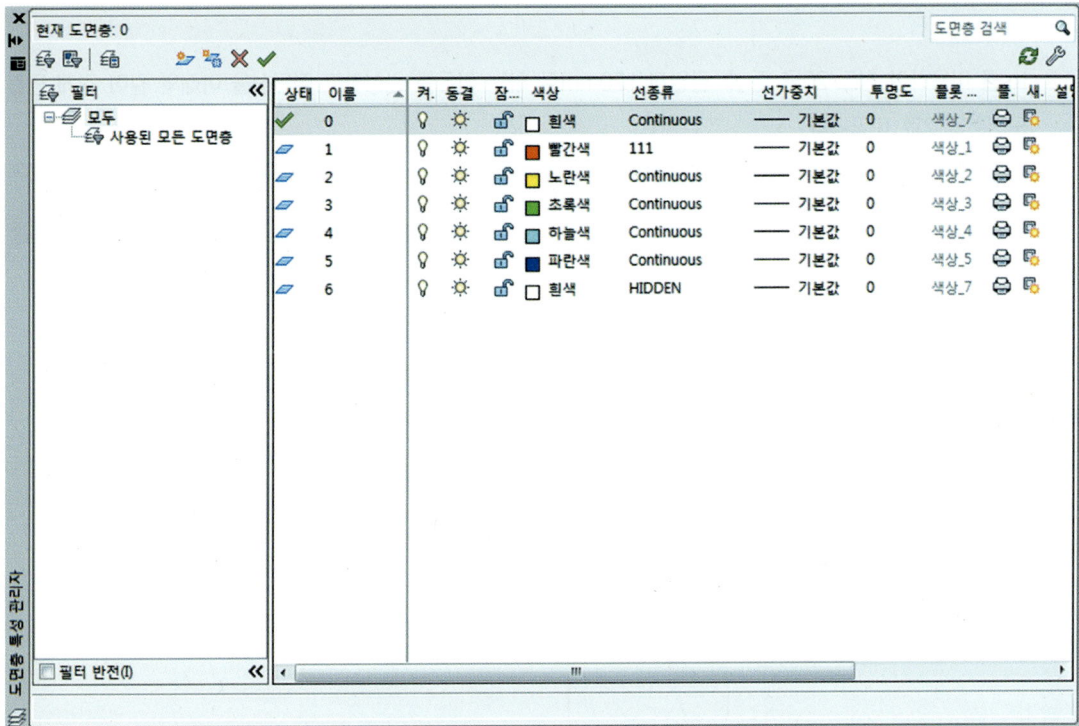

방 단면 그리기

3_ lts를 이용하여 척도 20을 준 후 단열재 120mm로 하는 기초를 완성하고 절단선을 아래와 같이 길게 만들고 도면층을 2로 바꿉니다.

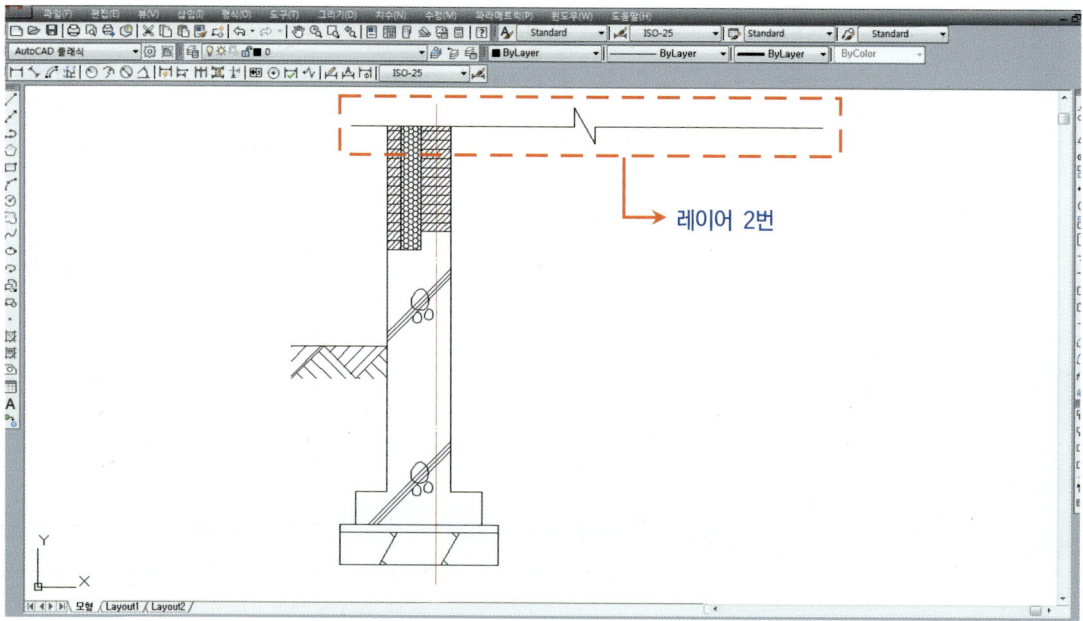

4_ copy로 고막이(hidden 선)를 직교(F8)가 켜진 상태에서 임의의 거리만큼 복사하고 도면층을 0으로 바꿉니다.

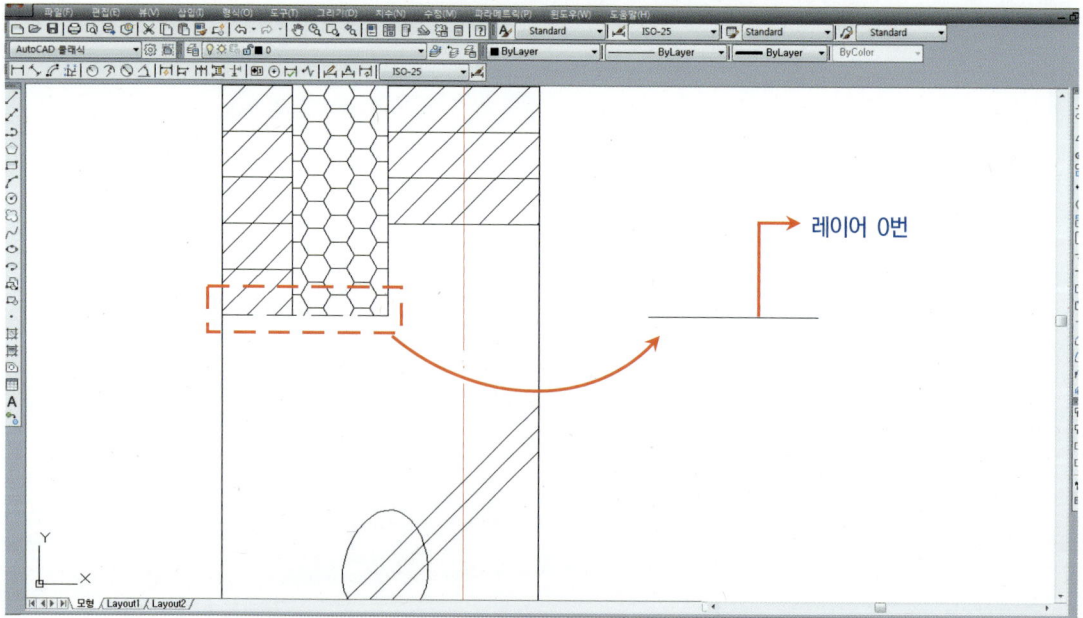

5_ 우측에 절단선을 하나 더 만들고 복사한 선을 벽체와 절단선(hidden 선)까지 연장합니다.

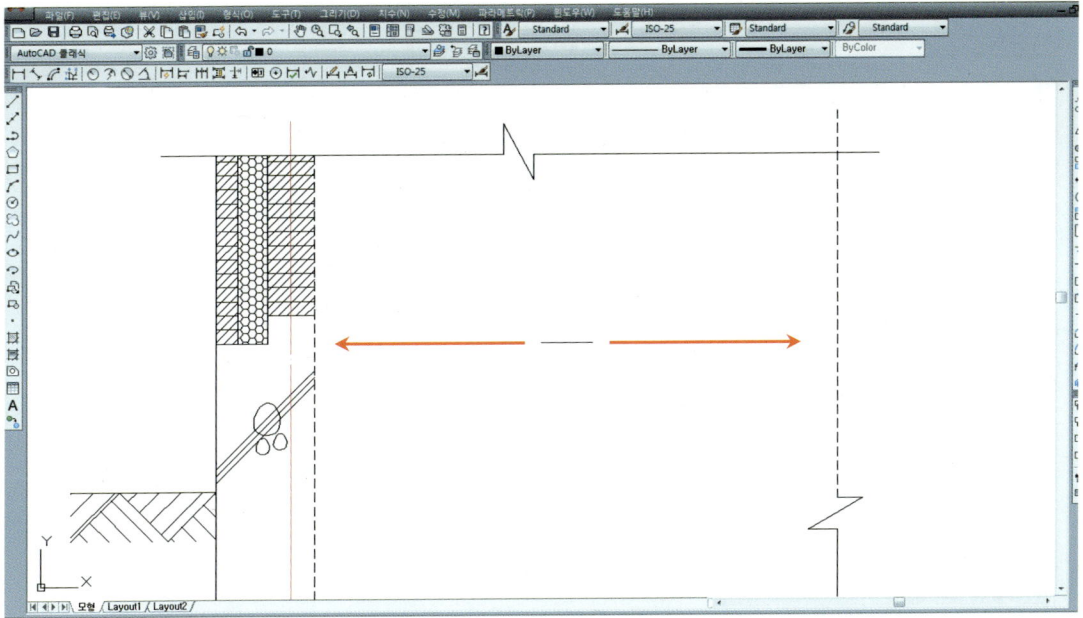

6_ offset에서 20만큼 간격을 띄어 몰탈을 만든 후 도면층 2로 바꿉니다.

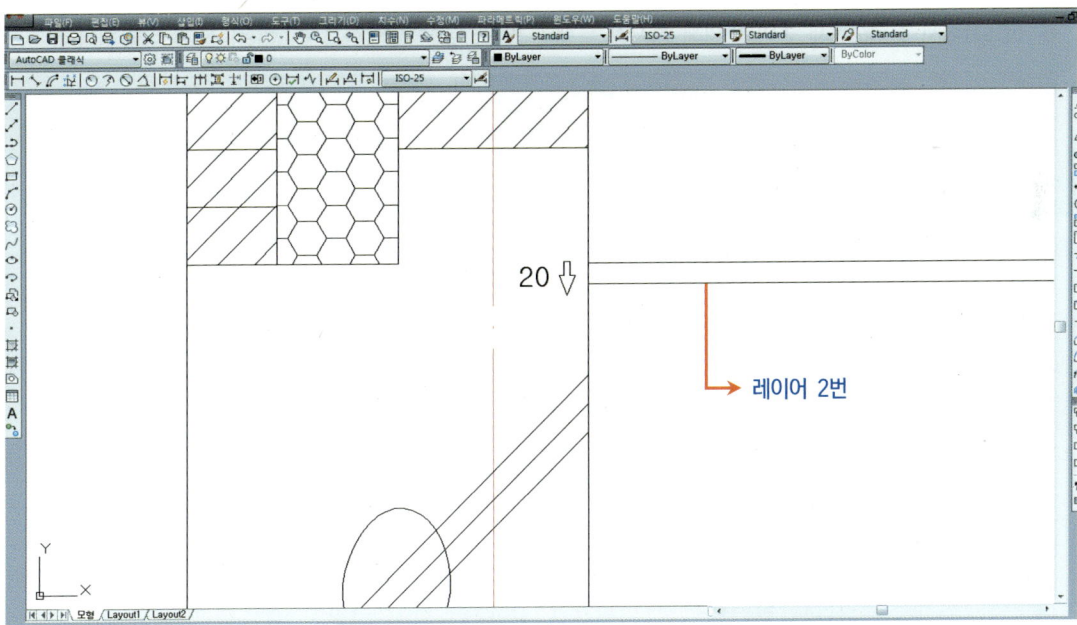

7_ offset에서 위에서 두 번째 수평선(도면층 2번)을 기준으로 아래와 같이 간격을 띕니다.

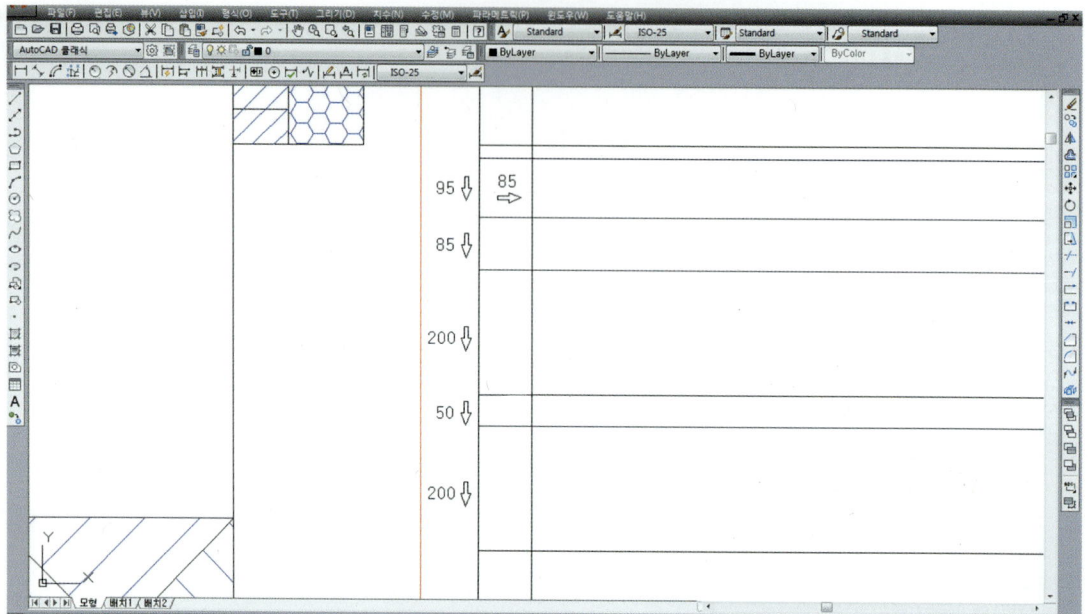

※ 95 : 콩자갈다짐, 85 : 질석보온재, 200 : 철근콘크리트, 50 : 밑창콘크리트, 200 : 잡석다짐 두께입니다.
  이 중 콩자갈다짐 두께는 계단 높이에 따라 다르며, 향후에 설명하겠습니다. 또한, 질석보온재 두께도 시험마다 다르게 출제됩니다.

8_ offset에서 질석보온재 높이를 위해 콩자갈 두께의 반(95/2)을 입력하고 (hidden 선)간격을 띕니다.

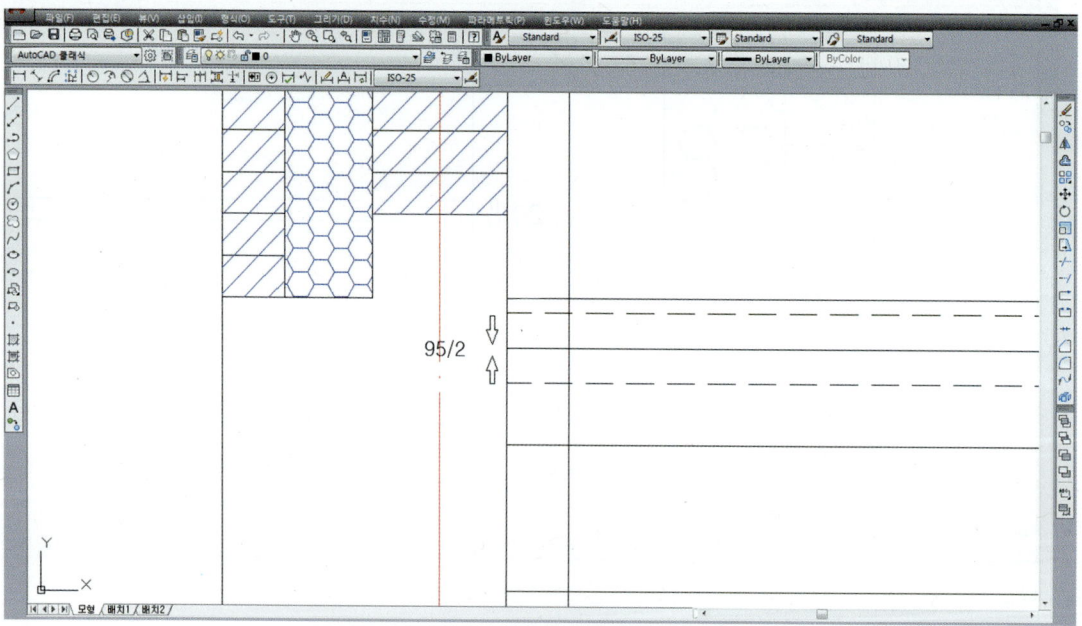

※ hidden으로 표현한 line 두 개 중에서 아무거나 하나를 선택하고 offset하면 됩니다.

9_ fillet으로 질석보온재의 모서리 (동그라미 부분 클릭) (X 부분 클릭)를 마무리합니다.

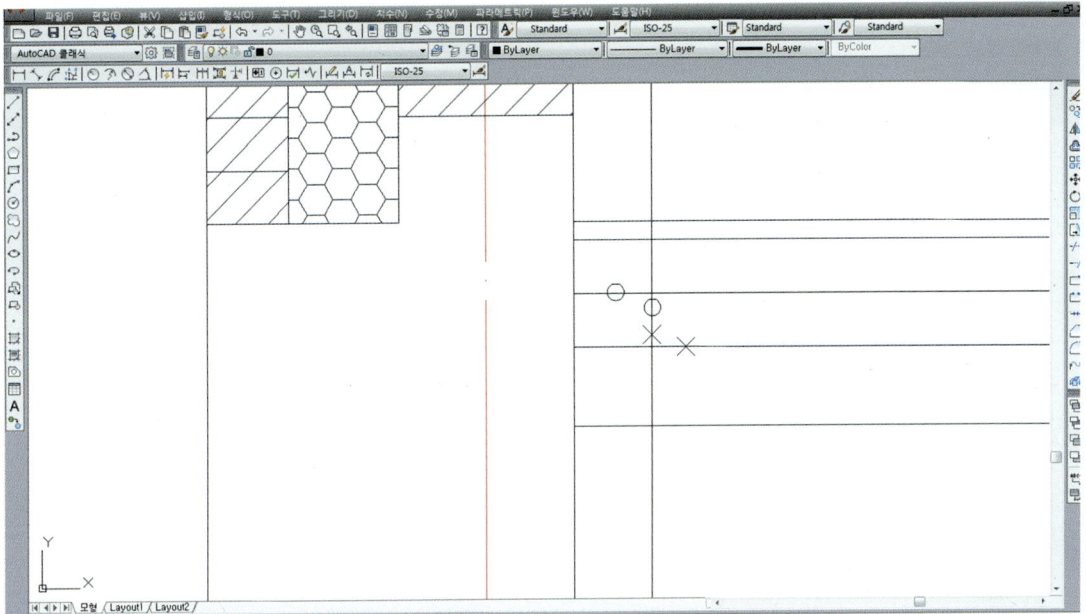

10_ offset으로 벽체 선(hidden 선)을 거리 20만큼 거리를 띄고 몰탈을 표현하기 위해 도면층 0으로 바꾼 후 fillet으로 모서리(X 부분 클릭)를 마무리합니다.

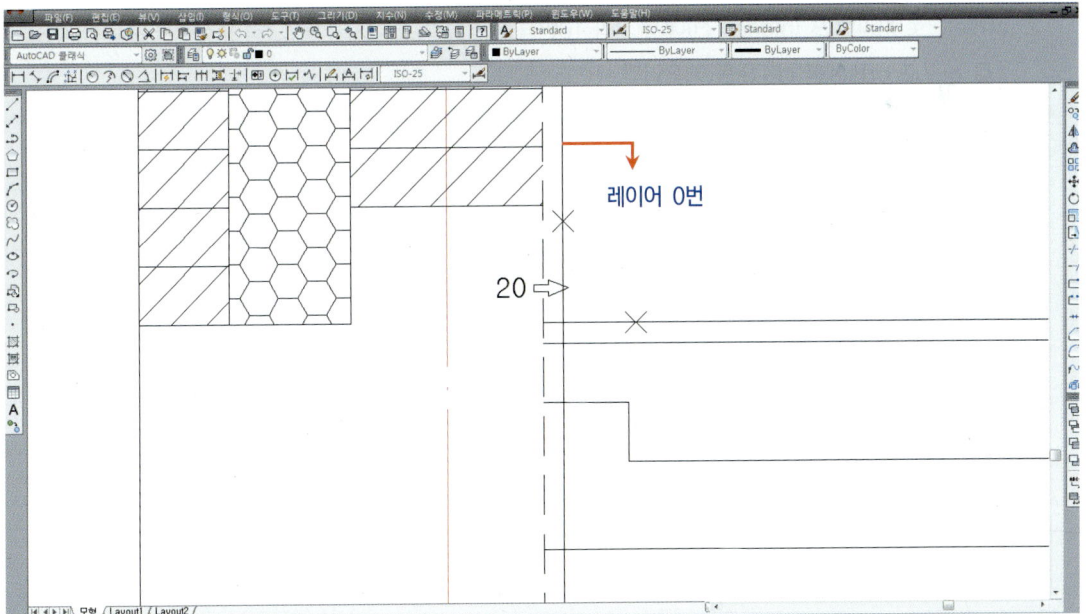

11_ offset으로 XL파이프의 시작점을 위해 질석보온재(hidden 선)에서 거리 100만큼 간격을 띄고 반지름 10의 circle을 만든 후 도면층 2로 바꿉니다.

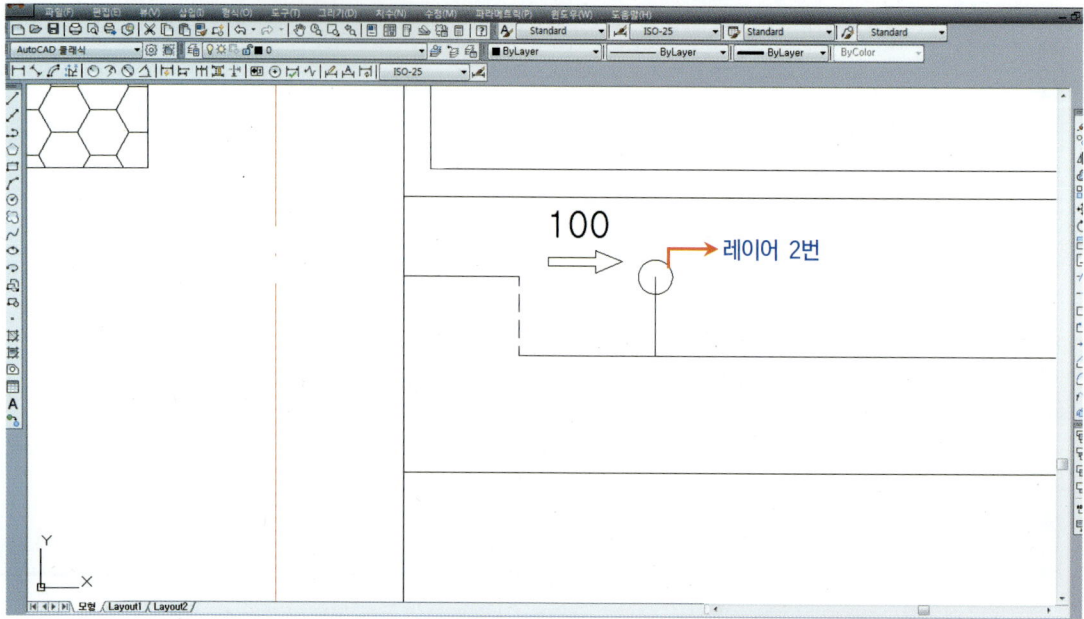

※ XL파이프는 온수온돌이나 산업 및 위생급수용으로 사용됩니다. 규격은 12A ~ 50A까지 다양하며 가장 많이 사용하는 것이 15A(바깥지름 : 20, 안지름 : 16)입니다.

12_ offset으로 XL파이프 (hidden 선)에서 거리 10만큼 간격을 띄고 십자 선을 그려 중심선을 표현한 후 도면층 1로 바꾸고 offset한 circle을 지웁니다.

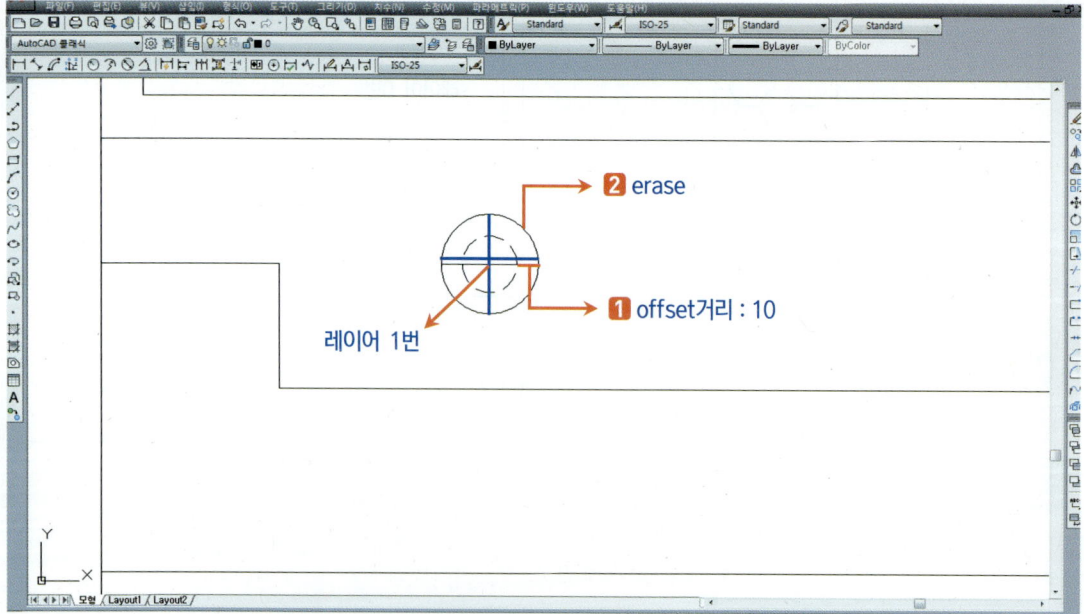

13_ copy를 이용하여 XL파이프를 250간격(동그라미 hidden 선)으로 복사합니다.

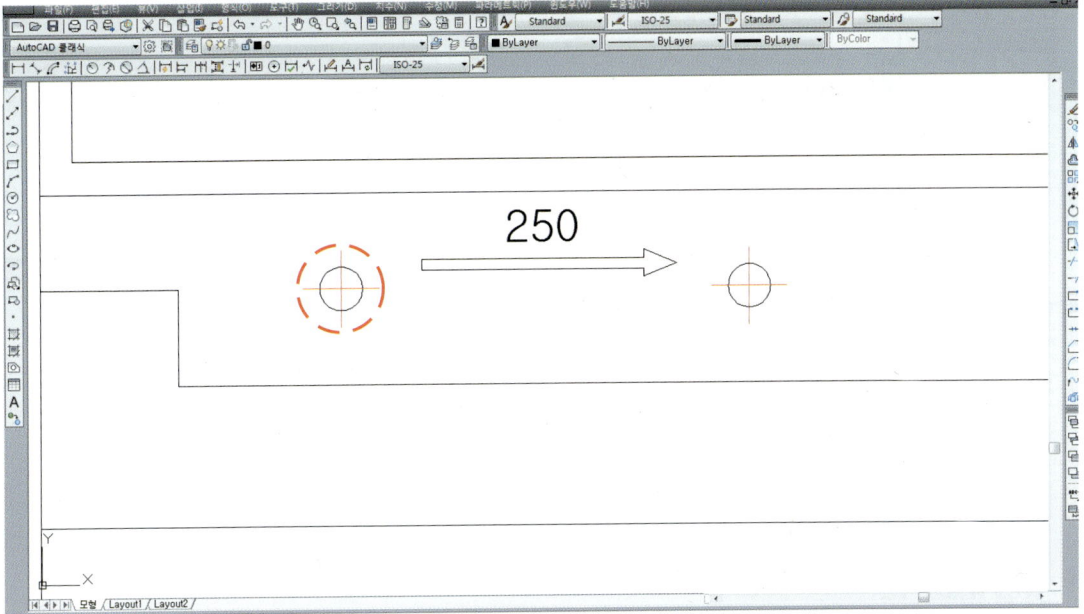

14_ line을 긋고 (✗ 표시)도면층 6으로 바꿉니다.

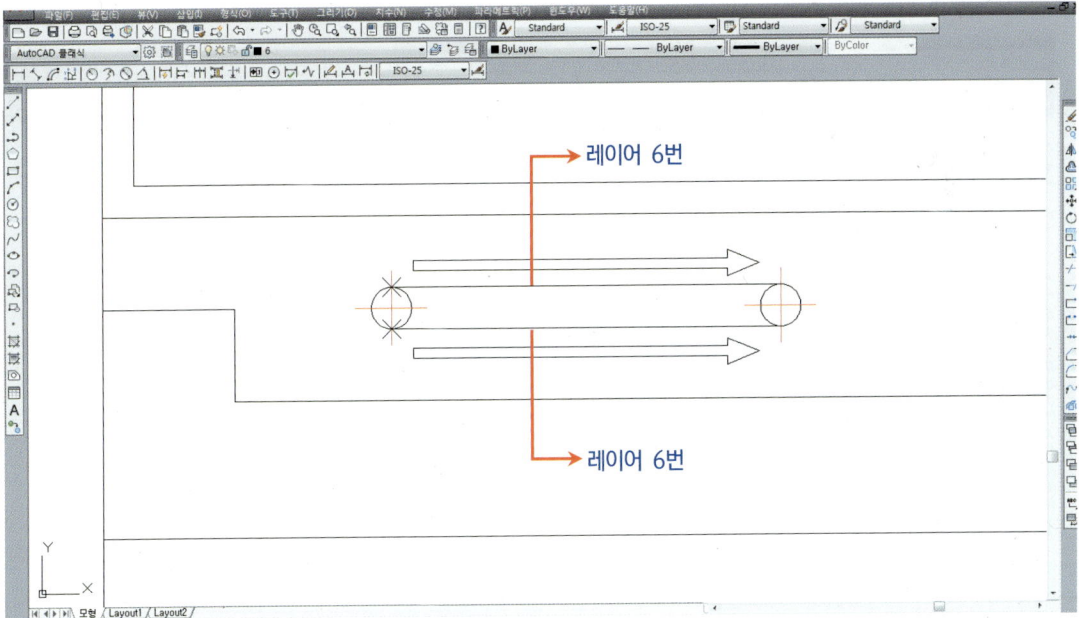

15_도면층 6번의 두 개 line을 클릭하고 ch에서 선종류 축척을 0.3으로 바꿉니다.

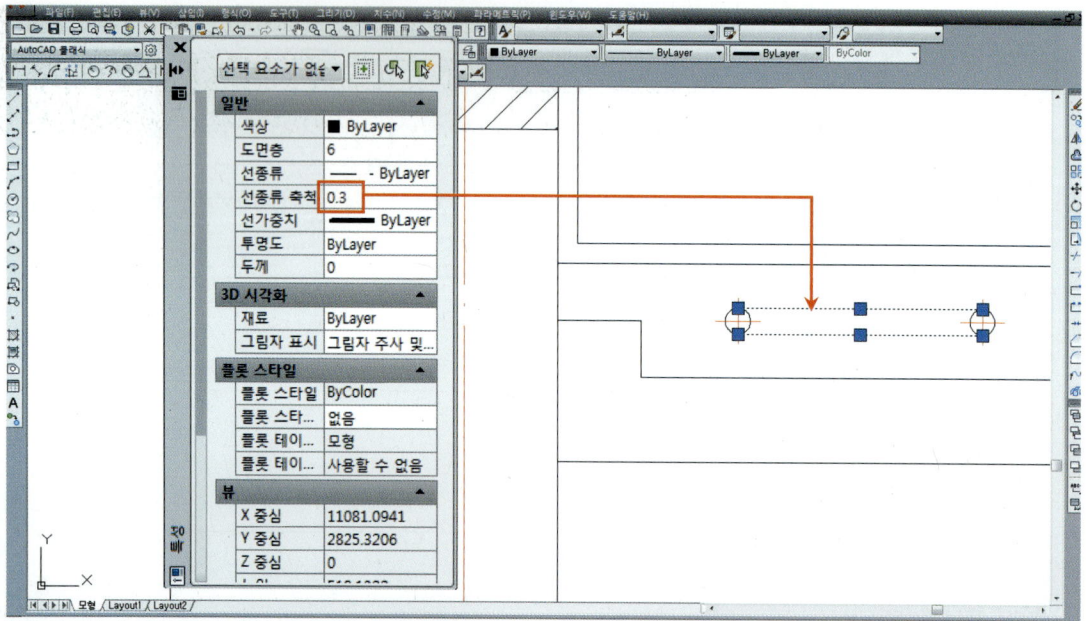

※ 파이프와 파이프 사이는 구부러져 콩자갈 사이에 묻혀있어 히든 선으로 표현해야 합니다.

16_array를 이용하여 파이프 전체를 선택하고(hidden 선) 열의 수 4, 열 간격 500 입력하여 완성합니다.

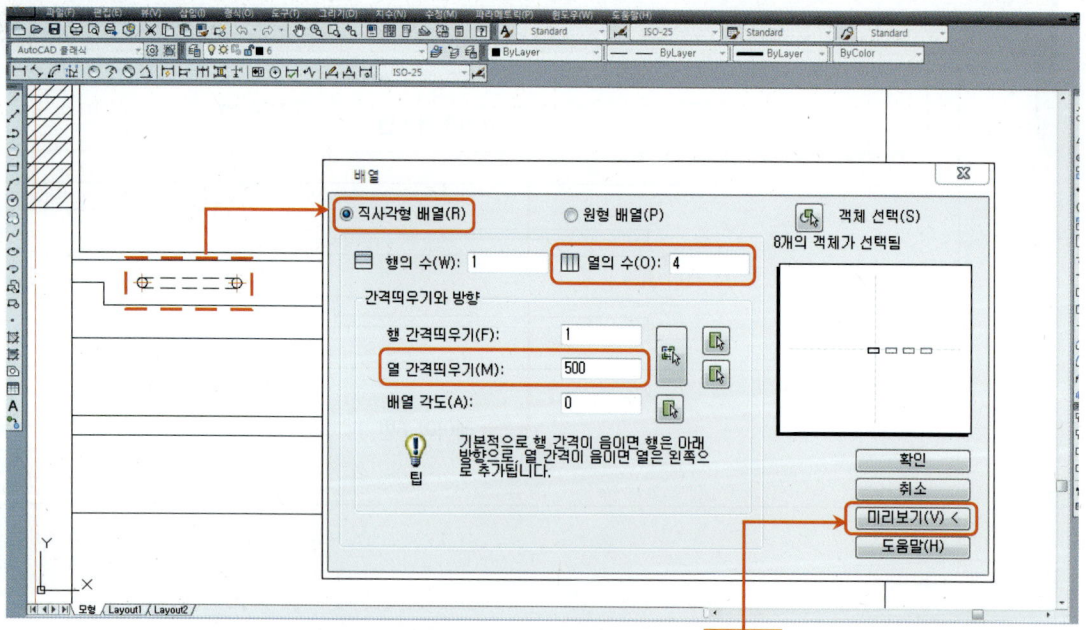

※ array를 이용할 때 행 또는 열의 수를 정확히 알지 못하는 경우가 있는데 이럴 때 미리보기를 하면 쉽게 알 수 있습니다.

17_ hatch를 이용하여 아래와 같이 설정 후 질석보온재 내부에 hatch를 합니다.

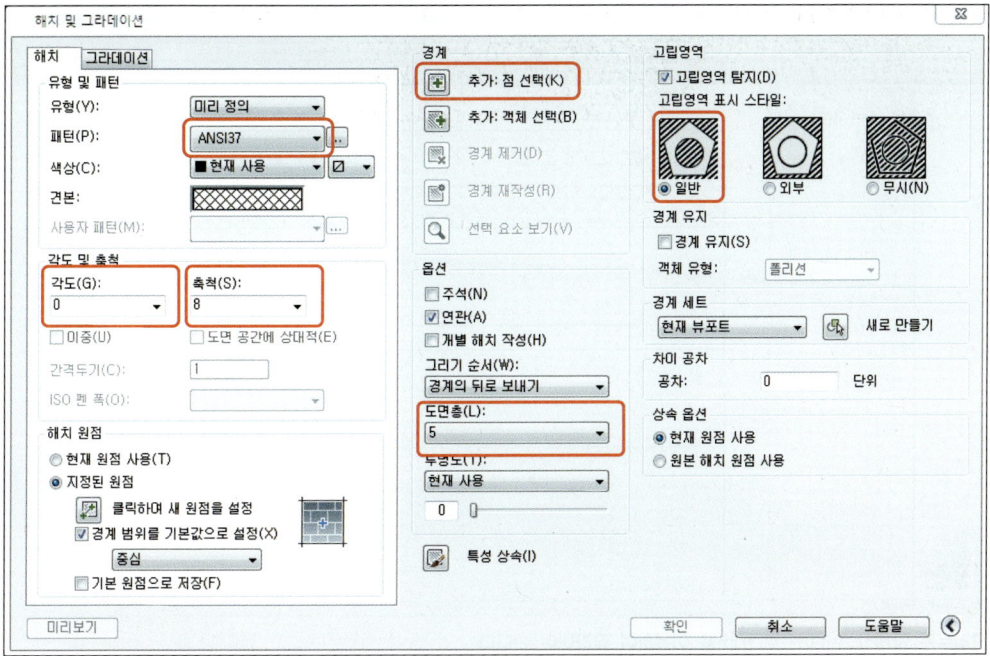

18_ 질석보온재가 들어갈 내부공간을 클릭(hidden 선)하여 선택하고 확인을 클릭합니다.

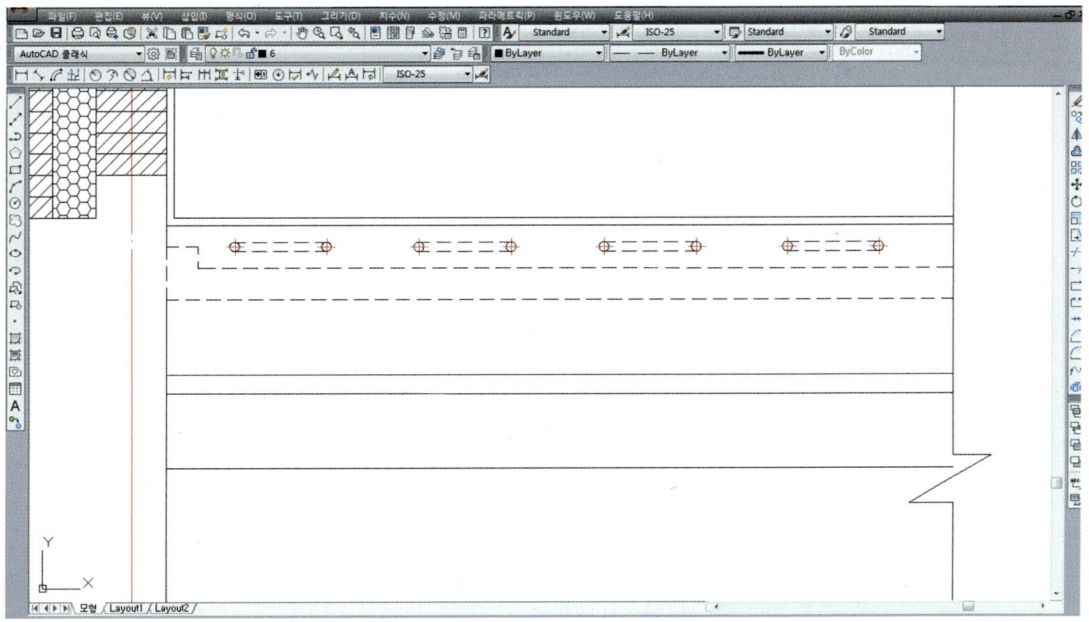

19_ trim을 이용하여 철근콘크리트와 철근콘크리트 사이(hidden 선)를 잘라냅니다.

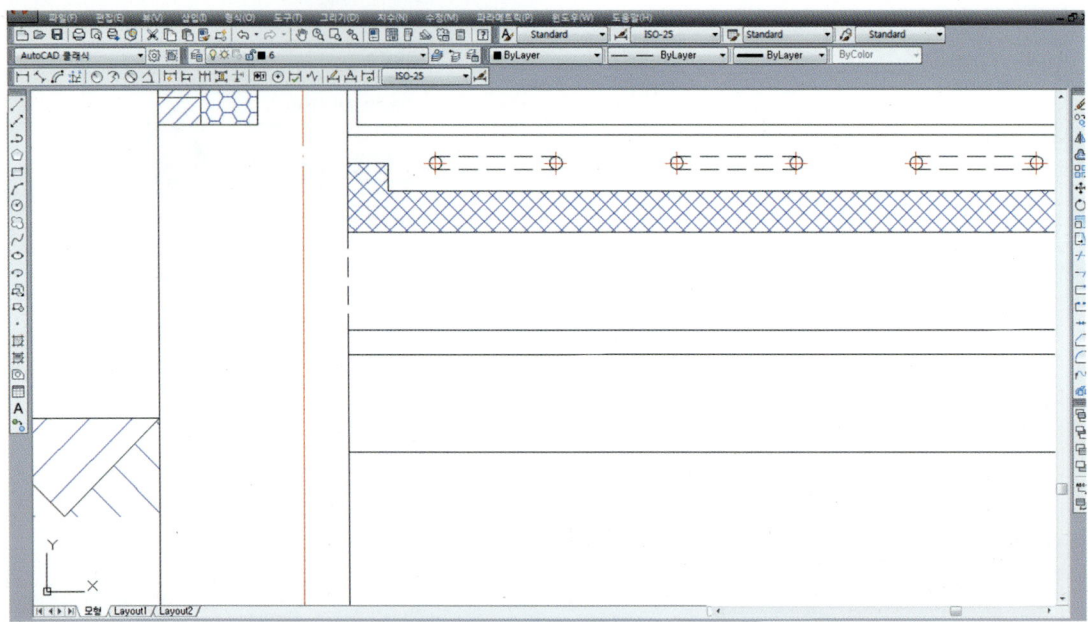

※ 철근콘크리트는 일체식 구조이므로 trim을 이용하여 잘라내야 합니다.

20_ copy를 이용하여 철근콘크리트를 임의의 위치에 복사한 뒤 line 세 개를 trim을 이용하여 아래와 같이 잘라냅니다.

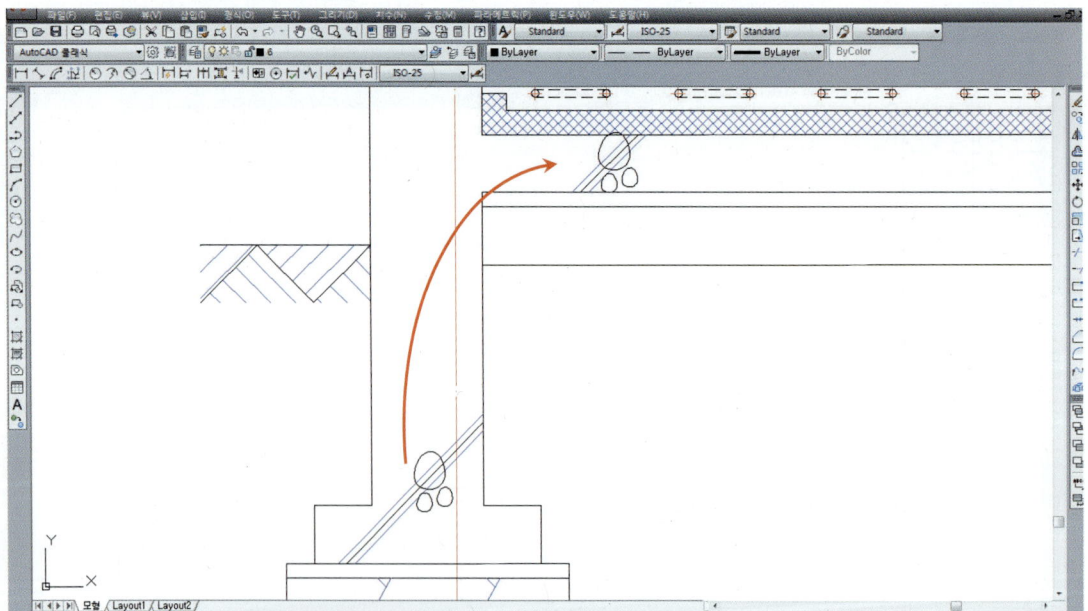

21_scale을 이용하여 자갈을 선택한 뒤 0.5배 줄입니다.

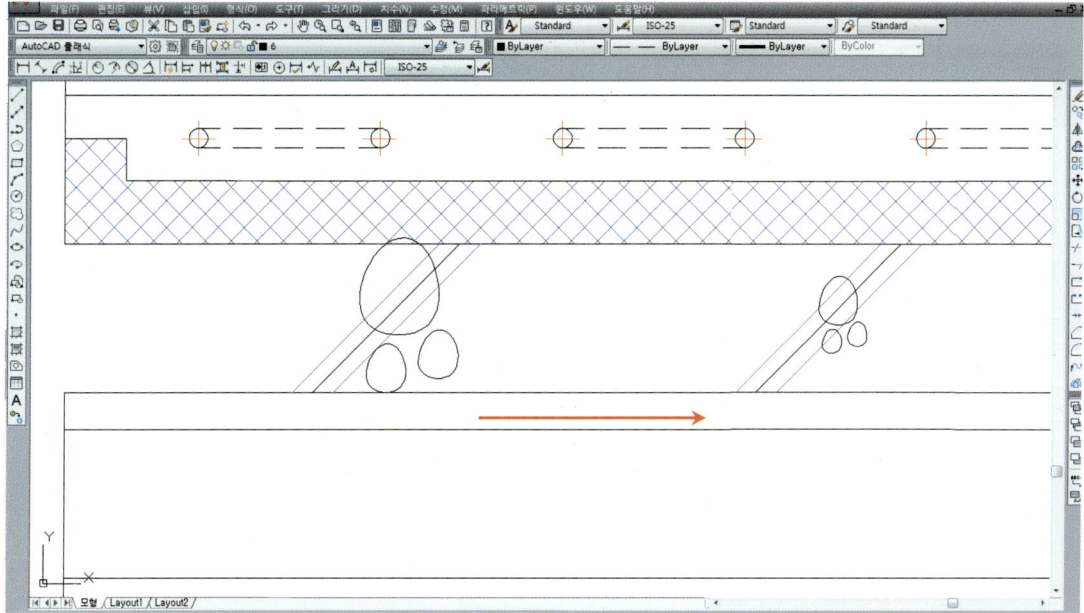

※ 자갈만 선택하여 작게 만들며 철근콘크리트(line 세 개)는 작게 하지 않습니다. 또한, 0.5배 줄인 것은 임의로 줄인 것이므로 자갈 크기를 고려하여 수험생이 적절하게 줄이셔야 합니다.

22_copy를 이용하여 철근콘크리트를 임의의 간격으로 복사합니다. 또한 잡석다짐도 복사합니다.

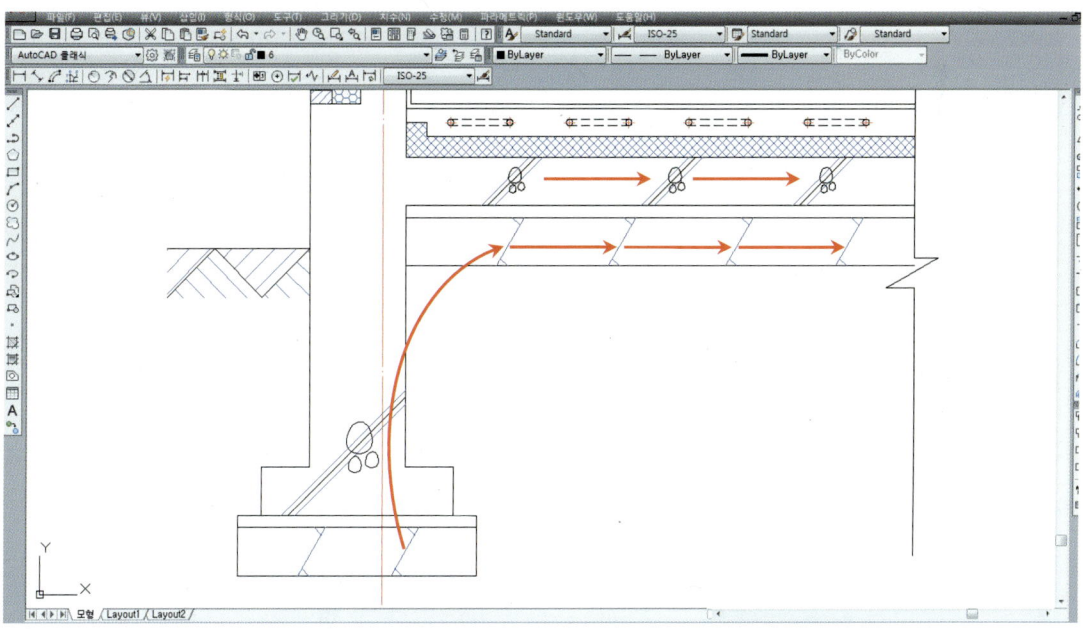

※ 철근콘크리트와 잡석다짐의 간격은 정해진 것이 아니기 때문에 수험생이 적절한 간격으로 복사하면 됩니다.

23_ circle 반지름 7의 크기로 원을 작도하고 copy를 이용하여 XL파이프 사이에 자갈을 적당한 간격으로 복사하고 도면층 0으로 합니다.

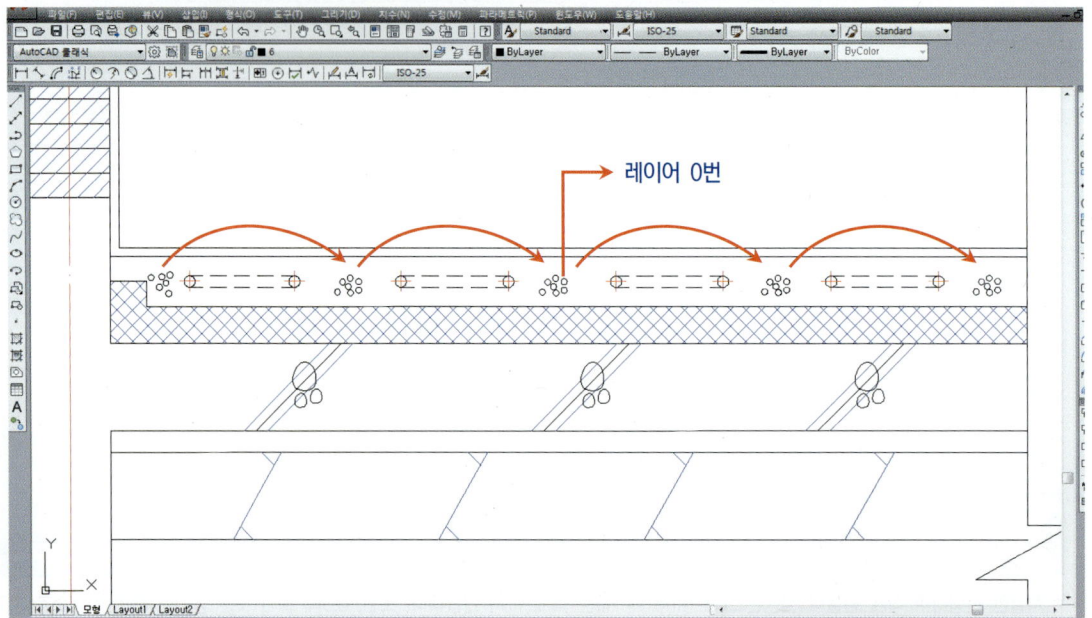

24_ 지시선을 만들기 위해 임의의 수직선을 길게 그린 뒤 수평선 길이 70을 작도하고 offset으로 80간격을 띄고 도면층 3으로 바꿉니다.

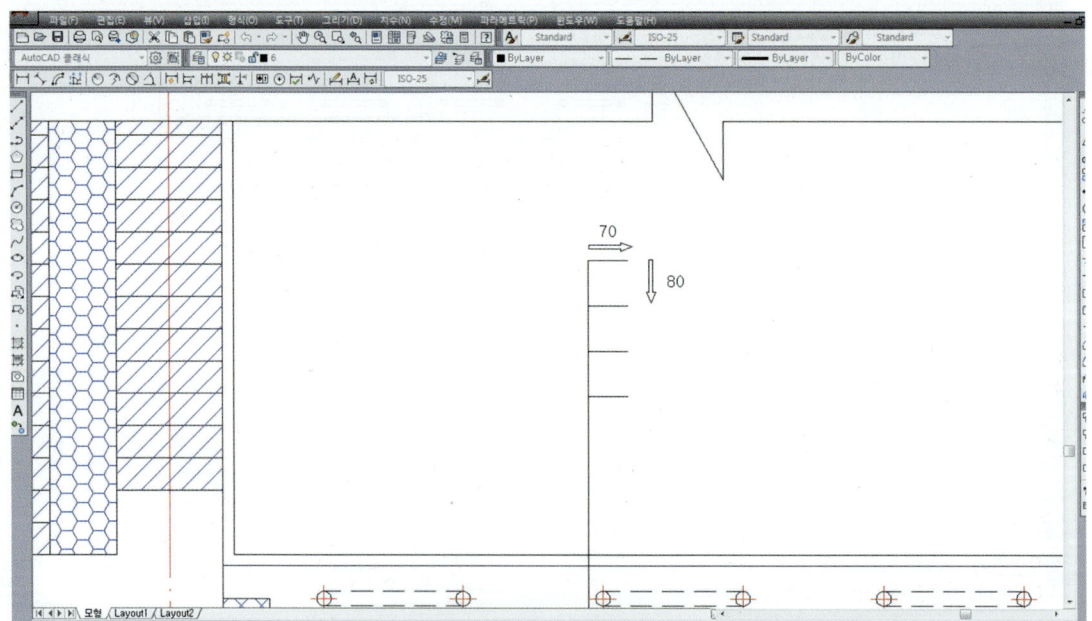

※ 지시선은 도면층 3번(녹색)이며, 캐드배경 화면이 흰색이라 책에서는 검정색으로 표현하였습니다. 수험생은 도면층 3(녹색)으로 하시기 바랍니다.

25_ 잡석다짐 아래쪽에도 아래와 같이 지시선을 만듭니다.

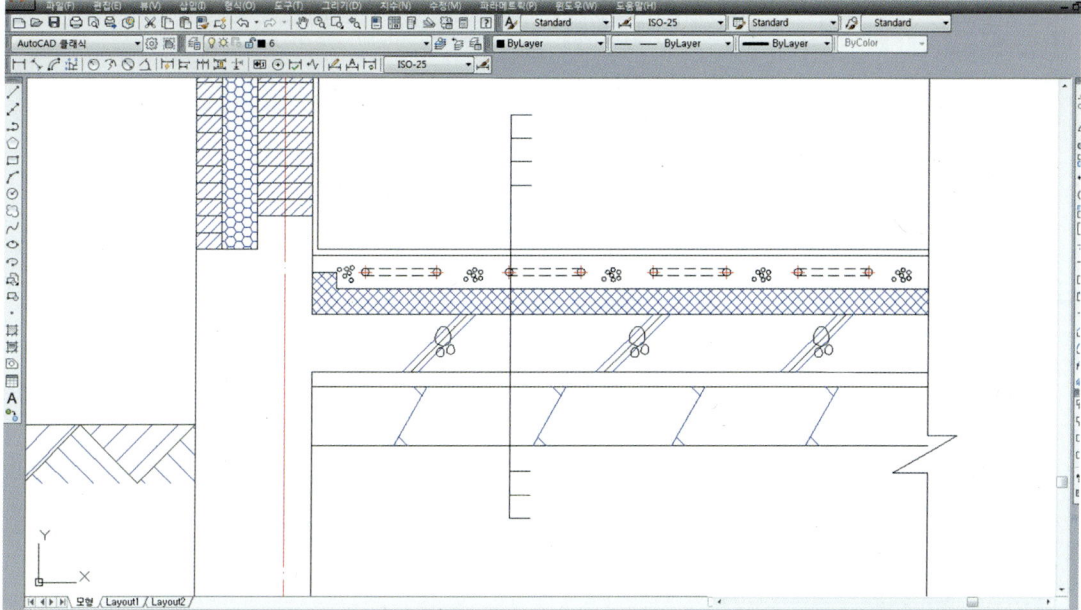

26_ mtext를 이용하여 제일 윗부분에 글자를 입력하고 글자크기는 2로 지정합니다.

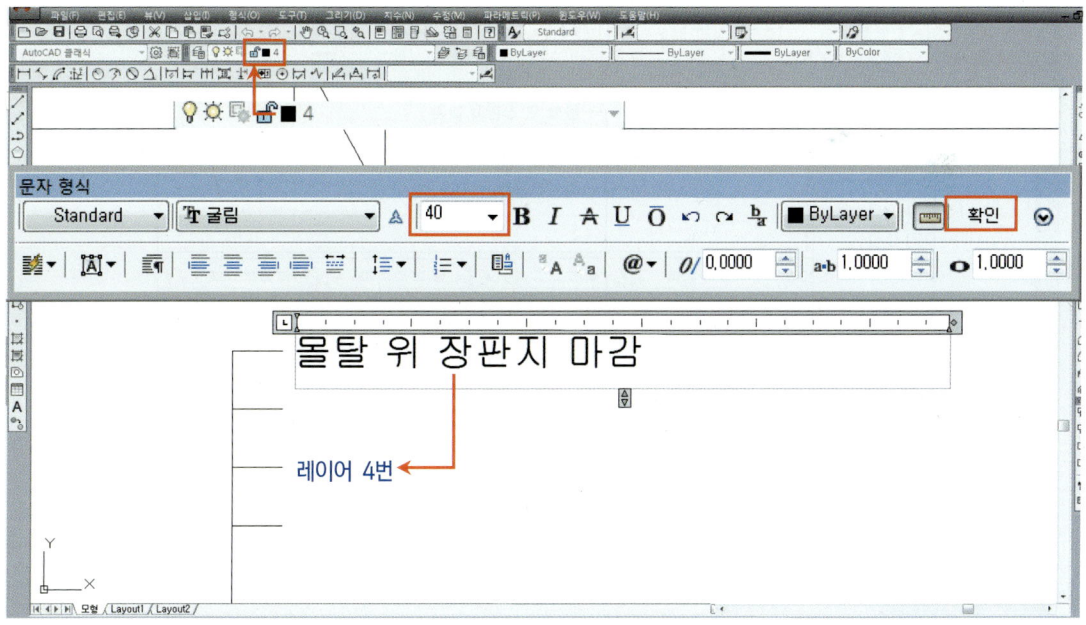

※ 도면층 4의 실제 색깔은 하늘색이며, 캐드배경화면이 흰색이라 검정색으로 표현하였습니다. 수험생은 도면층 4(하늘색)로 하시기 바랍니다. 또한, 최종글자크기는 2(글자크기)×20(도면척도)이 되어 40 크기로 합니다.

27_ copy를 이용하여 아래쪽 지시선(✗ 표시 : copy의 기준점)의 위치로 모두 복사합니다.

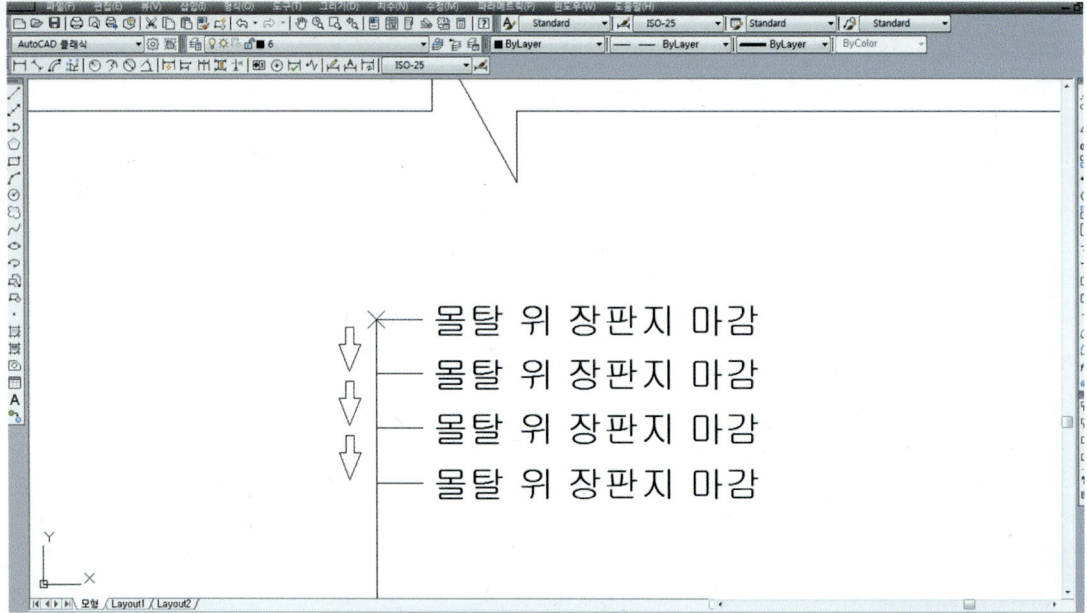

28_ 글자를 더블클릭하여 아래와 같이 모든 문자를 편집합니다.

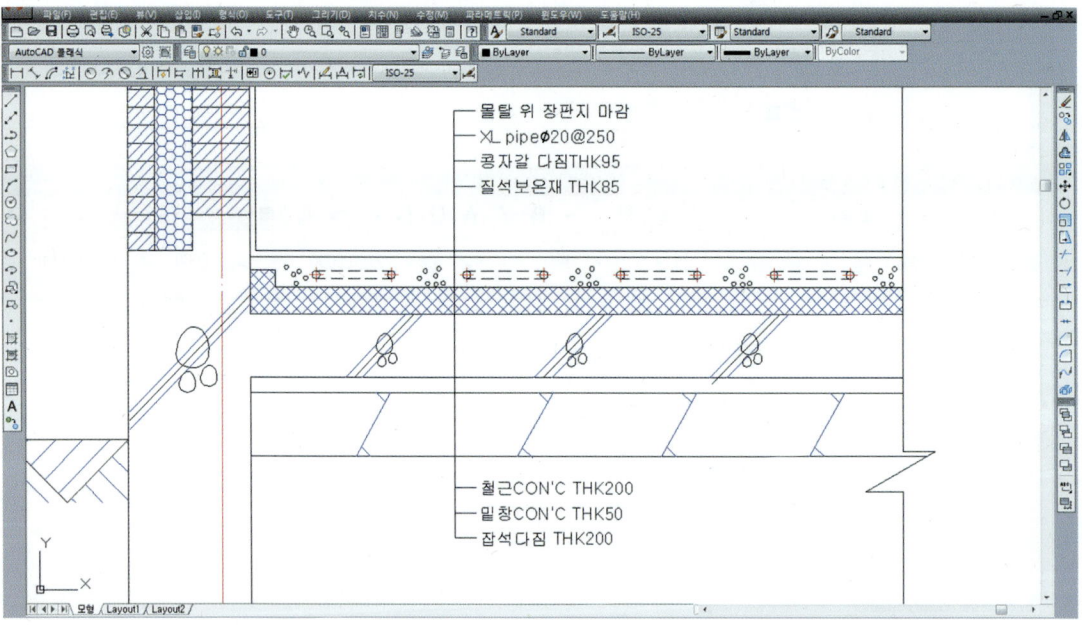

※ XL pipe의 지름표시는 %%C를 입력하면 φ가 나옵니다.

주의해야 할 점

※ 고막이 선과 실내 바닥의 마감선의 위치가 같아야 합니다.

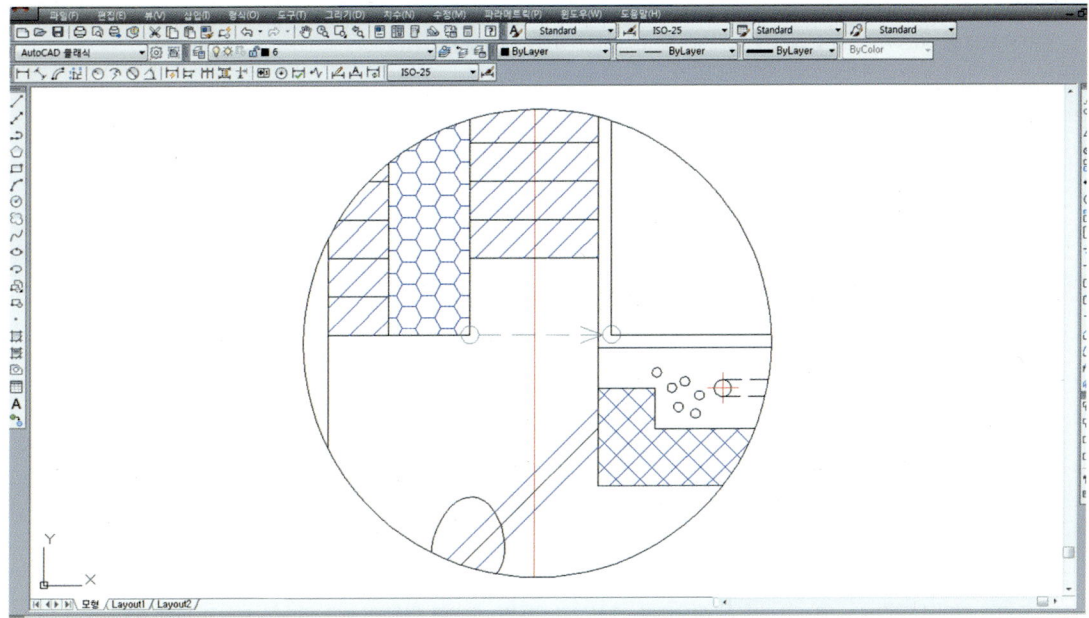

다음의 방부분단면상세도를 작도해 보시기 바랍니다.

※ mvsetup을 이용하여 용지 크기와 도면척도를 만드시기 바랍니다.

- 도면크기 : A4
- 도면척도 : 20

[조건]

- 벽돌 : 외부로부터 0.5B(90mm), 시멘트벽돌 1.0B(190mm)
- 단열재 : 125mm
- 고막이 : 600mm
- 콩자갈다짐 두께 : 80mm
- 질석보온재 두께 : 100mm
- 동결선 : 900mm

※ 도면을 반대로 그려보는 연습이 반드시 필요하며, 중심선의 위치도 중앙에 위치해 놓고 연습해 보시기 바랍니다.
※ 반대로 연습하실 때 철근표시 및 잡석다짐과 해치를 반대로 해서는 안 됩니다.

방부분단면상세도

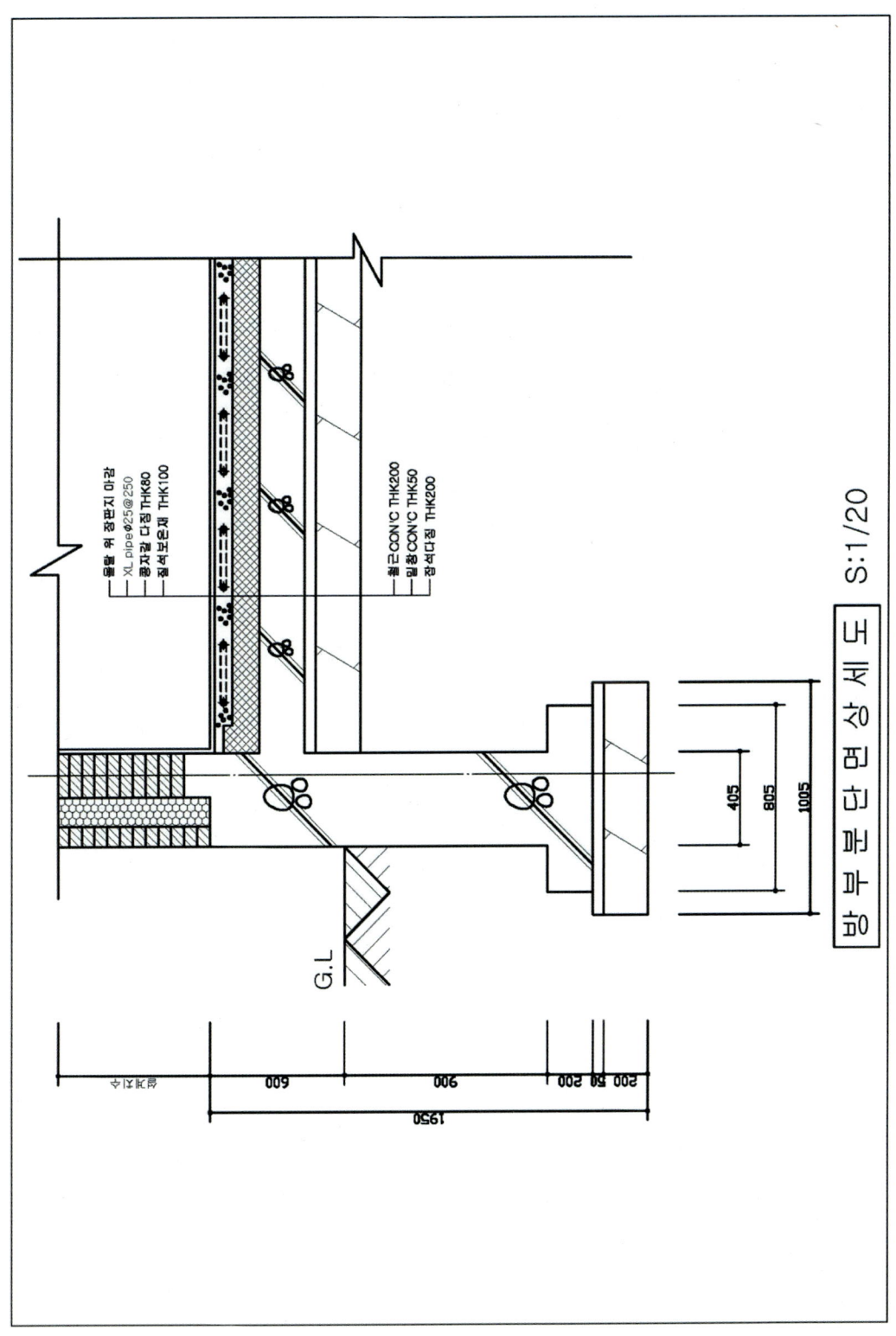

4 욕실부분단면상세도

1_mvsetup에서 도면척도를 20으로 맞추고 용지크기를 A4로 만듭니다.

```
명령  MVSETUP ↵
      도면공간을 사용가능하게 합니까? [아니오(N)/예(Y)] : n ↵
      단위 유형 입력 [공학(S)/십진(D)/엔지니어링(E)/건축(A)/미터법(M)] : m ↵
      미터 축척
      (5000) 1 : 5000
      (2000) 1 : 2000
      (1000) 1 : 1000
      (500)  1 : 500
      (200)  1 : 200
      (100)  1 : 100
      (75)   1 : 75
      (50)   1 : 50
      (20)   1 : 20
      (10)   1 : 10
      (5)    1 : 5
      (1)    전체
      축척 비율 입력 : 20 ↵
      용지 폭 입력 : 283 ↵
      용지 높이 입력 : 196 ↵
```

2_ layer에서 다음과 같이 도면층을 만듭니다.

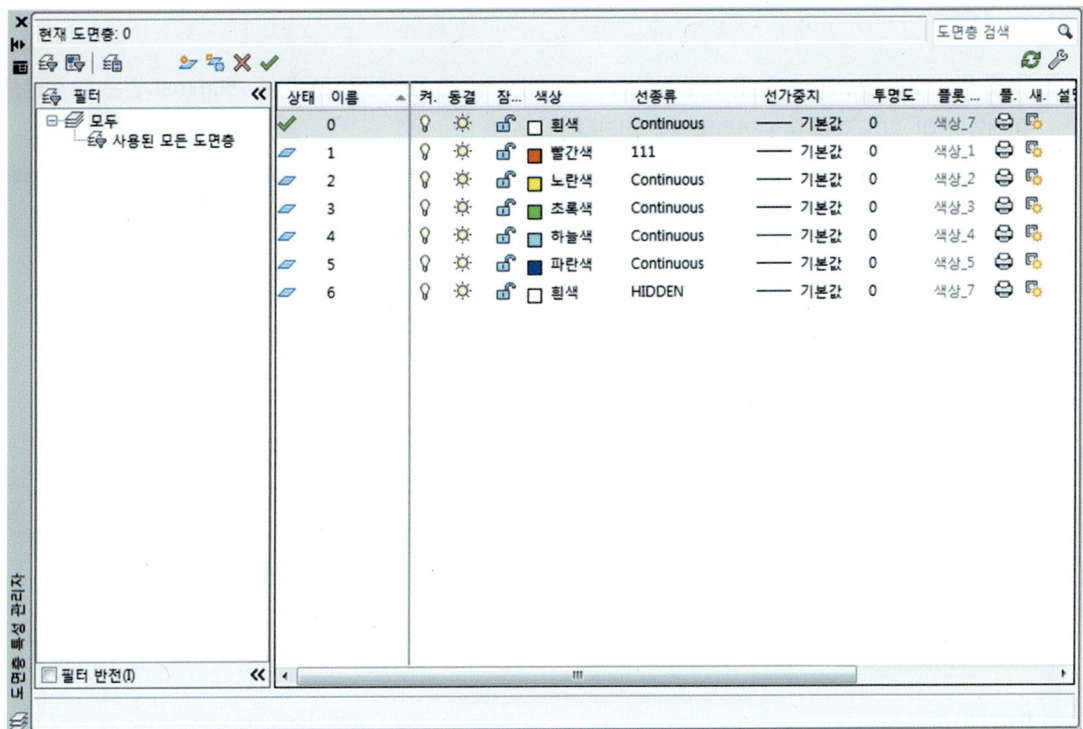

욕실 단면 그리기

3_ lts를 이용하여 척도 20을 준 후 단열재 120mm로 하는 기초를 완성하고 고막이를 750mm로 만든 뒤 절단선을 아래와 같이 길게 만들고 도면층을 2로 바꿉니다.

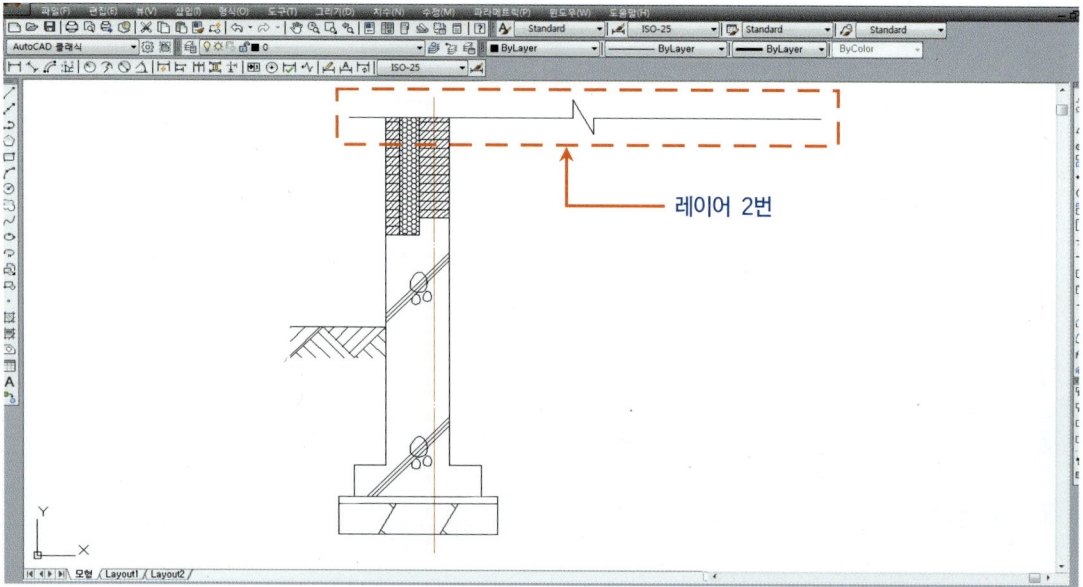

4_ offset을 이용하여 고막이(hidden 선)에서 아래로 100만큼 간격을 띄고 move를 이용하여 직교(F8)가 켜진 상태에서 임의의 거리만큼 이동한 후 도면층을 0으로 바꿉니다.

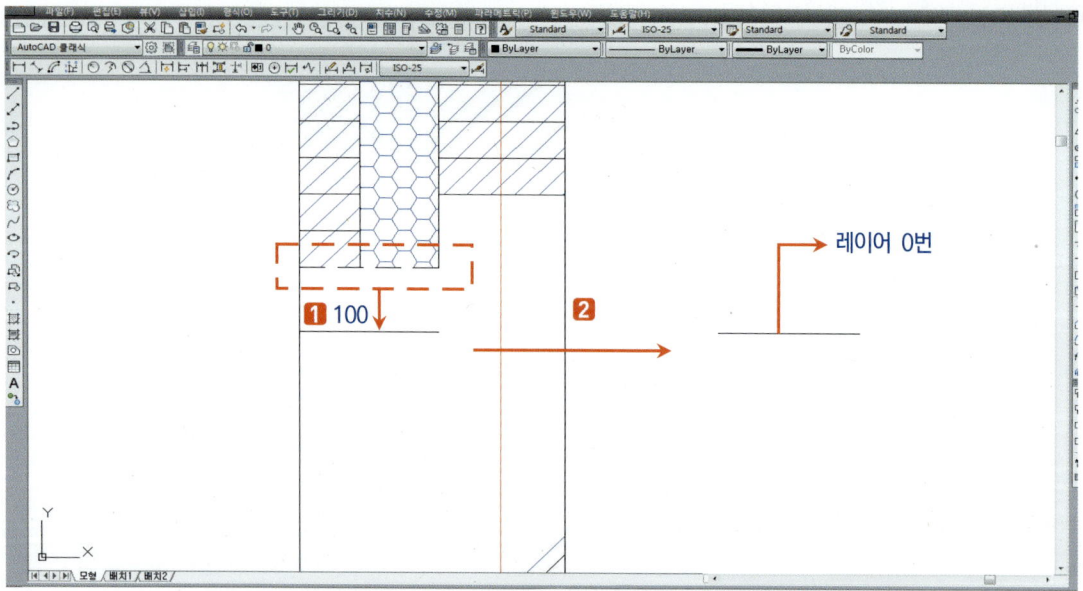

※ 욕실바닥은 보통 60~90mm 정도 내려서 물이 실내로 유입되는 것을 막습니다. 여기서는 좀 더 내렸습니다.

5_ 우측에 절단선을 하나 더 만들고 복사한 선을 벽체와 절단선(hidden 선)까지 연장합니다.

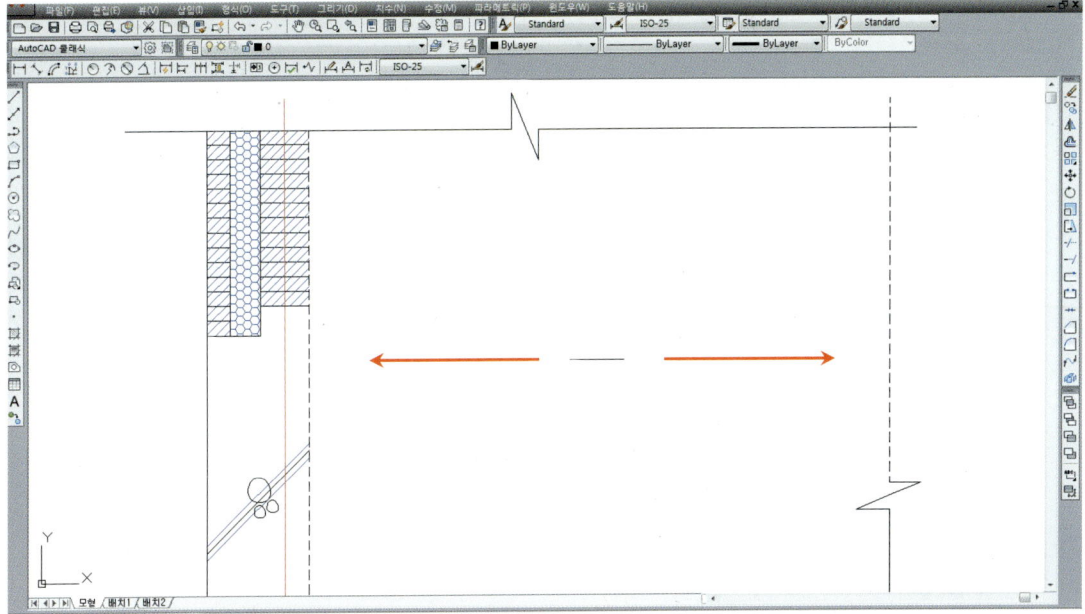

6_ offset에서 위에서 첫 번째 수평 선(도면층 0번)을 기준으로 아래와 같이 간격을 띄고 철근과 밑창, 잡석은 도면층 2로 바꿉니다.

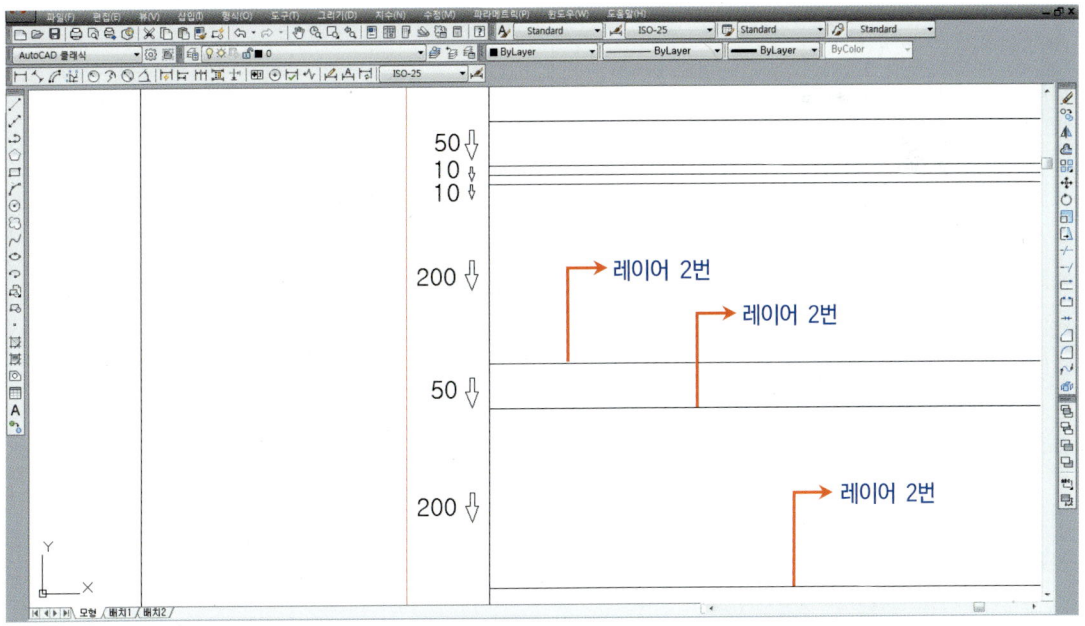

※ 50 : 보호몰탈, 10 : 액체방수, 10 : 액체방수, 200 : 철근콘크리트, 50 : 밑창콘크리트, 200 : 잡석다짐 두께입니다.

7_ offset을 이용하여 벽선에서 오른쪽으로 아래와 같이 간격을 띕니다.

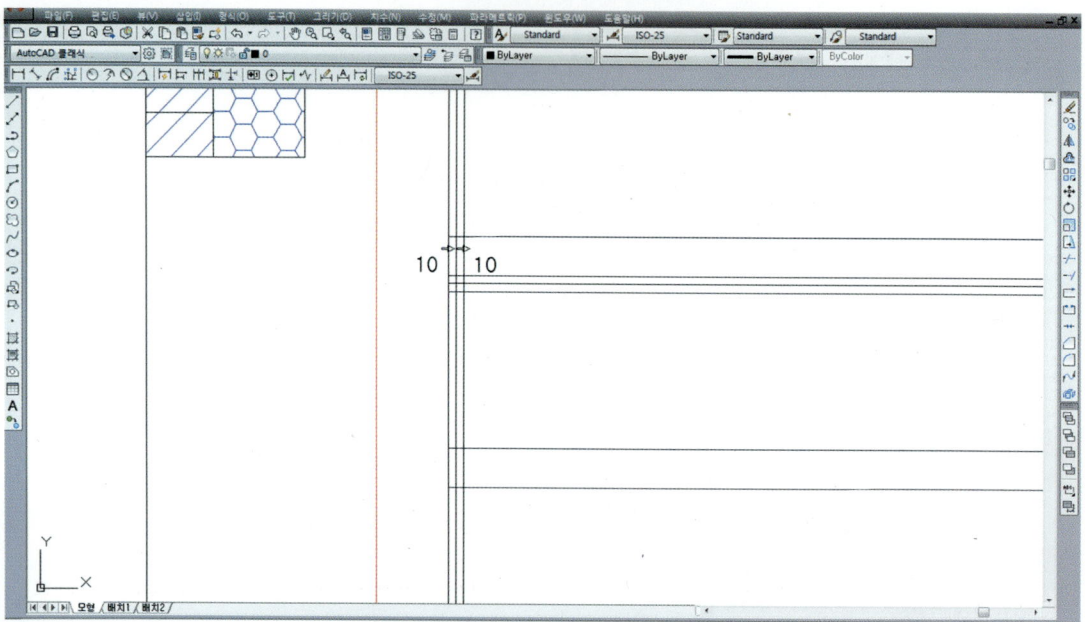

8_ fillet으로 액체방수의 모서리 (동그라미 부분 클릭) (X 부분 클릭)를 마무리합니다.

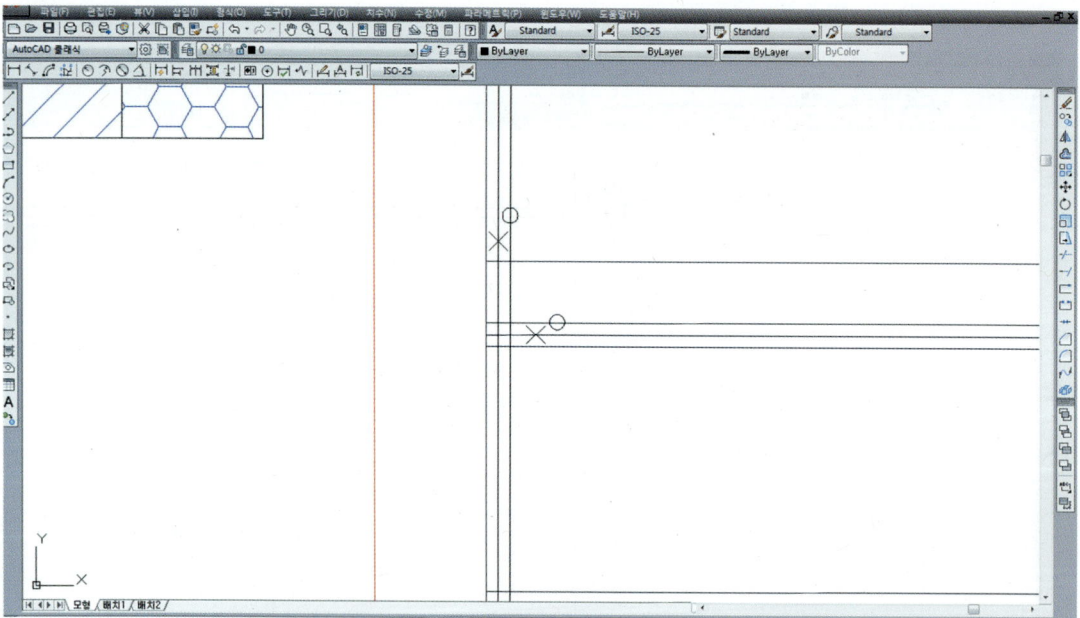

9_ trim을 이용하여 욕실바닥 부분 (붉은 색)을 잘라냅니다.

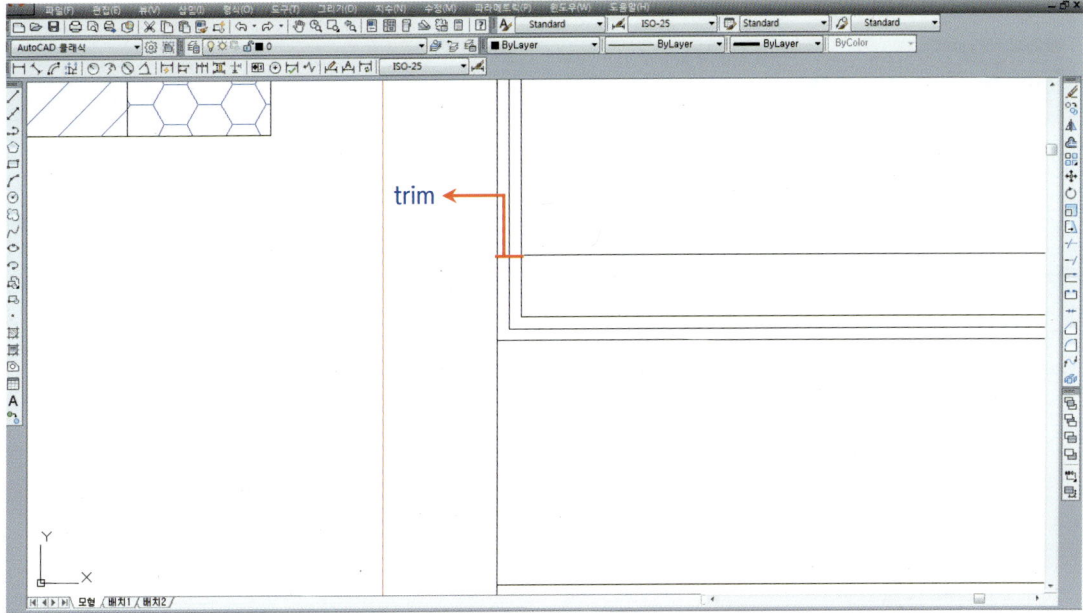

10_ 액체방수로 사용할 line 두 개를 클릭하고 도면층을 6으로 바꿉니다.

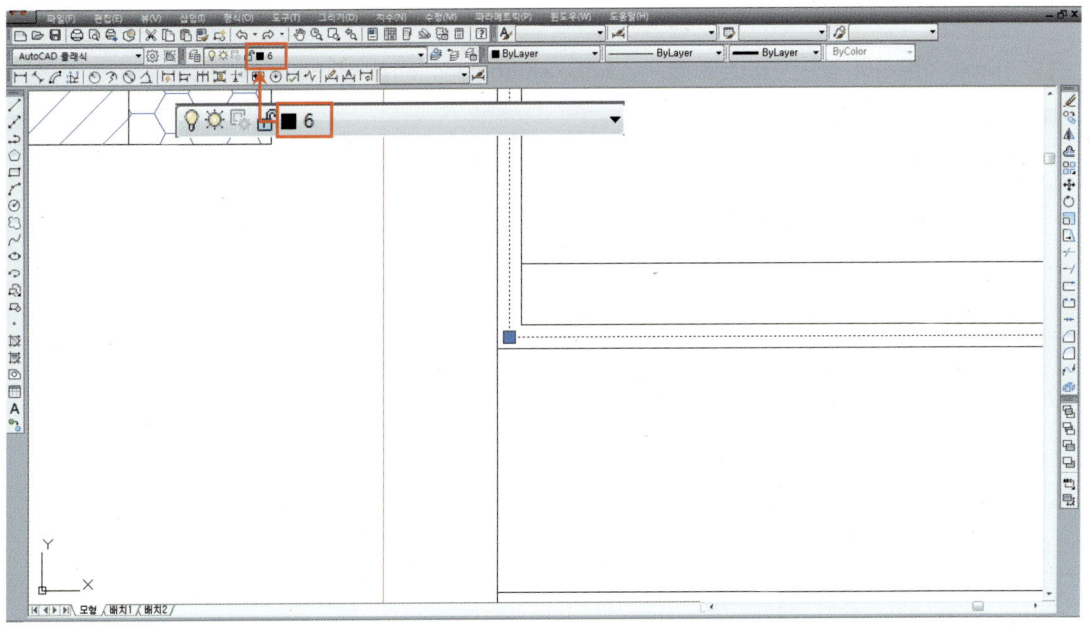

※ 액체방수는 ch에서 별도로 선종류 축척을 주지 않습니다.

11_ pedit에서 [다중(M)옵션]을 이용하여 액체방수 line 두 개를 선택한 뒤 w(폭)값을 10으로 설정하여 방수 폭을 두껍게 표현합니다.

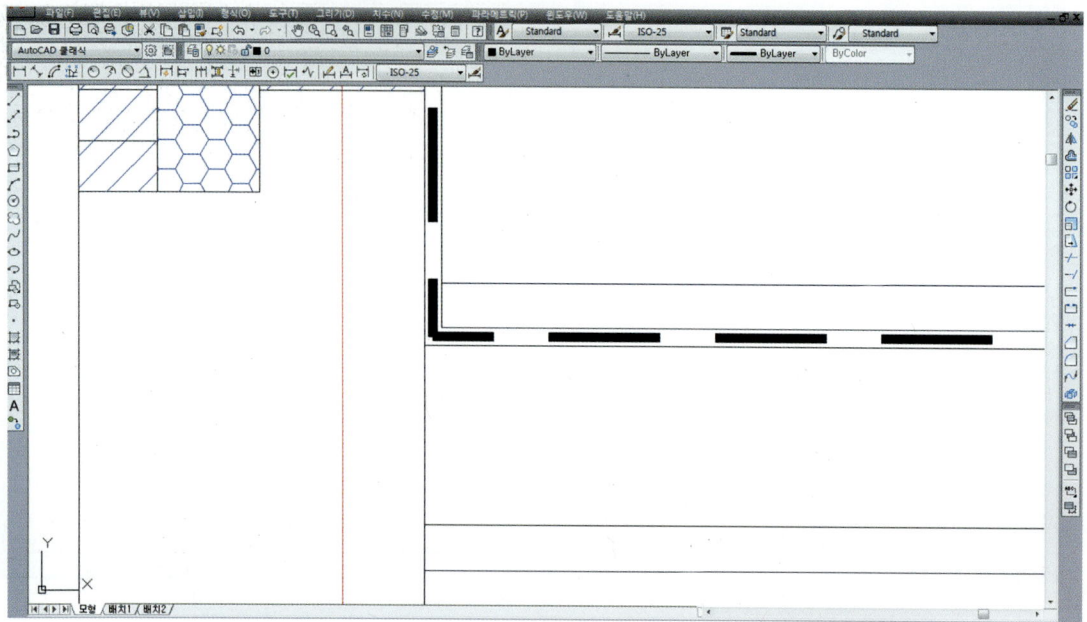

※ pedit에서 다중옵션을 선택하고 ⏎를 하게 되면 다음과 같은 메시지가 나옵니다.
   선, 호 및 스플라인을 폴리선으로 변환 [예(Y)/아니오(N)]? 〈Y〉 이때 Y, 즉 ⏎를 하고 w값을 변경하면 됩니다.

12_ trim을 이용하여 철근콘크리트와 철근콘크리트 사이(hidden 선)를 잘라냅니다.

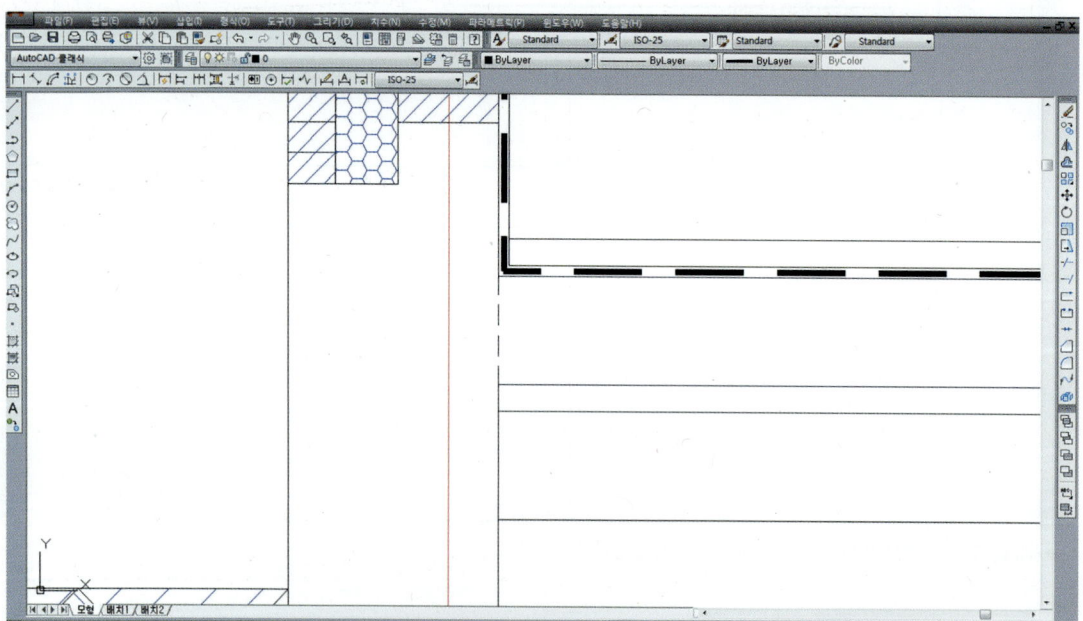

13_ 3번에서 고막이를 750mm으로 설정하였고 이에 따라 잡석다짐(동그라미 친 부분)이 지반 선보다 높게 됩니다.

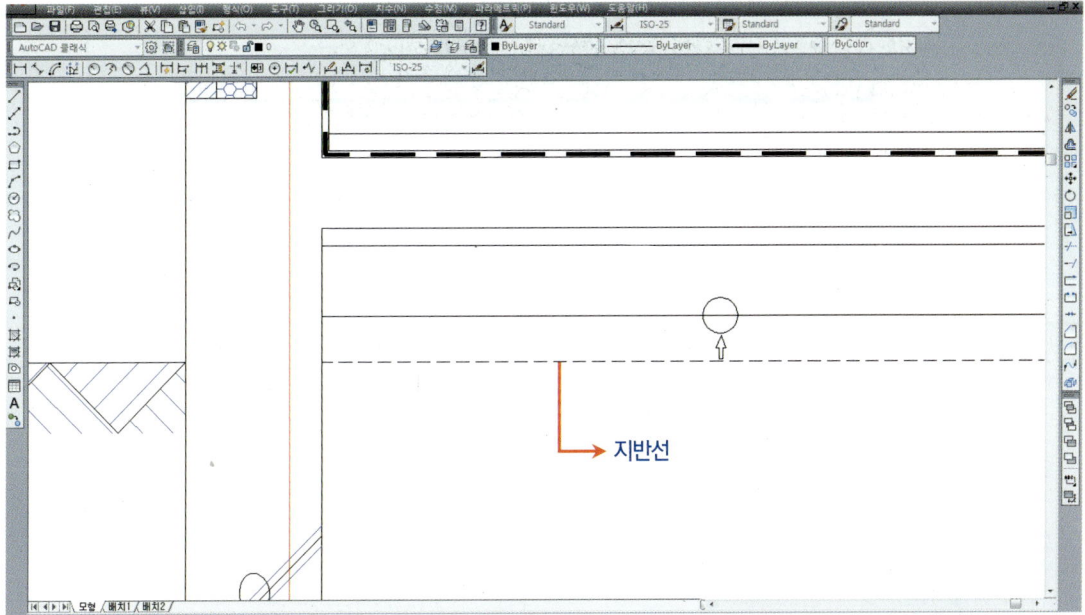

14_ copy로 지반선을 복사하고 기초와 절단 선 사이(hidden 선)를 extend로 연장합니다.

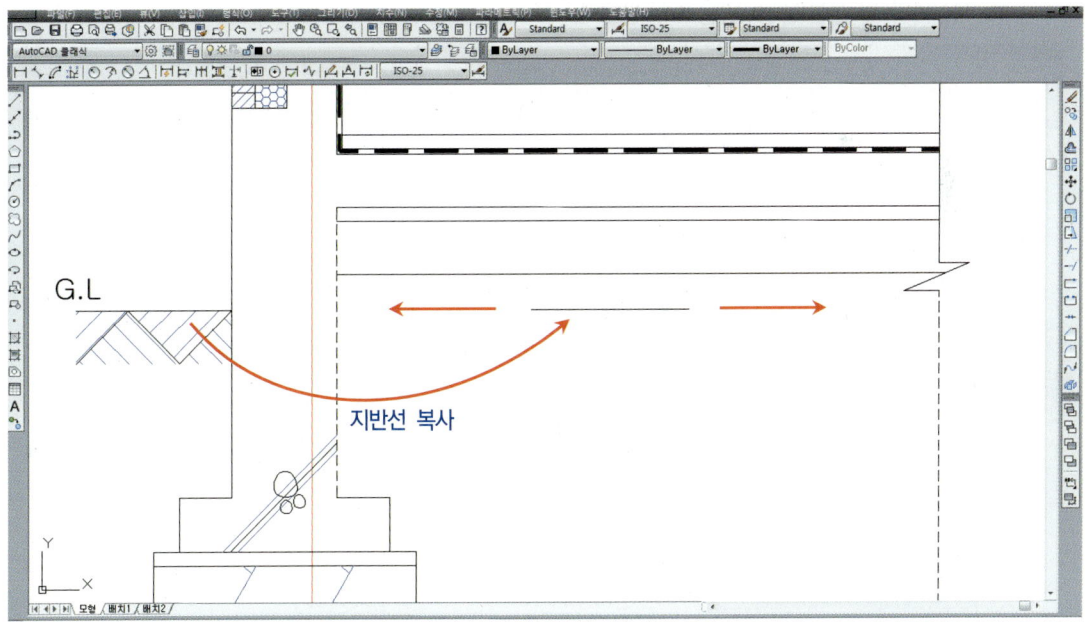

※ 성토다짐은 고막이가 600mm보다 높을 때 생성되며, 계단 수 2개(계단 하나의 높이 200mm)와 계단 수 3개(계단 하나의 높이 150mm) 일 때는 나타나지 않고 계단 수 4개일 때 750mm, 계단 수 5개일 때 900mm, 계단 수 6개일 때 1050mm로 높이가 나타납니다.

15_ 대각선으로 line을 그어 성토다짐을 메운 뒤 도면층 1로 바꿉니다.

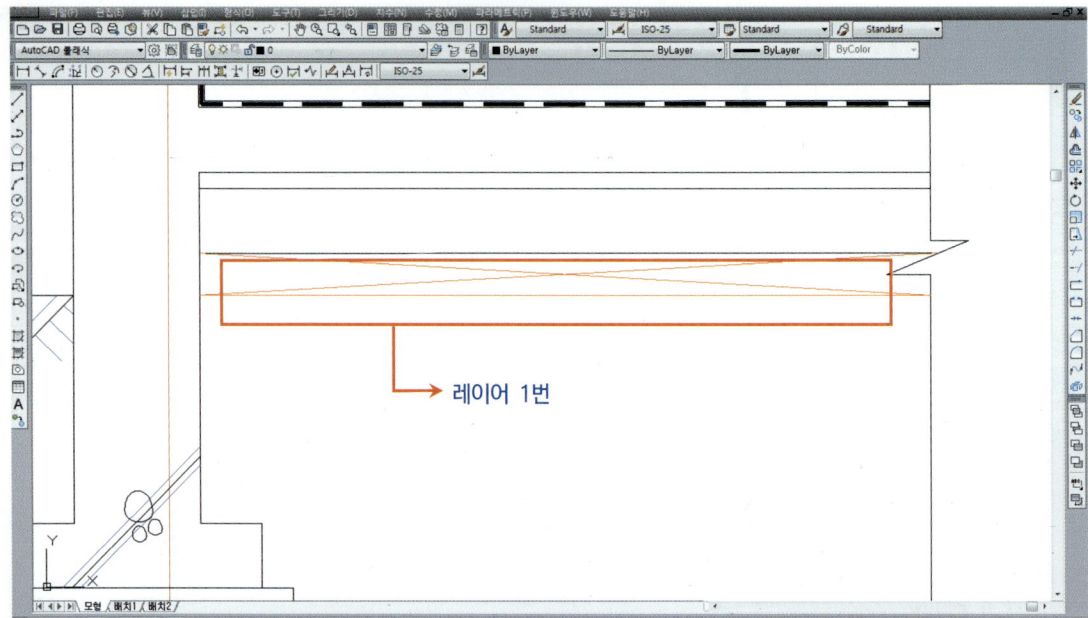

16_ offset을 이용하여 액체방수 마감 선(hidden 선)에서 거리 200을 띄어 타일을 만들고 도면층을 5로 바꾼 후, 욕실바닥 밑 부분(빨간 선)을 trim합니다.

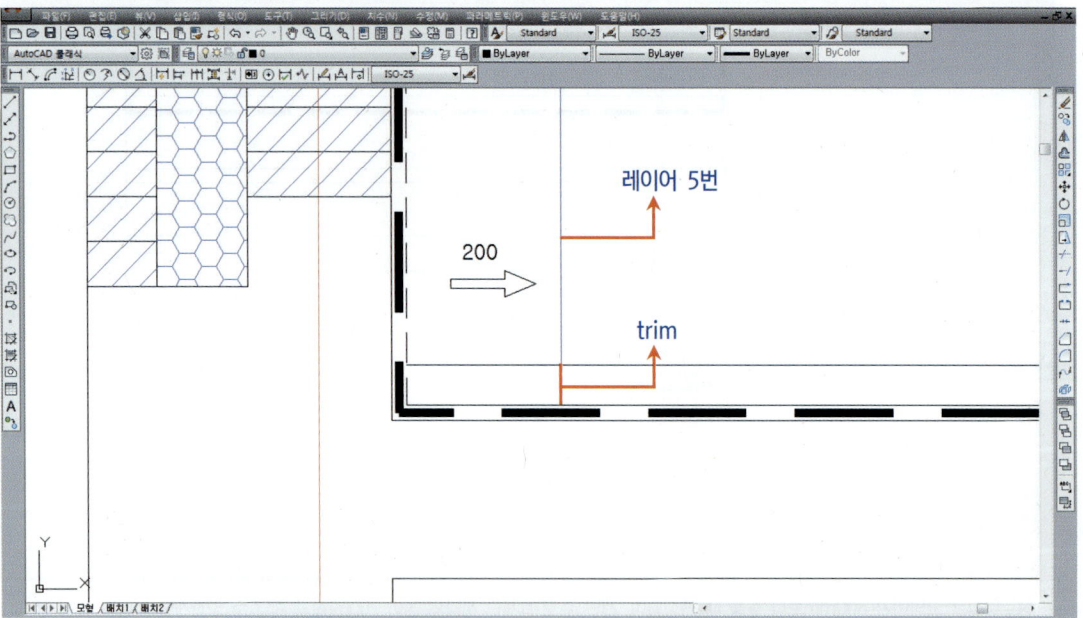

17_ array를 이용하여 타일을 선택하고(동그라미 친 부분) 열의 수 11, 열 간격 200 입력하여 완성합니다.

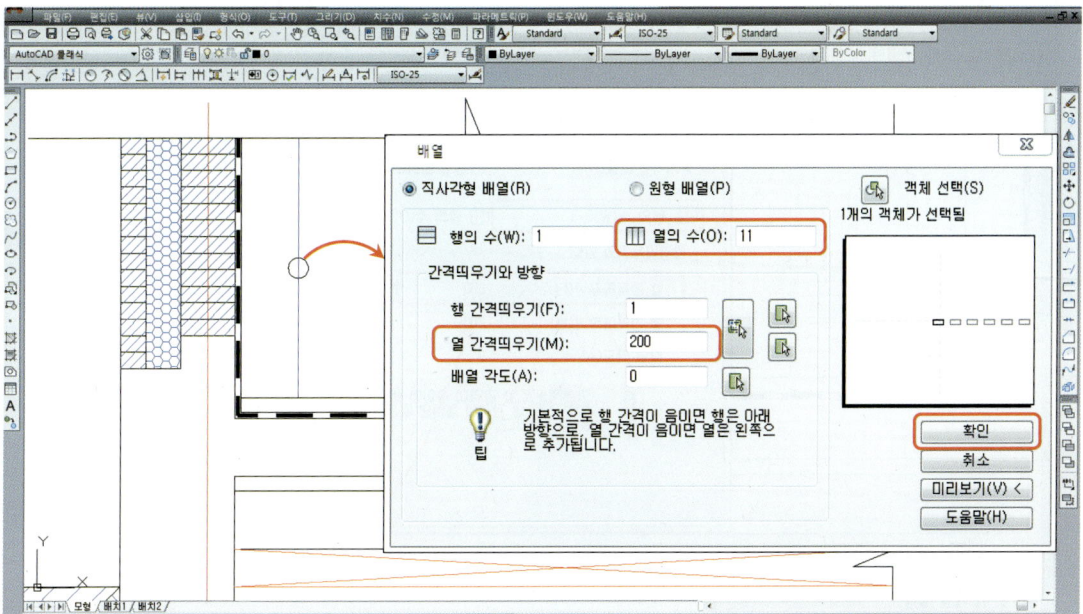

18_ offset을 이용하여 욕실바닥(hidden 선)에서 거리 200을 띄어 타일을 만들고 도면층을 5로 바꿉니다.

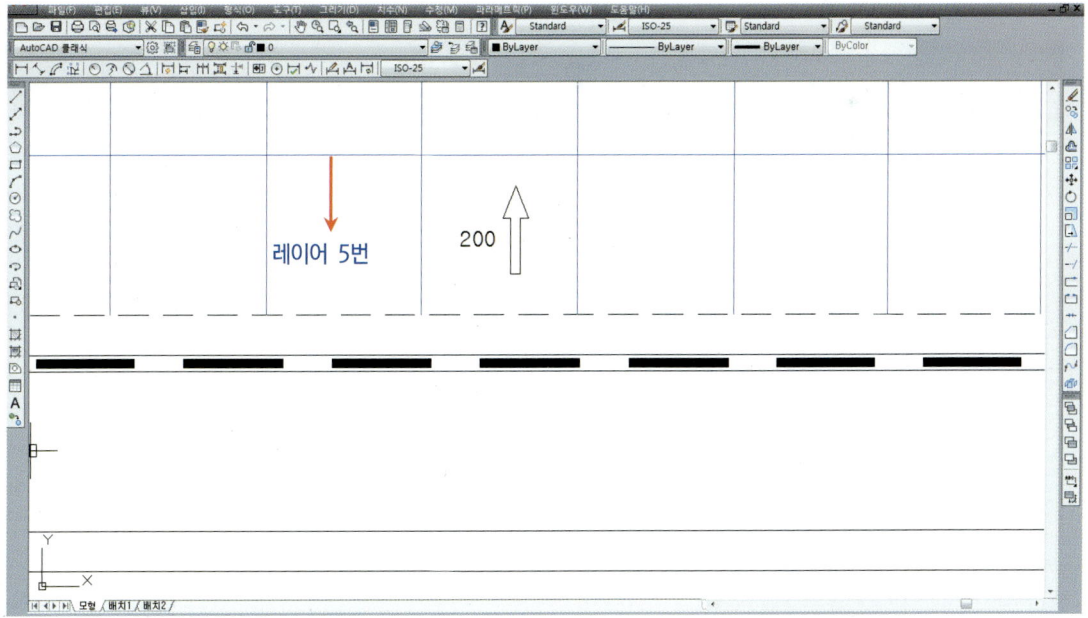

19_ array를 이용하여 타일을 선택하고(동그라미 친 부분) 행의 수 3, 행 간격 200 입력하여 완성합니다.

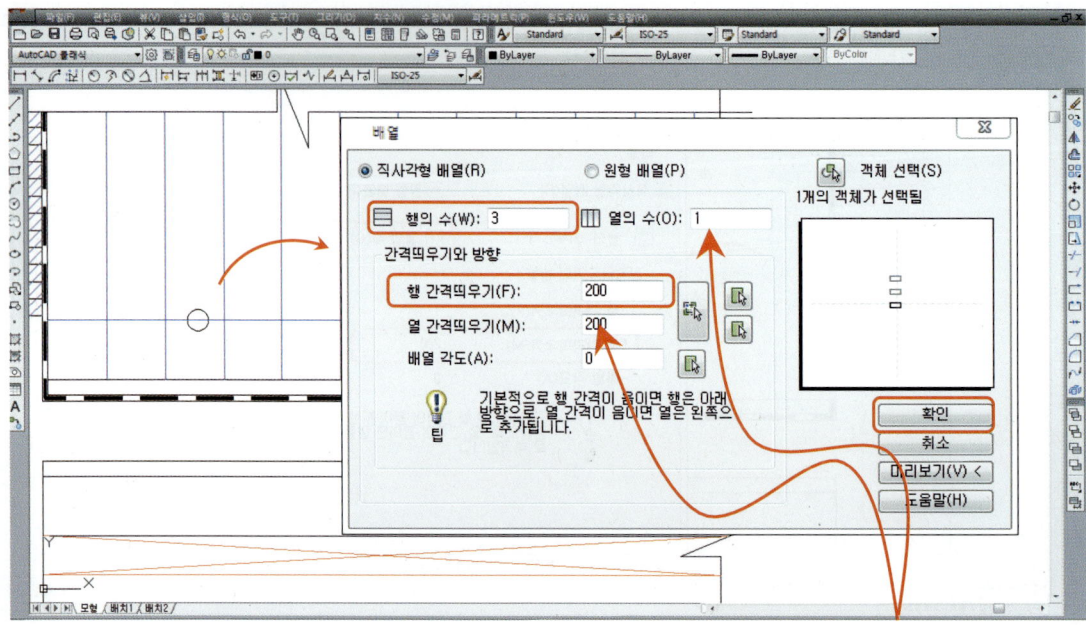

※ array를 이용할 때 행의 수 또는 열의 수 중 하나를 1로 설정하면 그 항목의 간격띄우기는 고치지 않아도 됩니다.

20_ copy를 이용하여 철근콘크리트와 잡석다짐을 만들고 지시선을 만든 뒤 mtext로 글자를 작성합니다.

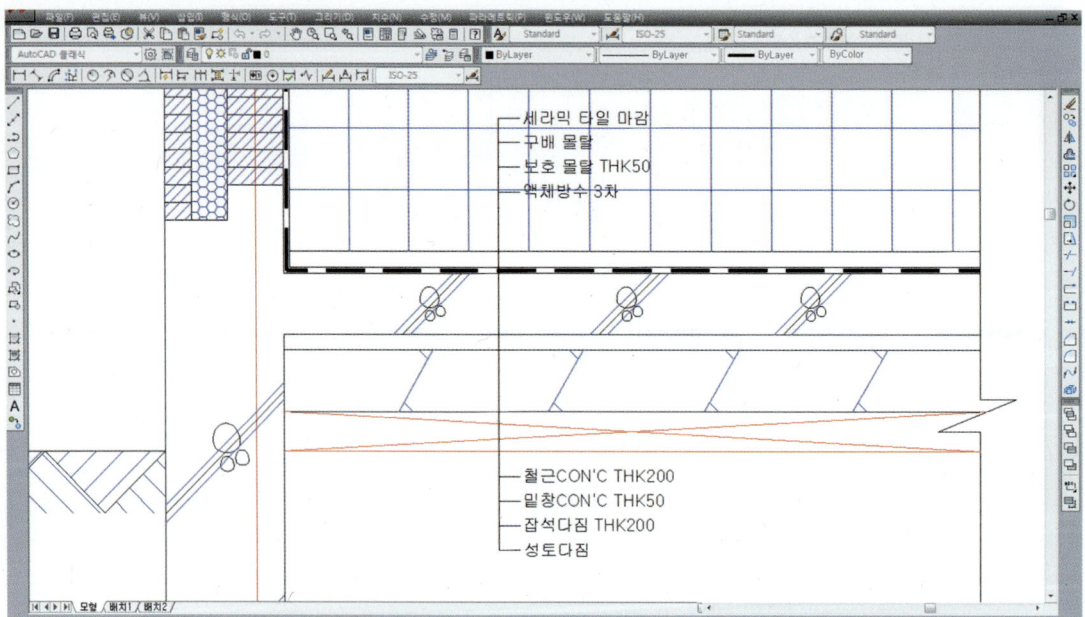

21_ rectangle을 이용하여 글자주변에 박스를 만들고 trim으로 박스 내부를 자른 뒤 박스를 지우고 마무리합니다.

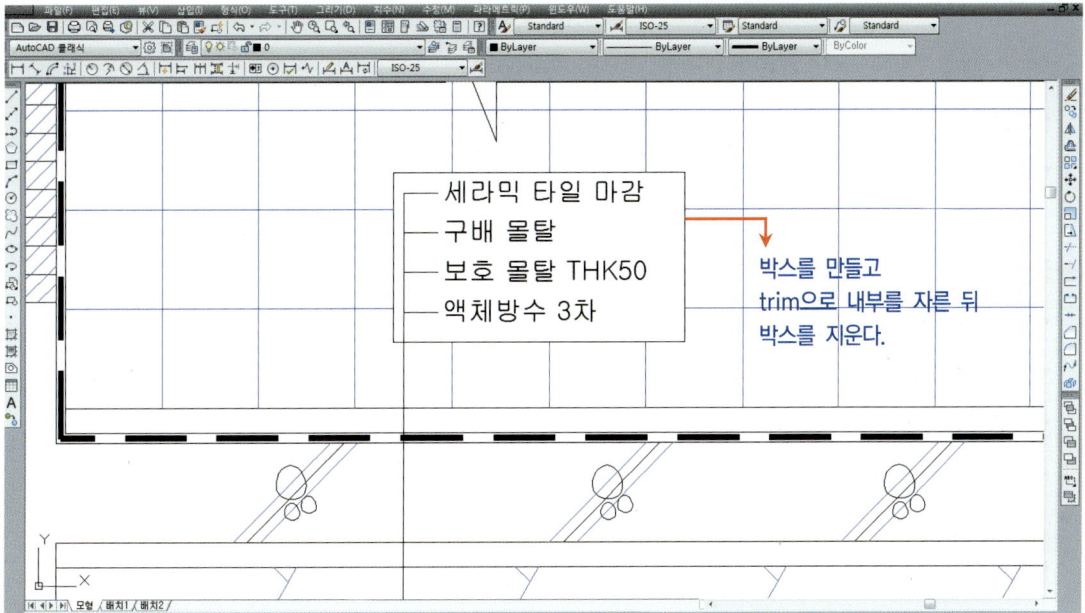

주의해야 할 점

※ 욕실 바닥은 고막이 선에서 아래로 내린 뒤 욕실바닥을 만들어야 합니다.

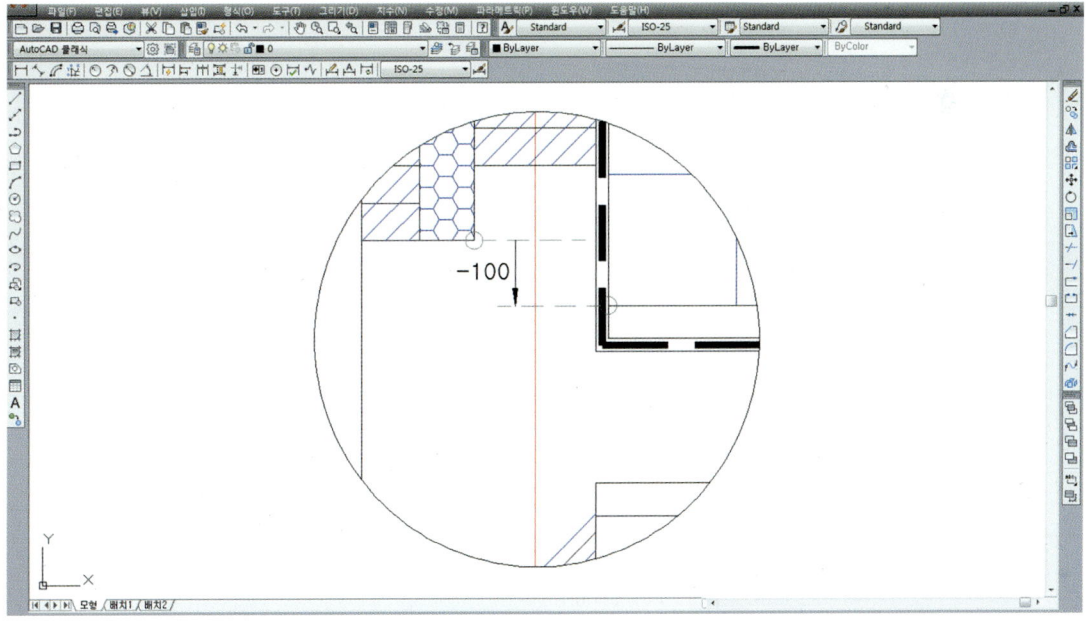

다음의 욕실부분단면상세도를 작도해 보시기 바랍니다.

※ mvsetup을 이용하여 용지 크기와 도면척도를 만드시기 바랍니다.
- 도면크기 : A4
- 도면척도 : 20

[조건]
- 벽돌 : 외부로부터 0.5B(90mm), 시멘트벽돌 1.0B(190mm)
- 단열재 : 125mm
- 고막이 : 600mm
- 동결선 : 900mm

※ 도면을 반대로 그려보는 연습이 반드시 필요하며, 중심선의 위치도 중앙에 위치해 놓고 연습해 보시기 바랍니다.
※ 반대로 연습하실 때 철근표시 및 잡석다짐과 해치를 반대로 해서는 안 됩니다.

욕실부분단면상세도

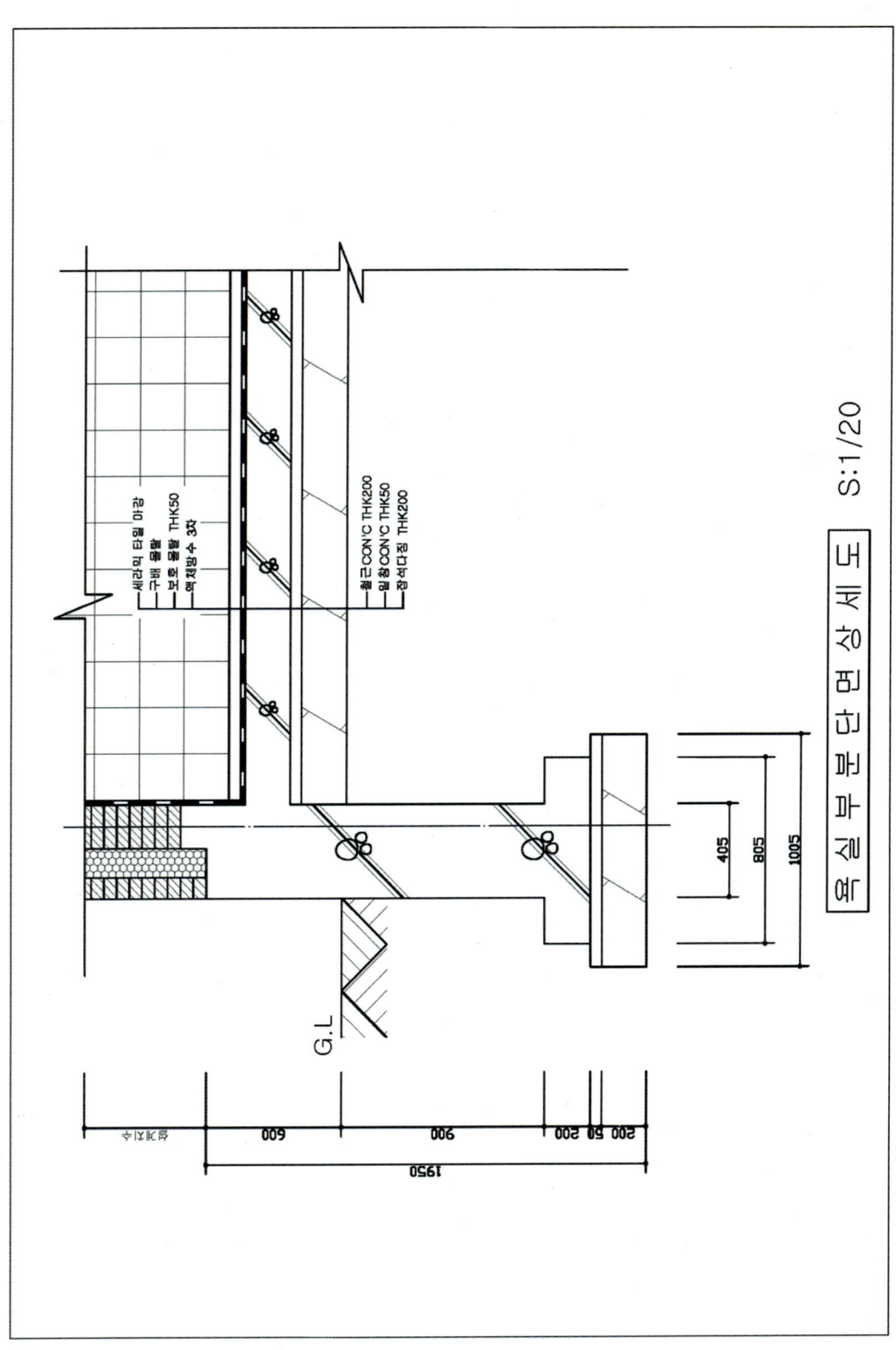

5 창입면상세도(일반 창, 테라스 창)

1_ mvsetup에서 도면척도를 20으로 맞추고 용지크기를 A4로 만듭니다.

명령	**MVSETUP** ↵

```
도면공간을 사용가능하게 합니까? [아니오(N)/예(Y)] : n ↵
단위 유형 입력 [공학(S)/십진(D)/엔지니어링(E)/건축(A)/미터법(M)] : m ↵
미터 축척
(5000) 1 : 5000
(2000) 1 : 2000
(1000) 1 : 1000
(500)  1 : 500
(200)  1 : 200
(100)  1 : 100
(75)   1 : 75
(50)   1 : 50
(20)   1 : 20
(10)   1 : 10
(5)    1 : 5
(1)    전체
축척 비율 입력 : 20 ↵
용지 폭 입력 : 283 ↵
용지 높이 입력 : 196 ↵
```

2_layer에서 다음과 같이 도면층을 만듭니다.

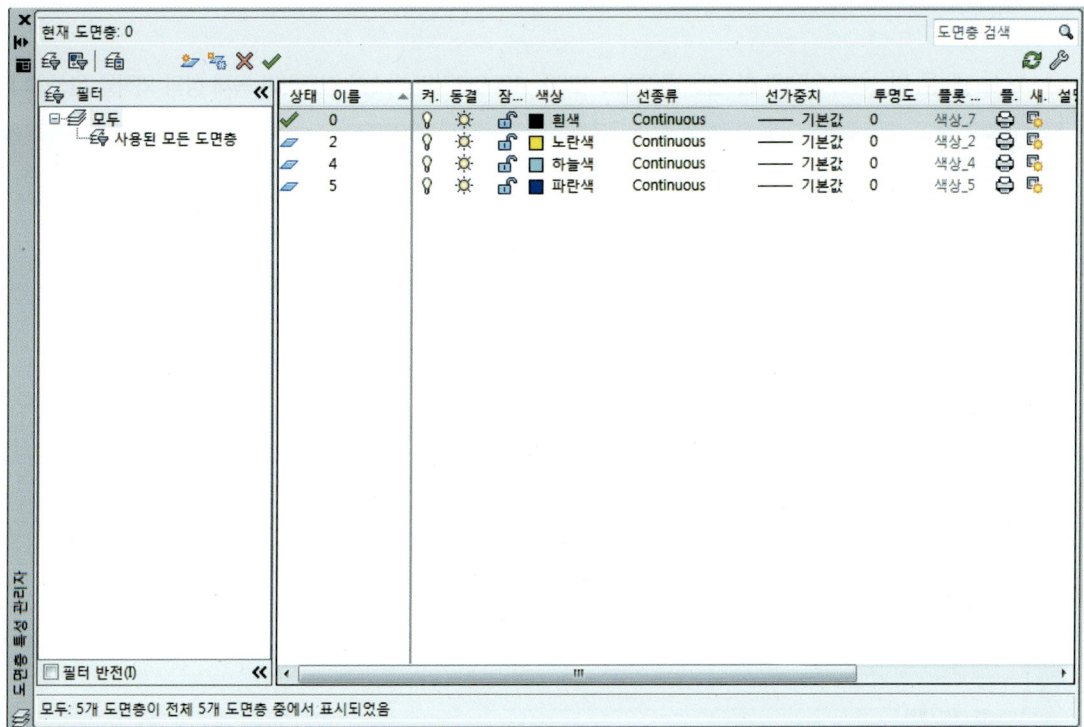

일반 창 입면 그리기

3_rectangle을 이용하여 임의의 한 점을 클릭하고 1200×1200크기의 박스를 작도하여 목재 창의 외곽을 완성합니다.

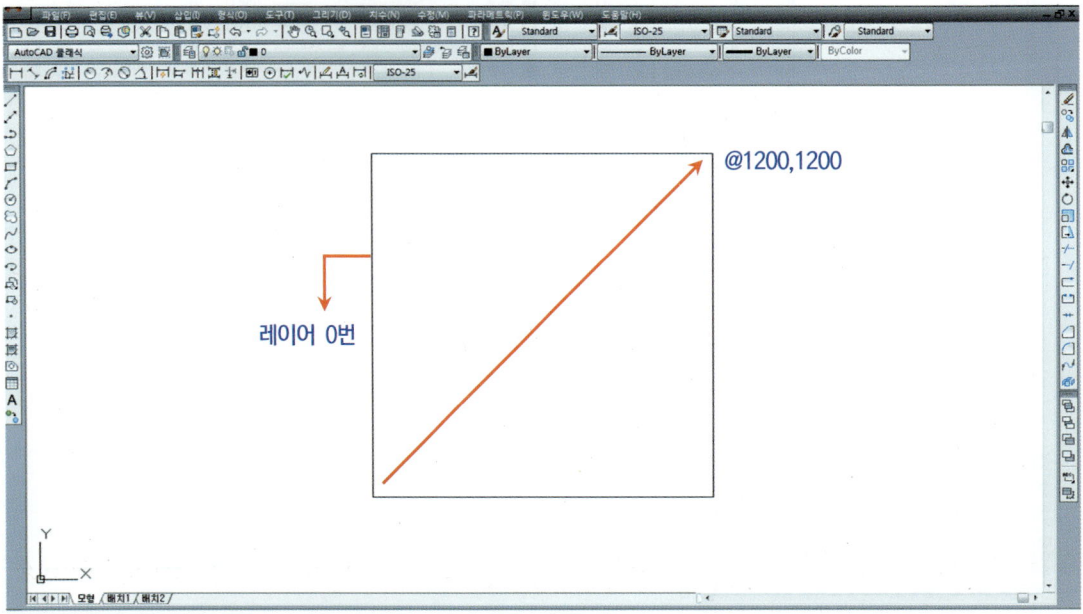

※ 창문의 크기는 매우 다양하여 그 중 하나를 임의로 정하여 작도하였습니다.

4_offset을 이용하여 박스 내부로 45만큼 간격(hidden 선)을 띄어 목재창틀을 완성합니다.

※ 알루미늄 창일 경우 박스 내부로 30만큼 띄어 창틀을 완성합니다.

5_ offset을 이용하여 박스 내부로 60만큼 간격(hidden 선)을 띄어 윗막이, 세로선대, 밑막이를 완성합니다.

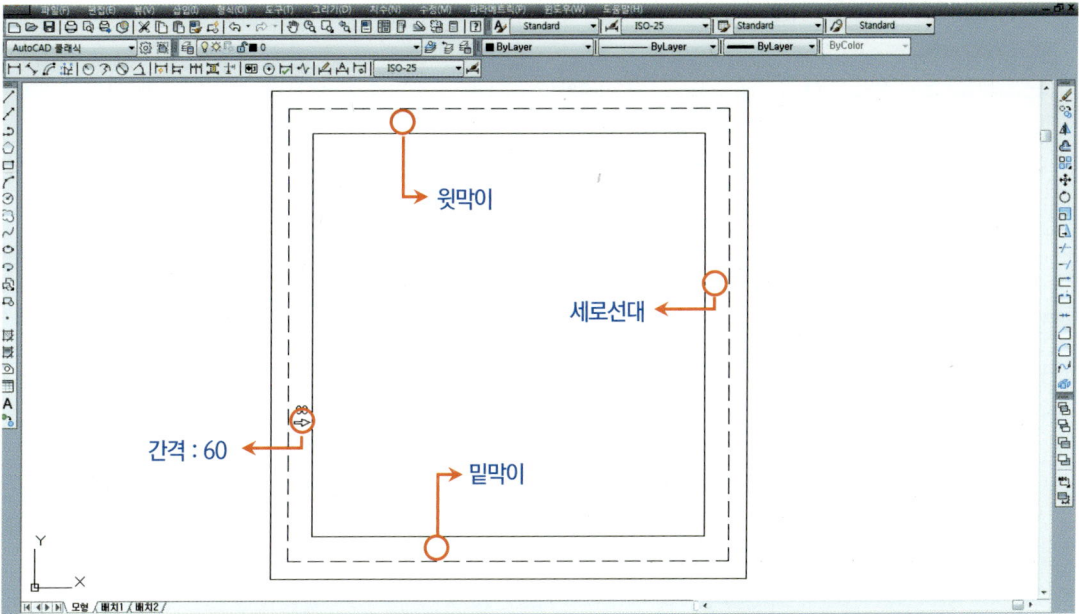

6_ stretch를 이용하여 밑막이(빨간색 hidden 선)를 30만큼 위로 올려 밑막이의 높이를 최종 90으로 합니다.

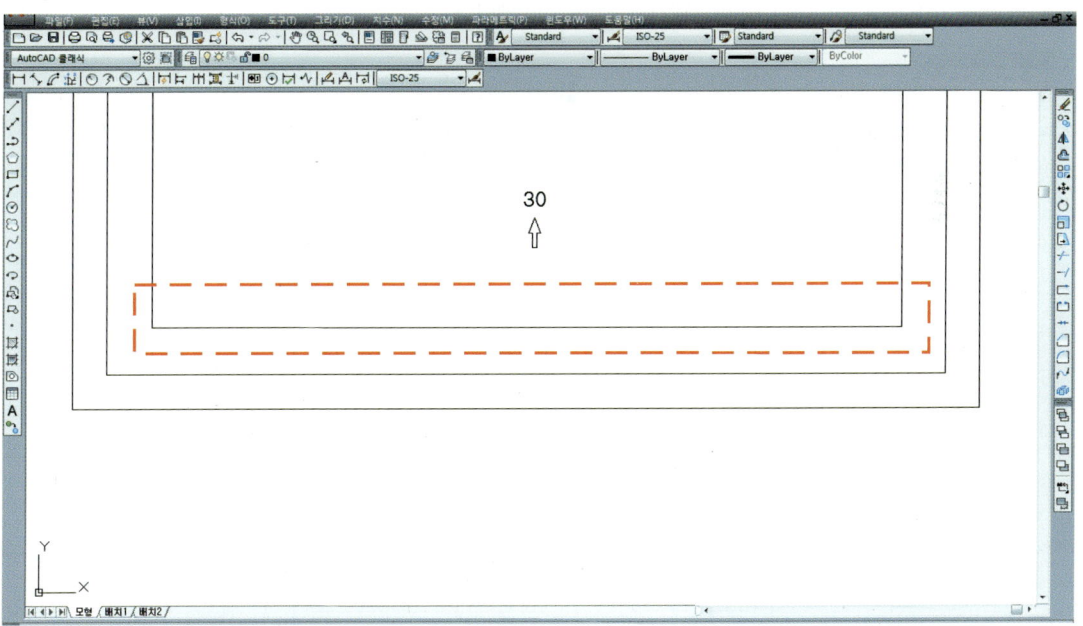

※ stretch를 할 때는 반드시 crossing으로 선택해야 합니다.

7_ line을 이용하여 창틀의 중간점(✗ 표시)에서 수직선을 작도하고 offset을 이용하여 좌우로 30 간격을 띈 후 수직선(hidden 선)을 지웁니다.

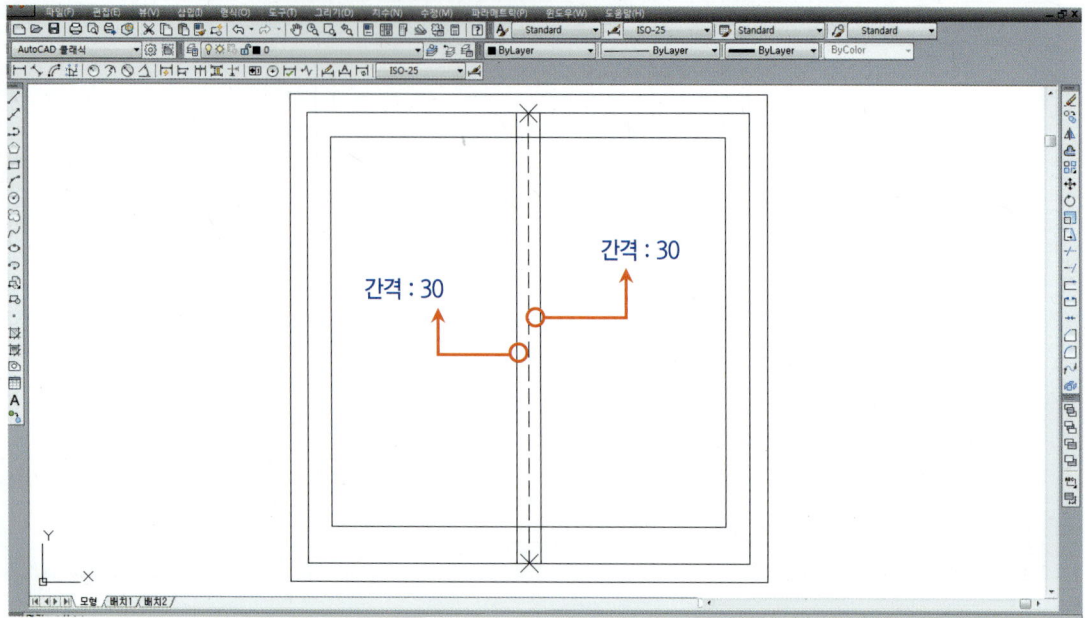

8_ trim을 이용하여 윗막이와 밑막이(빨간색 선)를 잘라냅니다.

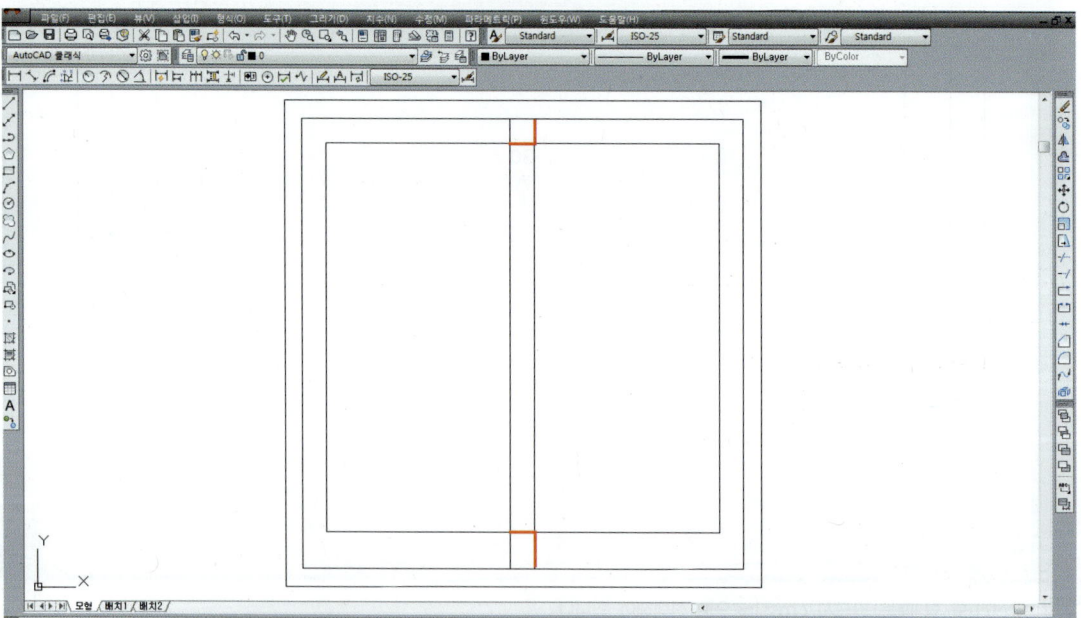

9_pedit의 옵션 중 결합(J)을 이용하여 선(hidden 선)을 polyline으로 만듭니다.

10_offset을 이용하여 20거리만큼 내부로 간격을 띄어 쫄대를 만들고 도면층 5로 바꾸고 마무리합니다.

테라스 창 입면 그리기

11_ rectangle을 이용하여 임의의 한 점을 클릭하고 2700×2300 크기의 박스를 작도하여 테라스 목재 창의 외곽을 완성합니다.

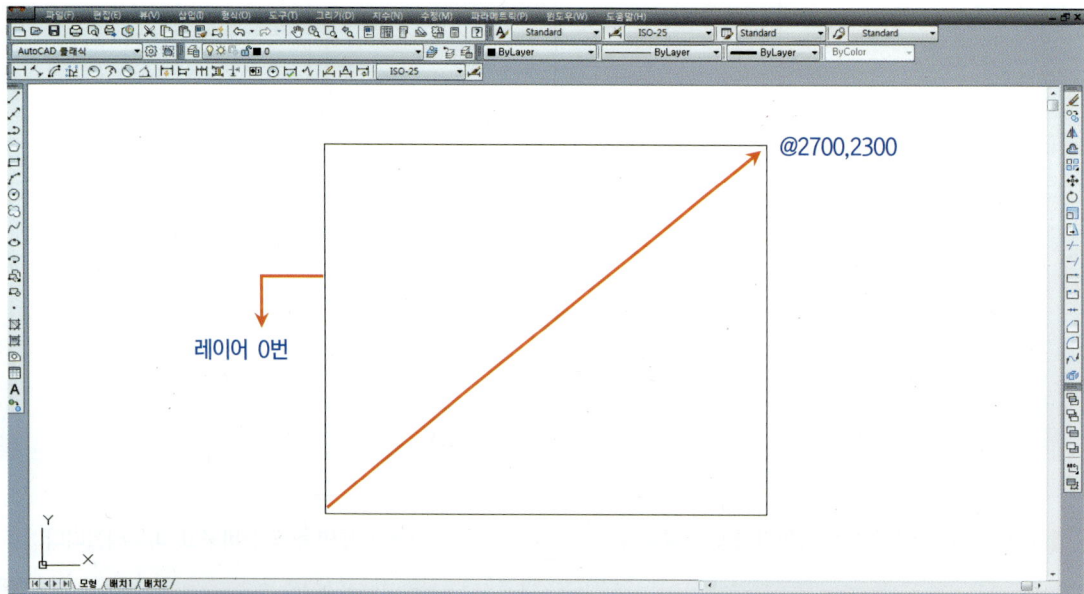

※ 테라스 창문의 크기는 매우 다양하여 그중 하나를 임의로 정하여 작도하였습니다.

12_ offset을 이용하여 박스 내부로 45만큼 간격(hidden 선)을 띄어 틀을 완성합니다.

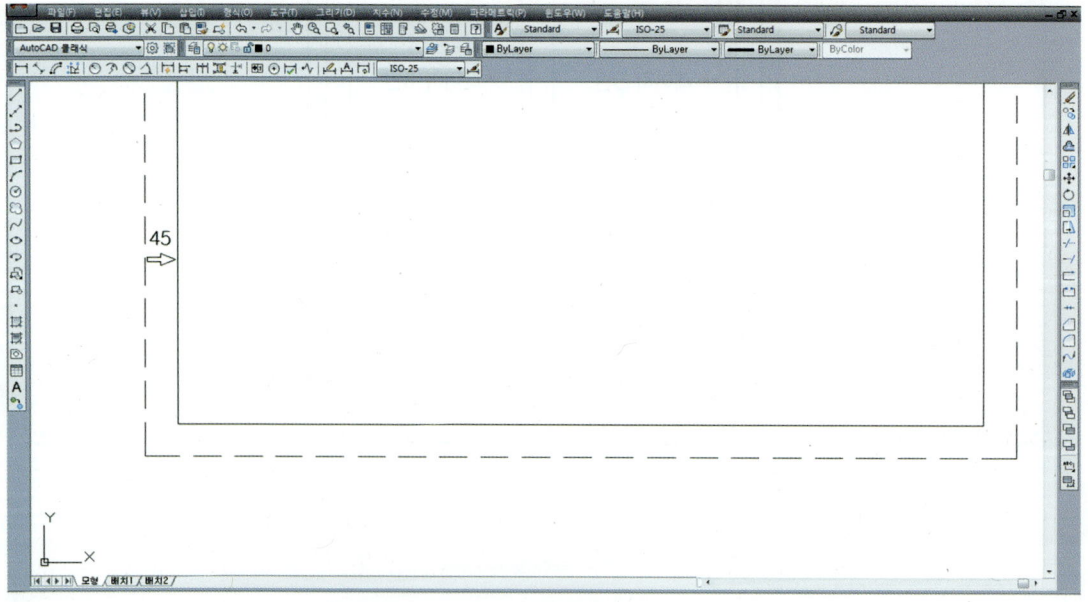

※ 알루미늄 테라스 창일 경우 박스 내부로 30만큼 띄어 창틀을 완성합니다.

13_ offset을 이용하여 박스 내부로 90만큼 간격(hidden 선)을 띄어 윗막이, 세로선대, 밑막이를 완성합니다.

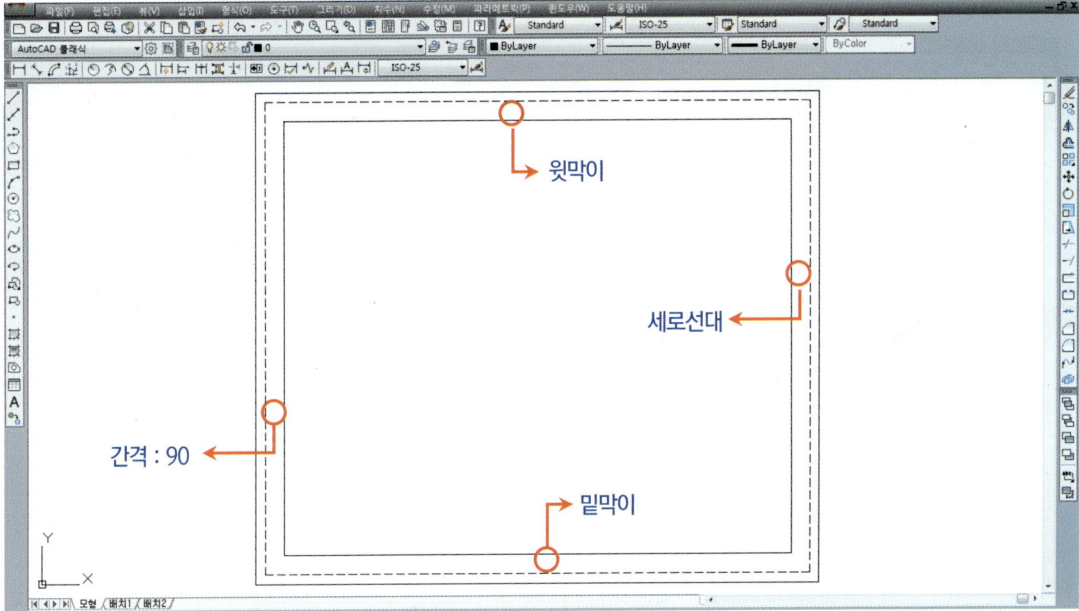

14_ stretch를 이용하여 밑막이(빨간색 hidden 선)를 30만큼 위로 올려 밑막이의 높이를 최종 120으로 합니다.

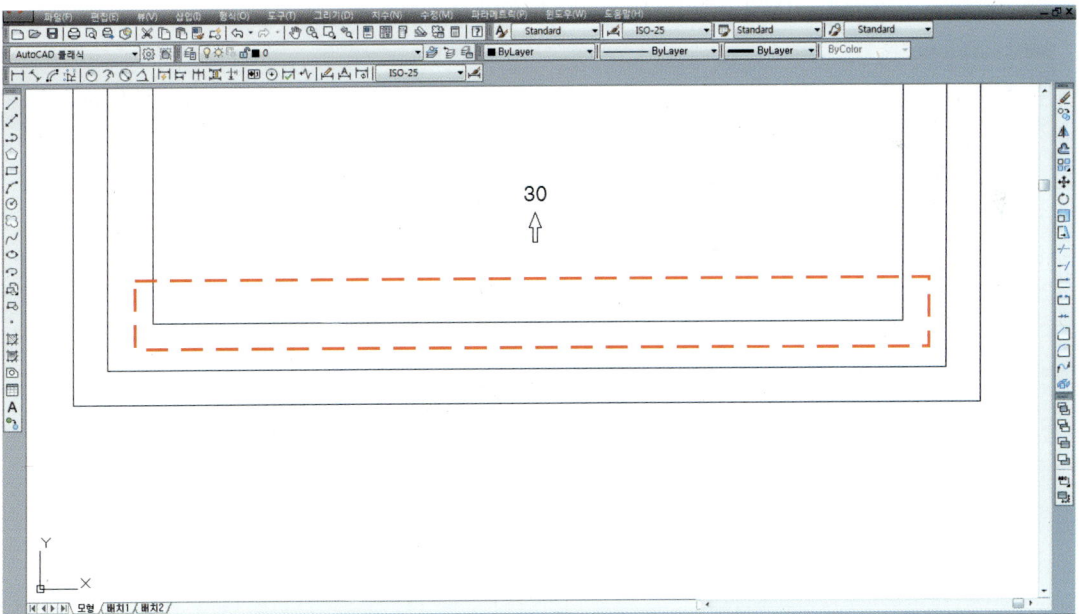

15_ line을 이용하여 창틀의 중간점(✗ 표시)에서 수직선을 작도하고 trim을 이용(hidden 선)하여 좌측부분을 잘라 냅니다.

16_ offset을 이용하여 2700의 4분의 1지점(hidden 선)까지 간격을 띕니다.

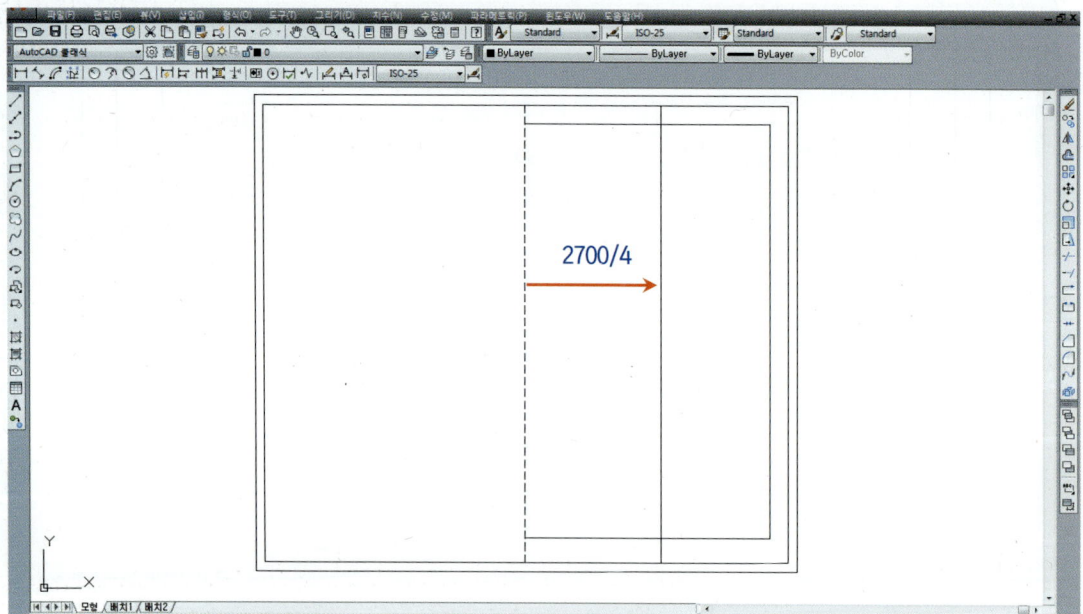

17_ offset을 이용하여 가운데 부분은 90간격을 오른쪽으로 띄고, 4분의 1지점은 45 간격을 좌우로 띈 후 4분의 1지점의 수직선(✕ 표시)을 지웁니다.

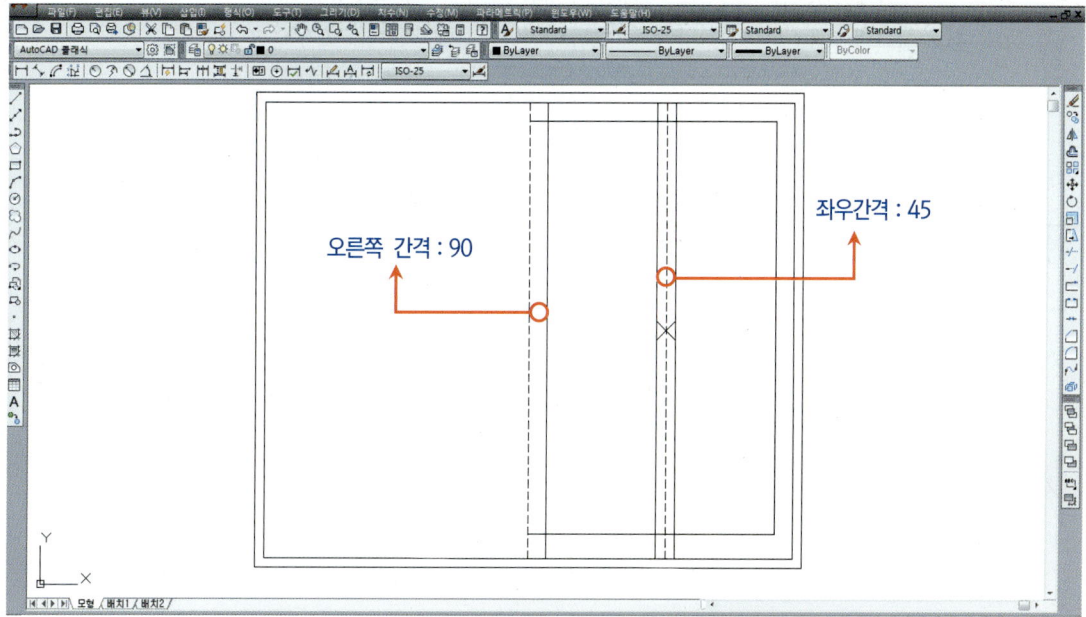

18_ trim을 이용하여 윗막이와 밑막이(빨간색 선)를 잘라냅니다.

19_pedit의 옵션 중 결합(J)을 이용하여 선(hidden 선)을 polyline으로 만듭니다.

20_offset을 이용하여 20거리만큼 내부로 간격을 띄어 쫄대를 만들고 도면층 5로 바꿉니다.

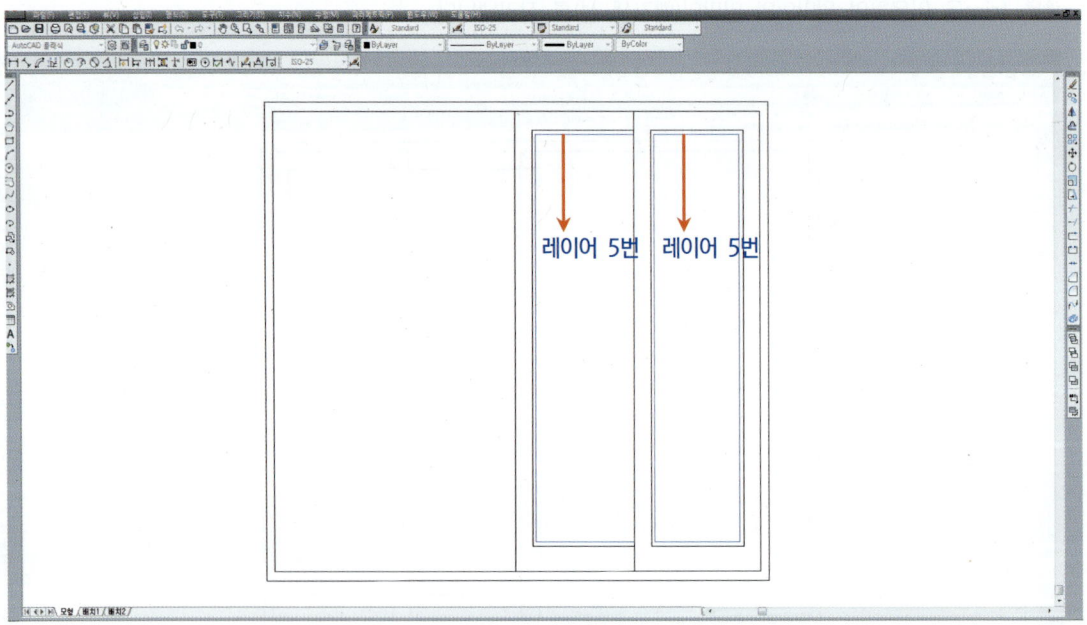

21_mirror를 이용(hidden 선 기준)하여 반대쪽 창을 대칭시켜 마무리합니다.

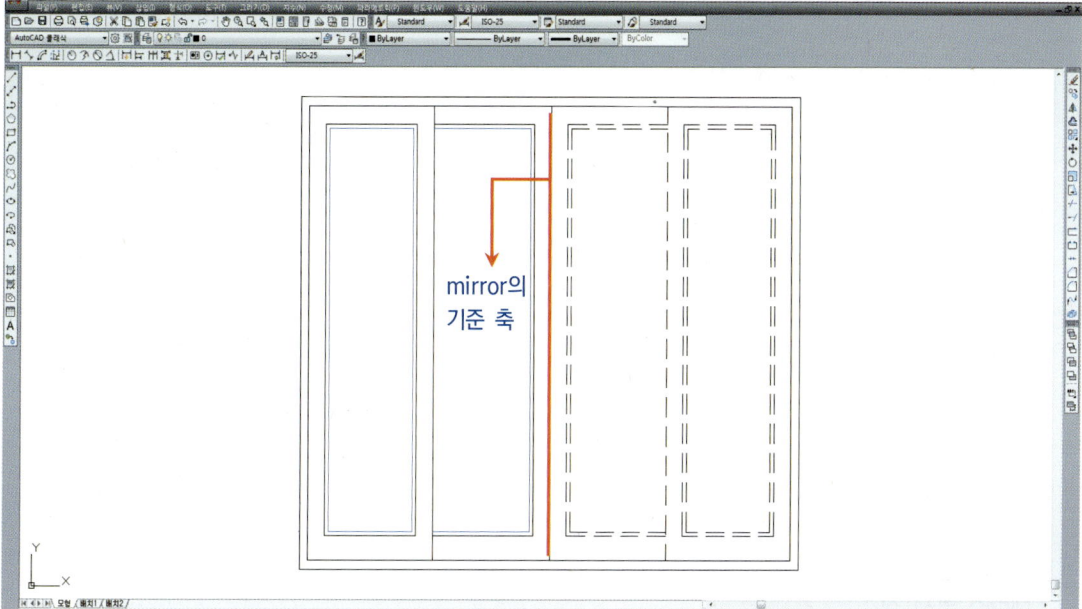

주의해야 할 점

※ 쫄대를 표현하기 전에 반드시 line을 polyline으로 바꾸고 offset해야 합니다.

다음의 창문입면상세도를 작도해 보시기 바랍니다.

※ mvsetup을 이용하여 용지 크기와 도면척도를 만드시기 바랍니다.

- 도면크기 : A4
- 도면척도 : 20

[조건]

- 2짝 미서기 목재 창
  - 윗막이, 세로선대 : 60, 밑막이 : 90
  - 크기 : 1200 × 1200
- 2짝 미서기 알루미늄 창
  - 윗막이, 세로선대, 밑막이 : 60
  - 크기 : 1200 × 1200
- 테라스 목재 창
  - 윗막이, 세로선대 : 90, 밑막이 : 120
  - 크기 : 2700 × 2300
- 테라스 알루미늄 창
  - 윗막이, 세로선대, 밑막이 : 60
  - 크기 : 2700 × 2300

※ 창의 높이 및 너비는 방, 거실, 부엌, 욕실에 따라 다릅니다. 창의 너비는 시험지의 평면도에서 스케일 자를 이용해 측정 가능하지만 높이의 경우는 따로 암기를 하는 것이 좋습니다.
※ 창 높이 - 방 : 1200, 부엌 : 900, 욕실 : 600으로 하는 것이 무난합니다.
※ 테라스 창의 경우 높이는 별도로 없으며 고막이부터 테두리보 밑선까지가 창의 높이가 됩니다.

창문입면상세도 1

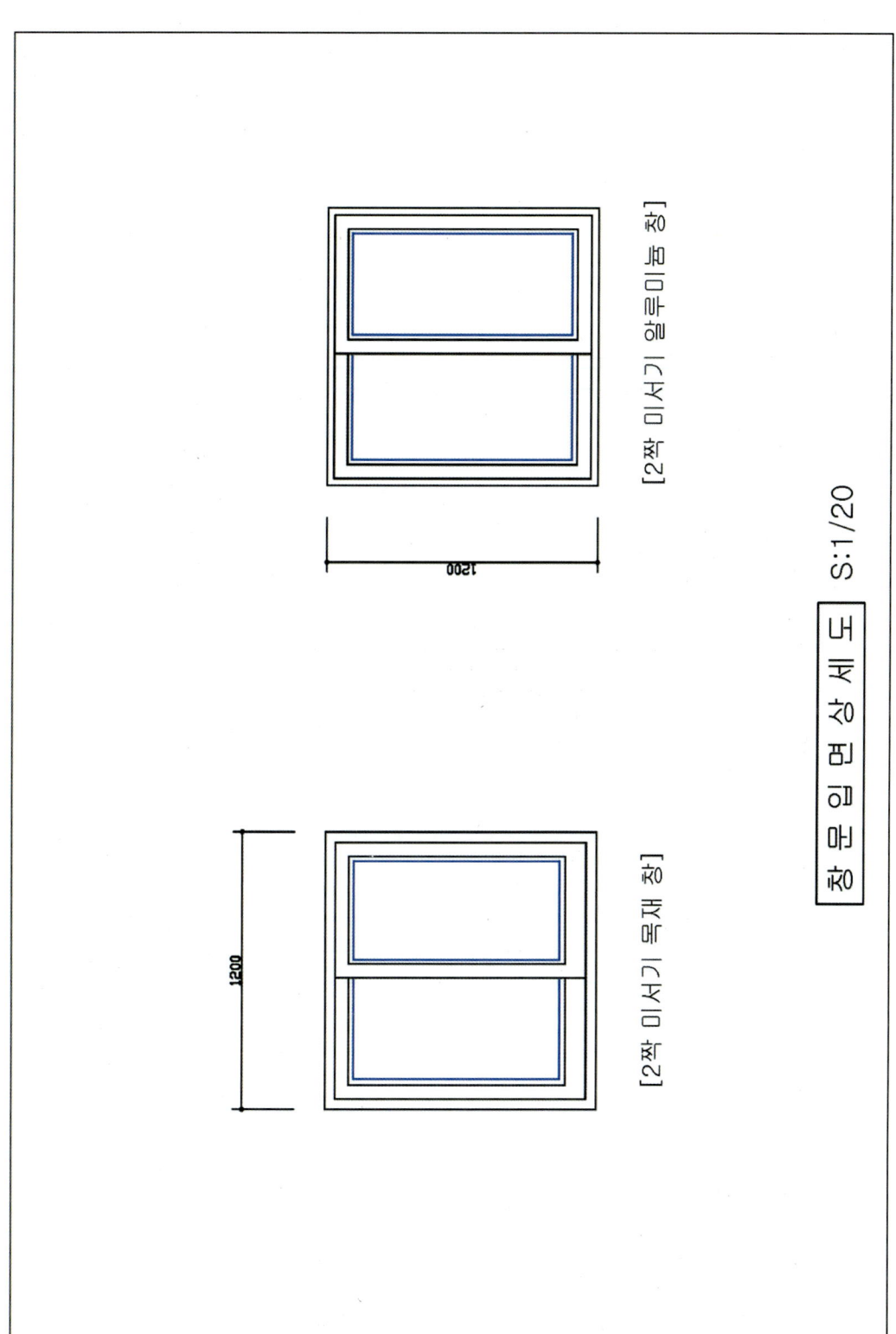

창문입면상세도 2

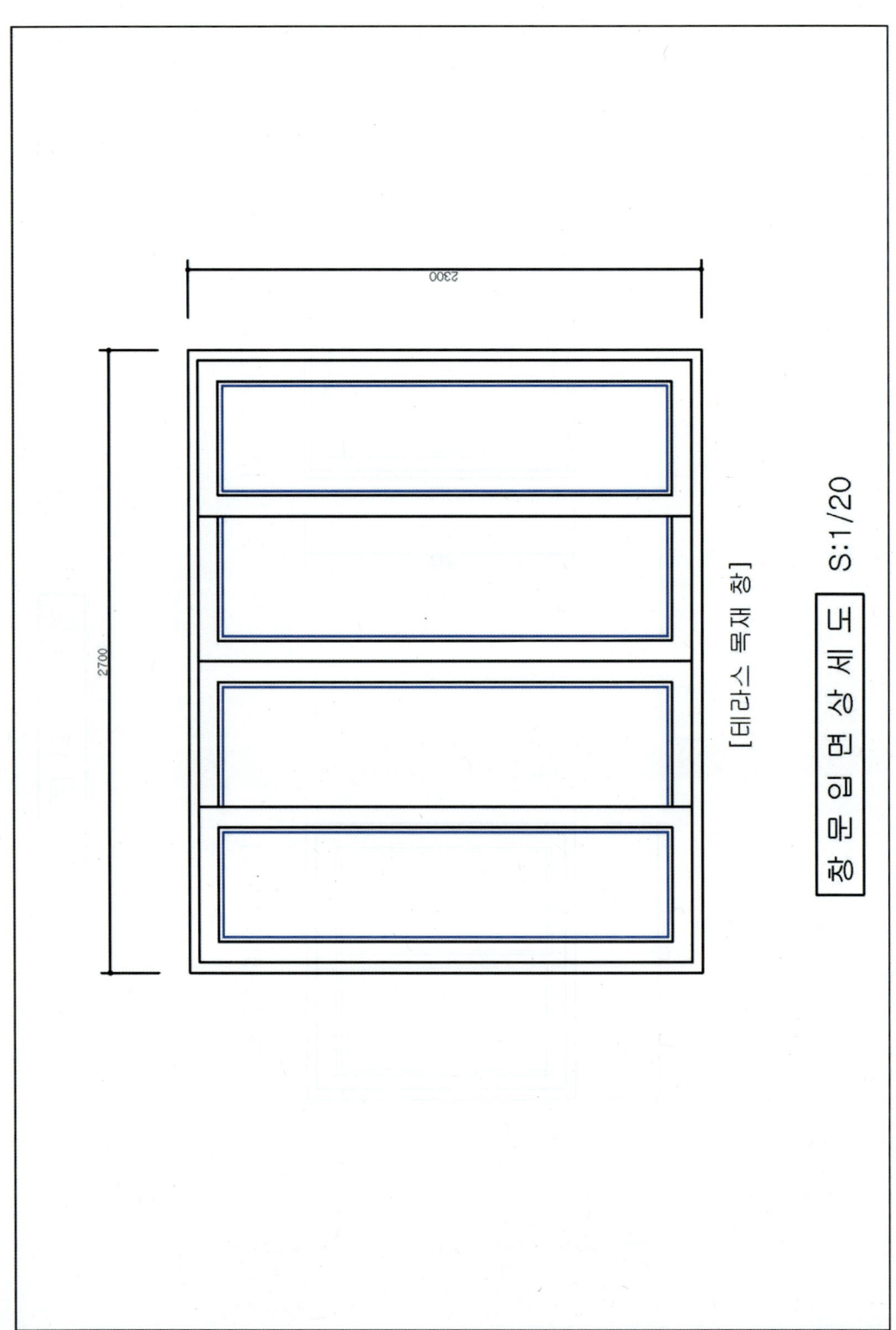

창문입면상세도 3

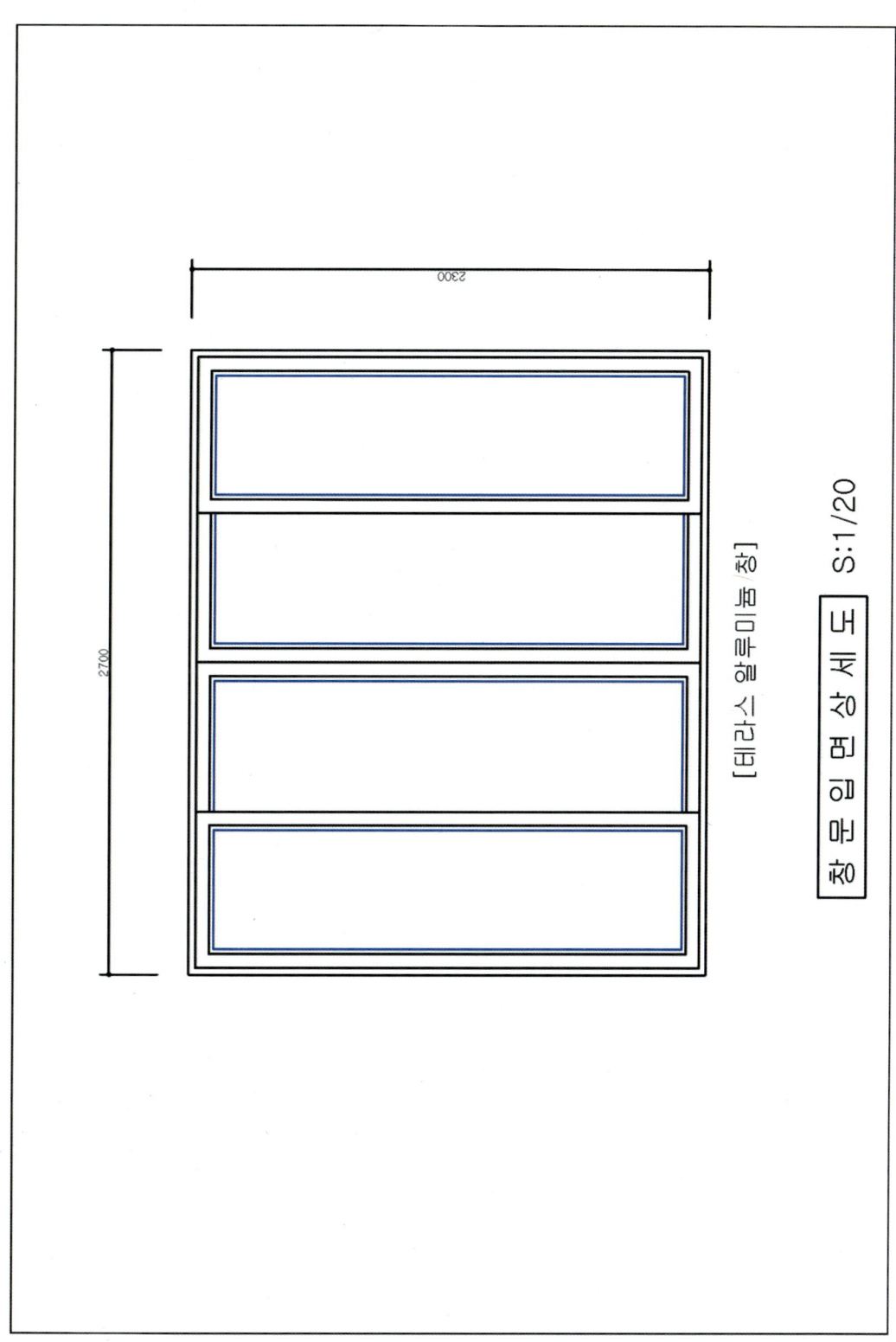

6 창단면상세도 - 1(일반 창)

1_ mvsetup에서 도면척도를 20으로 맞추고 용지크기를 A4로 만듭니다.

> **명령** **MVSETUP** ↵
> 도면공간을 사용가능하게 합니까? [아니오(N)/예(Y)] : n ↵
> 단위 유형 입력 [공학(S)/십진(D)/엔지니어링(E)/건축(A)/미터법(M)] : m ↵
> 미터 축척
> (5000) 1 : 5000
> (2000) 1 : 2000
> (1000) 1 : 1000
> (500)   1 : 500
> (200)   1 : 200
> (100)   1 : 100
> (75)   1 : 75
> (50)   1 : 50
> (20)   1 : 20
> (10)   1 : 10
> (5)   1 : 5
> (1)   전체
> 축척 비율 입력 : 20 ↵
> 용지 폭 입력 : 283 ↵
> 용지 높이 입력 : 196 ↵

2_layer에서 다음과 같이 도면층을 만듭니다.

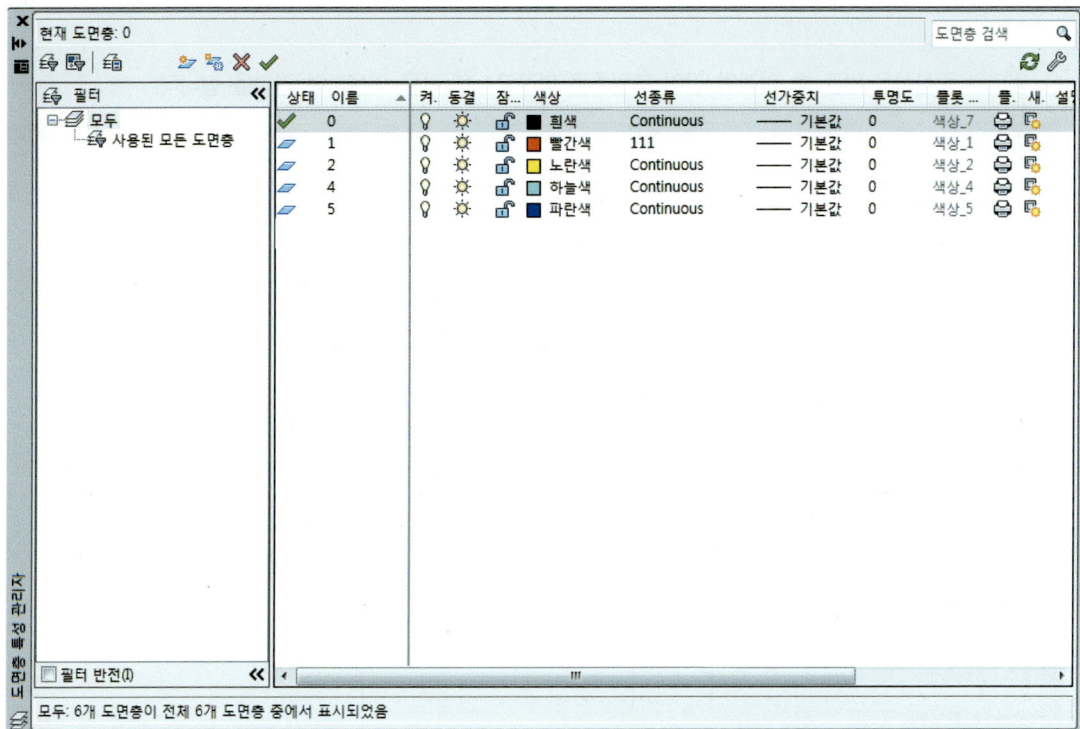

일반 창 단면 그리기

3_ 임의의 중심선을 만든 후 아래와 같이 도면층을 바꾸고 offset을 이용하여 간격을 띕니다.

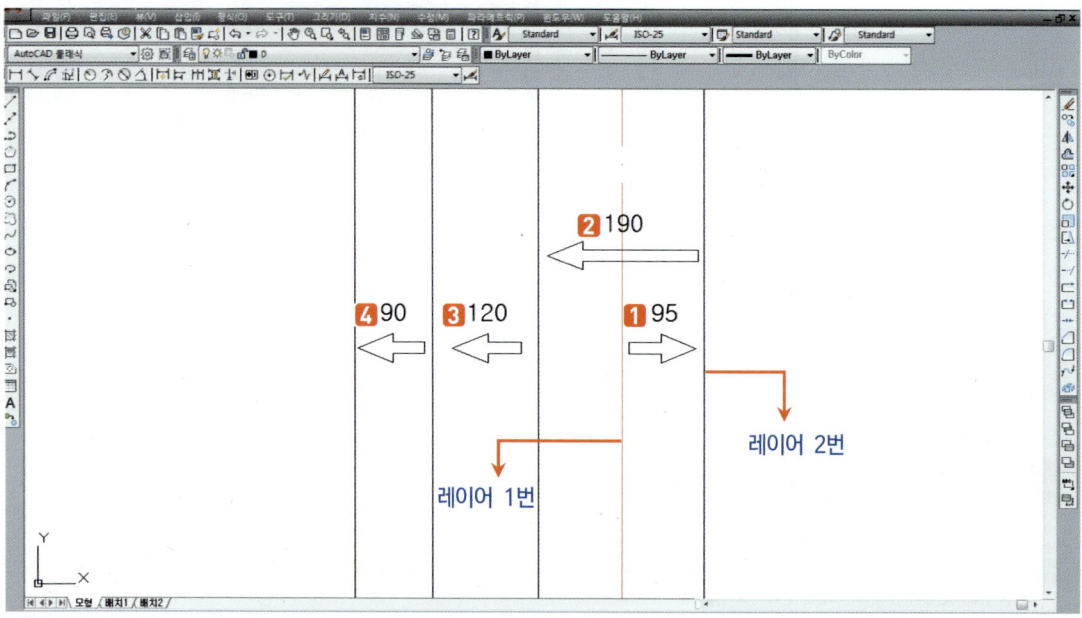

※ lts를 이용하여 척도 20을 줍니다. 또한, 단열재 두께를 120mm로 가정하고 작도하였습니다.

4_ 임의의 수평선을 긋고 trim을 이용하여 단열재 부분(hidden 선)을 잘라내고 fillet을 이용하여 벽체의 외곽 (동그라미 부분 클릭) (X 부분 클릭)모서리를 정리합니다.

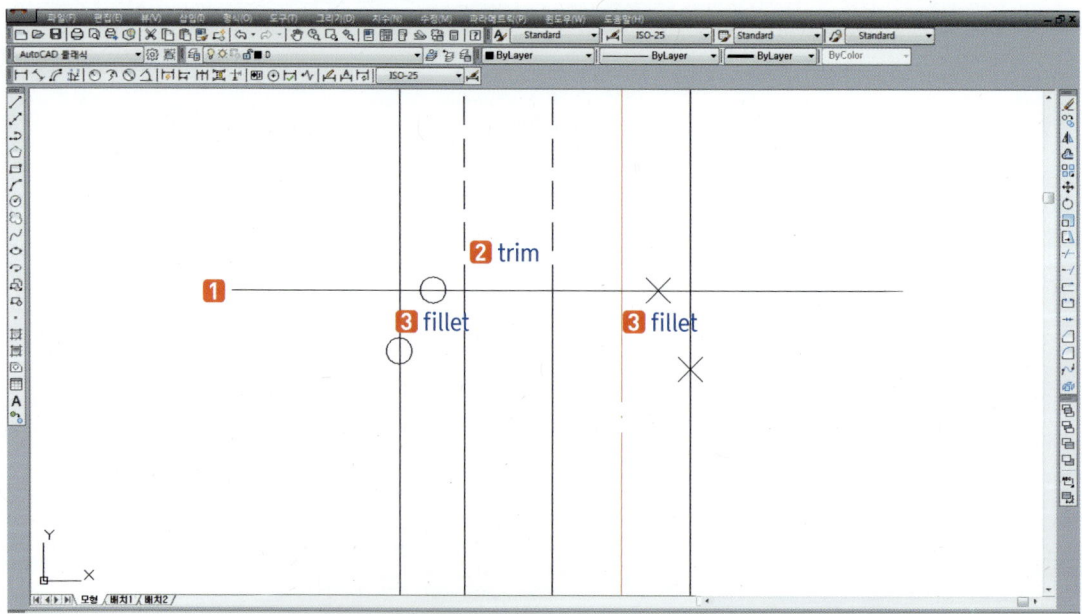

5_array를 이용하여 선을 선택(hidden 선)하고 행의 수(13), 행 간격 -57 입력하여 완성합니다.

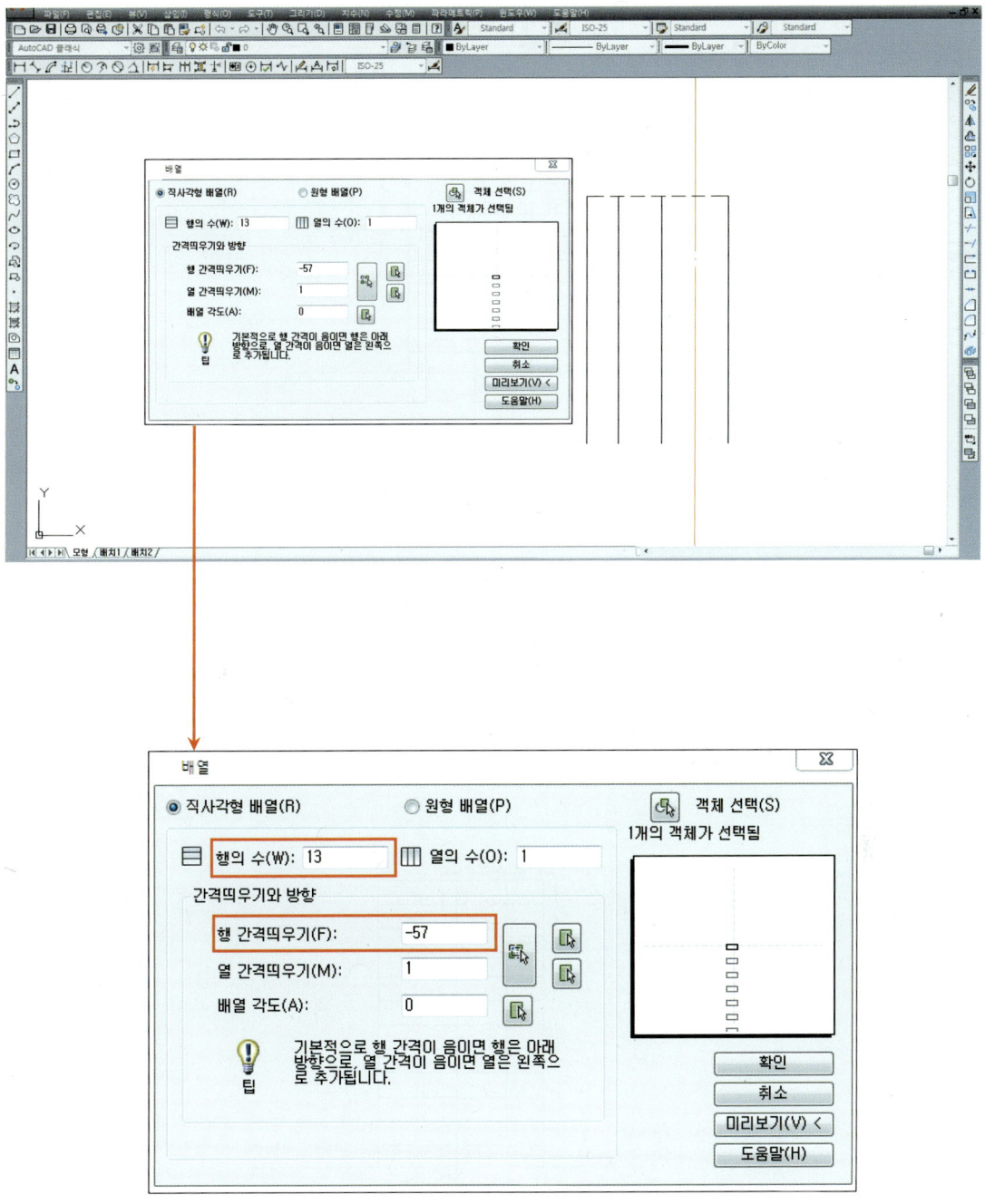

6_벽체의 아래쪽에 절단 선을 만든 뒤 절단 선 부근의 line들을 편집합니다.

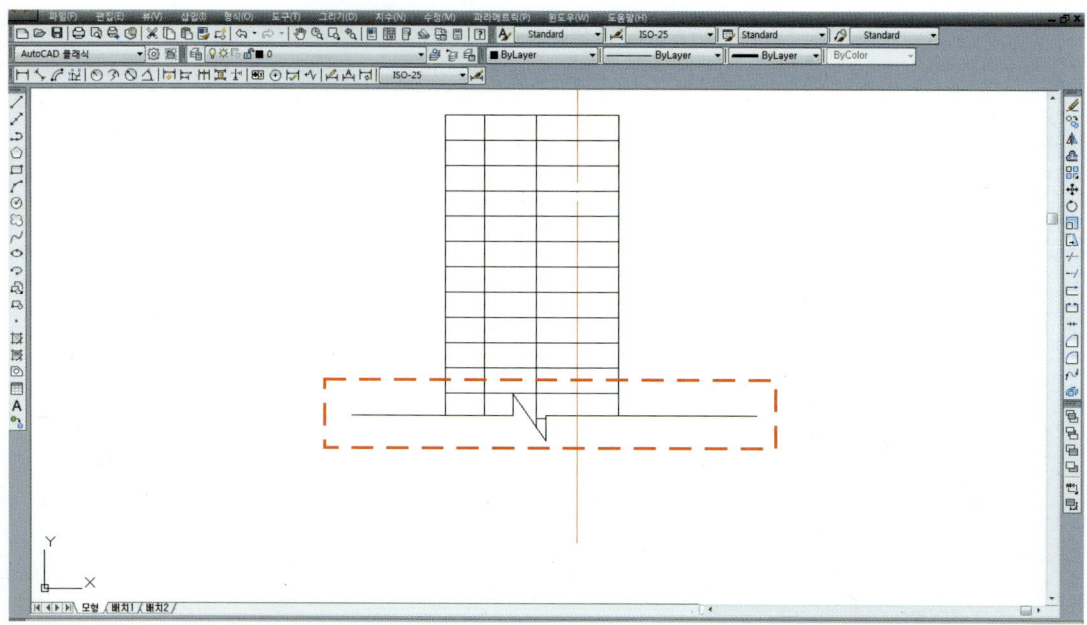

7_trim을 이용하여 창대벽돌이 들어갈 부분(hidden 선)을 아래와 같이 잘라냅니다.

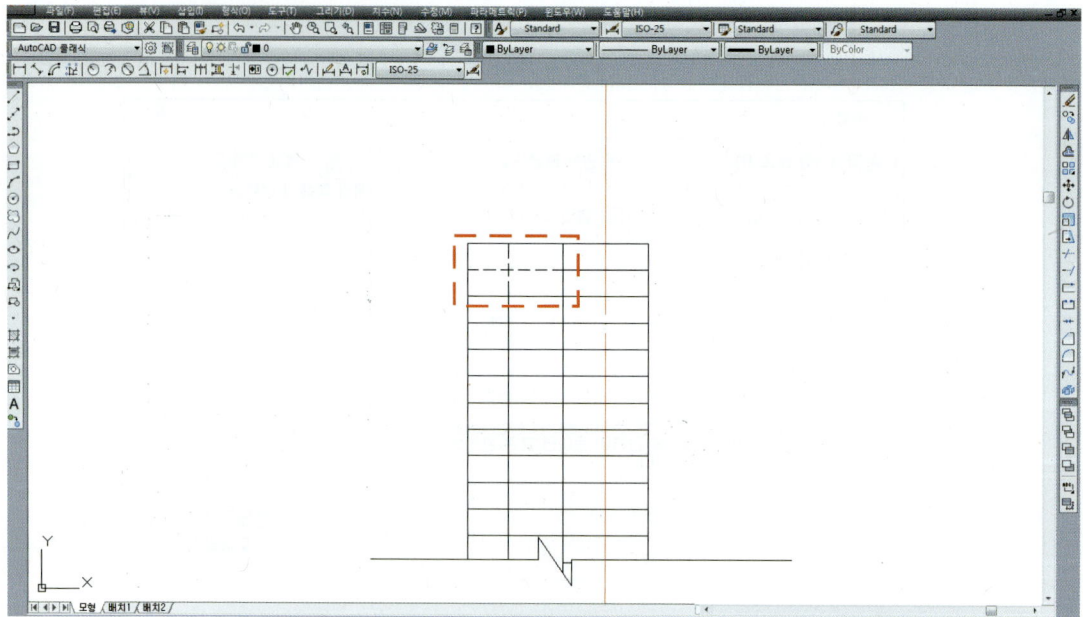

8_ trim을 이용하여 벽돌 2장 사이(hidden 선)를 잘라냅니다.

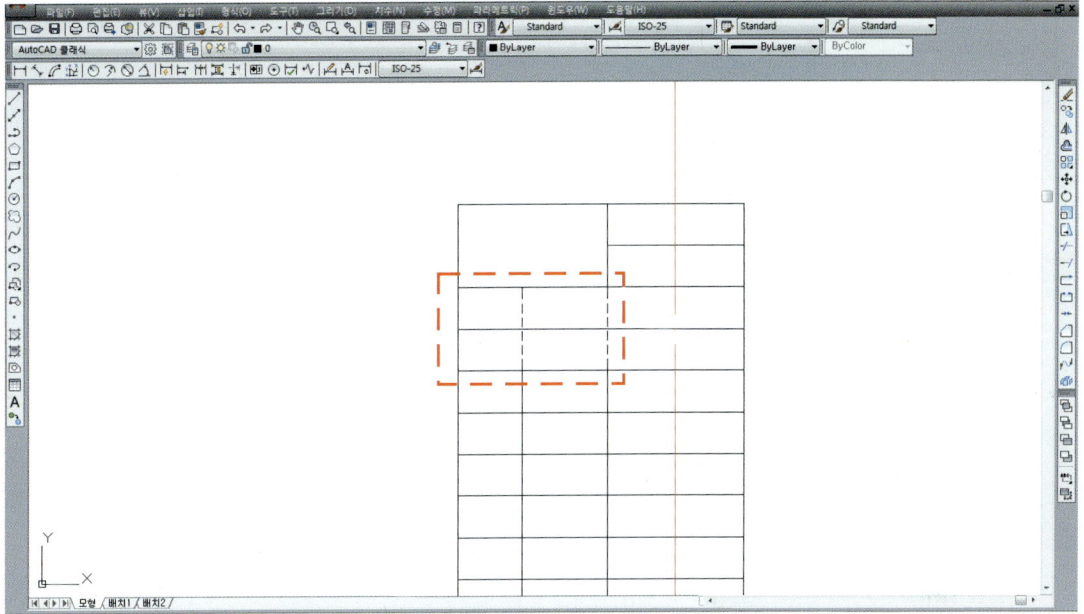

9_ offset을 이용하여 190간격을 띈 후 trim을 이용하여 잘라낸(hidden 선) 뒤 offset으로 190 간격을 띕니다.

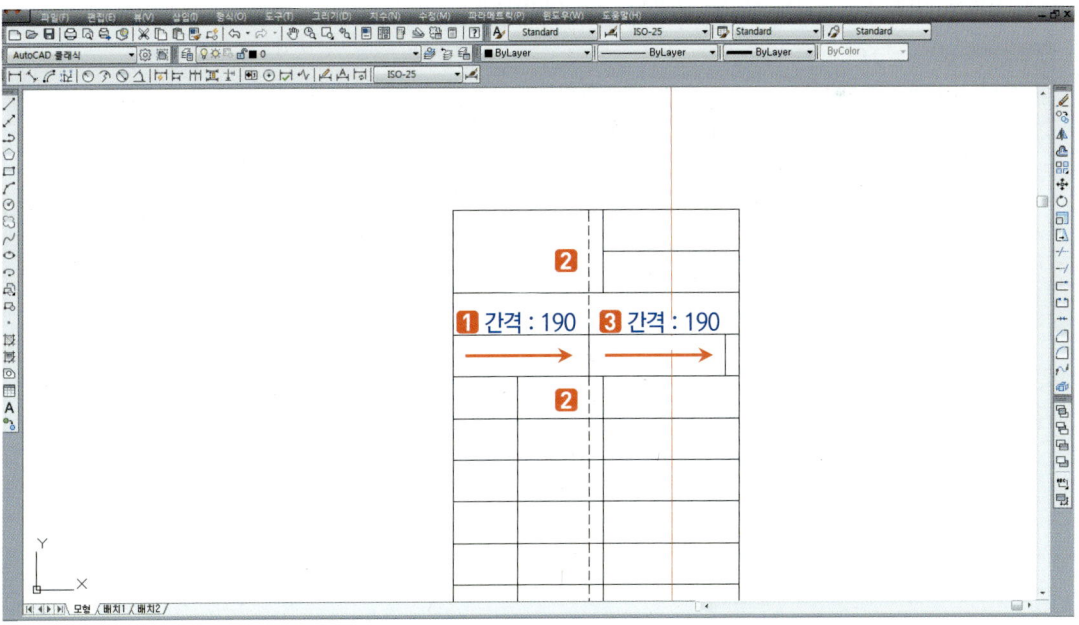

10_ 벽돌의 윗부분도 동일한 방법으로 작업합니다.

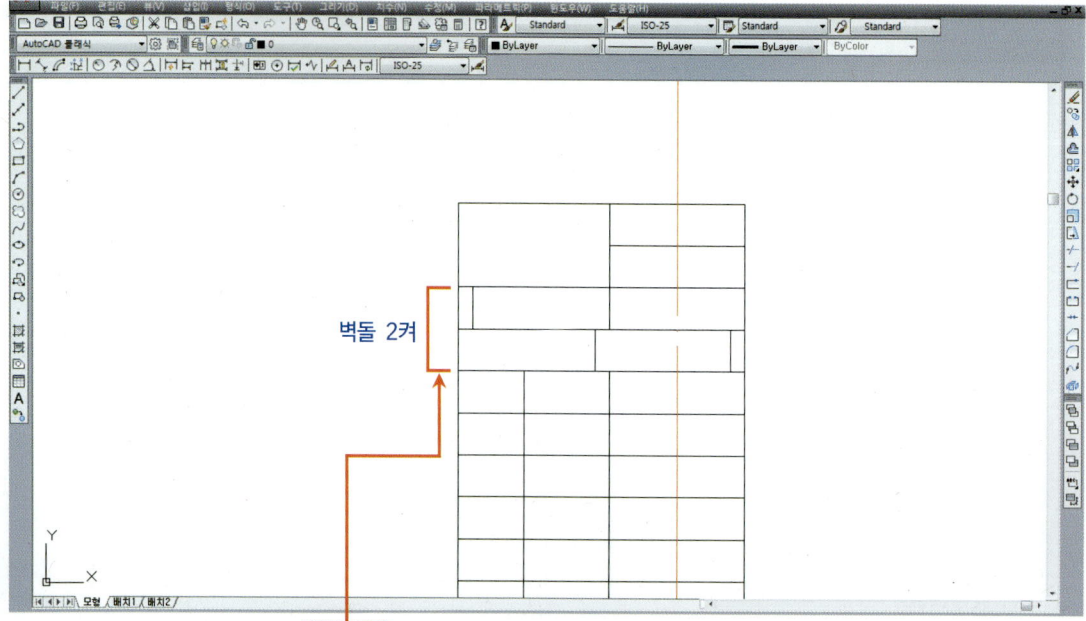

※ 단열재와 벽돌이 만나는 윗부분은 벽돌 2켜 를 만든 뒤 그 밑에 단열재가 오도록 합니다.

11_ trim을 이용하여 단열재 사이를 아래와 같이 잘라냅니다.

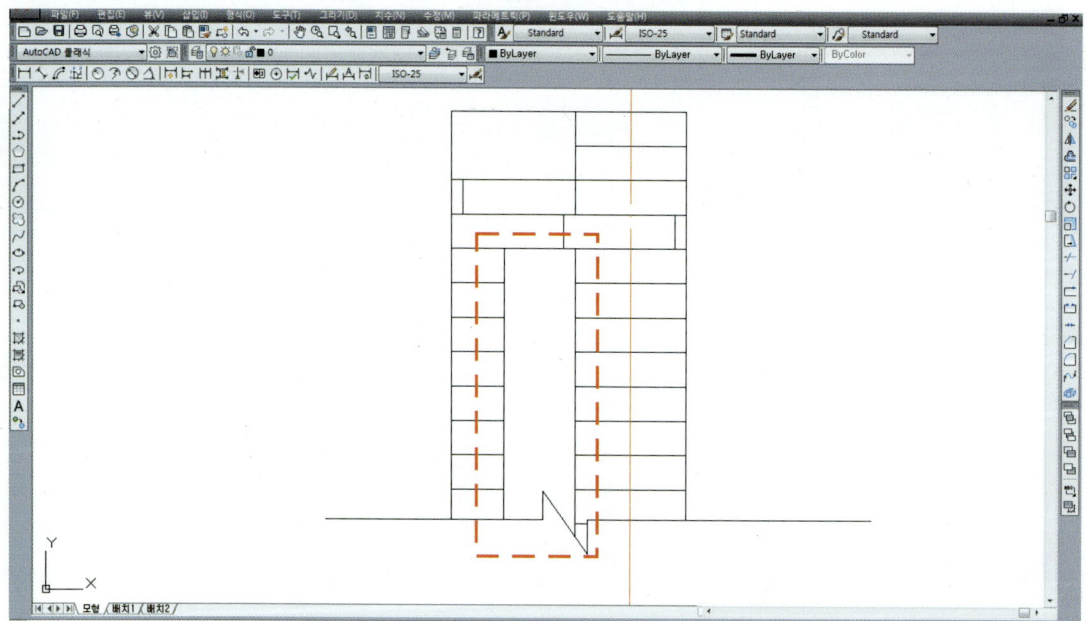

12_ offset을 이용하여 벽체에서 50만큼 간격을 띄고 line을 임의의 거리로 15°로 작도 (✗ 표시) 뒤 도면층을 2로 바꾼 뒤 90간격을 띕니다.

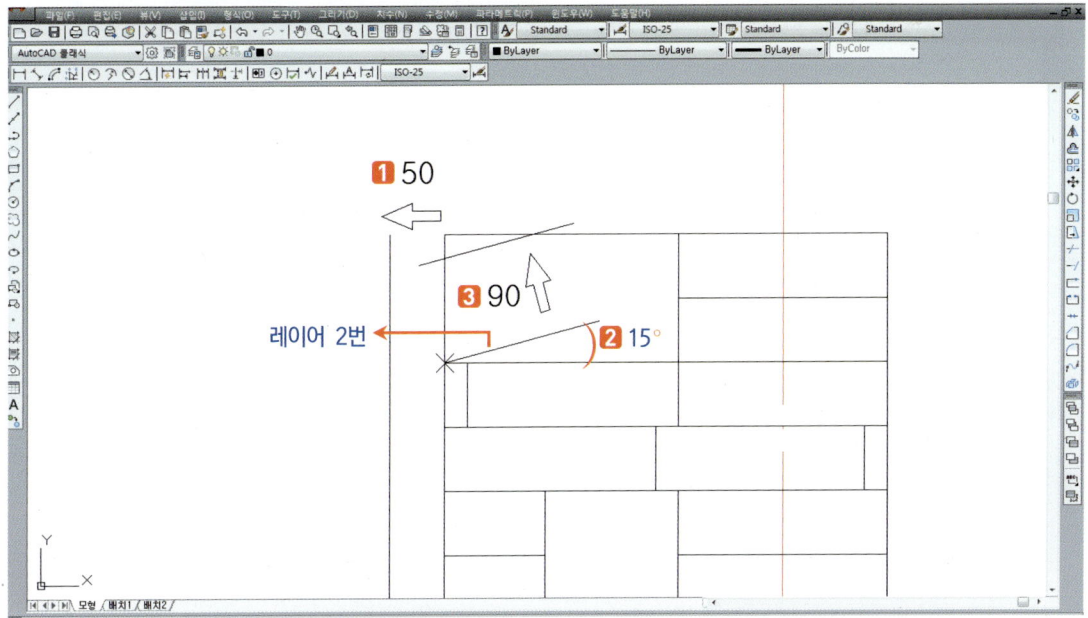

※ 임의의 거리로 line을 작도할 때 100~200 사이의 거리로 작도하면 너무 길거나 짧지 않게 작도되어 trim 또는 extend를 할 때 편합니다.

13_ extend를 이용하여 50만큼 간격을 띈 곳까지 연장합니다.

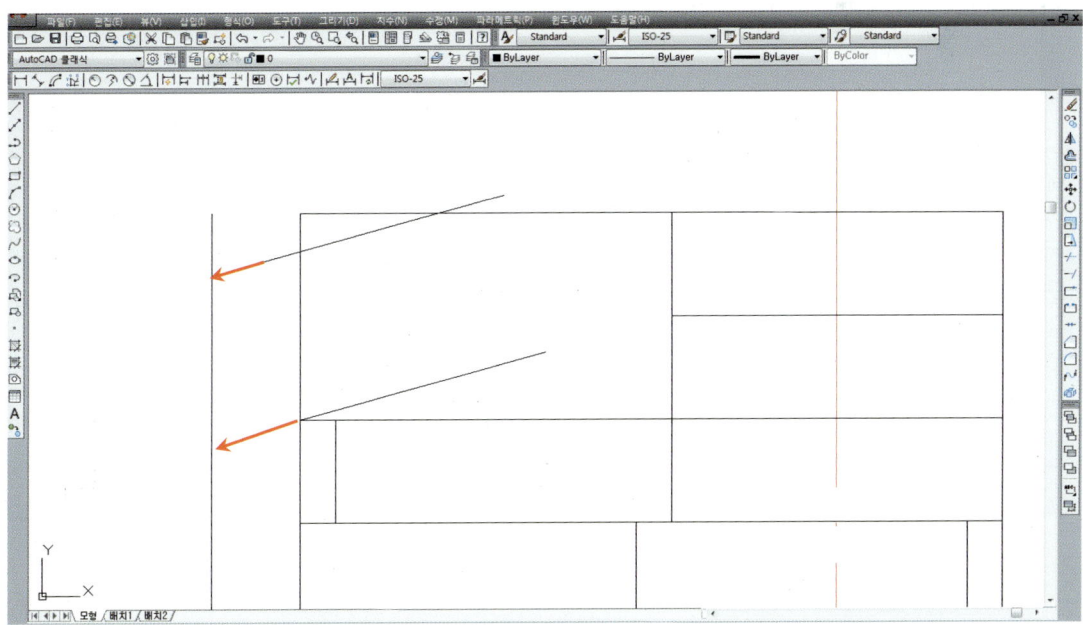

14_line을 이용하여 창대벽돌 아래쪽까지 직교 osnap을 이용하여 line을 긋습니다.

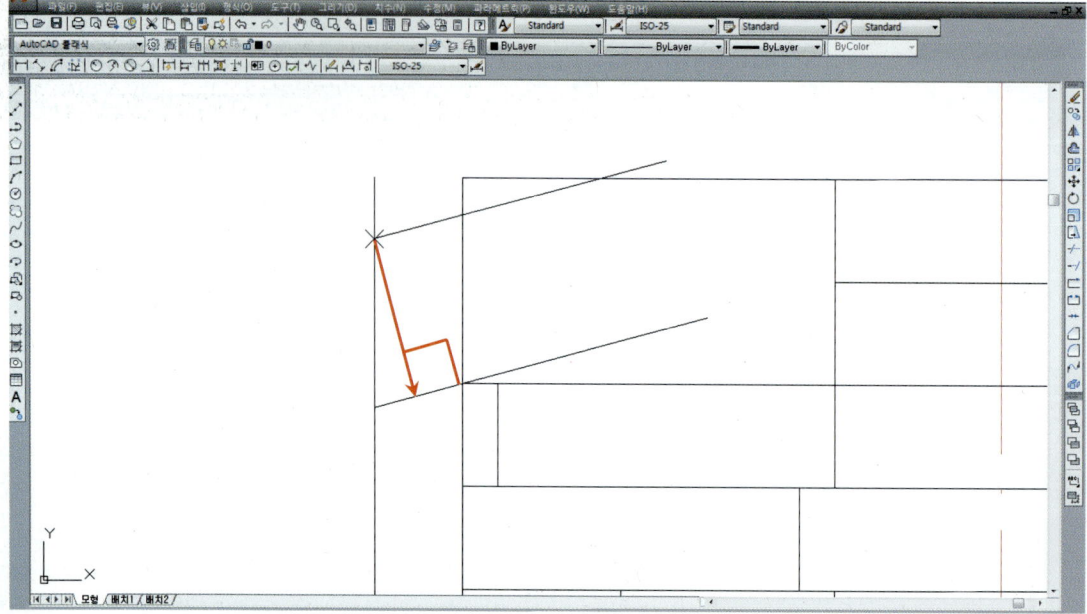

15_copy를 이용하여 line(hidden 선)을 벽체 윗부분(동그라미 친 부분에서 ✕ 표시)까지 복사합니다.

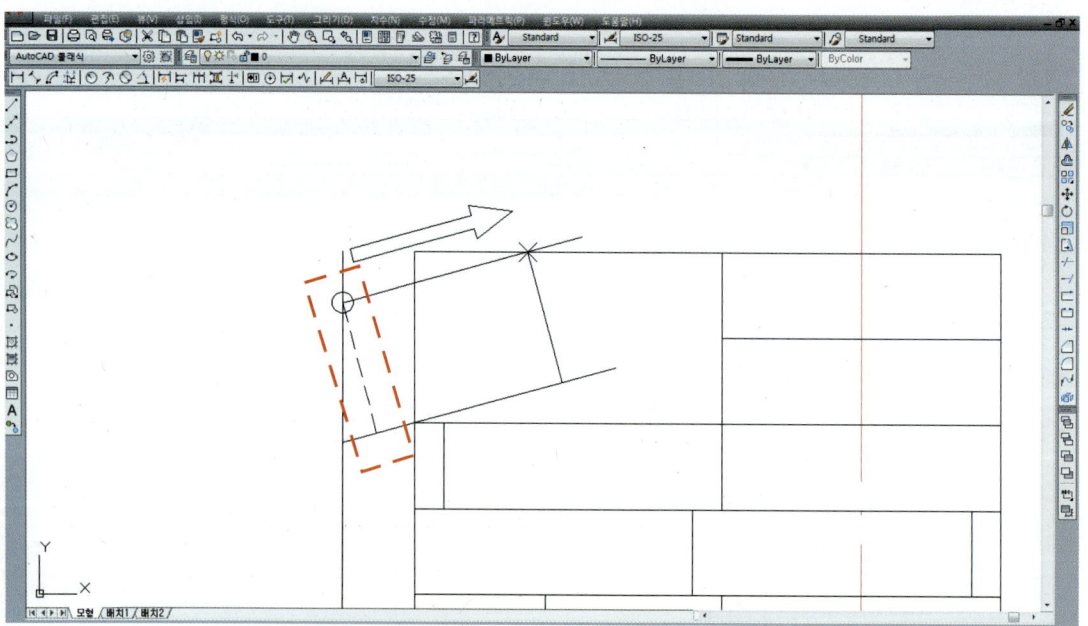

16_ fillet을 이용하여 창대벽돌의 모서리 부분을 정리 (동그라미 부분 클릭) (✖ 부분 클릭) (삼각형 부분 클릭)하고 line(hidden 선)을 erase합니다.

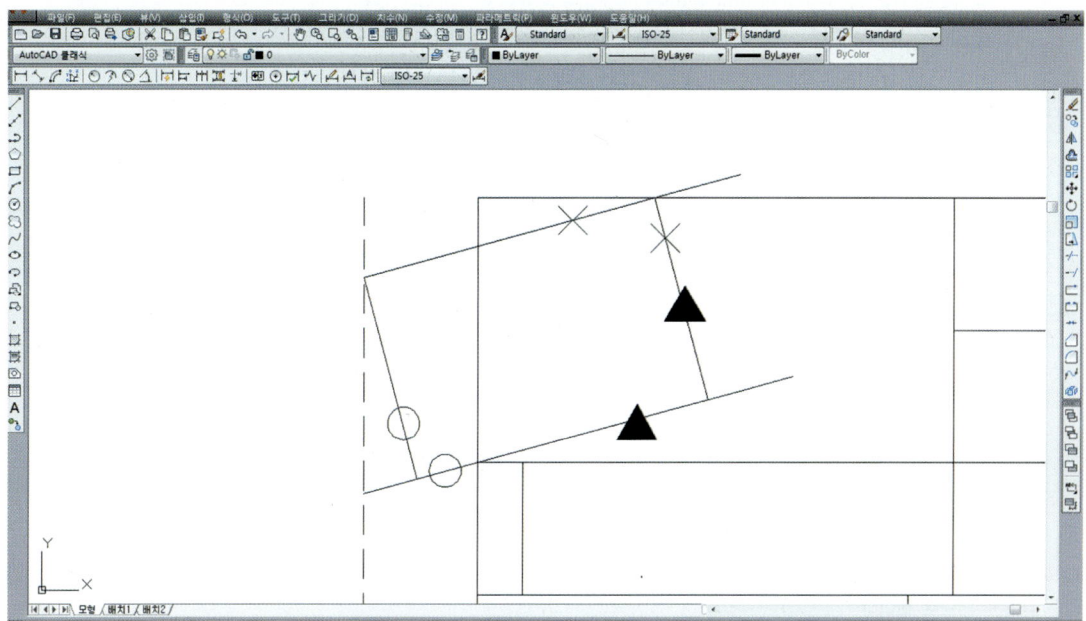

17_ trim을 이용하여 창대벽돌 사이에 있는 벽체를 잘라(hidden 선)내고 대각선을 그은 뒤 도면층 5로 바꿉니다.

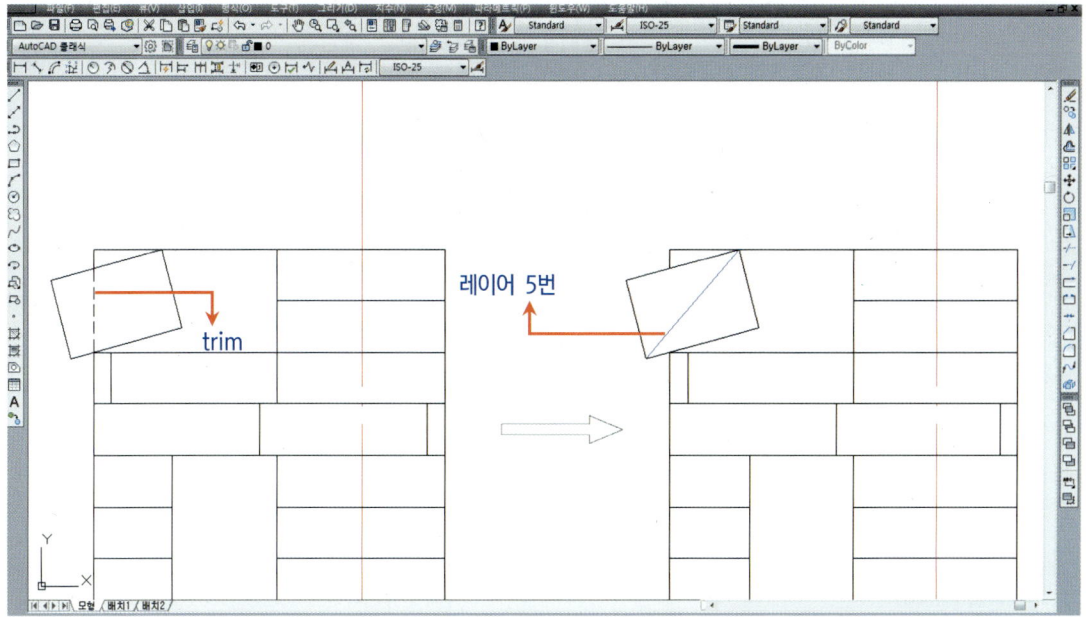

※ 위의 작업이 완료되면 벽돌과 단열재에 해치를 삽입합니다. 해치 각도와 스케일은 기초부분단면상세도를 참고하기 바랍니다.

18_ pline을 이용하여 아래와 같이 목재 창틀을 작도하고 도면층을 2로 바꿉니다.

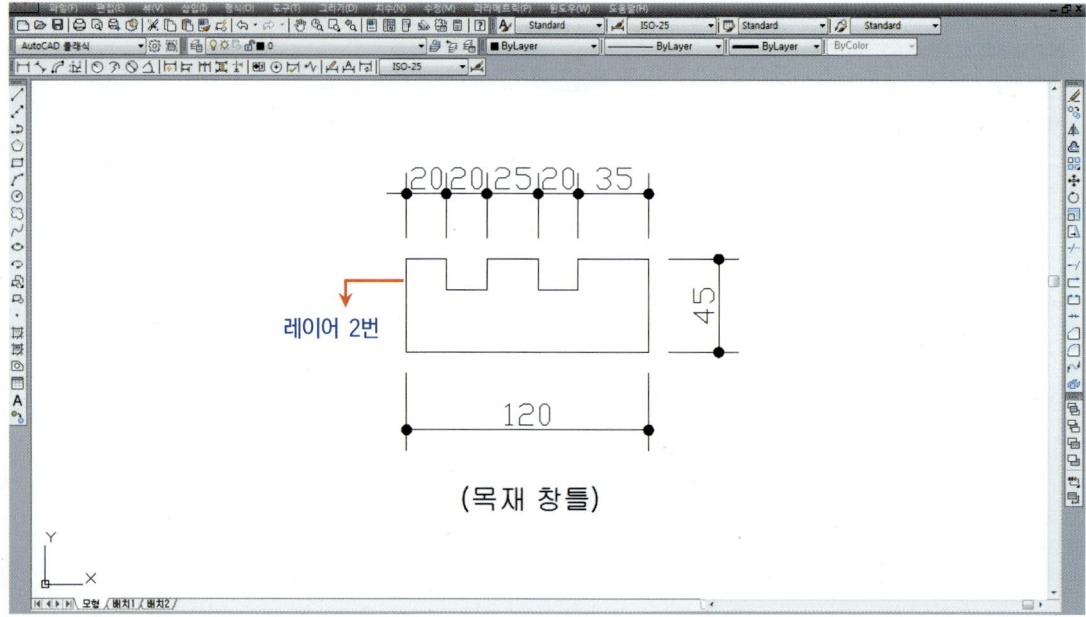

※ 깊이는 15로 합니다.

19_ line을 이용하여 창문에 들어갈 밑막이를 작도합니다.

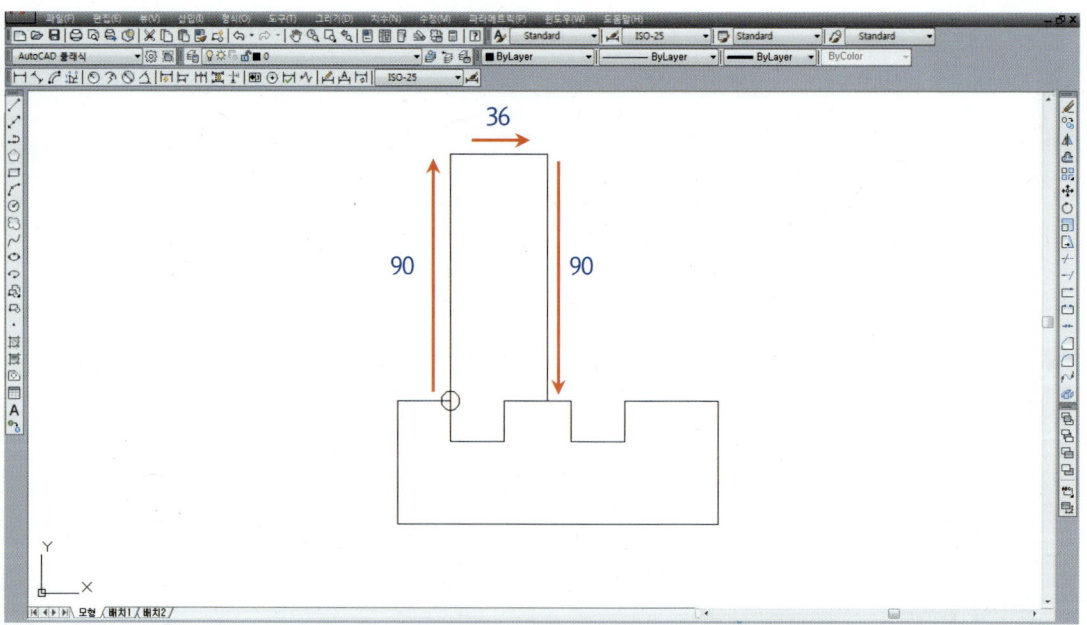

※ 틀 사이즈 및 밑막이 사이즈 등은 이전 챕터에서 학습한 창입면상세도를 기반으로 작도하였습니다.

20_ copy를 이용 (hidden 선)하여 창의 옆 부분(동그라미 친 부분에서 ✕ 표시)과 밑막이 윗부분까지 복사합니다.

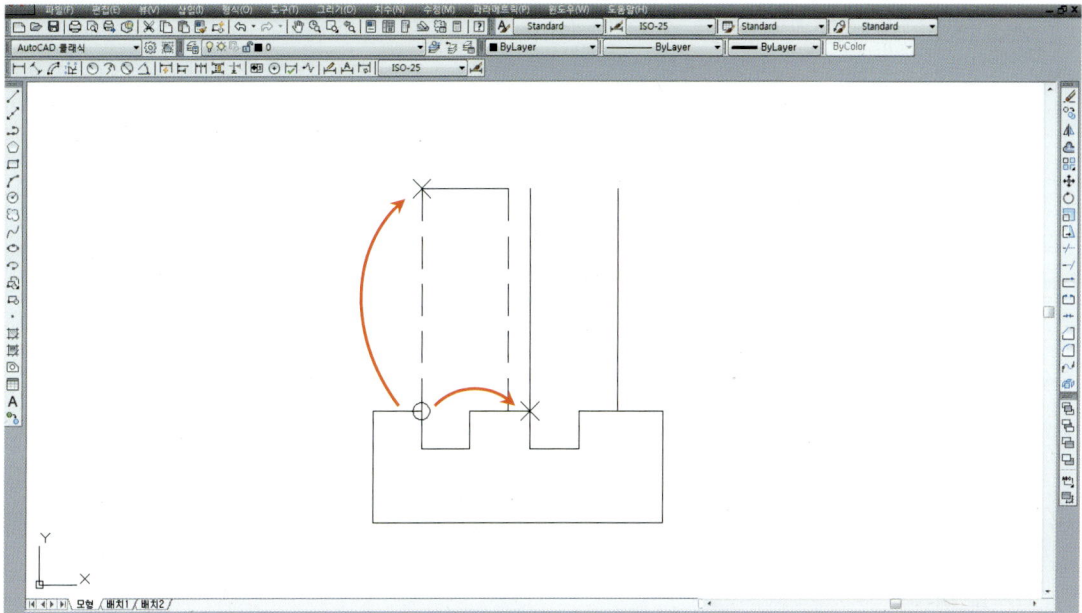

21_ copy를 이용(hidden 선)하여 유리 부분(동그라미 친 부분에서 ✕ 표시)과 창틀 끝부분(동그라미 친 부분에서 ✕ 표시)까지 복사합니다.

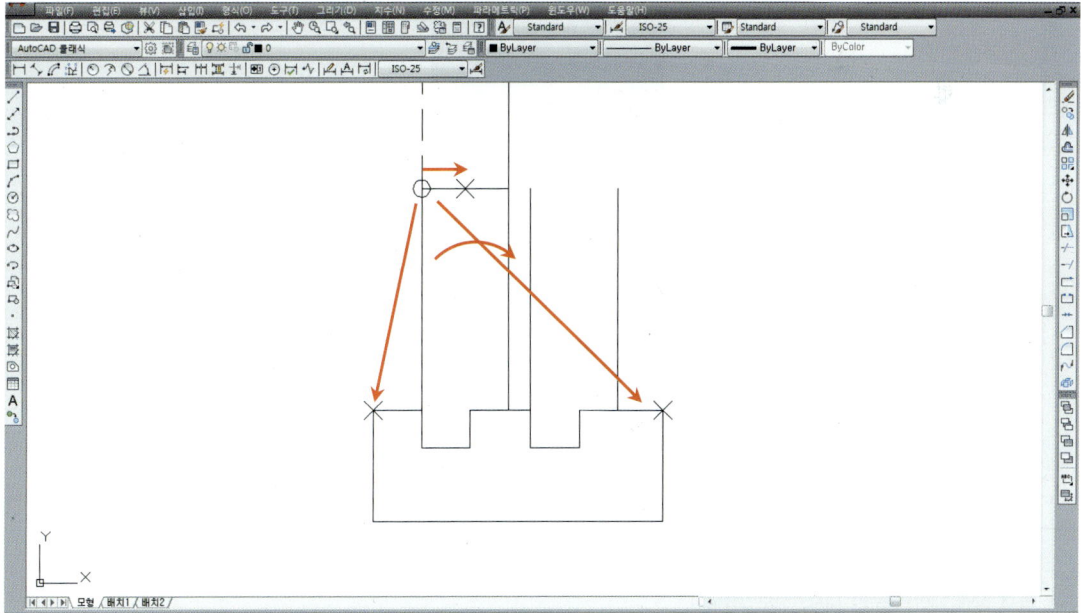

22_ 도면층을 아래와 같이 바꿉니다.

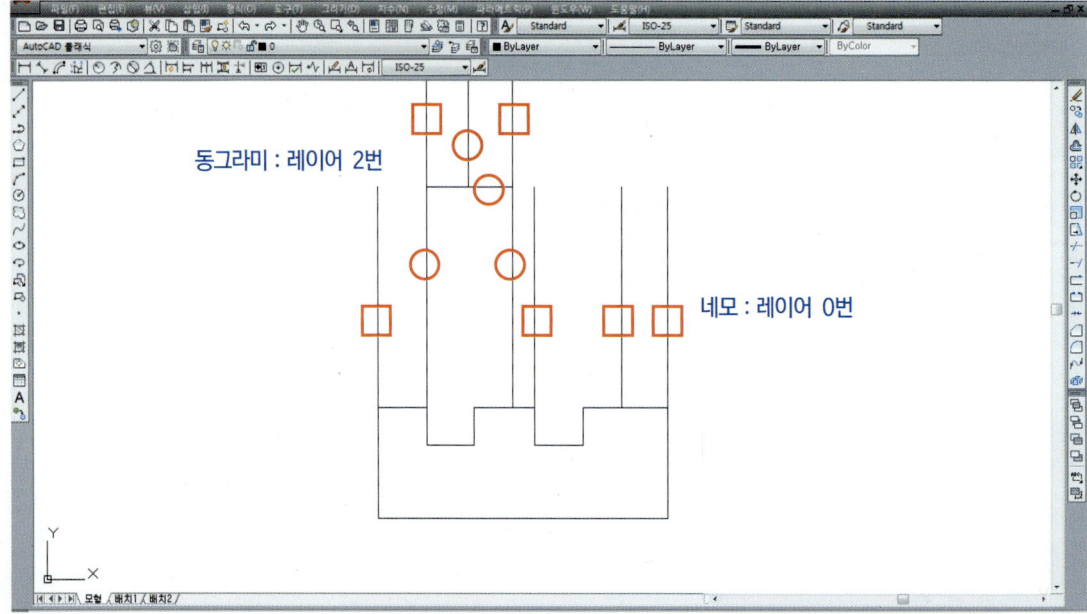

23_ 위의 **22**번 작업에서 도면층 2와 도면층 0이 되는 이유의 이해를 돕기 위한 3D CAD입니다.

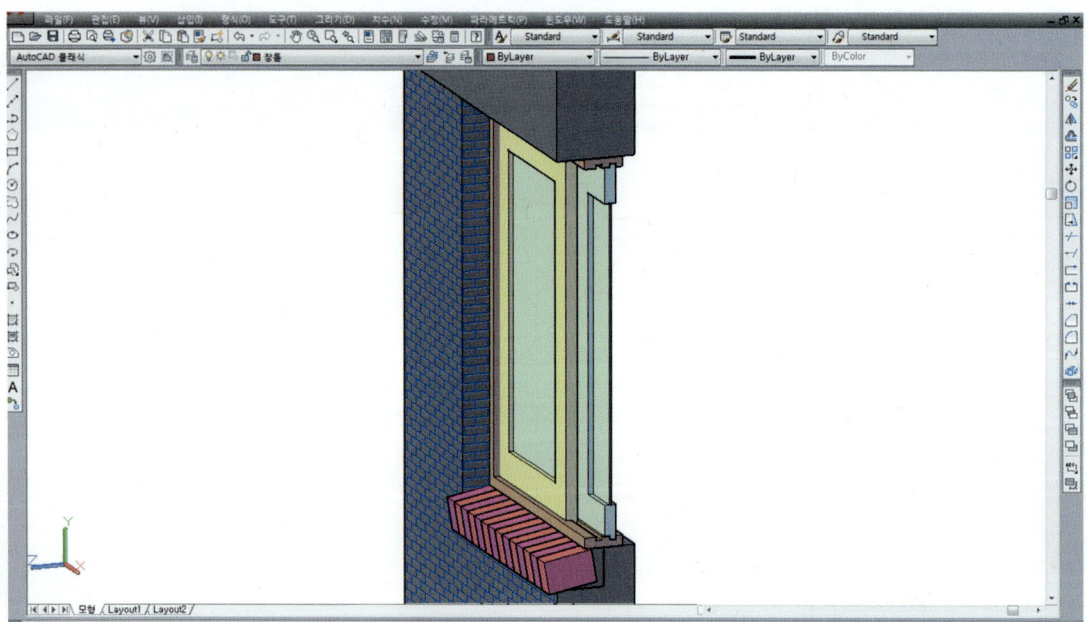

※ 목재 창에 대한 부분만 디자인해보았습니다.
※ 창문 단면은 line이 많고 무엇보다 잘리는 부분(단면)과 잘리지 않는 부분(입면)이 매우 가까이 있어 이해하기 쉽지 않으므로 많은 연습과 이해를 필요로 합니다.

24_rectangle을 이용하여 아래와 같이 알루미늄 창틀을 작도하고 도면층을 2로 바꿉니다.

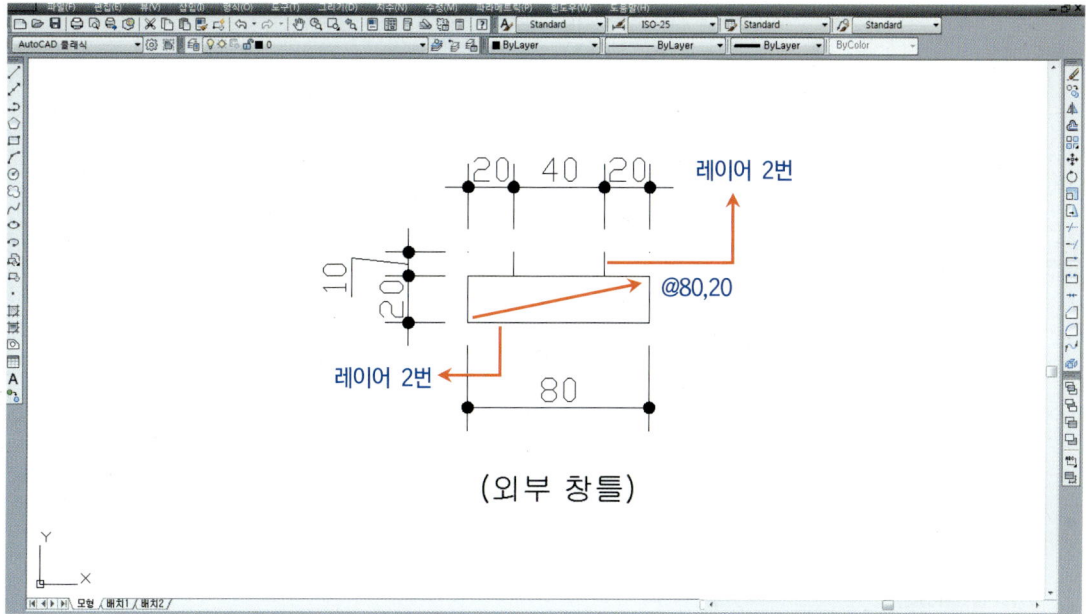

25_rectangle을 이용하여 창문에 들어갈 밑막이를 작도한 후 move를 이용(hidden 선)하여 이동합니다.

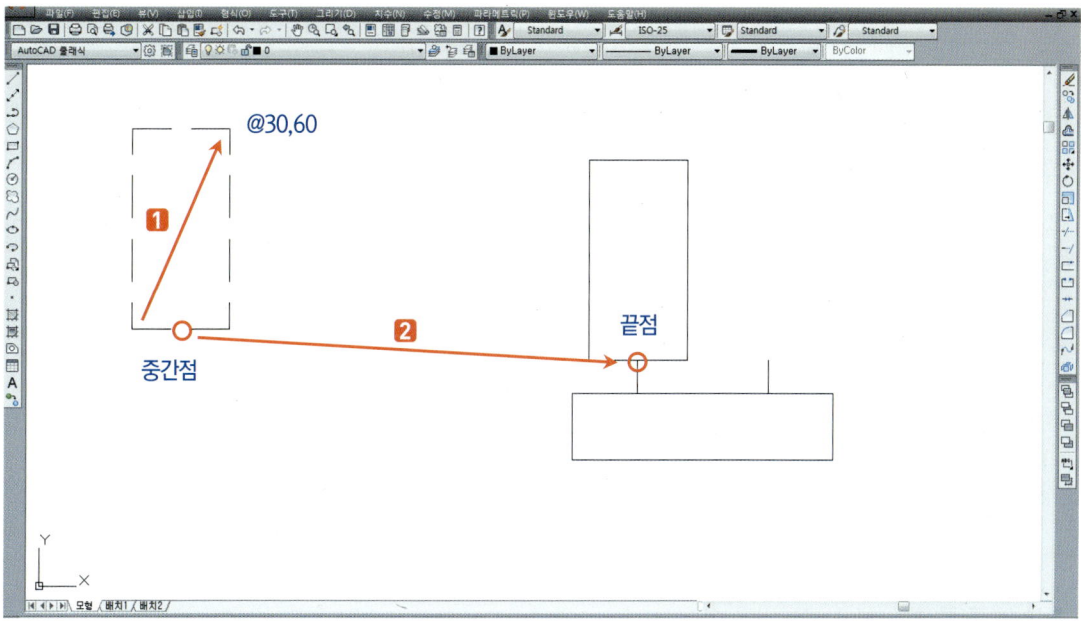

26_copy를 이용(hidden 선)하여 창의 옆 부분(동그라미 친 부분에서 ✕ 표시)까지 복사합니다.

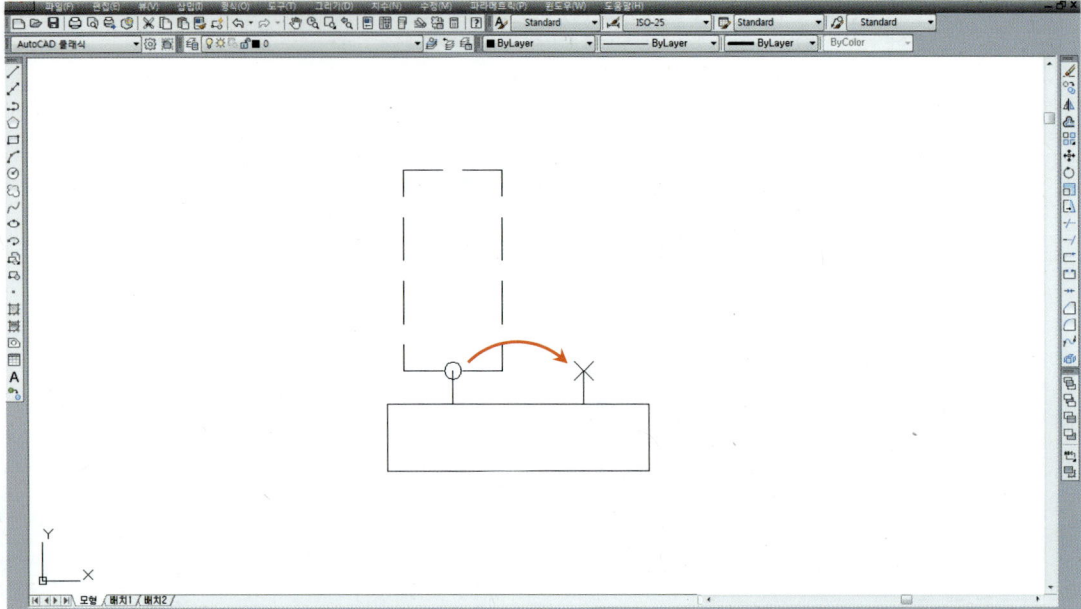

27_explode를 이용하여 오른쪽 사각형을 분해(빨간색 hidden 선)한 후 윗부분을 erase합니다.

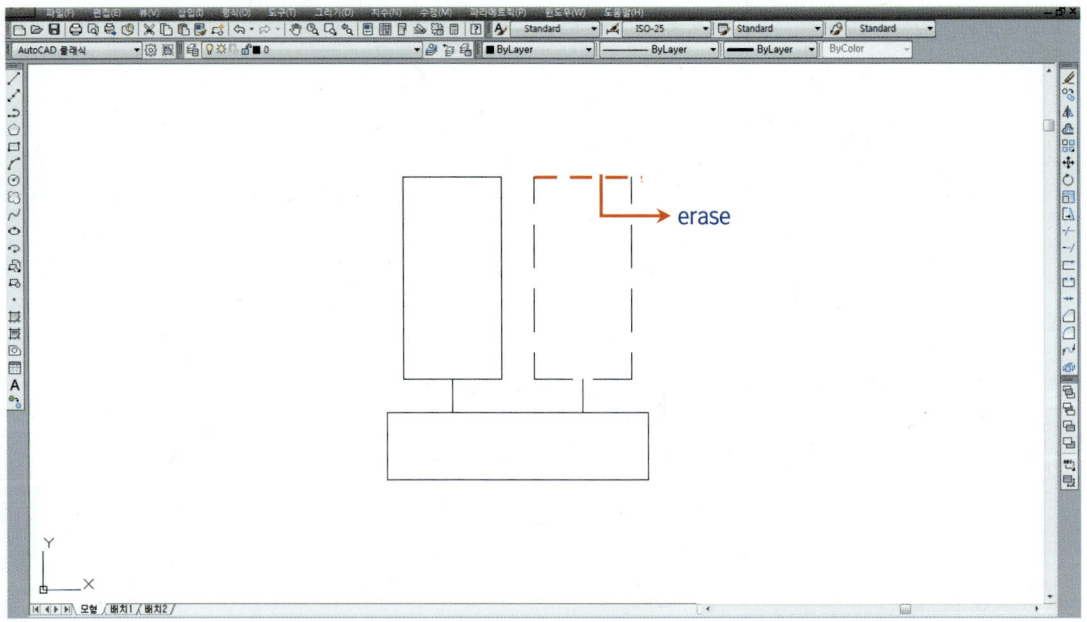

28_copy를 이용(hidden 선)하여 밑막이 윗부분(동그라미 친 부분에서 ✕ 표시)까지 복사합니다.

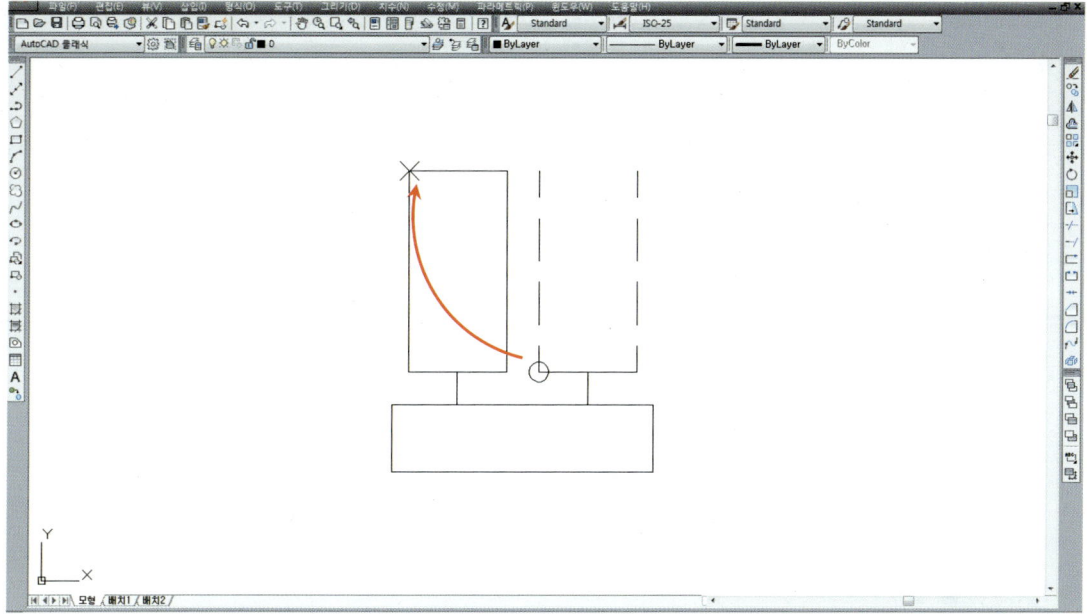

29_copy를 이용(hidden 선)하여 유리 부분(동그라미 친 부분에서 ✕ 표시)과 창틀 끝부분 (동그라미 친 부분에서 ✕ 표시)까지 복사합니다.

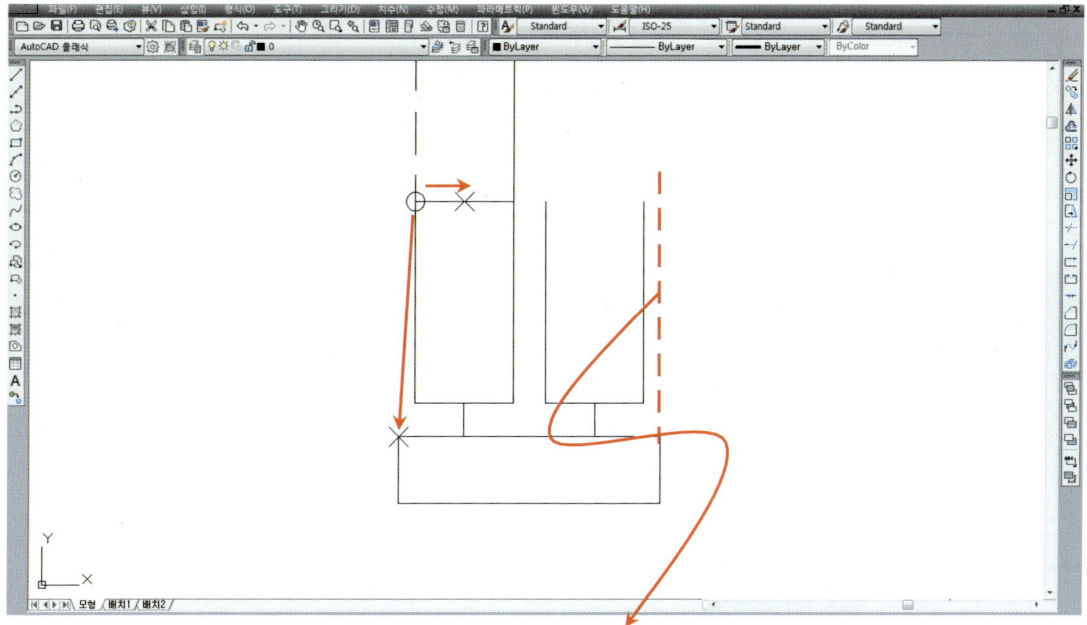

※ 창틀의 오른쪽 끝 지점에도 복사를 해야 하나, 나중에 move를 하게 되면 목채창과 겹쳐 생략합니다.

Part 01_실기

30_ 도면층을 아래와 같이 바꿉니다.

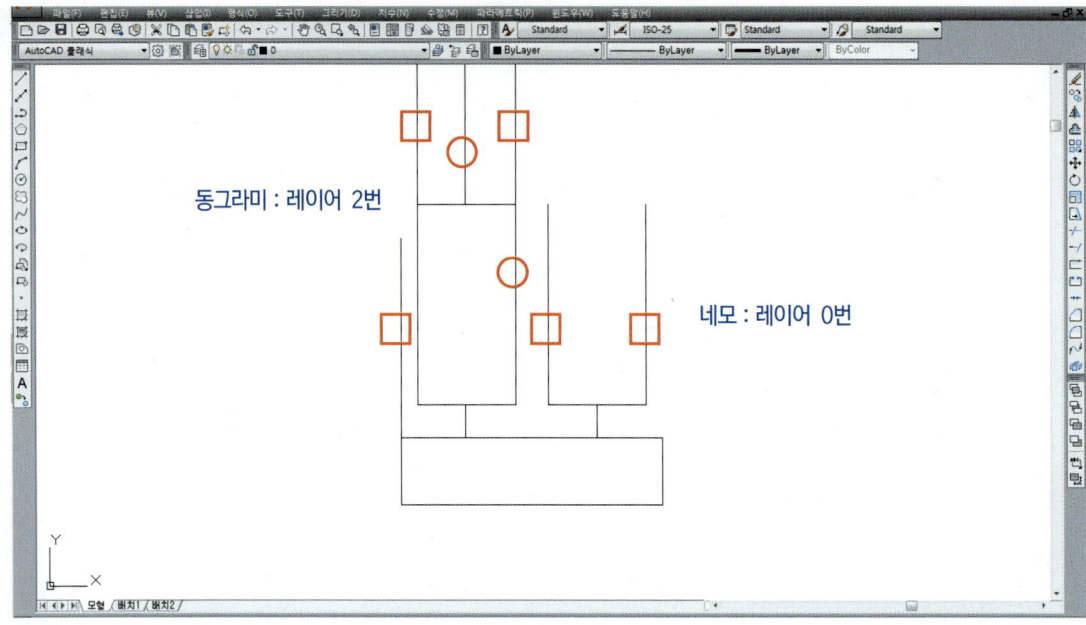

※ 시험에 플라스틱(또는 합성수지)창으로 출제되어도 알루미늄 창으로 작도합니다.

31_ move를 이용하여 창을 옮겨 (동그라미 친 부분에서 ✕ 표시) 부착합니다.

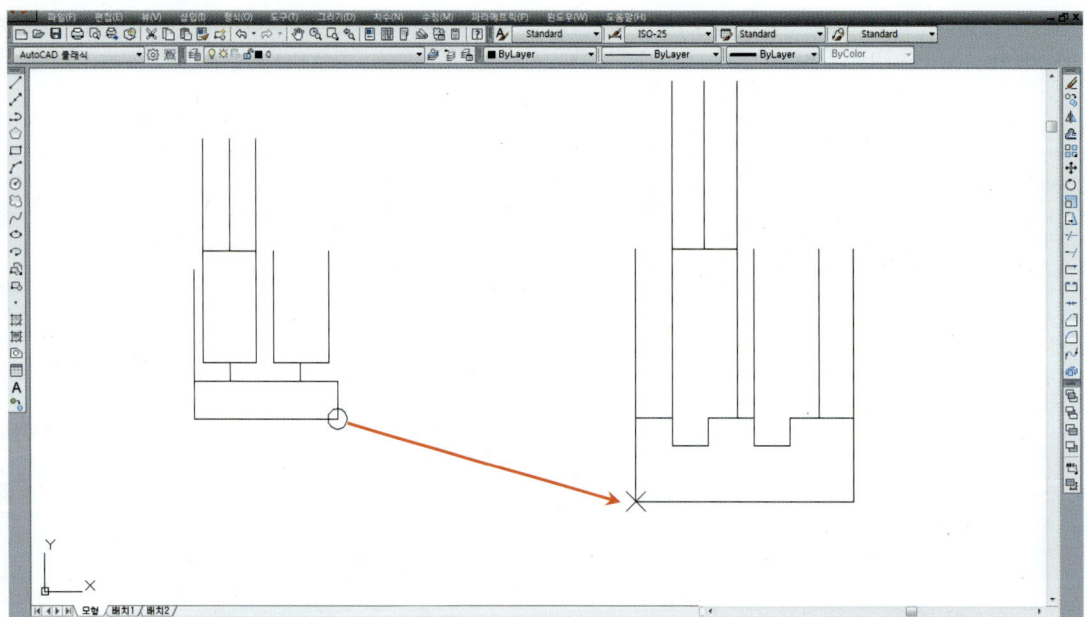

32_ move를 이용하여 아래와 같이 (동그라미 친 부분에서 ✕ 표시) 옮깁니다.

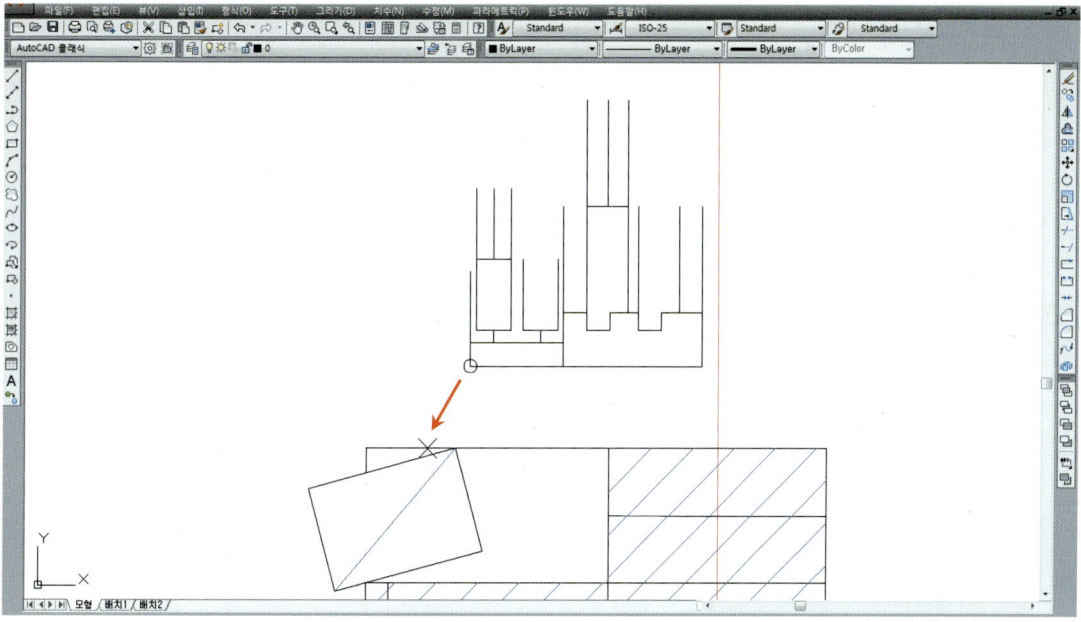

※ 알루미늄 창틀이 창대벽돌을 누르도록 옮깁니다. 이때 동그라미 친 부분은 끝점으로 잡고 ✕ 표시를 한 부분은 근처점 osnap을 이용합니다.

33_ offset을 이용하여 거리 600만큼 (hidden 선)간격을 띕니다.

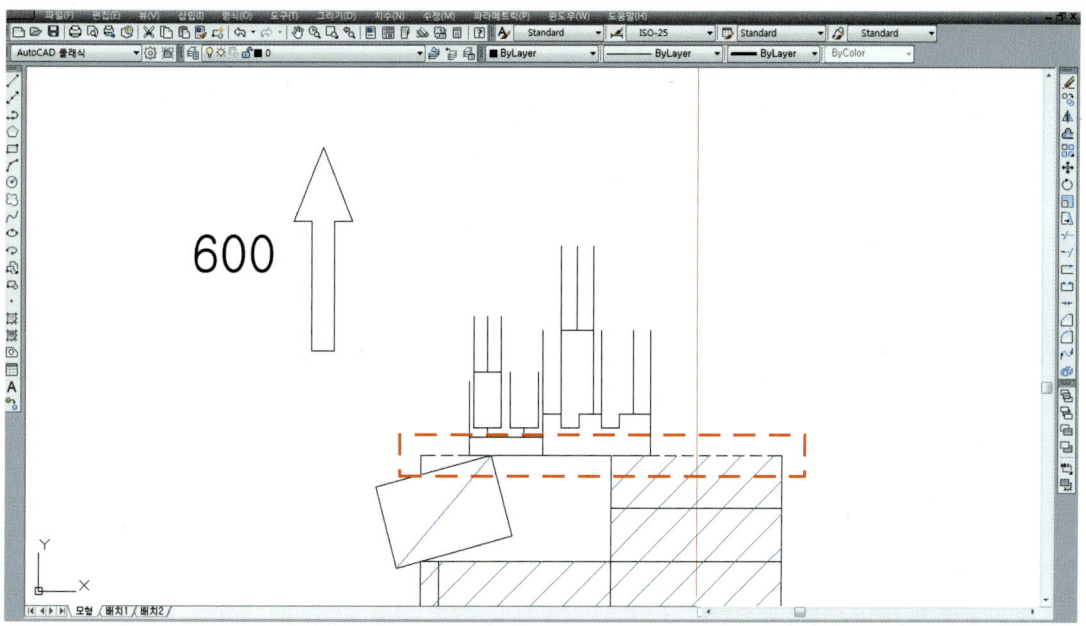

※ 창 전체 높이를 1,200mm로 가정하고 그것의 절반인 600 간격을 띕니다.

34_extend를 이용하여 600지점(hidden 선)까지 연장한 후 600지점의 line(hidden 선)을 erase합니다.

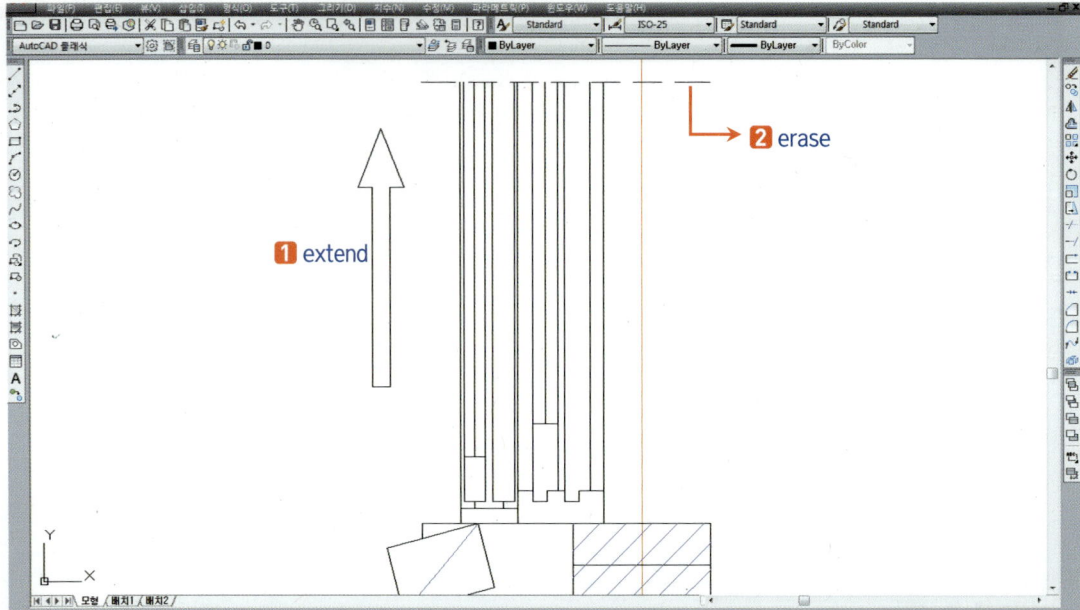

35_mirror를 이용하여 창문의 아래쪽과 벽체를 선택(빨간색 및 파란색 hidden 선)한 뒤 윗부분으로 대칭합니다.

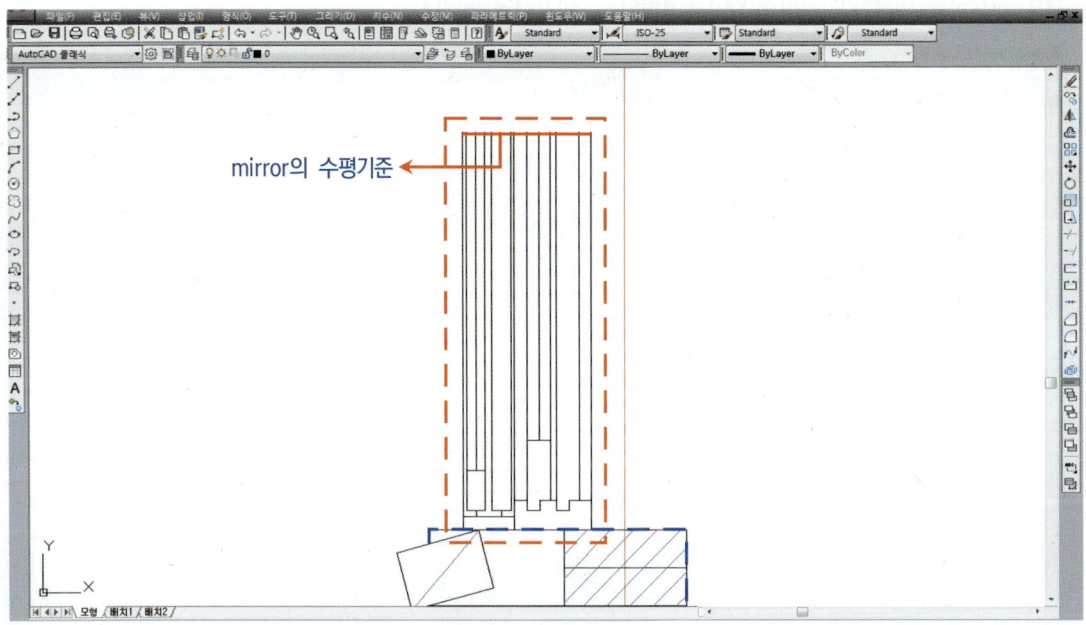

※ mirror를 할 때 상하로 대칭을 할 경우에는 수평으로 기준을 잡고, 좌우로 대칭을 할 경우에는 수직으로 기준을 잡습니다.

36_ copy를 이용하여 절단 선(빨간색 hidden 선)을 임의의 윗부분으로 복사합니다.

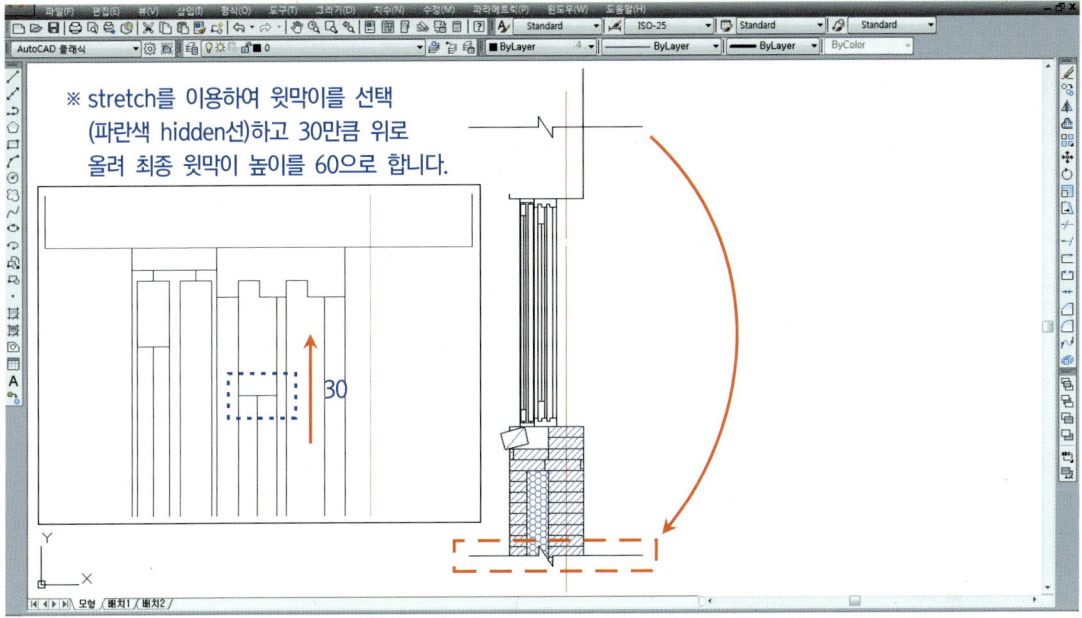

※ 창의 윗막이를 30mm 줄인 것은 창입면상세도에서 학습한 창 높이로 동일하게 작도한 것입니다.

37_ trim 또는 extend를 이용하여 테두리보를 편집(hidden 선)합니다.

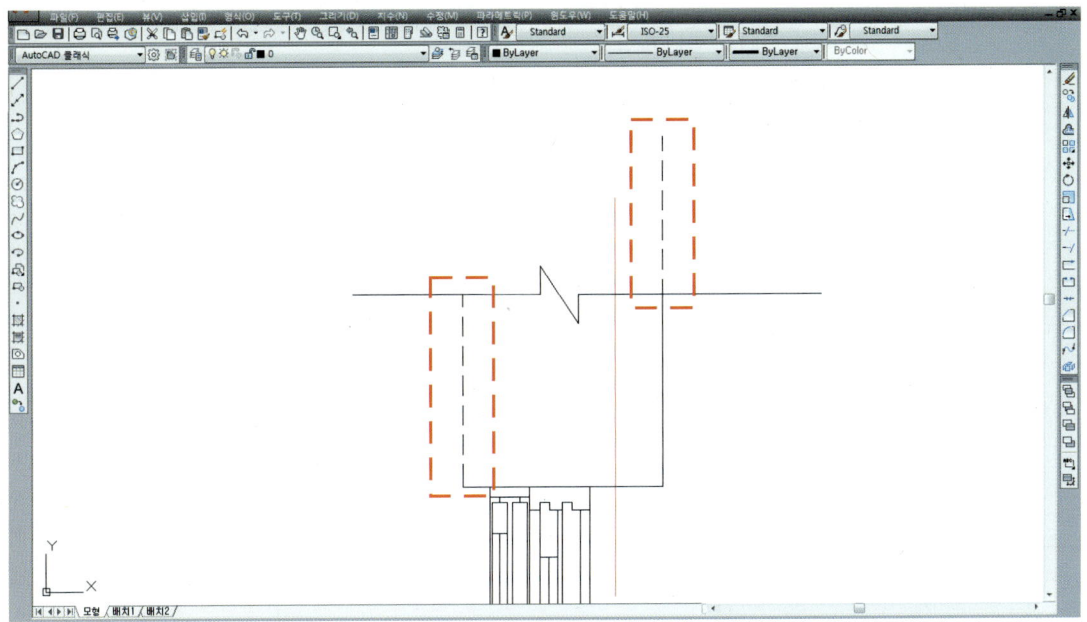

※ trim과 extend를 동시에 사용해야 할 상황인 경우 shift를 누른 상태로 편집하면 반대의 기능(trim → extend 또는 extend → trim)을 사용할 수 있어 편리합니다.

38_line을 이용하여 벽체 외부에 입면 벽을 작도하고 도면층 0으로 합니다.

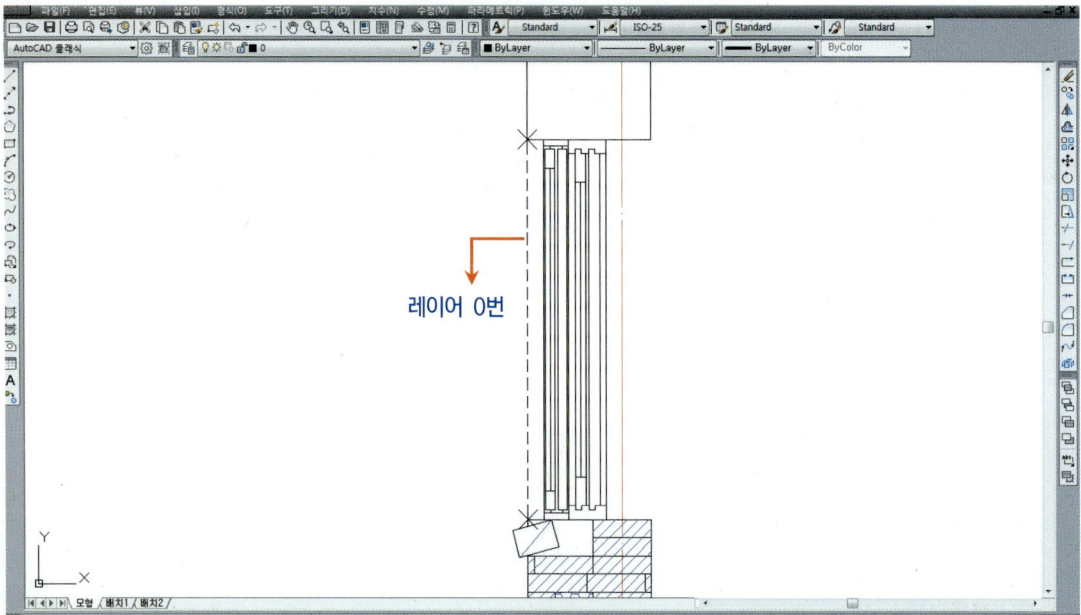

39_offset을 이용하여 내부벽체에서 20만큼 간격을 띄어 몰탈을 만들고 도면층 0으로 합니다.

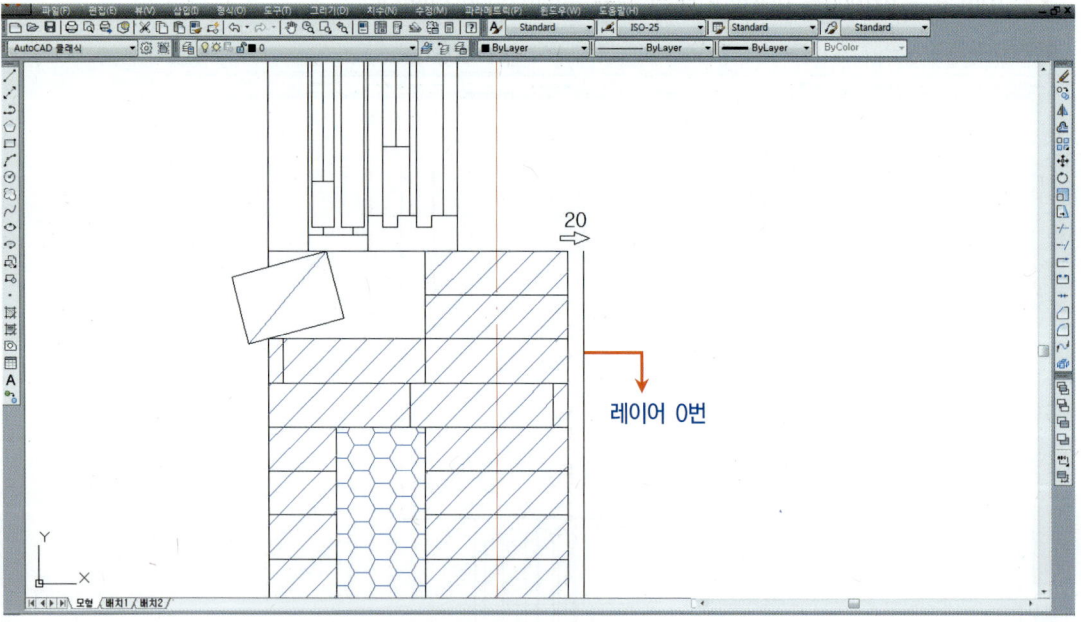

40_extend를 이용하여 상부 절단 선까지 몰탈(hidden 선)을 연장합니다.

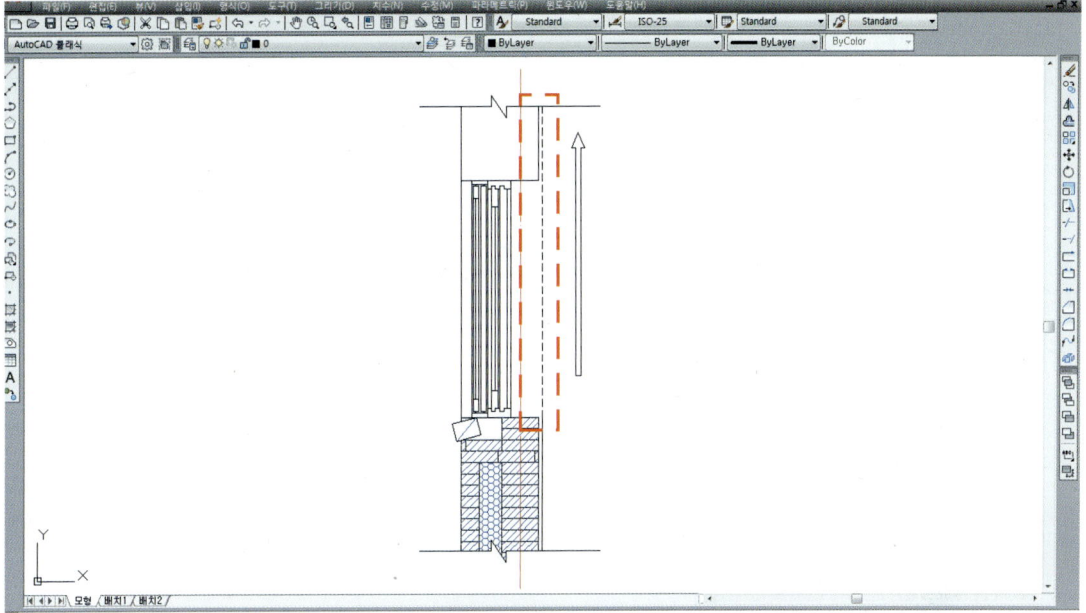

41_offset을 이용하여 20만큼 간격(hidden 선)을 띄어 몰탈을 표현하고 도면층 0으로 합니다.

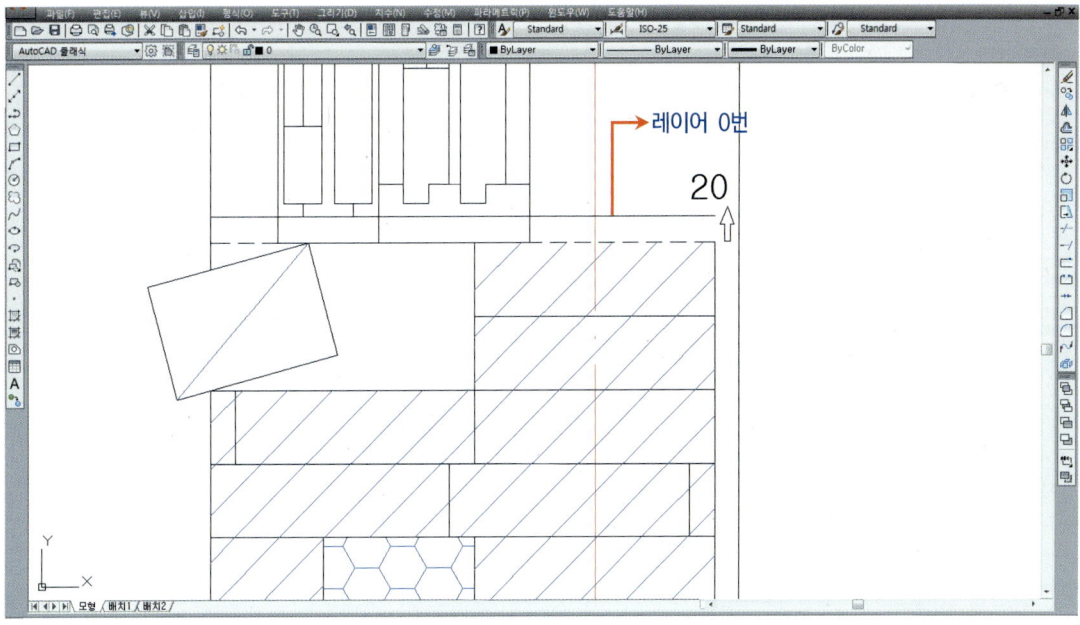

42_ offset한 몰탈을 클릭하여 grip박스를 나타나게 합니다.

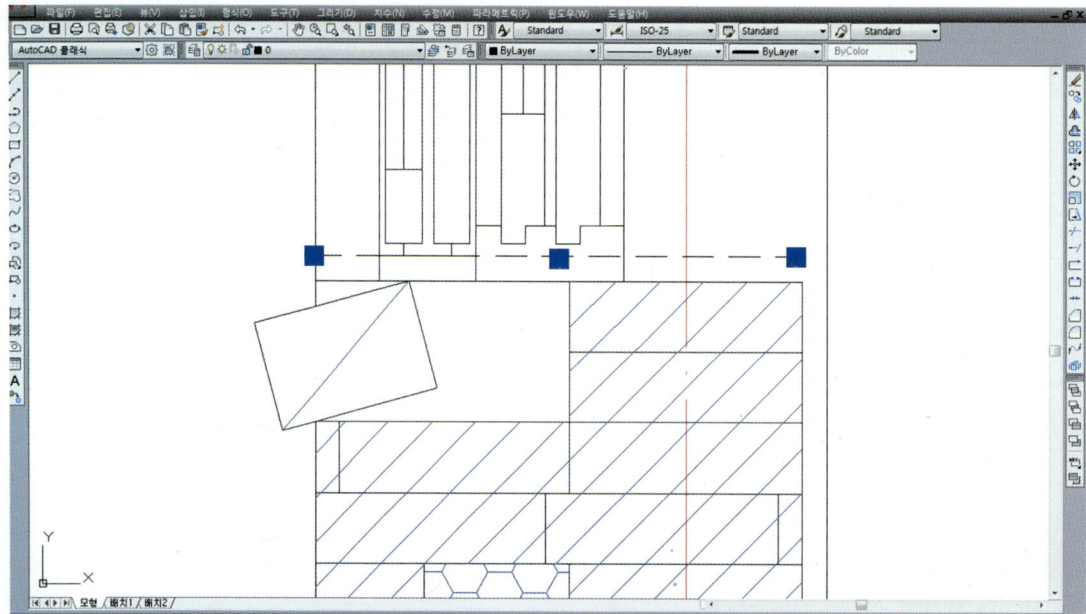

43_ 왼쪽 파란색 박스를 클릭하여 붉은색 박스로 색깔이 바뀌면 오른쪽 목재 창틀(✗ 표시)까지 stretch합니다.

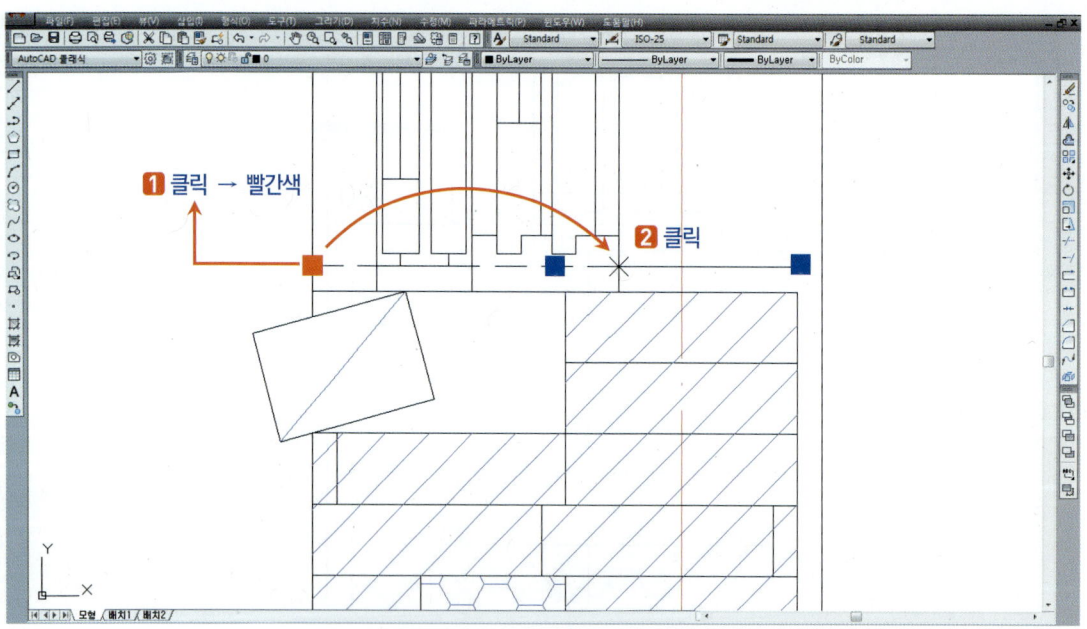

※ grip box의 색상은 사용자가 options에서 자유롭게 바꿀 수 있기 때문에 색상이 다를 수 있습니다. 여기서는 grip box의 기본색상을 바꾸지 않고 이용하였습니다. 또한 엄밀히 따진다면 파란색으로 표현한 색은 색상 150번이고, 빨간색이라고 표현한 색은 색상 12번입니다.

44_ extend를 이용하여 벽체 몰탈 선까지 연장합니다.

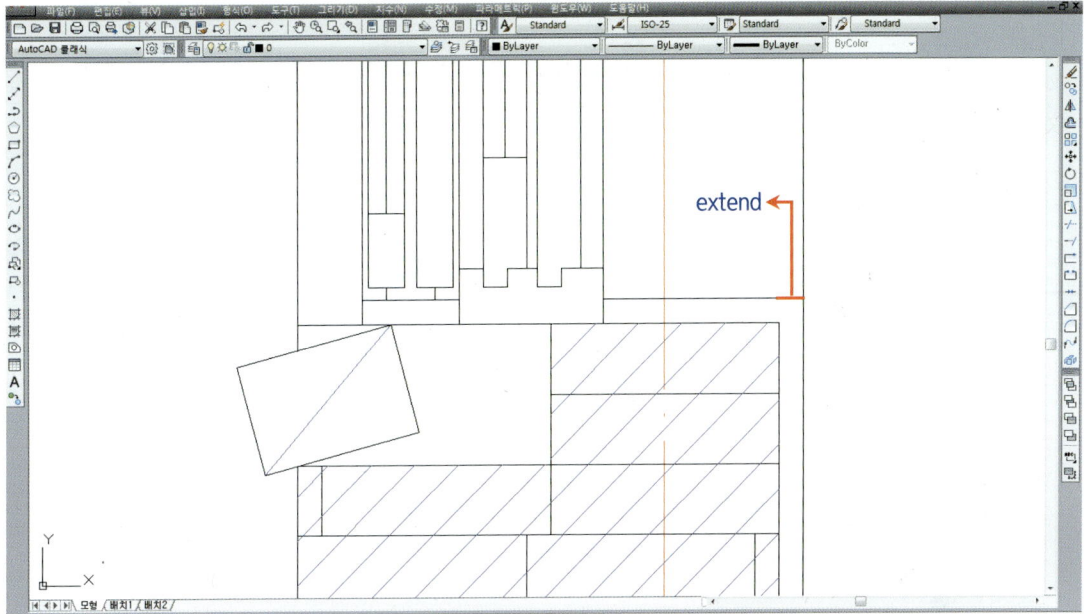

45_ 위쪽 테두리보에도 동일한 방법으로 몰탈 선을 만듭니다.

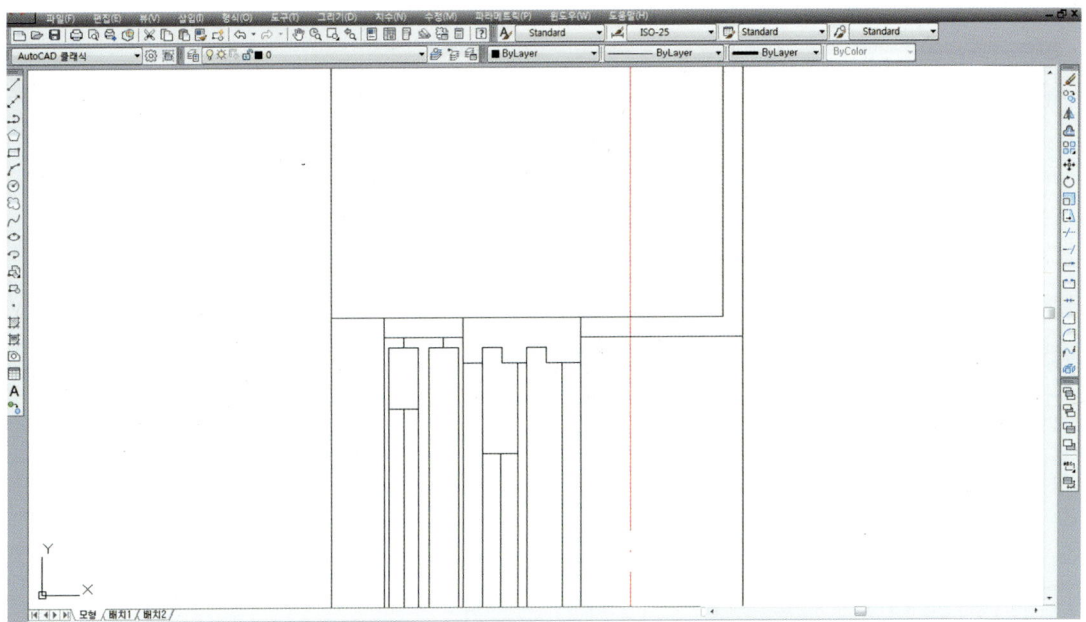

46_ hatch에서 아래와 같이 설정 후 벽체 입면에 해치를 합니다.

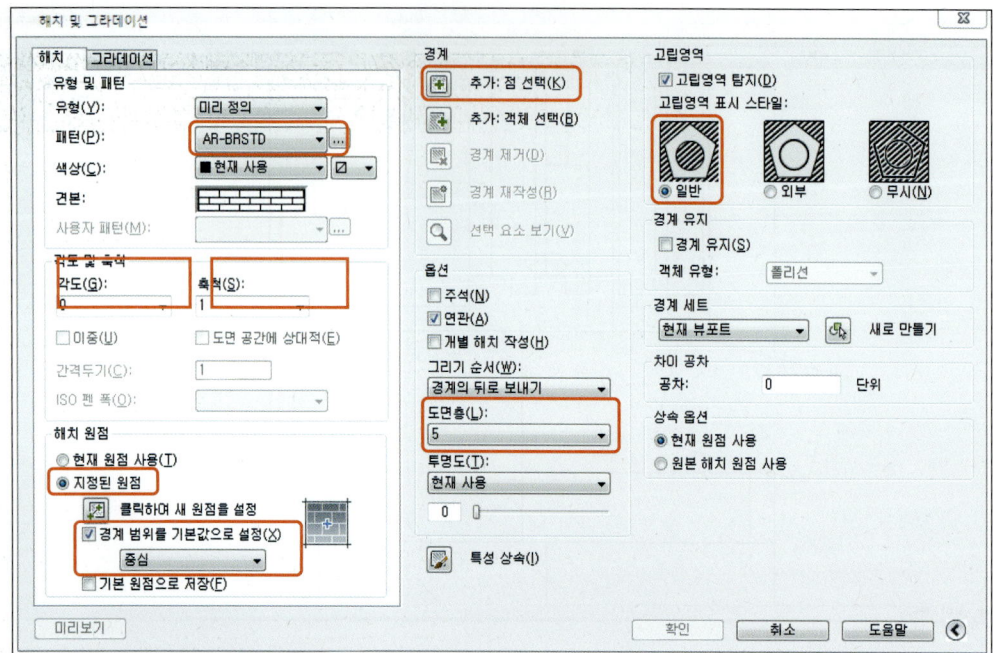

47_ 아래와 같이 벽돌해치가 완성됩니다.

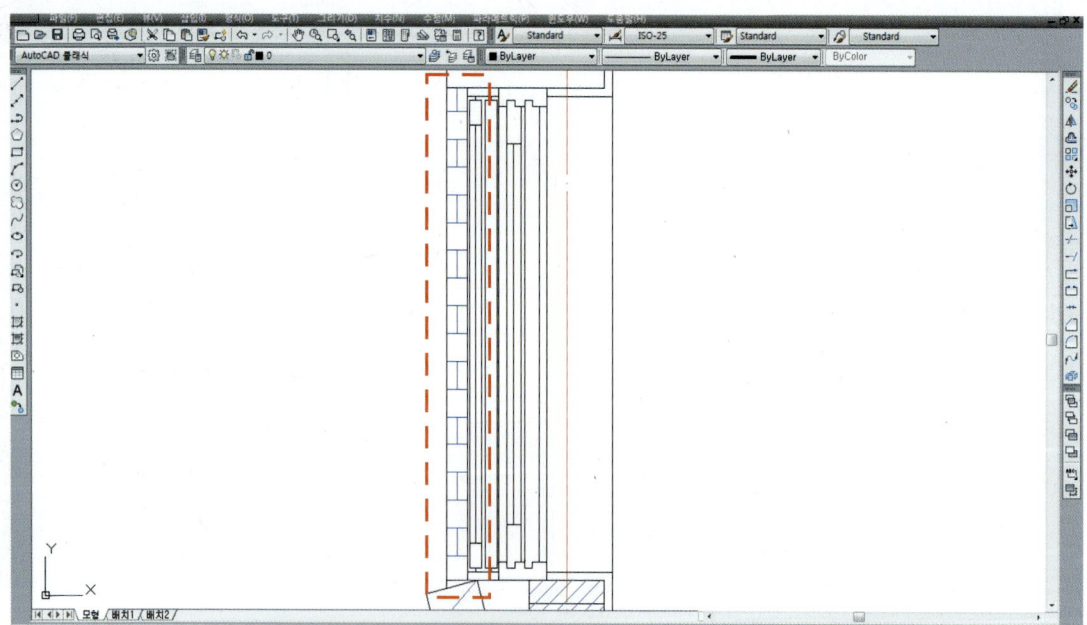

48_ hatch에서 아래와 같이 설정 후 목재 창문에 해치를 합니다.

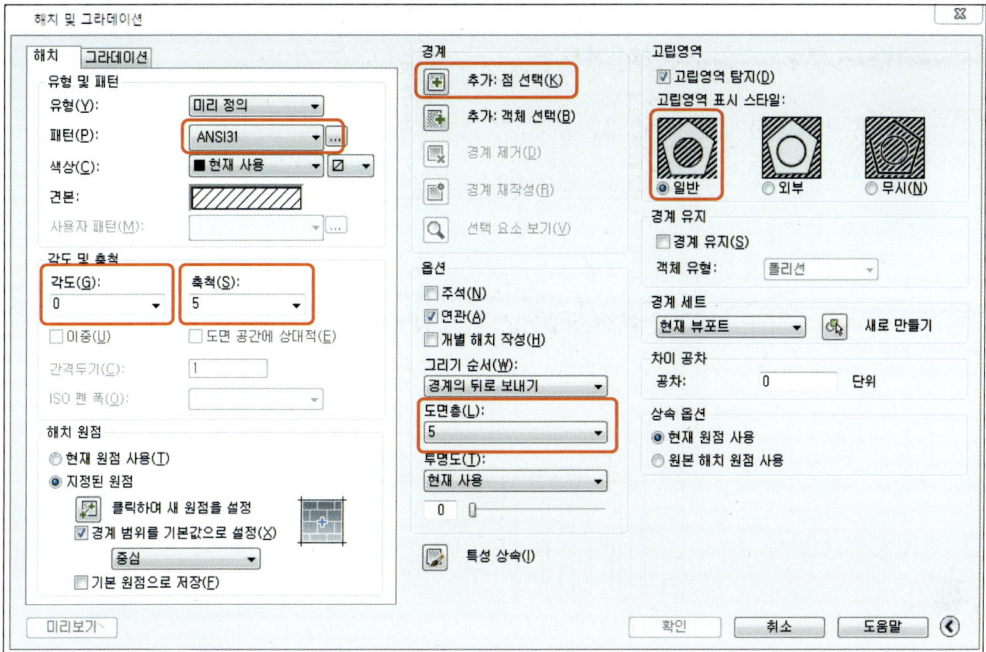

49_ 아래와 같이 해치가 완성됩니다.

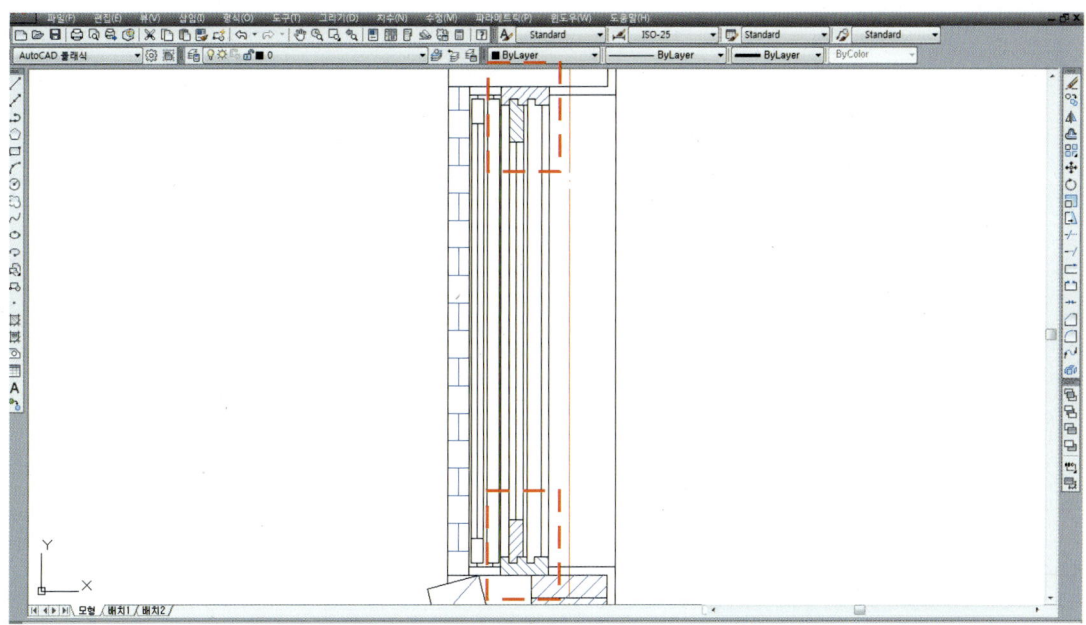

※ 목재창문에 해치를 할 때 각도를 0°와 90°를 이용하여 엇갈리게 합니다.

50_테두리보에 철근을 표시하여 마무리합니다.

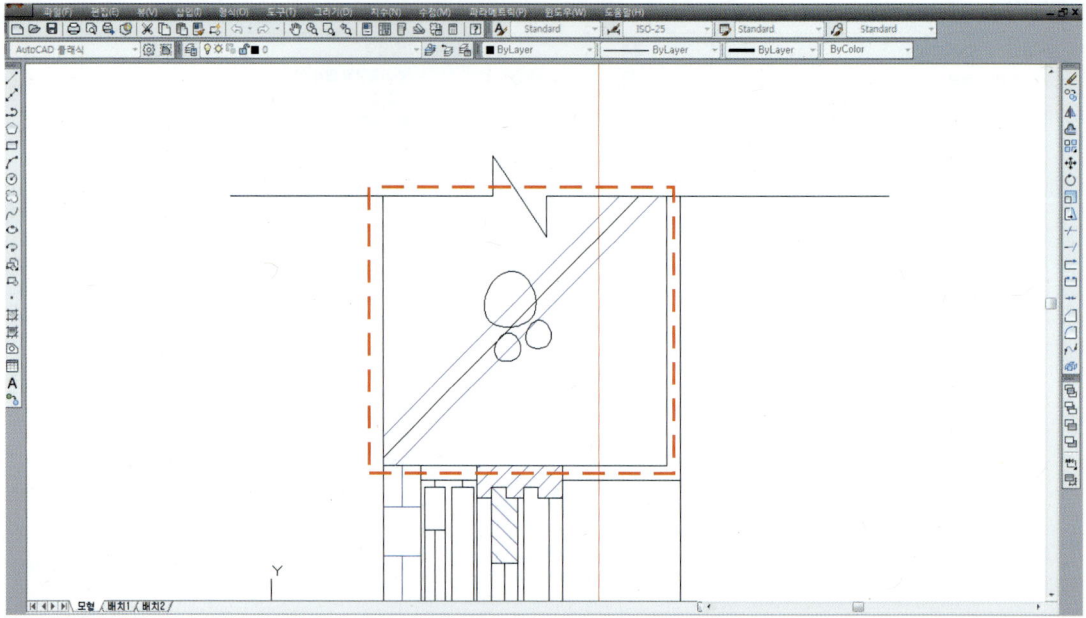

주의해야 할 점

※ 목재 창에 밑막이를 작도하고 복사할 때 오른쪽처럼 작도하게 되면 간격의 차이가 매우 심해 주의해야 합니다.

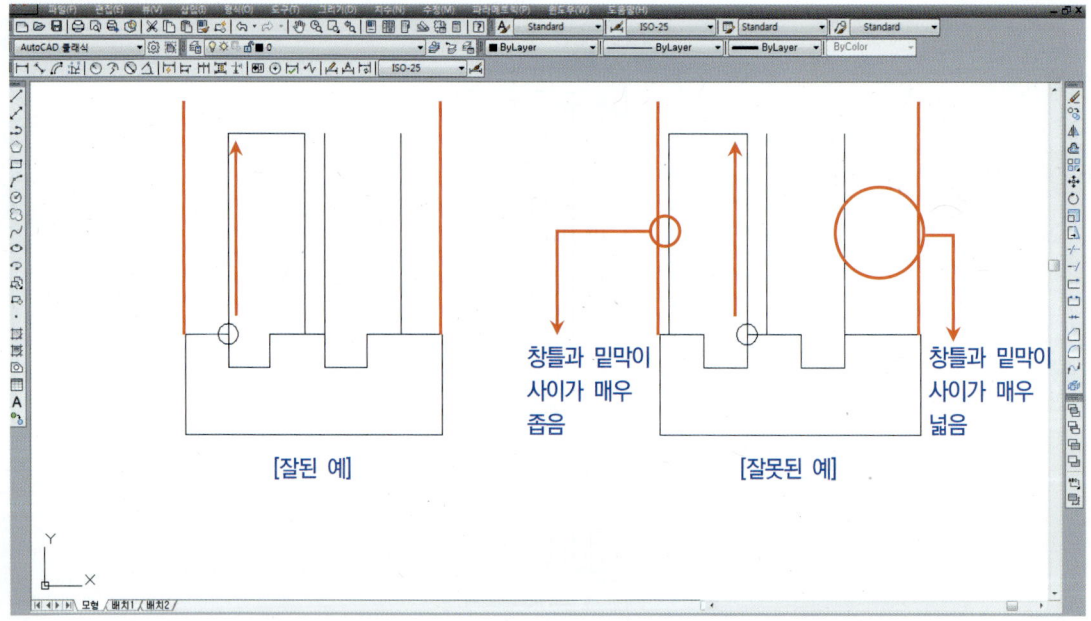

다음의 창문단면상세도를 작도해 보시기 바랍니다.

※ mvsetup을 이용하여 용지 크기와 도면척도를 만드시기 바랍니다.

- 도면크기 : A4
- 도면척도 : 20

[조건]

- 벽돌 : 외부로부터 0.5B(90mm), 시멘트벽돌 1.0B(190mm)
- 단열재 : 120mm, 125mm
- 창 높이 : 1200mm, 1500mm

※ 벽체와 창을 반대로 그려보는 연습이 반드시 필요하며, 중심선의 위치도 중앙에 위치해 놓고 해보기 바라며 단열재 두께 또한 바꿔가며 연습해 보시기 바랍니다.
※ 반대로 연습하실 때 철근표시 및 해치를 반대로 해서는 안 됩니다.

창문단면상세도

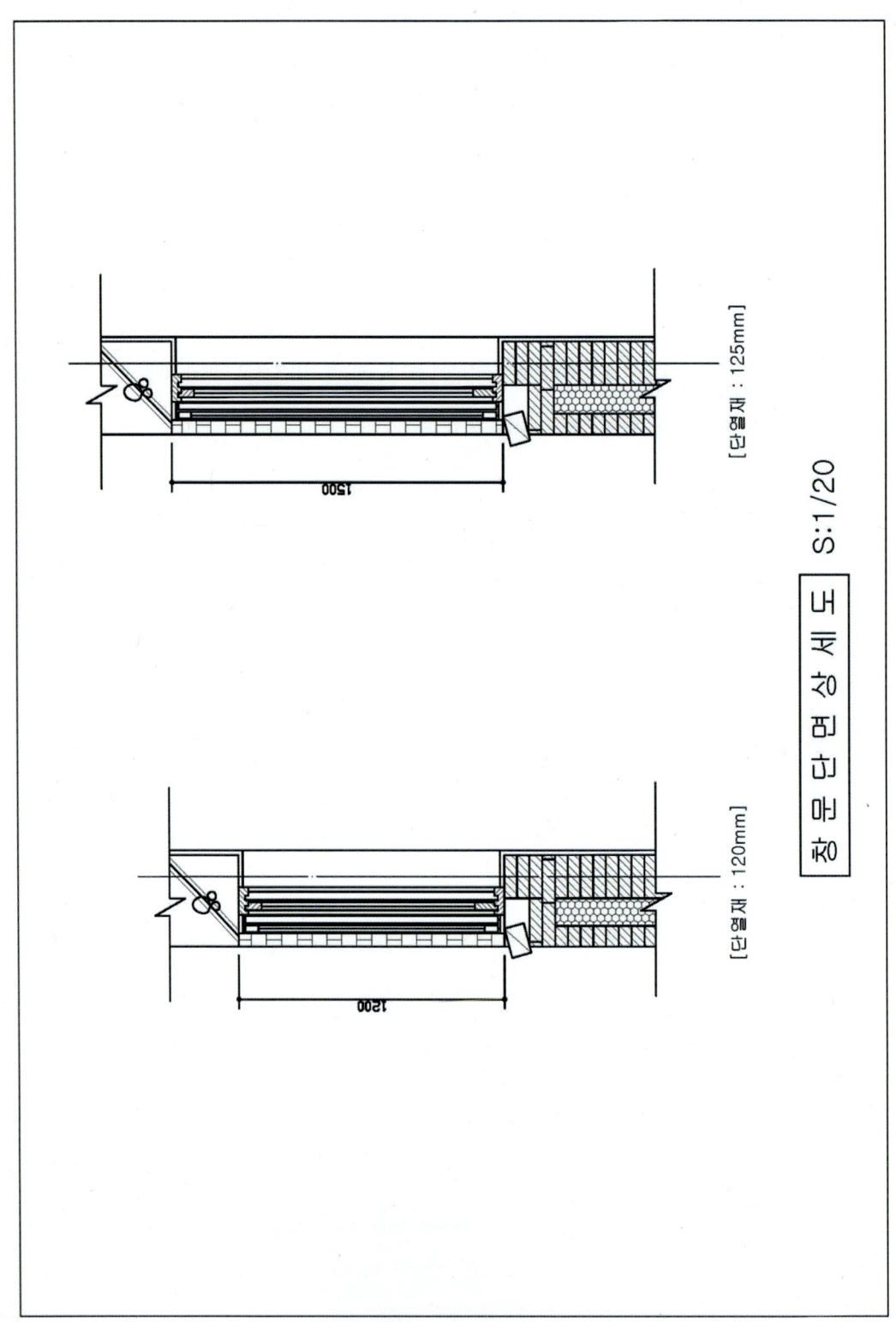

7 창단면상세도 - 2(테라스 창)

1_mvsetup에서 도면척도를 20으로 맞추고 용지크기를 A4로 만듭니다.

| 명령 | **MVSETUP** ↵ |

```
도면공간을 사용가능하게 합니까? [아니오(N)/예(Y)] : n ↵
단위 유형 입력 [공학(S)/십진(D)/엔지니어링(E)/건축(A)/미터법(M)] : m ↵
미터 축척
(5000)  1 : 5000
(2000)  1 : 2000
(1000)  1 : 1000
(500)   1 : 500
(200)   1 : 200
(100)   1 : 100
(75)    1 : 75
(50)    1 : 50
(20)    1 : 20
(10)    1 : 10
(5)     1 : 5
(1)     전체
축척 비율 입력 : 20 ↵
용지 폭 입력 : 283 ↵
용지 높이 입력 : 196 ↵
```

2_ layer에서 다음과 같이 도면층을 만듭니다.

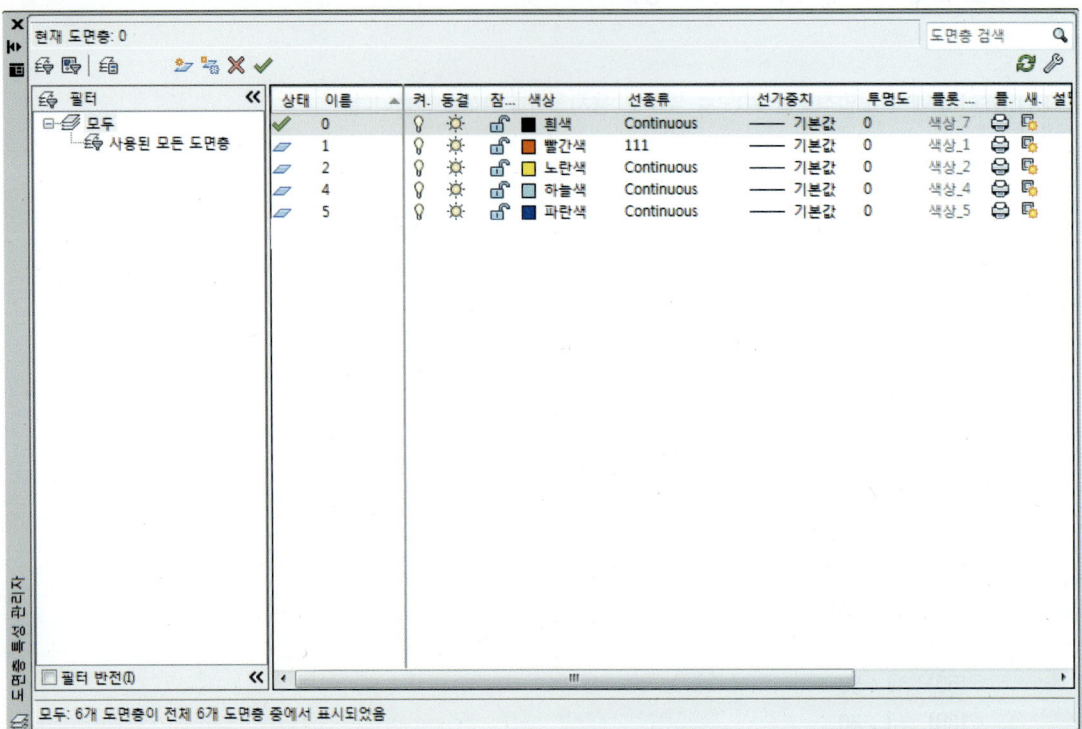

| 테라스 창 단면 그리기

3_ 임의의 중심선을 만든 후 아래와 같이 도면층을 바꾸고 offset을 이용하여 간격을 띕니다.

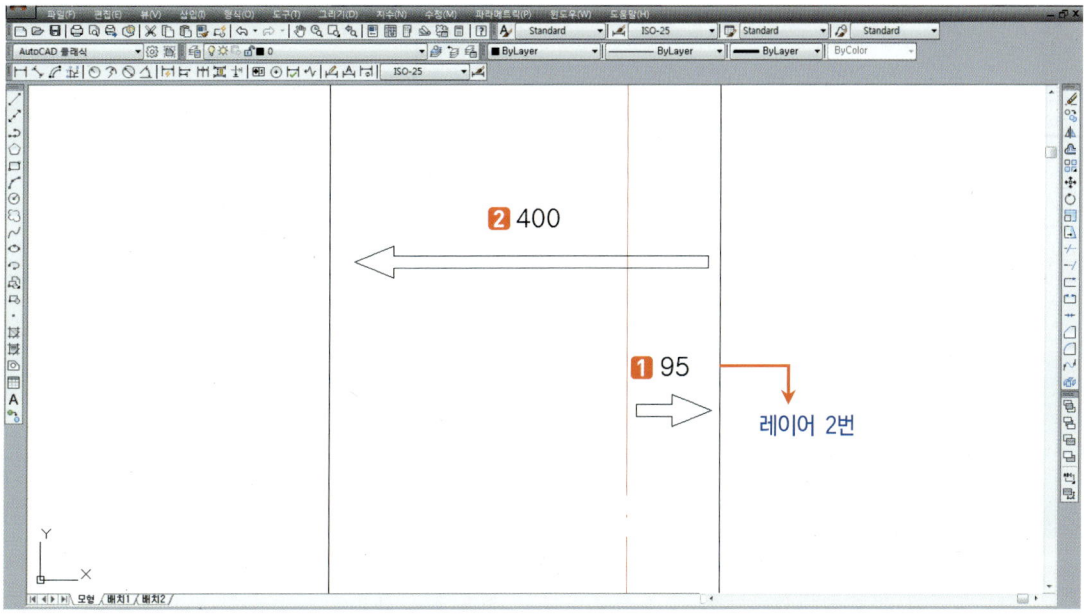

※ lts를 이용하여 척도 20을 줍니다. 또한 단열재 두께를 120mm로 가정하고 작도하였습니다.

4_ 테두리보를 작도하기 위해 위쪽에 임의의 수평선을 그은 다음 fillet을 이용하여 벽체의 외곽 (동그라미 부분 클릭) (X 부분 클릭) 모서리를 정리합니다.

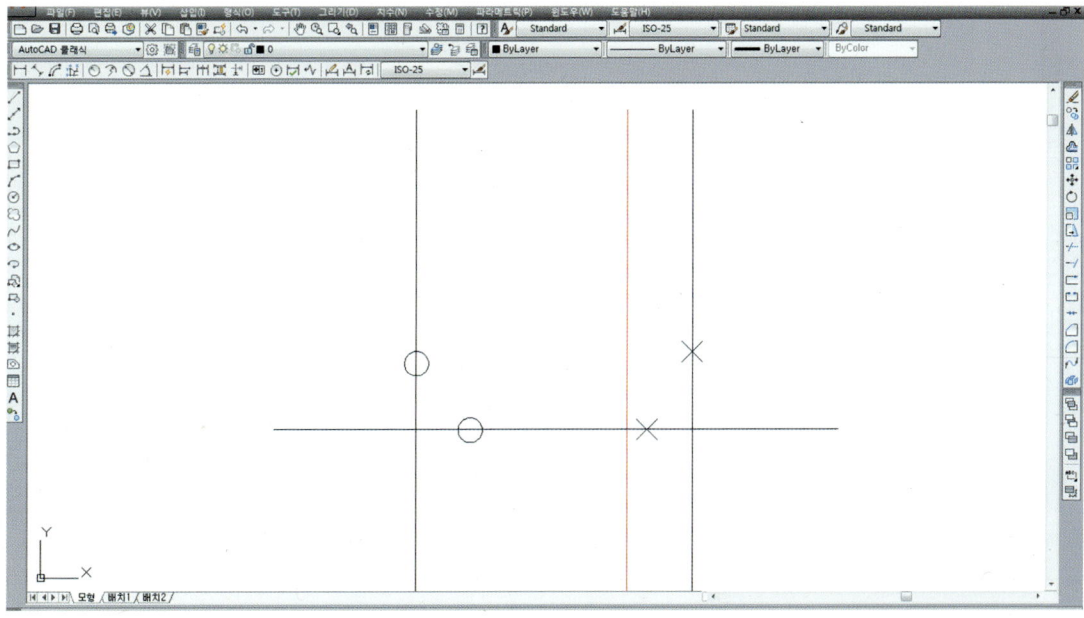

5_ pline을 이용하여 목재 창틀을 작도하고 도면층을 2로 바꾼 후 윗막이를 작도한 다음, copy를 이용하여 옆 창과 창틀까지 복사합니다.

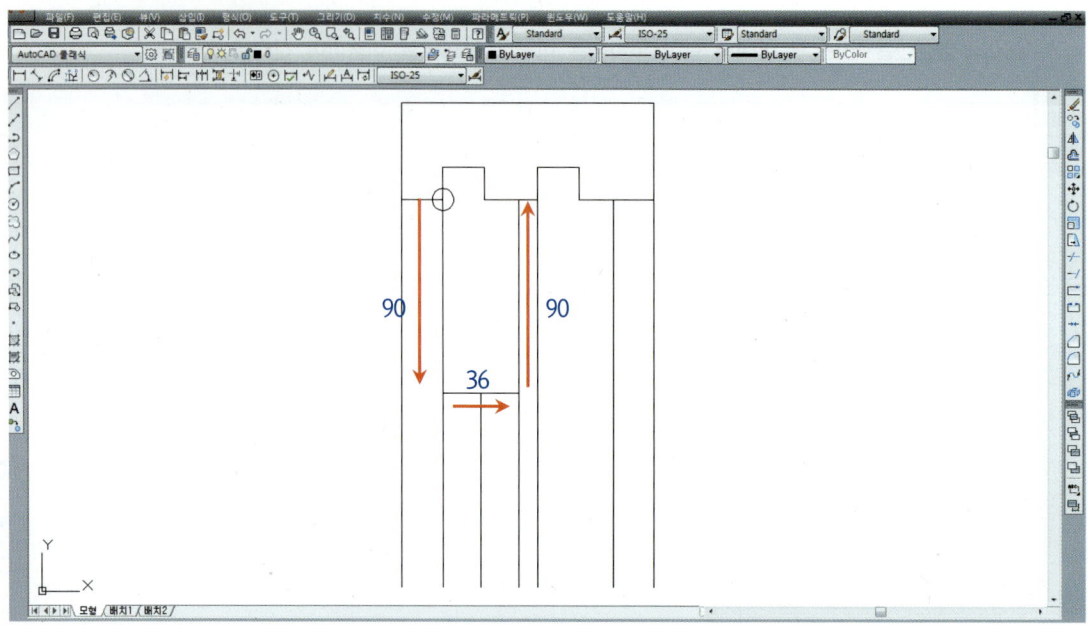

6_ rectangle을 이용하여 아래와 같이 알루미늄 창틀을 작도하고 도면층을 2로 바꾼 후 윗막이를 작도한 다음, copy를 이용하여 옆 창과 창틀까지 복사합니다.

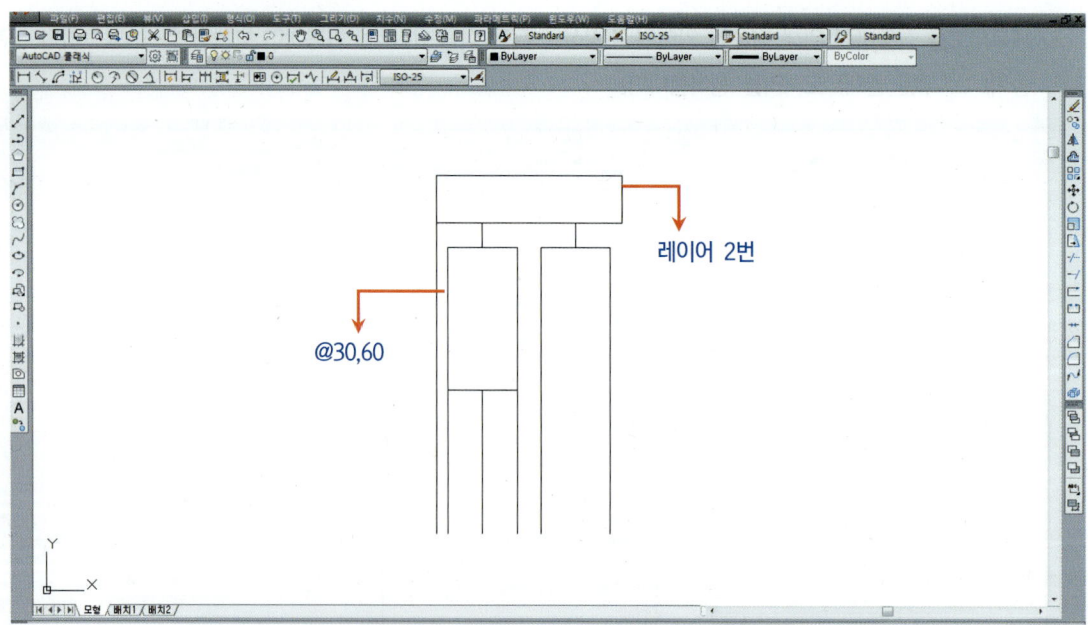

※ 목재 창 및 알루미늄 창의 크기, 레이어, 작도방법은 창단면상세도에서 학습한 사이즈를 기반으로 작도하였습니다.

7_move를 이용하여 창을 옮겨 (동그라미 친 부분에서 ✕ 표시) 붙입니다.

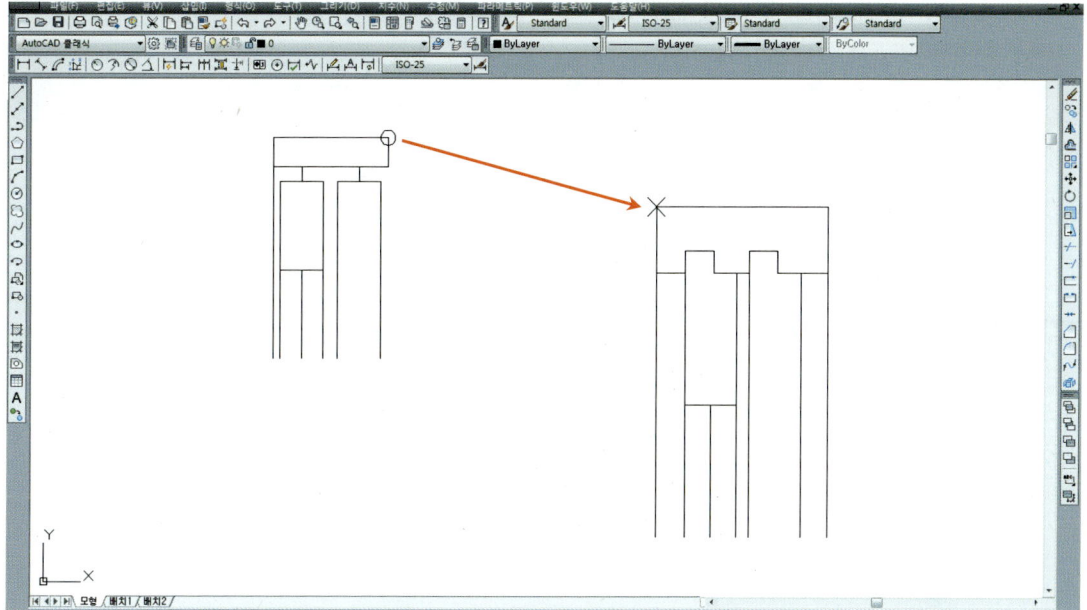

8_move를 이용하여 창을 옮겨 (동그라미 친 부분에서 ✕ 표시) 붙입니다.

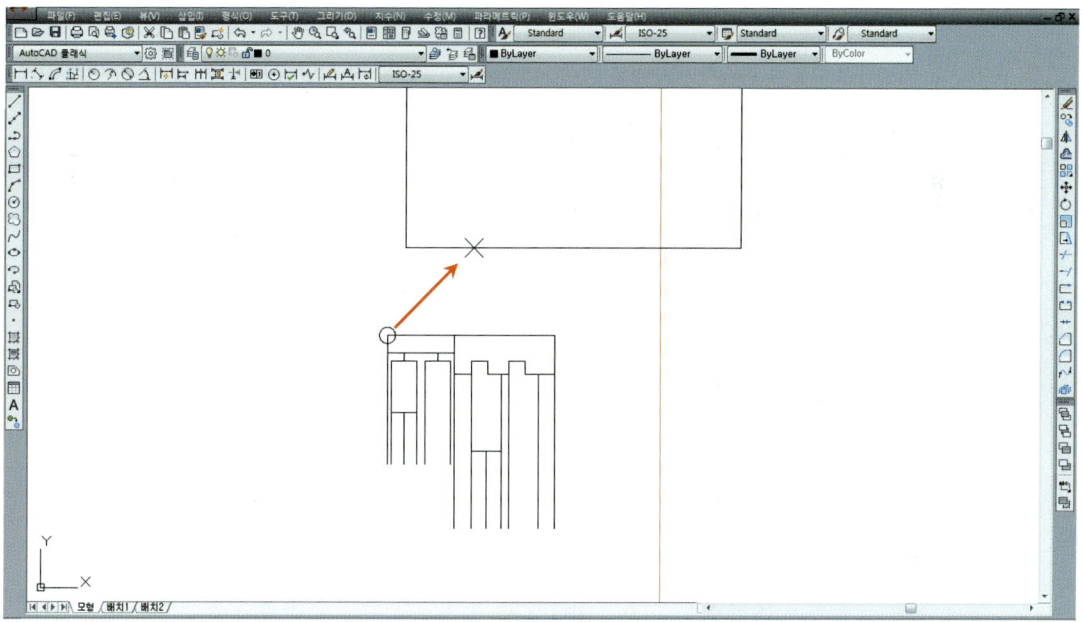

※ 동그라미 친 부분은 끝점 osnap으로 잡고 ✕ 표시를 한 부분은 근처점 osnap을 이용합니다.

9_ offset을 이용하여 거리 2300의 반만큼 (hidden 선) 간격을 띈 후, extend를 이용하여 2300의 절반지점까지 line을 모두 연장한 다음, 2300의 절반지점 line을 erase합니다.

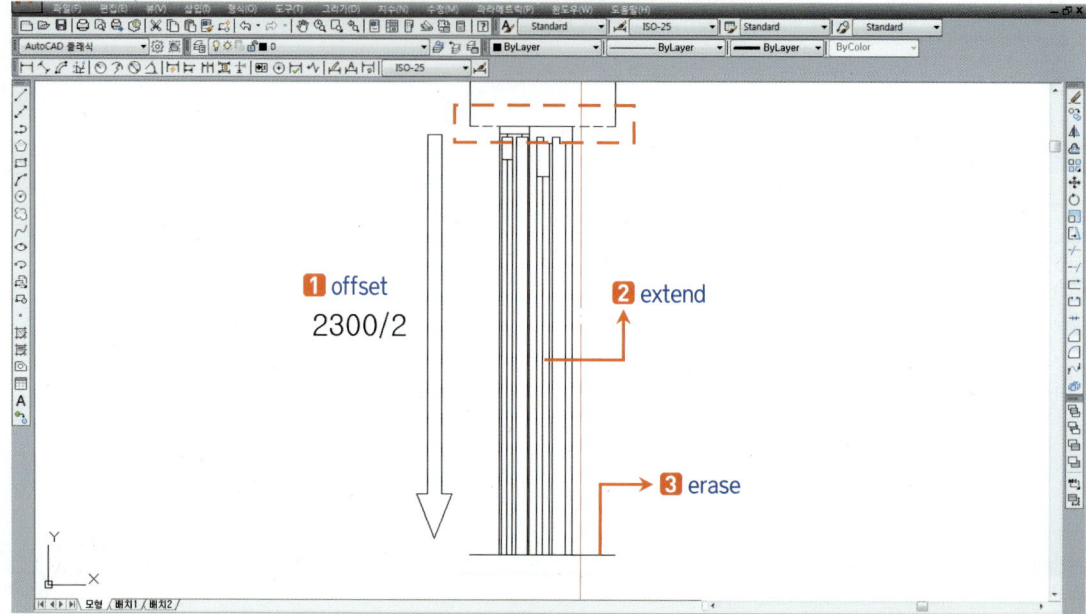

※ 테라스 창의 높이가 2,300mm인 것은 창입면상세도 중 테라스 창입면 그리기에서 학습한 테라스창 사이즈가 2,300mm였고 이를 기반으로 작도하였습니다.

10_ mirror를 이용하여 창문의 위쪽과 테두리보 아래 line을 선택(빨간색 및 파란색 hidden 선)한 뒤 아래부분으로 대칭합니다.

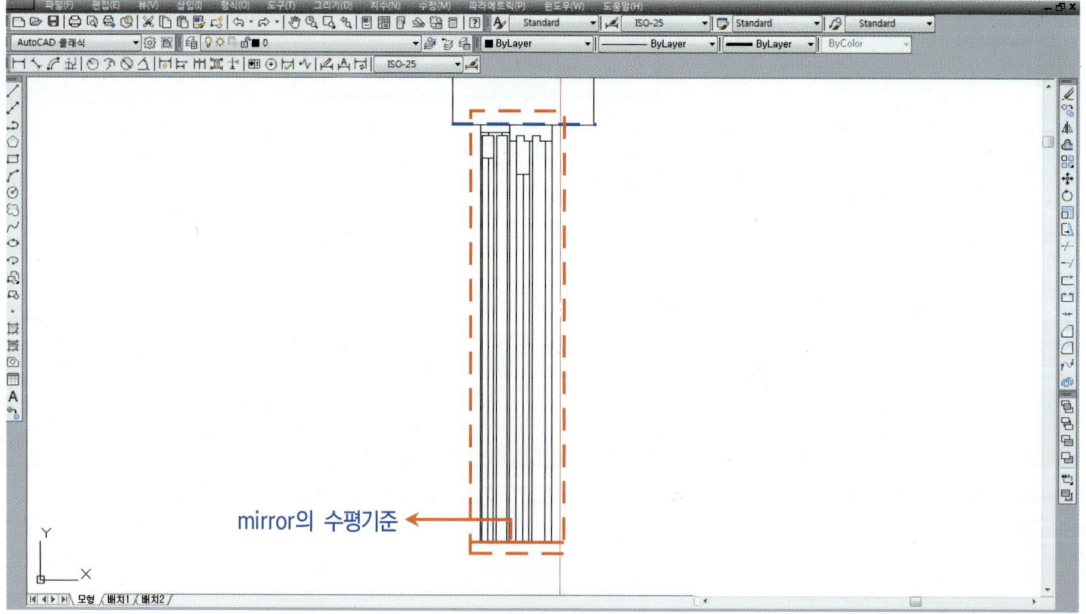

11_ offset을 이용하여 20만큼 간격을 띄어 테두리보에 몰탈 선을 만들고 도면층 0으로 합니다.

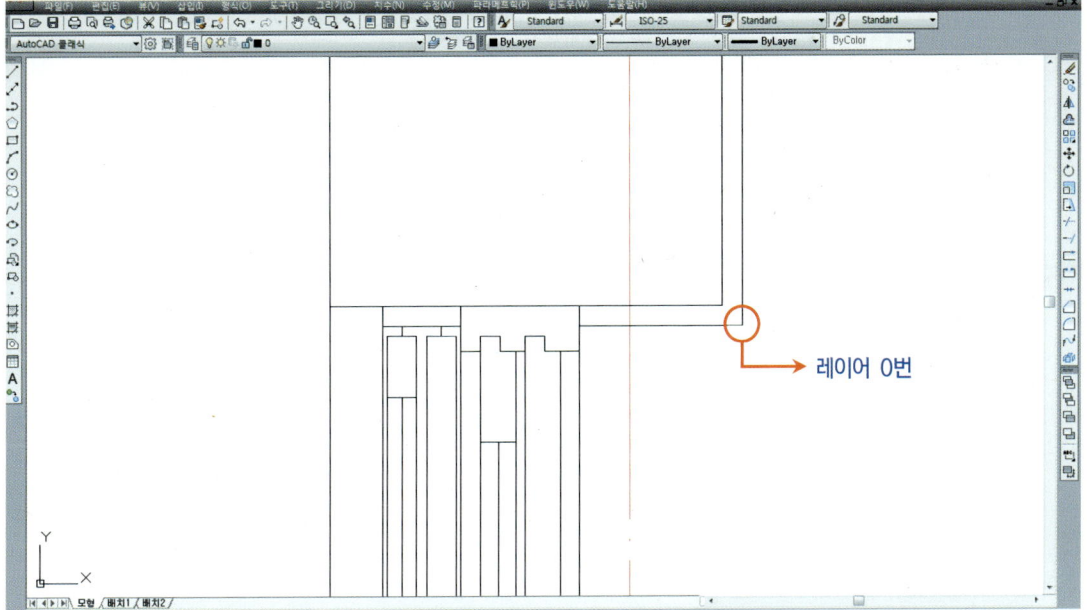

레이어 0번

12_ fillet을 이용하여 몰탈의 수직 line(위쪽 hidden 선)과 바닥의 수평 line(아래쪽 hidden 선)을 연결합니다.

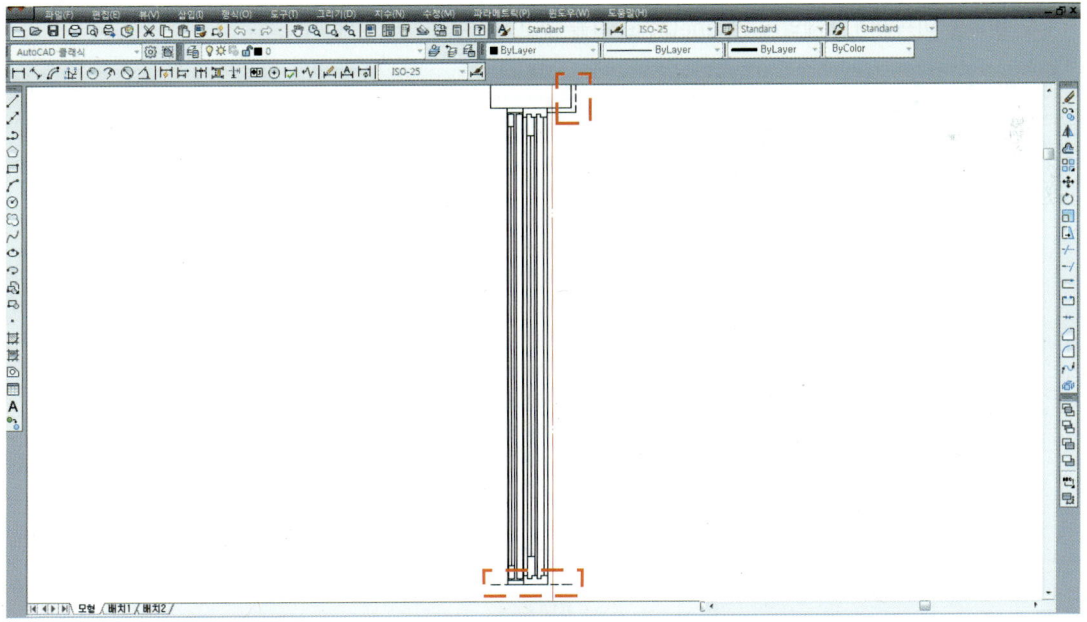

※ 수직 line과 수평 line의 길이가 달라 extend로 하려고 할 때는 extend에서 옵션 중 모서리(E)옵션 → 연장으로 바꿔야 하는 불편함이 있으므로 fillet을 추천합니다.

13_ stretch를 이용하여 밑막이 높이를 30만큼 위로 (hidden 선) 올려 · 최종 밑막이 높이를 120으로 합니다.

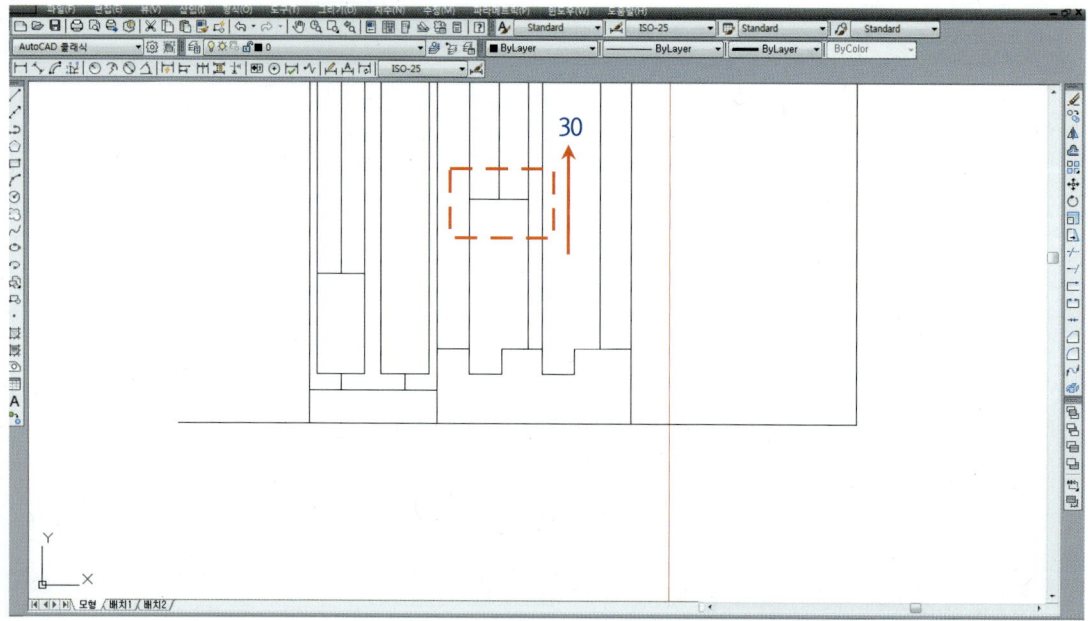

※ 밑막이 높이를 120mm으로 한 것은 창입면상세도 중 테라스 창입면 그리기에서 학습한 테라스 창 밑막이 높이가 120mm였고 이를 기반으로 작도하였습니다.

14_ line을 이용하여 벽체의 입면 line(✕ 표시)을 긋고 도면층을 0으로 합니다.

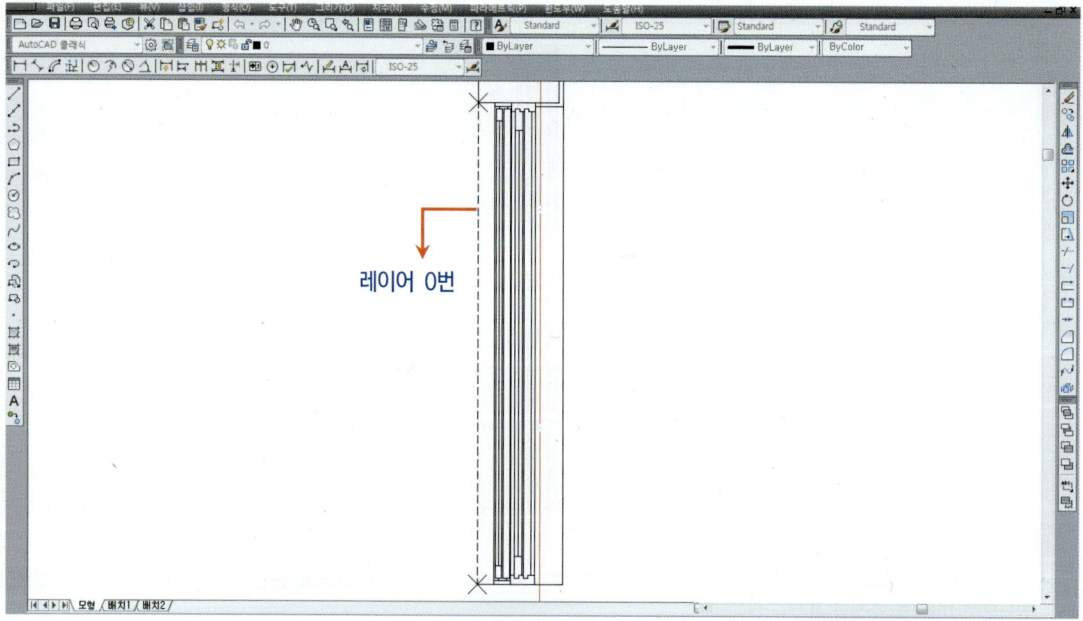

15_hatch를 이용하여 아래와 같이 설정 후 벽체 입면에 해치를 합니다.

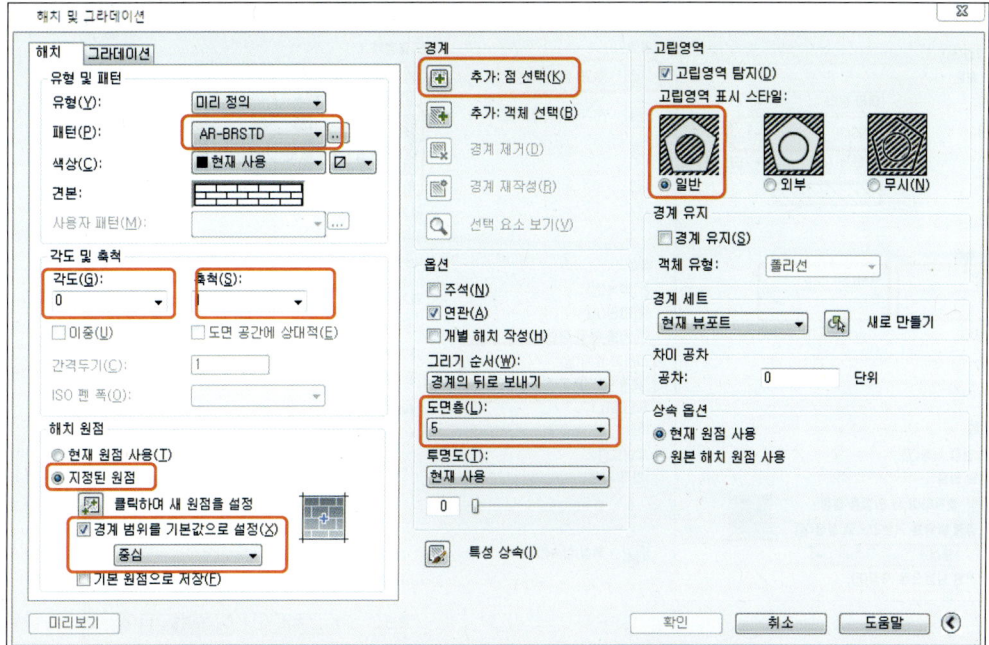

16_아래와 같이 벽돌해치가 완성됩니다.

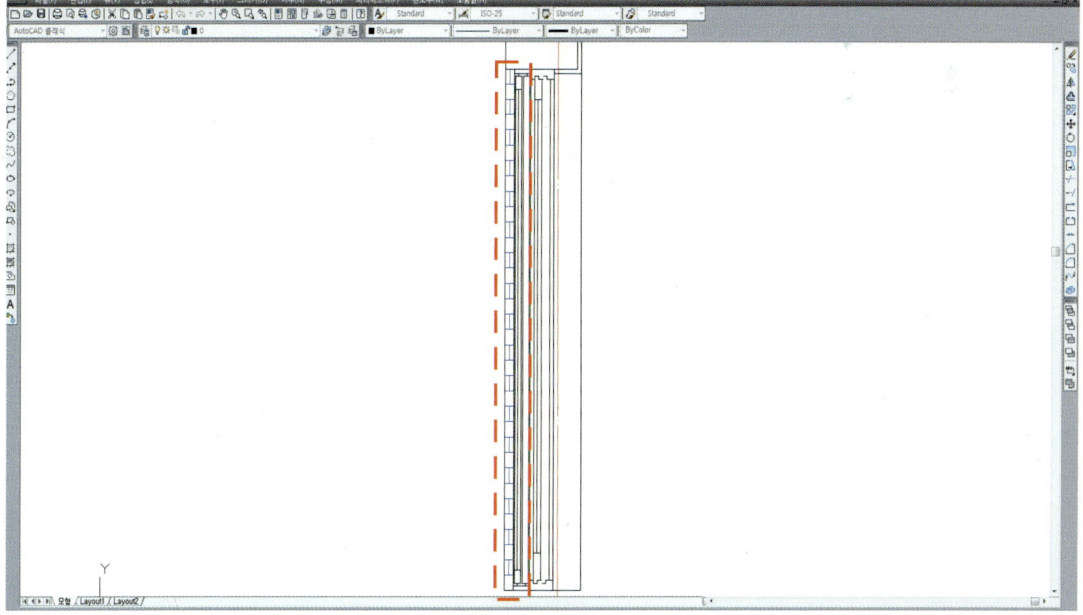

17_ hatch에서 아래와 같이 설정 후 목재 창문에 해치를 합니다.

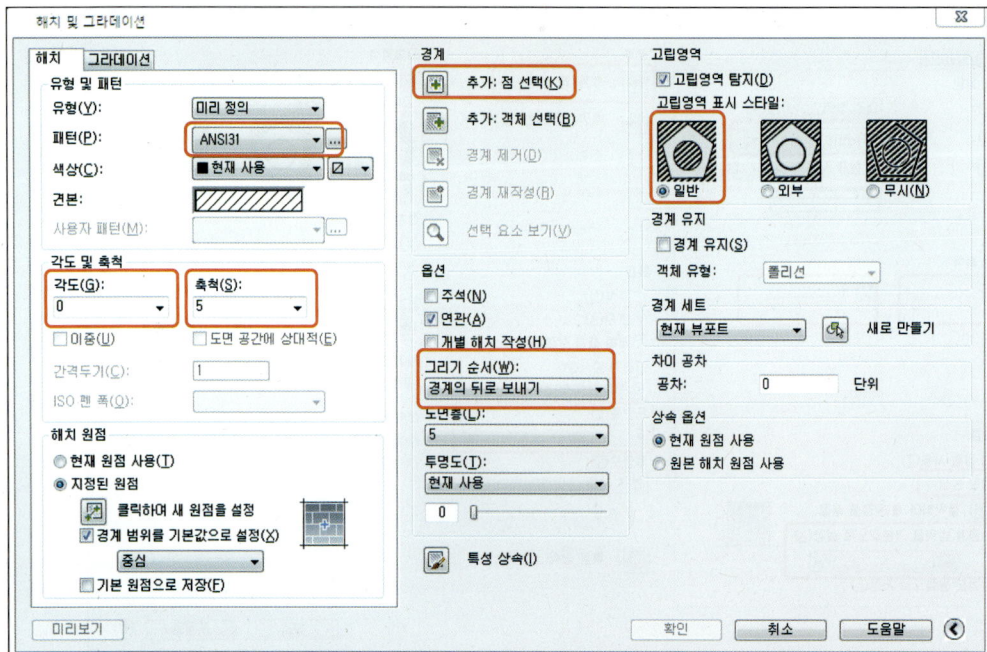

18_ 아래와 같이 벽돌해치가 완성됩니다.

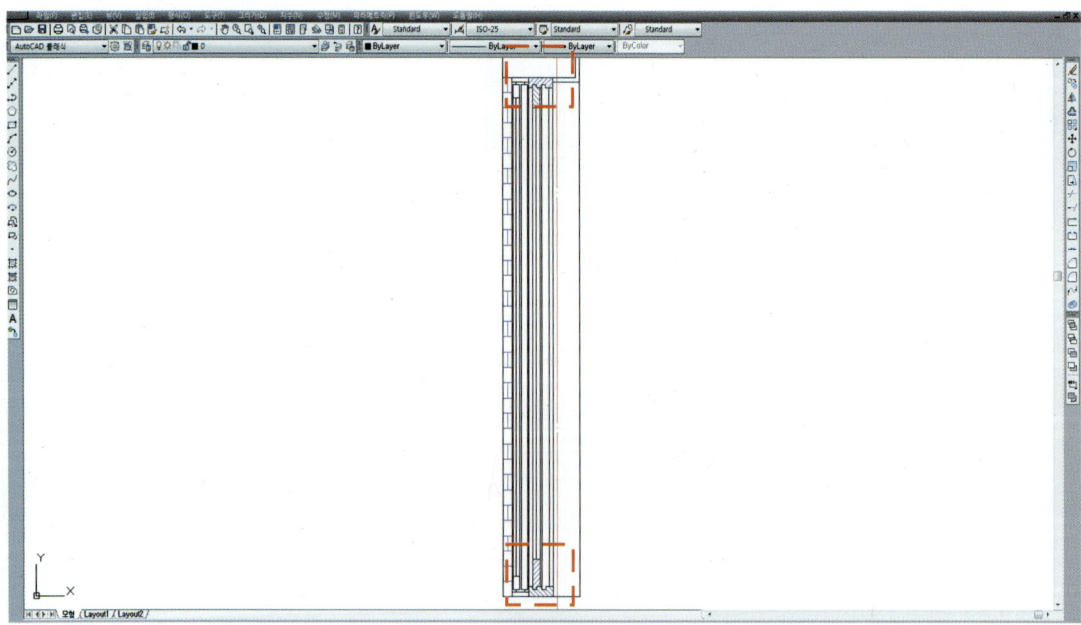

19_테두리보 위쪽에 절단 선을 만든 뒤 절단 선 부근 line들을 편집하고 테두리보 내부에 철근을 표시하여 마무리 합니다.

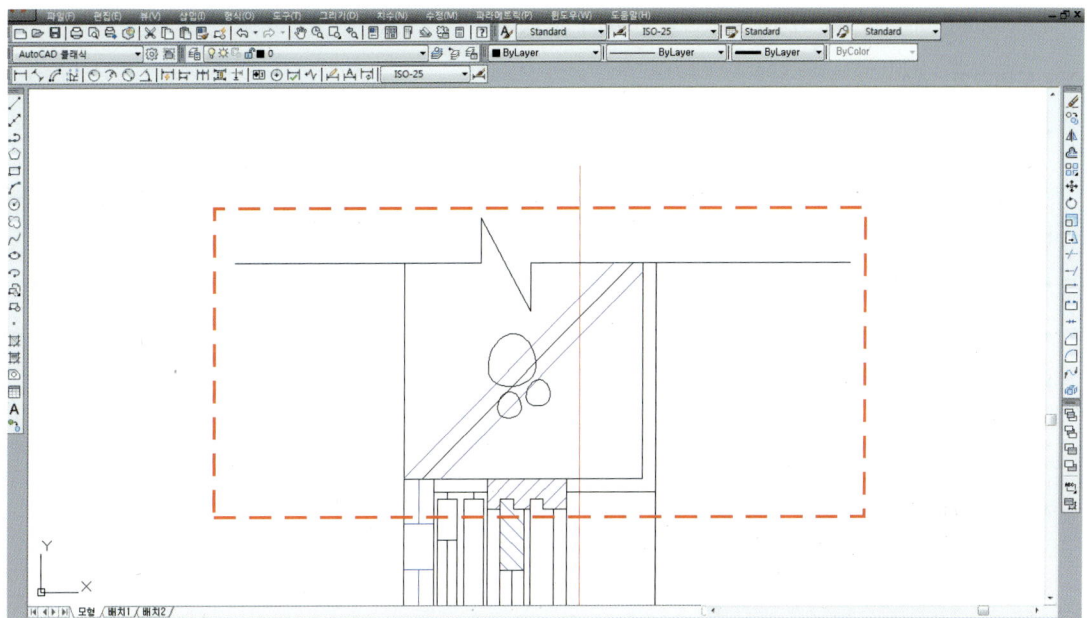

다음의 창문단면상세도를 작도해 보시기 바랍니다.

※ mvsetup을 이용하여 용지 크기와 도면척도를 만드시기 바랍니다.
- 도면크기 : A4
- 도면척도 : 20

[조건]
- 벽돌 : 외부로부터 0.5B(90mm), 시멘트벽돌 1.0B(190mm)
- 단열재 : 120mm, 125mm
- 창 높이 : 2300mm

※ 창을 반대로 그려보는 연습이 반드시 필요하며, 중심선의 위치도 중앙에 위치해 놓고 해보기 바라며 단열재 두께 또한 바꿔가며 연습해 보시기 바랍니다.
※ 반대로 연습하실 때 철근표시 및 해치를 반대로 해서는 안 됩니다.

창문단면상세도

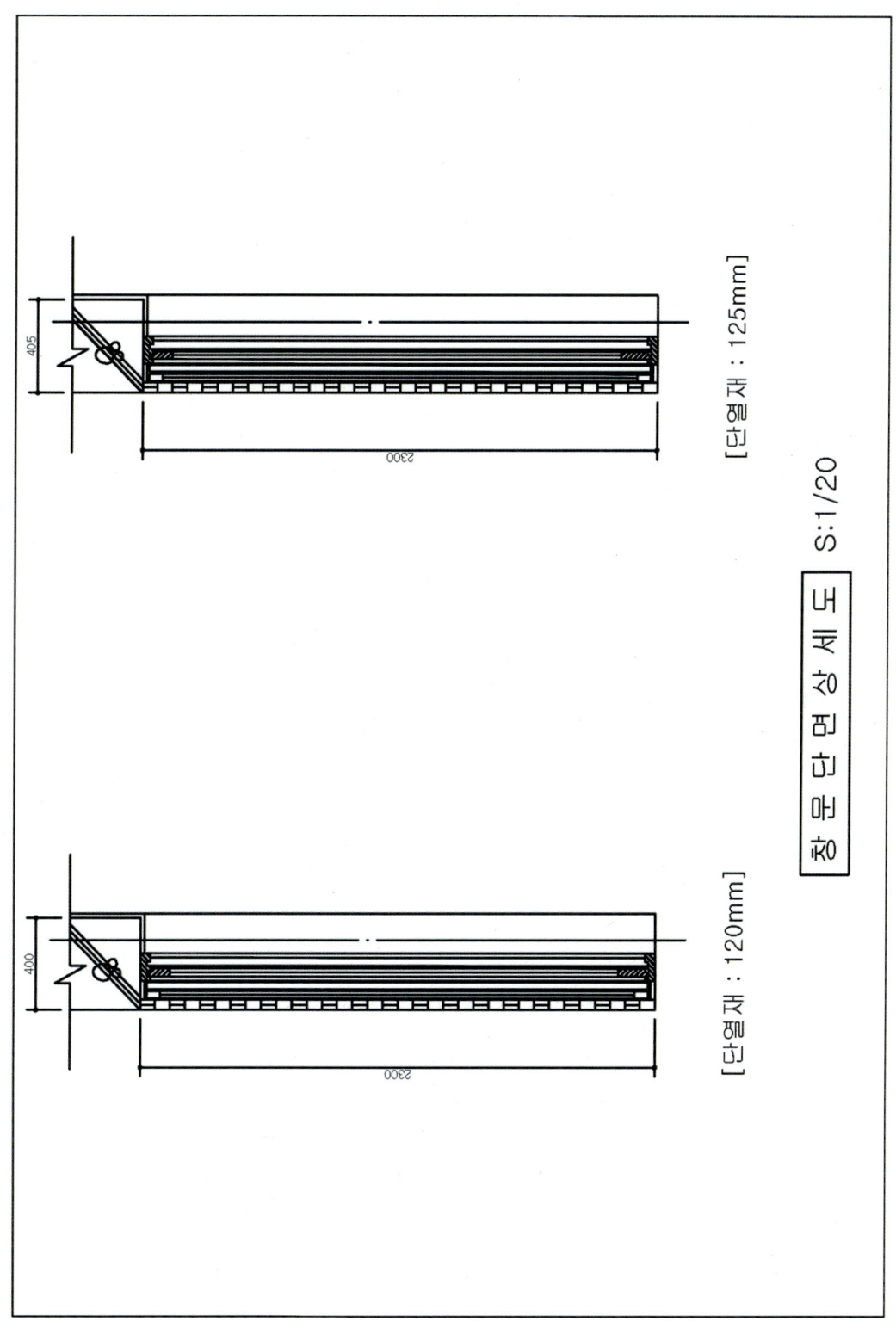

8 문입단면상세도 - 1(목재 문)

1_ mvsetup에서 도면척도를 20으로 맞추고 용지크기를 A4로 만듭니다.

> 명령 **MVSETUP** ↵
>
> 도면공간을 사용가능하게 합니까? [아니오(N)/예(Y)] : n ↵
> 단위 유형 입력 [공학(S)/십진(D)/엔지니어링(E)/건축(A)/미터법(M)] : m ↵
> 미터 축척
> (5000) 1 : 5000
> (2000) 1 : 2000
> (1000) 1 : 1000
> (500)   1 : 500
> (200)   1 : 200
> (100)   1 : 100
> (75)   1 : 75
> (50)   1 : 50
> (20)   1 : 20
> (10)   1 : 10
> (5)   1 : 5
> (1)   전체
> 축척 비율 입력 : 20 ↵
> 용지 폭 입력 : 283 ↵
> 용지 높이 입력 : 196 ↵

2_layer에서 다음과 같이 도면층을 만듭니다.

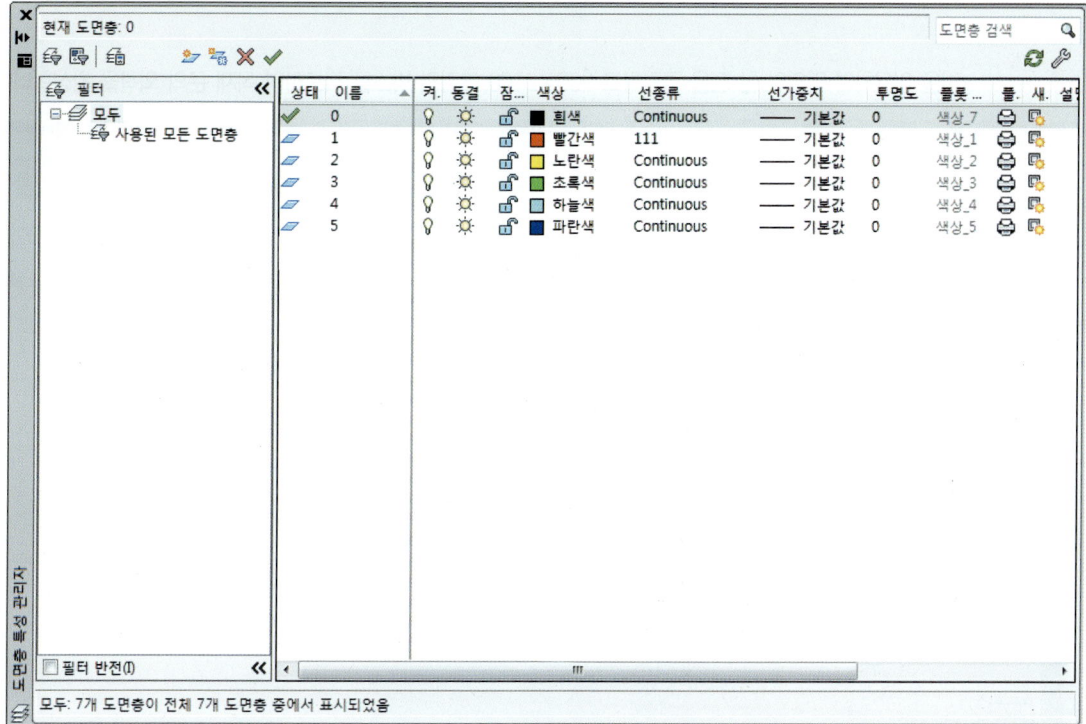

▎목재 문 입단면 그리기

3_ rectangle을 이용하여 임의의 한 점을 클릭하고 900×2100 크기의 박스를 작도하여 목재 문의 외곽을 완성합니다.

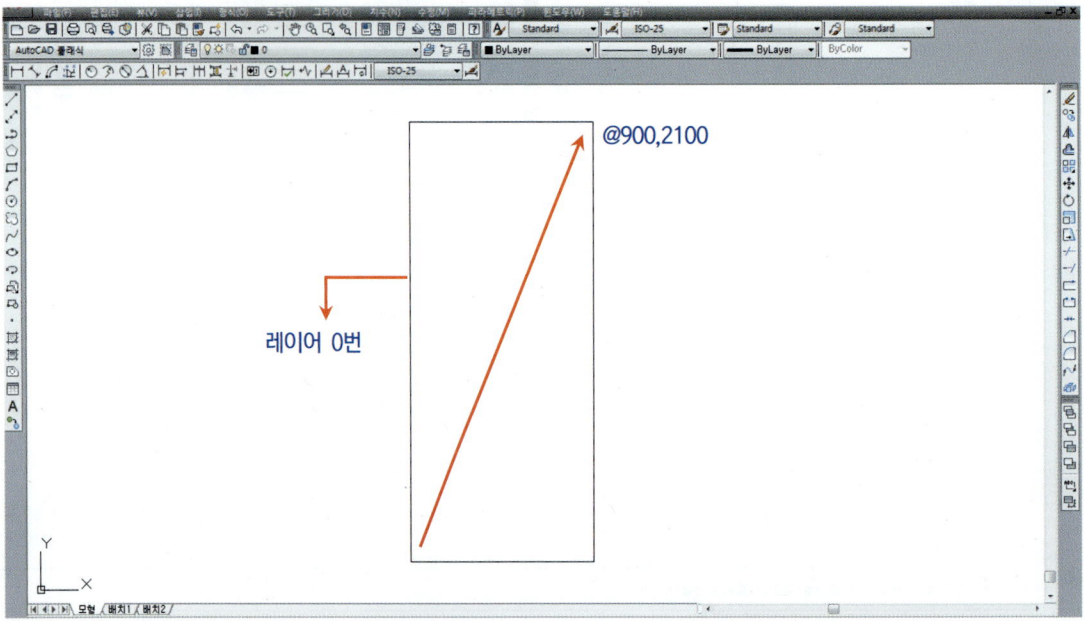

※ 문의 크기는 매우 다양하여 그중 하나를 임의로 정하여 작도하였고, lts를 이용하여 척도 20을 줍니다.

4_ offset을 이용하여 박스 내부로 45만큼 간격(hidden 선)을 띄어 목재문틀을 완성합니다.

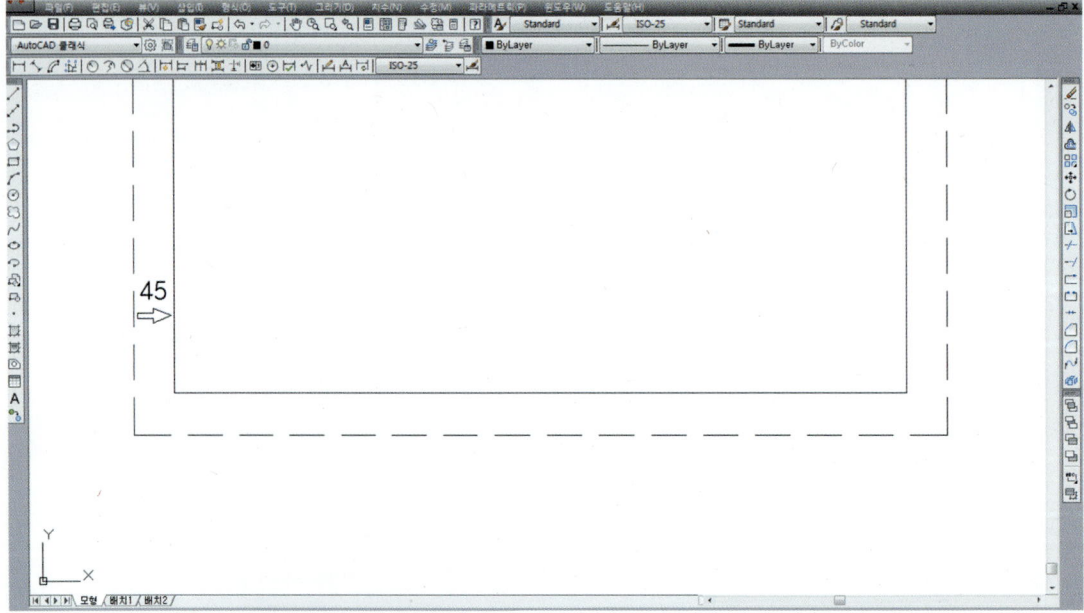

5_ offset을 이용하여 박스 내부로 90만큼 간격(hidden 선)을 띄어 윗막이, 세로선대, 밑막이를 완성합니다.

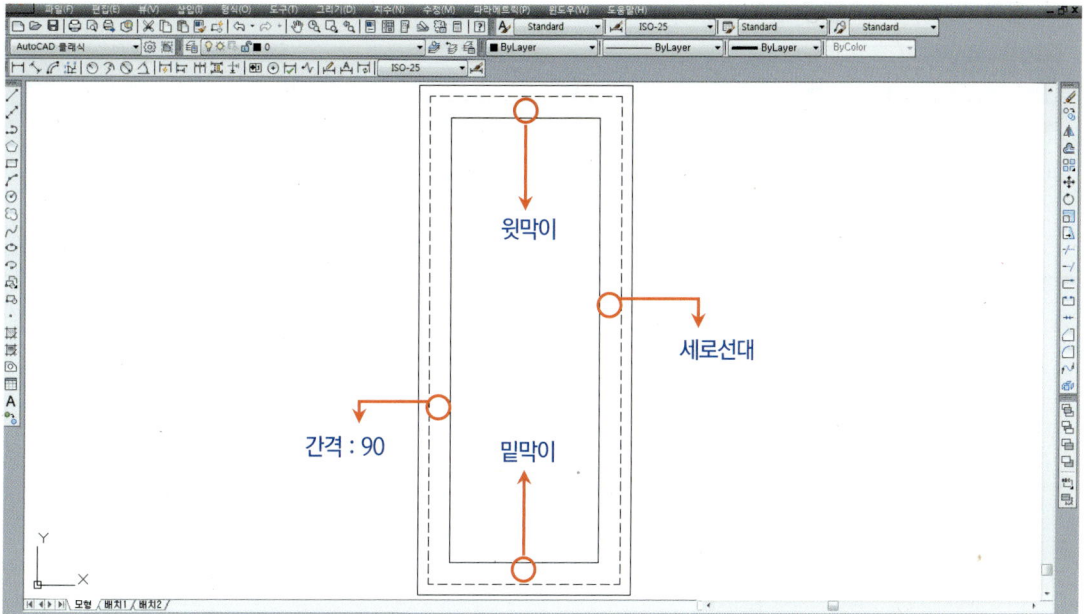

6_ stretch를 이용하여 밑막이(빨간색 hidden 선)를 30만큼 위로 올려 밑막이의 높이를 최종 120으로 합니다.

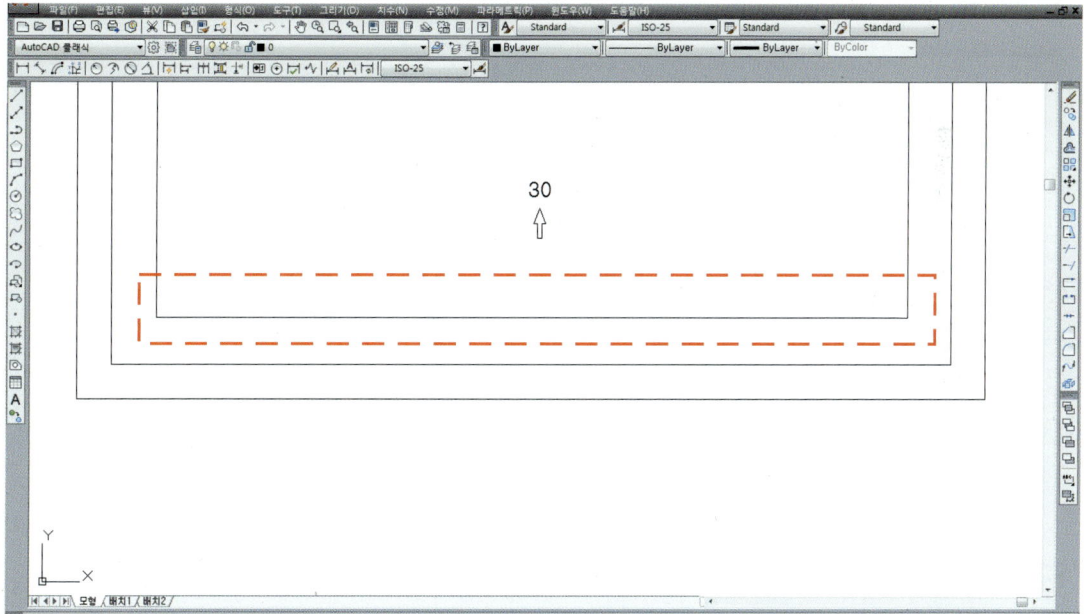

7_ line을 이용하여 문의 제일 아래 구석에 임의의 길이로 작도(hidden 선)한 뒤 move를 이용하여 900만큼 위로 옮겨 중간막이의 기준을 만듭니다.

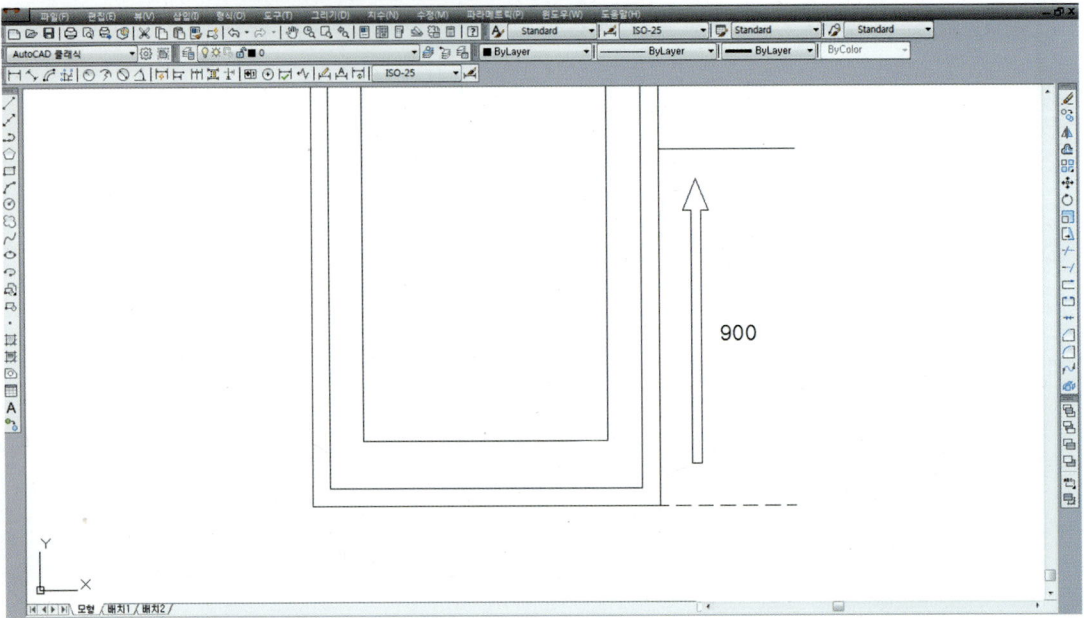

8_ move한 line을 클릭하여 grip박스를 나타나게 합니다.

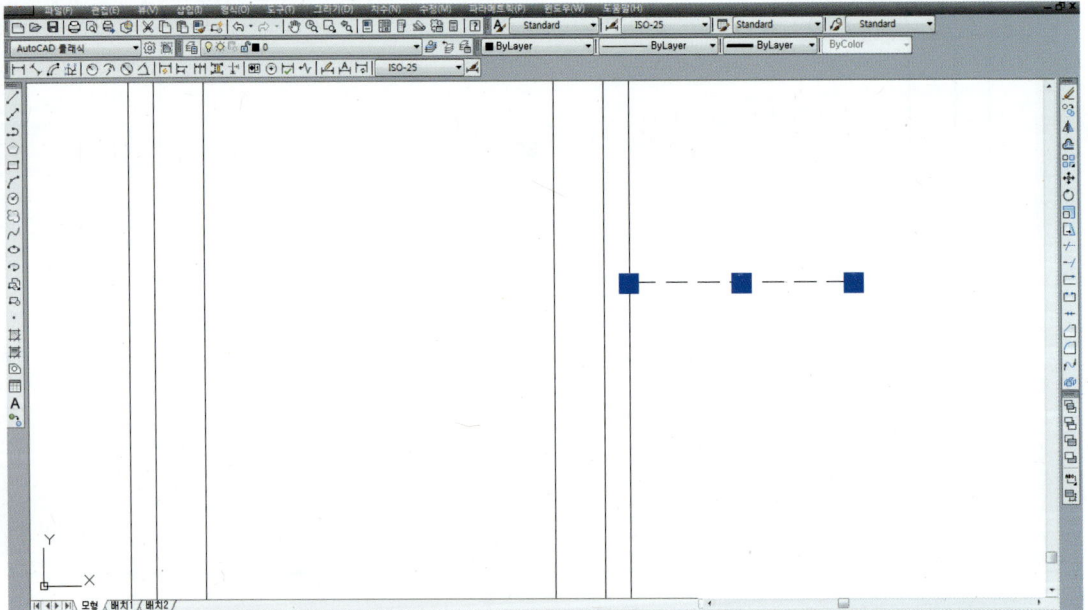

9_ 왼쪽 파란색 박스를 클릭하여 붉은색 박스로 색깔이 바뀌면 왼쪽 목재 문틀 바깥으로 stretch합니다.

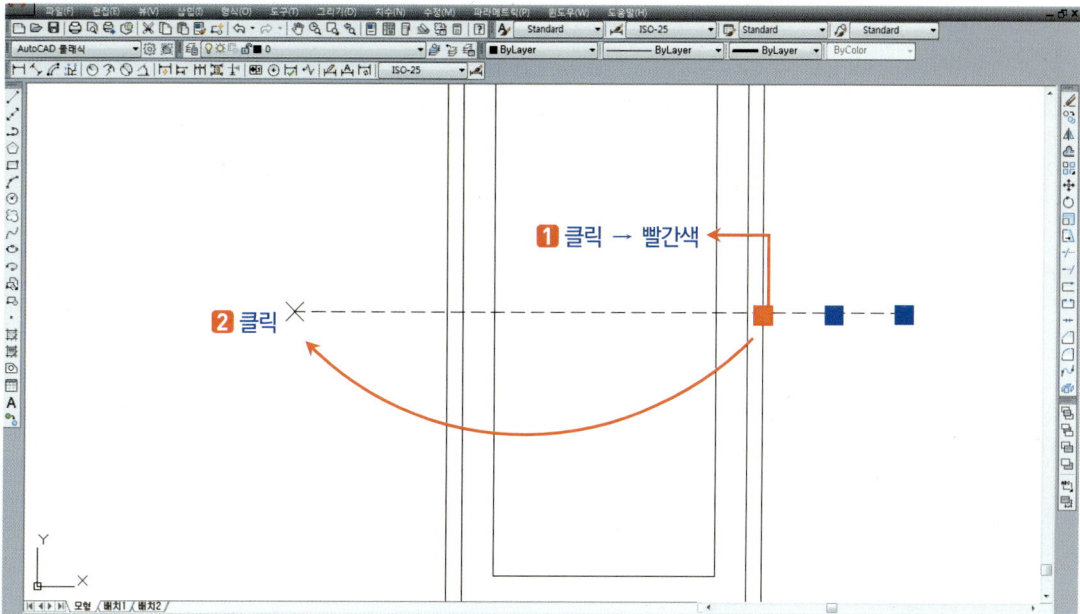

10_ offset을 이용하여 위 아래로 45(hidden 선)만큼 간격을 띈 후 line(hidden 선)을 지웁니다.

11_ rectangle을 이용하여 아래와 같이 박스(hidden 선)를 작도하고 도면층 0으로 합니다.

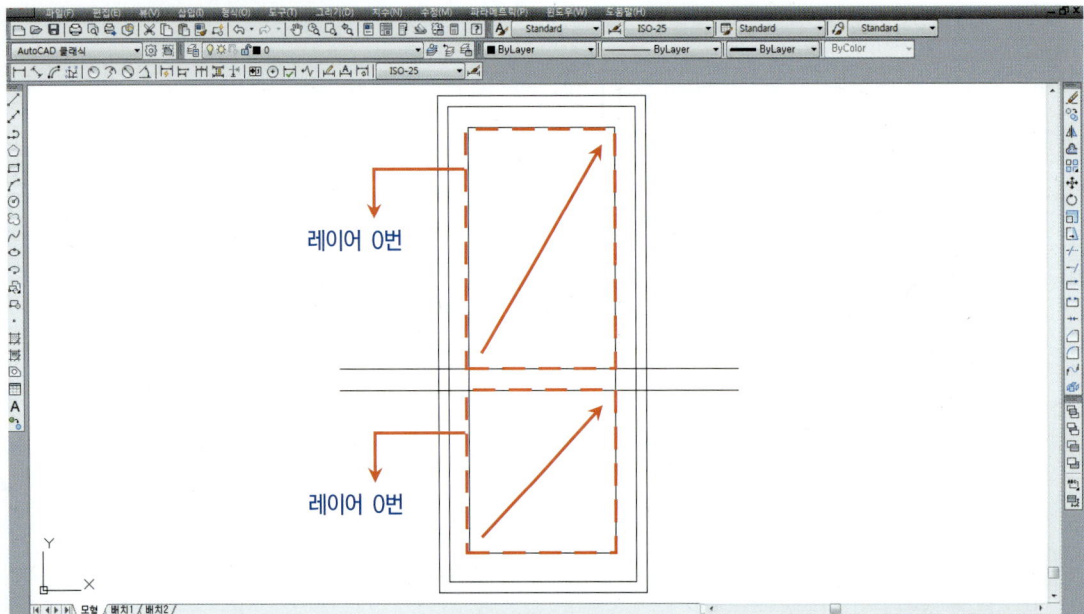

12_ erase를 이용하여 중간막이의 수평 line(hidden 선)과 중간막이 부근의 수직 rectangle (hidden 박스)을 지웁니다.

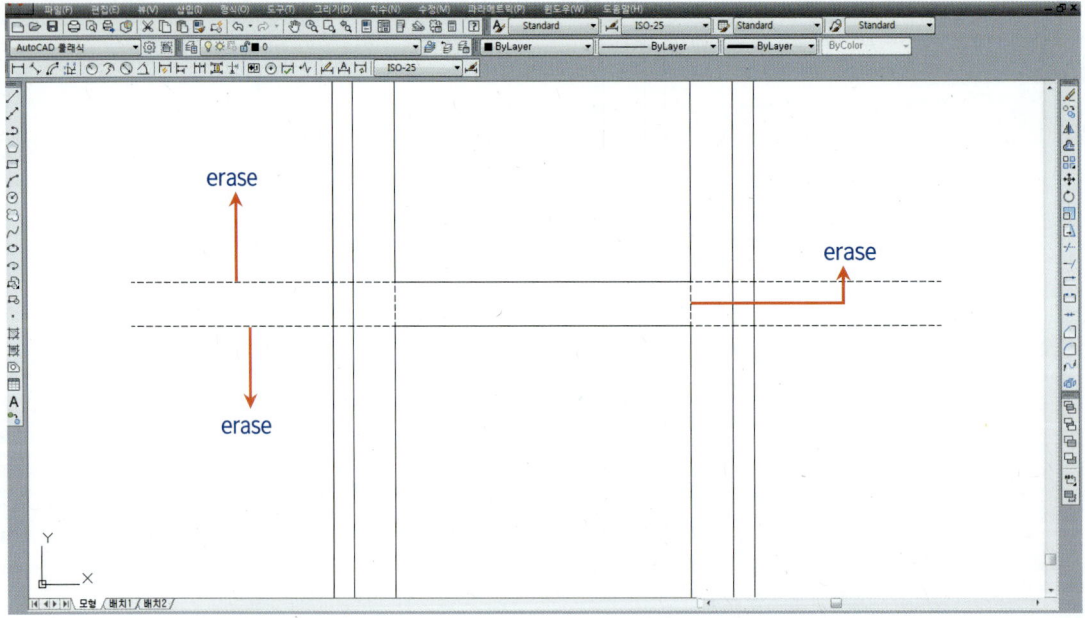

13_ offset을 이용하여 20만큼 내부로 간격을 띄어 쫄대를 만들고 도면층 5로 바꿉니다.

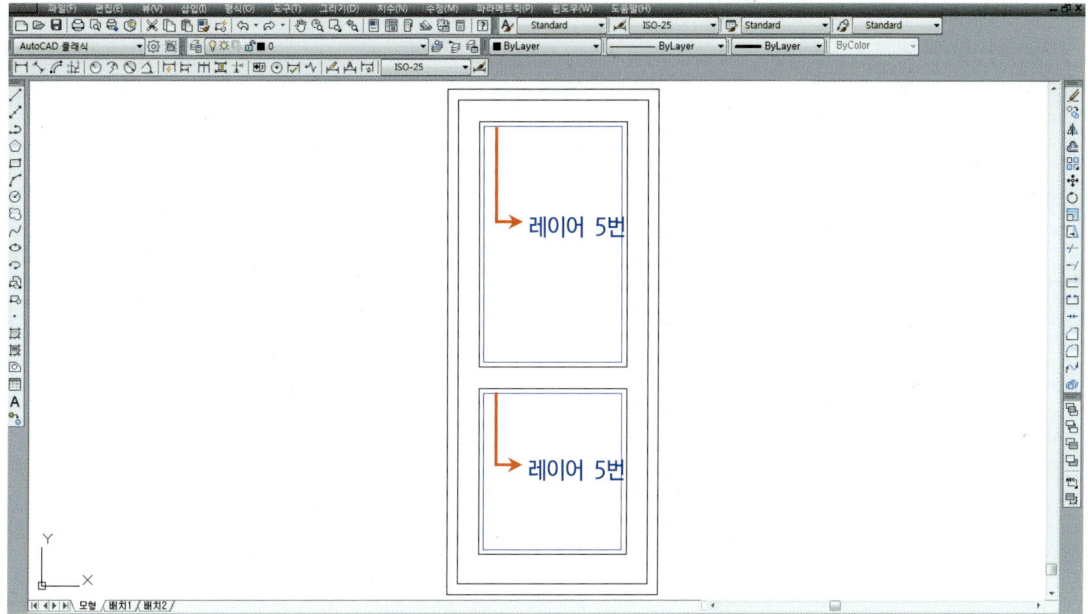

14_ circle을 이용하여 중간막이의 임의의 지점에 반지름 30의 크기를 갖는 원을 그려 손잡이를 표현하고 도면층을 0으로 합니다.

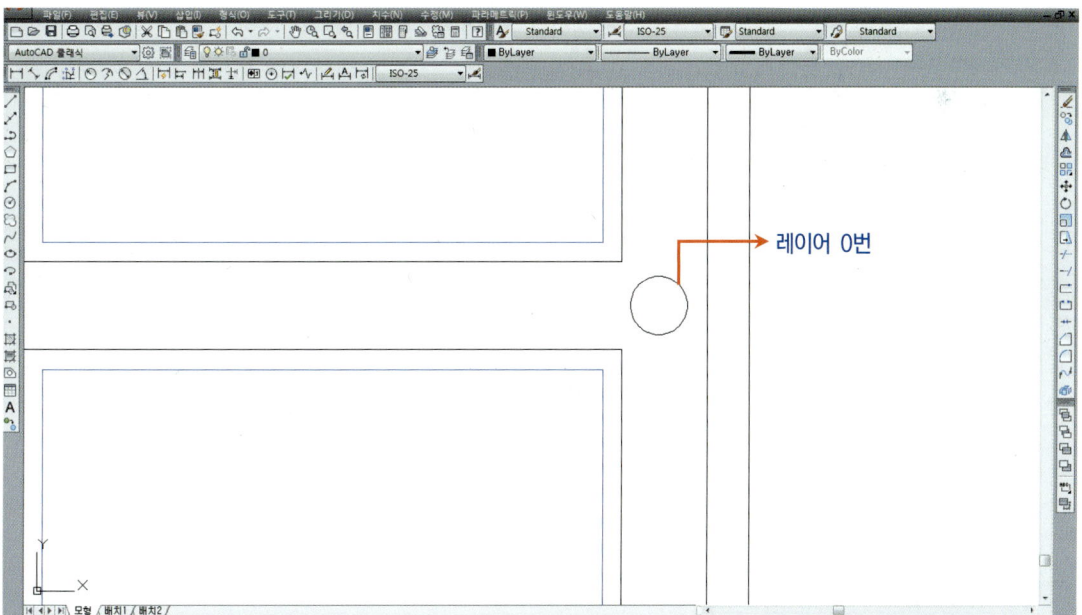

※ 손잡이의 위치는 좌측에 올 수도 있고 우측에 올 수도 있습니다. 이는 평면도에 표현된 문 열리는 방향을 참고하여 작도해야 합니다.

15_offset으로 손잡이(hidden 선)에서 거리 10만큼 간격을 띄고 십자 선을 그려 중심선을 그린 후 도면층 1로 바꾸고 offset한 circle을 지웁니다.

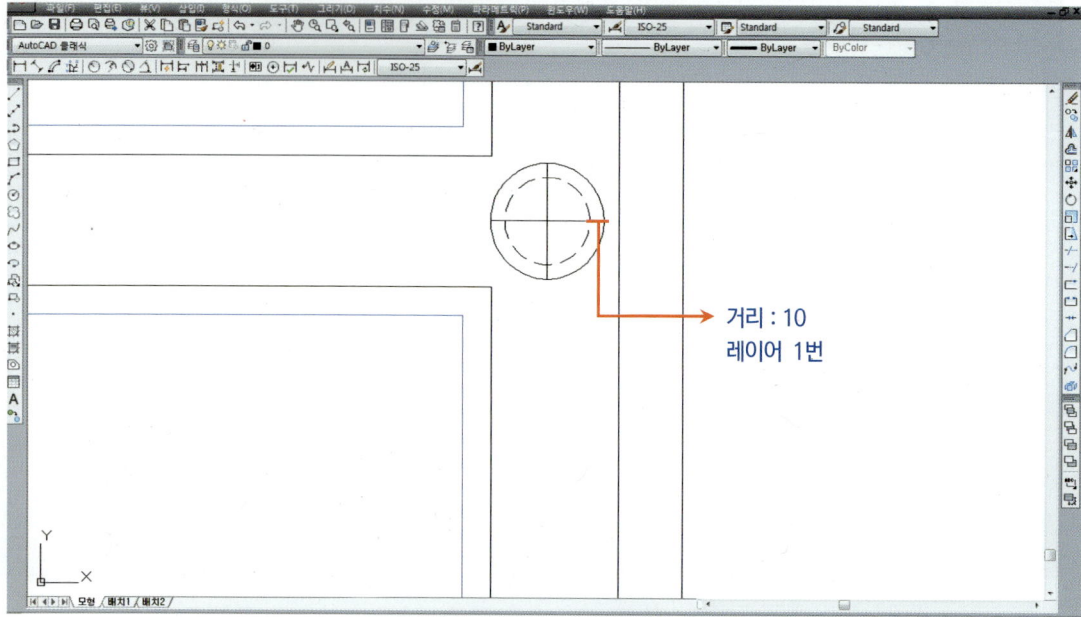

16_line을 이용하여 문 열림 (동그라미 부분) 방향을 긋고 도면층 1로 바꿉니다.

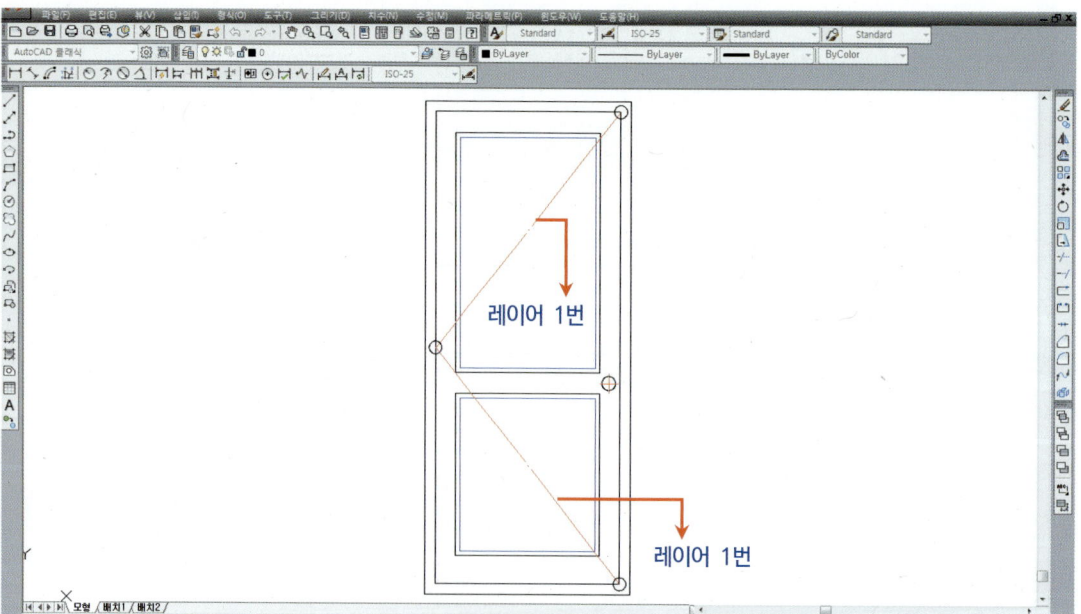

17_ pline을 이용하여 목재 문틀을 아래와 같은 크기로 작도하고 도면층을 2로 합니다.

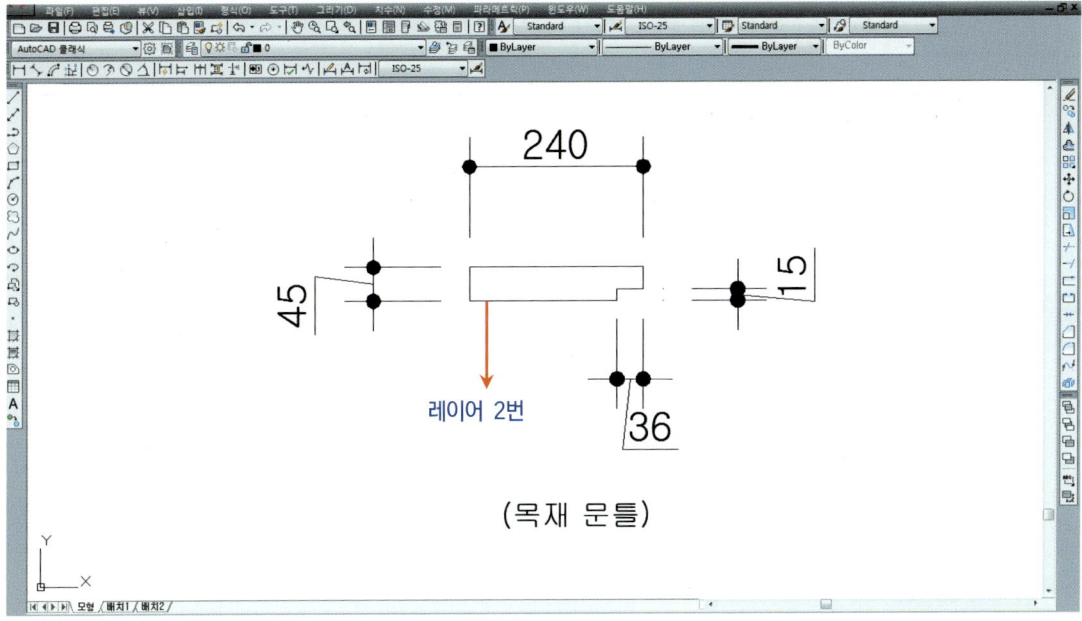

※ 문의 크기는 매우 다양하여 그중 하나를 임의로 정하여 작도하였습니다.

18_ line을 이용하여 아래와 같은 크기로 윗막이를 작도(✕ 표시 시작)합니다.

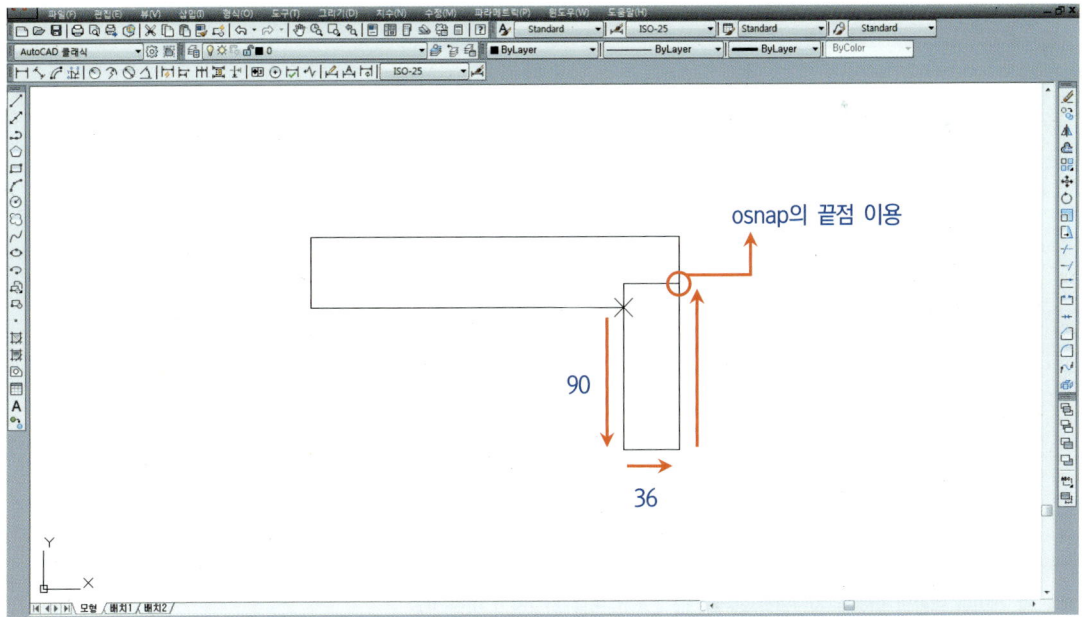

19_copy를 이용(hidden 선)하여 세로선대, 합판, 문틀부분까지 복사합니다.

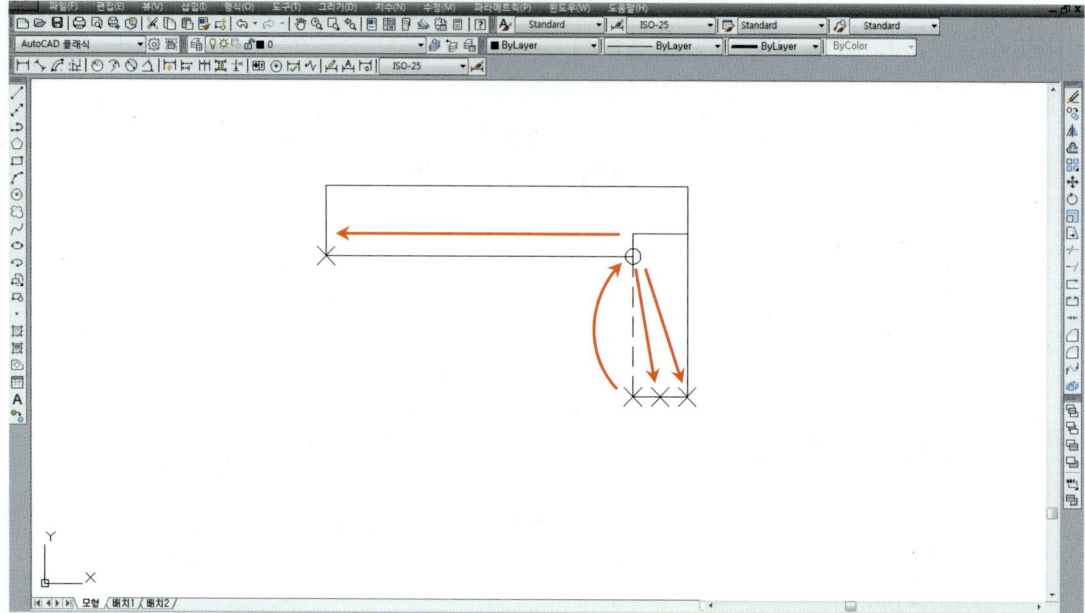

20_도면층을 아래와 같이 바꿉니다.

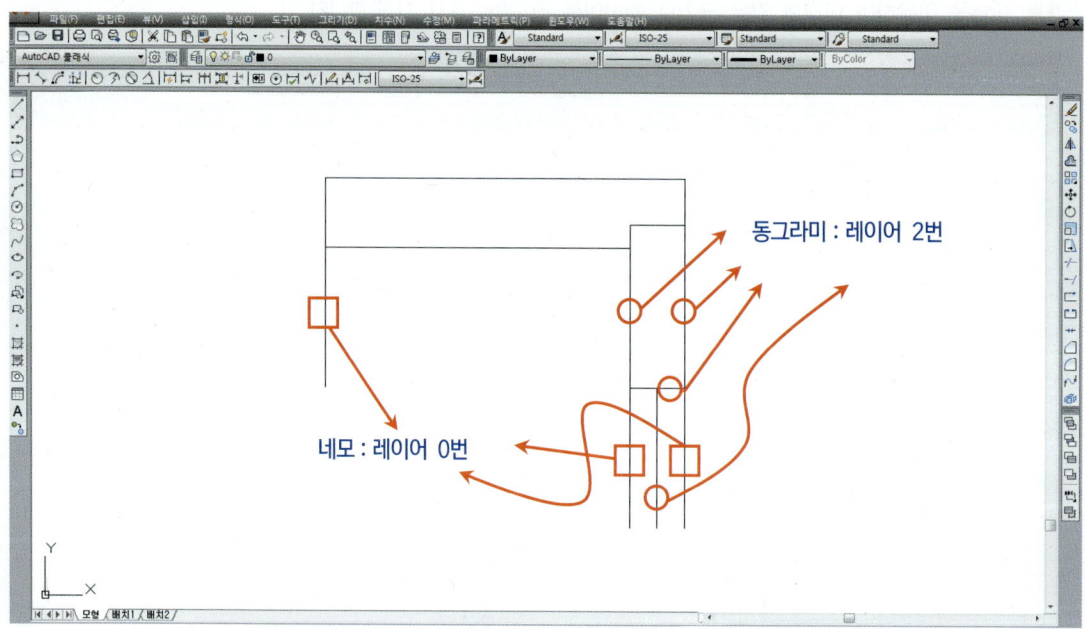

※ 각 레이어 변환의 이해는 창단면상세도의 3D CAD도면을 참고하기 바랍니다.

21_ line을 이용하여 문틀 끝에 임의의 수평 line(hidden 선)을 긋고 offset을 이용하여 문 전체 높이 2100의 반 만큼인 1050의 간격을 띕니다.

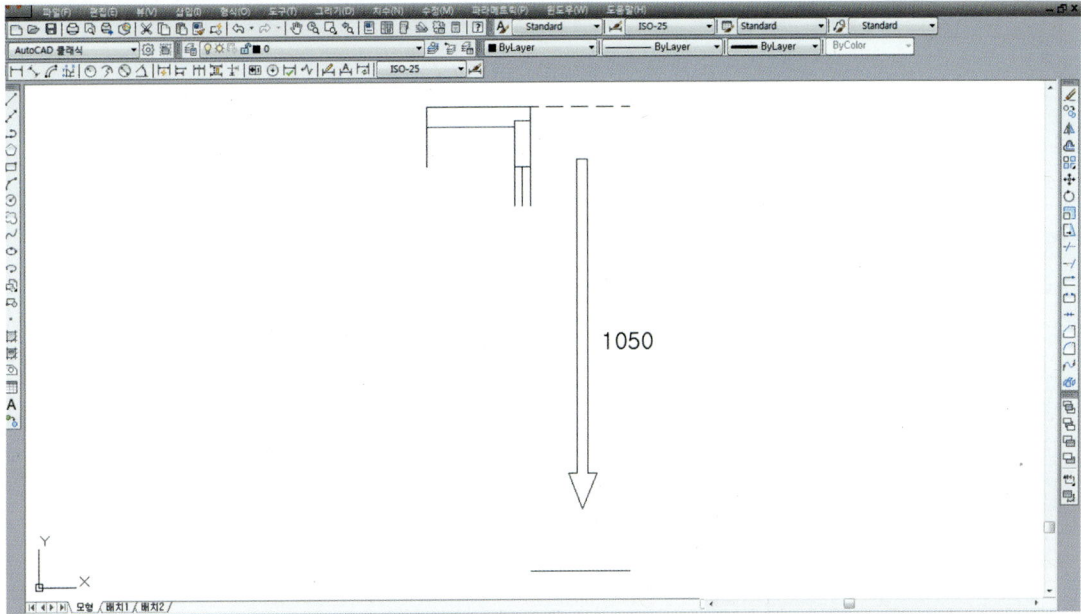

22_ extend를 이용하여 기준선까지 연장(동그라미 부분)한 뒤 erase를 이용하여 기준 line(hidden 선)을 지웁니다.

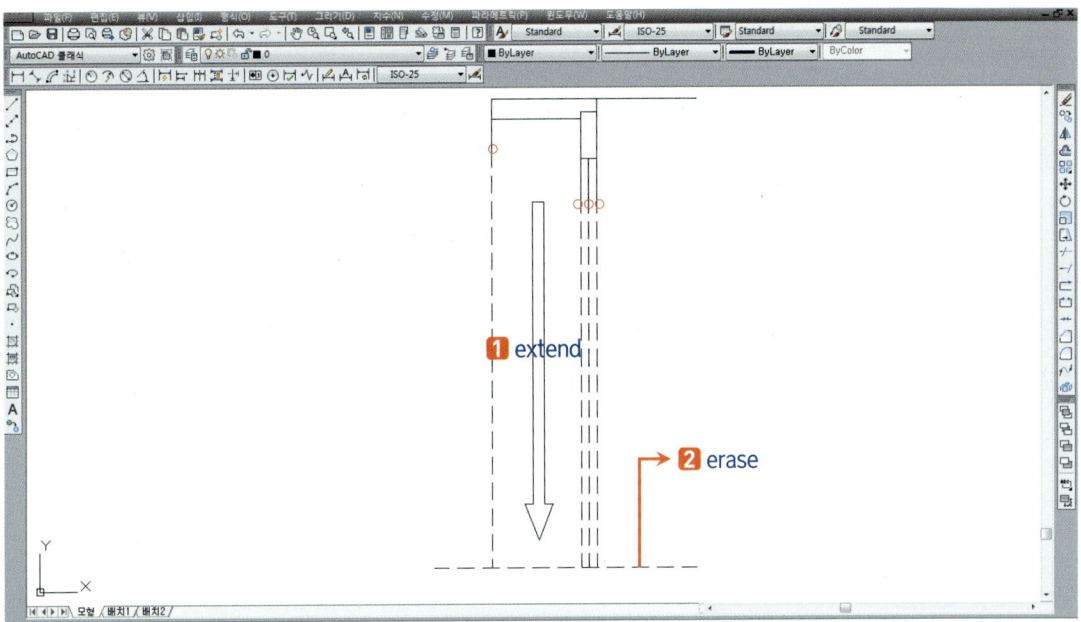

※ 1050의 간격을 띈 line이 짧으므로 grip box를 이용하여 stretch한 후 extend합니다.

23_mirror를 이용하여 문을 선택(빨간색 hidden 선)한 뒤 아래부분으로 대칭합니다.

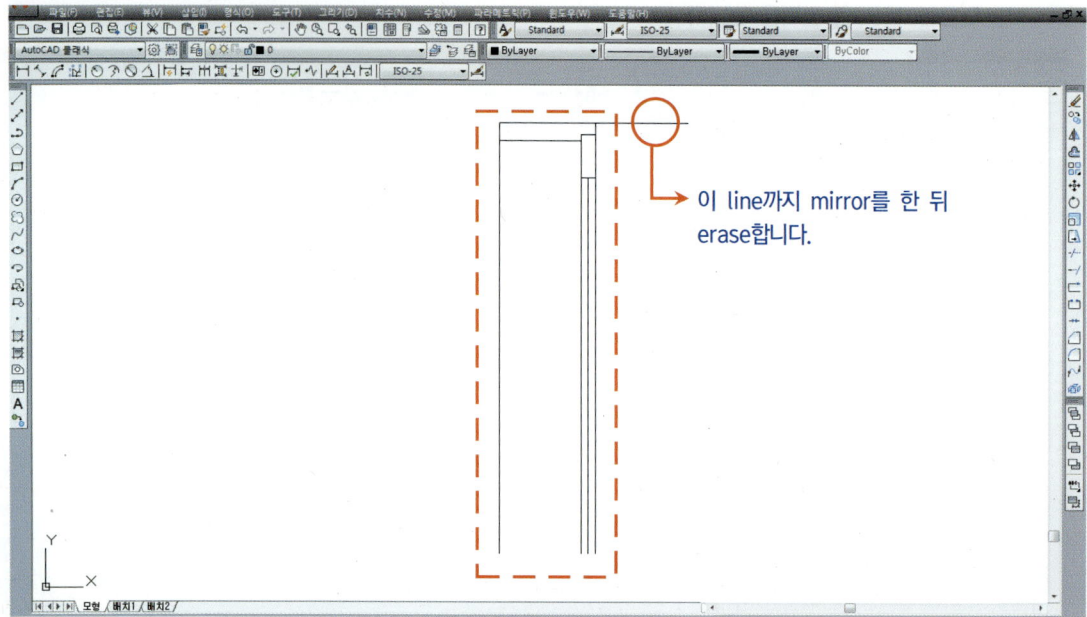

24_offset을 이용 (hidden 선)하여 중간막이 높이 900간격을 띄고 stretch를 이용하여 밑막이를 30만큼 위로 올려 최종 밑막이 높이를 120으로 한 뒤 erase를 이용하여 offset 기준선을 지웁니다.

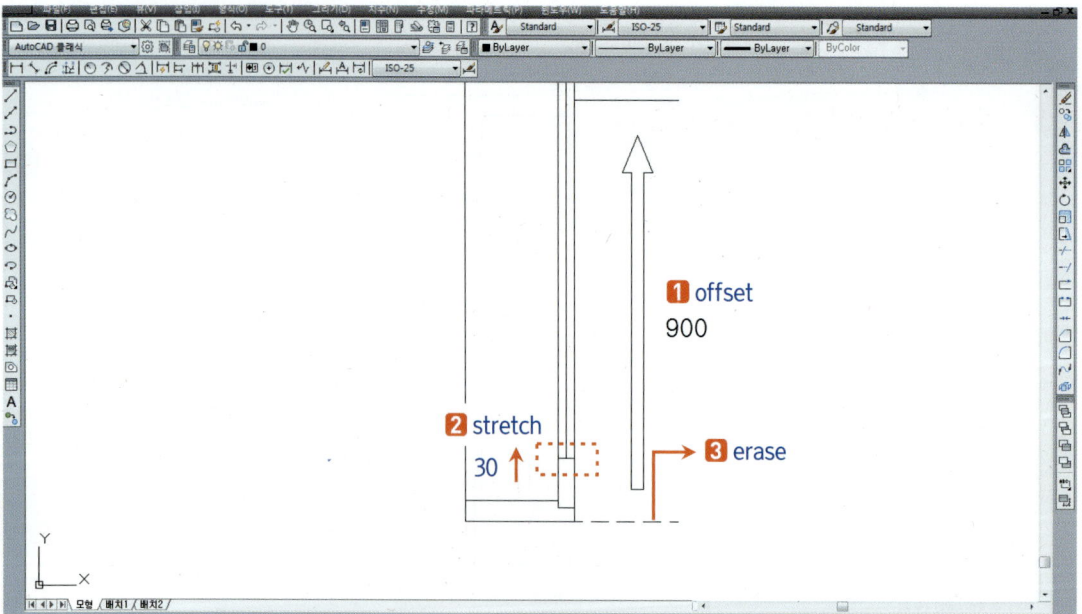

25_ move를 이용하여 line(hidden 선)을 임의의 위치로 이동한 뒤 offset을 이용하여 상하 45씩 간격을 띄어 중간막이 기준을 완성하고 erase를 이용하여 line(hidden 선)을 지웁니다.

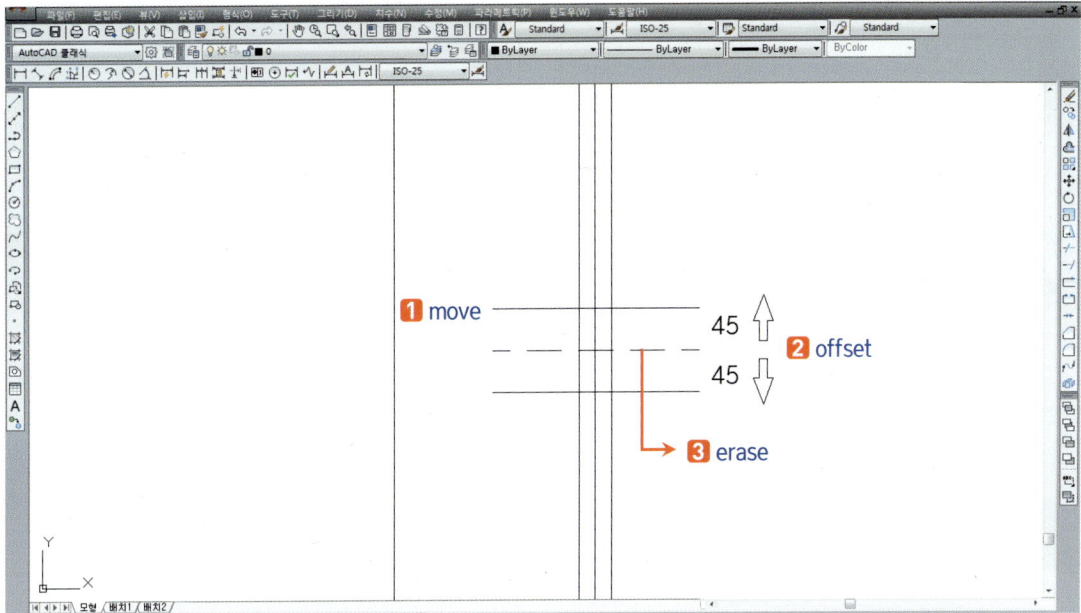

26_ trim을 이용하여 중간막이 사이에 있는 line을 잘라(hidden 선 내부 ✕ 표시한 곳)내고 기준이 됐던 line을 erase합니다.

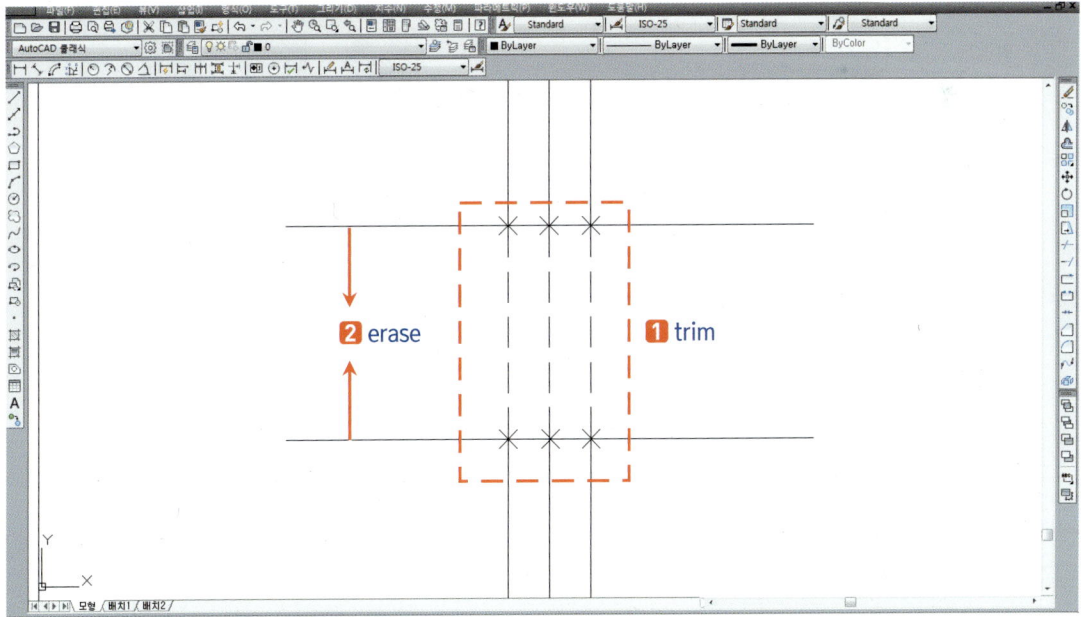

27_ rectangle을 이용하여 아래 그림과 같이 중간막이를 만들고 도면층 2로 합니다.

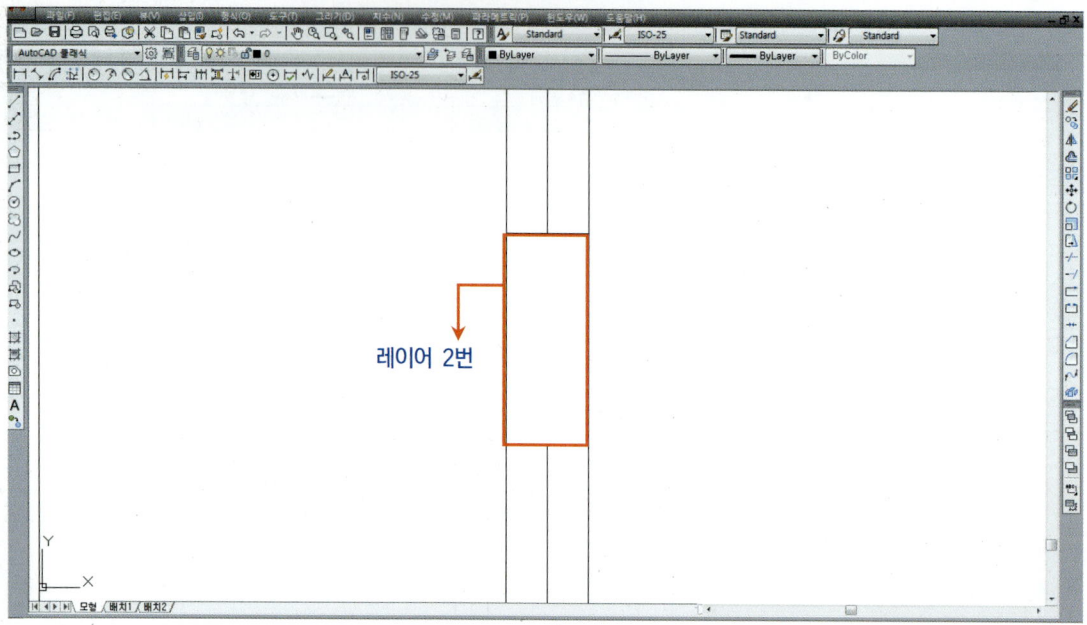

28_ hatch에서 아래와 같이 설정 후 목재 문에 해치를 합니다.

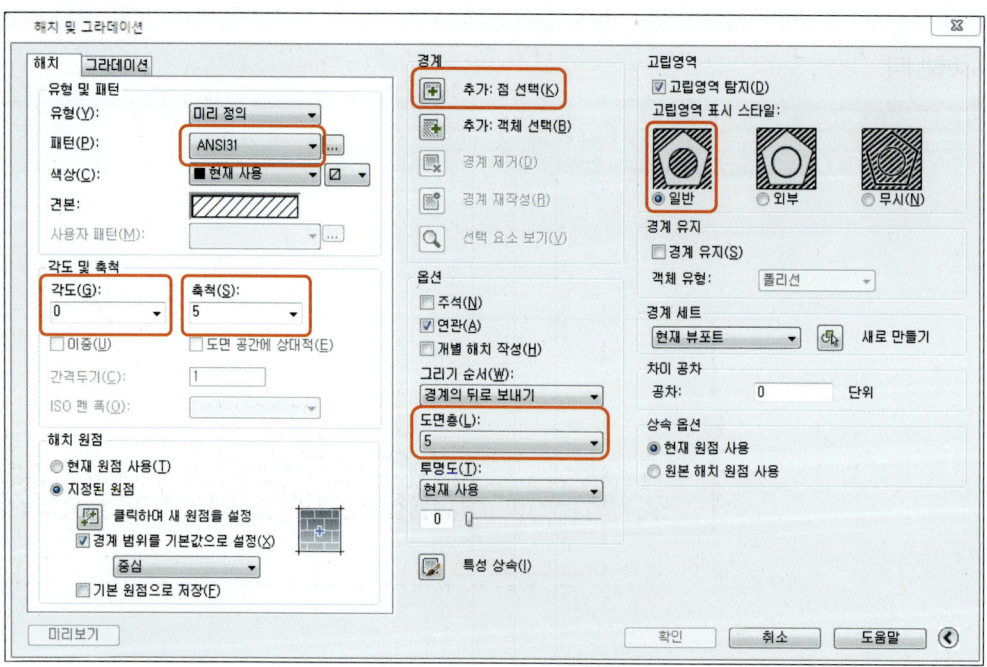

29_ 아래와 같이 해치가 완성됩니다.

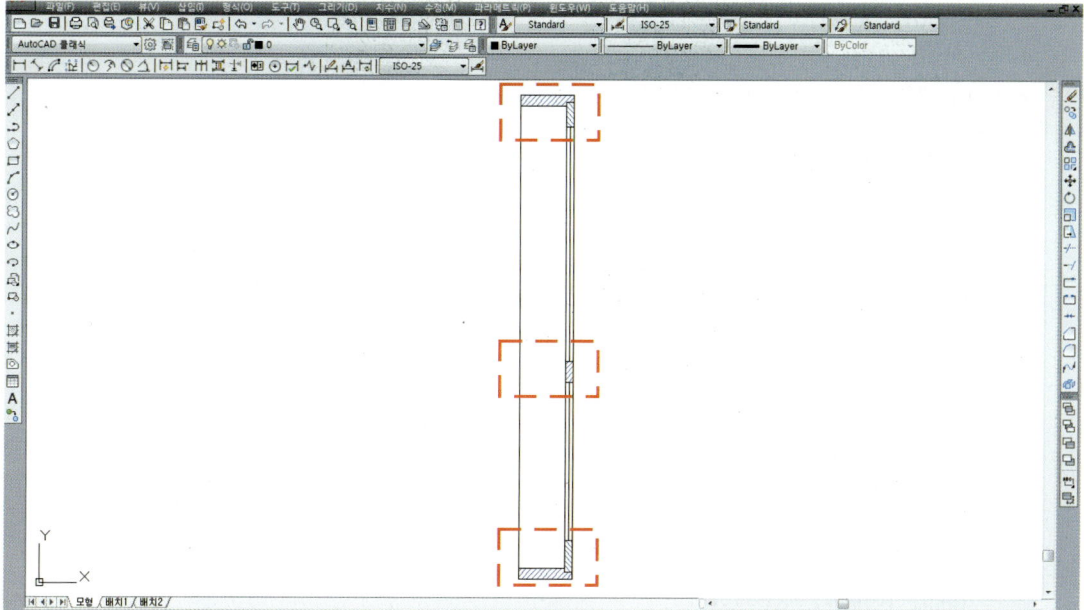

30_ 손잡이를 작도하고 move와 mirror를 이용하여 양쪽이 배치합니다.

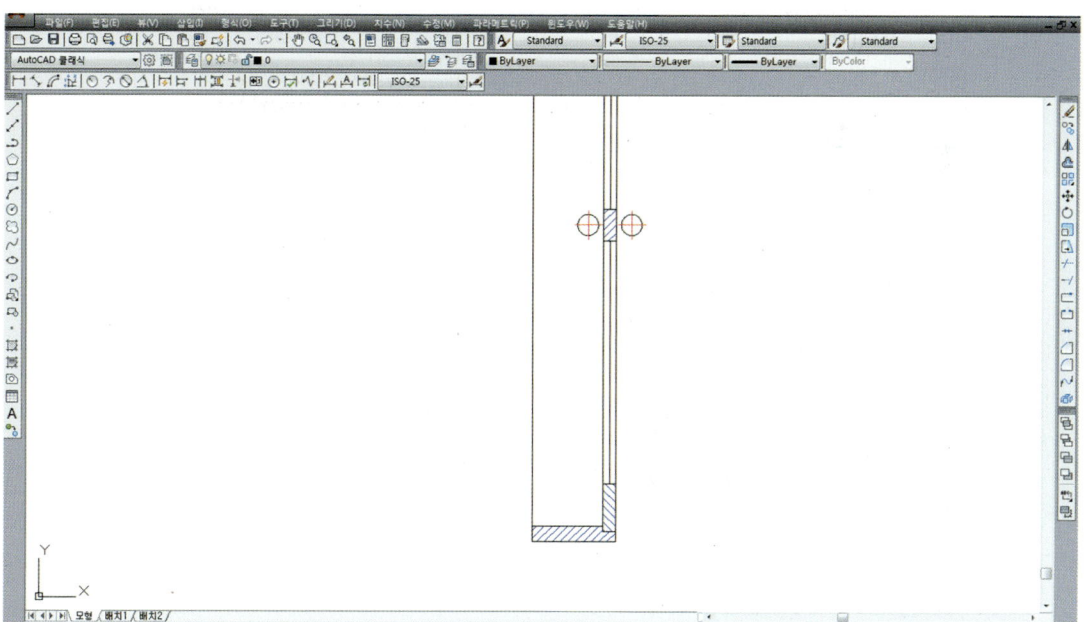

※ 문 손잡이 작도방법은 14_와 15_를 참고하시기 바랍니다.

9 문입단면상세도 - 2(현관 문)

1_ mvsetup에서 도면척도를 20으로 맞추고 용지크기를 A4로 만듭니다.

```
명령  MVSETUP ↵
      도면공간을 사용가능하게 합니까? [아니오(N)/예(Y)] : n ↵
      단위 유형 입력 [공학(S)/십진(D)/엔지니어링(E)/건축(A)/미터법(M)] : m ↵
      미터 축척
      (5000)  1 : 5000
      (2000)  1 : 2000
      (1000)  1 : 1000
      (500)   1 : 500
      (200)   1 : 200
      (100)   1 : 100
      (75)    1 : 75
      (50)    1 : 50
      (20)    1 : 20
      (10)    1 : 10
      (5)     1 : 5
      (1)     전체
      축척 비율 입력 : 20 ↵
      용지 폭 입력 : 283 ↵
      용지 높이 입력 : 196 ↵
```

2_layer에서 다음과 같이 도면층을 만듭니다.

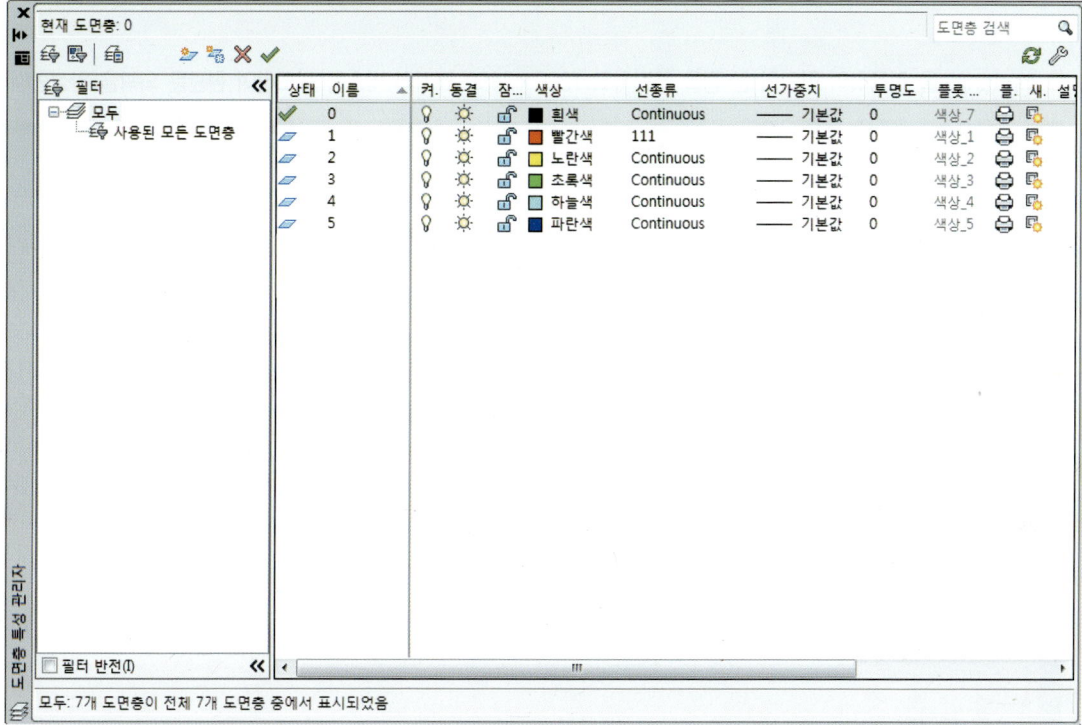

현관 문 입단면 그리기

3_ rectangle을 이용하여 임의의 한 점을 클릭하고 1200×2450 크기의 박스를 작도하여 현관문 외곽을 완성합니다.

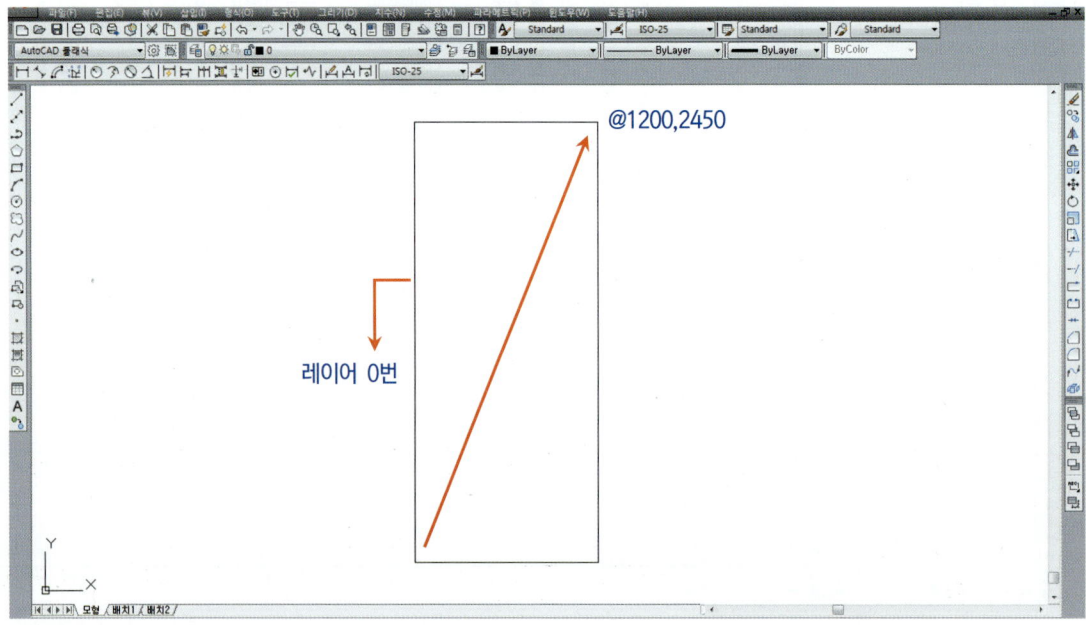

※ 현관문의 크기는 매우 다양하여 그 중 하나를 임의로 정하여 작도하였고, lts를 이용하여 척도 20을 줍니다.

4_ offset을 이용하여 박스 내부로 36만큼 간격(hidden 선)을 띄어 현관문틀을 완성합니다.

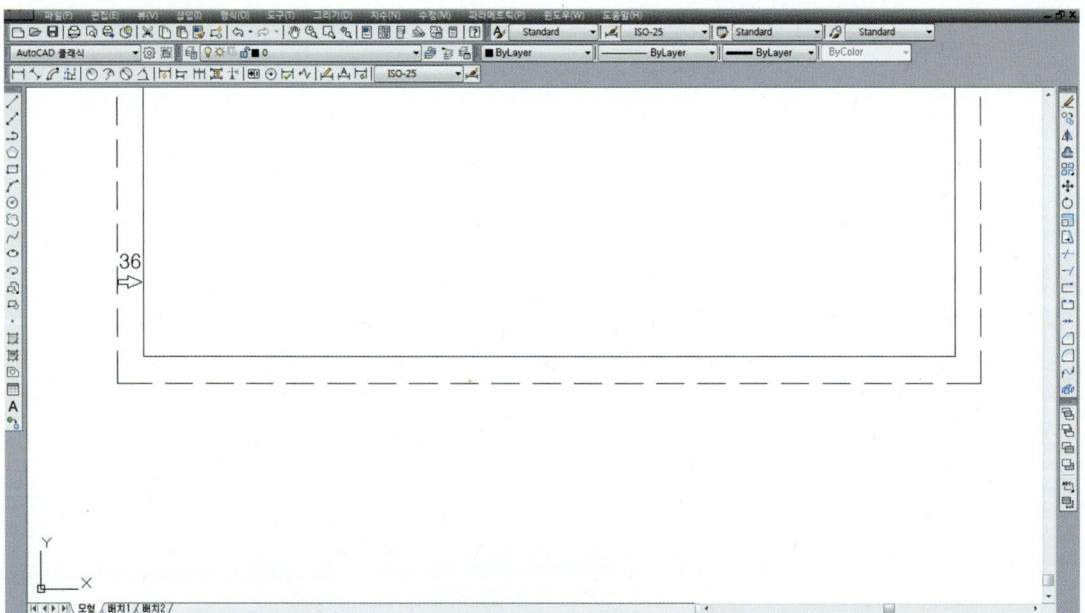

5_ offset을 이용하여 박스 내부로 120만큼 간격(hidden 선)을 띄어 윗막이, 세로선대, 밑막이를 완성합니다.

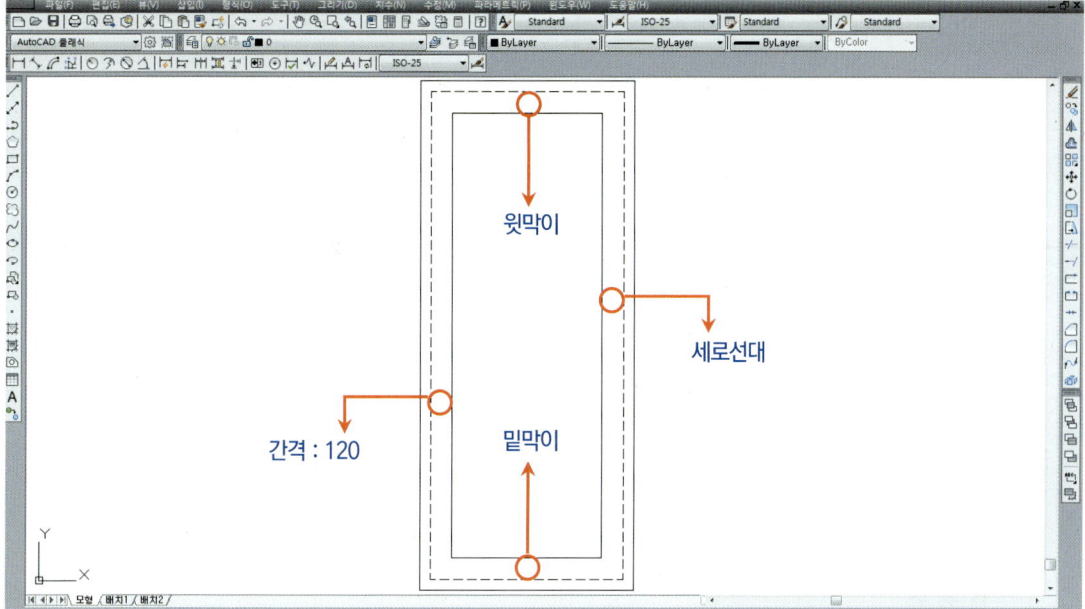

6_ explode를 이용하여 외곽 line과 내부 line(hidden 선)을 분해한 뒤 erase를 이용하여 내부 밑틀 line을 지웁니다.

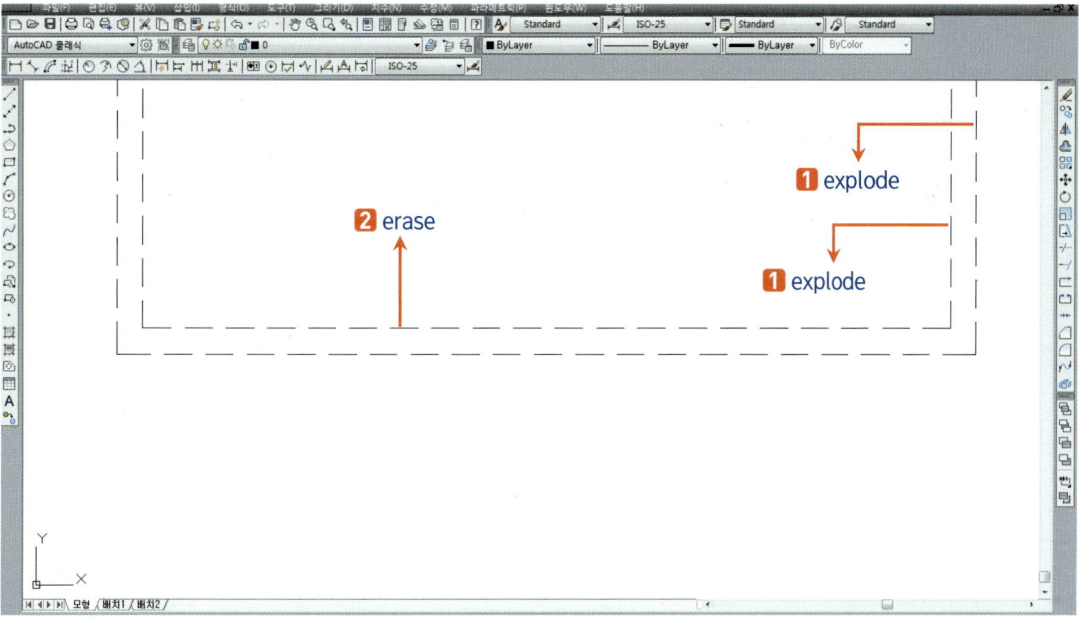

7_extend를 이용하여 아래쪽 line(hidden 선)까지 연장을 합니다.

※ explode를 하고 밑틀을 없앤 이유는 현관문과 같이 외부로 통하는 문에는 밑틀이 없기 때문입니다. 물론 내부 문에도 밑틀이 없는 경우도 많아 수험생이 목재 문을 작도할 때 밑틀을 없애고 해도 무방합니다.

8_offset을 이용(hidden 선)하여 300만큼 아래로, 36만큼 위로 띄어 고정창의 기준을 만듭니다.

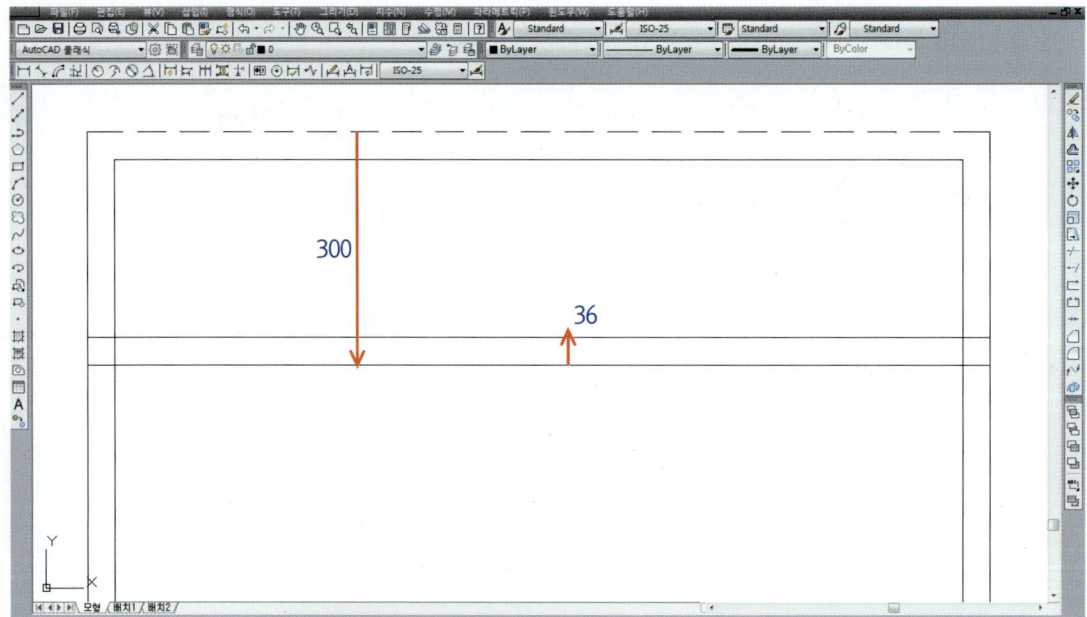

※ 고정창 크기는 매우 다양하여 그 중 하나를 선택하여 작도하였습니다.

9_trim을 이용하여 고정창과 현관문 사이의 line(빨간색 선)을 잘라냅니다.

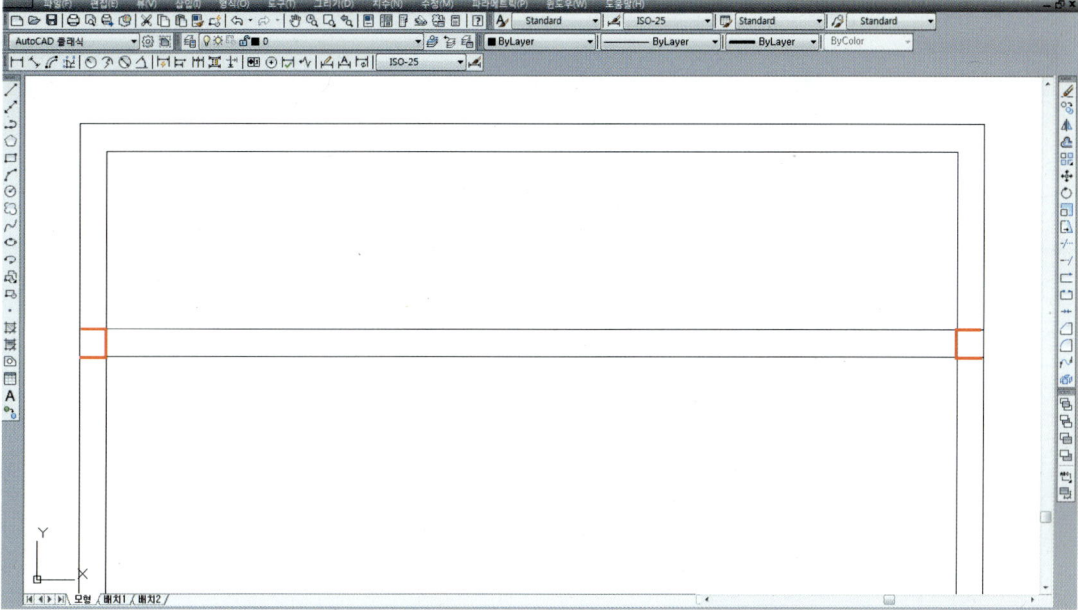

10_rectangle을 이용하여 아래와 같이 박스(hidden 선)를 작도합니다.

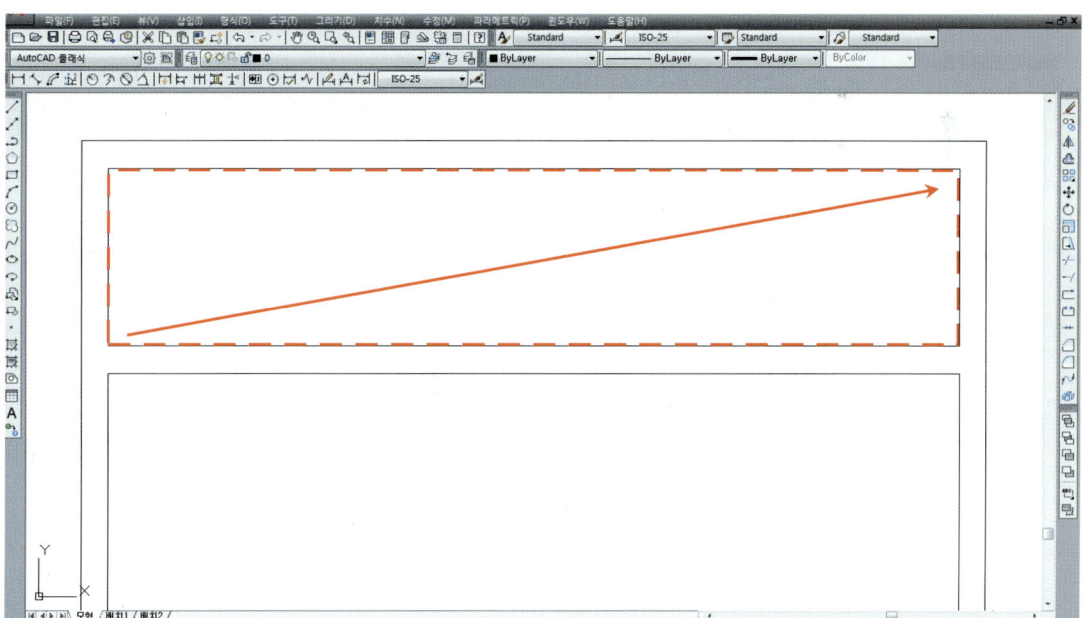

11_ offset을 이용하여 60만큼 간격을 띄어 고정창의 윗막이, 세로선대, 밑막이를 만들고 20만큼 간격을 띄어 쫄대를 만든 뒤 도면층 5로 바꾸고 처음에 그렸던 외곽 rectangle은 지웁니다.

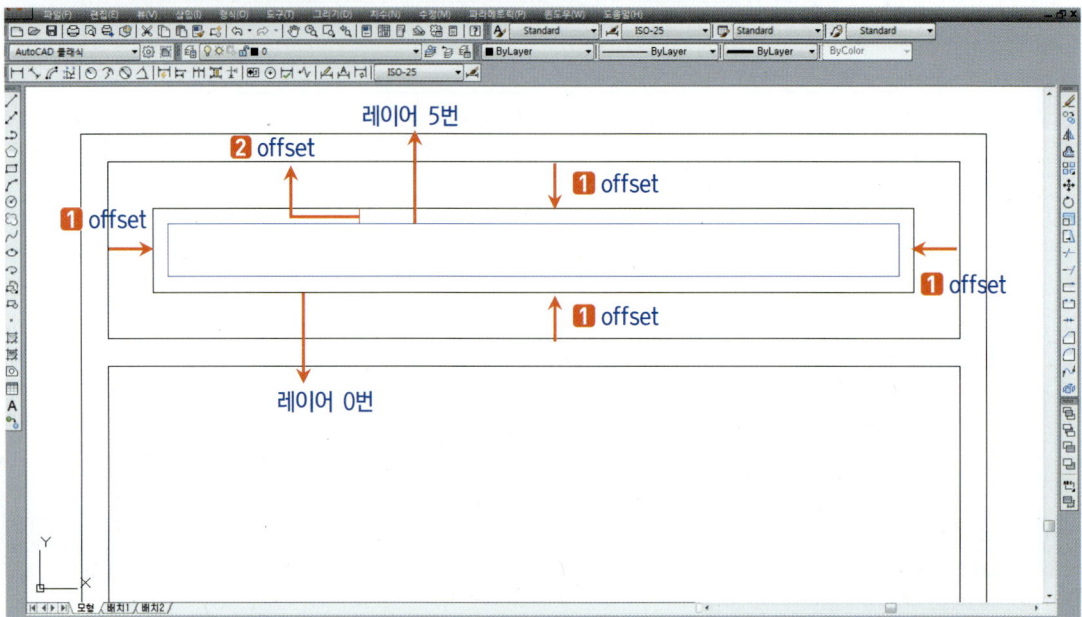

12_ offset을 이용(hidden 선)하여 측면 고정창의 기준을 만듭니다.

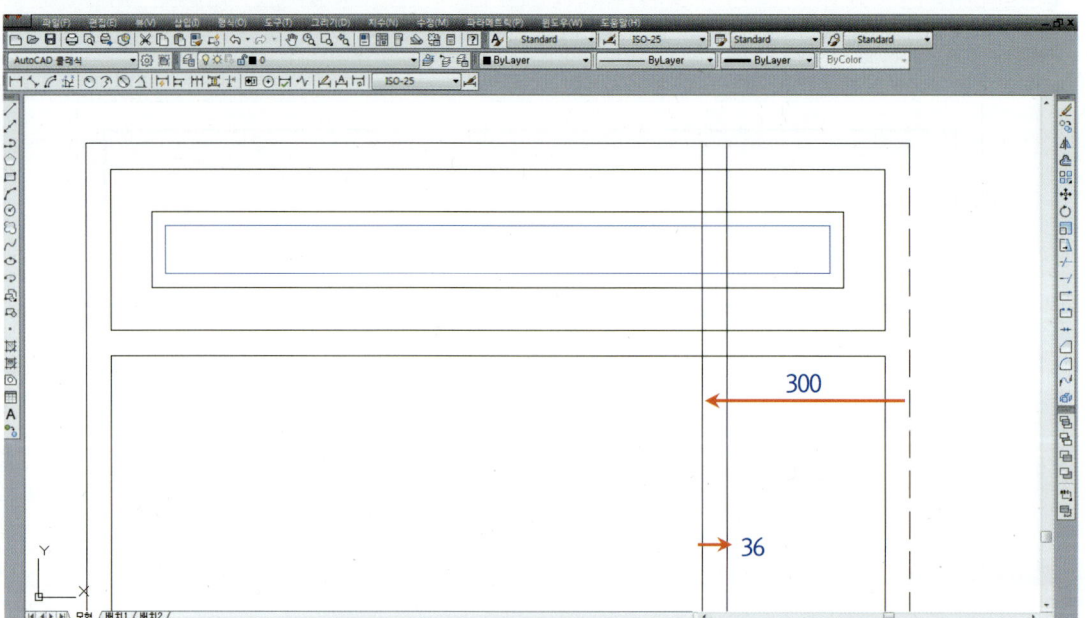

13_ trim을 이용하여 고정창과 현관문 사이의 line(빨간색 선)을 잘라냅니다.

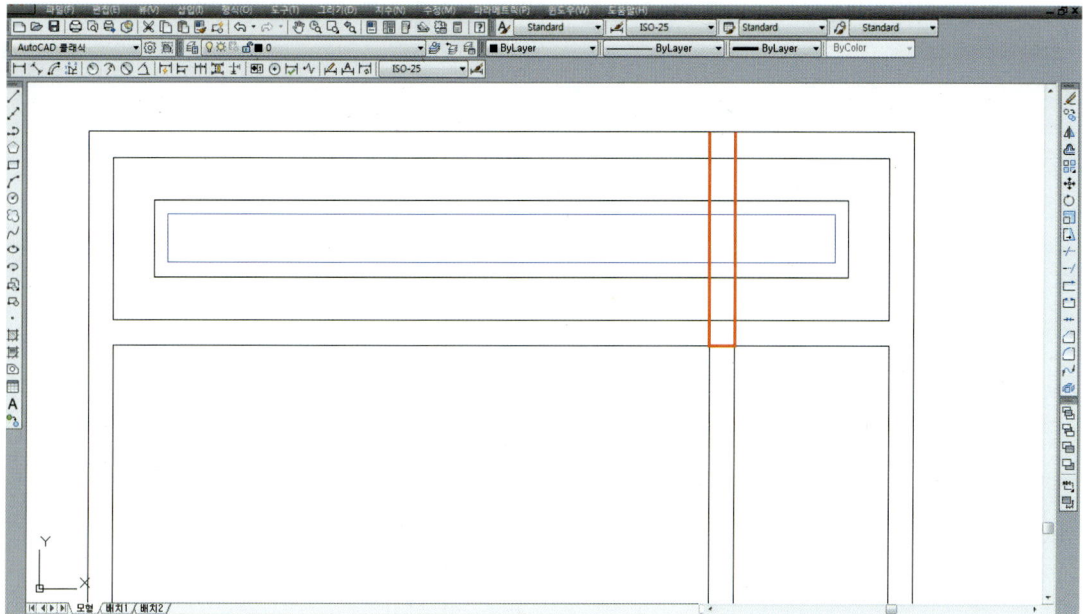

14_ rectangle을 이용하여 아래와 같이 박스(hidden 선)를 작도합니다.

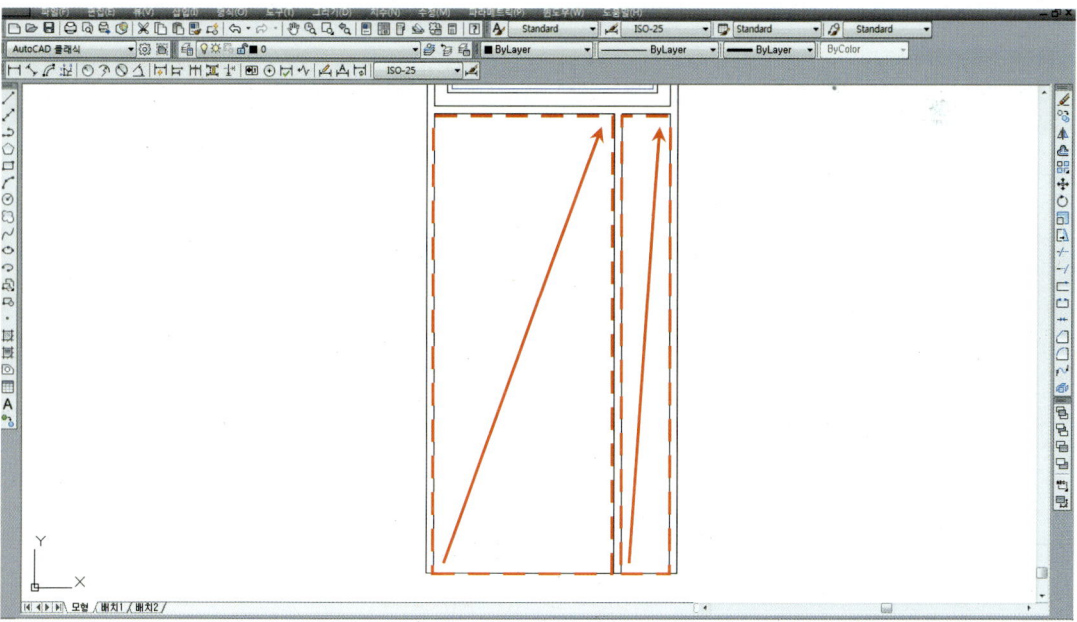

15_offset을 이용하여 120 간격(hidden 선)을 띄어 현관문의 윗막이, 세로선대, 밑막이를 만들고 stretch를 이용하여 밑막이(빨간색 hidden 선)를 30 위로 올려 밑막이 높이를 최종 150으로 합니다.

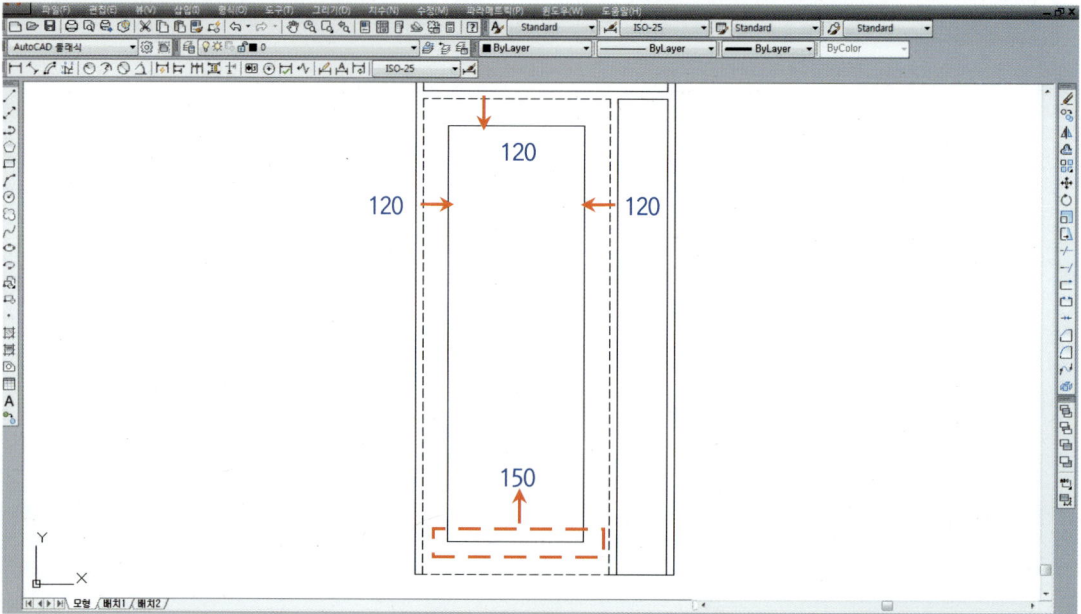

16_offset을 이용하여 60만큼의 간격(hidden 선)을 띄어 고정창의 윗막이, 세로선대, 밑막이를 만듭니다.

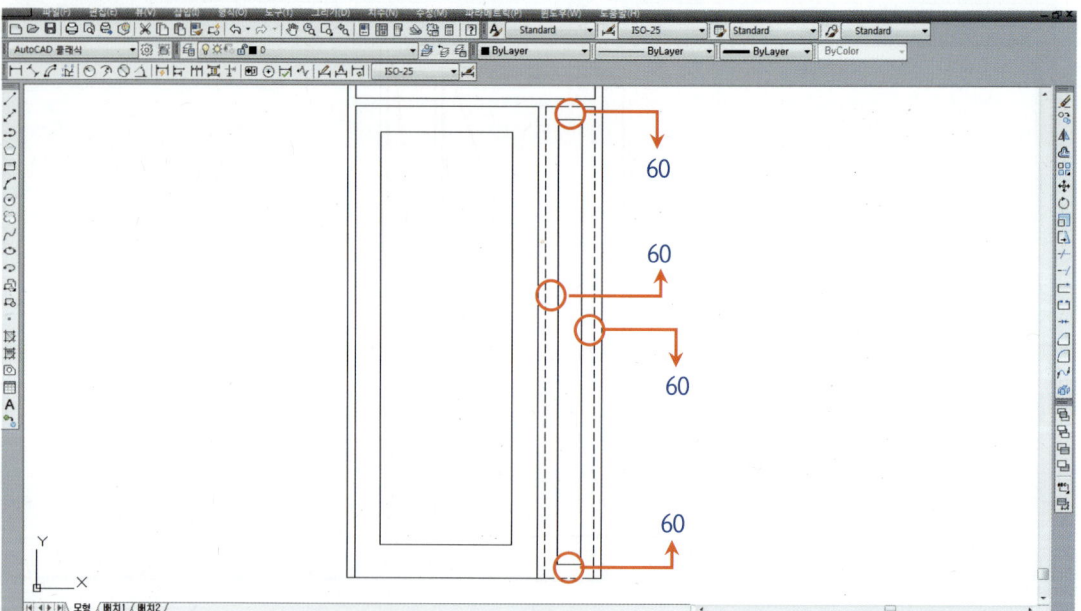

17_ stretch를 이용하여 고정창의 윗막이를 밑으로 60만큼 내려 최종 120을 만들고 밑막이를 90 위로 올려 밑막이 높이를 최종 150으로 합니다.

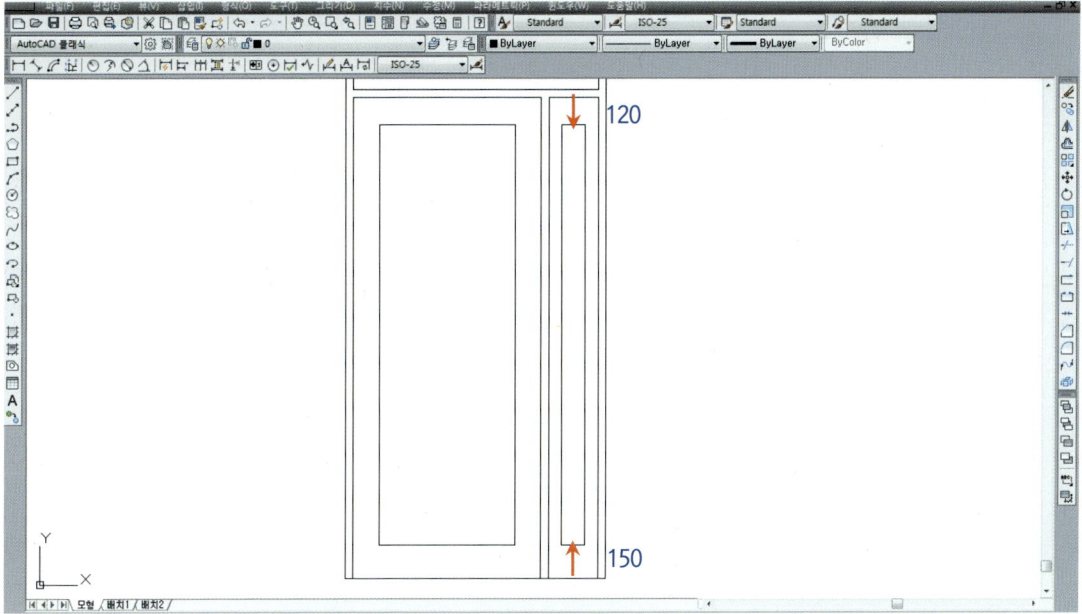

18_ offset을 이용하여 문의 제일 아래 line(hidden 선)을 900만큼 위로 옮겨 중간막이의 기준을 만듭니다.

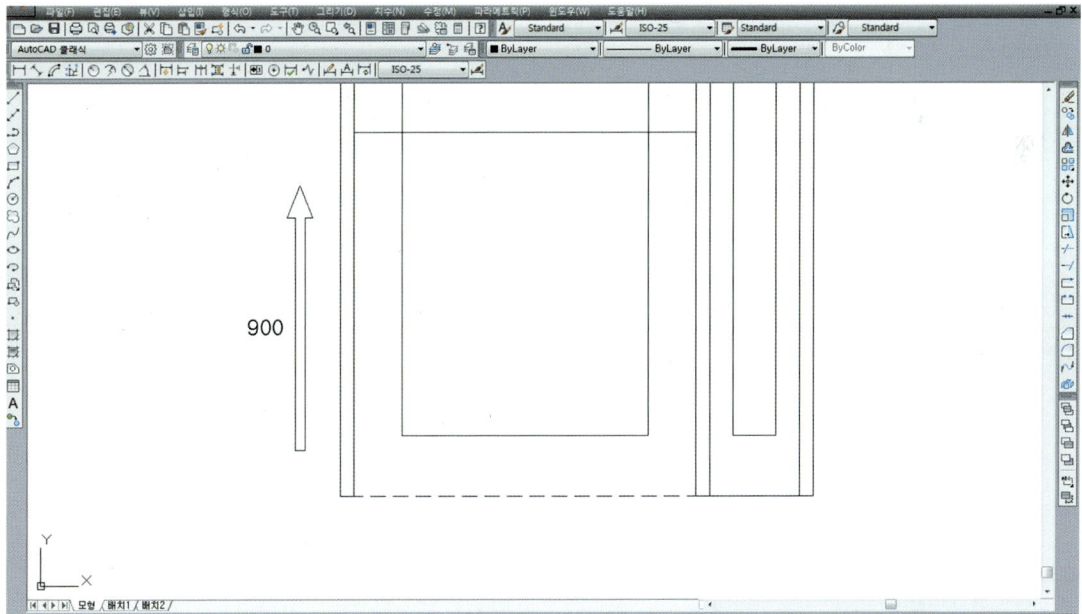

19_ 오른쪽 파란색 박스를 클릭하여 붉은색 박스로 색깔이 바뀌면 오른쪽 목재 문틀 바깥으로 stretch 합니다.

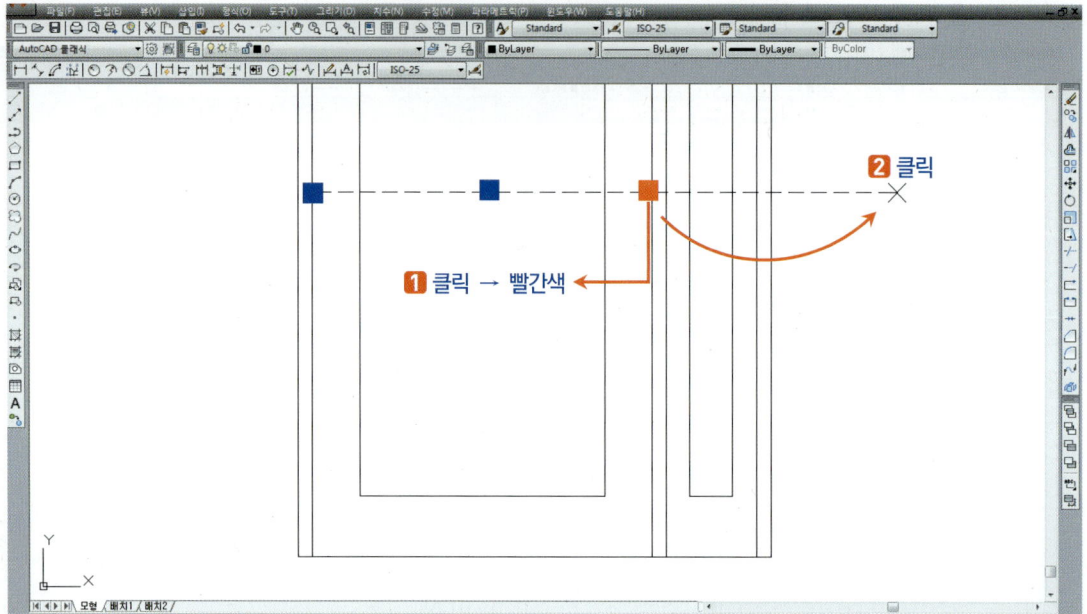

20_ offset을 이용하여 상하 60씩 간격을 띄어 중간막이 기준을 완성하고 erase를 이용하여 line(hidden 선)을 지웁니다.

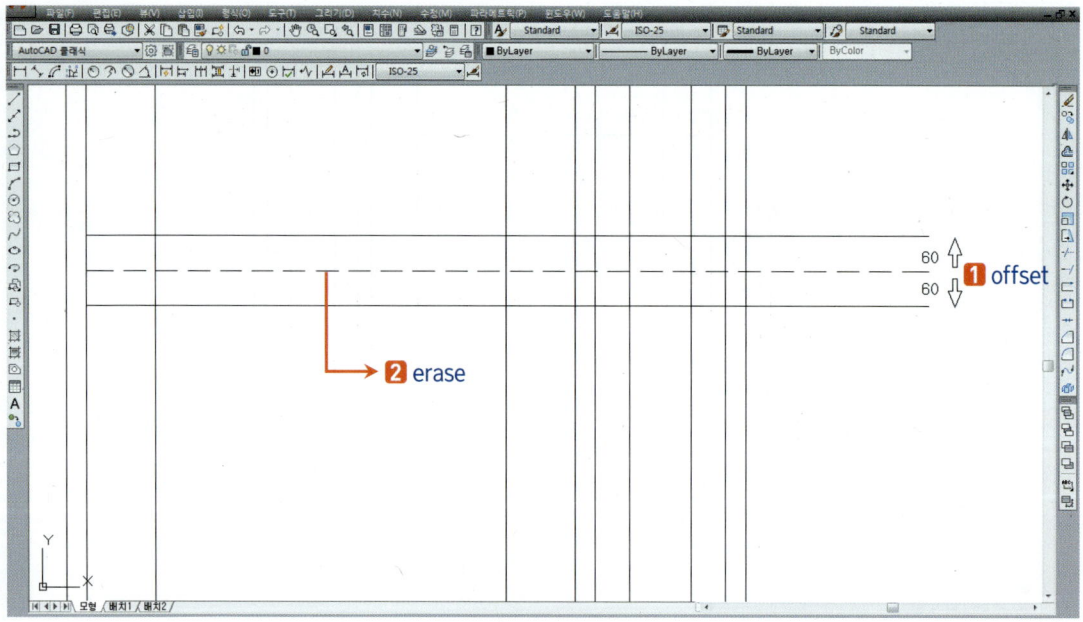

21_ rectangle을 이용하여 아래와 같이 박스(hidden 선)를 작도하고 erase를 이용하여 중간막이의 수평 line(파란색 원)과 중간막이 부근의 수직 rectangle(파란색 원)을 지웁니다.

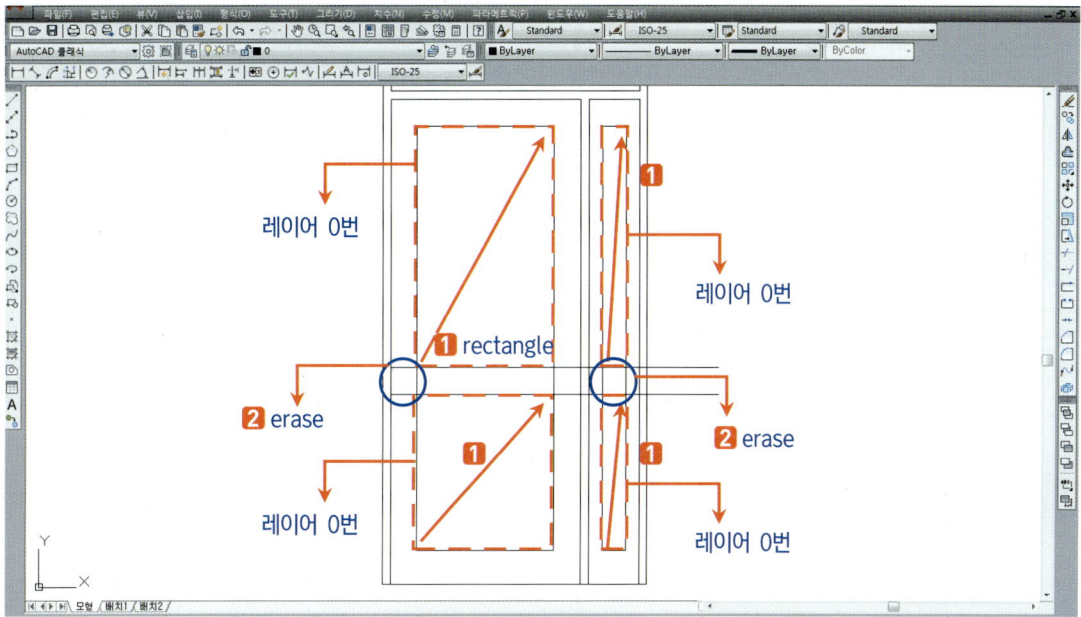

※ rectangle 및 erase의 방법은 문입단면상세도를 참고하시기 바랍니다.

22_ offset을 이용하여 20만큼 내부로 간격을 띄어 쫄대를 만들고 도면층 5로 바꿉니다.

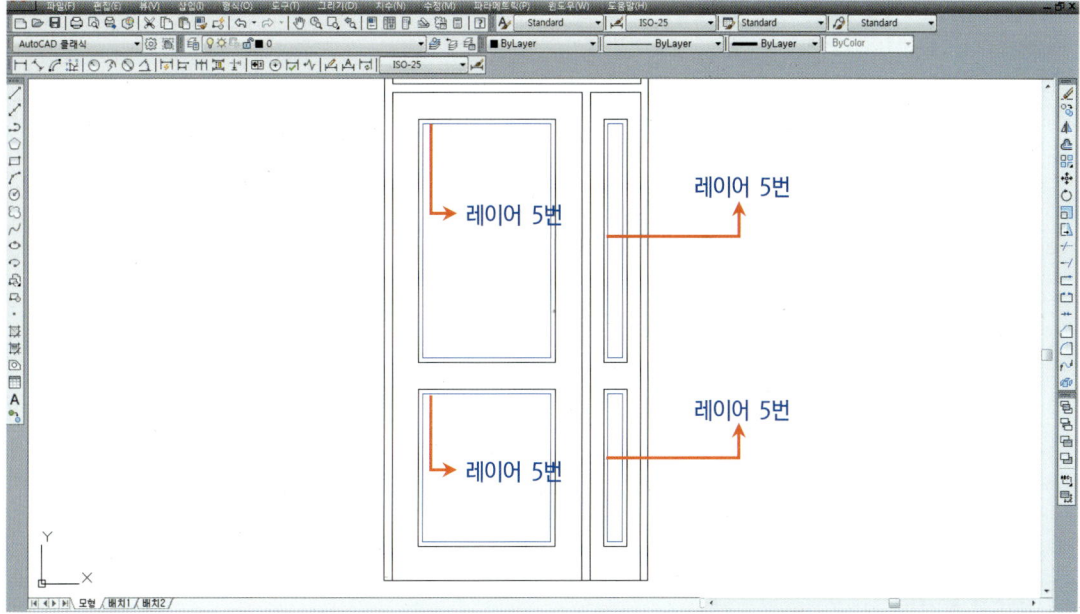

23_ rectangle을 이용하여 아래와 같이 손잡이를 만들고 trim을 이용하여 손잡이 내부를 잘라(파란색 원)낸 후, line을 이용하여 문 열림 (동그라미 부분)방향을 긋고 도면층 1로 바꿉니다.

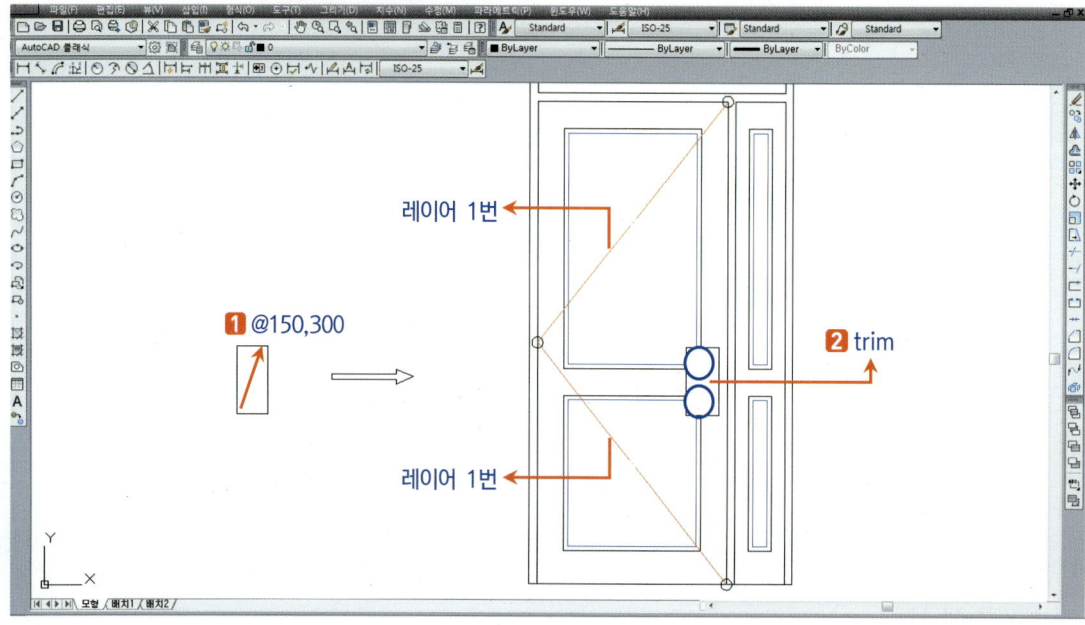

※ 손잡이 위치는 임의의 위치에 move합니다.

24_ rectangle을 이용하여 현관문틀을 아래와 같은 크기로 작도하고 도면층을 2로 합니다.

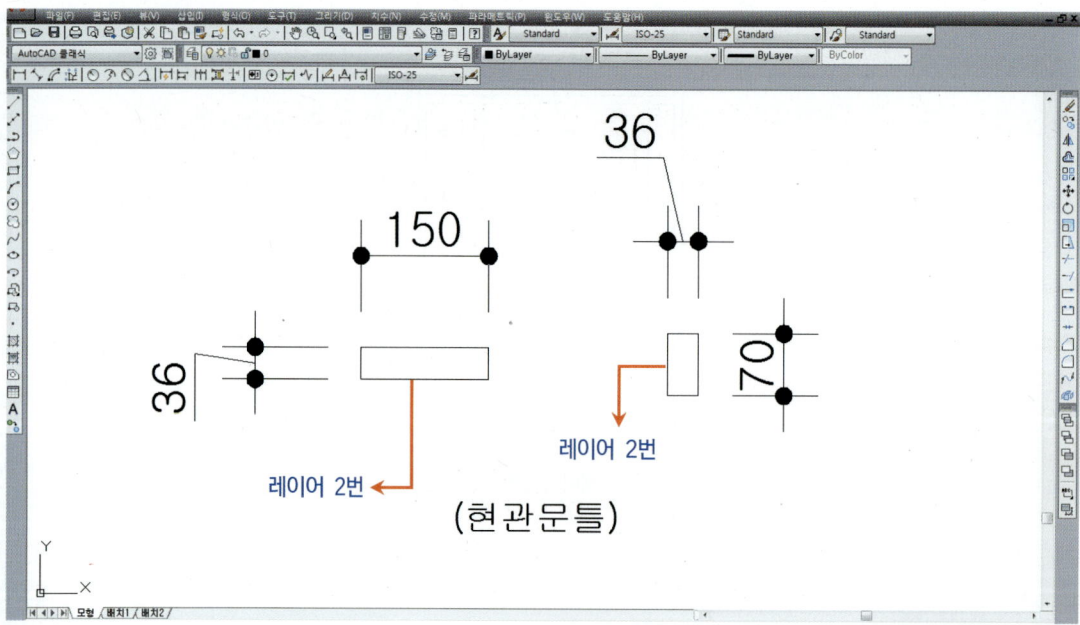

25_ move를 이용하여 아래와 같이 이동(hidden 선)시킨 후 다시 move를 이용하여 10만큼 위로 이동시킨 뒤 trim을 이용하여 틀 내부를 잘라(hidden 선)냅니다.

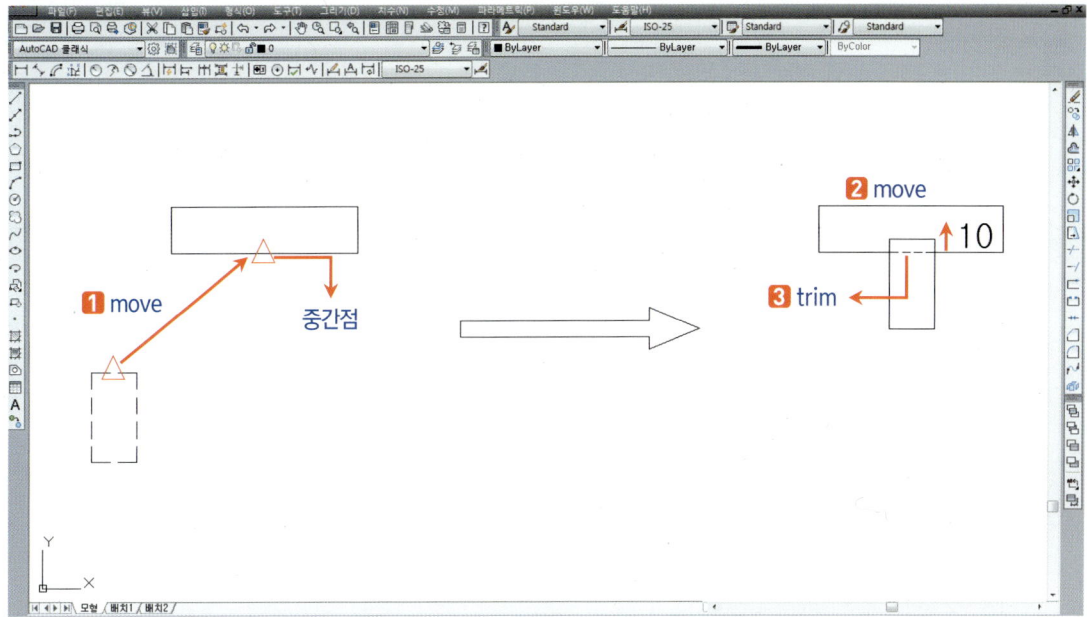

※ 고정창 윗막이, 밑막이의 높이는 60이지만 위 우측 그림처럼 10만큼 위로 올리기 때문에 높이를 70으로 합니다.

26_ line을 이용하여 임의의 길이로 아래와 같이 작도(hidden 선)하고 copy를 이용(hidden 선)하여 세로선대, 유리, 문틀부분(✕ 표시)까지 복사합니다.

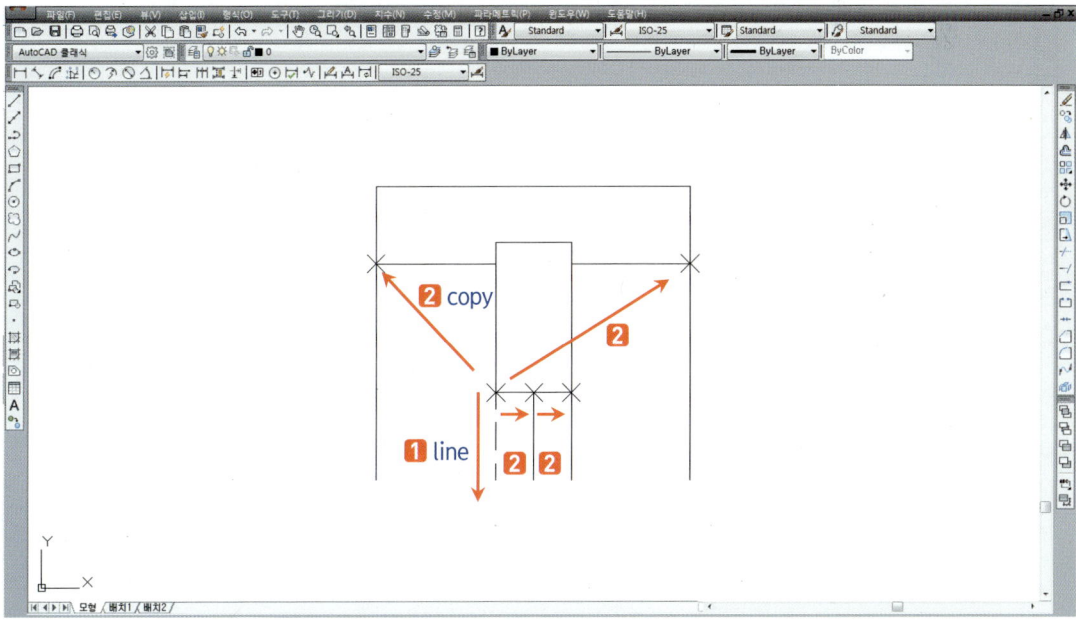

27_ 도면층을 아래와 같이 바꾸고 line을 이용하여 임의의 길이로 아래와 같이 작도합니다.

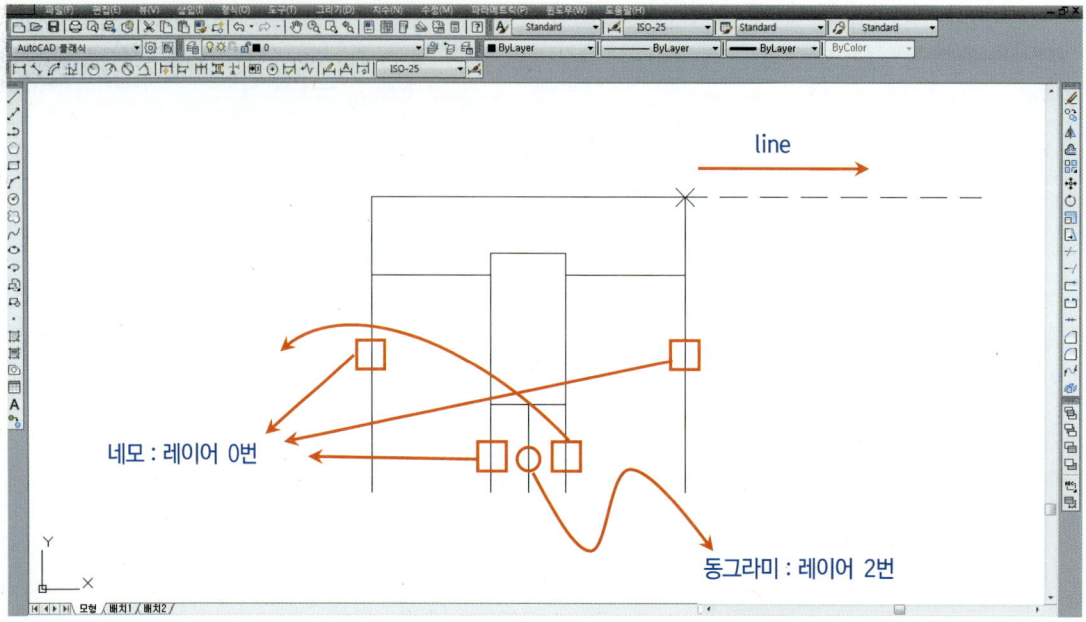

28_ offset을 이용하여 고정창 전체높이 300의 반 만큼인 150의 간격을 띄고 왼쪽 파란색 박스를 클릭하여 붉은색 박스로 색깔이 바뀌면 오른쪽 목재 문틀 바깥으로 stretch합니다.

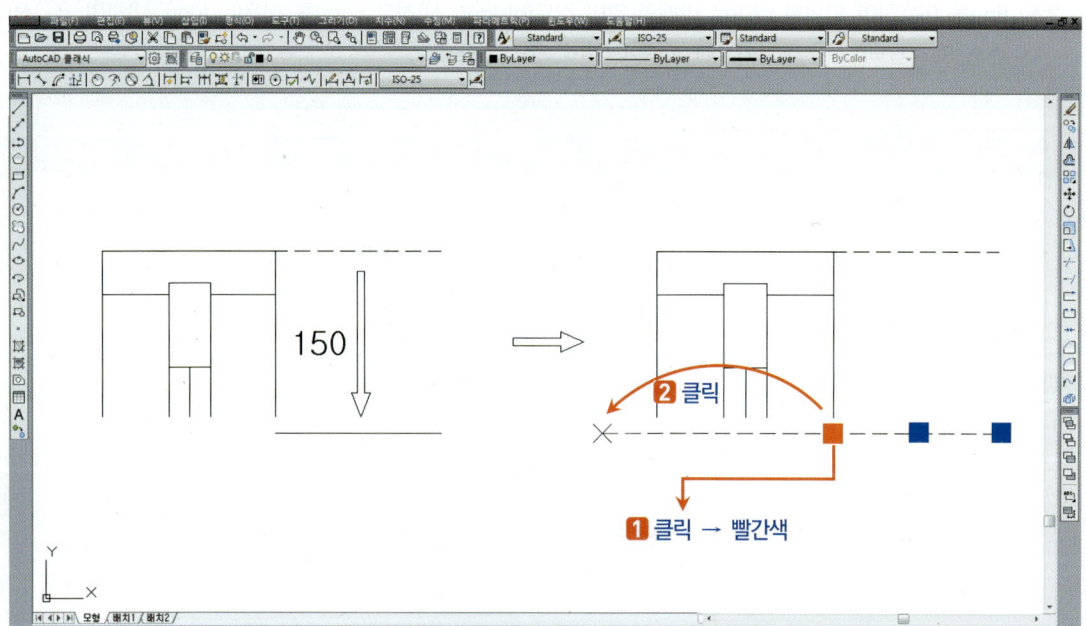

29_ extend를 이용하여 기준선까지 연장(동그라미 부분)한 뒤 erase를 이용하여 기준 line(hidden 선)을 지웁니다.

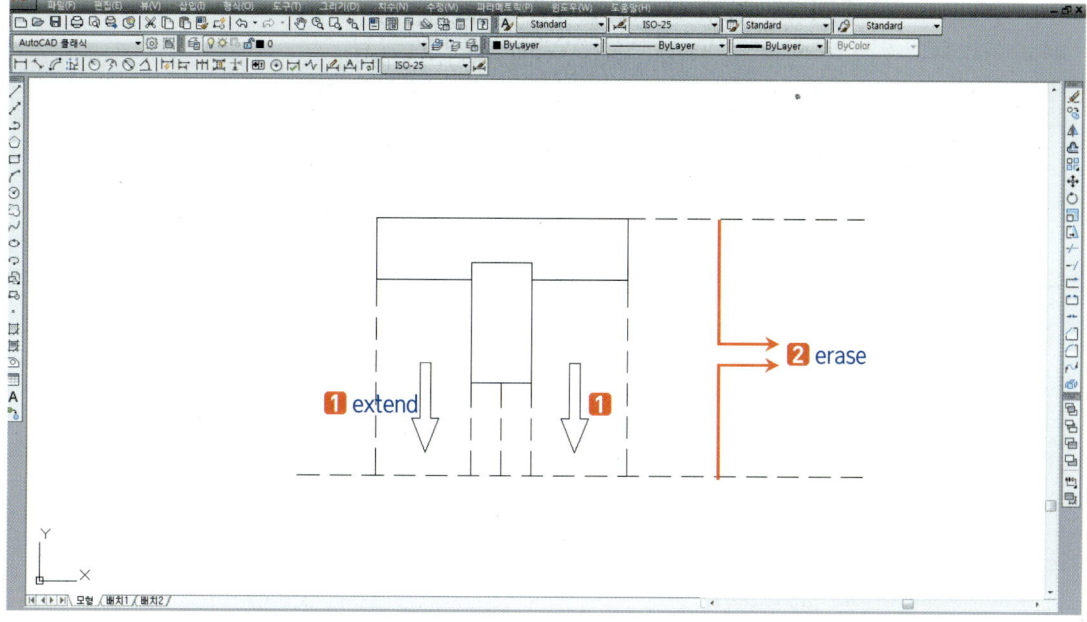

※ line을 길게 그렸을 경우에는 trim을 이용하여 자릅니다.

30_ mirror를 이용하여 고정창을 선택(hidden 선)하고 아래부분으로 대칭한 뒤 explode를 이용하여 밑틀을 분해합니다.

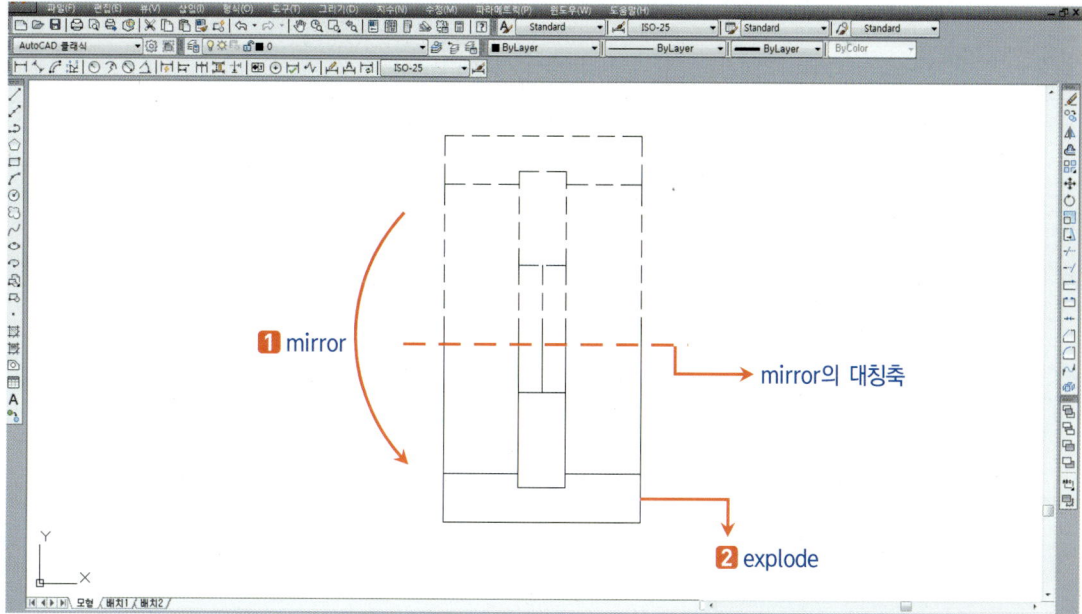

31_ offset을 이용하여 아래와 같은 크기로 간격을 띄어 윗틀이 들어갈 자리를 만들고 fillet을 이용하여 아래와 같이 모서리(동그라미 부분 클릭) (X 부분 클릭)를 편집합니다.

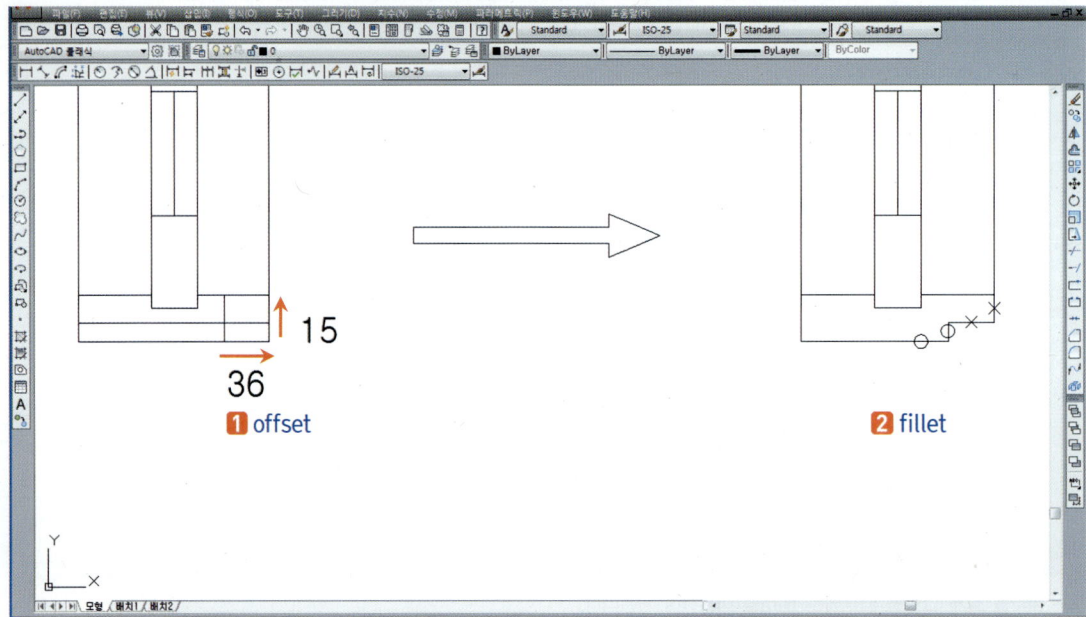

32_ line을 이용하여 아래와 같은 크기로 윗막이를 작도(X 표시 시작)합니다.

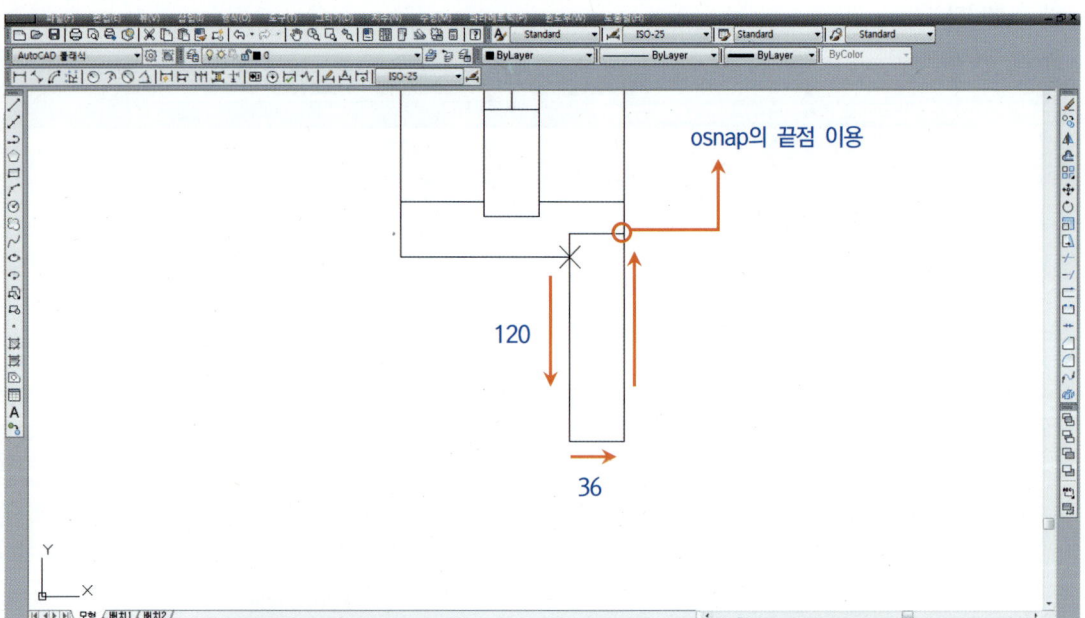

33_ copy를 이용(hidden 선)하여 세로선대, 합판, 문틀부분까지 복사합니다.

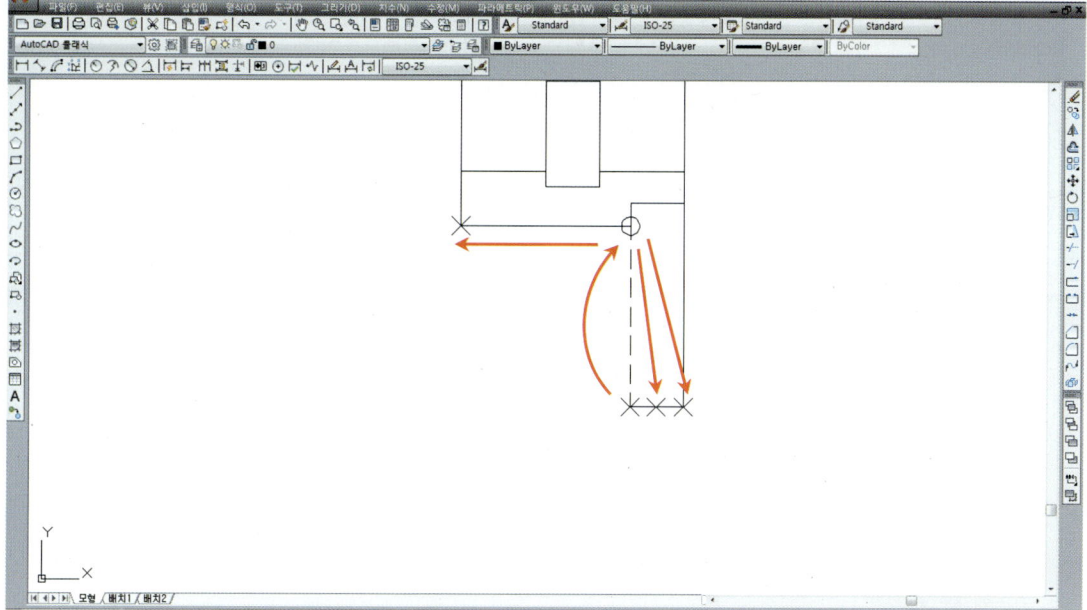

34_ 도면층을 아래와 같이 바꿉니다.

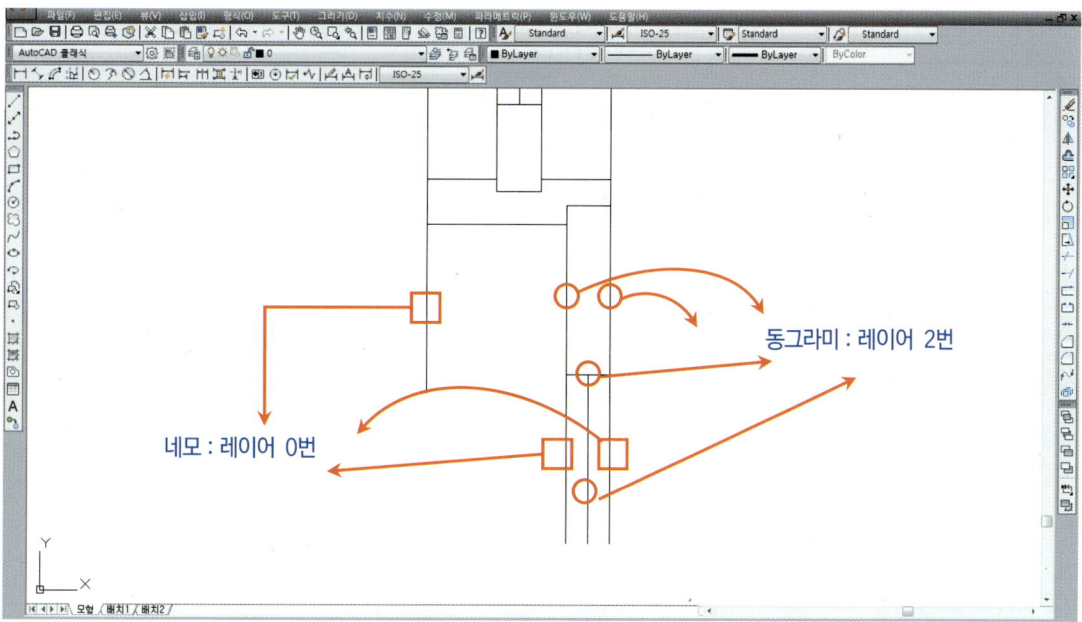

35_ offset을 이용하여 문 전체높이 2100의 반 만큼인 1050의 간격(hidden 선)을 띕니다.

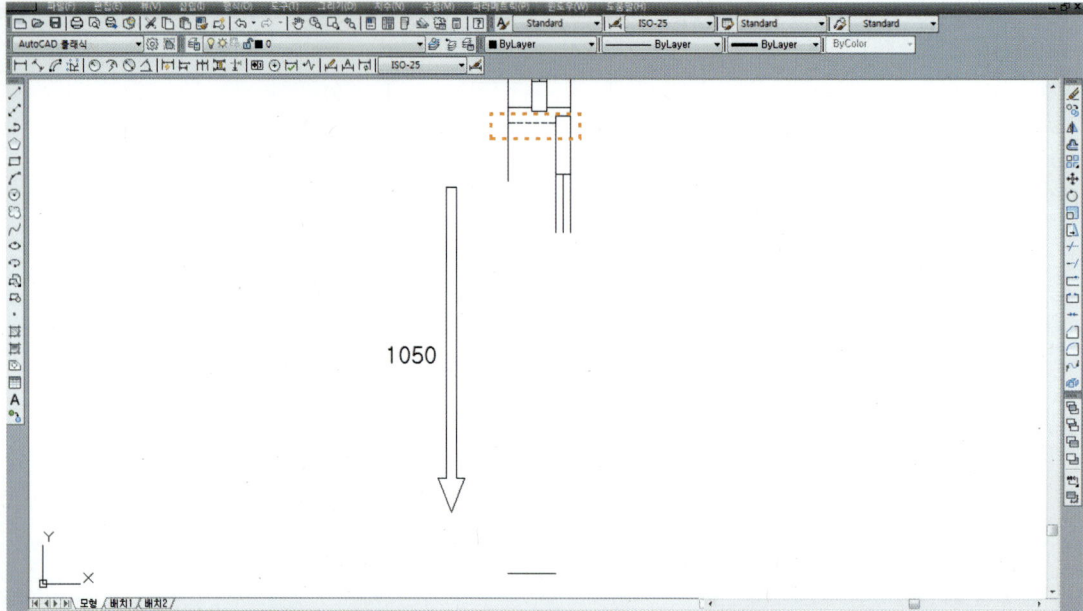

36_ extend를 이용하여 기준선까지 연장(동그라미 부분)한 뒤 erase를 이용하여 기준 line(hidden 선)을 지웁니다.

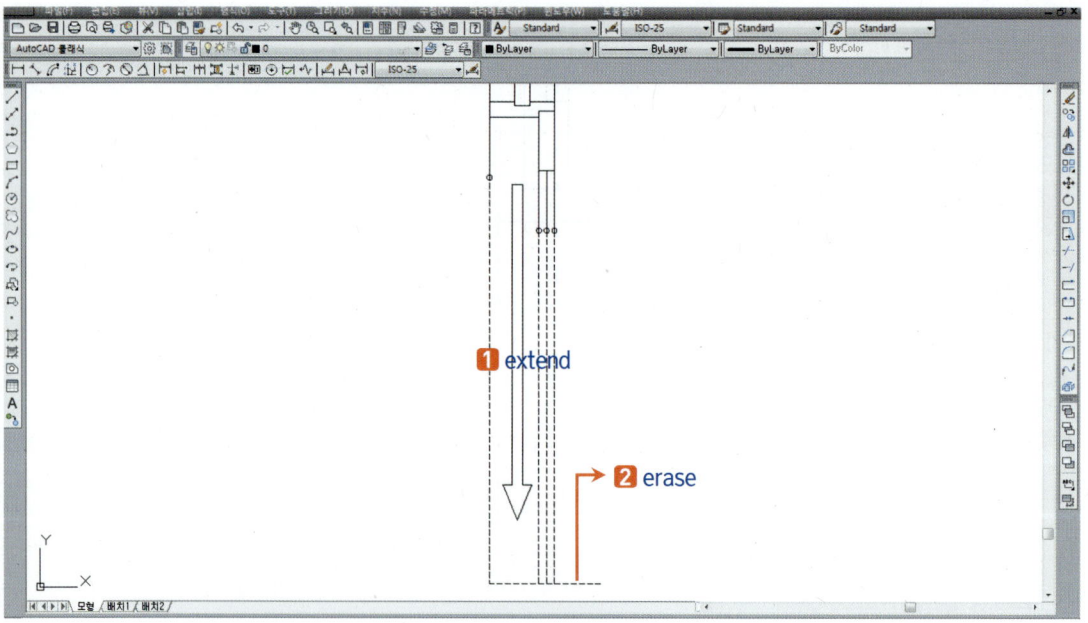

※ 1050의 간격을 띈 line이 짧으므로 grip box를 이용하여 stretch한 후 extend합니다.

37_ mirror를 이용하여 문을 선택(빨간색 hidden 선)한 뒤 아래부분으로 대칭합니다.

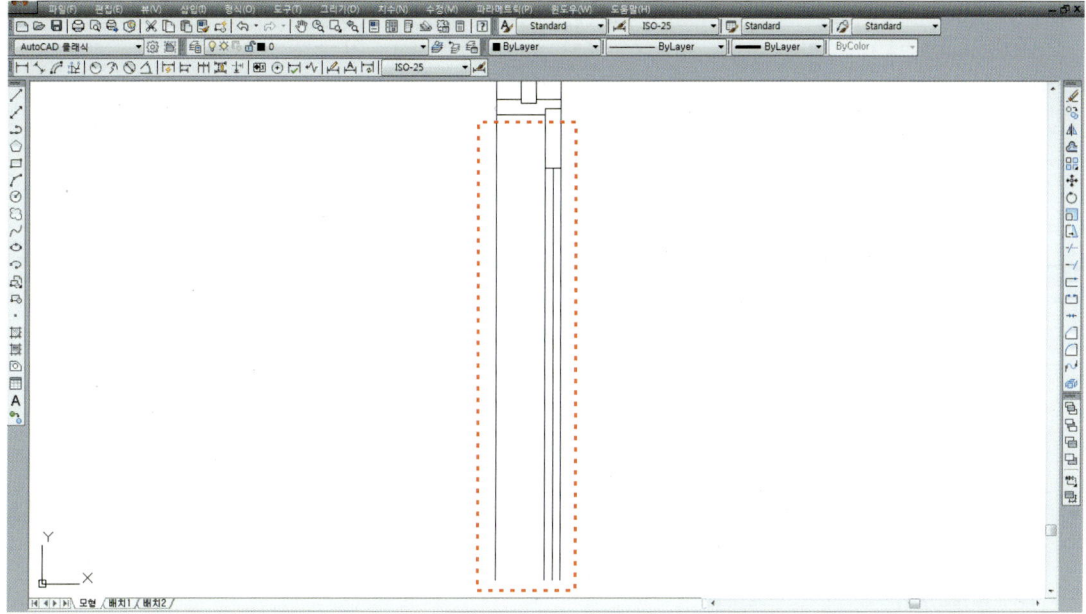

※ mirror할 때 윗부분의 문틀은 선택하지 않습니다.

38_ copy를 이용하여 line을 밑으로 복사(hidden 선)합니다.

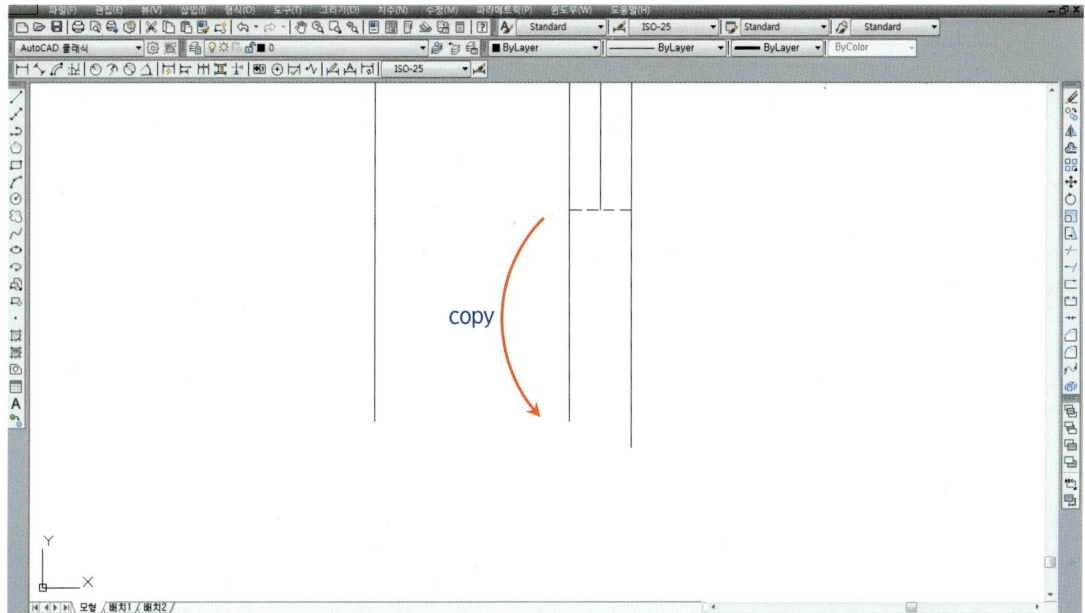

39_fillet을 이용하여 모서리 부분(동그라미 부분 클릭)을 편집합니다.

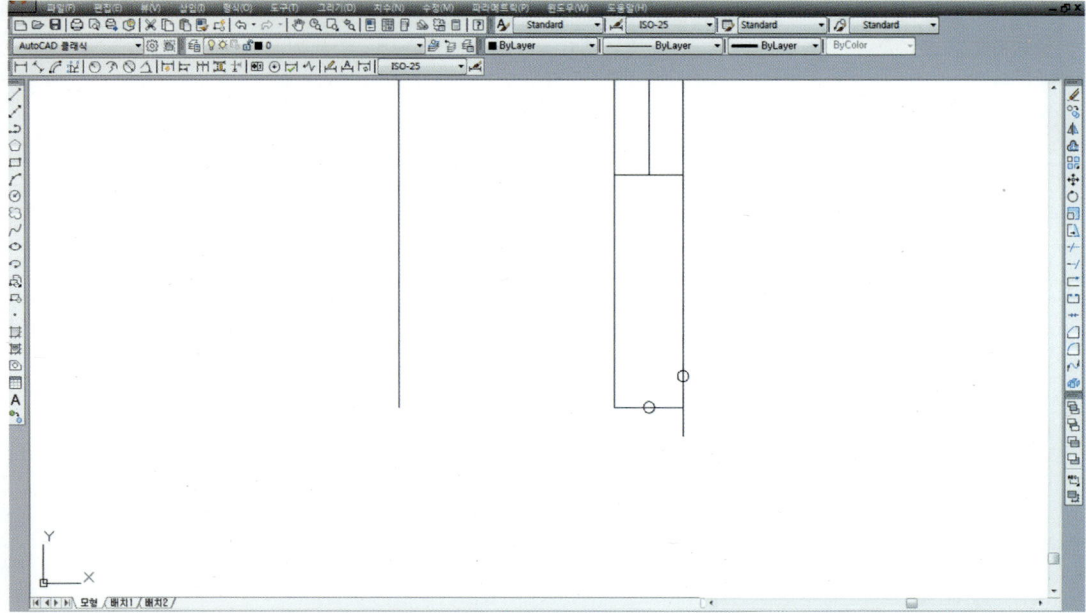

40_stretch를 이용하여 밑막이를 30만큼 위로 올려 (파란색 박스) 최종 밑막이 높이 150으로 한 후 offset을 이용(hidden 선)하여 중간막이 높이 900간격을 띕니다.

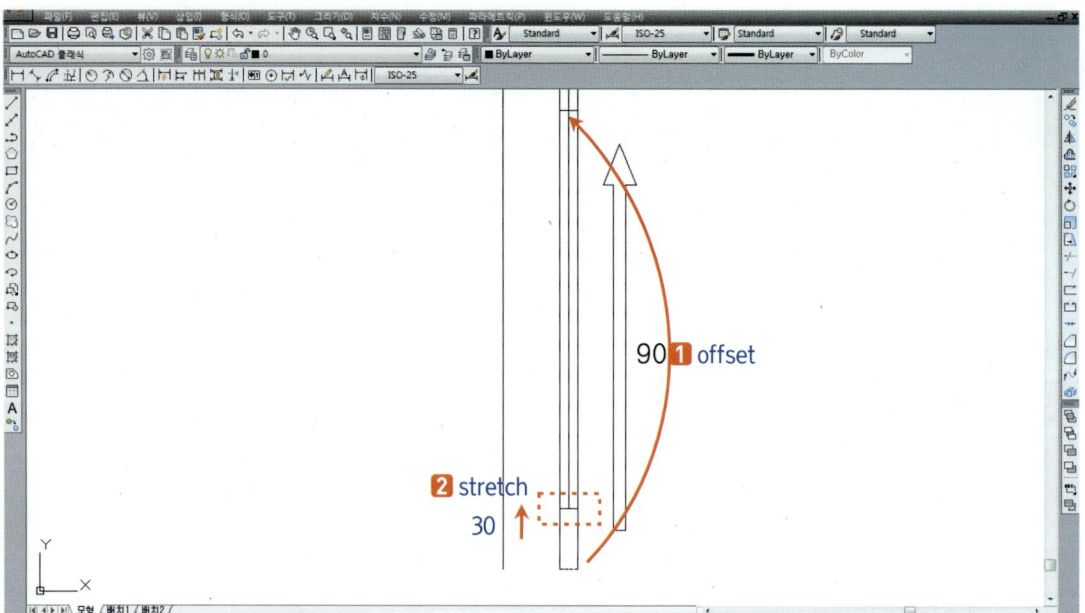

41_ offset을 이용하여 상하 60씩 간격을 띄어 중간막이 기준을 완성하고 erase를 이용하여 line(hidden 선)을 지웁니다.

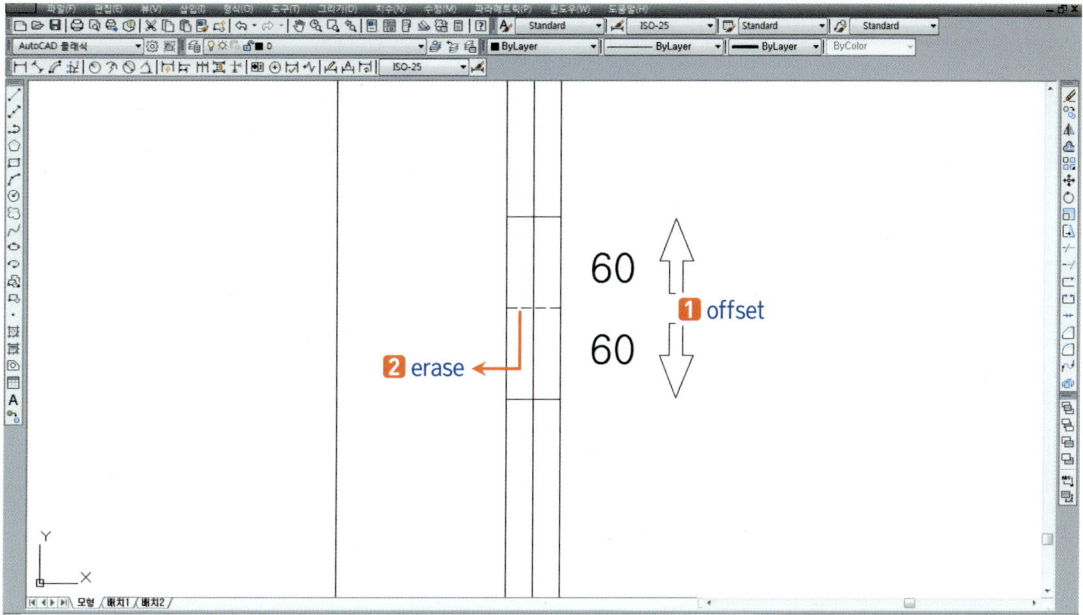

42_ trim을 이용하여 중간막이 사이에 있는 line을 잘라(hidden 선 내부 ✕ 표시한 곳)내고 기준이 됐던 line을 erase합니다.

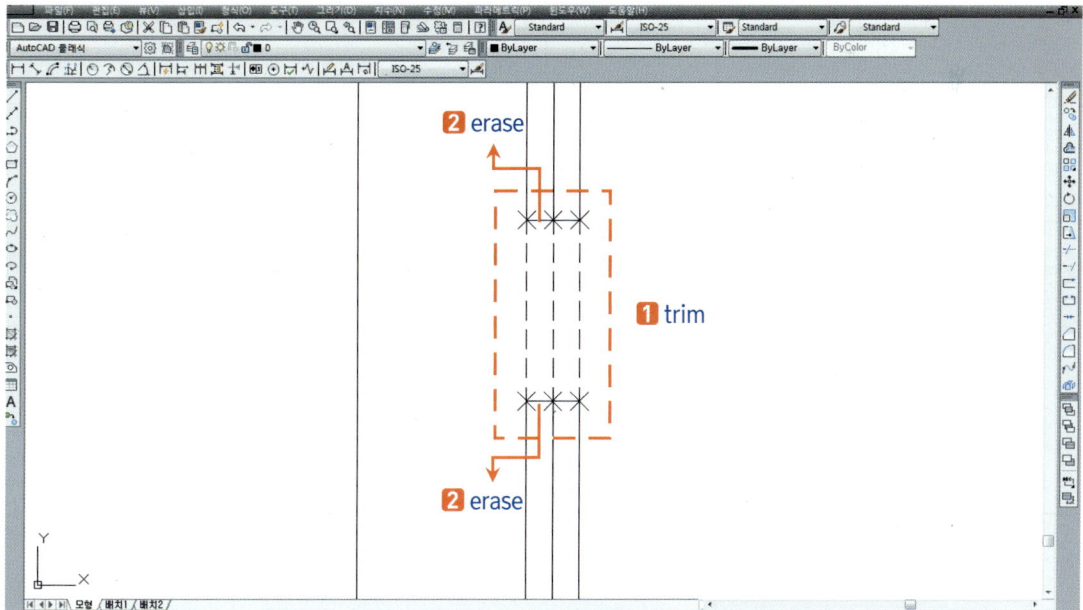

43_ rectangle을 이용하여 아래 그림과 같이 중간막이를 만들고 도면층 2로 합니다.

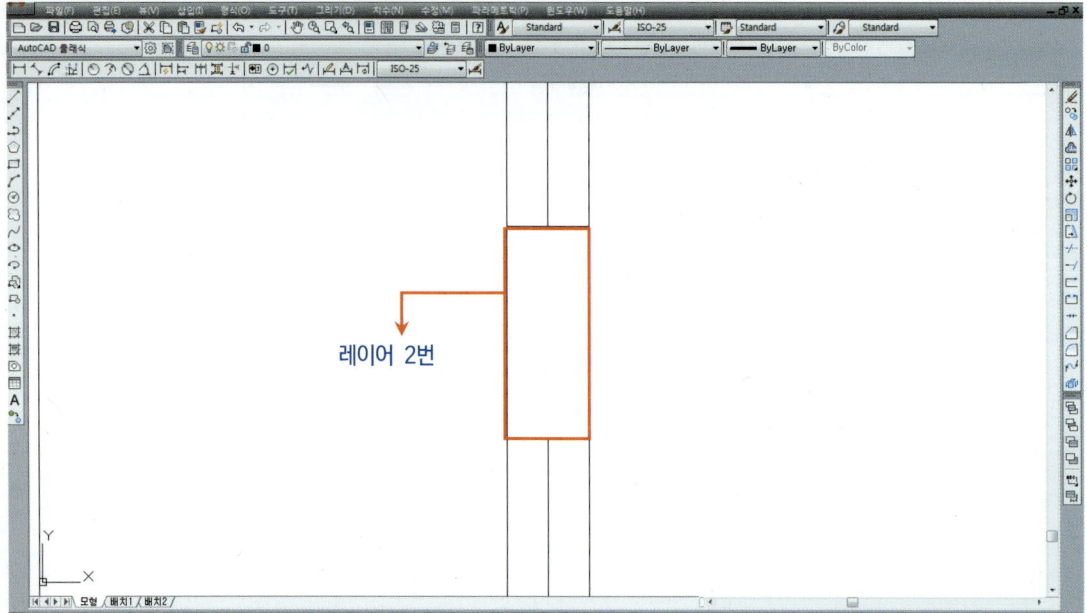

44_ line을 이용하여 손잡이를 아래와 같이 작도하고 도면층 0으로 합니다.

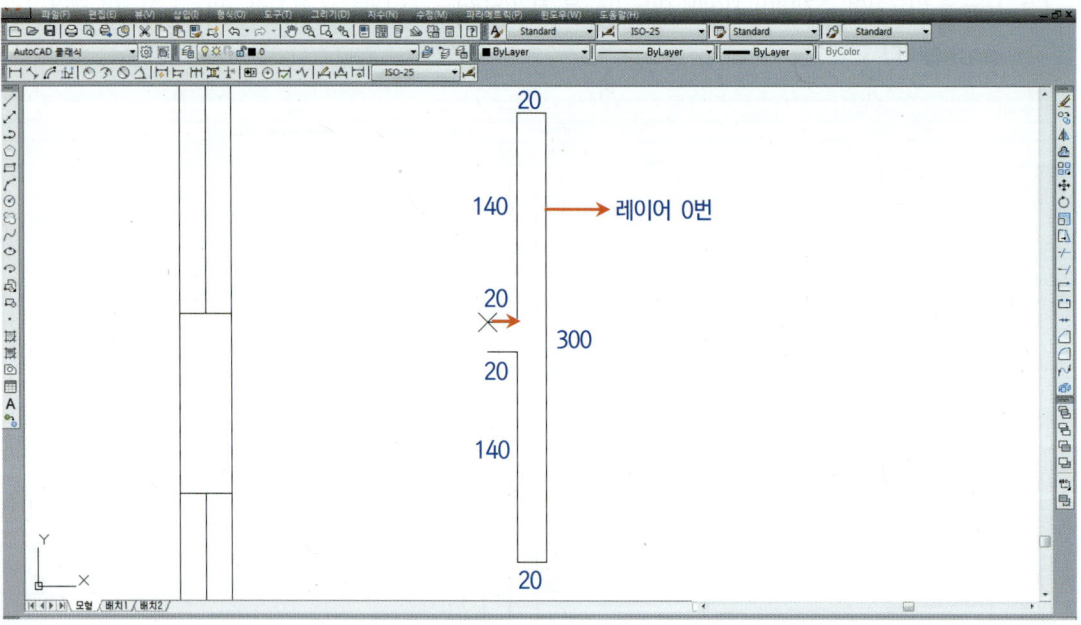

45_offset을 이용하여 아래와 같이 간격을 띄어 move할 기준 line을 만듭니다.

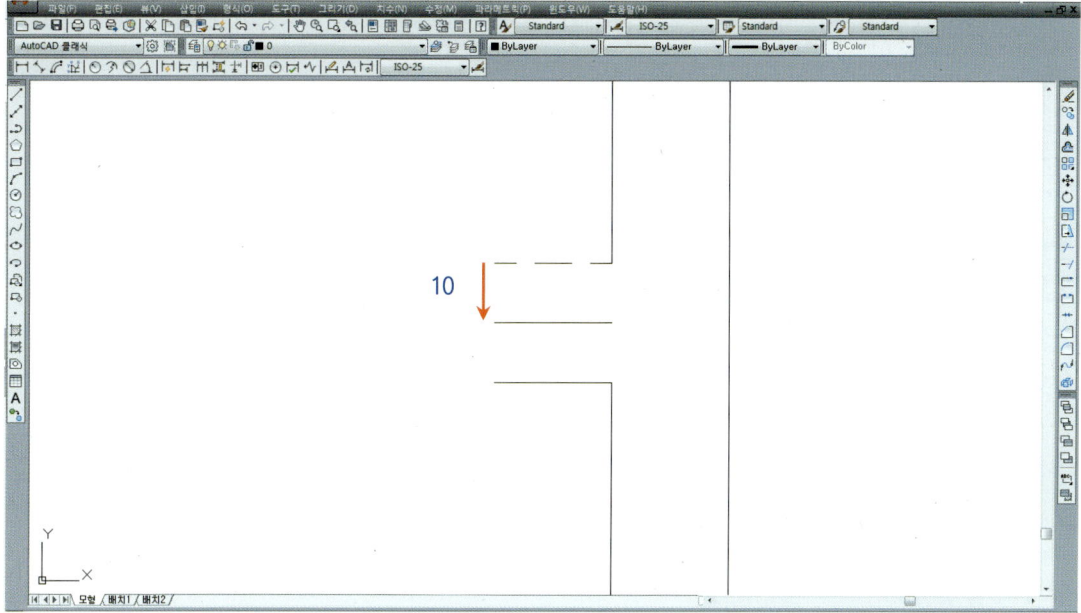

46_move를 이용하여 아래의 위치에 부착하고 erase를 이용하여 기준선(hidden 선)을 지웁니다.

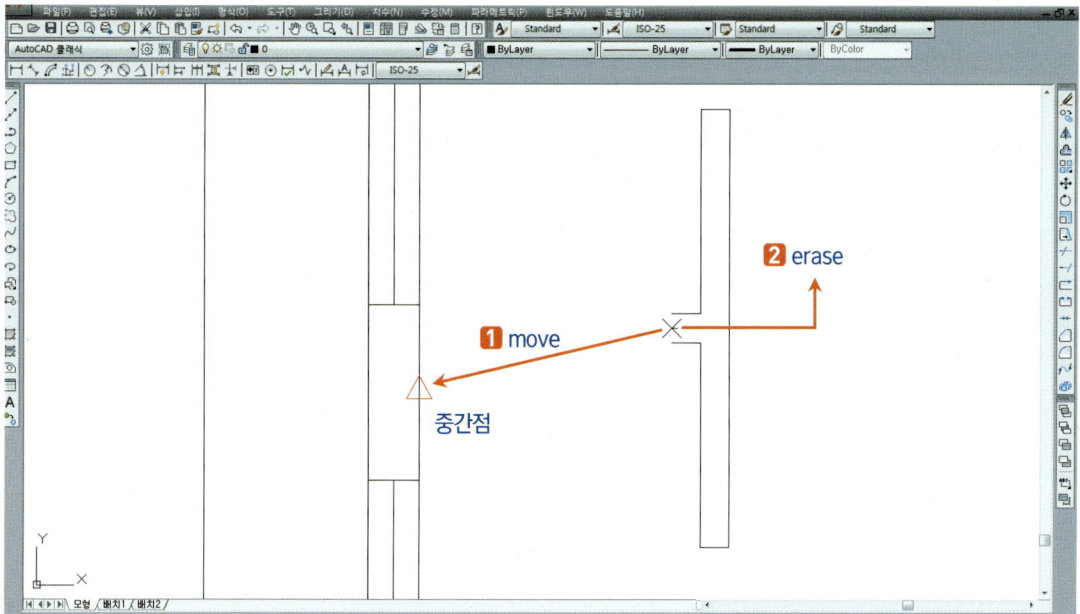

47_mirror를 이용하여 맞은편에 배치합니다.

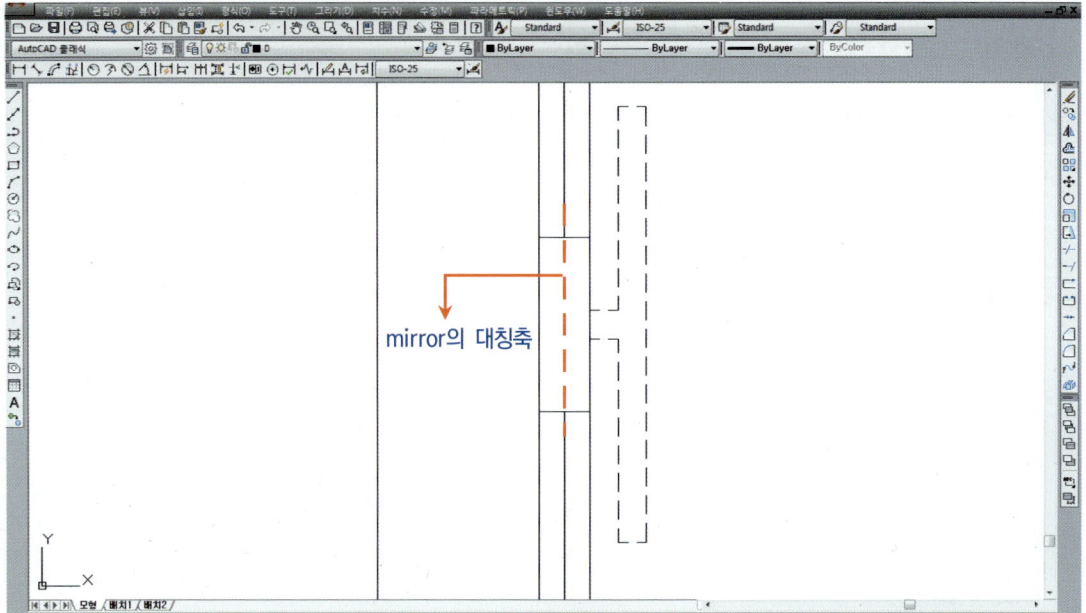

다음의 문입단면상세도를 작도해 보시기 바랍니다.

※ mvsetup을 이용하여 용지 크기와 도면척도를 만드시기 바랍니다.

- 도면크기 : A4
- 도면척도 : 20

※ 열림 방향을 반대로 하여 작도해 보시기 바랍니다.
※ 문은 열림 방향이 평면도 배치에 따라 좌우가 바뀌기 때문에 문의 반대방향으로 그려보는 연습이 반드시 필요합니다.
※ 문을 작도한 후 mirror를 하여 반대방향으로 편집하는 방법은 좋지 않습니다. 반복적인 연습이 필요합니다.

문입단면상세도

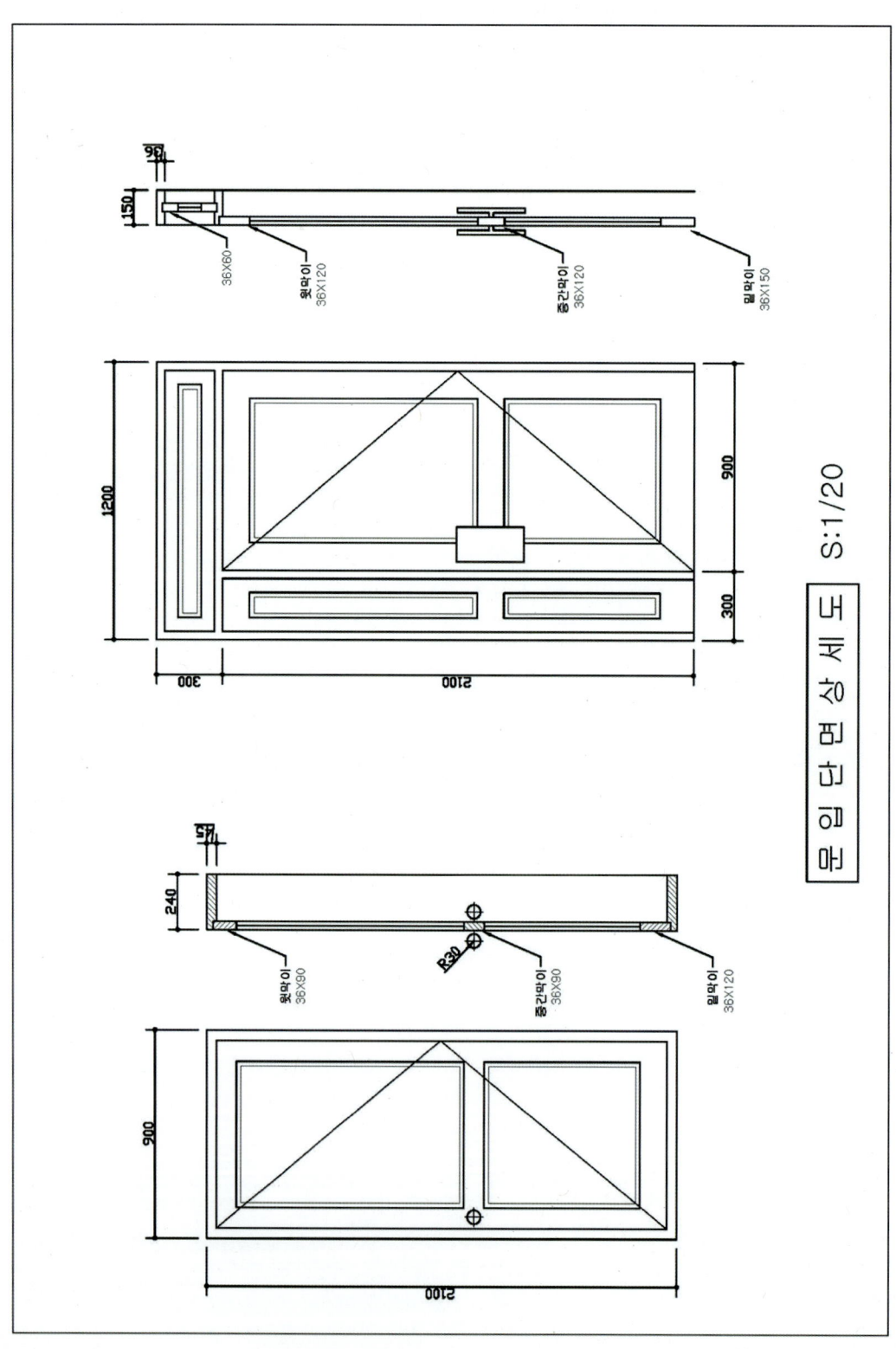

10 테라스부분단면상세도

1_mvsetup에서 도면척도를 20으로 맞추고 용지크기를 A4로 만듭니다.

명령	**MVSETUP** ↵

```
도면공간을 사용가능하게 합니까? [아니오(N)/예(Y)] : n ↵
단위 유형 입력 [공학(S)/십진(D)/엔지니어링(E)/건축(A)/미터법(M)] : m ↵
미터 축척
(5000)  1 : 5000
(2000)  1 : 2000
(1000)  1 : 1000
(500)   1 : 500
(200)   1 : 200
(100)   1 : 100
(75)    1 : 75
(50)    1 : 50
(20)    1 : 20
(10)    1 : 10
(5)     1 : 5
(1)     전체
축척 비율 입력 : 20 ↵
용지 폭 입력 : 283 ↵
용지 높이 입력 : 196 ↵
```

2_layer에서 다음과 같이 도면층을 만듭니다.

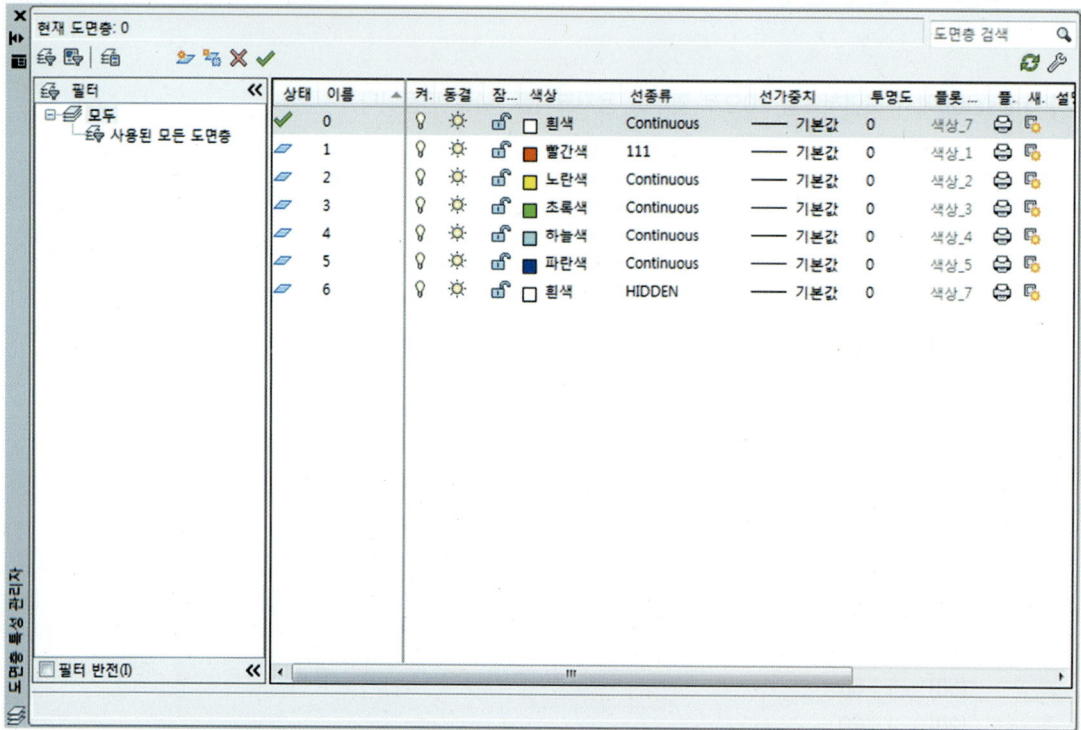

테라스단면 그리기

3_line을 이용하여 임의의 선을 하나 작도한 뒤 레이어 1번으로 바꿉니다.

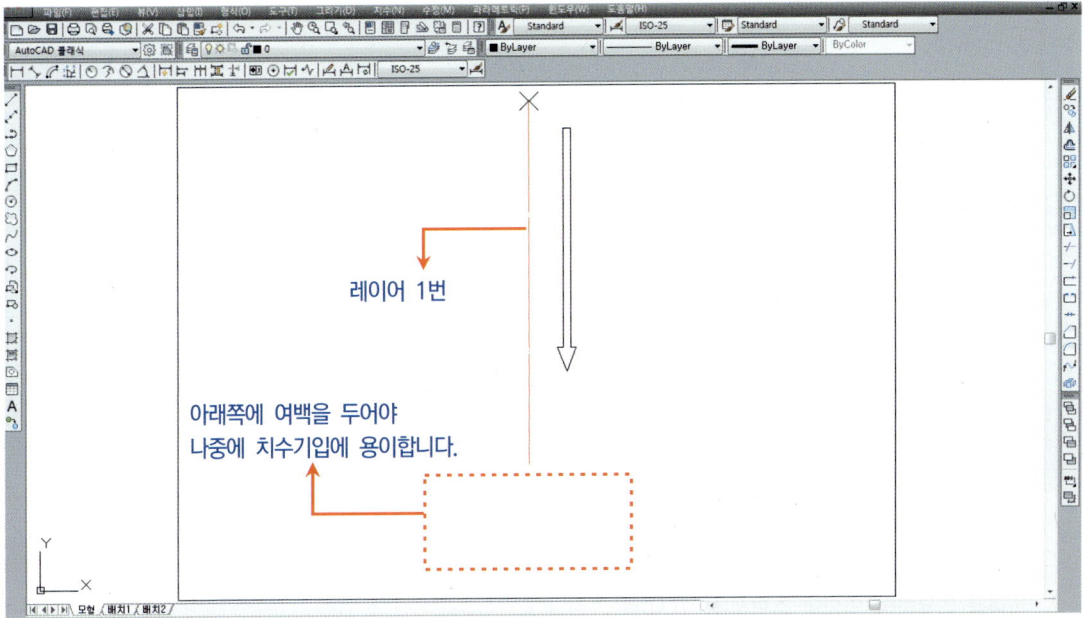

※ lts를 이용하여 척도 20을 줍니다.

4_offset을 이용하여 중심선(동그라미 부분)에서 오른쪽으로 95만큼 간격을 띄고 도면층 2로 바꿉니다.

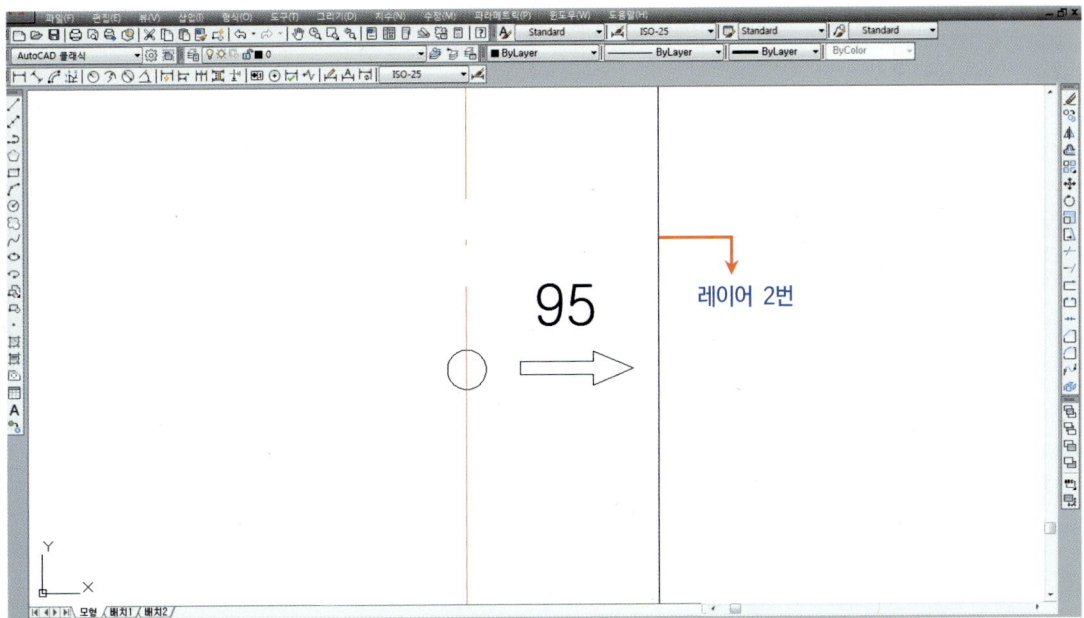

5_ offset을 이용하여 단열재 두께 125mm로 하는 벽 두께를 우측 라인(동그라미 부분)에서 왼쪽으로 간격을 띕니다.

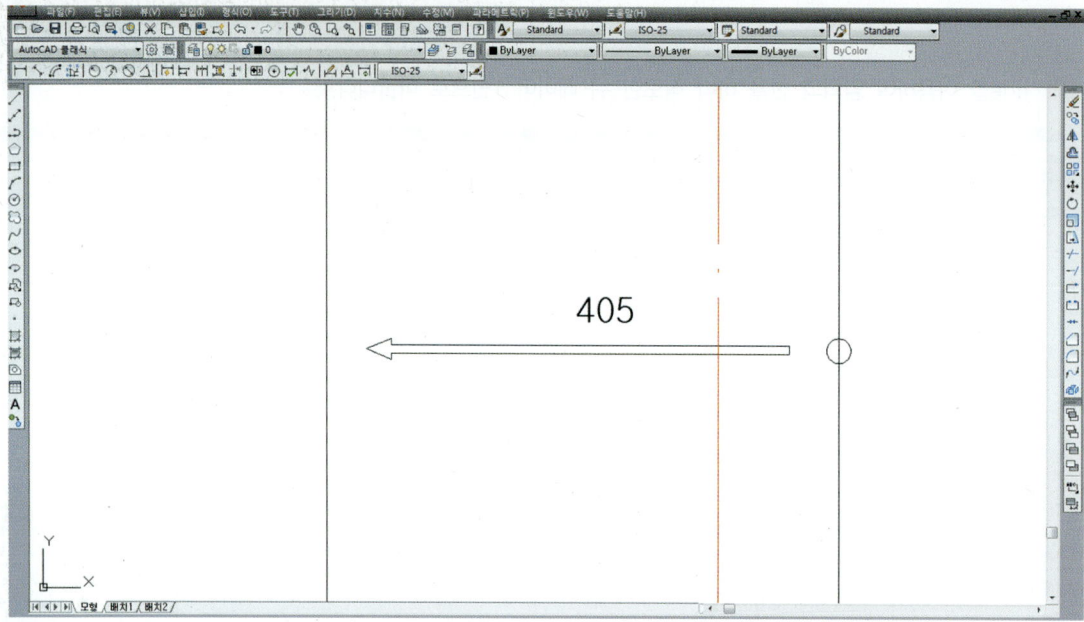

※ 단열재(125mm) + 벽돌 1.5B(280mm) = 405mm

6_ line을 이용하여 임의의 수평선(✗ 표시)을 그립니다.

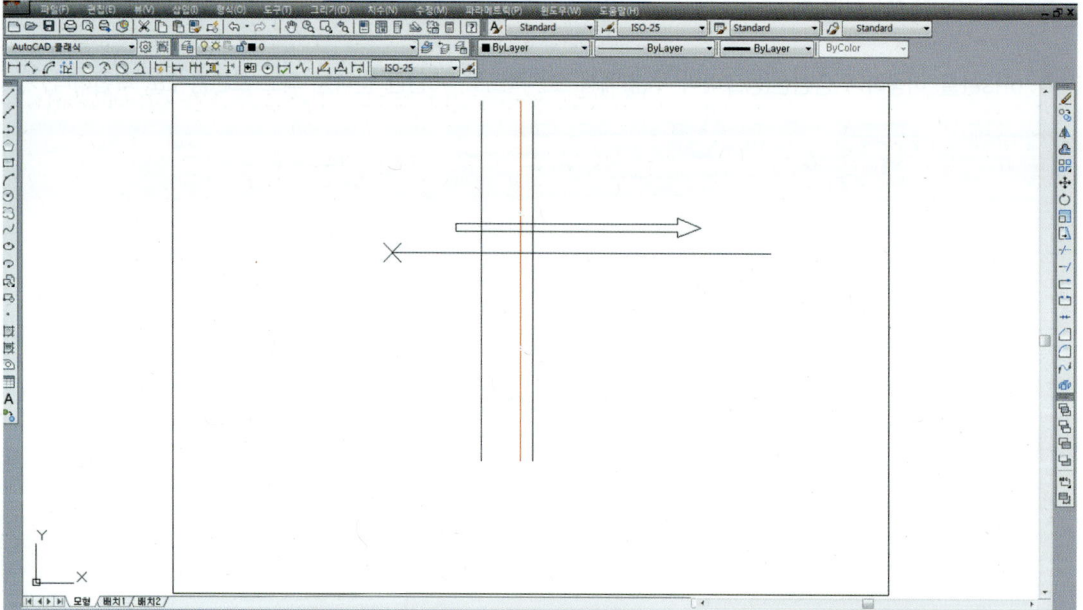

7_fillet을 이용하여 모서리 부분(동그라미 친 부분)을 편집하고 trim을 이용하여 오른쪽 수직 line(hidden 선)을 자릅니다.

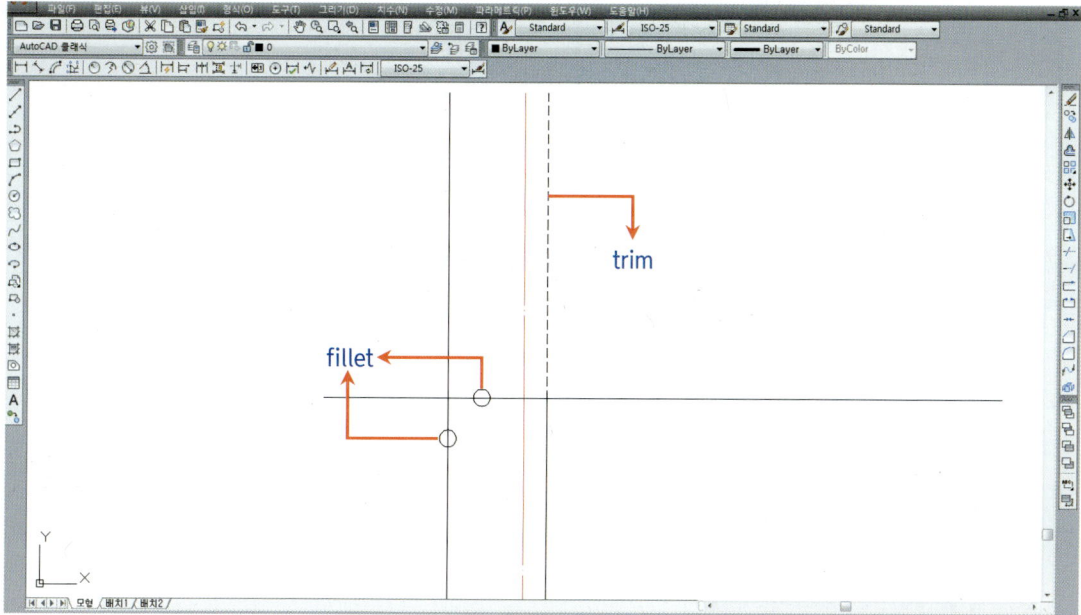

8_break를 이용하여 수평 line(hidden 선)을 선택하고 옵션에 첫 번째 점(F)를 누릅니다.

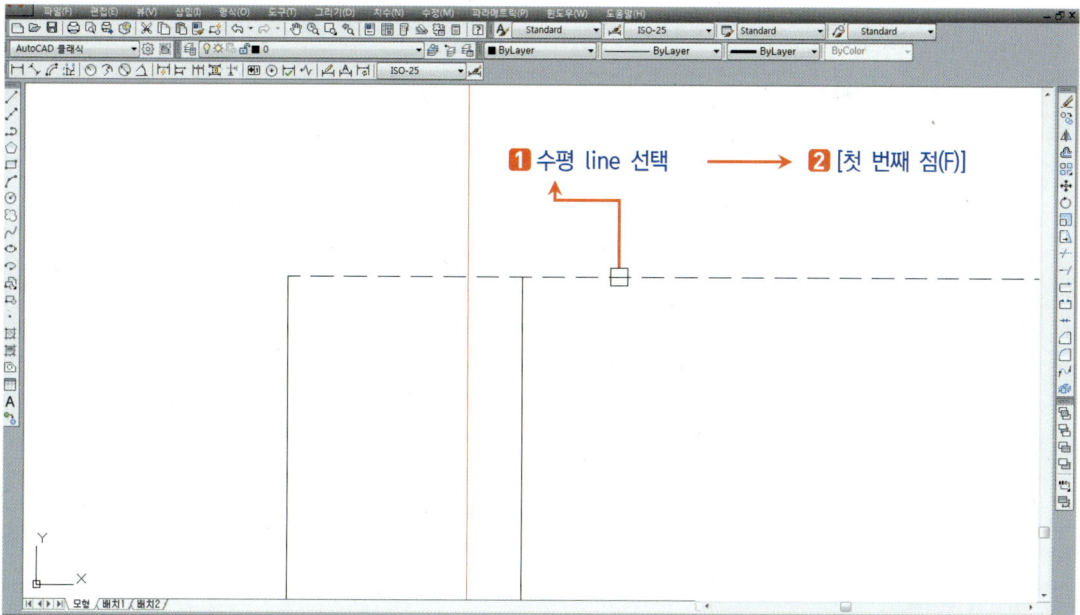

9_첫 번째 끊기점 지정에서 교차지점(✖ 표시)을 클릭하고 두 번째 끊기점을 지정에서 교차지점(✖ 표시)을 다시 한 번 클릭하여 line을 끊습니다.

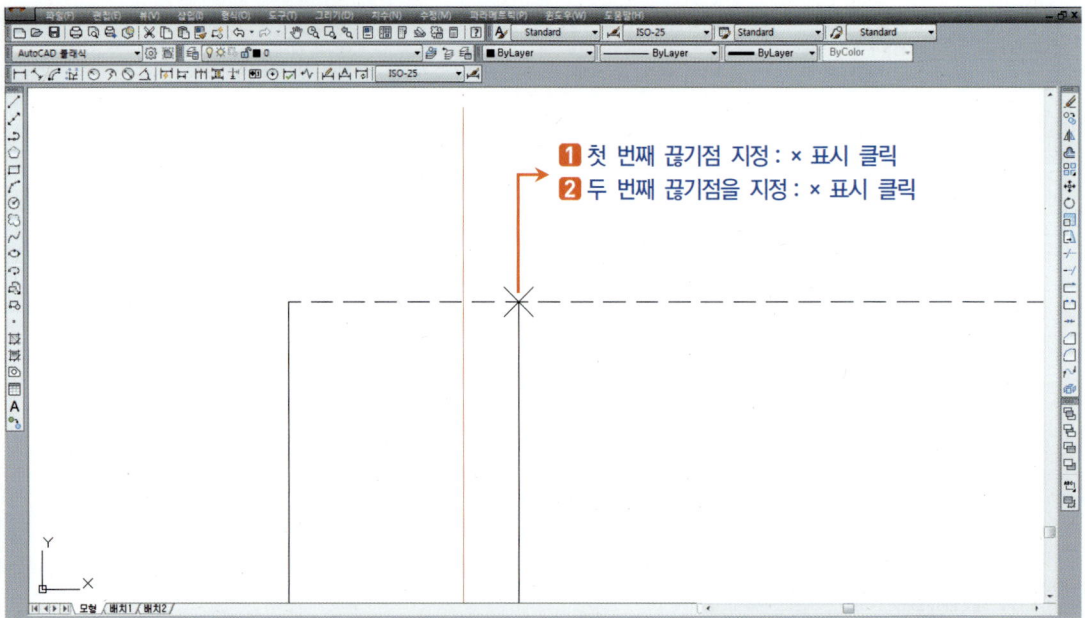

10_어진 line을 도면층 0과 도면층 2로 바꿉니다.

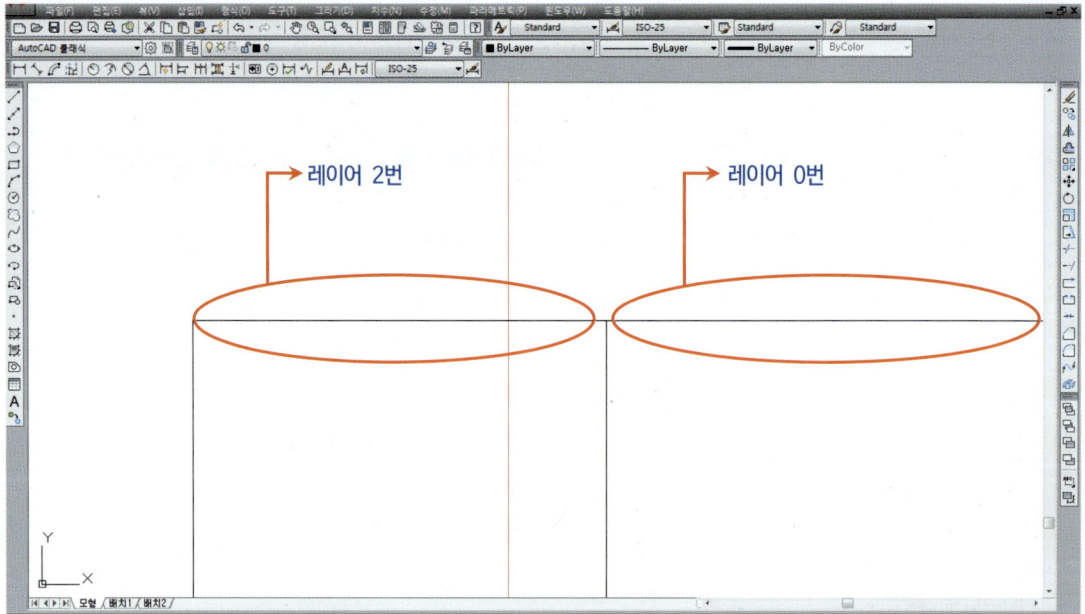

11_ offset을 이용하여 20만큼 간격을 띄어 몰탈의 위치를 확보하고 도면층 2로 바꿉니다.

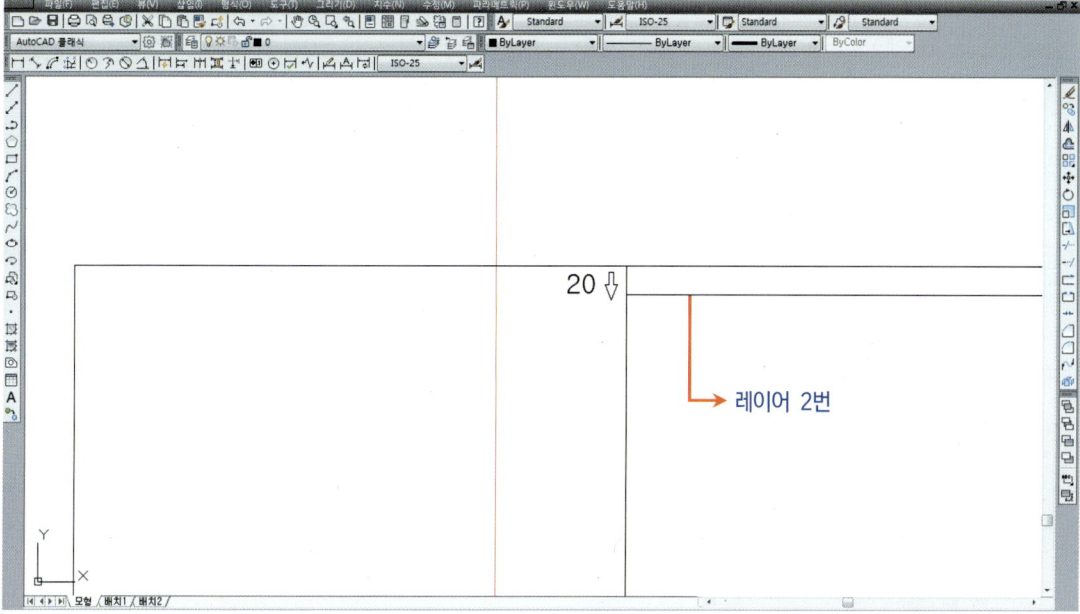

12_ offset을 이용하여 아래와 같이 간격(hidden 선)을 띄어 계단참이 시작되는 지점을 만듭니다.

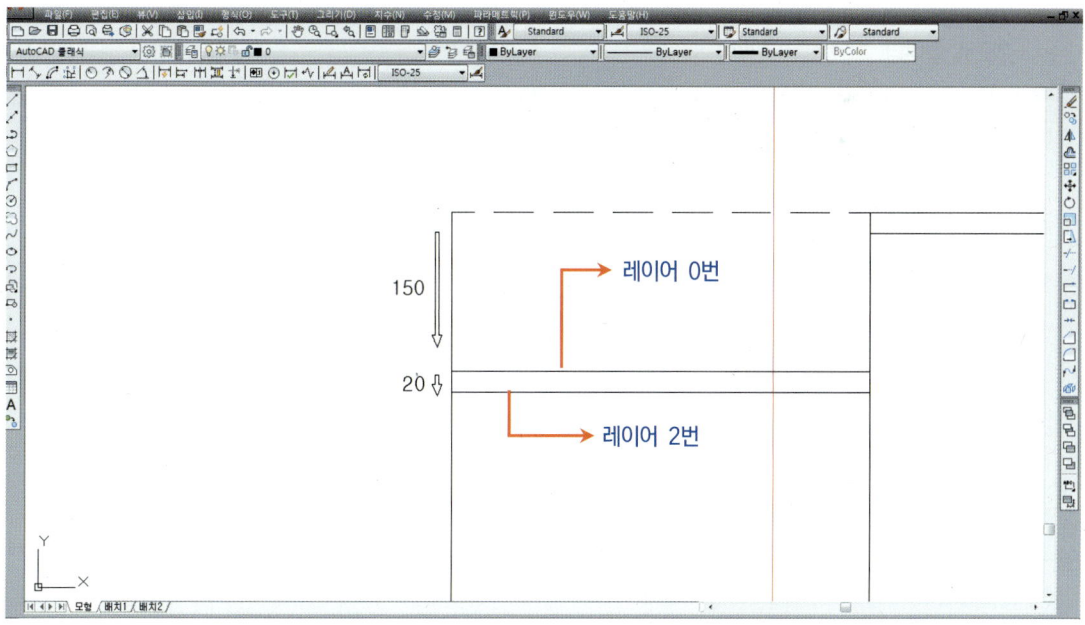

※ 계단높이는 계단 수가 2개일 때는 200mm, 3개 이상일 때는 150mm가 일반적인 출제경향입니다.

13_ stretch를 이용하여 아래와 같이 선택(hidden 선)하고 왼쪽 방향으로 잡아당깁니다.

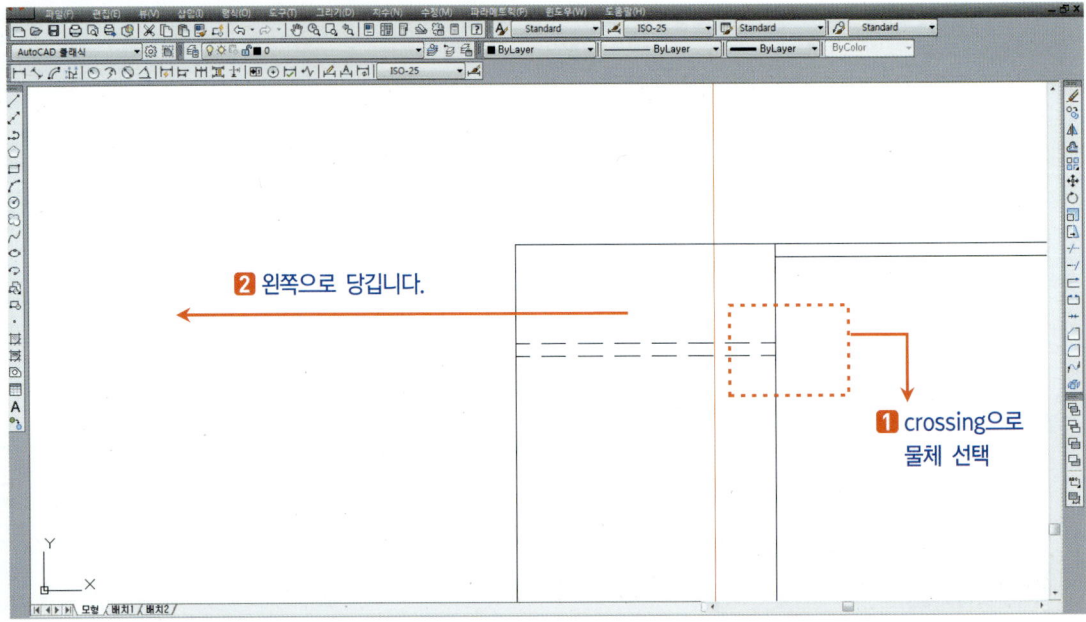

※ stretch로 당길 때 생각보다 길게 당기셔야 계단참 길이를 여유 있게 확보할 수 있습니다.

14_ offset을 이용하여 아래와 같이 중심선(동그라미 친 부분)에서 간격을 띄어 계단참과 계단을 만들고 도면층을 0으로 합니다.

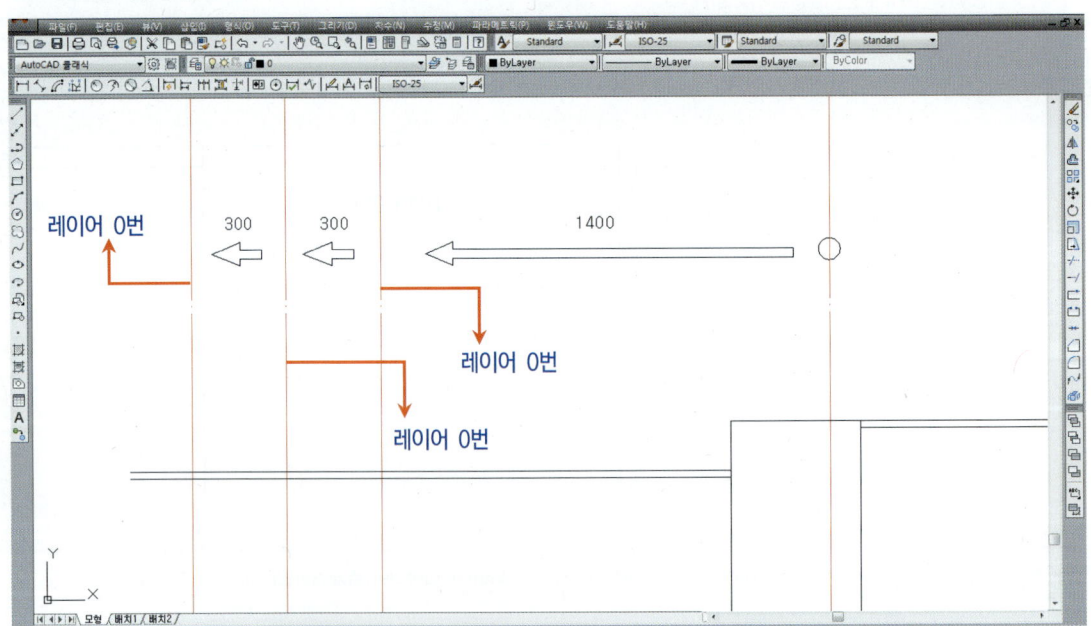

※ 계단참 거리와 계단너비는 시험에 따라 다르므로 평면도에서 스케일 자를 이용하여 직접 측정하셔야 합니다.

15_ offset을 이용하여 150 간격(hidden 선)으로 띄어 계단 높이를 만듭니다.

※ 고막이 높이는 계단 수에 따라 달라집니다. 고막이 = 계단 수 + 계단 수 하나를 추가한 높이입니다.
 예를 들어, 계단 개수가 3개라면 계단 3개 × 150 = 450mm가 나오는데 여기에 계단 수 하나를 추가한 150mm를 더하면 450mm + 150mm가 되어 고막이는 600mm가 됩니다.

16_ fillet을 이용하여 아래와 같이 모서리 (네모 클릭) (동그라미 클릭) (검은 네모 클릭) (X 클릭) (검은 삼각 클릭)를 편집합니다.

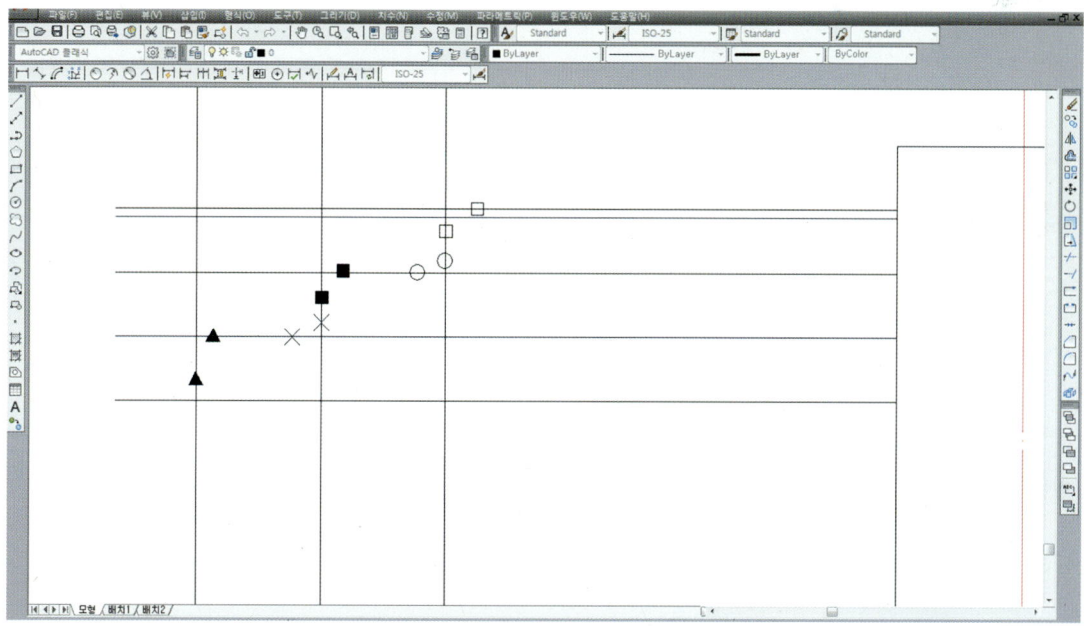

17_ trim을 이용하여 아래와 같이 잘라(hidden 선)내어 지반 line을 확보합니다.

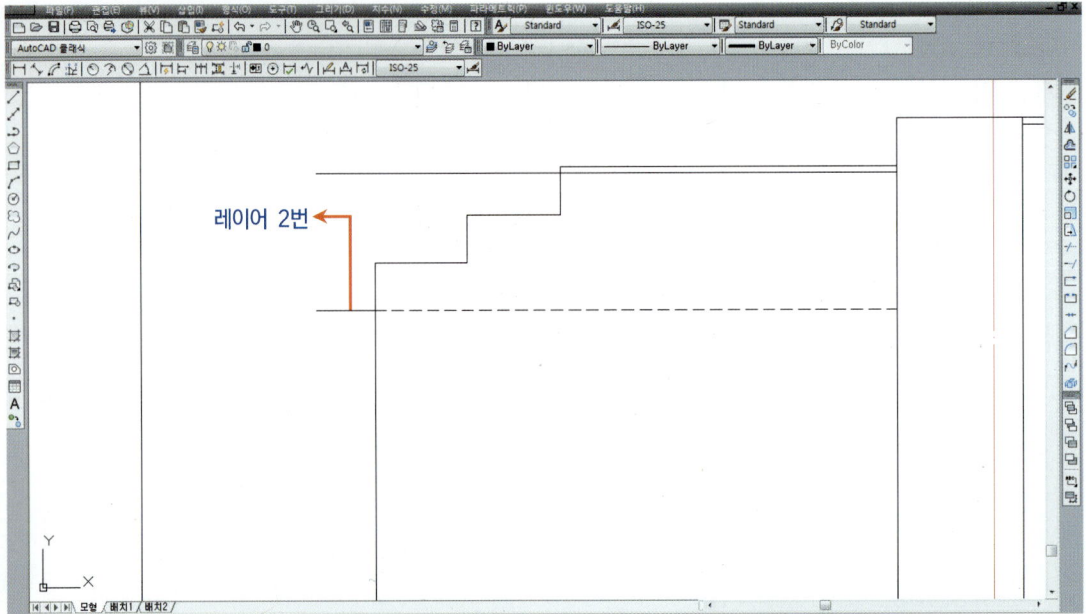

18_ offset을 이용하여 계단 안쪽으로 20 간격(hidden 선)을 띄고 도면층 2로 바꿉니다.

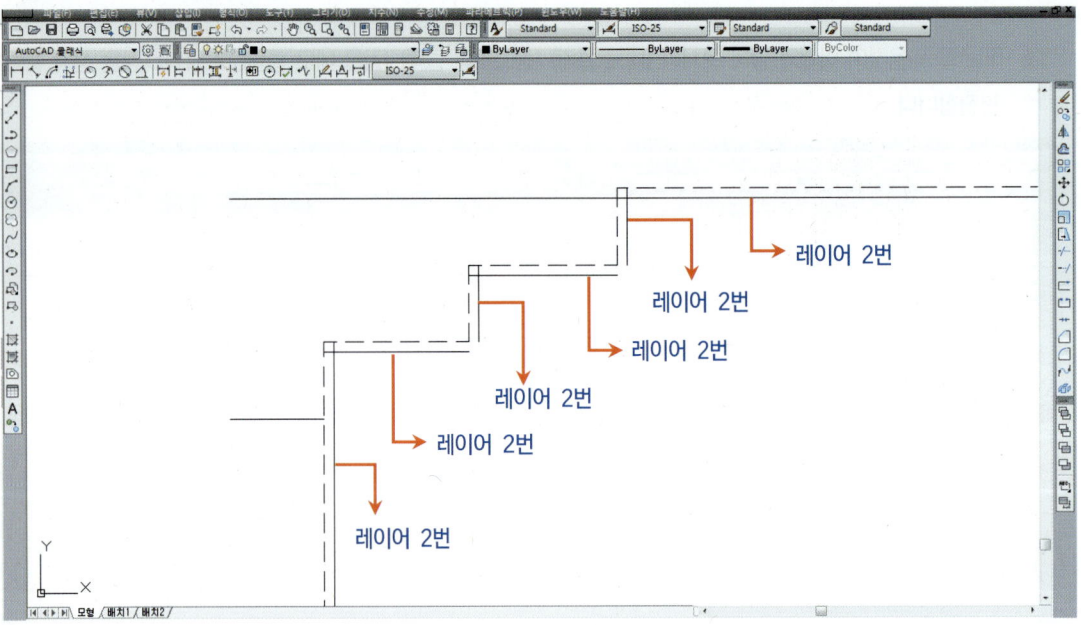

19_fillet을 이용하여 아래와 같이 모서리 (네모 클릭) (동그라미 클릭) (검은 네모 클릭) (X 클릭) (검은 삼각 클릭)를 편집합니다.

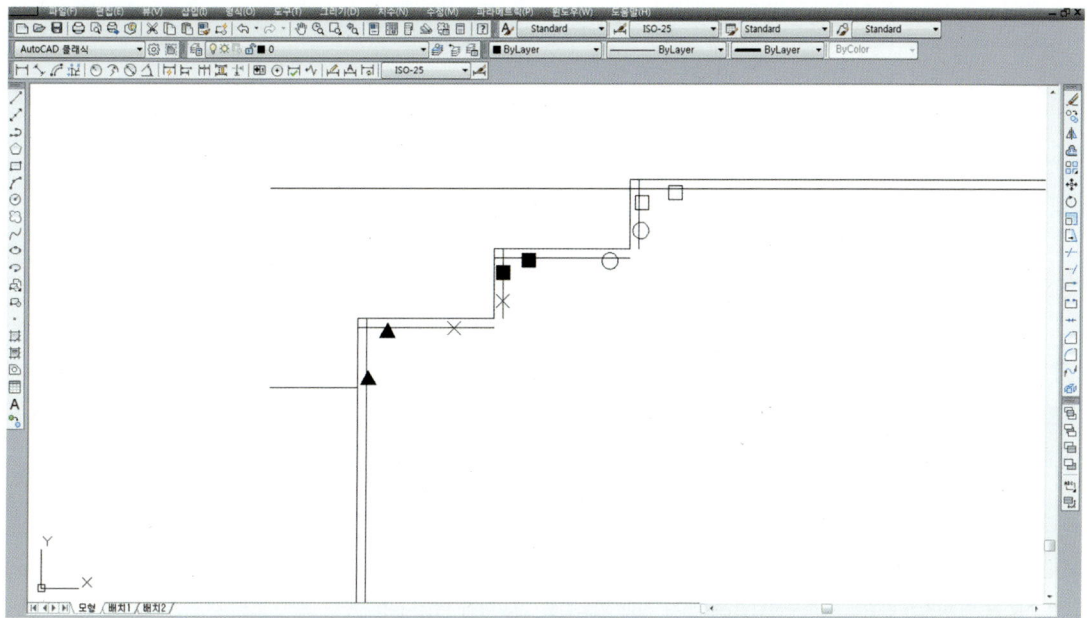

20_pline을 이용하여 아래와 같은 크기로 만들고 pedit에서 옵션의 폭(w)을 이용하여 15의 값을 주어 논슬립을 표현합니다.

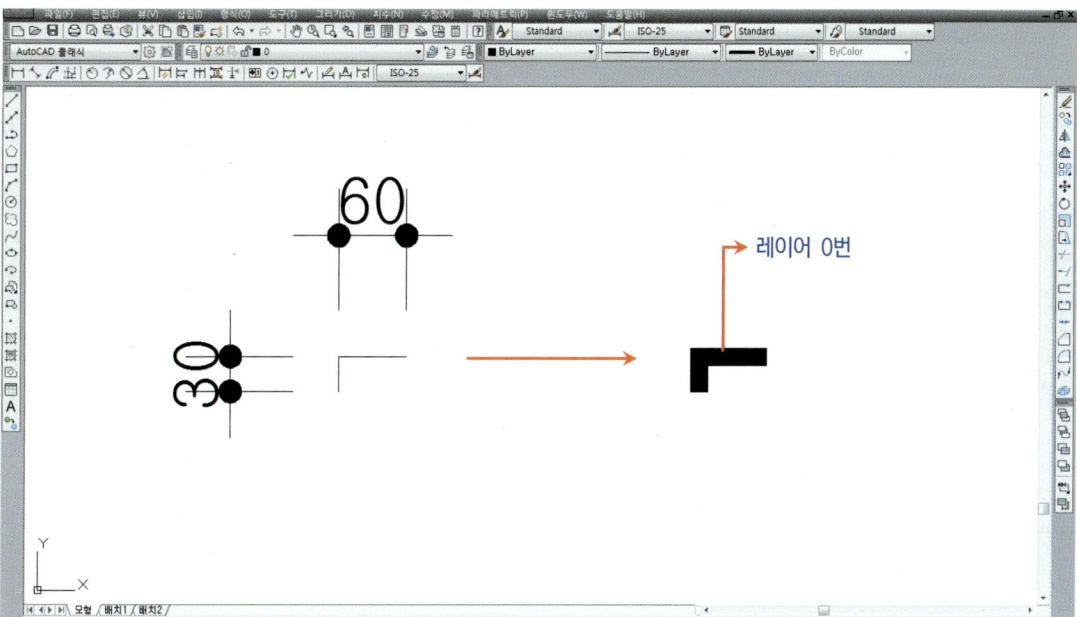

21_copy를 이용하여 논슬립을 아래와 같이 계단 끝부분에 부착하고 지반 line을 만듭니다.

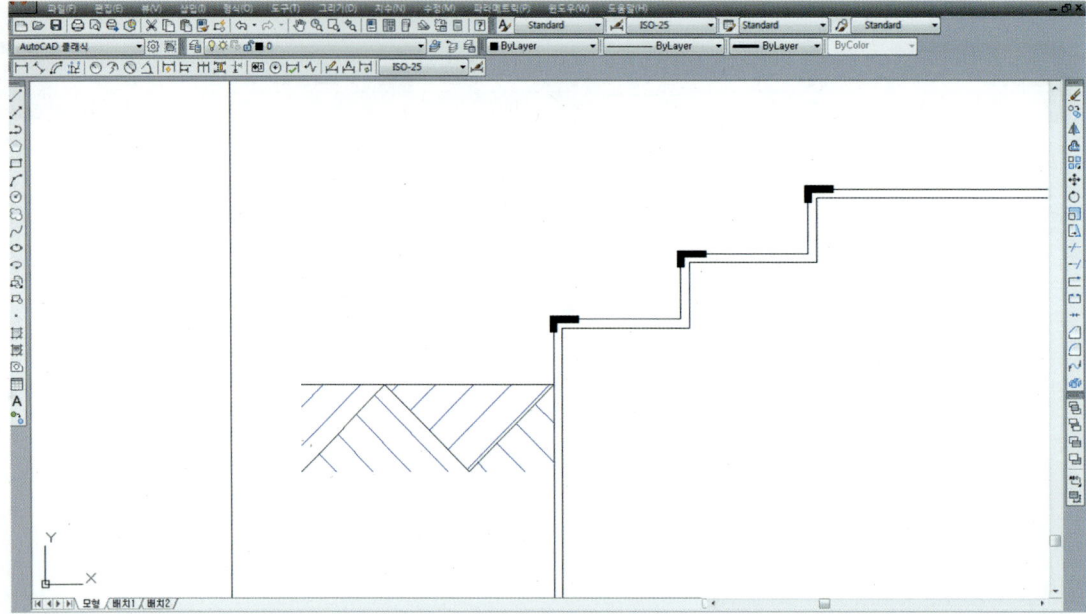

※ 지반을 작도하는 방법은 기초부분단면상세도의 지반 작도법을 참고하기 바랍니다.

22_offset을 이용하여 아래와 같이 지반 line(hidden 선)에서 간격을 띕니다.

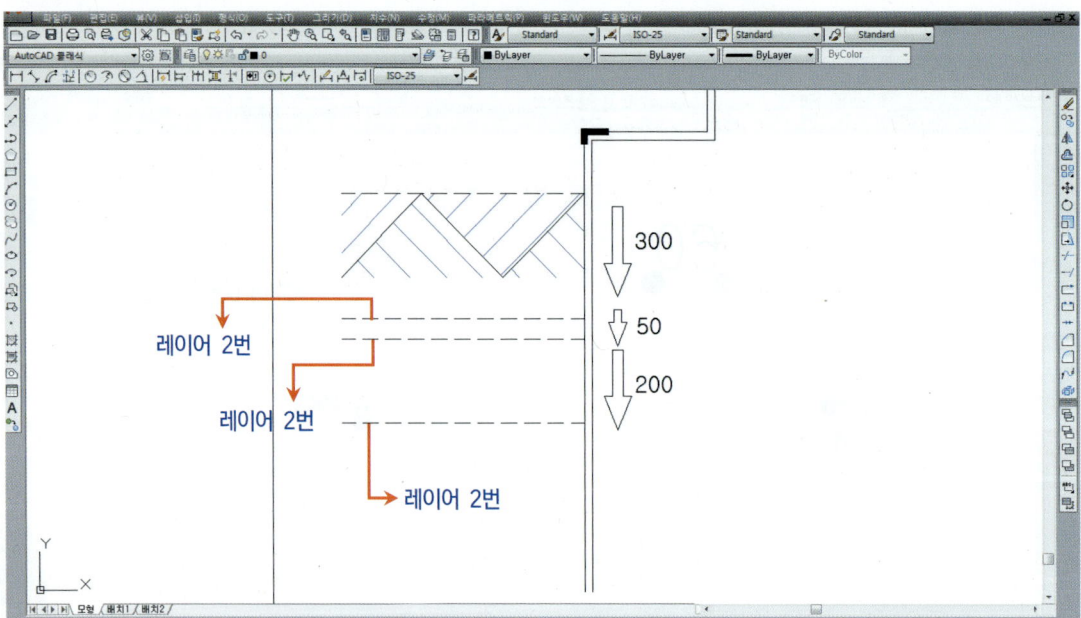

23_ offset을 이용하여 아래와 같이 인조석 line(동그라미 부분)과 철근콘크리트 line(네모 부분)에서 간격을 띕니다.

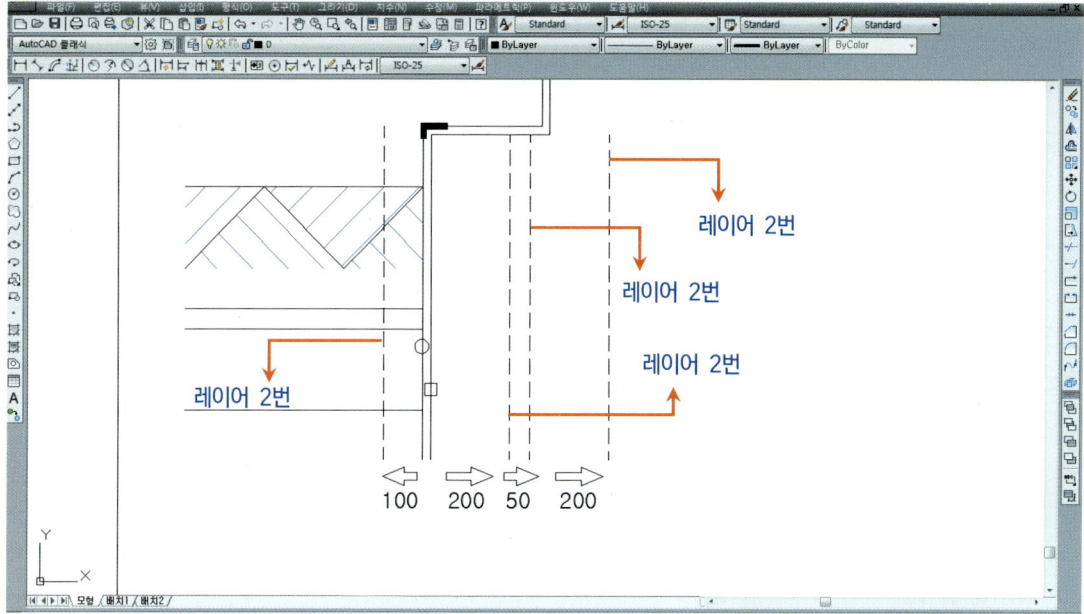

24_ line을 이용하여 계단 끝과 계단 끝부분에 선(hidden 선)을 긋고 offset을 이용하여 아래와 같이 간격을 띄고 계단참의 철근콘크리트(hidden 선)에서도 아래와 같이 간격을 띄운 뒤 erase를 이용하여 line을 지웁니다.

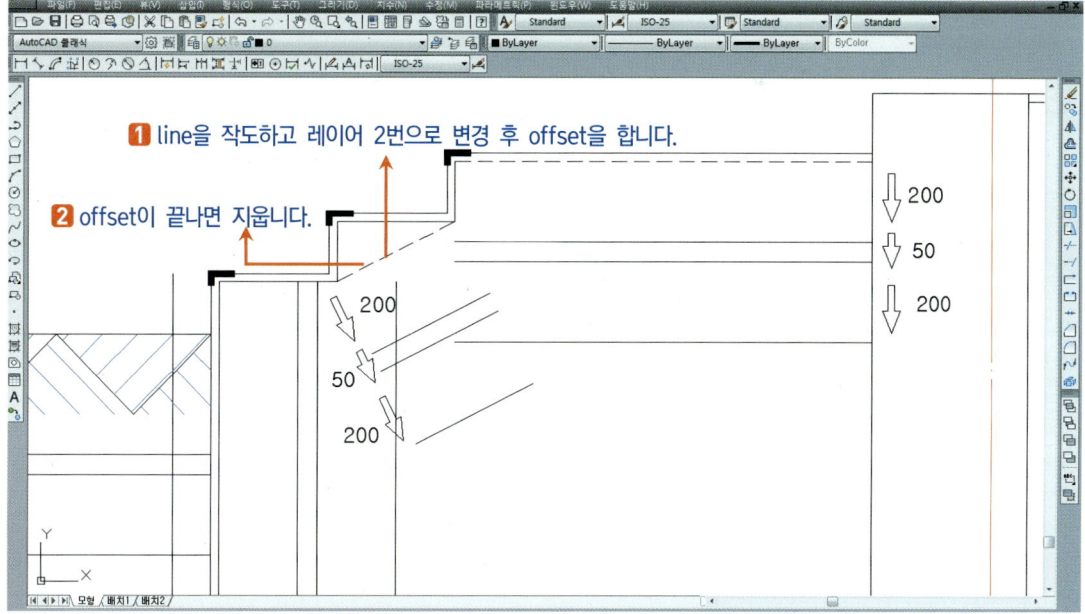

25_fillet을 이용하여 아래와 같이 모서리 (검은 네모 클릭) (동그라미 클릭) (검은 삼각 클릭)를 편집합니다.

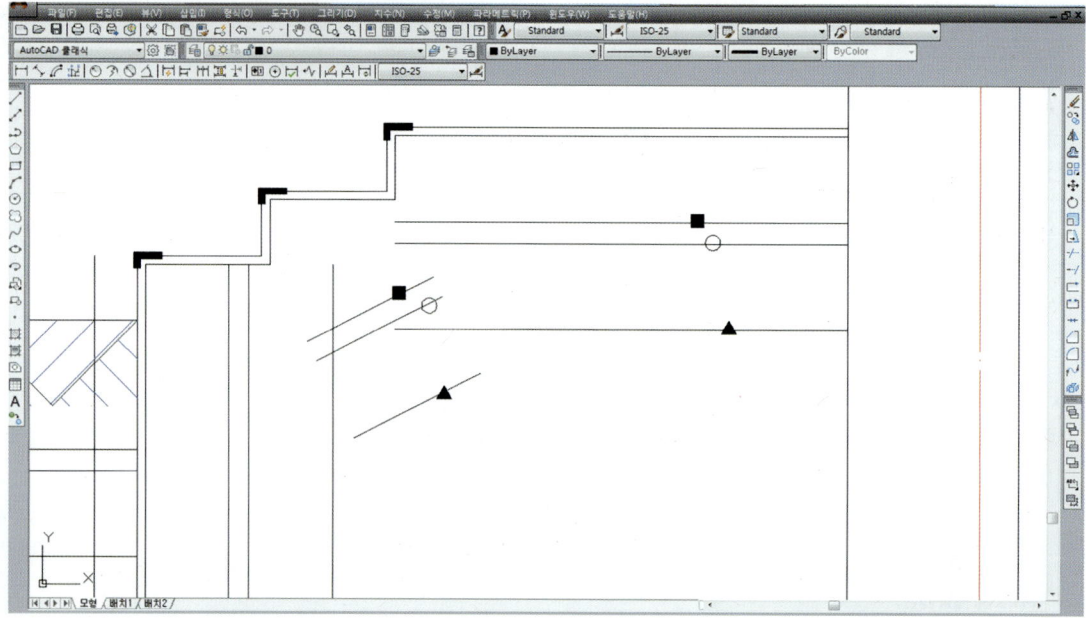

※ fillet은 남아야 할 객체를 클릭해야 모서리가 원하는 모양으로 편집이 됩니다.

26_fillet을 이용하여 나머지 부분을 아래와 같이 모서리 편집하고 trim을 이용하여 나머지 부분(hidden 선)을 잘라냅니다.

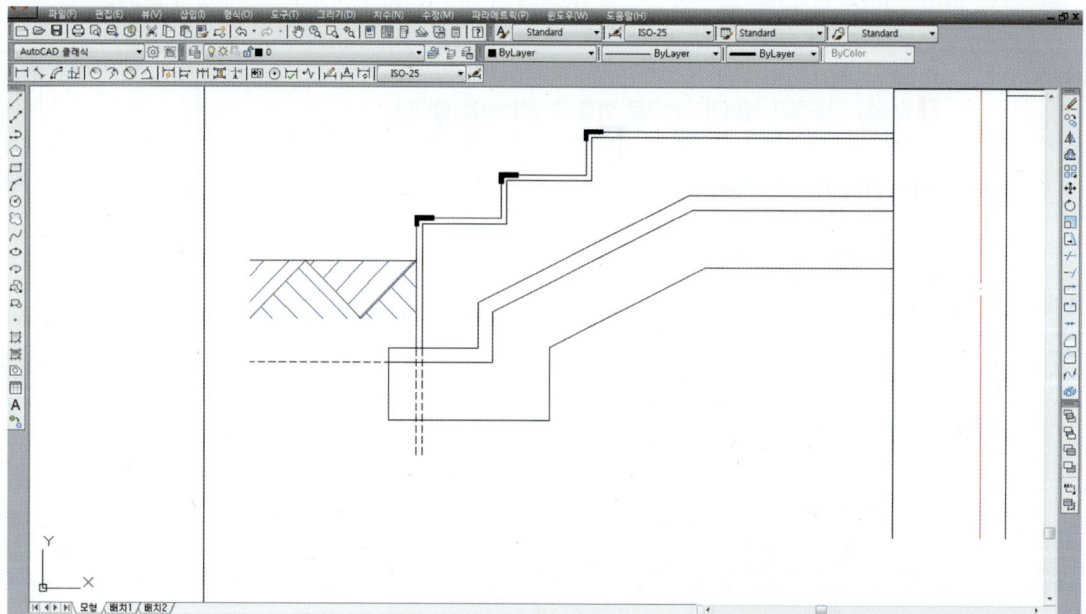

27_ copy를 이용하여 계단참 철근콘크리트, 철근콘크리트, 밑창콘크리트, 잡석다짐 (hidden 선)을 내부 임의의 위치로 복사합니다.

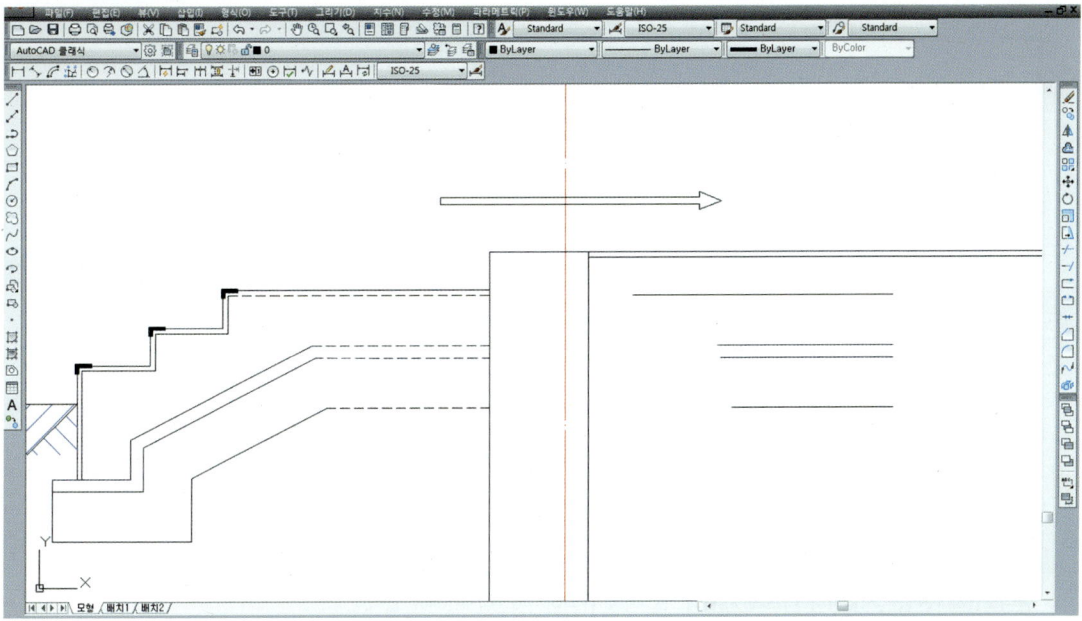

28_ extend를 이용하여 기초의 오른쪽 line(hidden 선)까지 line 4개를 연장합니다.

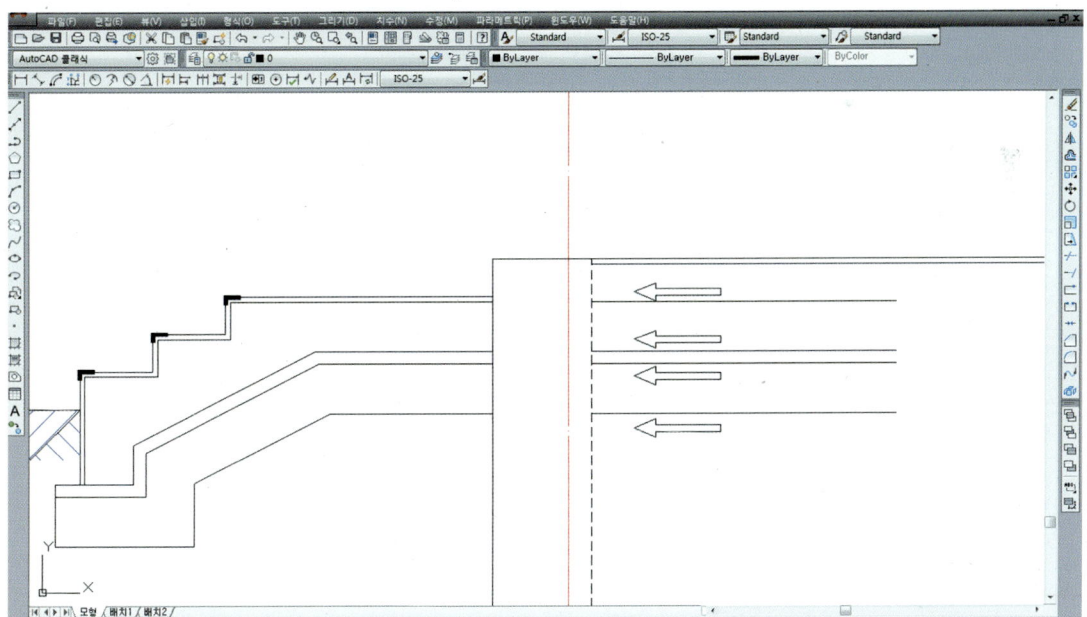

29_offset을 이용하여 질석보온재의 두께(hidden 선)를 85만큼 간격띄우기를 합니다.

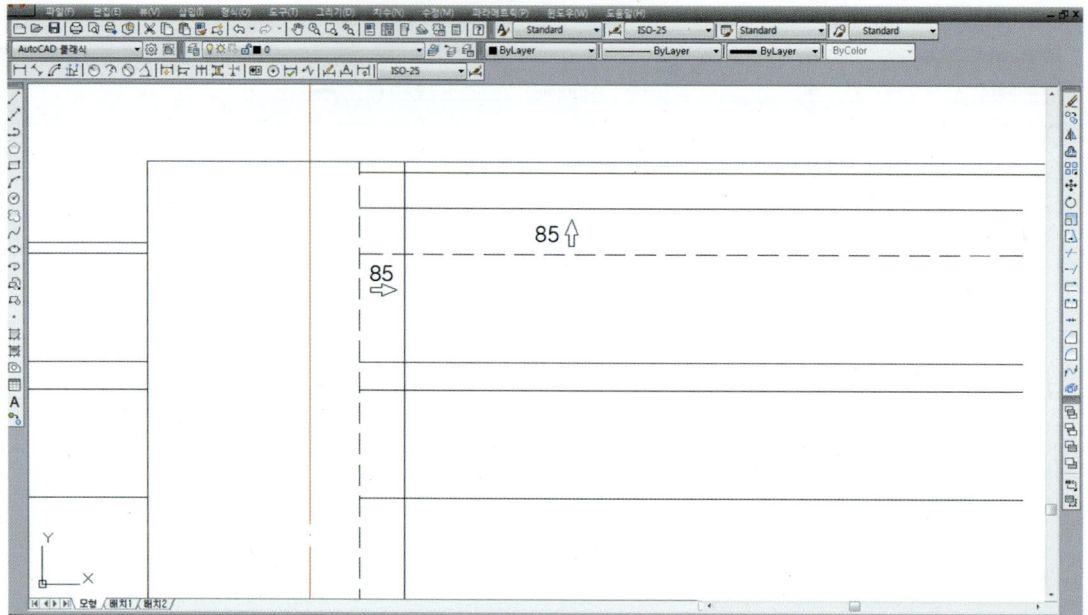

※ 질석보온재 두께는 시험마다 다르게 제시되므로 이를 유의하셔서 offset해야 합니다.

30_offset을 이용하여 질석보온재의 윗 line(hidden 선)에서 아래와 같이 간격을 띕니다.

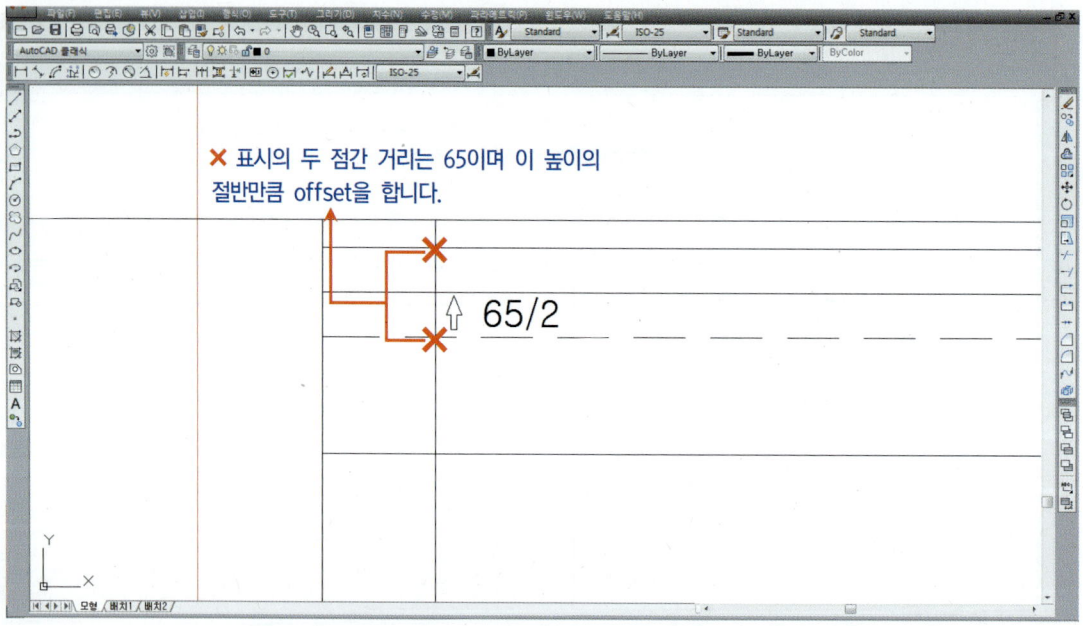

※ 계단높이 (150mm 또는 200mm) 및 질석보온재 두께에 따라 ✕ 표시의 두 점간 거리는 달라집니다.

31_ fillet을 이용하여 아래와 같이 질석보온재의 모서리 (검은 네모 클릭) (동그라미 클릭)를 편집합니다.

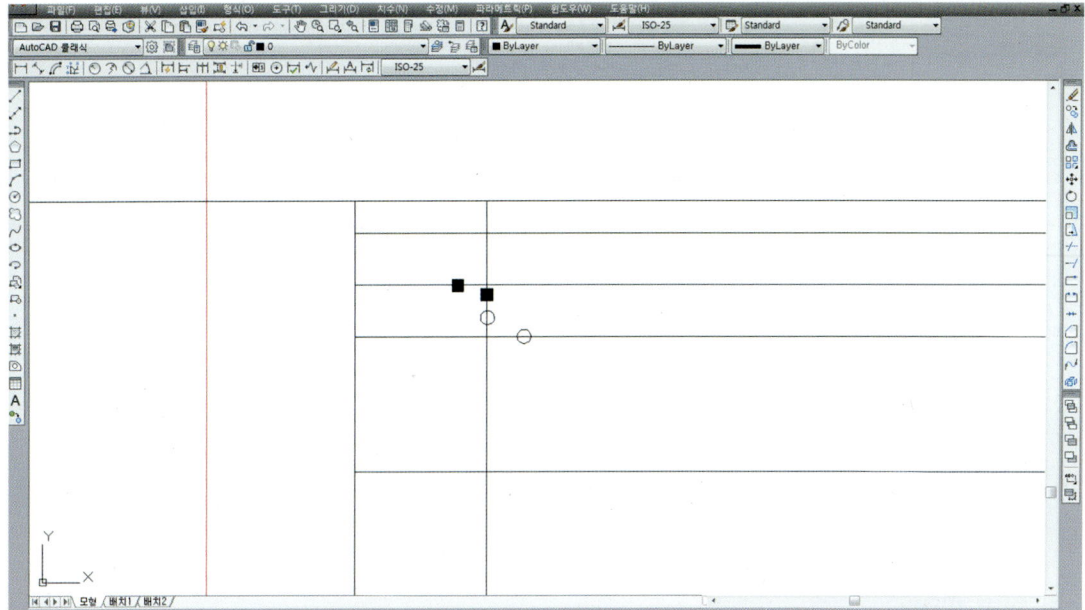

32_ XL Pipe와 콩자갈을 작도하고 파단선을 만든 뒤 질석보온재 내부에 hatch를 합니다.

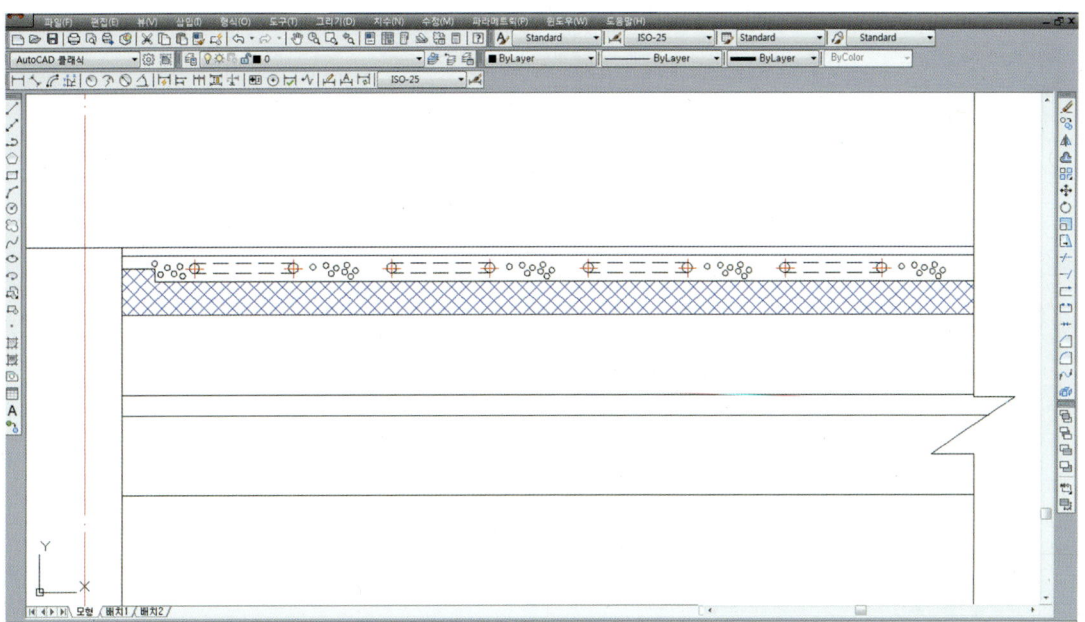

※ XL Pipe의 작도 방법과 질석보온재의 hatch는 방부분단면상세도의 작도법을 참고하기 바랍니다.

33_ copy를 이용하여 잡석다짐을 대각선에 위치한 지점에 임의의 한 점으로 복사한 뒤 extend를 이용하여 연장합니다.

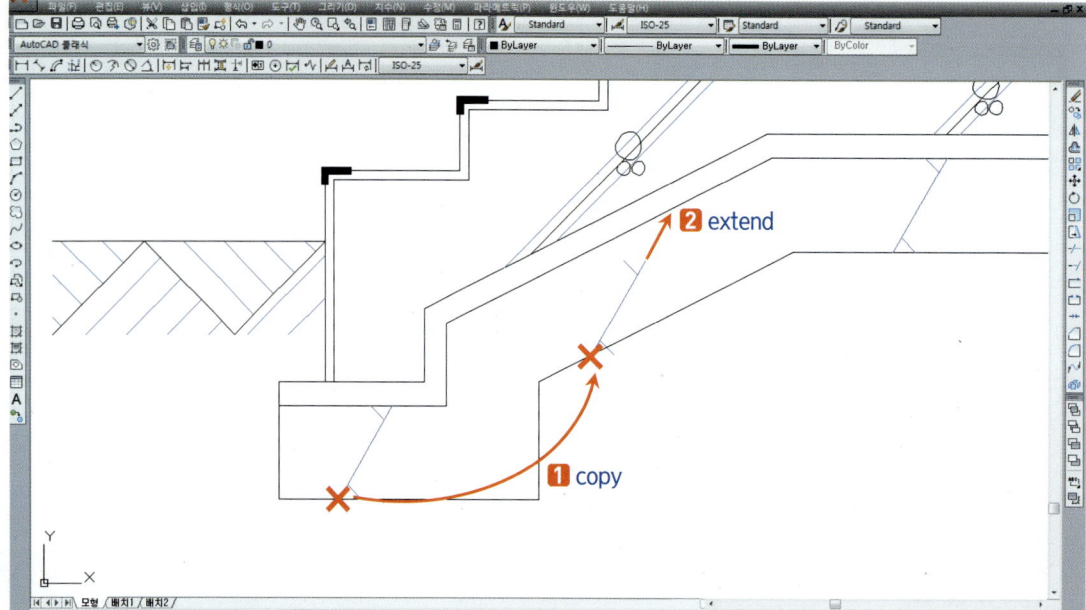

34_ 철근콘크리트 및 잡석다짐의 재료표시를 하고 편집명령어를 이용하여 편집합니다.

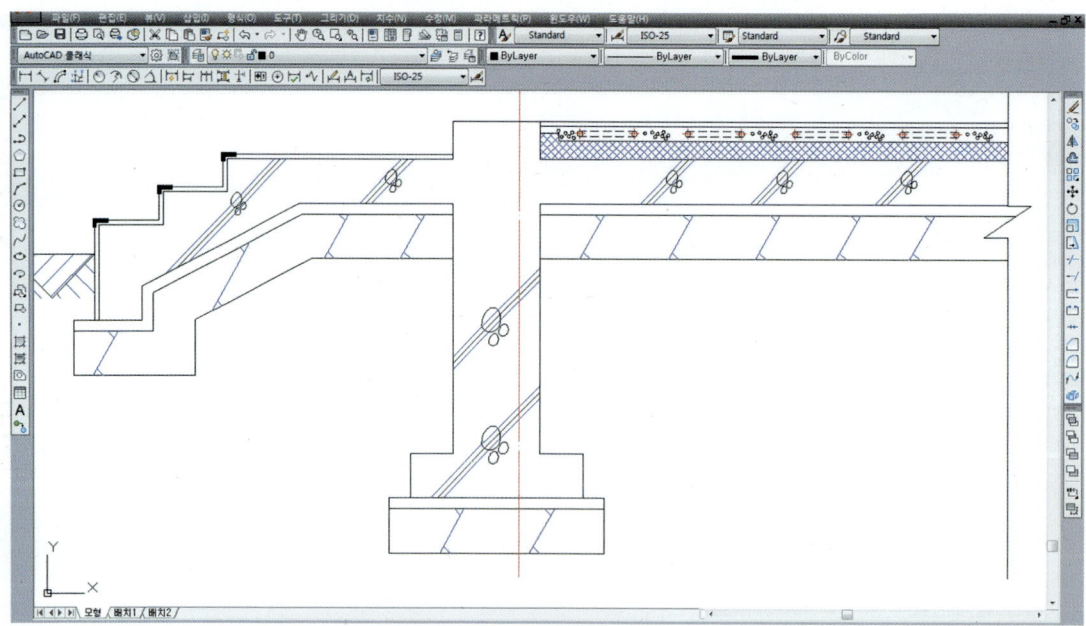

※ 철근콘크리트 및 잡석다짐의 재료표시와 편집방법은 방부분단면상세도의 작도법을 참고하기 바랍니다.

35_ offset을 이용하여 거리 30만큼 간격(hidden 선)을 띄고 move를 이용하여 부착하고 trim을 이용하여 잡석다짐 바깥 부분을 잘라냅니다.

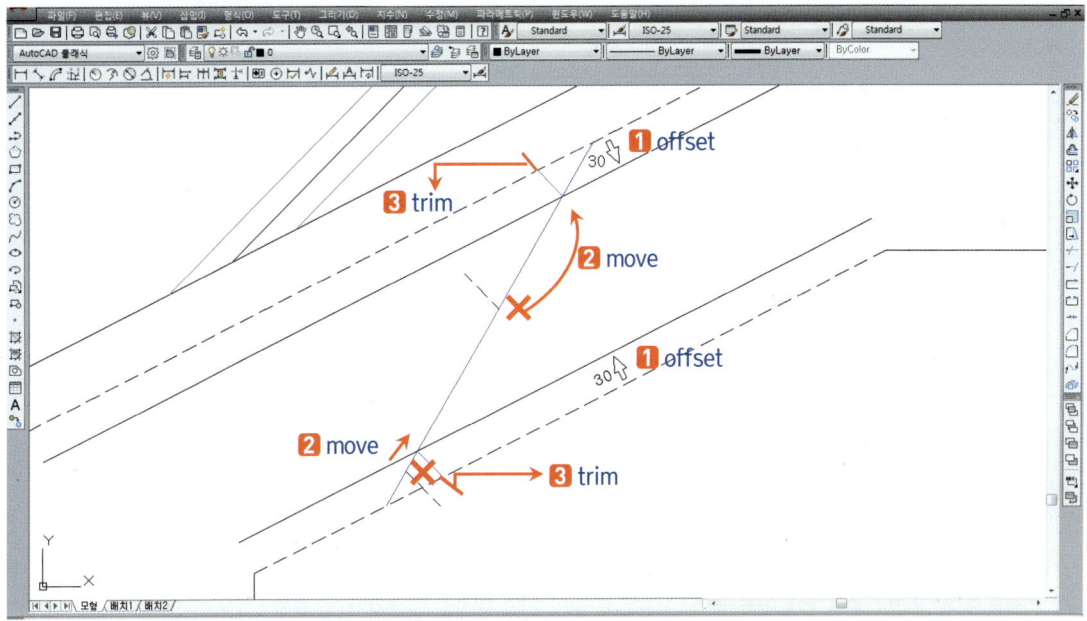

36_ 테라스 창 단면을 작도하고 파단선을 만듭니다.

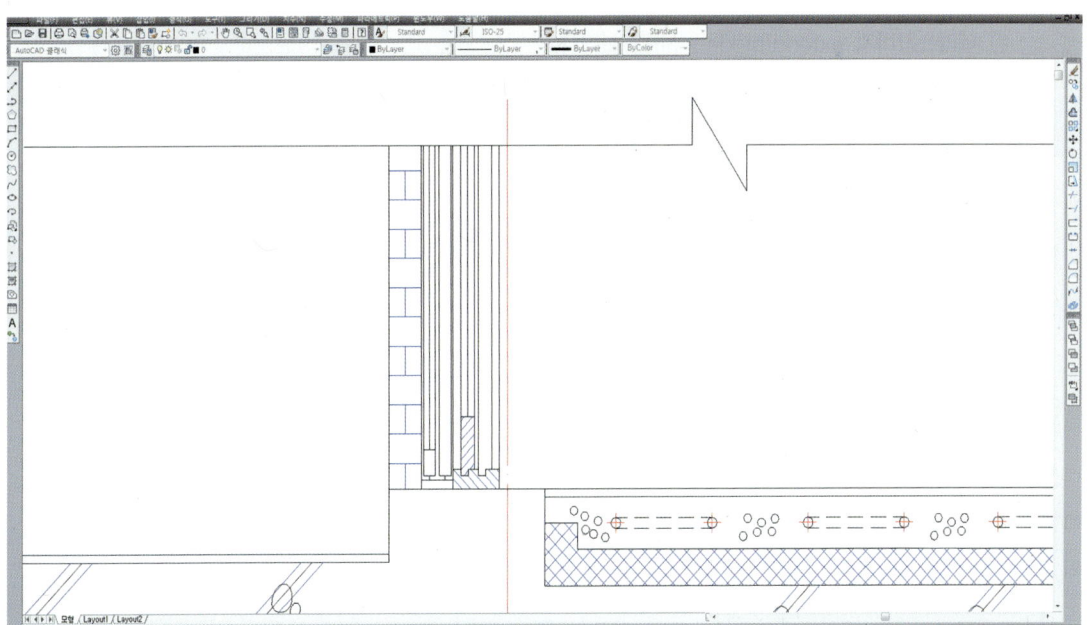

※ 테라스창 작도방법은 창단면상세도-2의 작도법을 참고하기 바랍니다.

37_offset을 이용하여 벽체 입면 line(hidden 선)을 425만큼 간격을 띄워 벽체를 만듭니다.

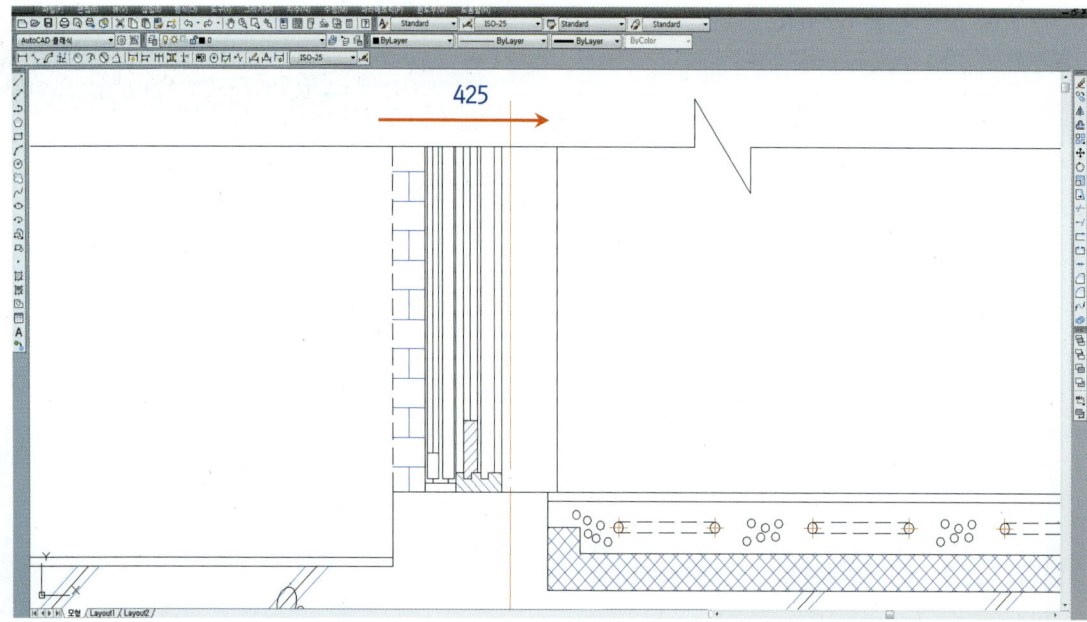

※ 벽체를 offset할 때는 몰탈 두께 20을 추가한 값으로 간격을 띄어야 합니다. 즉, 405mm의 벽체에 몰탈 20mm를 추가한 425mm를 간격 띄웁니다.

38_offset을 이용하여 거실 바닥 line(hidden 선)에서 100만큼 간격을 띄어 걸레받이를 만들고 도면층 5로 한 뒤 테라스창까지 extend(hidden 선)를 합니다.

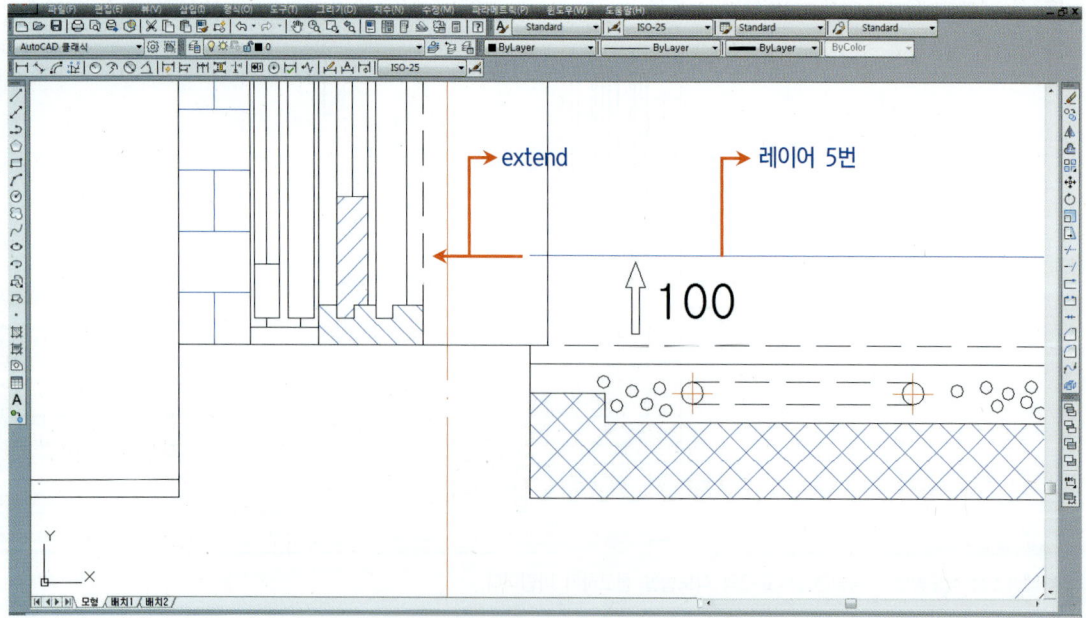

39_ offset으로 걸레받이 두께 20을 띄고 trim으로 (hidden 선) 잘라낸 뒤 도면층 5로 합니다.

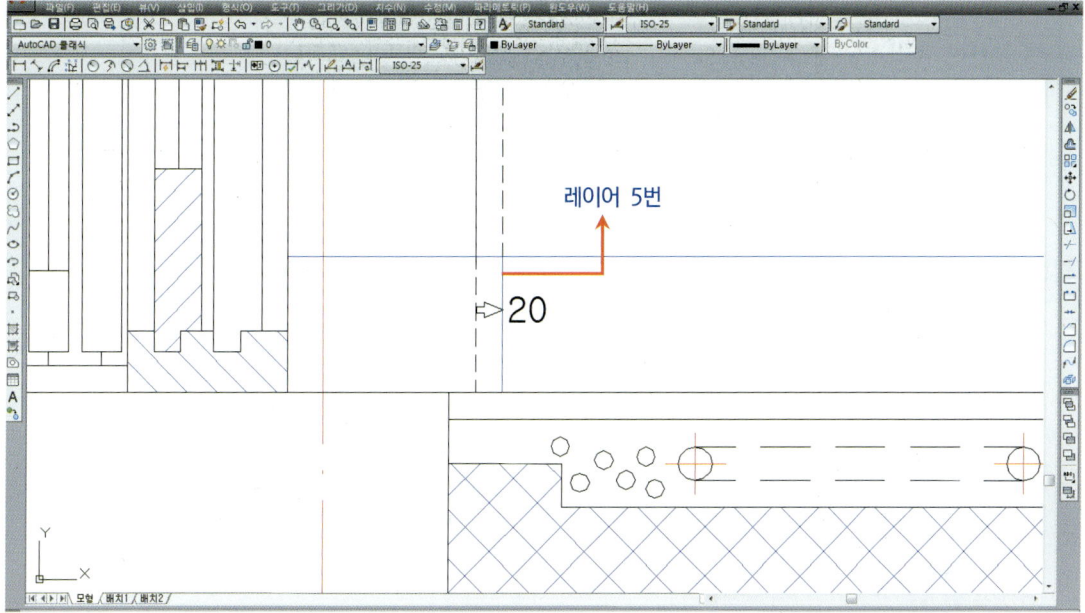

40_ offset을 벽체 line(hidden 선)에서 아래와 같은 간격으로 띄어 벽체를 디자인하고 도면층 5로 합니다.

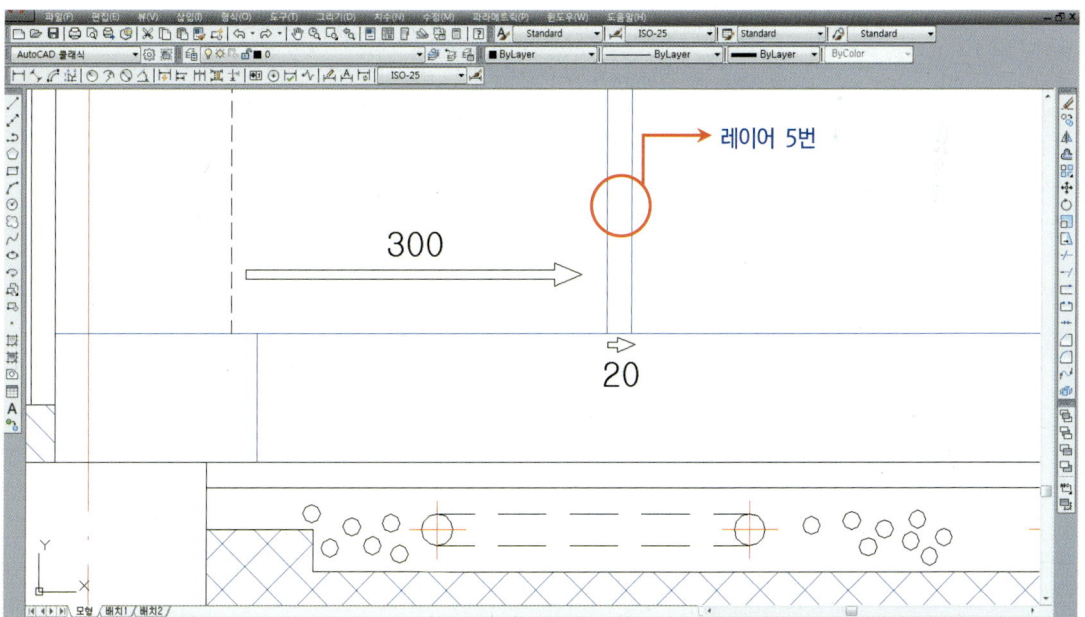

41_ array를 이용하여 선을 선택(hidden 선)하고 열의 수(7), 열 간격 300 입력하여 완성합니다.

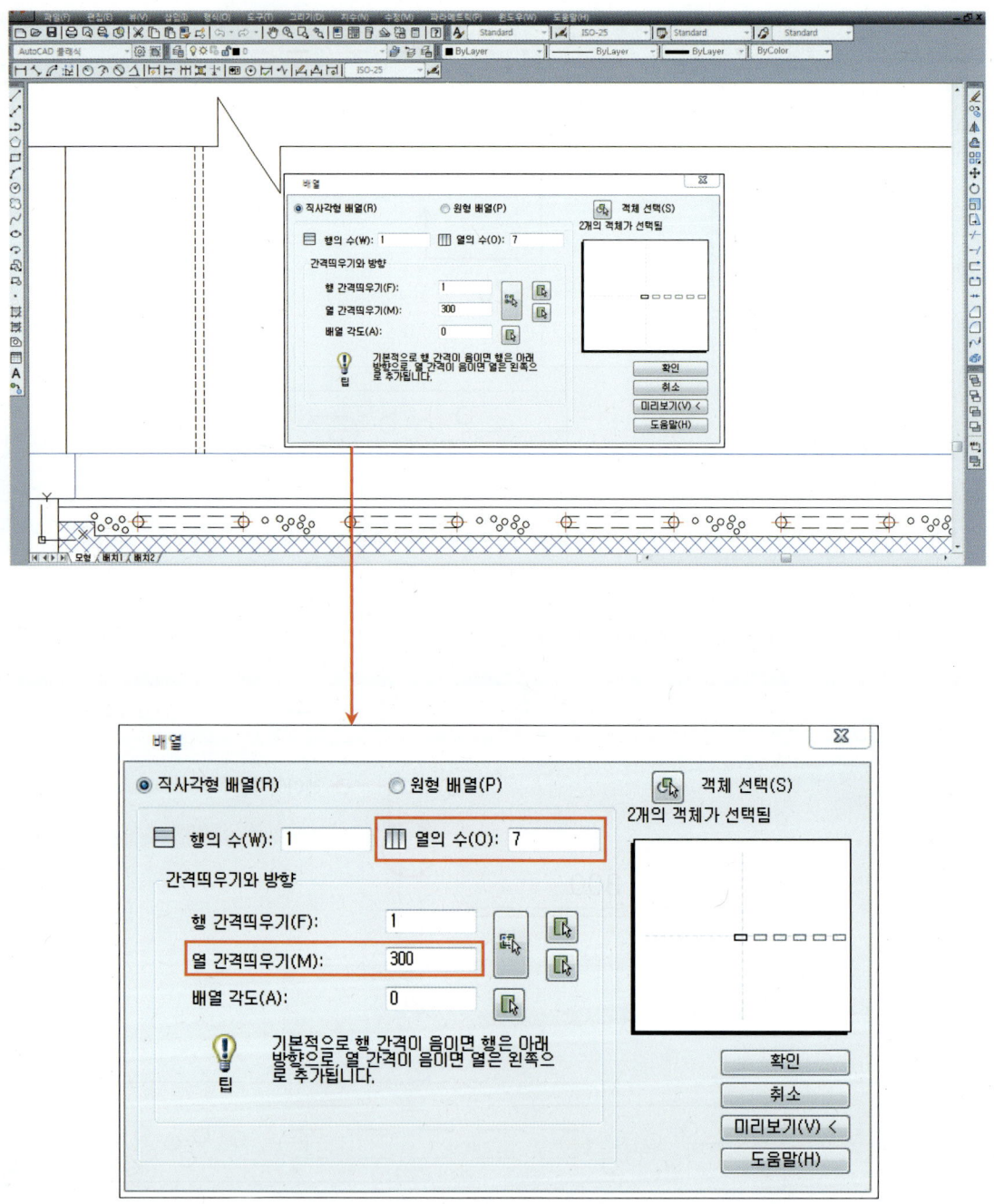

42_ 지시선을 만들고 글자를 입력한 뒤 rectangle을 만든 후 글자 뒷부분을 잘라내고 rectangle을 지웁니다.

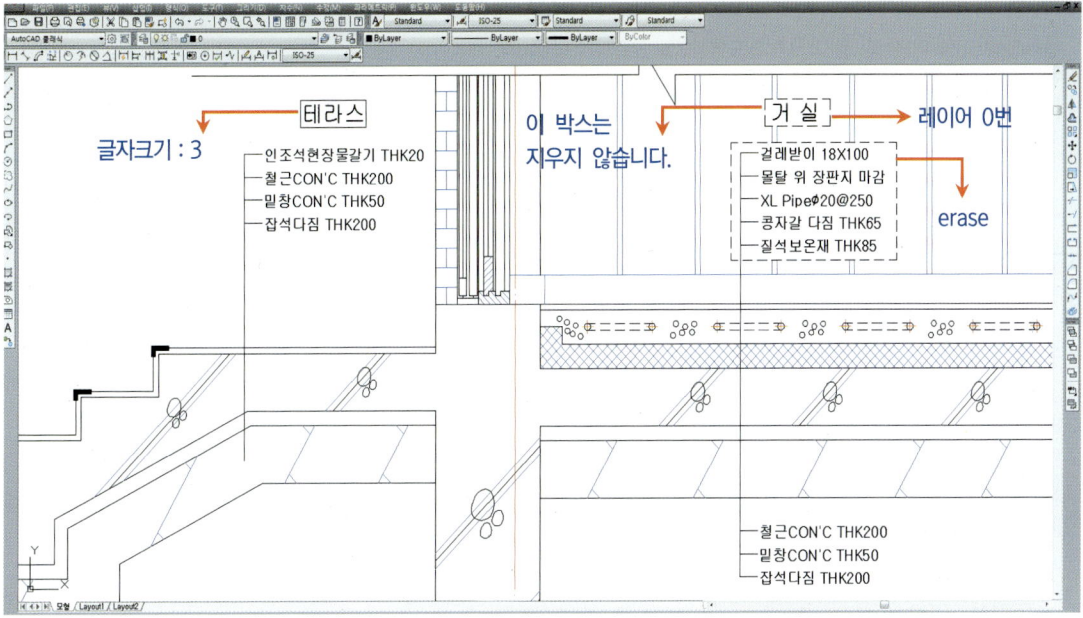

※ 지시선 및 글자 쓰는 방법은 방부분단면상세도의 작도법을 참고하기 바랍니다.

43_ 글자와 치수를 기입하고 제목을 기입하여 마무리합니다.

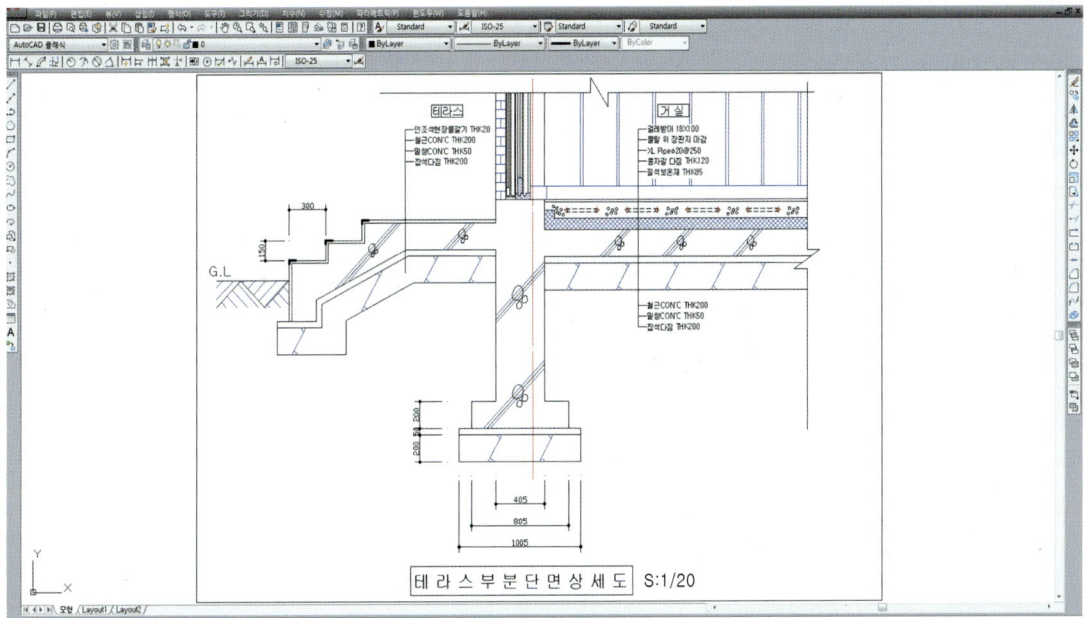

다음의 테라스단면상세도를 작도해 보시기 바랍니다.

※ mvsetup을 이용하여 용지 크기와 도면척도를 만드시기 바랍니다.

- 도면크기 : A4
- 도면척도 : 20

[조건]

- 벽돌 : 외부로부터 0.5B(90mm), 시멘트벽돌 1.0B(190mm)
- 단열재 : 120mm
- 계단참 : 1400mm
- 고막이 : 600mm
- 계단 수 : 2개
- 콩자갈다짐 두께 : 85mm
- 질석보온재 두께 : 115mm
- 동결선 : 900mm

다음의 테라스단면상세도를 작도해 보시기 바랍니다.

※ mvsetup을 이용하여 용지 크기와 도면척도를 만드시기 바랍니다.

- 도면크기 : A4
- 도면척도 : 20

[조건]

- 벽돌 : 외부로부터 0.5B(90mm), 시멘트벽돌 1.0B(190mm)로 하고 반대로 작도합니다.
- 단열재 : 125mm
- 계단참 : 1300mm
- 고막이 : 750mm
- 계단 수 : 4개
- 콩자갈다짐 두께 : 65mm
- 질석보온재 두께 : 85mm
- 동결선 : 900mm

※ 도면을 반대로 그려보는 연습이 반드시 필요하며, 중심선의 위치도 중앙에 위치해 놓고 연습해 보기 바랍니다.
※ 반대로 연습하실 때 철근표시 및 잡석다짐과 해치를 반대로 해서는 안 됩니다.
※ 테라스 부분은 시험에 출제확률이 매우 높은 도면입니다. 충분한 반복연습이 필요하며 사이즈 및 작도순서가 외워질 정도로 학습이 되셔야 합니다.

테라스부분단면상세도 1

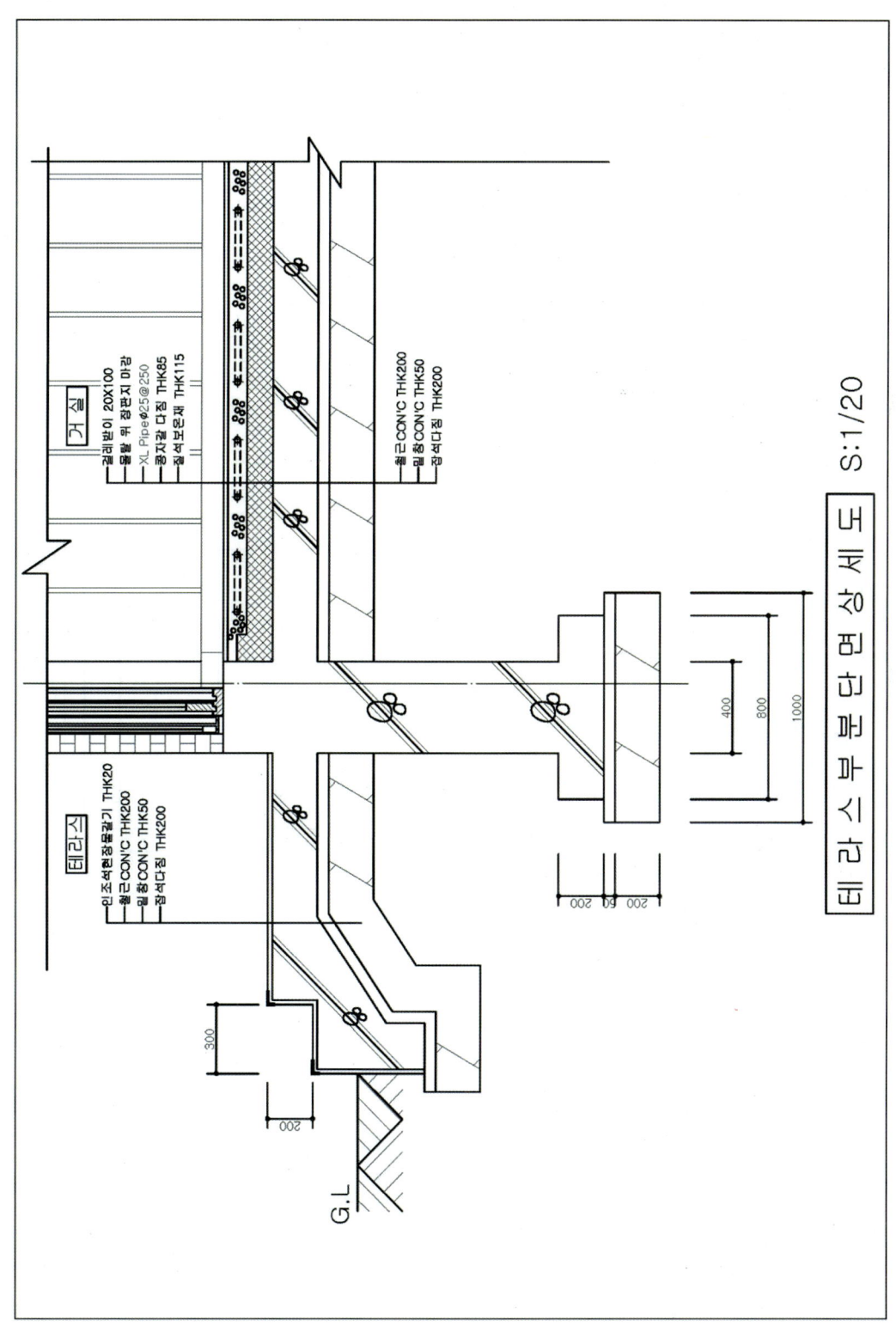

테라스부분단면상세도 2

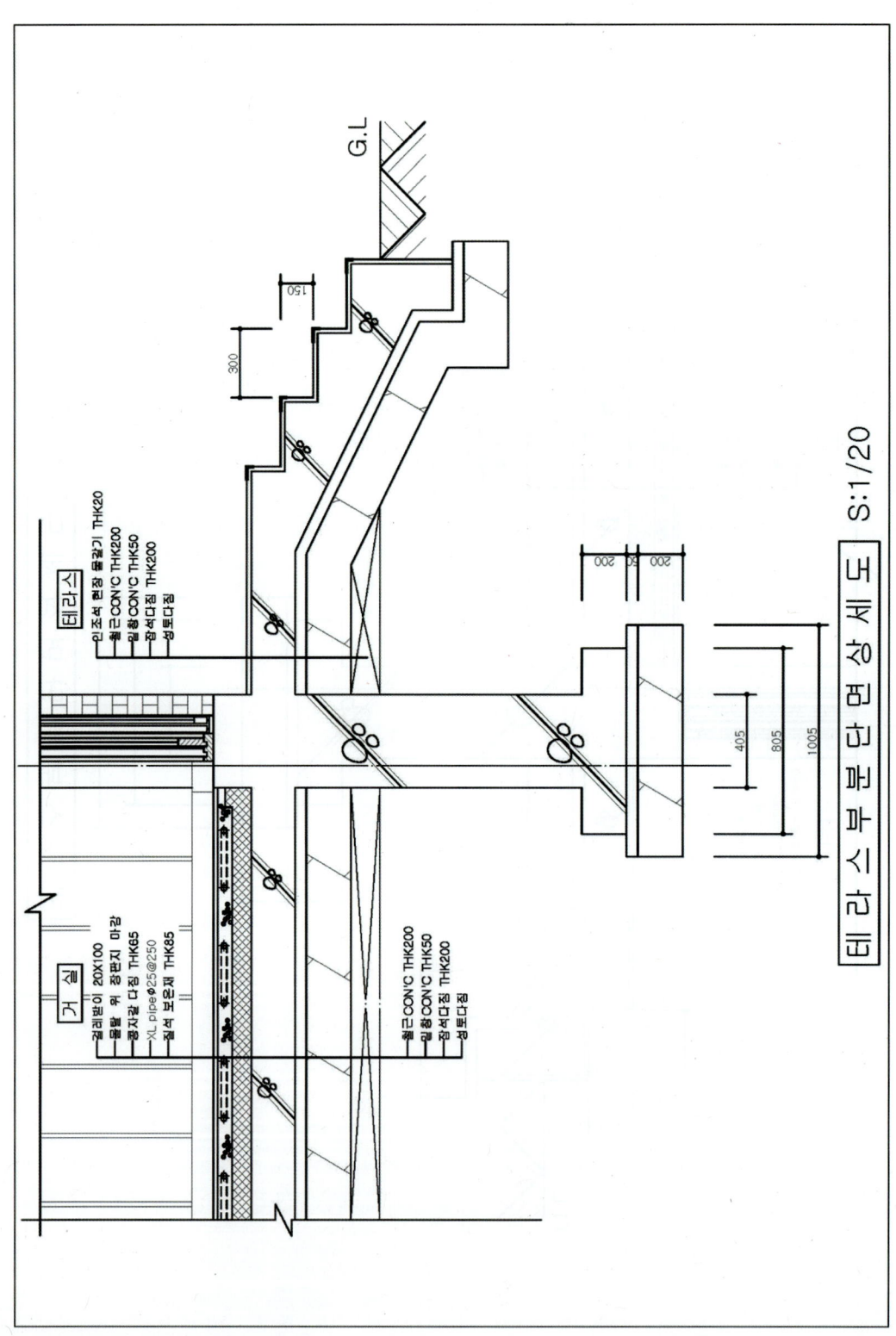

11 현관부분단면상세도

1_mvsetup에서 도면척도를 20으로 맞추고 용지크기를 A4로 만듭니다.

| 명령 | **MVSETUP** ↵ |

```
도면공간을 사용가능하게 합니까? [아니오(N)/예(Y)] : n ↵
단위 유형 입력 [공학(S)/십진(D)/엔지니어링(E)/건축(A)/미터법(M)] : m ↵
미터 축척
(5000)  1 : 5000
(2000)  1 : 2000
(1000)  1 : 1000
(500)   1 : 500
(200)   1 : 200
(100)   1 : 100
(75)    1 : 75
(50)    1 : 50
(20)    1 : 20
(10)    1 : 10
(5)     1 : 5
(1)     전체
축척 비율 입력 : 20 ↵
용지 폭 입력 : 283 ↵
용지 높이 입력 : 196 ↵
```

2_ layer에서 다음과 같이 도면층을 만듭니다.

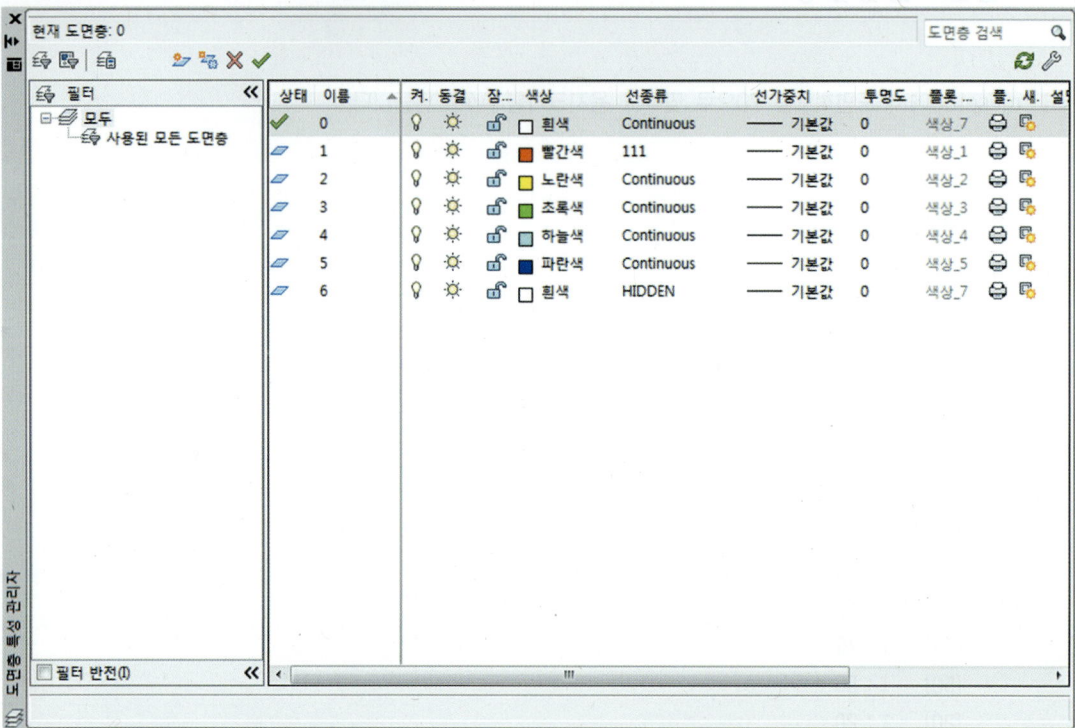

| 현관단면 그리기

3_line을 이용하여 임의의 선을 하나 작도한 뒤 레이어 1번으로 바꿉니다.

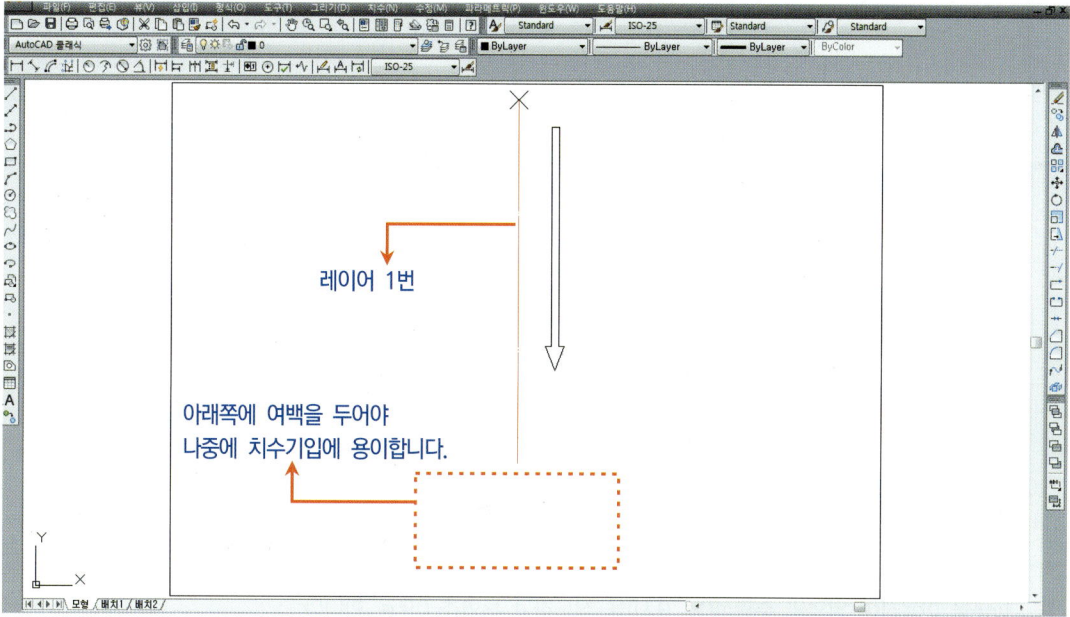

※ lts를 이용하여 척도 20을 줍니다.

4_offset을 이용하여 중심선(동그라미 부분)에서 오른쪽으로 95만큼 간격을 띄고 도면층 2로 바꿉니다.

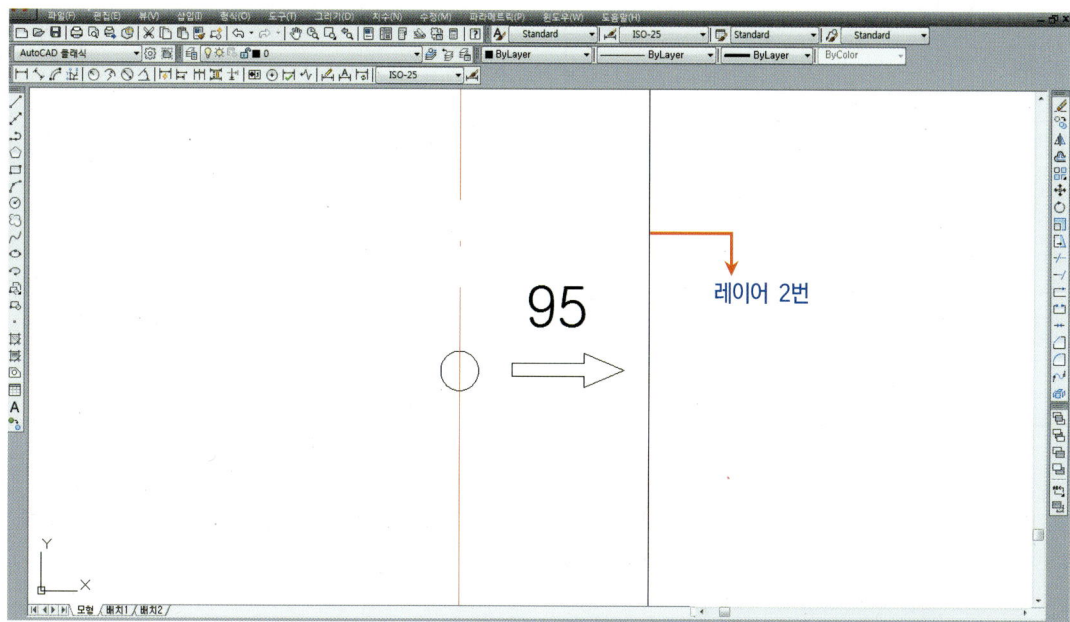

5_ offset을 이용하여 단열재 두께 125mm로 하는 벽 두께를 우측 라인(동그라미 부분)에서 왼쪽으로 간격을 띕니다.

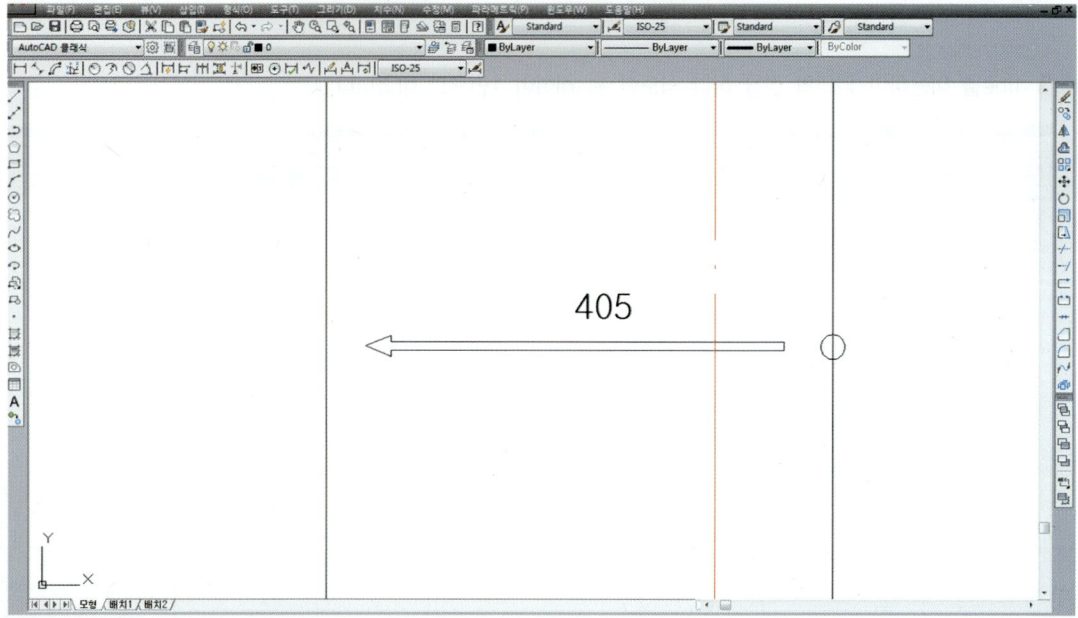

※ 단열재(125mm) + 벽돌 1.5B(280mm) = 405mm

6_ line을 이용하여 임의의 수평선(✗ 표시)을 작도하고 도면층 0으로 합니다.

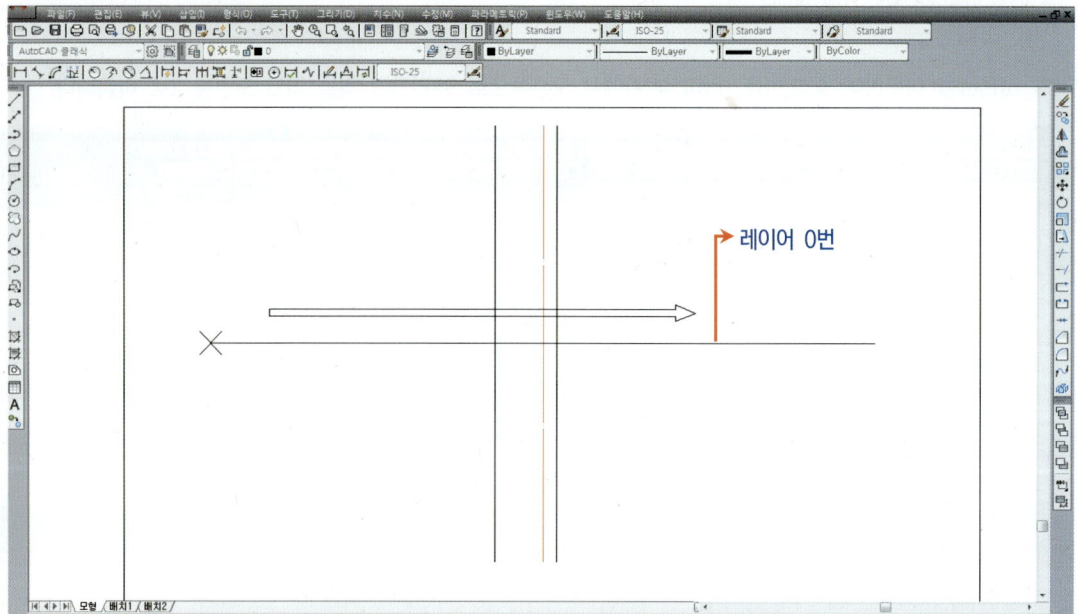

7_ trim을 이용하여 왼쪽 수직 line과 오른쪽 수직 line(hidden 선)을 자릅니다.

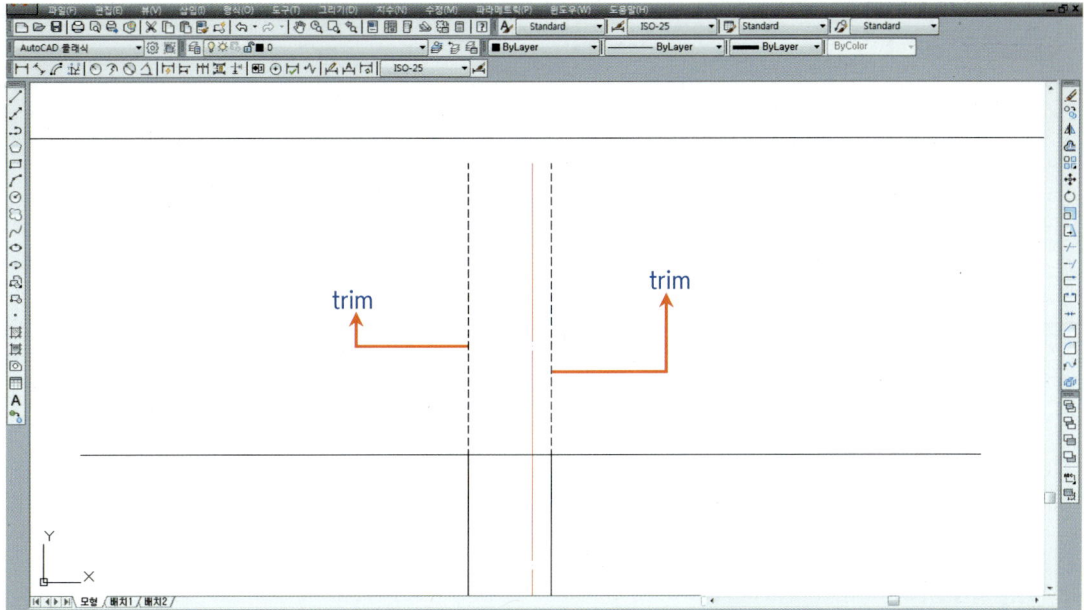

8_ offset을 이용하여 아래와 같이 중심선(동그라미 친 부분)에서 간격을 띄어 계단참과 계단을 만들고 도면층을 0으로 합니다.

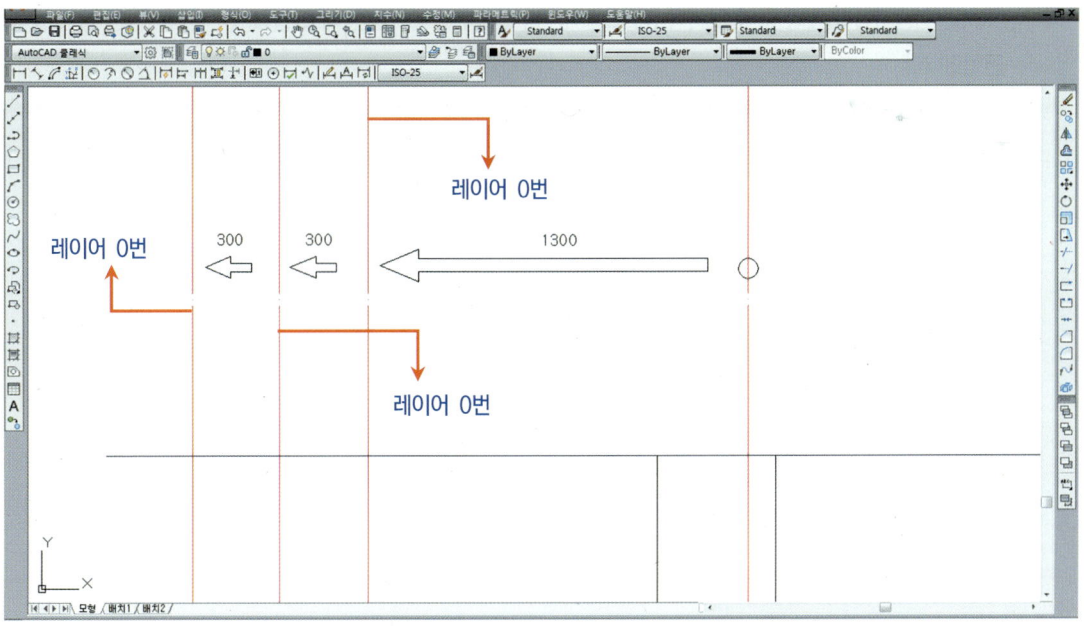

※ 계단참 거리와 계단너비는 시험에 따라 다르므로 평면도에서 스케일 자를 이용하여 직접 측정하셔야 합니다.

9_ offset을 이용하여 150 간격(hidden 선)으로 띄어 계단 높이를 만듭니다.

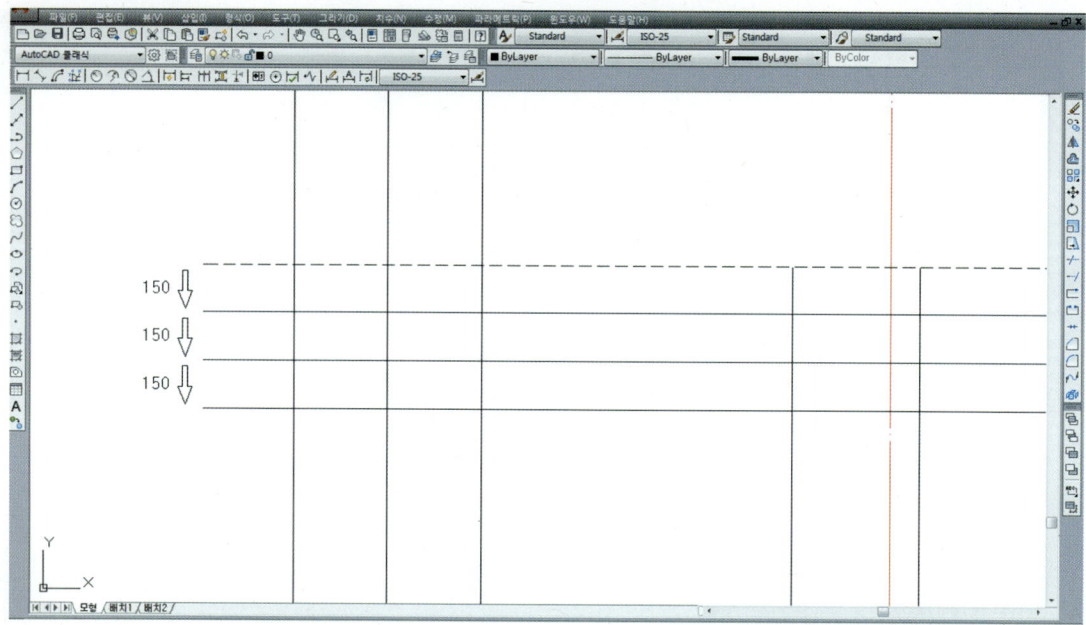

※ 고막이 높이는 계단 수에 따라 달라집니다. 고막이 = 계단 수 + 계단 수 하나를 추가한 높이입니다.
 예를 들어, 계단 개수가 3개라면 계단 3개×150 = 450mm가 나오는데 여기에 계단 수 하나를 추가한 150mm를 더하면 450mm + 150mm가 되어 고막이는 600mm가 됩니다.

10_ fillet을 이용하여 아래와 같이 모서리 (네모 클릭) (동그라미 클릭) (검은 네모 클릭) (X 클릭) (검은 삼각 클릭)를 편집합니다.

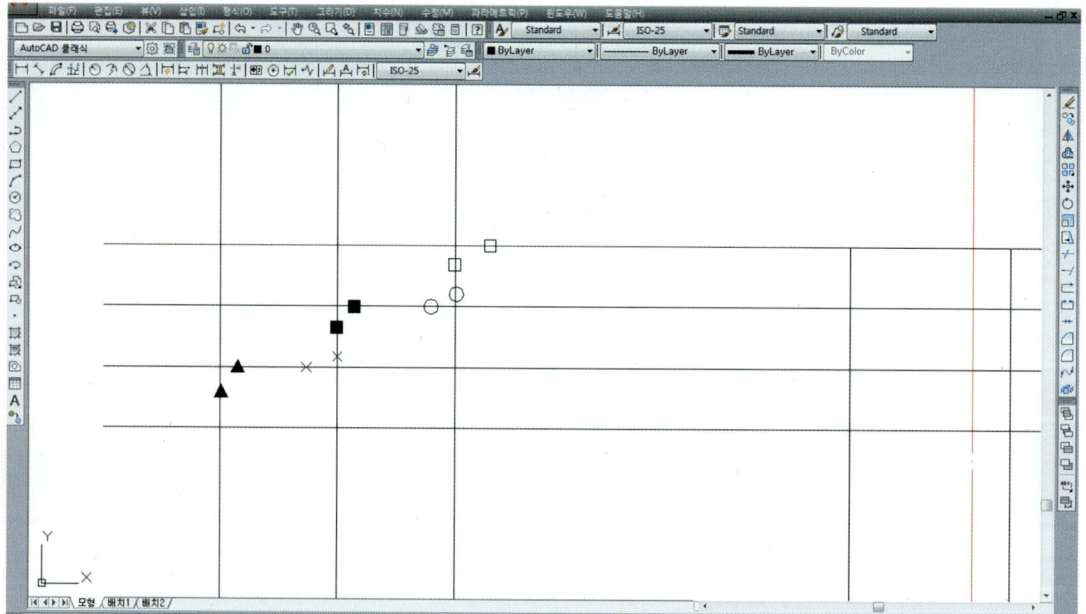

11_trim을 이용하여 아래와 같이 잘라(hidden 선)내어 지반 line을 확보합니다.

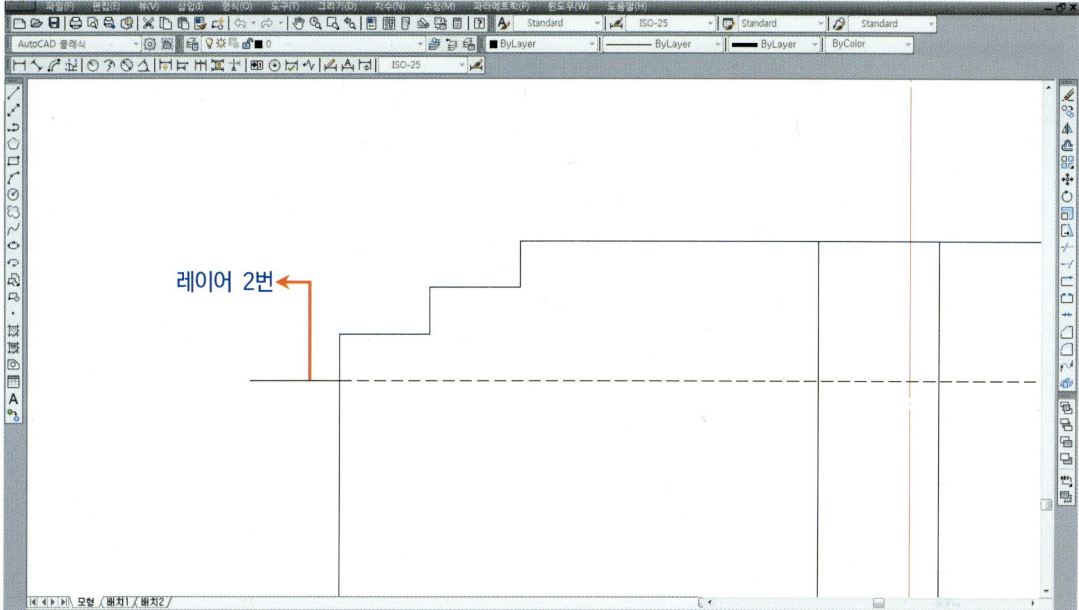

12_offset을 이용하여 계단 안쪽으로 20 간격(hidden 선)을 띄고 도면층 2로 바꿉니다.

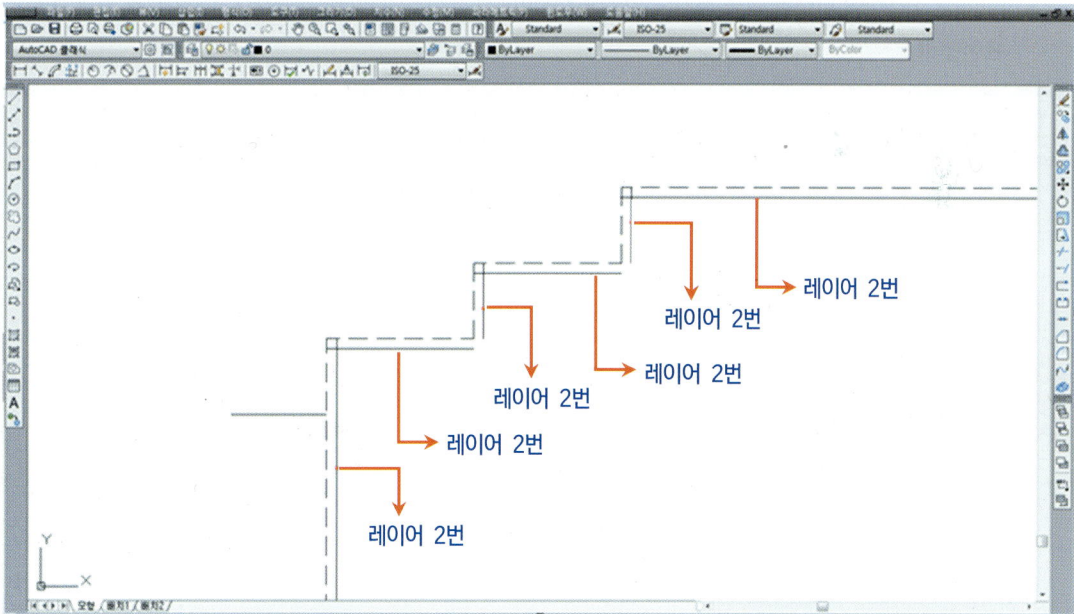

13_ fillet을 이용하여 아래와 같이 모서리 (네모 클릭) (동그라미 클릭) (검은 네모 클릭) (X 클릭) (검은 삼각 클릭)를 편집합니다.

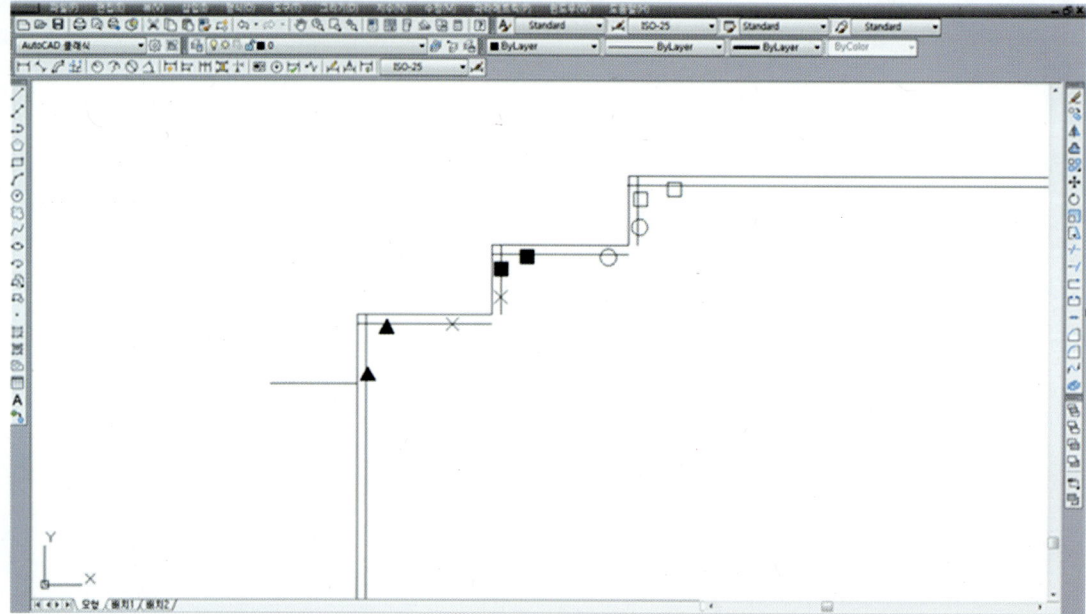

14_ pline을 이용하여 아래와 같은 크기로 만들고 pedit에서 옵션의 폭(w)을 이용하여 15의 값을 주어 논슬립을 표현합니다.

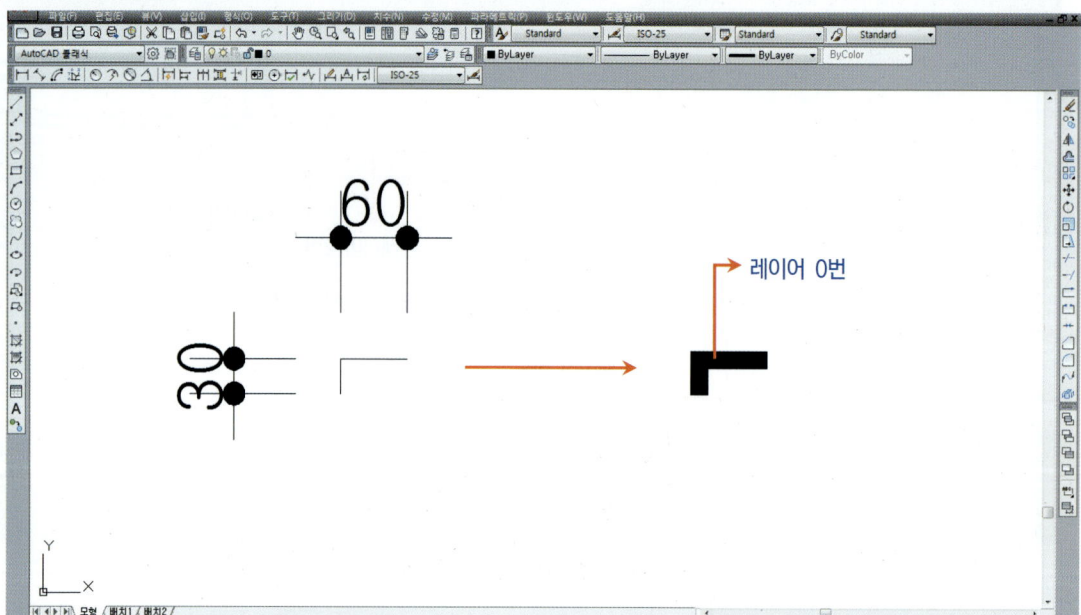

15_copy를 이용하여 논슬립을 아래와 같이 계단 끝부분에 부착하고 지반 line을 만듭니다.

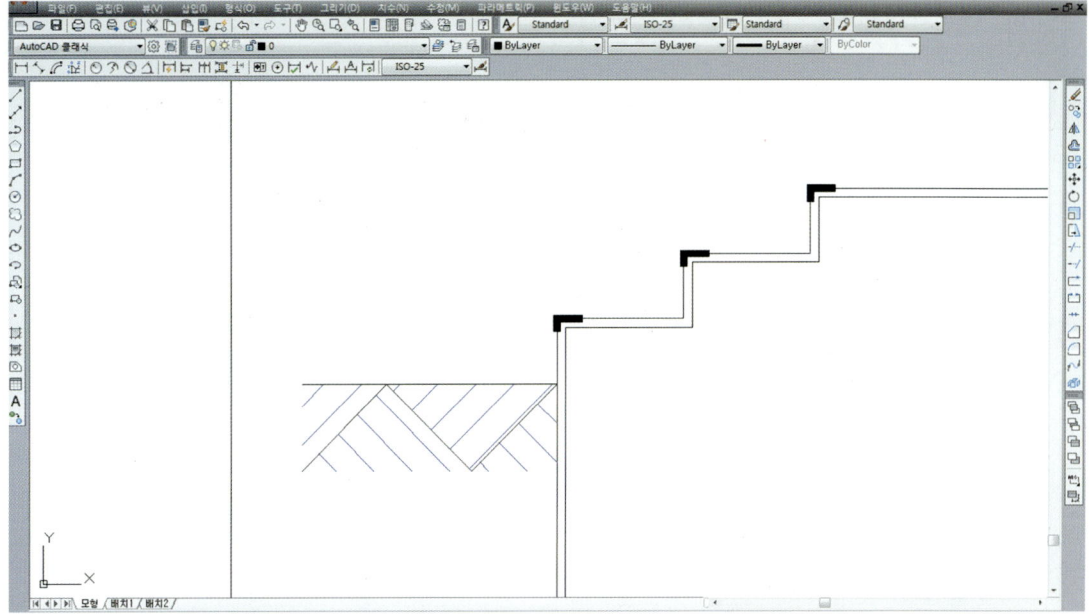

※ 지반 작도법은 기초부분단면상세도를 참고하기 바랍니다.

16_trim을 이용하여 아래와 같이 기초와 인조석 사이(빨간색 부분)를 잘라냅니다.

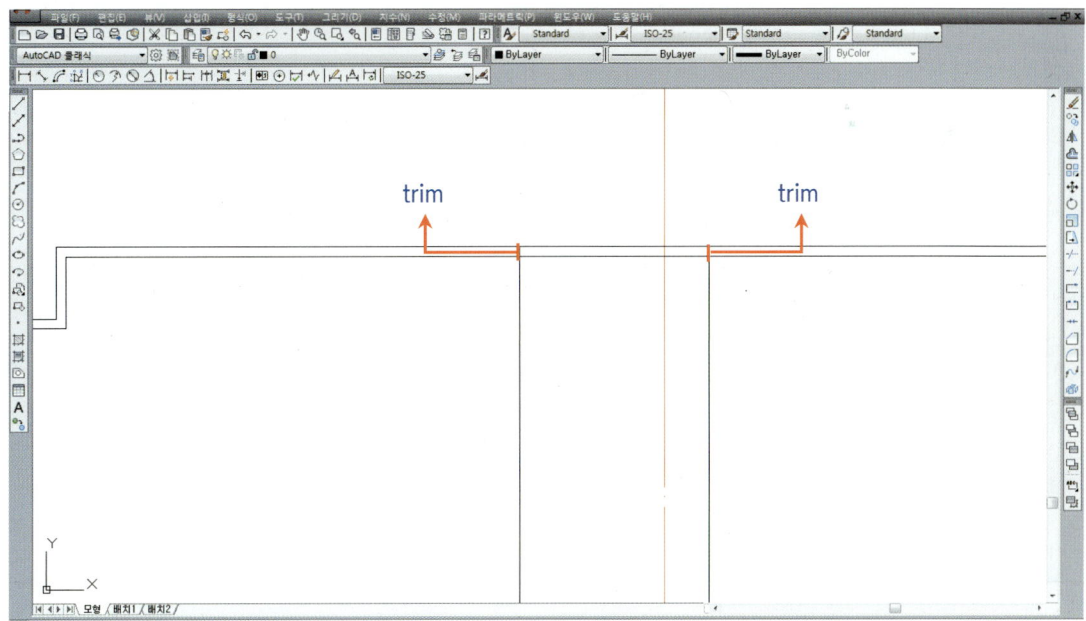

17_ offset을 이용하여 아래와 같이 지반 line(hidden 선)에서 간격을 띕니다.

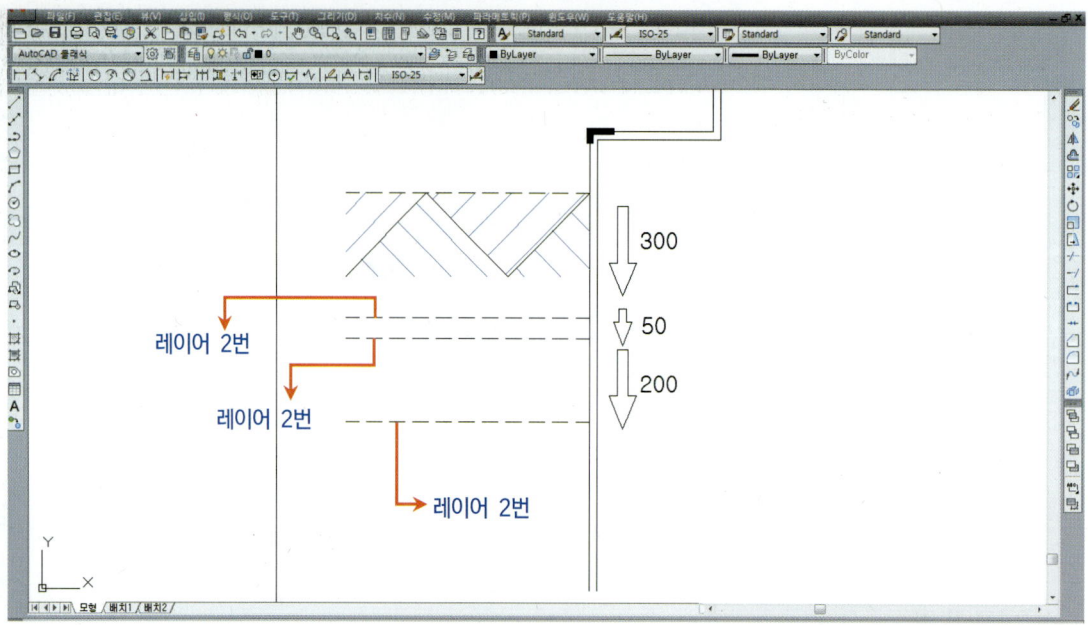

18_ offset을 이용하여 아래와 같이 인조석 line(동그라미 부분)과 철근콘크리트 line(네모 부분)에서 간격을 띕니다.

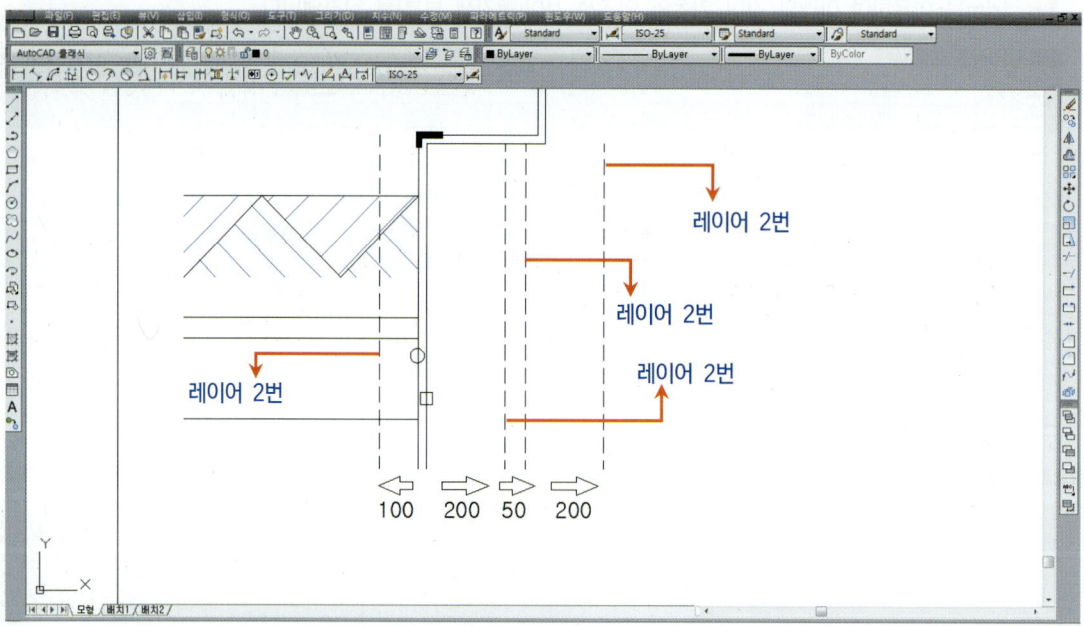

19_ line을 이용하여 계단 끝과 계단 끝부분에 선(hidden 선)을 긋고 offset을 이용하여 아래와 같이 간격을 띄고 계단참의 철근콘크리트(hidden 선)에서도 아래와 같이 간격을 띄운 뒤 erase를 이용하여 line을 지웁니다.

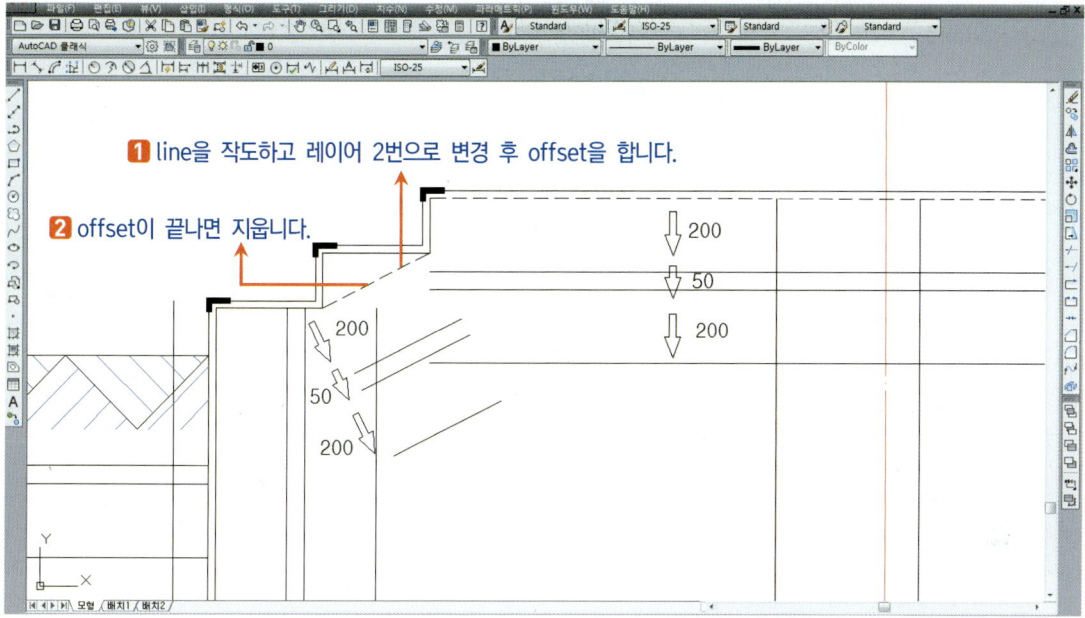

20_ fillet을 이용하여 아래와 같이 모서리 (검은 네모 클릭) (동그라미 클릭) (검은 삼각 클릭)를 편집합니다.

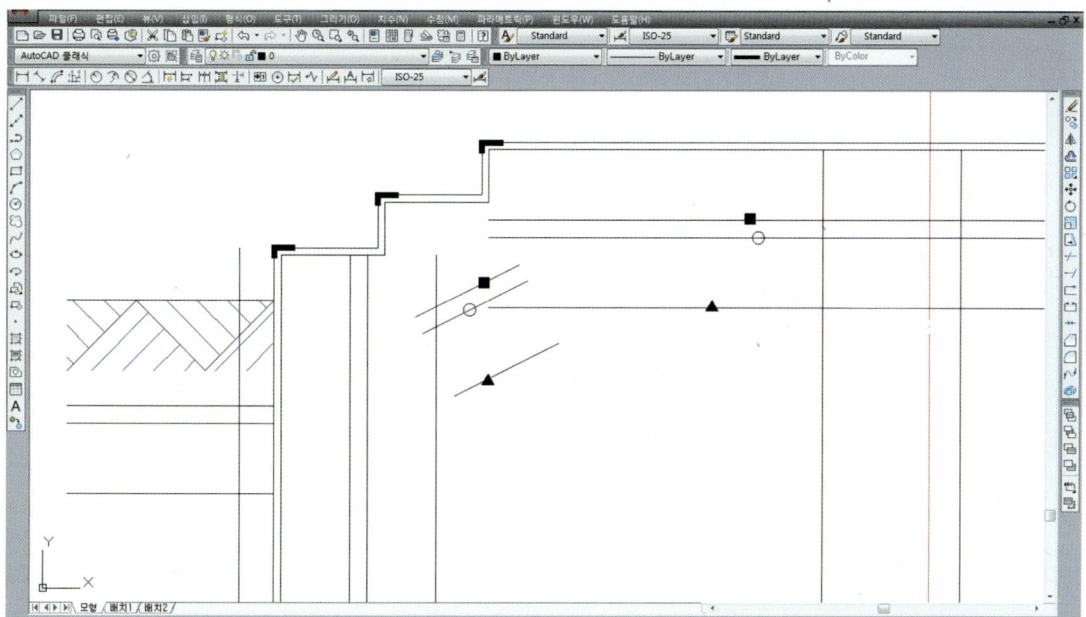

21_ fillet을 이용하여 아래와 같이 모서리 (검은 네모 클릭) (동그라미 클릭) (검은 삼각 클릭)를 편집합니다.

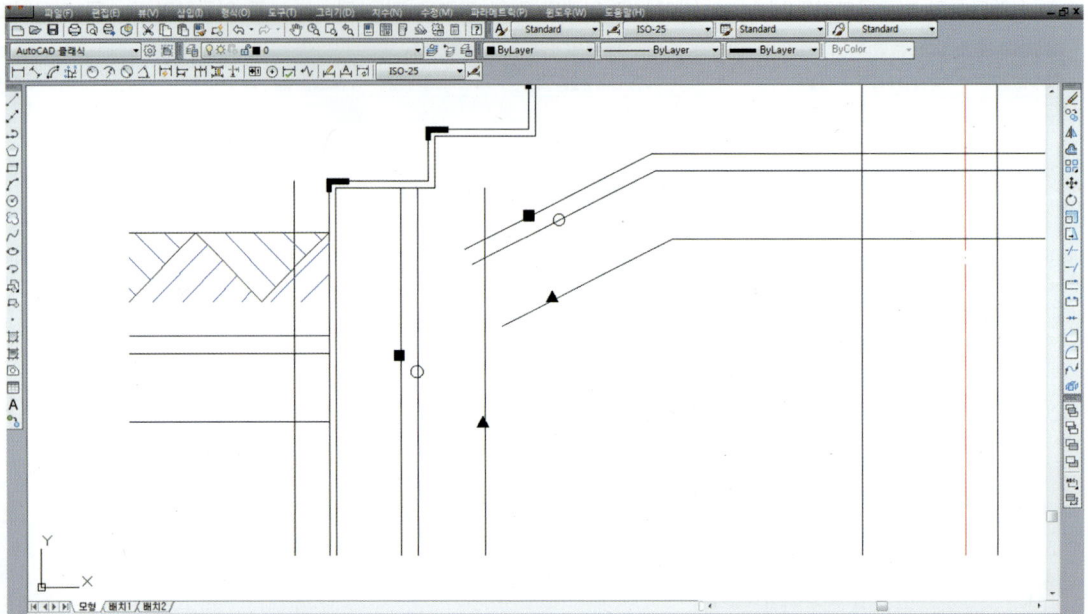

22_ fillet을 이용하여 아래와 같이 모서리 (검은 네모 클릭) (동그라미 클릭) (검은 삼각 클릭)를 편집합니다.

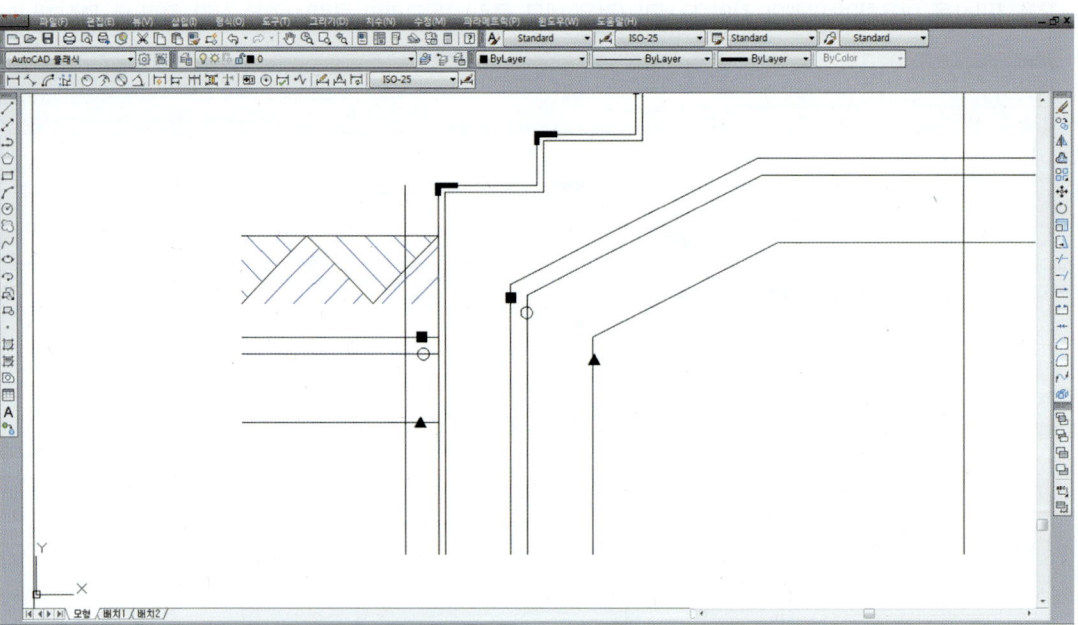

23_ fillet을 이용하여 아래와 같이 모서리 (검은 네모 클릭) (동그라미 클릭)를 편집합니다.

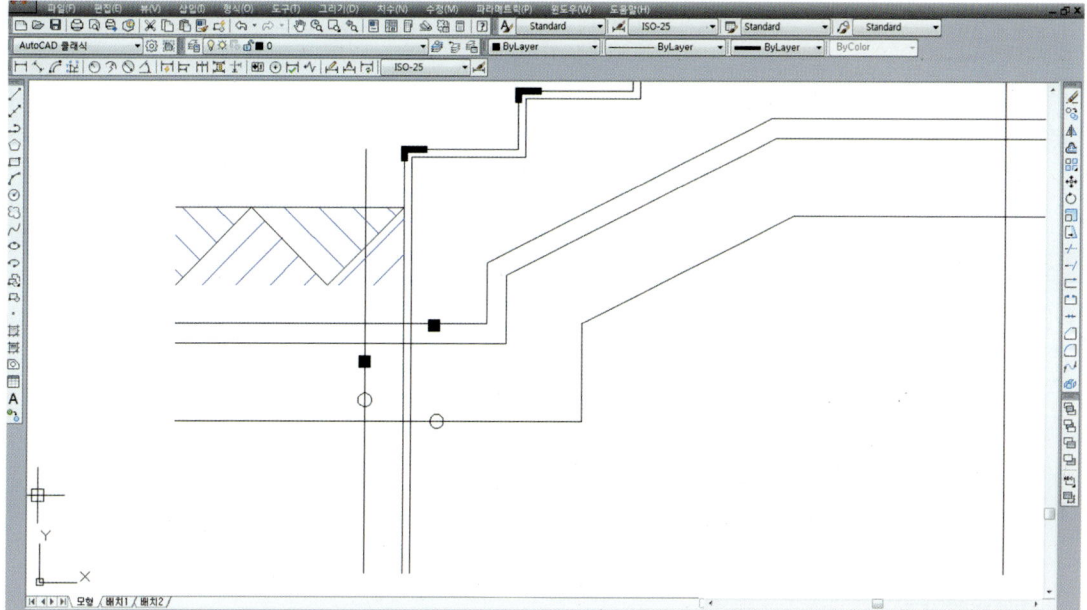

24_ trim을 이용하여 나머지 부분(hidden 선)을 잘라냅니다.

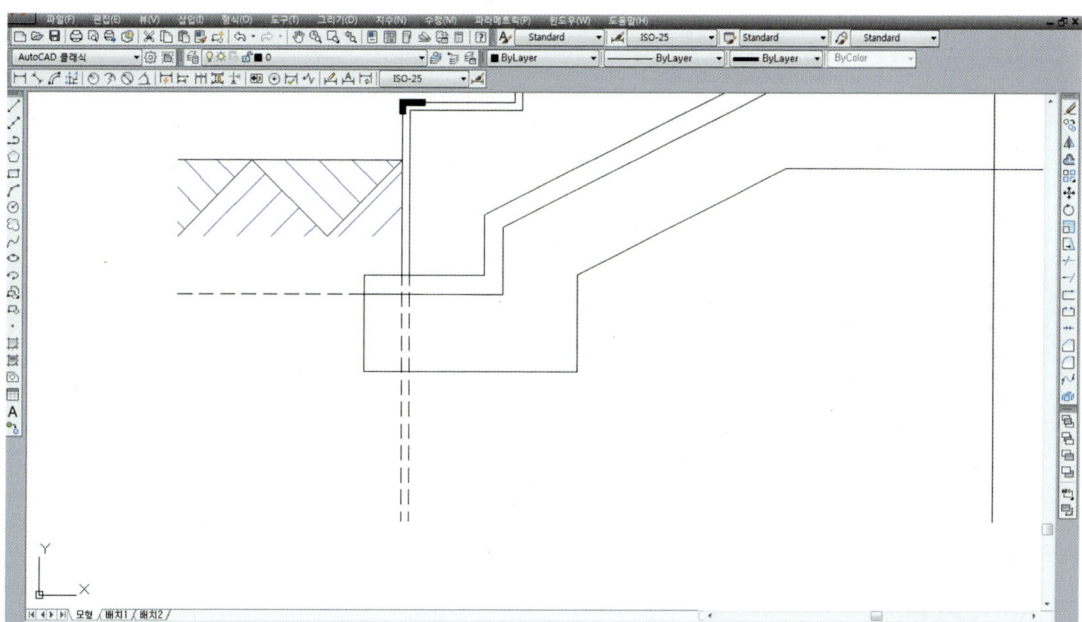

25_ trim을 이용하여 기초 내부의 수평 line(hidden 선)을 잘라냅니다.

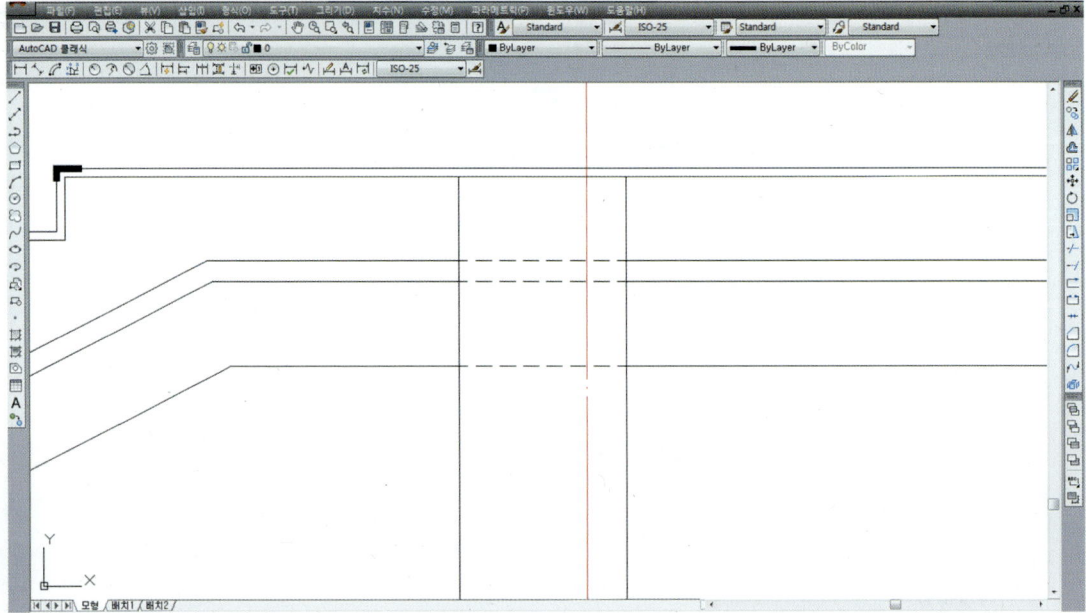

26_ fillet을 이용하여 아래와 같이 모서리 (검은 네모 클릭) (동그라미 클릭)를 편집합니다.

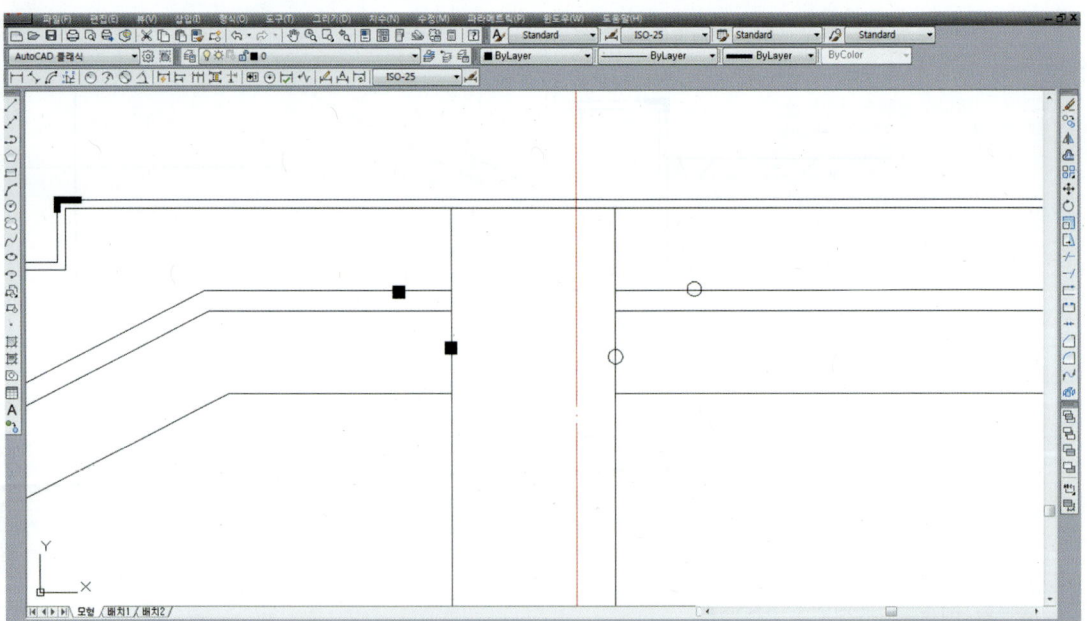

27_ offset을 이용하여 현관의 폭(동그라미 친 부분)을 띄우고 도면층을 2로 합니다.

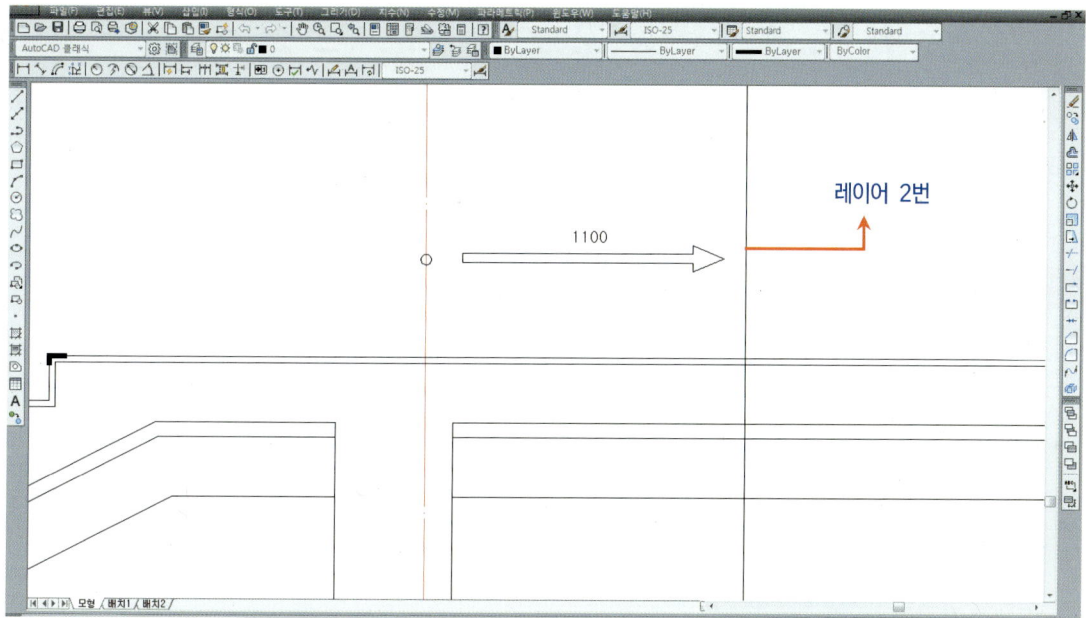

※ 현관 폭은 시험에 따라 다르게 출제되므로 시험평면도에서 스케일 자로 측정한 뒤 하셔야 합니다.

28_ offset을 이용하여 인조석 line(hidden 선)에서 간격을 띄고 도면층을 2로 합니다.

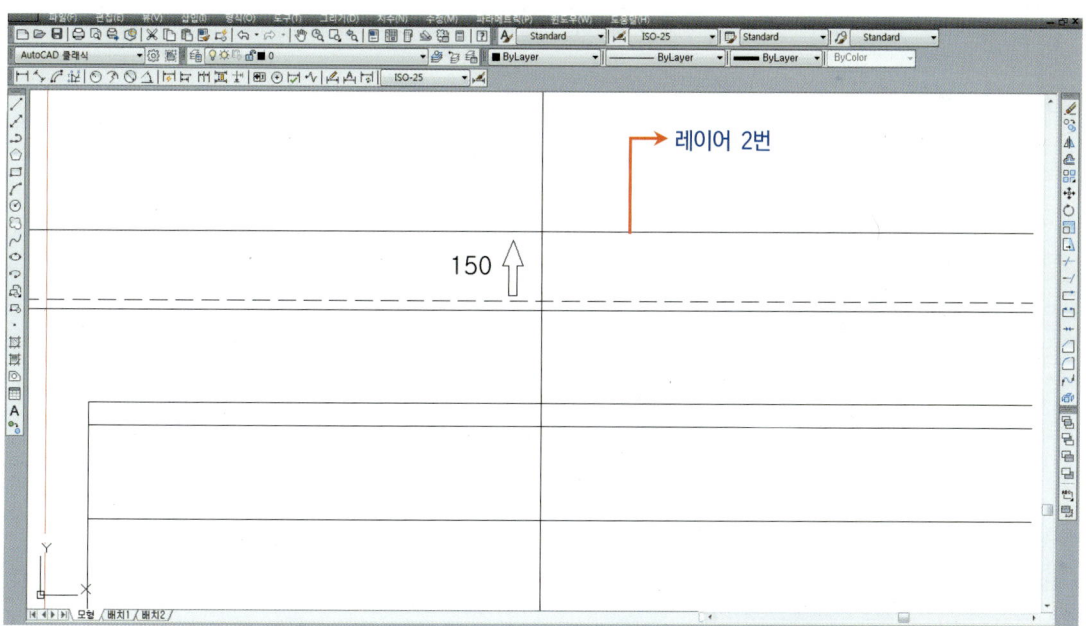

※ 현관턱 높이는 계단 수에 따라 다르게 간격을 띄어야 합니다. 계단 수가 2개로 출제될 때는 계단 하나당 높이인 200mm를 offset하고 계단 수가 3개 이상으로 출제될 때는 계단 하나당 높이인 150mm를 offset합니다.

29_ fillet의 반지름을 50으로 변경한 뒤 현관턱 모서리 부분(검은 네모 클릭)을 편집합니다.

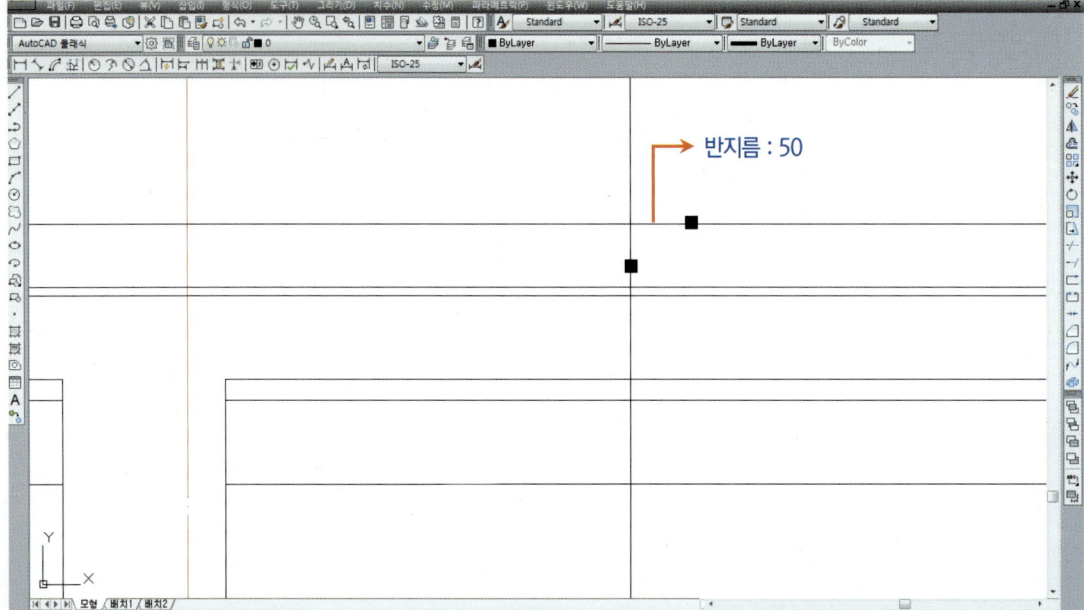

30_ offset을 이용하여 현관턱 외부 line(hidden 선)에서 내부로 20만큼 간격을 띕니다.

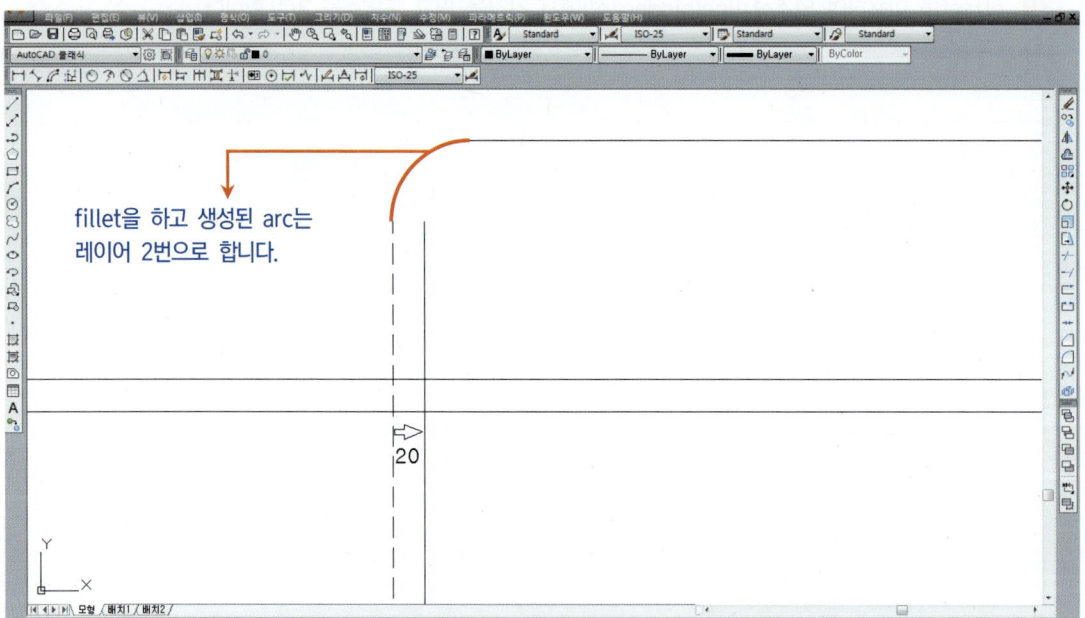

31_ fillet의 반지름을 0으로 변경한 뒤 현관턱의 모서리 (검은 네모 클릭) (동그라미 클릭)를 편집합니다.

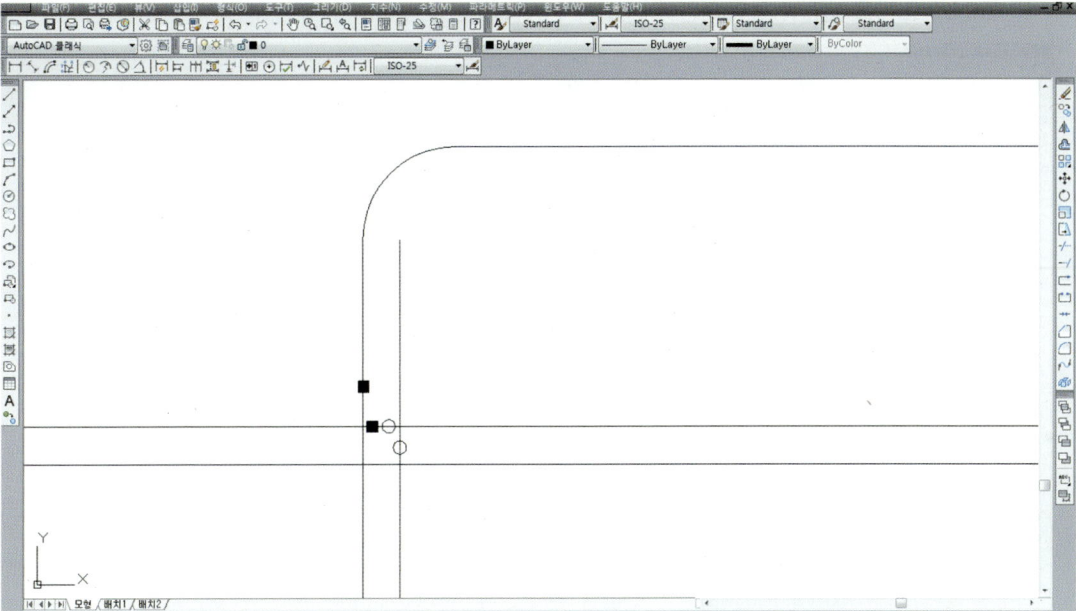

32_ trim을 이용하여 현관턱의 아래부분(✖ 표시 기준)을 잘라냅니다.

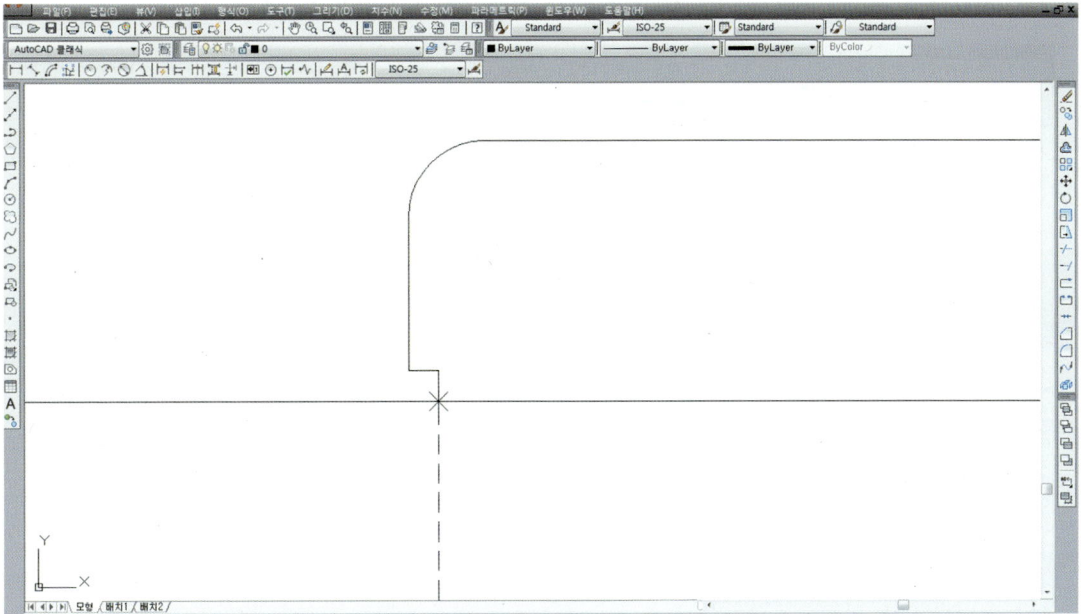

33_ offset을 이용하여 현관턱 아래 line(빨간색 선)에서 내부로 70만큼 간격을 띄고 extend를 이용하여 offset한 line(✕ 표시)을 현관턱 높이(파란색 선)까지 연장합니다.

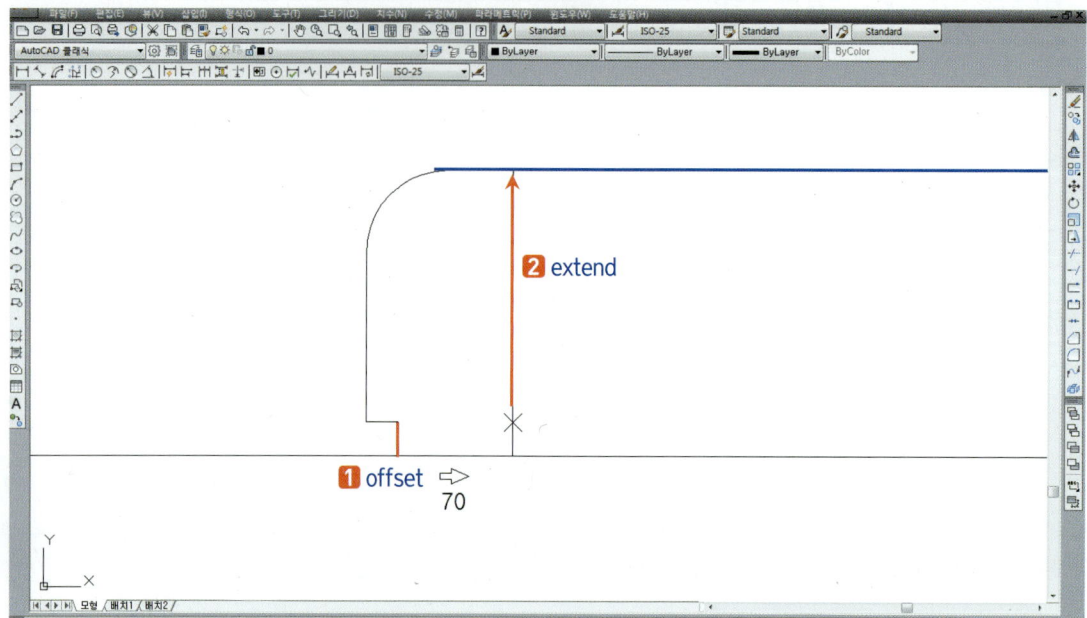

34_ offset을 이용하여 거리 20만큼 현관턱(hidden 선)에서 아래와 같이 간격을 띕니다.

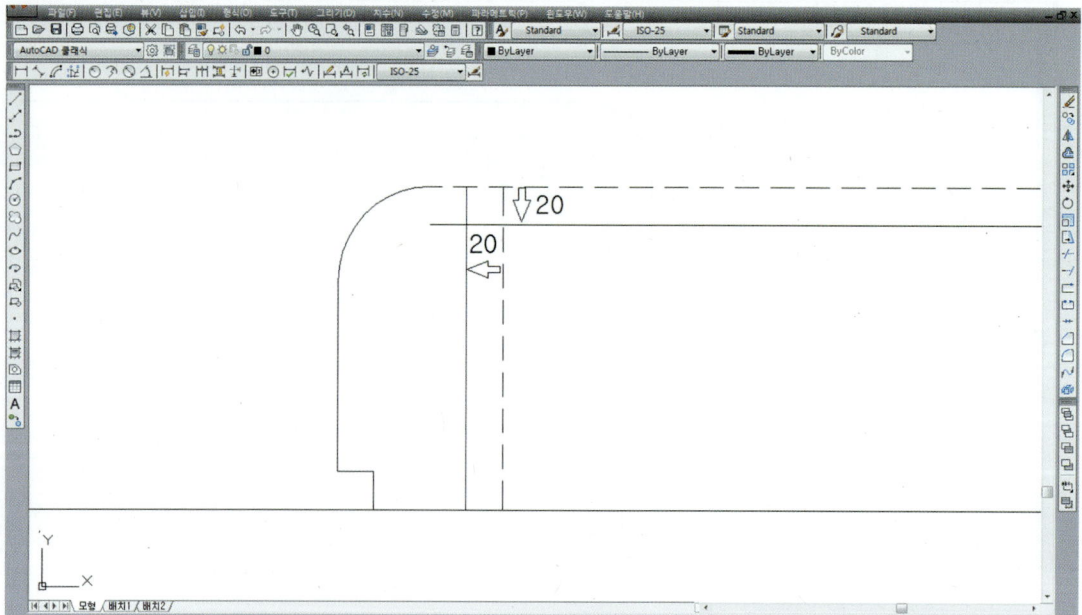

35_ fillet을 이용하여 현관턱의 모서리 (검은 네모 클릭) (동그라미 클릭)를 편집합니다.

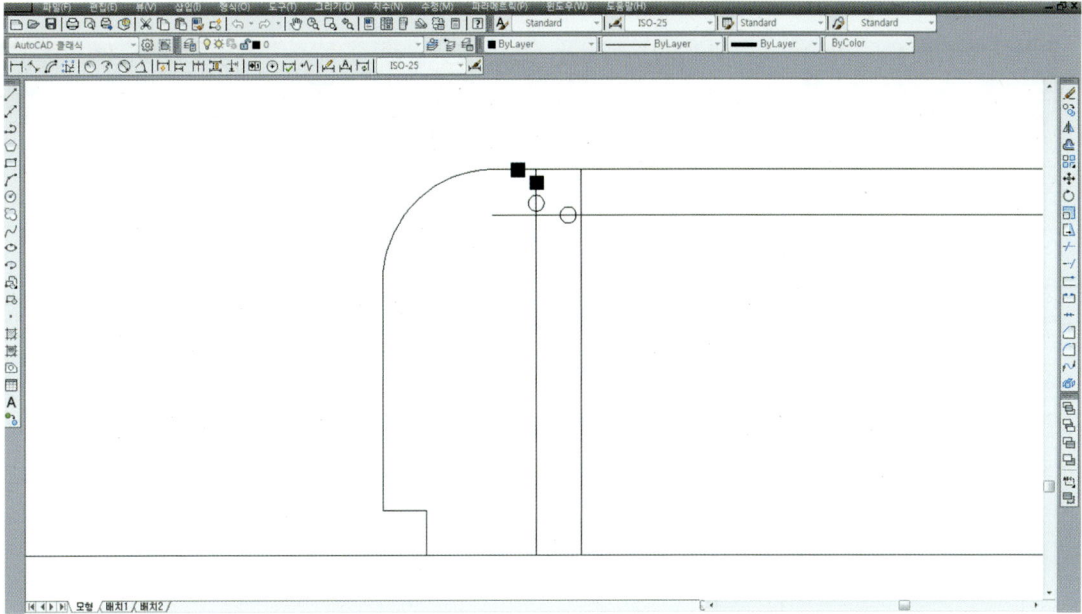

36_ trim을 이용하여 아래에 표시(파란색 선)된 부분을 잘라냅니다.

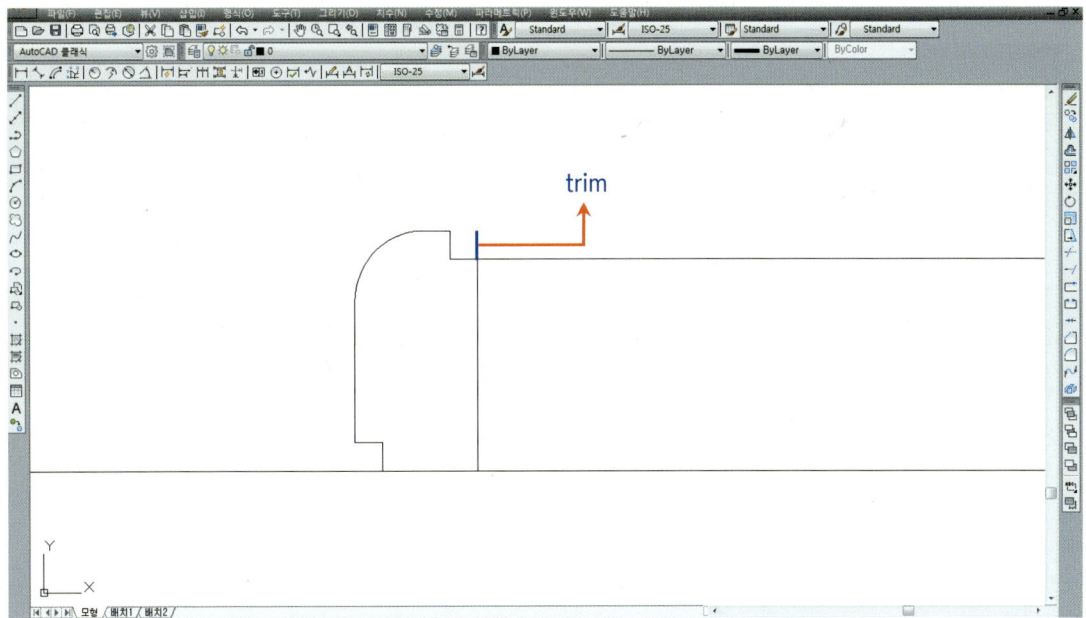

37_ offset을 이용하여 거리 20만큼 콩자갈다짐 line(hidden 선)에서 아래와 같이 간격을 띄고 도면층을 0으로 합니다.

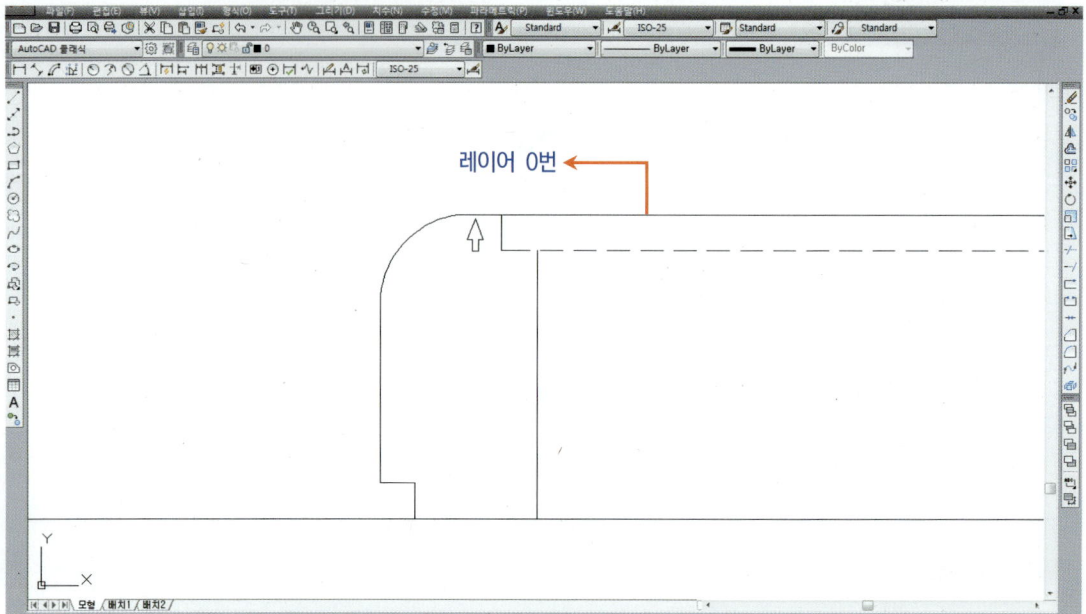

38_ offset을 이용하여 질석보온재의 두께(hidden 선)를 85만큼 간격띄우기를 합니다.

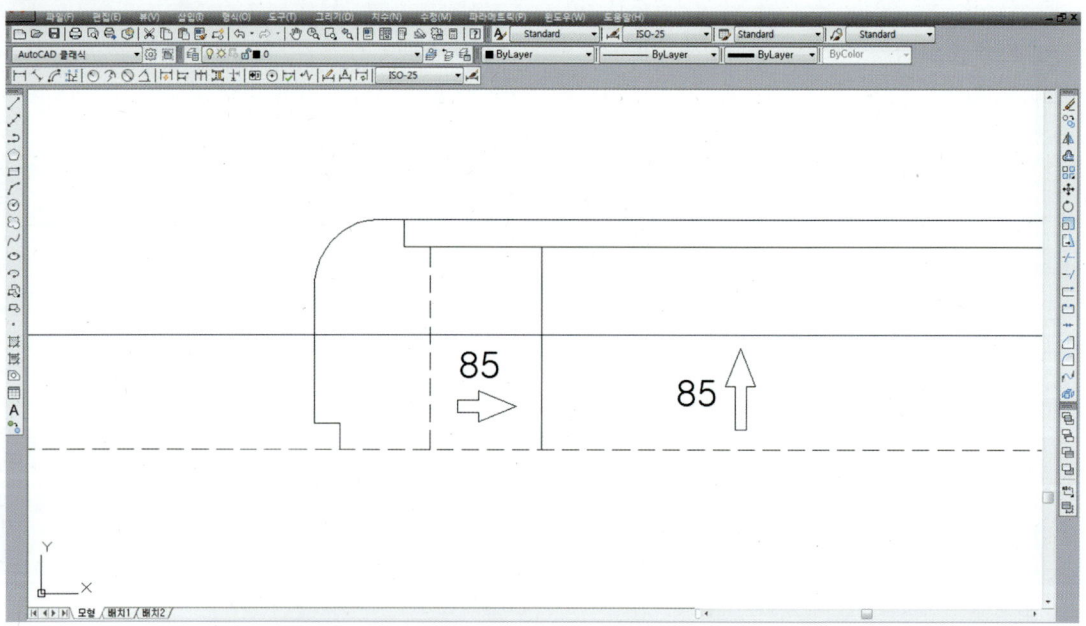

※ 질석보온재 두께는 시험마다 다르게 제시되므로 이를 유의하셔서 offset해야 합니다.

39_ offset을 이용하여 질석보온재의 윗 line(hidden 선)에서 아래와 같이 간격을 띕니다.

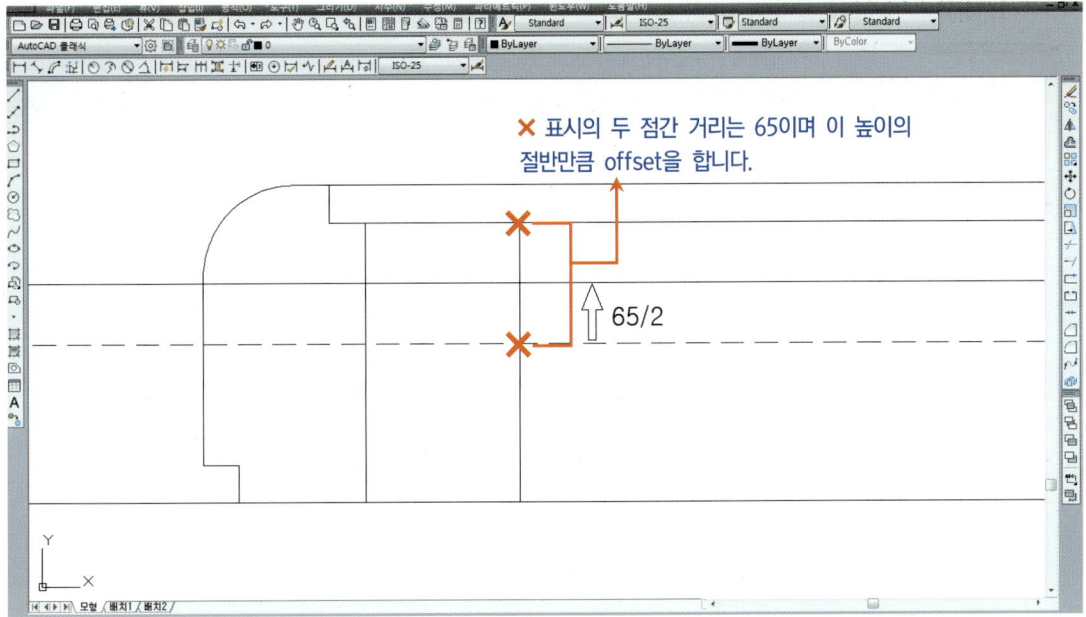

※ 계단높이(150mm 또는 200mm) 및 질석보온재 두께에 따라 ✕ 표시의 두 점간 거리는 달라집니다.

40_ fillet을 이용하여 아래와 같이 질석보온재의 모서리 (검은 네모 클릭) (동그라미 클릭)를 편집하고 trim을 이용하여 질석보온재 바깥 line(hidden 선)을 잘라냅니다.

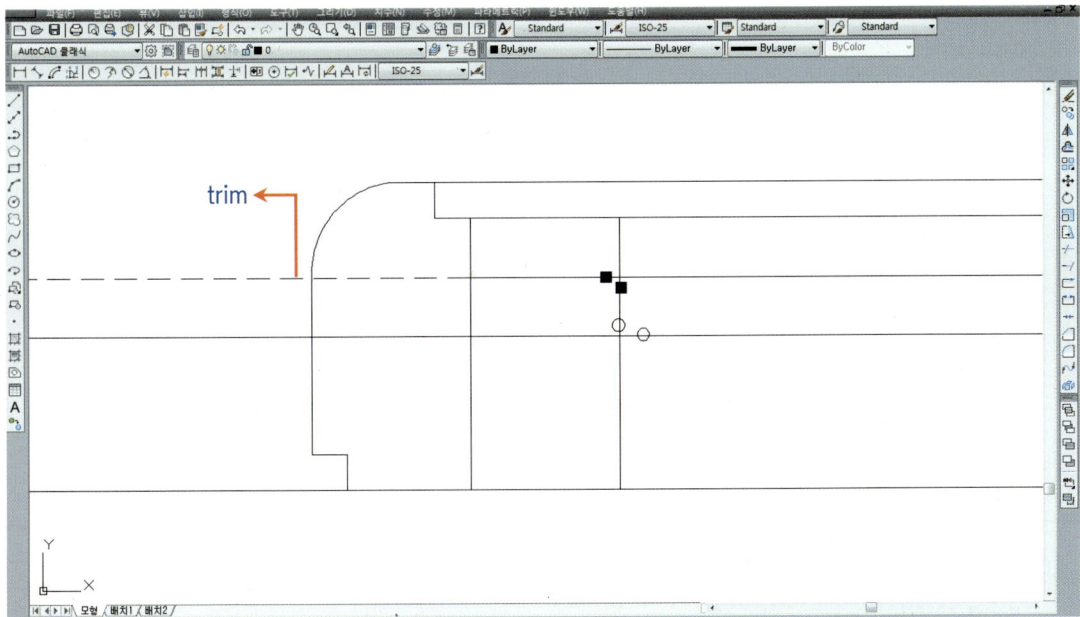

41_ line을 이용하여 현관턱 아래부분(✖ 표시)에서부터 임의의 길이로 작도한 뒤 fillet을 이용하여 두 개의 line(hidden 선)을 클릭(동그라미 부분 클릭)하여 연결합니다.

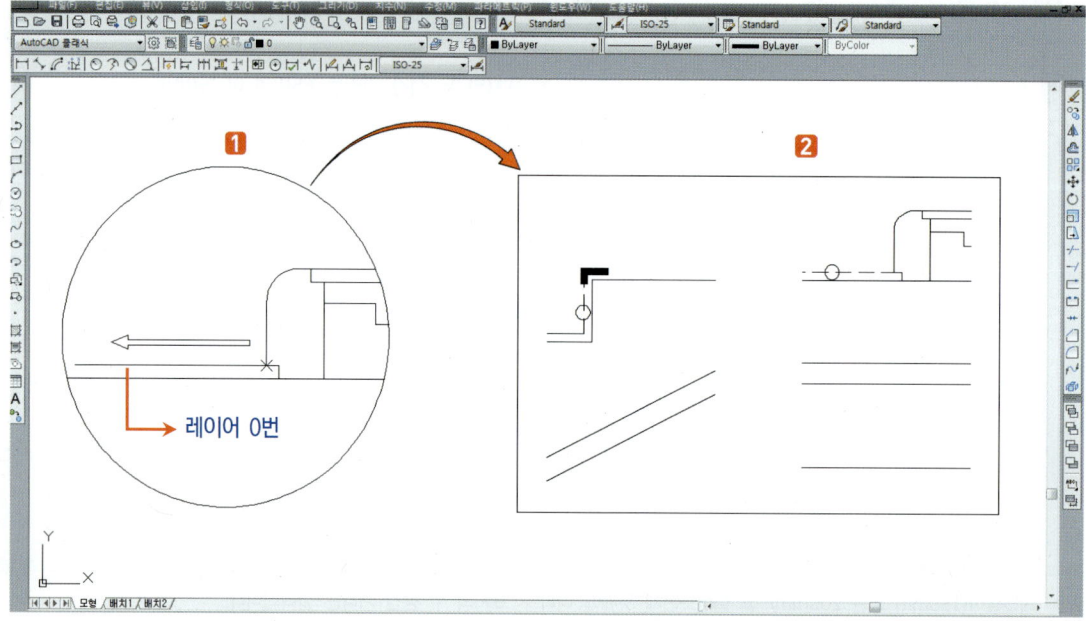

42_ XL Pipe와 콩자갈을 작도하고 파단선을 만든 뒤 질석보온재 내부에 hatch를 합니다. 또한 철근콘크리트 및 잡석다짐 재료표시를 하고 편집명령어를 이용하여 편집합니다.

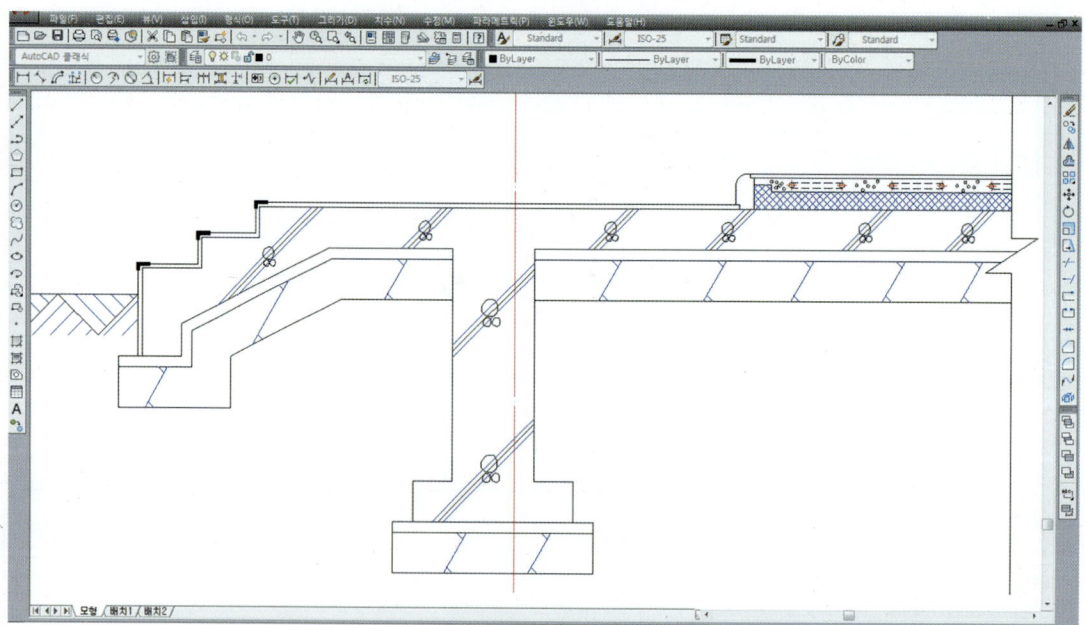

※ XL Pipe작도법과 질석보온재 hatch, 철근콘크리트 및 잡석다짐의 재료표시와 편집방법은 방부분단면상세도를 참고하시기 바랍니다.

43_ line을 이용하여 외벽 line과 일치되는 곳(hidden 선)에 임의의 길이로 선을 작도하고 offset을 이용하여 벽체 입면 line을 425만큼 간격을 띄워 벽체를 만듭니다.

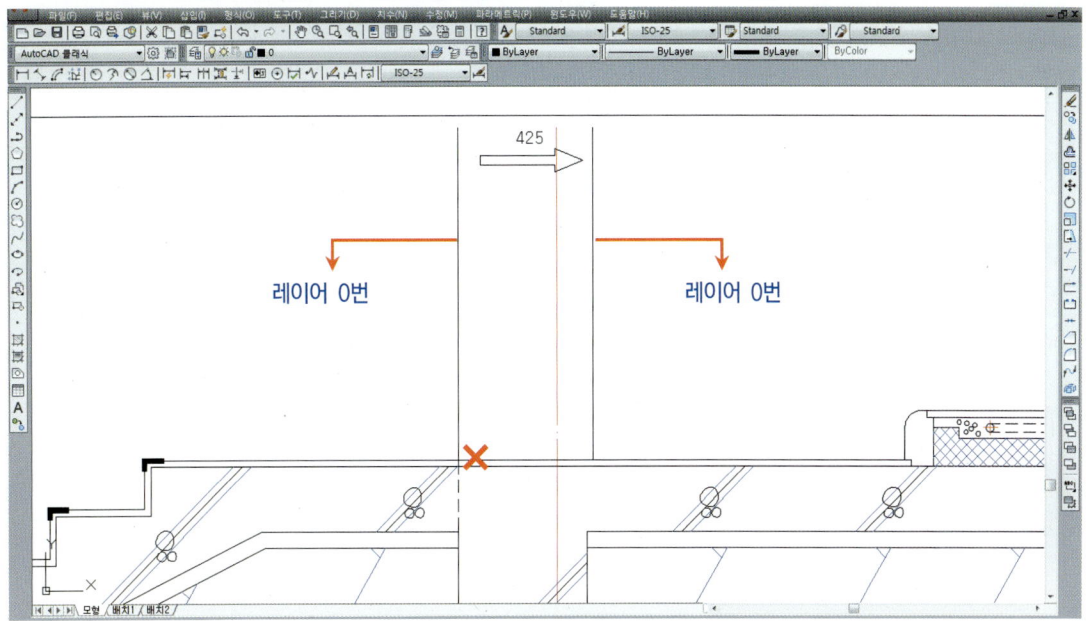

※ 벽체를 offset할 때는 몰탈 두께 20을 추가한 값으로 간격을 띄어야 합니다. 즉, 405mm의 벽체에 몰탈 20mm를 추가한 425mm를 간격 띄웁니다.

44_ 현관문 단면을 작도하고 파단선을 만듭니다.

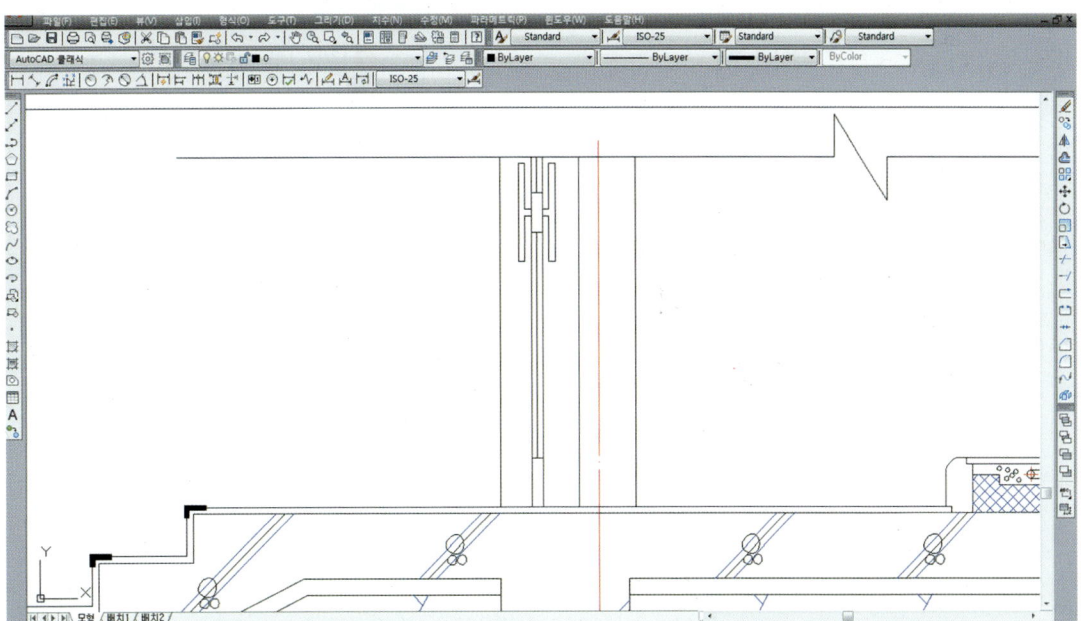

※ 현관문 작도방법은 문단면상세도의 작도법을 참고하기 바랍니다.

45_line을 이용하여 현관문 바깥 벽체에 고막이 높이에 맞춰 선을 작도합니다.

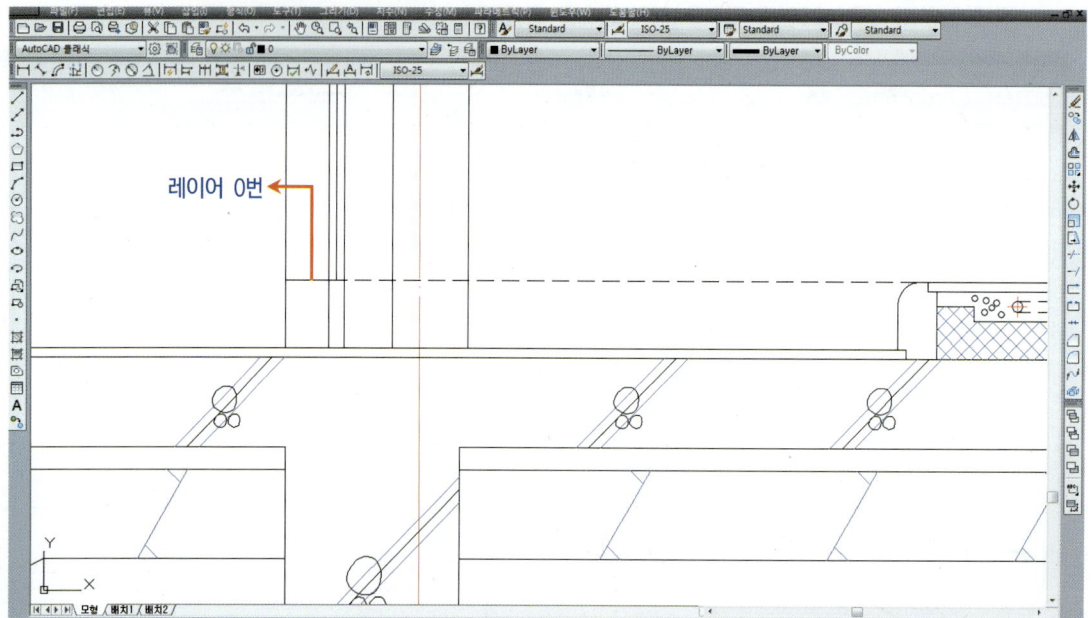

46_offset을 이용하여 거리 100만큼 간격(hidden 선)을 띄어 걸레받이를 만들고 fillet을 아래의 순서대로 (검은 네모 클릭) (동그라미 클릭)모서리를 편집하고 도면층을 5로 합니다.

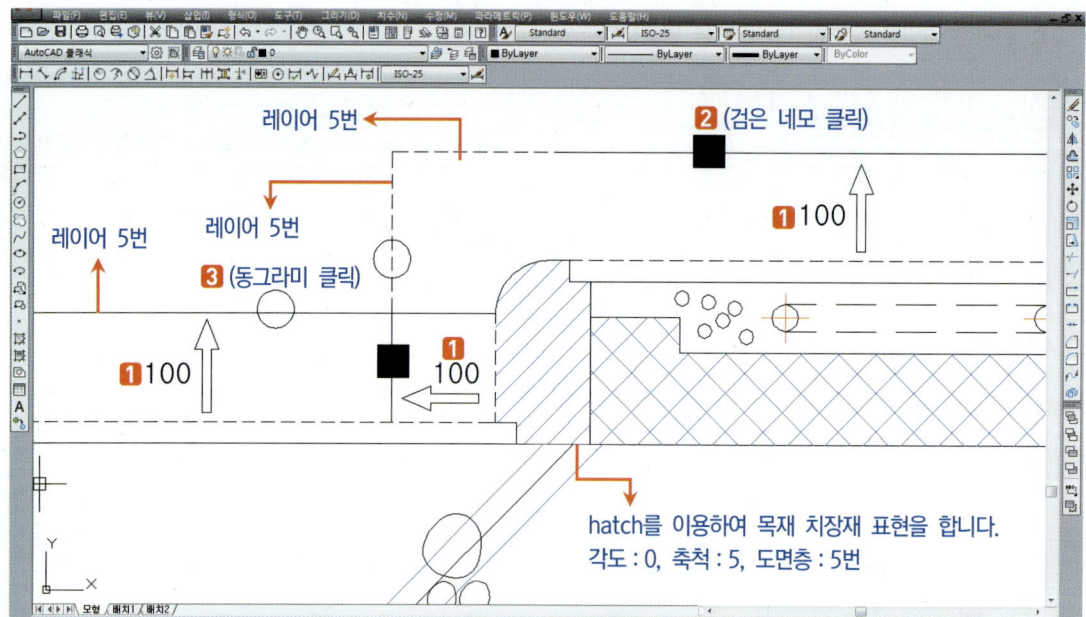

47_offset을 이용하여 현관문 쪽 걸레받이와 벽체를 편집하고 hatch를 이용하여 현관문 벽체 쪽에 디자인합니다.

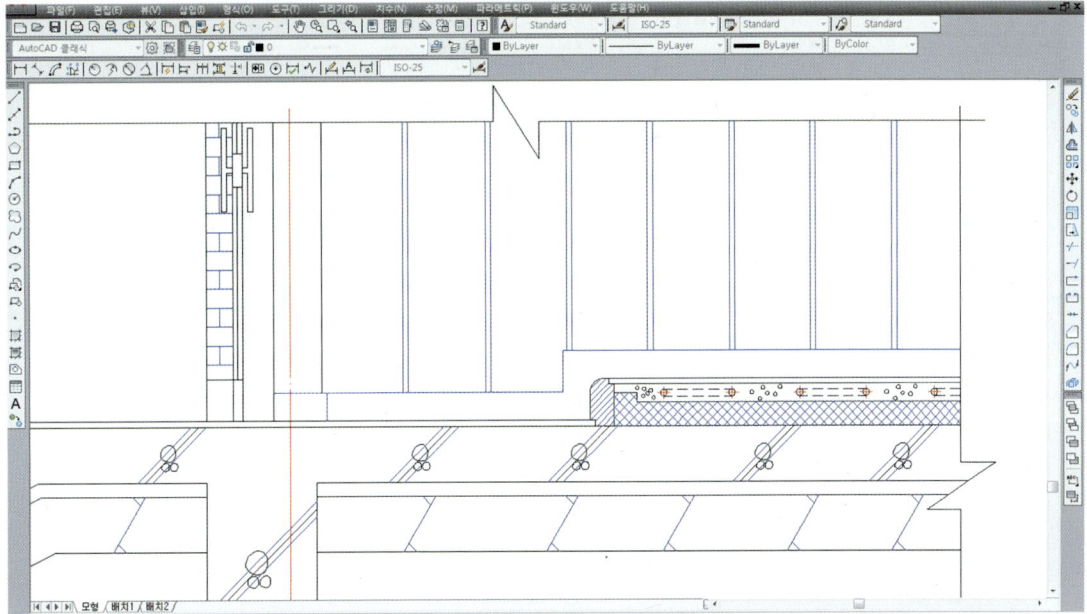

※ 현관문 쪽 걸레받이 작도법과 벽체 디자인 및 hatch 작도법은 테라스단면상세도를 참고하기 바랍니다.

48_지시선을 만들고 글자를 입력한 뒤 rectangle을 만든 후 글자 뒷부분을 잘라내고 rectangle을 지웁니다.

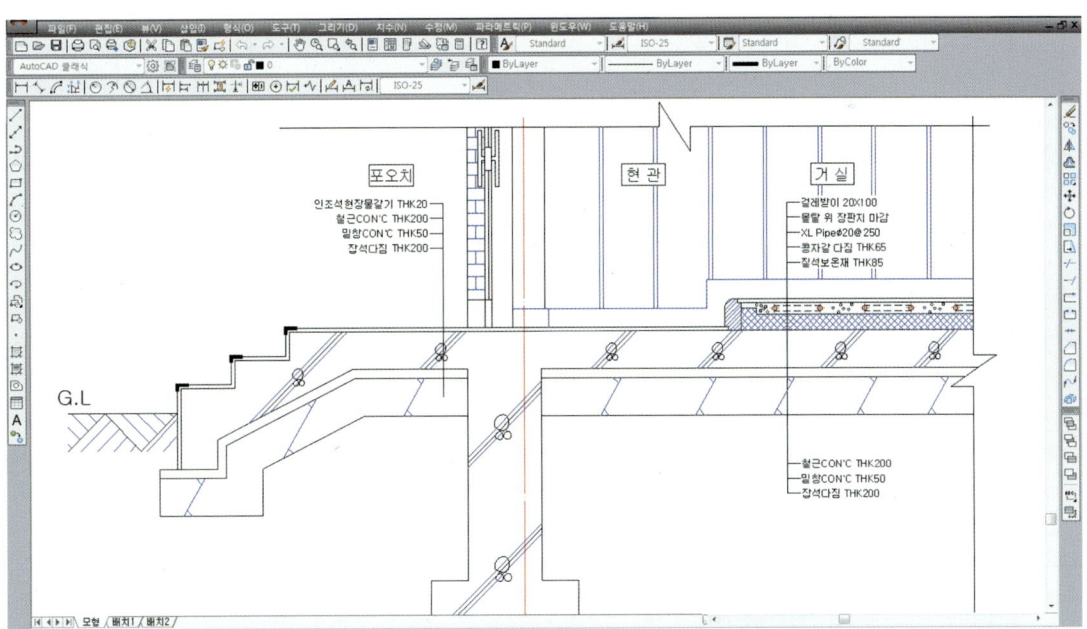

※ 지시선과 글자 쓰는 방법은 방부분단면상세도 및 테라스부분단면상세도의 작도법을 참고하기 바랍니다.

49_글자와 치수를 기입하고 제목을 기입하여 마무리합니다.

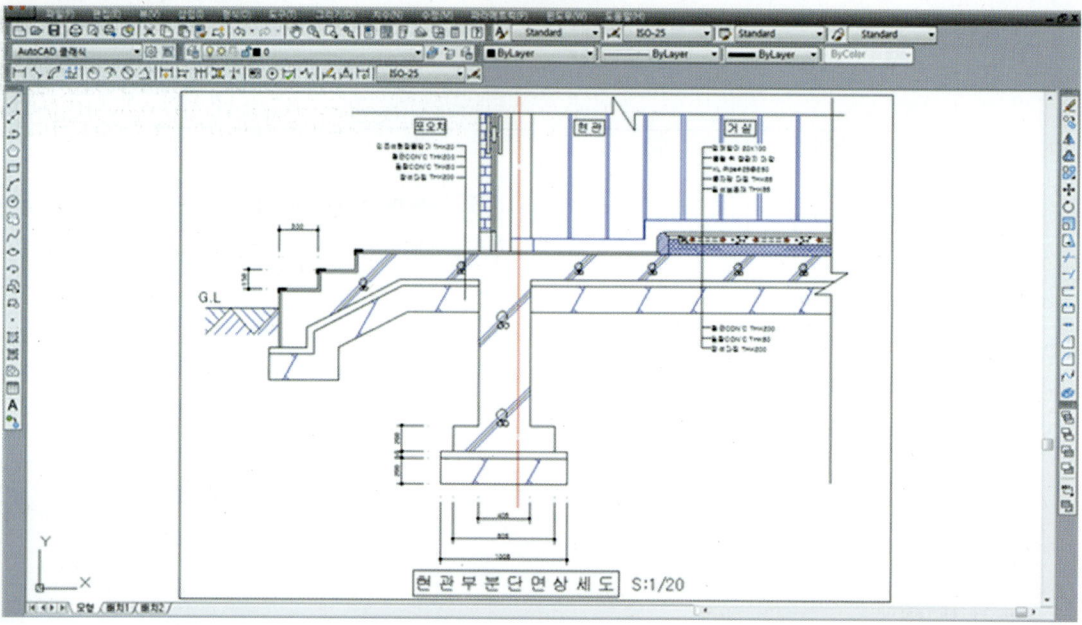

다음의 현관단면상세도를 작도해 보시기 바랍니다.

※ mvsetup을 이용하여 용지 크기와 도면척도를 만드시기 바랍니다.

- 도면크기 : A4
- 도면척도 : 20

[조건]

- 벽돌 : 외부로부터 0.5B(90mm), 시멘트벽돌 1.0B(190mm)
- 단열재 : 120mm
- 계단참 : 1500mm
- 고막이 : 600mm
- 계단 수 : 2개
- 콩자갈다짐 두께 : 85mm
- 질석보온재 두께 : 115mm
- 동결선 : 900mm

다음의 현관단면상세도를 작도해 보시기 바랍니다.

※ mvsetup을 이용하여 용지 크기와 도면척도를 만드시기 바랍니다.

- 도면크기 : A4
- 도면척도 : 20

[조건]

- 벽돌 : 외부로부터 0.5B(90mm), 시멘트벽돌 1.0B(190mm)로 하고 반대로 작도합니다.
- 단열재 : 125mm
- 계단참 : 1300mm
- 고막이 : 750mm
- 계단 수 : 4개
- 콩자갈다짐 두께 : 65mm
- 질석보온재 두께 : 85mm
- 동결선 : 900mm

※ 도면을 반대로 그려보는 연습이 반드시 필요하며, 중심선의 위치도 중앙에 위치해 놓고 연습해 보기 바랍니다.
※ 반대로 연습하실 때 철근표시 및 잡석다짐과 해치를 반대로 해서는 안 됩니다.
※ 현관 부분은 시험에 출제확률이 매우 높은 도면입니다. 충분한 반복연습이 필요하며 사이즈 및 작도순서가 외워질 정도로 학습이 되셔야 합니다.

현관부분단면상세도 1

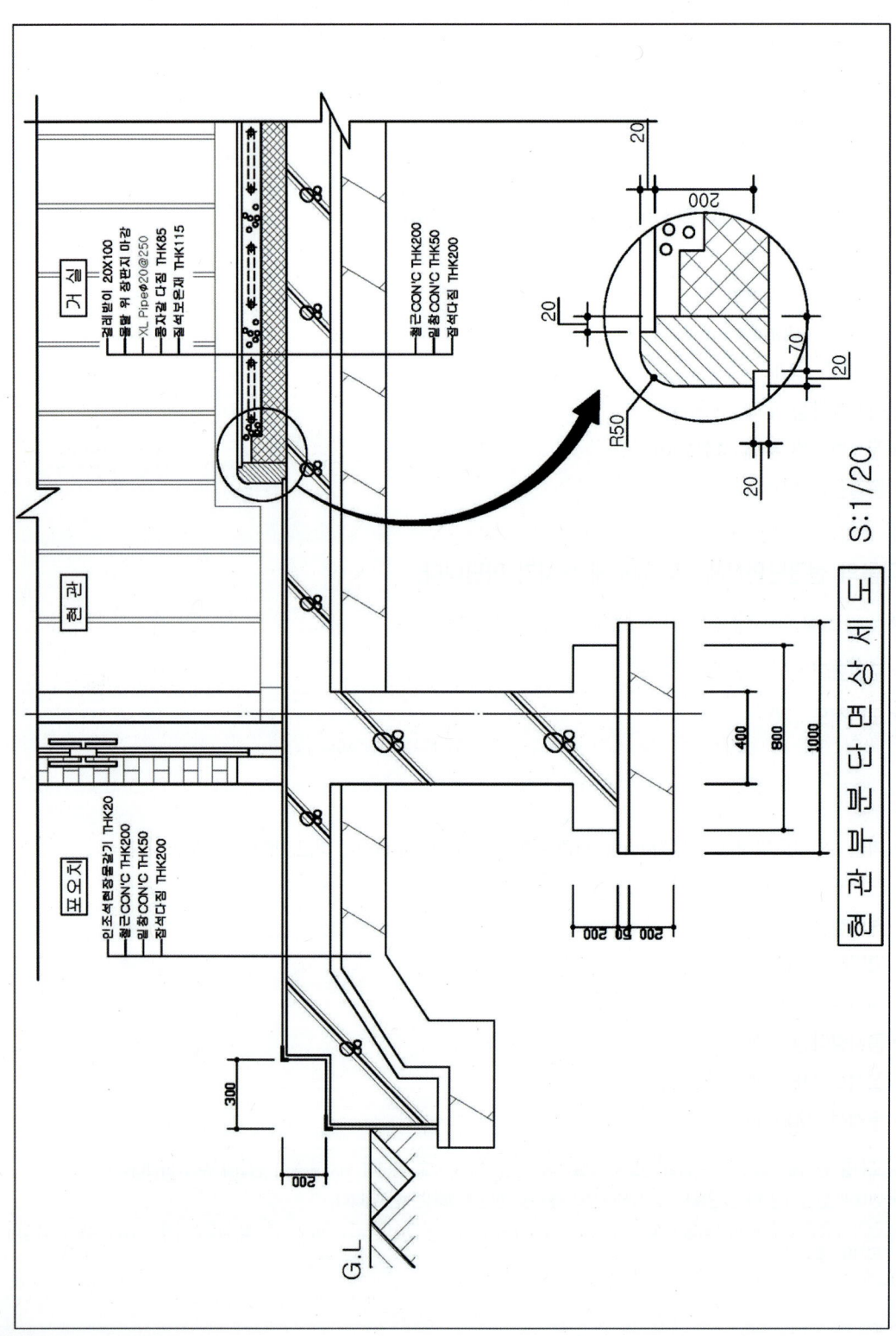

현관부분단면상세도 2

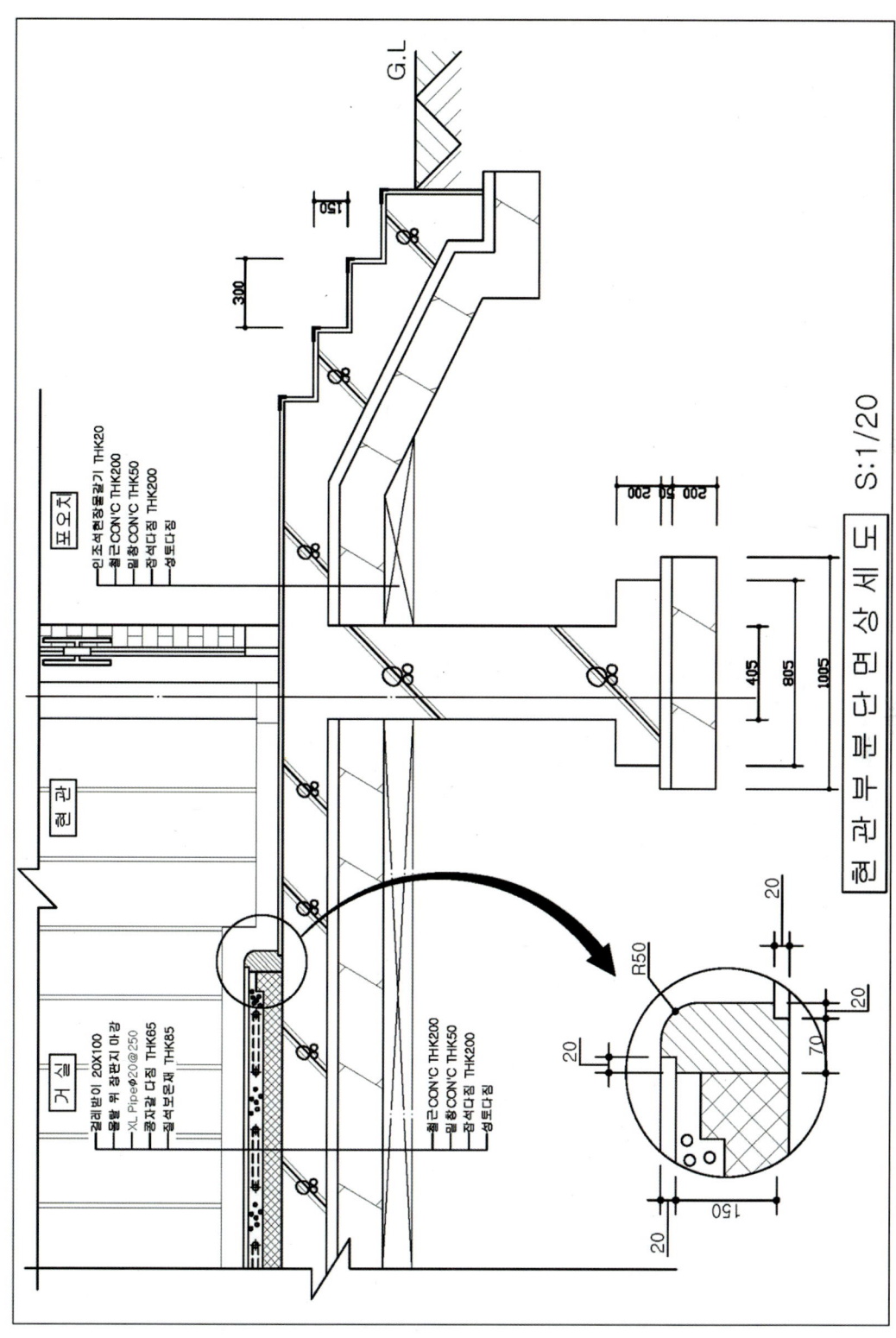

12 계단참(테라스)부분단면상세도

1_mvsetup에서 도면척도를 20으로 맞추고 용지크기를 A4로 만듭니다.

명령	**MVSETUP** ↵

```
도면공간을 사용가능하게 합니까? [아니오(N)/예(Y)] : n ↵
단위 유형 입력 [공학(S)/십진(D)/엔지니어링(E)/건축(A)/미터법(M)] : m ↵
미터 축척
(5000)   1 : 5000
(2000)   1 : 2000
(1000)   1 : 1000
(500)    1 : 500
(200)    1 : 200
(100)    1 : 100
(75)     1 : 75
(50)     1 : 50
(20)     1 : 20
(10)     1 : 10
(5)      1 : 5
(1)      전체
축척 비율 입력 : 20 ↵
용지 폭 입력 : 283 ↵
용지 높이 입력 : 196 ↵
```

2_layer에서 다음과 같이 도면층을 만듭니다.

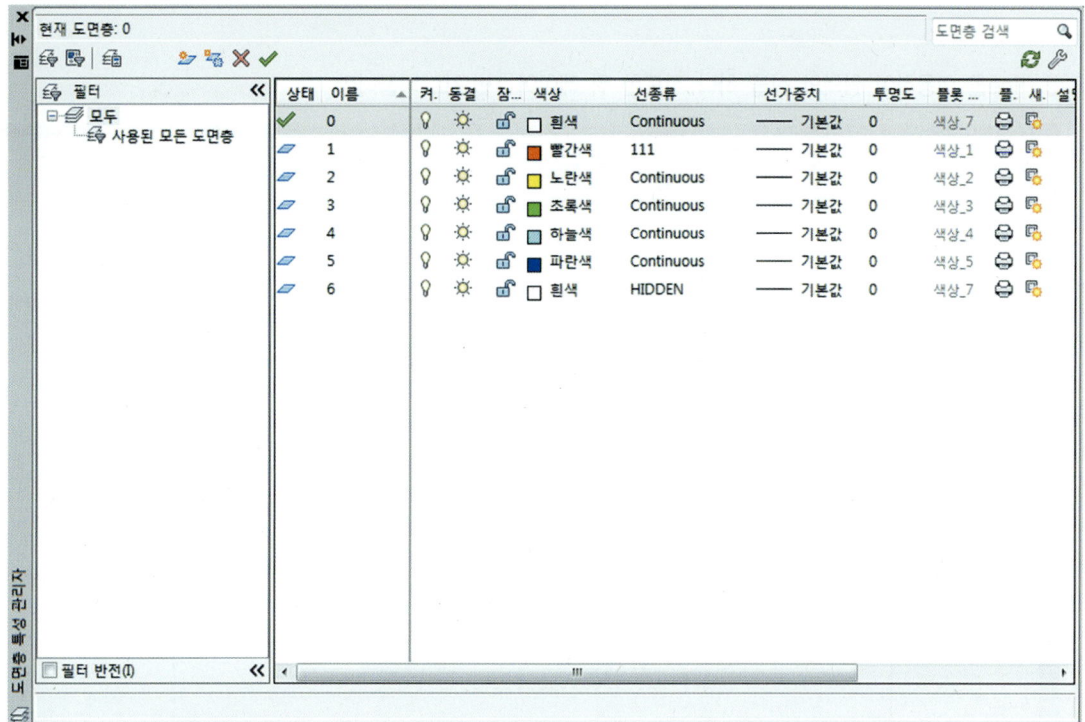

계단참(테라스)단면 그리기

3_ line을 이용하여 임의의 선을 하나 작도한 뒤 레이어 1번으로 바꿉니다.

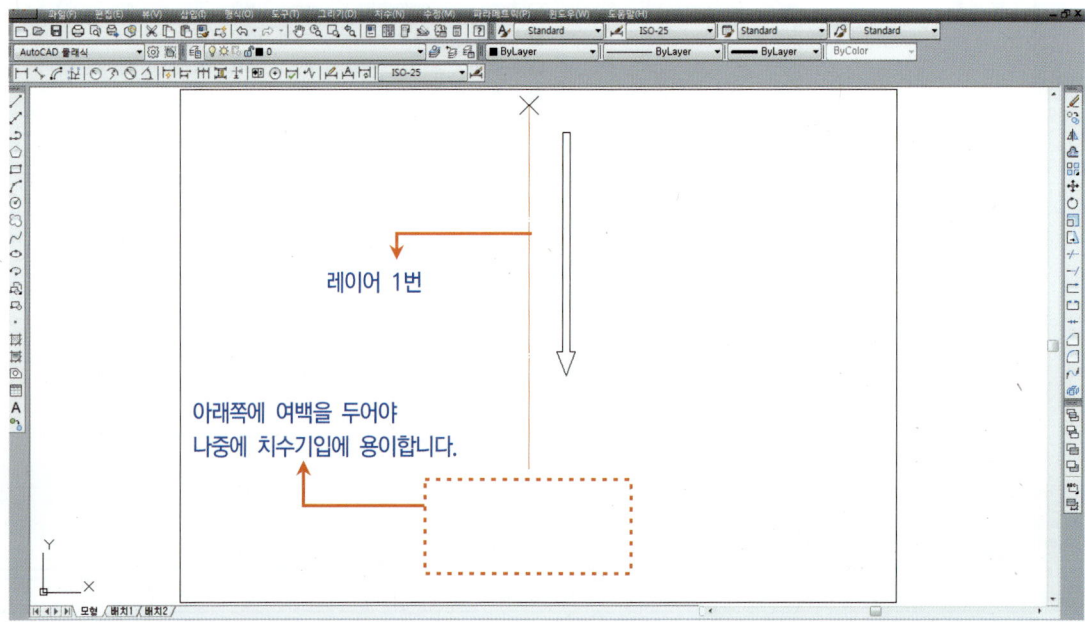

※ lts를 이용하여 척도 20을 줍니다.

4_ offset을 이용하여 중심선(동그라미 부분)에서 오른쪽으로 95만큼 간격을 띄고 도면층 2로 바꿉니다.

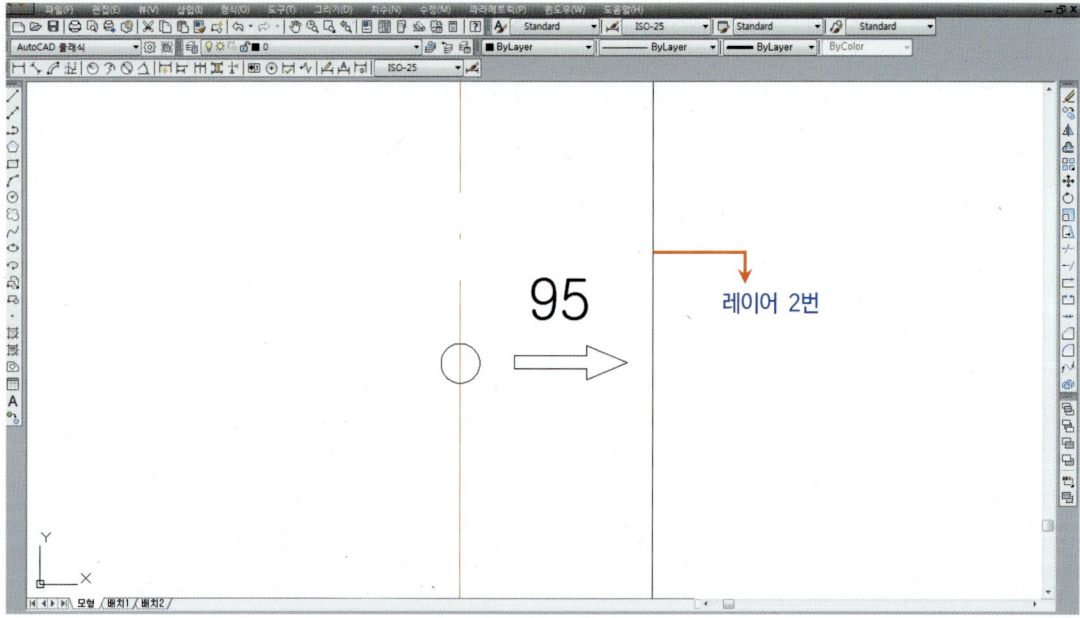

5_offset을 이용하여 단열재 두께 125mm로 하는 벽 두께를 우측 라인(동그라미 부분)에서 왼쪽으로 간격을 띕니다.

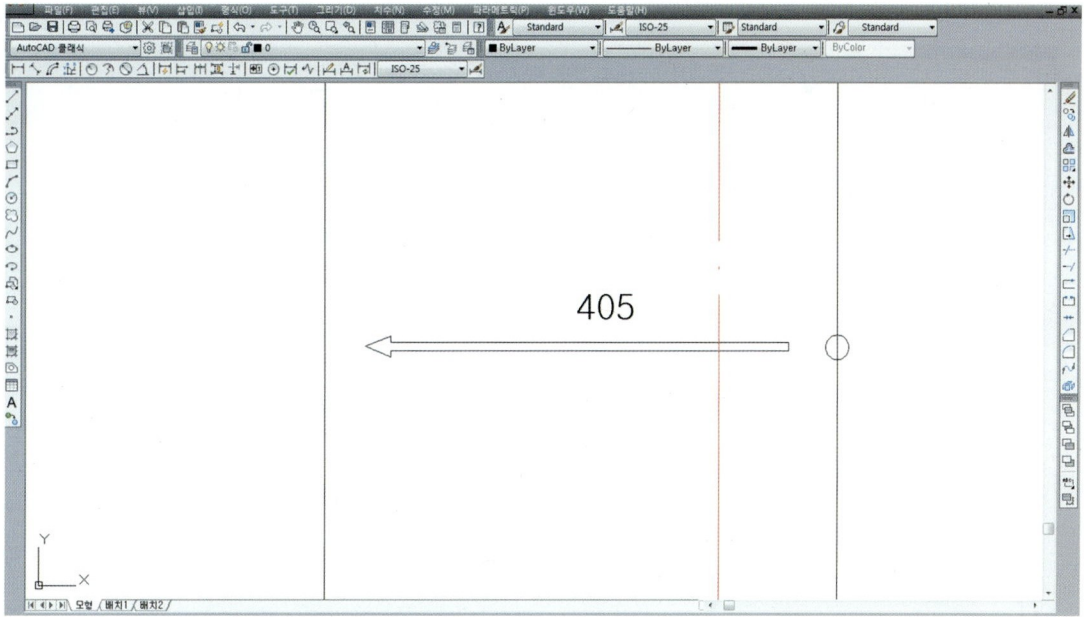

※ 단열재(125mm) + 벽돌 1.5B(280mm) = 405mm

6_line을 이용하여 임의의 수평선(✕ 표시)을 그립니다.

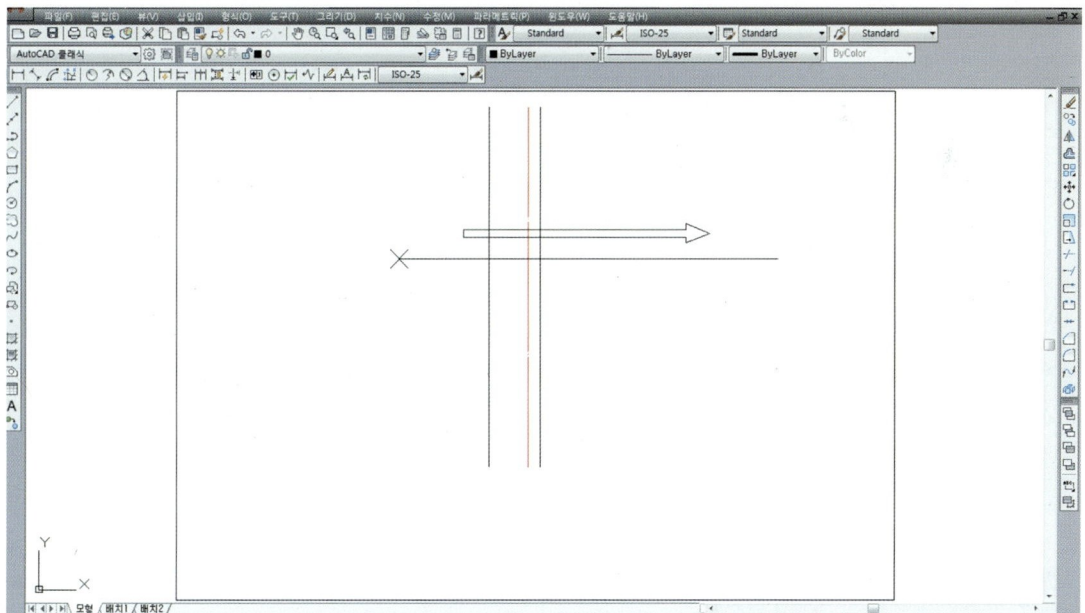

7_ fillet을 이용하여 모서리 부분(동그라미 친 부분)을 편집하고 trim을 이용하여 오른쪽 수직 line(hidden 선)을 자릅니다.

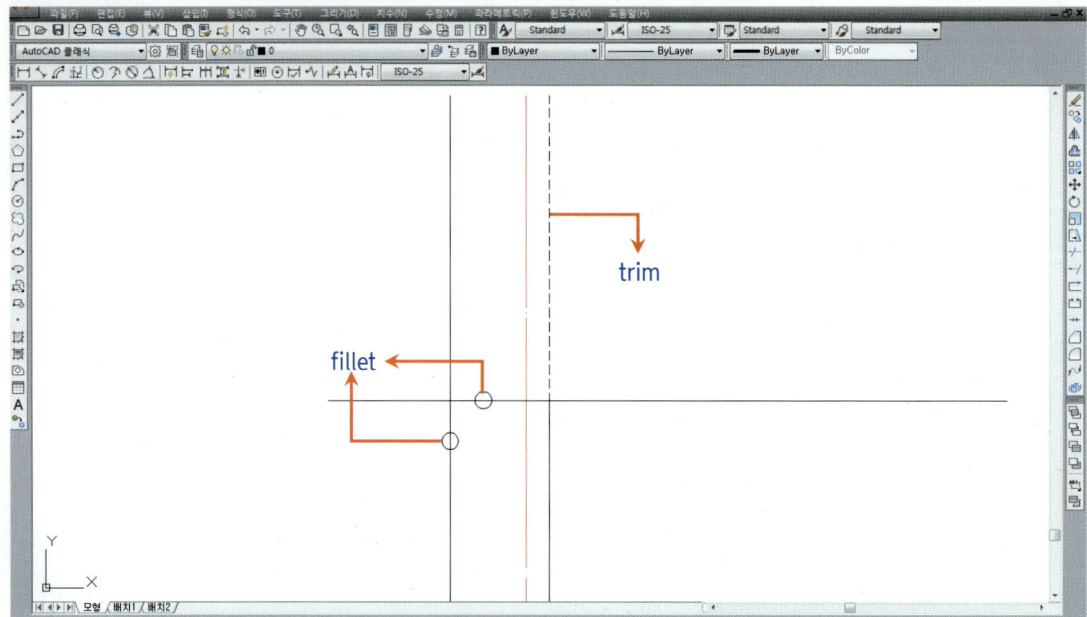

8_ break를 이용하여 수평 line(hidden 선)을 선택하고 옵션에 첫 번째 점(F)를 누릅니다.

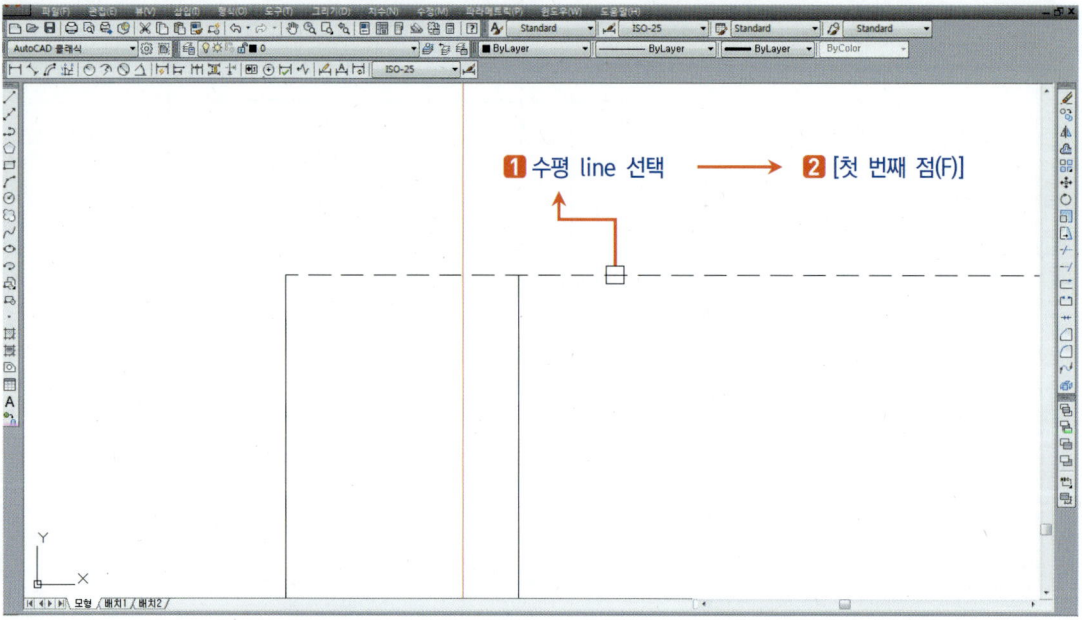

9_ 첫 번째 끊기점 지정에서 교차지점(✕ 표시)을 클릭하고 두 번째 끊기점을 지정에서 교차지점(✕ 표시)을 다시 한 번 클릭하여 line을 끊습니다.

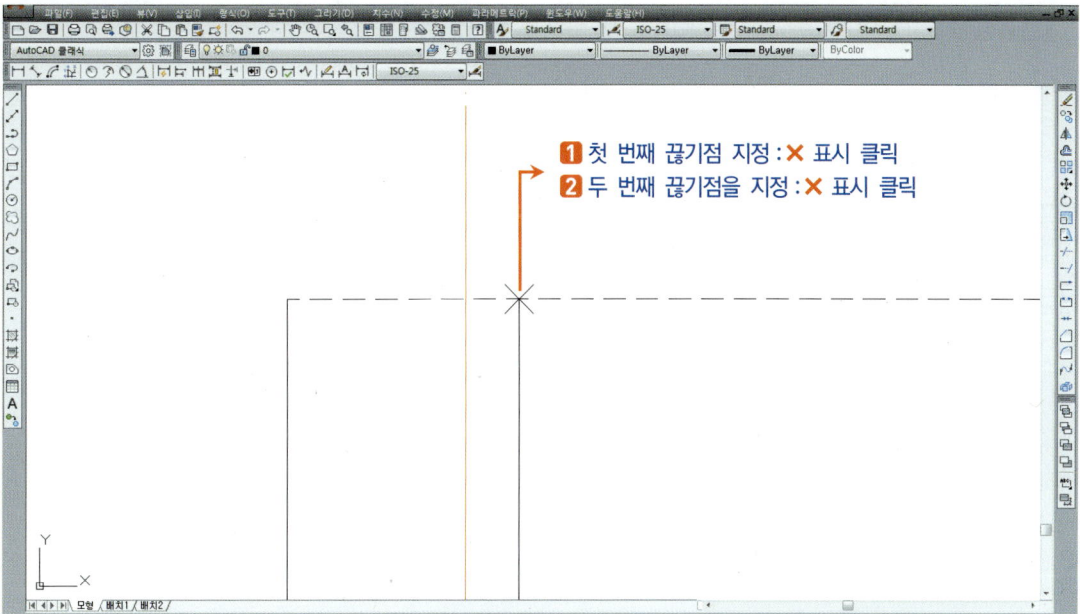

10_ 끊어진 line을 도면층 0과 도면층 2로 바꿉니다.

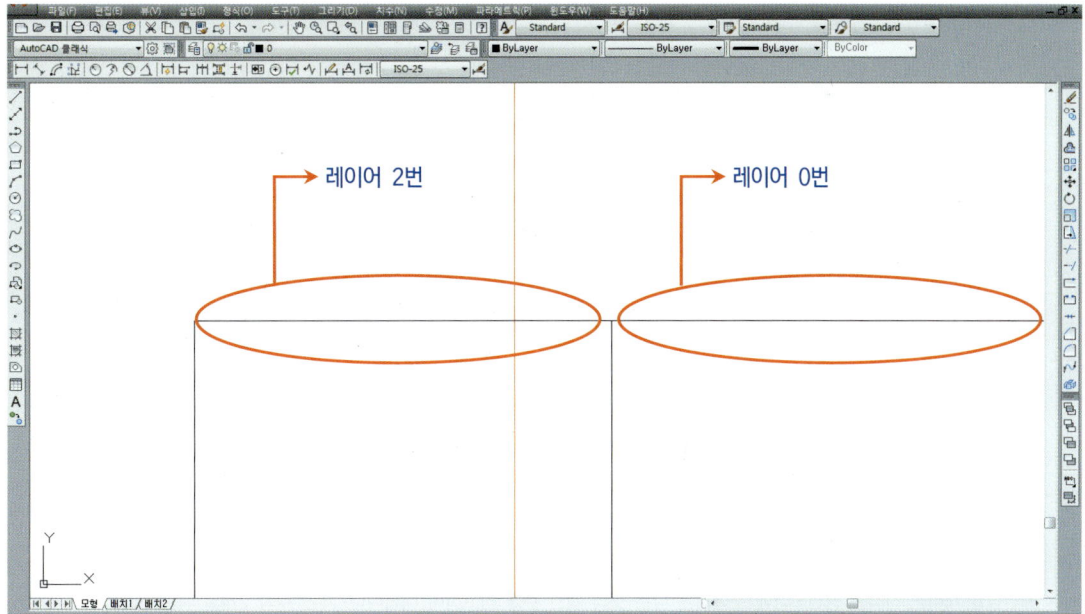

11_offset을 이용하여 20만큼 간격을 띄어 몰딩의 위치를 확보하고 도면층 2로 바꿉니다.

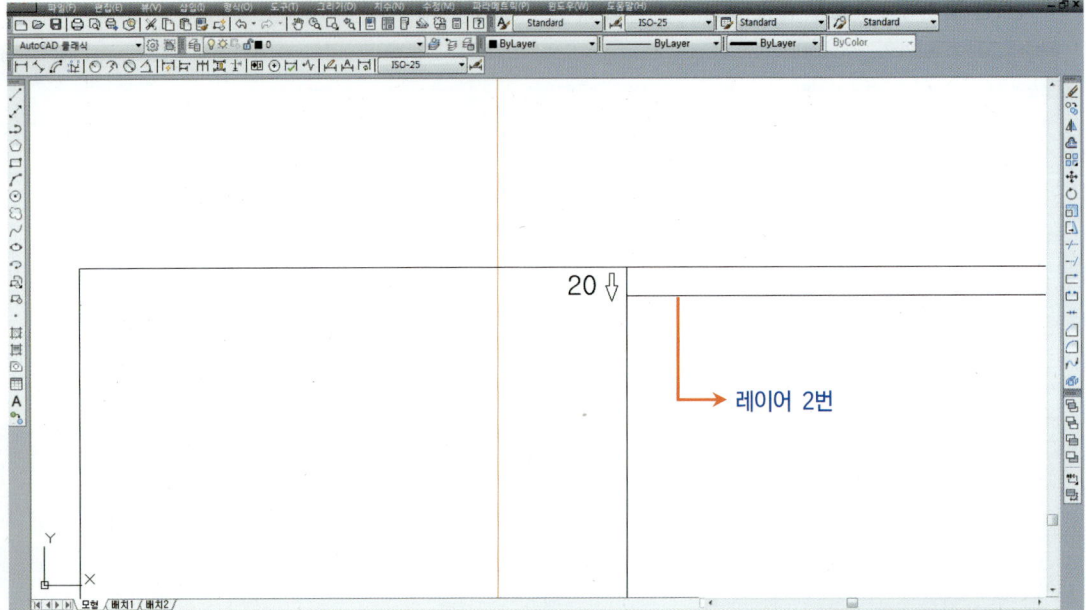

12_offset을 이용하여 아래와 같이 간격(hidden 선)을 띄어 계단참이 시작되는 지점을 만듭니다.

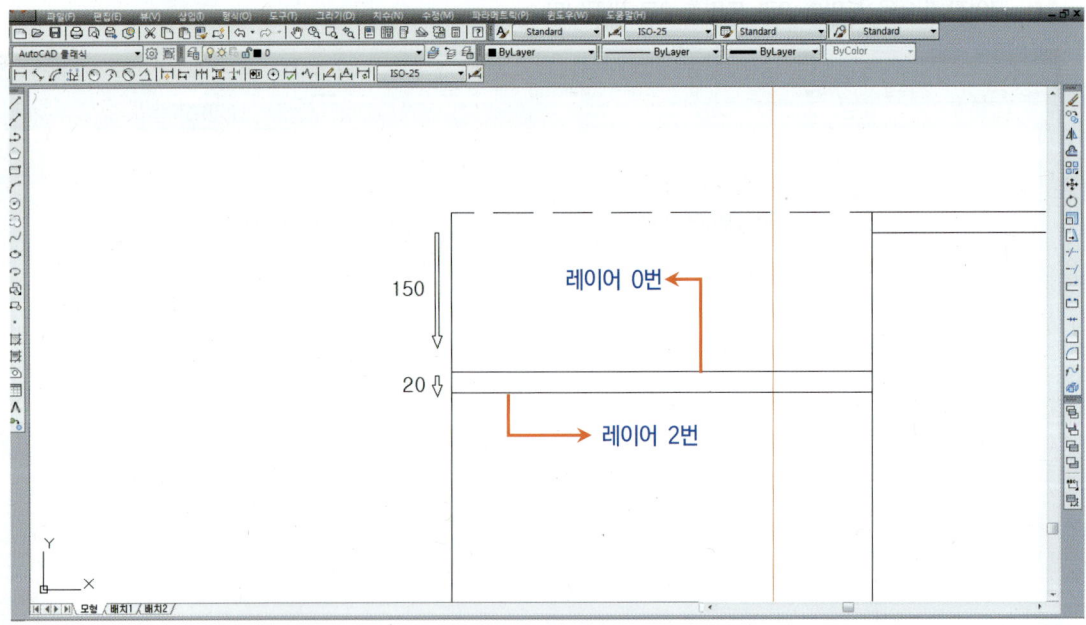

※ 계단참을 내리는 간격은 평면도상에 주어지는 다른 곳의 계단 수를 참고하여 내립니다. 계단 수가 2개일 때는 200mm, 3개 이상일 때는 150mm를 내립니다.

13_stretch를 이용하여 아래와 같이 선택(hidden 선)하고 왼쪽 방향으로 잡아당깁니다.

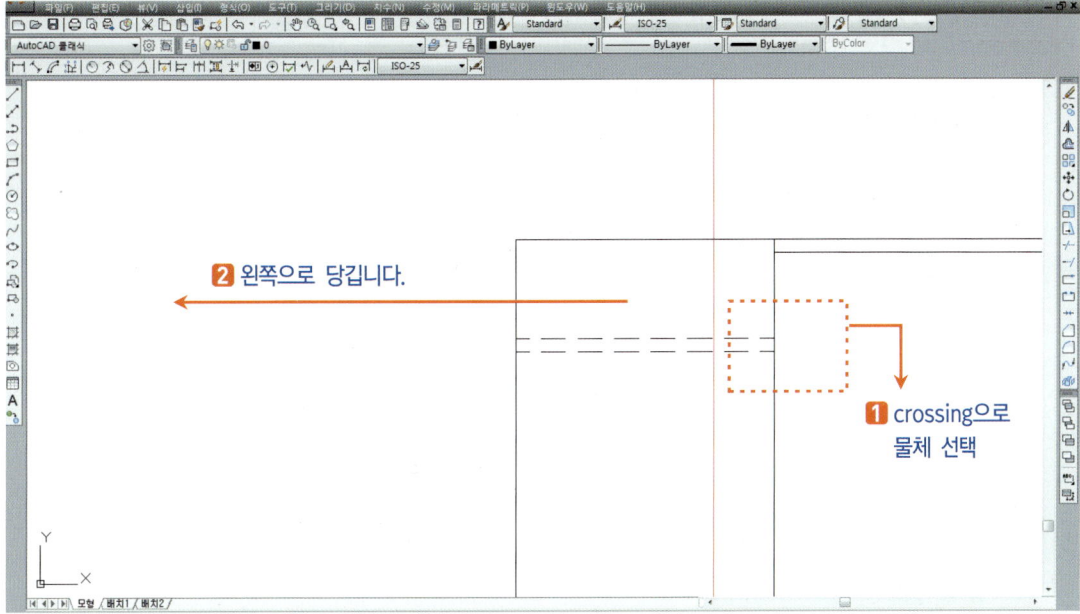

※ stretch로 당길 때 생각보다 길게 당기셔야 계단참 길이를 여유 있게 확보할 수 있습니다.

14_offset을 이용하여 중심선(동그라미 친 부분)에서 간격을 띄어 계단참을 만들고 도면층을 0으로 합니다.

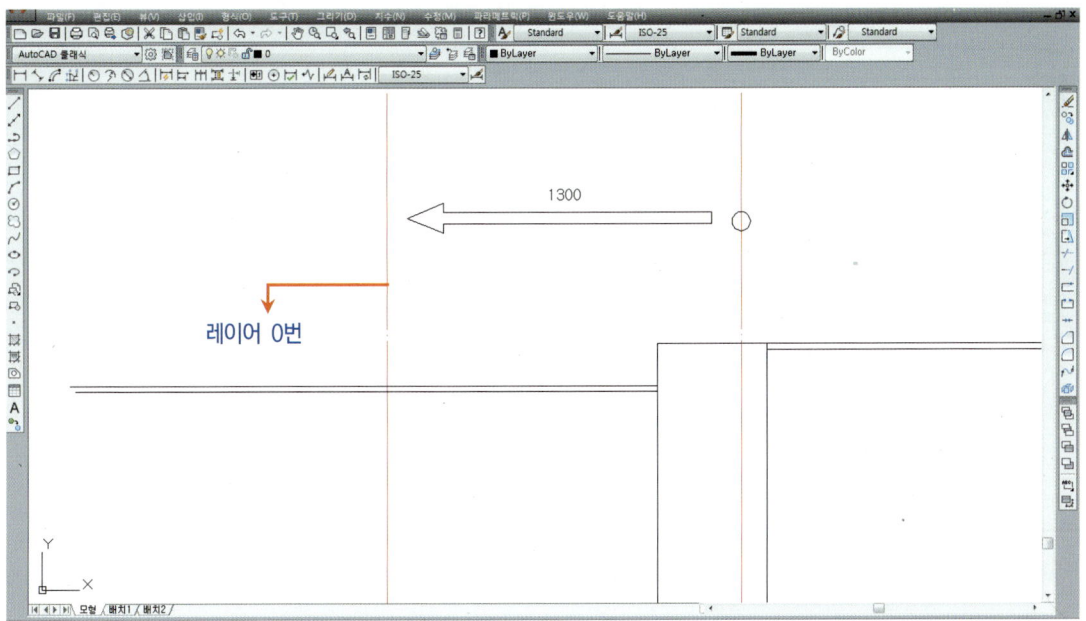

※ 계단참 거리는 시험에 따라 다르므로 평면도에서 스케일 자를 이용하여 직접 측정하셔야 합니다.

15_ offset을 이용하여 20 간격(hidden 선)으로 띄어 인조석을 만들고 도면층을 2로 합니다.

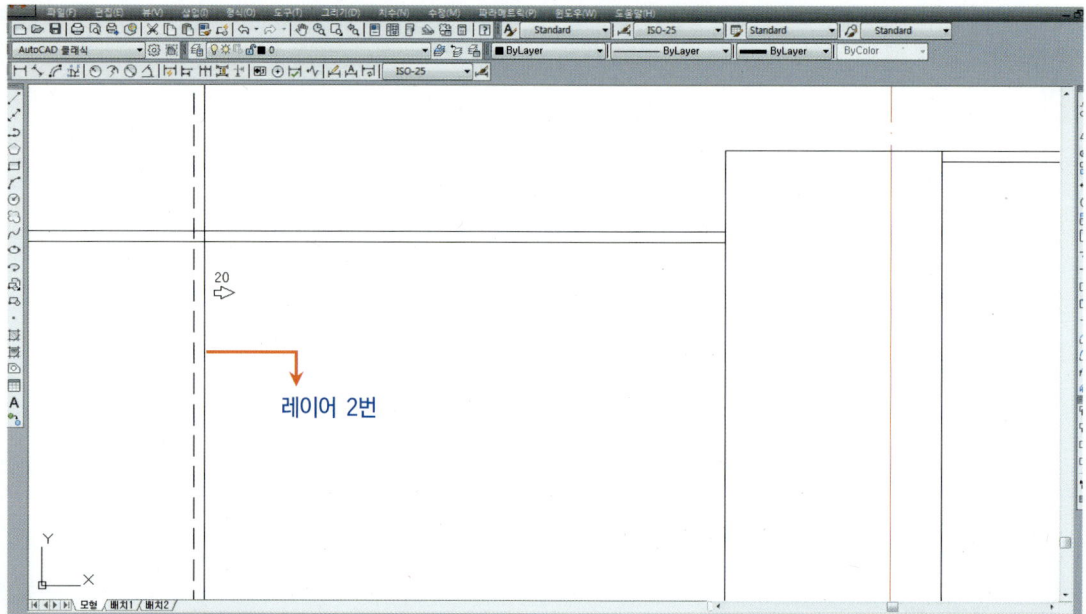

16_ fillet을 이용하여 아래와 같이 모서리 (검은 네모 클릭) (동그라미 클릭)를 편집합니다.

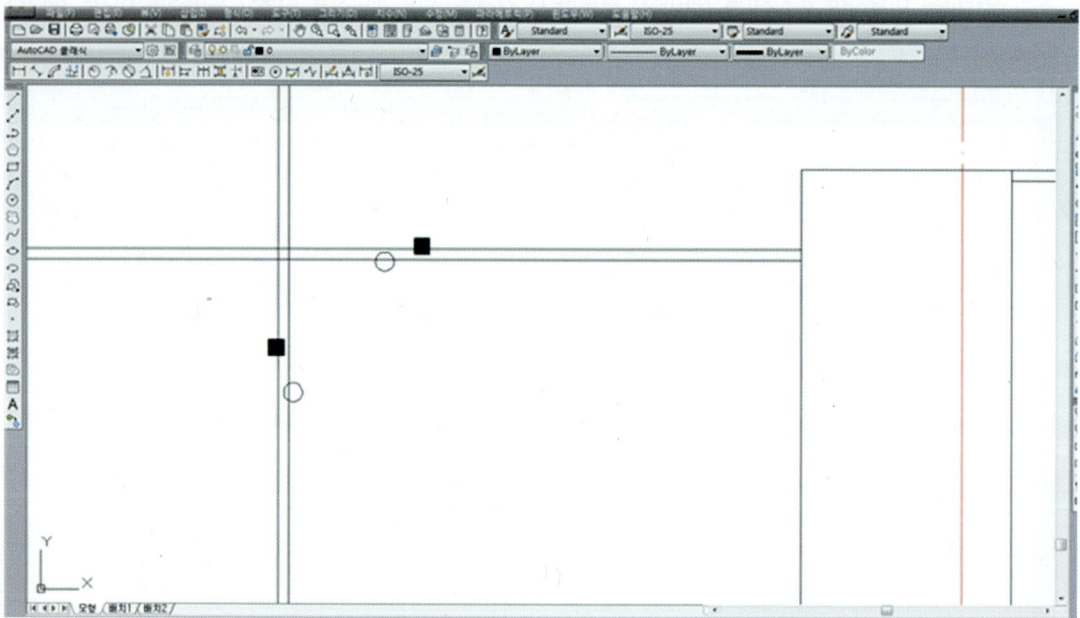

17_ offset을 이용하여 600 간격(hidden 선)으로 띄어 고막이의 위치를 잡고 move를 이용하여 계단참 끝부분까지 이동한 뒤 지반을 만듭니다.

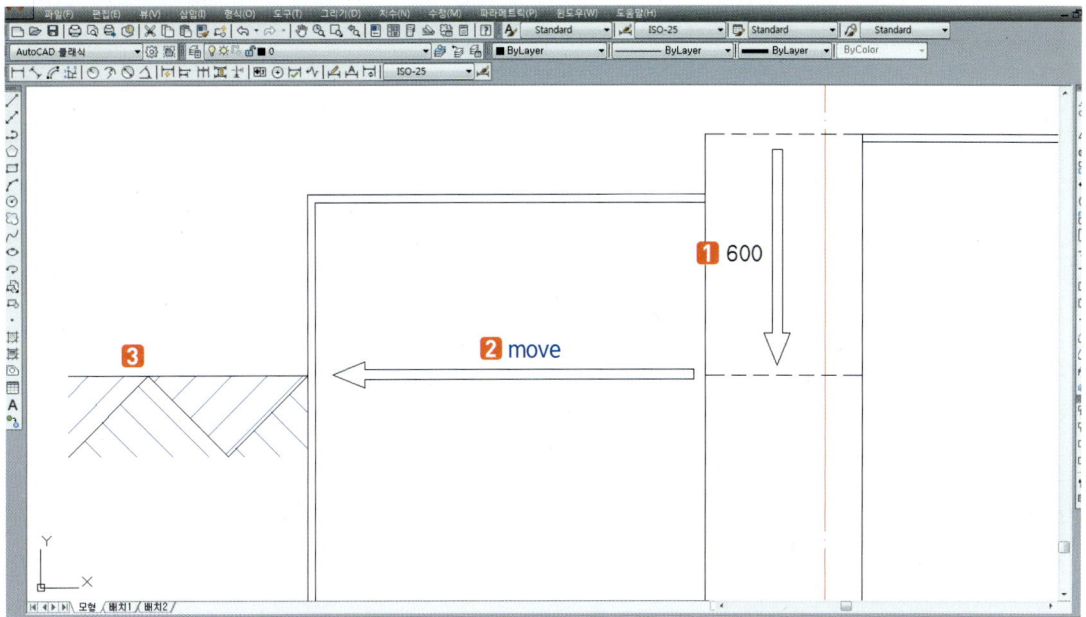

※ 고막이 높이는 계단 수에 따라 다릅니다. 지반 작도법은 기초부분단면상세도의 지반 작도법을 참고하기 바랍니다.

18_ offset을 이용하여 아래와 같이 지반 line(hidden 선)에서 간격을 띄고 도면층 2로 합니다.

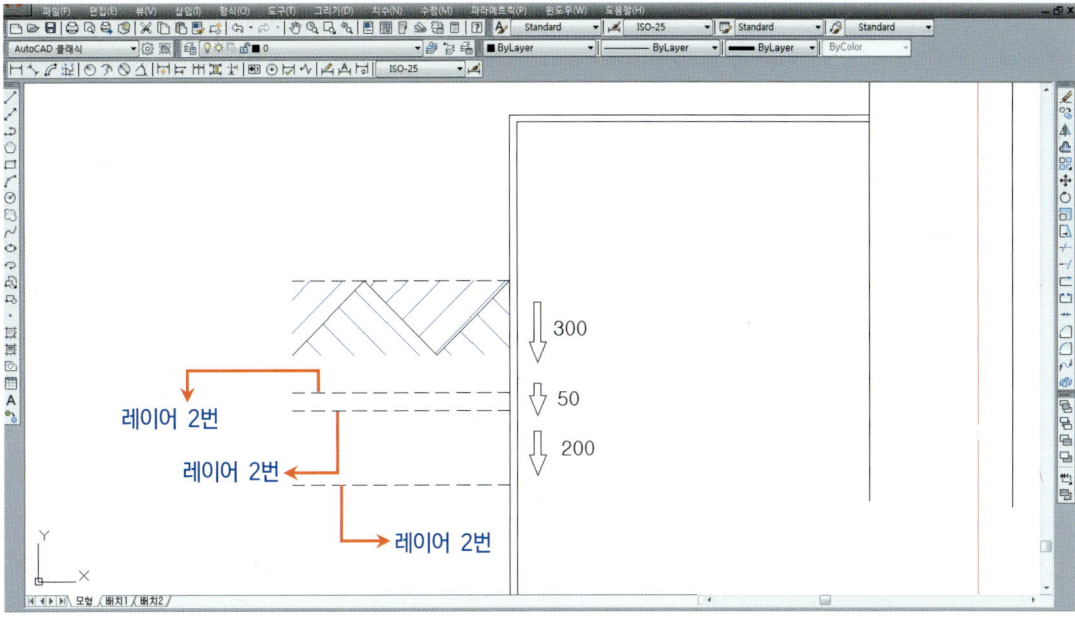

19_offset을 이용하여 아래와 같이 인조석 line(동그라미 부분)과 철근콘크리트 line(네모 부분)에서 간격을 띕니다.

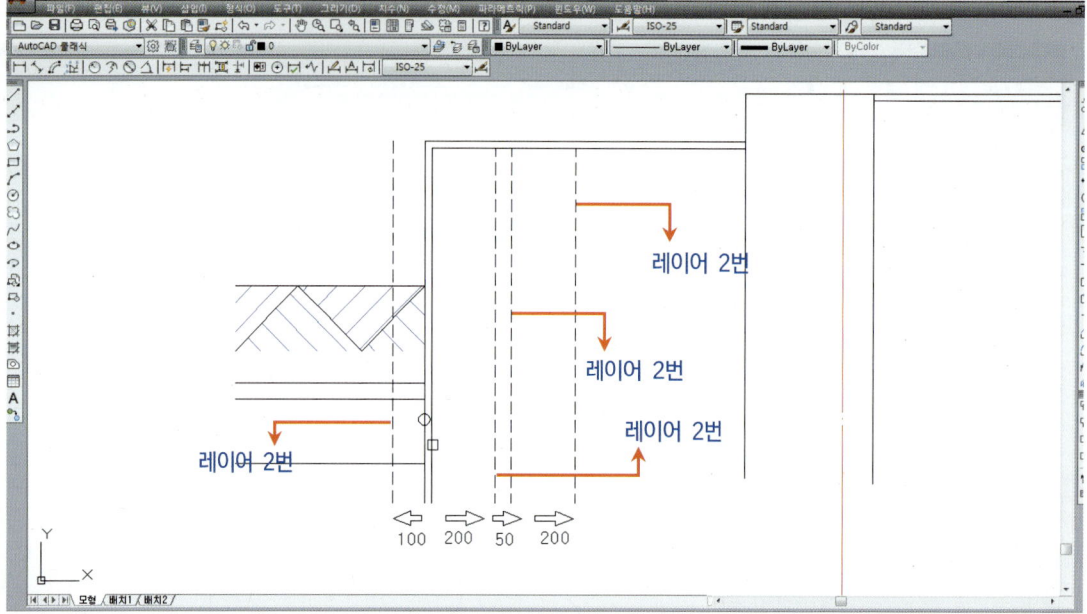

20_offset을 이용하여 계단참의 철근콘크리트(hidden 선)에서 아래와 같이 간격을 띕니다.

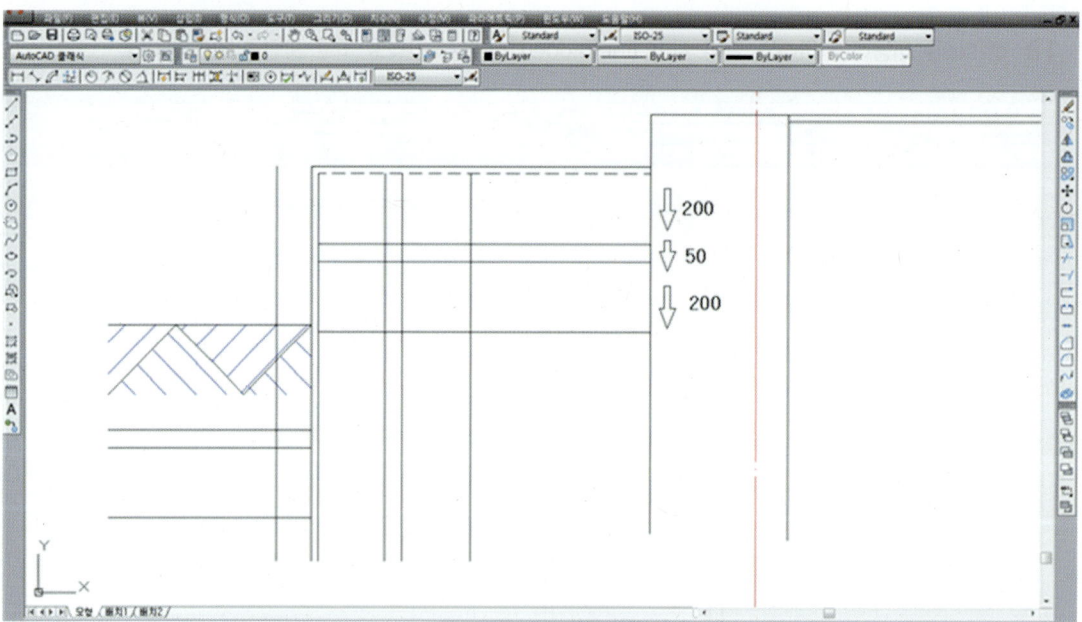

21_fillet을 이용하여 아래와 같이 모서리 (검은 네모 클릭) (동그라미 클릭) (검은 삼각 클릭)를 편집합니다.

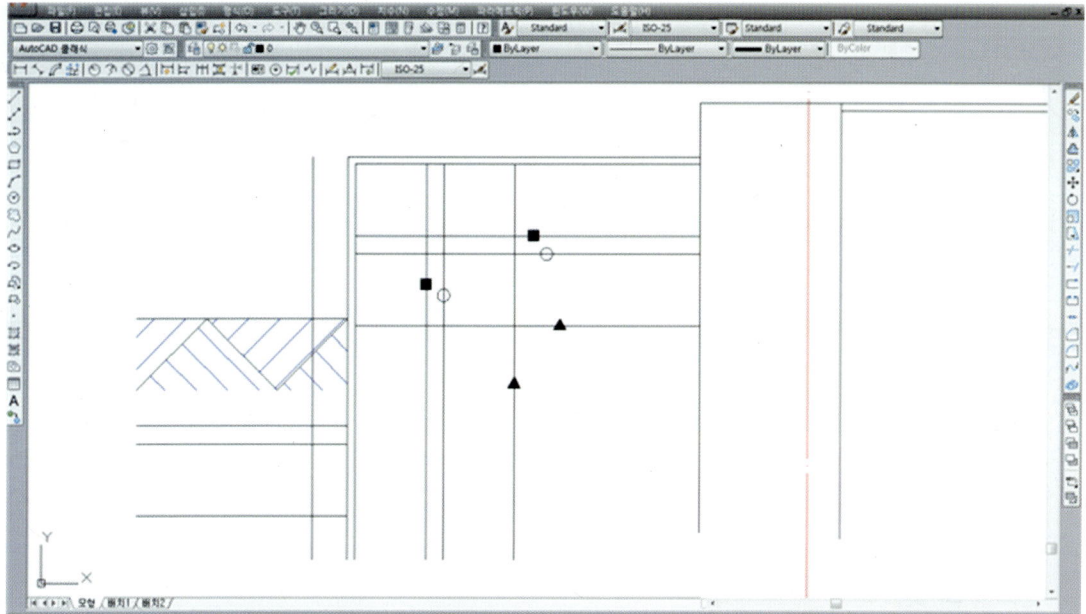

22_fillet을 이용하여 아래와 같이 모서리 (검은 네모 클릭) (동그라미 클릭) (검은 삼각 클릭)를 편집합니다.

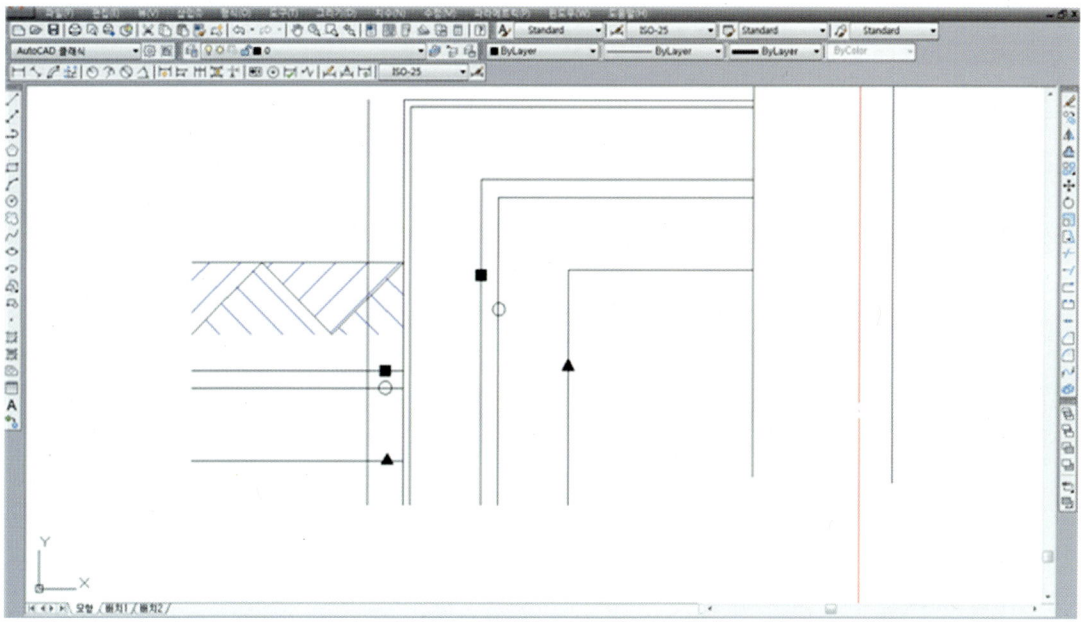

23_ fillet을 이용하여 아래와 같이 모서리 (검은 네모 클릭) (동그라미 클릭)를 편집합니다.

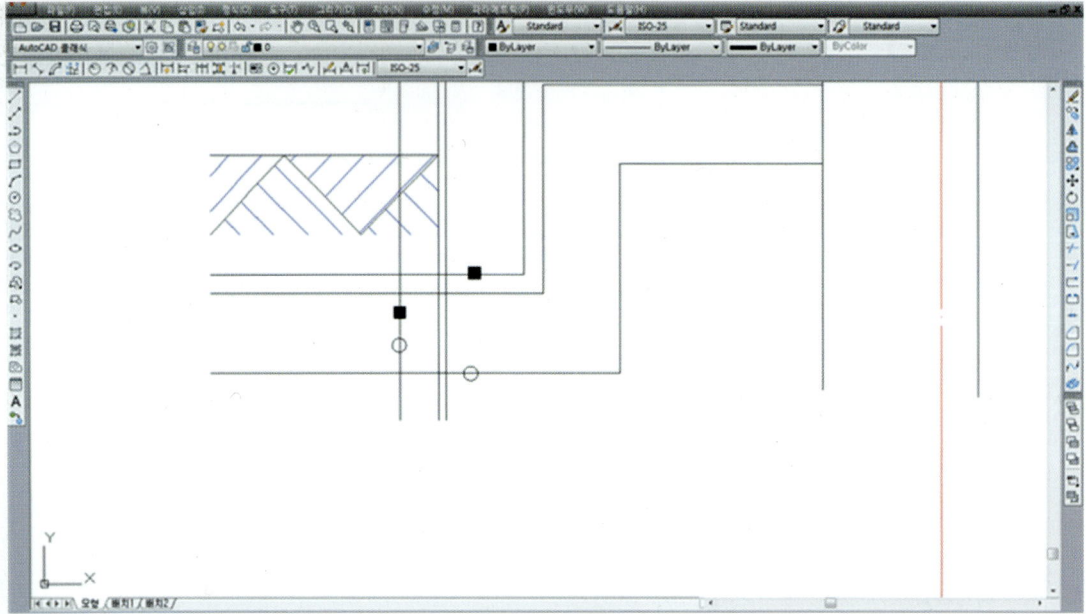

24_ trim을 이용하여 나머지 부분(hidden 선)을 잘라냅니다.

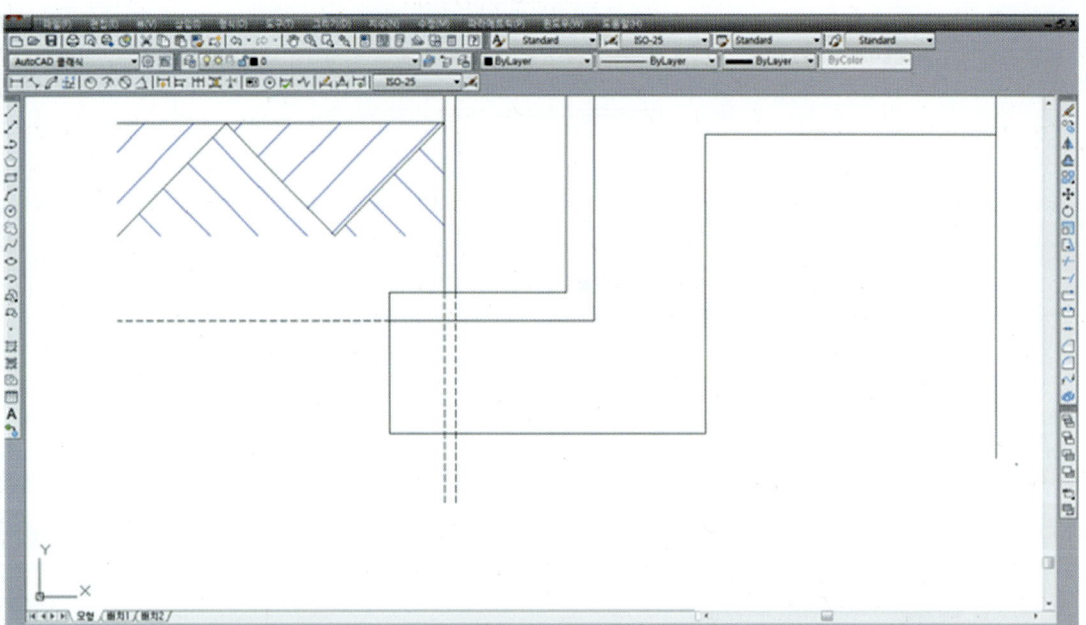

25_copy를 이용하여 계단참 철근콘크리트, 철근콘크리트, 밑창콘크리트, 잡석다짐(hidden 선)을 내부 임의의 위치로 복사합니다.

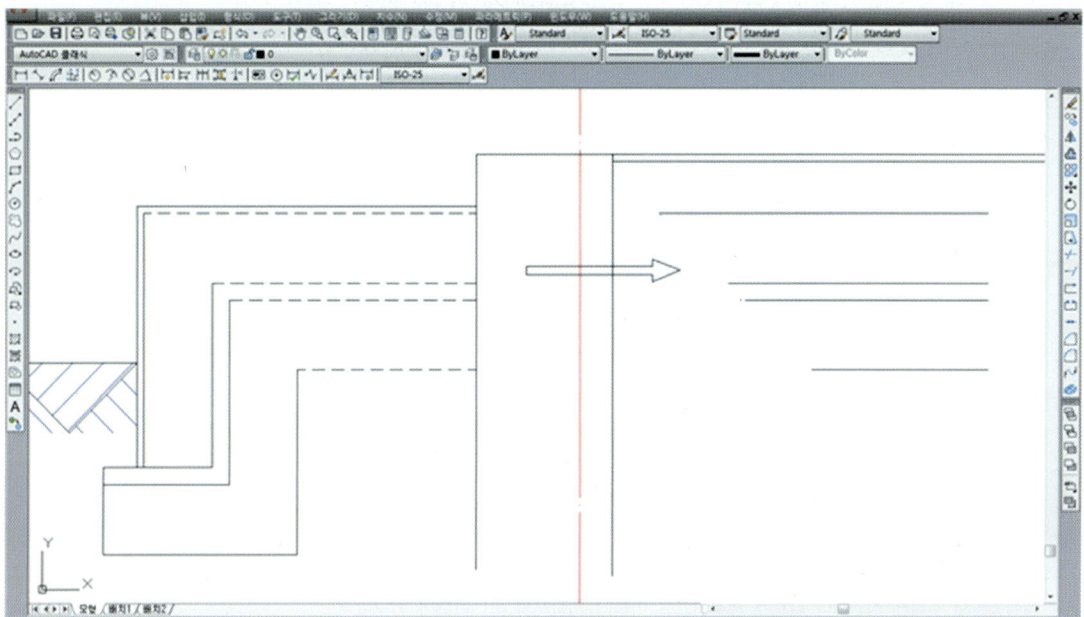

26_extend를 이용하여 기초의 오른쪽 line(hidden 선)까지 line 4개를 연장합니다.

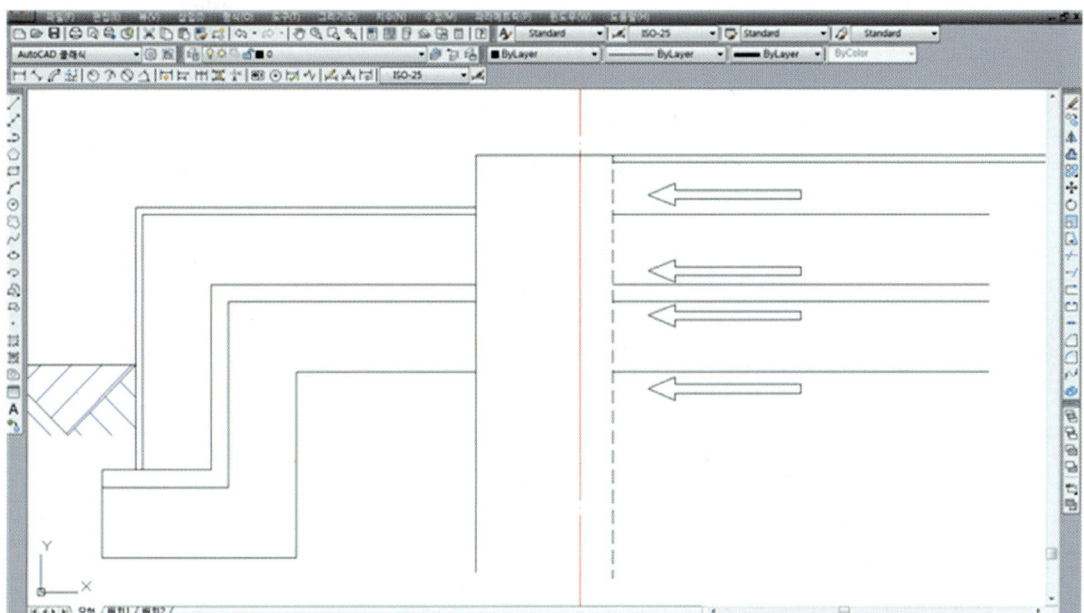

27_ offset을 이용하여 질석보온재의 두께(hidden 선)를 85만큼 간격띄우기를 합니다.

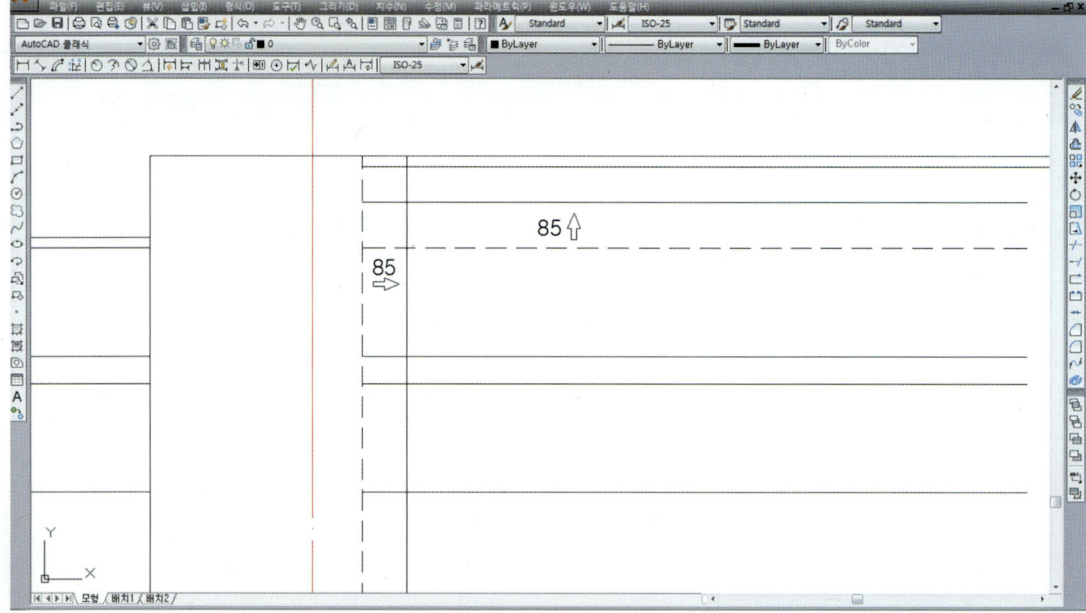

※ 질석보온재 두께는 시험마다 다르게 제시되므로 이를 유의하셔서 offset해야 합니다.

28_ offset을 이용하여 질석보온재의 윗 line(hidden 선)에서 아래와 같이 간격을 띕니다.

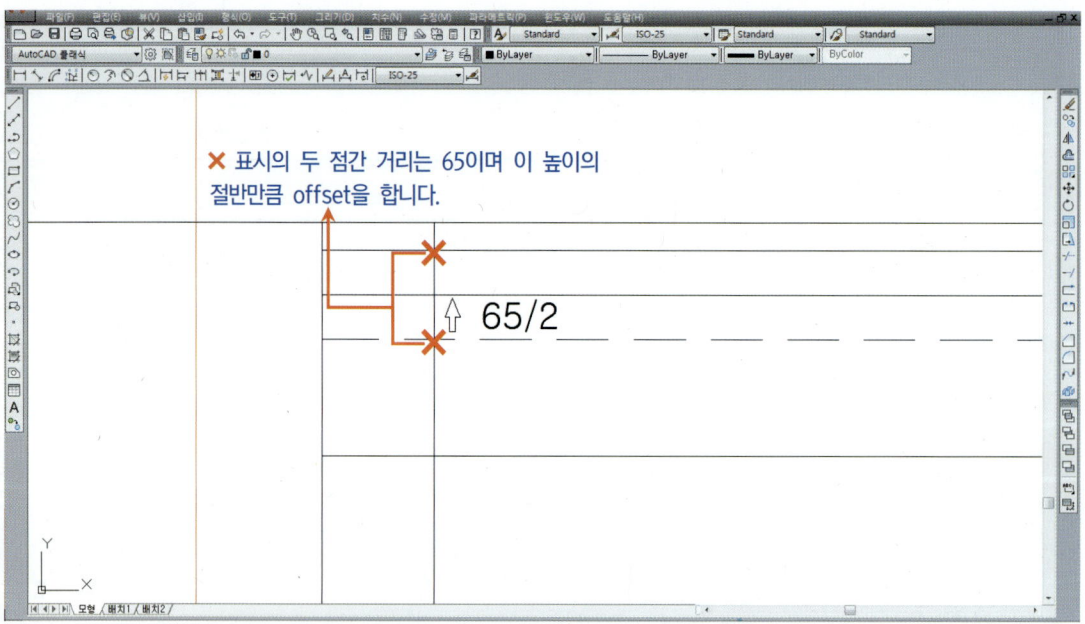

※ 계단높이 (150mm 또는 200mm) 및 질석보온재 두께에 따라 ✕ 표시의 두 점간 거리는 달라집니다.

29_fillet을 이용하여 아래와 같이 질석보온재의 모서리 (검은 네모 클릭) (동그라미 클릭)를 편집합니다.

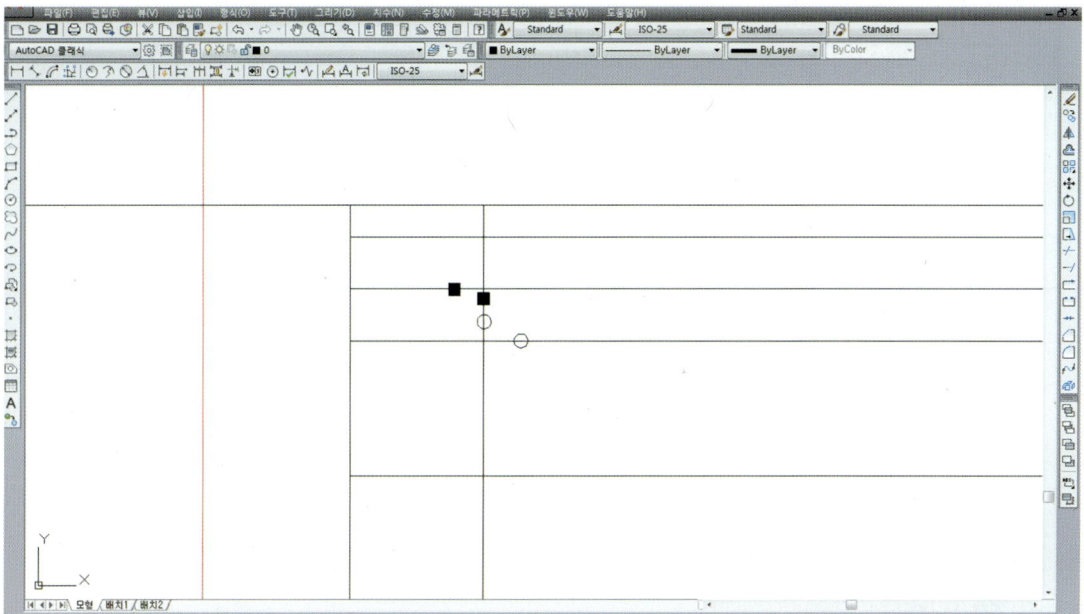

30_XL Pipe와 콩자갈을 작도하고 파단선을 만든 뒤 질석보온재 내부에 hatch를 합니다.

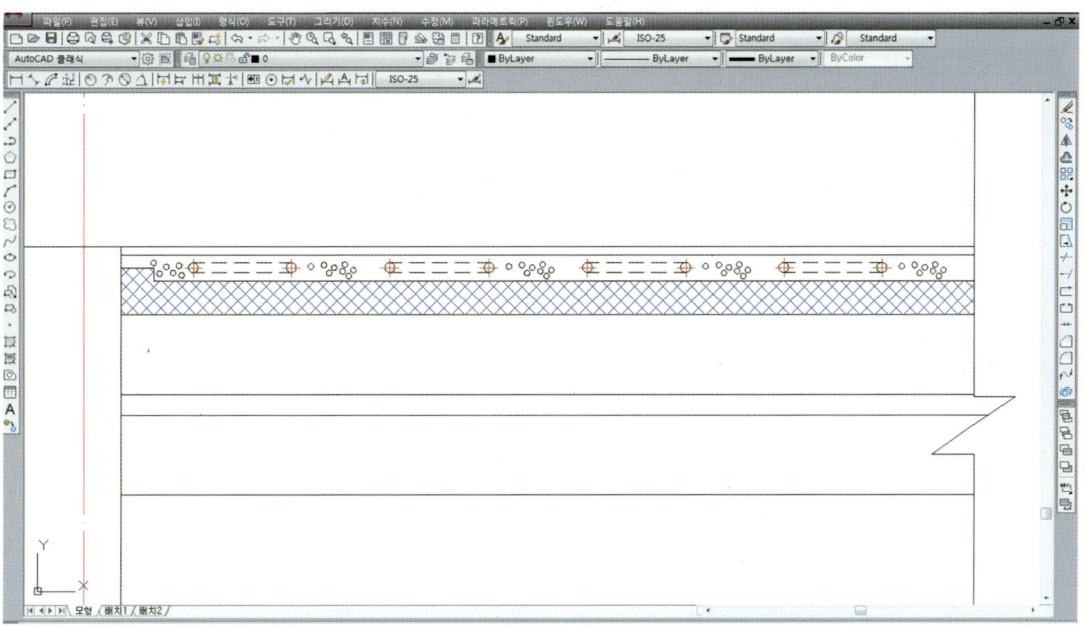

※ XL Pipe의 작도 방법과 질석보온재의 hatch는 방부분단면상세도의 작도법을 참고하기 바랍니다.

31_ 철근콘크리트 및 잡석다짐의 재료표시를 하고 편집명령어를 이용하여 편집합니다.

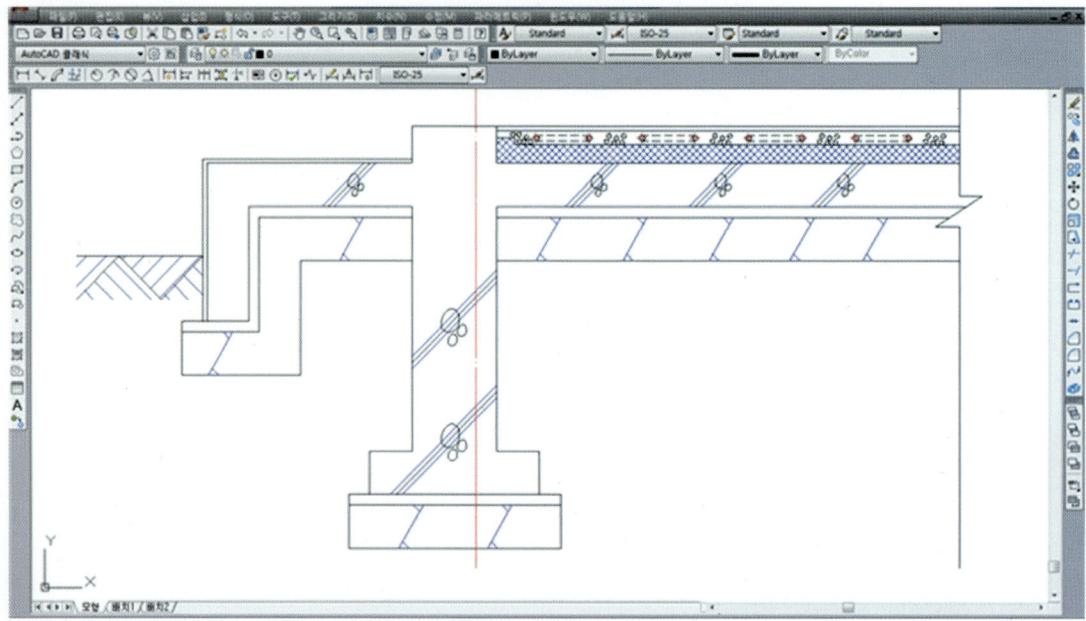

※ 철근콘크리트 및 잡석다짐의 재료표시와 편집방법은 방부분단면상세도의 작도법을 참고하기 바랍니다.

32_ 테라스 창 단면을 작도하고 파단선을 만듭니다.

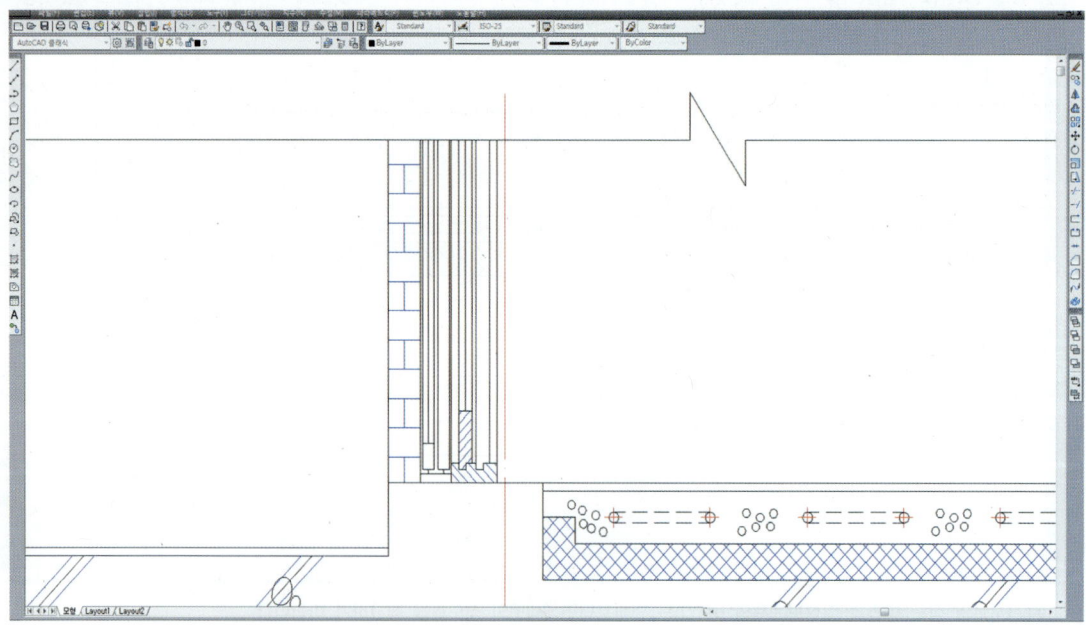

※ 테라스창 작도방법은 창단면상세도-2의 작도법을 참고하기 바랍니다.

33_offset을 이용하여 벽체 입면 linem(hidden 선)을 425만큼 간격을 띄워 벽체를 만듭니다.

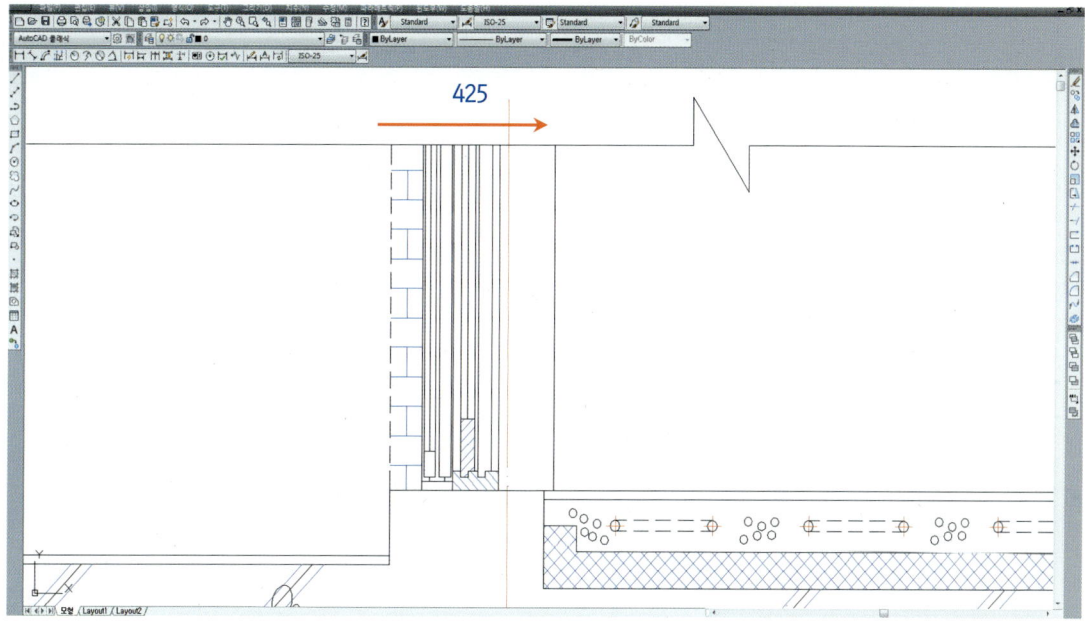

※ 벽체를 offset할 때는 몰탈 두께 20을 추가한 값으로 간격을 띄어야 합니다. 즉, 405mm의 벽체에 몰탈 20mm를 추가한 425mm를 간격 띄웁니다.

34_offset을 이용하여 거실 바닥 line(hidden 선)에서 100만큼 간격을 띄어 걸레받이를 만들고 도면층 5로 한 뒤 테라스창까지 extend(hidden 선)를 합니다.

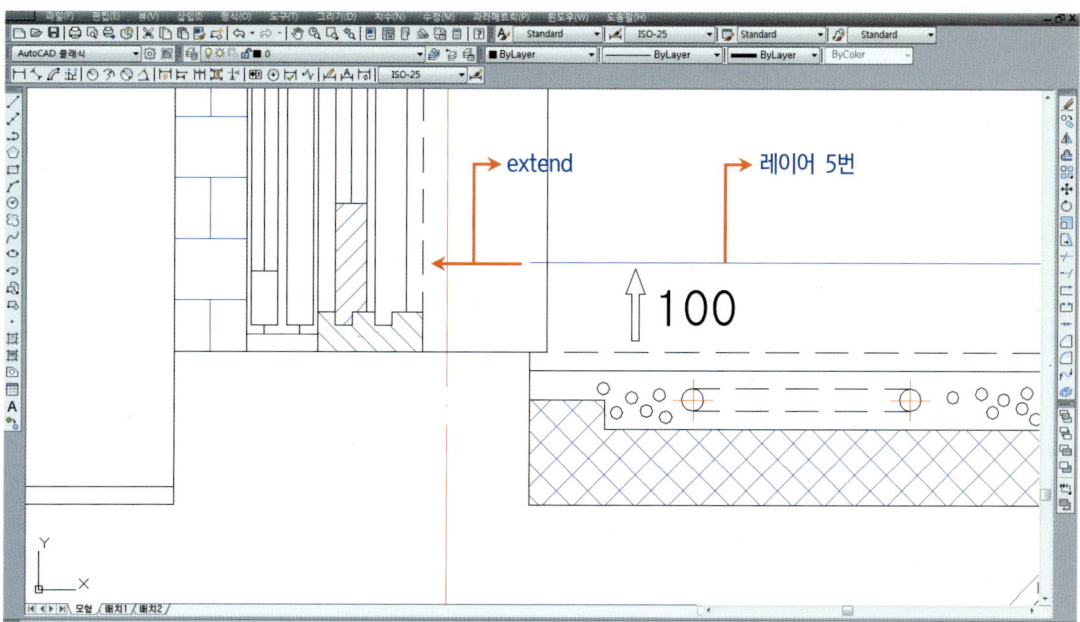

35_offset으로 걸레받이 두께 20을 띄고 trim으로 (hidden 선)잘라낸 뒤 도면층 5로 합니다.

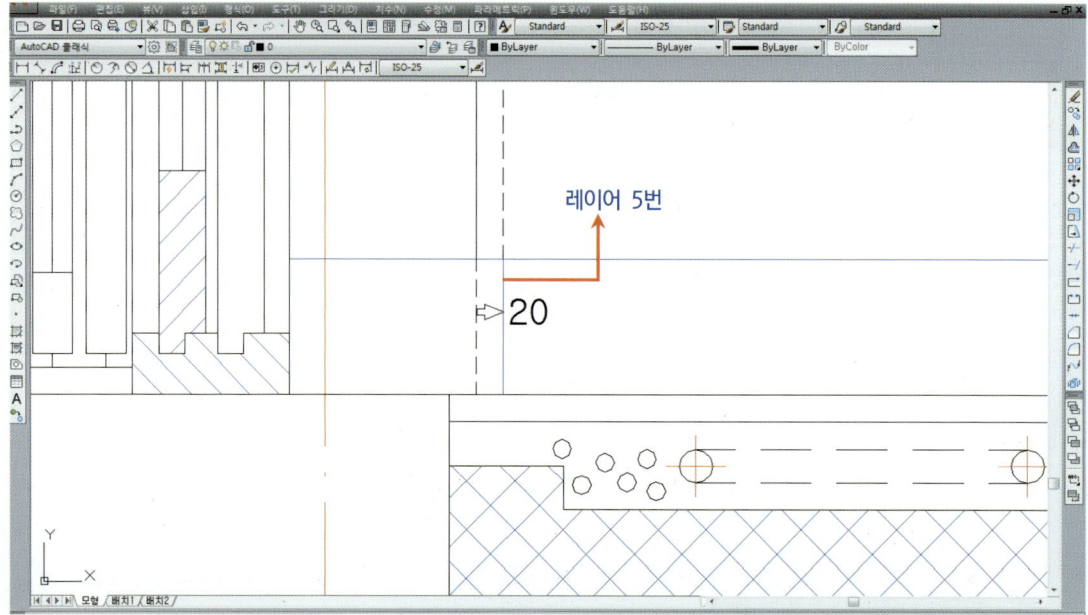

36_offset을 벽체 line(hidden 선)에서 아래와 같은 간격으로 띄어 벽체를 디자인하고 도면층 5로 합니다.

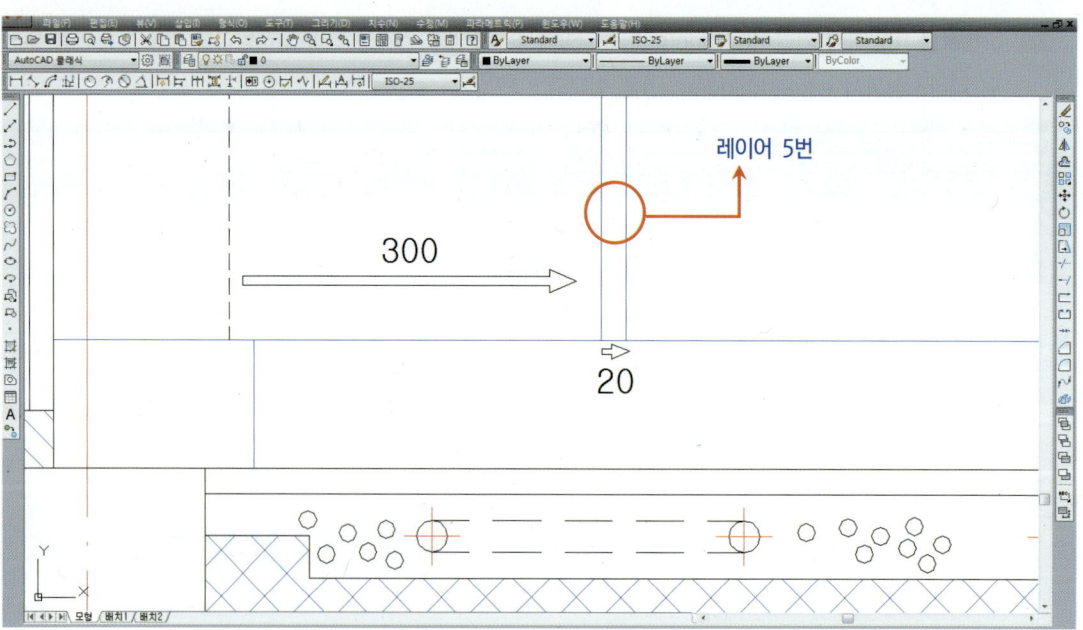

37_array를 이용하여 선을 선택(hidden 선)하고 열의 수(7), 열 간격 300 입력하여 완성합니다.

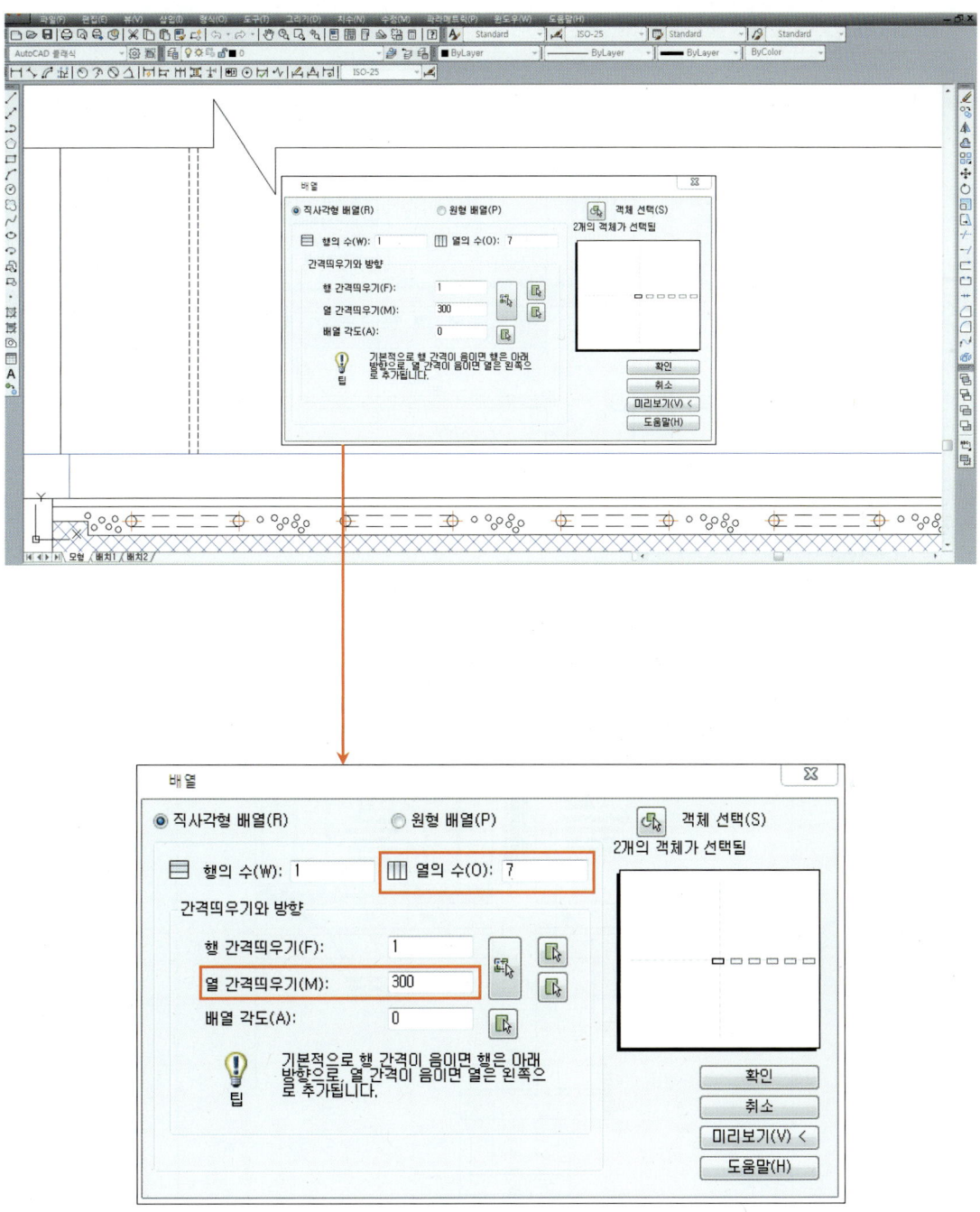

Part 01_실기

38_ 지시선을 만들고 글자를 입력한 뒤 rectangle을 만든 후 글자 뒷부분을 잘라내고 rectangle을 지웁니다.

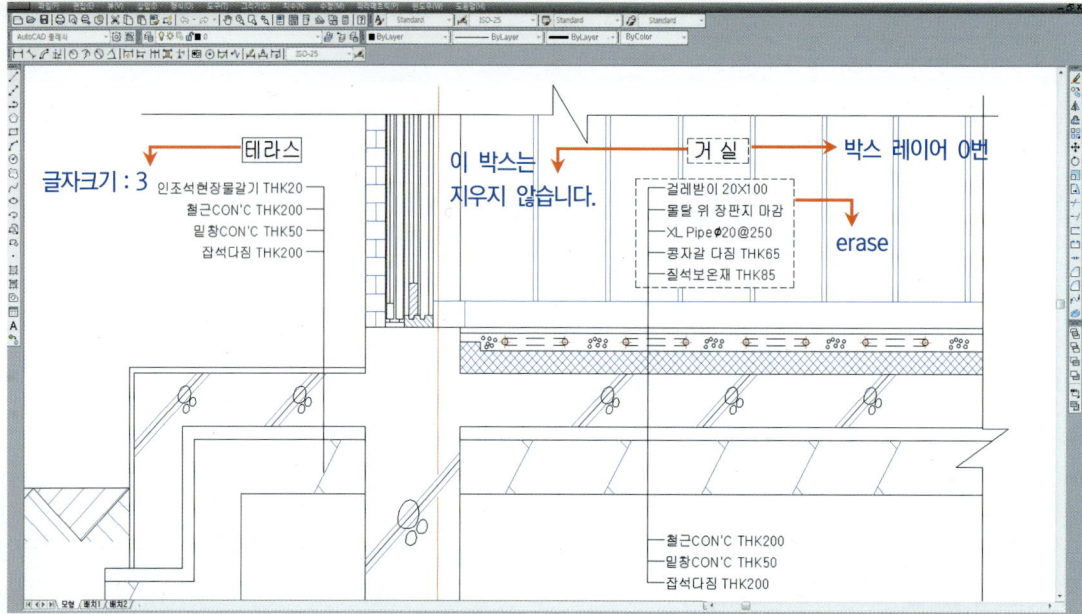

※ 지시선 및 글자 쓰는 방법은 방부분단면상세도의 작도법을 참고하기 바랍니다.

39_ 글자와 치수를 기입하고 제목을 기입하여 마무리합니다.

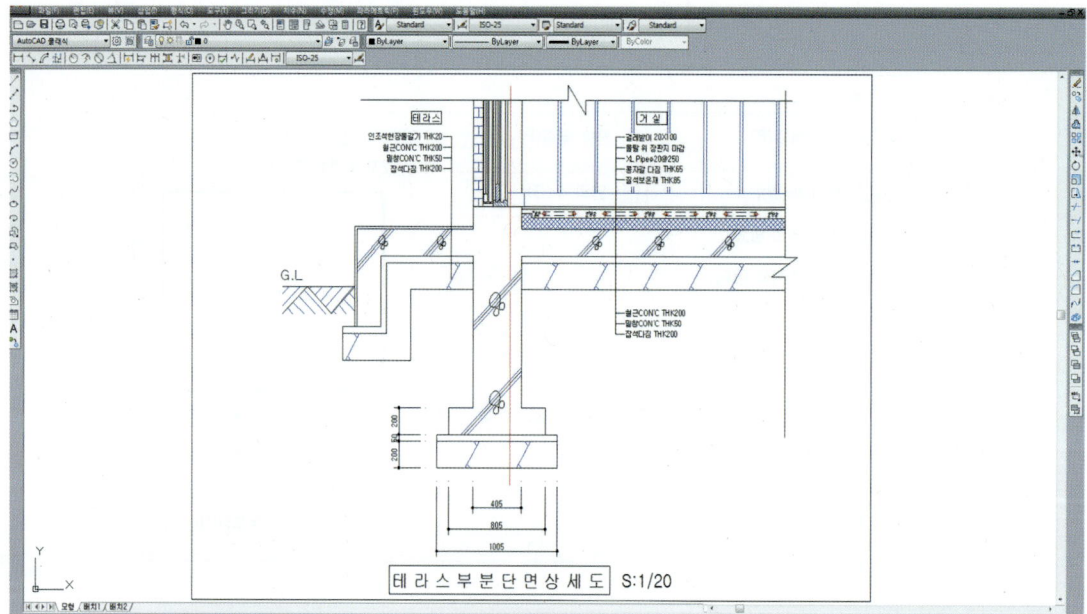

다음의 계단참(테라스)단면상세도를 작도해 보시기 바랍니다.

※ mvsetup을 이용하여 용지 크기와 도면척도를 만드시기 바랍니다.

- 도면크기 : A4
- 도면척도 : 20

[조건]

- 벽돌 : 외부로부터 0.5B(90mm), 시멘트벽돌 1.0B(190mm)
- 단열재 : 120mm
- 계단참 : 1400mm
- 고막이 : 600mm
- 콩자갈다짐 두께 : 85mm
- 질석보온재 두께 : 115mm
- 동결선 : 900mm

다음의 테라스단면상세도를 작도해 보시기 바랍니다.

※ mvsetup을 이용하여 용지 크기와 도면척도를 만드시기 바랍니다.

- 도면크기 : A4
- 도면척도 : 20

[조건]

- 벽돌 : 외부로부터 0.5B(90mm), 시멘트벽돌 1.0B(190mm)
- 단열재 : 125mm
- 계단참 : 1200mm
- 고막이 : 750mm
- 콩자갈다짐 두께 : 65mm
- 질석보온재 두께 : 85mm
- 동결선 : 900mm

※ 도면을 반대로 그려보는 연습이 반드시 필요하며, 중심선의 위치도 중앙에 위치해 놓고 연습해 보기 바랍니다.
※ 반대로 연습하실 때 철근표시 및 잡석다짐과 해치를 반대로 해서는 안 됩니다.

계단참(테라스)부분단면상세도 1

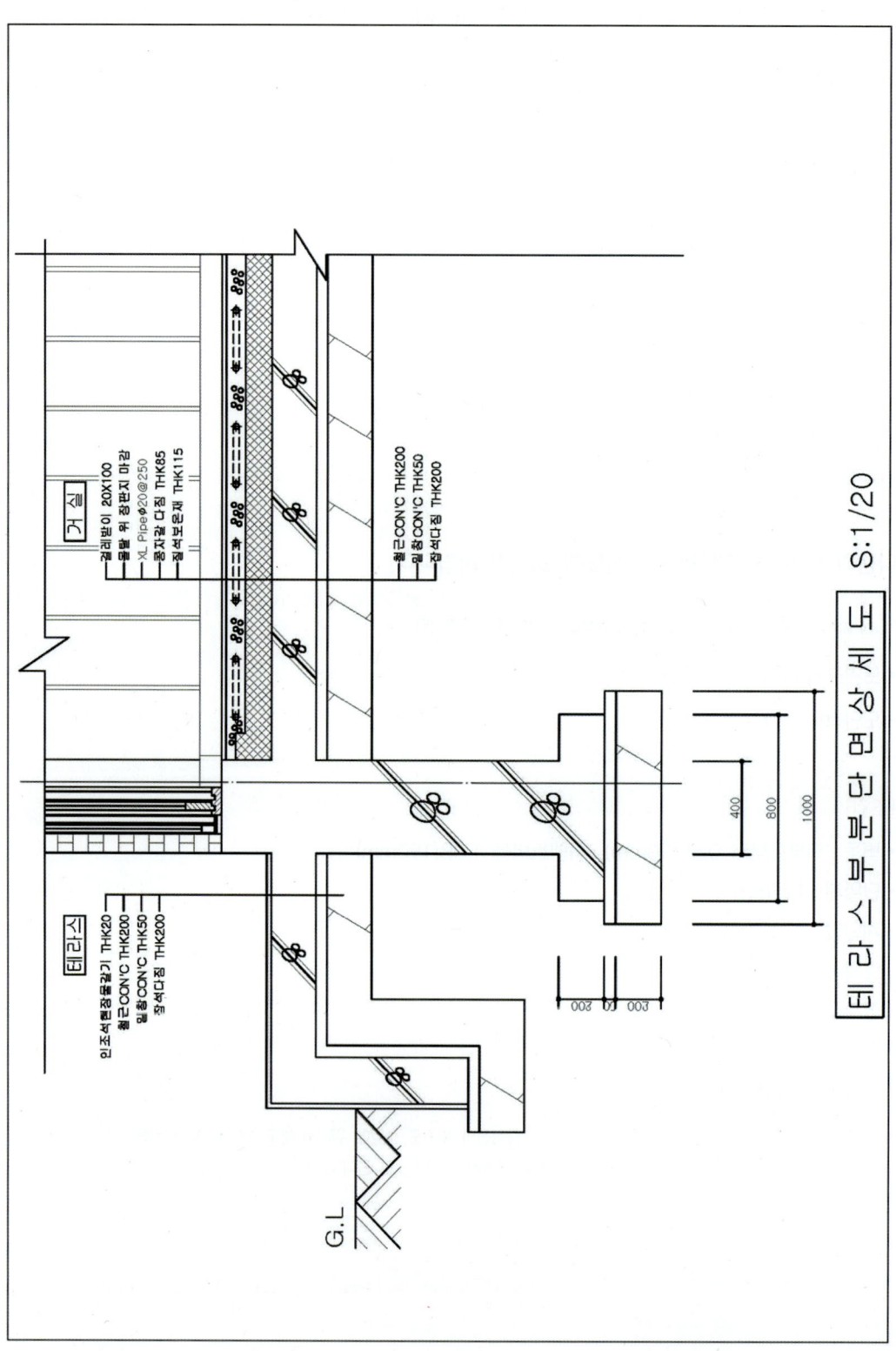

계단참(테라스)부분단면상세도 2

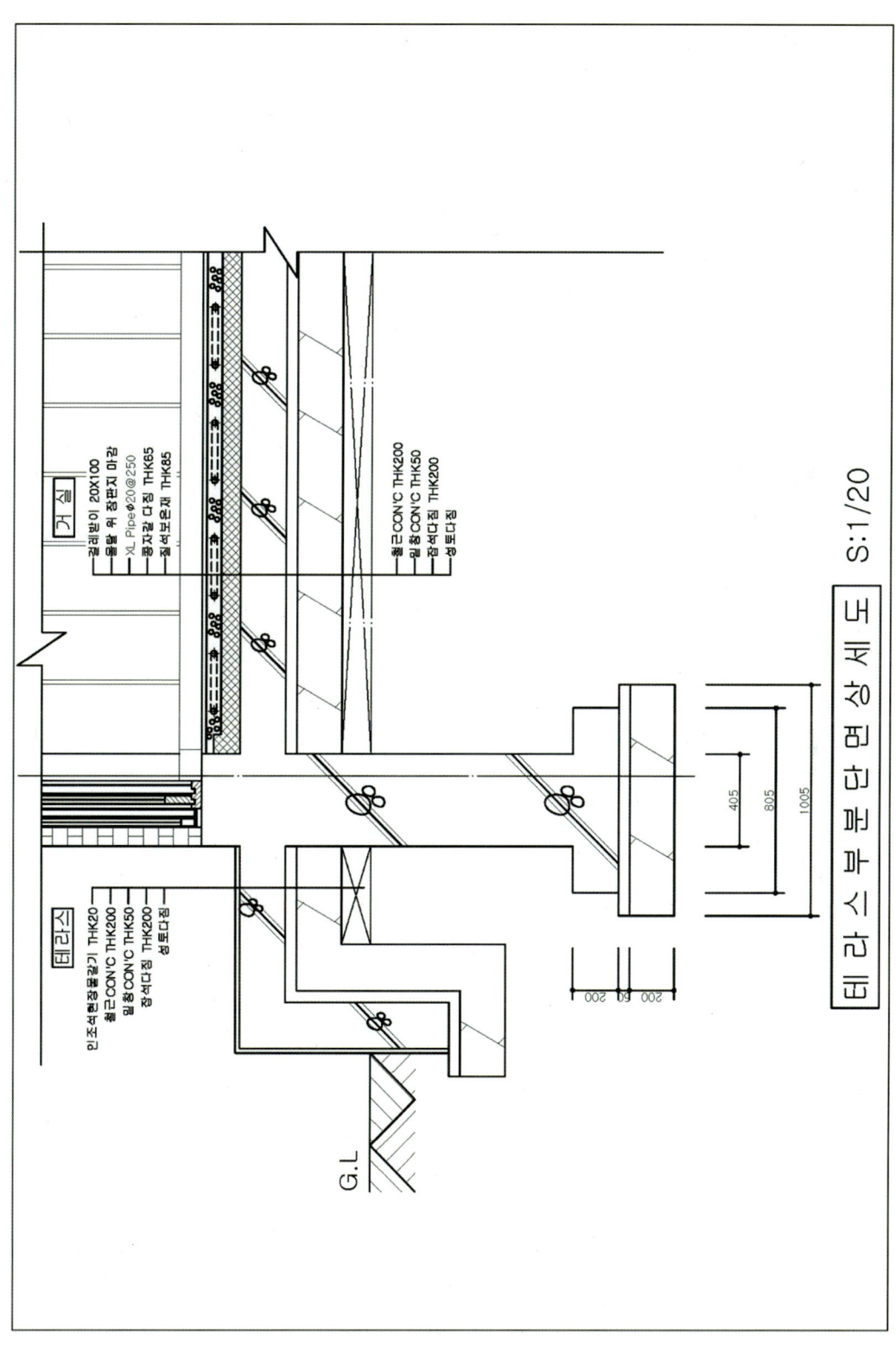

13 계단참(현관)부분단면상세도

1_mvsetup에서 도면척도를 20으로 맞추고 용지크기를 A4로 만듭니다.

```
명령  MVSETUP ↵
도면공간을 사용가능하게 합니까? [아니오(N)/예(Y)] : n ↵
단위 유형 입력 [공학(S)/십진(D)/엔지니어링(E)/건축(A)/미터법(M)] : m ↵
미터 축척
(5000)  1 : 5000
(2000)  1 : 2000
(1000)  1 : 1000
(500)   1 : 500
(200)   1 : 200
(100)   1 : 100
(75)    1 : 75
(50)    1 : 50
(20)    1 : 20
(10)    1 : 10
(5)     1 : 5
(1)     전체
축척 비율 입력 : 20 ↵
용지 폭 입력 : 283 ↵
용지 높이 입력 : 196 ↵
```

2_layer에서 다음과 같이 도면층을 만듭니다.

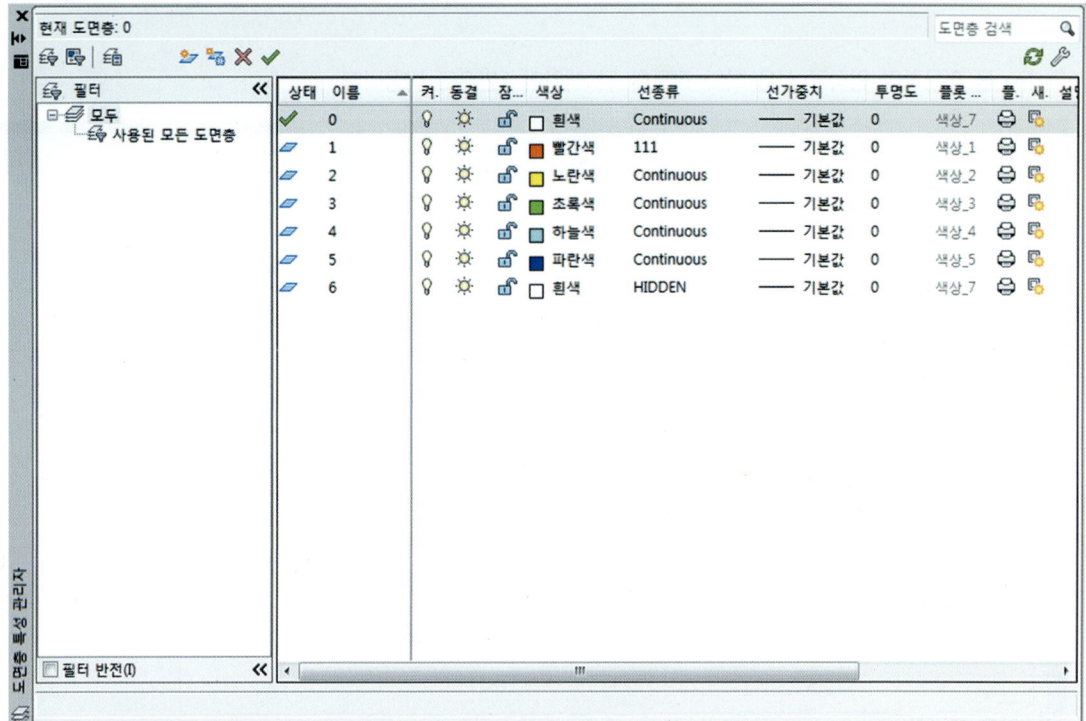

계단참(현관)단면 그리기

3_ line을 이용하여 임의의 선을 하나 작도한 뒤 레이어 1번으로 바꿉니다.

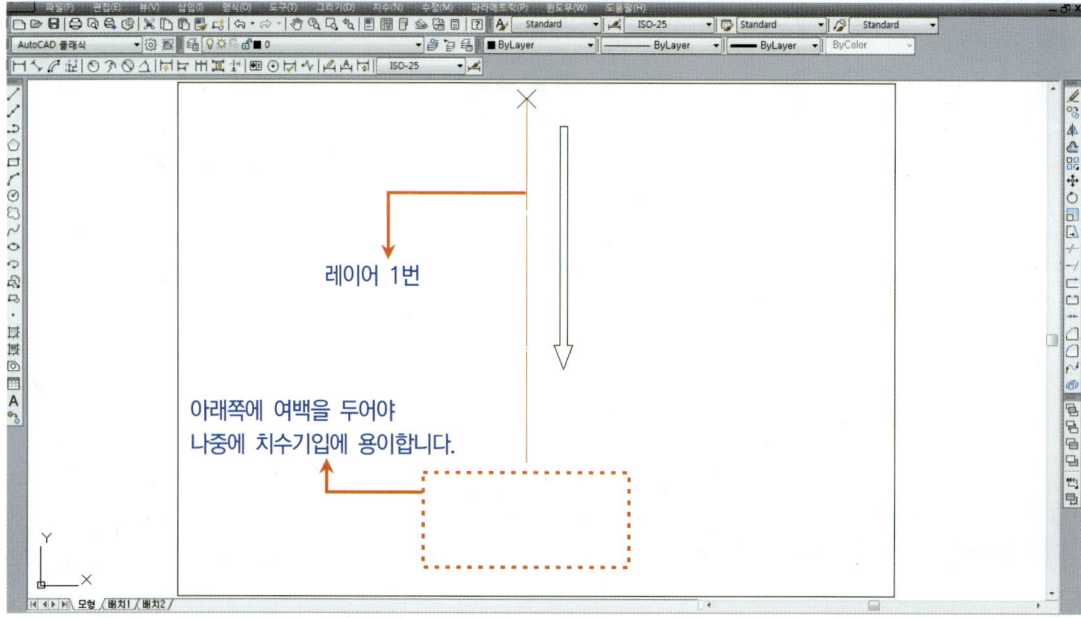

※ lts를 이용하여 척도 20을 줍니다.

4_ offset을 이용하여 중심선(동그라미 부분)에서 오른쪽으로 95만큼 간격을 띄고 도면층 2로 바꿉니다.

5_offset을 이용하여 단열재 두께 125mm로 하는 벽 두께를 우측 라인(동그라미 부분)에서 왼쪽으로 간격을 띕니다.

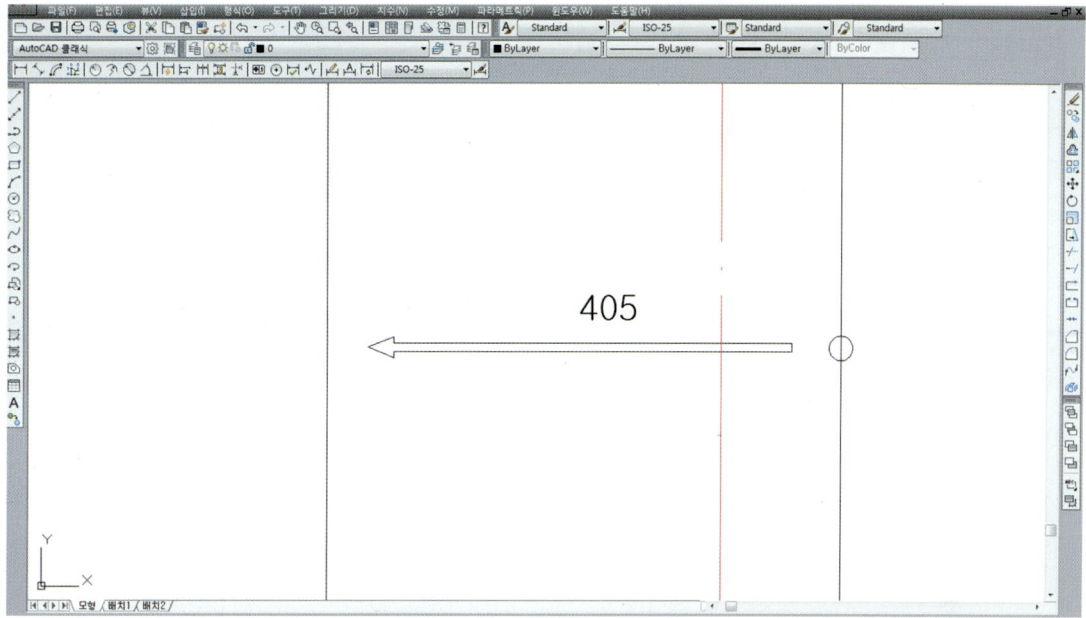

※ 단열재(125mm) + 벽돌 1.5B(280mm) = 405mm

6_line을 이용하여 임의의 수평선(✕ 표시)을 작도하고 도면층 0으로 합니다.

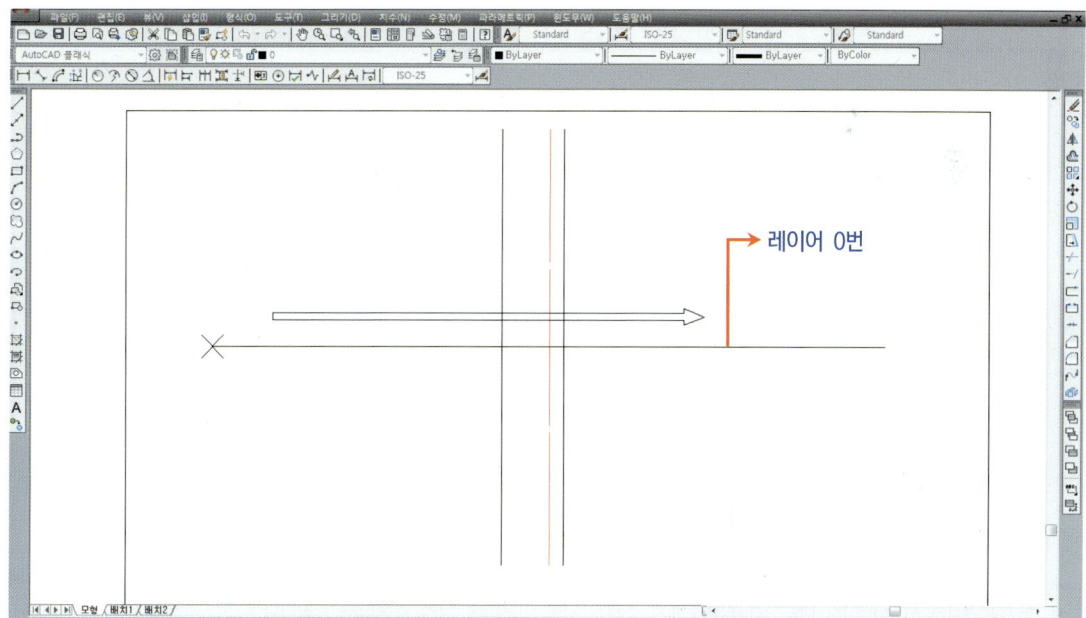

7_ trim을 이용하여 왼쪽 수직 line과 오른쪽 수직 line(hidden 선)을 자릅니다.

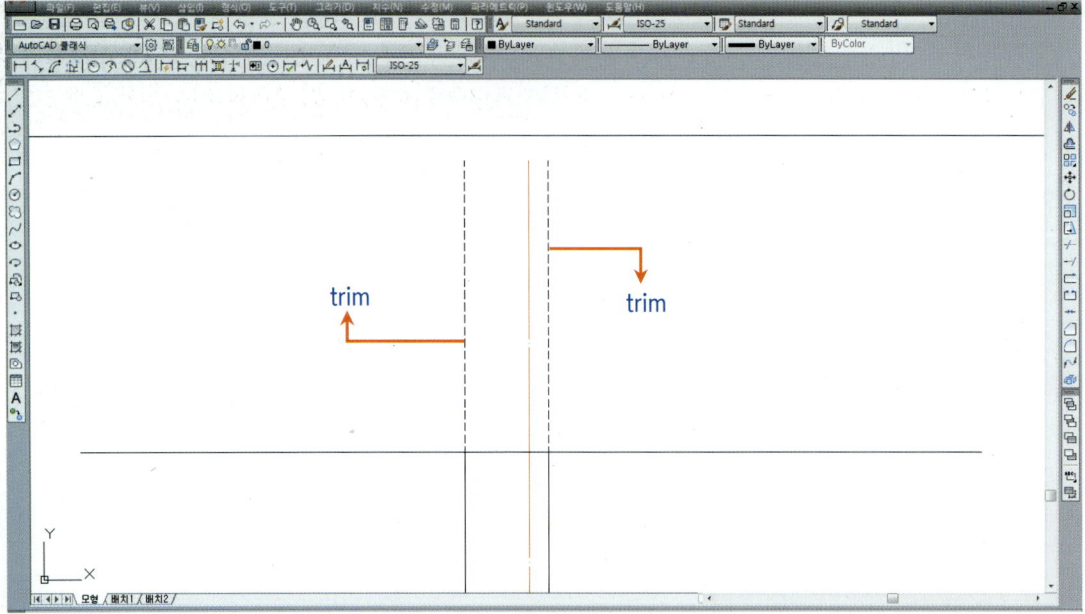

8_ offset을 이용하여 중심선(동그라미 친 부분)에서 간격을 띄어 계단참을 만들고 도면층을 0으로 합니다.

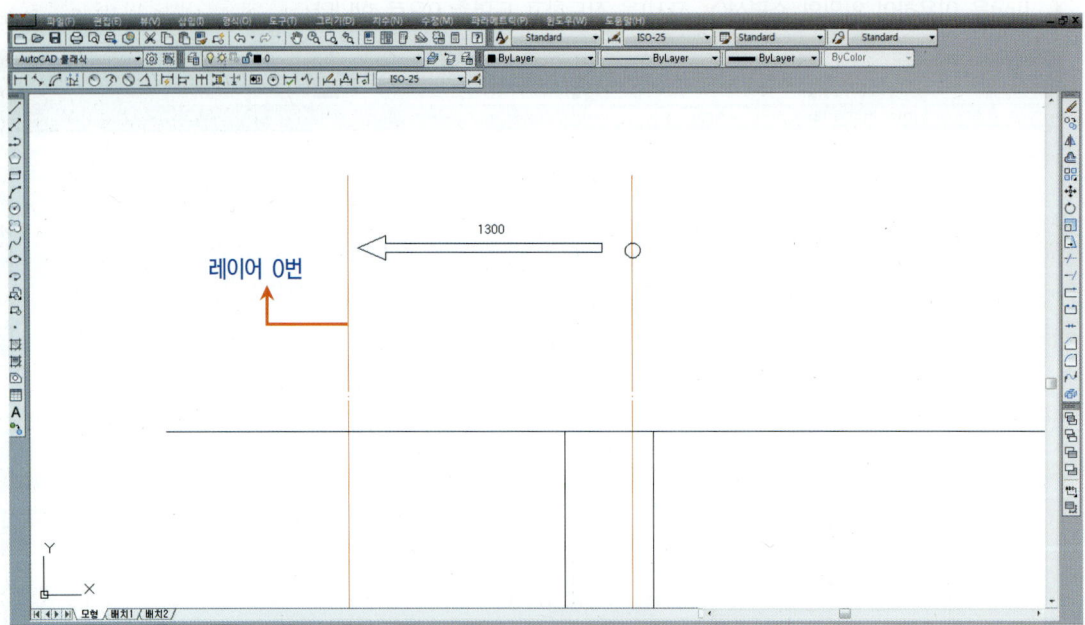

※ 계단참 거리는 시험에 따라 다르므로 평면도에서 스케일 자를 이용하여 직접 측정하셔야 합니다.

9_offset을 이용하여 20 간격(hidden 선)으로 띄어 인조석을 만들고 도면층을 2로 합니다.

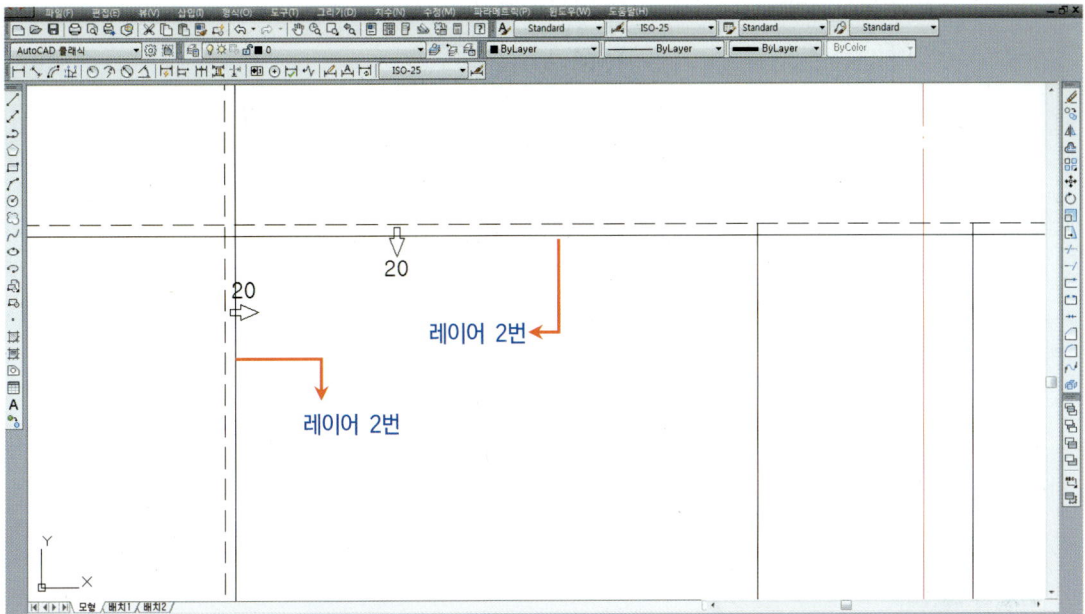

10_fillet을 이용하여 아래와 같이 모서리 (네모 클릭) (동그라미 클릭)를 편집합니다.

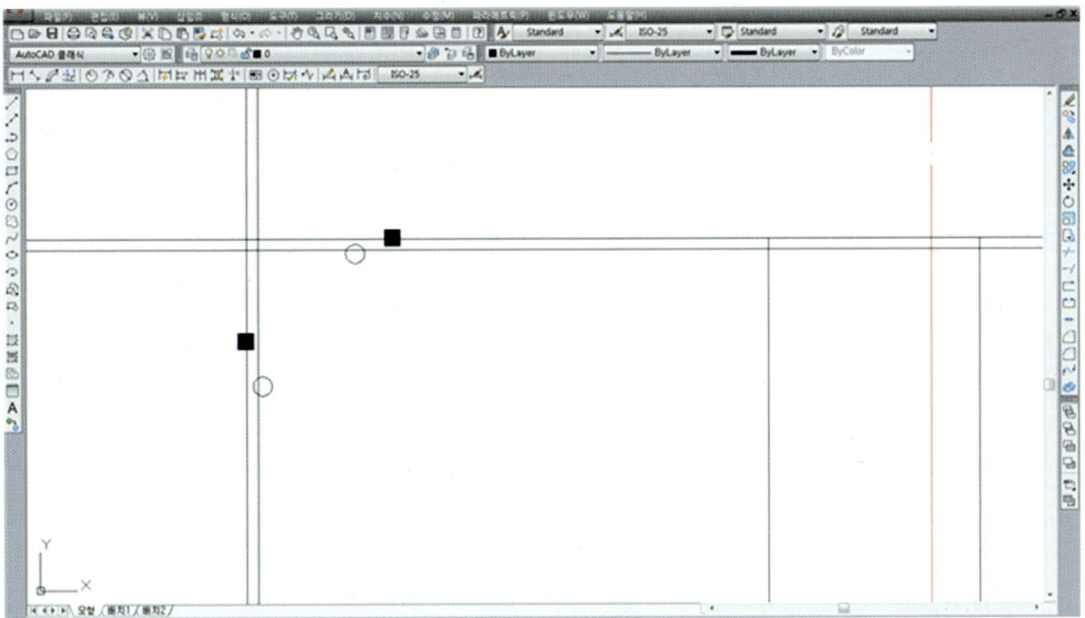

11_ trim을 이용하여 아래와 같이 기초와 인조석 사이(빨간색 부분)를 잘라냅니다.

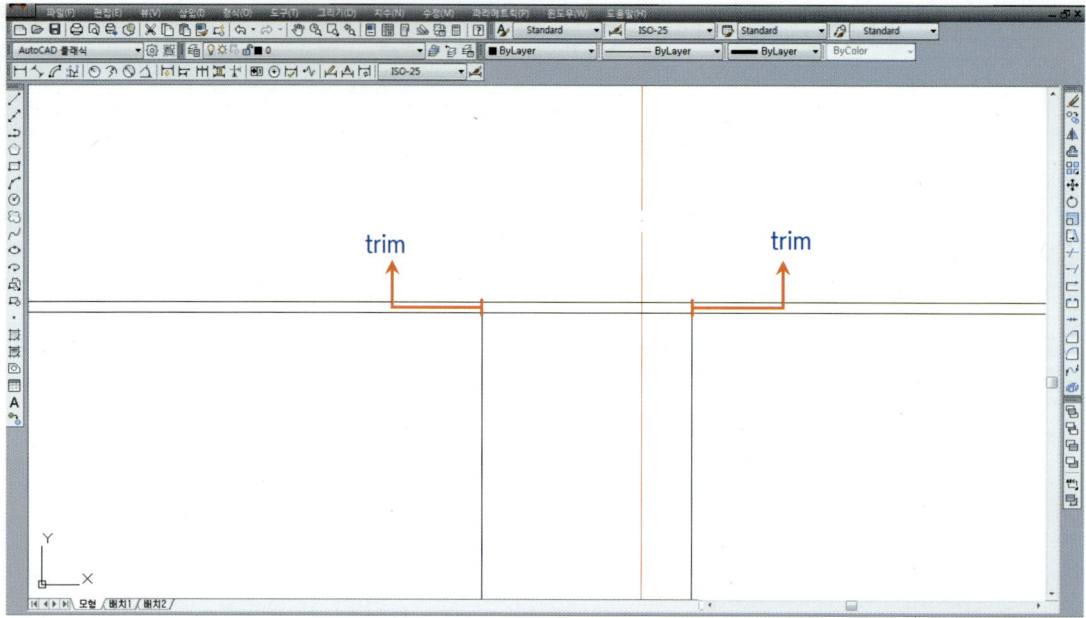

12_ offset을 이용하여 현관의 폭(동그라미 친 부분)을 띄우고 도면층을 2로 합니다.

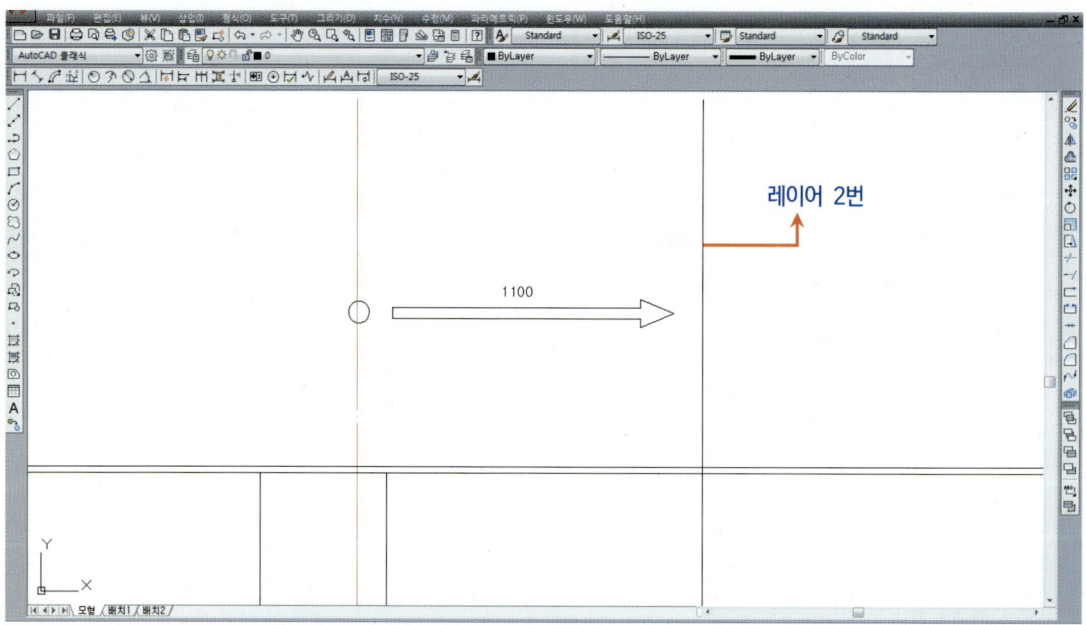

※ 현관 폭은 시험에 따라 다르게 출제되므로 시험평면도에서 스케일 자로 측정한 뒤 하셔야 합니다.

13_ offset을 이용하여 인조석 line(hidden 선)에서 간격을 띄고 도면층을 2로 합니다.

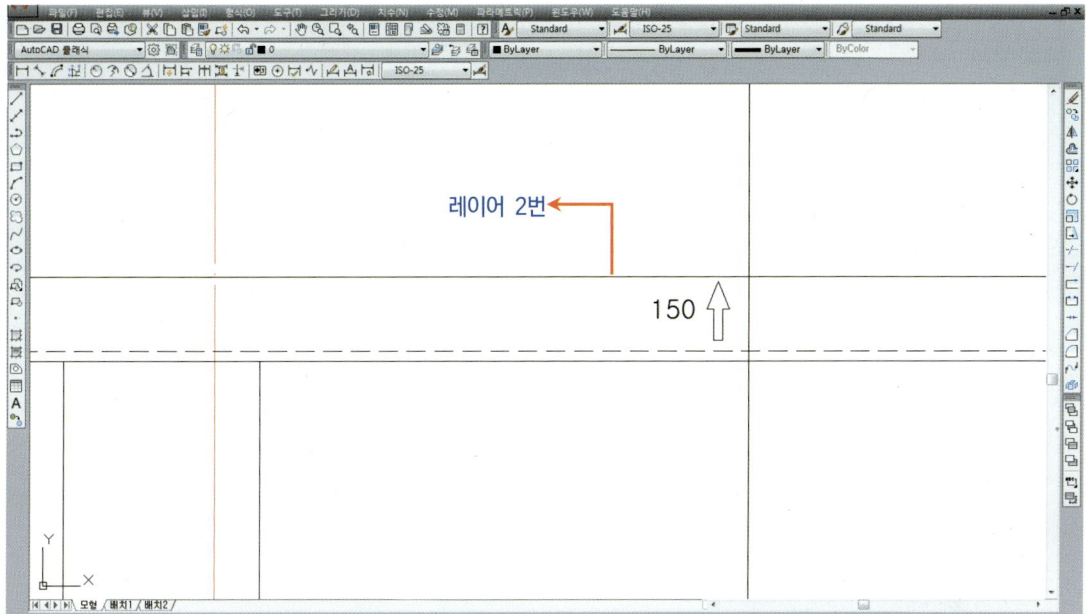

※ 현관턱 높이는 계단 수에 따라 다르게 간격을 띄어야 합니다. 계단 수가 2개로 출제될 때는 계단 하나당 높이인 200mm를 offset하고 계단 수가 3개 이상으로 출제될 때는 계단 하나당 높이인 150mm를 offset합니다.

14_ fillet의 반지름을 50으로 변경한 뒤 현관턱 모서리 부분(검은 네모 클릭)을 편집합니다.

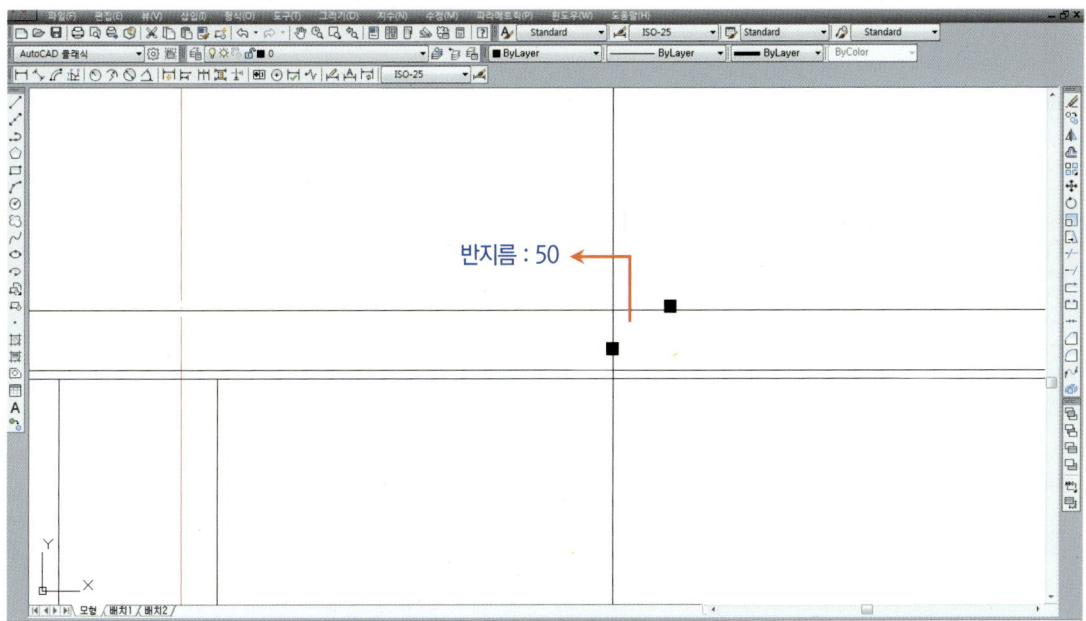

15_ offset을 이용하여 현관턱 외부 line(hidden 선)에서 내부로 20만큼 간격을 띕니다.

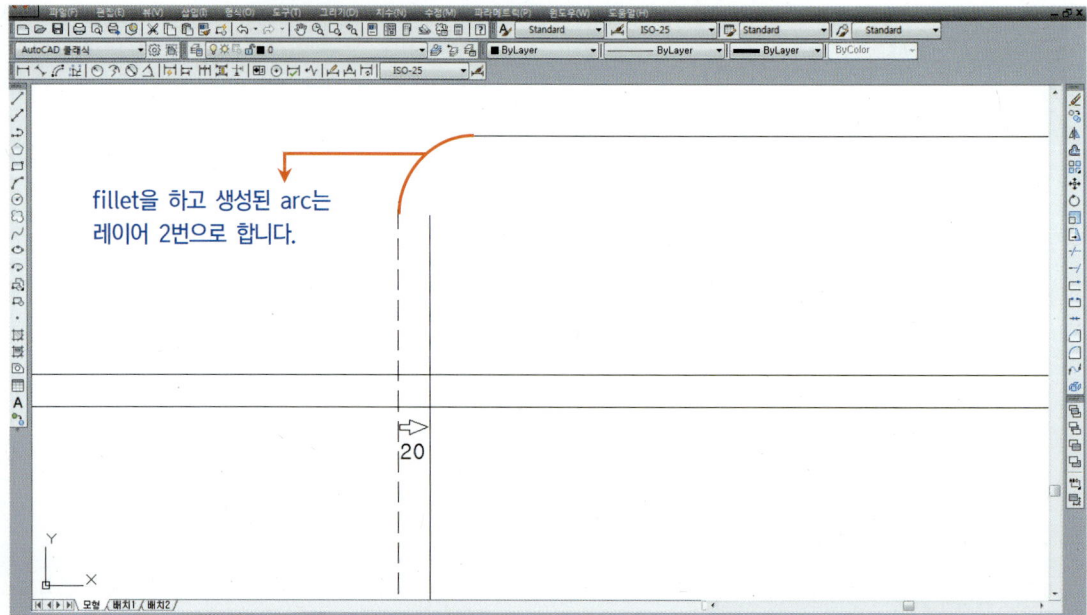

fillet을 하고 생성된 arc는 레이어 2번으로 합니다.

16_ fillet의 반지름을 0으로 변경한 뒤 현관턱의 모서리 (검은 네모 클릭) (동그라미 클릭)를 편집합니다.

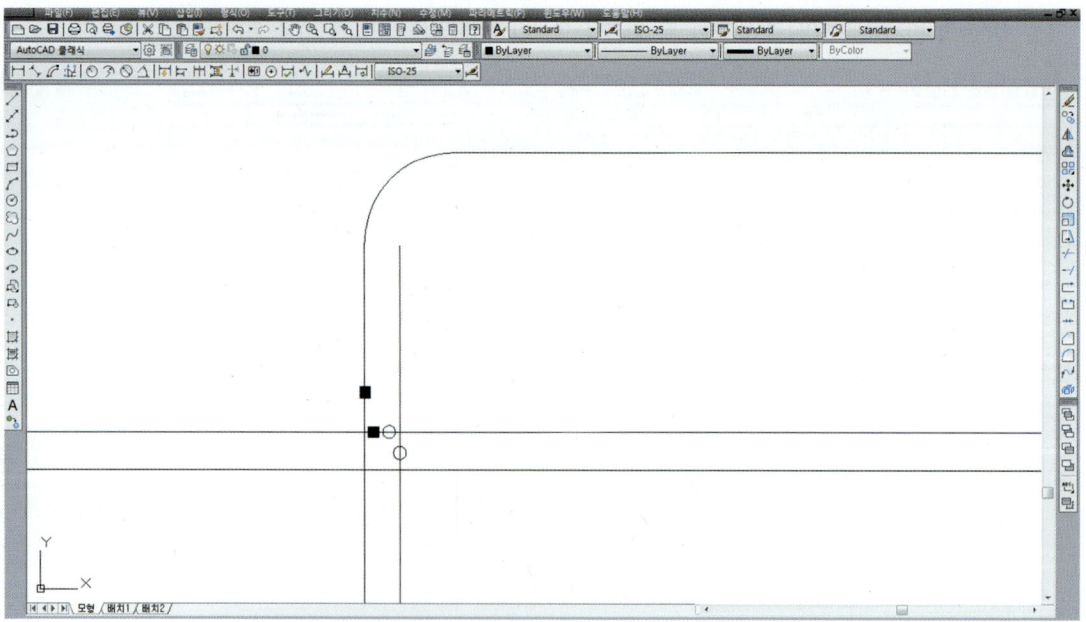

17_ trim을 이용하여 현관턱의 아래부분(✖ 표시 기준)을 잘라냅니다.

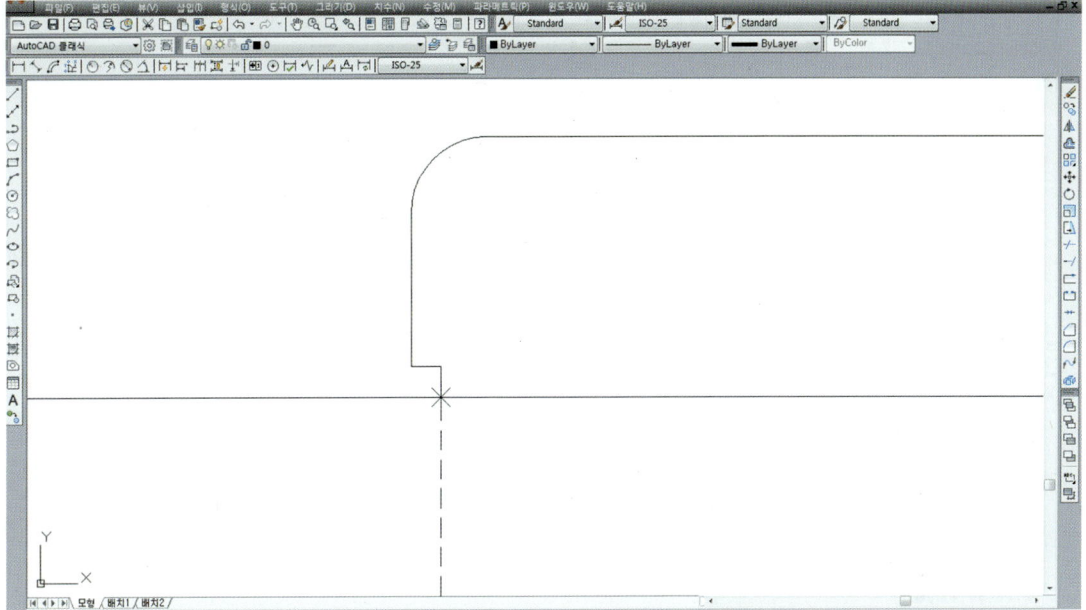

18_ offset을 이용하여 현관턱 아래 line(빨간색 선)에서 내부로 70만큼 간격을 띄고 extend를 이용하여 offset한 line(✖ 표시)을 현관턱 높이(파란색 선)까지 연장합니다.

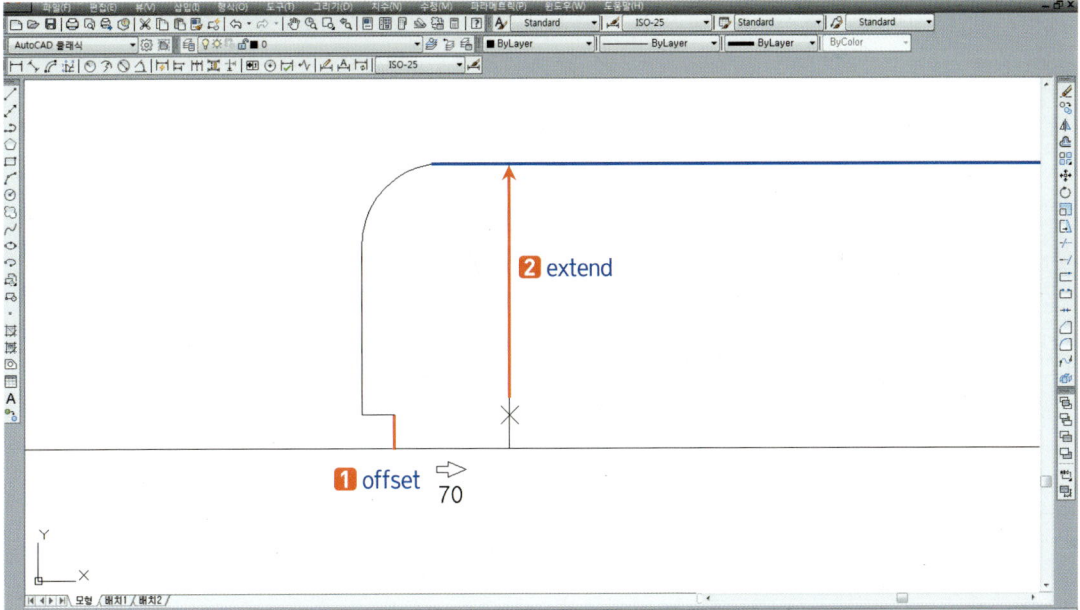

19_ offset을 이용하여 거리 20만큼 현관턱(hidden 선)에서 아래와 같이 간격을 띕니다.

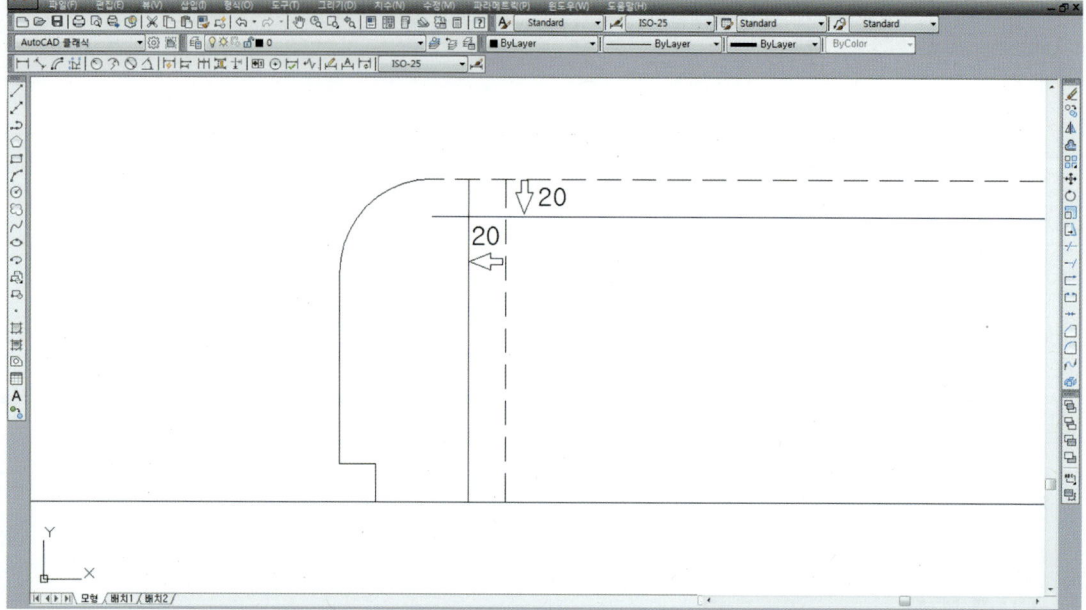

20_ fillet을 이용하여 현관턱의 모서리 (검은 네모 클릭) (동그라미 클릭)를 편집합니다.

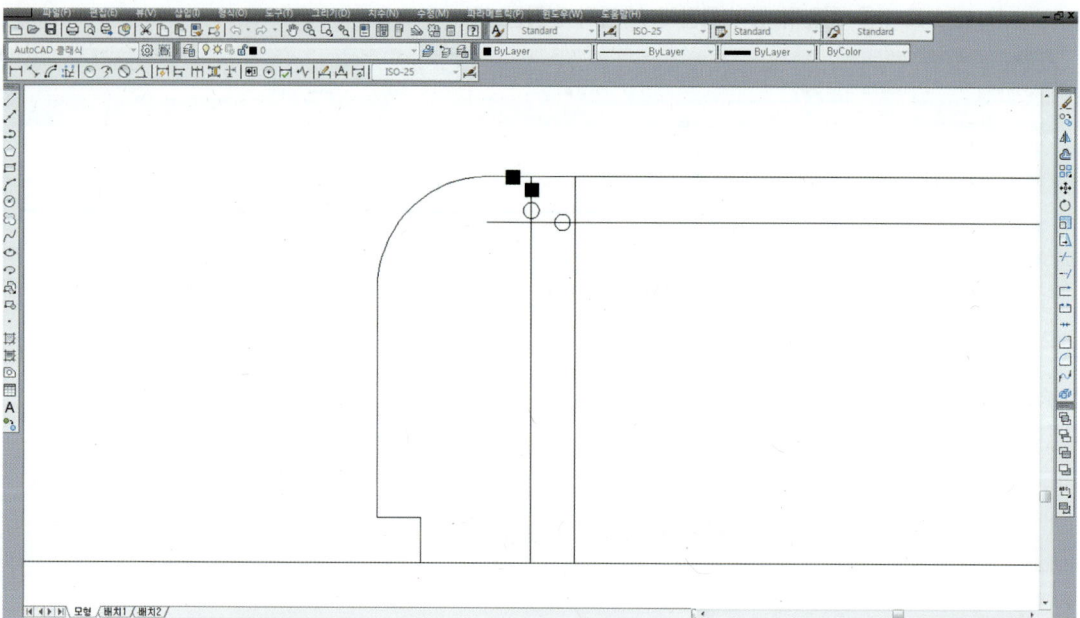

21_ trim을 이용하여 아래에 표시(파란색 선)된 부분을 잘라냅니다.

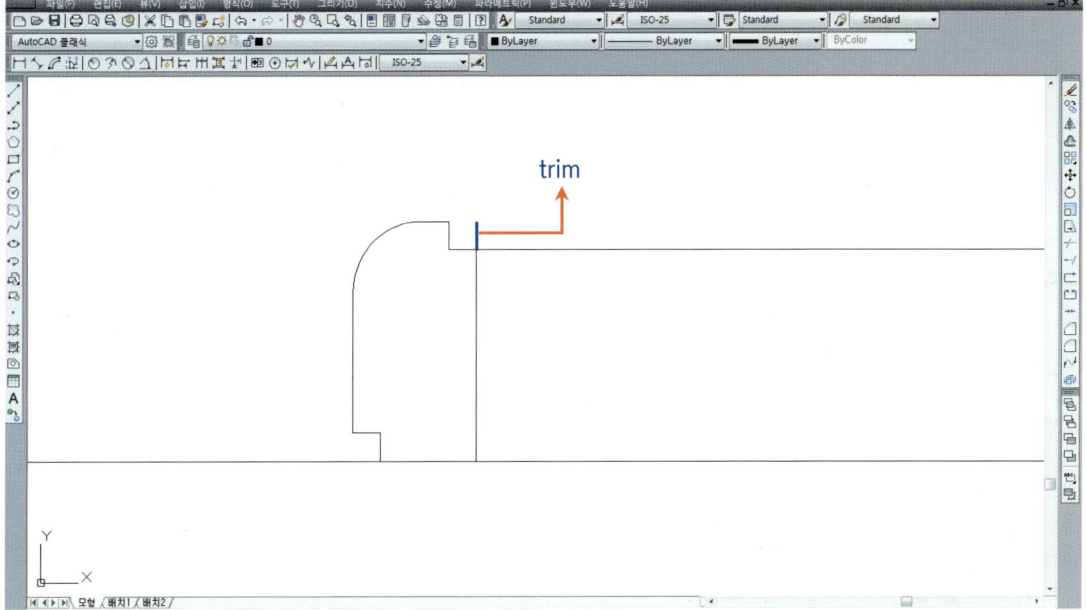

22_ offset을 이용하여 거리 20만큼 콩자갈다짐 line(hidden 선)에서 아래와 같이 간격을 띄고 도면층을 0으로 합니다.

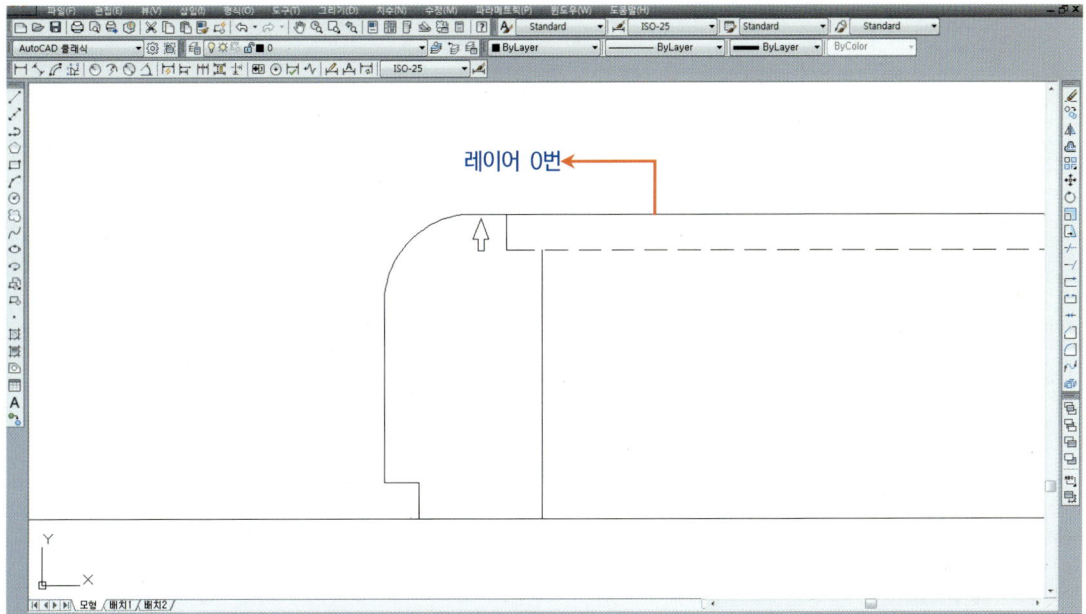

23_ offset을 이용하여 질석보온재의 두께(hidden 선)를 85만큼 간격띄우기를 합니다.

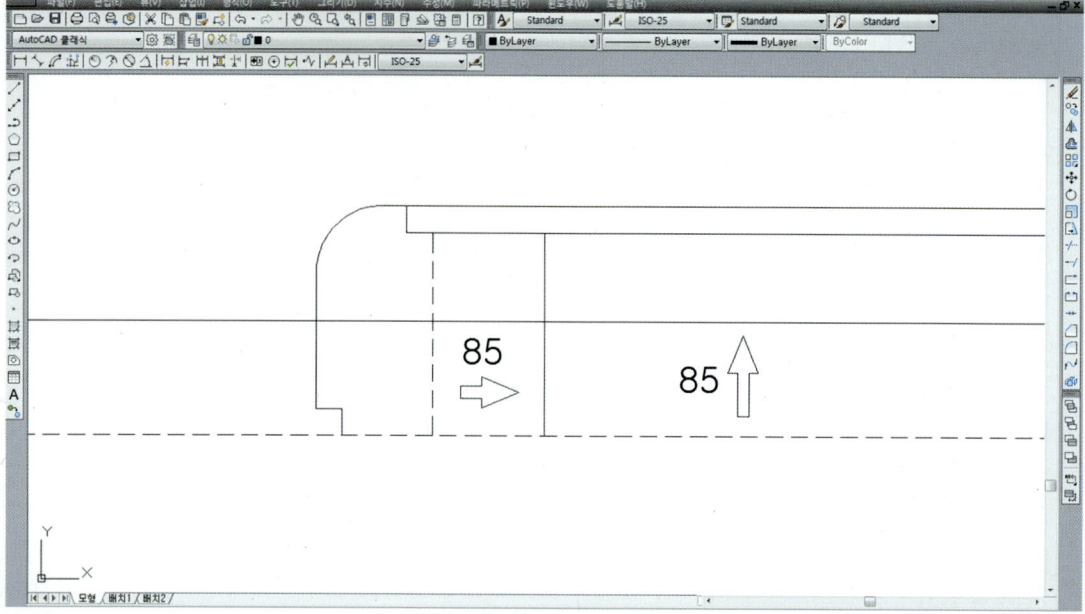

※ 질석보온재 두께는 시험마다 다르게 제시되므로 이를 유의하셔서 offset해야 합니다.

24_ offset을 이용하여 질석보온재의 윗 line(hidden 선)에서 아래와 같이 간격을 띕니다.

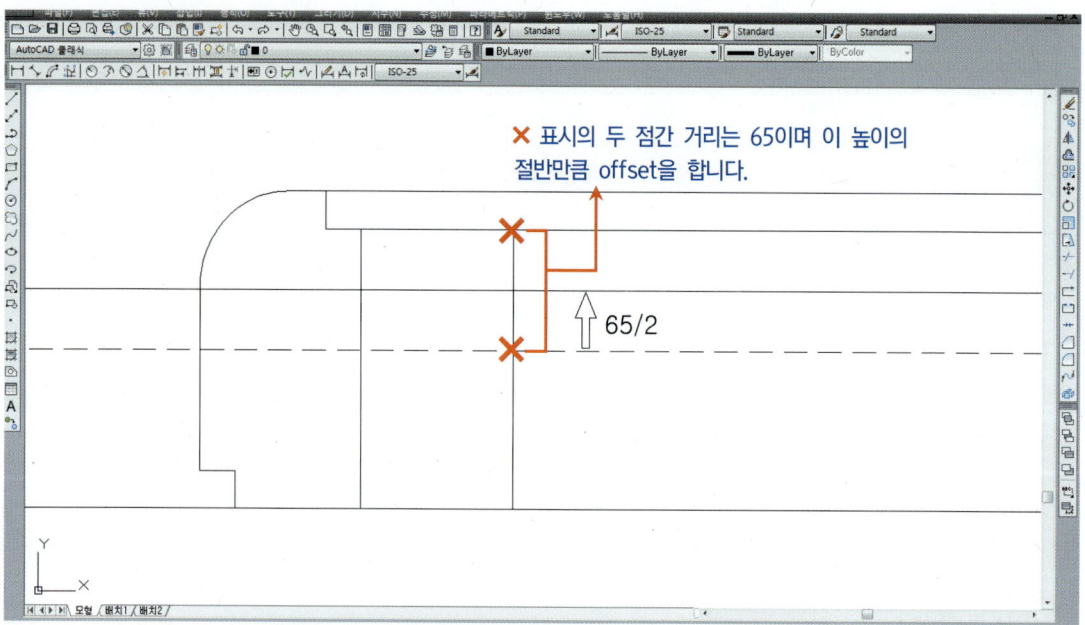

※ 계단높이 (150mm 또는 200mm) 및 질석보온재 두께에 따라 ✕ 표시의 두 점간 거리는 달라집니다.

25_ fillet을 이용하여 아래와 같이 질석보온재의 모서리 (검은 네모 클릭) (동그라미 클릭)를 편집하고 trim을 이용하여 질석보온재 바깥 line(hidden 선)을 잘라냅니다.

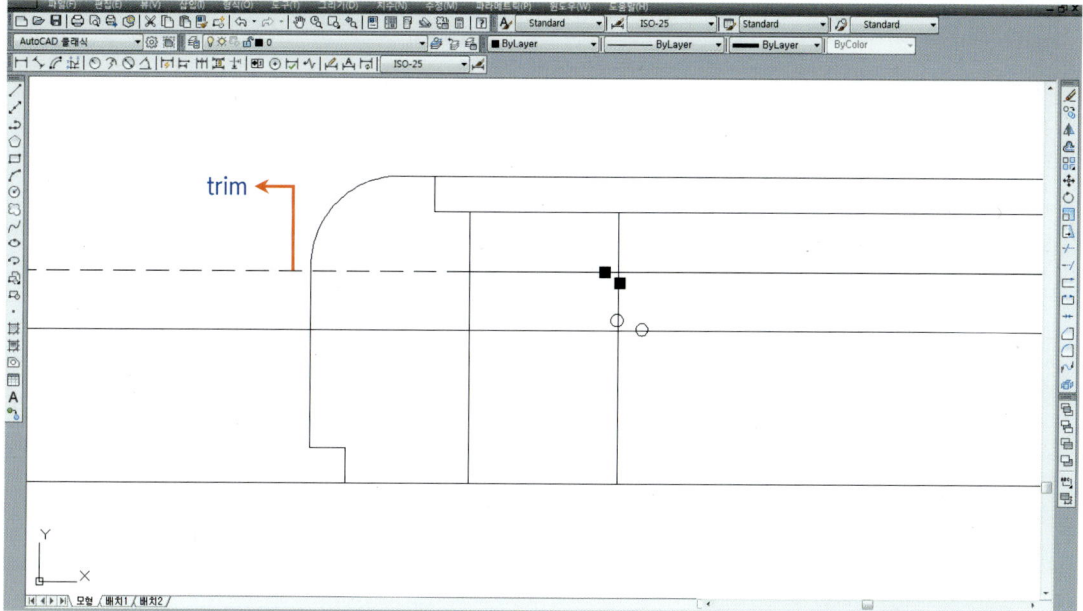

26_ line을 이용하여 현관턱 아래부분(✗ 표시)에서부터 임의의 길이로 작도한 뒤 fillet을 이용하여 두 개의 line(hidden 선)을 클릭(동그라미 부분 클릭)하여 연결합니다.

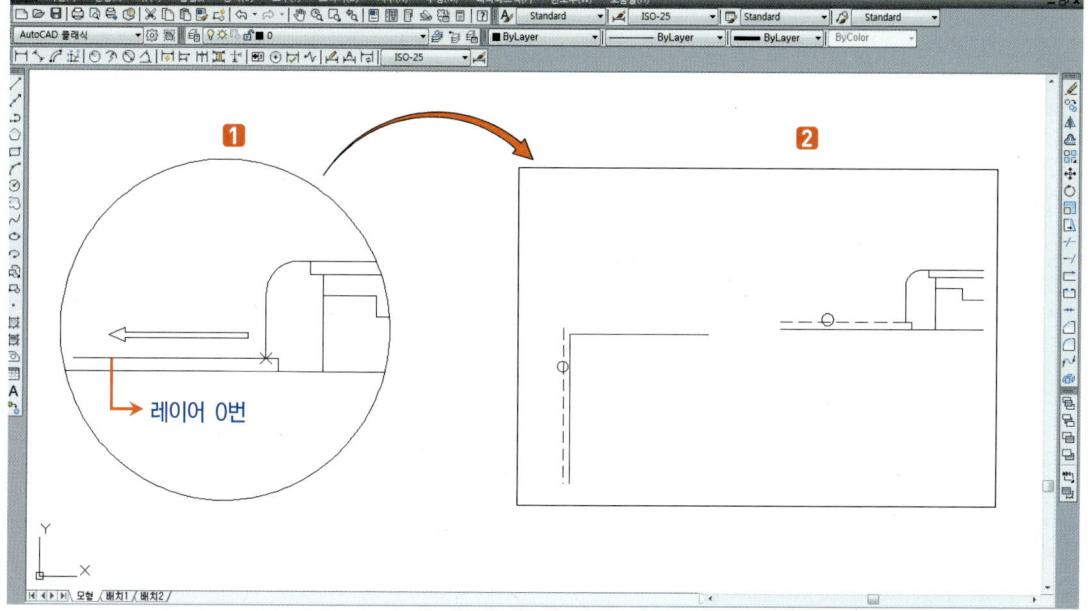

27_ offset을 이용하여 거실바닥 윗 line(hidden 선)에서 기초 동결선과 지반선을 확보합니다.

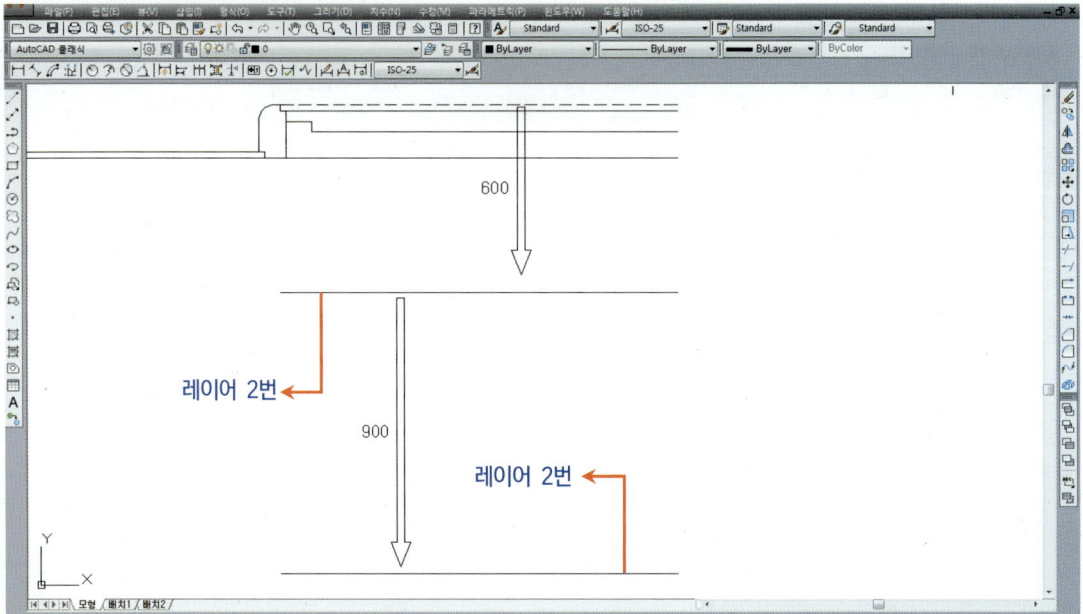

28_ 계단참 및 지반선과 기초를 작도합니다.

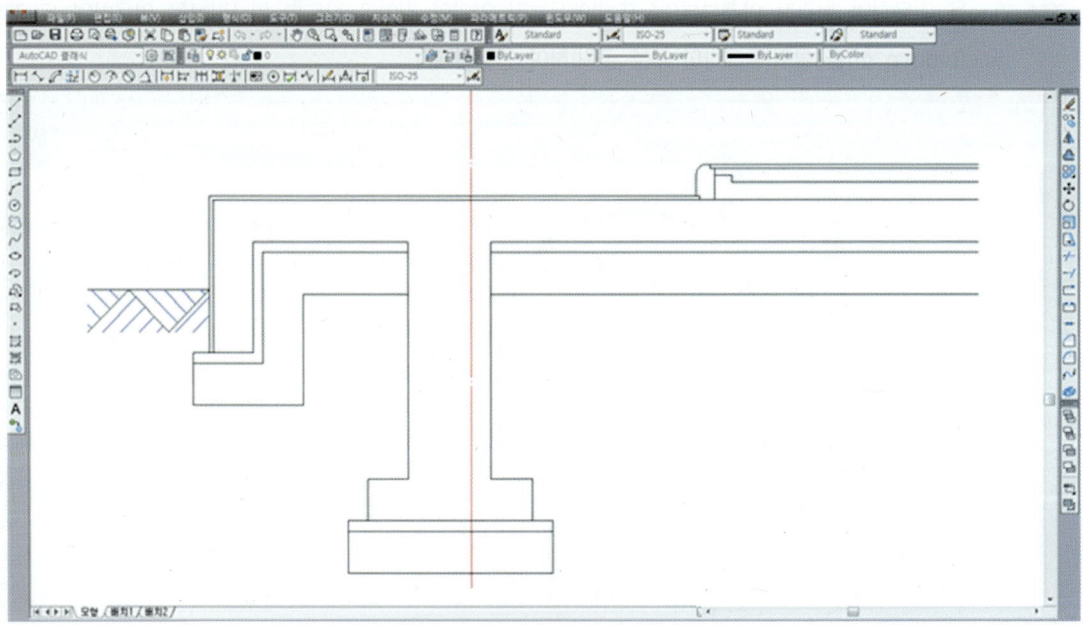

※ 지반 작도법과 기초 작도법은 기초부분단면상세도를 참고하기 바랍니다.

29_ XL Pipe와 콩자갈을 작도하고 파단선을 만든 뒤 질석보온재 내부에 hatch를 합니다. 또한 철근콘크리트 및 잡석다짐을 만들고 재료표시를 한 뒤 편집명령어를 이용하여 편집합니다.

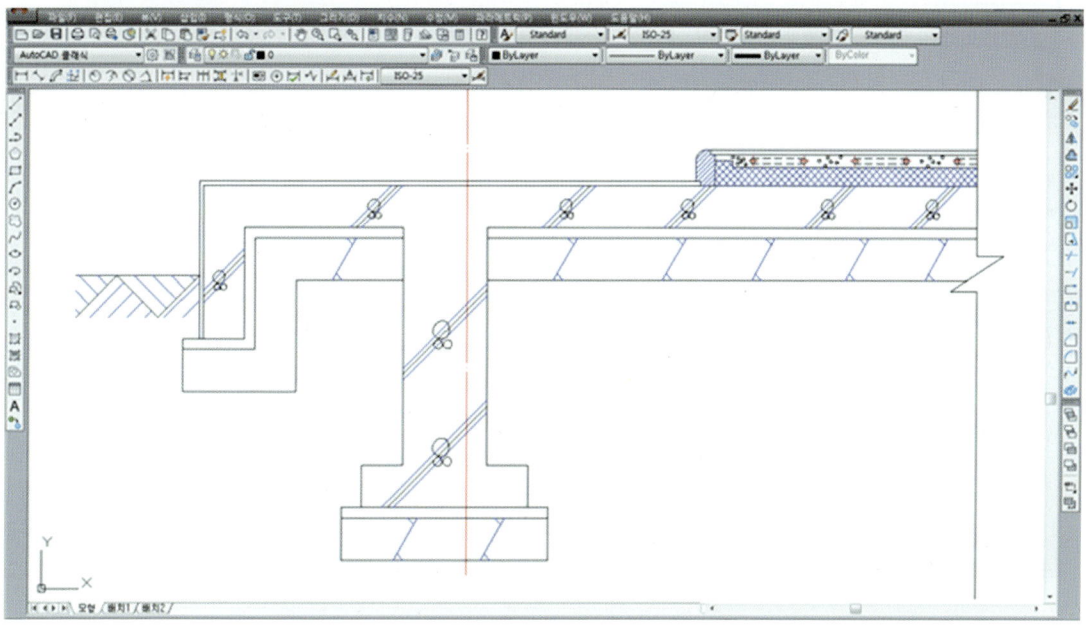

※ XL Pipe, hatch, 철근콘크리트, 잡석다짐의 재료표시와 편집방법은 현관부분단면상세도를 참고하기 바랍니다.

30_ copy를 이용하여 기초 line(hidden 선)을 인조석 위에 복사하고 425만큼 간격을 띕니다.

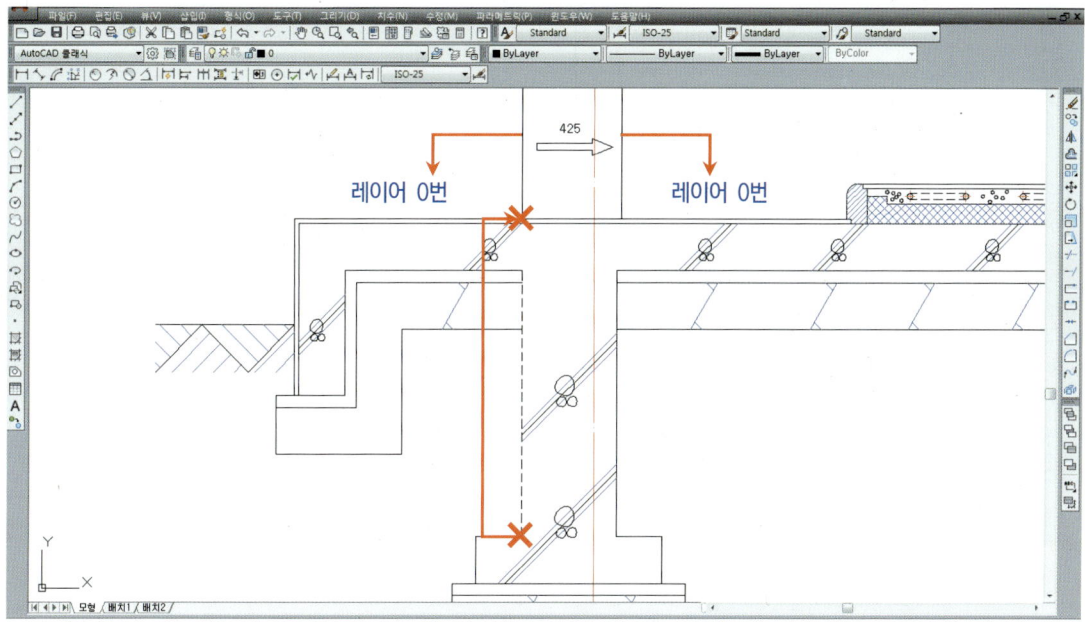

31_ 현관문 단면을 작도하고 파단선을 만듭니다.

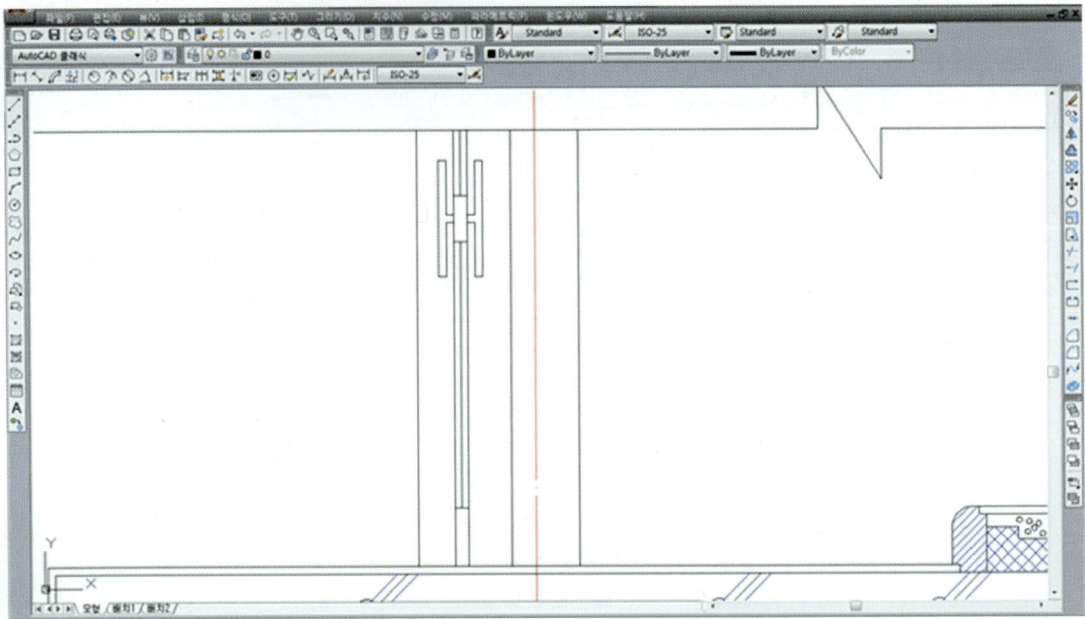

32_ line을 이용하여 현관문 바깥 벽체에 고막이 높이에 맞춰 선을 작도합니다.

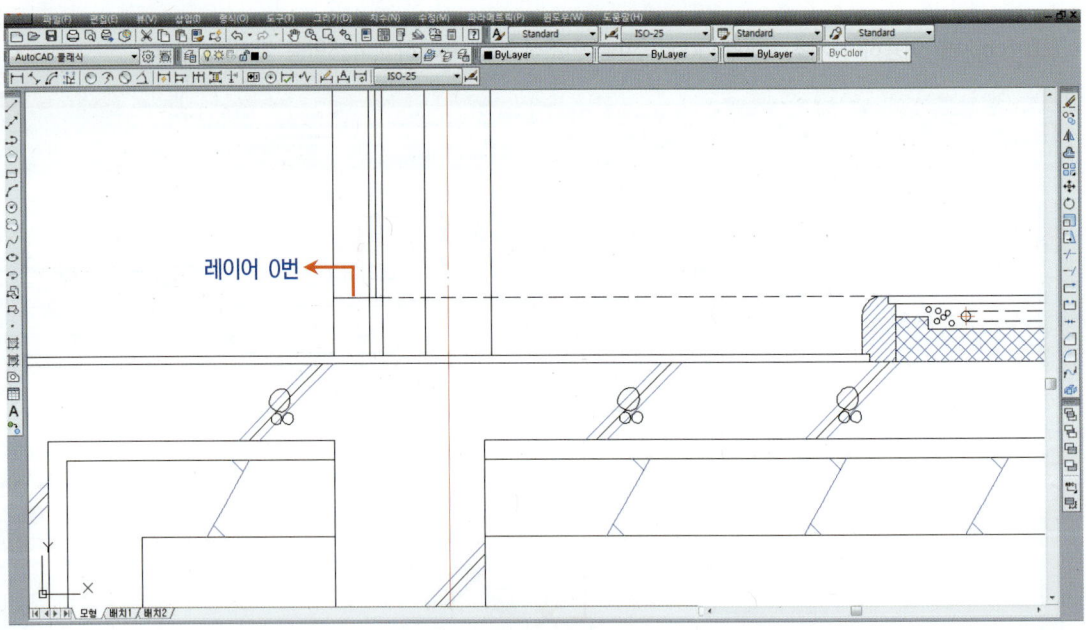

33_ offset을 이용하여 거리 100만큼 간격(hidden 선)을 띄어 걸레받이를 만들고 fillet을 아래의 순서대로 (검은 네모 클릭) (동그라미 클릭)모서리를 편집하고 도면층을 5로 합니다.

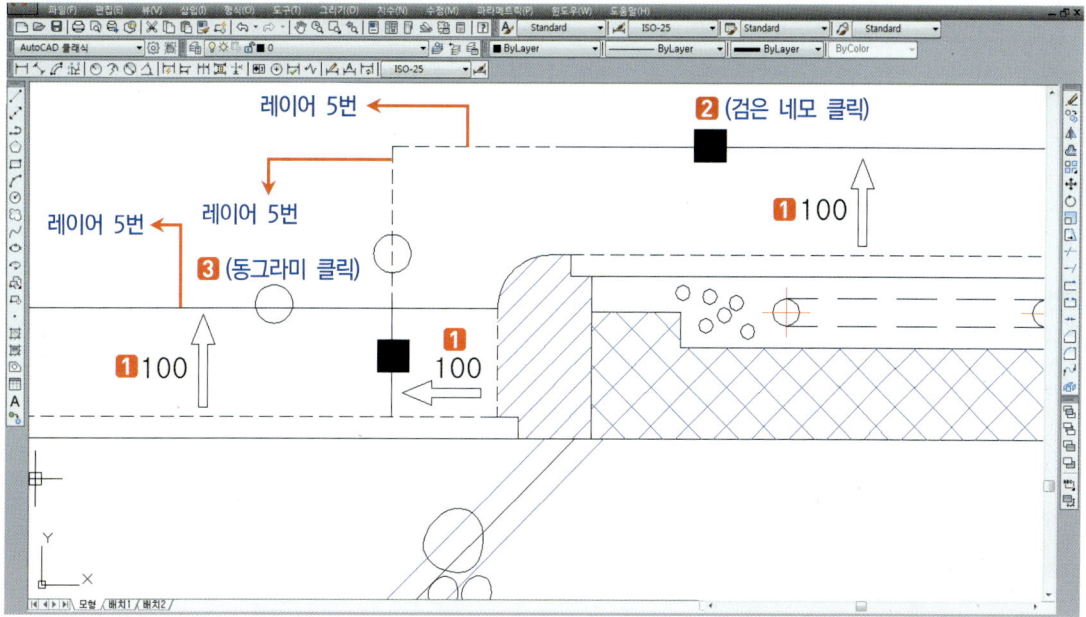

34_ offset을 이용하여 현관문 쪽 걸레받이와 벽체를 편집하고 hatch를 이용하여 현관문 벽체 쪽에 디자인합니다.

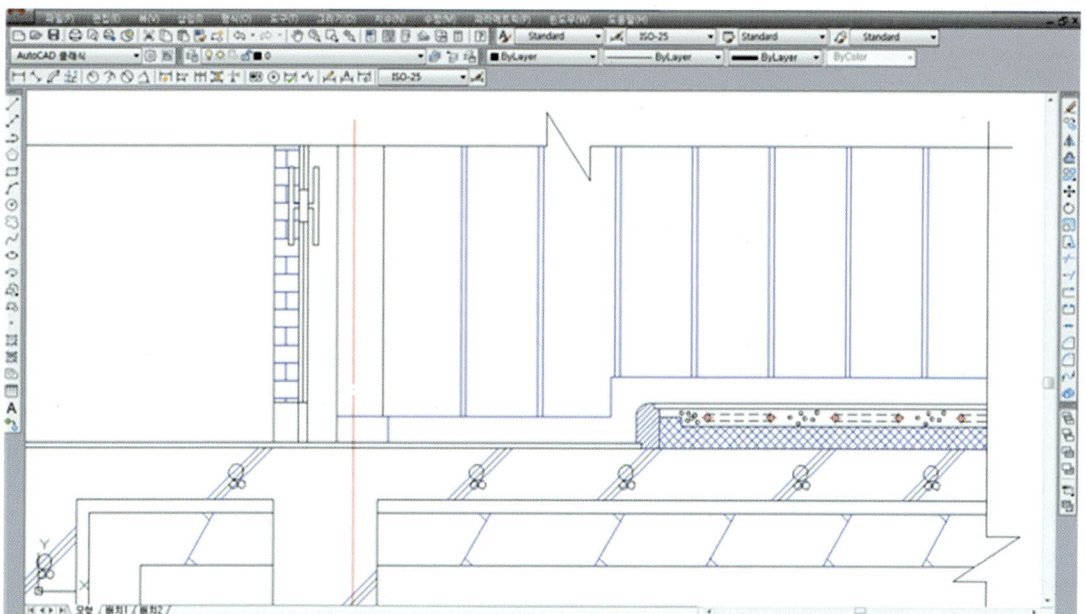

※ 현관문 쪽 걸레받이 작도법과 벽체 디자인 및 hatch 작도법은 현관단면상세도를 참고하기 바랍니다.

35_글자와 치수를 기입하고 제목을 기입하여 마무리합니다.

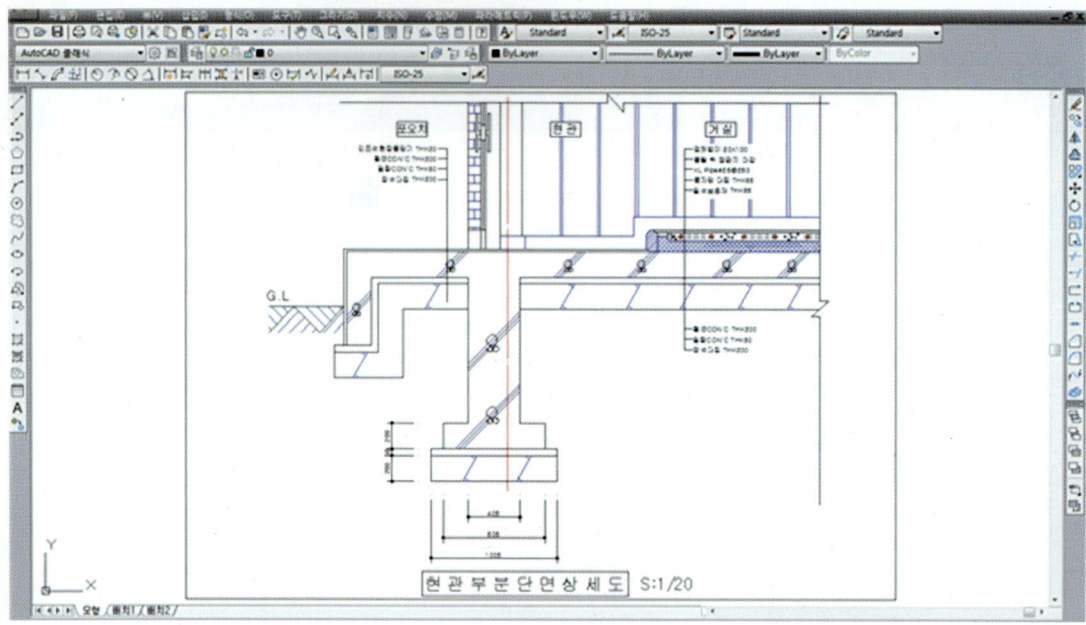

다음의 계단참(현관)부분단면상세도를 작도해 보시기 바랍니다.

※ mvsetup을 이용하여 용지 크기와 도면척도를 만드시기 바랍니다.

- 도면크기 : A4
- 도면척도 : 20

[조건]

- 벽돌 : 외부로부터 0.5B(90mm), 시멘트벽돌 1.0B(190mm)
- 단열재 : 120mm
- 계단참 : 1500mm
- 현관턱까지 거리 : 1100mm
- 고막이 : 600mm
- 계단 수 : 2개로 가정한다.
- 콩자갈다짐 두께 : 85mm
- 질석보온재 두께 : 115mm
- 동결선 : 900mm

다음의 계단참(현관)단면상세도를 작도해 보시기 바랍니다.

※ mvsetup을 이용하여 용지 크기와 도면척도를 만드시기 바랍니다.

- 도면크기 : A4
- 도면척도 : 20

[조건]

- 벽돌 : 외부로부터 0.5B(90mm), 시멘트벽돌 1.0B(190mm)
- 단열재 : 125mm
- 계단참 : 1300mm
- 현관턱까지 거리 : 1100mm
- 고막이 : 750mm
- 계단 수 : 4개로 가정한다.
- 콩자갈다짐 두께 : 65mm
- 질석보온재 두께 : 85mm
- 동결선 : 900mm

※ 도면을 반대로 그려보는 연습이 반드시 필요하며, 중심선의 위치도 중앙에 위치해 놓고 연습해 보기 바랍니다.
※ 반대로 연습하실 때 철근표시 및 잡석다짐과 해치를 반대로 해서는 안 됩니다.
※ 현관 부분은 시험에 출제확률이 매우 높은 도면입니다. 충분한 반복연습이 필요하며 사이즈 및 작도순서가 외워질 정도로 학습이 되셔야 합니다.

계단참(현관)부분단면상세도 1

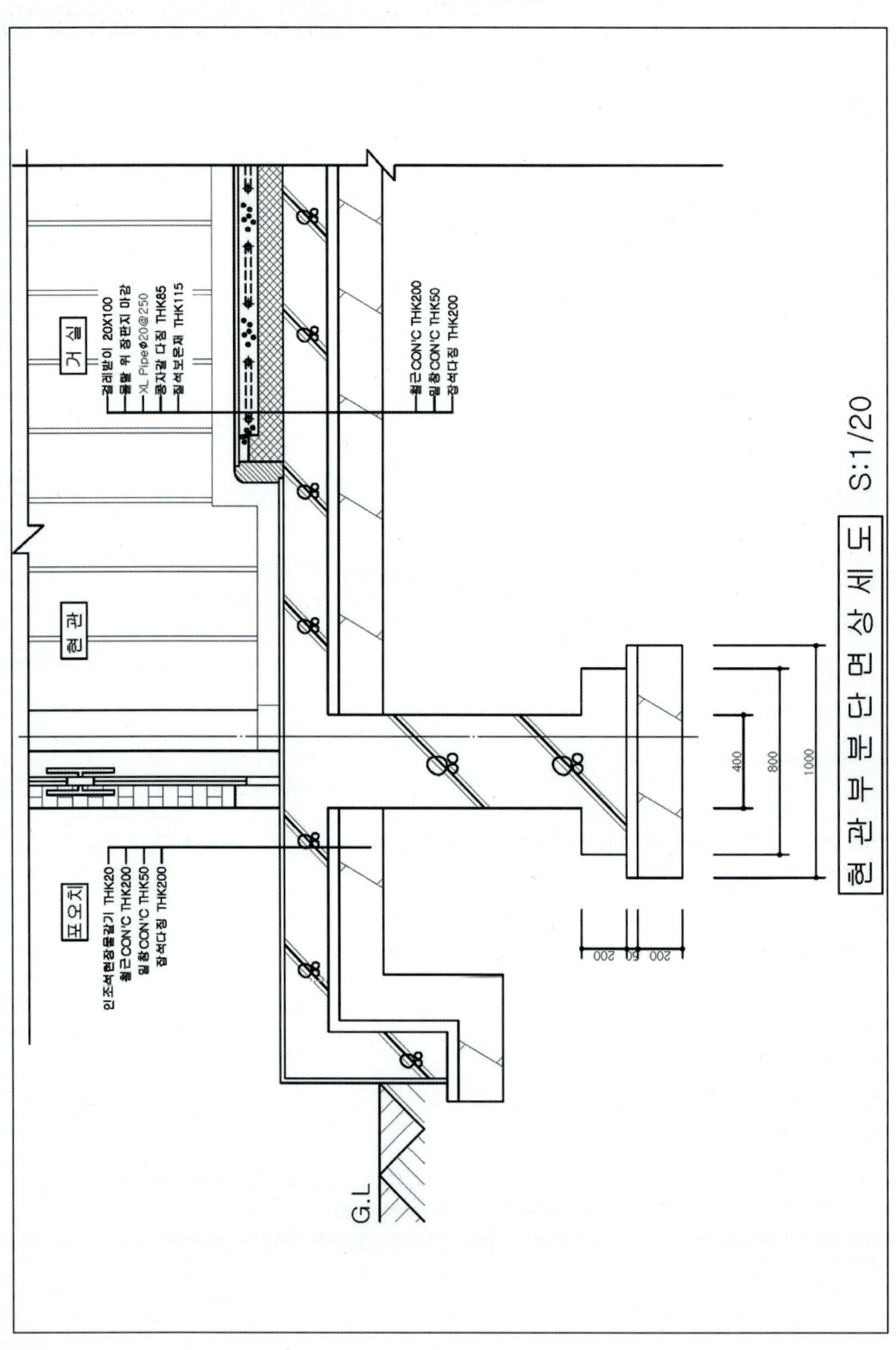

계단참(현관)부분단면상세도 2

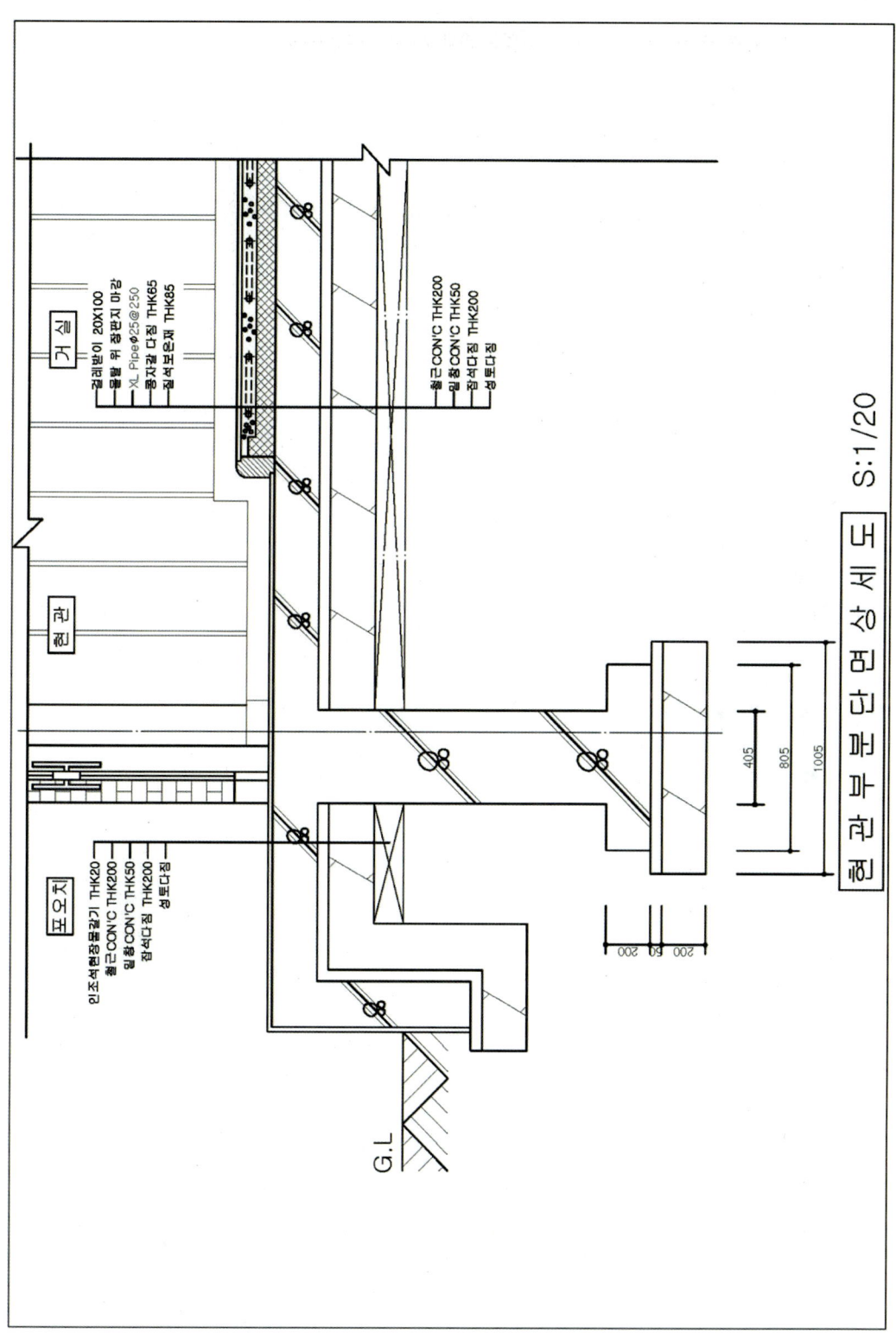

14 지하실부분단면상세도

1_mvsetup에서 도면척도를 20으로 맞추고 용지크기를 A4로 만듭니다.

명령	**MVSETUP** ↵

```
도면공간을 사용가능하게 합니까? [아니오(N)/예(Y)] : n ↵
단위 유형 입력 [공학(S)/십진(D)/엔지니어링(E)/건축(A)/미터법(M)] : m ↵
미터 축척
(5000)  1 : 5000
(2000)  1 : 2000
(1000)  1 : 1000
(500)   1 : 500
(200)   1 : 200
(100)   1 : 100
(75)    1 : 75
(50)    1 : 50
(20)    1 : 20
(10)    1 : 10
(5)     1 : 5
(1)     전체
축척 비율 입력 : 20 ↵
용지 폭 입력 : 283 ↵
용지 높이 입력 : 196 ↵
```

2_layer에서 다음과 같이 도면층을 만듭니다.

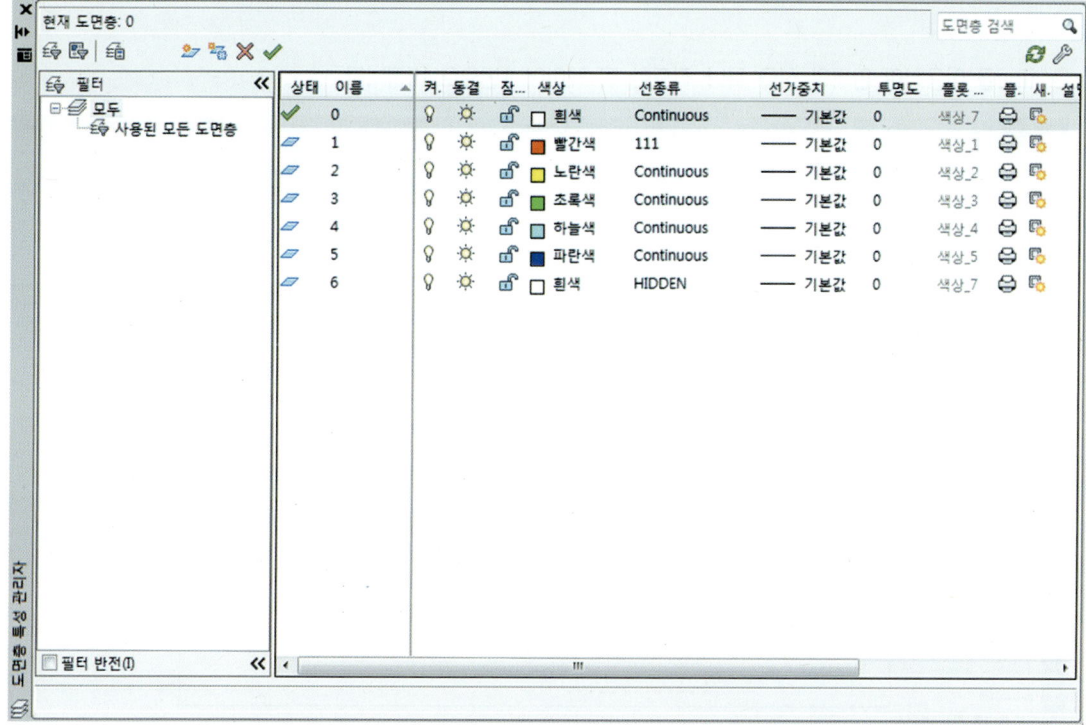

▎지하실부분단면 그리기

3_line을 이용하여 임의의 선을 하나 작도한 뒤 레이어 1번으로 바꿉니다.

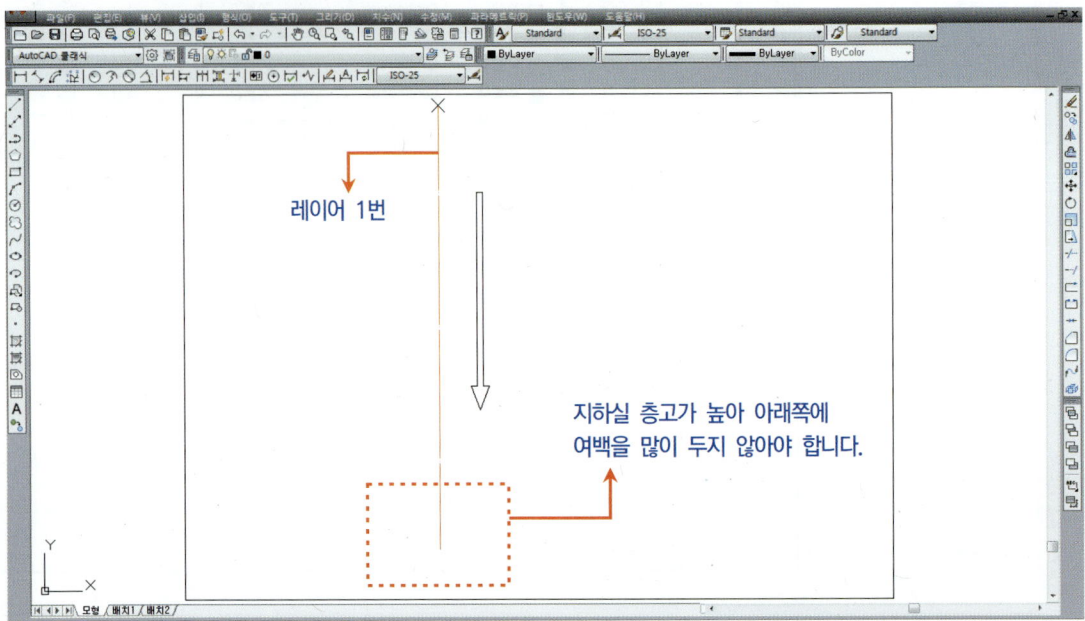

※ lts를 이용하여 척도 20을 줍니다.

4_offset을 이용하여 중심선(동그라미 부분)에서 좌우로 95만큼 간격을 띄고 도면층 2로 바꿉니다.

5_ line을 이용하여 임의의 바닥(hidden 선)을 만들고 offset을 이용하여 밑으로 20을 내린 다음 각각 도면층 0과 2로 바꿉니다.

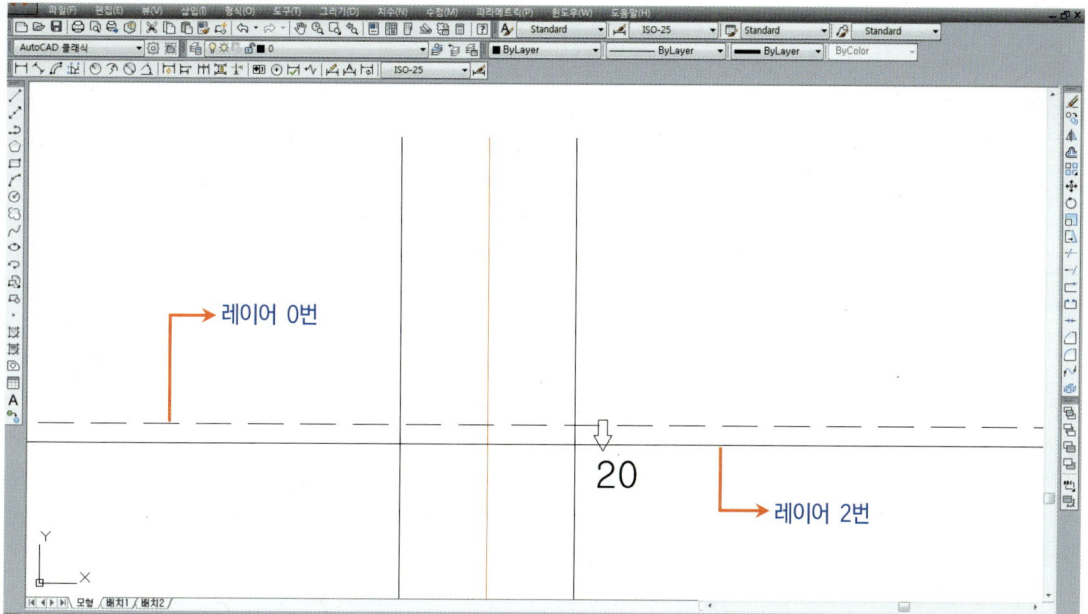

6_ offset을 이용하여 도면층 2(동그라미 친 부분)에서 밑으로 아래와 같이 간격을 띄고 trim을 이용하여 질석보온재 아래부분(✗ 표시)을 기준으로 윗부분(hidden 선)을 자릅니다.

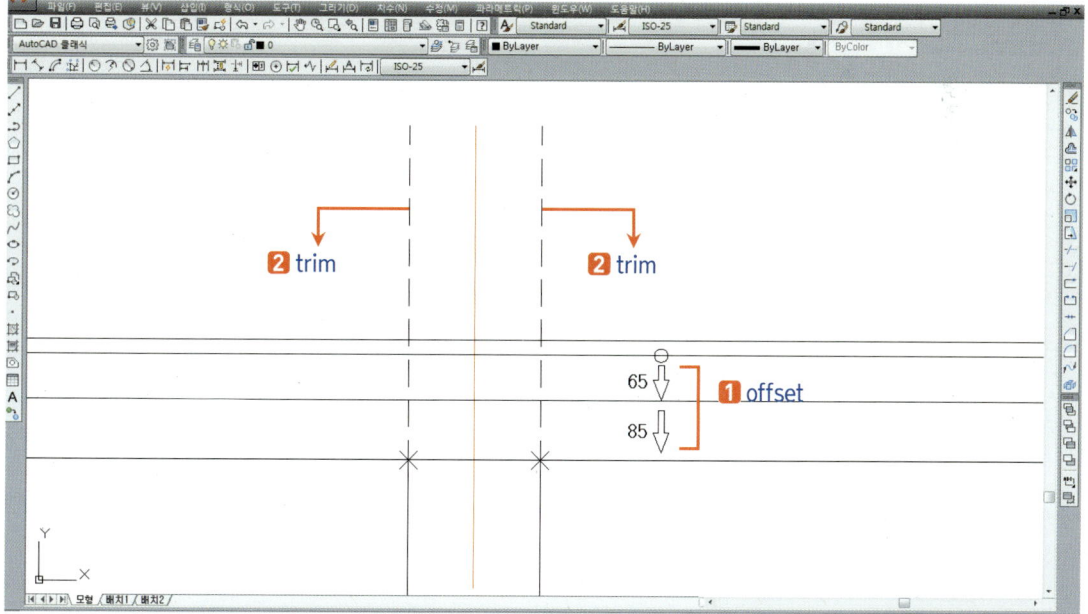

※ 질석보온재 두께는 시험마다 다르게 제시됩니다. 또한 질석보온재 두께에 따라 콩자갈 두께도 달라지므로 유의해야 합니다.

7_ offset을 이용하여 질석보온재 아래부분(hidden 선)에서 철근콘크리트 200, 철근콘크리트 slab 150을 밑으로 간격을 띕니다.

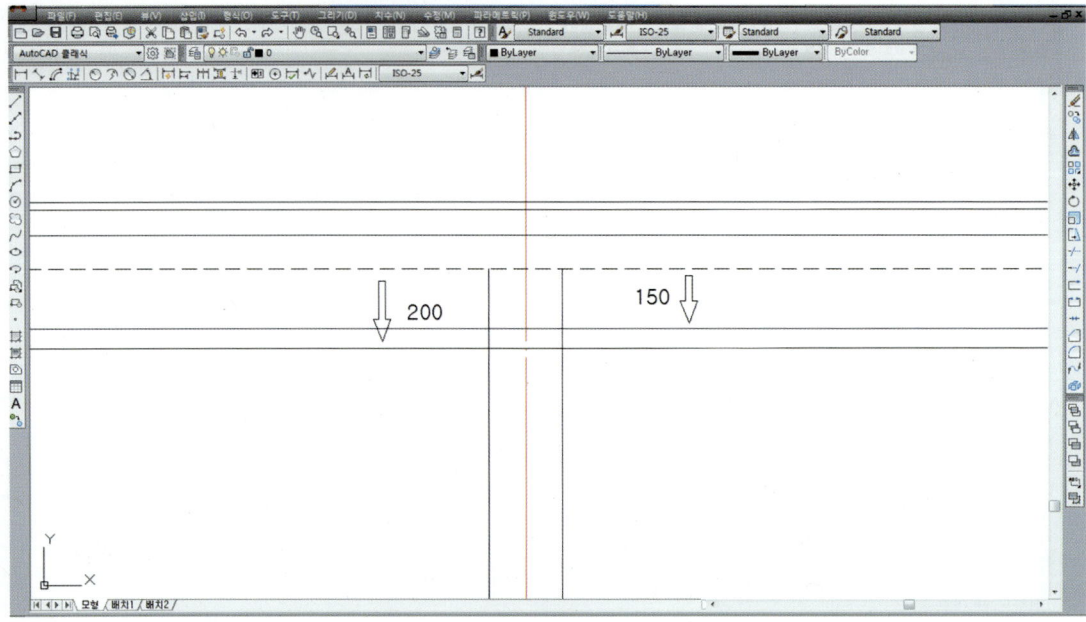

※ 지하실의 철근콘크리트는 slab의 개념이므로 150의 간격을 띕니다.

8_ trim을 이용하여 지하실 벽체의 좌우(✕ 표시 기준)를 잘라냅니다.

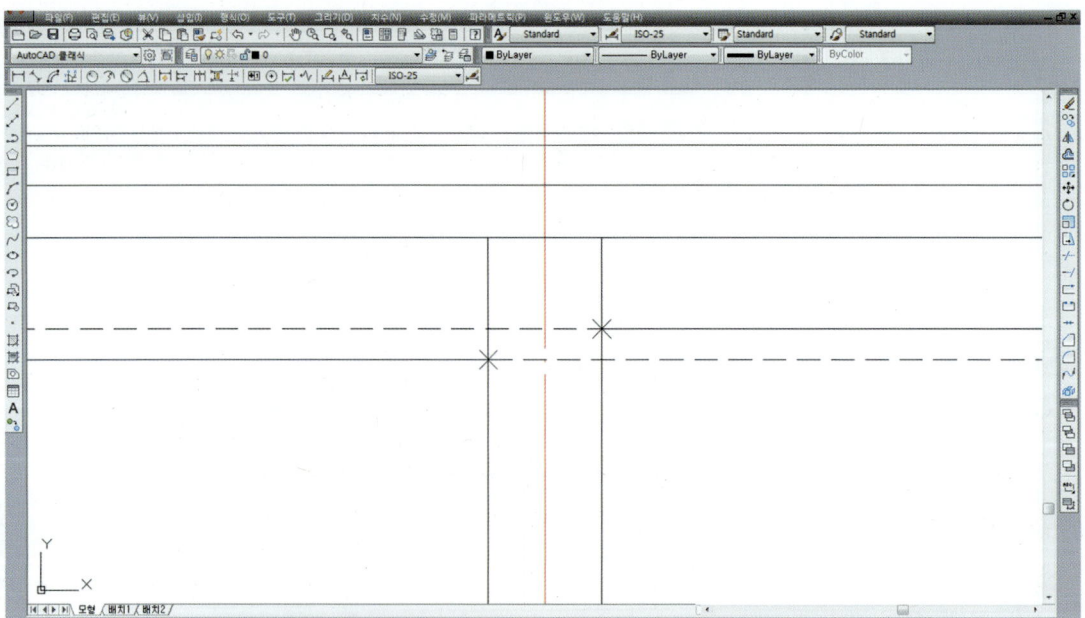

9_fillet을 이용하여 아래와 같이 모서리 (네모 클릭) (동그라미 클릭)를 편집합니다.

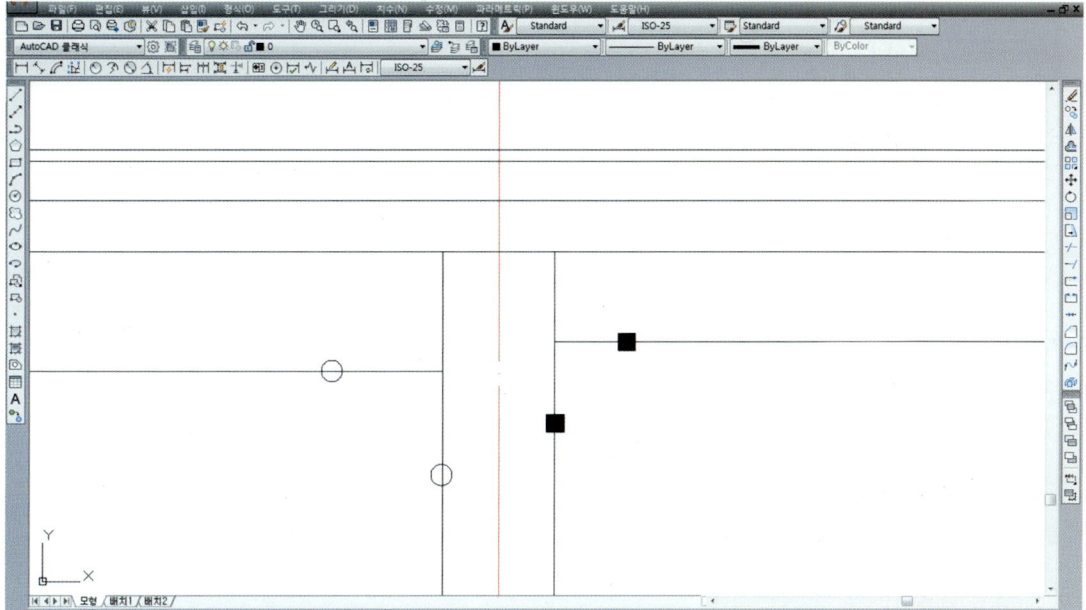

10_offset을 이용(hidden 선)하여 밑창콘크리트, 잡석다짐의 간격을 띕니다.

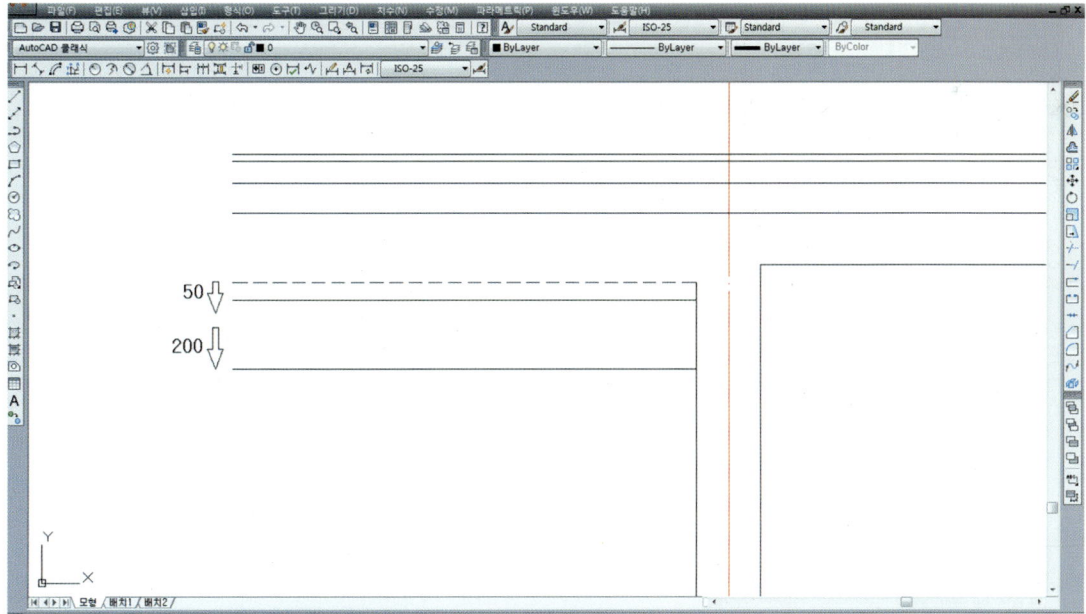

11_offset을 이용하여 아래와 같이 몰탈과 액체방수의 간격을 띕니다.

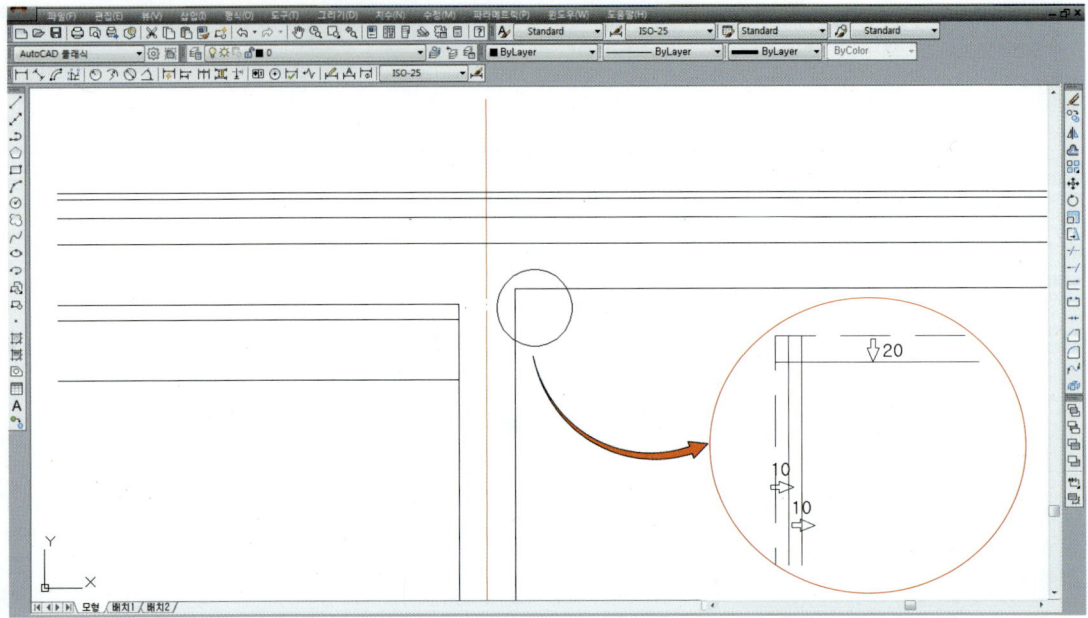

12_fillet을 이용하여 아래와 같이 모서리(동그라미 클릭)를 편집하고 도면층을 0으로 합니다.

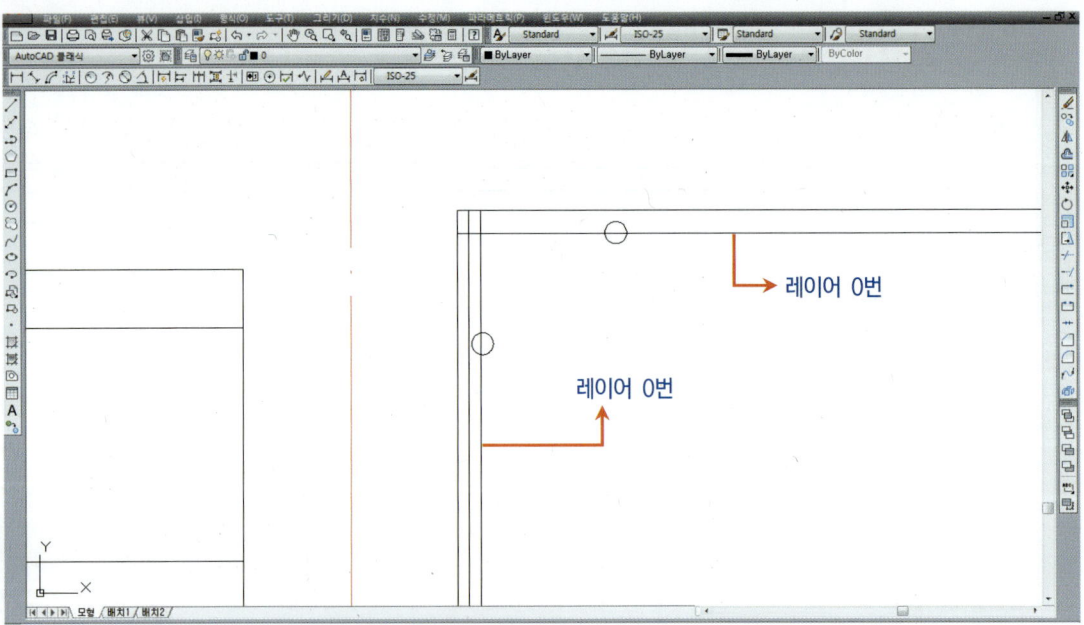

13_ 액체방수로 사용할 line을 클릭한 뒤 도면층을 6으로 바꾸고 pedit에서 w(폭)값을 10으로 설정하여 방수 폭을 두껍게 표현합니다.

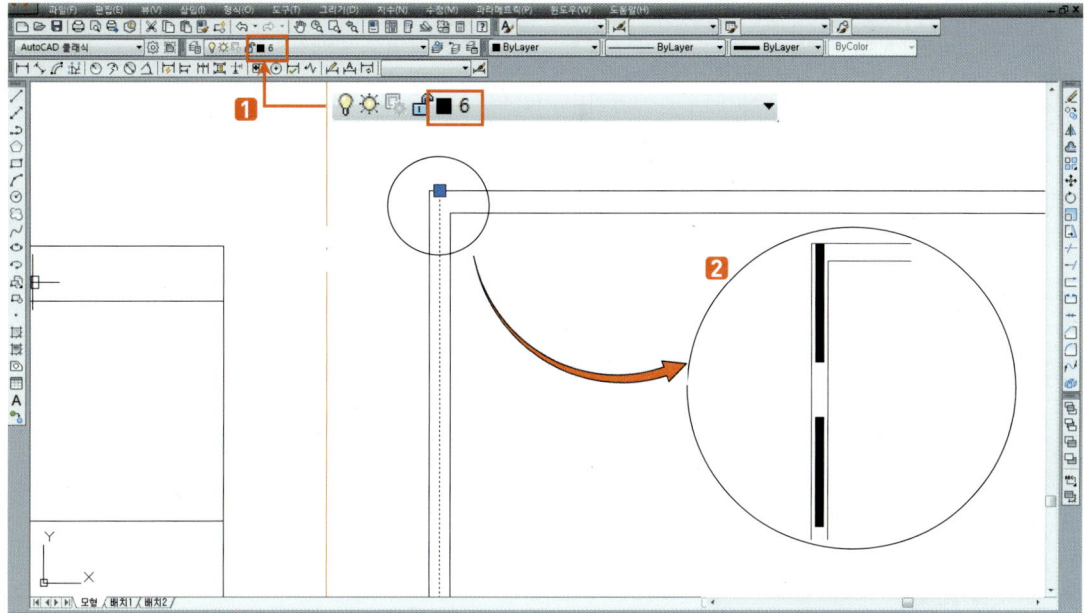

※ 액체방수는 ch에서 별도로 선종류 축척을 주지 않습니다. 또한 방수 편집방법은 욕실부분단면상세도를 참고하기 바랍니다.

14_ offset을 이용하여 몰탈 line(hidden 선)에서 지하층의 간격을 띕니다.

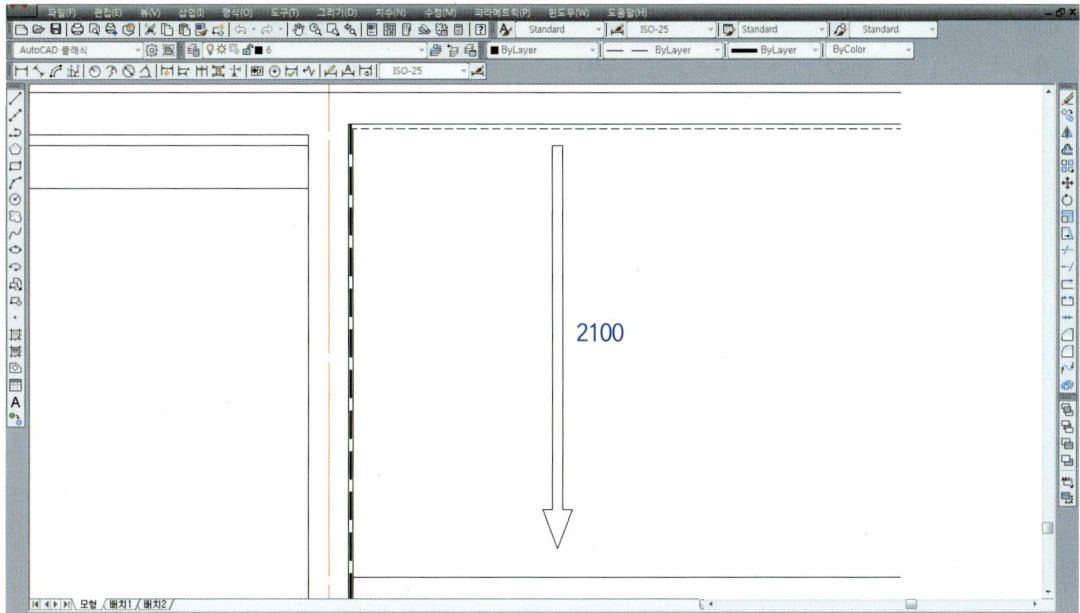

15_ offset을 이용하여 지하층 첫 번째 수평선(hidden 선)을 기준으로 아래와 같이 간격을 띄고 철근 콘크리트와 밑창 콘크리트, 잡석다짐을 만듭니다.

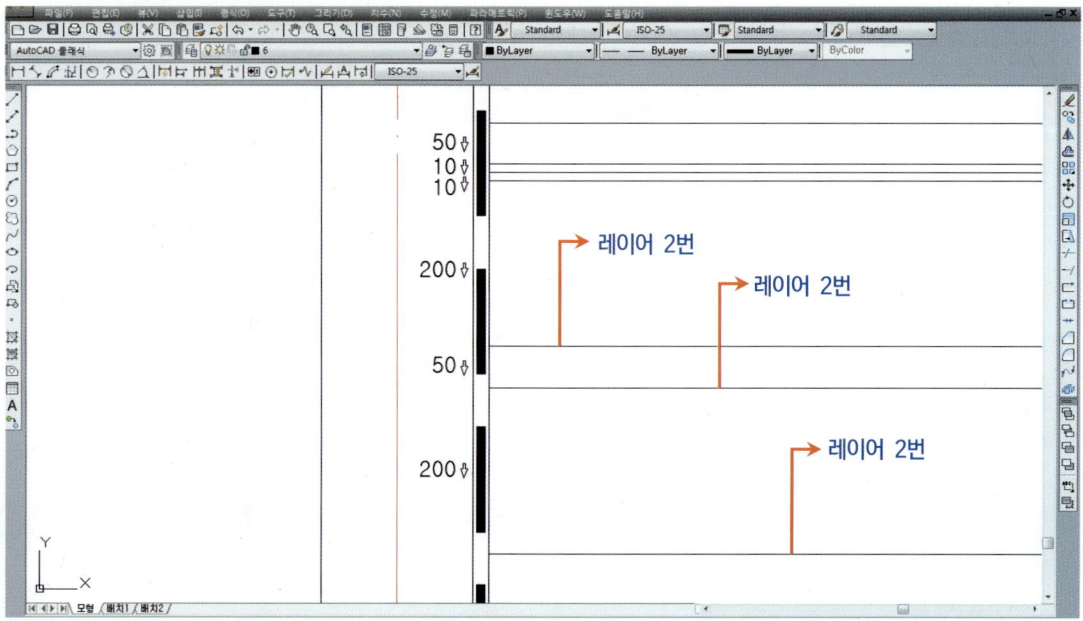

16_ fillet을 이용하여 방수(동그라미 클릭)와 마감 모서리(검은 네모 클릭)를 편집합니다.

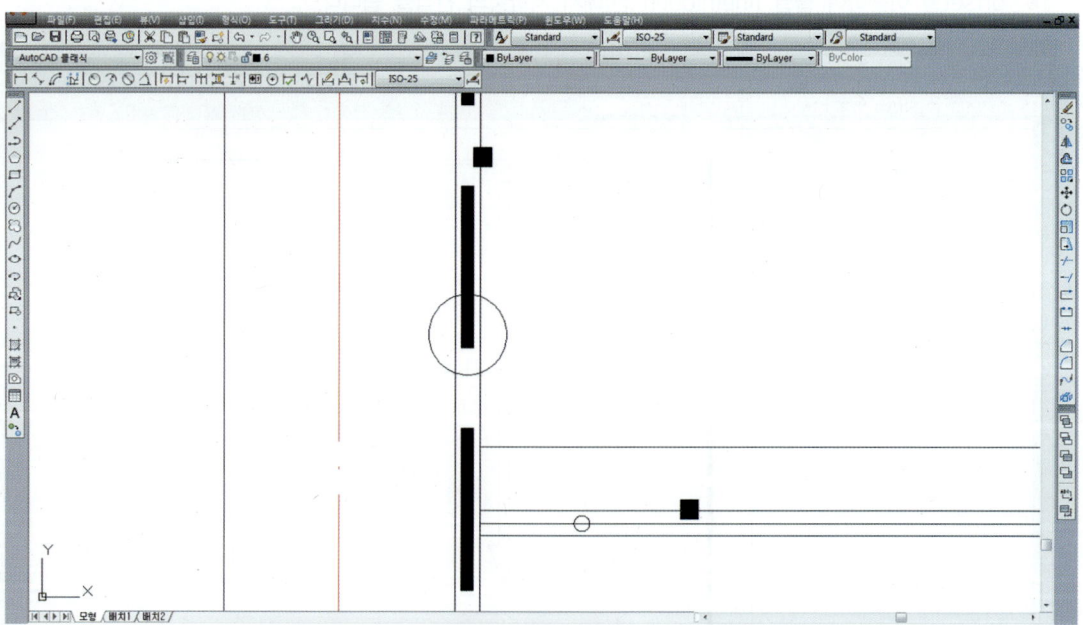

17_ pedit를 이용하여 방수 line(동그라미 친 부분)의 w(폭)값을 10으로 설정합니다.

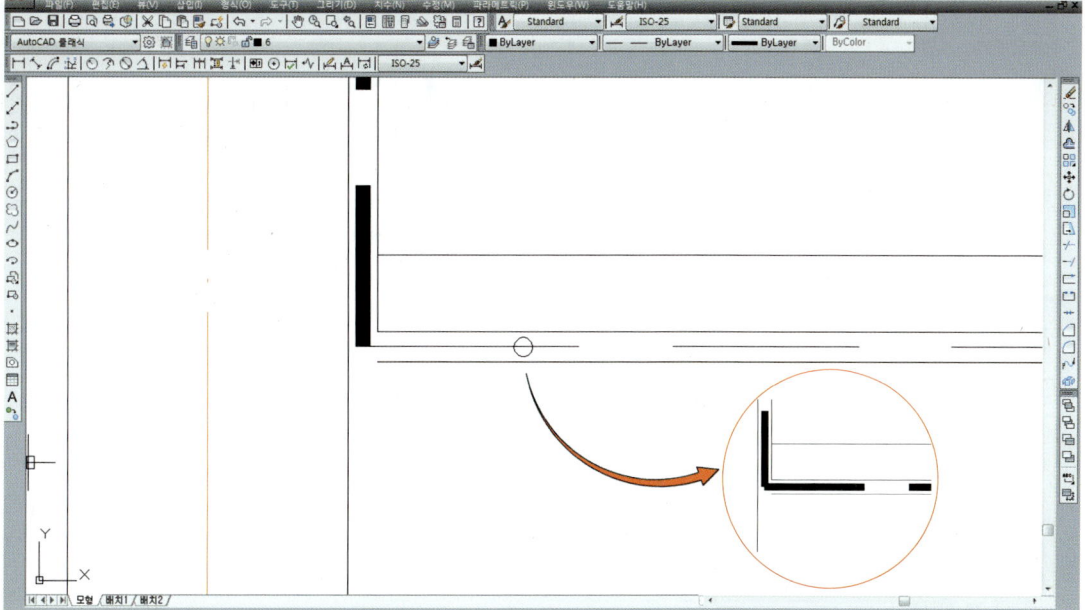

18_ offset을 이용하여 지하층의 벽체(hidden 선)에서 간격을 띕니다.

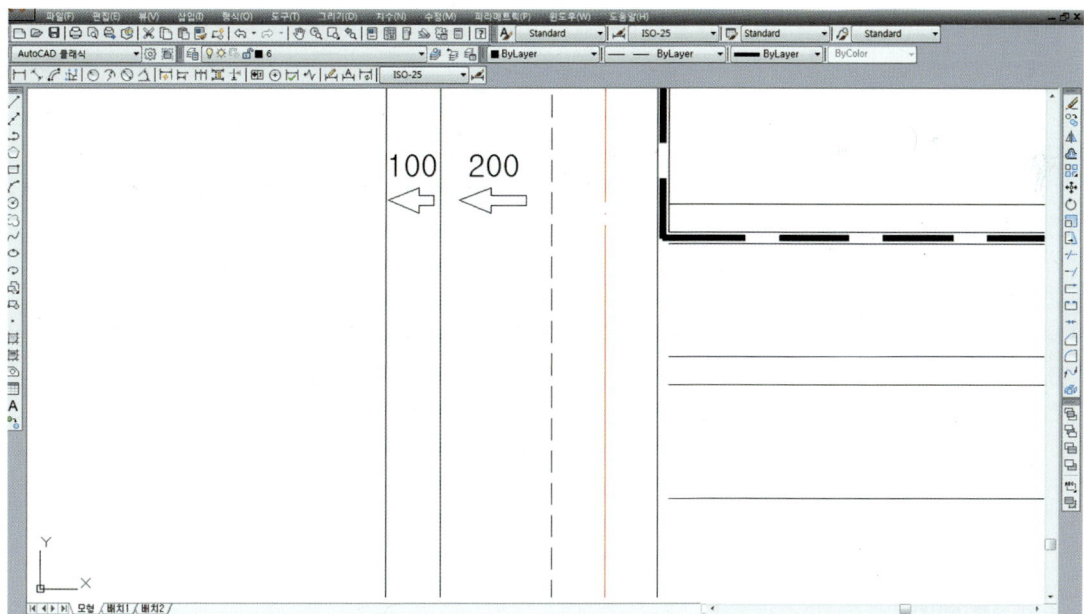

19_ fillet을 이용하여 아래와 같이 모서리 (동그라미 클릭) (세모 클릭) (네모 클릭)를 편집합니다.

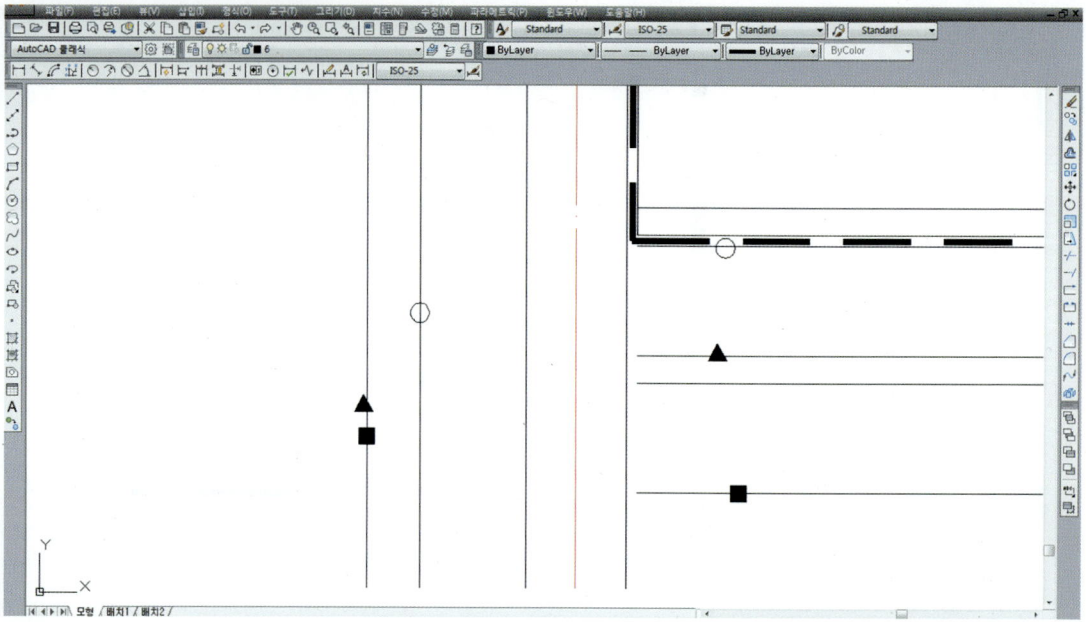

20_ trim 및 extend 등을 이용하여 아래와 같이 지하층의 기초부분을 마무리합니다.

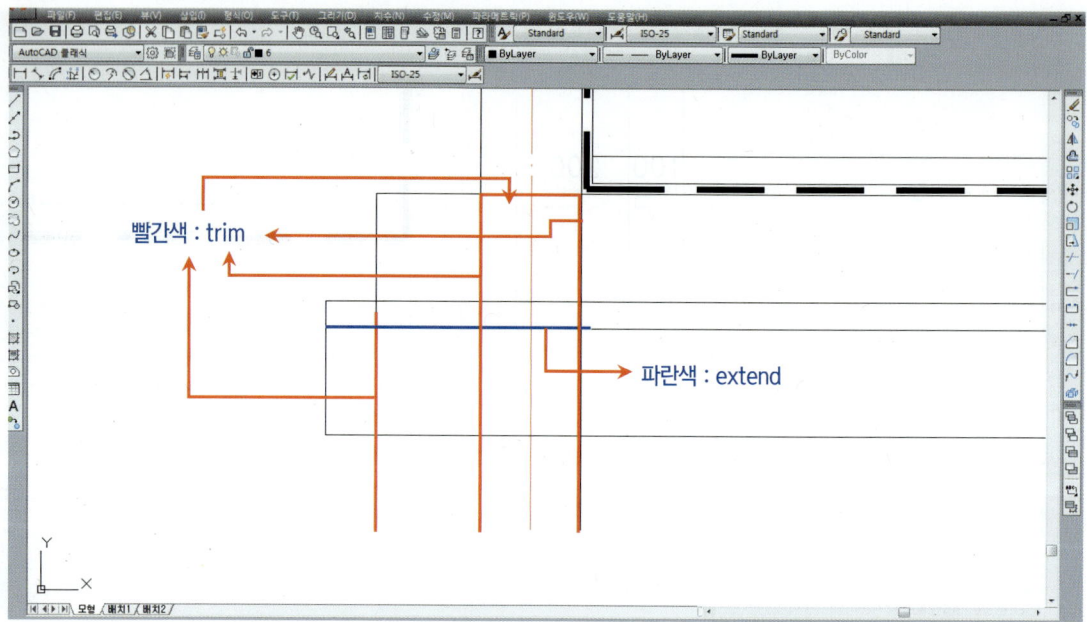

21_ 양측에 파단선을 만들고 XL Pipe, 재료표시 및 hatch 등을 표현합니다.

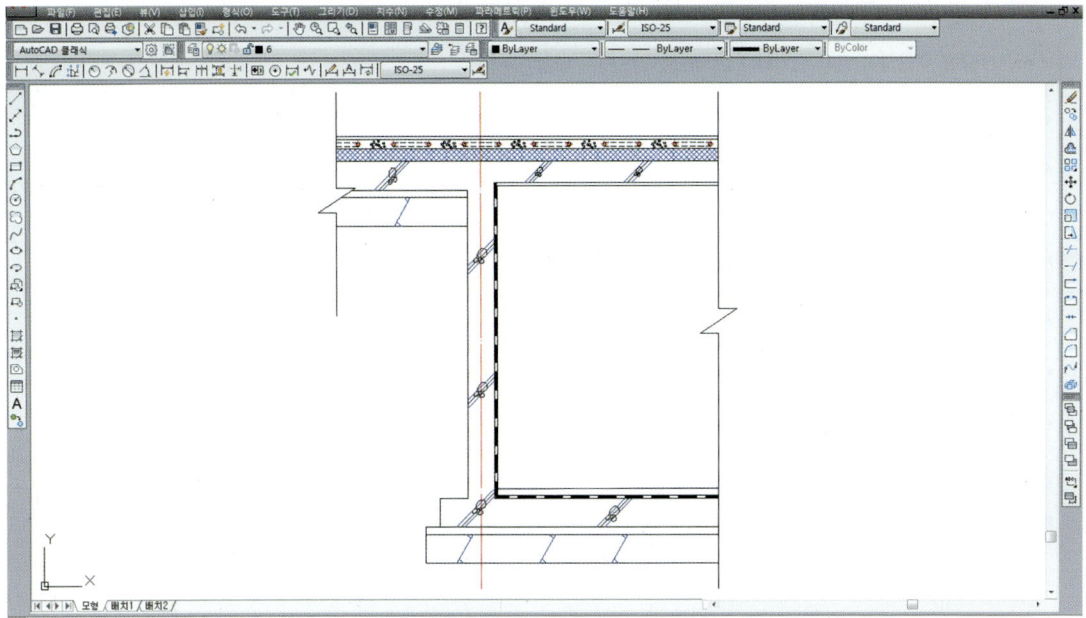

22_ 글자와 치수를 기입하고 제목을 기입하여 마무리합니다.

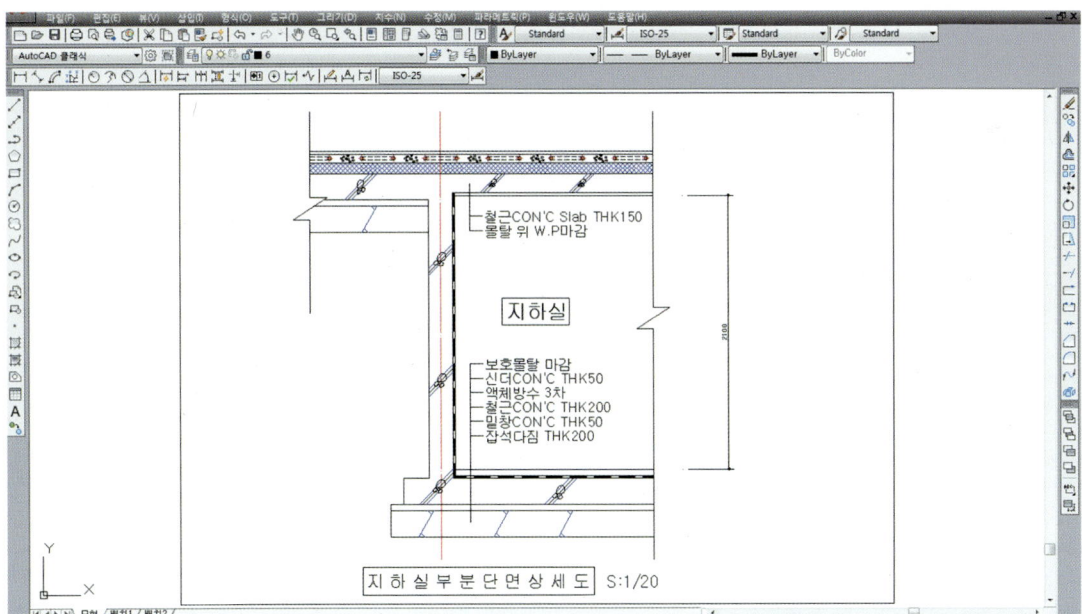

다음의 지하실부분단면상세도를 작도해 보시기 바랍니다.

※ mvsetup을 이용하여 용지 크기와 도면척도를 만드시기 바랍니다.

- 도면크기 : A4
- 도면척도 : 20

[조건]

- 벽체 : 철근 콘크리트 190mm
- 지하층 높이 : 2100mm
- 도면을 반대로 그리시오.

※ 반대로 연습하실 때 철근표시 및 잡석다짐과 해치를 반대로 해서는 안 됩니다.
※ 지하실은 자주 출제되지 않아 실제 출제됐을 때 수험생들이 당혹스러워하므로 연습과 준비를 해놓으셔야 합니다.

지하실부분단면상세도

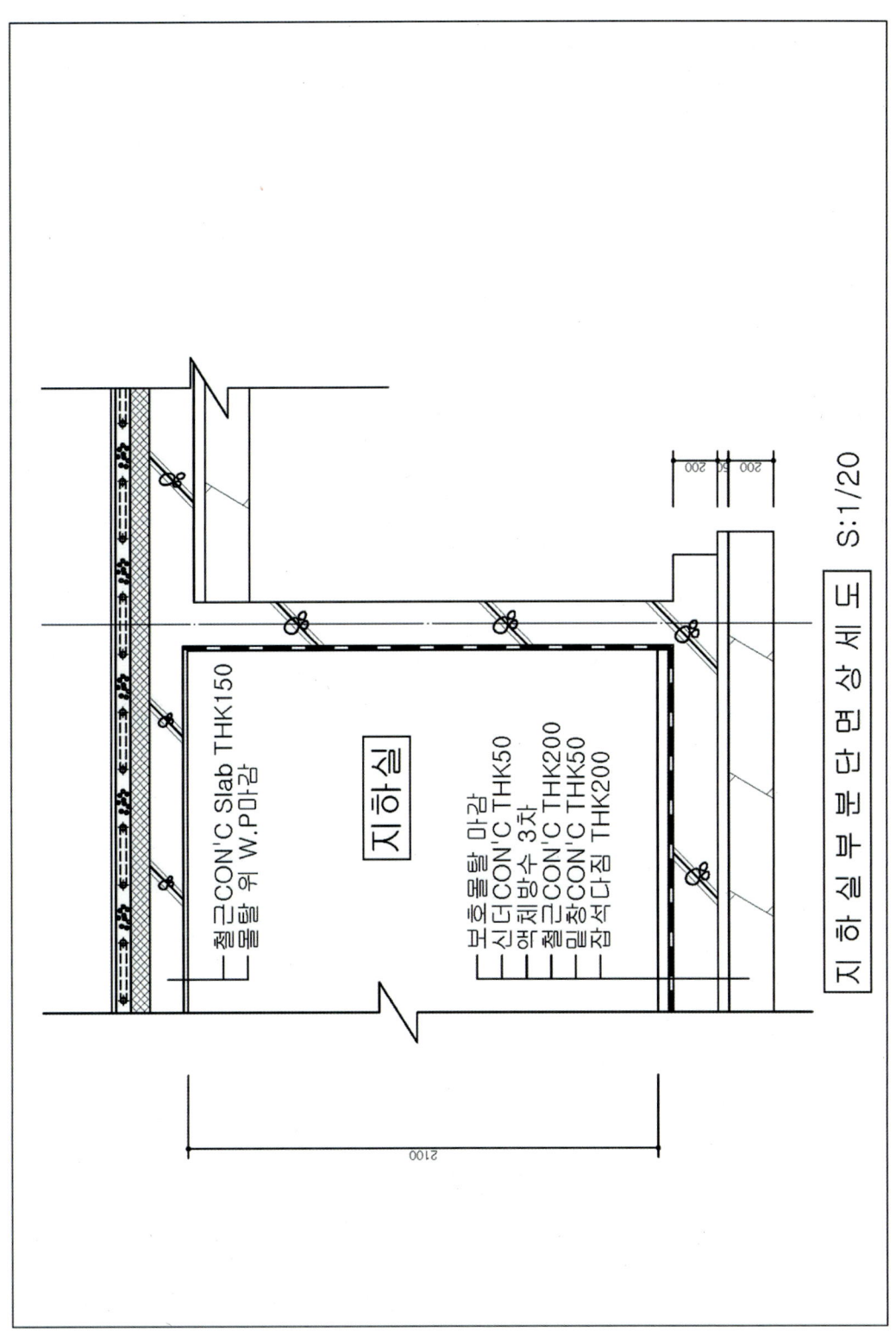

15 처마부분단면상세도 - 1

1_ mvsetup에서 도면척도를 20으로 맞추고 용지크기를 A4로 만듭니다.

명령	**MVSETUP** ↵

```
도면공간을 사용가능하게 합니까? [아니오(N)/예(Y)] : n ↵
단위 유형 입력 [공학(S)/십진(D)/엔지니어링(E)/건축(A)/미터법(M)] : m ↵
미터 축척
(5000)  1 : 5000
(2000)  1 : 2000
(1000)  1 : 1000
(500)   1 : 500
(200)   1 : 200
(100)   1 : 100
(75)    1 : 75
(50)    1 : 50
(20)    1 : 20
(10)    1 : 10
(5)     1 : 5
(1)     전체
축척 비율 입력 : 20 ↵
용지 폭 입력 : 283 ↵
용지 높이 입력 : 196 ↵
```

2_layer에서 다음과 같이 도면층을 만듭니다.

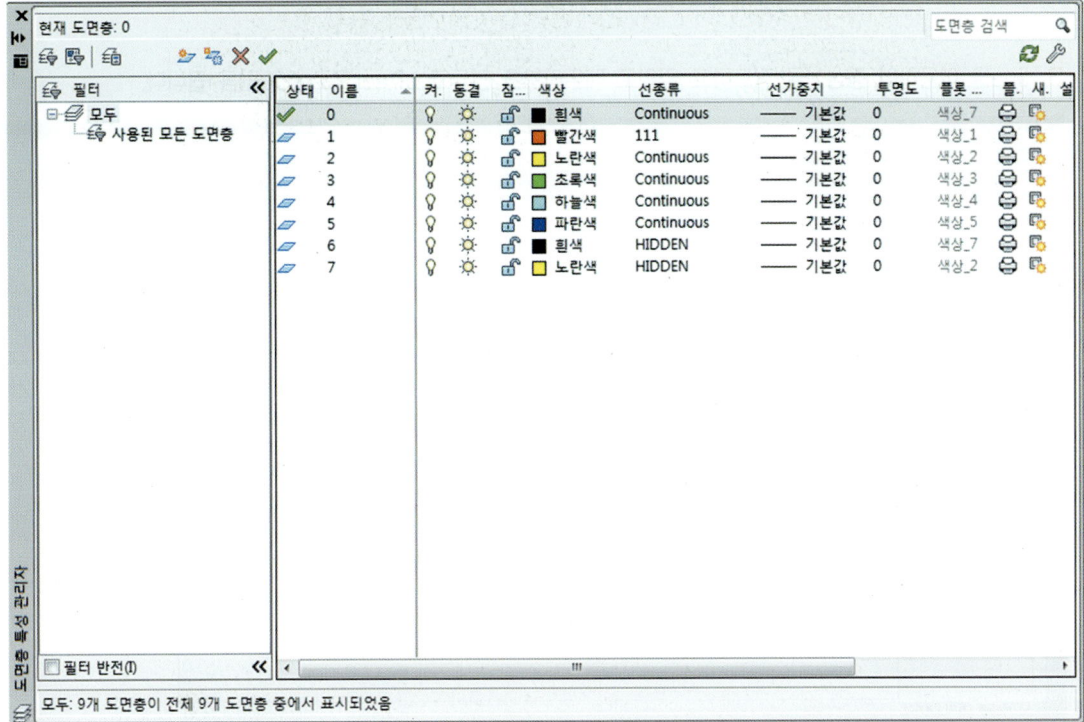

처마부분단면 그리기

3_ line을 이용하여 중심선을 작도하고 임의로 테두리보를 만들고 offset으로 600만큼 띕니다.

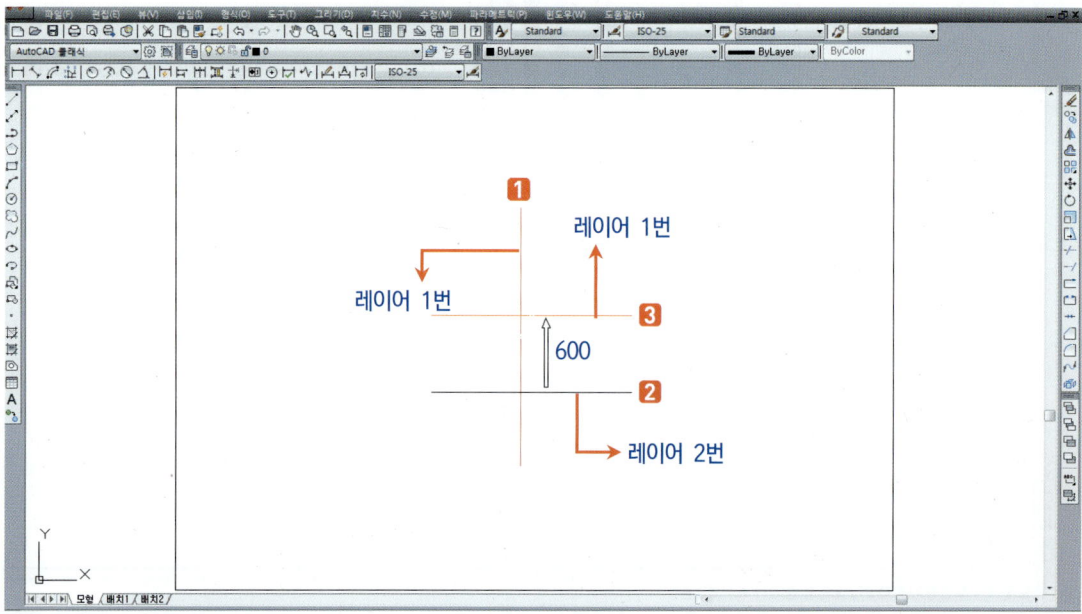

※ lts를 이용하여 척도 20을 줍니다.

4_ line을 이용하여 벽 중심선과 처마높이 교차지점(✕ 표시)에서 조건에 맞는 물매를 작도합니다.

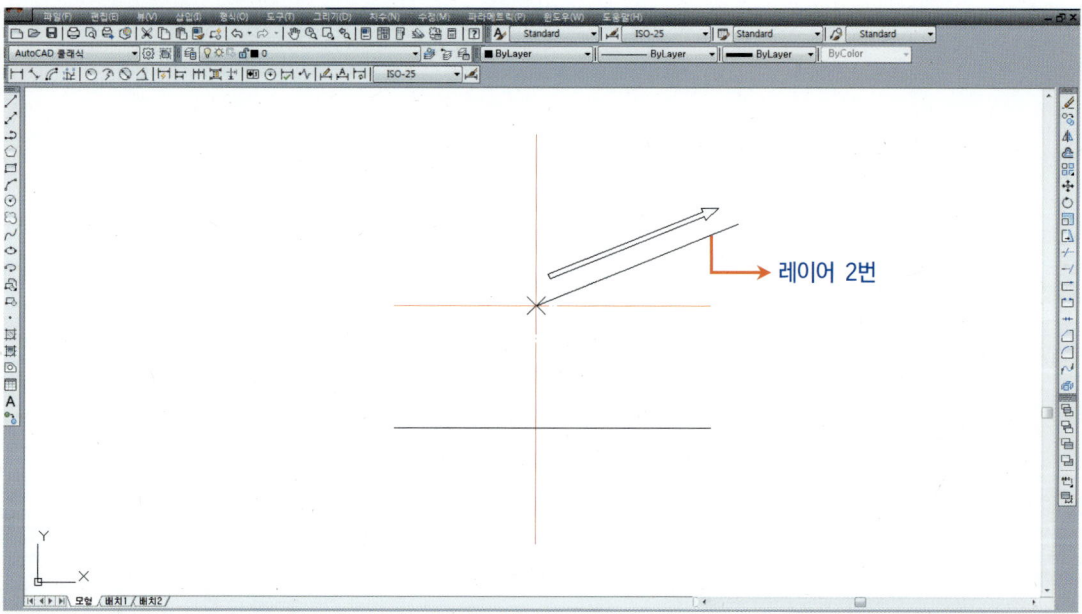

※ 물매는 상대좌표로 작도하며 여기서는 4/10 물매로 하였고 작도는 @1000,400으로 작도합니다.

5_ offset을 이용하여 slab의 간격(hidden 선)을 띄고 벽체 중심선에서 처마나옴을 띕니다.

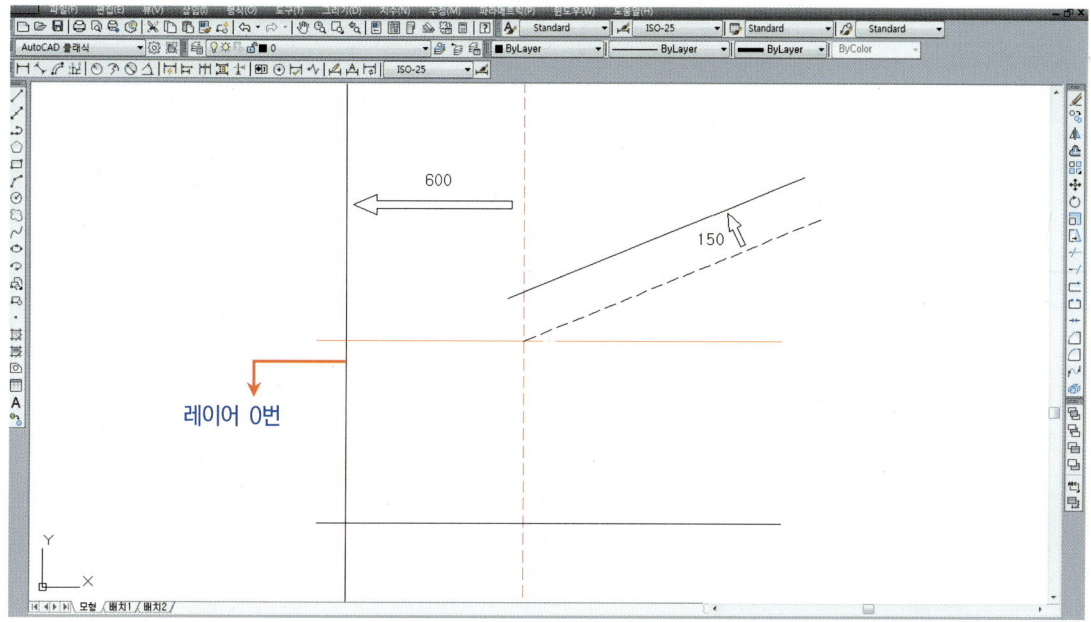

※ 만일 지붕이 반대방향으로 3.5/10로 출제된다면 @-1000,350으로 작도합니다(실제 @10,4 또는 @10,3.5이지만 line이 매우 짧기 때문에 길게 만드는 것이 좋습니다). 또한 물매와 처마나옴은 시험마다 다르게 출제됩니다.

6_ offset을 이용하여 처마(hidden 선)에서 아래와 같이 몰탈과 slab의 간격을 띕니다.

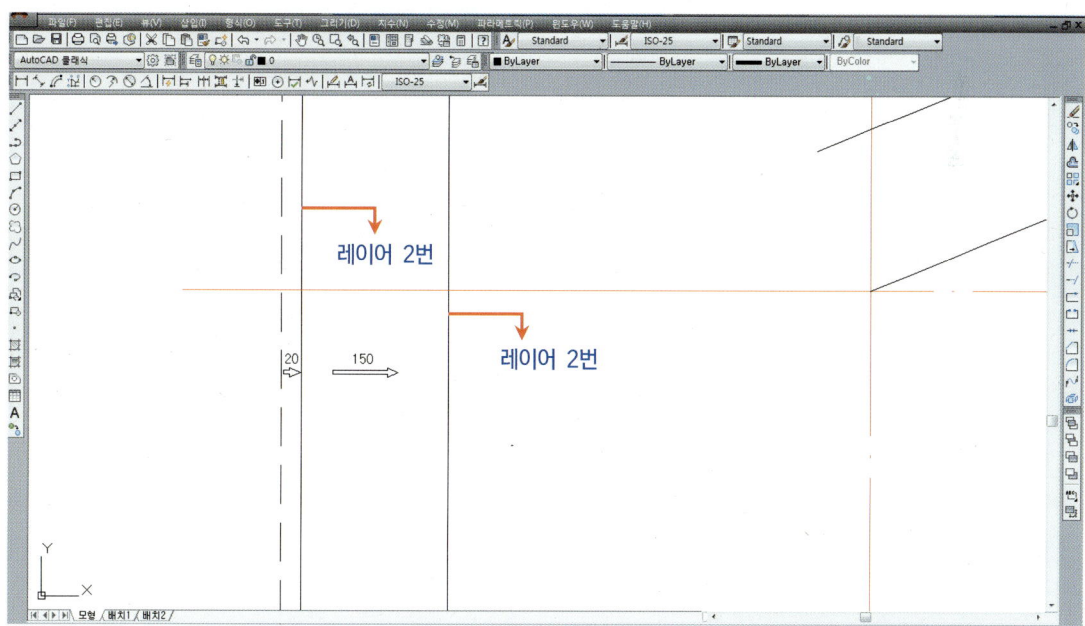

7_ fillet을 이용하여 아래와 같이 모서리 (네모 클릭) (동그라미 클릭)를 다듬습니다.

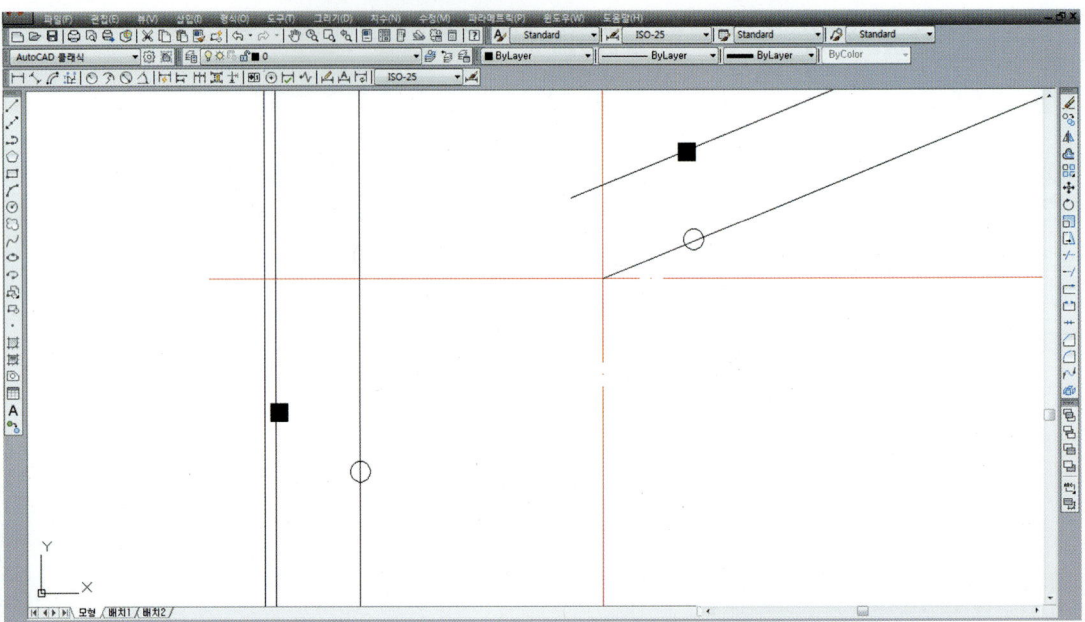

8_ offset을 이용하여 slab의 위쪽 line(hidden 선)에서 방수층의 간격을 띕니다.

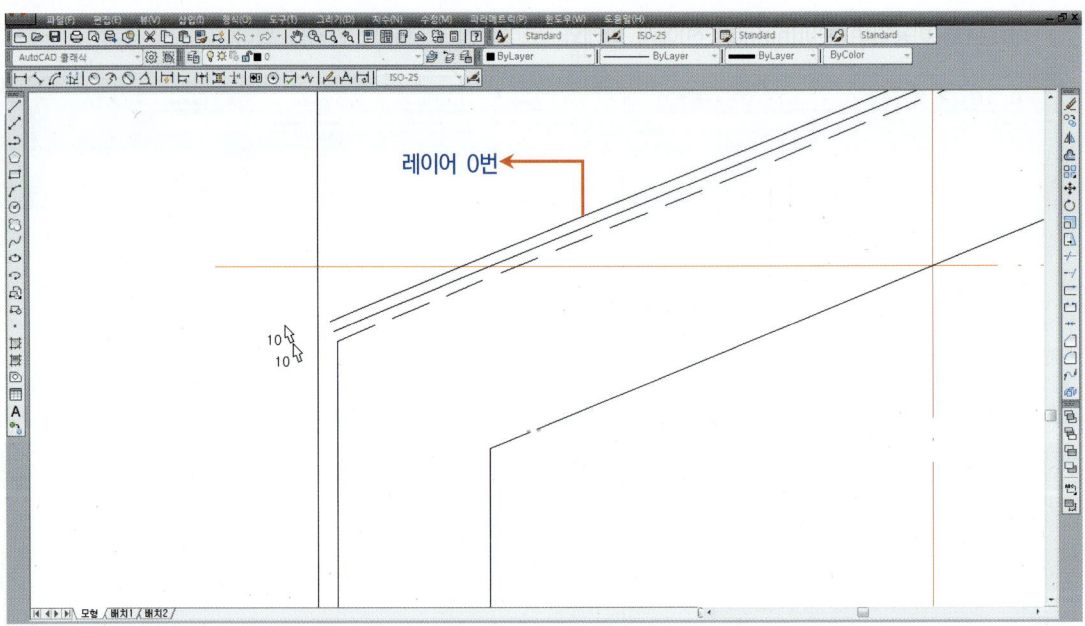

9_ fillet를 이용하여 모서리 부분(네모 클릭)을 마무리하고 pedit에서 w(폭)값을 10으로 설정하여 방수를 표현합니다.

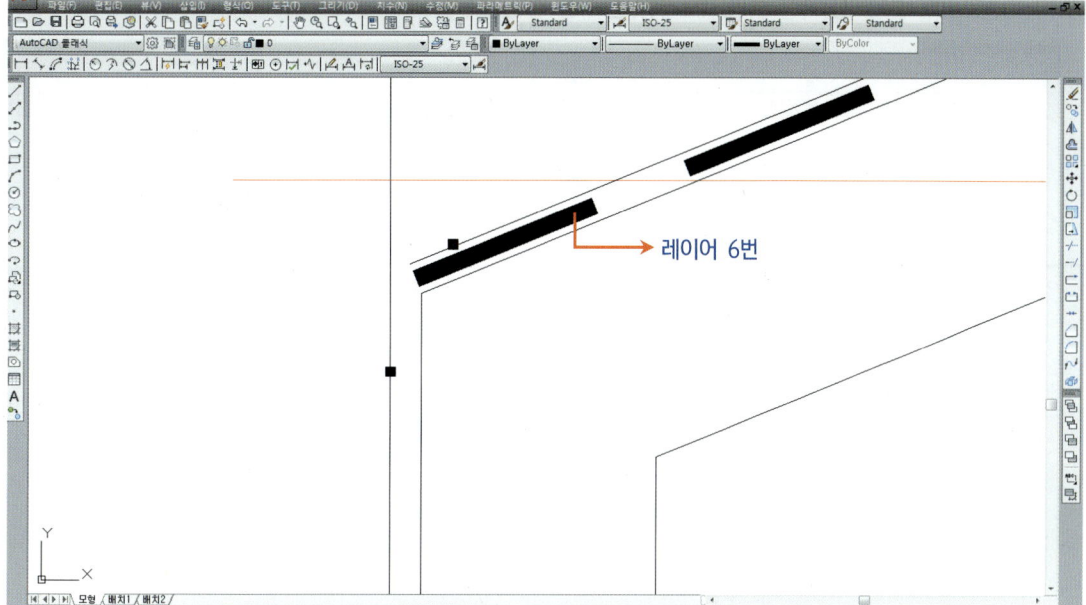

10_ offset을 이용하여 중심선(hidden 선)에서 아래와 같이 간격을 띕니다.

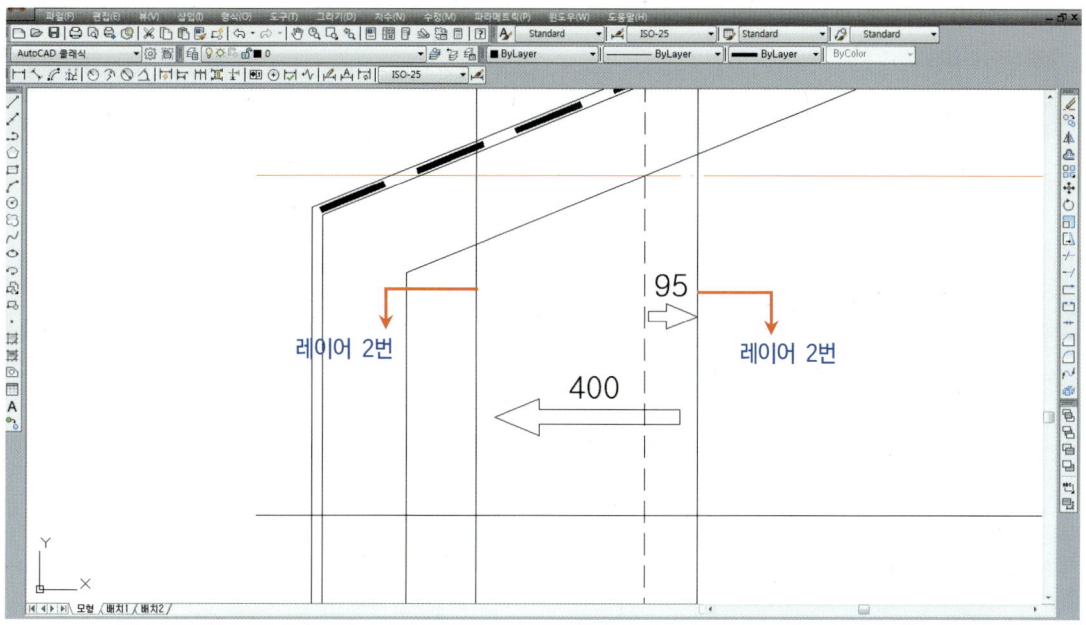

※ 테두리보 두께와 벽체 두께를 동일하게 합니다. 위 그림으로 설명하면 벽체의 단열재를 120mm으로 가정하고 벽돌너비 1.5B, 즉 280mm으로 가정하여 벽두께 400mm로 하였습니다. 즉, 테두리보 두께 역시 400mm입니다.

11_ trim을 이용하여 테두리보 사이(hidden 선)를 잘라낸 뒤 fillet을 이용하여 아래와 같이 모서리 (네모 클릭) (동그라미 클릭) (삼각형 클릭) (오각형 클릭)를 편집합니다.

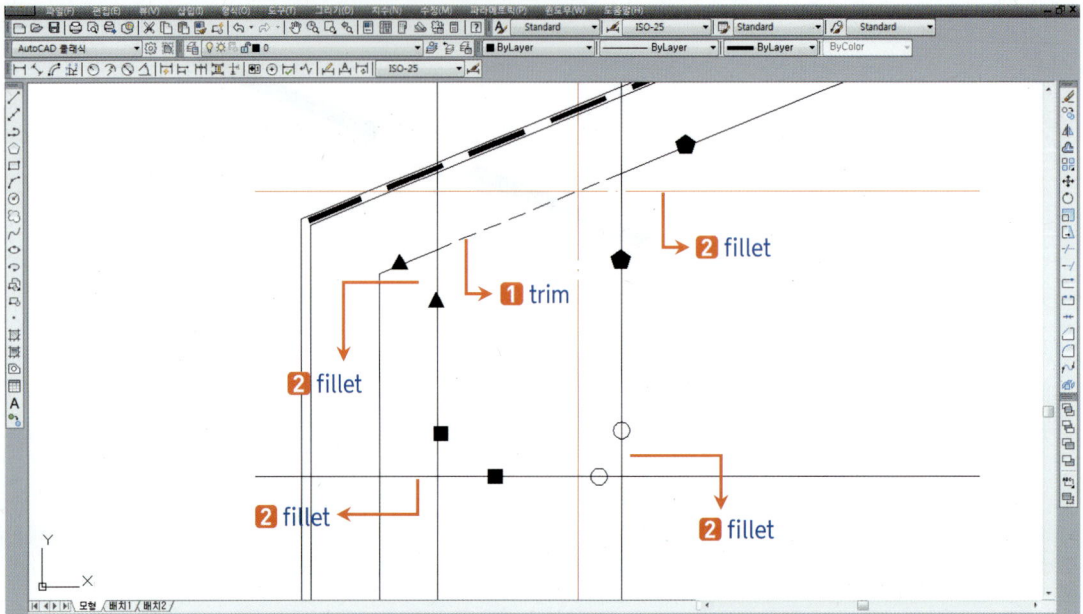

12_ line을 이용하여 처마 끝(✕ 표시)에서 적당한 길이의 수평선을 작도하고 move를 이용하여 아래로 이동합니다.

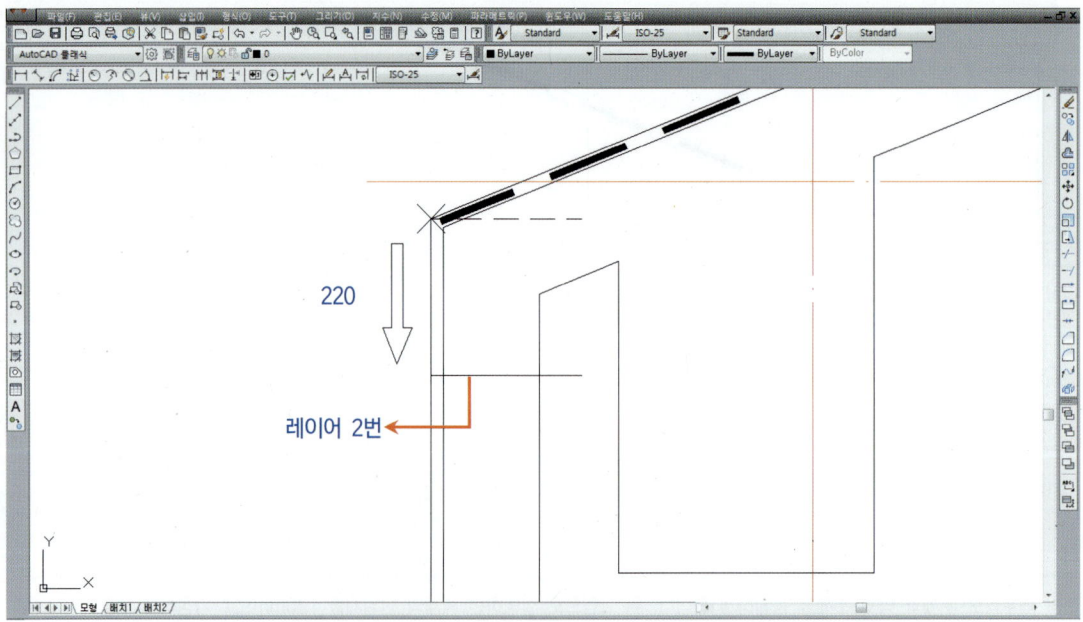

13_offset을 이용하여 처마 끝에서 몰탈(hidden 선)의 간격을 띄고 fillet을 이용하여 처마의 몰탈 모서리 부분(동그라미 클릭)을 편집합니다.

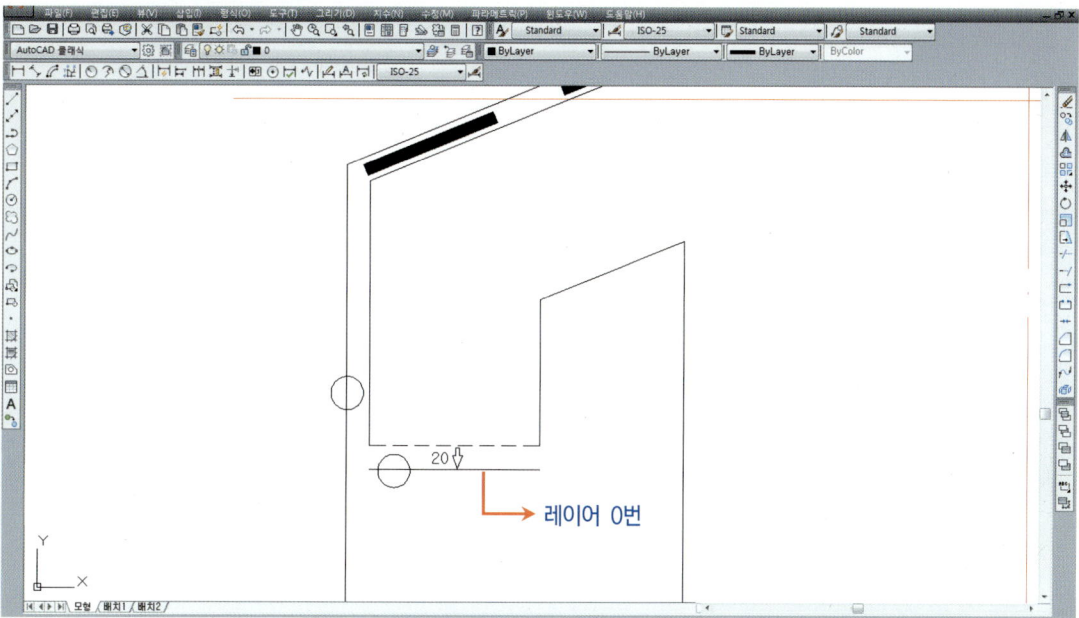

14_line을 이용하여 아래와 같은 방향으로 몰탈과 처마반자의 아래부분을 작도합니다.

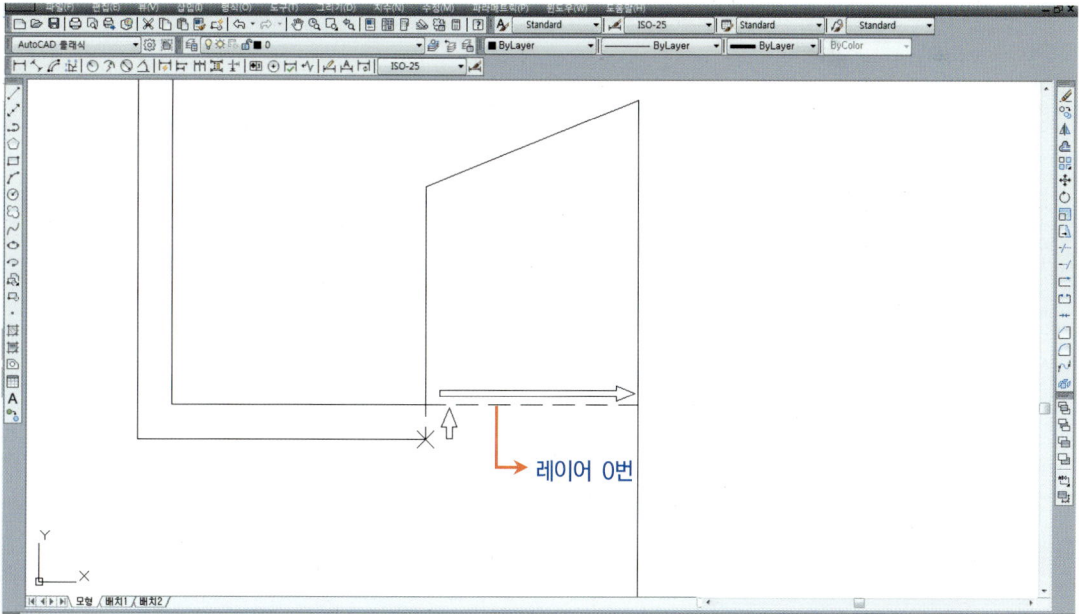

15_offset과 rectangle 및 trim을 이용하여 처마반자 내부와 물끊기 홈을 아래와 같이 만듭니다.

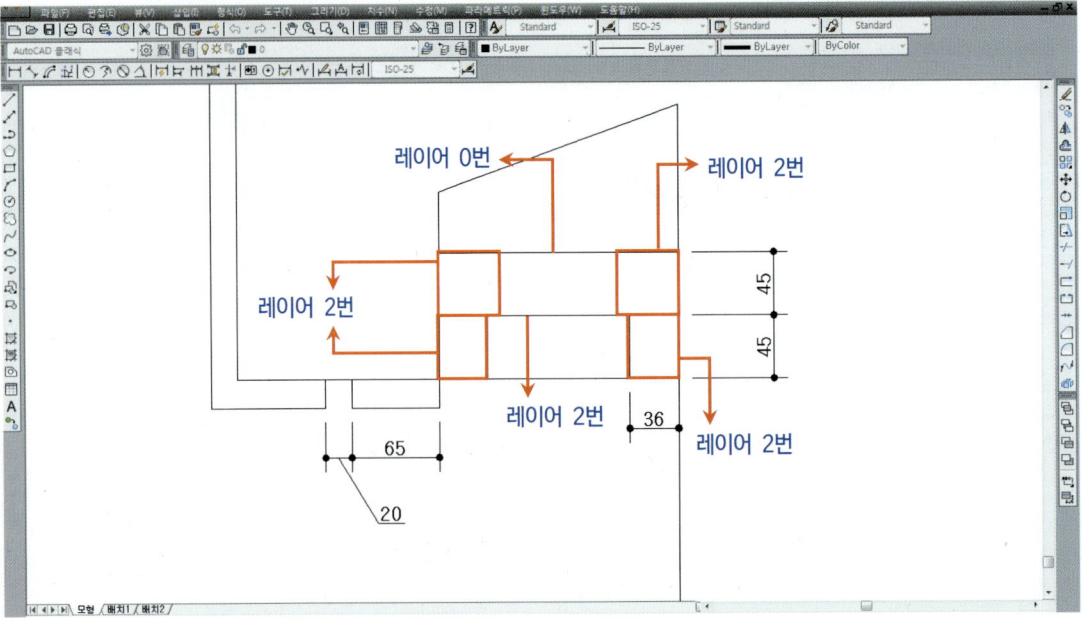

16_hatch와 line을 이용하여 아래와 같이 처마반자 내부를 만듭니다.

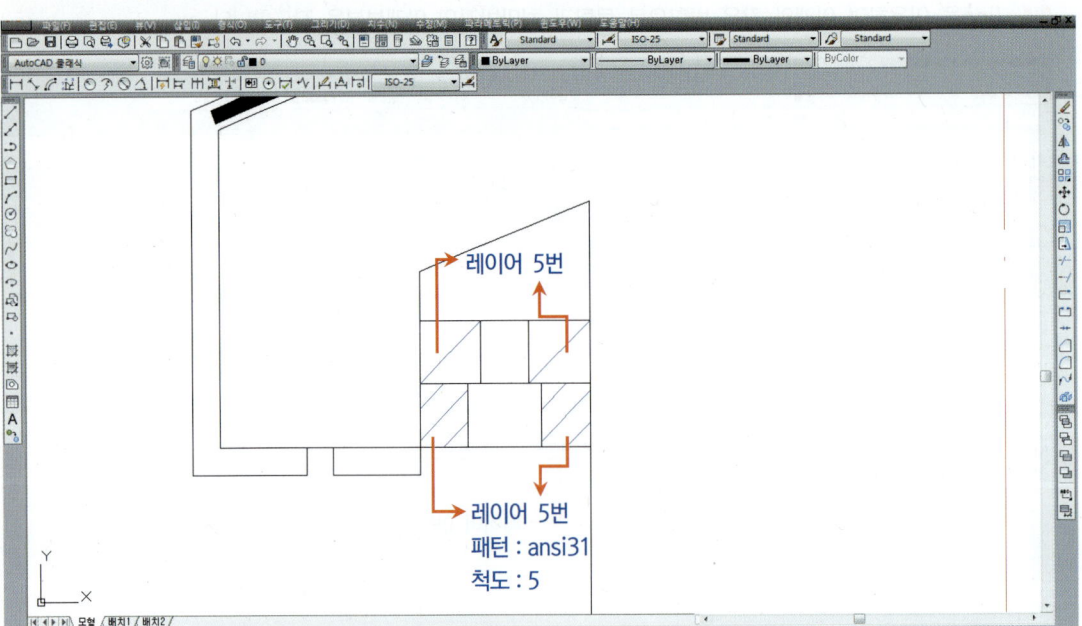

17_offset을 이용하여 처마 끝부분(hidden 선)에서 간격을 띕니다.

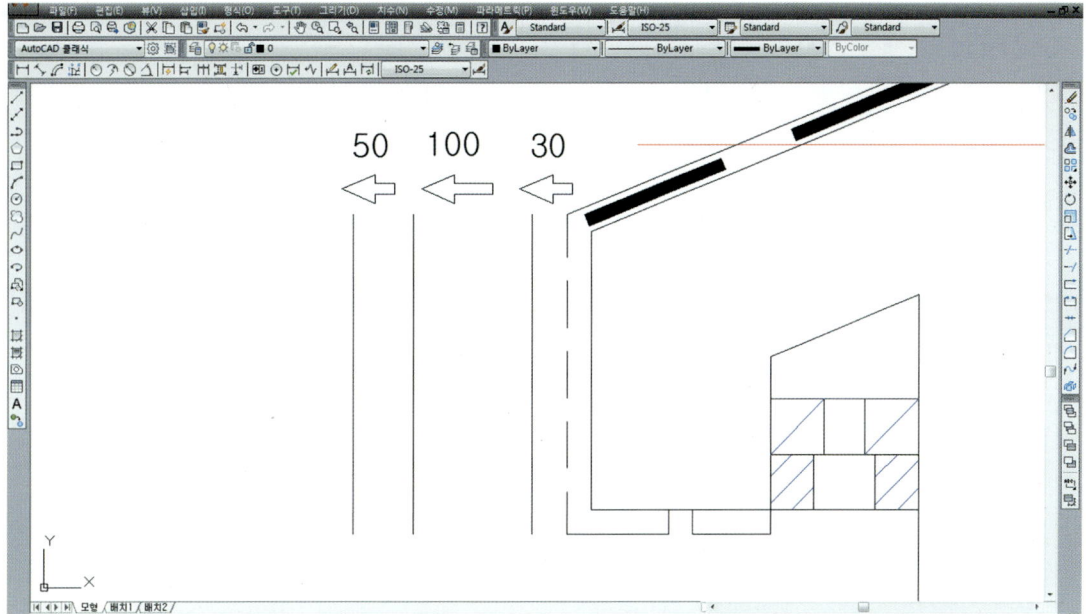

18_line을 이용하여 처마홈통 밑 부분(hidden 선)에 선을 그은 뒤 offset을 이용하여 아래와 같이 간격을 띕니다.

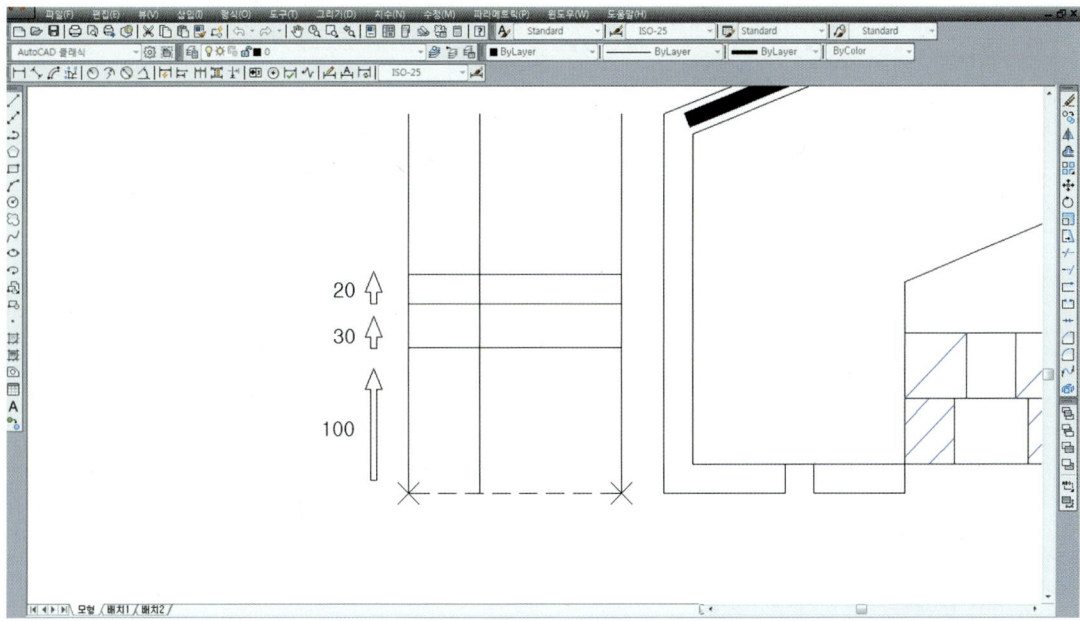

19_ offset한 처마홈통의 제일 윗선을 클릭하여 grip박스를 나타나게 합니다.

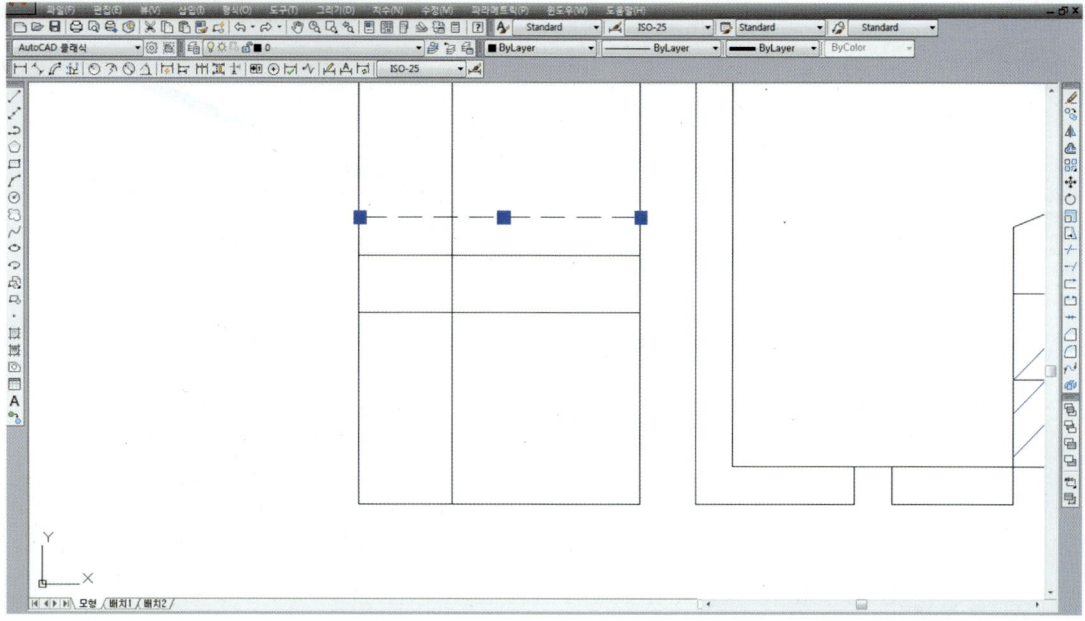

20_ 오른쪽 파란색 박스를 클릭하여 붉은색 박스로 색깔이 바뀌면 아래쪽 처마홈통(✕ 표시)까지 stretch합니다.

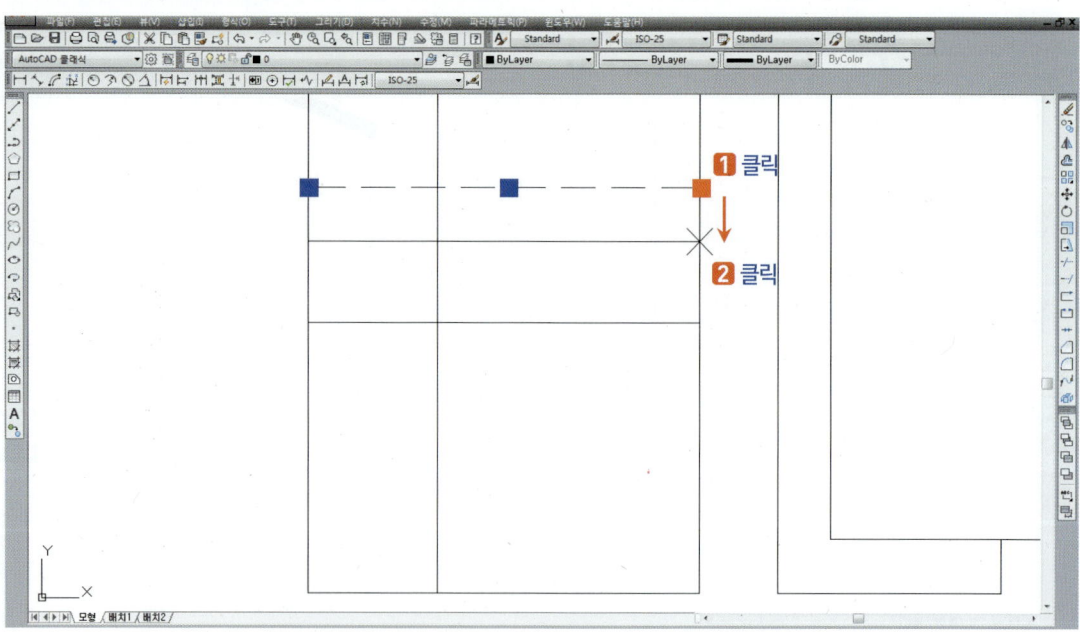

21_ erase를 이용하여 처마홈통 중간 부분(hidden 선)을 지웁니다.

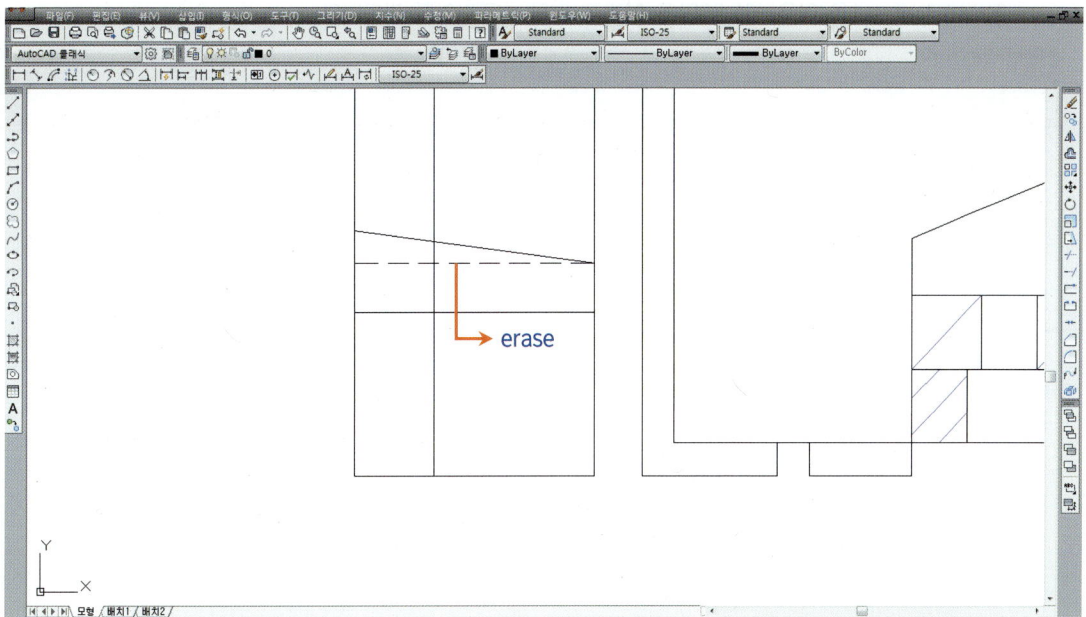

22_ fillet을 이용하여 아래와 같이 모서리 부분 (검은 네모 클릭) (동그라미 클릭) (X 클릭) (검은 삼각형 클릭) (검은 오각형 클릭)을 편집합니다.

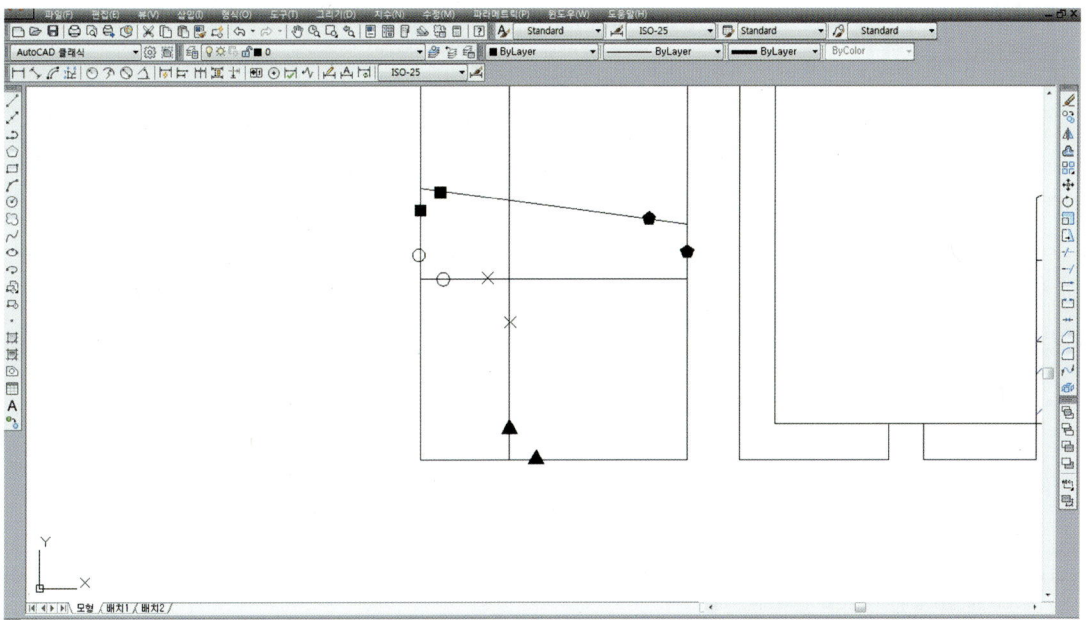

23_ copy를 이용하여 처마홈통의 중간 부분(hidden 선)을 아래와 같이 임의의 거리로 복사한 뒤 trim을 이용하여 잘라내고 offset을 이용하여 50만큼 아래로 띄어 홈통걸이를 만듭니다.

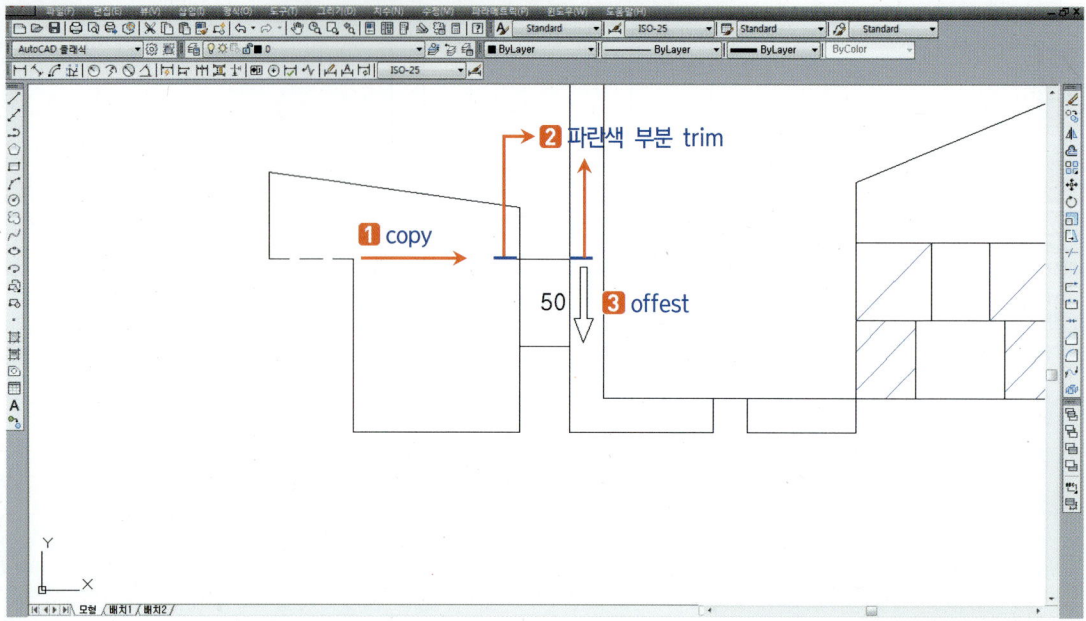

24_ 도면층을 아래와 같이 바꿉니다.

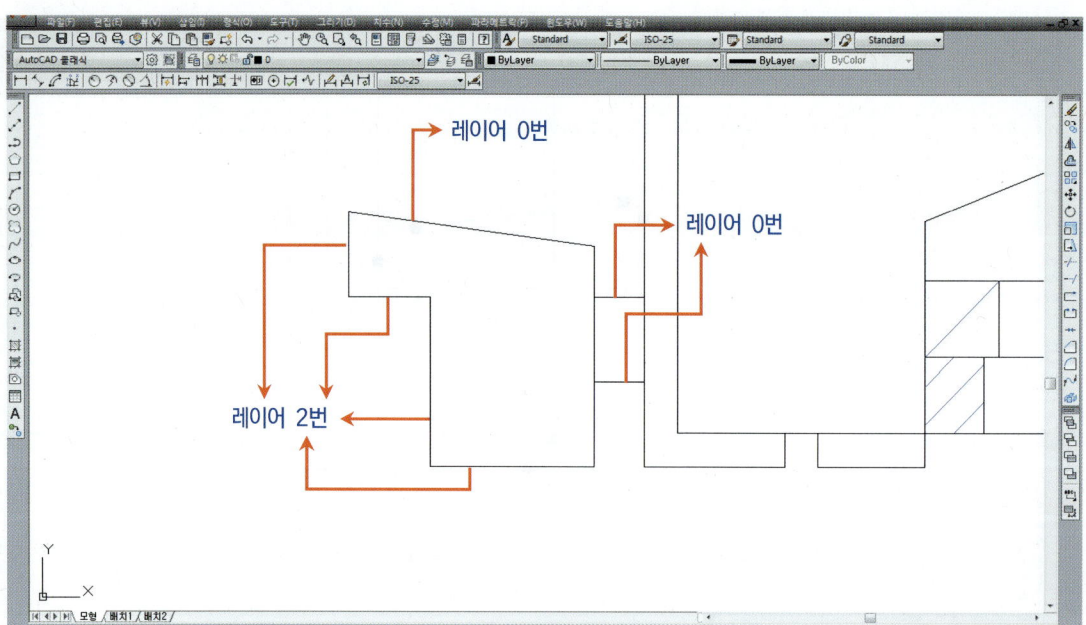

25_ line을 이용하여 처마홈통 중간(✗ 표시)에 50길이의 선을 그려 놓고 offset을 이용하여 아래와 같이 홈통 전체거리를 반으로 나눈 거리의 간격을 띄고 중앙에 있는 line을 지웁니다.

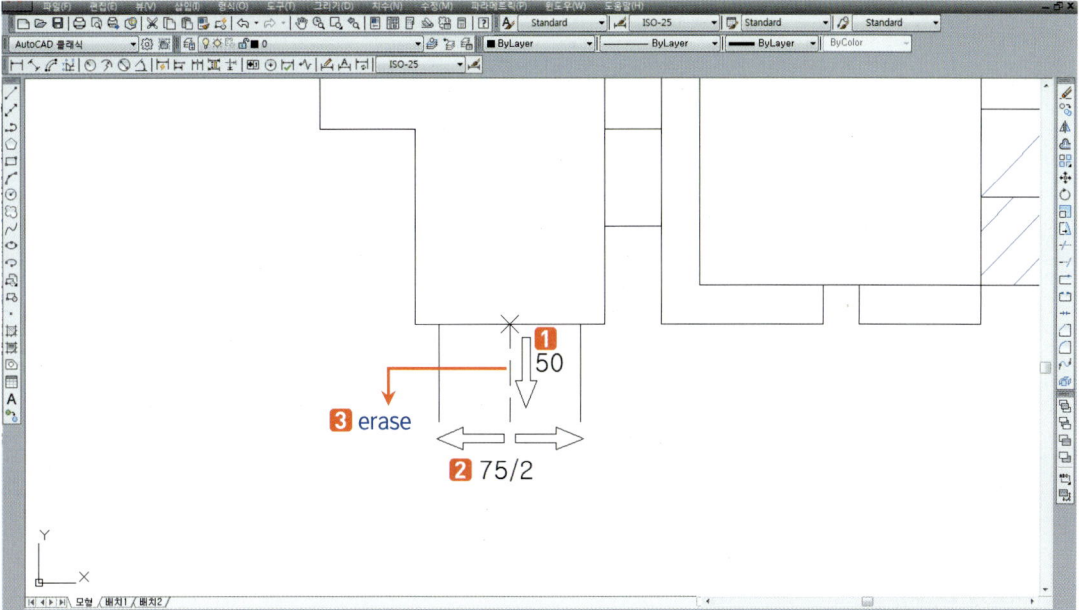

26_ line을 이용하여 깔때기홈통 오른쪽(✗ 표시)에서 임의의 길이로 15°의 선을 작도(hidden 선)하고 아래와 같이 offset을 이용하여 벽체(hidden 선)에서 간격을 띕니다.

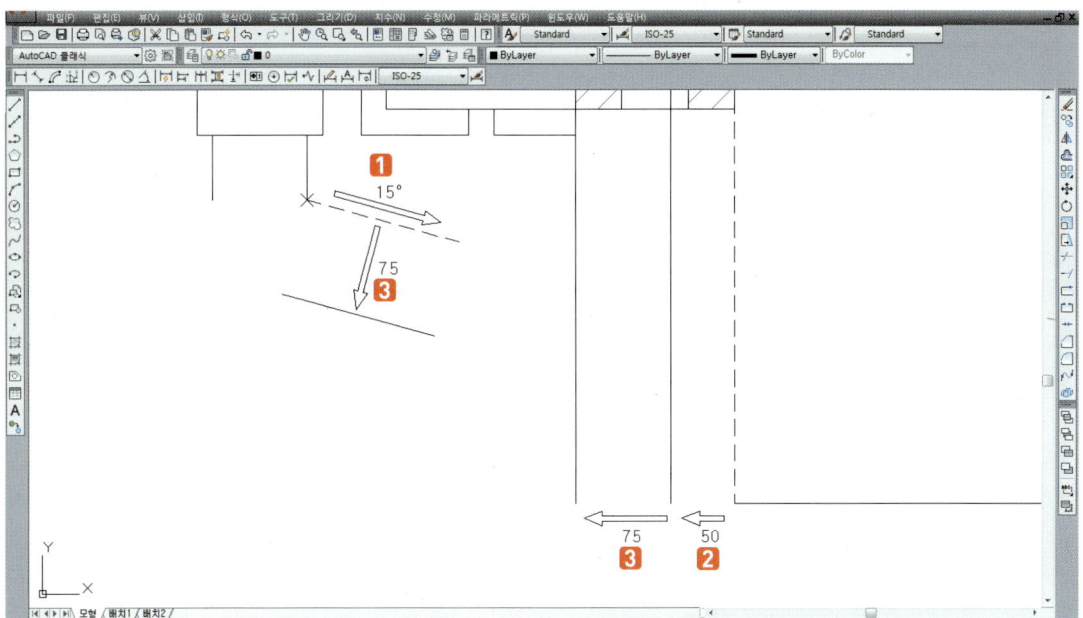

27_ fillet을 이용하여 아래와 같이 홈통의 모서리 (검은 네모 클릭) (동그라미 클릭) (검은 삼각형 클릭)를 편집하고 도면층을 0으로 합니다.

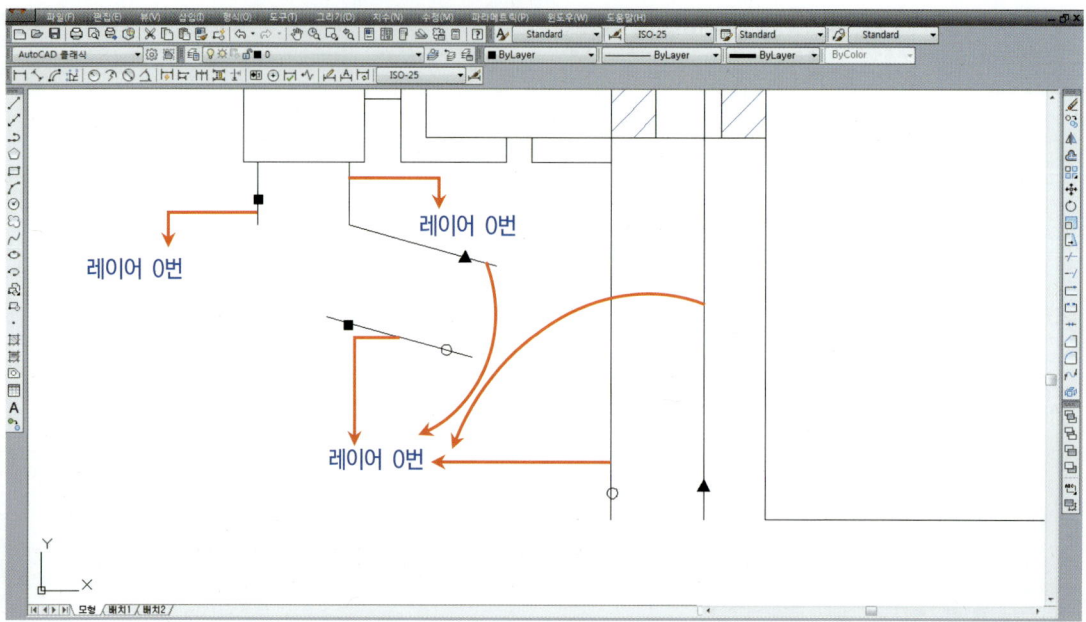

28_ line을 이용하여 아래와 같이 홈통 중간의 절점부분(hidden 선)을 작도하고 도면층을 0으로 합니다.

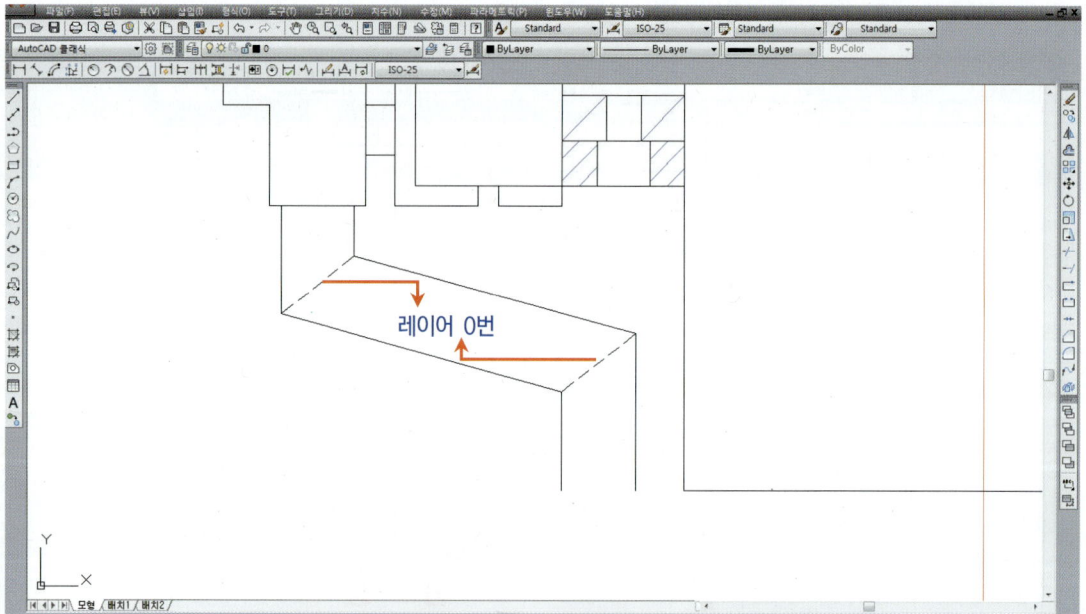

29_위의 작업 중 **15**번 처마반자, **24**번 처마홈통, **27**번 깔때기홈통 및 홈통 작도에서 도면층 2와 도면층 0이 되는 이해를 돕기 위한 3D CAD입니다.

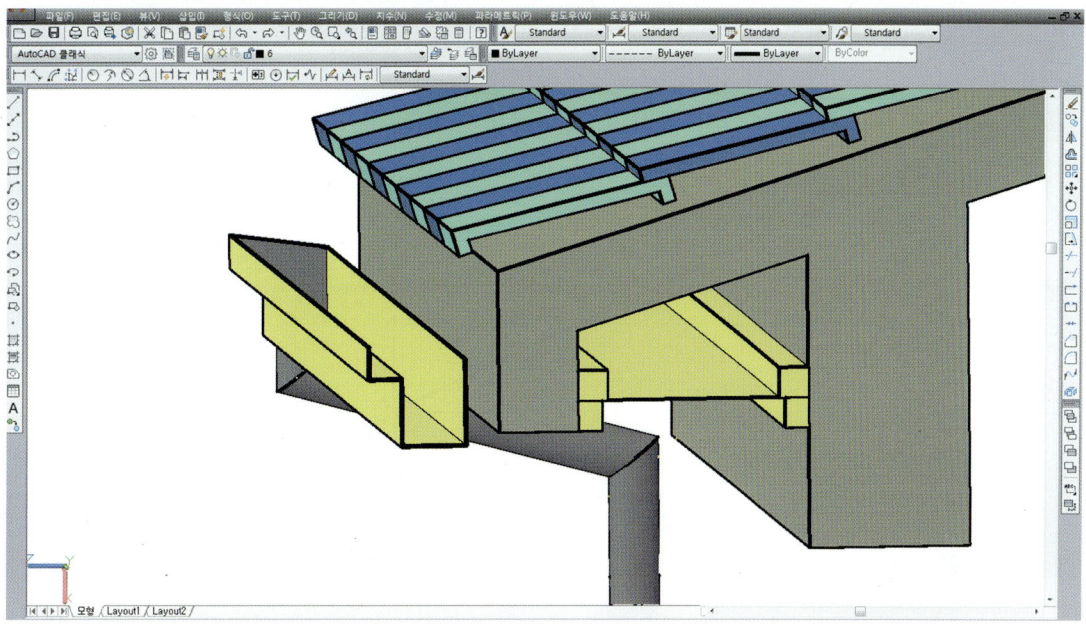

※ 처마 단면은 세밀한 부분이 많고 부재와 부재 사이가 가까이 있어 이해하기 쉽지 않으므로 많은 연습과 이해를 필요로 합니다.

30_offset을 이용하여 테두리보 아래부분(hidden 선)을 위 방향으로 간격을 띄어 반자의 기준을 만듭니다.

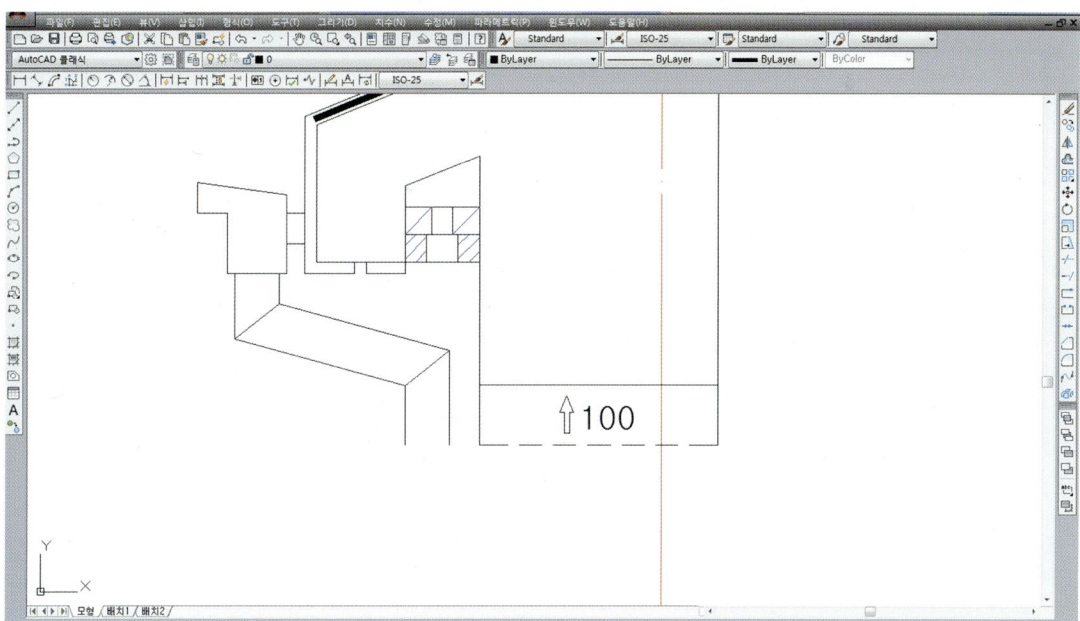

31_copy를 이용하여 처마반자(파란색)를 선택하고 반자의 기준(✕ 표시)까지 복사한 뒤 기준 line을 지웁니다.

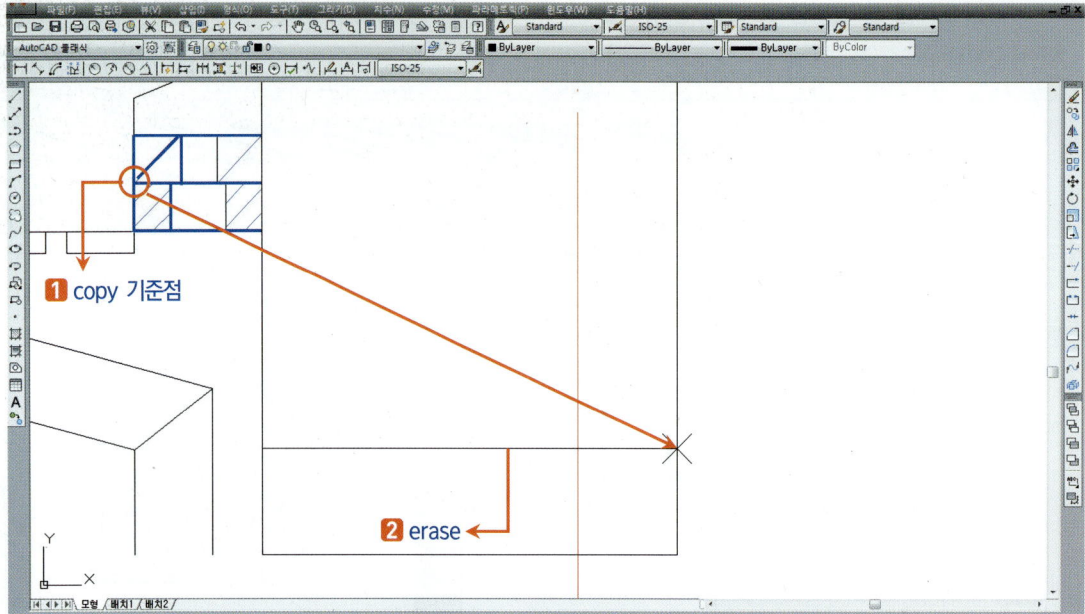

32_copy를 이용하여 벽체 중심선(동그라미 친 부분)을 임의의 거리만큼 복사하여 절단선을 만든 뒤 extend를 이용하여 반자와 지붕 슬랩 및 방수층을 절단 선까지 연장합니다.

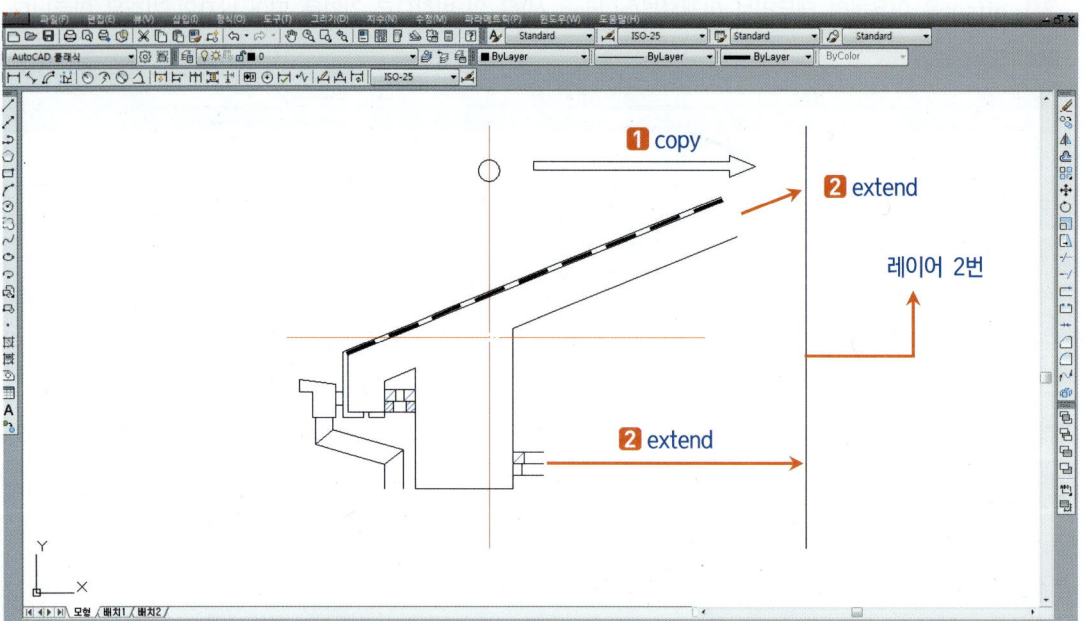

33_ 벽체 중심선을 클릭하여 grip박스를 나타나게 합니다.

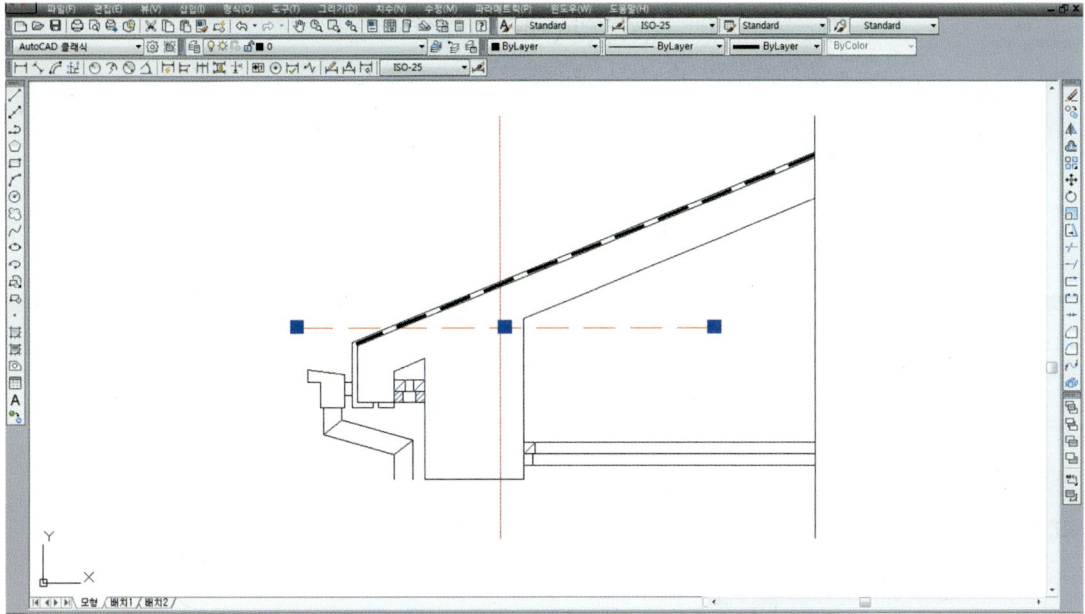

34_ 오른쪽 파란색 박스를 클릭하여 붉은색 박스로 색깔이 바뀌면 절단 선 바깥쪽의 임의의 지점 (✕ 표시)까지 stretch합니다.

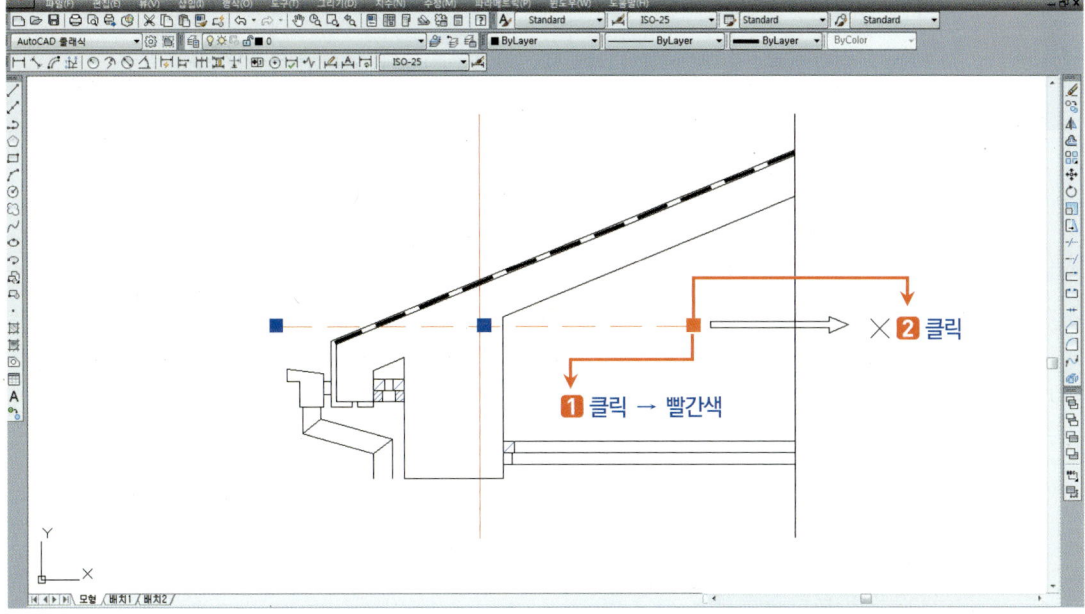

16 처마부분단면상세도 - 2

시멘트기와 및 반자 그리기

1_ offset을 이용하여 처마 몰탈 선과 방수 마감선 (hidden 선)에서 아래와 같이 간격을 띄어 기와의 작도 간격을 맞춥니다.

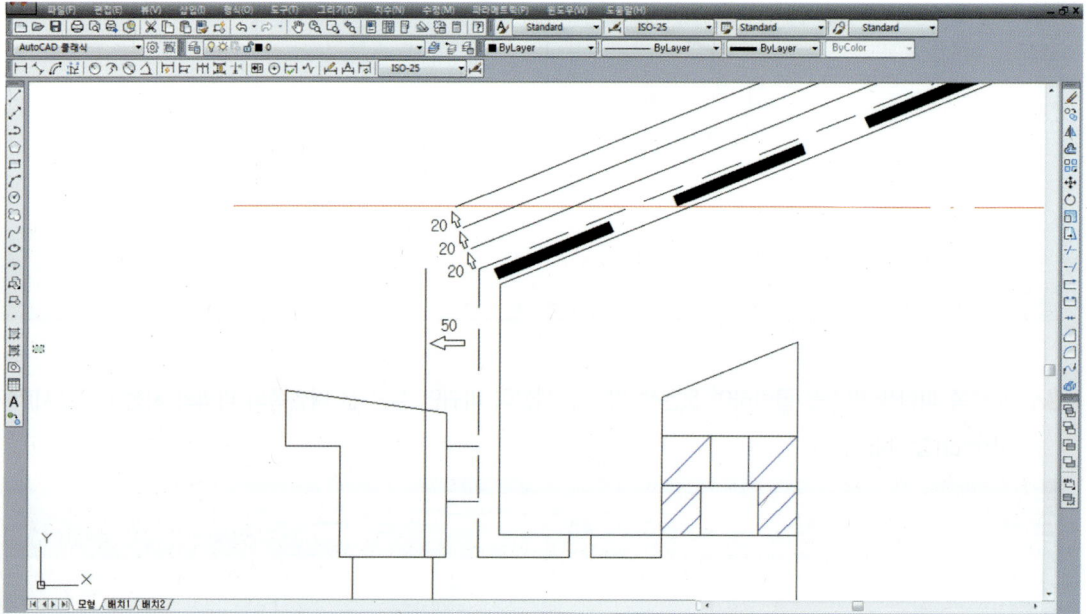

2_fillet을 이용하여 50지점과 기와 제일 높은 부분(네모 클릭)의 모서리를 다듬은 뒤 extend를 이용하여 나머지 부분(파란색 부분)을 50지점까지 연장합니다.

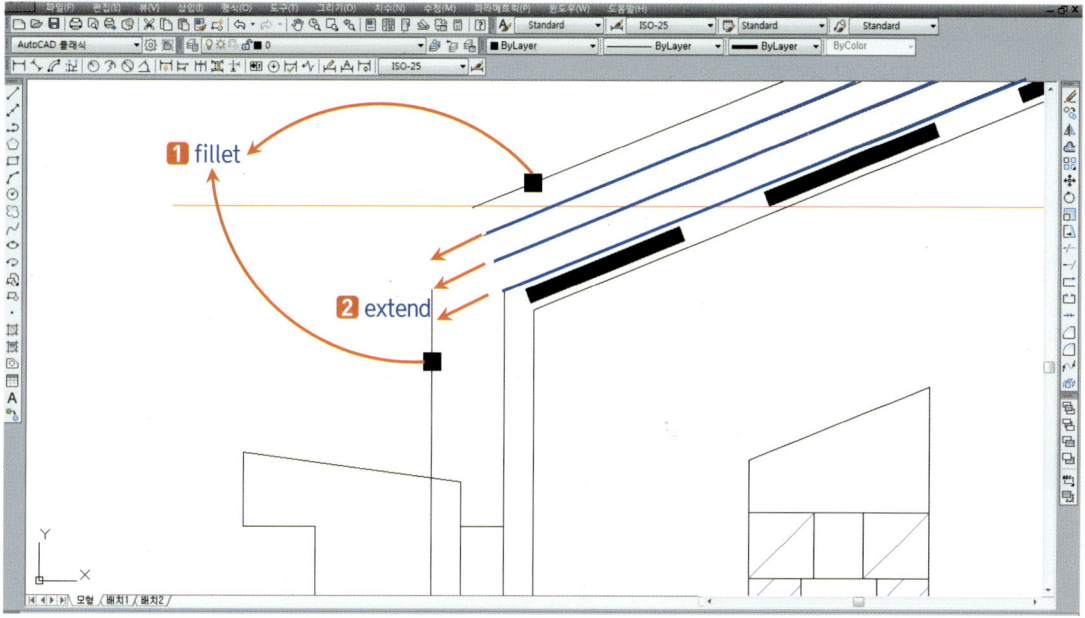

3_line을 이용하여 기와 제일 높은 끝 지점(✗ 표시)에서 아래방향으로 선을 작도한 뒤 offset을 이용하여 아래와 같은 간격을 띕니다.

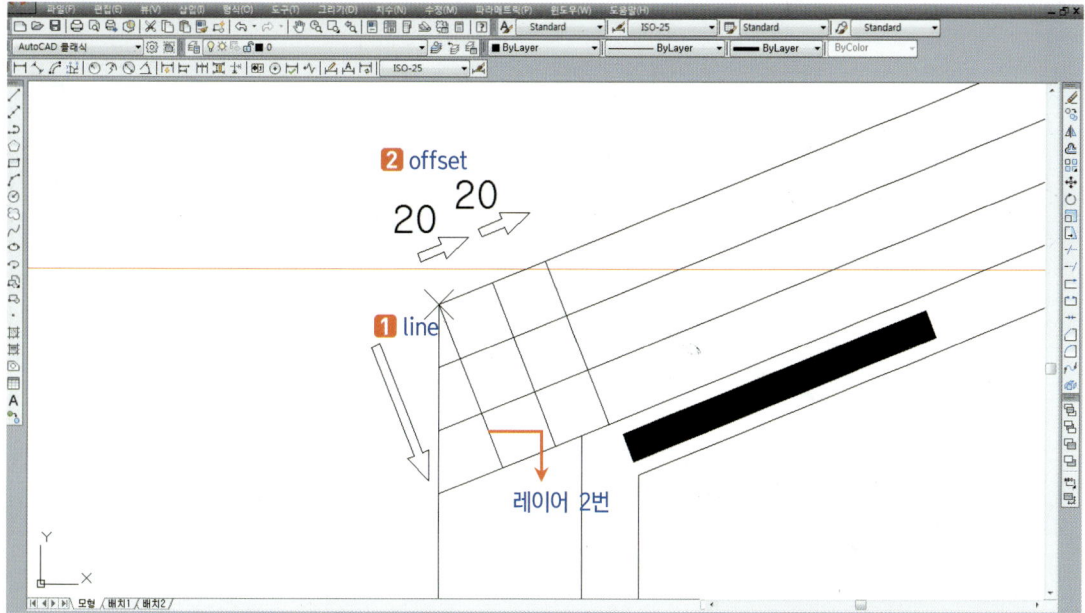

4_ offset을 이용하여 끝 선(hidden 선)부터 차례대로 간격을 총 네 번 띕니다.

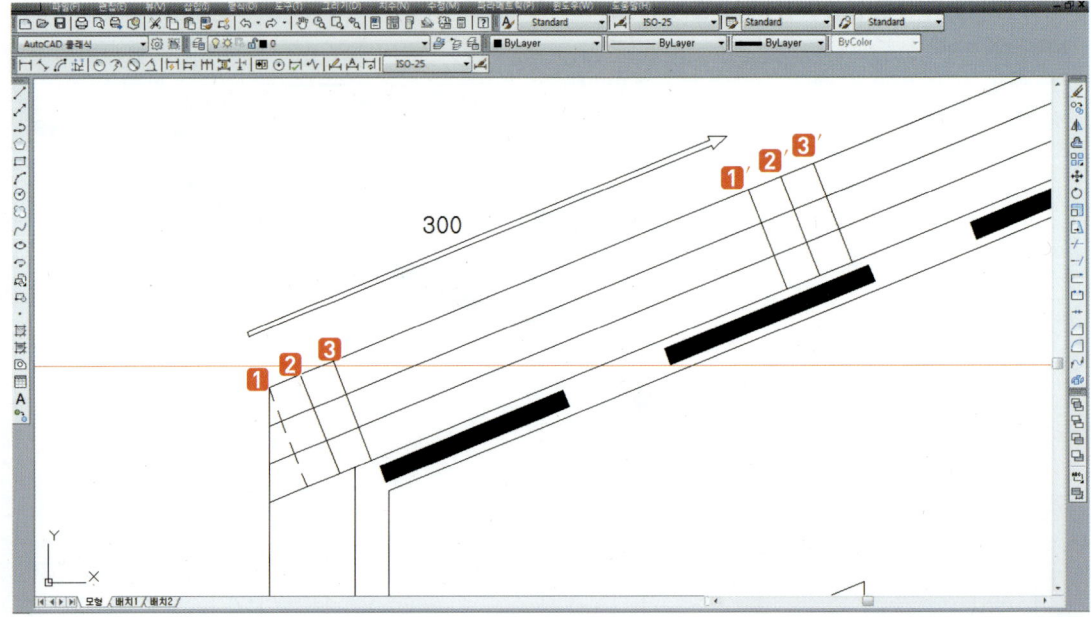

5_ offset을 이용한 총 네 번의 결과입니다.

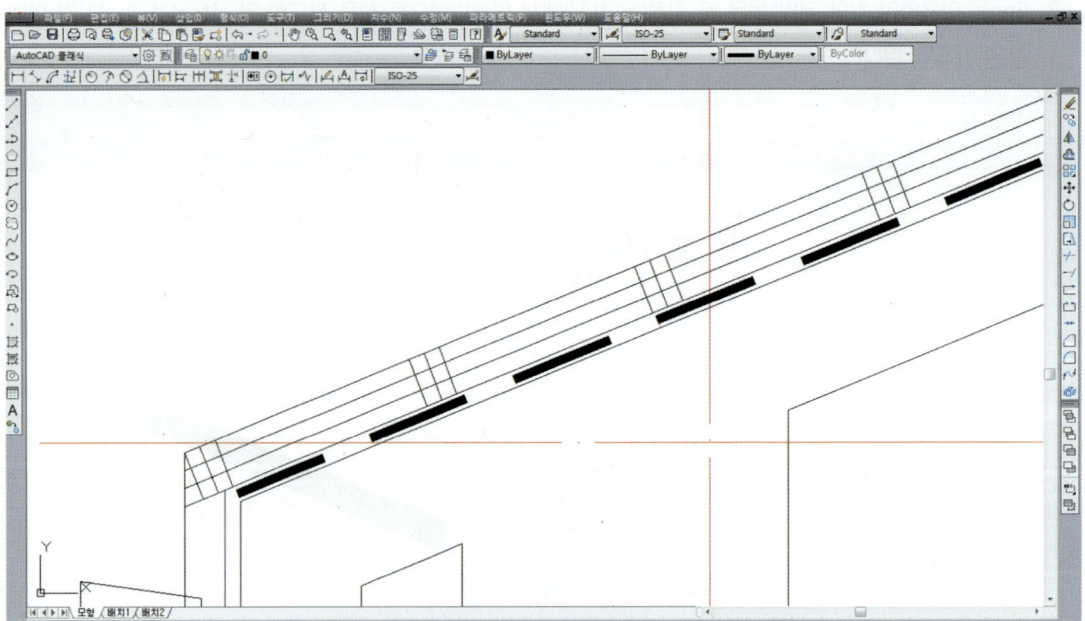

6_line을 이용하여 아래와 같이 기와가 만들어지는 지점(✗ 표시) (동그라미 부분)에 작도합니다.

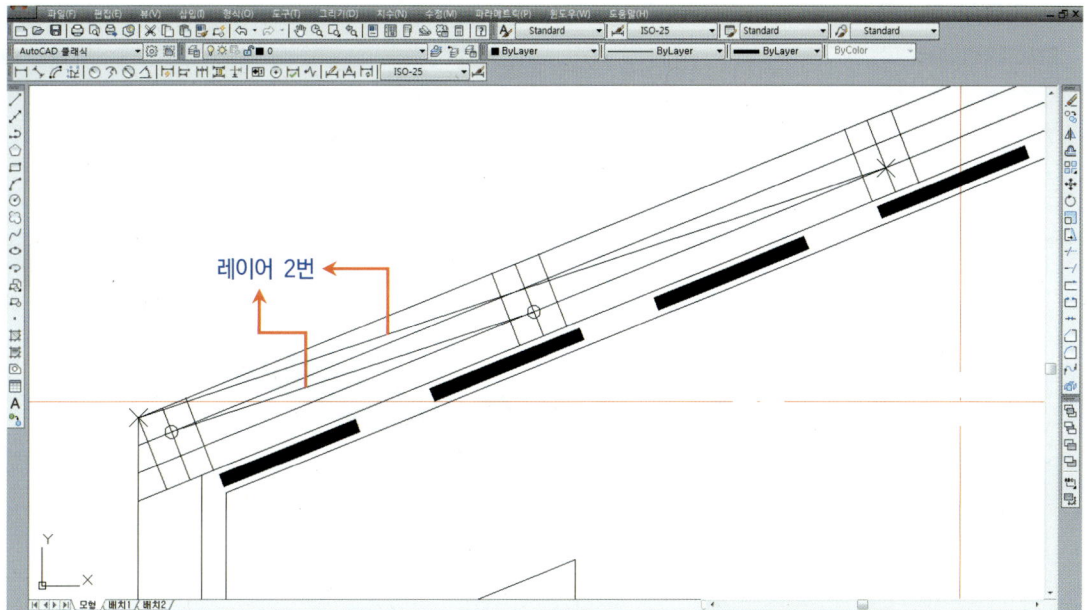

7_copy를 이용하여 기와 끝부분(✗ 표시)을 기준으로 다른 기와의 끝부분(동그라미 클릭)까지 복사합니다.

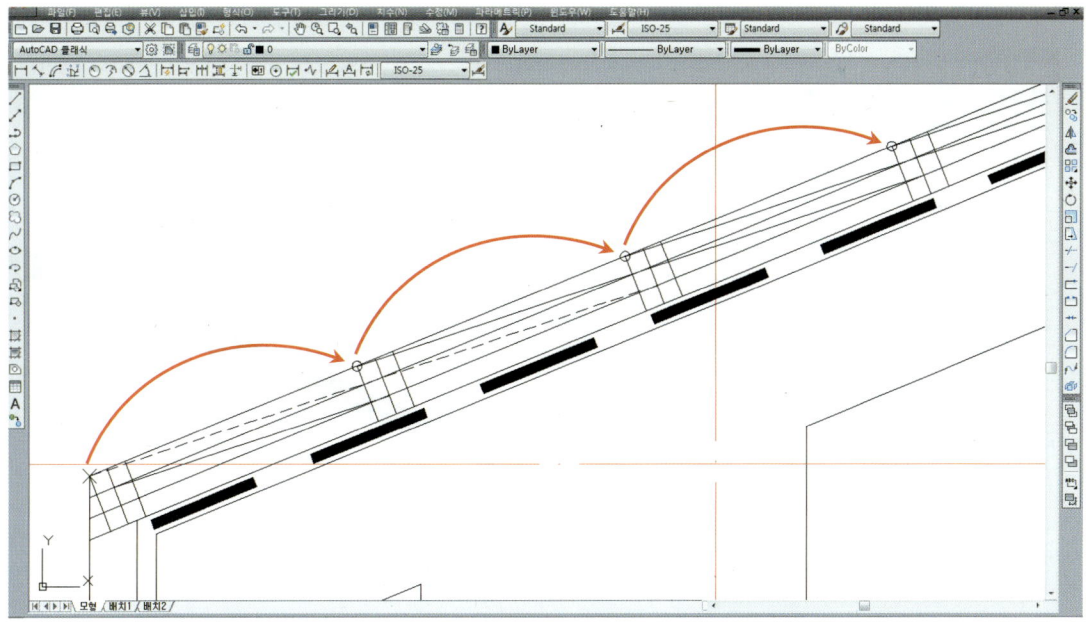

8_ fillet을 이용하여 기와의 모서리 (네모 클릭) (동그라미 클릭) (삼각형 클릭)와 처마의 모서리 (오각형 클릭) 부분을 다듬습니다.

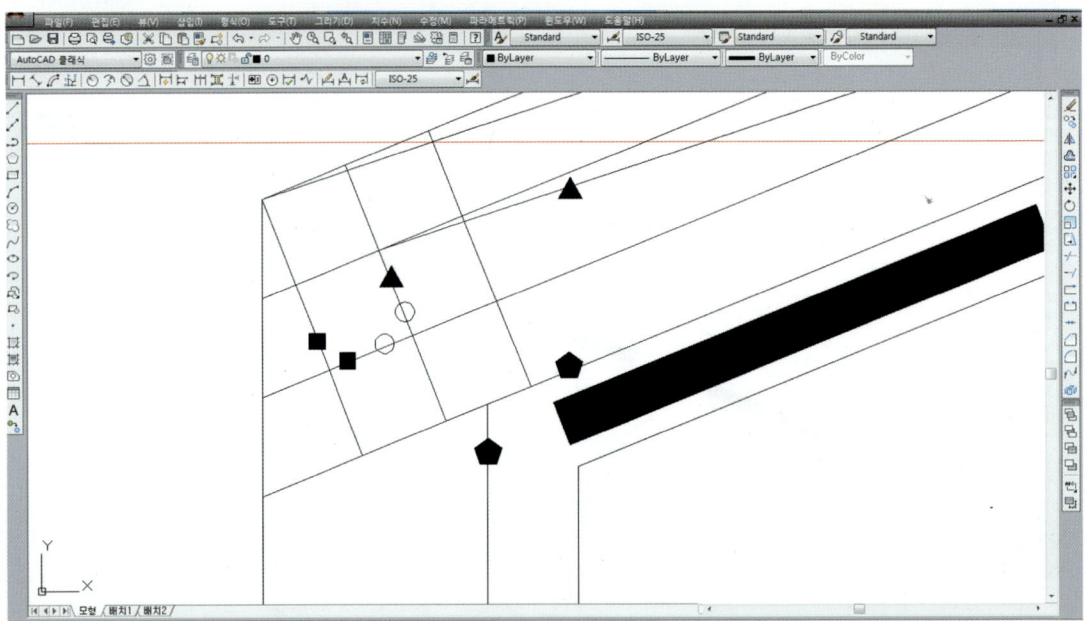

9_ erase를 이용하여 불필요한 요소들(hidden 선)을 지웁니다.

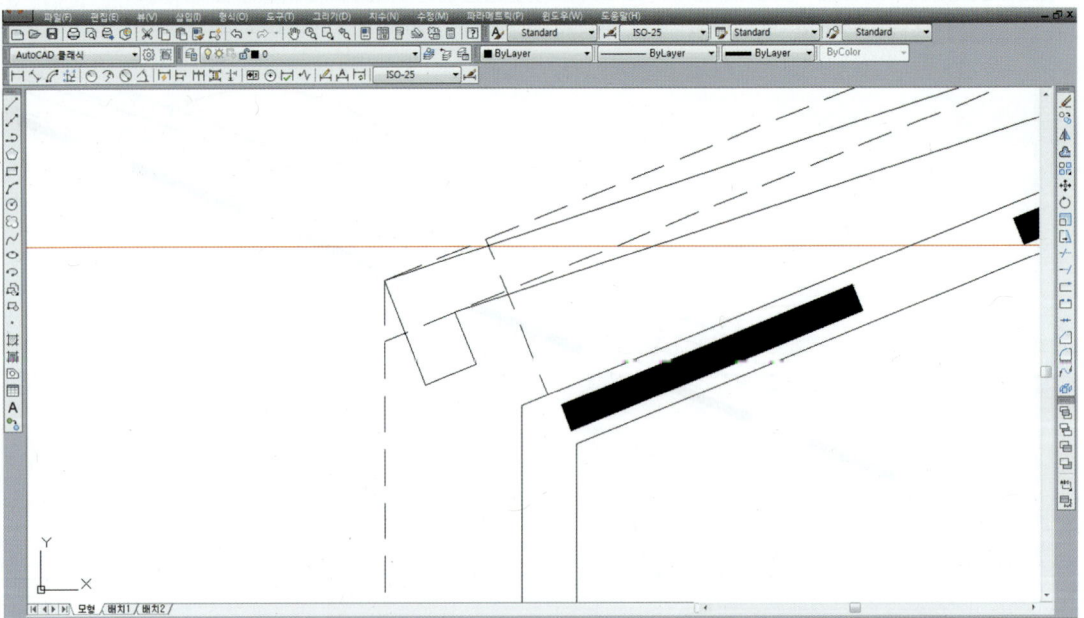

10_ offset을 이용하여 기와 끝부분(hidden 선)을 아래와 같이 간격을 띕니다.

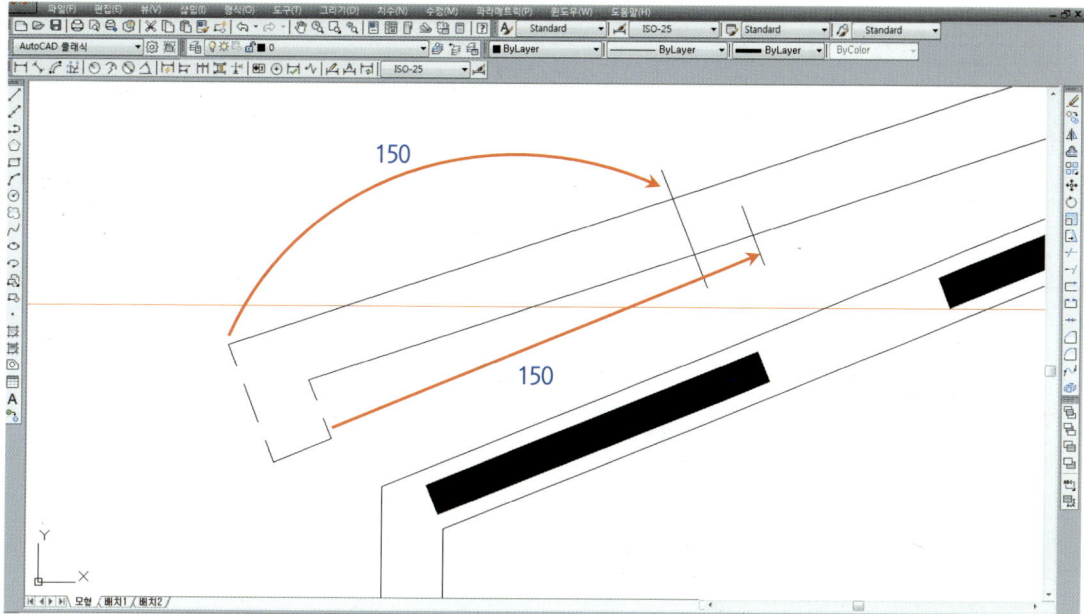

11_ trim을 이용하여 기와 아래 선(hidden 선)과 몰탈 선(hidden 선)을 기준으로 하여 잘라내기 및 연장을 합니다.

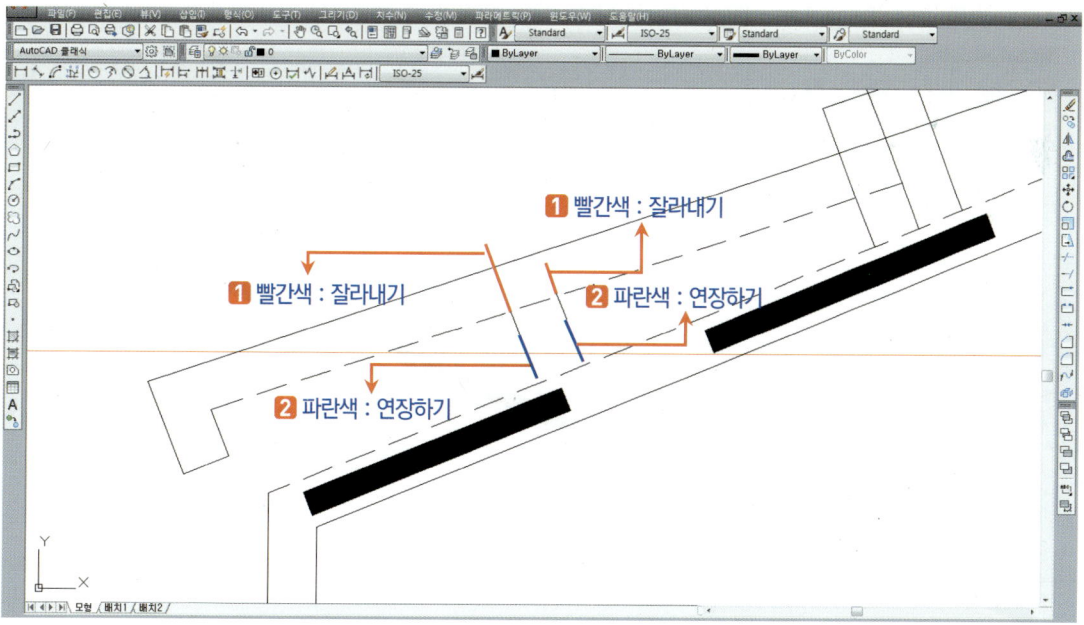

※ trim 및 extend는 서로 반대의 기능을 실행할 수 있습니다. 위의 그림으로 설명하면 trim으로 히든 선을 기준으로 선택한 뒤 빨간색 부분을 먼저 잘라내고 shift를 누른 상태로 파란색 부분을 클릭하면 extend가 됩니다.

12_ trim을 이용하여 잘라낼 기와의 기준(hidden 선)을 선택한 뒤 잘라냅니다.

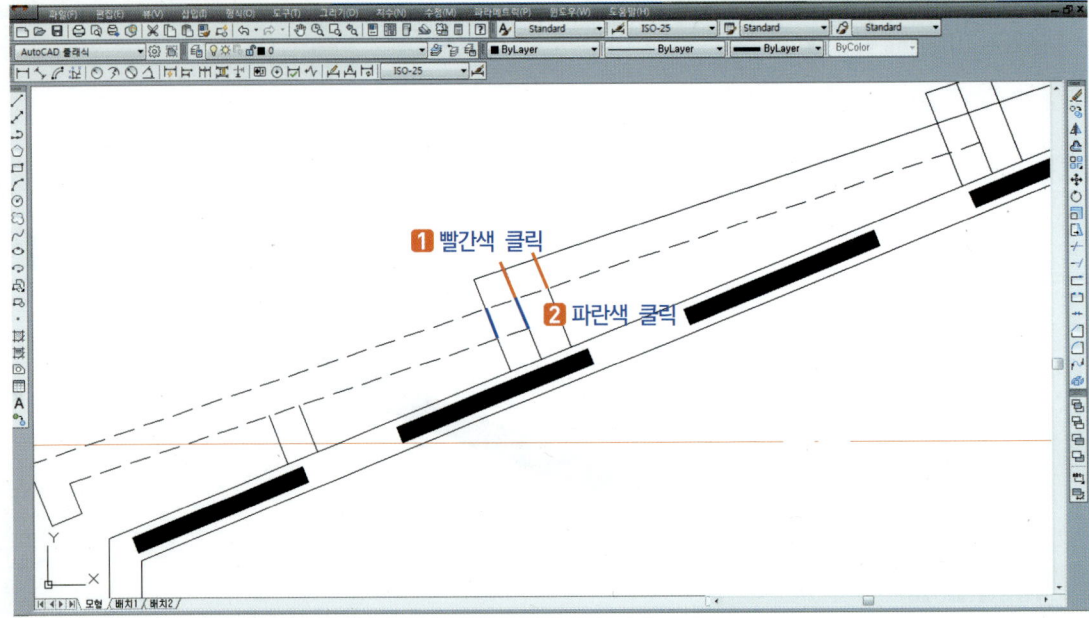

※ trim을 할 때 위 순서를 지켜서 클릭해야 불필요하게 남겨지는 요소 없이 편집이 됩니다.

13_ trim을 이용하여 윗부분 기와의 기준(hidden 선)을 선택한 뒤 동일하게 잘라냅니다.

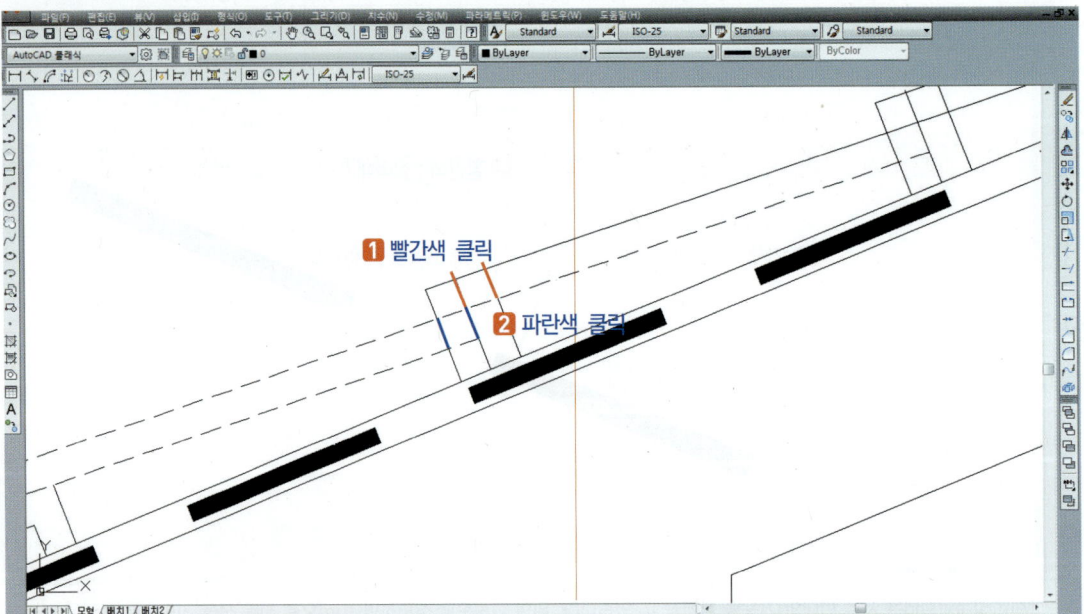

14_ trim을 이용하여 모두 잘라낸 기와의 결과입니다.

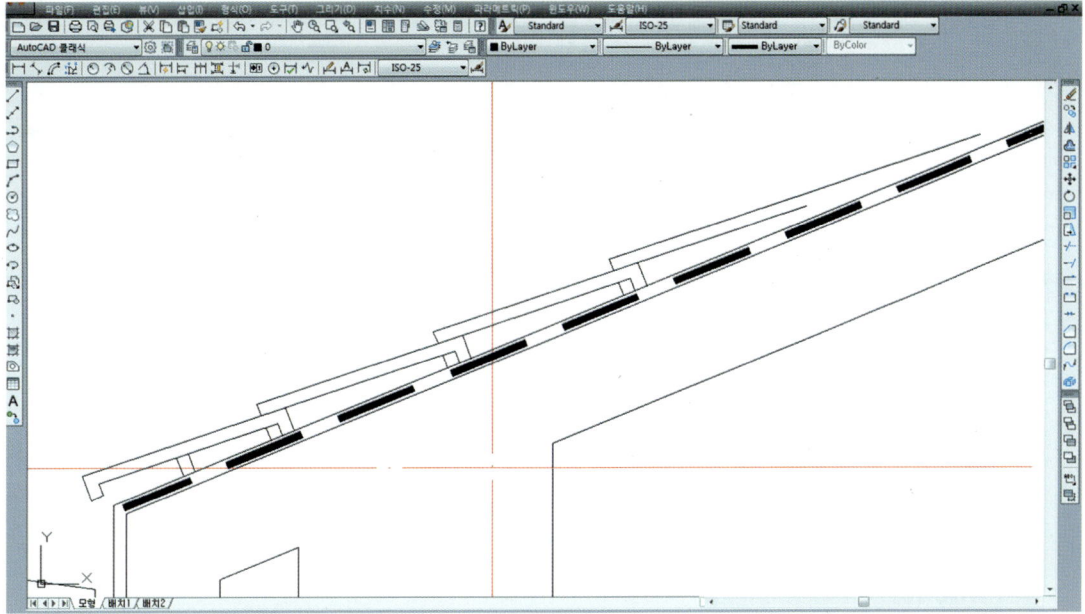

15_ offset을 이용하여 기와의 생략선을 만들기 위해 몰탈 선(hidden 선)에서 아래와 같이 간격을 띕니다.

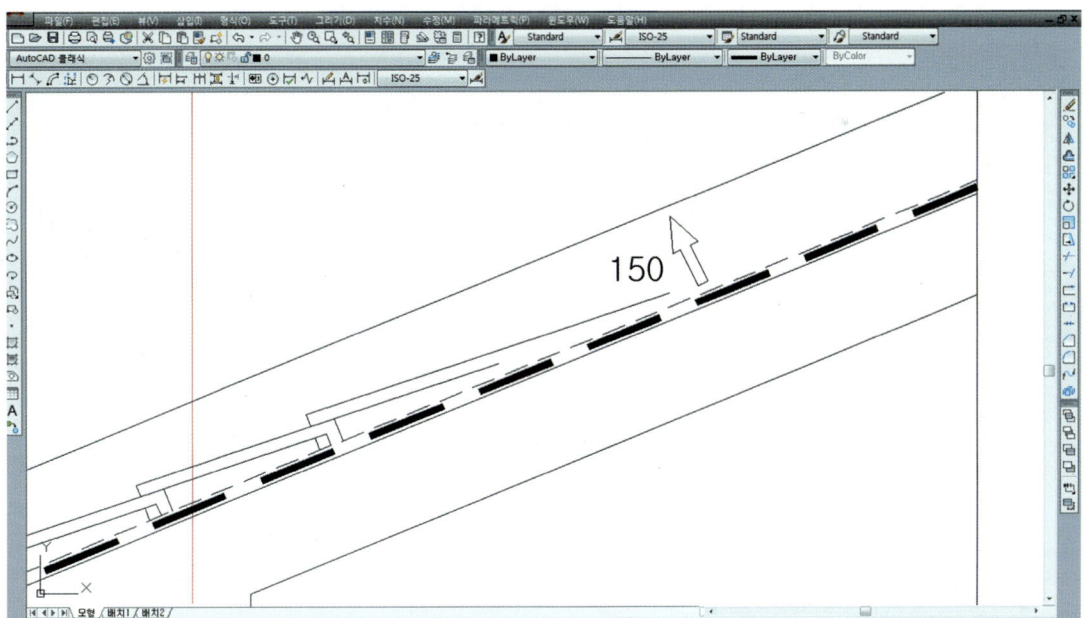

16_ line을 이용하여 아래와 같이 생략선을 만듭니다.

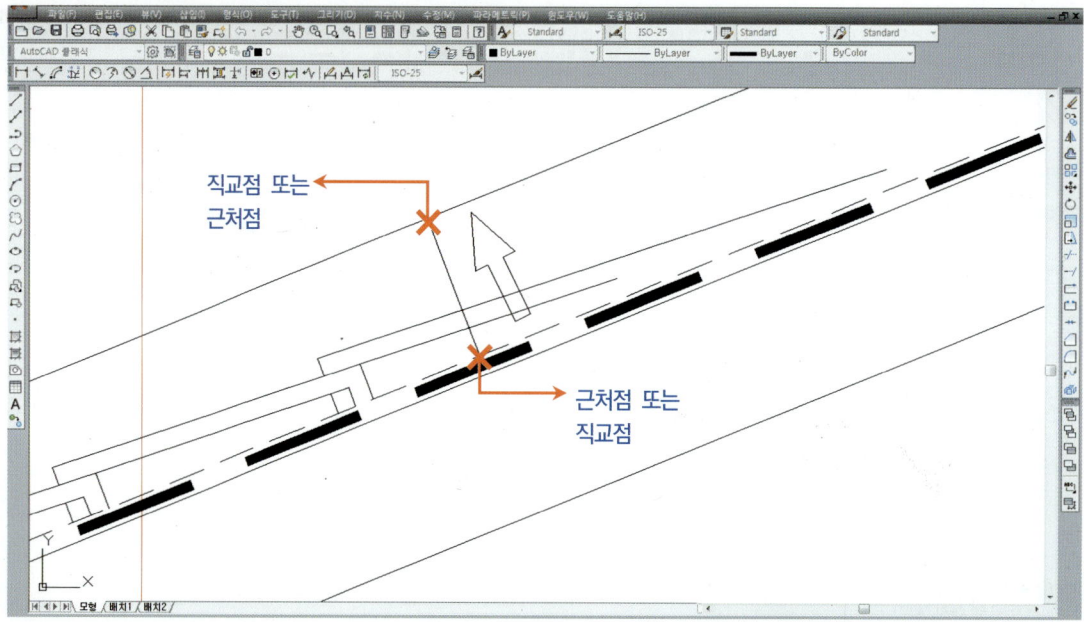

※ 생략선의 작도순서는 관계없습니다. 단, 첫 점은 근처점, 두 번째 점은 직교점으로 하면 됩니다.

17_ trim을 이용하여 기와 부분(hidden 선)과 윗부분(hidden 선)의 line을 잘라냅니다.

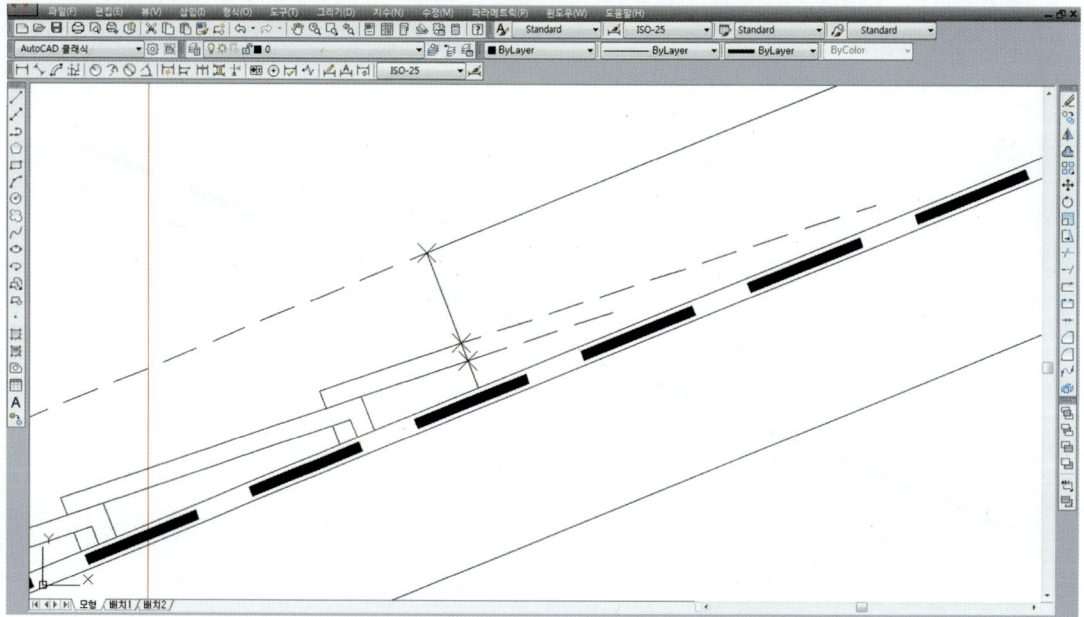

18_ move를 이용하여 생략선을 중간지점까지 이동합니다.

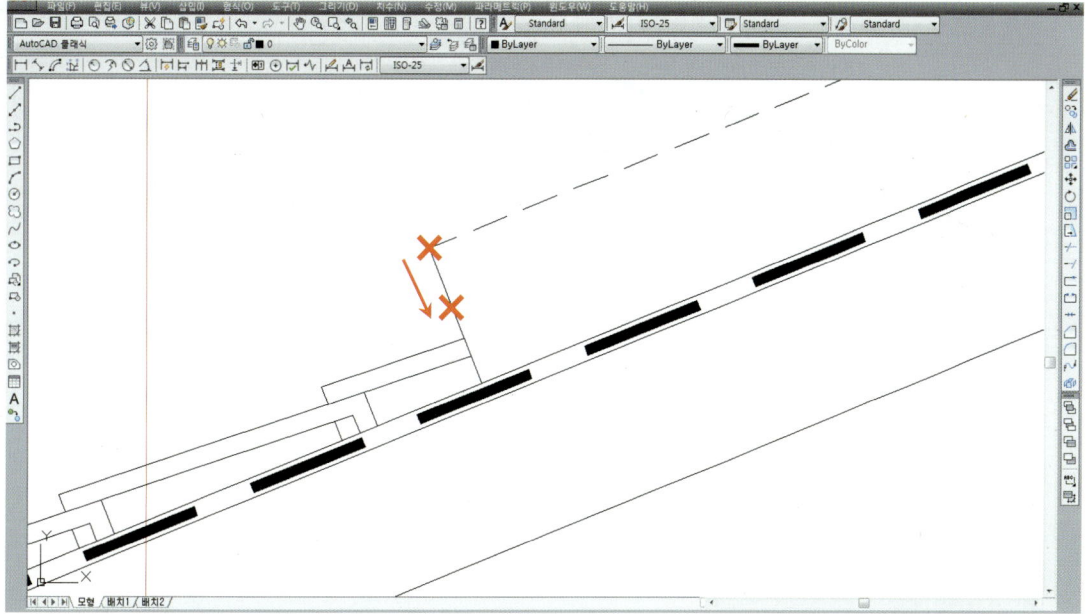

19_ extend를 이용하여 절단선까지 연장한 뒤 두 개의 line을 도면층 1로 합니다.

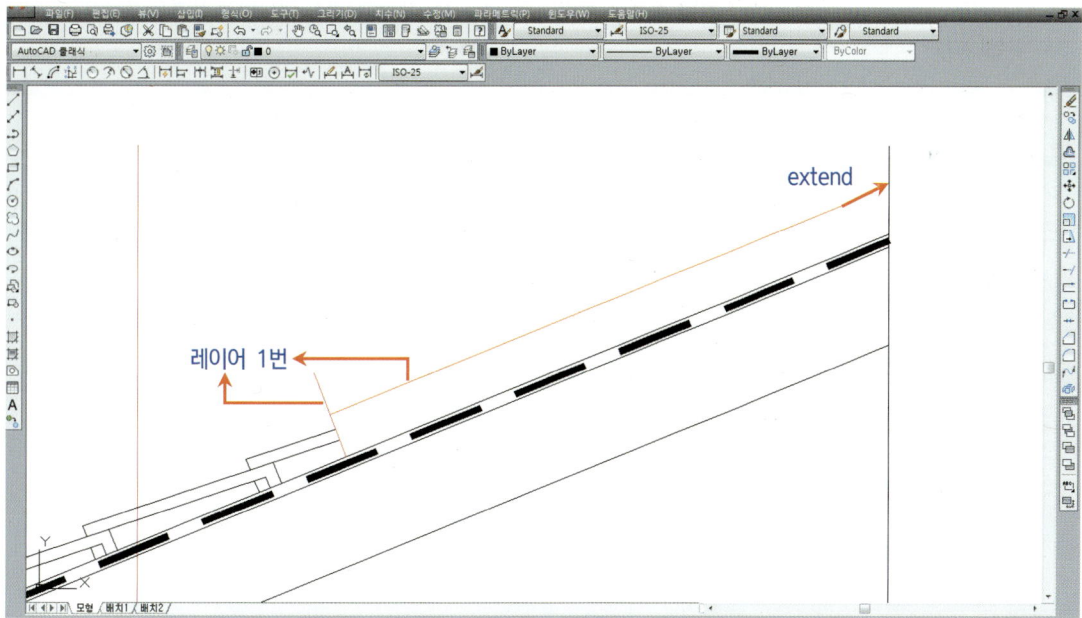

20_ array를 이용하여 반자틀을 450간격으로 배열합니다.

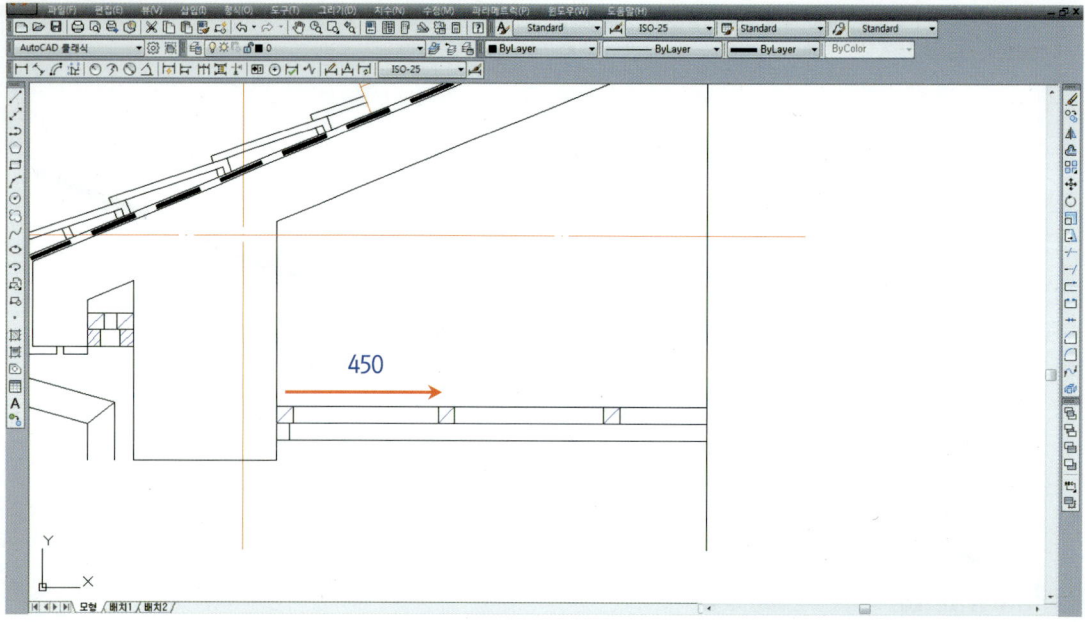

※ 반자틀의 개수가 많지 않을 때는 copy를 이용하여도 됩니다.

21_ line을 이용하여 달대를 아래와 같이 임의의 길이로 작도(동그라미 부분)하고 offset을 이용하여 45만큼 간격을 띕니다.

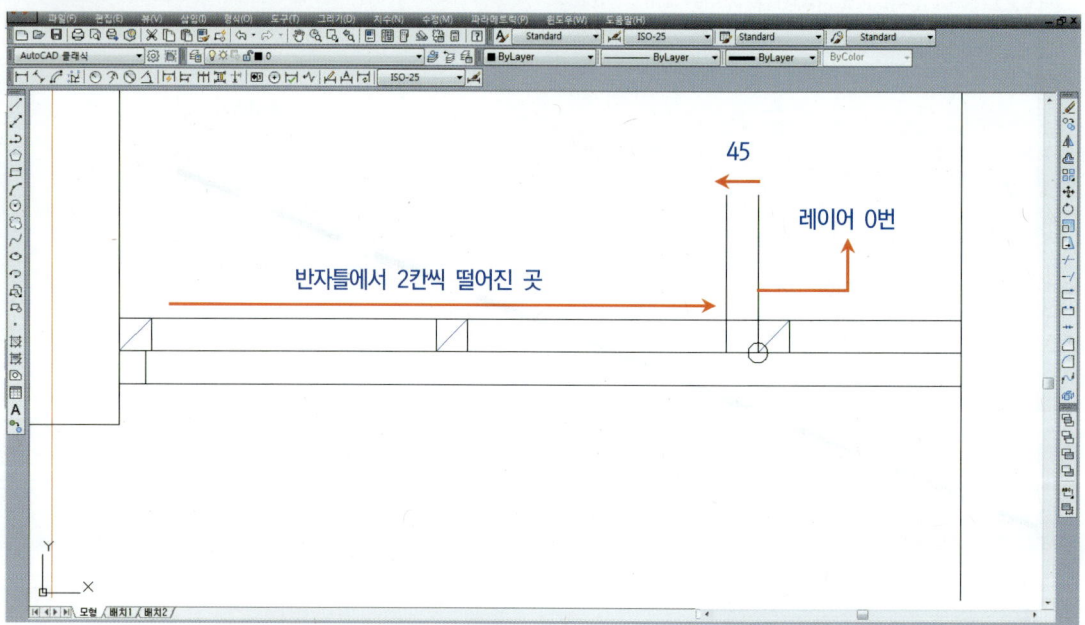

※ 달대의 위치는 반자틀 기준으로 좌측 또는 우측 어디에 작도해도 되며 달대의 간격은 900이기 때문에 위 그림의 위치와 같이 반자틀에서 2칸씩 떨어진 곳에 작도합니다.

22_ trim을 이용하여 반자틀 사이(hidden 선)를 잘라냅니다.

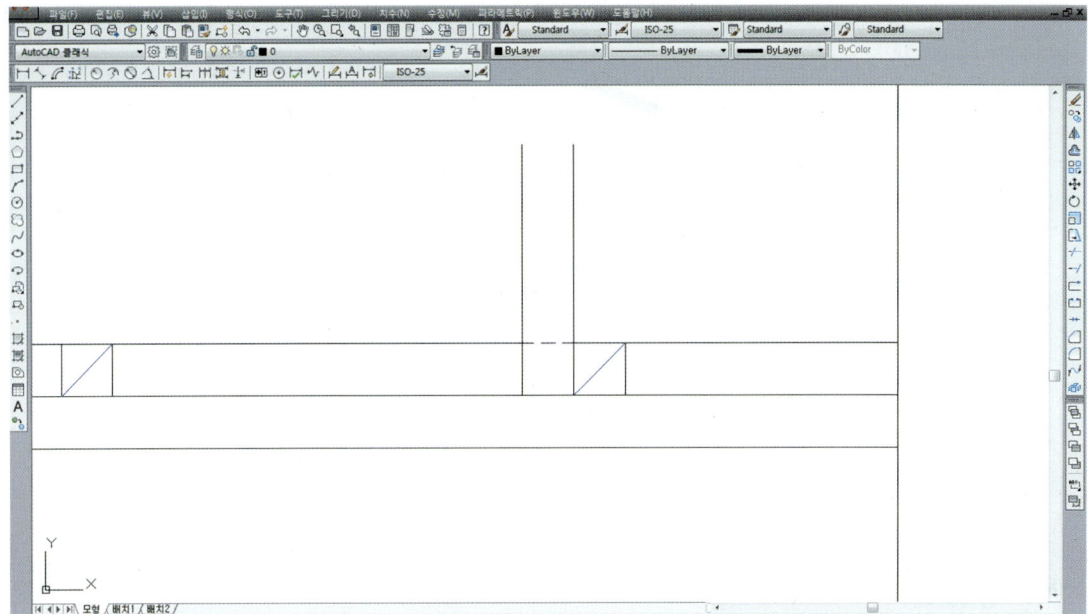

23_ extend를 이용하여 슬랩 부분(hidden 선)까지 달대를 연장합니다.

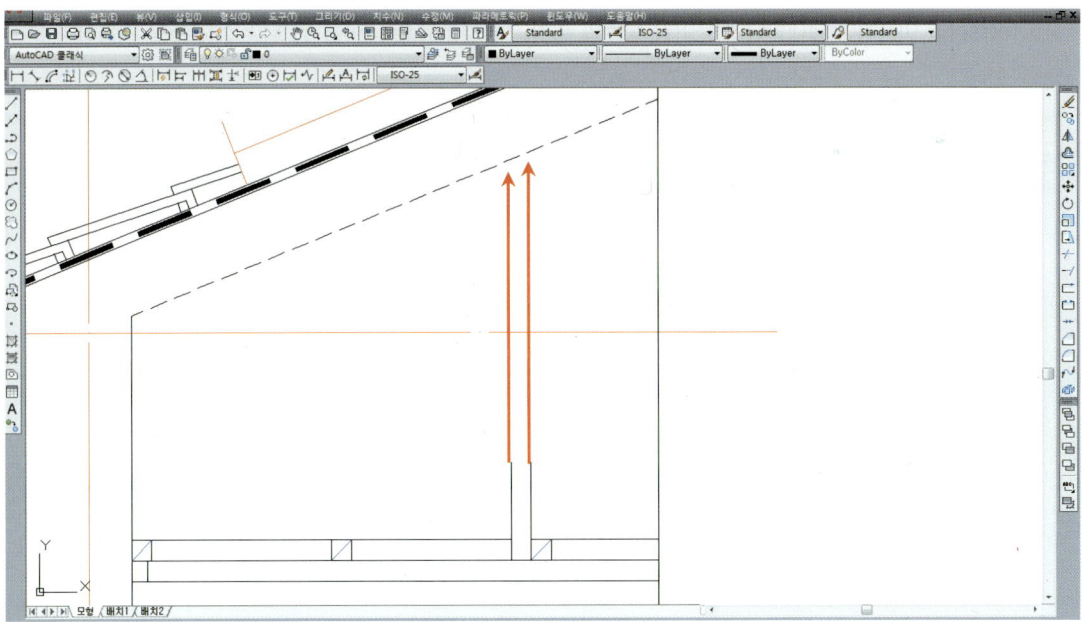

24_ rectangle을 이용하여 달대받이를 만들고 move를 이용하여 달대 옆에 부착합니다.

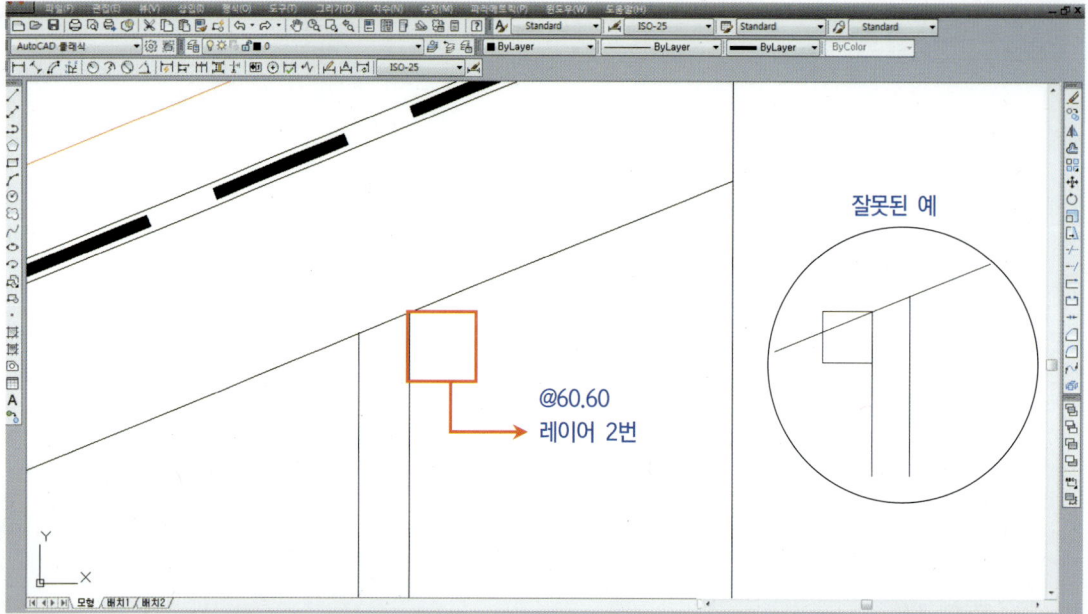

※ 달대받이의 위치는 달대의 위치에 따라 부착해야 합니다. 위의 그림으로 설명하면 달대받이가 달대의 왼쪽에 위치하게 될 경우 달대받이가 슬랩에 의해 크기가 달라집니다.

25_ offset을 이용하여 달대받이에 들어갈 볼트의 위치의 간격(hidden 선)을 띈 뒤 explode를 이용하여 분해를 합니다.

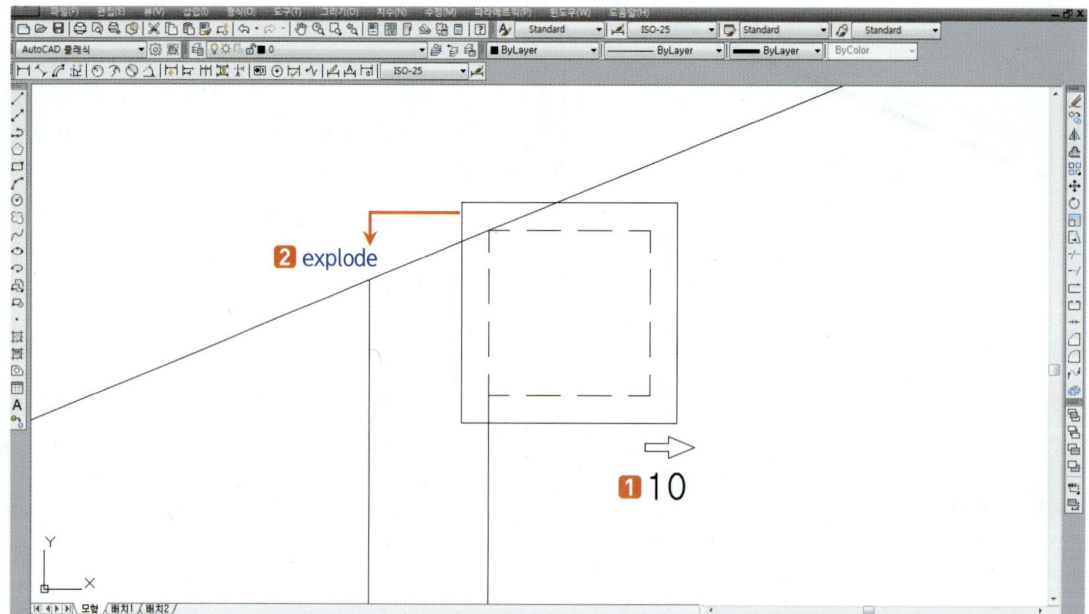

26_erase를 이용하여 아래의 선(hidden 선)을 지웁니다.

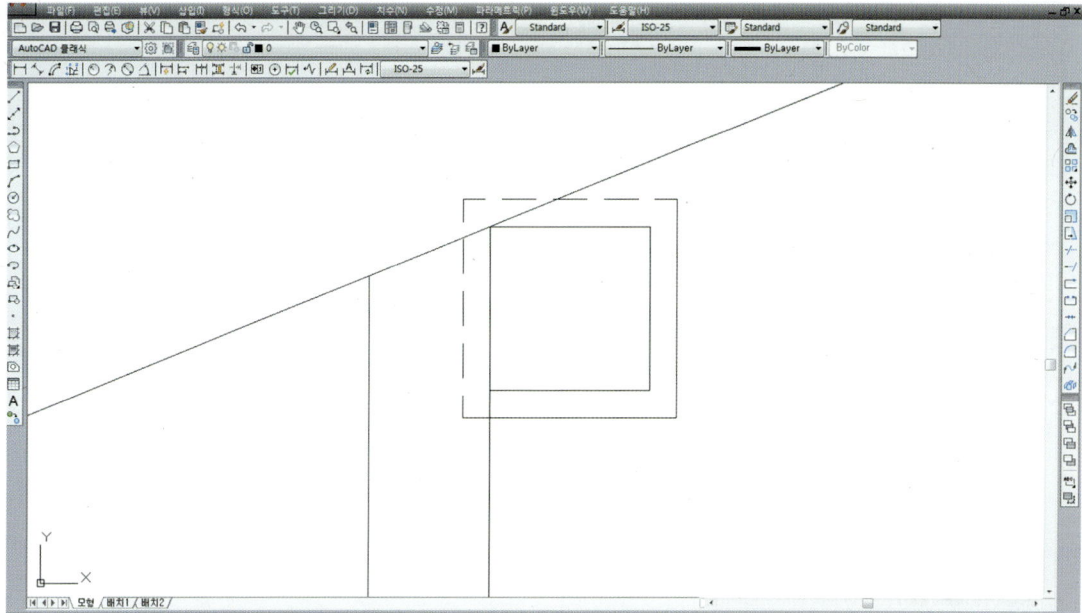

27_볼트 선을 클릭하여 grip박스를 나타나게 합니다.

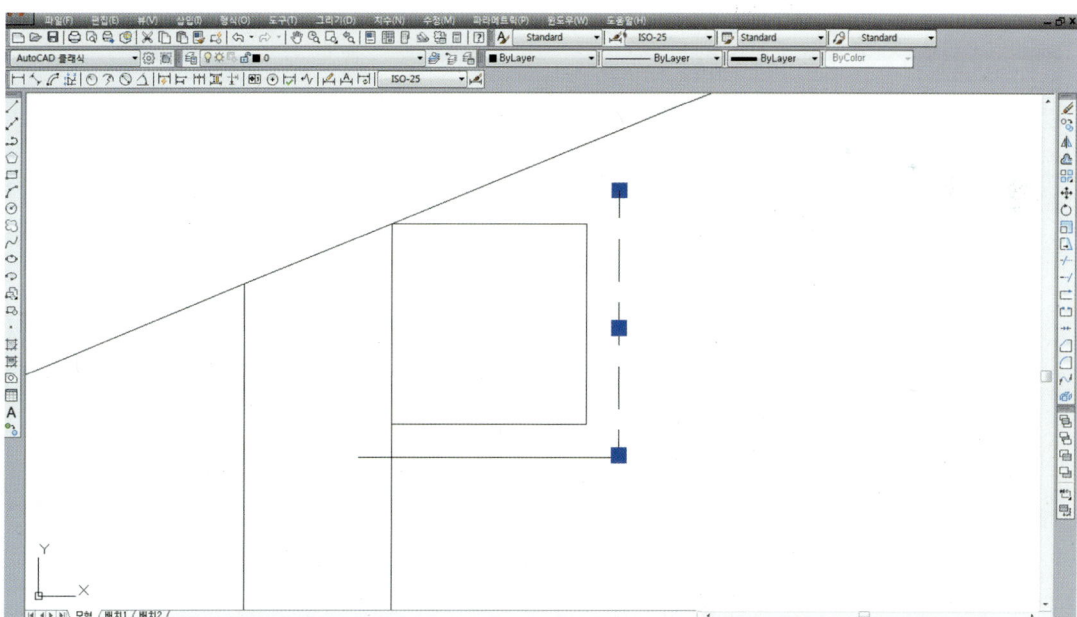

28_ 위쪽 파란색 박스를 클릭하여 붉은색 박스로 색깔이 바뀌면 아래쪽으로 20만큼 stretch합니다.

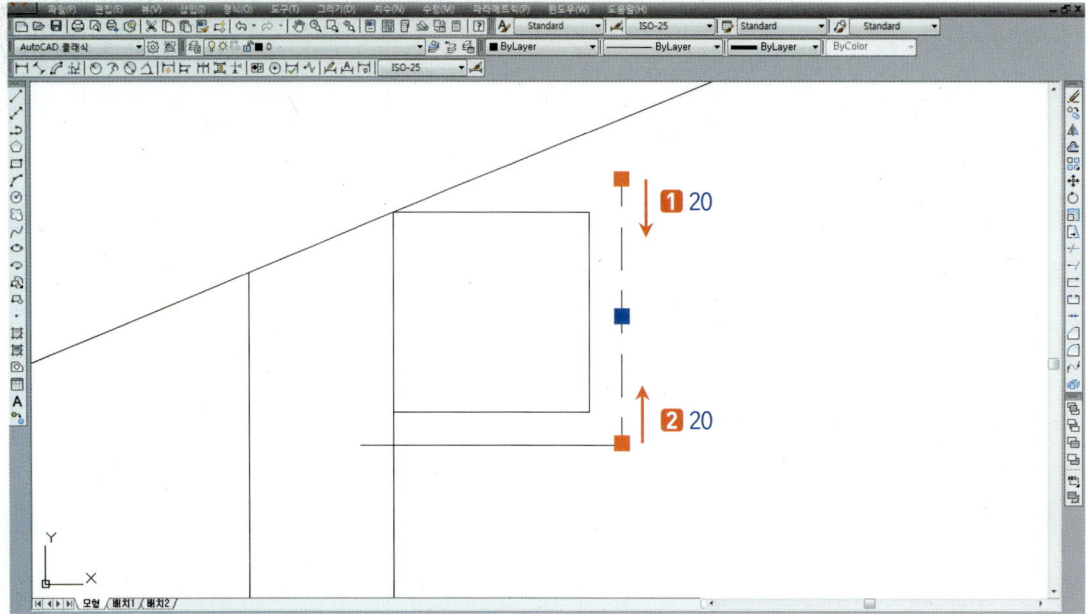

※ 위쪽이 완성되면 아래쪽도 위의 **2**와 같이 grip box를 클릭하여 위쪽 방향으로 stretch합니다.

29_ 왼쪽 파란색 박스를 클릭하여 붉은색 박스로 색깔이 바뀌면 오른쪽으로 20만큼 stretch합니다.

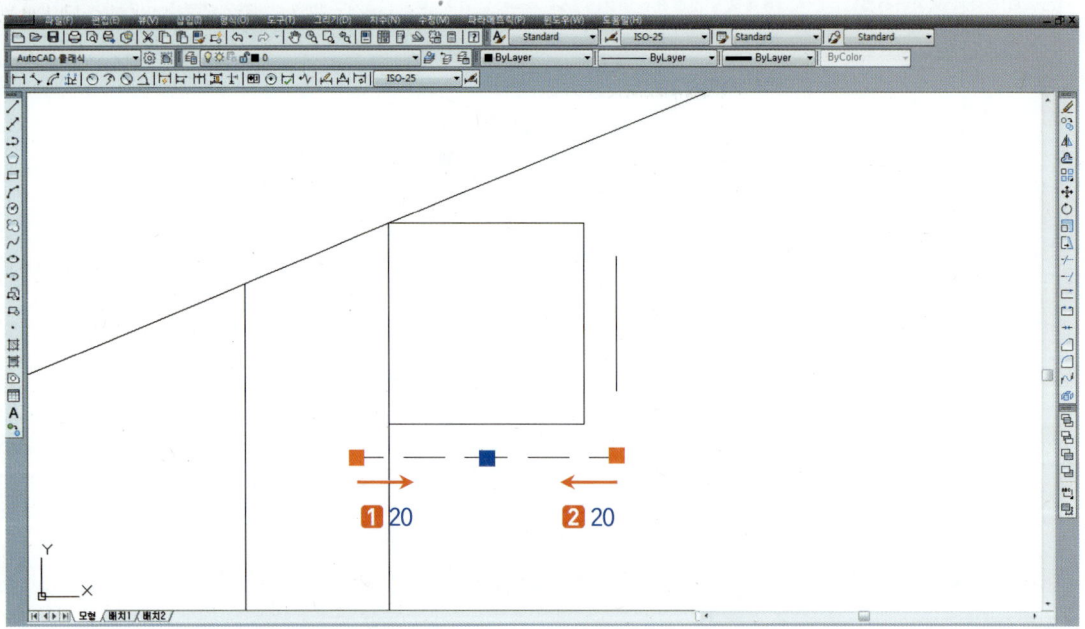

※ 왼쪽이 완성되면 오른쪽도 위의 **2**와 같이 grip box를 클릭하여 왼쪽 방향으로 stretch합니다.

30_ line을 이용하여 달대받이 내부에 나사(hidden 선)를 ✕ 표시한 부분에서 출발하여 표현합니다.

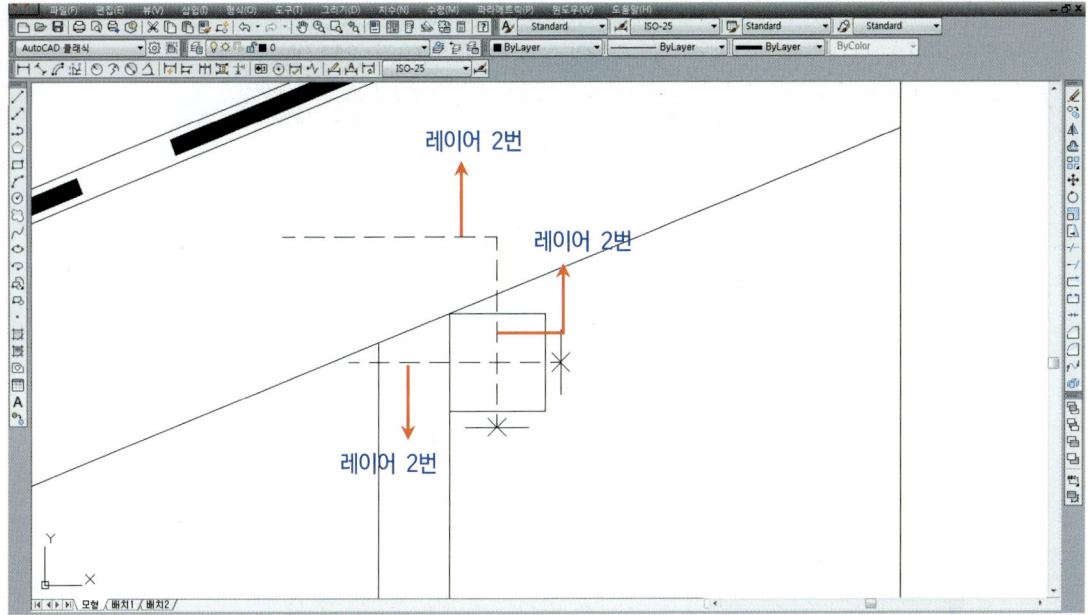

31_ 볼트 선을 클릭하여 grip박스를 나타나게 합니다.

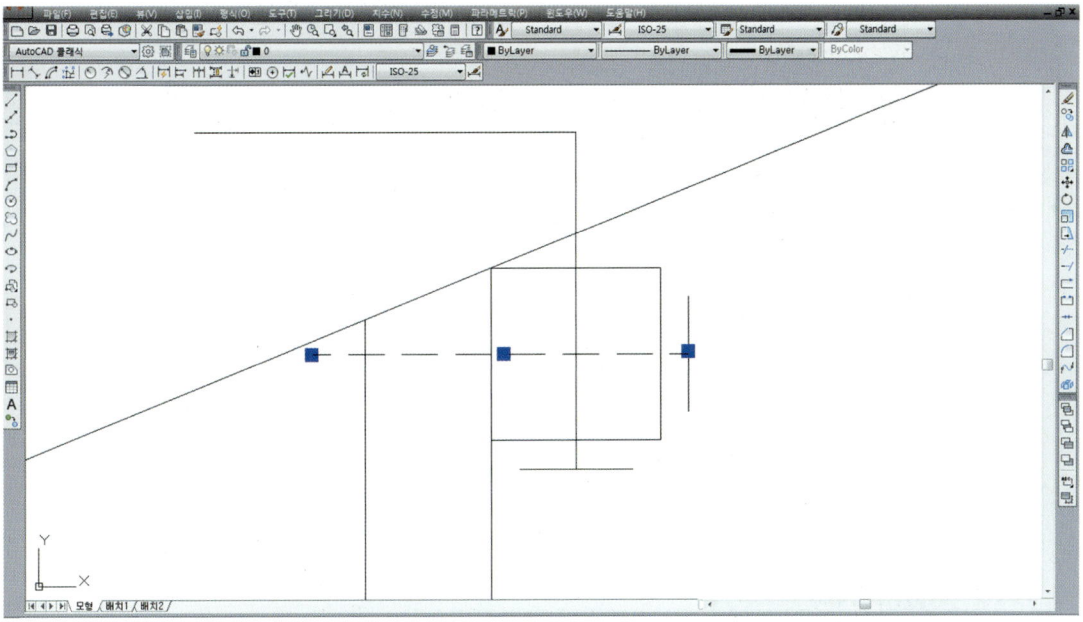

32_른쪽 파란색 박스를 클릭하여 붉은색 박스로 색깔이 바뀌면 오른쪽으로 10만큼 stretch를 합니다.

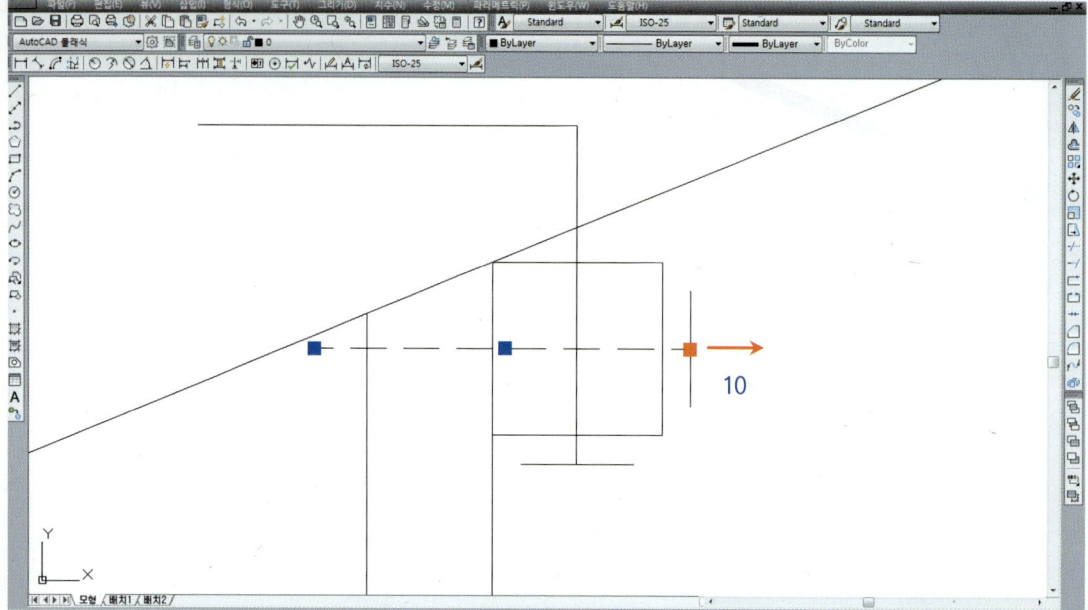

33_볼트 선을 클릭하여 grip박스를 나타나게 합니다.

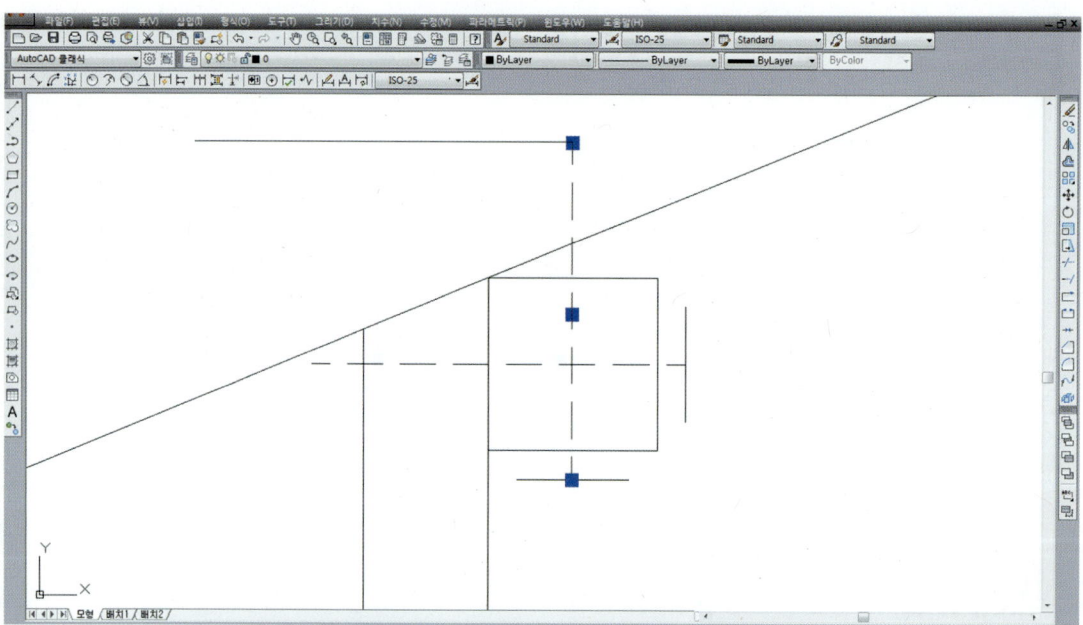

34_ 아래쪽 파란색 박스를 클릭하여 붉은색 박스로 색깔이 바뀌면 아래쪽으로 10만큼 stretch를 합니다.

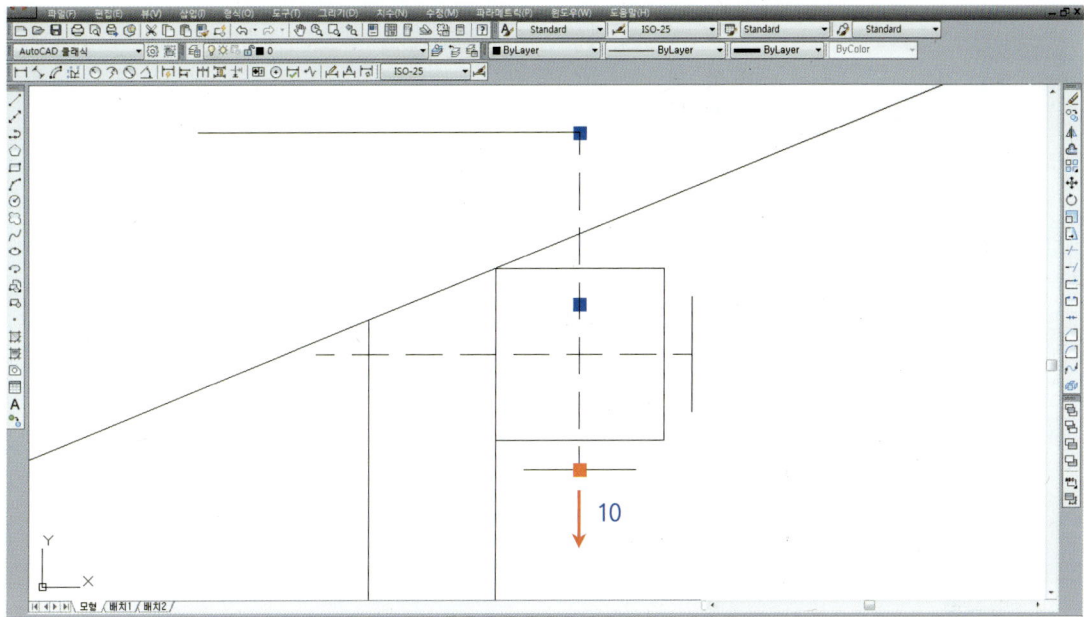

35_ line을 이용하여 아래와 같이 달대받이에 보조재 표시를 합니다.

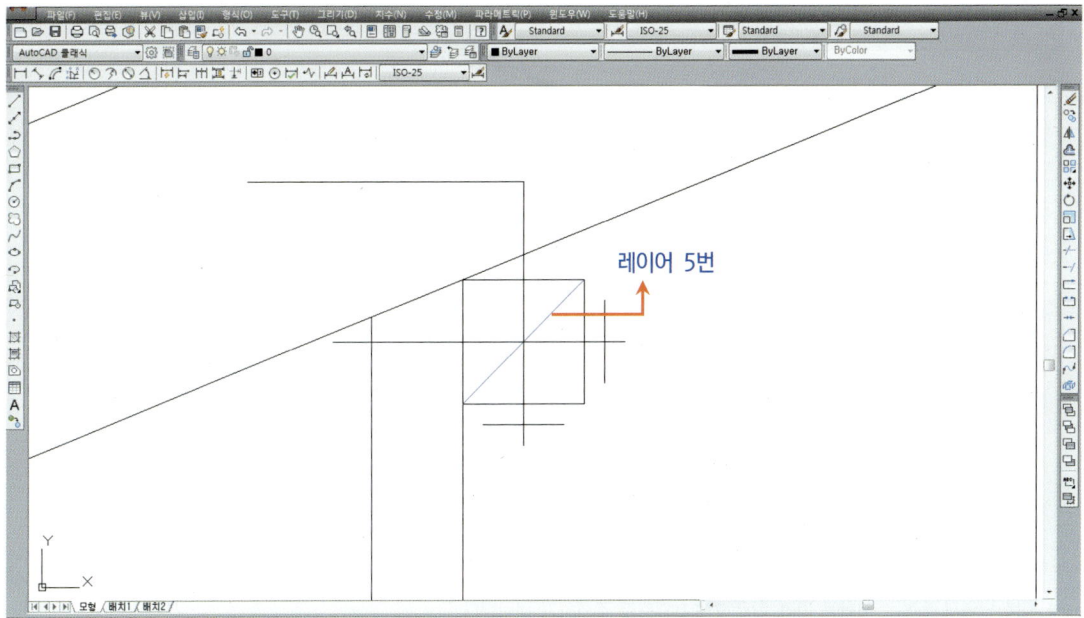

36_ 달대받이의 볼트 line 두 개를 클릭하고 ch에서 도면층 7, 선종류 축척을 0.3으로 바꿉니다.

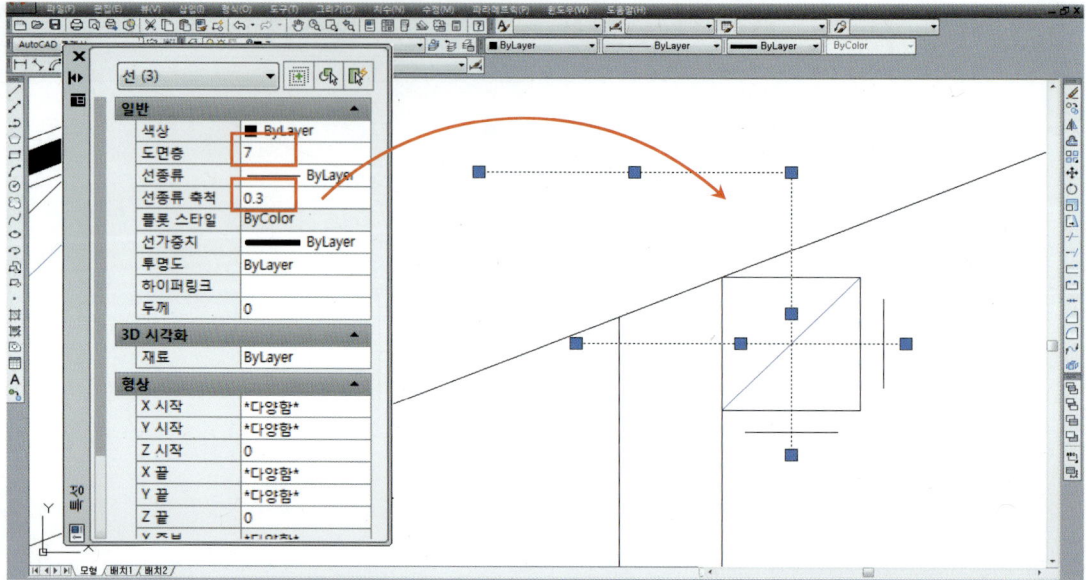

37_ offset을 이용하여 지붕(hidden 선)에서 단열재 간격을 띕니다.

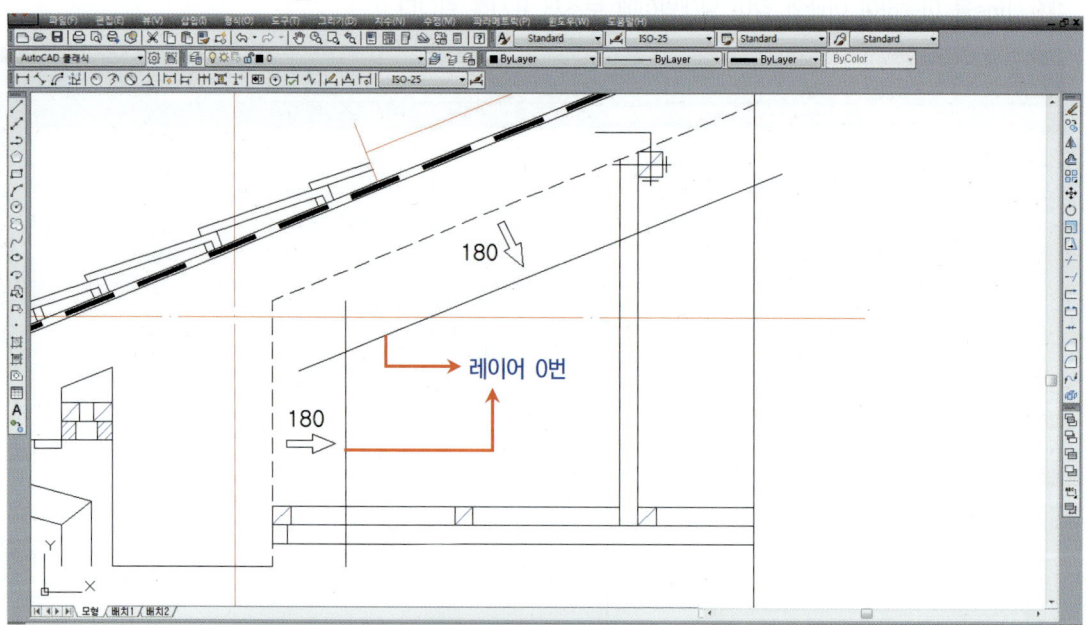

※ 지붕 단열재 두께는 시험에 따라 다르게 출제되므로 주의하기 바랍니다.

38_fillet과 trim을 이용하여 단열재의 모서리 부분(네모 클릭)을 다듬고 단열재의 끝부분(빨간 색)을 자릅니다.

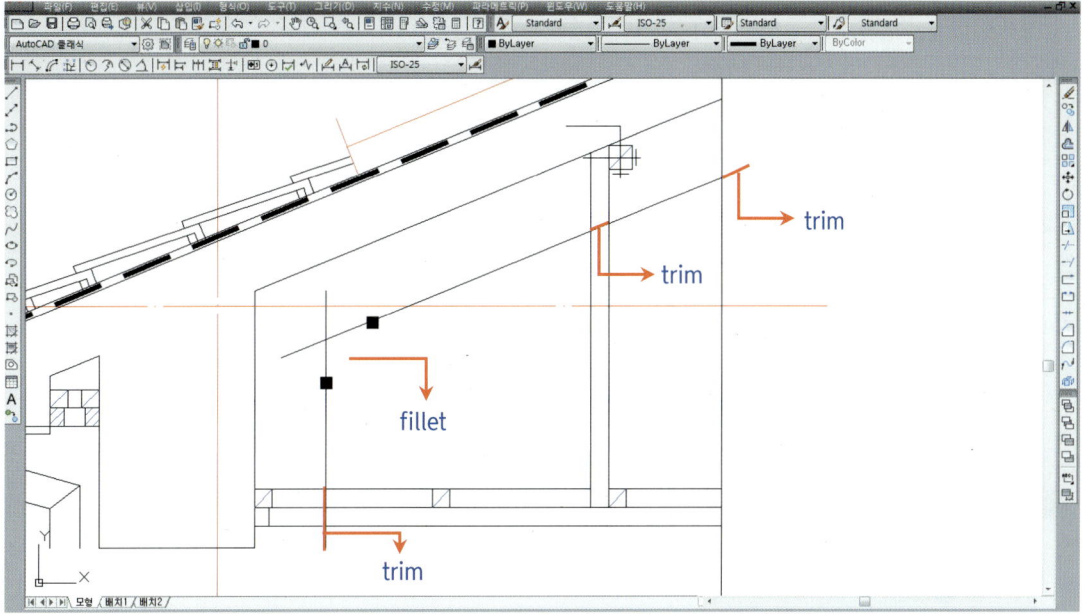

39_위의 작업 중 **21** 반자 및 달대, **24** 달대받이 작도에서 도면층 2와 도면층 0이 되는 이해를 돕기 위한 3D CAD 입니다.

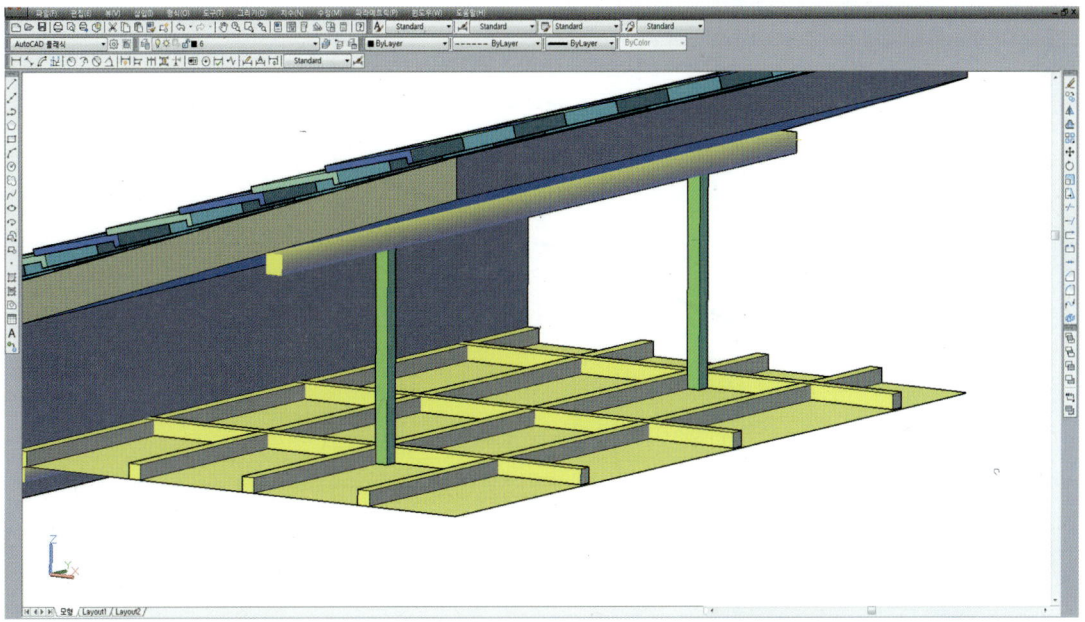

※ 반자부분은 단면부재 및 입면부재가 많아 이해하기 쉽지 않으므로 많은 연습과 이해를 필요로 합니다.

40_ 파단선을 만들고 재료표시 및 hatch 등을 표현합니다.

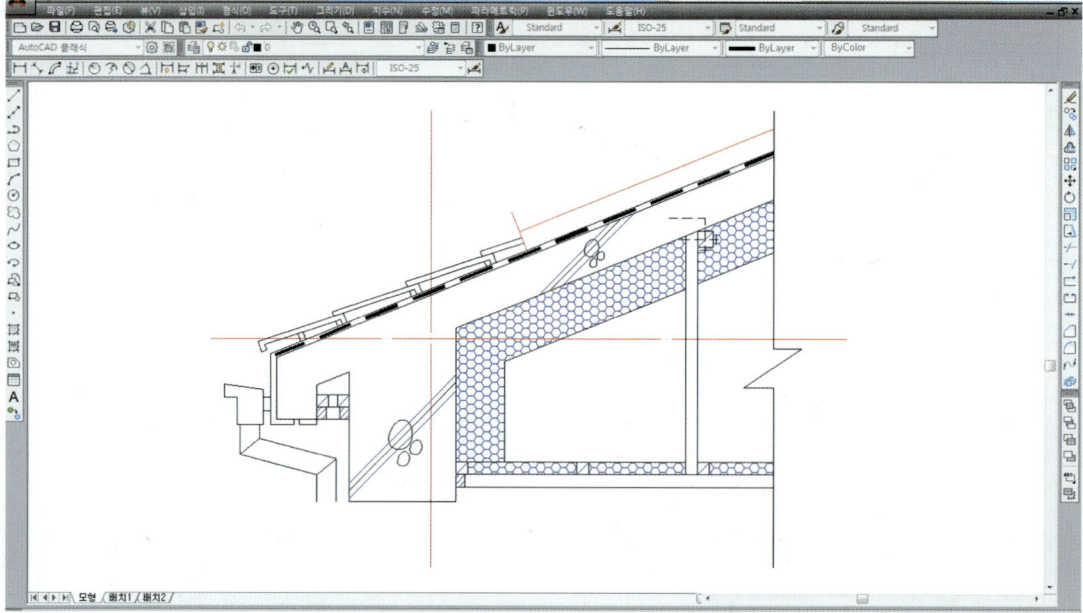

41_ 글자와 치수를 기입합니다.

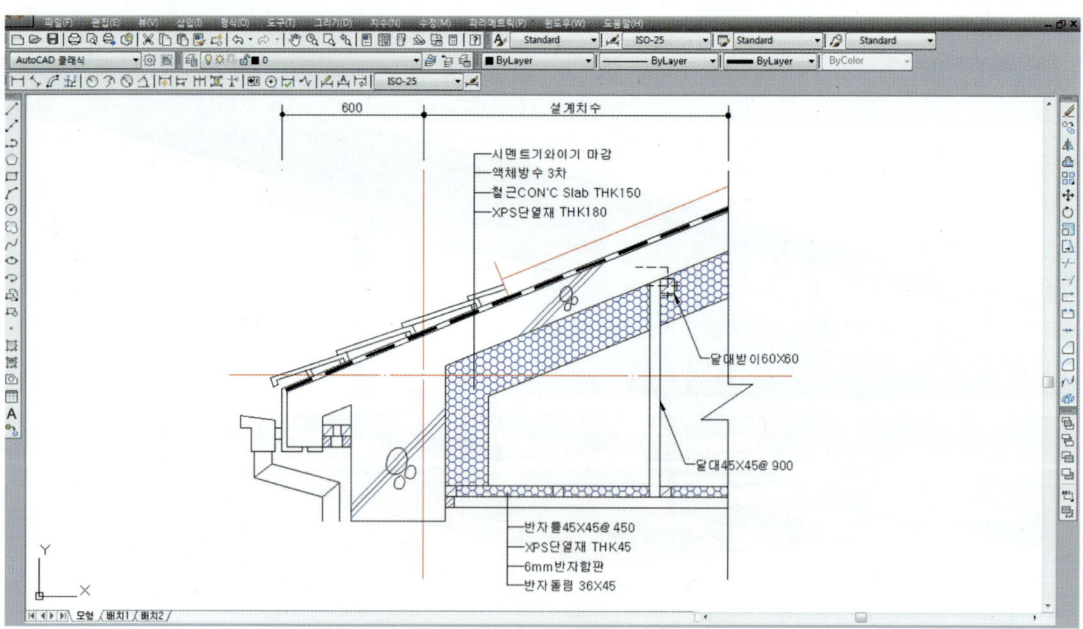

42_제목을 기입하여 마무리합니다.

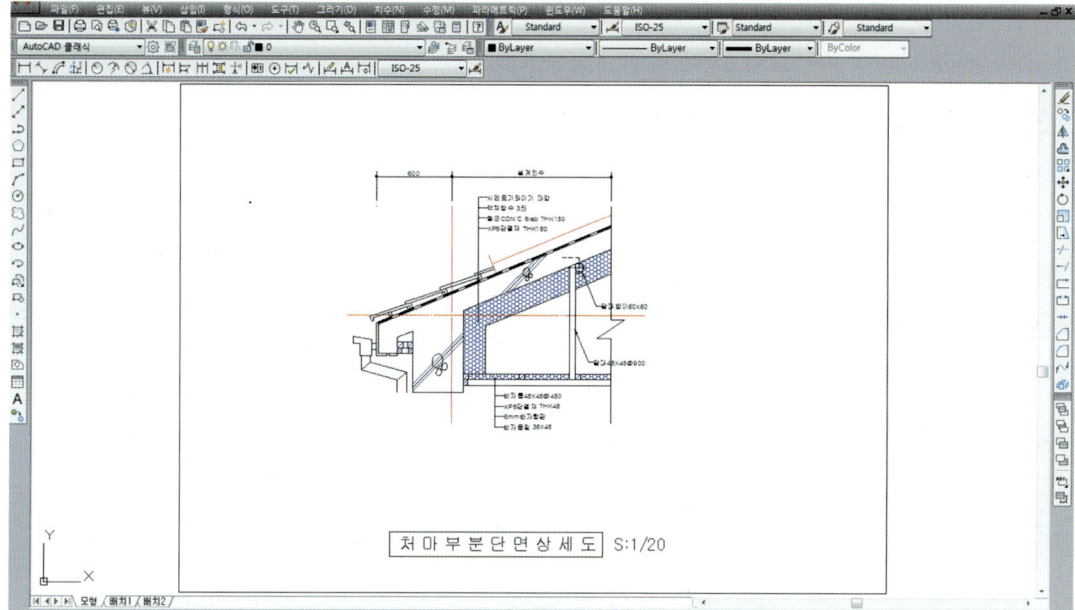

다음의 처마부분단면상세도를 작도해 보시기 바랍니다.

※ mvsetup을 이용하여 용지 크기와 도면척도를 만드시기 바랍니다.

- 도면크기 : A4
- 도면척도 : 20

[조건]
- 테두리보 두께 : 외부로부터 0.5B(90mm), 시멘트벽돌 1.0B(190mm), 벽 단열재 : 120mm
- 테두리보 높이 : 600mm
- 물매 : 3.5/10
- 처마나옴 : 600mm
- 지붕단열재 : 220mm

다음의 처마부분단면상세도를 반대방향으로 작도해 보시기 바랍니다.

※ mvsetup을 이용하여 용지 크기와 도면척도를 만드시기 바랍니다.

- 도면크기 : A4
- 도면척도 : 20

[조건]
- 테두리보 두께 : 외부로부터 0.5B(90mm), 시멘트벽돌 1.0B(190mm), 벽 단열재 : 125mm
- 테두리보 높이 : 600mm
- 물매 : 4/10
- 처마나옴 : 600mm
- 지붕단열재 : 180mm

※ 도면을 반대로 그려보는 연습이 반드시 필요하며, 중심선의 위치도 중앙에 위치해 놓고 연습해보기 바랍니다.
※ 반대로 연습하실 때 철근표시 및 해치를 반대로 해서는 안 됩니다.
※ 처마 부분은 수험생들이 매우 어렵게 느끼는 부분입니다. 충분한 반복연습이 필요하며 사이즈 및 작도순서가 외워질 정도로 학습이 되셔야 합니다.

처마부분단면상세도

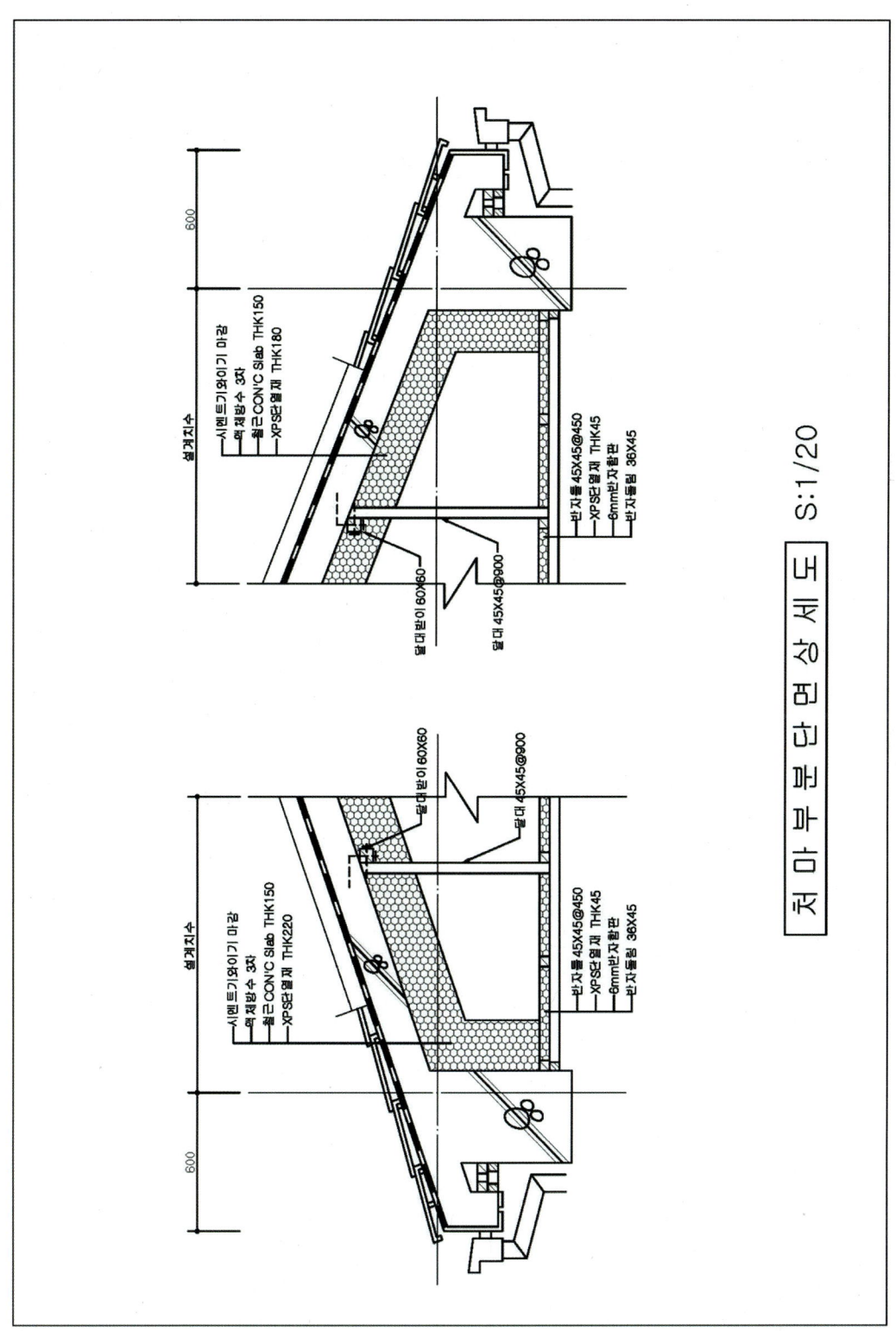

17 용머리부분단면상세도

1_mvsetup에서 도면척도를 20으로 맞추고 용지크기를 A4로 만듭니다.

```
명령  MVSETUP ↵
      도면공간을 사용가능하게 합니까? [아니오(N)/예(Y)] : n ↵
      단위 유형 입력 [공학(S)/십진(D)/엔지니어링(E)/건축(A)/미터법(M)] : m ↵
      미터 축척
      (5000)  1 : 5000
      (2000)  1 : 2000
      (1000)  1 : 1000
      (500)   1 : 500
      (200)   1 : 200
      (100)   1 : 100
      (75)    1 : 75
      (50)    1 : 50
      (20)    1 : 20
      (10)    1 : 10
      (5)     1 : 5
      (1)     전체
      축척 비율 입력 : 20 ↵
      용지 폭 입력 : 283 ↵
      용지 높이 입력 : 196 ↵
```

2_ layer에서 다음과 같이 도면층을 만듭니다.

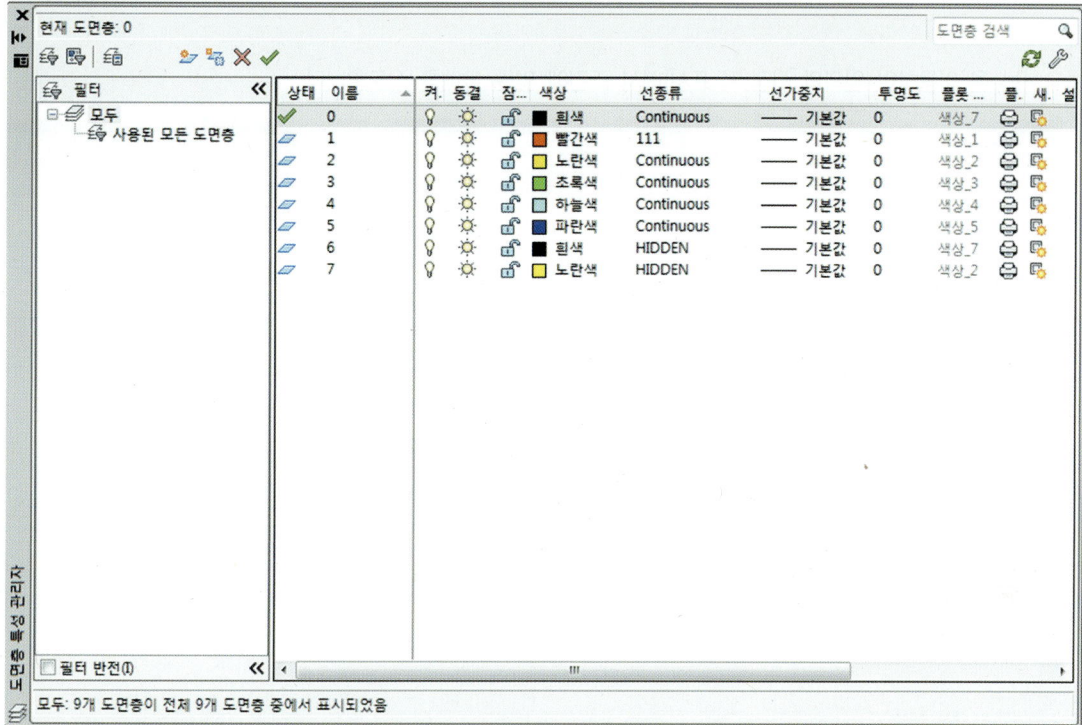

용머리부분단면 그리기

3_line을 이용하여 임의의 지점(✗ 표시)에서 조건에 맞는 물매를 작도합니다.

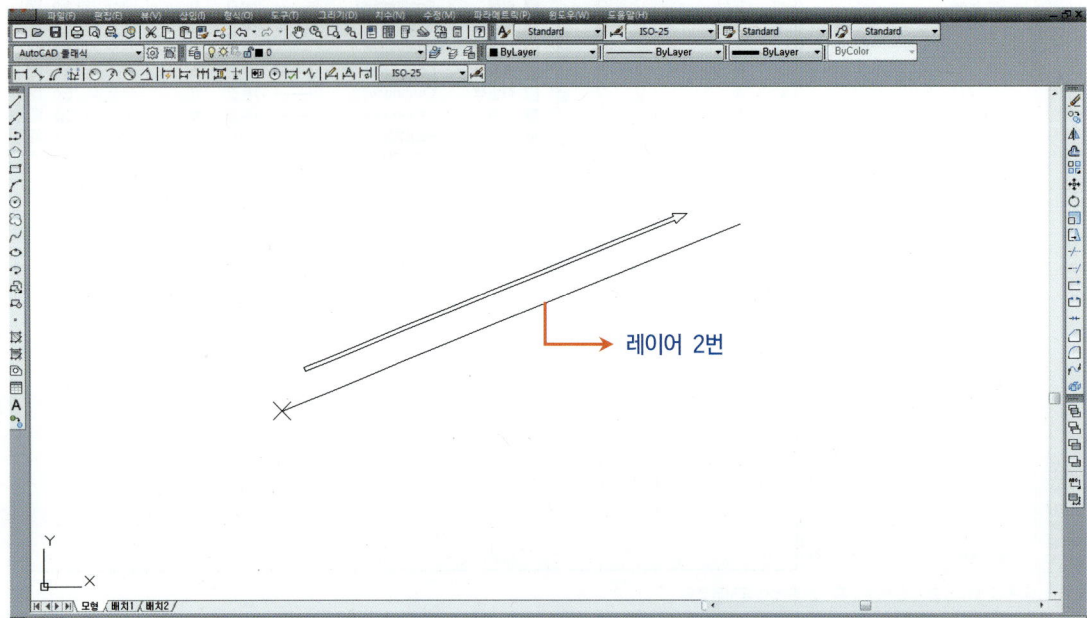

※ lts를 이용하여 척도 20을 줍니다.
※ 물매는 상대좌표로 작도하며 여기서는 4/10물매로 합니다. 즉, @1000,400으로 작도합니다.

4_ offset을 이용하여 slab의 간격(hidden 선)을 띄고 offset을 이용하여 slab의 위쪽 line(동그라미 부분)에서 방수층의 간격을 띕니다.

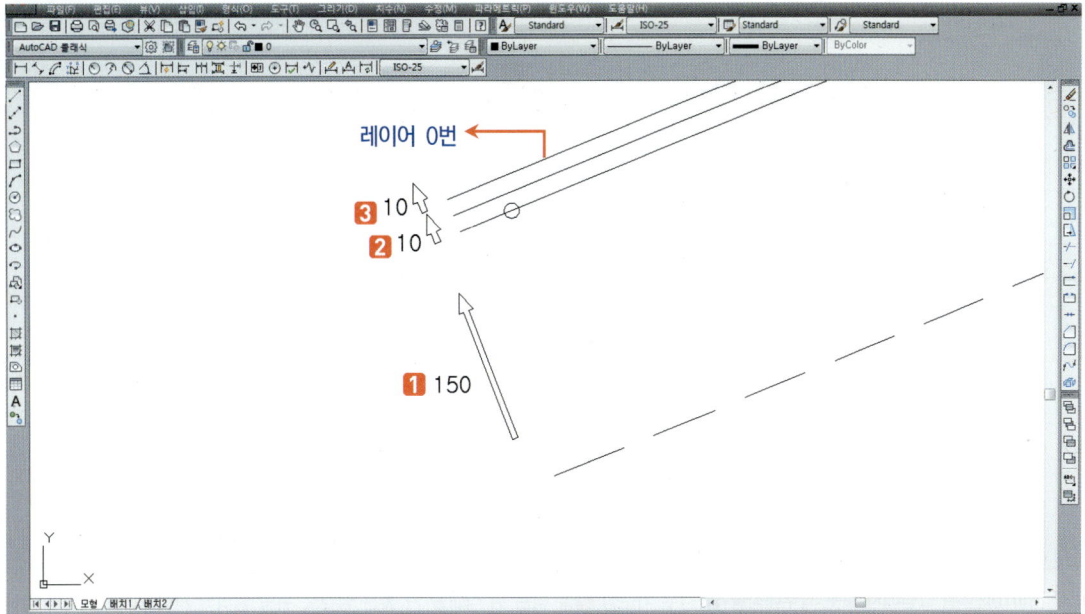

5_ pedit에서 w(폭)값을 10으로 설정하여 방수를 표현합니다.

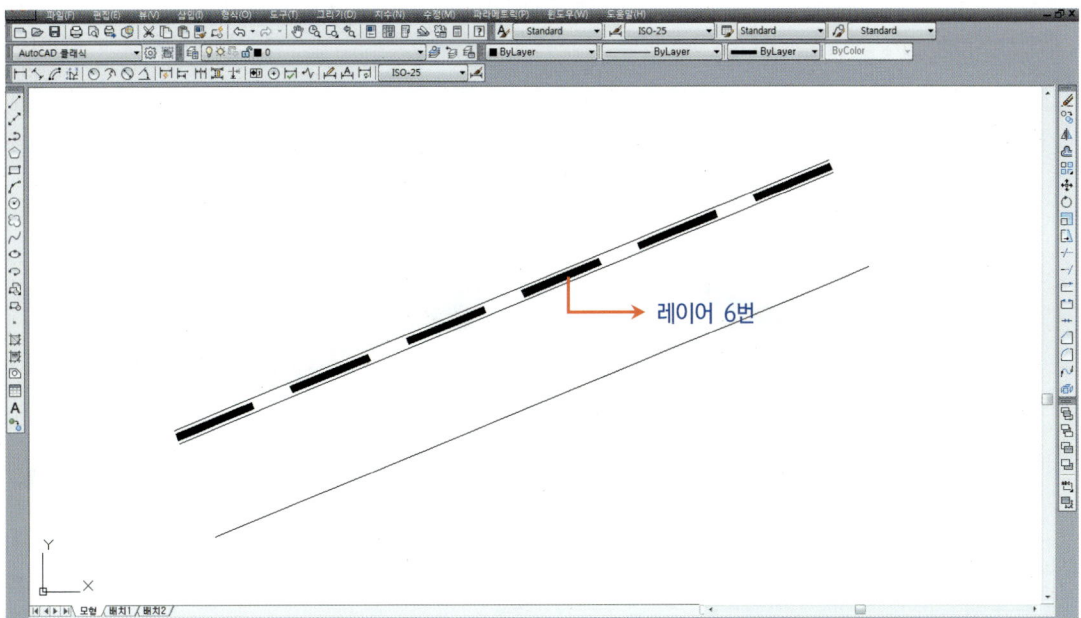

6_ mirror를 이용하여 왼쪽 물체를 모두 선택(hidden 선)한 뒤 아래와 같이 좌우대칭(✗ 표시)이 되도록 편집합니다.

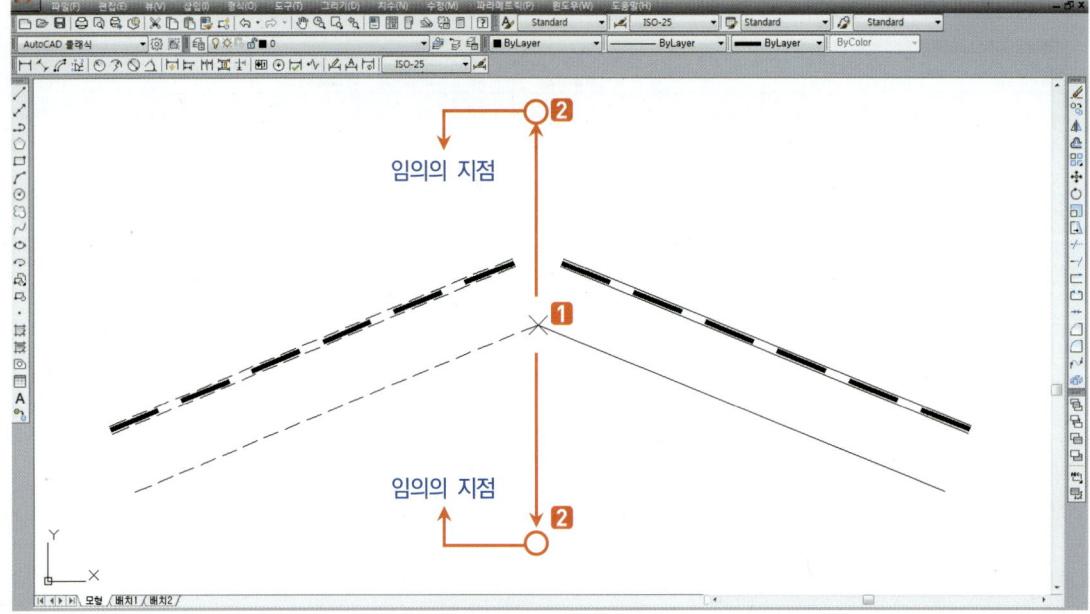

※ mirror는 위 그림에서 보듯 좌우대칭을 할 경우 기준점 ❶을 찍은 뒤 직교를 켜 놓은 상태로 위쪽 임의의 지점 ❷ 또는 아래 임의의 지점 ❷ 중에서 어느 방향으로든 향하게 한 뒤 클릭하면 됩니다.

7_ fillet을 이용하여 슬랩의 모서리(네모 클릭) (동그라미 클릭) (삼각형 클릭)를 다듬습니다.

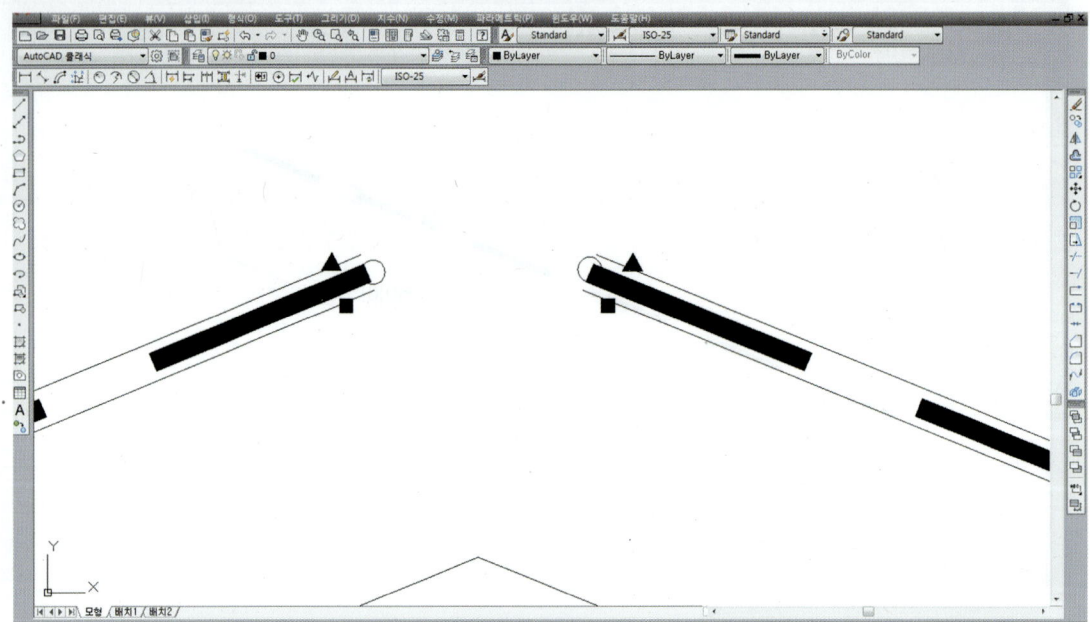

8_ line을 이용하여 마룻대 위치(✗ 표시)에서 위쪽으로 임의의 길이를 작도한 뒤 offset을 이용하여 좌우로 각각 간격을 띕니다.

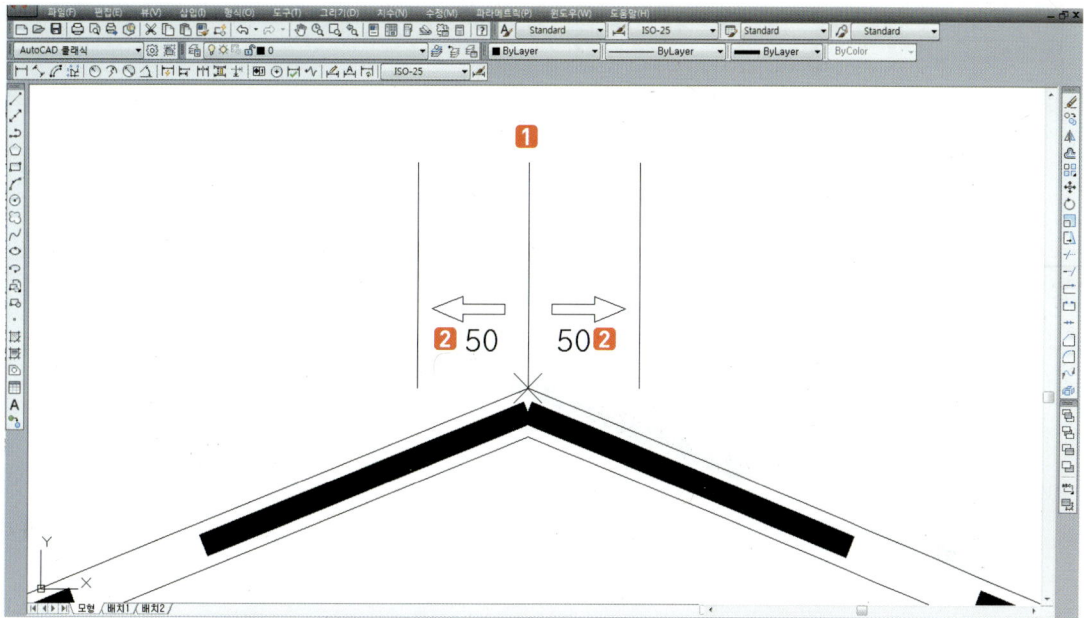

9_ extend를 이용하여 좌우로 간격을 띈 line을 몰탈까지 연장합니다.

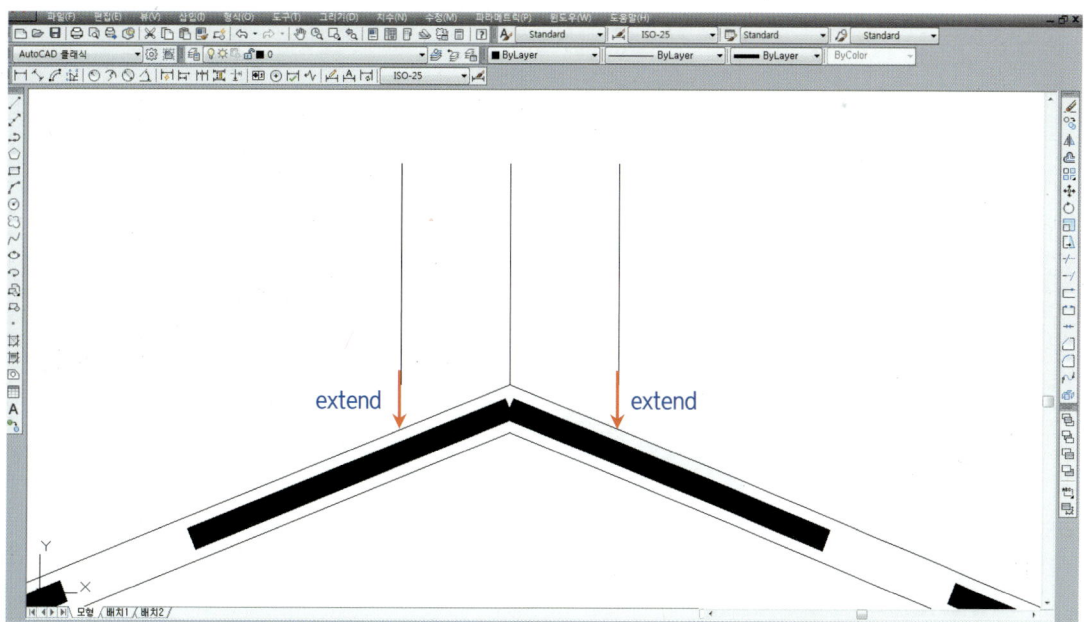

10_ offset을 이용하여 방수선(hidden 선)에서 아래와 같이 간격을 띄어 기와의 간격을 맞춘 후 line을 이용 (✗ 표시)하여 선을 긋고 offset을 이용하여 간격을 띕니다.

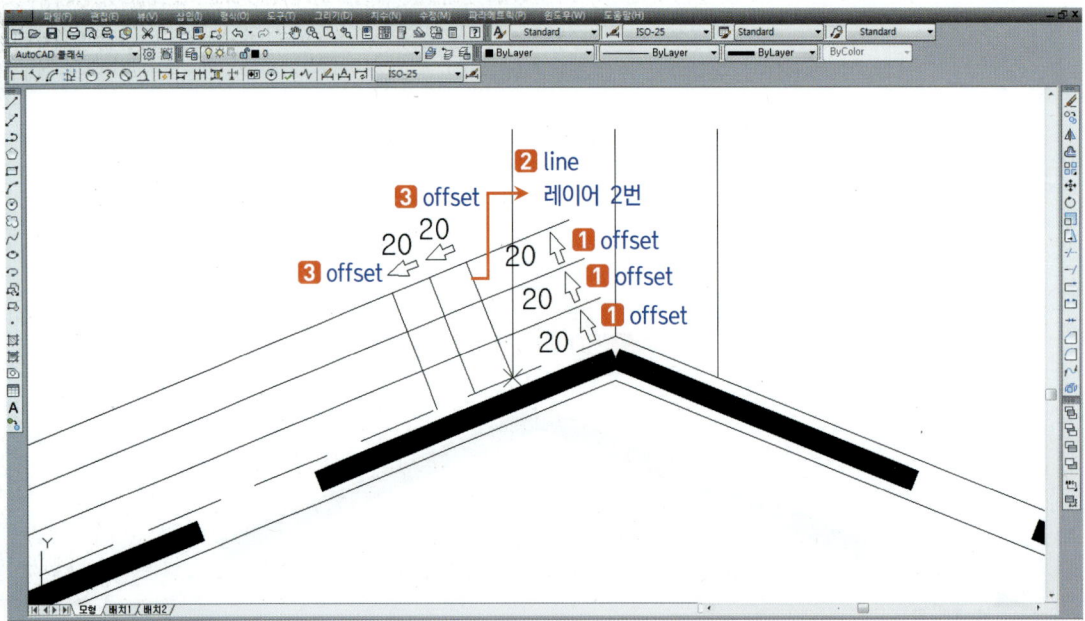

11_ offset을 이용하여 끝 선(hidden 선)부터 차례대로 간격을 총 네 번 띕니다.

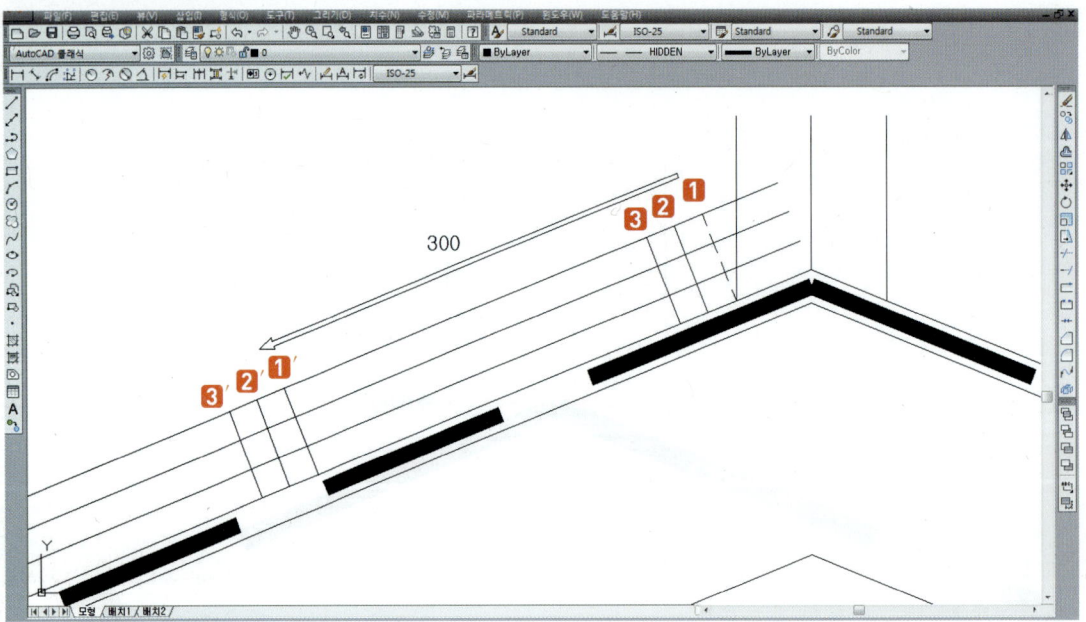

12_offset을 이용한 총 네 번의 결과입니다.

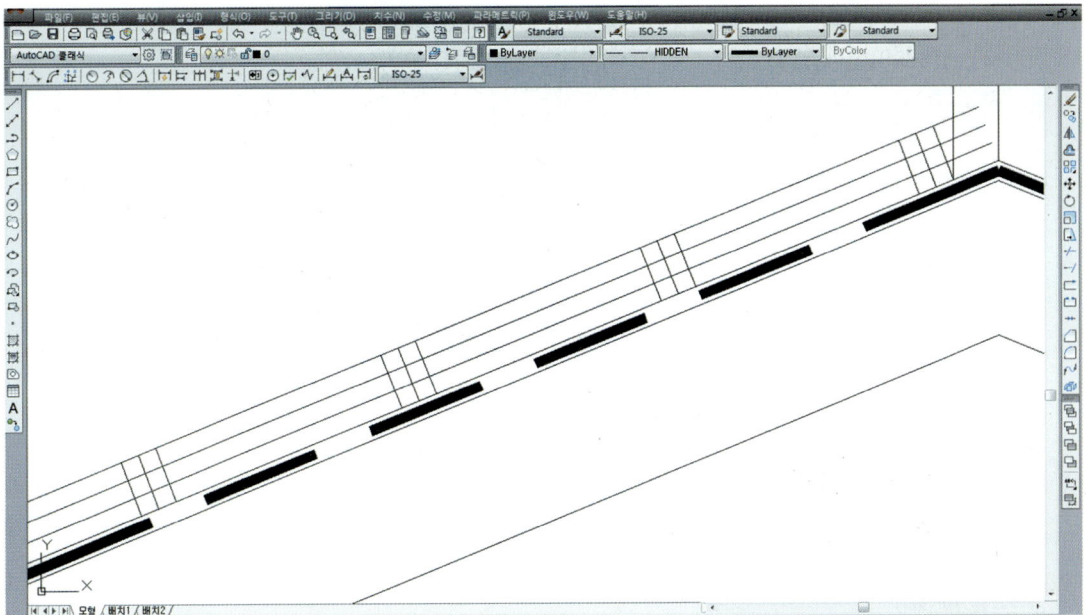

13_line을 이용하여 아래와 같이 기와가 만들어지는 지점(✕ 표시) (동그라미 부분)에 작도합니다.

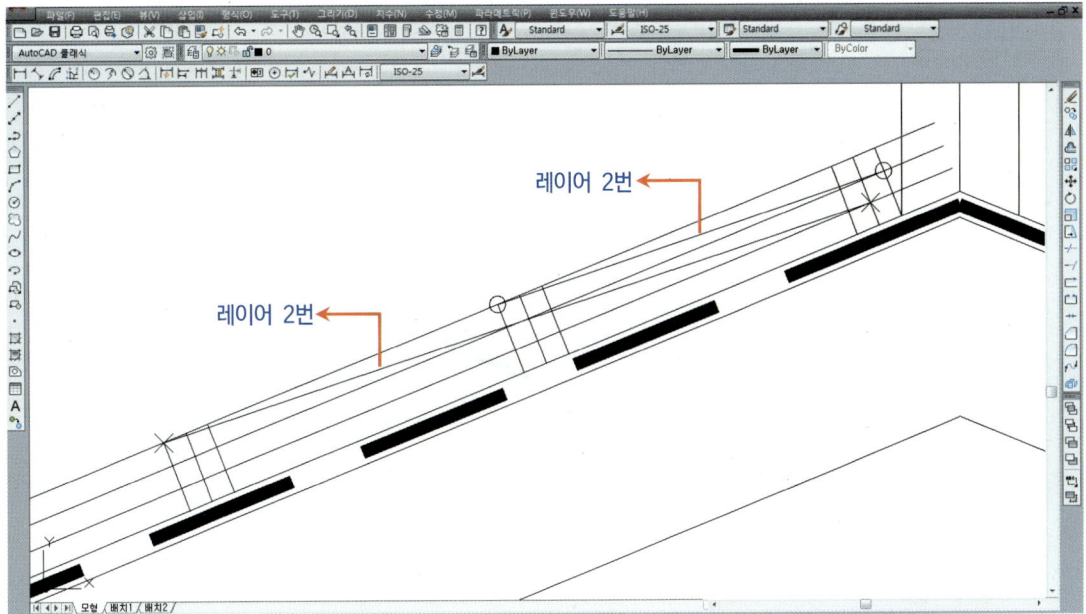

14_ copy를 이용하여 기와 앞부분(✕ 표시)을 기준으로 아래 기와의 끝부분(동그라미 클릭)까지 복사합니다.

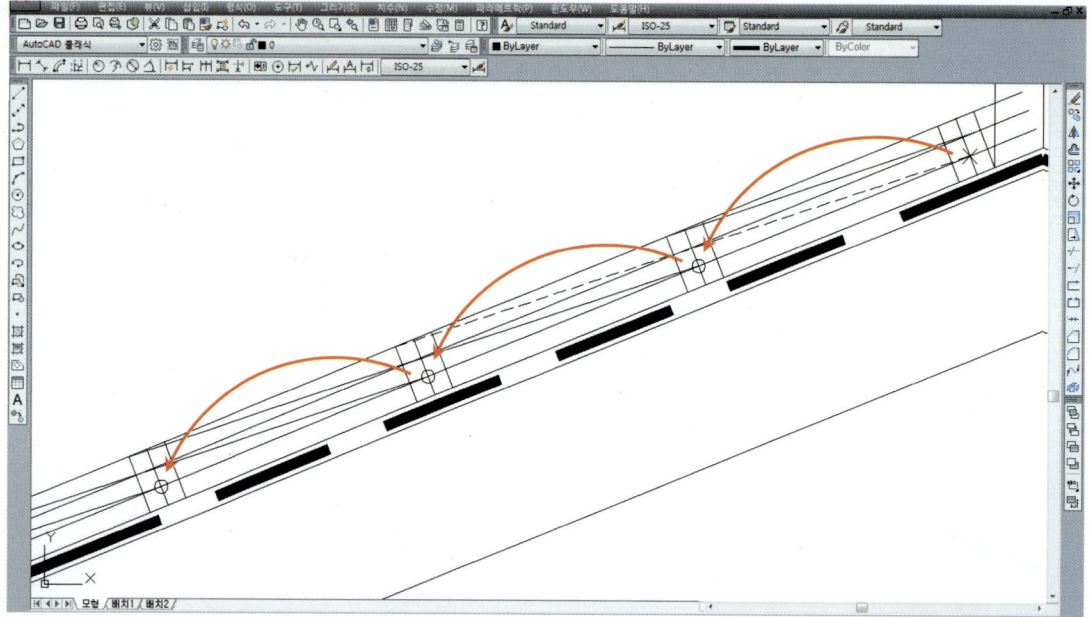

15_ erase를 이용하여 불필요한 요소들(hidden 선)을 지웁니다.

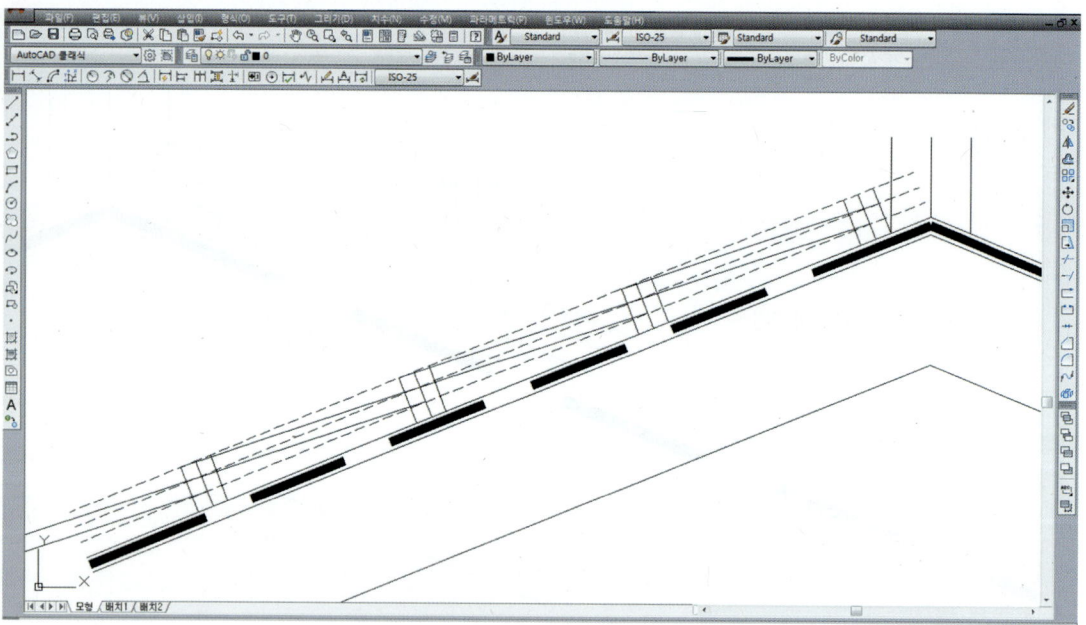

16_ fillet을 이용하여 기와의 모서리 (네모 클릭) (삼각형 클릭) 부분을 다듬은 뒤 trim을 이용하여 나머지 부분(빨간 선)을 잘라냅니다.

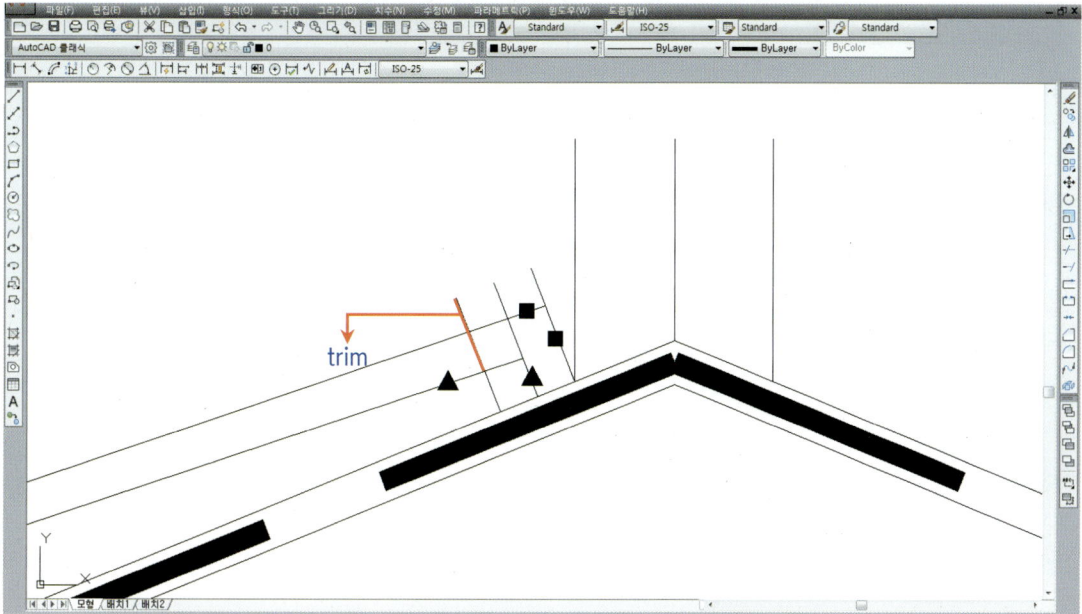

17_ trim을 이용하여 잘라낼 기와의 기준(hidden 선)을 선택한 뒤 잘라냅니다.

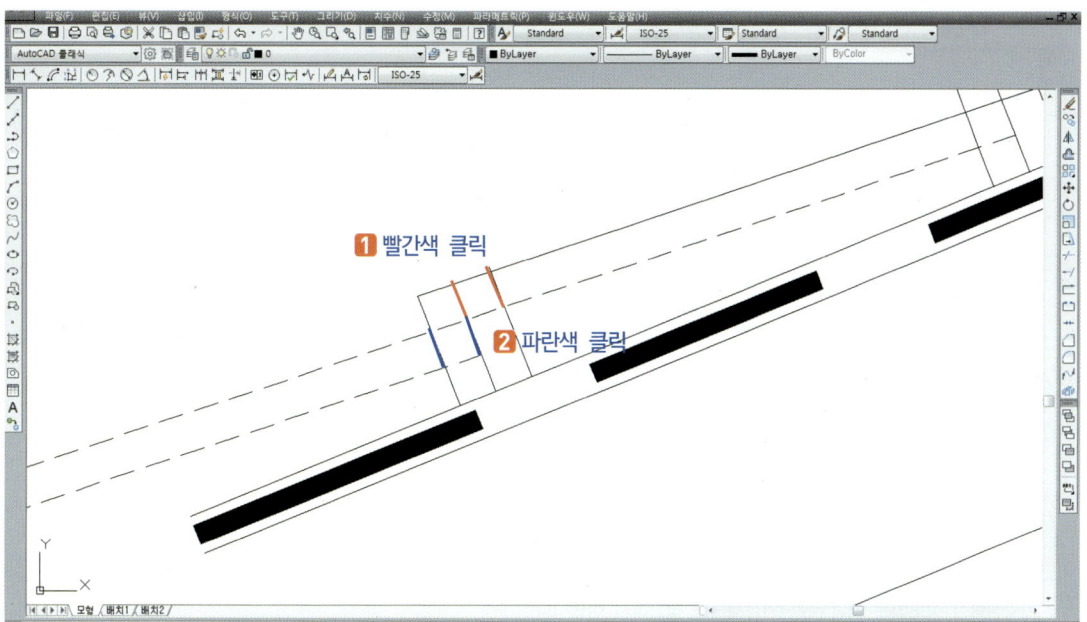

※ trim을 할 때 위 순서를 지켜서 클릭해야 불필요하게 남겨지는 요소 없이 편집이 됩니다.

18_ trim을 이용하여 나머지 기와를 위와 동일하게 잘라낸 결과입니다.

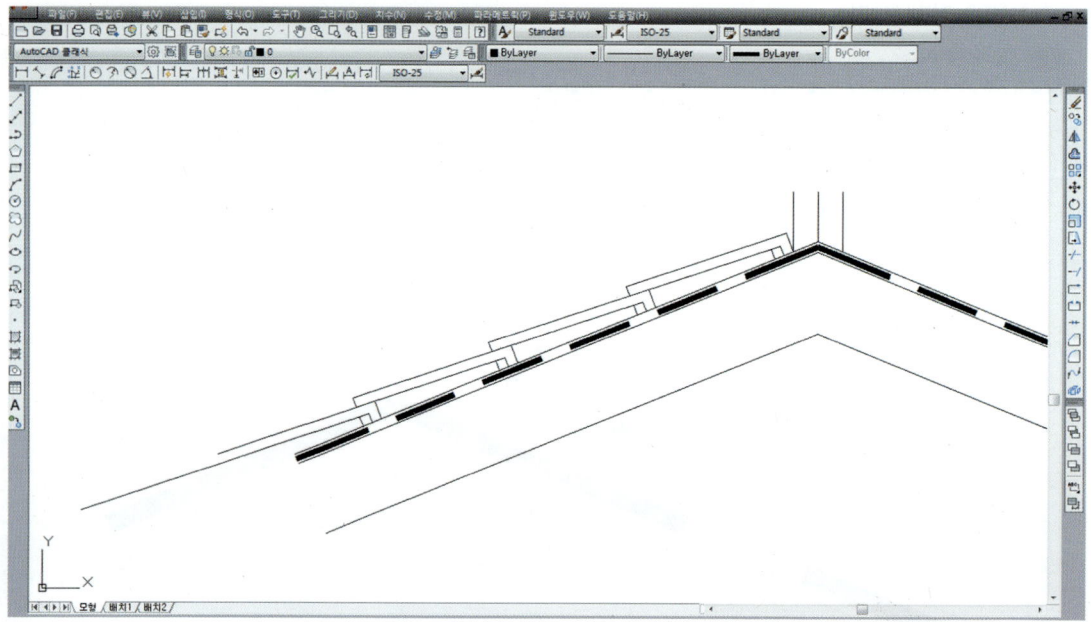

19_ line, offset, trim, move를 이용하여 절단선과 기와 생략선을 만듭니다.

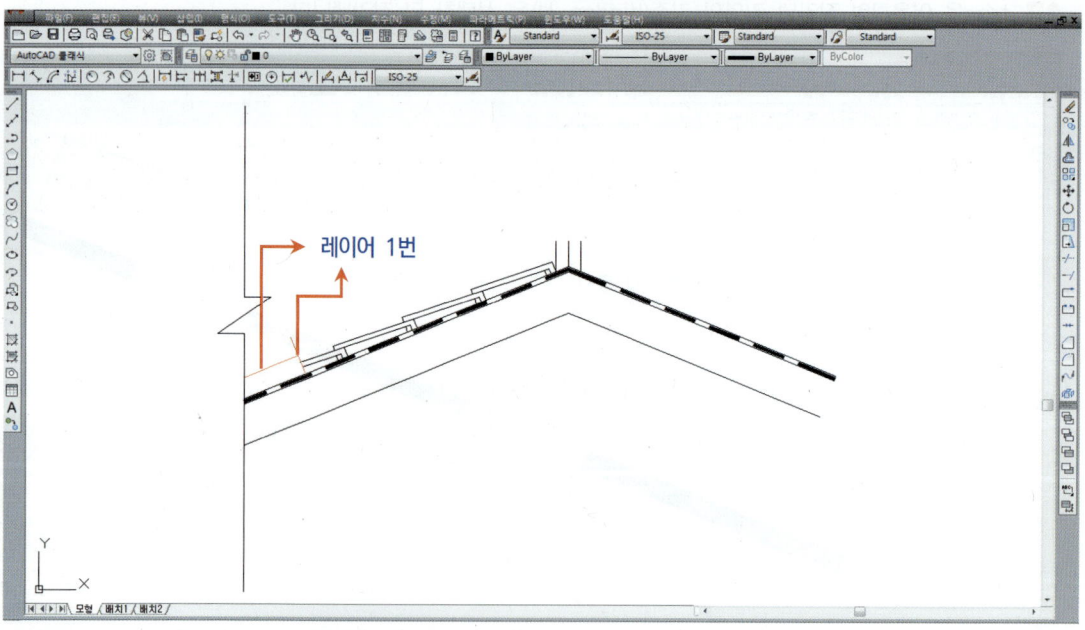

※ 기와생략선 작도법은 처마부분단면상세도를 참고하기 바랍니다.

20_ mirror를 이용하여 절단선과 기와 및 생략 선을 반대방향으로 대칭시키고 erase를 이용하여 불필요한 line(빨간 색 선)을 지웁니다.

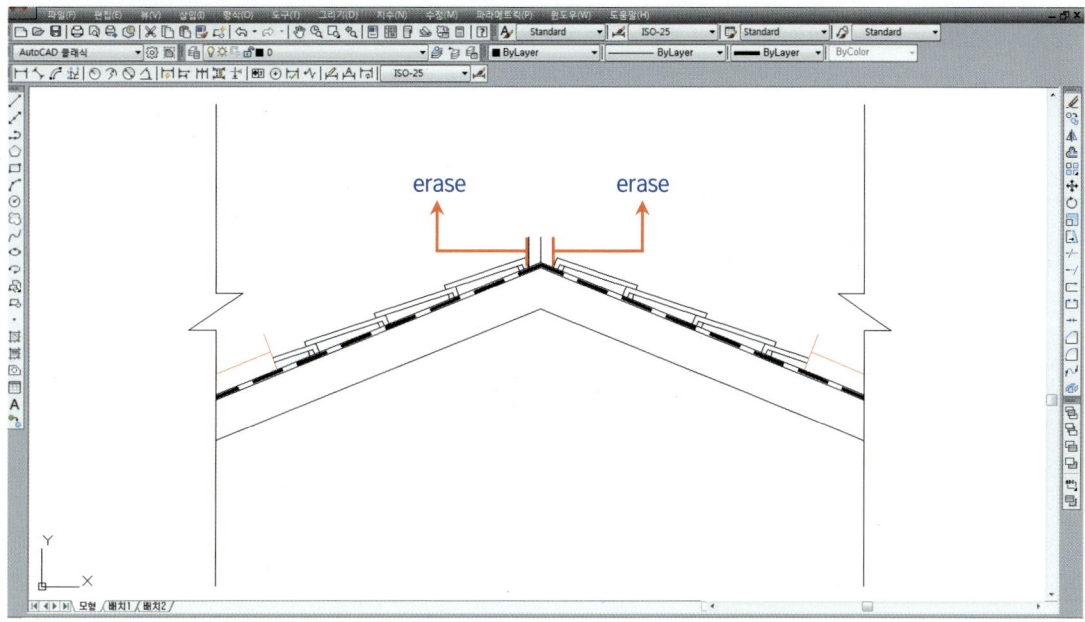

※ 지붕의 절반(기와, 기와 생략선, 절단선)을 모두 완성한 후 mirror하는 방법이 더욱 효율적입니다.

21_ offset을 이용하여 아래와 같이 좌우로 간격(hidden 선)을 띄어 암키와 폭을 설정하고 extend를 이용하여 방수 마감선까지 연장합니다.

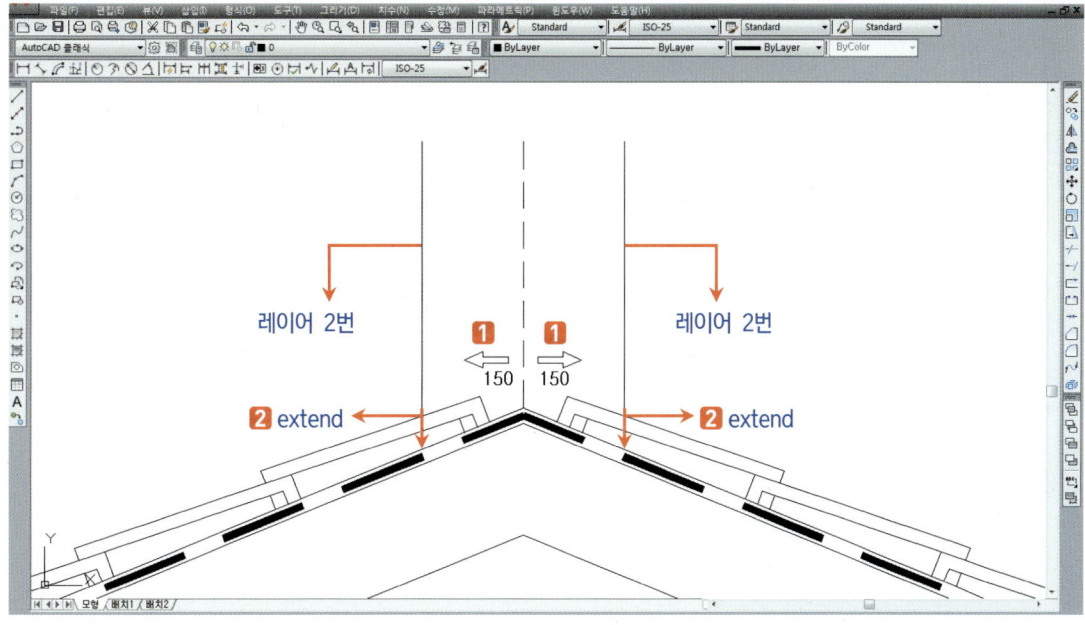

22_ line을 이용하여 길이 300으로 하는 선을 만들고 move를 이용하여 마룻대로 이동합니다.

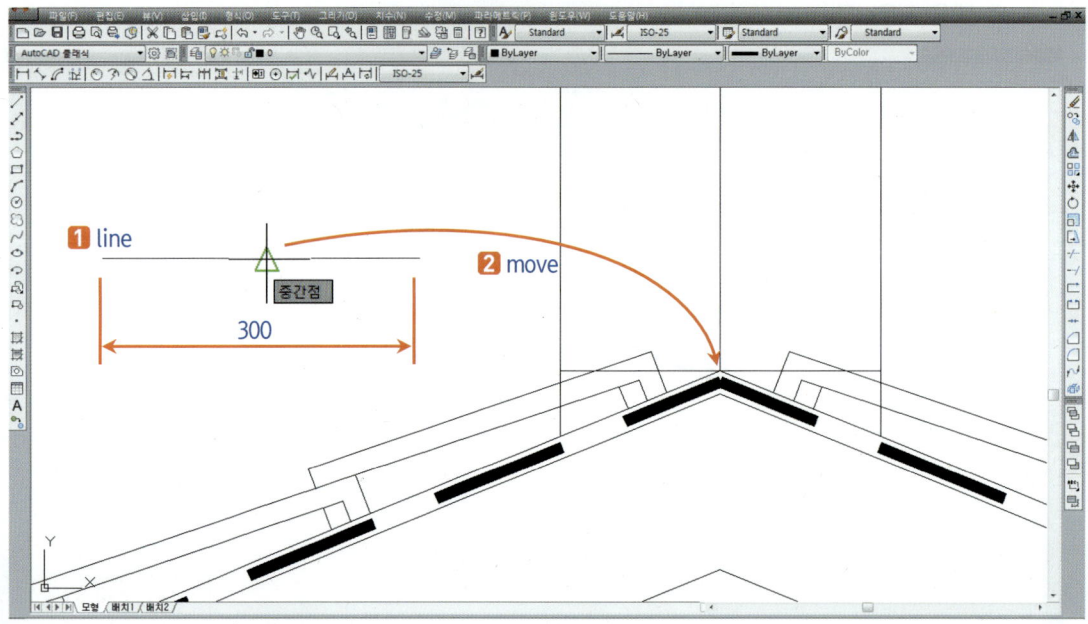

23_ offset을 이용하여 아래와 같이 간격(hiddedn 선)을 띄어 몰탈과 암키와가 들어갈 공간을 만듭니다.

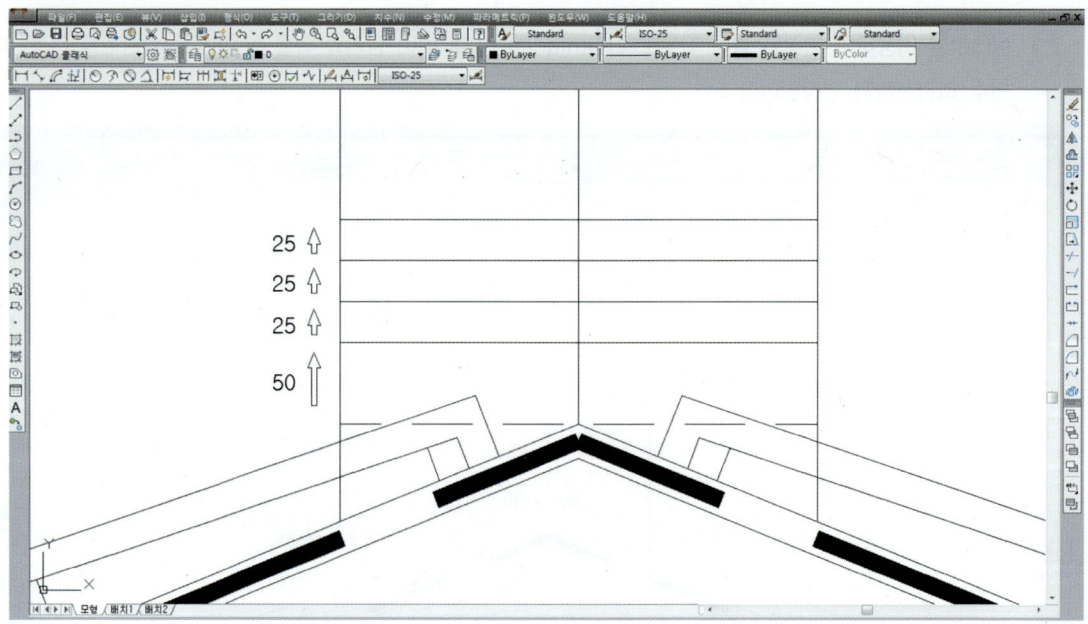

24_ arc를 이용하여 아래와 같이 암키와를 만들고 copy를 이용(✗ 표시)하여 복사합니다.

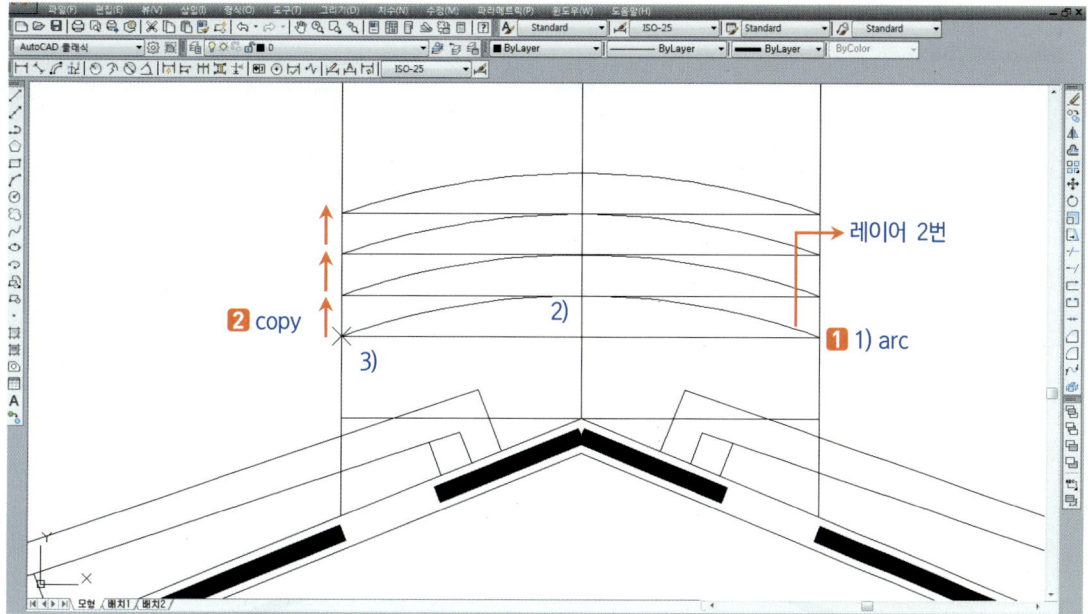

25_ erase를 이용하여 아래의 line 다섯 개(hidden 선)를 삭제합니다.

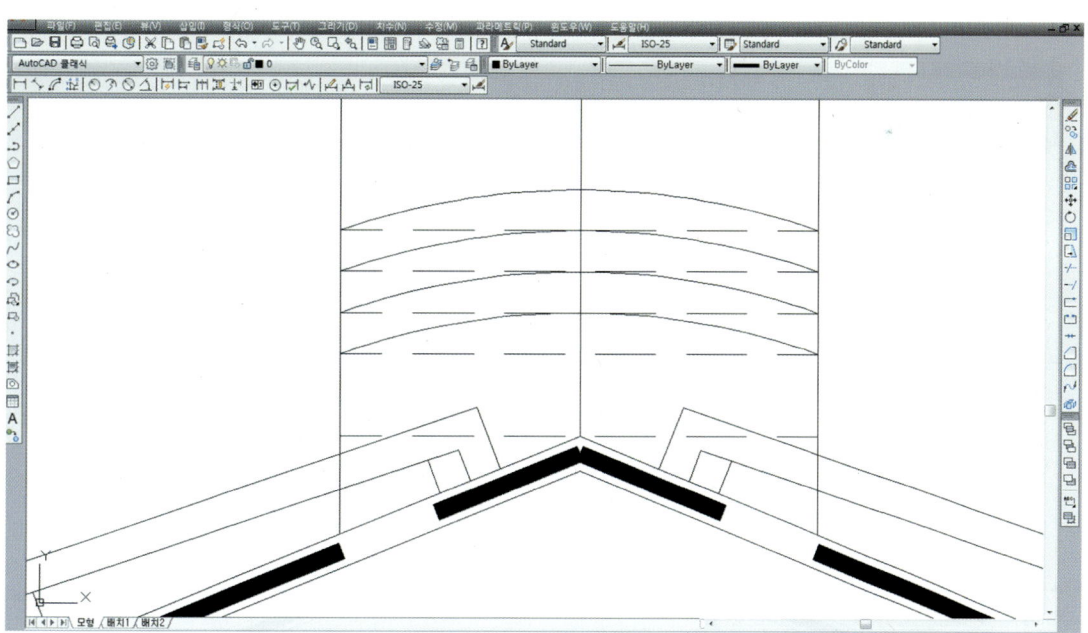

26_ circle을 이용하여 암키와 상단 (✕ 표시)를 중심으로 하는 원을 작도하고 offset을 이용하여 간격을 띄어 수키와를 작도합니다.

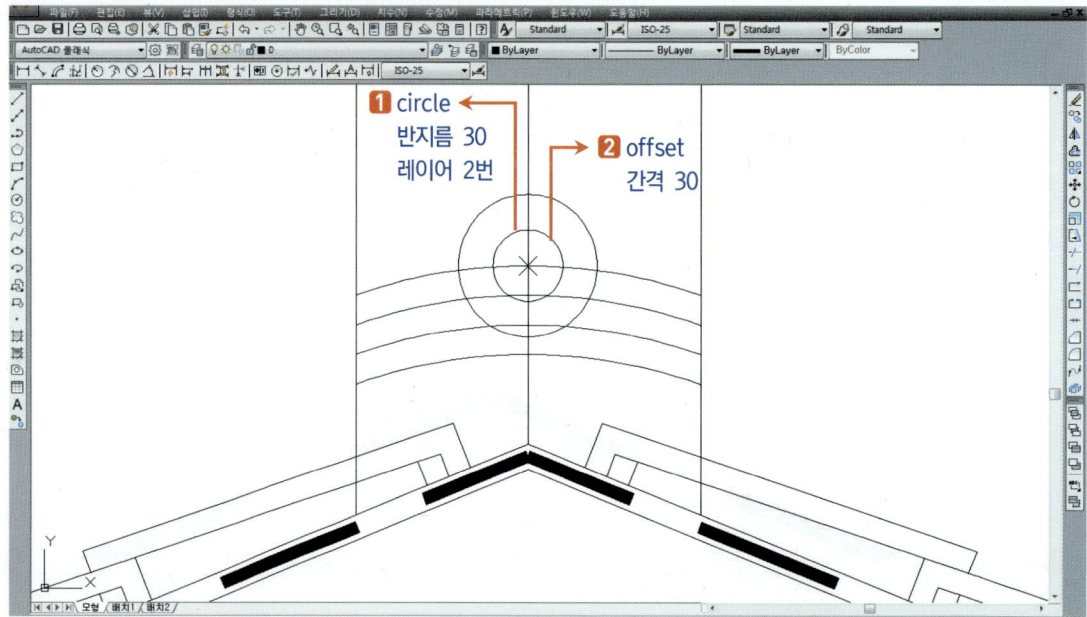

27_ trim을 이용하여 수키와 하단(hidden 선)을 잘라냅니다.

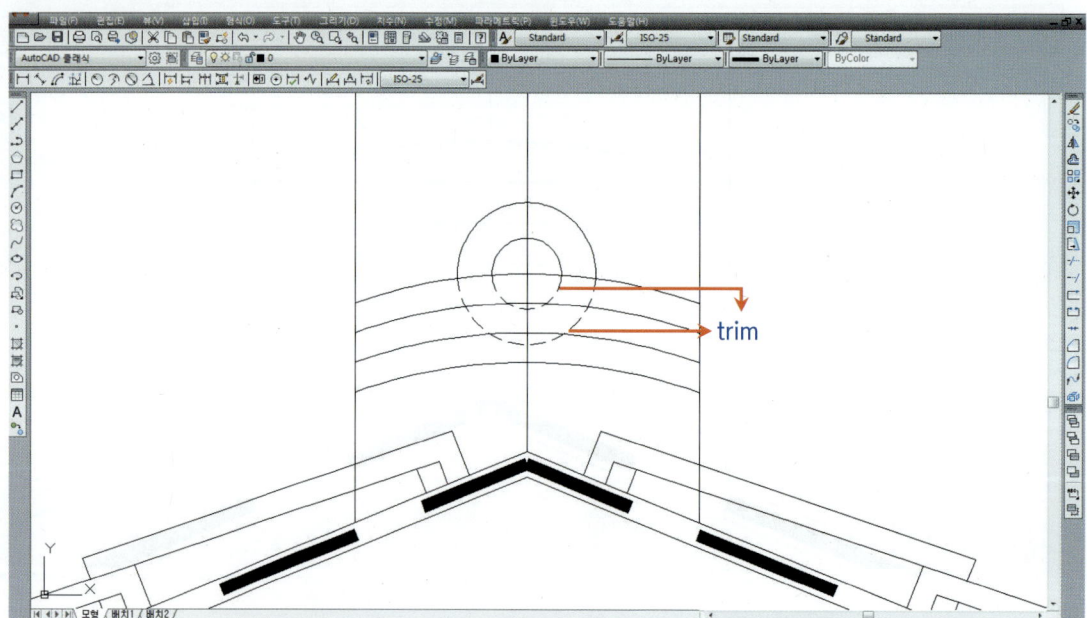

28_ circle을 이용하여 수키와 상단(✕ 표시)을 중심으로 하는 원을 작도하여 용머리를 만든 뒤 trim을 이용하여 하단(hidden 선)을 잘라냅니다.

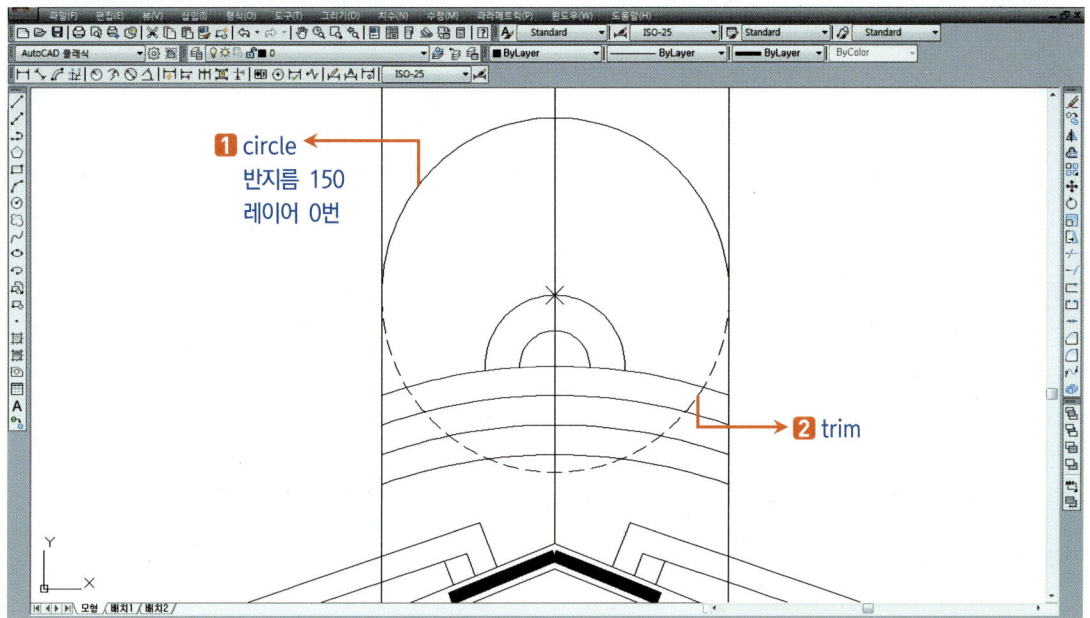

29_ circle의 2p 옵션을 이용하여 용머리와 방수 마감선(✕ 표시) 사이에 원을 작도하여 용머리를 만든 뒤 trim을 이용하여 아래와 같이 원(hidden 선)을 잘라냅니다.

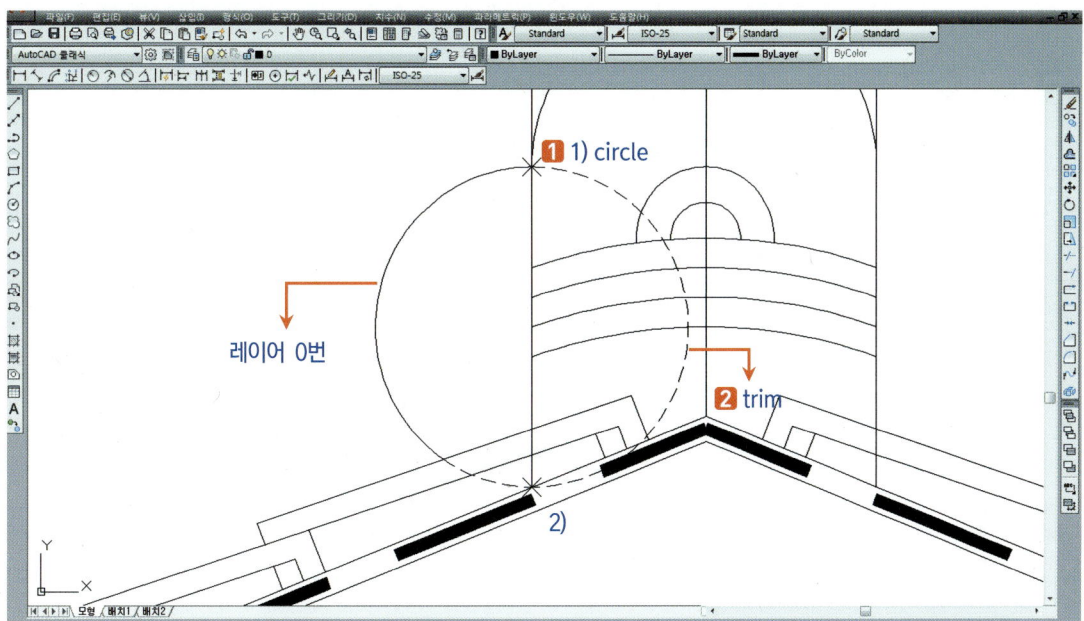

30_ mirror를 이용하여 좌측 용머리(hidden 선)를 우측으로 대칭하고 trim을 이용하여 암키와 아래 부분을 잘라냅니다.

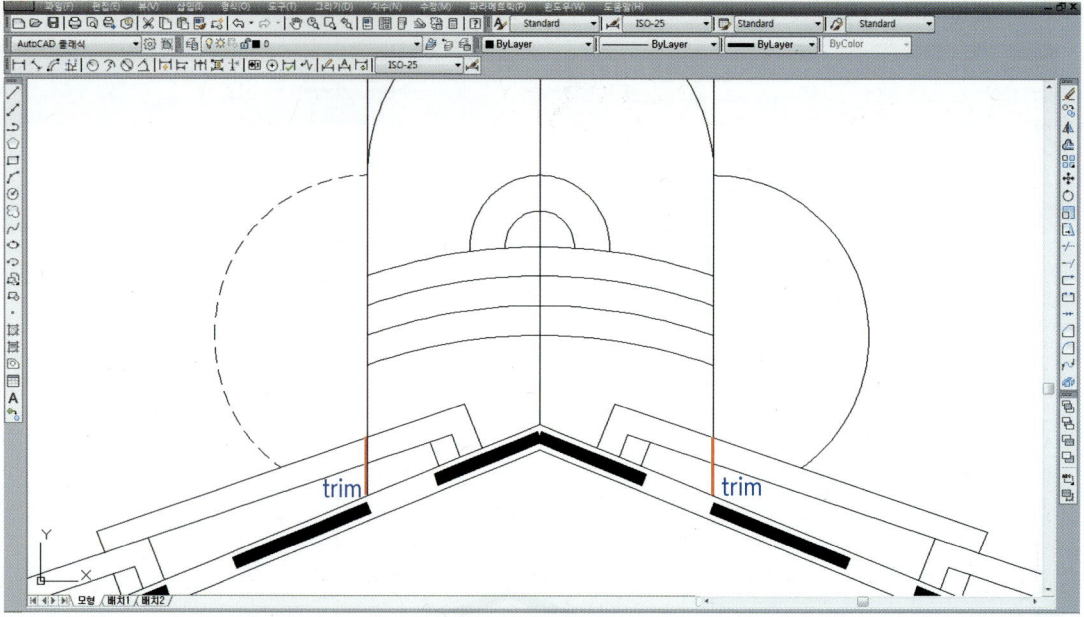

31_ fillet을 이용하여 암키와의 모서리 (네모 클릭) (삼각형 클릭)를 다듬습니다.

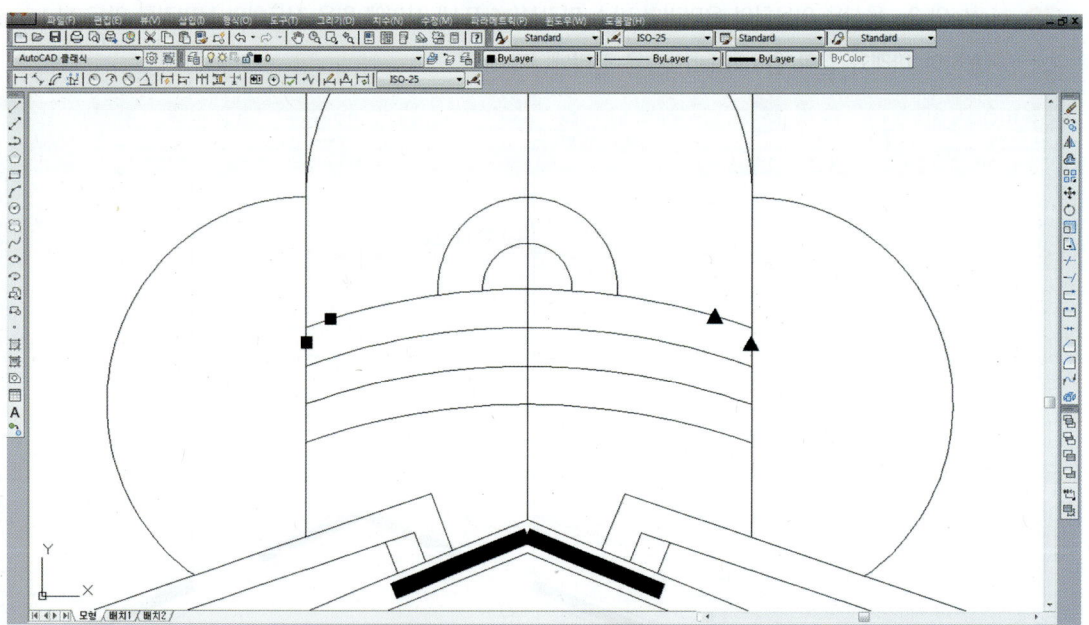

32_ line을 클릭하여 grip박스를 나타나게 합니다.

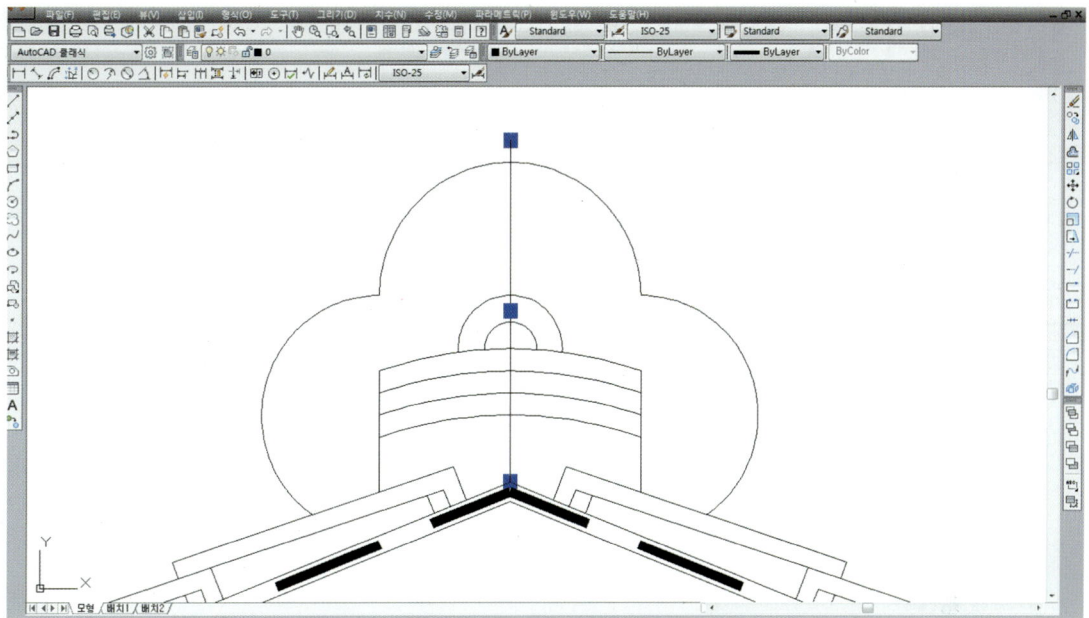

33_ 아래쪽 파란색 박스를 클릭하여 붉은색 박스로 색깔이 바뀌면 위쪽으로 적당히 stretch를 합니다.

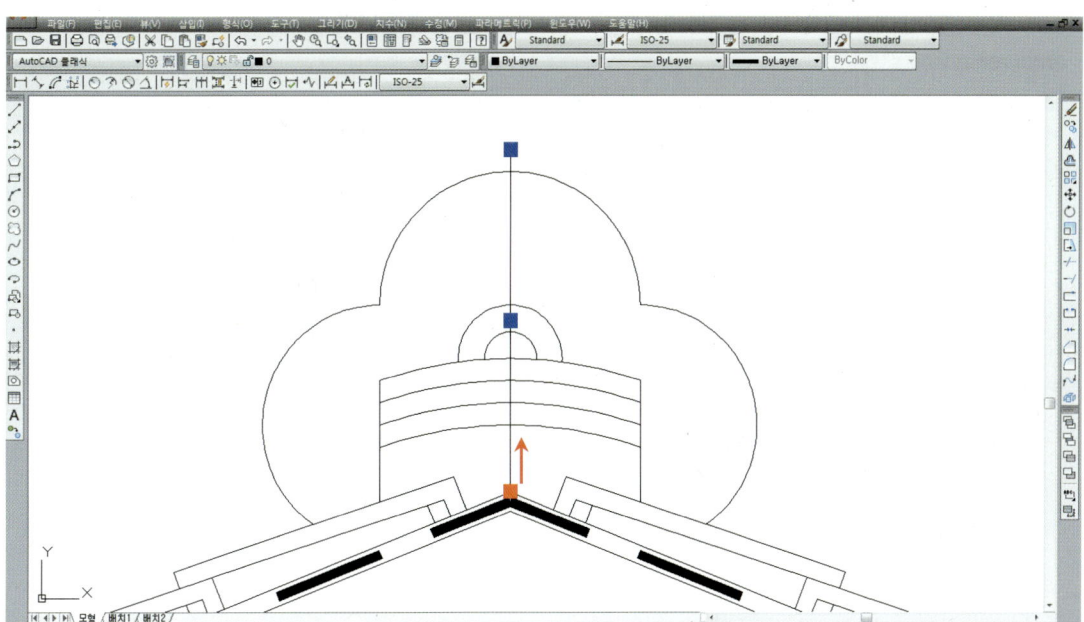

34_ 위쪽 파란색 박스를 클릭하여 붉은색 박스로 색깔이 바뀌면 위쪽으로 여유 있게 stretch를 합니다.

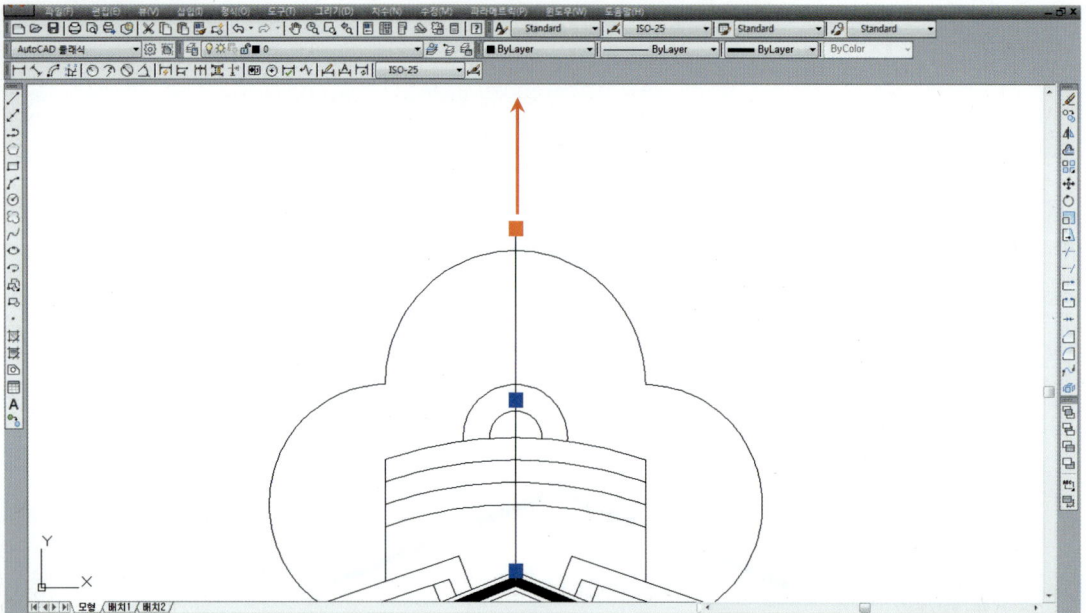

35_ 지시선을 아래와 같이 만든 후 line을 이용하여 슬랩의 아래쪽(✕ 표시)에서 임의로 선을 긋고 offset을 이용하여 좌우방향 중에서 한쪽으로 간격을 띈 후 line(hidden 선)을 지웁니다.

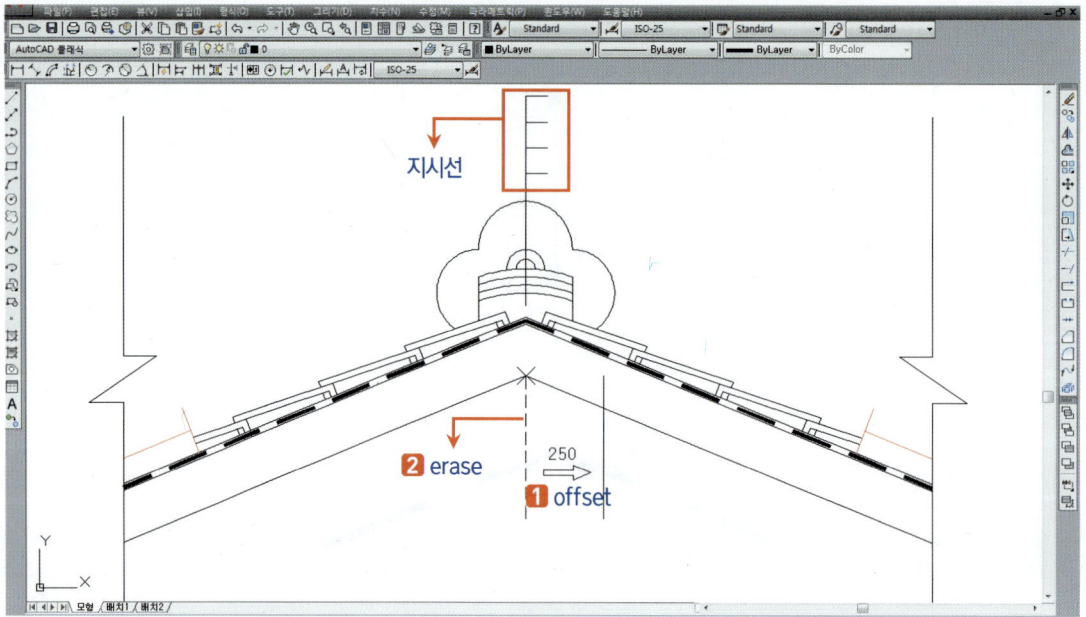

36_ line을 이용하여 적당한 길이를 긋고 fillet을 이용하여 모서리를 다듬어 헌치를 완성한 다음 line(hidden 선)을 지웁니다.

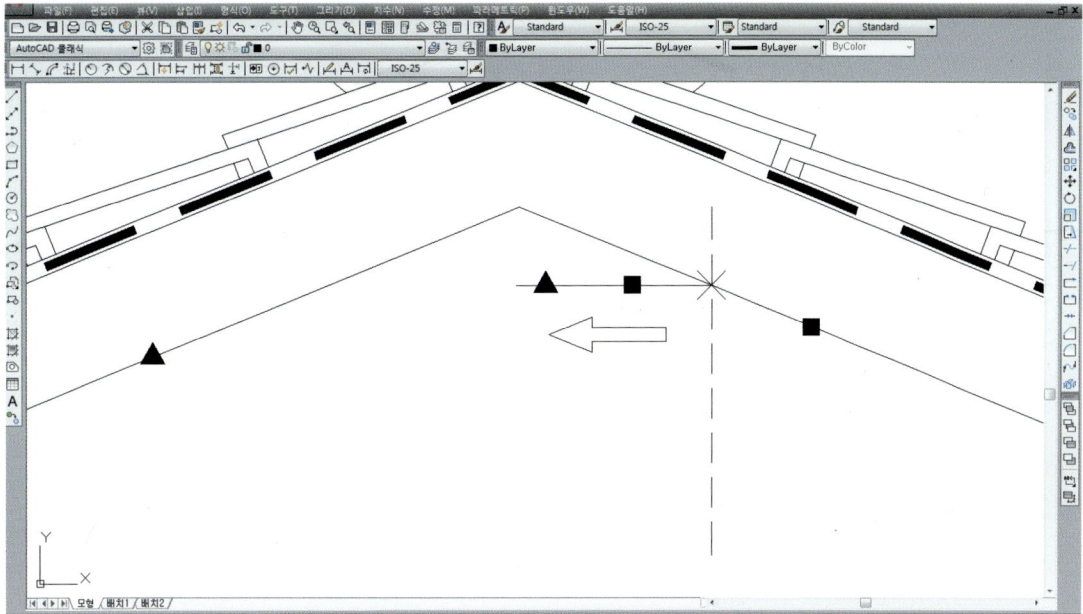

37_ 하단부에 절단선을 만든 뒤 달대, 달대받이 및 단열재를 만들고 재료표시와 해치 및 글자를 입력합니다.

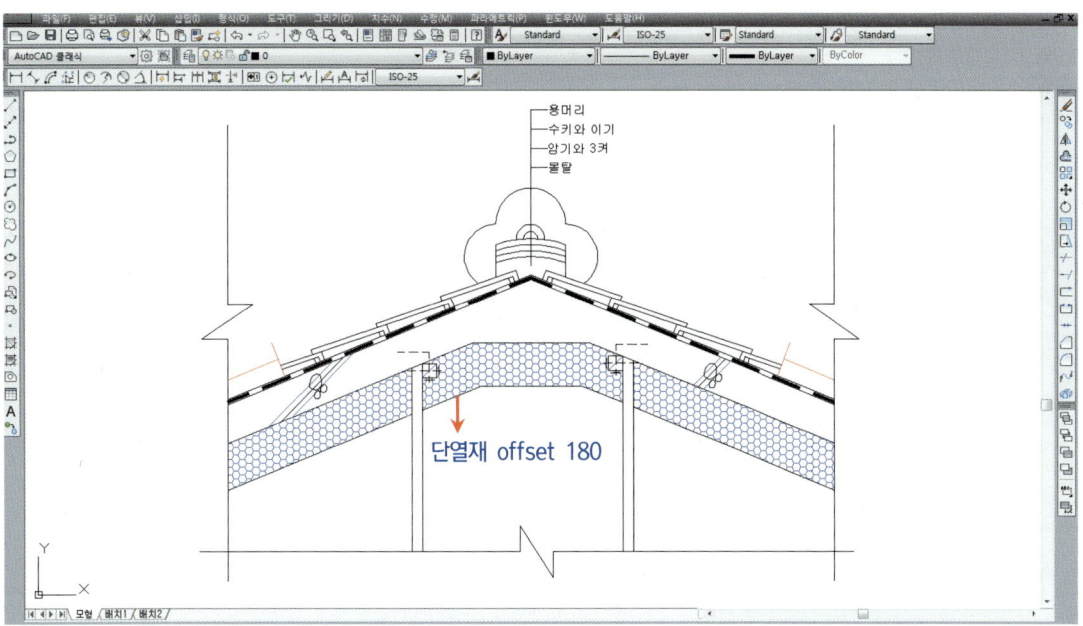

※ 지붕 단열재 두께는 시험에 따라 다르게 출제되므로 주의하기 바랍니다.

38_ 달대받이는 마룻대의 좌측에는 달대의 우측에, 마룻대의 우측에는 달대의 좌측에 작도합니다.

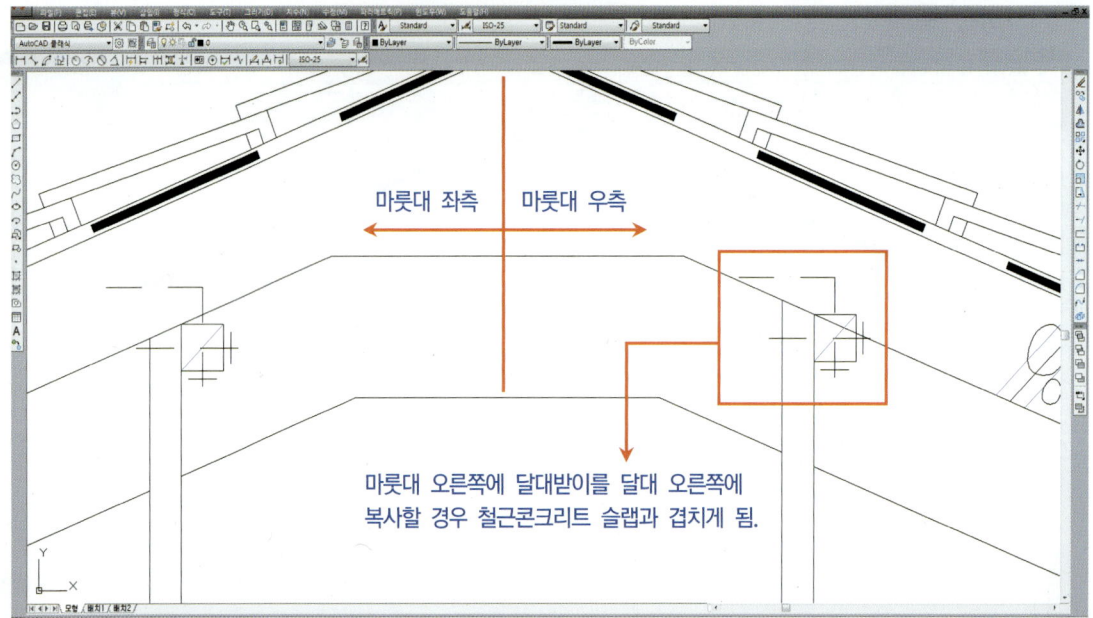

39_ 제목을 기입하여 마무리합니다.

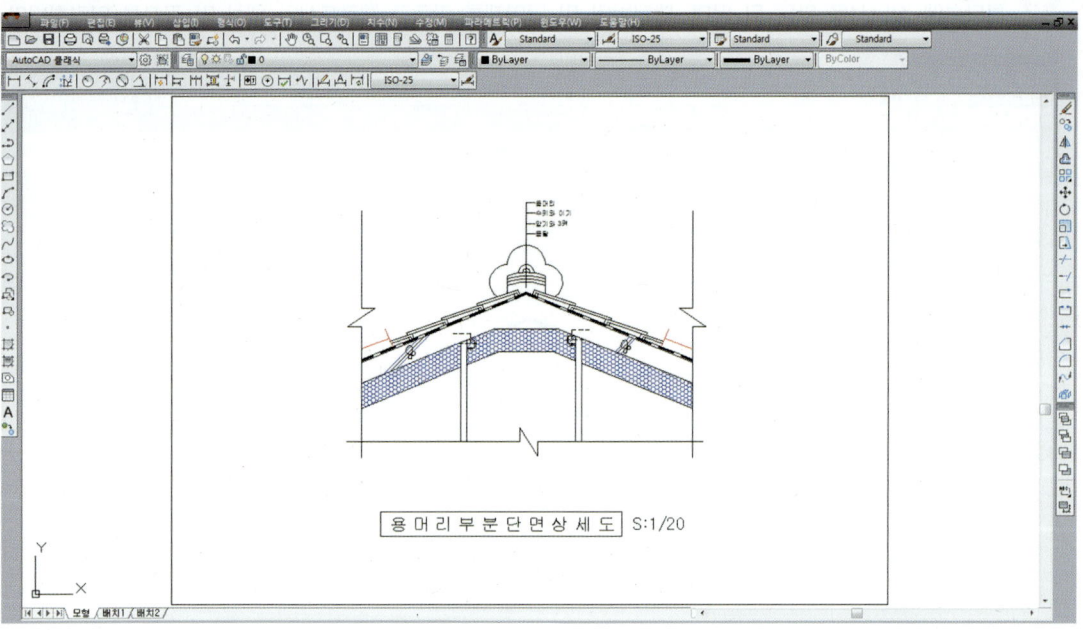

18 지붕입단면상세도

1_mvsetup에서 도면척도를 40으로 맞추고 용지크기를 A3로 만듭니다.

명령	**MVSETUP** ↵

```
도면공간을 사용가능하게 합니까? [아니오(N)/예(Y)] : n ↵
단위 유형 입력 [공학(S)/십진(D)/엔지니어링(E)/건축(A)/미터법(M)] : m ↵
미터 축척
(5000)  1 : 5000
(2000)  1 : 2000
(1000)  1 : 1000
(500)   1 : 500
(200)   1 : 200
(100)   1 : 100
(75)    1 : 75
(50)    1 : 50
(20)    1 : 20
(10)    1 : 10
(5)     1 : 5
(1)     전체
축척 비율 입력 : 40 ↵
용지 폭 입력 : 396 ↵
용지 높이 입력 : 273 ↵
```

2_ layer에서 다음과 같이 도면층을 만듭니다.

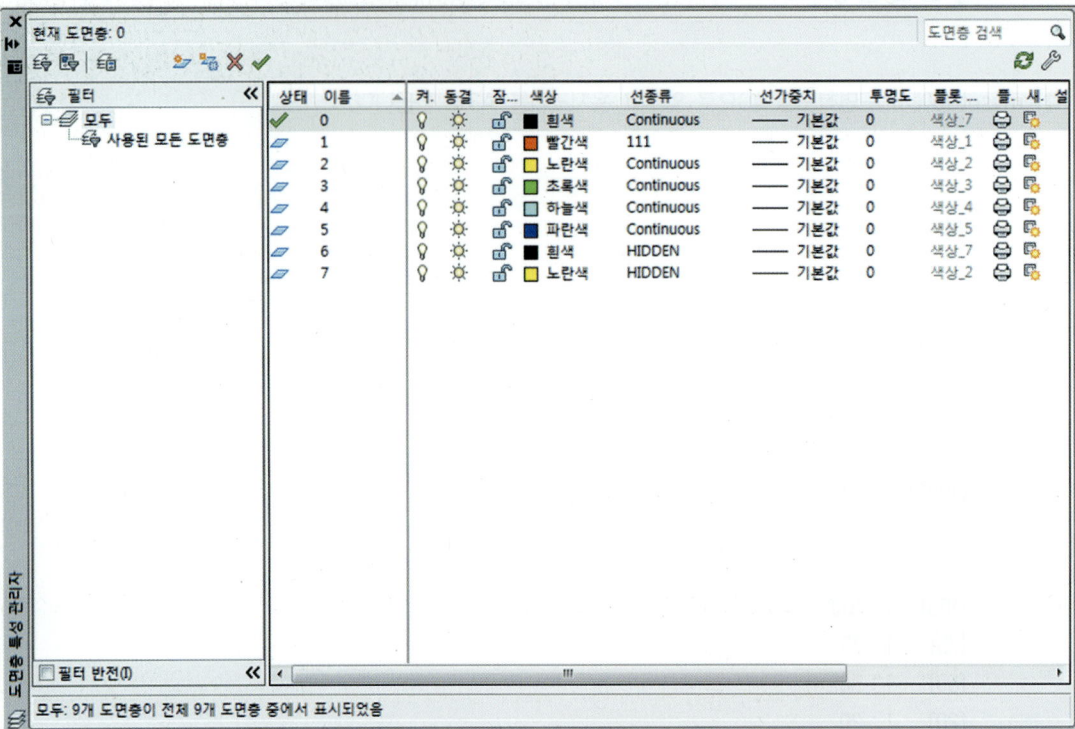

지붕입단면 그리기

3_ line을 이용하여 중심선을 작도하고 임의로 테두리보를 만든 뒤 offset으로 600만큼 띕니다.

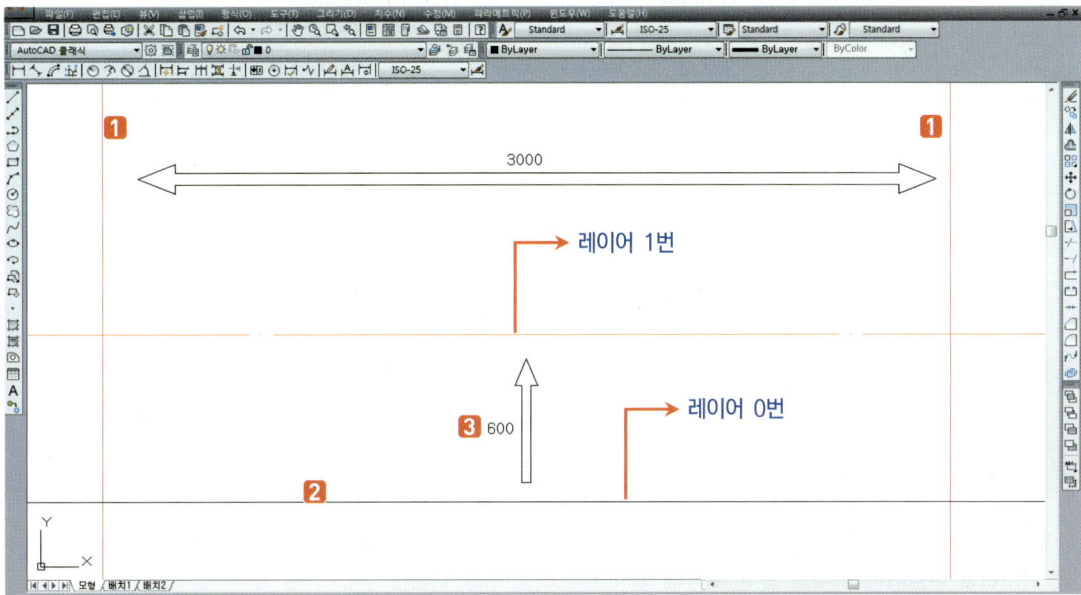

※ lts를 이용하여 척도 40을 줍니다. 거리 3000은 임의로 한 것이며 시험출제 평면도에서 거리측정 후 작업합니다.

4_ line을 이용하여 벽 중심선과 처마높이 교차지점(✕ 표시)에서 조건에 맞는 물매를 작도합니다.

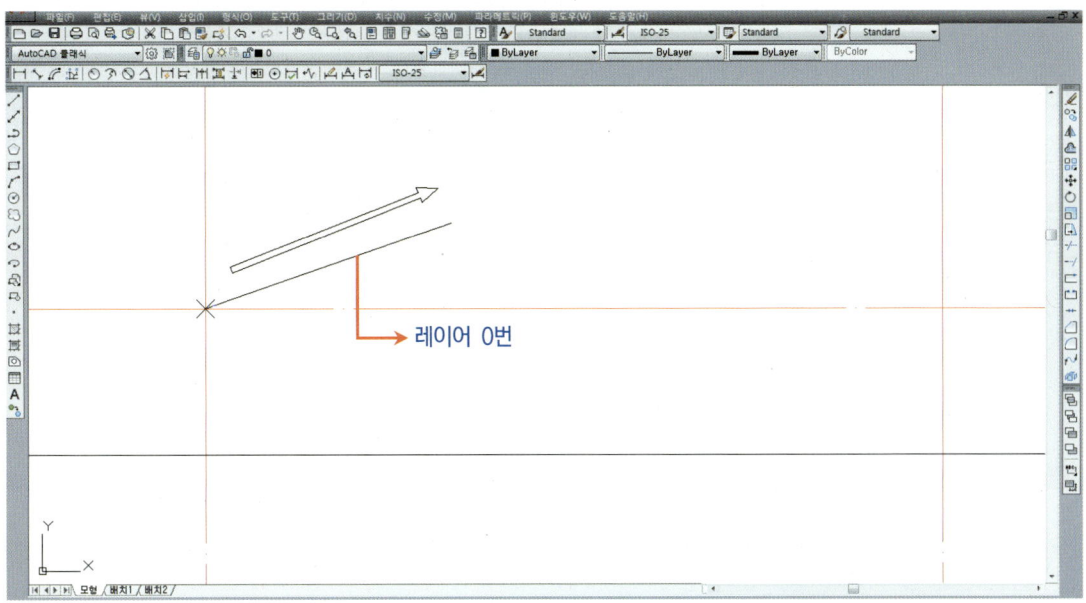

※ 물매는 상대좌표로 작도하며 여기서는 3.5/10물매 즉, @1000,350으로 작도합니다. 또한 물매의 시작은 반드시 지붕의 가장 외곽에서 시작해야 하는 것을 주의하기 바랍니다.

5_offset을 이용하여 slab의 간격(hidden 선)을 띄고 벽체 중심선에서 처마나옴을 띕니다.

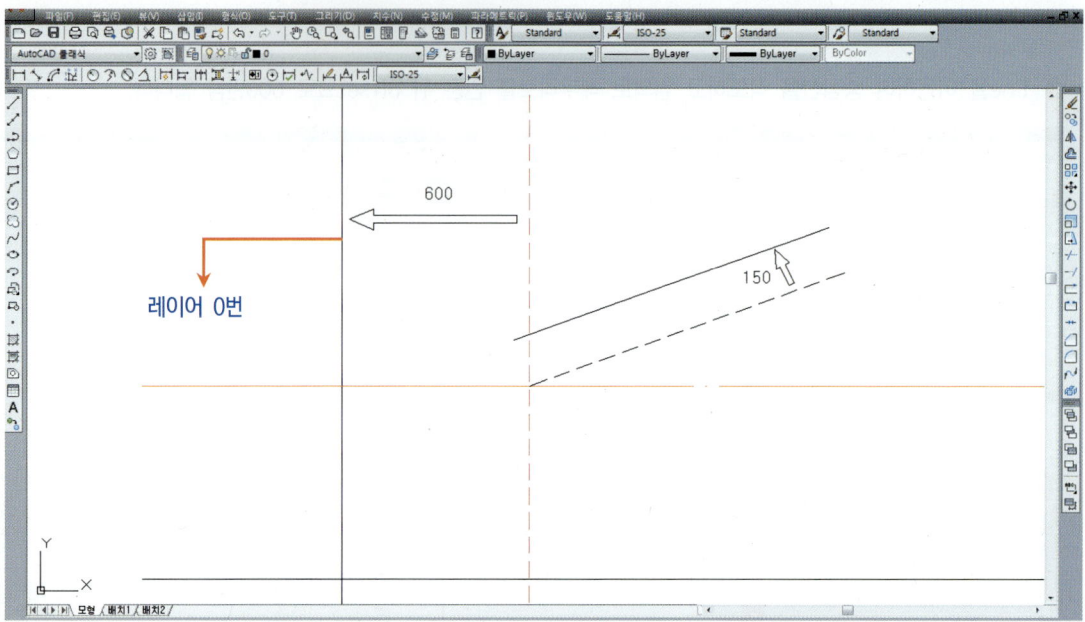

6_fillet을 이용하여 아래와 같이 처마의 모서리(네모 클릭)를 다듬습니다.

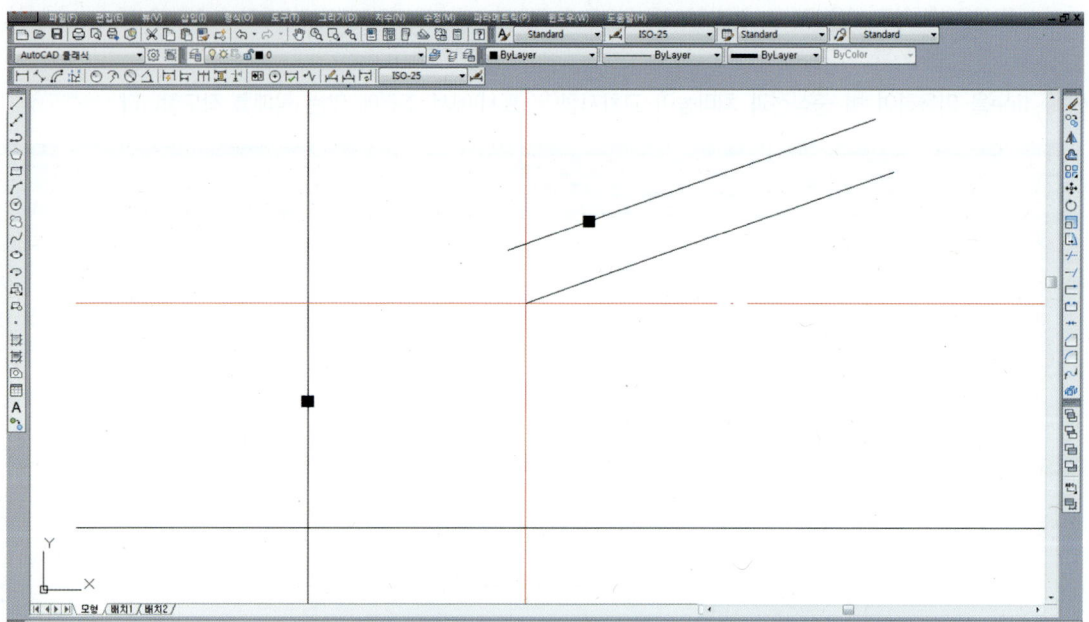

7_ line을 이용하여 처마의 모서리(X 표시)에서 벽체중심선까지 선을 그은 뒤 move를 이용하여 아래와 같이 이동합니다.

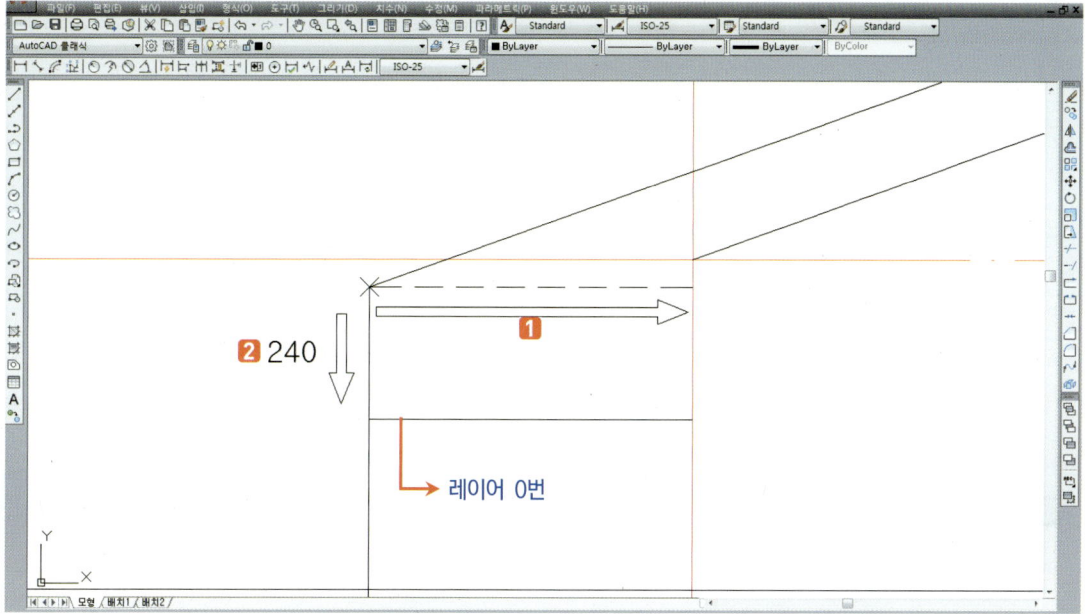

8_ fillet을 이용하여 아래와 같이 처마의 모서리(네모 클릭)를 다듬고 move를 이용하여 지붕의 물매를 만들었던 line(hidden 선)을 아래와 같이 처마의 끝 지점(동그라미 부분)으로 이동합니다.

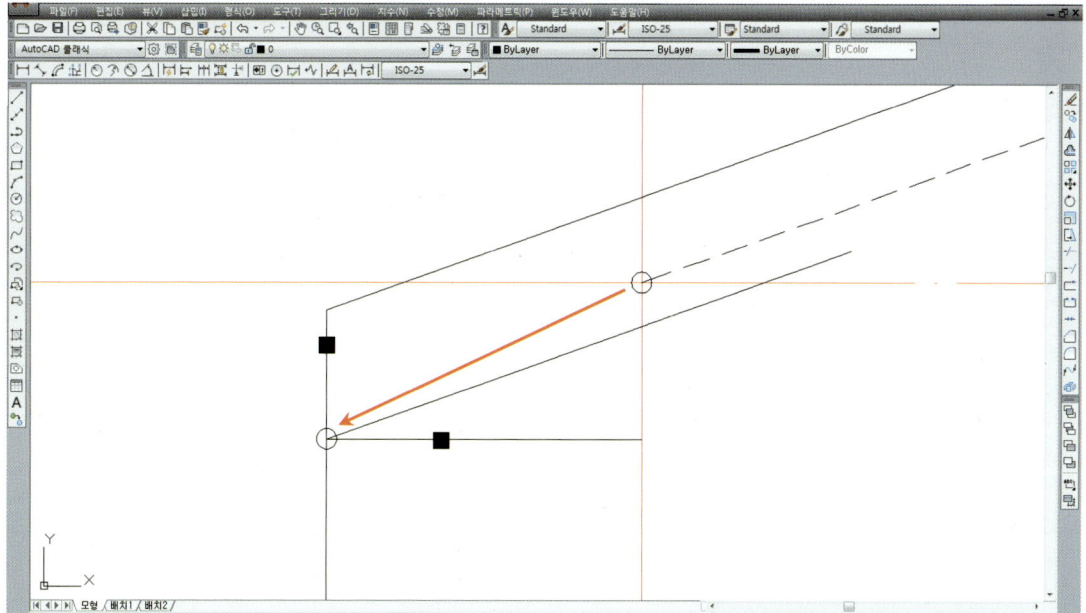

9_ trim를 이용하여 처마내부(hidden 선)를 자르고 line을 이용하여 벽체 중심선 사이(✗ 표시)에 선을 작도합니다.

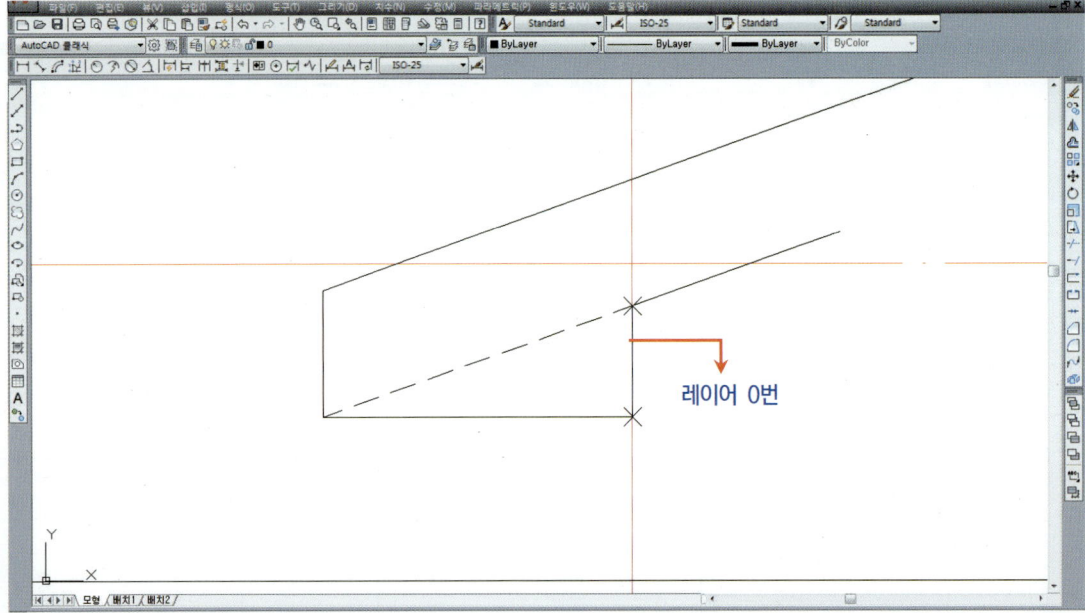

레이어 0번

10_ offset 및 line과 extend 등을 아래와 같이 기와의 작도 간격을 맞춥니다.

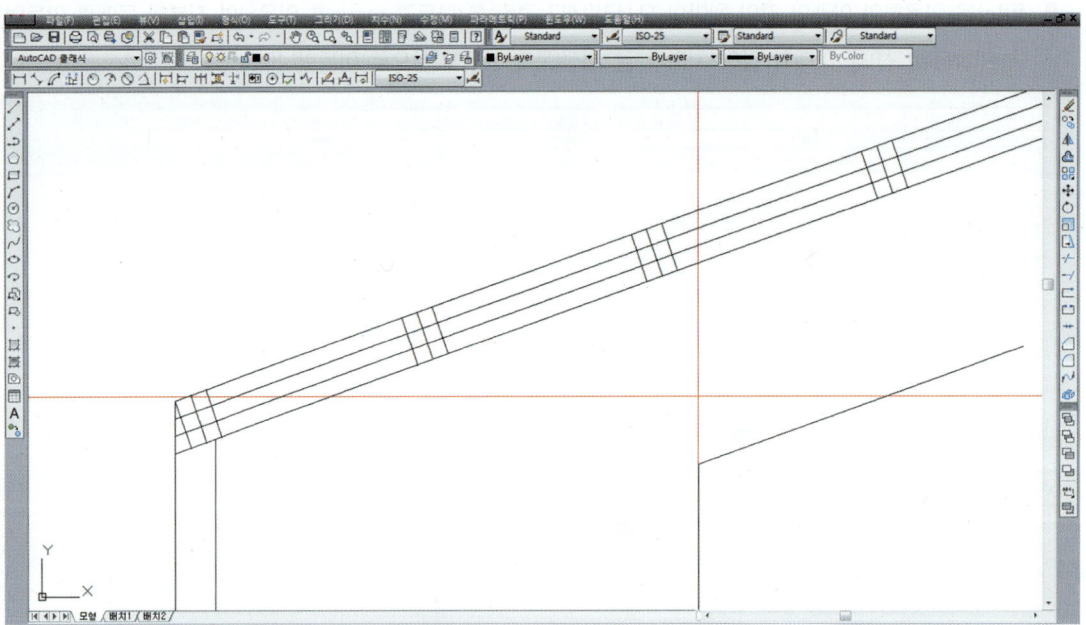

※ 기와의 간격 등은 처마부분단면상세도-2를 참고합니다.

11_ line과 copy를 이용하여 아래와 같이 만듭니다.

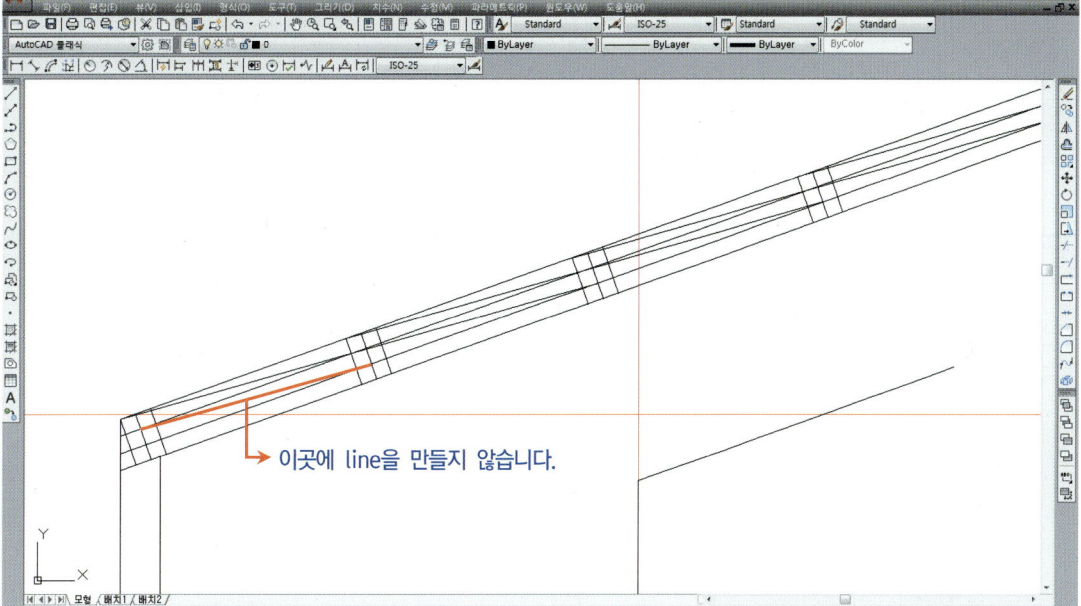

12_ copy를 이용하여 미완성의 기와(hidden 선)를 임의의 위치에 복사해 둡니다.

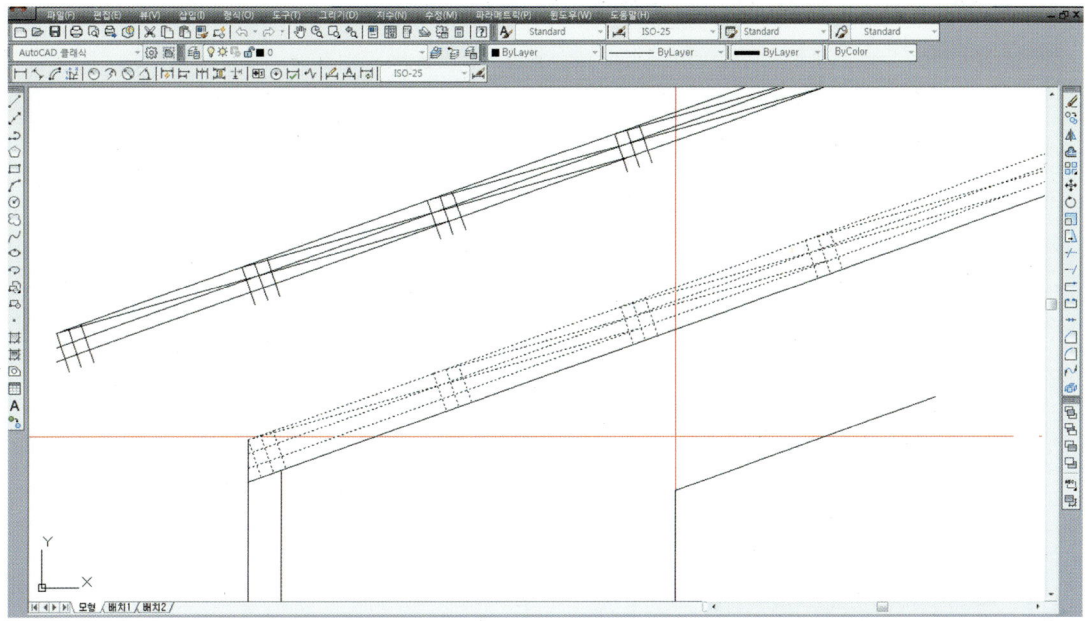

※ 지붕의 입면과 단면을 함께 작도할 경우 미완성 기와를 미리 복사해 놓아야 합니다. 이유는 단면기와의 작도를 위해 또다시 작업하지 않기 위함입니다. 반드시 미리 복사를 해두기 바랍니다.

13_fillet을 이용하여 기와의 모서리 (네모 클릭) (삼각형 클릭) (동그라미 클릭) 부분을 다듬습니다.

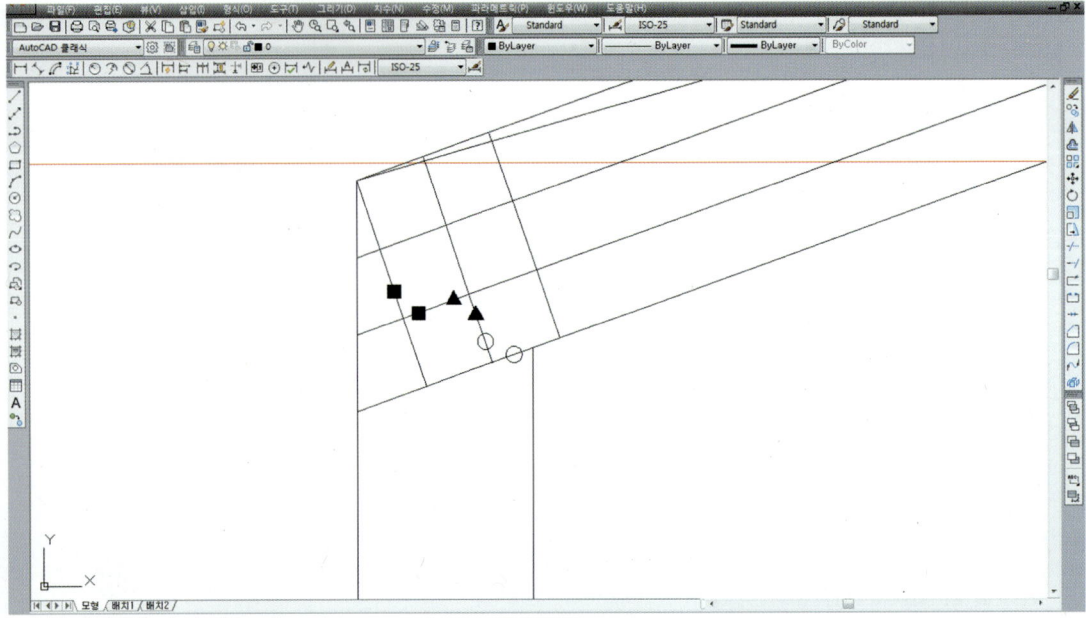

※ 기와의 모서리 편집은 처마단면부분에서 배운 기와단면과는 차이가 나기 때문에 주의를 요합니다.

14_erase를 이용하여 아래와 같이 불필요한 부분(hidden 선)을 삭제합니다.

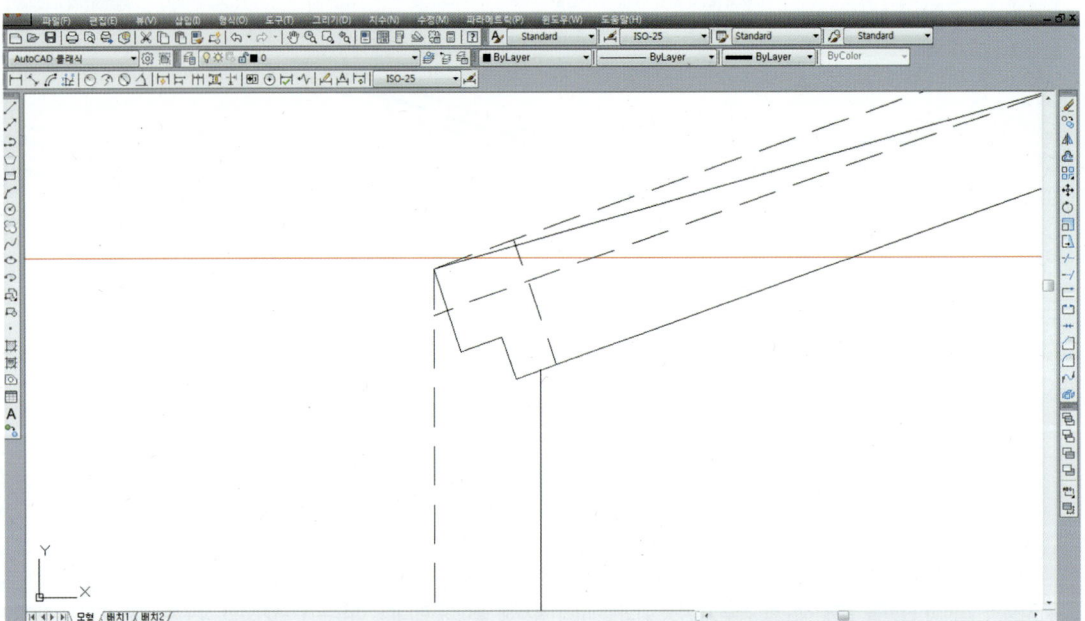

15_ erase를 이용하여 아래와 같이 나머지 불필요한 부분(hidden 선)도 삭제합니다.

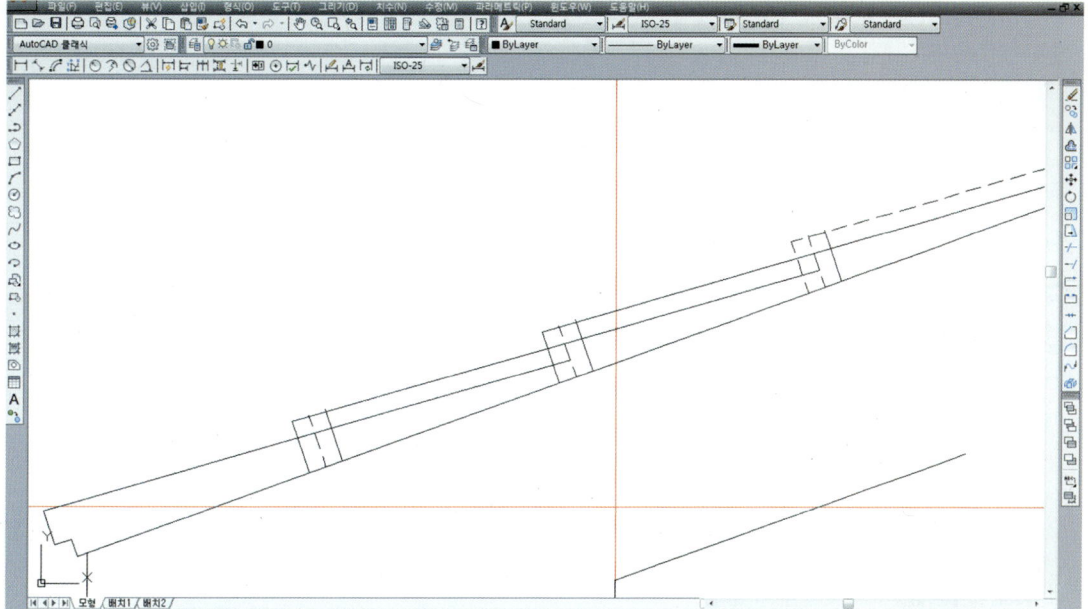

16_ fillet을 이용하여 처마의 모서리(네모 클릭)를 다듬습니다.

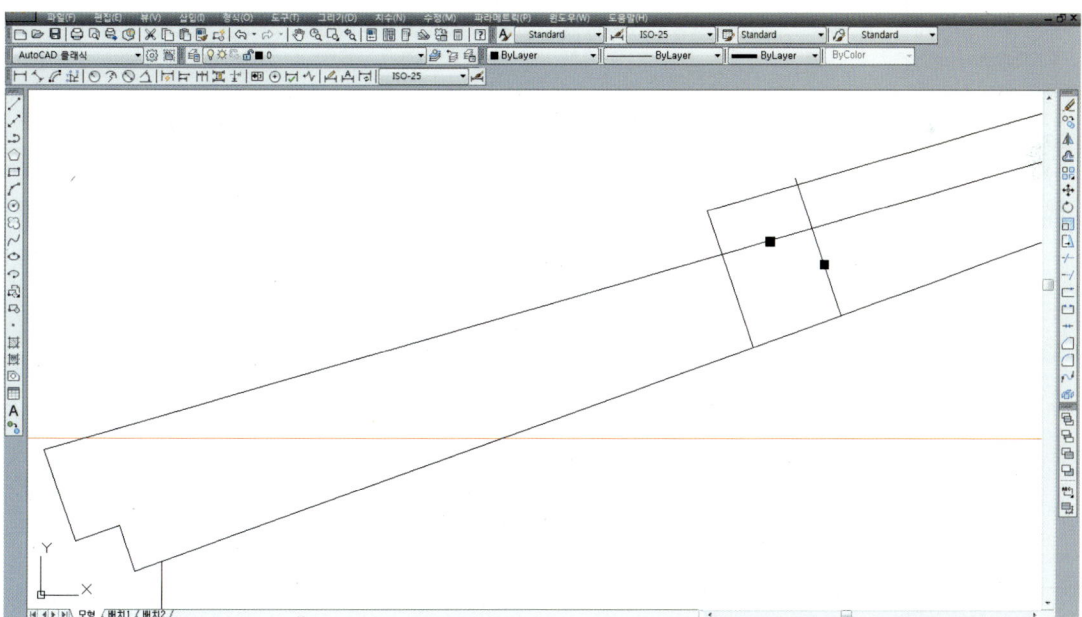

17_ fillet을 이용하여 나머지 기와의 모서리 (삼각형 클릭) (동그라미 클릭) 부분을 다듬습니다.

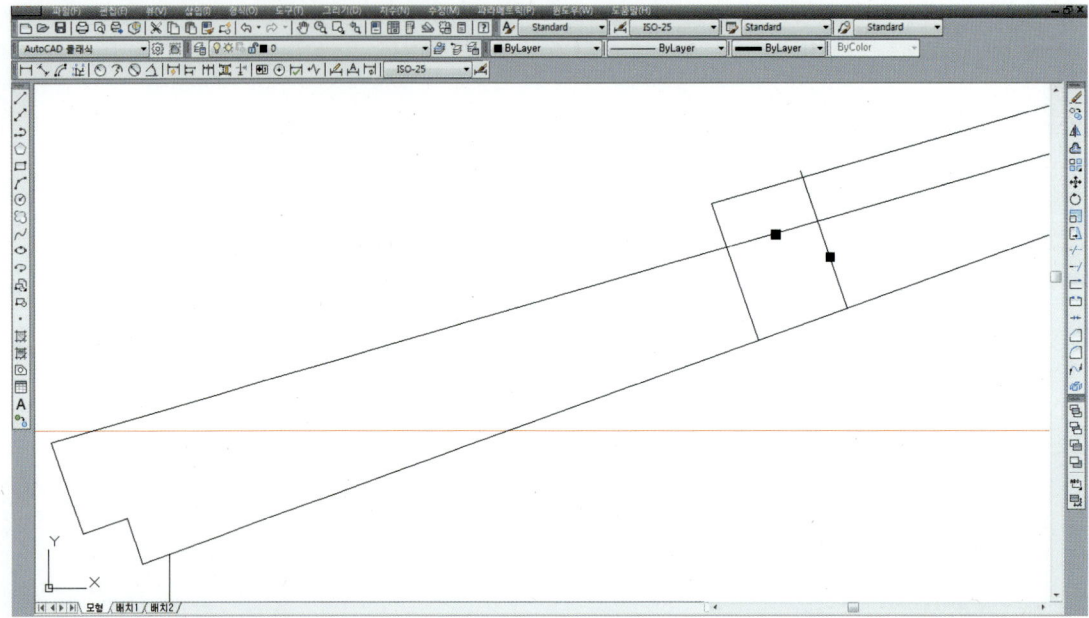

18_ trim을 이용하여 아래와 같이 기와(hidden 선)를 잘라냅니다.

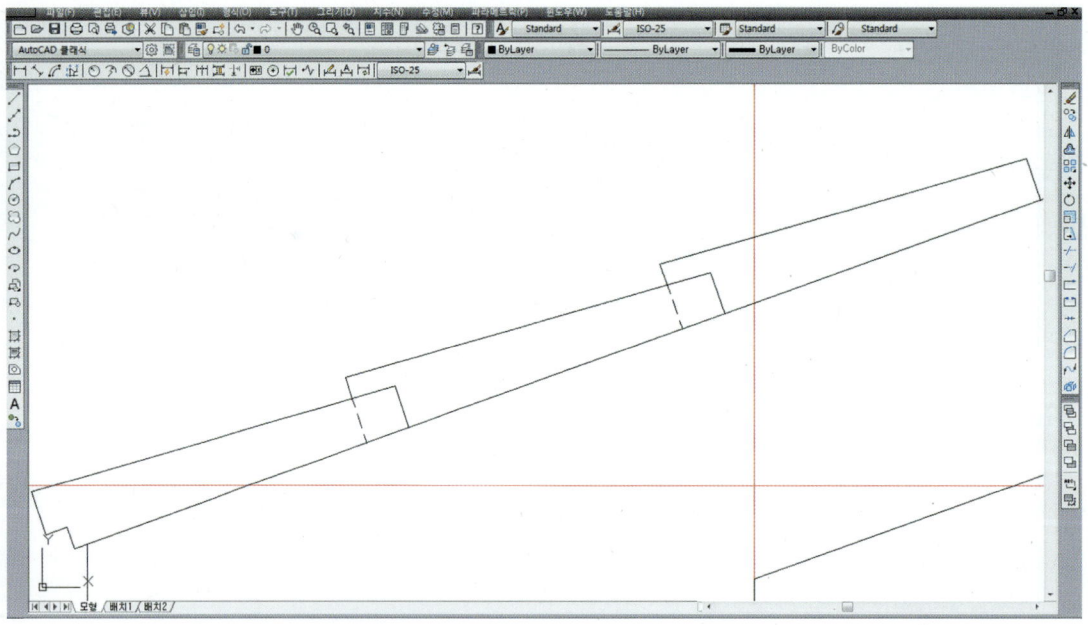

19_ copy를 이용하여 중심선을 임의의 위치에 복사한 뒤 절단선으로 만들고 extend를 이용하여 그 절단선까지 지붕 윗선을 연장(✗ 표시)합니다.

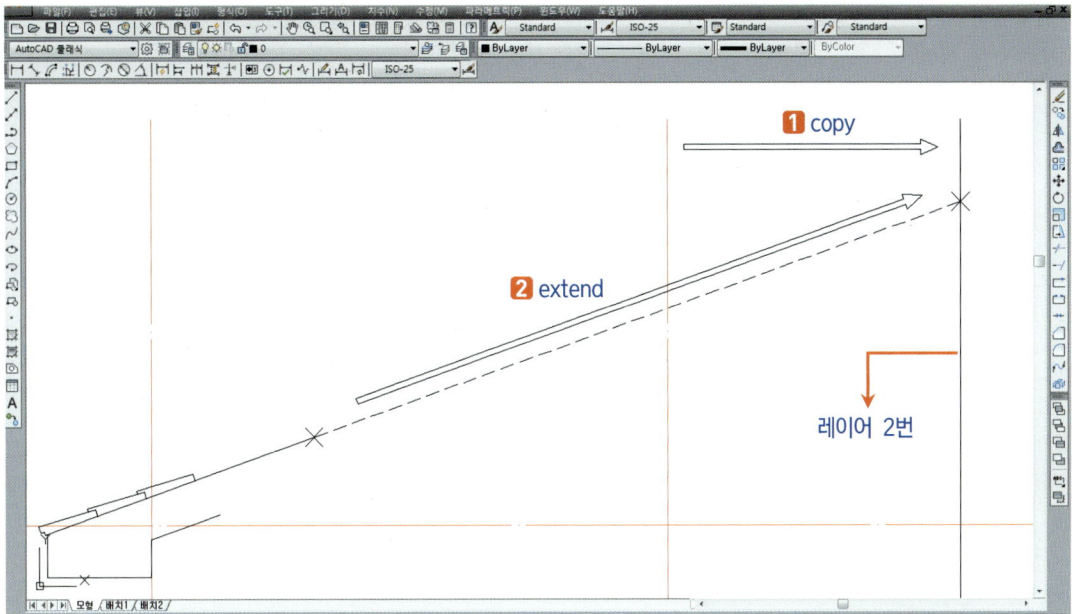

20_ 처마 및 지붕 내부의 단면을 작도하기 위해 동그라미 친 부분을 확대합니다.

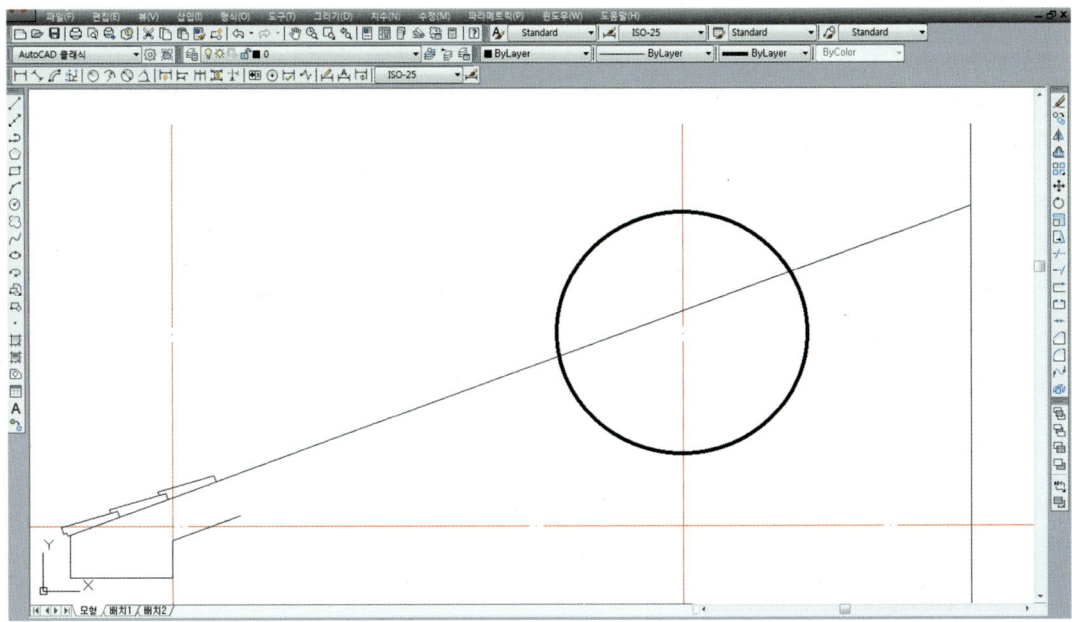

21_ offset을 이용하여 입면지붕의 위쪽 line(hidden 선)에서 아래쪽으로 방수층의 간격을 띄고 offset을 이용하여 150만큼 아래쪽으로 간격을 띄어 슬랩을 만듭니다.

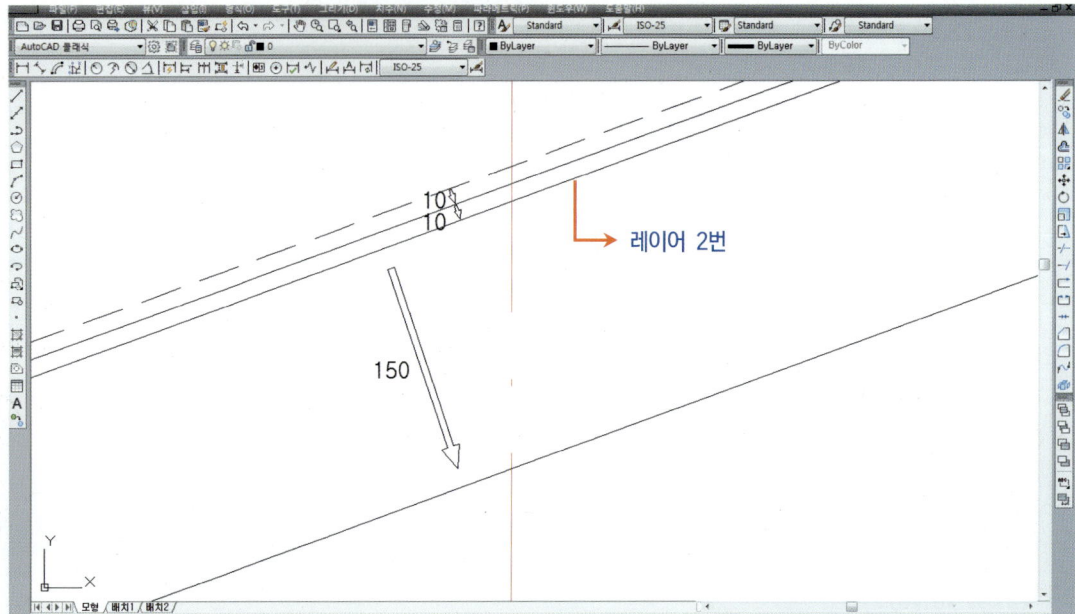

22_ offset을 이용하여 벽체 중심선에서 처마나옴을 띄고 offset을 이용하여 몰탈과 slab의 간격을 띕니다.

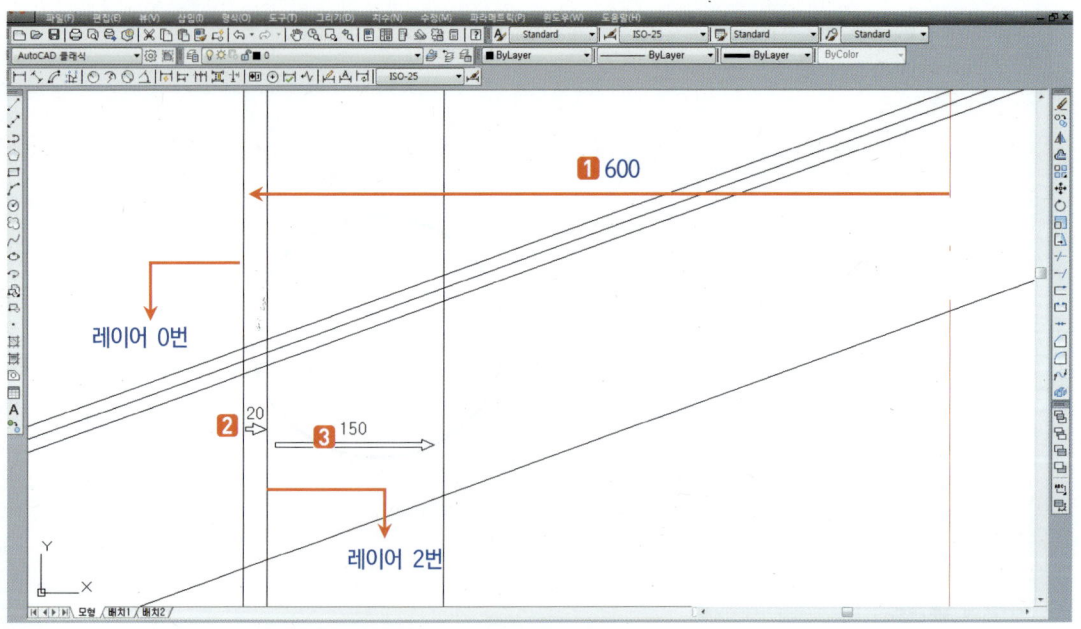

※ 처마나옴 간격 및 몰탈 두께 등은 처마부분단면상세도-1을 참고하기 바랍니다.

23_ fillet을 이용하여 처마의 모서리 부분 (네모 클릭) (삼각형 클릭)을 다듬습니다.

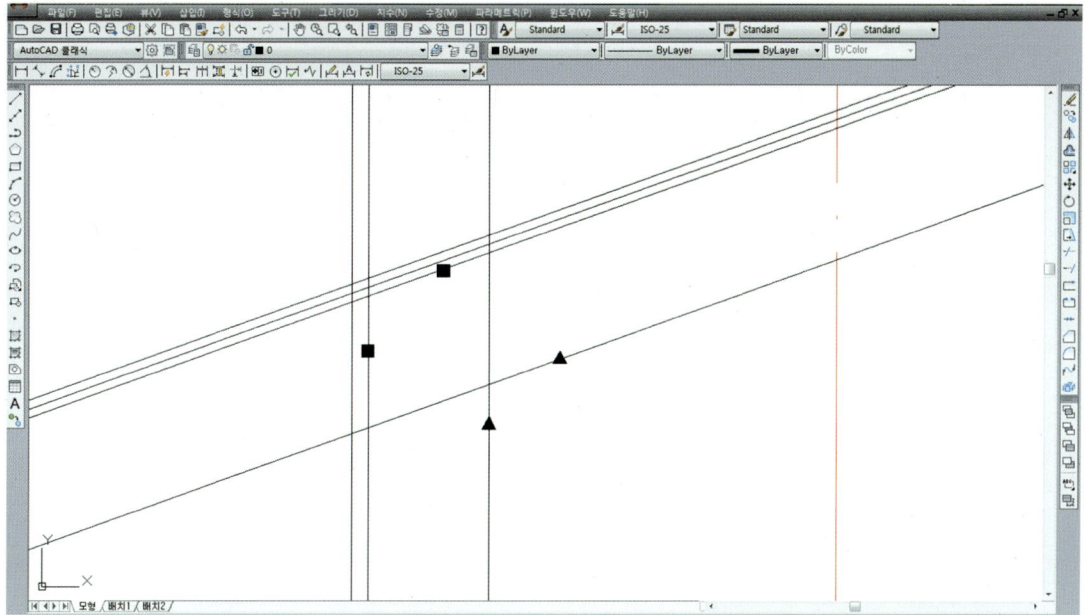

24_ trim을 이용하여 아래와 같이 방수와 몰탈 외곽(파란 선)을 잘라냅니다.

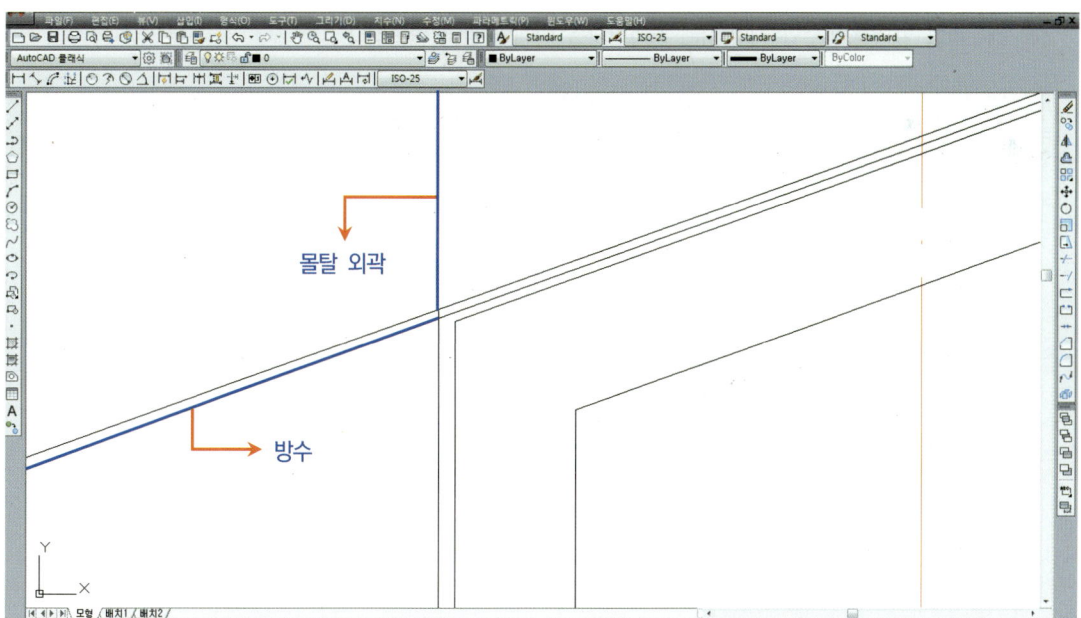

25_ offset을 이용하여 중심선(hidden 선)에서 아래와 같이 테두리보의 간격을 띕니다.

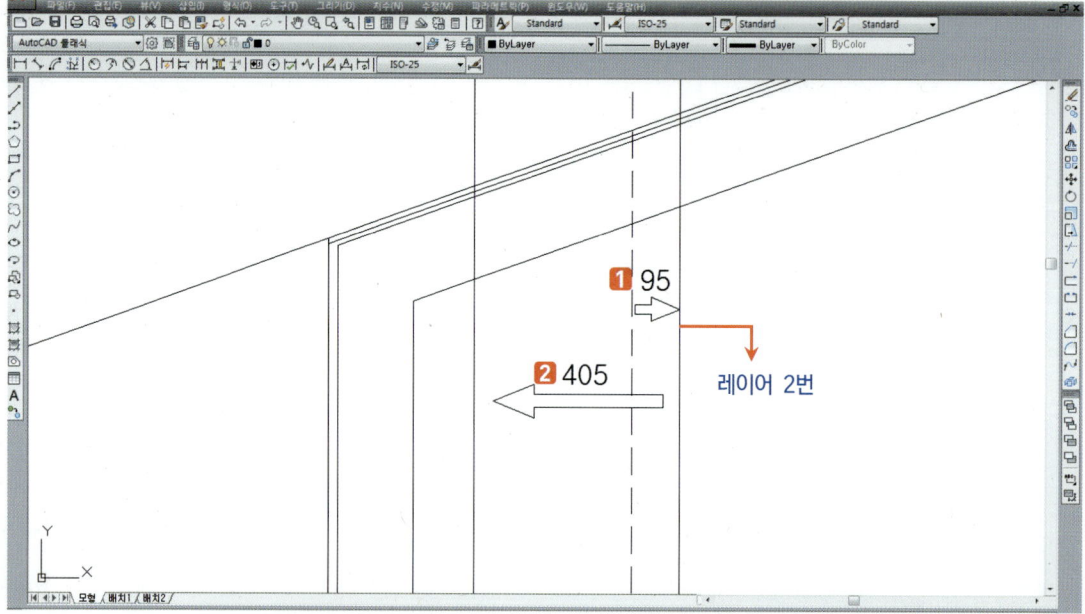

※ 테두리보 두께와 벽체 두께의 작도법은 처마부분단면상세도-1을 참고하기 바라며 여기서는 벽체의 단열재를 125mm으로 가정하고 작도하였습니다.

26_ 테두리보 및 액체방수와 처마부분, 처마반자를 아래와 같이 만듭니다.

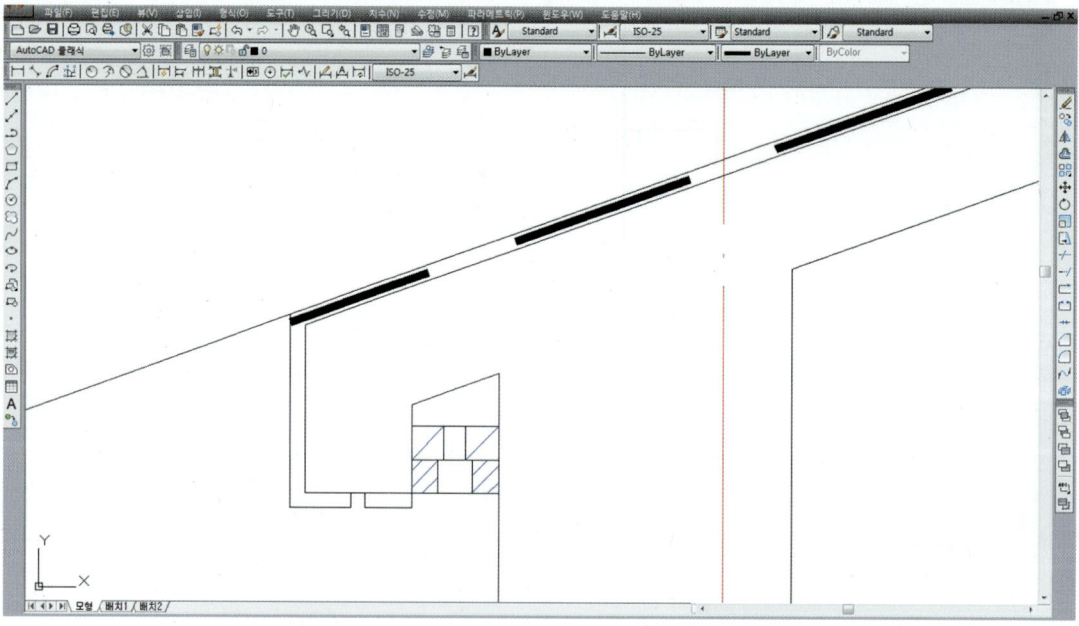

※ 테두리보, 액체방수, 처마 및 처마반자의 작도법은 처마부분단면상세도-1을 참고하기 바랍니다.

27_offset을 이용하여 기와가 부착될 위치의 간격(hidden 선)을 띈 후 fillet을 이용하여 아래와 같이 모서리(네모 클릭)를 다듬습니다.

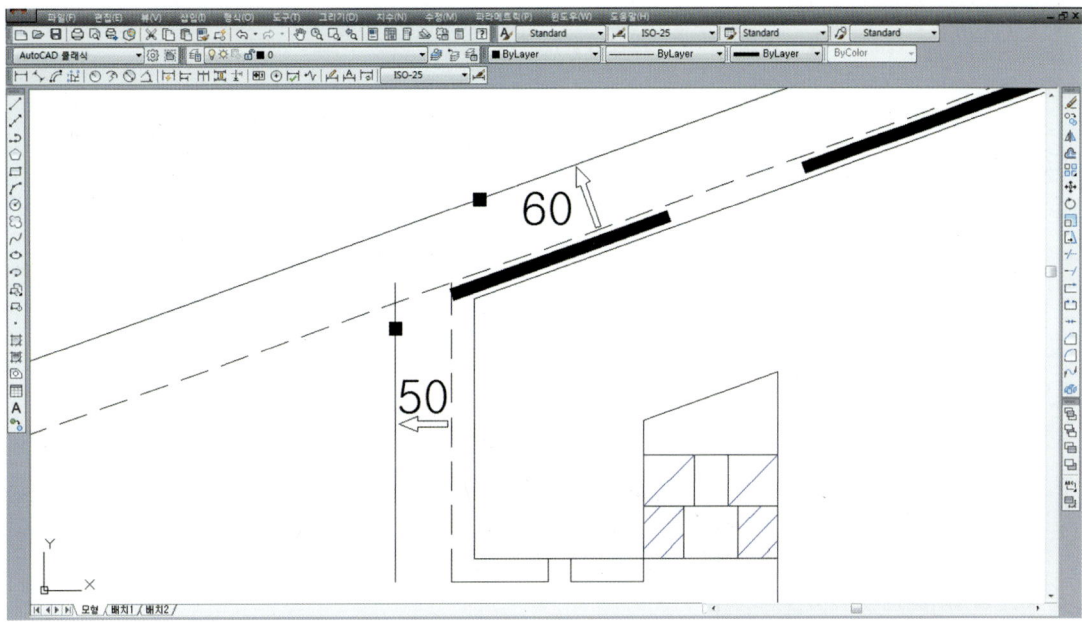

※ 기와가 시작되는 지점에 대한 내용은 처마부분단면상세도-2를 참고하기 바랍니다.

28_line을 이용하여 복사해 놓은 기와에 아래와 같이 선(✖ 표시 사이의 빨간 선)을 작도합니다.

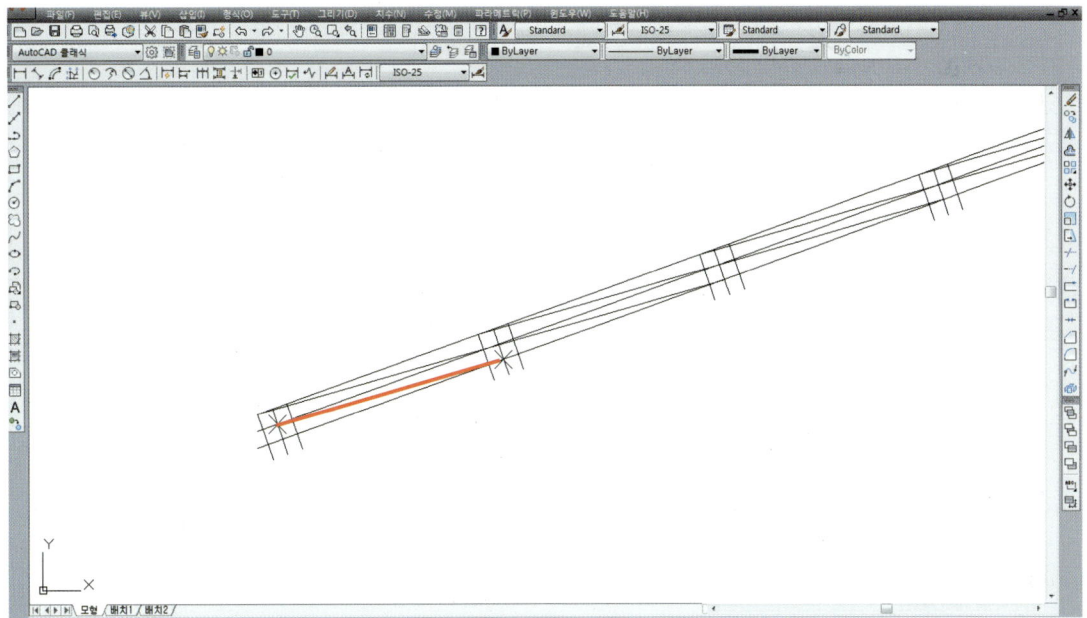

※ 12번 작도에서 반드시 기와를 복사해야 함을 강조하였습니다.

29_ 아래와 같이 기와를 편집하고 move를 이용하여 기존에 만든 부착지점(✕ 표시)에 이동한 뒤 부착선을 지우고 extend를 이용하여 기와의 나머지를 연장합니다.

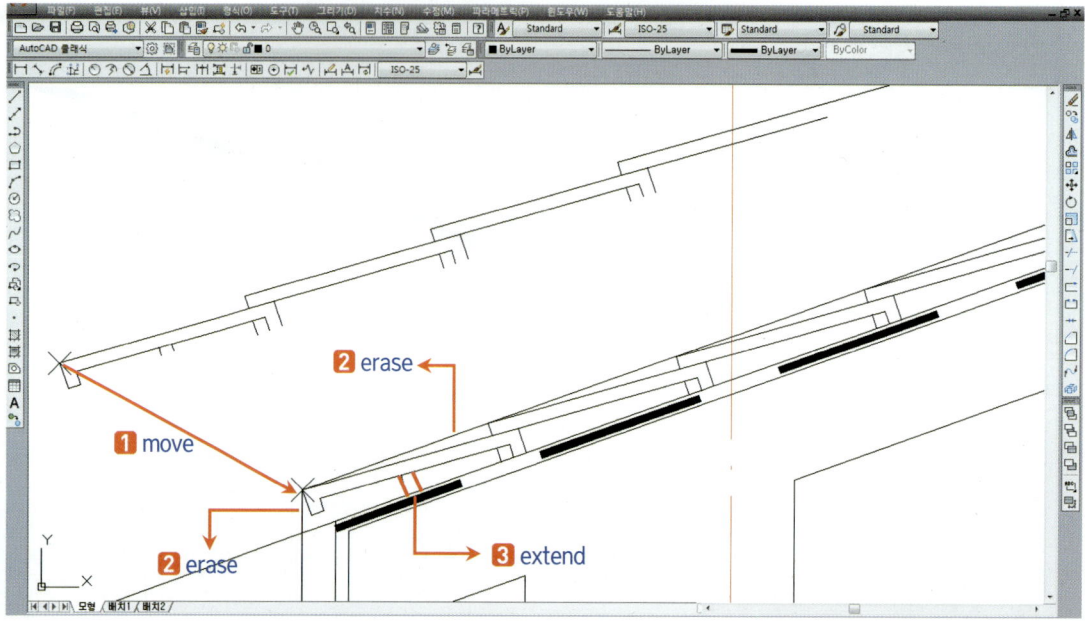

※ 기와작도방법은 처마부분단면상세도-2를 참고하기 바랍니다.

30_ copy를 이용하여 입면 기와(파란 선)를 단면기와 있는 곳까지 복사합니다.

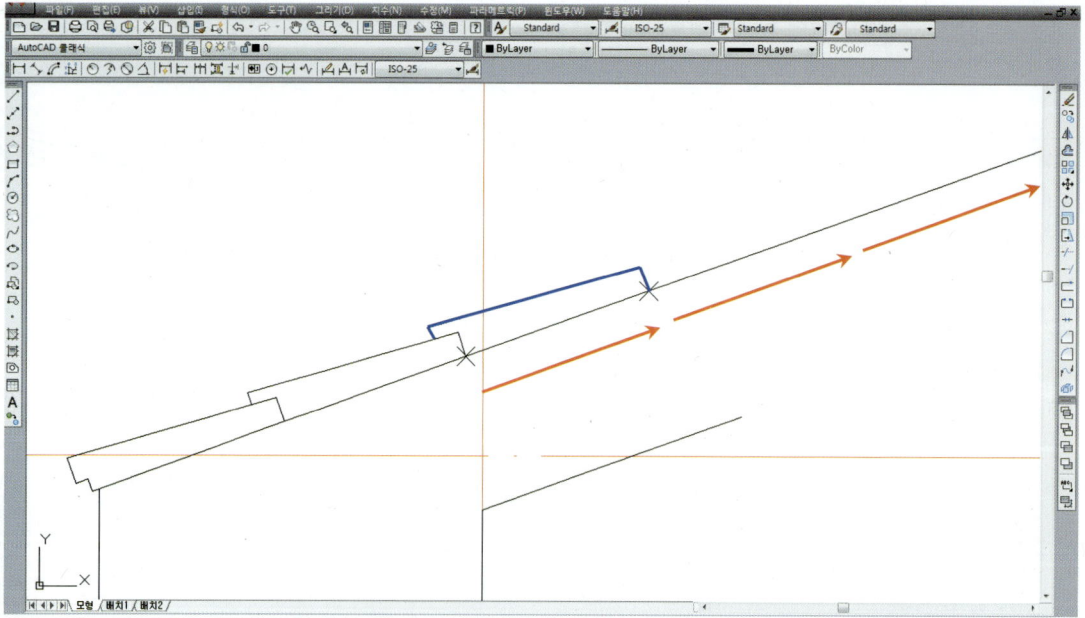

31_ trim과 erase를 이용하여 입면기와와 단면기와가 교차되는 곳을 편집(빨간 동그라미)하고 extend를 이용하여 입면처마를 단면처마까지 연장합니다.

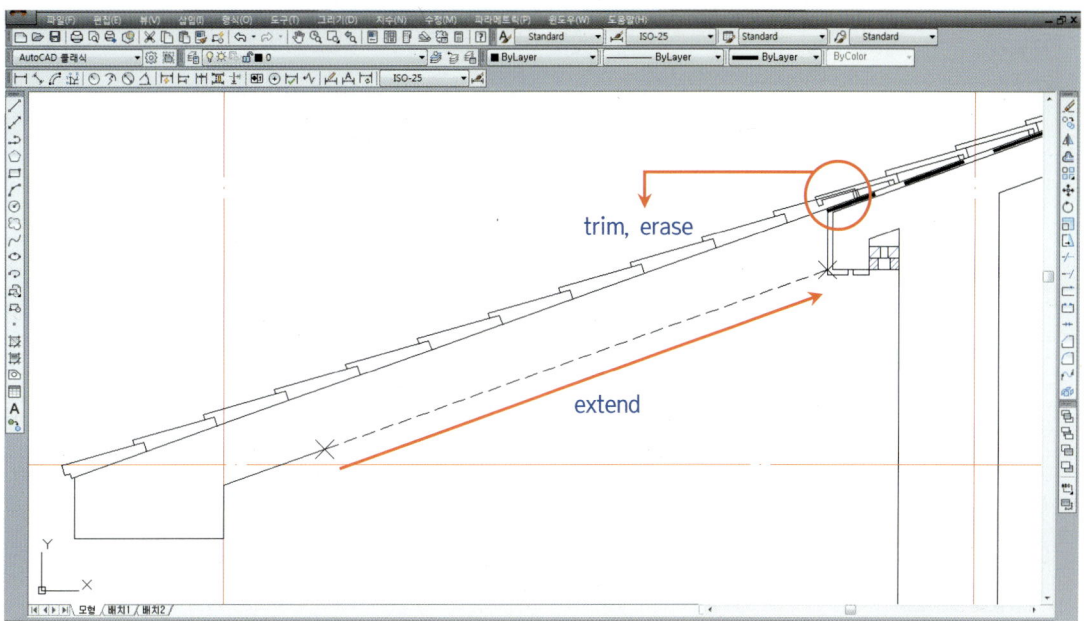

32_ 기와 생략선을 만들고 절단선 기준으로 짧은 물체와 긴 물체를 trim 및 extend를 이용하여 편집합니다.

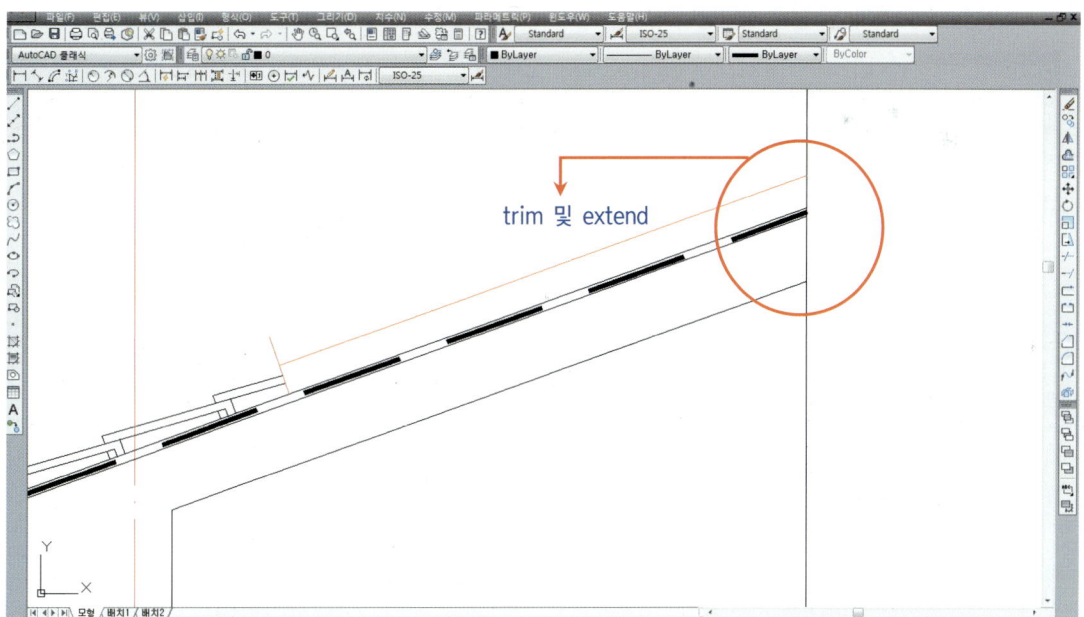

33_ copy를 이용하여 단면 벽(hidden 선)을 입면벽체가 자리 잡을 곳에 복사(✕ 표시에서 ✕ 표시까지)하고 trim을 이용하여 입면 벽과 테두리보 부분(빨간 선)을 잘라냅니다.

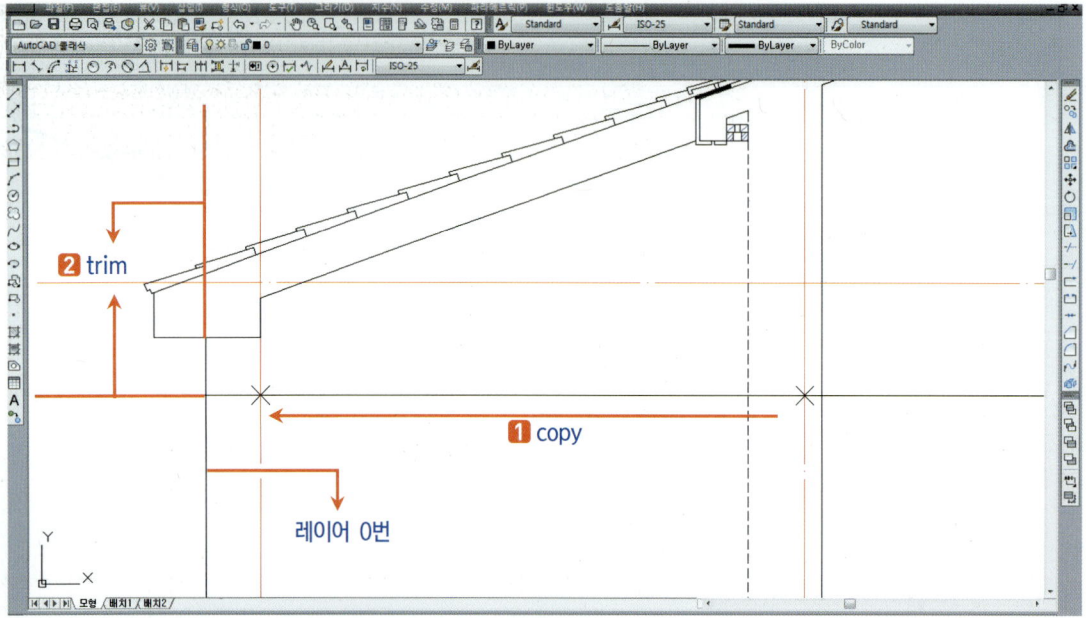

34_ trim을 이용하여 테두리보 밑선(hidden 선)을 잘라낸 뒤 line을 이용하여 선을 작도하고 테두리보 밑선을 기준으로 아래의 두 선을 잘라냅니다.

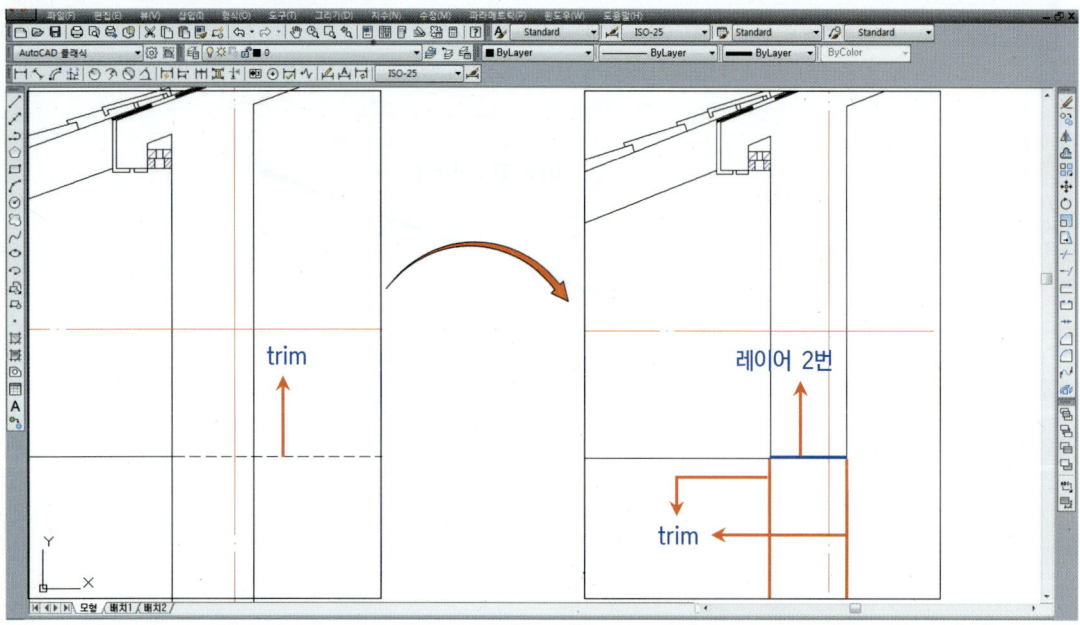

35_반자 내부에 들어갈 부재(반자틀, 달대, 달대받이 등)를 작도합니다.

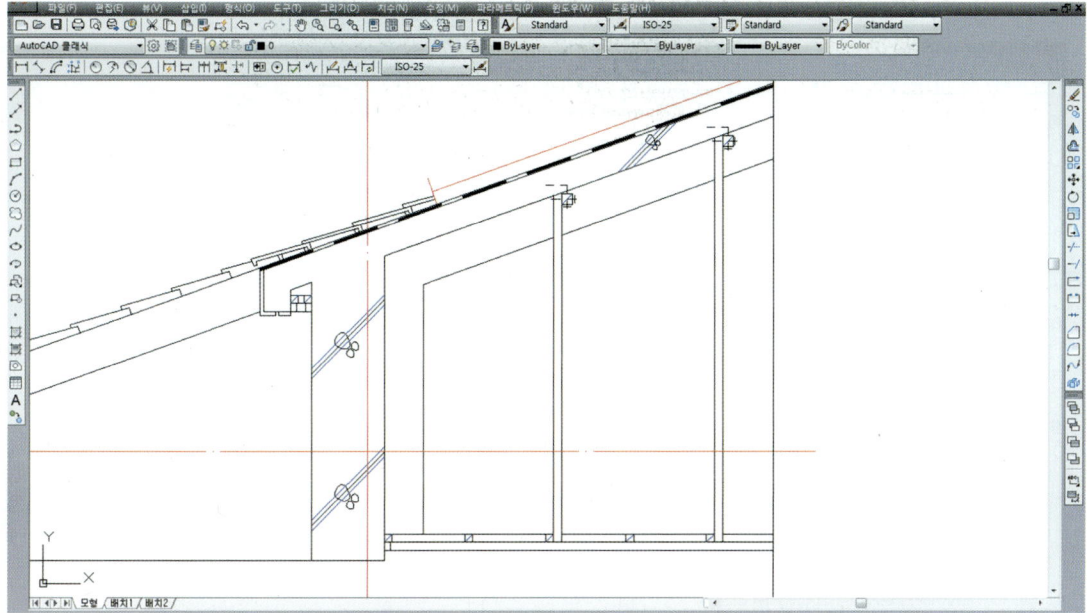

※ 지붕단열재는 220mm로 가정하여 작도하였으며 반자내부 작도법은 처마부분단면상세도-2를 참고하기 바랍니다.

36_rectangle을 이용하여 수평펠대를 작도한 뒤 달대와 달대 사이의 임의의 지점에 부착합니다.

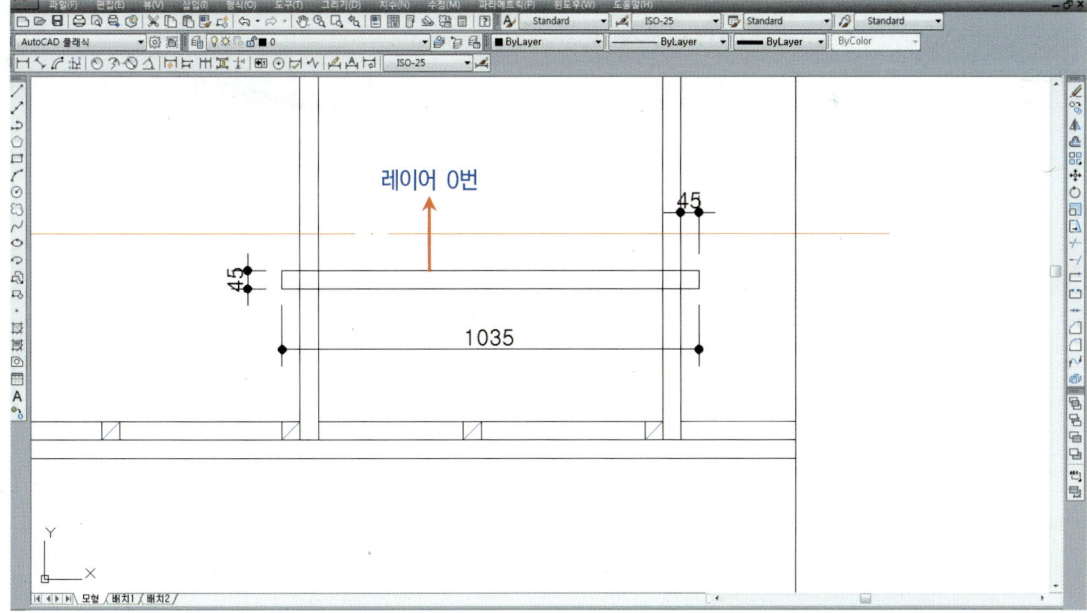

37_ copy를 이용하여 수평펠대를 상부의 있는 달대 임의의 지점에 복사(✕ 표시에서 ✕ 표시까지) 하고 trim을 이용하여 달대와 겹친 부분 및 절단선 바깥(파란 선)을 잘라냅니다.

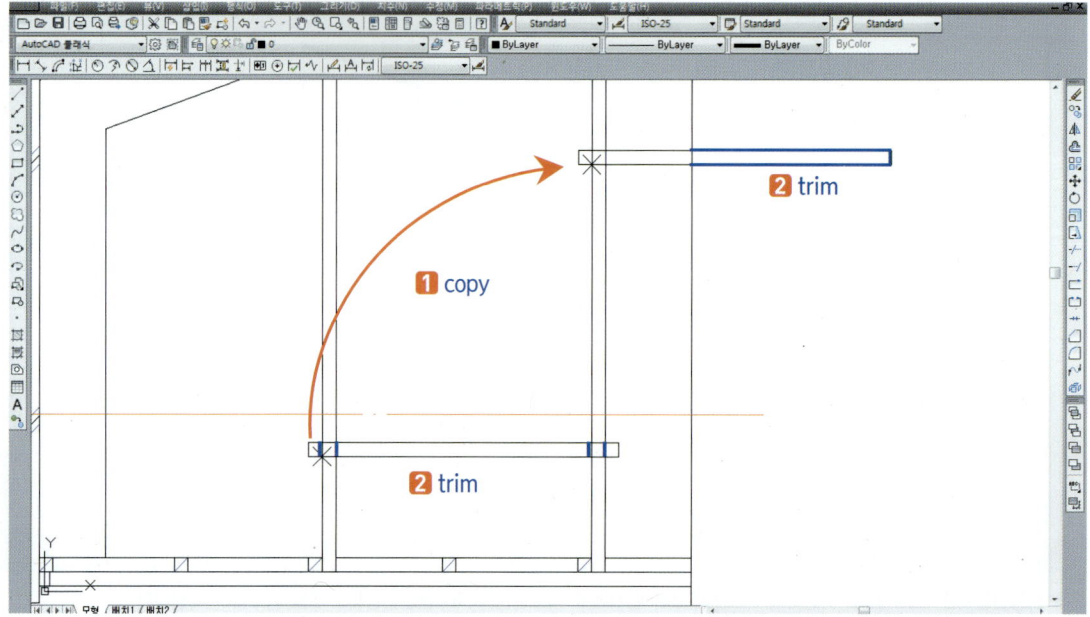

38_ 해치 및 부재표시와 처마홈통, 글자를 작도하고 기입합니다.

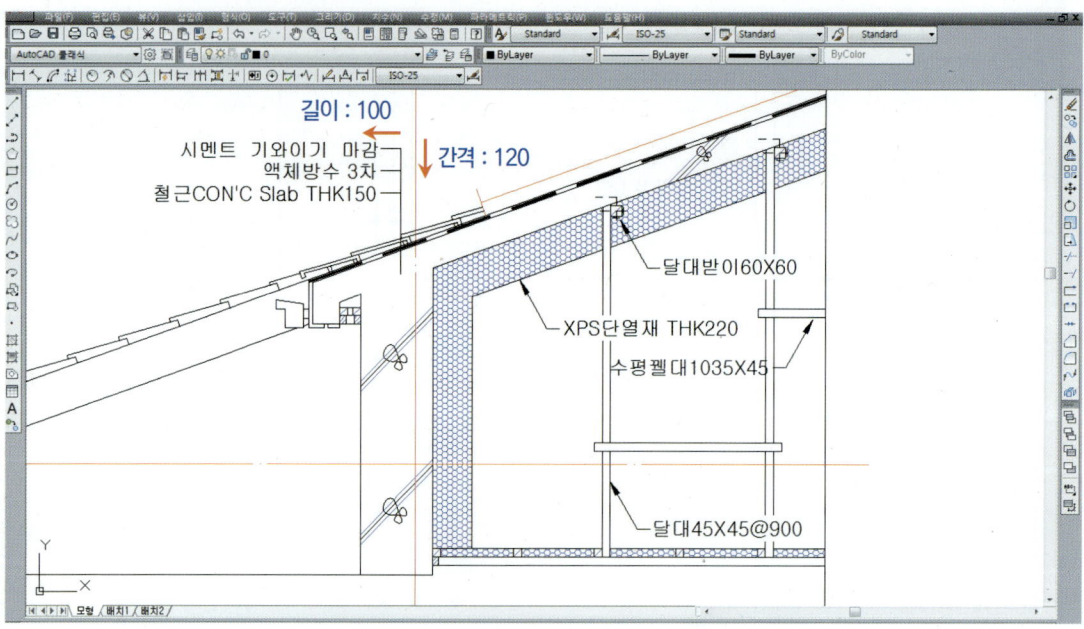

※ A3용지로 바뀌었기 때문에 지시선의 길이는 100, 간격은 120으로 설정하여 작도합니다.

39_ copy를 이용하여 처마홈통(hidden 선)을 입면처마(✕ 표시에서 ✕ 표시까지)에 복사한 뒤 깔때기홈통 및 홈통을 작도합니다.

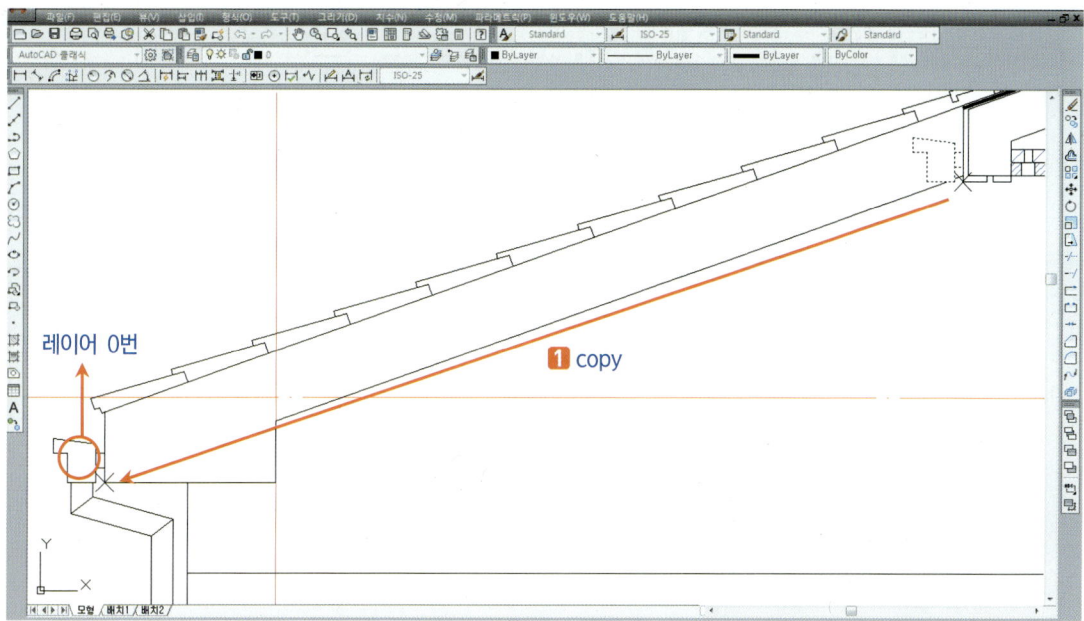

※ 입면처마 쪽에 복사된 처마홈통은 입면이므로 도면층이 0이며 홈통 작도법은 처마부분단면상세도-1을 참고하기 바랍니다.

40_ line을 이용하여 임의 점(✕ 표시)에서 작도 후 offset으로 간격을 띄어 홈통걸이를 만듭니다.

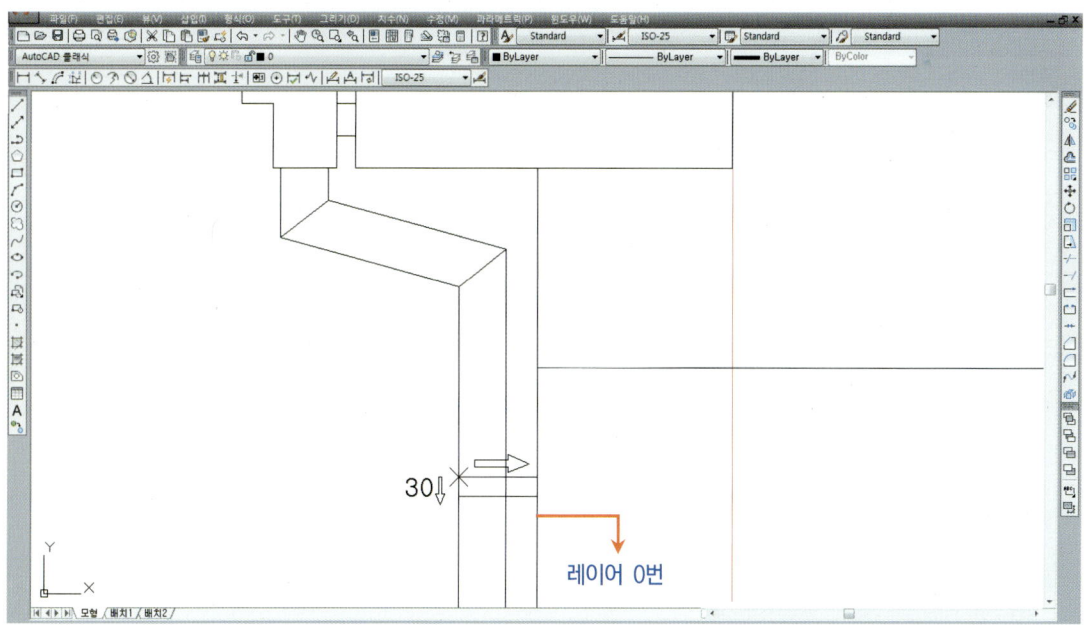

41_ copy를 이용하여 입면지붕(hidden 선)을 임의의 위치로 복사하고 임의의 점(✗ 표시)에서 1000만큼 수평선을 작도한 뒤 임의의 수직선을 내려 그린 뒤 fillet으로 모서리를 다듬습니다.

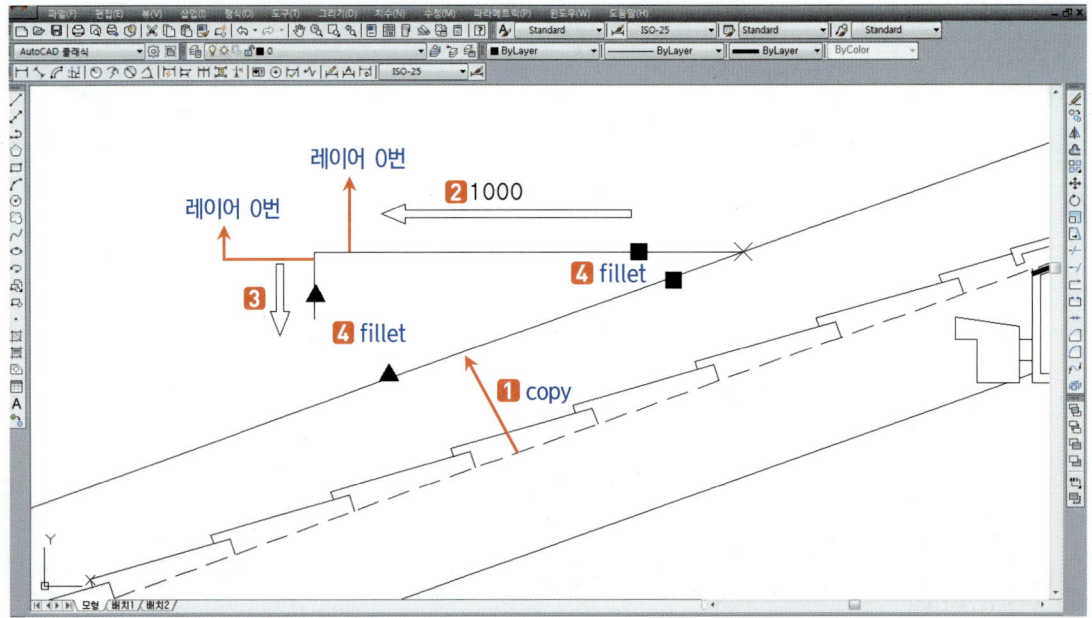

42_ 물매에 기입할 글자를 입력합니다.

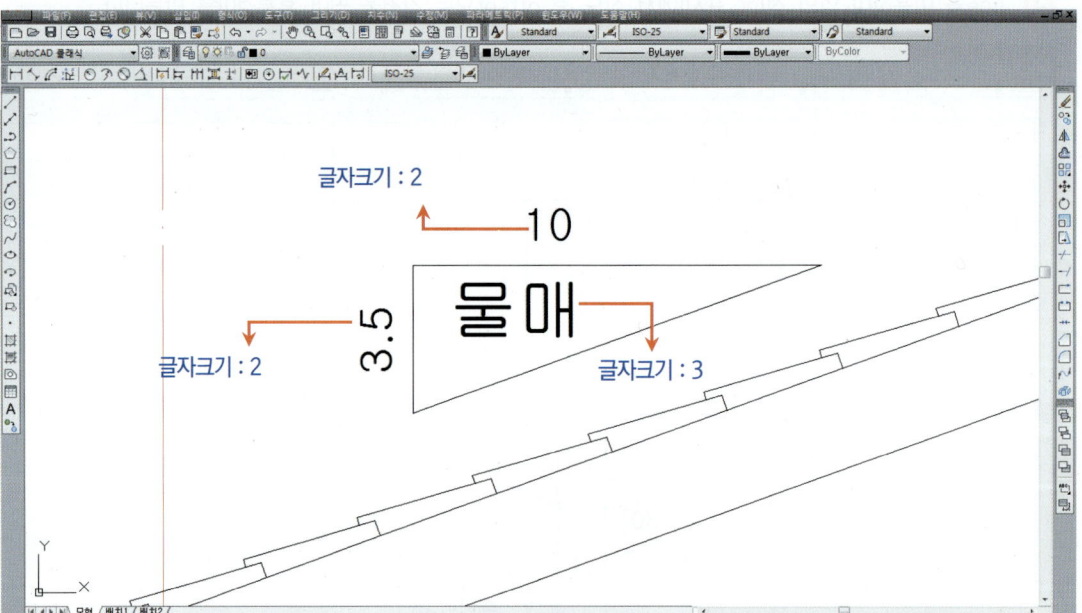

43_도면 하부에 절단 선을 만들고 테라스 창, 벽체 디자인, 글자 등을 만듭니다.

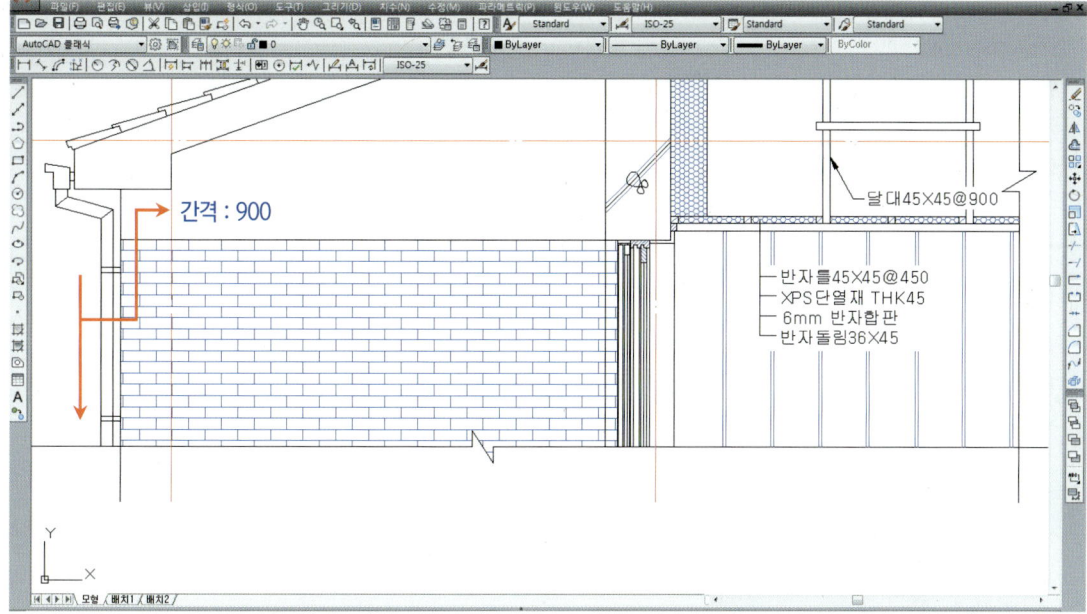

※ 홈통걸이 간격은 900으로 합니다. 또한 테라스 창의 작도방법은 창단면상세도-2를 참고하기 바랍니다.

44_도면 상부에 치수를 기입합니다.

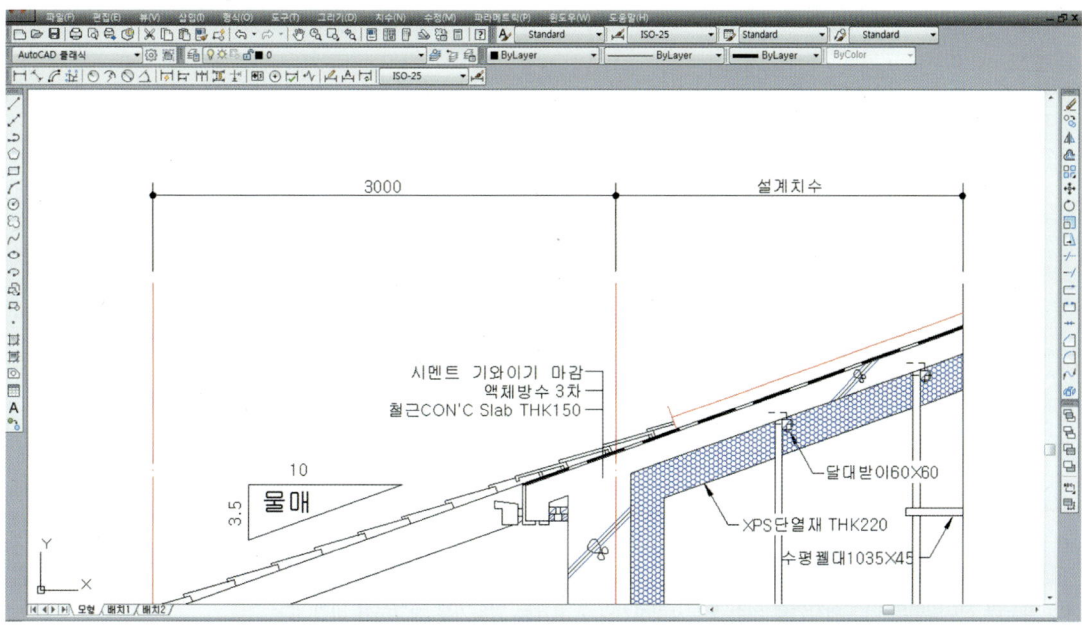

45_ 복합지붕의 이해를 돕기 위한 2D CAD입니다.

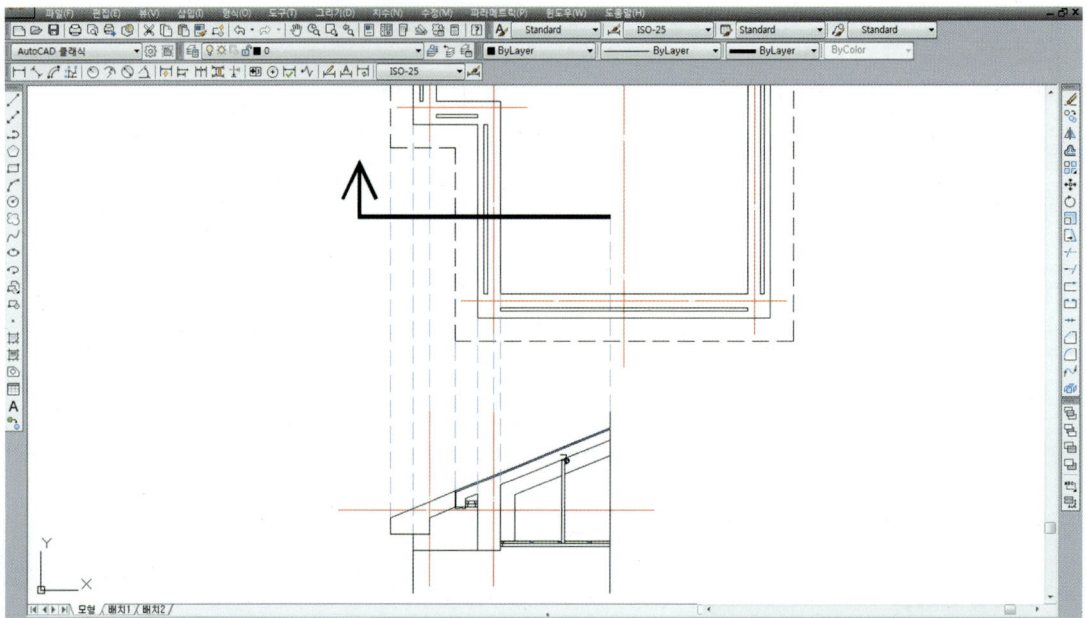

46_ 표제란을 만들고 제목을 기입하여 마무리합니다.

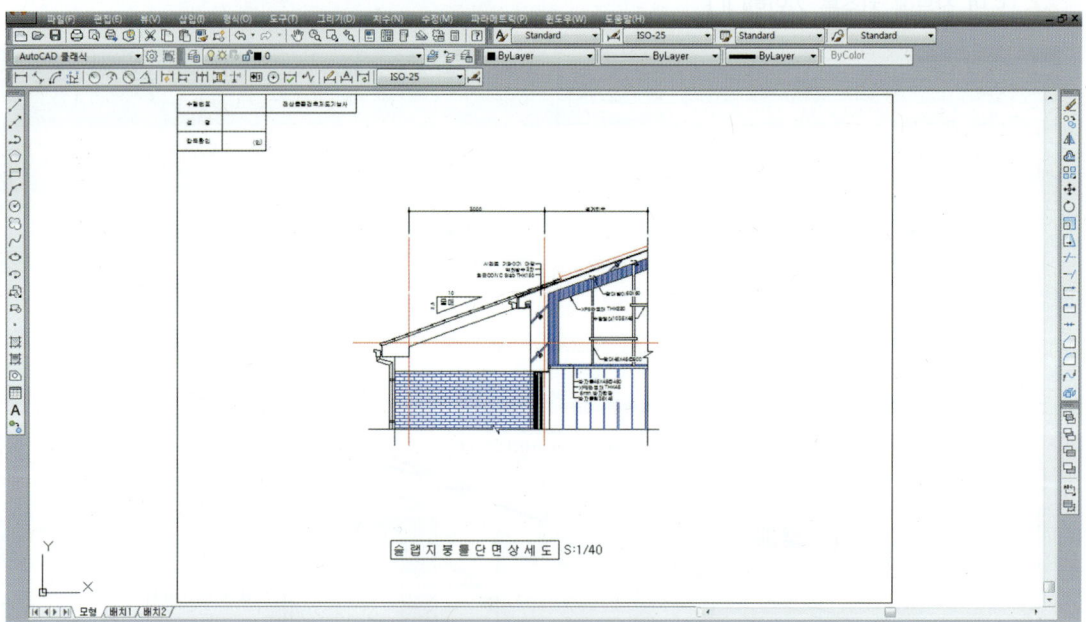

※ 표제란 작도방법은 1) 도면작업을 위한 기본세팅하기의 7. 표제란 만들기를 참고하기 바랍니다.

다음의 지붕입단면상세도를 작도해 보시기 바랍니다.

※ mvsetup을 이용하여 용지 크기와 도면척도를 만드시기 바랍니다.

- 도면크기 : A3
- 도면척도 : 40

[조건]

- 테두리보 두께 : 외부로부터 0.5B(90mm), 시멘트벽돌 1.0B(190mm), 벽 단열재 : 120mm
- 벽체 중심간 거리 : 3000mm
- 테두리보 높이 : 600mm
- 물매 : 4/10
- 처마나옴 : 600mm
- 지붕단열재 : 180mm

다음의 지붕입단면상세도 반대방향으로 작도해 보시기 바랍니다.

※ mvsetup을 이용하여 용지 크기와 도면척도를 만드시기 바랍니다.

- 도면크기 : A3
- 도면척도 : 40

[조건]

- 테두리보 두께 : 외부로부터 0.5B(90mm), 시멘트벽돌 1.0B(190mm), 벽 단열재 : 125mm
- 벽체 중심간 거리 : 1500mm
- 테두리보 높이 : 600mm
- 물매 : 4/10
- 처마나옴 : 600mm
- 지붕단열재 : 220mm

※ 도면을 반대로 그려보는 연습이 반드시 필요하며, 중심선의 위치도 중앙에 위치해 놓고 연습해보기 바랍니다.
※ 반대로 연습하실 때 철근표시 및 해치를 반대로 해서는 안 됩니다.
※ 지붕입단면상세도는 출제확률이 매우 높은 반면에 입면과 단면지붕이 동시에 보이는 관계로 기와 및 여러 부분에서 알아둬야 할 레이어가 많고 작도순서 등이 어려우므로 충분한 반복 연습이 필요하며 사이즈 및 작도순서가 외워질 정도로 학습이 되셔야 합니다.

지붕입단면상세도 1

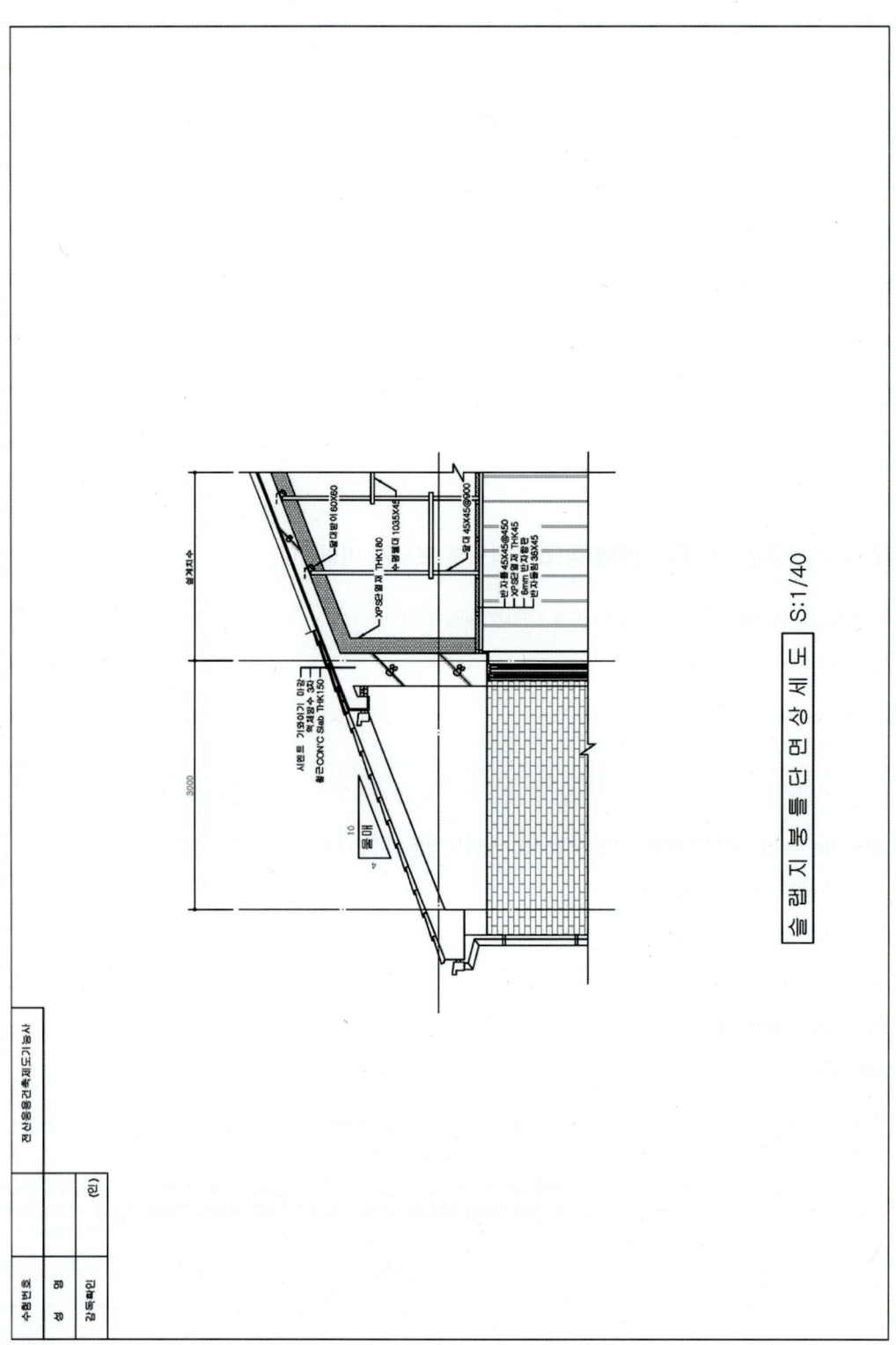

지붕입단면상세도 2

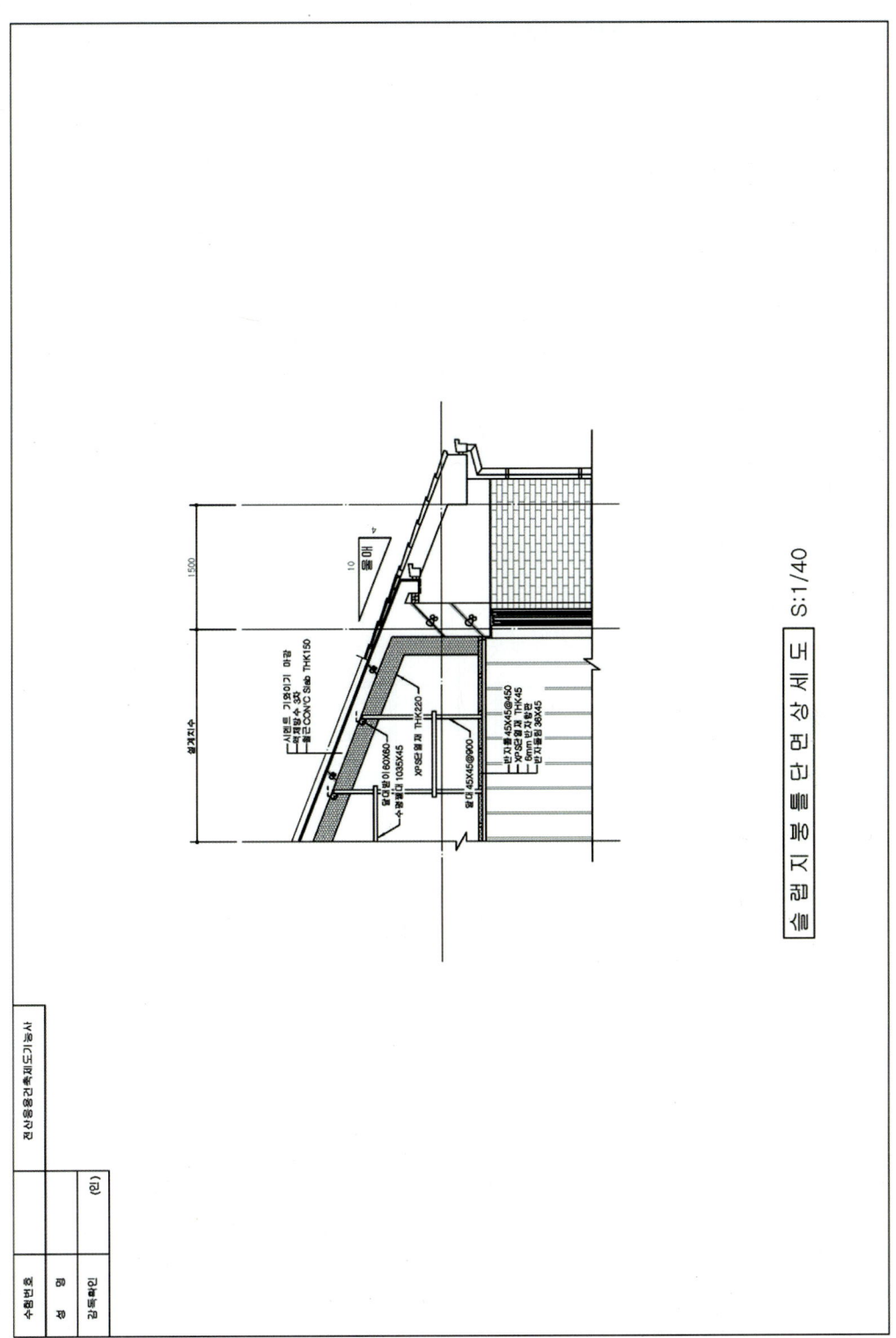

04 평면도를 이용하여 단면도 그리기 (상부 및 하부)

1 평면도를 이용한 도면독해(상부)

1_아래와 같은 평면도가 주어졌다고 가정했을 경우 매우 중요한 몇 가지를 해석해야 합니다.

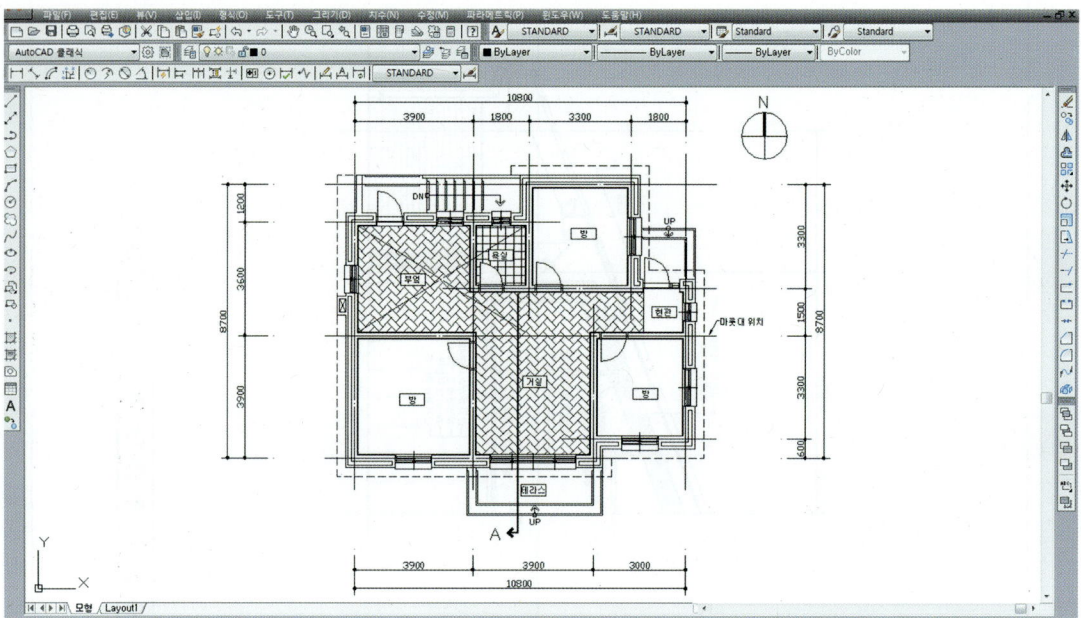

2_ 마룻대와 A단면 표시를 찾은 뒤 A단면에 표시된 화살이 위로 향하도록 평면도를 회전합니다.

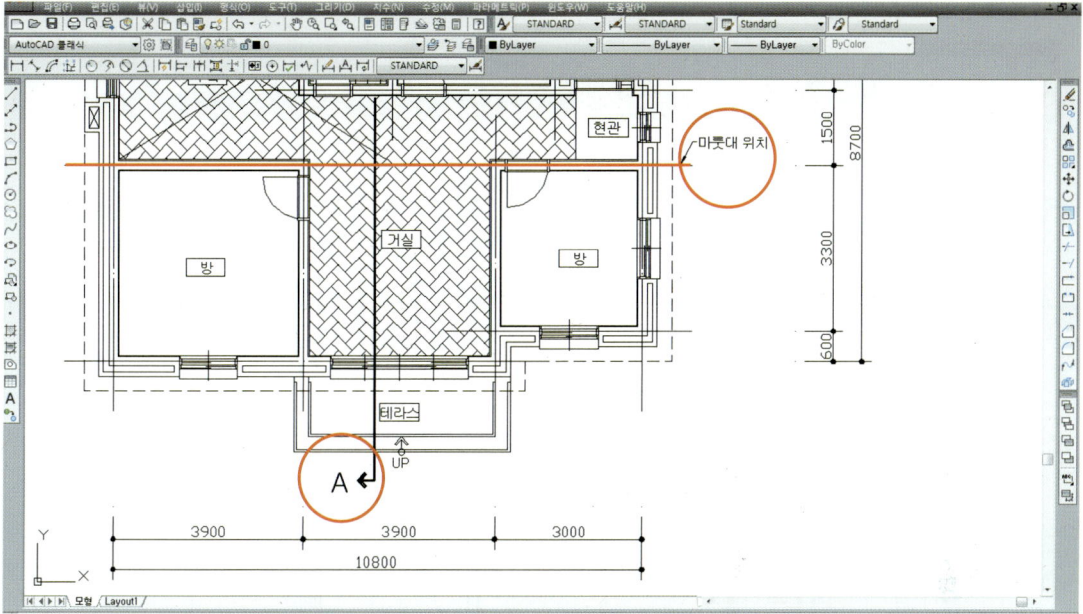

※ 마룻대 : 지붕의 꼭대기를 가리키는 것으로 마루라고도 하며 가장 높은 곳을 일컫는 순우리말입니다.

3_ rotate를 이용하여 평면도를 회전한 결과입니다.

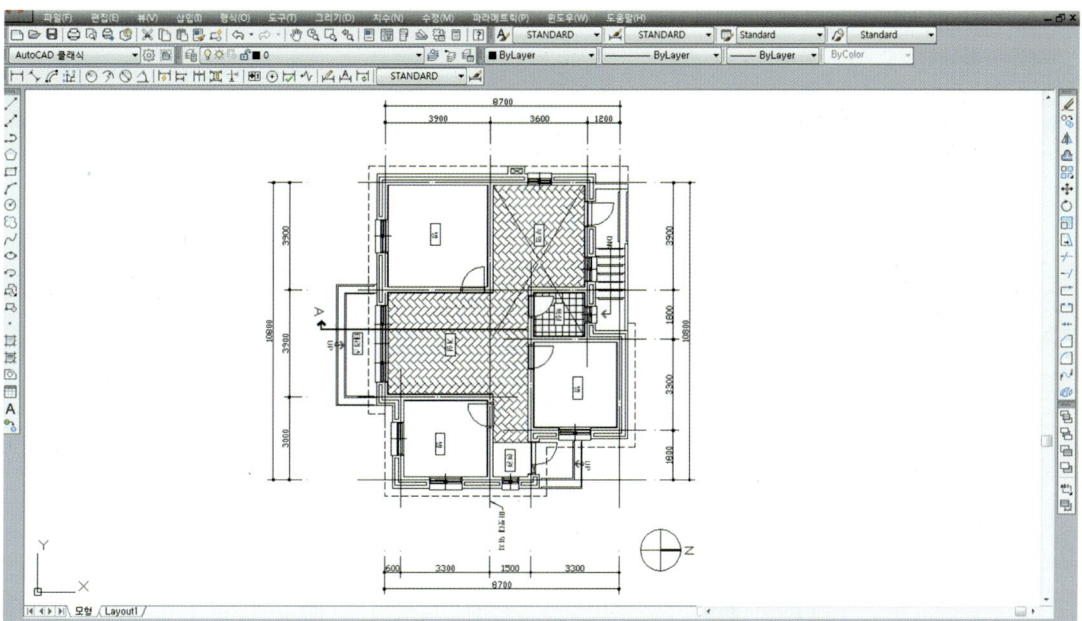

※ A단면에 표시된 화살이 위로 향하도록 해야 여러 부분을 해석하고 단면도를 작도할 때 매우 편합니다.

4_ 마룻대를 중심으로 좌측과 우측의 벽체 중심간 거리를 측정한 뒤 중심간 거리가 크게 나오는 곳이 시험에 제시된 물매가 됩니다.

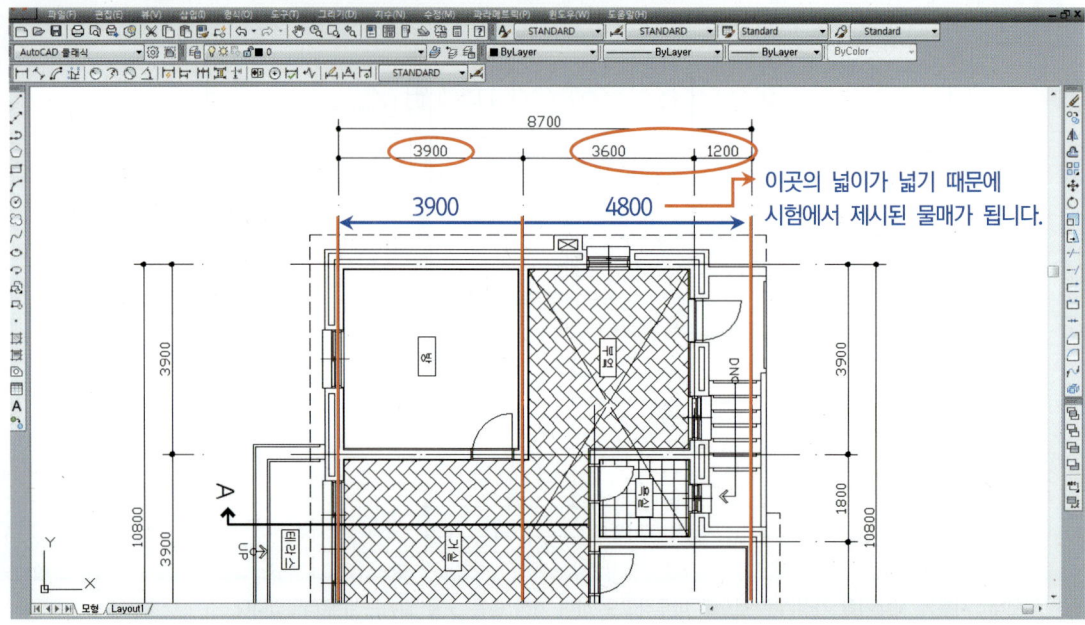

※ 중심간 거리 측정 시 반드시 가장 바깥의 외곽 벽 중심선에서 거리를 측정해야 합니다.

5_ 아래와 같이 측정해서는 안 됩니다. (잘못 해석한 예)

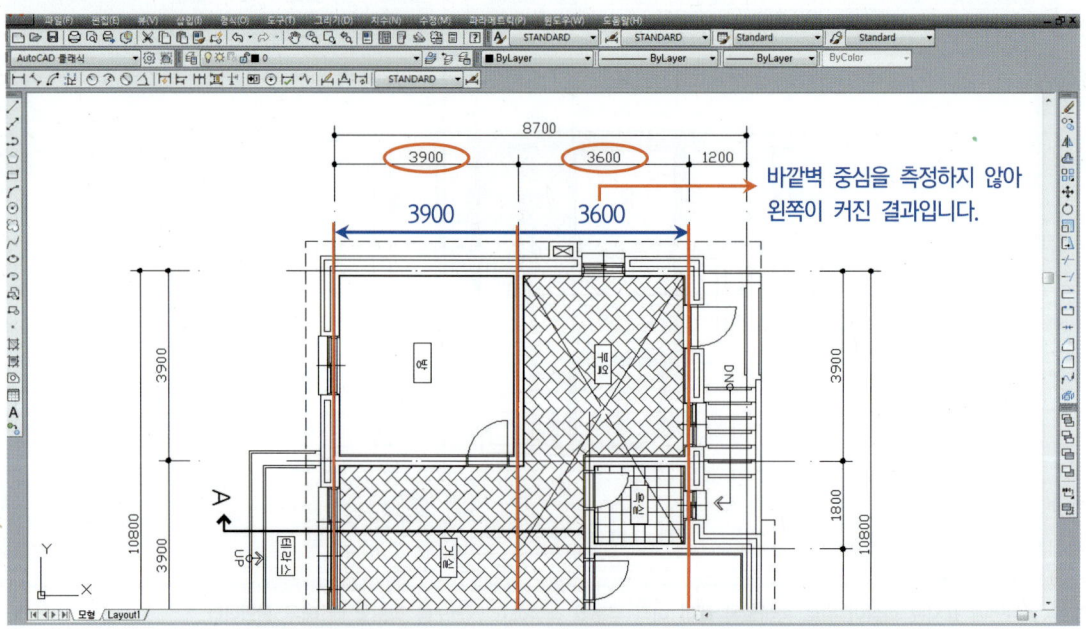

※ 위 그림과 같이 측정할 경우 지붕 물매크기가 아예 달라지게 돼 자격시험에서 불합격할 수 있습니다.

6_ mvsetup에서 도면척도를 40으로 맞추고 용지크기를 A3로 만든 뒤 line과 offset을 이용하여 벽체중심선과 테두리보의 간격을 띕니다.

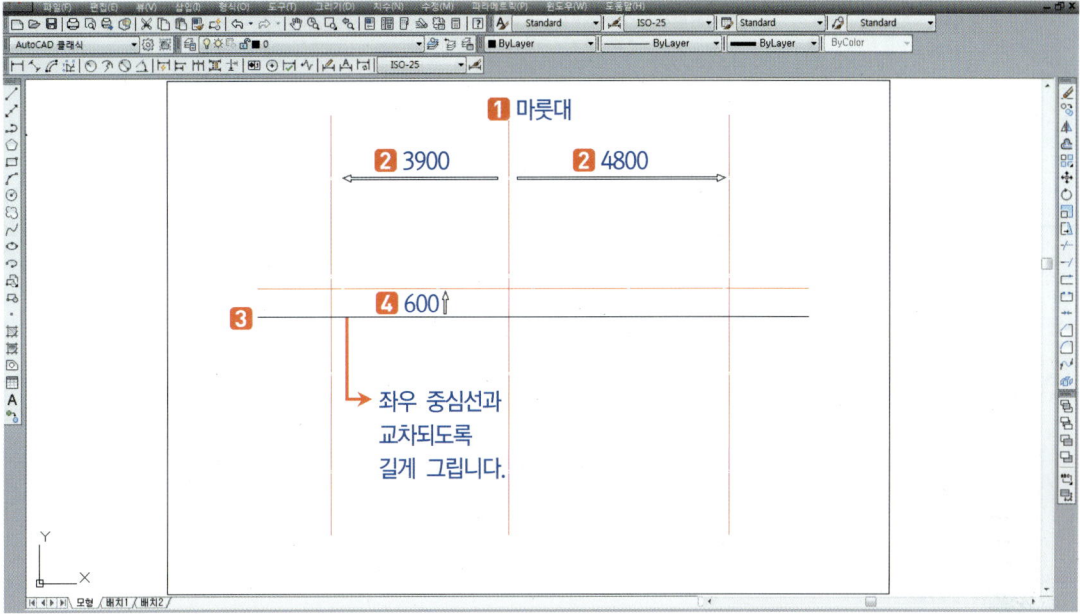

7_ line을 이용하여 벽체중심선과 테두리보 윗선의 교차점(✗ 표시)에서 시험에서 제시한 물매를 작도합니다.

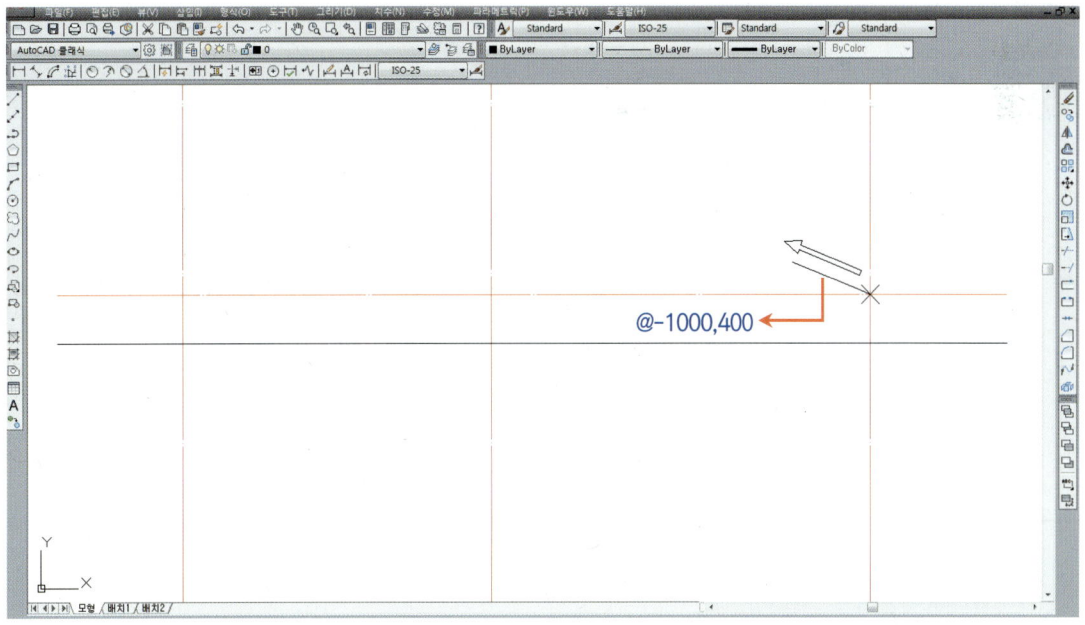

※ 물매가 4/10로 출제된 것으로 가정하고 상대좌표를 이용하여 작업을 합니다. 여기서는 4에서 설명했듯이 우측의 거리(스팬)가 커서 우측에서 물매를 잡아야 하며, 좌표는 @-1000,400을 입력합니다.

8_ extend를 이용하여 마룻대까지 연장(hidden 선)한 뒤 line을 이용하여 마룻대부터 좌측의 테두리보 윗선(동그라미 부분)까지 작도합니다.

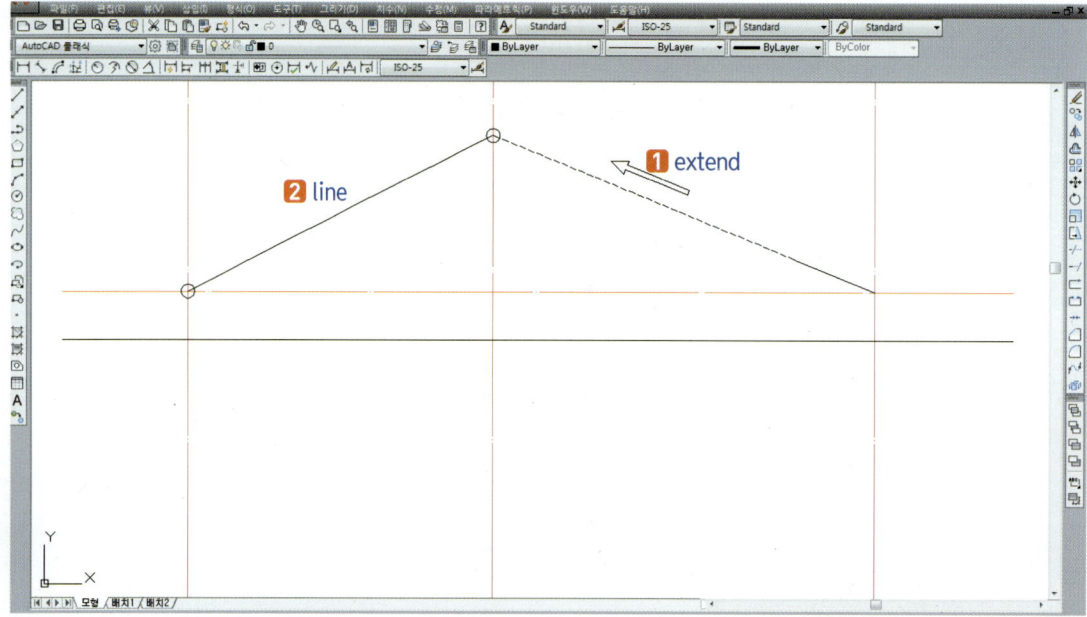

9_ 단면표시를 기준으로 보았을 때 돌출된 벽이 없기 때문에 복합지붕이 아님을 알 수 있습니다.

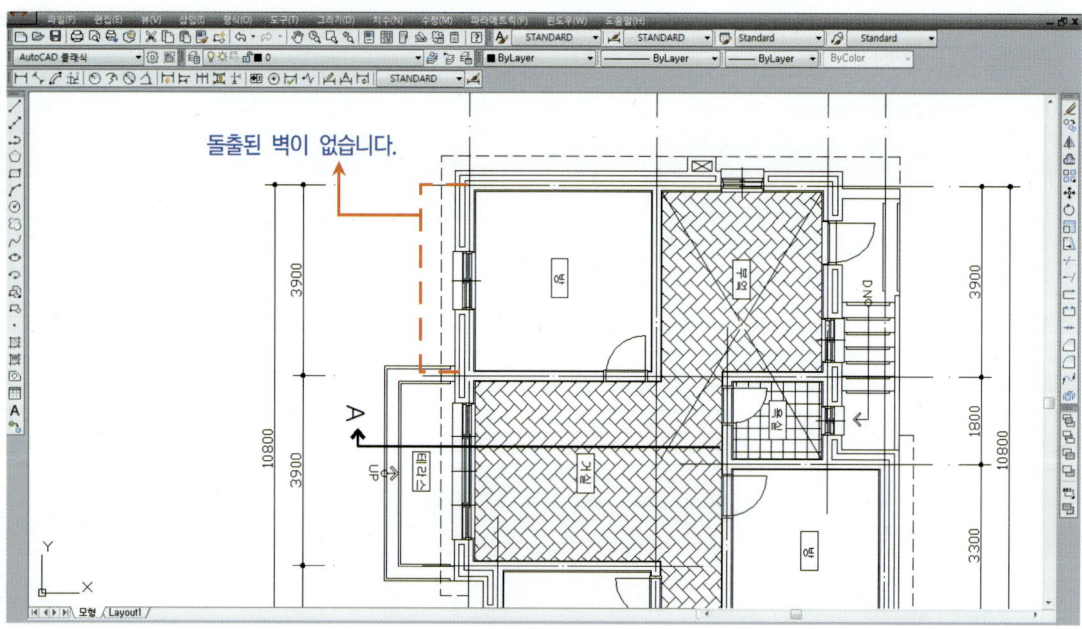

※ 복합지붕에 대한 이해는 18. 지붕입단면상세도 중 45를 참고하기 바랍니다.

10_ 또한 평면도 벽체 주변에 표시된 hidden 선은 처마나옴을 가리킵니다.

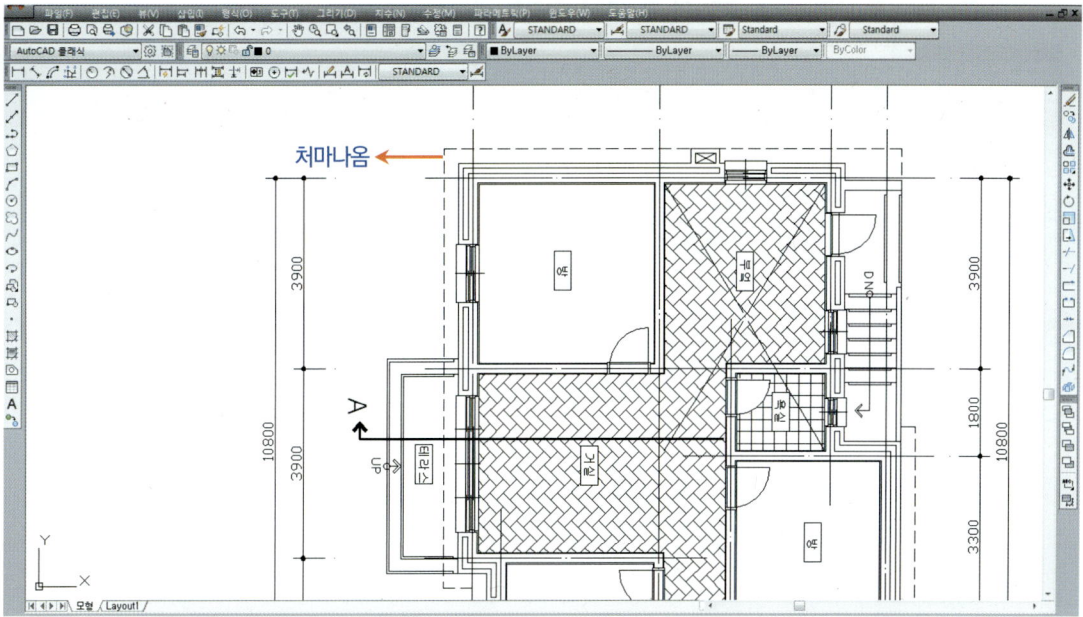

※ 일반적으로 처마나옴은 벽체 중심에서 600mm로 주어지지만 더 길게 출제될 때도 있으니 주의해야 합니다.

11_ 지붕 슬래브와 처마부분을 아래와 같이 작도합니다.

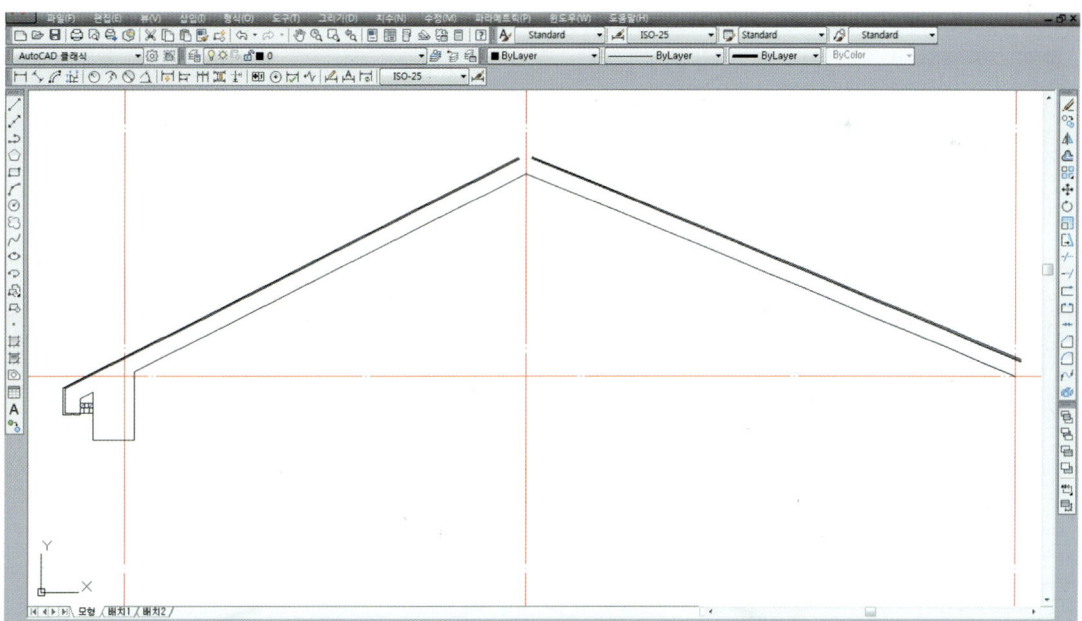

※ 수험생에게 배포되는 시험지에 외벽 단열재 두께가 제시되므로 이에 맞춰 외벽을 offset합니다.

12_ 마룻대 부분을 확대하여 extend를 하면 좌우의 물매가 맞지 않아 모서리가 맞지 않게 되므로 fillet을 이용하여 마룻대 부분(동그라미 부분 클릭)의 모서리를 정리합니다.

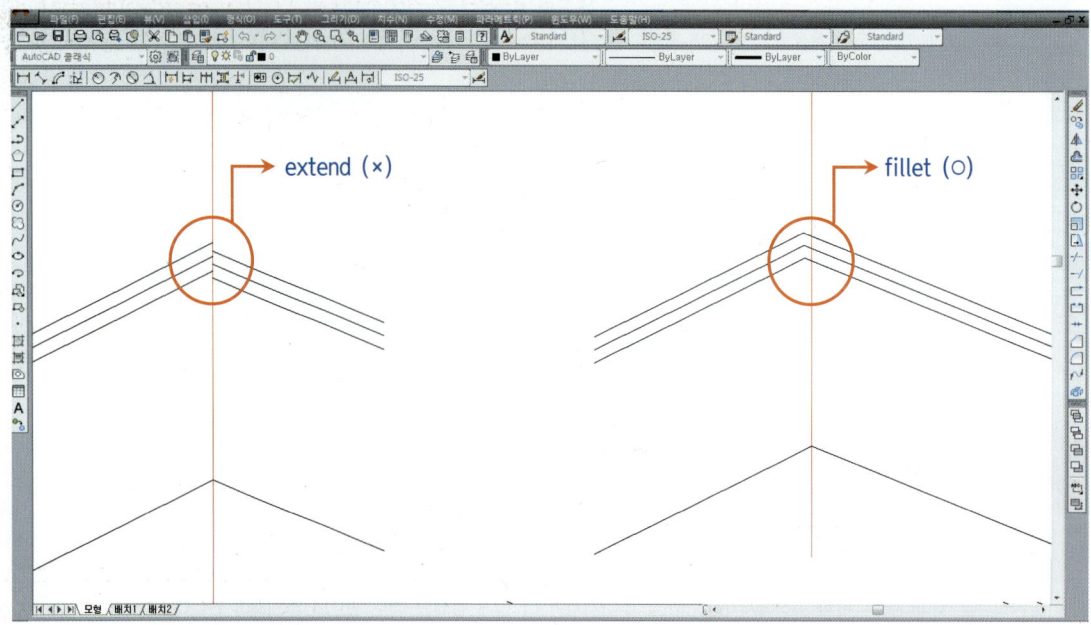

※ 마룻대를 기준으로 좌우의 벽체 중심선 거리가 다를 때 이와 같은 현상이 나타납니다.

13_ line을 이용하여 마룻대의 물탈 끝 지점에서 선을 작도(hidden 선)하여 용마루 및 기와의 기준을 만듭니다.

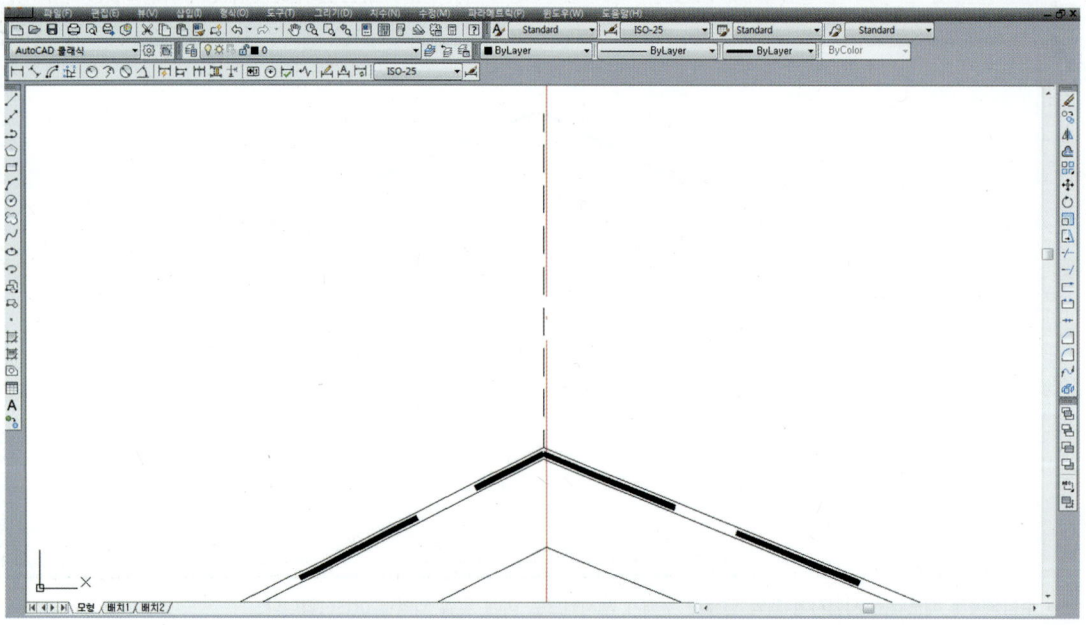

14_ 처마부분에 기와를 작도한 뒤 완성된 기와를 copy를 이용하여 임의의 지점에 복사합니다.

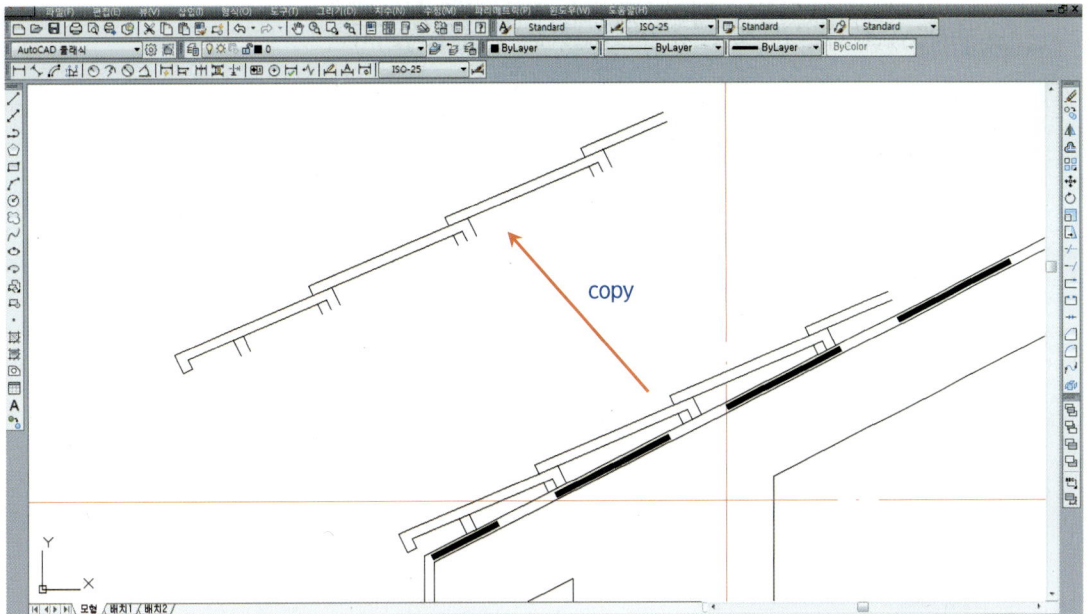

※ 기와작도방법은 처마부분단면상세도-2를 참고하기 바랍니다.

15_ erase를 이용하여 기와 끝부분(빨간 선)을 지우고 offset을 이용하여 아래와 같이 간격을 (파란 선)띕니다.

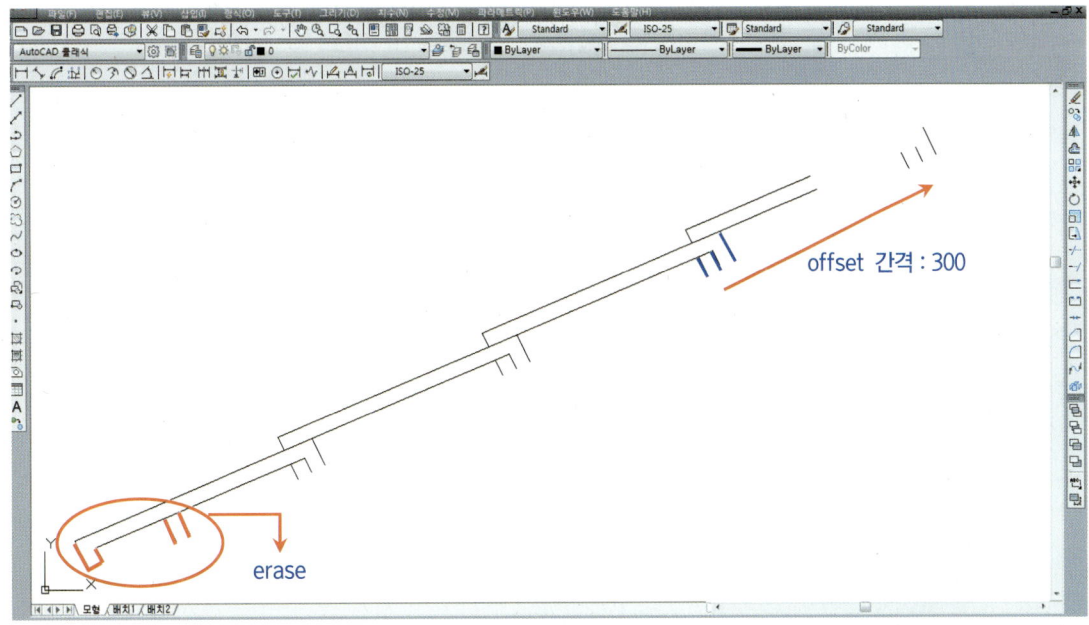

Part 01_실기 **403**

16_ fillet을 이용하여 아래와 같이 300을 띈 기와(네모 클릭) (동그라미 클릭)를 다듬습니다.

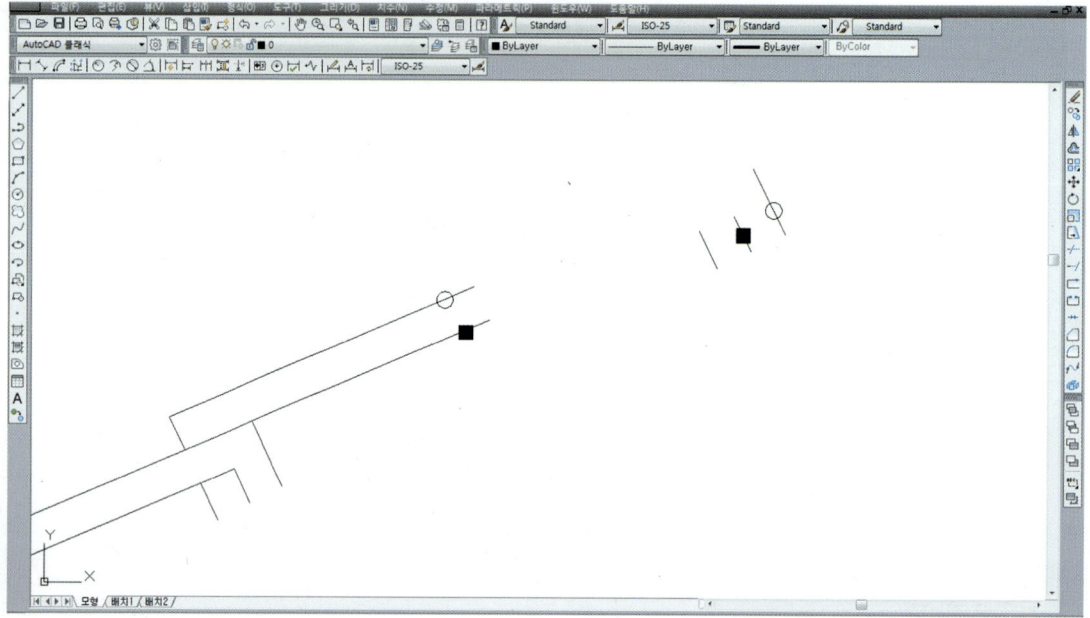

※ 위 방법을 이용하면 다시 기와를 만드는 시간을 줄일 수 있어 효과적입니다.

17_ move를 이용하여 마룻대에서 50간격을 띈 지점에 기와를 부착(✕ 표시)합니다.

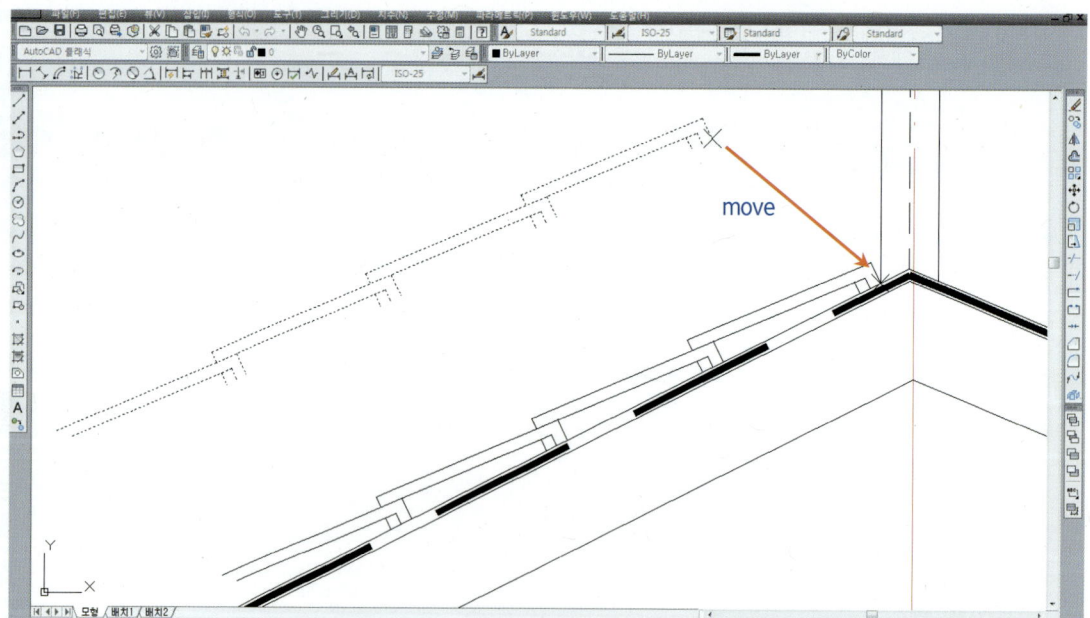

18_ 기와의 생략 선을 만들고 편집합니다.

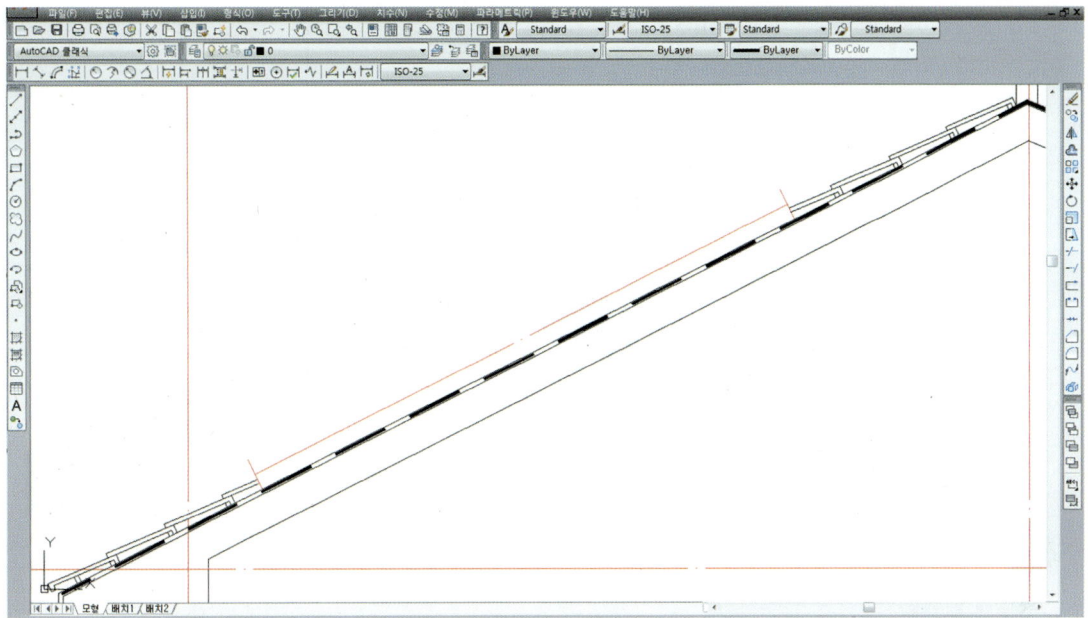

19_ mirror를 이용하여 상부의 기와 및 생략 선(hidden 선)을 선택합니다.

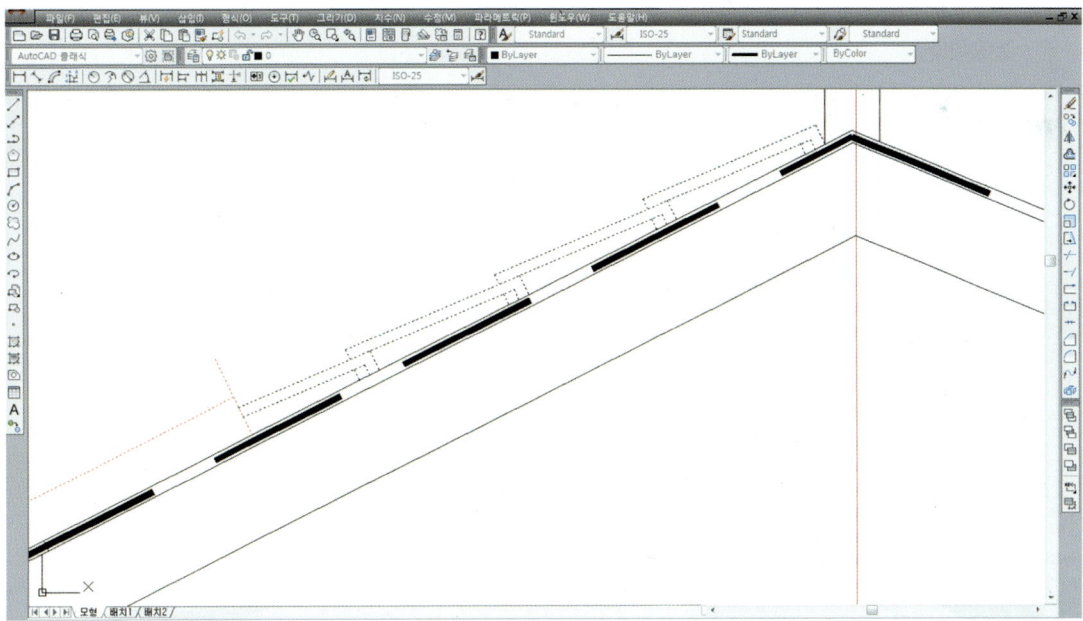

20_ mirror의 축을 아래와 같이 마룻대(동그라미 친 부분)와 철근콘크리트 슬랩의 윗선(동그라미 친 부분)을 잡습니다.

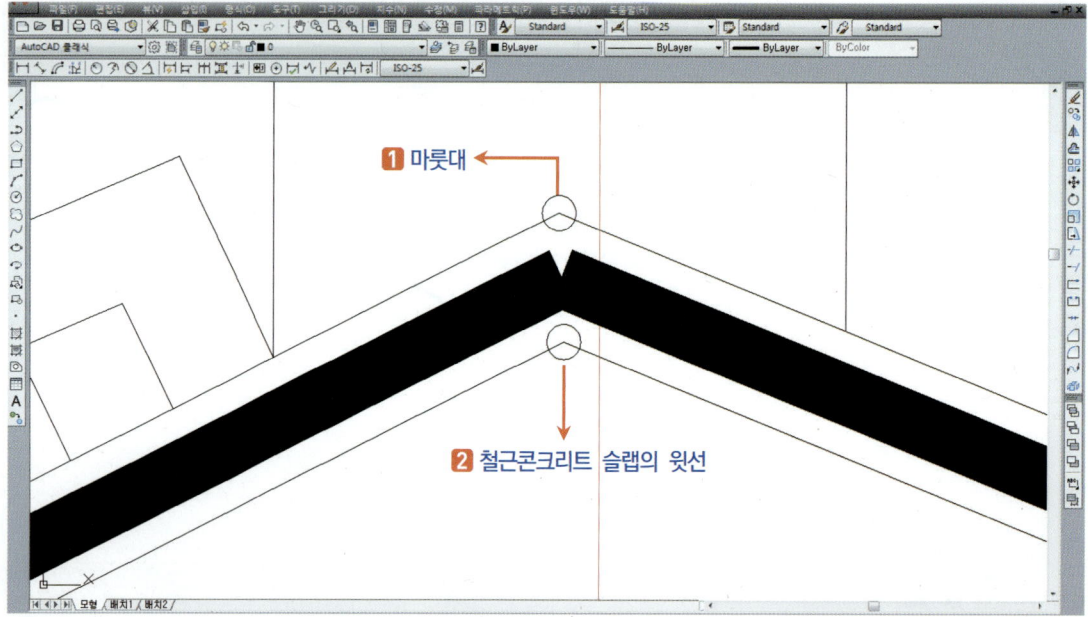

※ 마룻대 기준으로 좌우 벽체의 중심거리가 다르기 때문에 이와 같이 mirror를 해야 수월하게 반대편 기와를 완성할 수 있게 됩니다.

21_ move를 이용하여 반대편의 기와를 기준 선(동그라미 친 부분)까지 이동한 뒤 좌우에 있는 기와의 기준선을 지웁니다.

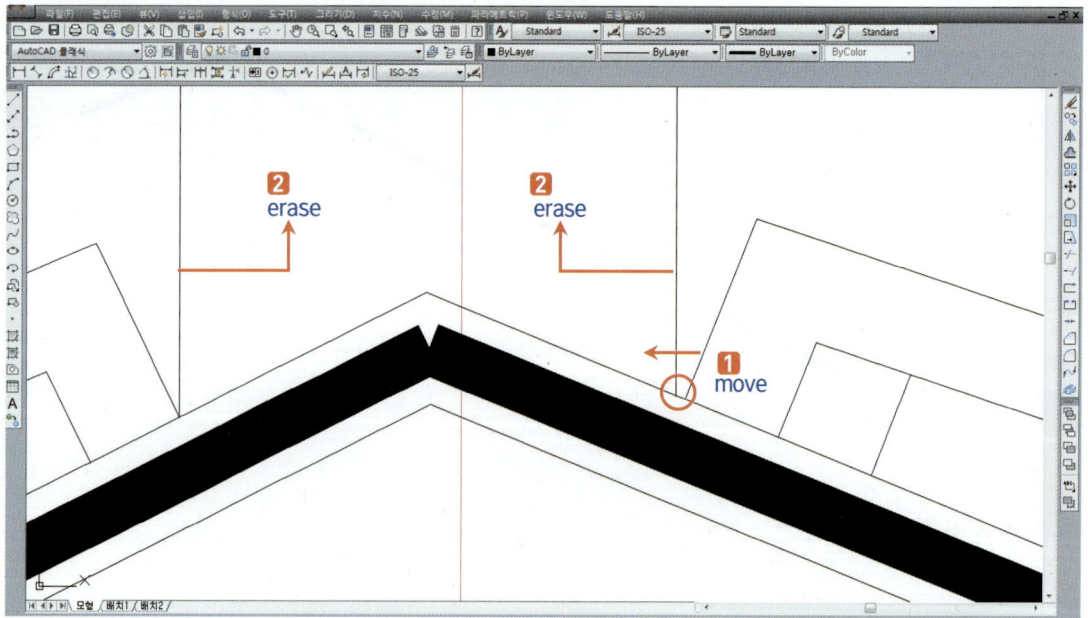

22_마룻대 기준선 (hidden 선) (✗ 표시)에서 용마루를 작도합니다.

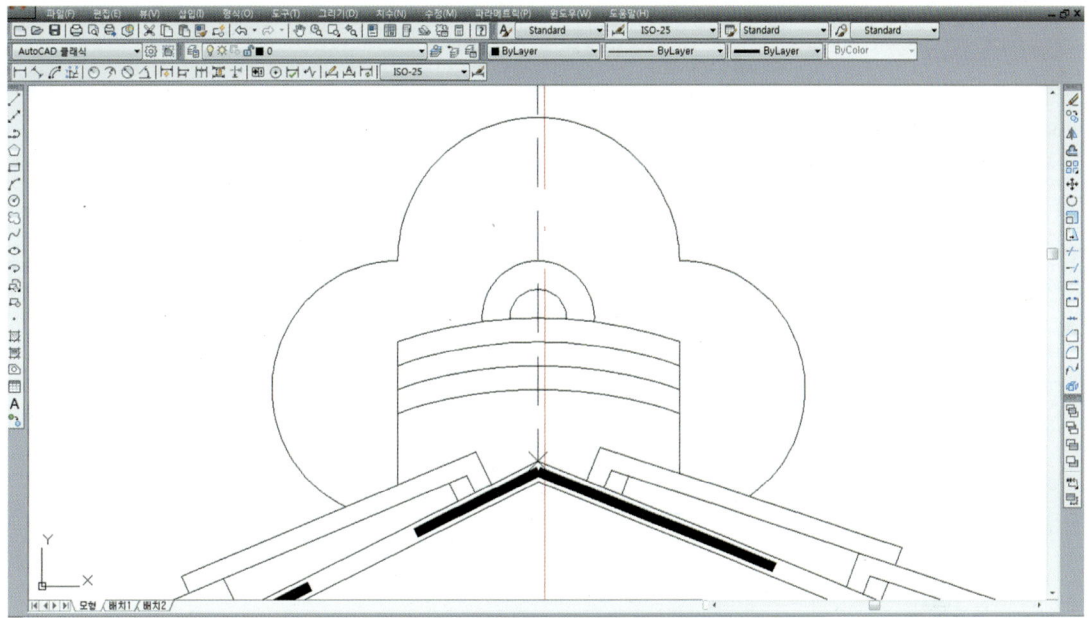

※ 수키와, 암키와 및 용머리의 작도방법은 용마루부분단면상세도를 참고하기 바랍니다.

23_offset을 이용하여 헌치를 작도하기 위한 기준을 만들고 line을 임의의 길이로 작도(✗ 표시)합니다.

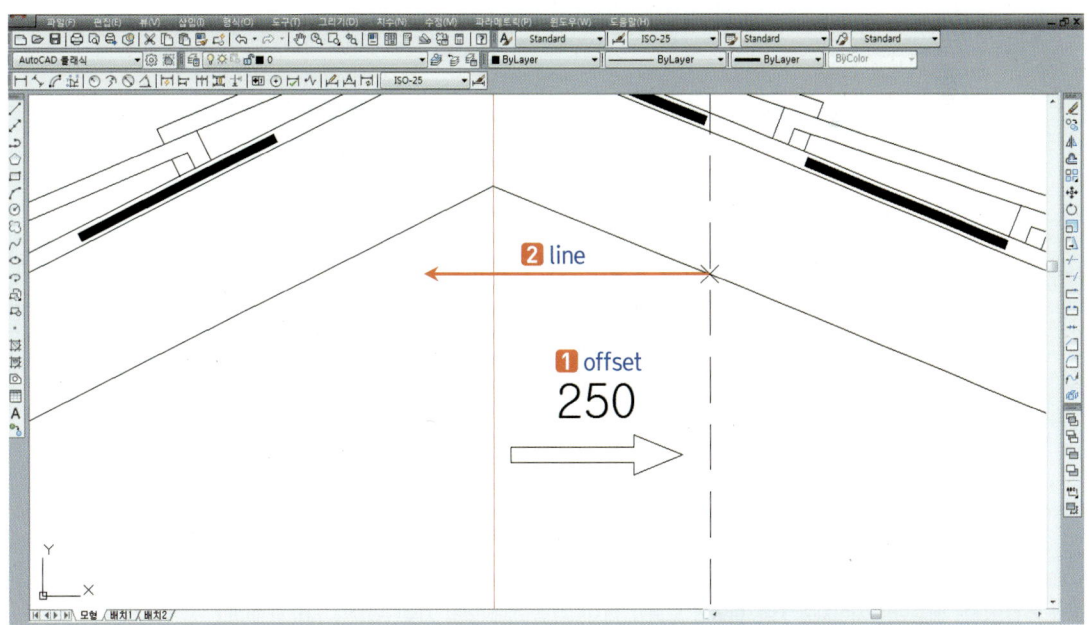

※ 마룻대 기준으로 벽체의 좌우 거리가 다를 때는 벽체가 긴 쪽에서 헌치의 전체길이 500중에 절반을 이용합니다.

24_fillet을 이용하여 아래와 같이 모서리 (네모 클릭) (삼각형 클릭)를 다듬습니다.

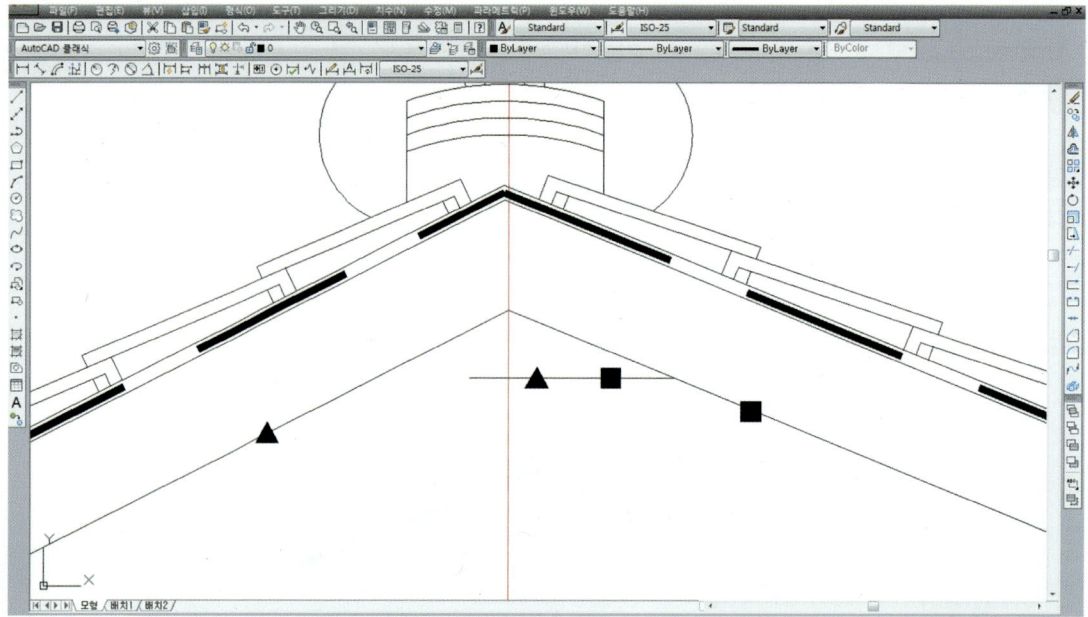

25_반자와 그 외의 지붕과 관련된 부분을 작도합니다.

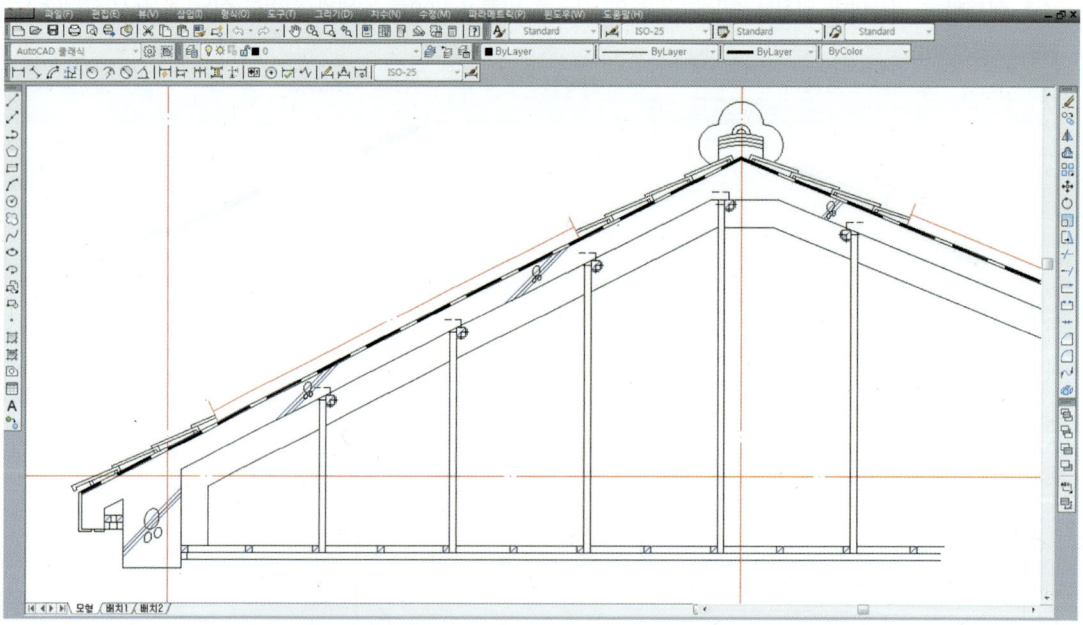

※ 수험생에게 배포되는 시험지에 지붕 단열재 두께가 제시되므로 이에 맞춰 지붕단열재를 offset합니다.
※ 반자의 작도방법은 처마부분단면상세도-2를 참고하기 바랍니다.
※ 수평펠대 또한 작도하기 바라며 작도법은 지붕입단면상세도 36번부터 참고하기 바랍니다.

26_ 마룻대의 오른쪽은 A단면 표시의 한계지점이 있기 때문에 단면도에서는 임의로 조금만 작도하거나 스케일자를 이용하여 측정한 뒤 작도합니다.

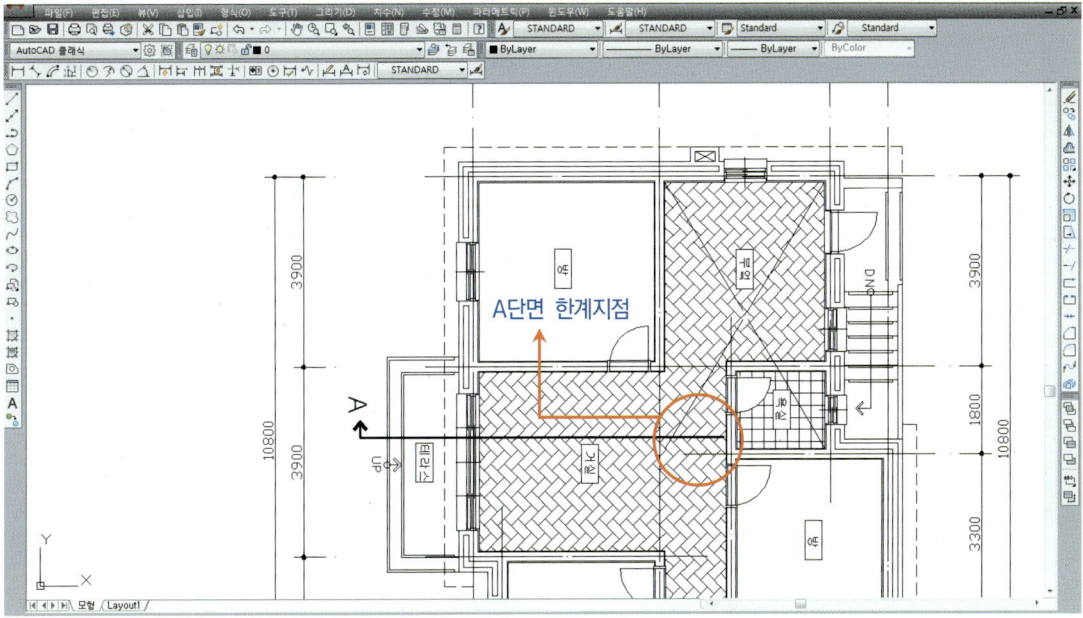

27_ A단면 표시가 나타내는 곳에 굴뚝이 보이기 때문에 굴뚝을 작도합니다.

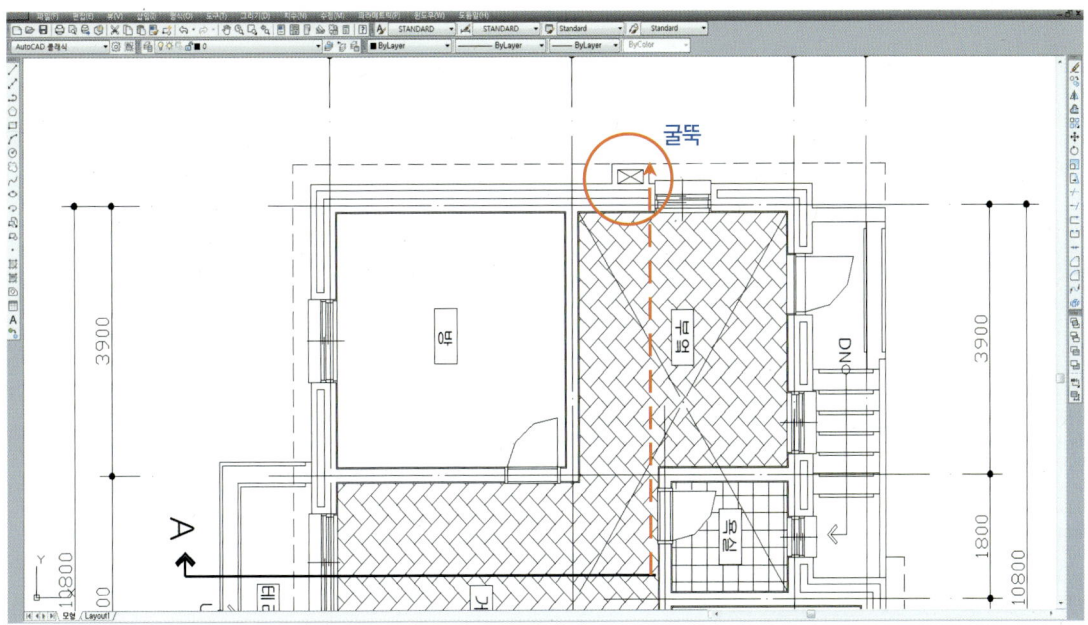

28_ 평면도에서 굴뚝의 너비, 위치 등을 스케일 자로 측정한 뒤 작도합니다.

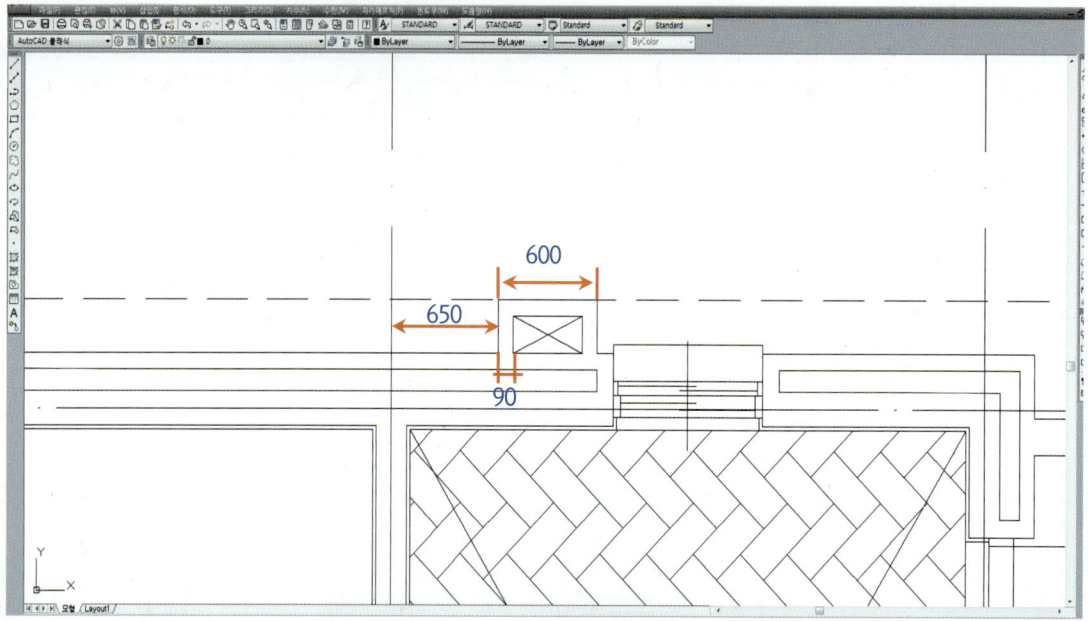

29_ 마룻대 중심선에서 아래와 같이 offset을 한 뒤 도면층을 0번으로 바꿉니다.

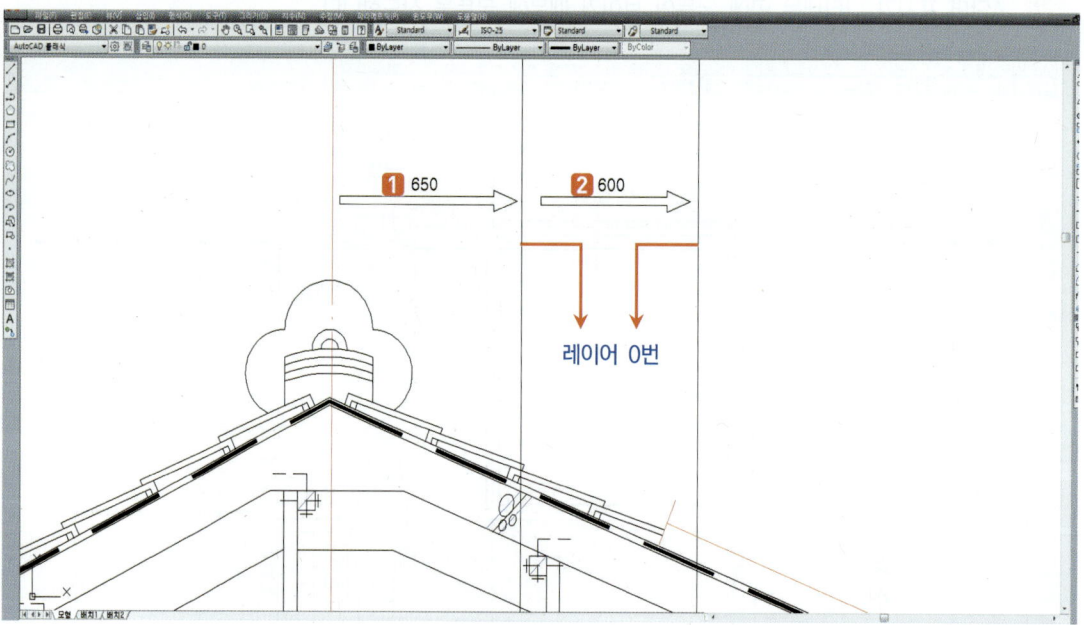

30_line을 이용하여 굴뚝의 시작지점에 작도(● 표시)한 뒤 move로 900만큼 이동합니다.

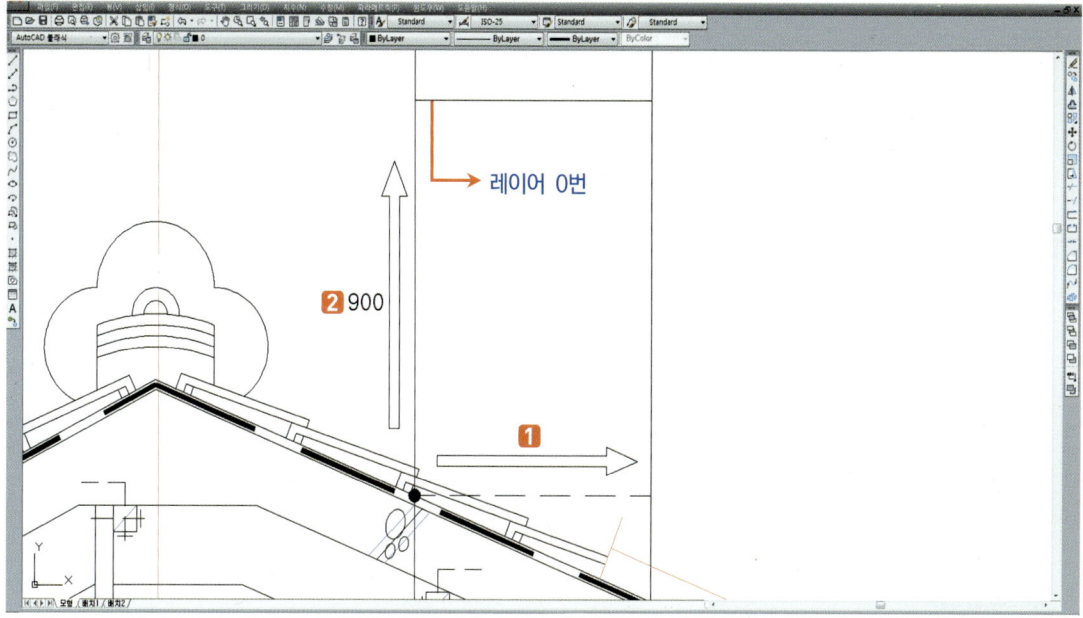

31_fillet과 trim을 이용하여 아래와 같이 편집합니다.

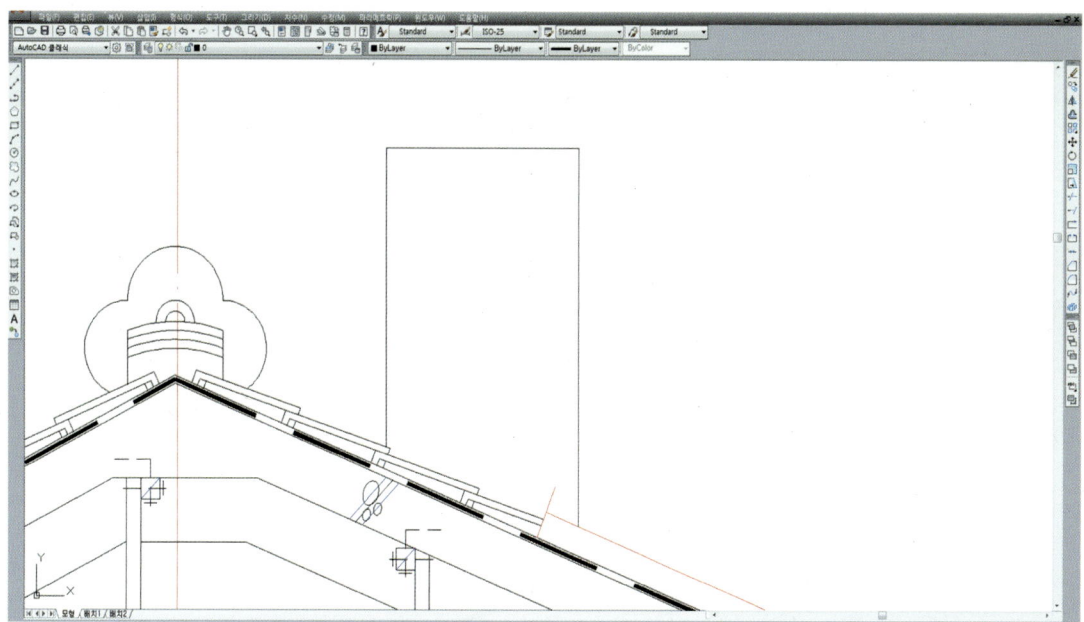

32_offset을 아래와 같이 굴뚝의 모양을 만들기 위한 작업을 합니다.

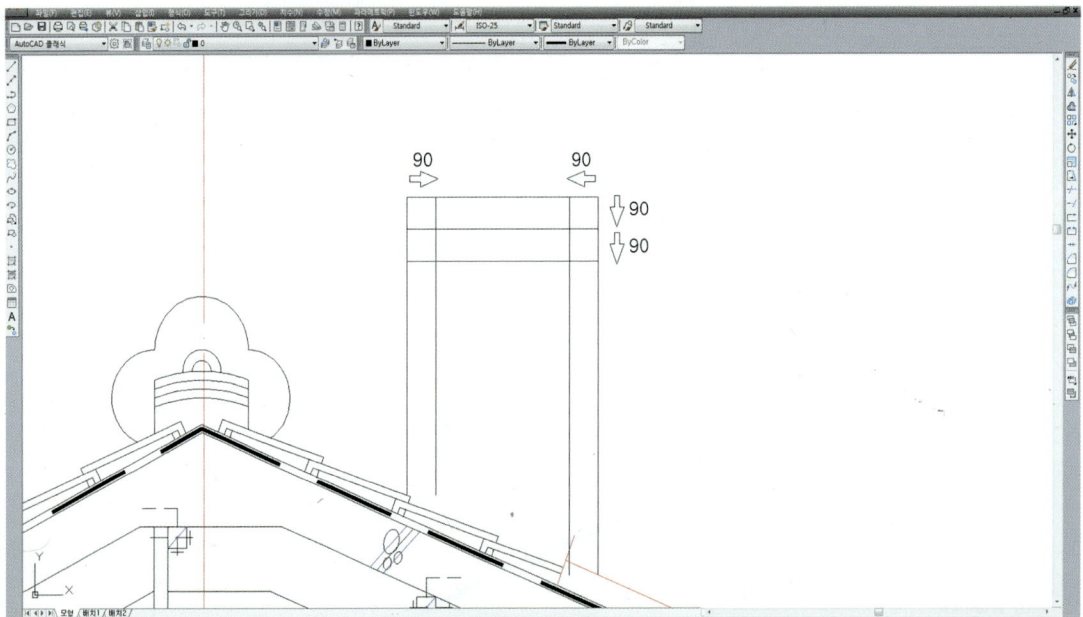

33_fillet을 이용(네모 클릭) (삼각형 클릭)하여 모서리를 다듬고 trim을 이용하여 아래와 같이 편집(hidden 부분) 하여 굴뚝의 기본모양을 만듭니다.

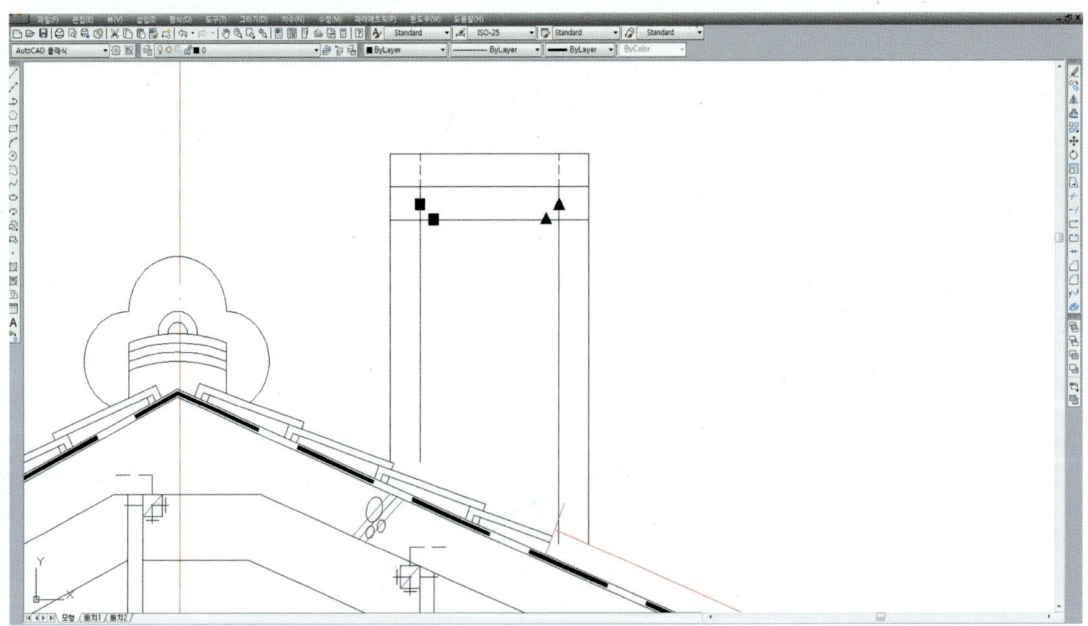

34_ offset을 이용하여 60만큼 간격을 띈 후 trim을 이용하여 굴뚝의 아래부분(hidden 선)을 잘라냅니다.

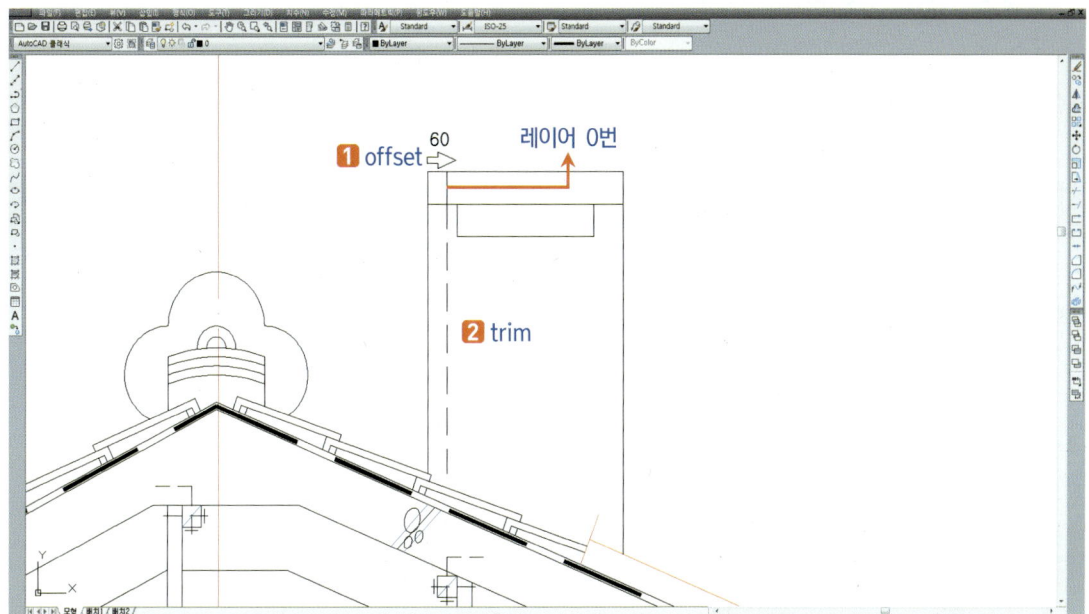

※ 벽돌 간격을 57로 하는 것이 표준형벽돌의 크기로 맞습니다. 그러나 굴뚝의 너비를 수험자가 측정한 뒤 벽돌의 간격을 정하여 작도하는 것도 무방합니다. 단, 벽돌의 너비를 과하게 크게 하거나 작게 하는 것은 좋지 않습니다.

35_ array를 이용하여 굴뚝의 너비만큼 배열하여 벽돌을 표현하고 hatch를 이용하여 벽돌모양을 표현합니다.

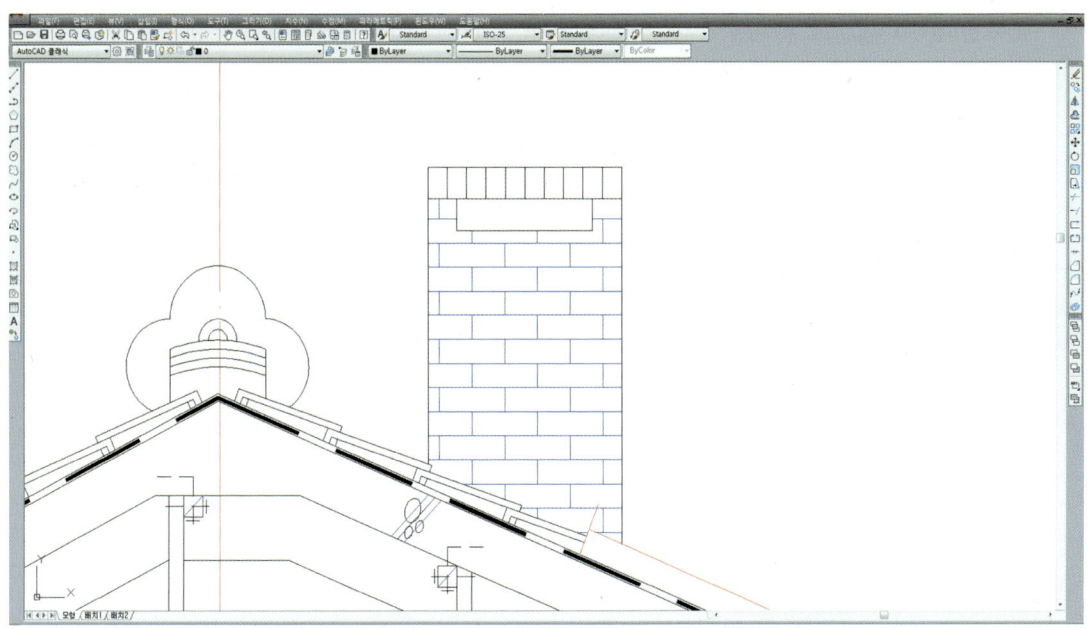

※ 벽돌해치 패턴 : AR-BRSTD, 벽돌해치 스케일 : 1

2 평면도를 이용한 도면독해(하부)

1_offset을 이용하여 아래와 같이 반자(hidden 선)에서 2400만큼 간격을 띄어 바닥을 만든 후, copy를 이용하여 테두리보 양측 선(hidden 선)을 바닥보다 아래쪽으로 복사합니다.

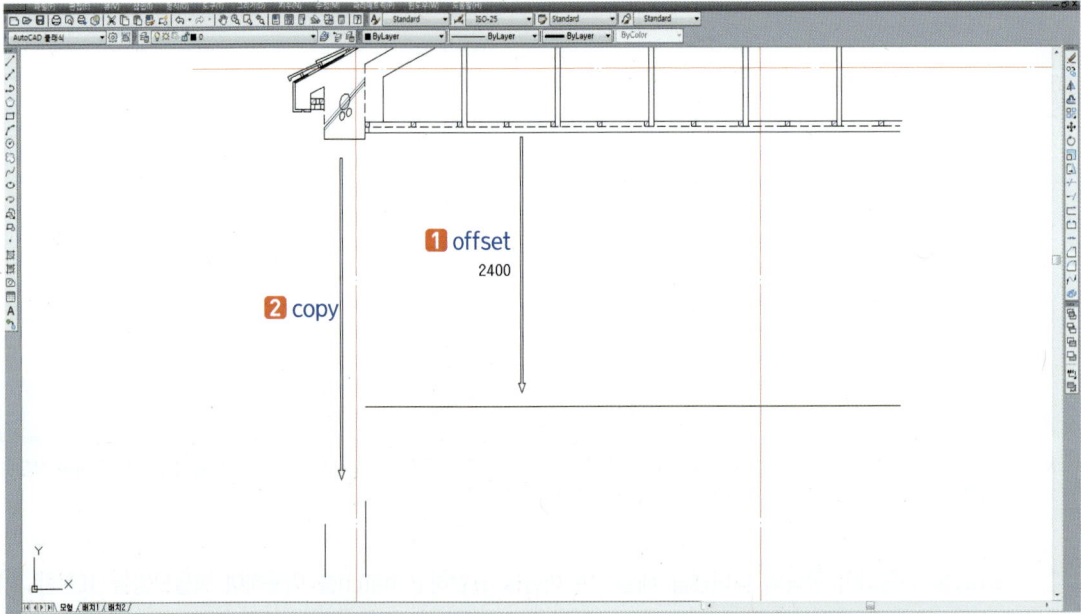

※ 조건에 반자높이가 2400으로 제시됐을 경우로 가정하여 작도한 것이며 반자높이는 바뀌어 출제될 수 있습니다.
※ 테두리보를 copy할 때 바닥선보다 아래로 많이 내려 복사할수록 나중에 기초모양을 편집하기가 수월합니다.

2_ fillet을 이용하여 아래와 같이 모서리(네모 클릭)를 다듬은 후, extend를 이용하여 기초모양을 만듭니다.

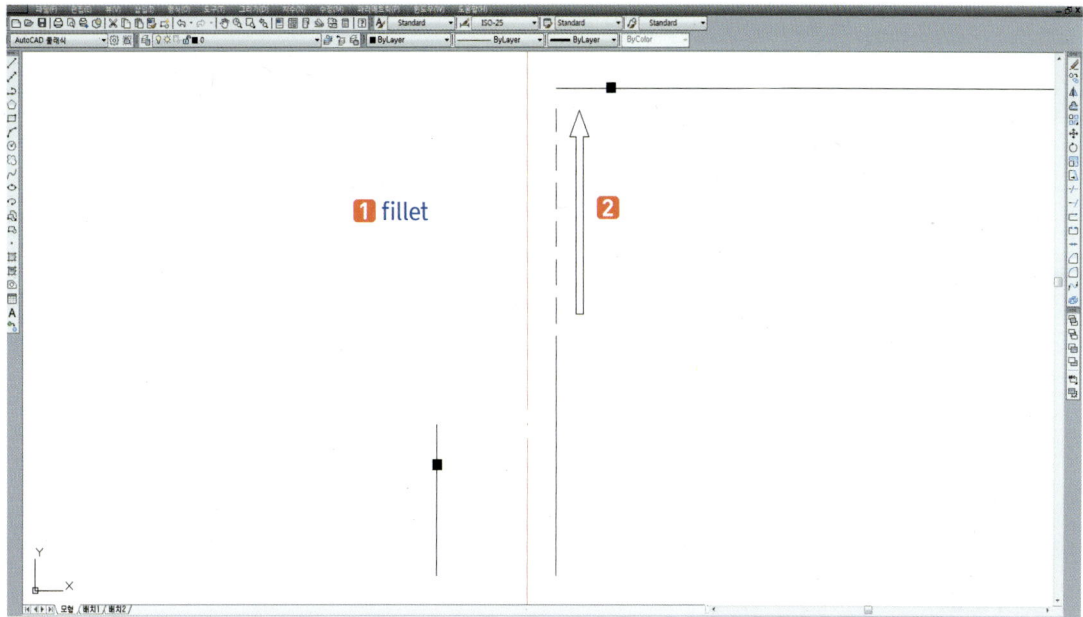

3_ break를 이용하여 아래의 표시된 부분(✗ 표시)을 끊습니다.

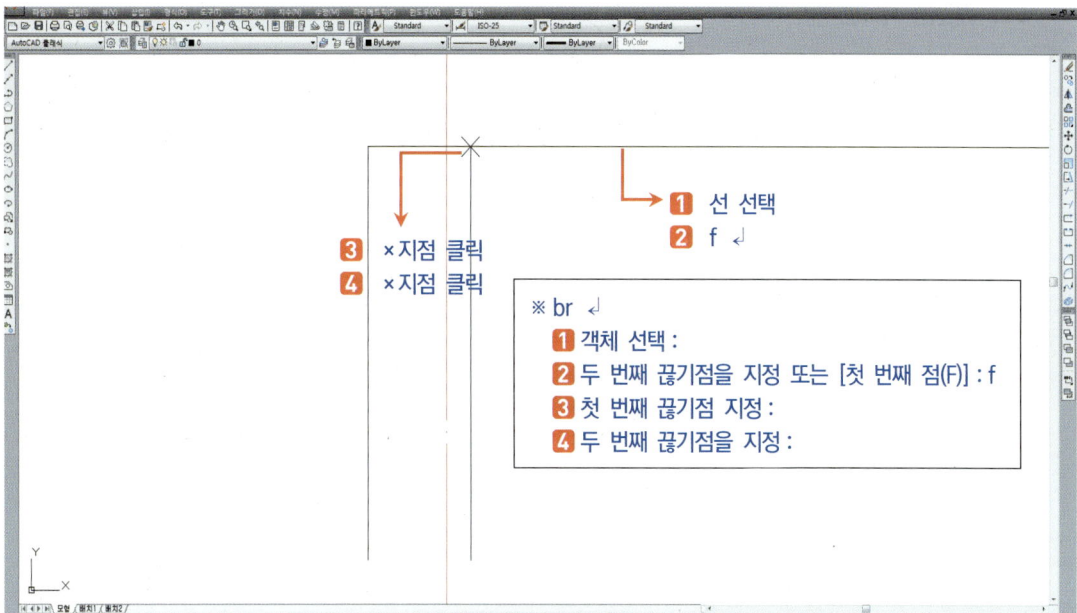

4_ offset을 이용하여 20만큼 아래로 간격을 띄어 물탈 영역을 만든 후 도면층을 0으로 바꿉니다.

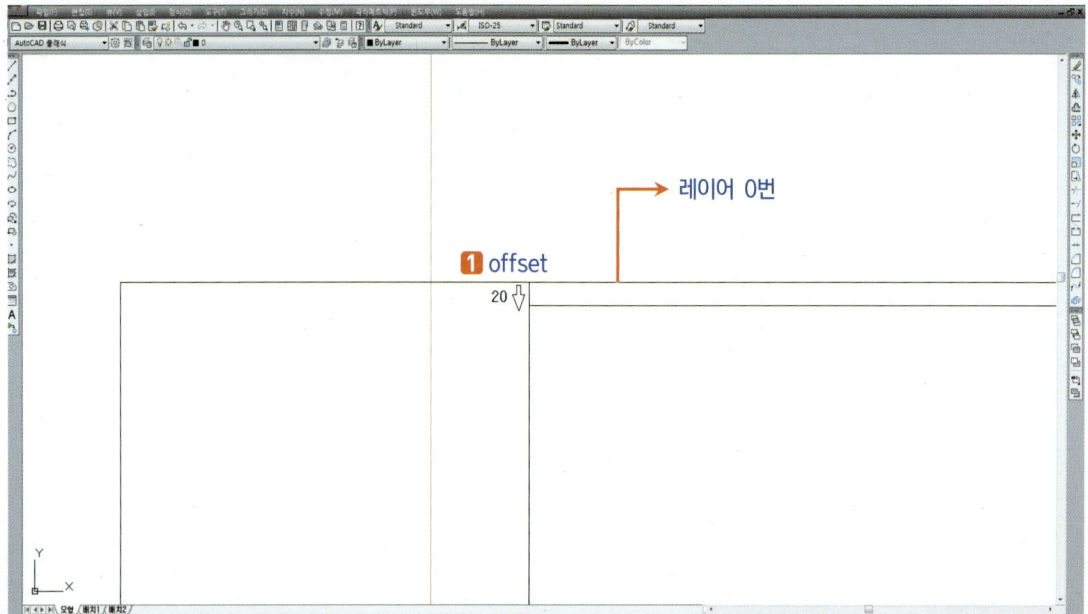

5_ A단면 표시가 계단이 두 개가 있는 곳을 지나갔고 계단참의 거리가 1500, 계단 하나의 너비는 300으로 측정되었으므로 계단을 작도합니다.

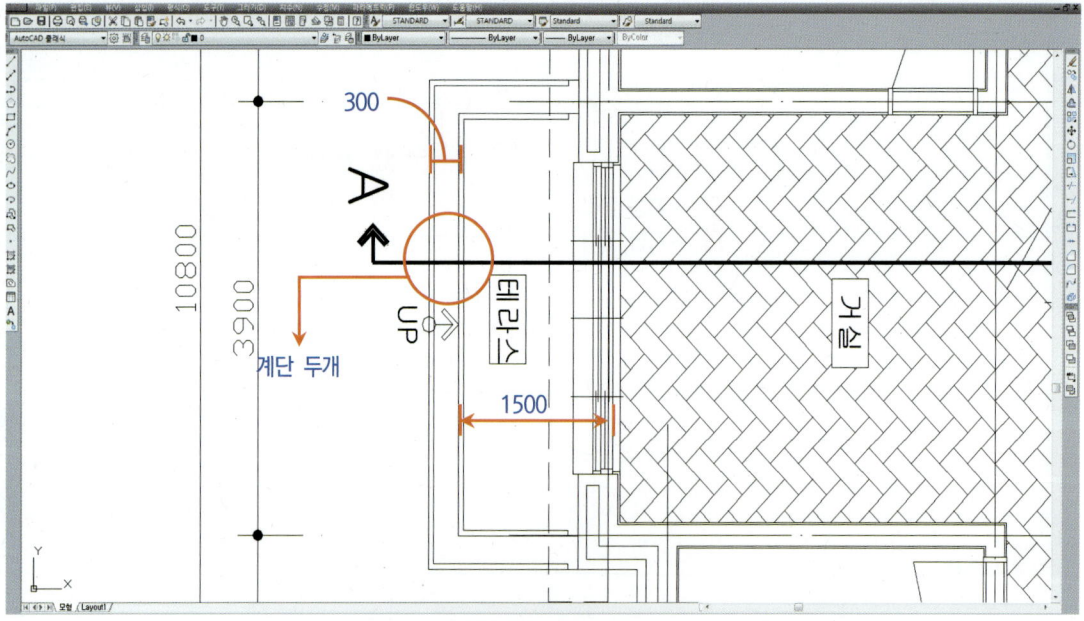

※ 위 그림과 같이 표현되지 않은 곳의 크기 등은 직접 스케일 자를 이용하여 측정한 뒤 작도해야 합니다.
※ 계단참은 벽체 중심에서부터 첫 번째 계단까지의 거리를 말합니다.

6_ offset, fillet, trim 등을 이용하여 아래와 같이 계단을 작도하고 지반까지 완성합니다.

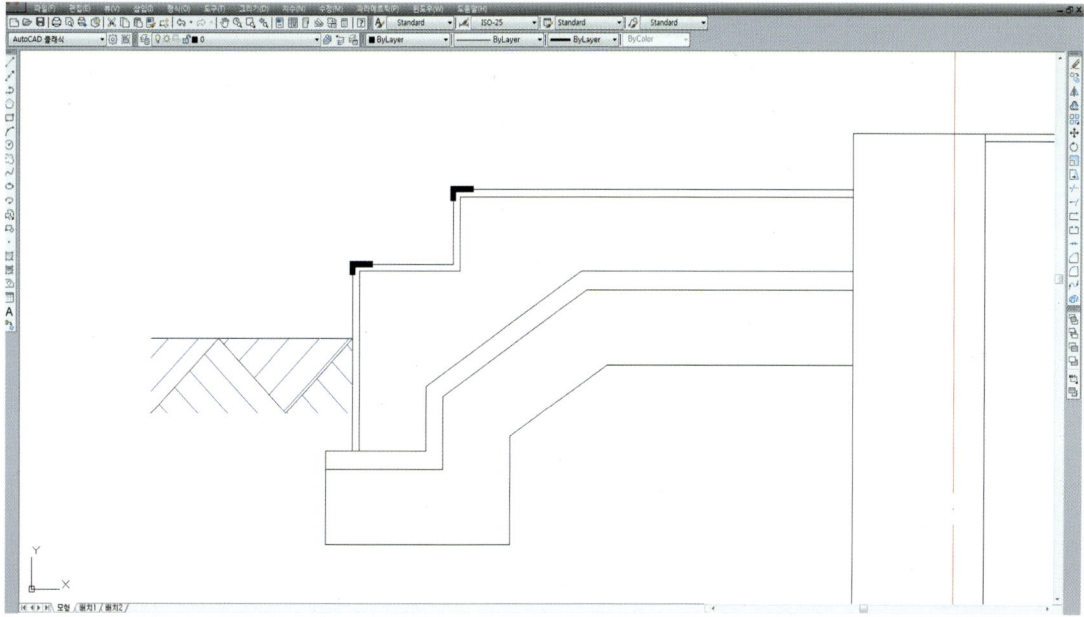

※ 계단 및 계단참 작도 방법은 테라스부분단면상세도 12부터 참고하기 바랍니다.
※ 지반 작도방법은 기초부분단면상세도의 지반 작도법을 참고하기 바랍니다.

7_ A단면 표시가 주택 내부 거실 바닥(타원 부분)을 지나가고 있으므로 거실바닥을 작도합니다.

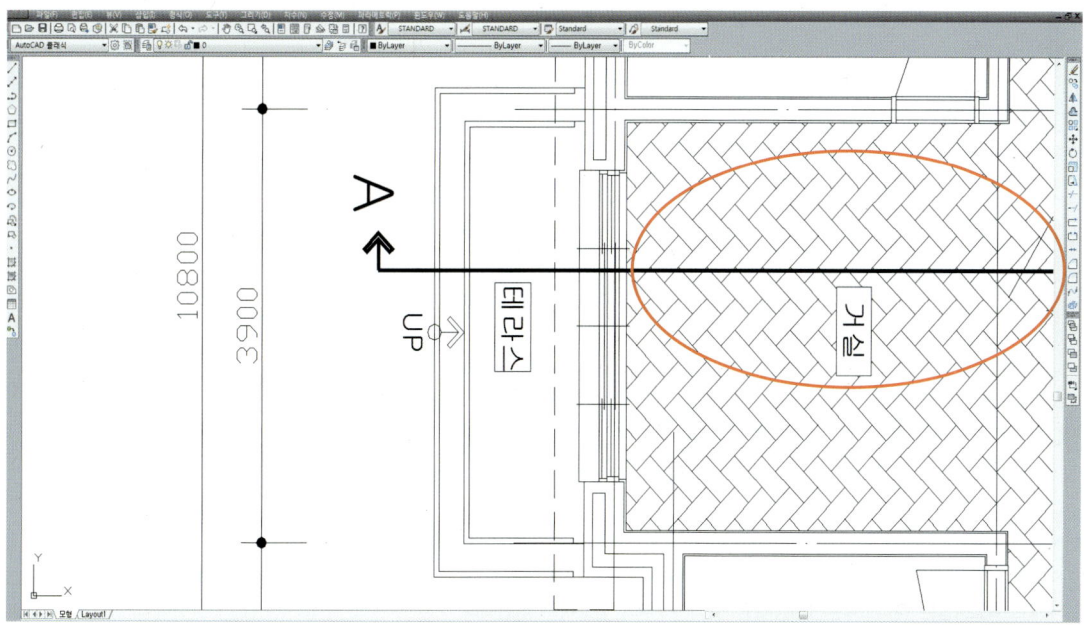

※ 거실작도방법은 테라스부분단면상세도 27부터 참고하기 바랍니다.

8_ 거실바닥을 작도한 결과입니다.

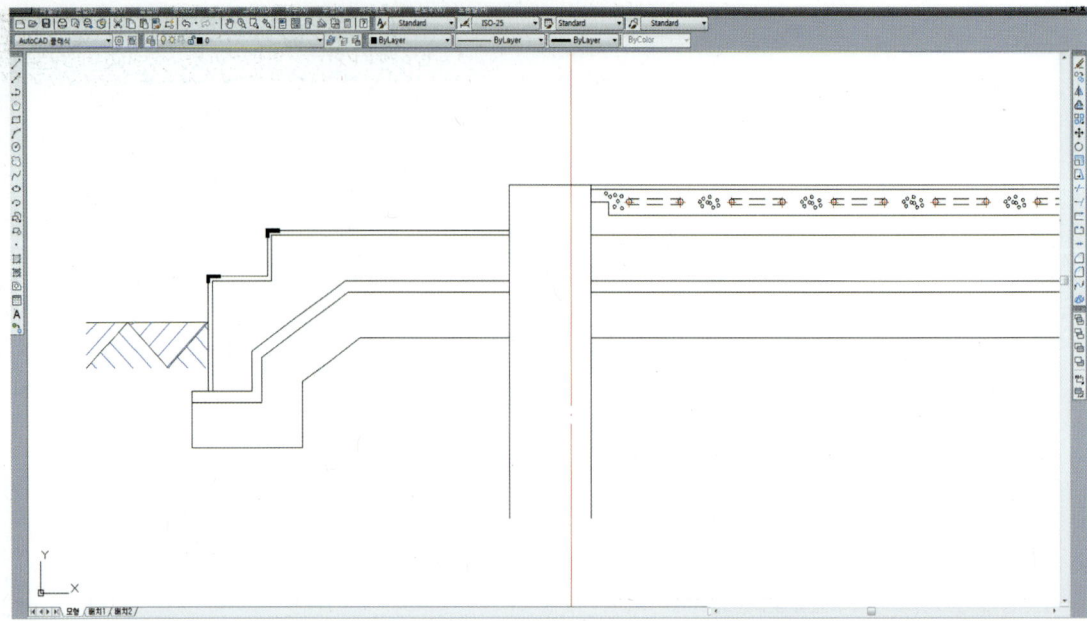

※ 조건에 질석보온재 두께가 85로 제시됐을 경우로 가정하여 작도한 것이며 질석보온재 두께는 바뀌어 출제될 수 있습니다.

9_ 기초를 작도한 뒤 기초와 1층 슬래브를 trim을 이용하여 잘라(hidden 선)냅니다.

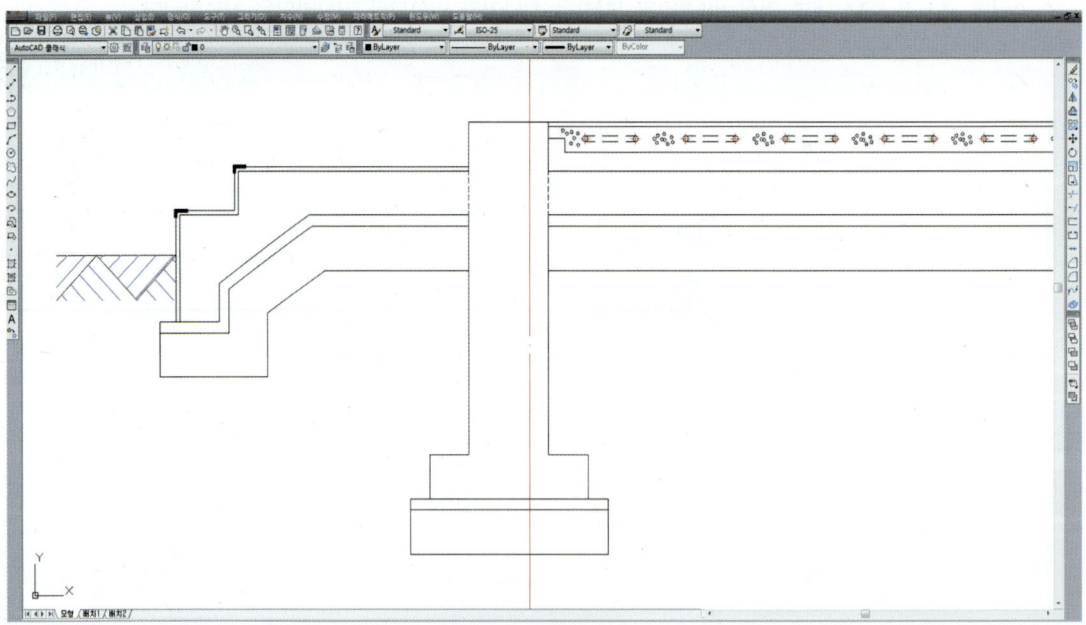

※ 기초작도방법은 테라스부분단면상세도 11과 19부터 참고하기 바랍니다.

10_A단면 표시가 테라스 창(타원 부분)을 지나가고 있으므로 테라스 창 단면을 작도합니다.

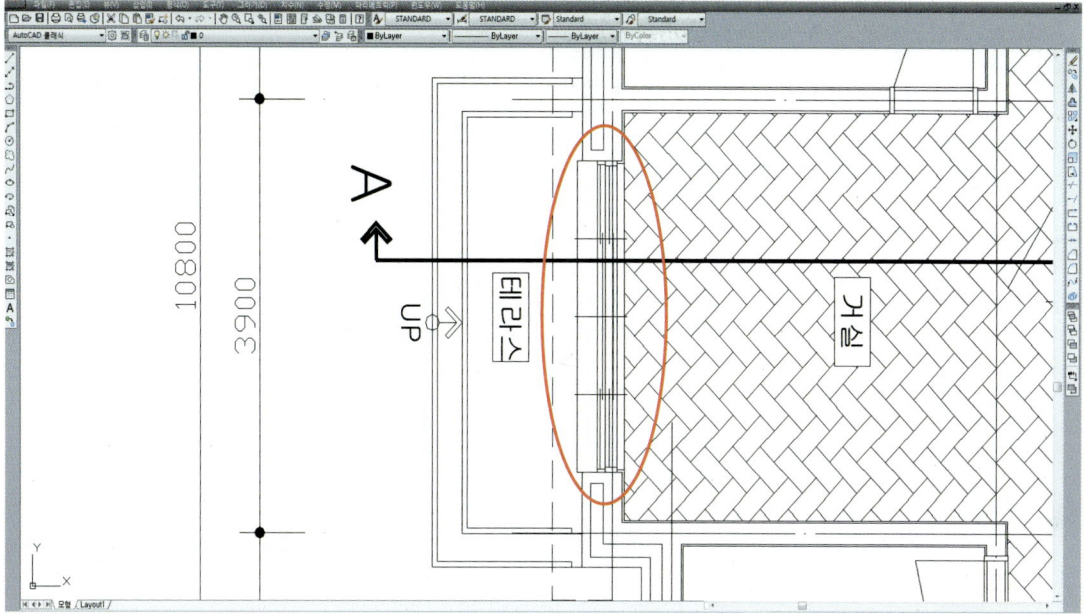

11_테라스 창의 단면을 아래와 같이 완성합니다.

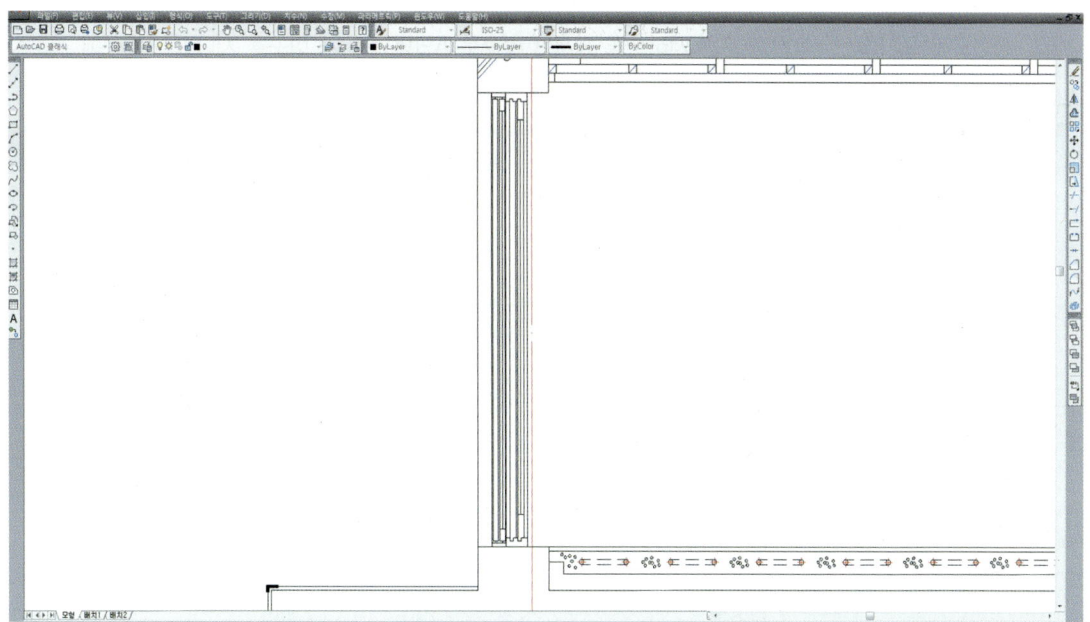

※ 테라스 창 작도방법은 창단면상세도-2를 참고하기 바랍니다.

12_ 몰탈, 벽돌 해치 및 목재창의 해치, 걸레받이와 벽체디자인을 아래와 같이 디자인합니다.

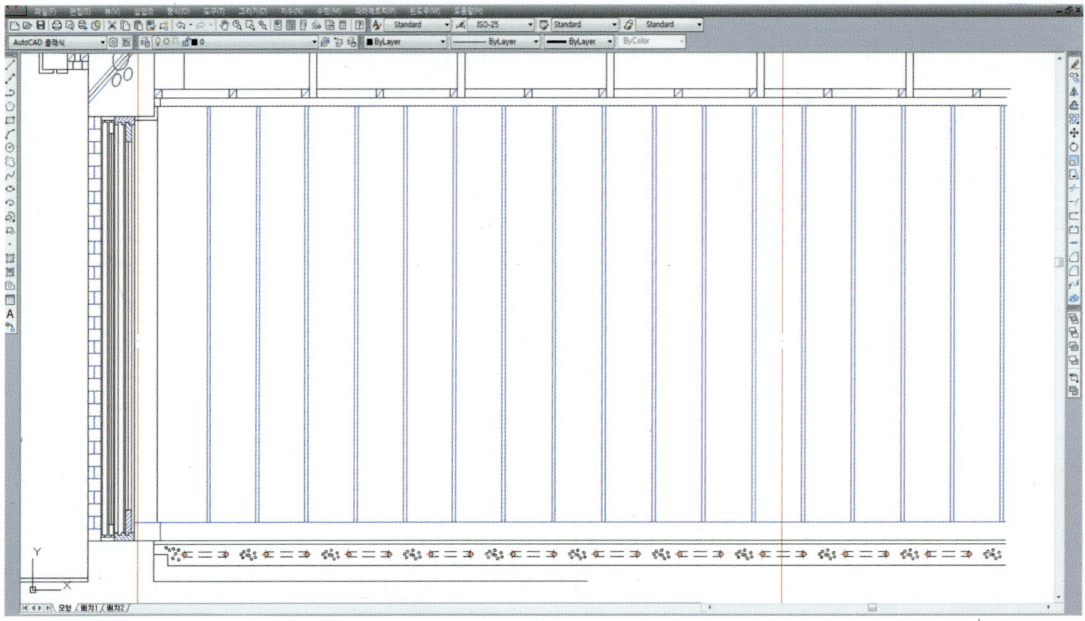

※ 몰탈, 벽돌해치 및 목재창의 해치 작도방법은 창단면상세도-2 **11**부터 참고하기 바랍니다.
※ 걸레받이와 벽체디자인 작도방법은 테라스부분단면상세도 **38**부터 참고하기 바랍니다.

13_ 평면도에 표시(붉은 색)된 부분은 지하실을 표시한 것으로 A단면 표시가 이곳을 지나갔기 때문에 지하실을 작도합니다.

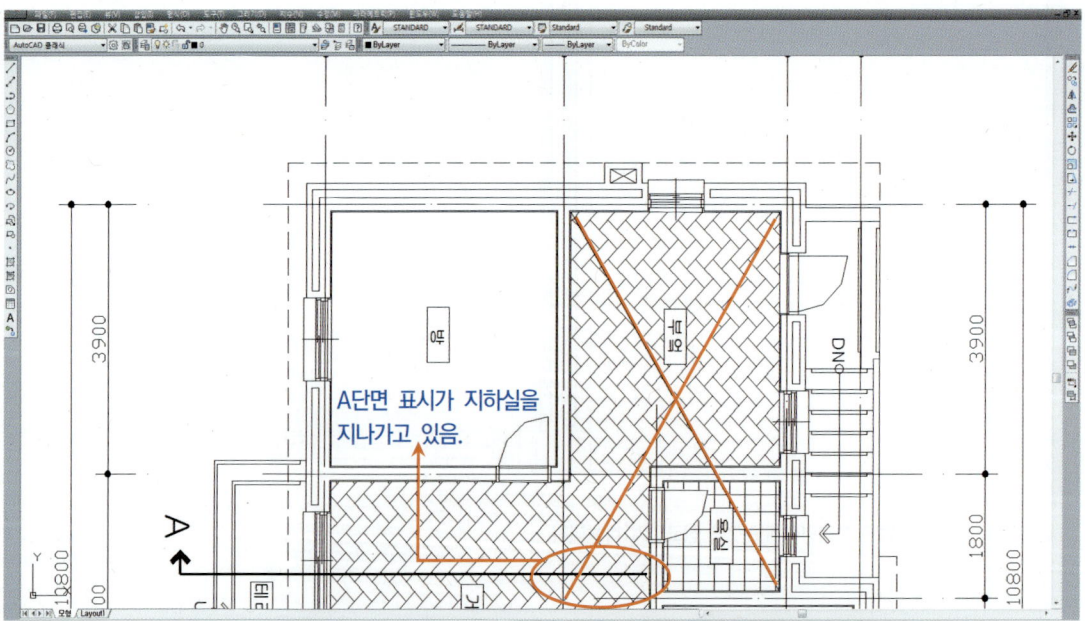

14_ 지하실의 내벽두께는 평면도에 표현된 내벽과 동일한 두께로 지반 아래까지 내려가는 구조이기 때문에 이를 해석하여 작도합니다.

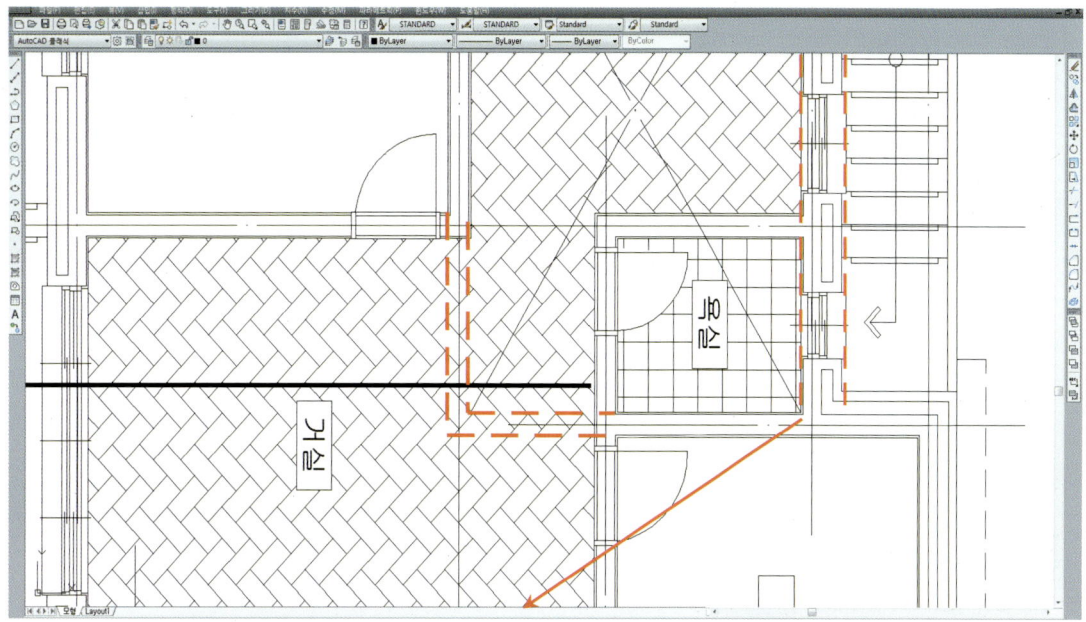

※ 지하실 외벽두께는 평면도의 외벽두께와 동일합니다.

15_ 중심선이 벽체 가운데 있으므로 offset을 이용하여 내벽두께의 절반을 좌우로 간격을 띄운 후, 도면 층을 2로 바꿉니다.

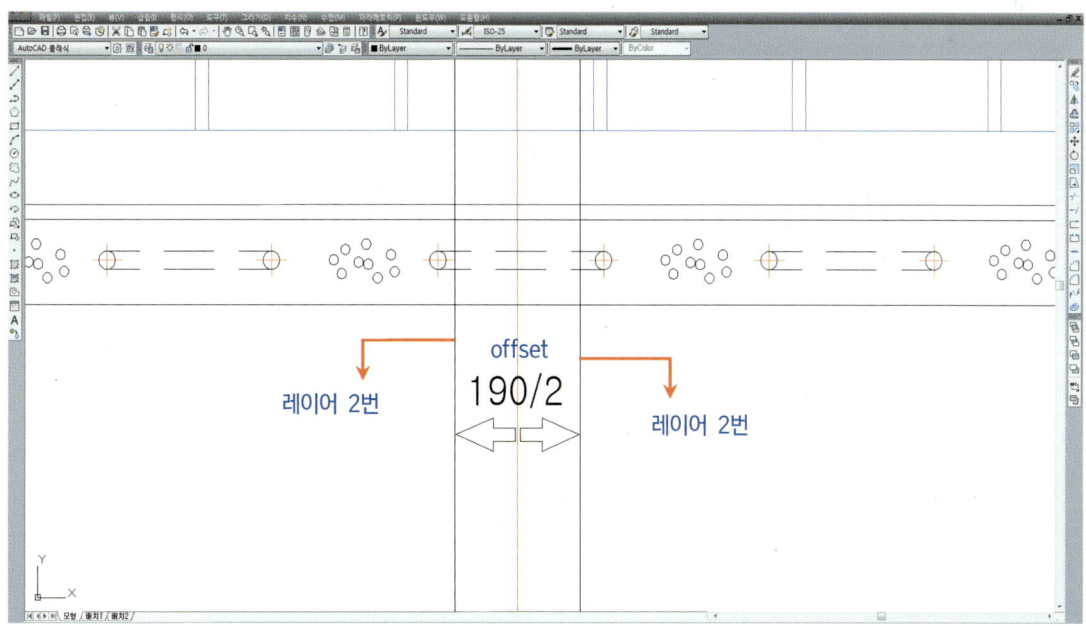

※ 지하실 작도법은 지하실부분단면상세도를 참고하기 바랍니다.

16_ extend를 이용하여 질석보온재, 철근콘크리트, 밑창콘크리트, 잡석다짐을 아래와 같이 지하실 벽까지 연장(hidden 선)하고 질석보온재는 더 길게 연장합니다.

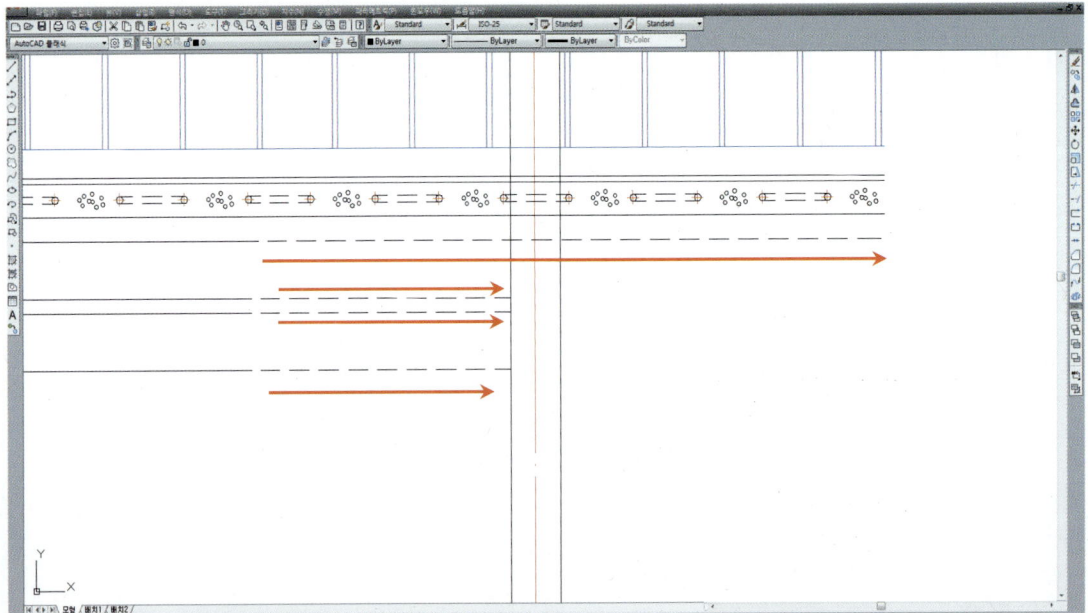

※ 질석보온재를 더 길게 연장하는 이유는 거실바닥과 부엌바닥이 연결돼 있으며 (13번 평면도 참고) 이에 따라 난방 또한 연장되어 있기 때문입니다.

17_ trim을 이용하여 지하실 벽과 1층 슬래브를 잘라(좌측 붉은 선)내고 질석보온재 아래부분 기준으로 윗부분도 잘라(우측 붉은 선)냅니다.

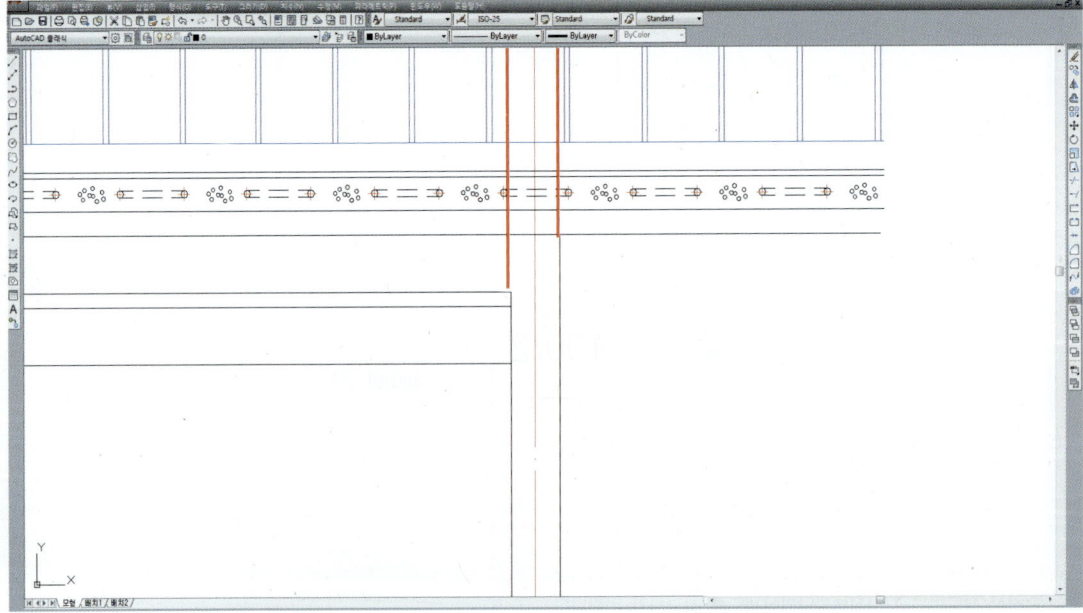

18_ offset을 이용하여 지하실 슬랩 두께 150만큼(hidden 선) 간격을 띄고 fillet을 이용하여 아래의 표시된 부분 (네모 클릭)의 모서리를 편집합니다.

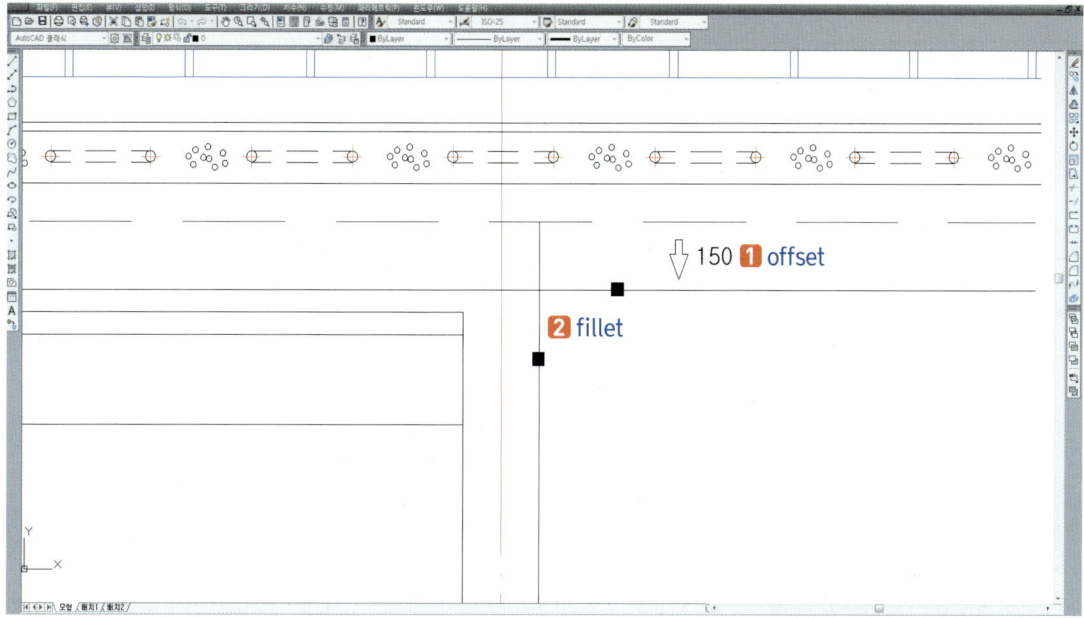

19_ offset으로 몰탈 및 방수간격을 띄우고 도면 층을 바꾼 다음, fillet으로 모서리(네모 클릭)를 다듬습니다.

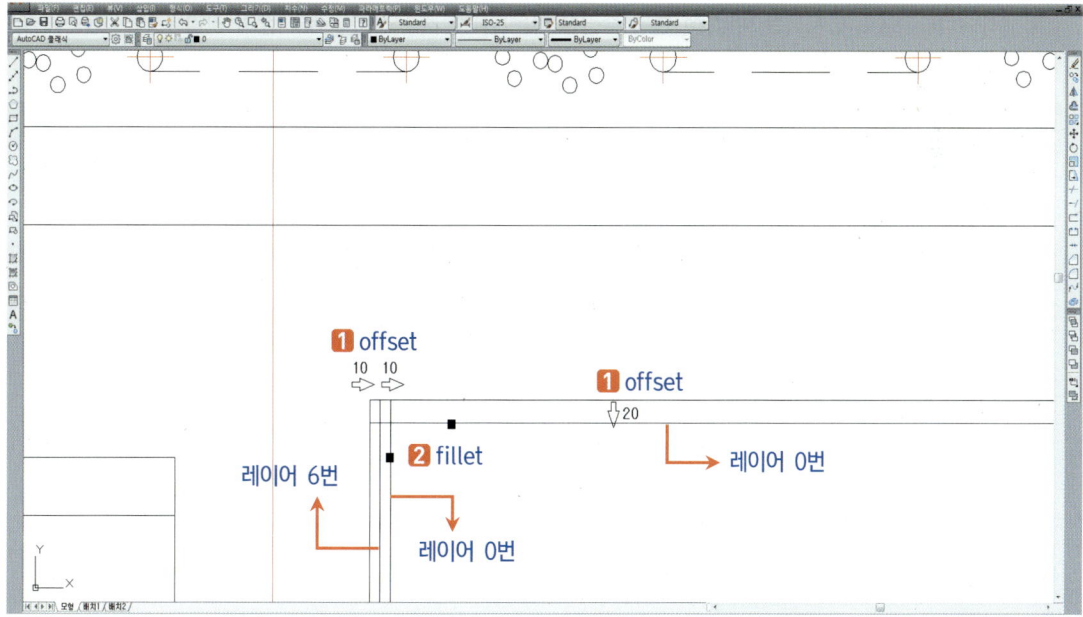

20_ 몰탈 지점(hidden 선)에서 offset을 이용하여 2100만큼 아래로 간격을 띄어 지하실 바닥을 생성합니다.

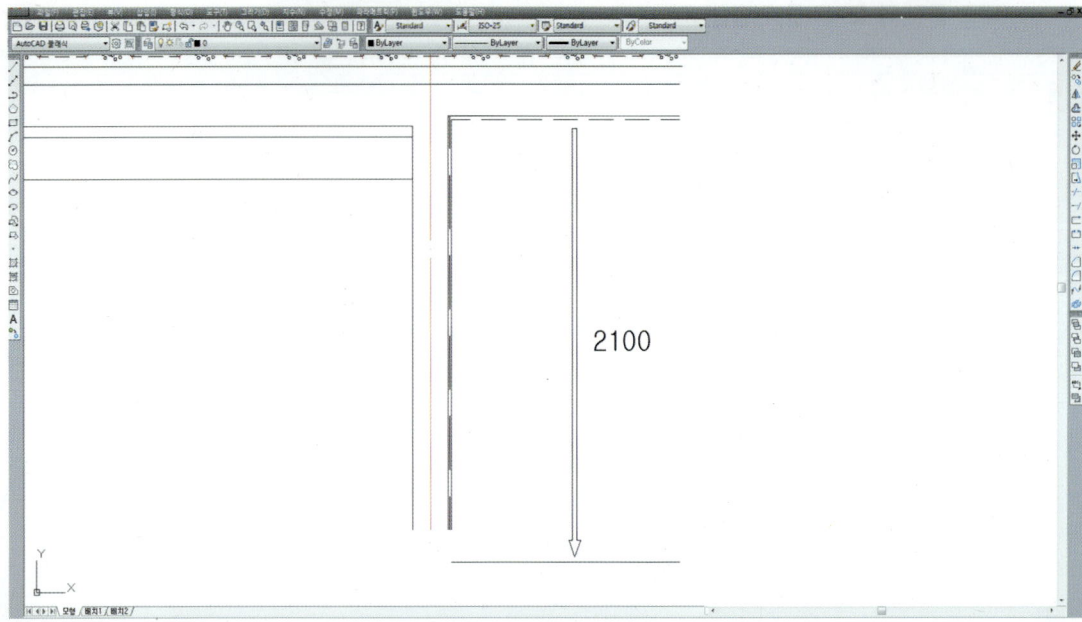

※ 공장, 창고 등을 제외한 모든 건축물의 [1] 거실 반자높이는 2.1m 이상으로 설치해야 하며 이에 따라 지하실의 최저 반자높이를 2100mm로 합니다. 단, 시험조건에는 지하실의 반자높이를 제시하지 않으니 주의바랍니다.

※ [1] 거실 : 건축법에서 거실이란 거주, 집무, 작업, 집회, 오락 등에 사용하는 방을 의미합니다.

21_ offset을 이용하여 지하실 바닥 첫 번째 수평선(붉은 선)을 기준으로 아래와 같이 간격을 띄고 철근과 밑창, 잡석을 도면 층 2로 바꿉니다.

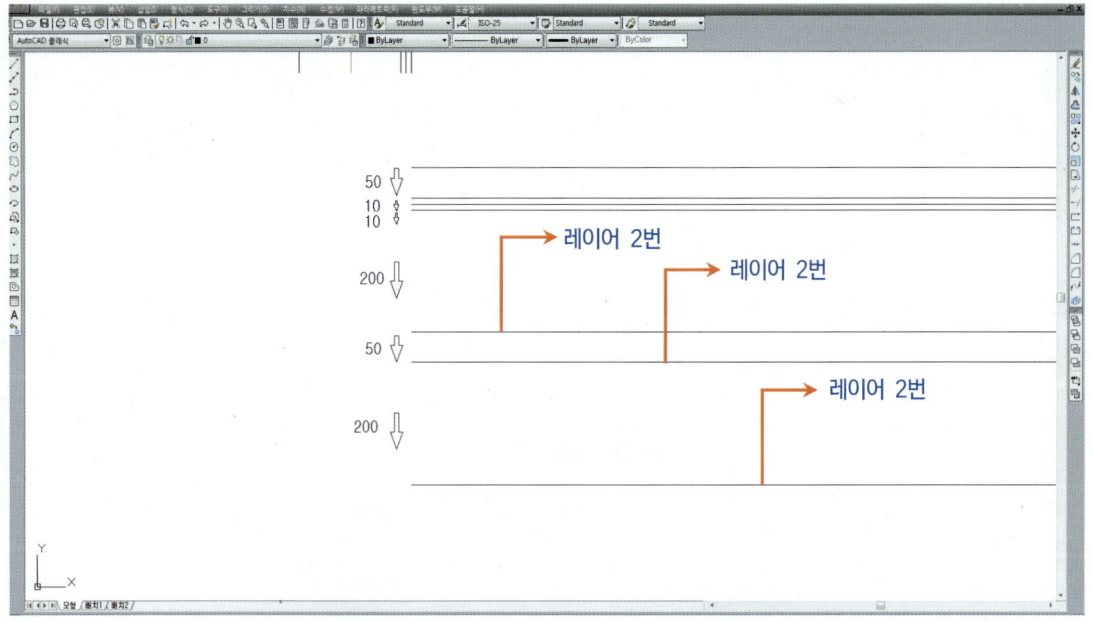

22_ fillet을 이용하여 아래와 같이 모서리(동그라미 클릭) (네모 클릭) (세모 클릭)를 다듬습니다.

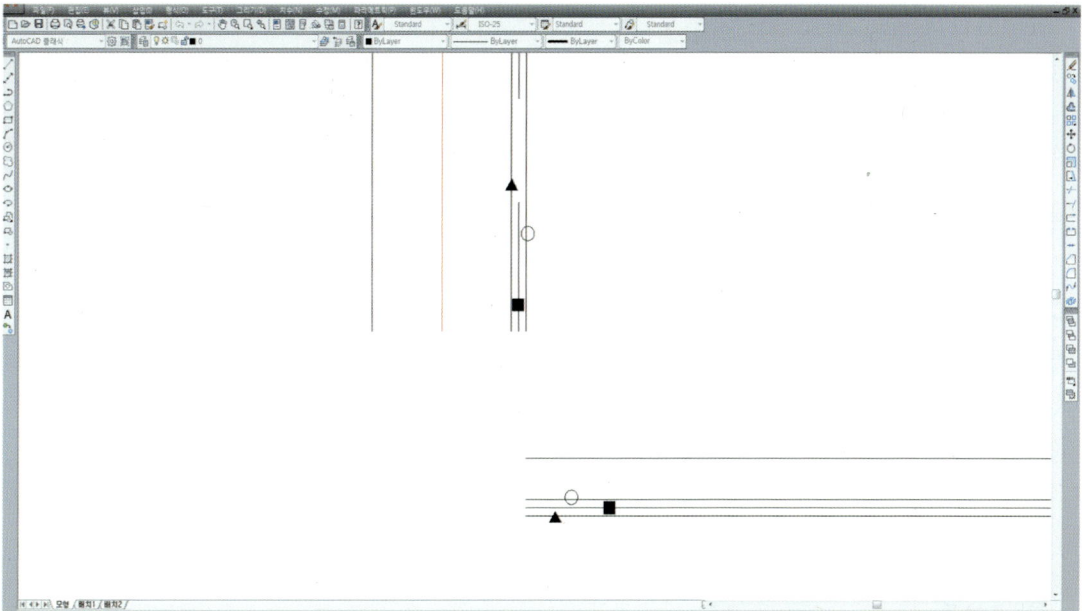

23_ pedit에서 [다중(M)옵션]을 이용하여 액체방수 line 두개를 선택한 뒤 w(폭)값을 10으로 설정하여 방수 폭을 두껍게 표현하고 도면 층 6으로 바꿉니다.

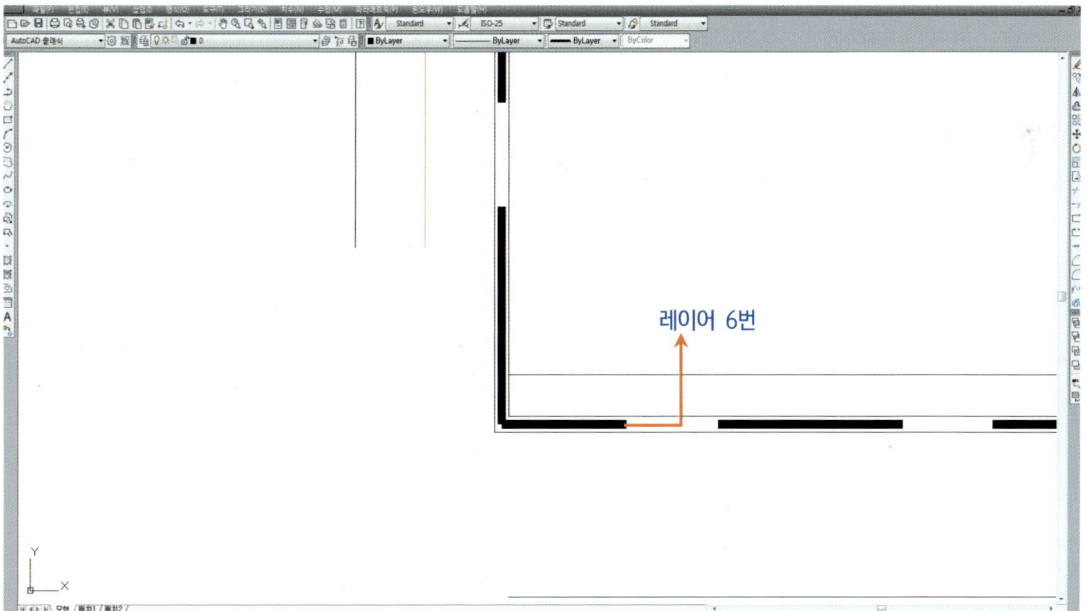

24_ offset을 이용하여 아래와 같이 지하실 벽체에서 간격(hidden 선)을 띄어 지하실 기초를 만들 수 있도록 합니다.

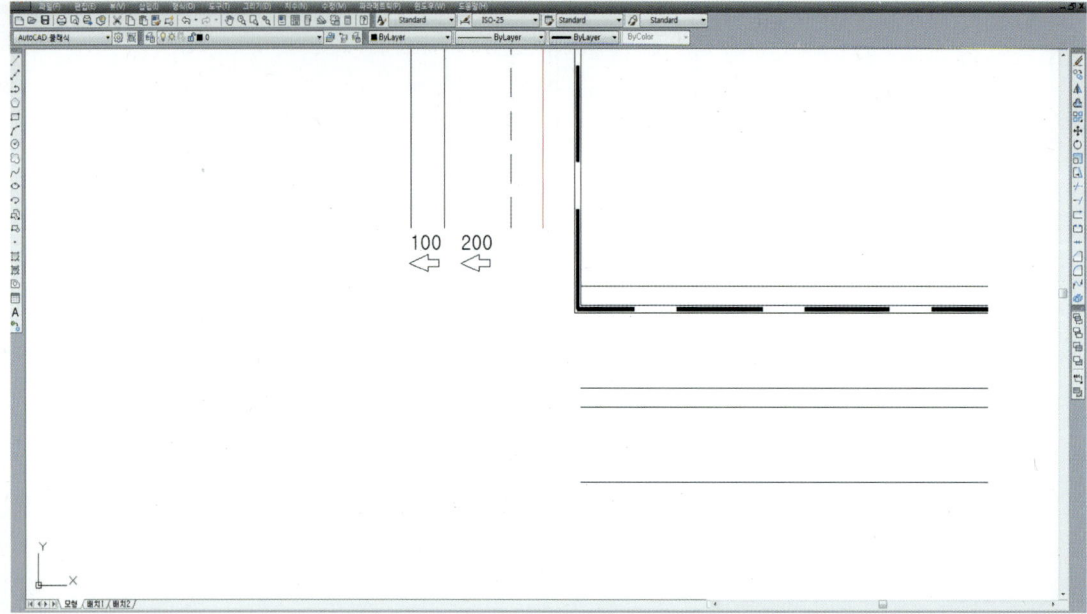

25_ move를 이용하여 선 두 개(hidden 선)를 모서리를 다듬기 위해 아래방향으로 잡석다짐보다 더 아래(붉은 선)까지 임의의 거리만큼 이동합니다.

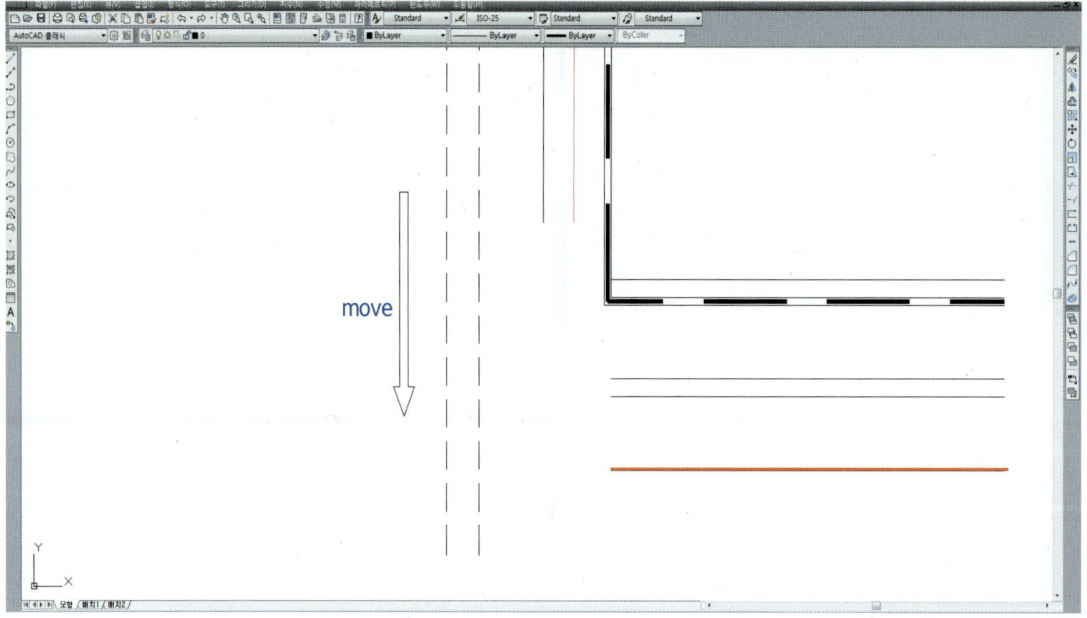

26_ fillet을 이용하여 아래와 같이 지하실 기초 모서리의 모양 (동그라미 클릭) (네모 클릭) (세모 클릭)을 1차적으로 다듬습니다.

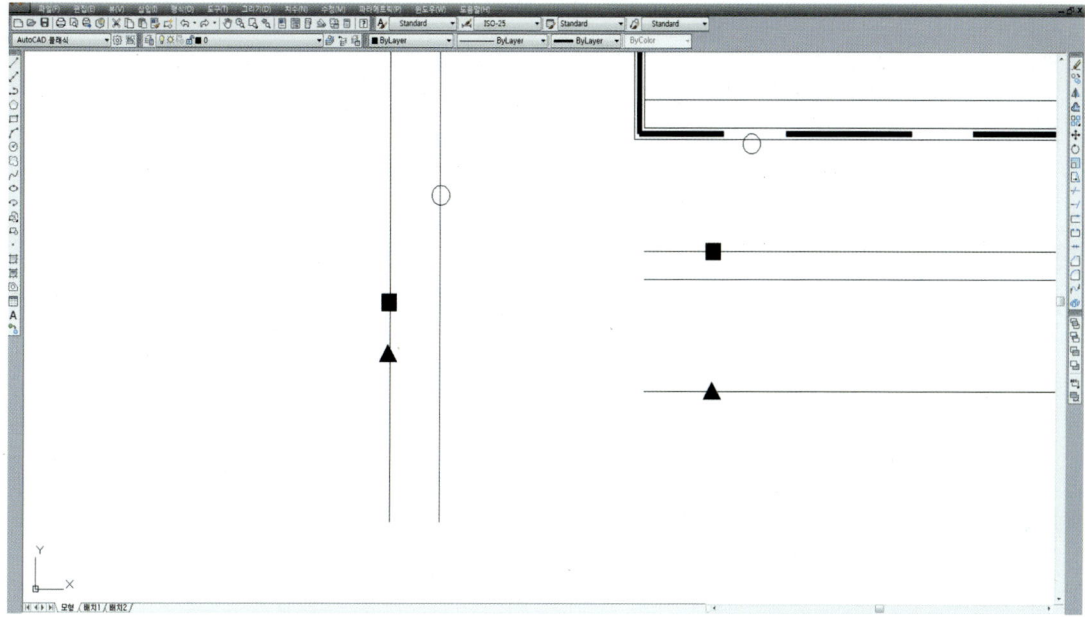

27_ extend(붉은 선) 및 trim(hidden 선)을 이용하여 아래와 같이 지하실 기초를 마무리합니다.

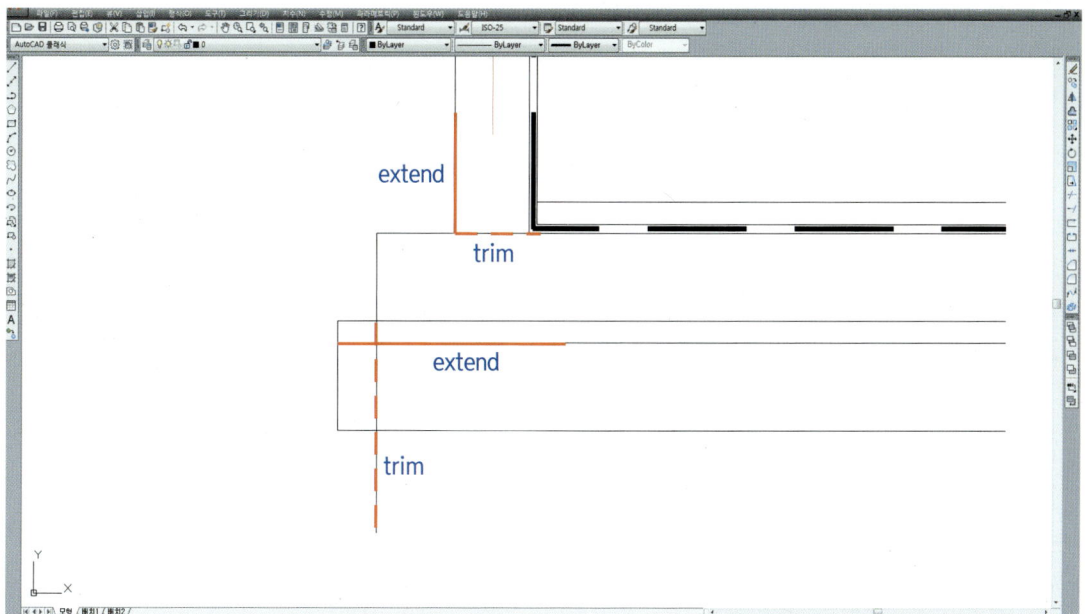

28_ stretch를 이용(붉은 점선)하여 중심선(붉은 선)을 지하실 아래 임의의 지점(✖ 표시)까지 늘려 치수기입을 할 수 있도록 합니다.

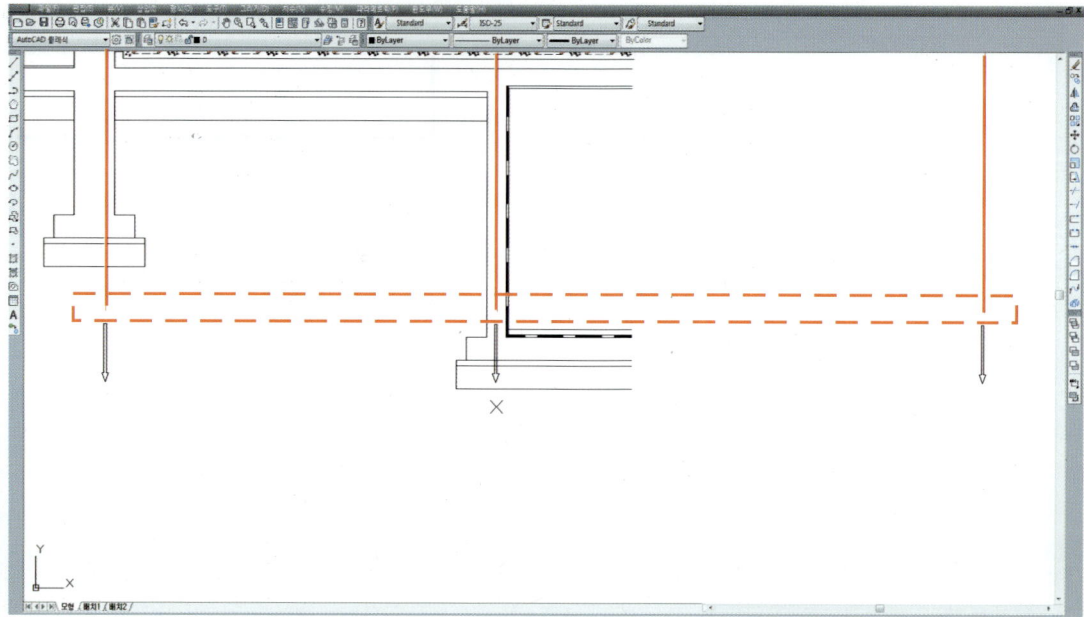

29_ 주택 상부도 마찬가지로 stretch를 이용(붉은 점선)하여 중심선(붉은 선)을 용머리 부근 임의의 지점(✖ 표시)까지 줄여 치수기입을 할 수 있도록 합니다.

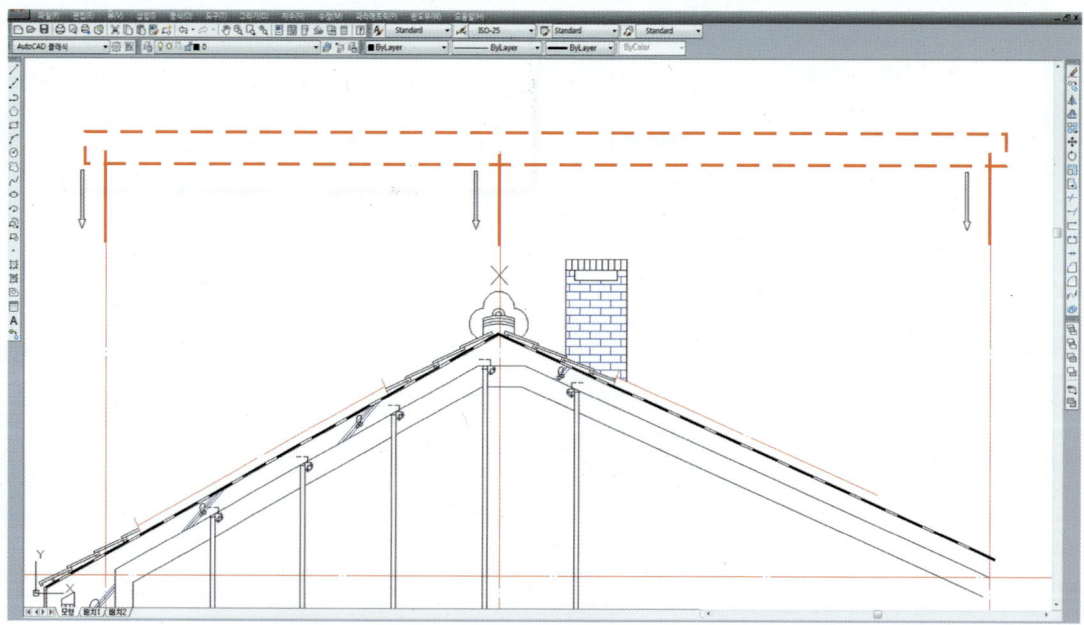

30_ 평면도에 A단면 표시(붉은 hidden선)까지 단면도를 작도해야 하므로 이곳에 파단선을 만듭니다.

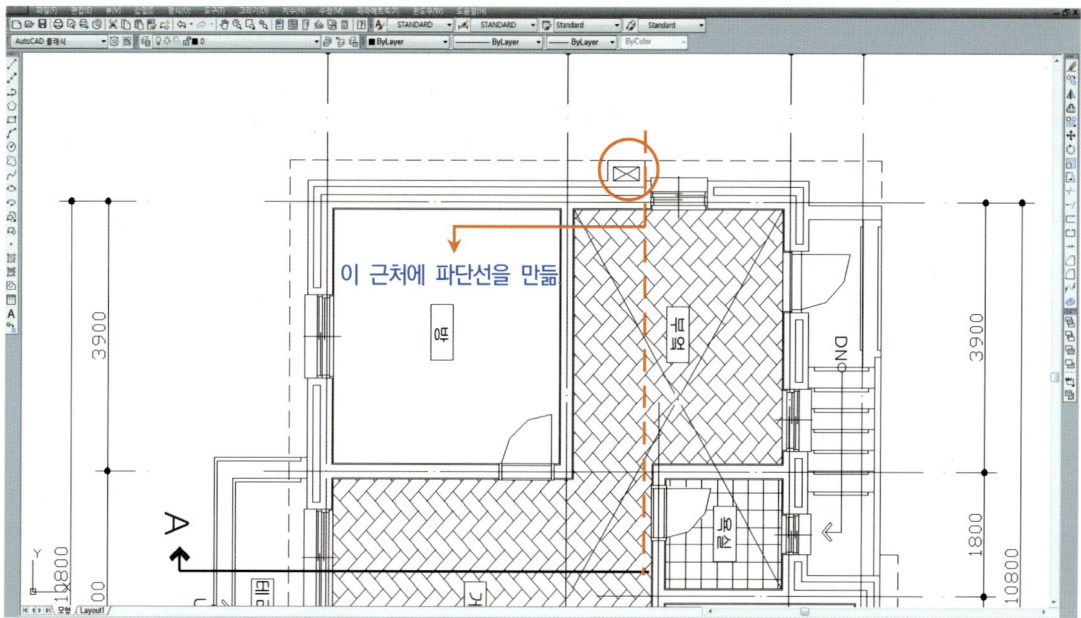

※ 파단선 위치가 정확하지 않아도 무방합니다. 그러나 평면도에서 A단면표시 기호가 굴뚝의 약간 오른쪽까지 보여야 (붉은 색 동그라미)하기 때문에 이 근처에서 파단선을 만듭니다. 너무 좁거나 넓으면 안 됩니다.

31_ move를 이용하여 우측의 중심 선(붉은 색 hidden 선)을 좌측으로 이동하여 파단선을 만들고 도면 층을 2로 바꿉니다.

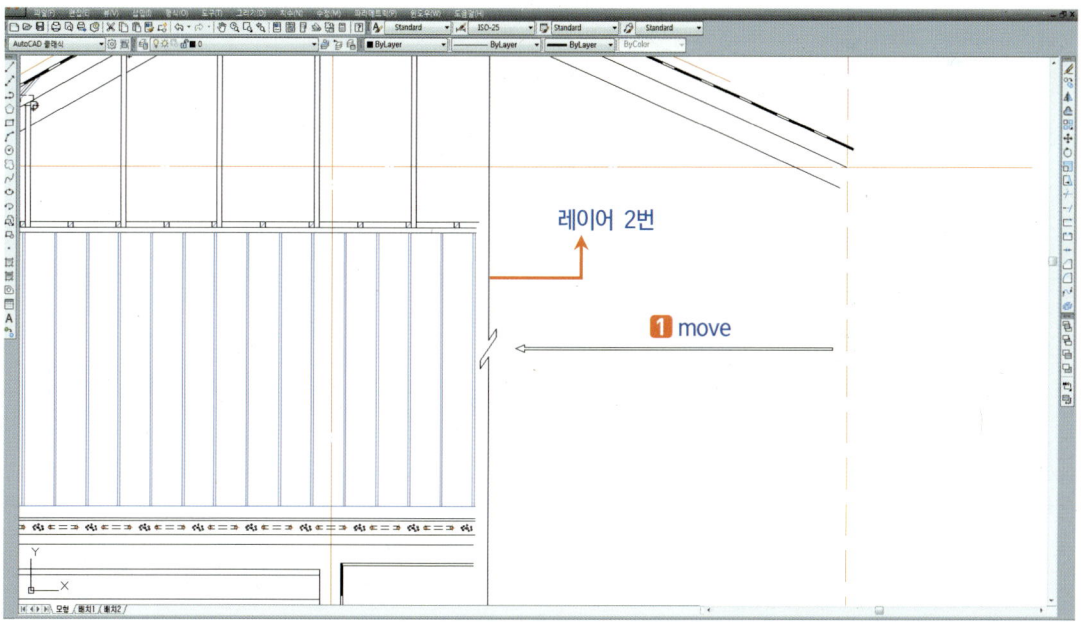

32_extend(붉은 박스) 및 trim(푸른 박스)을 이용하여 아래와 같이 파단선 부근을 편집합니다.

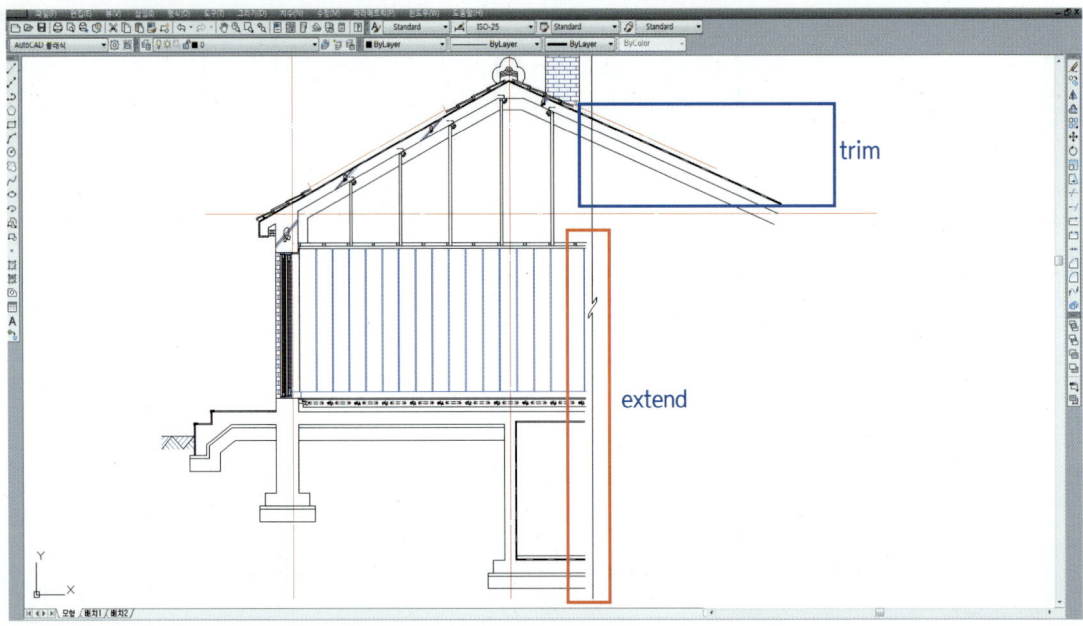

33_grip box를 이용하여 중심 선(hidden 부분)을 파단선 부근 임의의 지점(✕ 표시)까지 신축합니다.

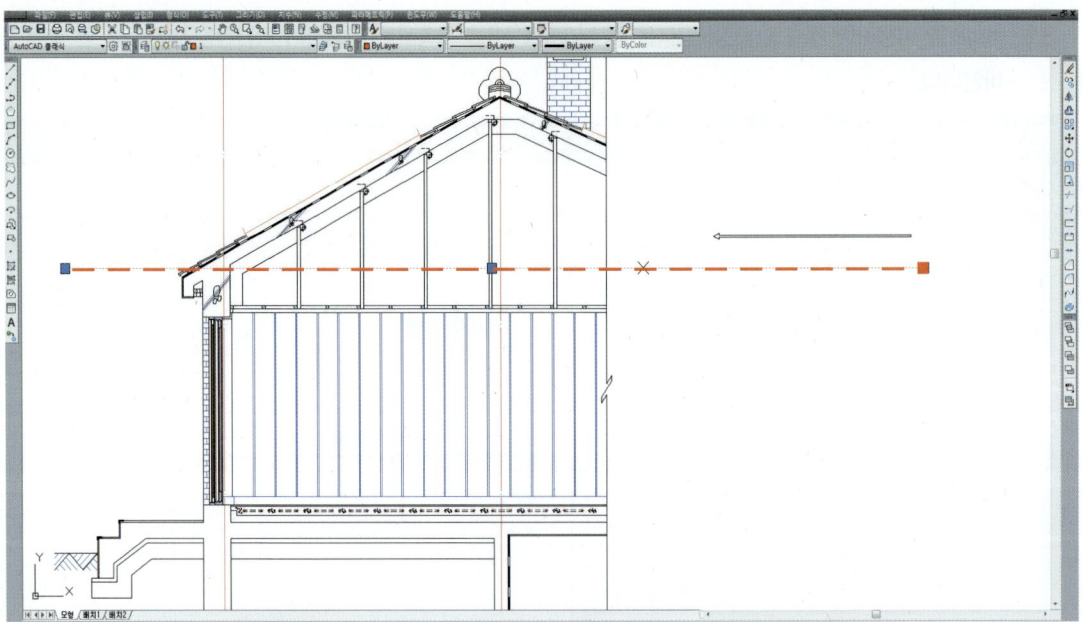

34_ 홈통 및 홈통걸이(붉은 박스)를 작도합니다.

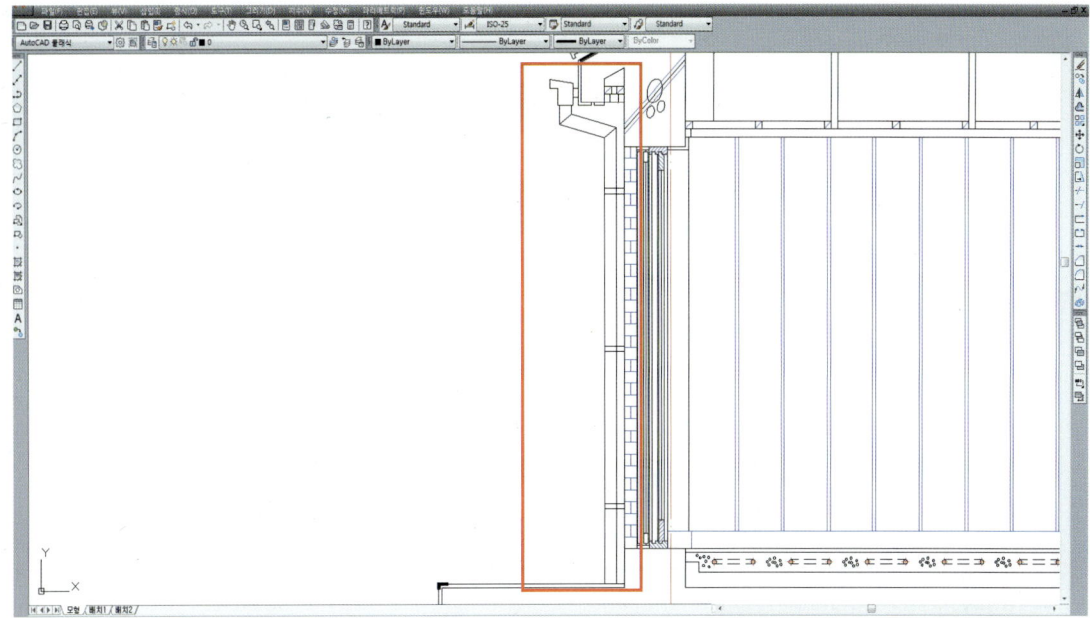

※ 홈통작도법은 처마부분단면상세도-1 17번부터 참고하기 바라며 홈통걸이는 지붕입단면상세도 40번부터 참고하기 바랍니다.

35_ 위 작업에서 34번 홈통 작도 시 계단과 홈통의 위치관계를 이해하기 쉽도록 3D 프로그램으로 디자인한 것입니다.

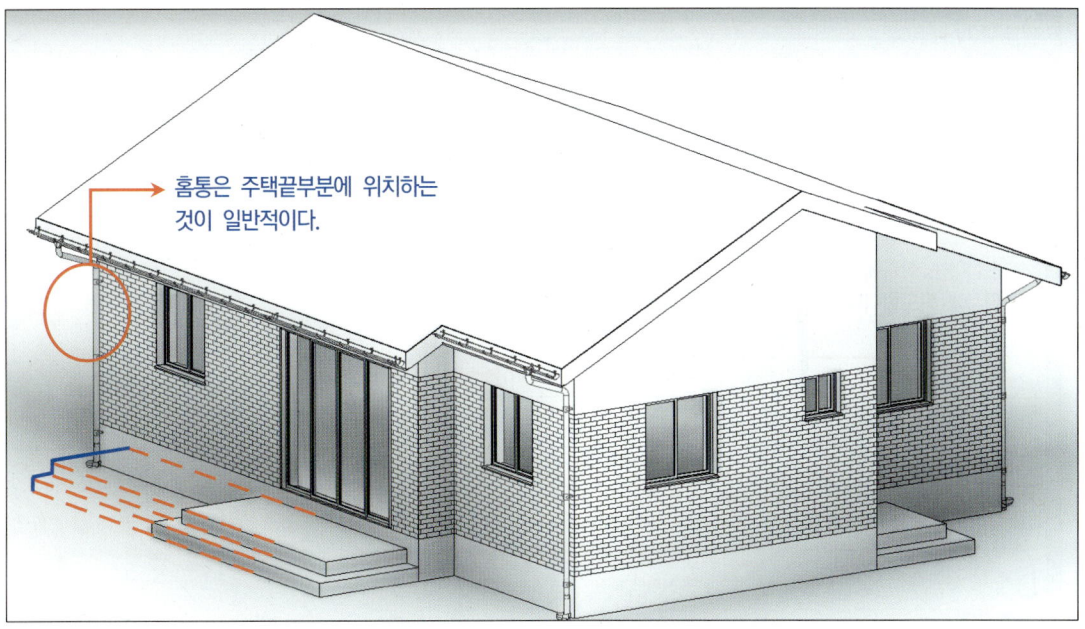

※ 홈통은 주택 끝부분에 위치하는 것(붉은색 동그라미)이 일반적입니다. 때문에 홈통이 계단보다 뒤에 있어 홈통 하부는 계단에 가려 (붉은색 점선, 파란색 실선) 보이지 않게 되는 것입니다.

36_ 평면도에 A단면 표시(붉은 동그라미) 앞에 방으로 출입하는 문이 보이기 때문에 문 입면을 작도합니다.

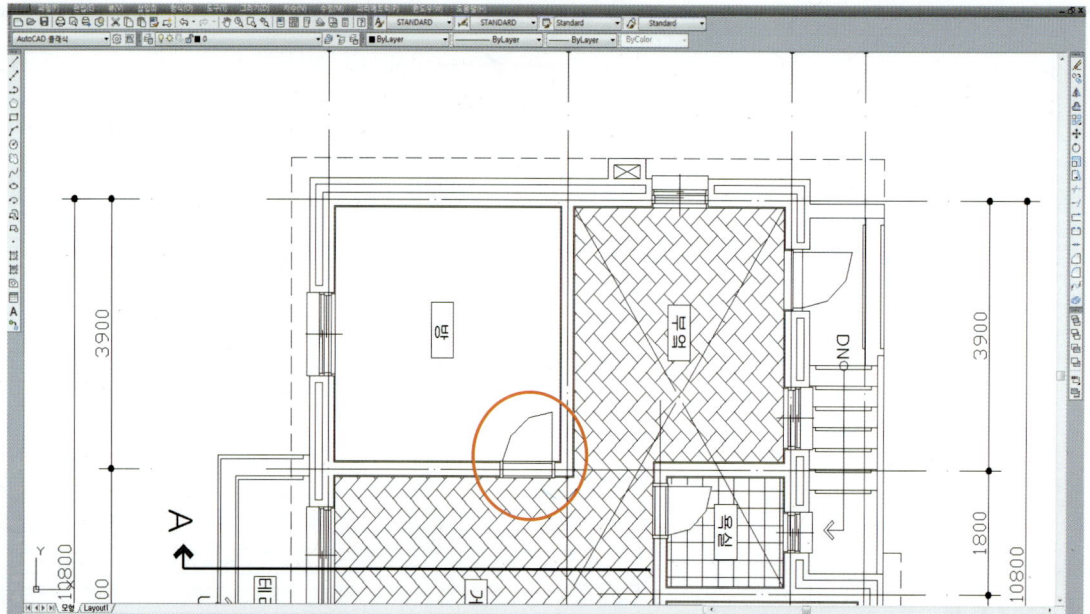

37_ 위 작업에서 36번 문 입면부분(붉은 색 동그라미)을 확대하면 중심선을 기준으로 좌측으로 약 200mm 정도에 위치하고 있습니다.

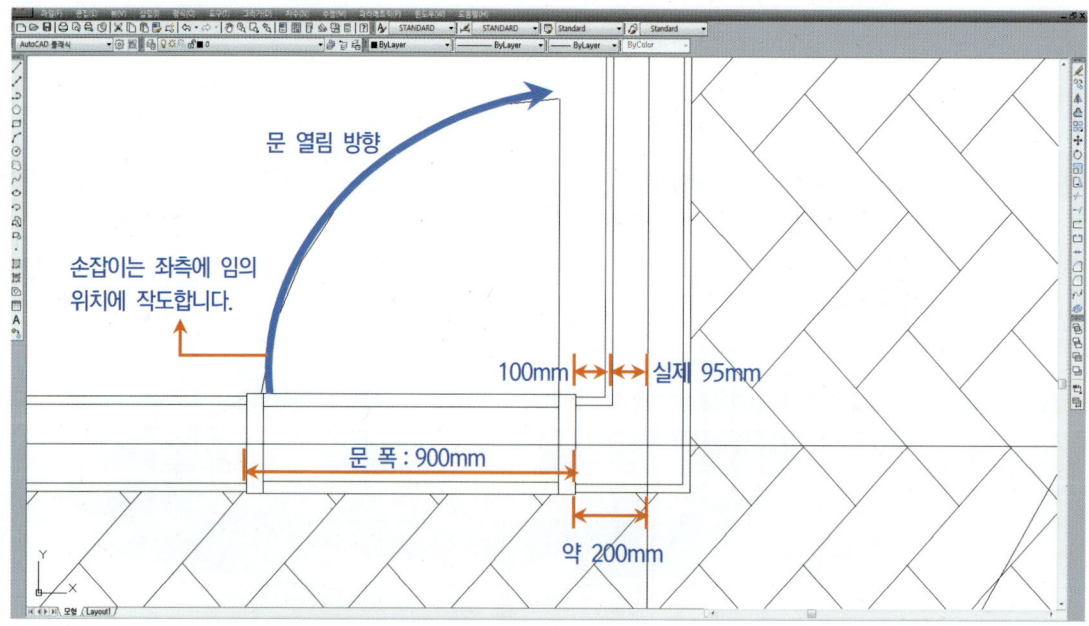

※ 실제로 스케일 자를 이용하여 측정하면 중심선에서 벽체까지의 거리는 95mm이고, 벽체에서 문틀까지의 거리가 100mm여서 195mm가 실제 거리입니다만, 근사치 200m로 하여 작도하는 것이 편합니다.

38_ rectang을 이용하여 중심선과 몰탈이 교차하는 (붉은색 ✕ 표시) 곳에서 문의 테두리를 작도한 뒤 move를 이용하여 200만큼 좌측으로 이동합니다.

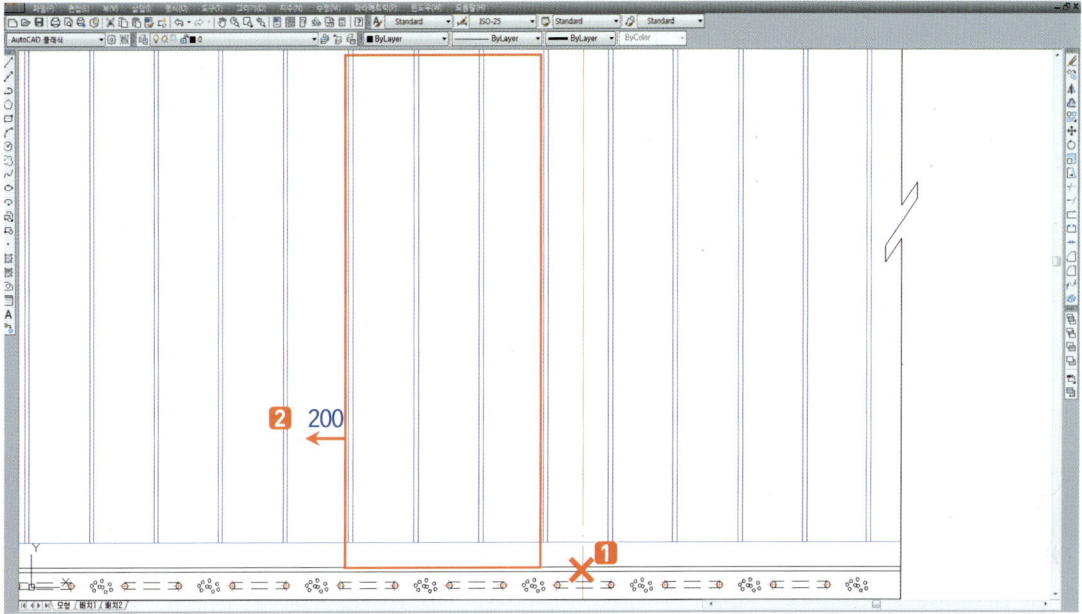

39_ trim을 이용하여 박스 내부(붉은 선)를 모두 잘라냅니다.

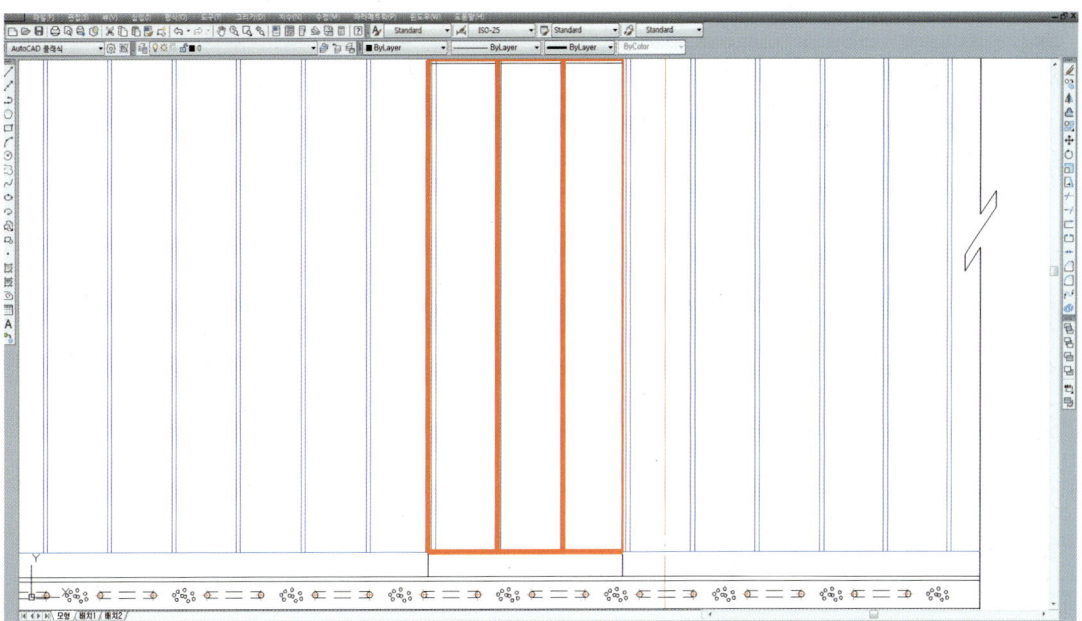

40_ rectangle과 offset 등을 이용하여 문을 작도합니다.

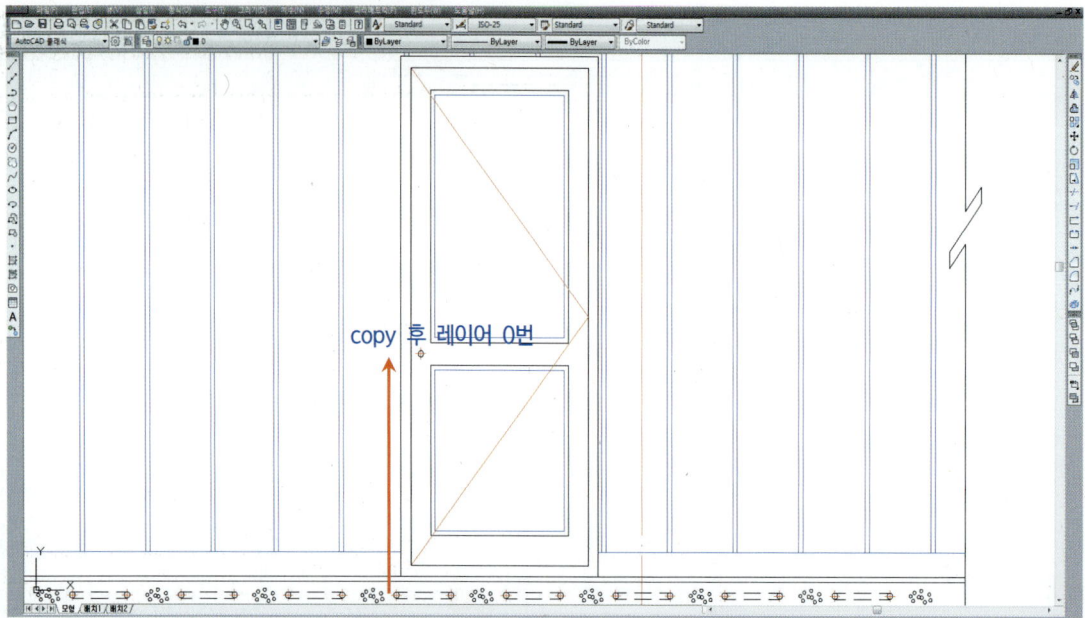

※ 문 입면작도법은 문입단면상세도-1 3번부터 16까지 참고하기 바랍니다. 그리고 손잡이는 xl pipe를 복사한 뒤 circle 레이어를 0으로 바꾸면 손잡이를 따로 작도할 필요 없이 쉽게 마무리할 수 있습니다. 즉, 문입단면상세도-1 14번처럼 작도할 필요 없습니다.

41_ 기초 및 지하실 등에 철근콘크리트, 잡석다짐을 작도하고 질석보온재에 해치를 합니다.

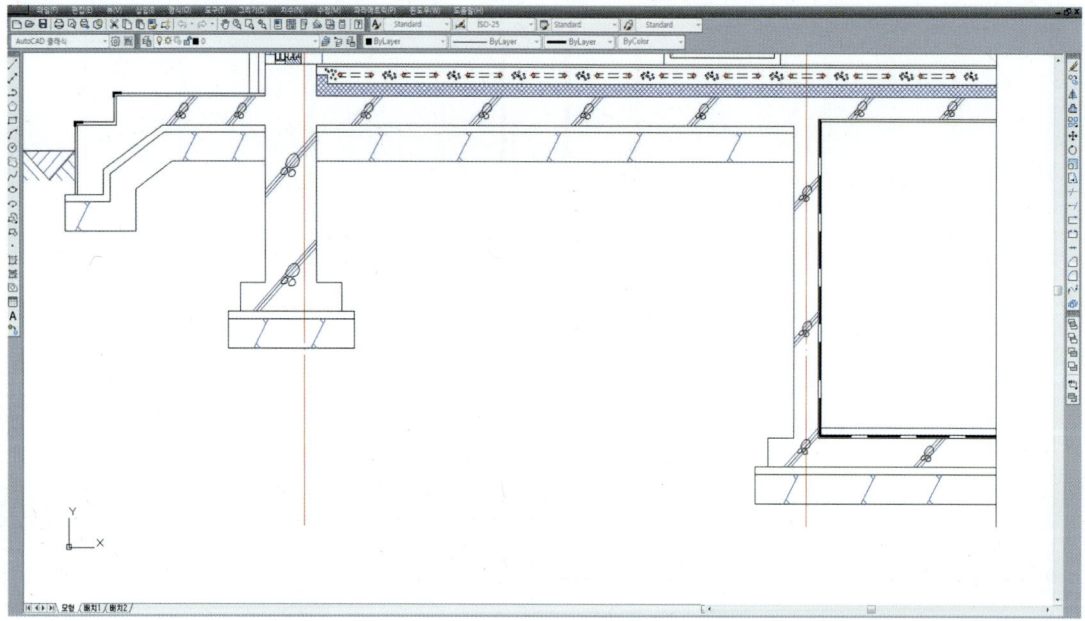

42_ 지붕에 철근콘크리트 작도 및 해치를 한 뒤 글자를 입력합니다.

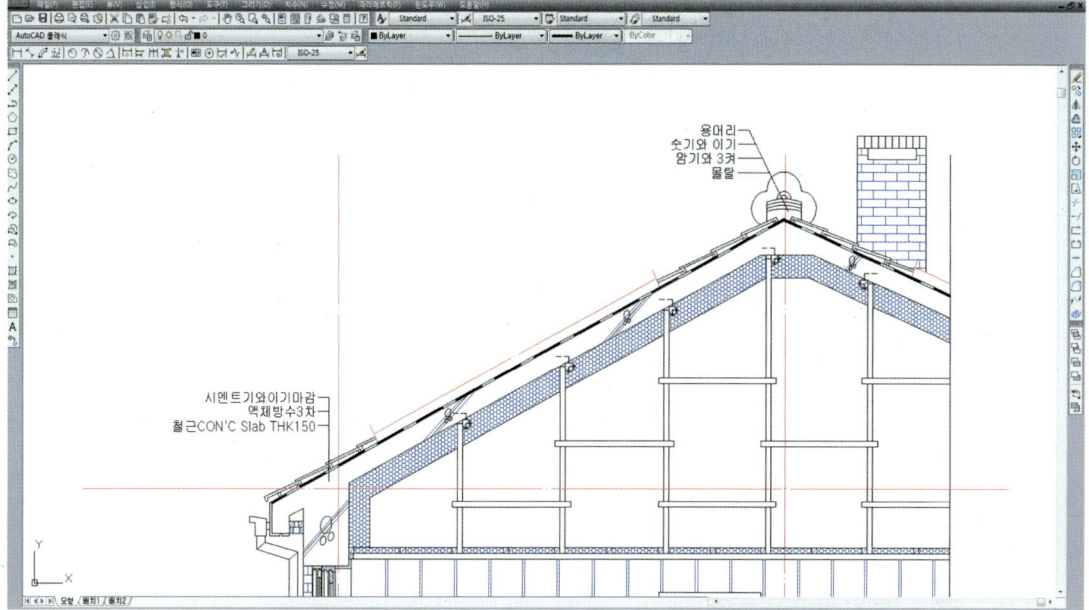

43_ 건물 내부에도 글자를 입력한 뒤 글자와 겹치는 내부는 trim을 이용하여 잘라냅니다.

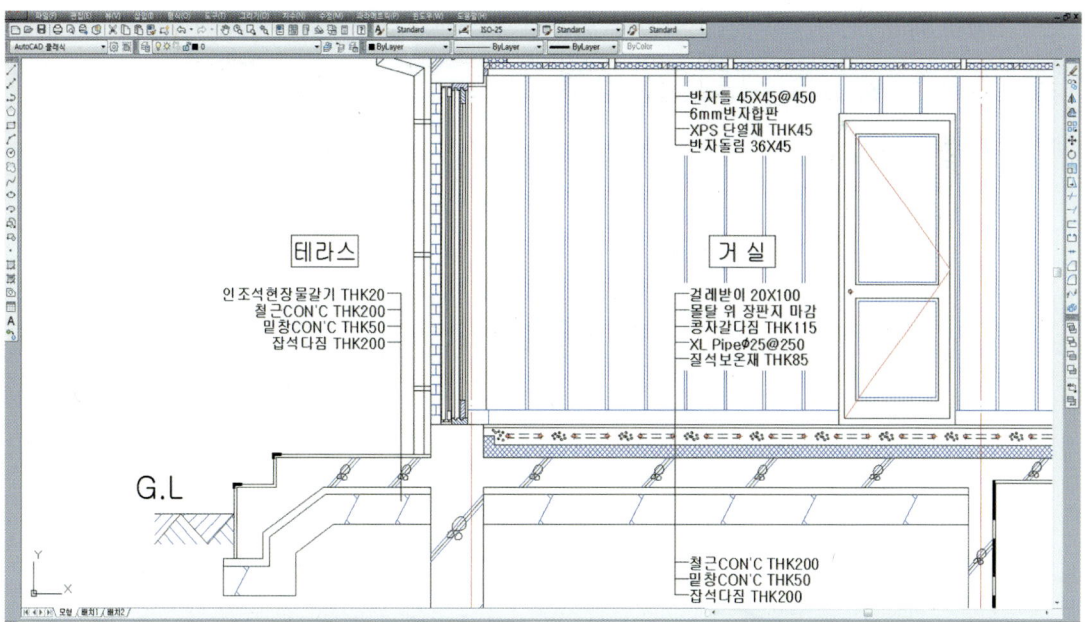

44_ 지하실에 입력하는 글자를 아래와 같습니다.

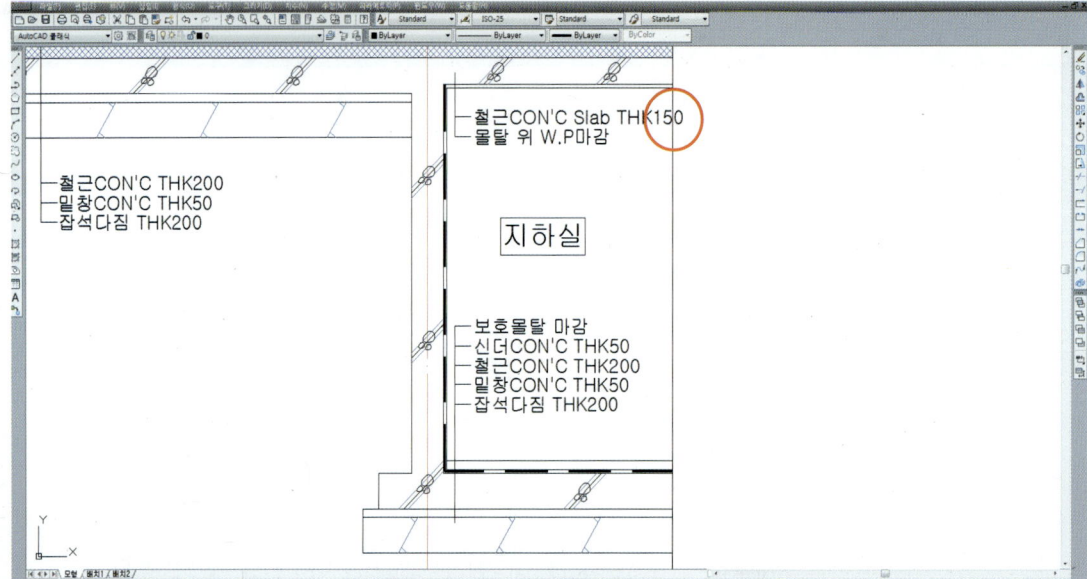

※ 절단선과 글자가 겹치는 경우(붉은 색 동그라미)가 있습니다. 이럴 때 절단선은 자르지 않습니다.

45_ 물매모양을 작도하고 dist 또는 lengthen을 이용하여 물매의 거리를 측정(✕ 표시)한 뒤 이에 해당하는 글자를 입력합니다.

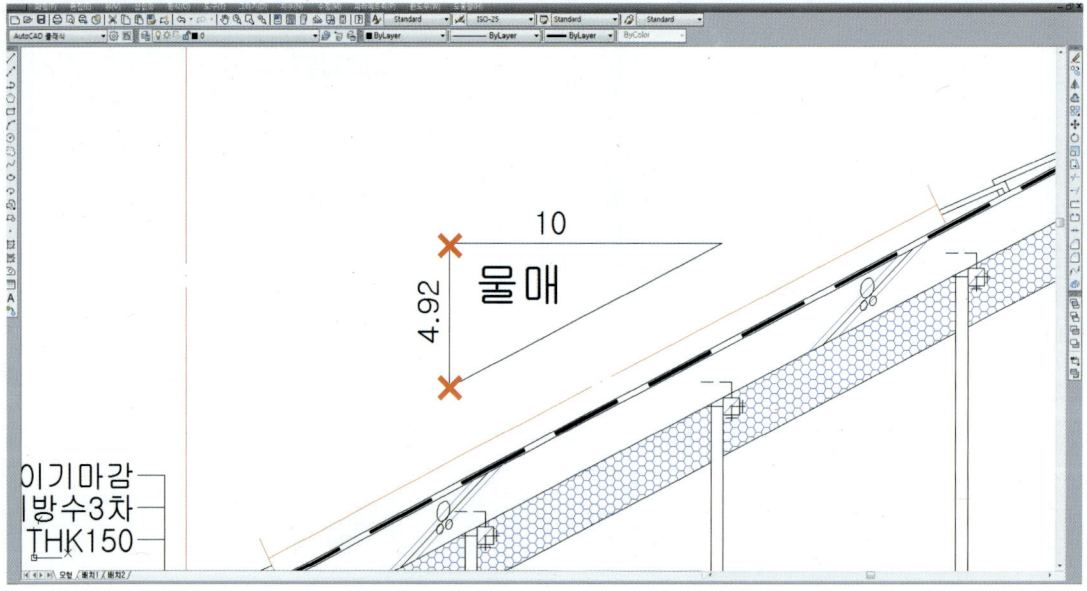

※ 위 45을 기준으로 거리측정을 하면 492.3077이라는 결과 값이 나오는데 물매의 수평거리가 원래 10이었고, 이를 1000으로 그렸기 때문에 이를 환산하면 4.9230770| 나옵니다. 여기서 소수점 둘째자리까지만 입력합니다.

※ 물매작도법은 지붕입단면상세도 41번부터 참고하기 바랍니다.

※ 물매를 모르고 있거나 혹은 알고 있는 상태이더라도 임의의 길이로 작도한 뒤 fillet으로 모서리를 다듬은 후 거리 측정을 하는 것이 정확하고 확실한 방법입니다.

46_좌측상단에 표제란을 작도하고 각 항에 해당하는 글자를 입력합니다.

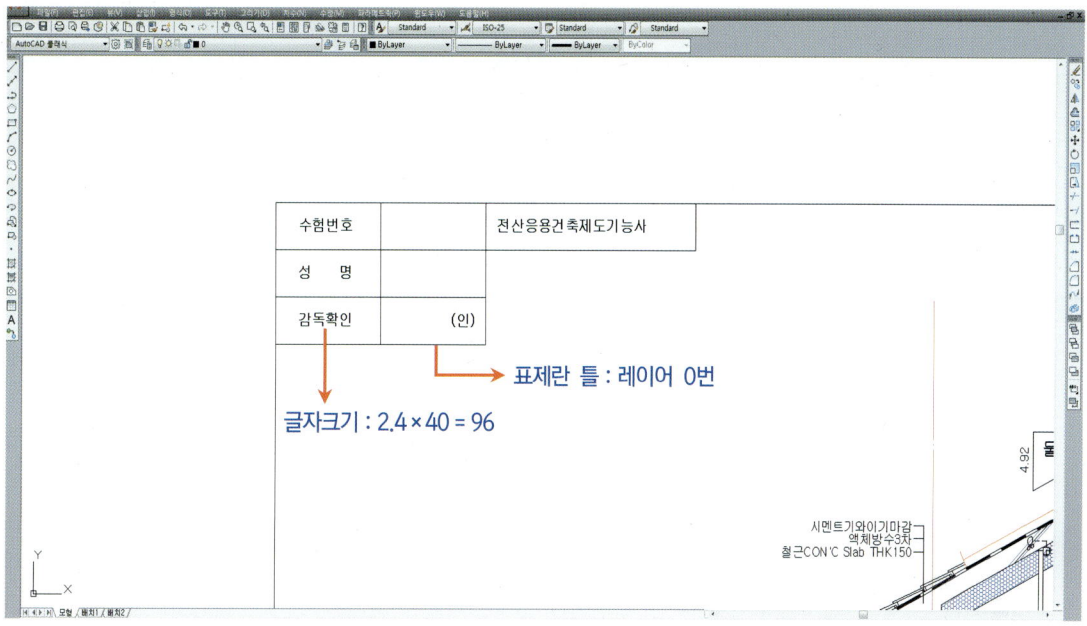

※ 표제란 작도법은 도면설정에서 7. 표제란 만들기를 참고하기 바랍니다.

47_아래와 같이 치수기입을 하는데 치수의 화살모양이 "점"으로 되어 있는 부분(붉은 박스)에 치수기입을 먼저 합니다.

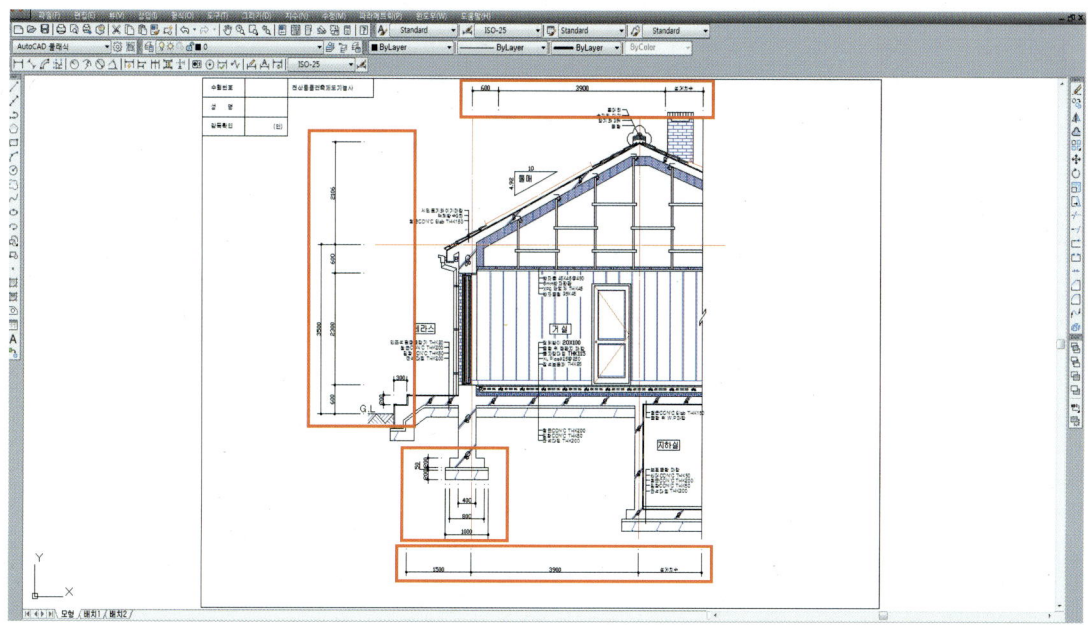

※ 치수기입은 기초부분단면상세도의 2. 치수기입하기를 참고하기 바랍니다.

48_ ch를 이용하여 아래의 표시된 부분(붉은 박스)을 "설계치수"로 바꿉니다.

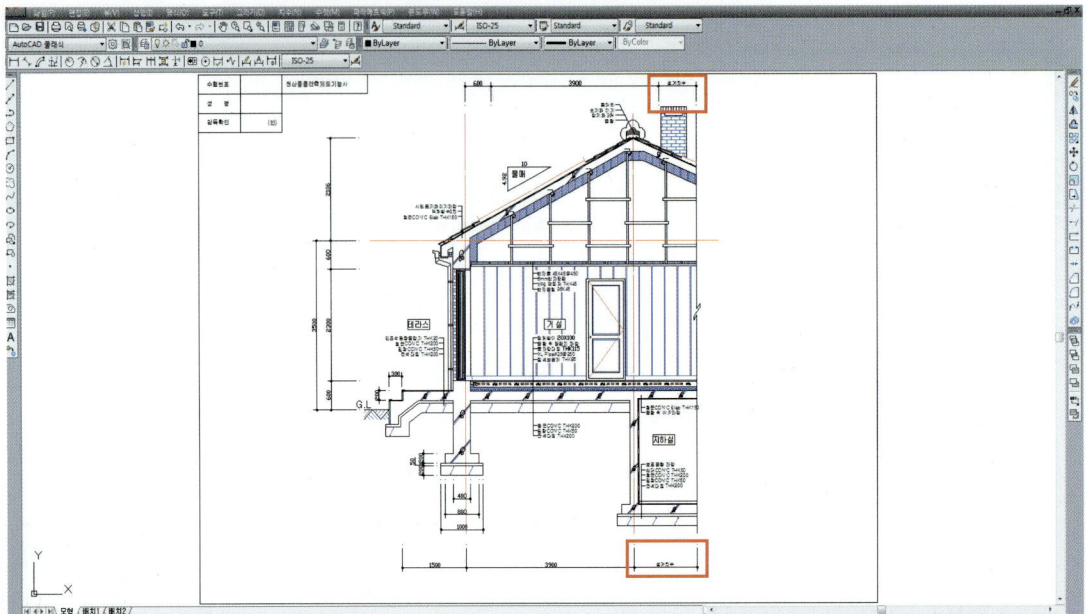

※ 치수기입 중에서 단면이 된 부분(일정 부분이 잘린 임의의 부분)은 "설계치수"라는 단어로 바꿉니다.

49_ dimstyle을 이용하여 재지정 이용하여 화살의 모양을 화살로 바꾸고 화살 크기를 2로 변경한 뒤 지붕 내부, 외부, 반자높이, 지하실 높이, 그 외(붉은 박스)의 부분에 치수를 기입합니다.

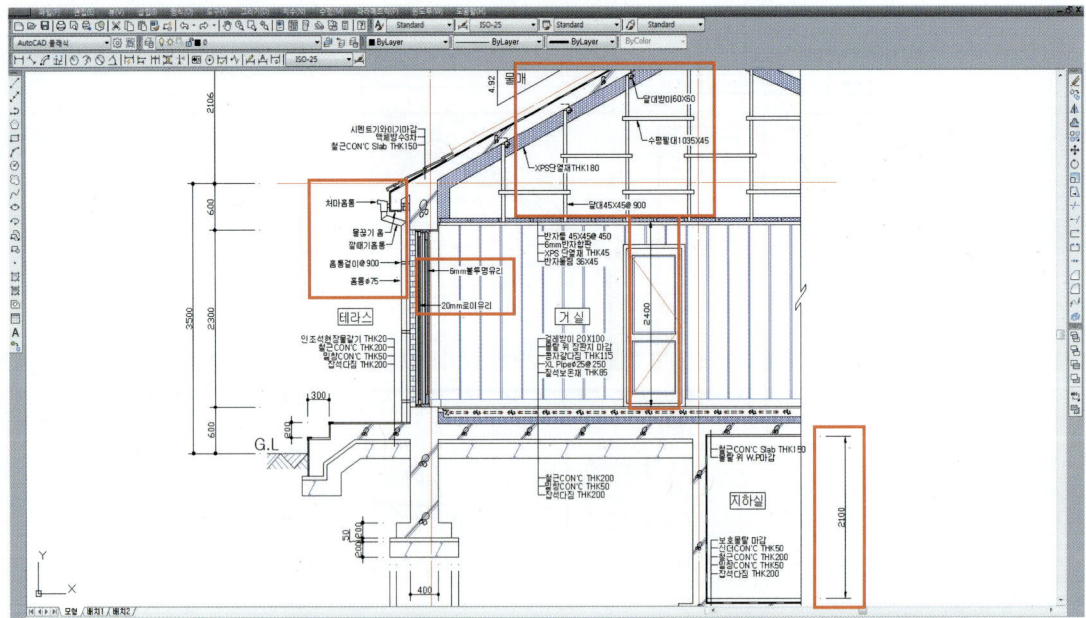

50_ 도면 아래쪽에 제목을 쓰고 마무리합니다.

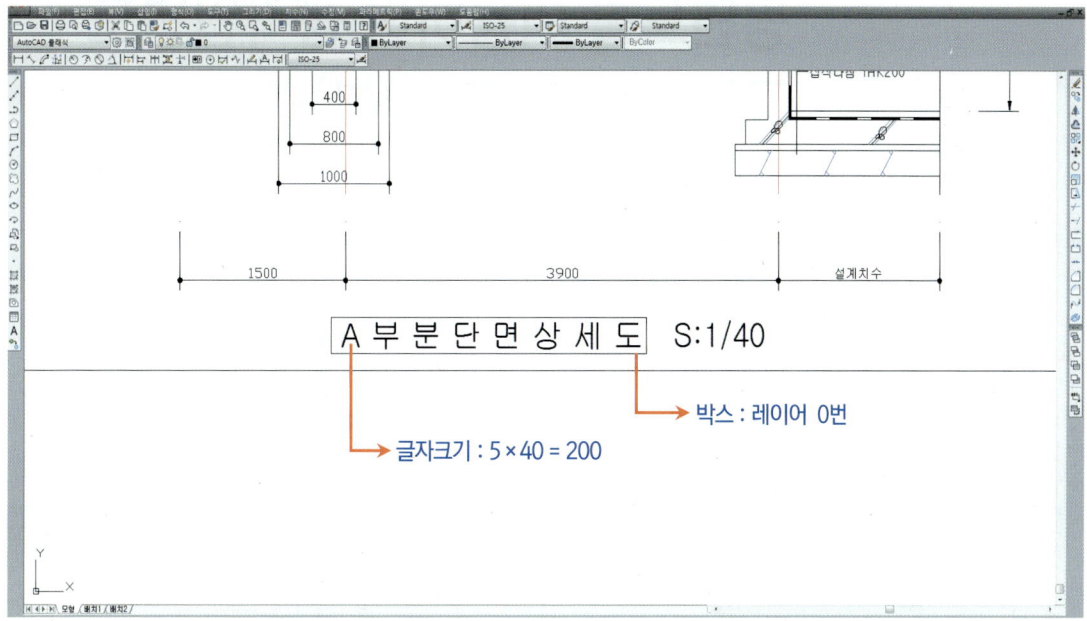

05 평면도를 이용하여 삼각입면도 그리기(상부 및 하부)

1 평면도를 이용한 도면독해(상부)

1_아래와 같은 평면도가 주어졌다고 가정하고 남측입면도를 작도할 경우 몇 가지를 해석해야 합니다.

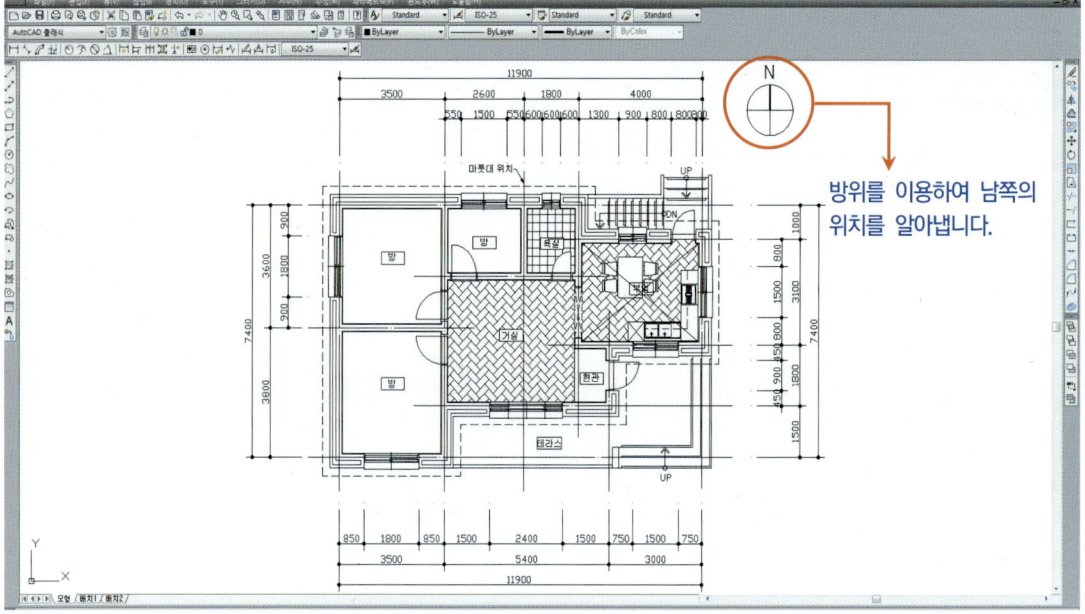

2_ 마룻대를 기준으로 남측에서 보았을 때 지붕이 어떤 모양으로 나올지를 시험지에 그려봅니다.

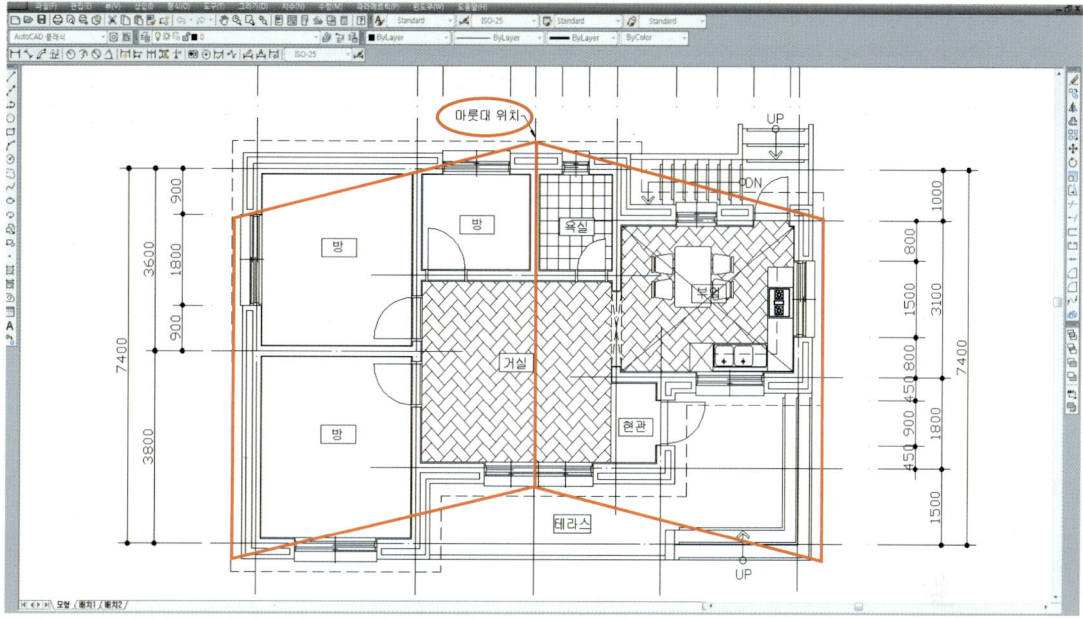

※ 위 그림에서 보듯 마룻대가 가장 높은 곳이므로 마룻대를 기준으로 평면도를 접어보면 쉽게 이해가 될 것입니다.

3_ 마룻대를 기준으로 좌측과 우측의 벽체 중심간 거리를 측정한 뒤 중심간 거리가 크게 나오는 곳이 시험에 제시된 물매가 됩니다.

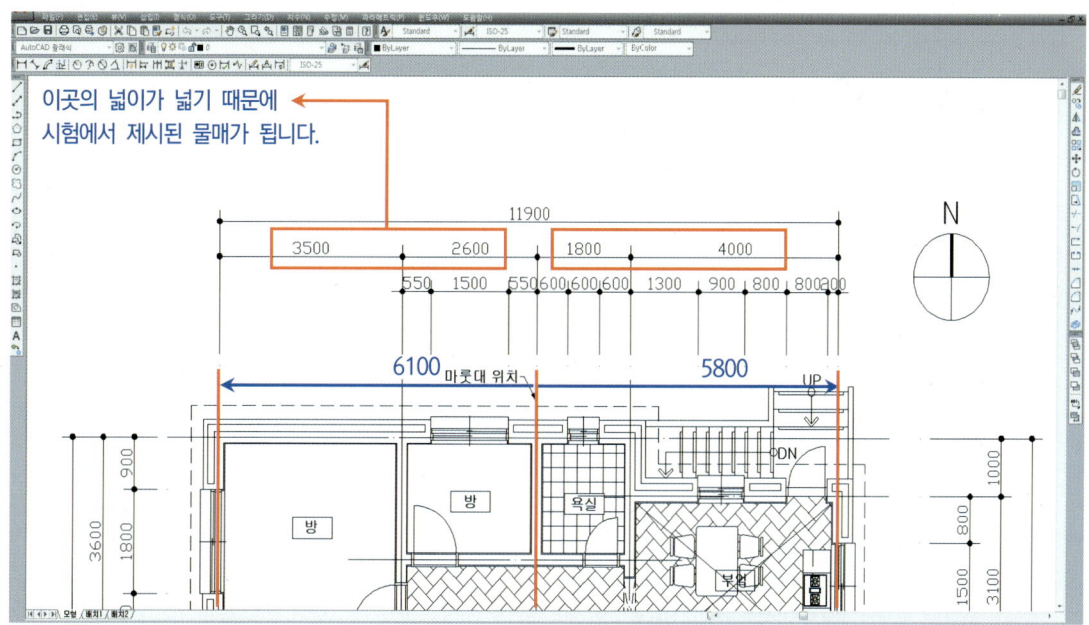

※ 중심간 거리 측정 시 반드시 가장 바깥의 외곽 벽 중심선에서 거리를 측정해야 합니다.

4_ mvsetup에서 도면척도를 50으로 맞추고 용지크기를 A3로 만든 뒤 line과 offset을 이용하여 벽체와 테두리보의 간격을 띕니다.

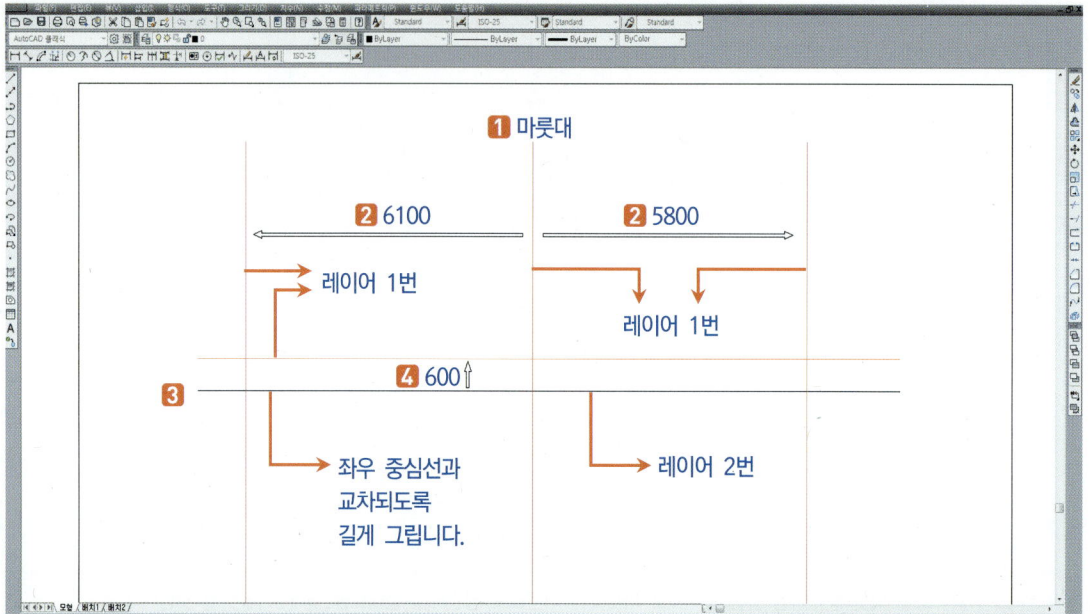

5_ line을 이용하여 벽체중심선과 테두리보 윗선의 교차점(✕ 표시)에서 시험에서 제시한 물매를 작도합니다.

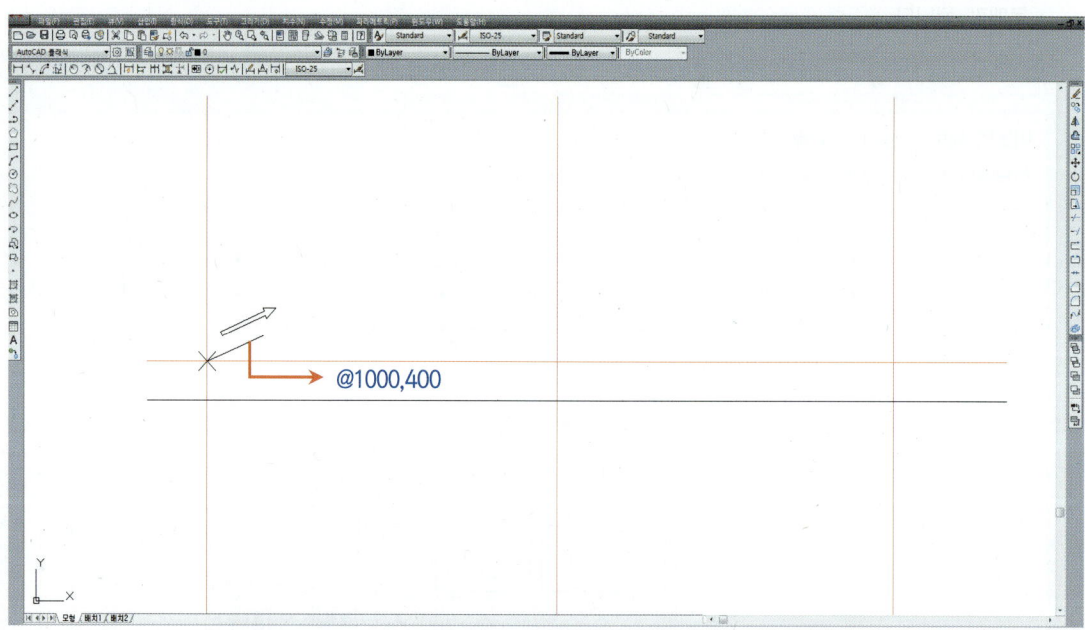

※ 물매가 4/10로 출제된 것으로 가정하고 상대좌표를 이용하여 작업을 합니다. 여기서는 4에서 설명했듯이 좌측의 거리(스팬)가 커서 좌측에서 물매를 잡아야 하며, 좌표는 @1000,400을 입력합니다.

6_ extend를 이용하여 마룻대까지 연장(hidden 선)한 뒤 line을 이용하여 마룻대부터 우측의 테두리보 윗선(동그라미 부분)까지 작도합니다.

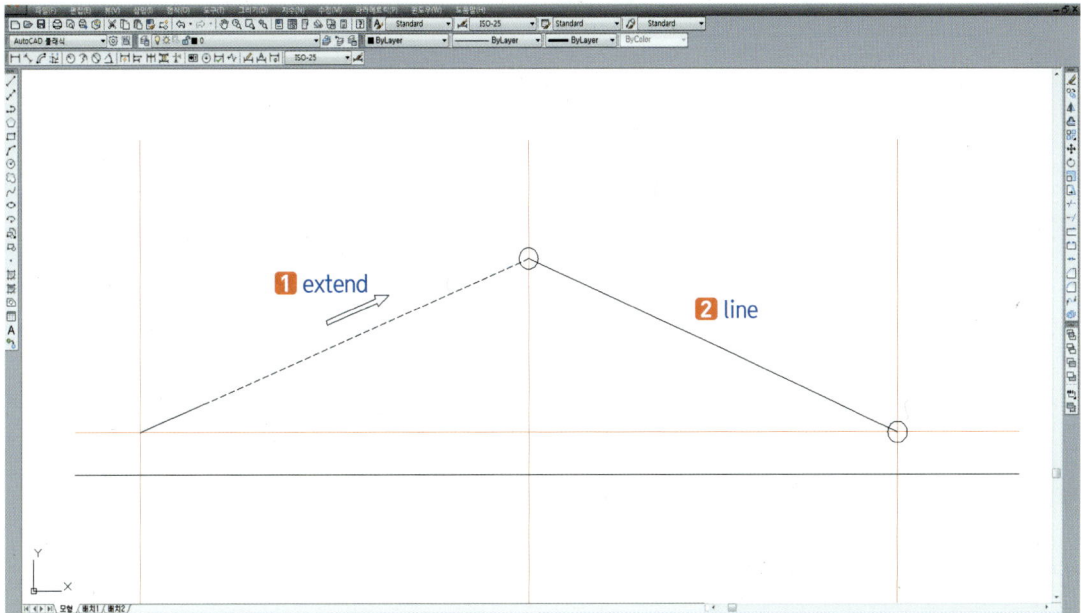

7_ offset을 이용하여 slab의 간격(hidden 선)을 띄고 벽체 중심선에서 처마나옴을 띕니다.

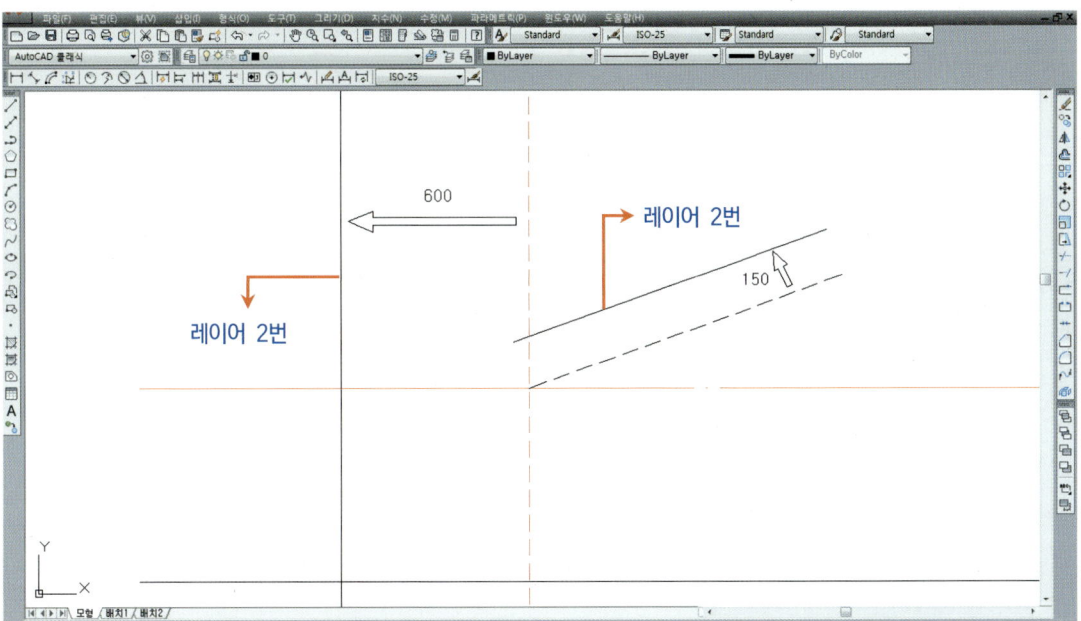

※ 처마나옴이 600mm로 출제된 것으로 가정하고 작업을 합니다. 또한 입면도 작도 시 건물 외곽선은 굵은 선(레이어 2번)으로 합니다.

8_ fillet을 이용하여 아래와 같이 처마의 모서리(네모 클릭)를 다듬습니다.

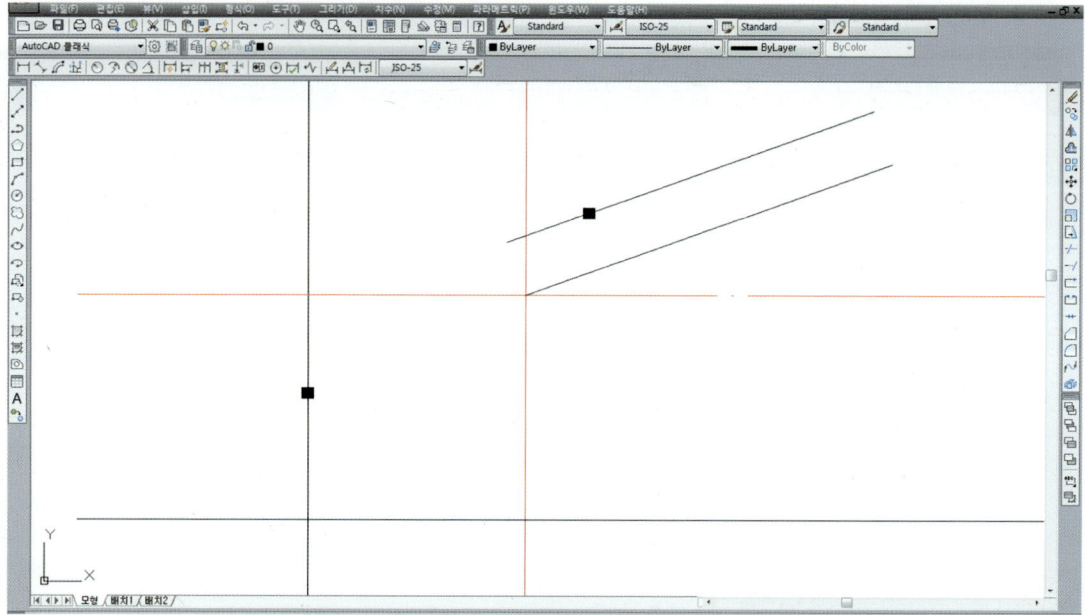

9_ line을 이용하여 처마의 모서리(X 표시)에서 벽체중심선까지 선을 그은 뒤 move를 이용하여 아래와 같이 이동합니다.

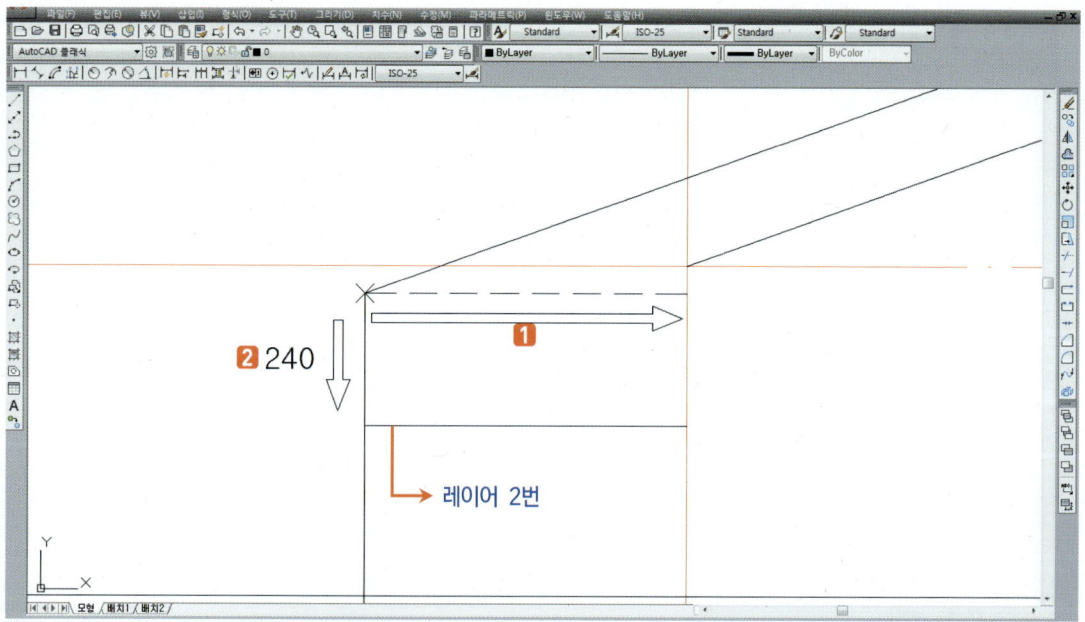

10_ fillet을 이용하여 아래와 같이 처마의 모서리(네모 클릭)를 다듬고 move를 이용하여 지붕의 물매를 만들었던 line(hidden 선)을 아래와 같이 처마의 끝 지점(동그라미 부분)으로 이동합니다.

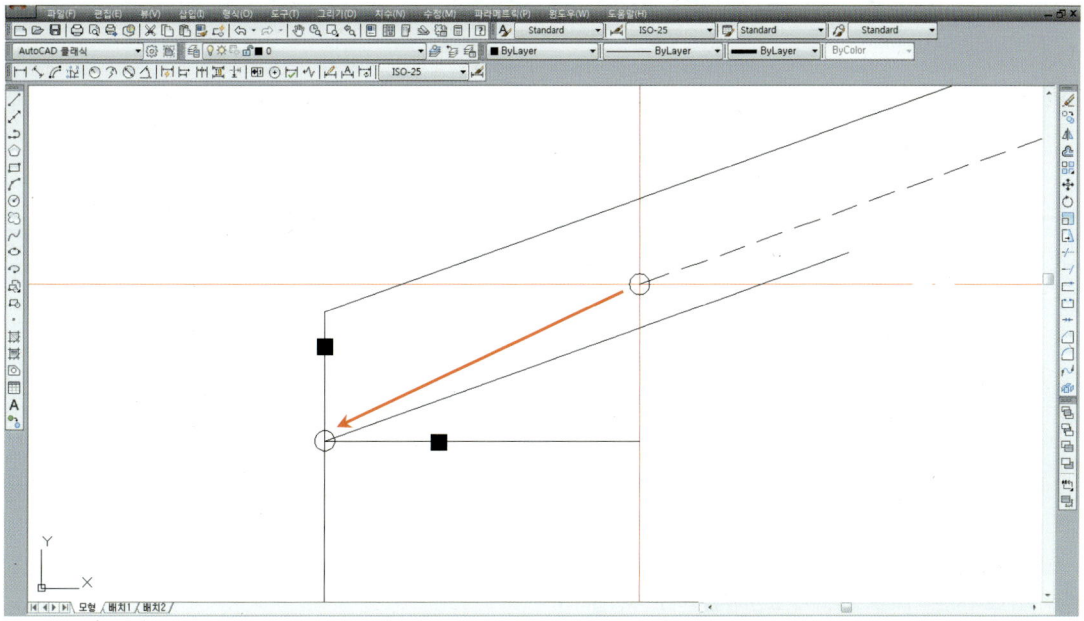

※ 일반적으로 처마나옴은 벽체 중심에서 600mm로 주어지지만 더 길게 출제될 때도 있으니 주의해야 합니다.

11_ trim를 이용하여 처마내부(hidden 선)를 자르고 line을 이용하여 벽체 중심선 사이(X 표시)에 선을 작도합니다.

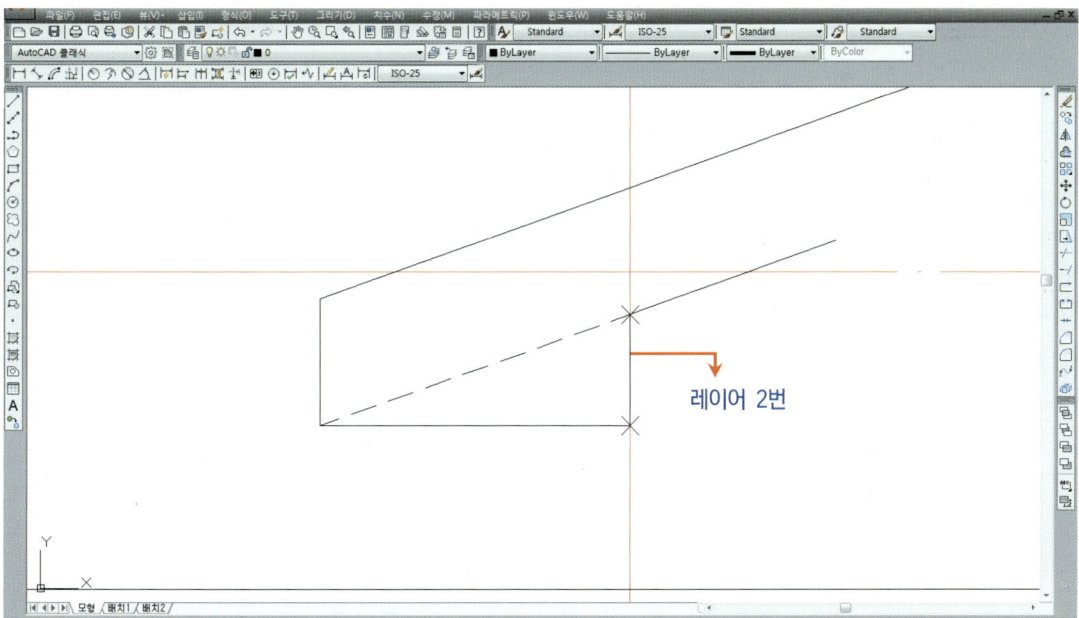

레이어 2번

12_ offset을 이용하여 지붕의 윗선(hidden 선)에서 간격을 띄워 기와를 표현합니다.

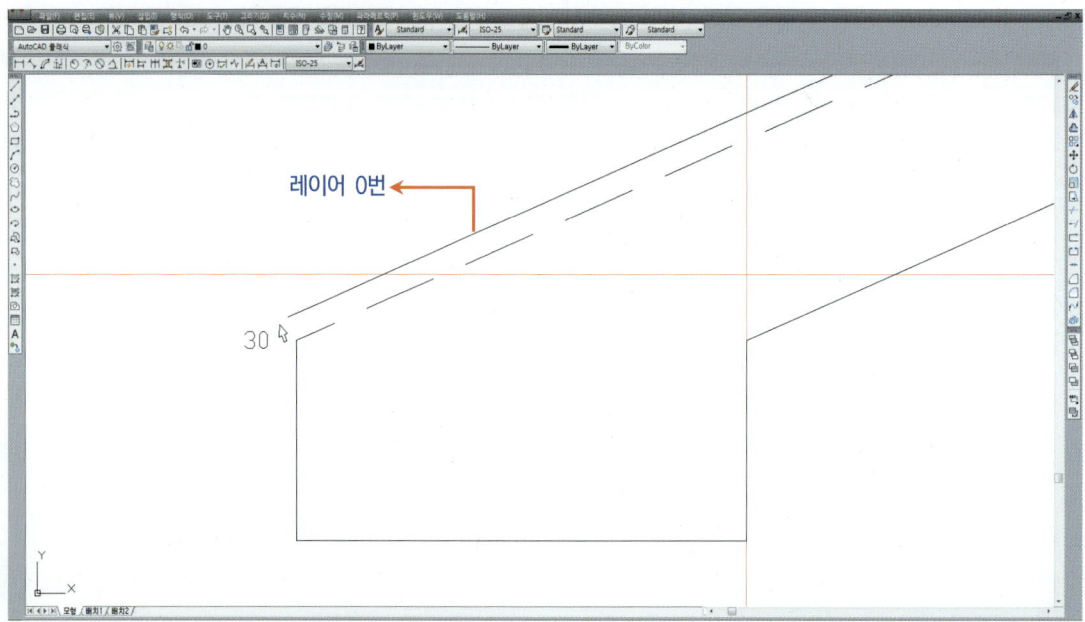

※ 입면도에서는 기와를 상세하게 표현하지 않아도 무방합니다.

13_ line을 이용하여 처마의 끝 지점에서 선을 임의의 길이로 작도(hidden 선)합니다.

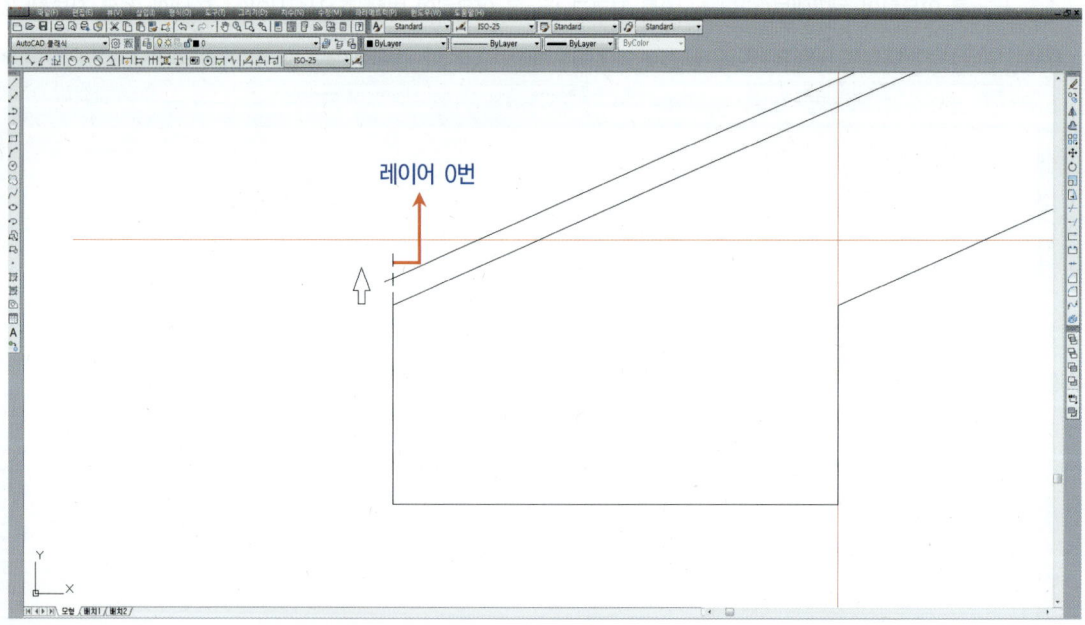

14_ fillet을 이용하여 아래와 같이 기와의 모서리(네모 클릭)를 다듬습니다.

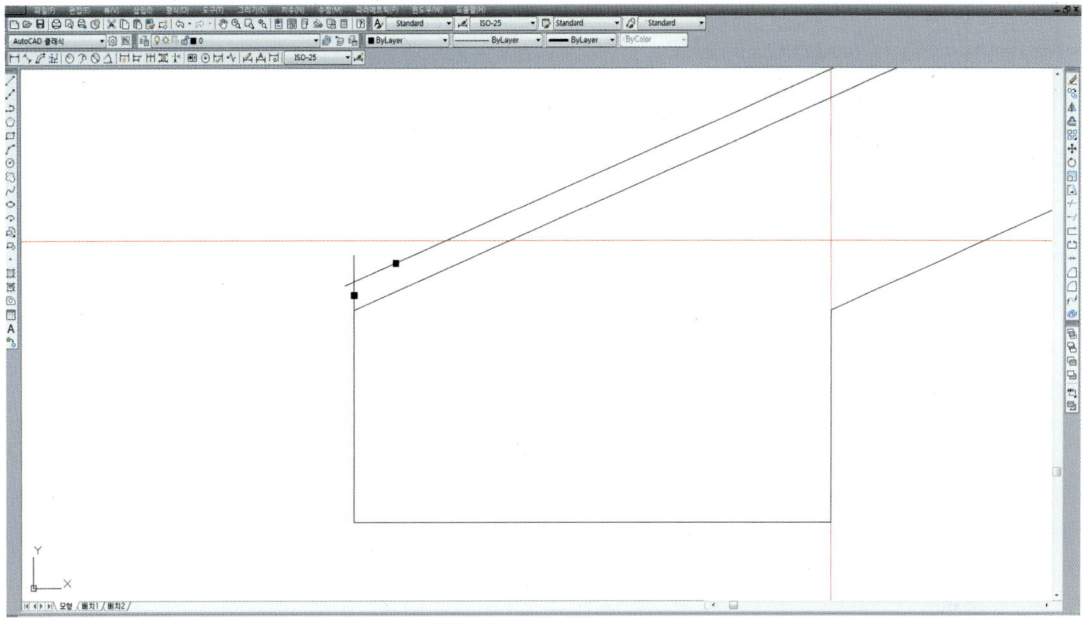

15_ 반대쪽 지붕도 위의 방법들을 이용하여 아래와 같이 작도합니다.

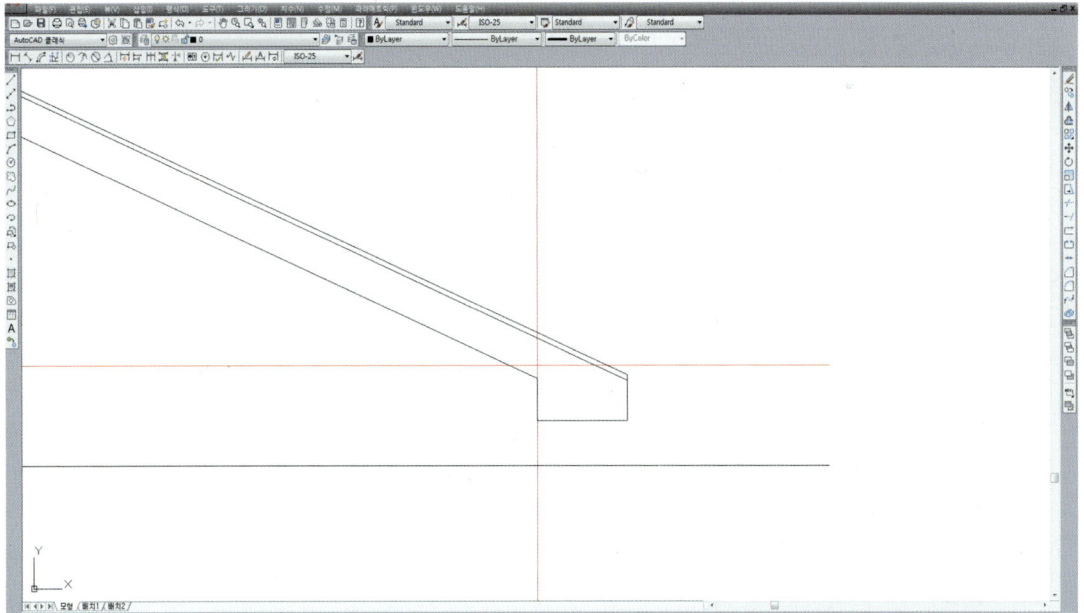

16_ fillet을 이용하여 마룻대 부분을 아래와 같이 모서리 (네모 클릭) (세모 클릭) (동그라미 클릭)를 다듬습니다.

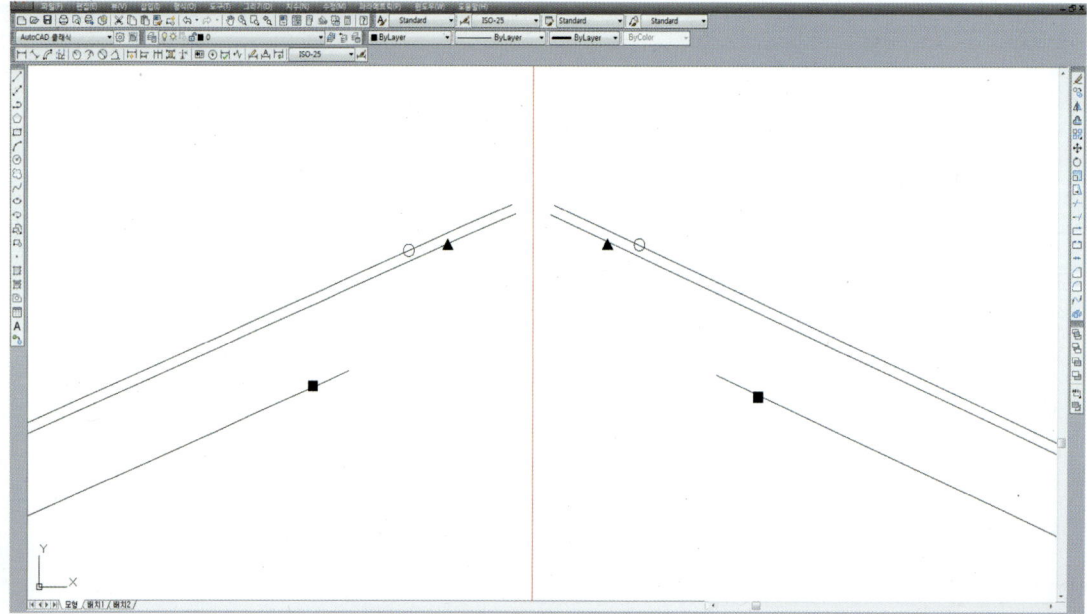

17_ line을 이용하여 용머리를 그리기 위한 기준(동그라미 부분)을 마룻대에서 임의의 길이(hidden 선)로 작도합니다.

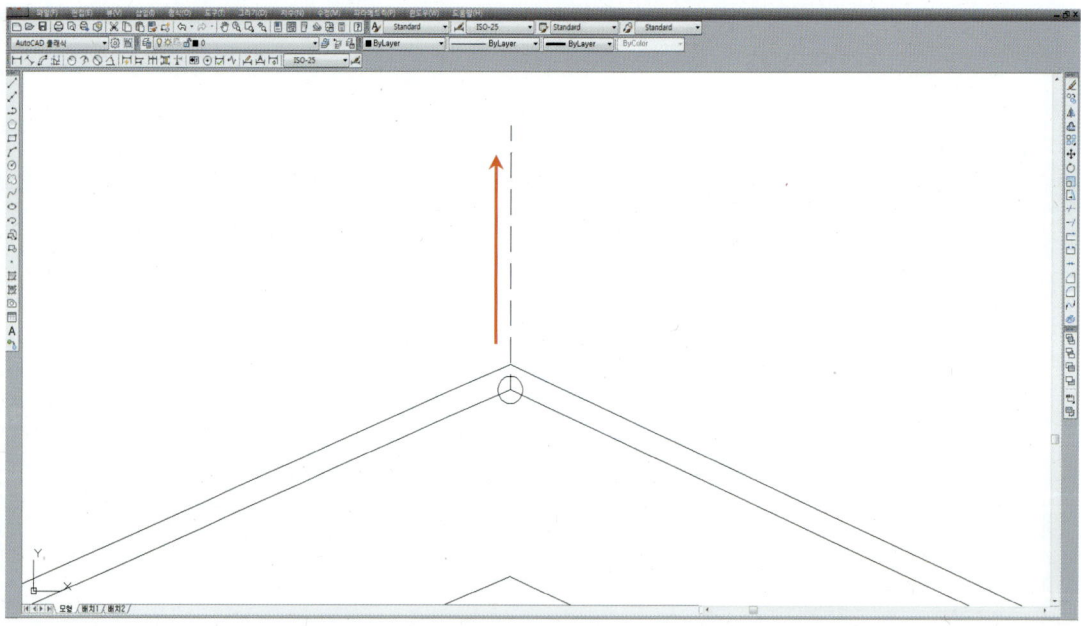

※ 용머리를 작도하기 위해서는 작도하는 임의의 선과 근접해 있기 때문에 1번 레이어를 끄는 것이 좋습니다.

18_ offset을 이용하여 좌우로 150씩 간격을 띄고 extend를 이용하여 아래와 같이 지붕까지 연장합니다.

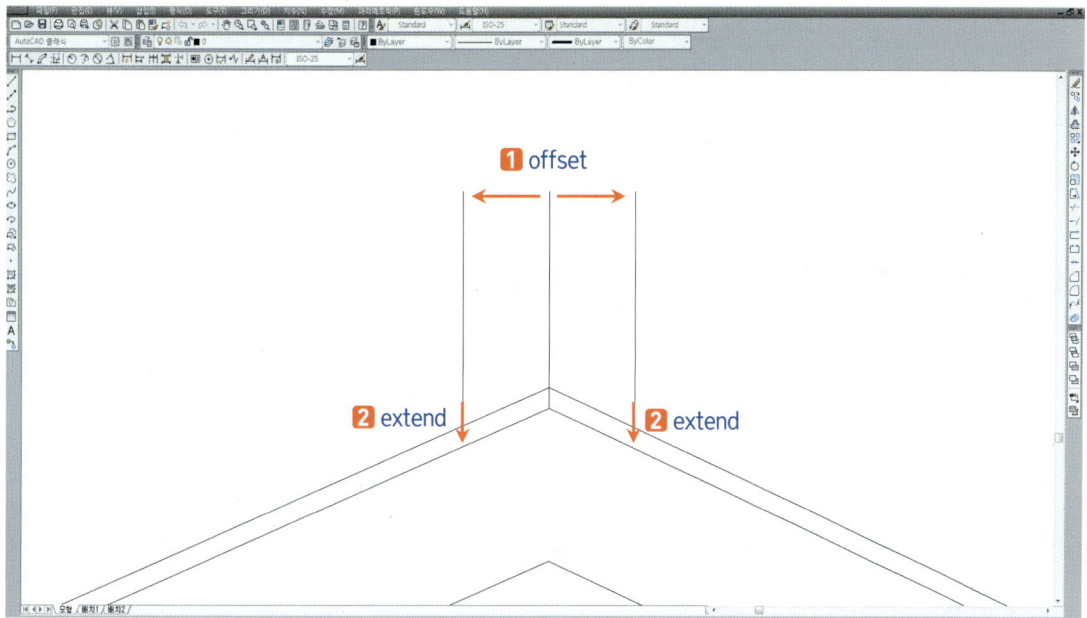

19_ line을 이용하여 임의의 위치에 길이 300으로 선을 그은(hidden 선) 후 move를 이용하여 마룻대에 이동합니다.

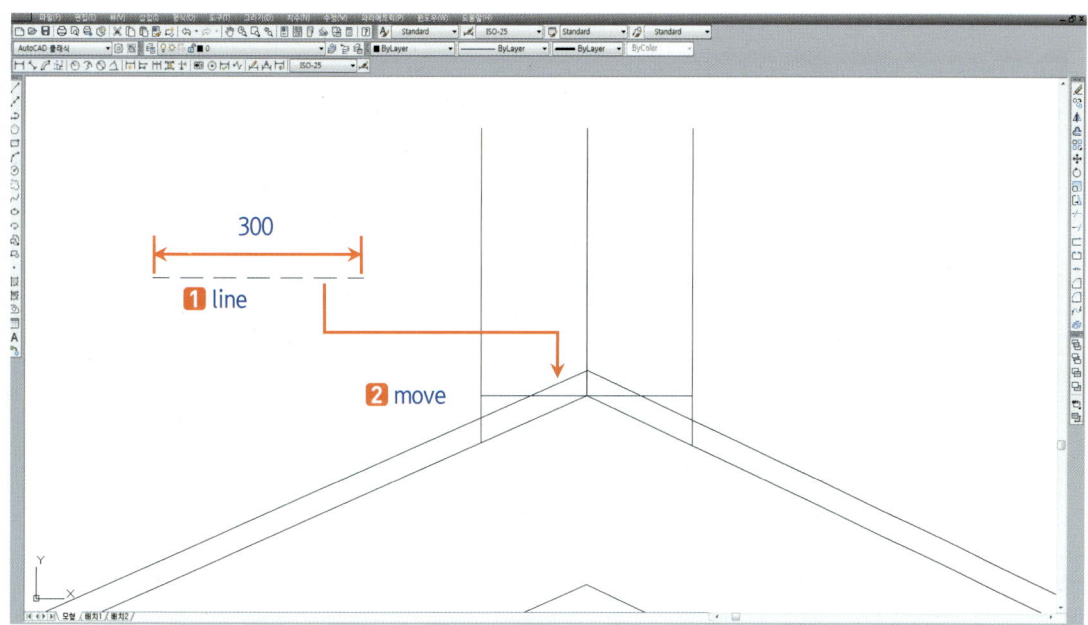

20_offset을 이용하여 아래와 같이 간격(hidden 선)을 띕니다.

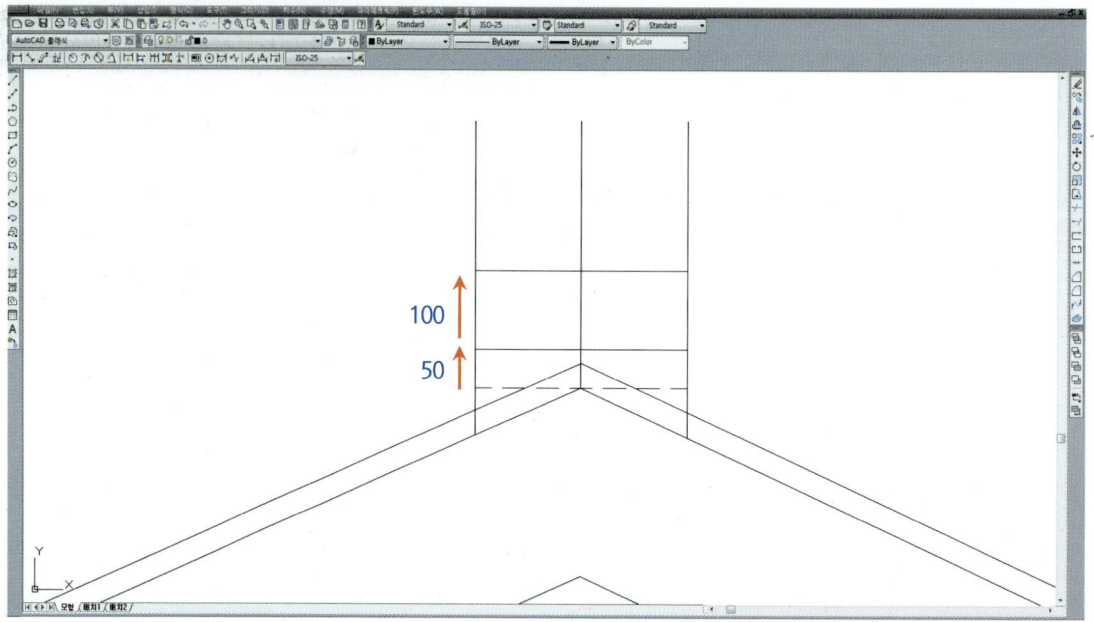

21_circle을 이용하여 용머리를 작도(중심점 : 검은 동그라미)한 뒤 circle의 2p 옵션을 이용하여 좌측에도 (✕ 표시) 작도합니다.

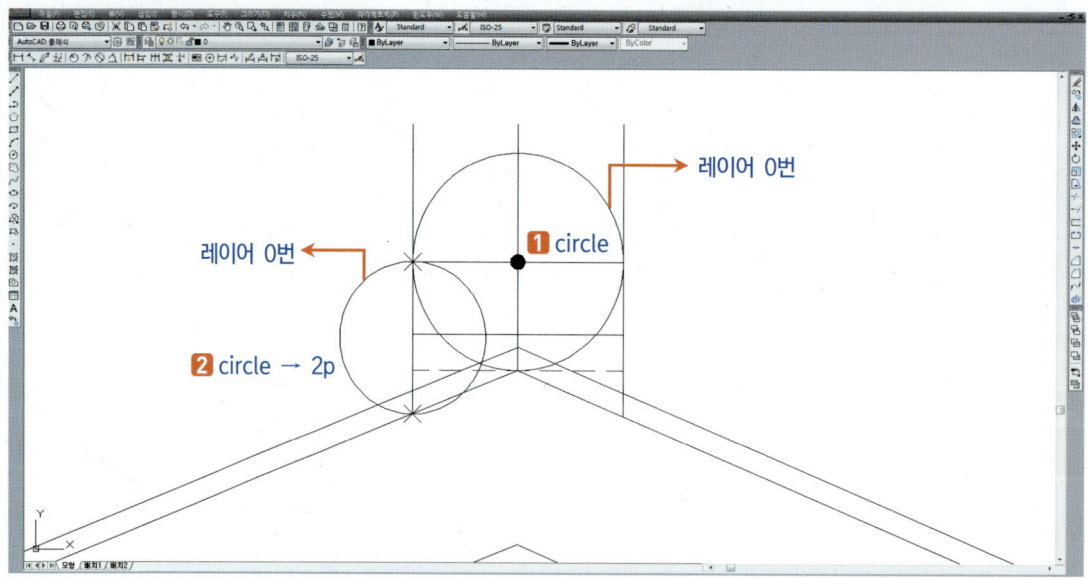

22_ trim을 이용하여 아래와 같이 잘라냅니다.

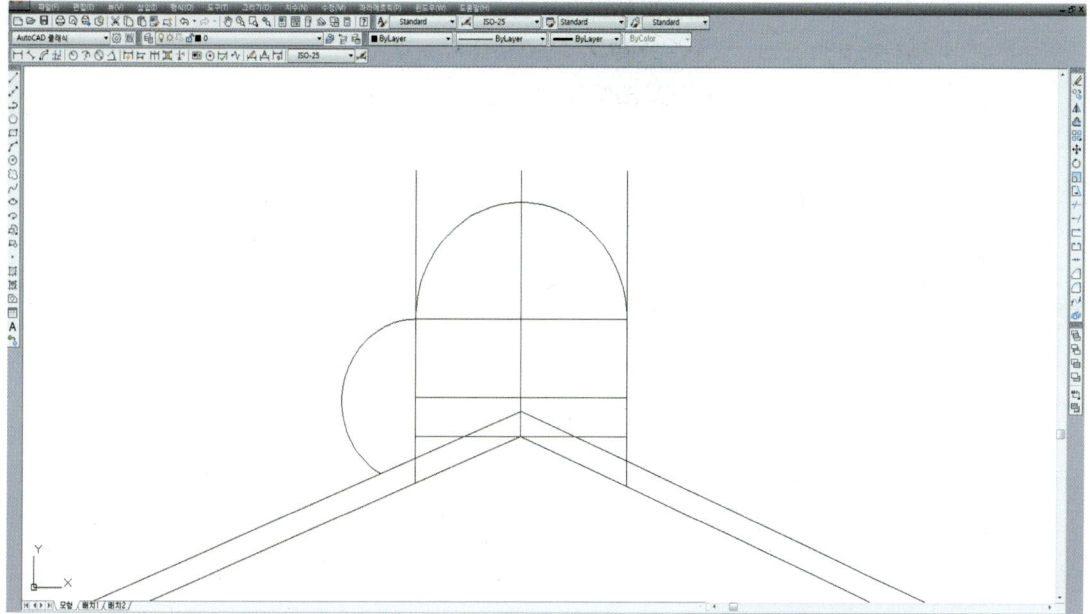

23_ mirror를 이용하여 아래와 같이 좌측의 용머리(hidden 선)를 반대쪽으로 대칭시킵니다.

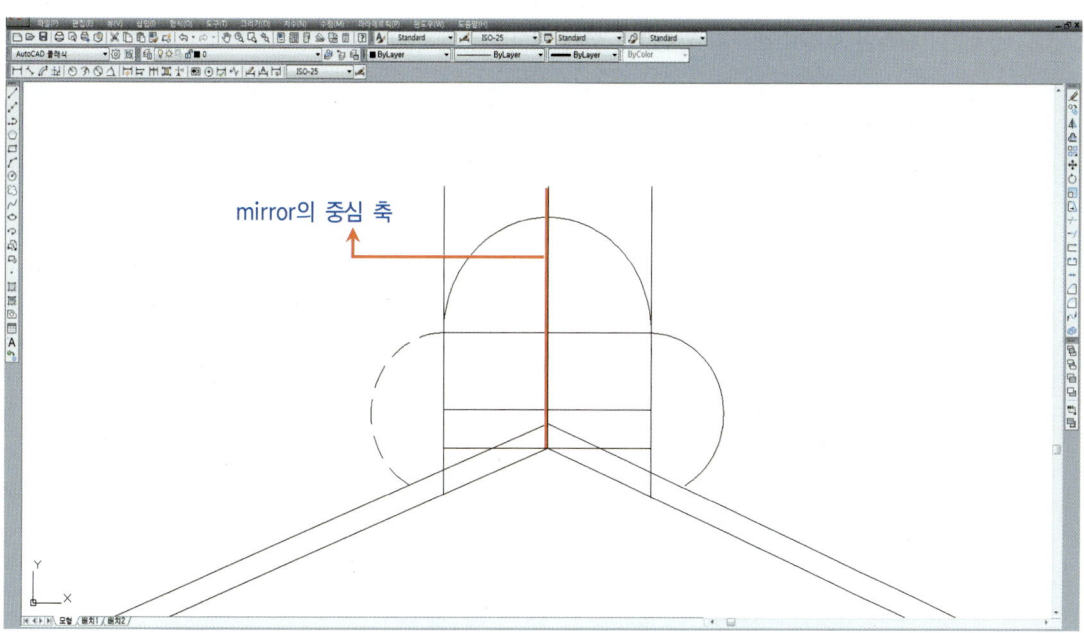

24_ circle을 이용하여 막새기와를 작도(중심점 : 검은 동그라미)한 뒤 erase로 선(hidden 선)을 모두 지웁니다.

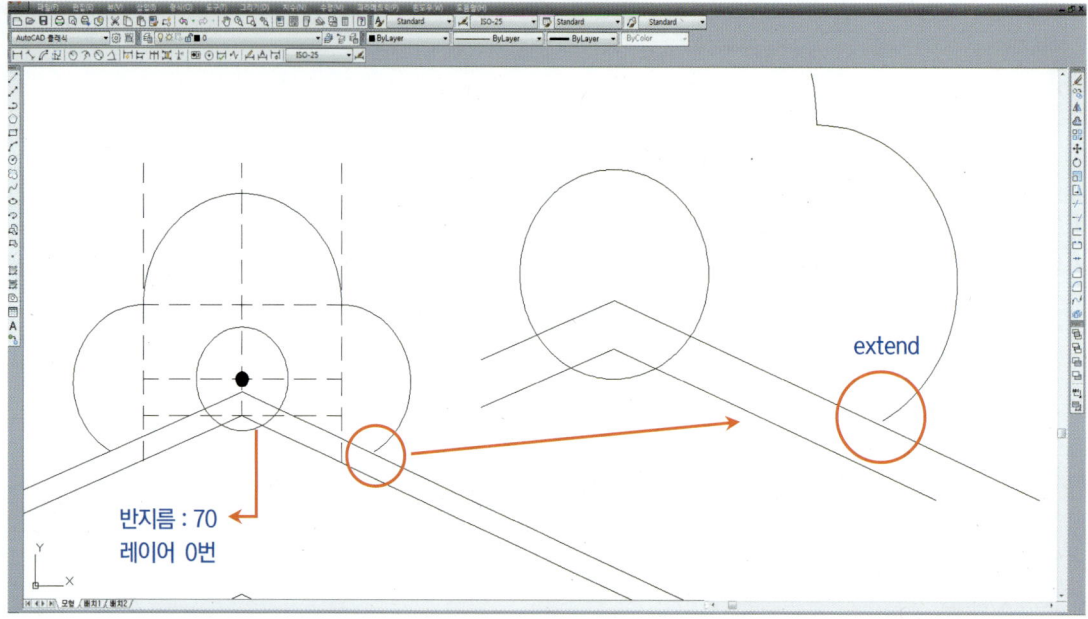

※ 위 화면의 우측에 확대한 모습을 보면 용머리가 기와에 붙지 않았습니다. 이유는 좌우의 물매가 다르기 때문인데 extend를 이용하여 연장을 하면 됩니다.

25_ 입면도의 좌측과 우측에 벽체를 작도하기 위해 평면도를 해석합니다.

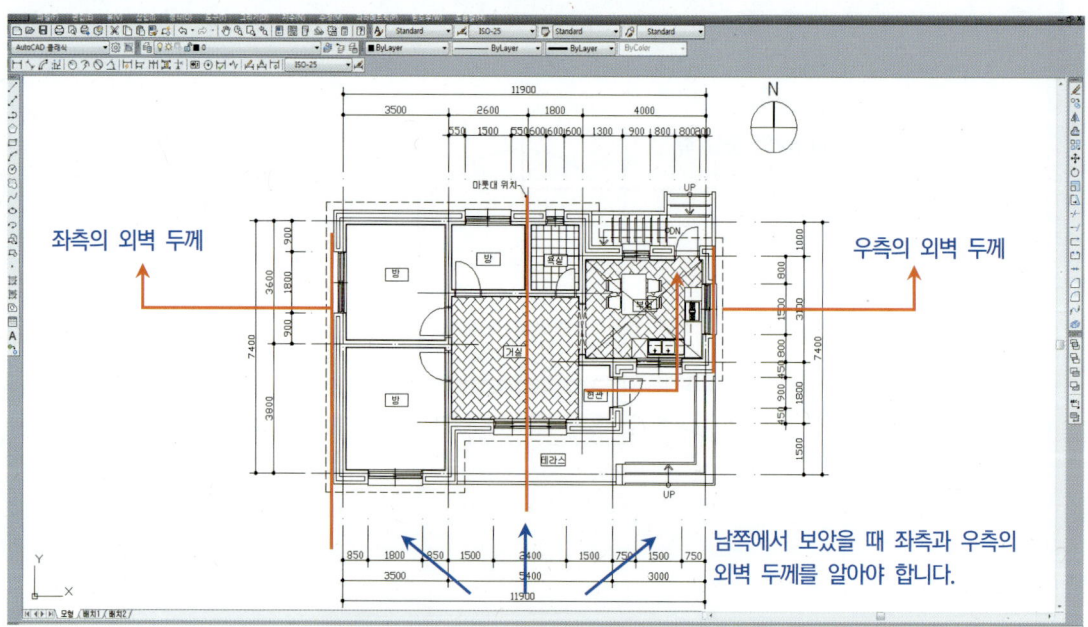

※ 수험생에게 배포되는 시험지에 외벽 단열재 두께가 제시되므로 이에 맞춰 벽체 두께를 offset해야 합니다.
※ 보통 외벽은 외부로부터 붉은 벽돌 0.5B, 시멘트 벽돌 1.0B인 경우가 많고 이때 외벽 두께는 280mm입니다. 여기서 단열재의 두께를 125mm로 가정할 경우 외벽의 총 두께는 280 + 125 = 405mm가 됩니다.

26_ 아래와 같이 평면도의 외벽을 확대하여 보았을 때 벽 중심선에서 외벽까지 거리가 310mm로 측정되는 것을 알 수 있습니다.

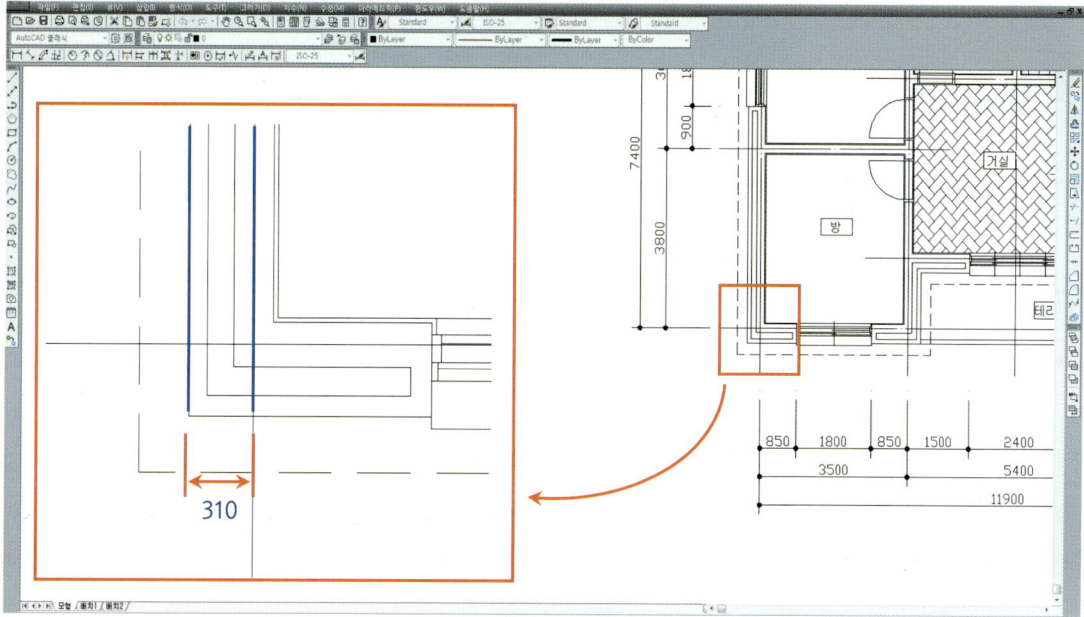

※ 입면도는 건물의 외부(외곽)를 작도하는 도면이므로 내부는 도면을 작도하는데 필요하지 않습니다.

27_ offset을 이용하여 좌측과 우측에 벽체간격을 중심선(hidden 선)에서 310만큼 띕니다.

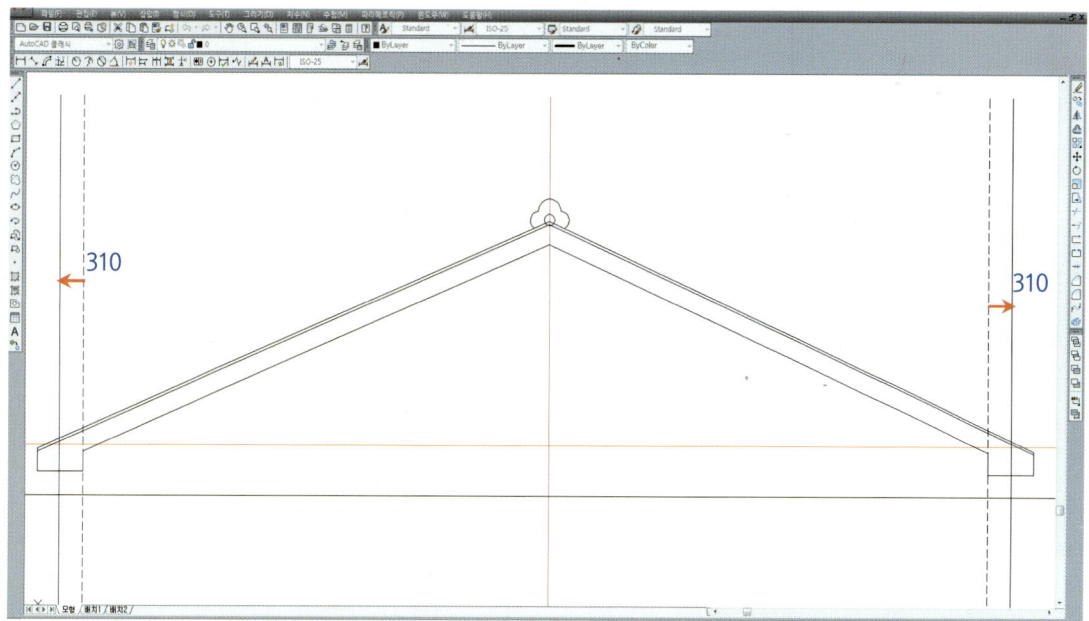

28_ trim을 이용하여 아래와 같이 벽체(hidden 선)와 테두리보를 잘라냅니다.

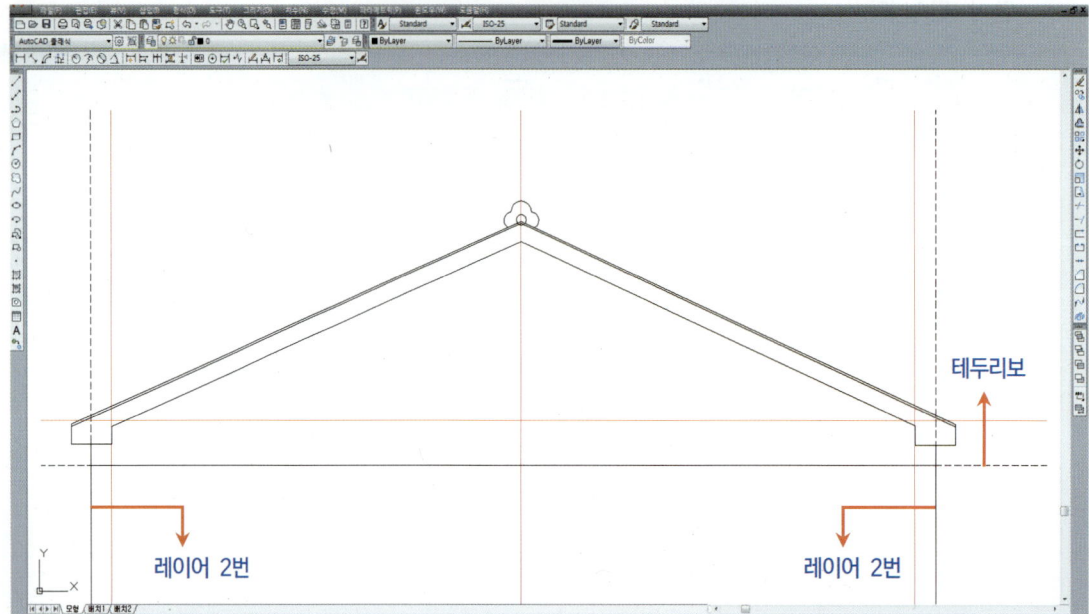

29_ 나머지 부분의 처마를 작도하기 위해 평면도에 제시된 벽 중심선을 참고합니다.

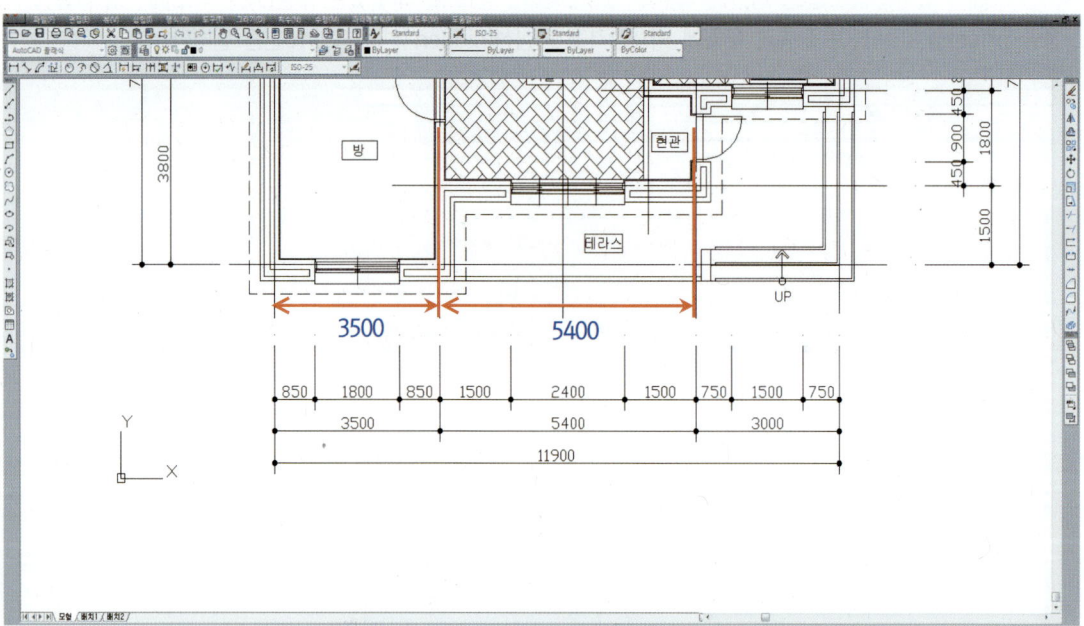

30_ offset을 이용하여 **29**에서 측정한 벽 중심선의 간격을 띕니다.

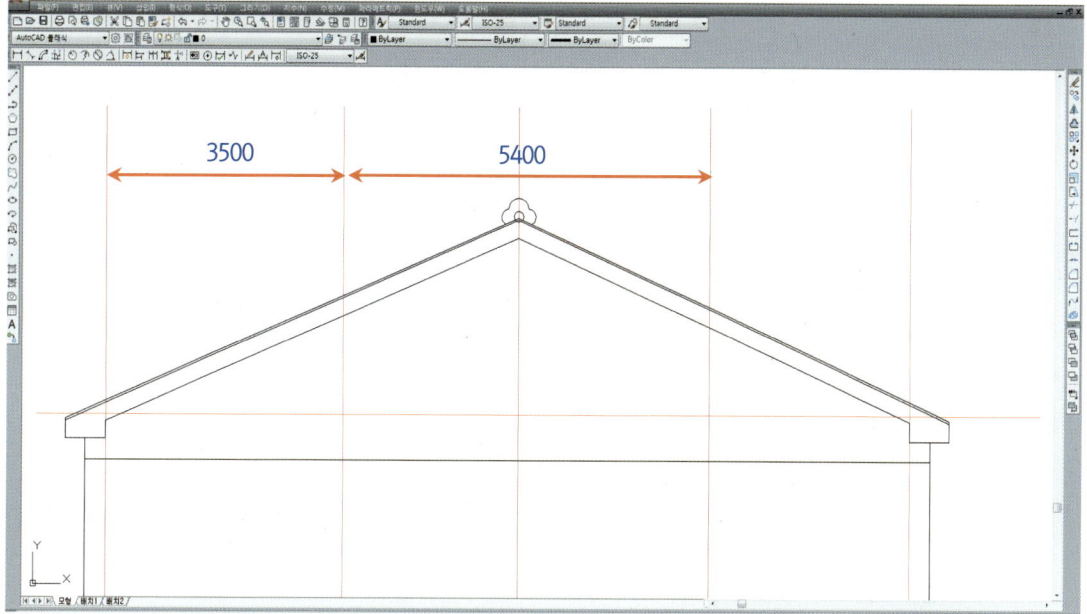

31_ 평면도에 표시된 처마나옴의 꺾인 부분 중 아래의 표시된 부분(파란색 hidden 선)을 주의해야 합니다.

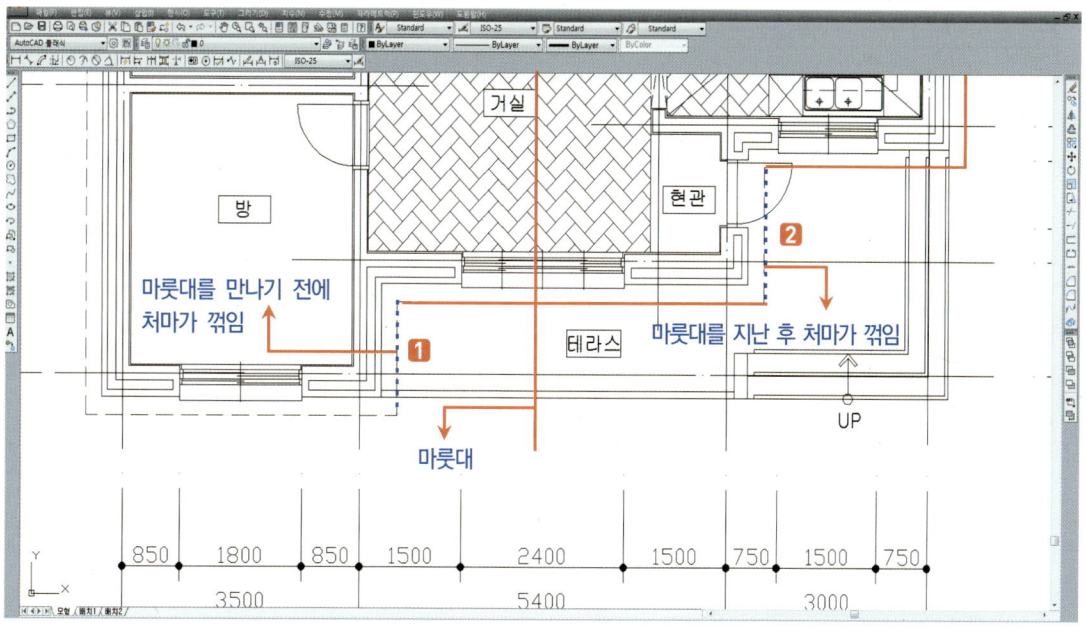

※ **1** 작도하려는 방향에서 보았을 때 제일 앞으로 튀어나온 처마가 마룻대를 만나기 전에 꺾일 경우와 **2** 작도하려는 방향에서 보았을 때 마룻대를 지나간 후 처마가 꺾일 경우가 있습니다.

32_평면도에서 처마모양에 따른 입면도 작도의 이해를 돕기 위한 도면입니다.

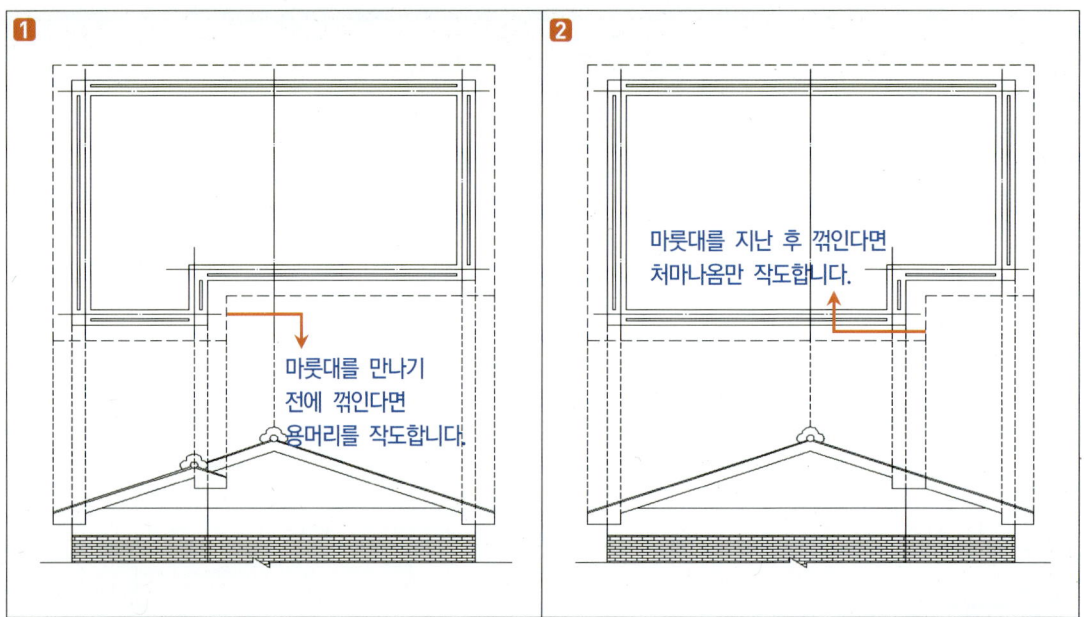

33_mirror를 이용하여 지붕을 대칭(hidden 선)시켜 용머리를 그리기 위한 준비를 합니다.

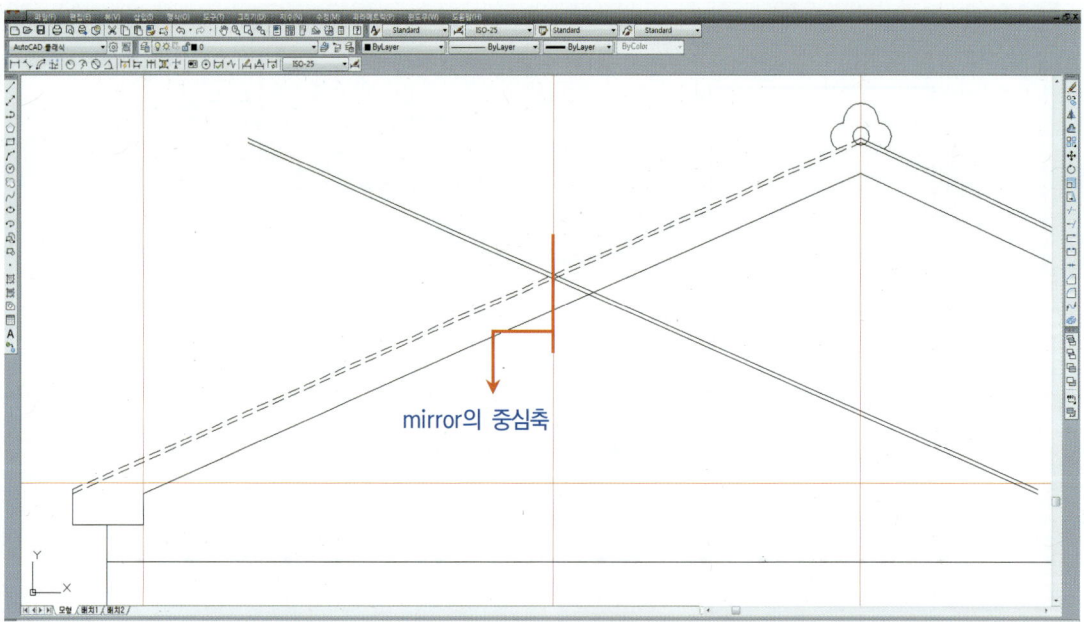

34_ offset을 이용하여 처마나옴을 벽체 중심(hidden 선)에서 우측으로 600을 띕니다.

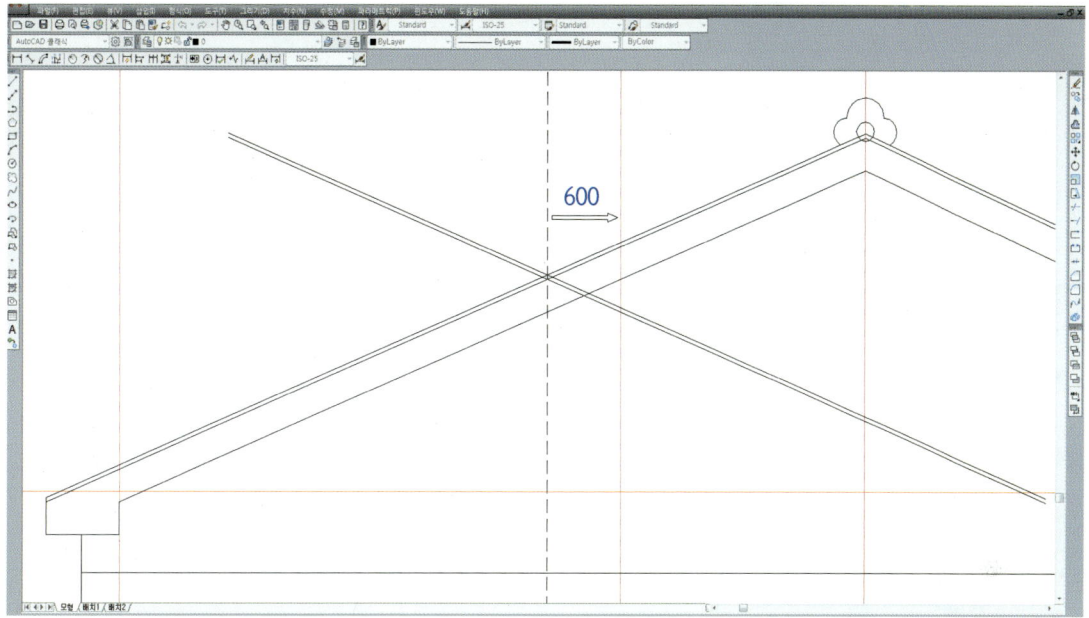

35_ copy를 이용하여 아래와 같이 우측의 처마와 벽체(파란색 선)를 좌측의 처마부분(✖ 표시)에 복사합니다.

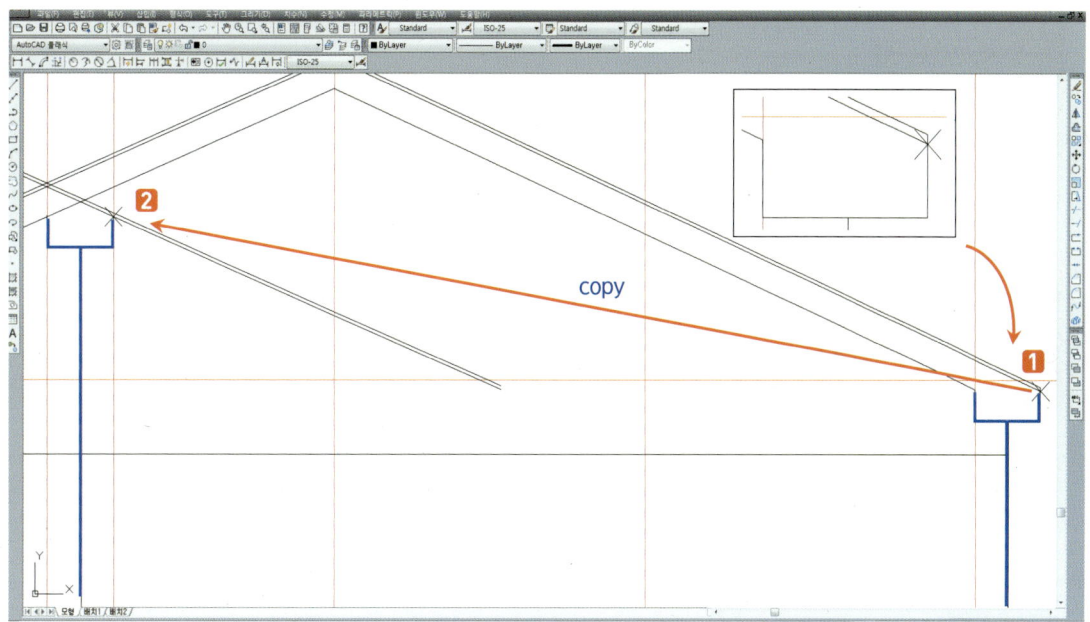

36_trim을 이용하여 지붕의 좌우(hidden 선)를 잘라내고 erase를 이용하여 600을 띈 선(빨간 선)을 지웁니다.

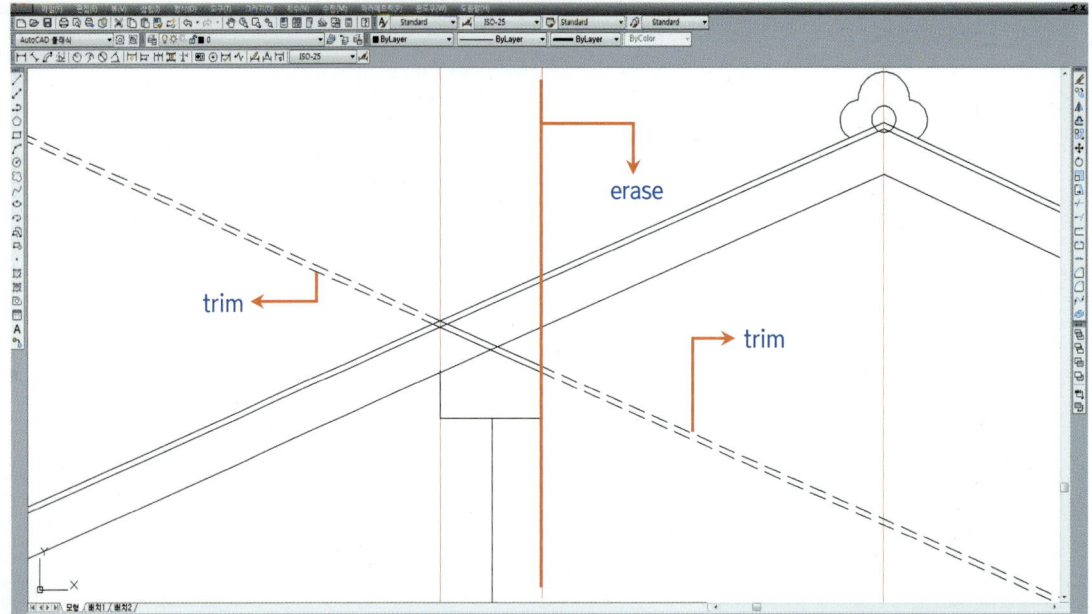

37_trim을 이용하여 아래와 같이 잘라낸(빨간 선) 뒤 line을 이용하여 기와의 일부(파란 선)를 작도합니다.

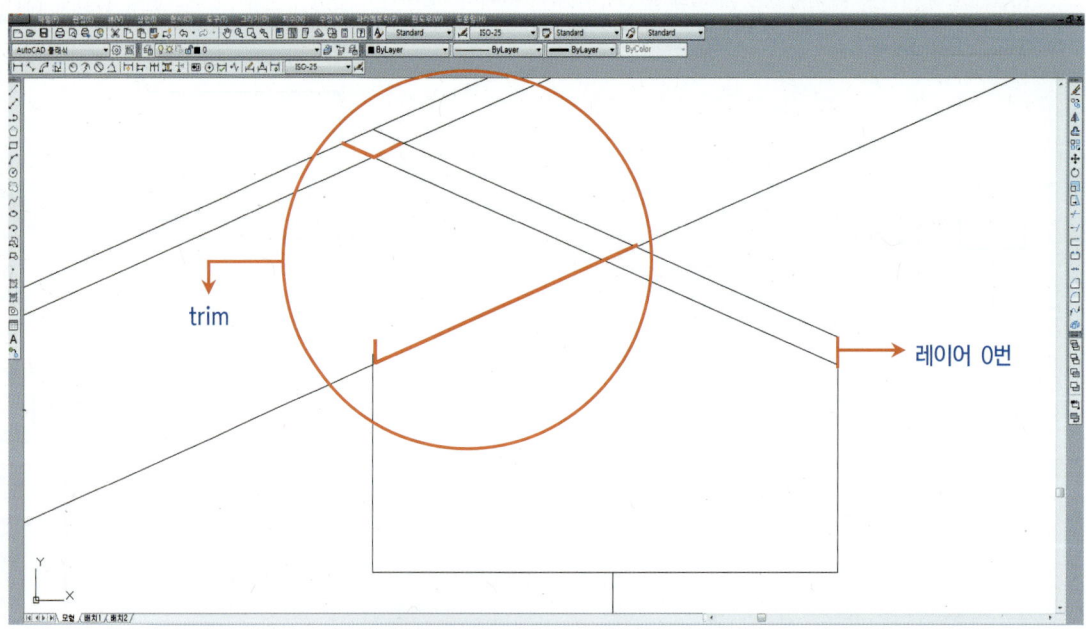

※ trim을 할 때 중심선(레이어 1번)을 끄고 편집하면 편합니다.

38_copy를 이용하여 용머리 선택(✗ 표시)한 후 복사합니다.

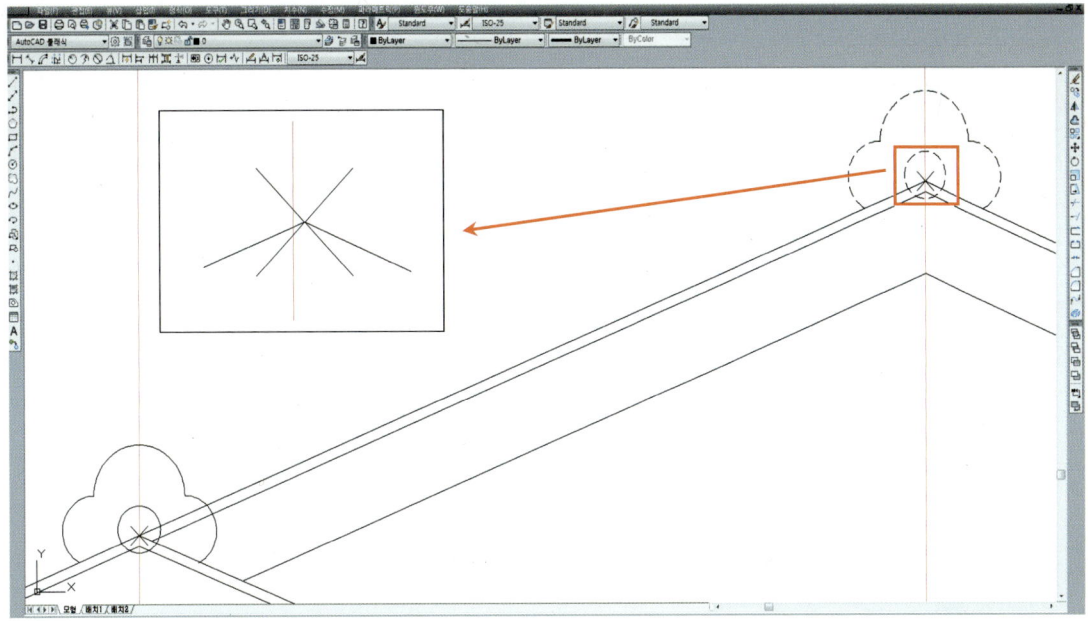

※ copy를 할 때 기준점은 위의 그림과 같습니다.

39_trim을 이용하여 용머리에 가려지는 뒷부분(빨간 선)을 잘라냅니다.

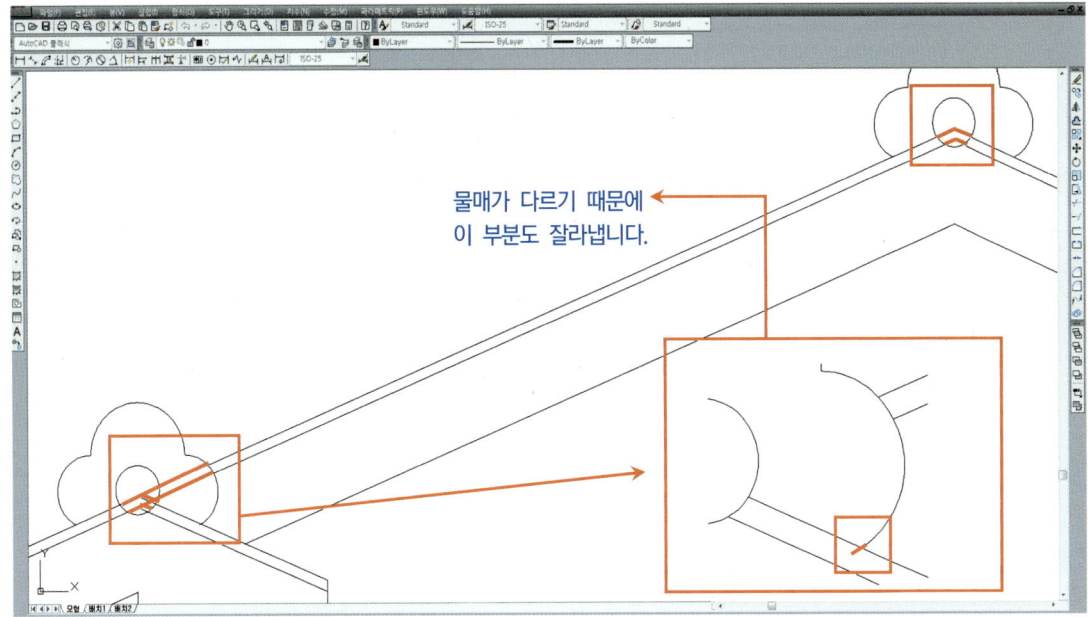

물매가 다르기 때문에 이 부분도 잘라냅니다.

40_ offset을 이용하여 우측의 처마나옴을 위해 벽체 중심(hidden 선)에서 600을 띕니다.

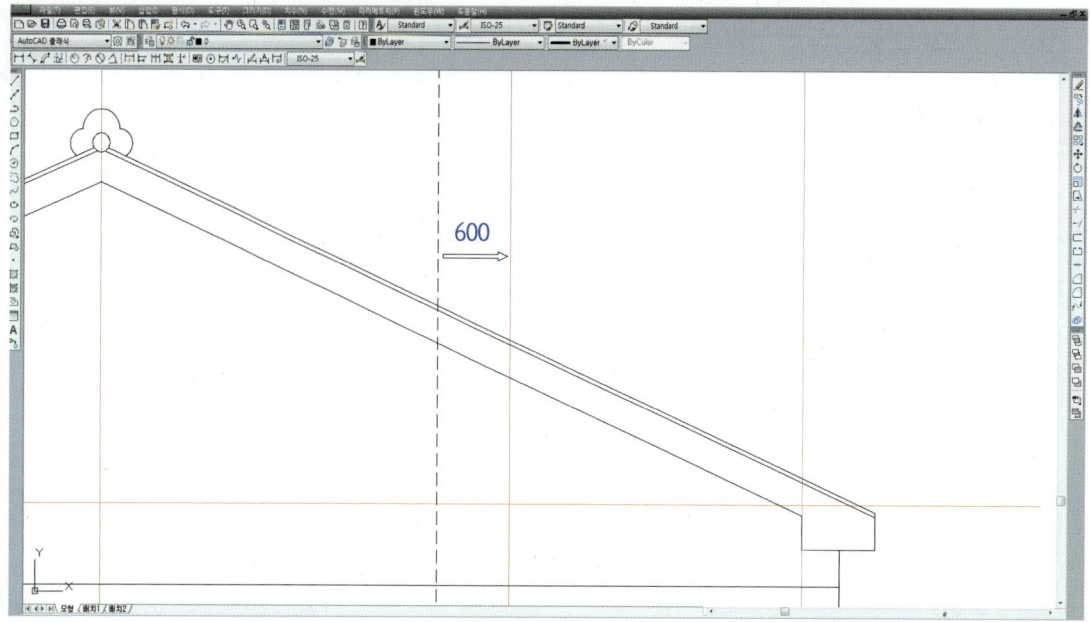

41_ copy를 이용하여 아래와 같이 우측의 처마와 벽체(파란색 선)를 좌측의 처마부분(✕ 표시)에 복사합니다.

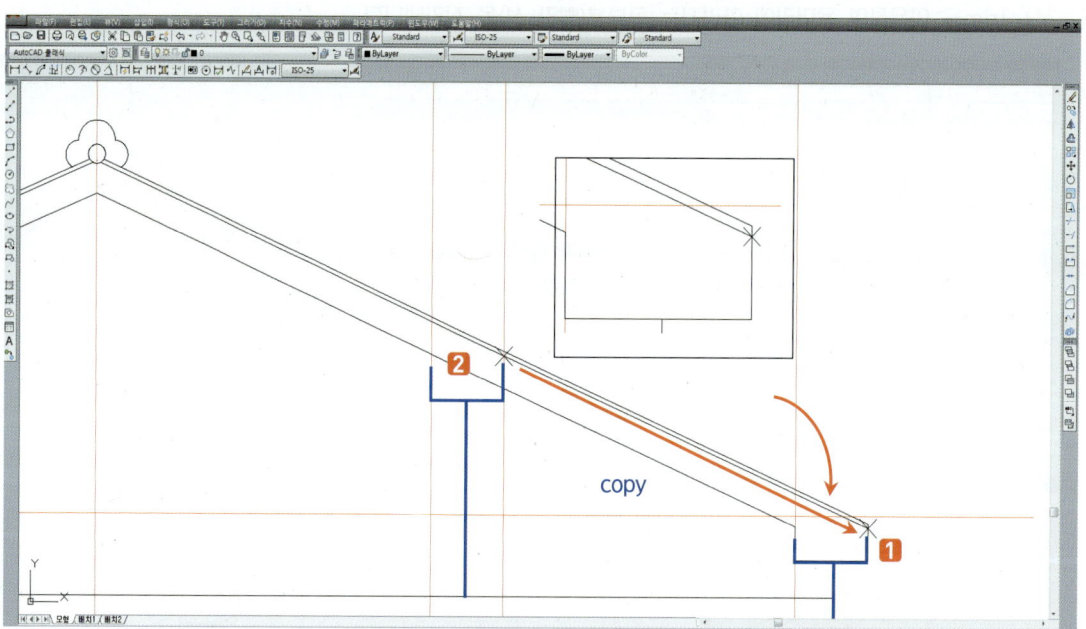

42_ trim을 이용하여 지붕의 내부(hidden 선)를 잘라내고 erase를 이용하여 600을 띈 선(빨간 선)을 지웁니다.

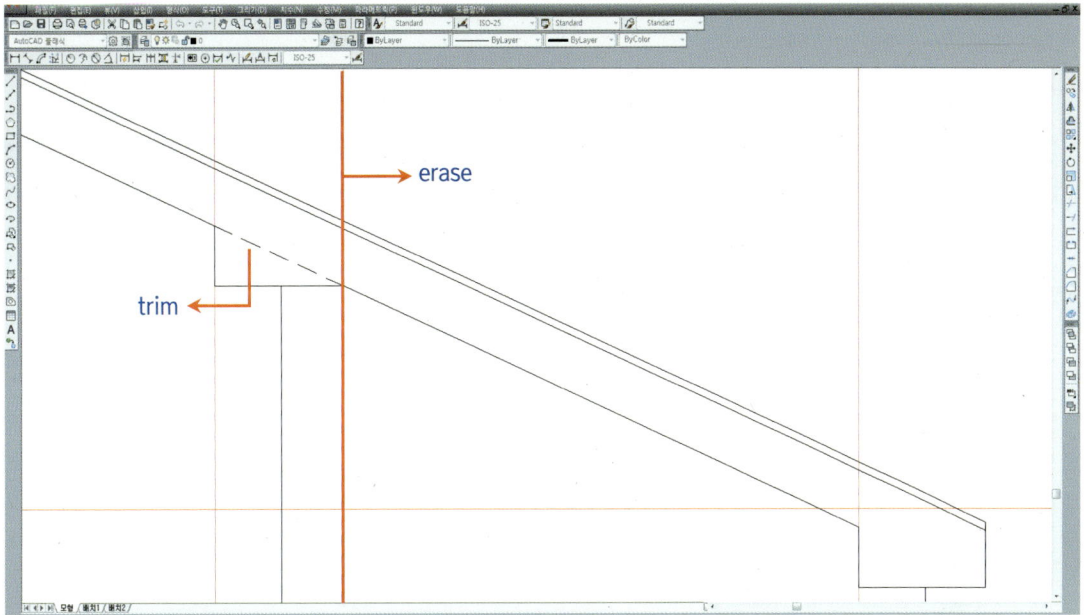

43_ 중심선 레이어(레이어 1번)를 끄고 바라본 완성된 지붕의 모습입니다.

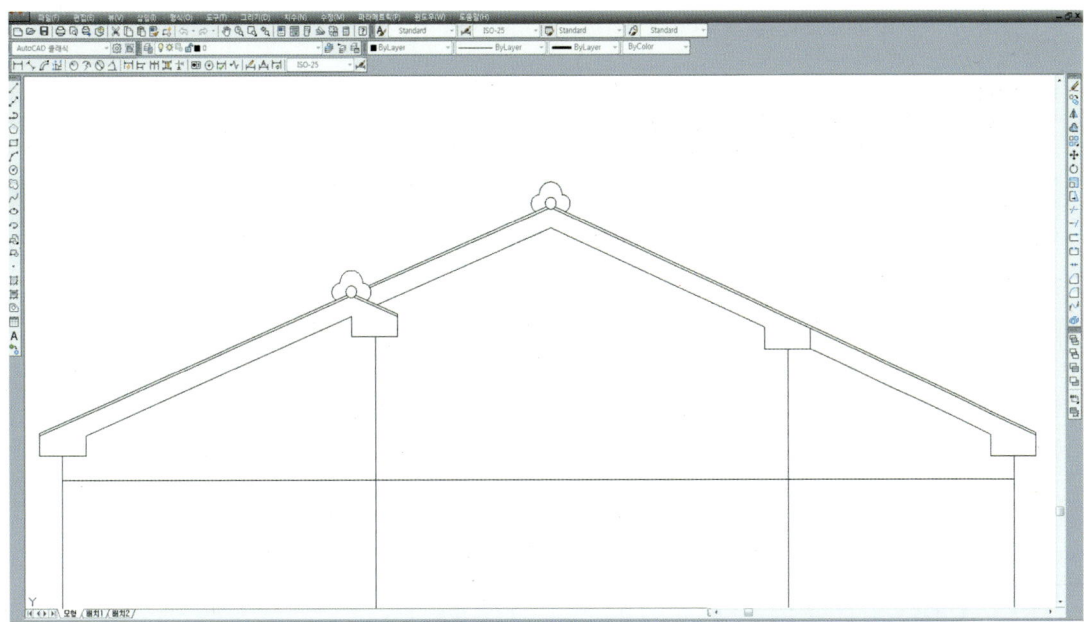

2 평면도를 이용한 도면독해(하부)

1_offset을 이용하여 테두리보 밑 선(hidden 선)에서 2300만큼 아래로 띄어 고막이의 위치를 잡습니다.

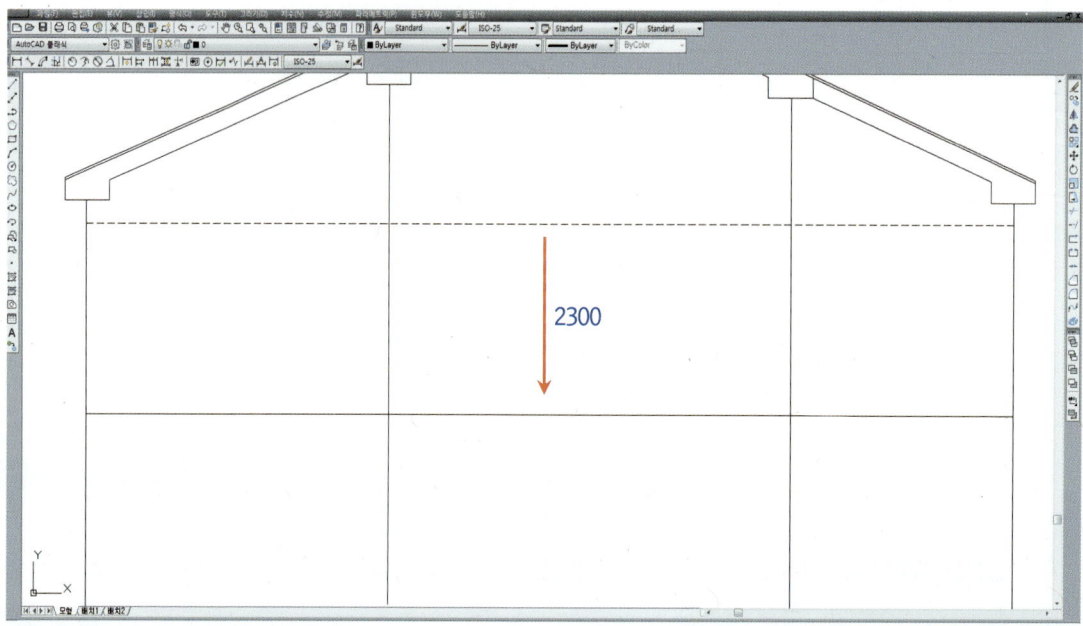

※ 반자높이가 2400mm로 출제됐을 경우 입면도에서 2300을 내리는 이유는 단면도에서 이유를 찾을 수 있습니다. 반자를 작도하기 위해 **1** 테두리보 밑선에서 100만큼 위로 올려 반자를 작도를 한 뒤 **2** 밑으로 2400을 내립니다. 그렇기 때문에 **3** 외부에서 보았을 때는 2300이 보이게 됩니다.

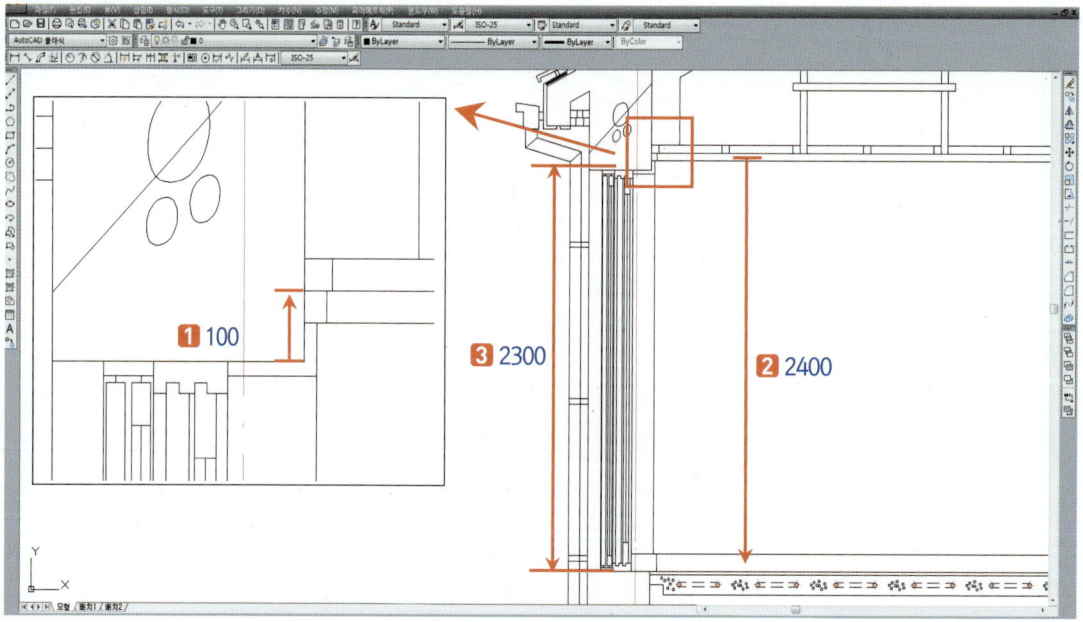

2_offset을 이용하여 고막이(hidden 선)에서 600만큼 아래로 띄어 지반의 위치를 잡습니다.

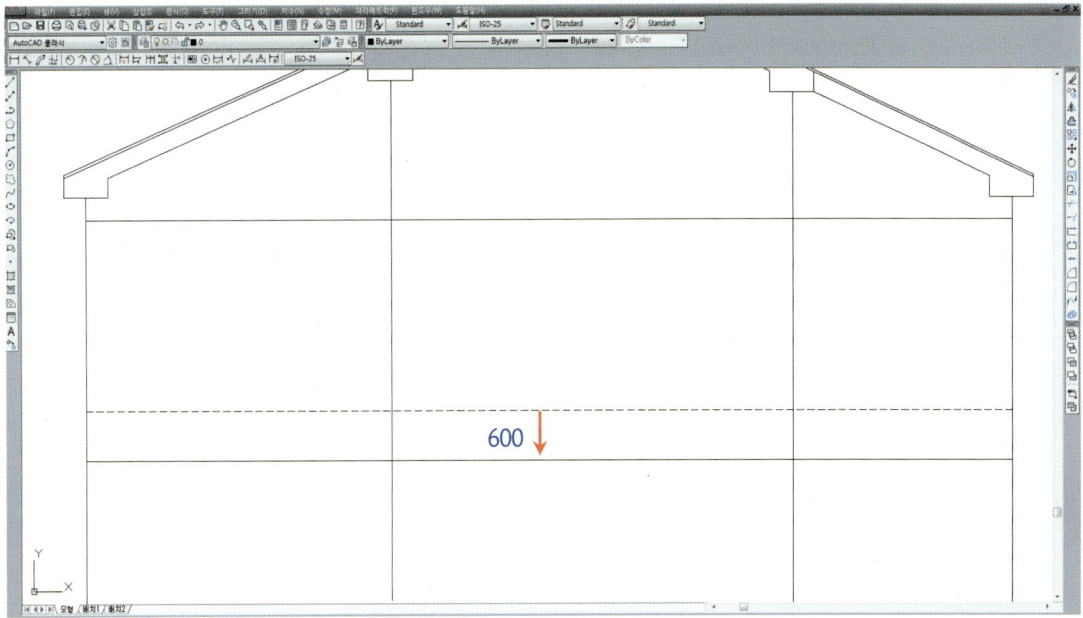

※ 아래 그림의 평면도의 남쪽방향에서 보면 계단의 개수가 3개이기 때문에 고막이는 600입니다. 고막이 높이 계산 방법은 현관부분단면상세도 9번의 ※를 참고하기 바랍니다.

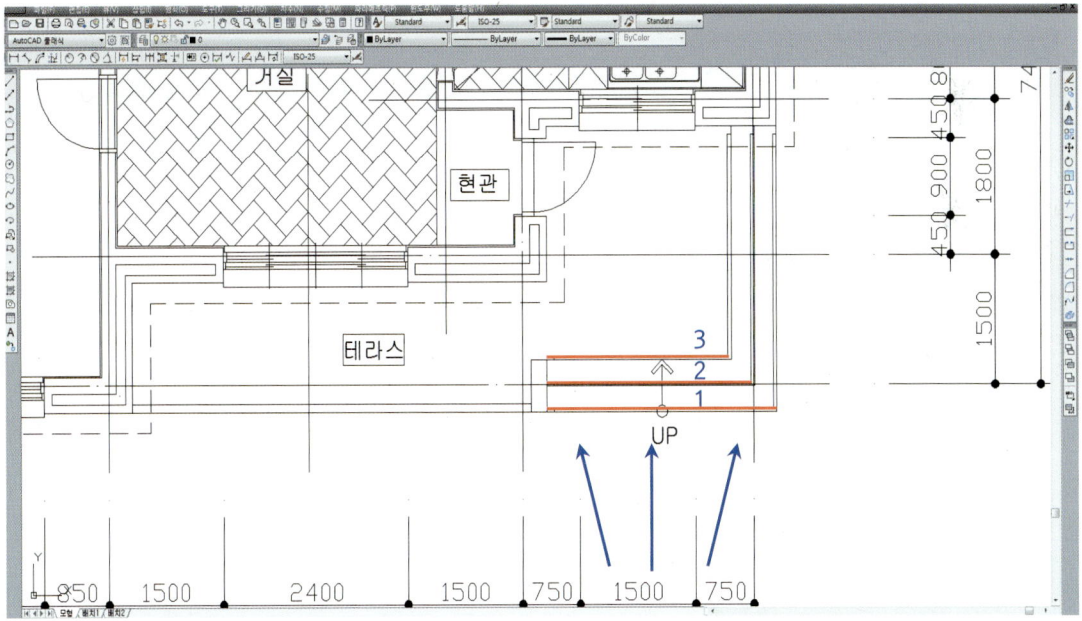

3_grip을 이용하여 좌측과 우측으로 지반을 당겨 길게 뽑습니다.

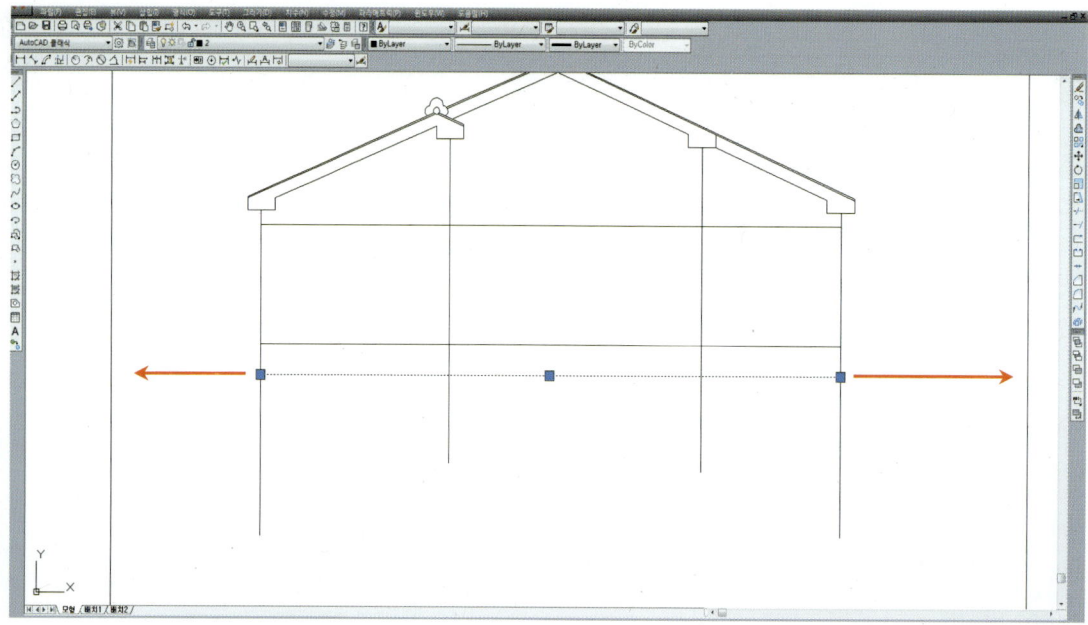

※ 테두리선에 닿지 않게 근처까지 당깁니다.

4_trim을 이용하여 지반 선 아래에 위치한 벽(hidden 선)을 잘라냅니다.

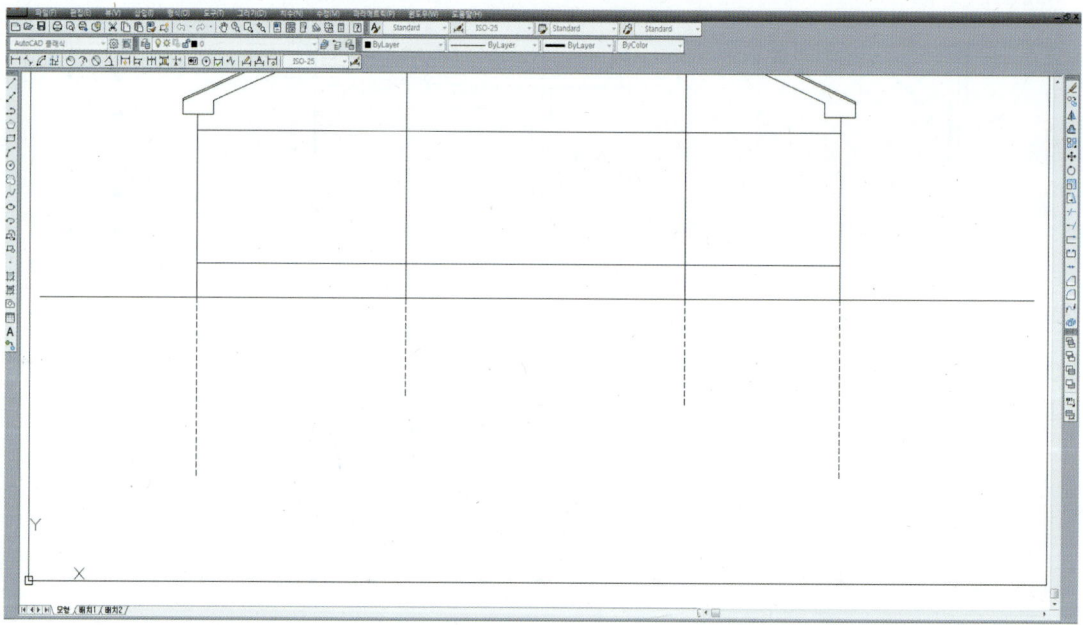

5_ 창(방, 부엌, 테라스)을 작도하기 위해 중심 선(레이어 1번)을 켭니다.

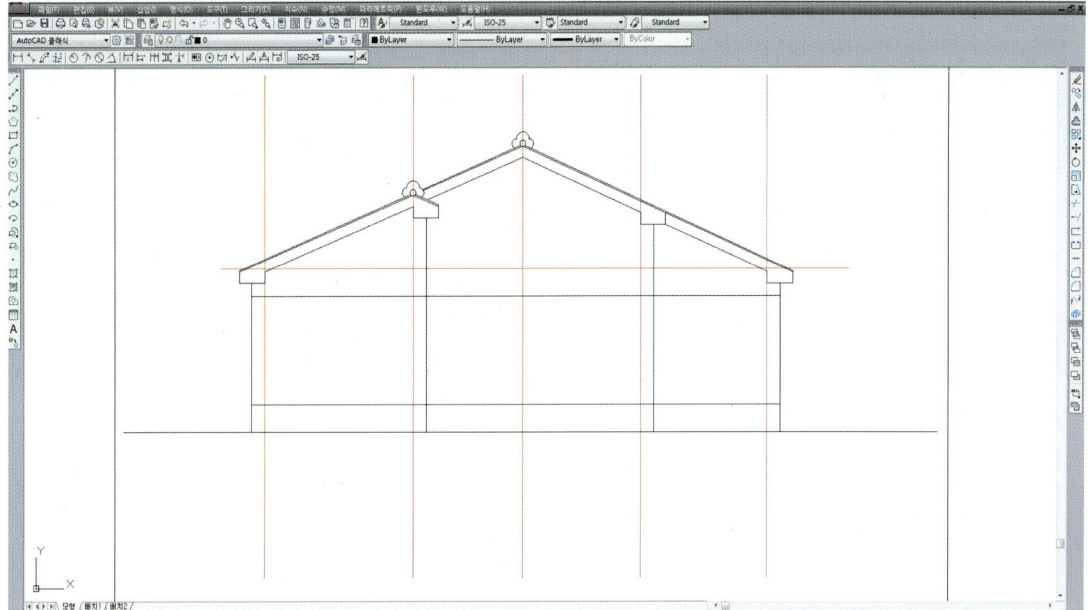

6_ 평면도에 제시된 창의 크기와 위치를 파악합니다.

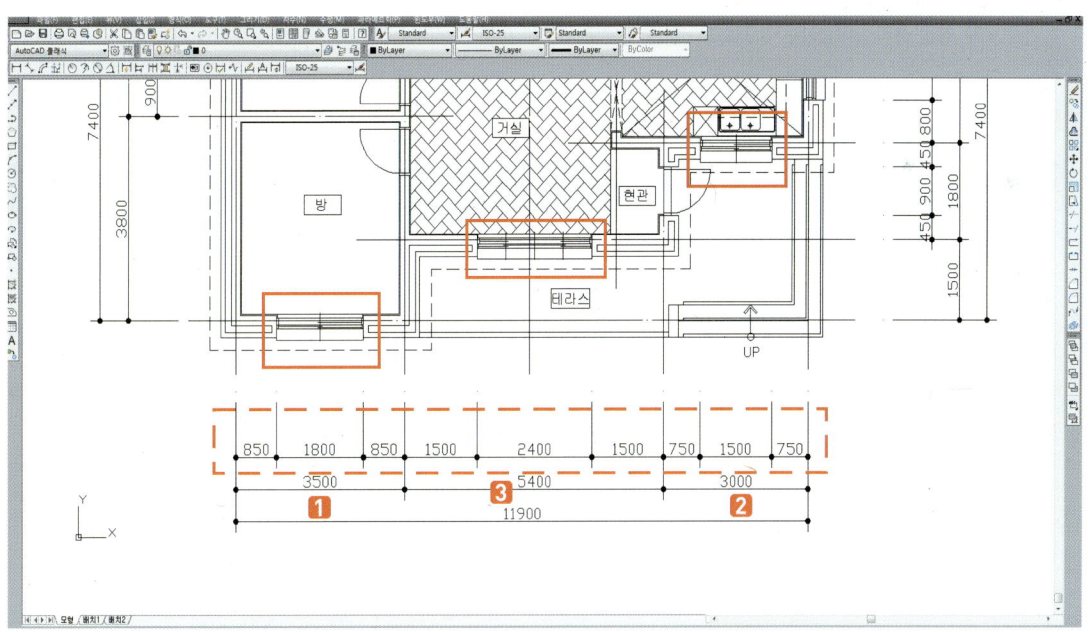

※ 위 평면도에서 보듯 창의 크기와 위치를 제시(붉은 색 hidden 선)하는 경우는 거의 없습니다. 보통은 수험생이 직접 창 너비를 스케일 자로 측정해야 합니다. 참고로 창 위치는 각 실 중앙에 위치하는 것이 보통입니다.
※ 창문의 높이는 방 : 1200, 부엌 : 900, 욕실 : 600으로 하며 테라스창 : 고막이 ~ 테두리보 밑 선까지로 합니다.

7_ offset을 이용하여 평면도 ❶번에 표시된 3500의 절반만큼 간격(hidden 선)을 띄고 창을 작도한 뒤 move를 이용하여 창(hidden 선)을 테두리보 밑 선에 부착합니다.

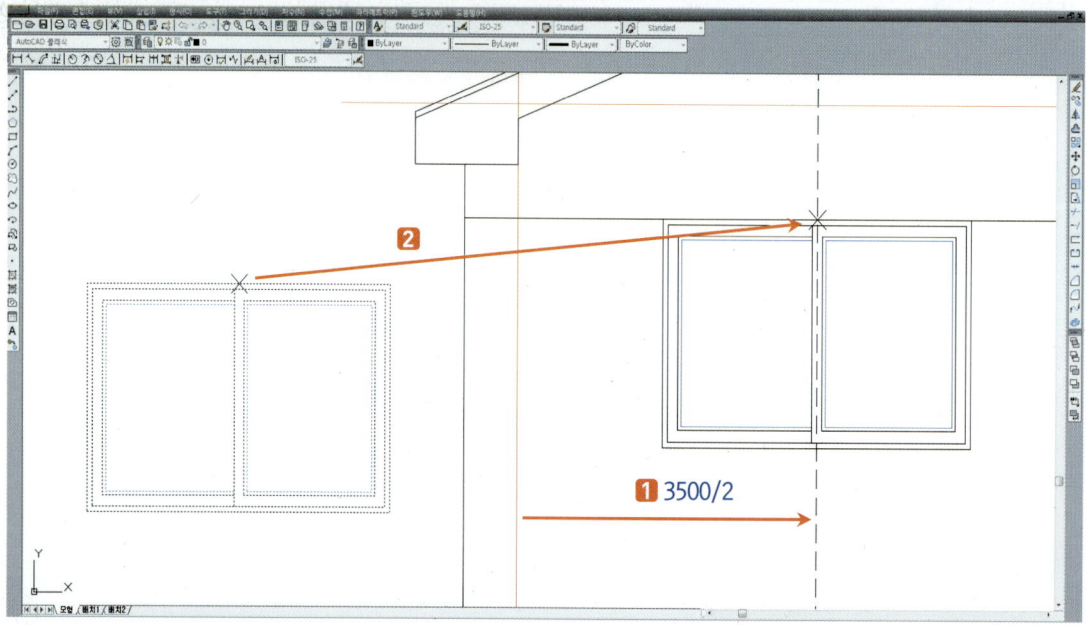

※ 창문작도방법은 창입면상세도 중 3 ~ 10번을 참고하기 바랍니다.
※ 단, 입면도에서의 외부 창은 알루미늄으로 창으로 하라는 요구사항이 대부분이기 때문에 알루미늄 창 크기로 작도합니다.
※ 가끔 외부 창을 플라스틱(합성수지)으로 요구하는 경우도 있는데 이때 알루미늄 크기로 작도해도 무방합니다.

8_ 창문을 확대하여 레이어를 확인한 모습입니다.

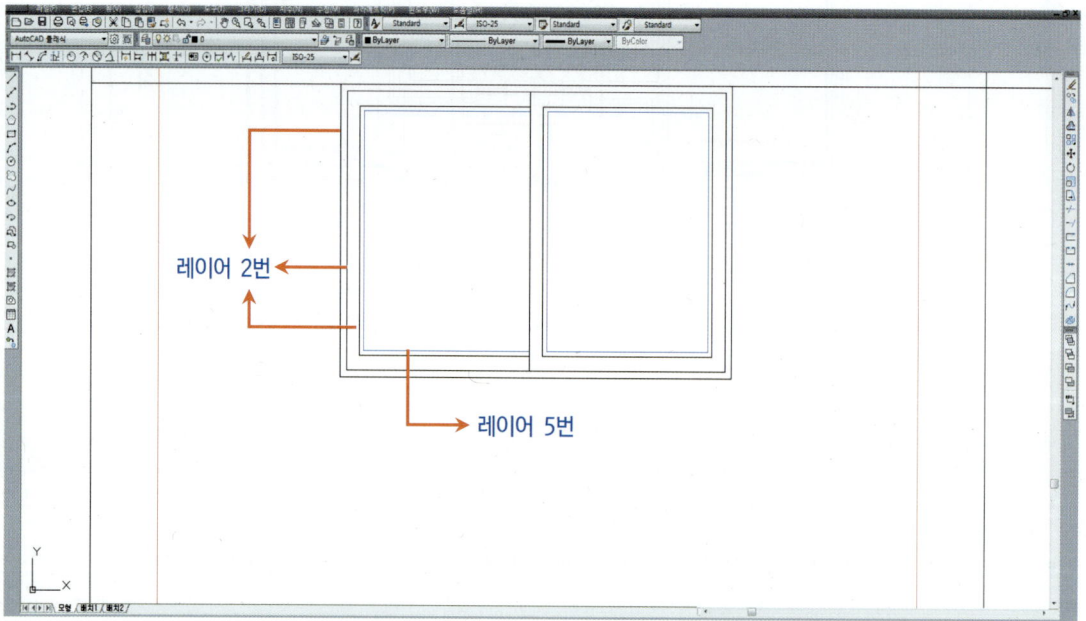

9_line을 이용하여 아래와 같이 창문의 아래쪽에 창대벽돌의 외곽선을 작도합니다.

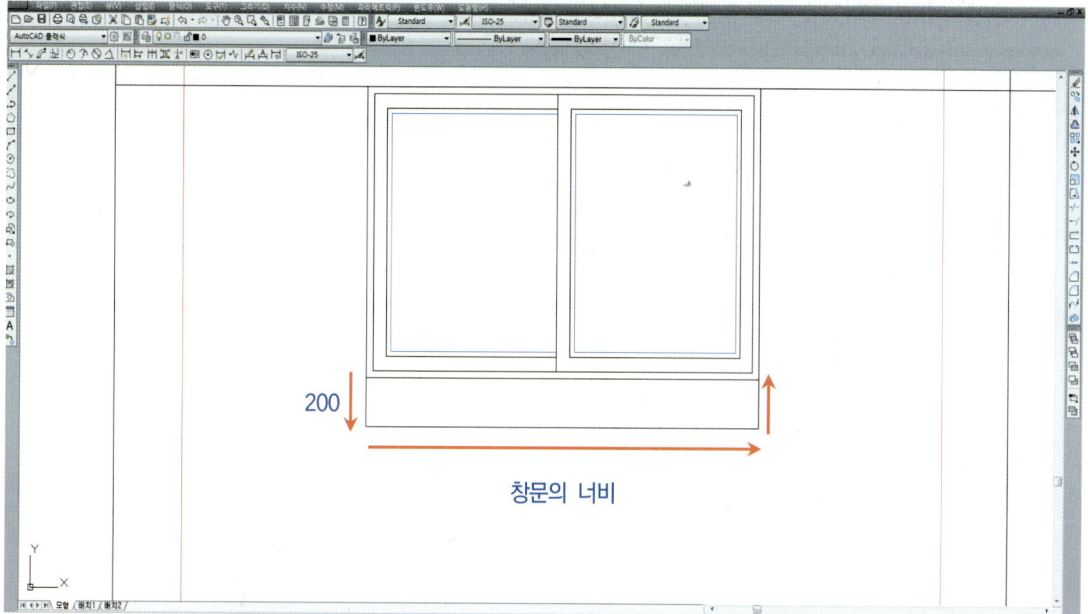

10_offset을 이용하여 창문 외곽(hidden 선)의 간격을 띄우고 explode합니다.

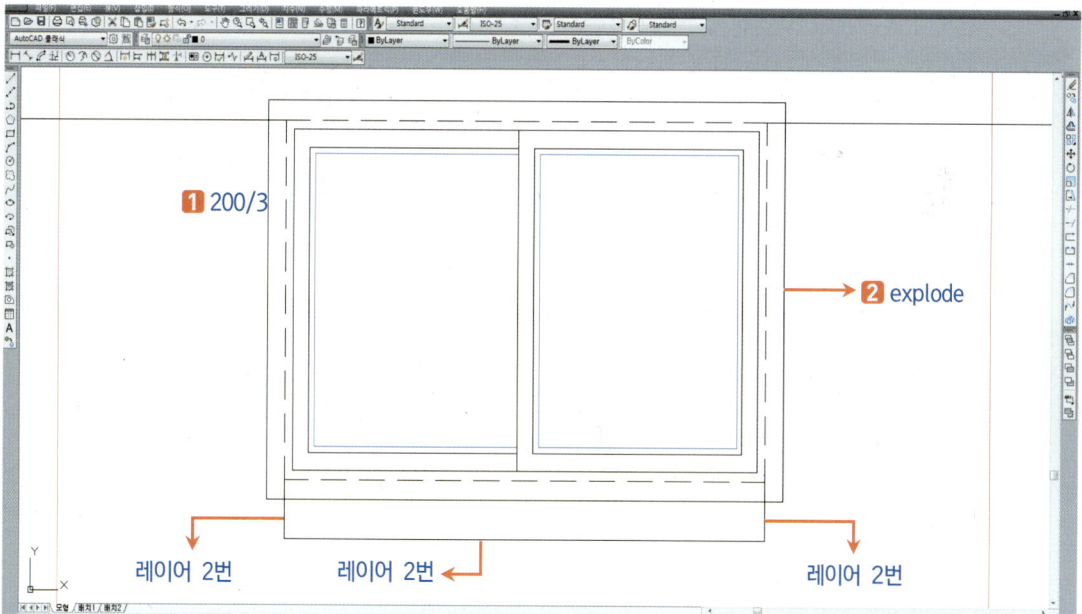

11_ erase를 이용하여 아래의 표시된 부분(hidden 선)을 지우고 trim을 이용하여 좌우측의 창대 벽돌부분(빨간 선)을 잘라냅니다.

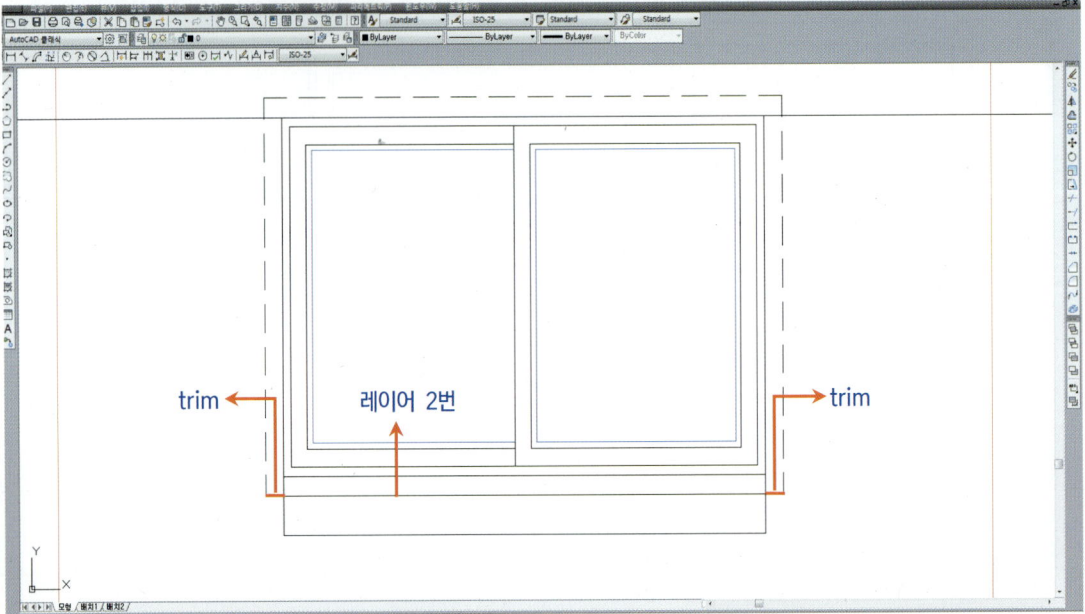

12_ array를 이용하여 창대벽돌을 표현합니다.

※ 벽돌의 너비는 57이지만 입면도에서는 60으로 하여 창의 총 너비 1800과 맞춰 array합니다.

13_ offset을 이용하여 **6**번 중 **2**번에 표시된 3000의 절반만큼 간격(hidden 선)을 띄고 **7 ~ 12**번과 같은 방법으로 창을 작도합니다.

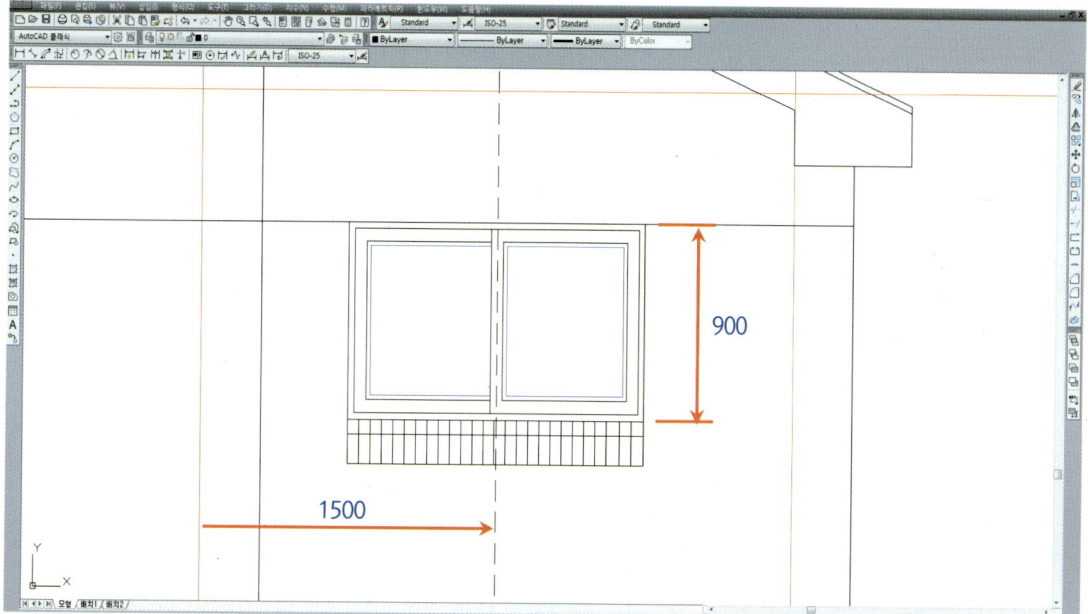

14_ offset을 이용하여 **6**번 중 **3**번에 표시된 5400의 절반만큼 간격(hidden 선)을 띄고 **7 ~ 12**번과 같은 방법으로 테라스 창을 작도합니다.

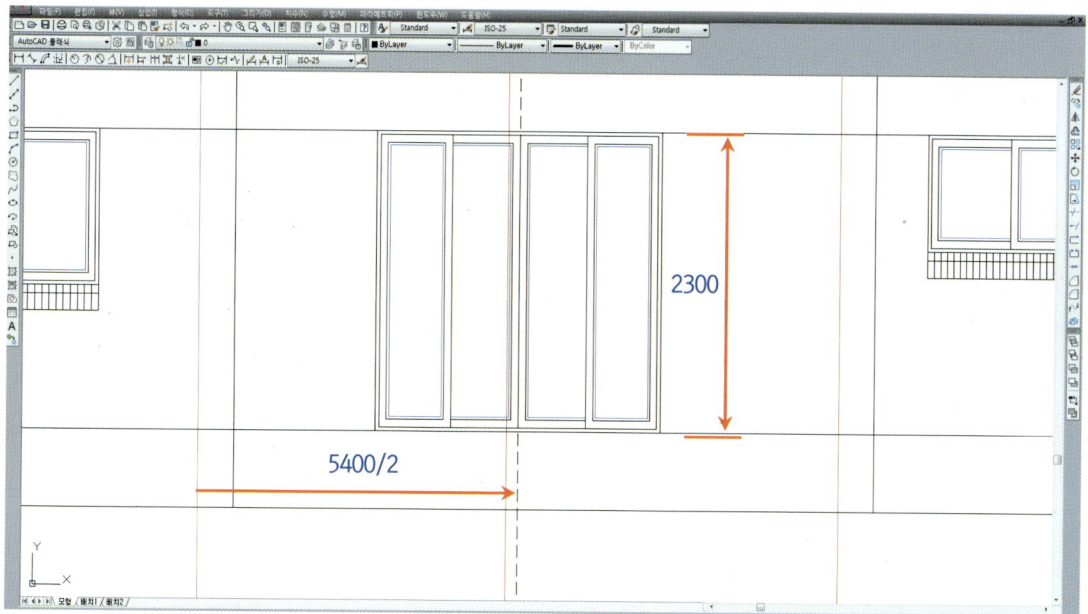

※ 테라스 창 작도방법은 창입면상세도 중 11 ~ 21번을 참고하기 바랍니다.
※ 테라스 창의 높이는 고막이부터 테두리보 밑 선까지 작도하기 때문에 이 조건에서는 2300으로 합니다.
※ 테라스 창을 작도할 때 창대벽돌은 작도하지 않아도 무방합니다.

15_평면도에 제시된 계단 및 난간의 크기와 위치(hidden 선)를 파악합니다.

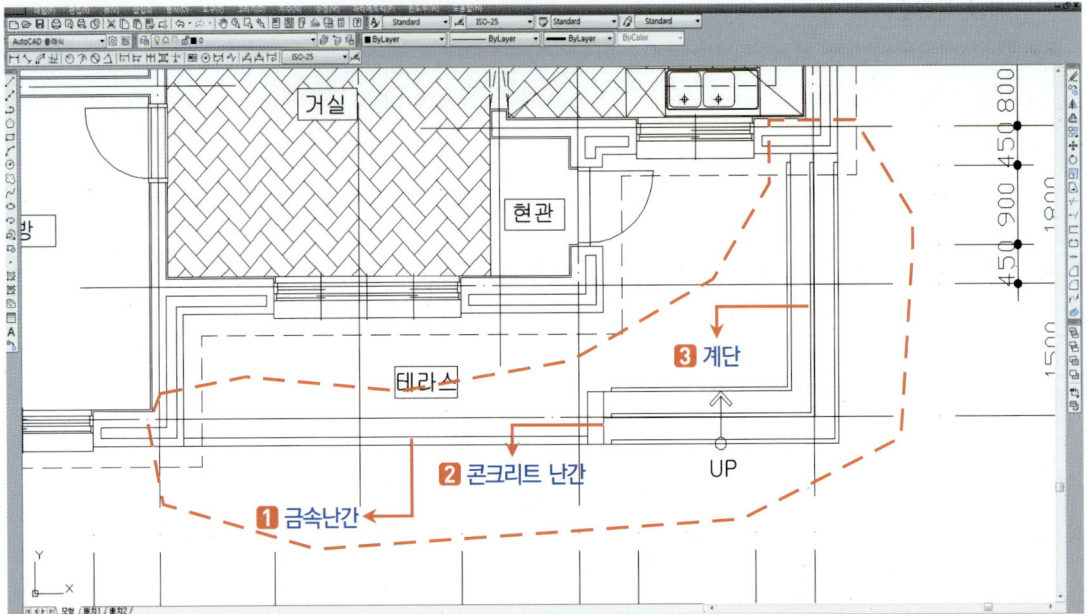

※ 가는 선이 두 줄로 계단부근에 있는 경우 ❶ 금속난간, 계단 부근에 두꺼운 모양이 있는 경우 ❷ 콘크리트 난간이라 해석하면 됩니다.

16_위 **15**의 내용 중 금속난간, 콘크리트 난간, 계단의 도면 해석을 돕기 위한 3D CAD입니다.

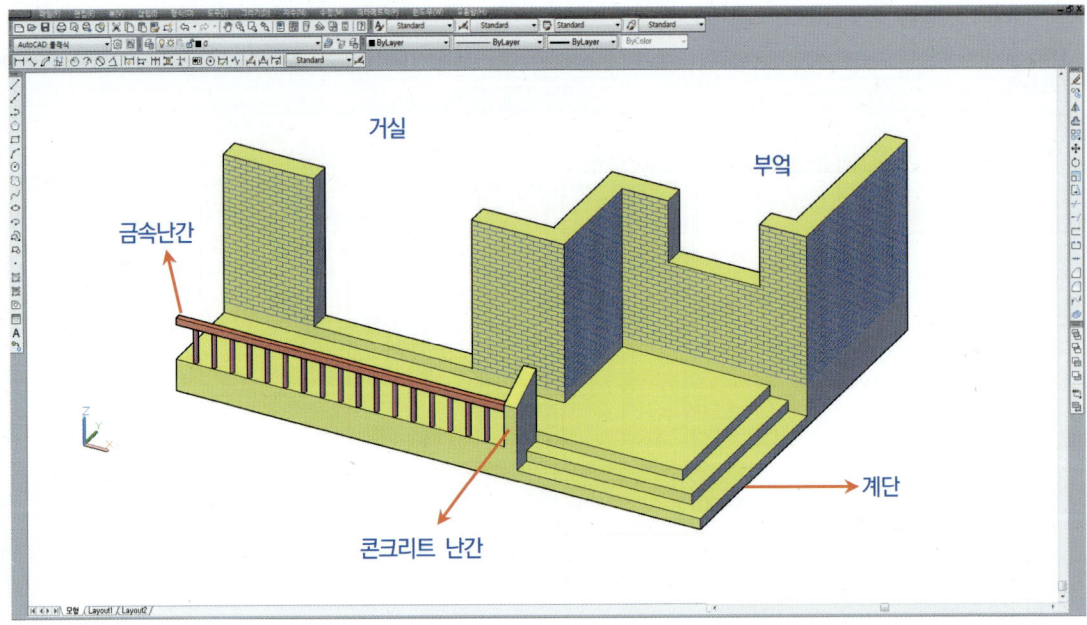

17_ 금속난간, 콘크리트 난간, 계단을 위에서 내려다 본 3D CAD입니다.

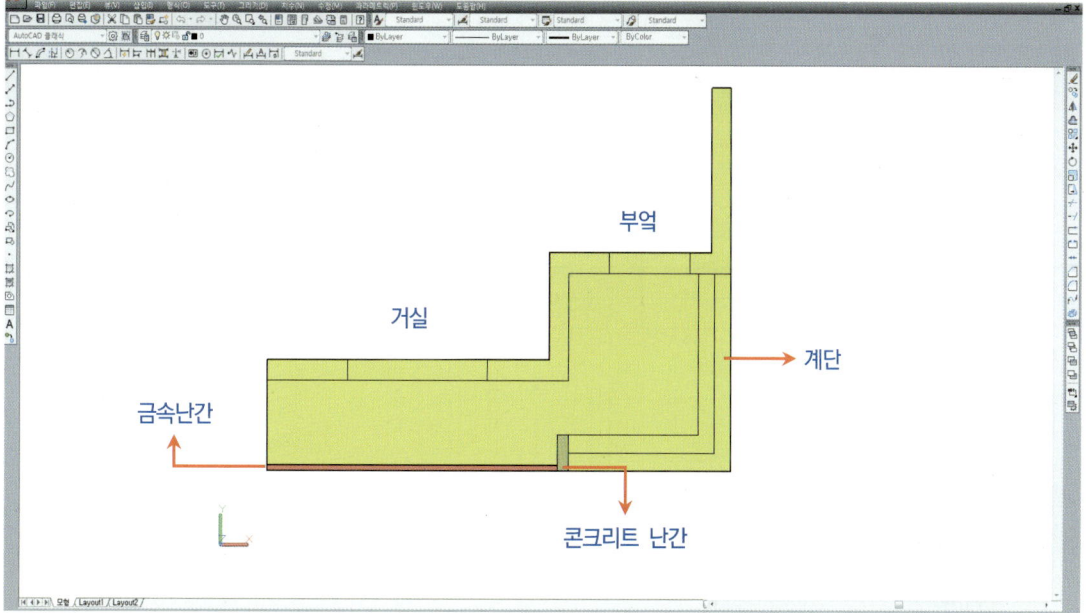

18_ 콘크리트 난간과 계단, 계단참은 모두 일체형이며 콘크리트 난간 크기는 아래와 같습니다.

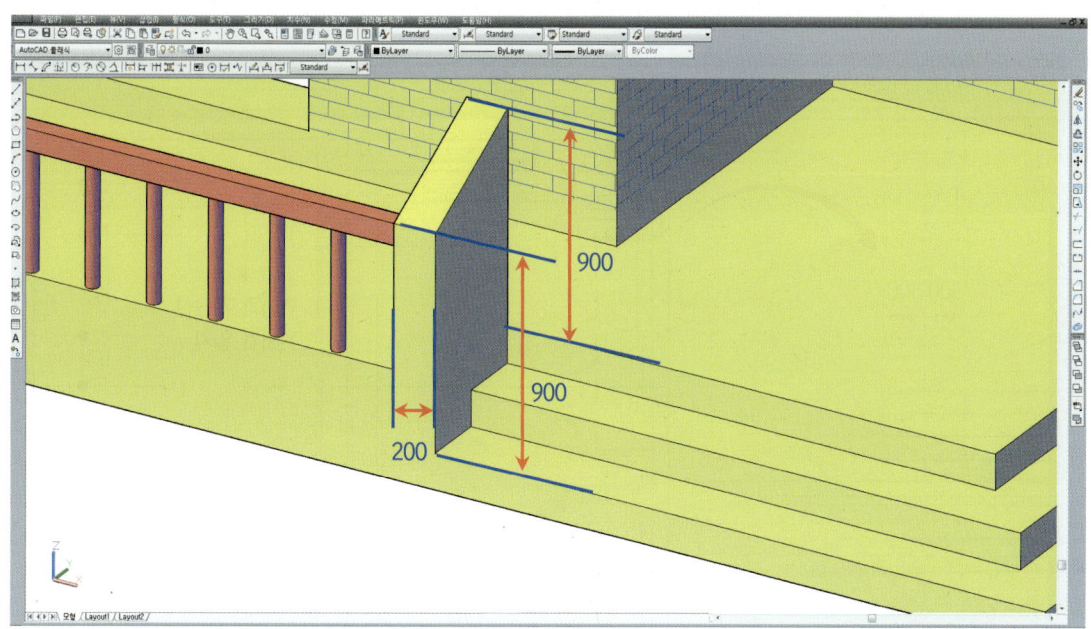

19_ offset을 이용하여 계단 높이(hidden 선)에 대한 간격을 띕니다.

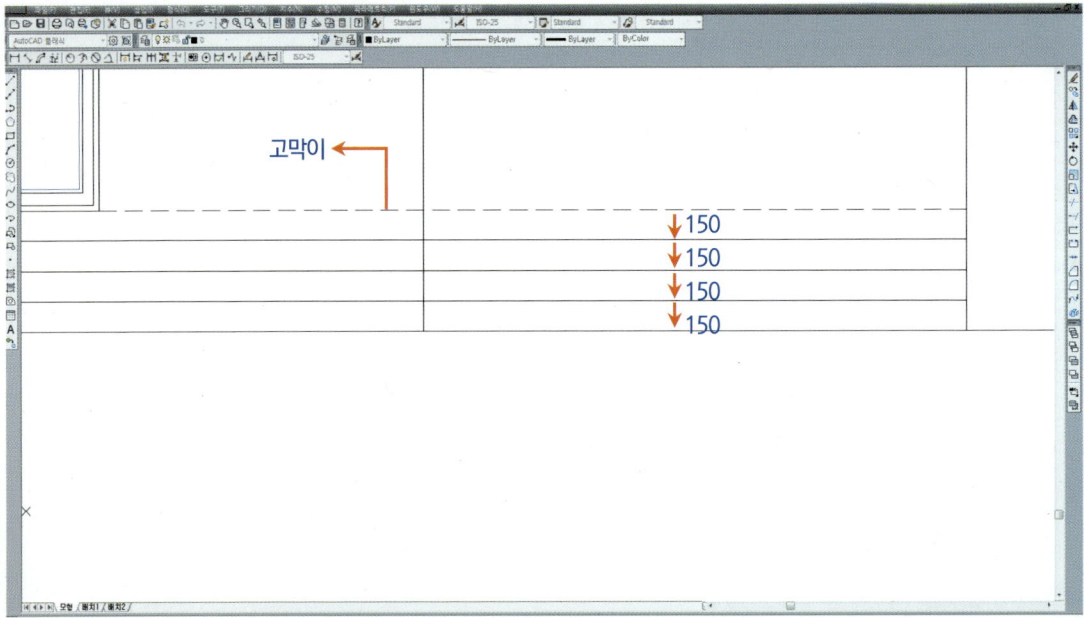

※ 계단이 3개이므로 계단높이 150을 띕니다.

20_ 벽체와 계단 끝 선이 일치되는 곳에 있기 때문에 offset을 이용하여 벽체에서 300만큼씩 계단 너비를 띕니다.

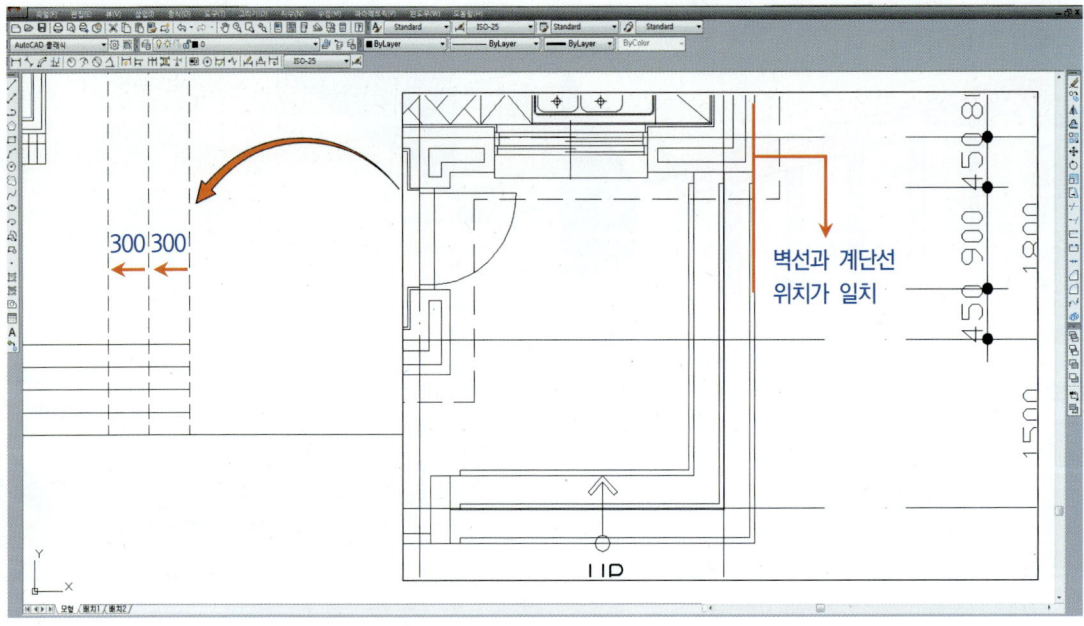

※ 계단너비는 수험자가 스케일 자를 이용하여 측정한 뒤 offset을 합니다.

21_ fillet과 trim을 이용하여 계단의 모양을 아래와 같이 다듬습니다.

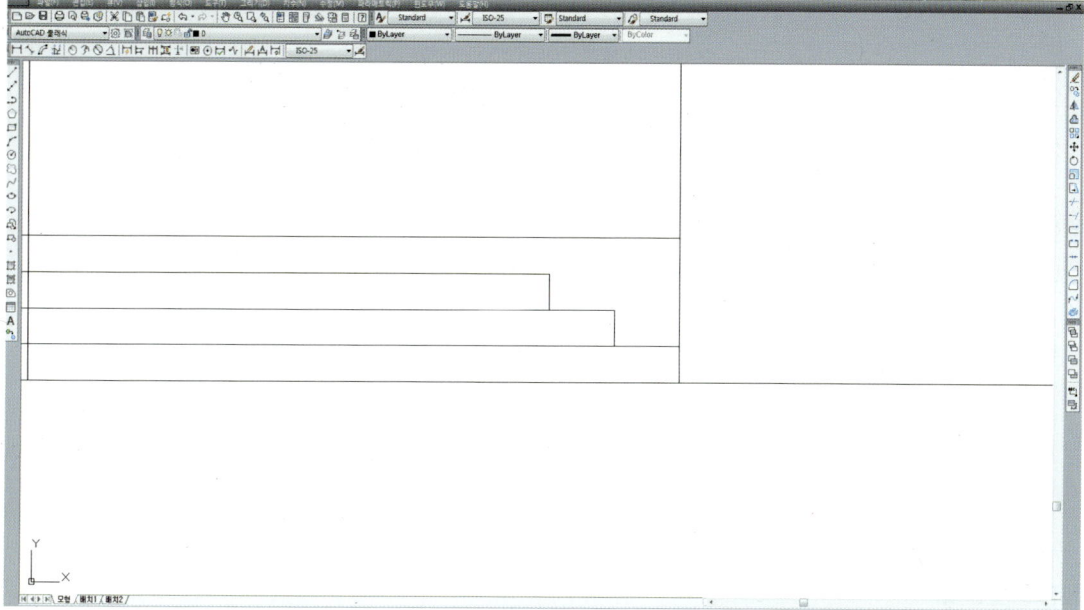

※ 계단을 위 그림과 같이 다듬은 이유는 정면(남측)과 우측(동측)에서 올라가거나 내려갈 수 있는 계단이기 때문입니다. 16번의 3D CAD 화면을 참고하기 바랍니다.

22_ offset을 이용하여 콘크리트 난간의 간격(hidden 선)을 띕니다.

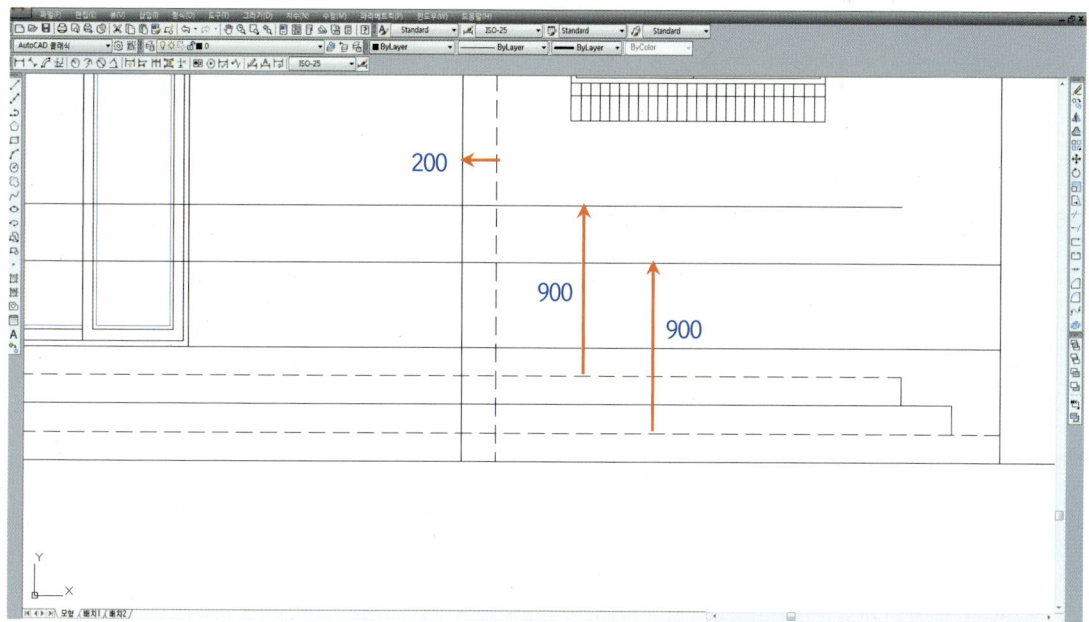

23_ trim과 fillet을 이용하여 아래와 같이 콘크리트 난간과 계단을 편집합니다.

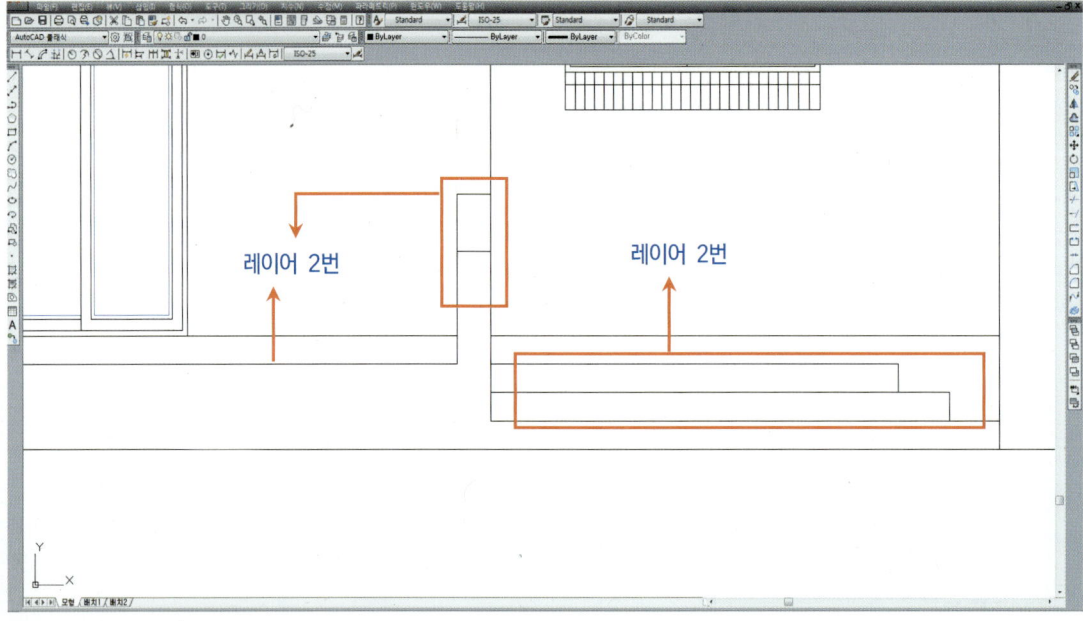

24_ 위 **23**의 콘크리트 난간과 계단 및 계단참의 편집을 돕기 위한 3D CAD입니다.

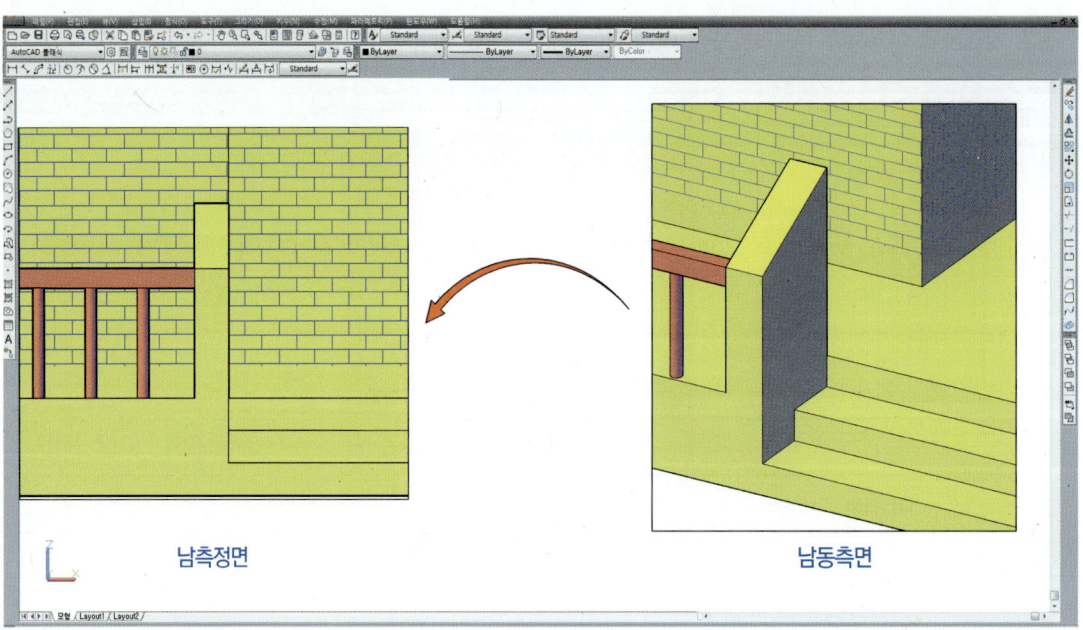

25_ fillet을 이용하여 계단참과 벽체 하부(붉은 선)를 편집(검은 동그라미 클릭)합니다.

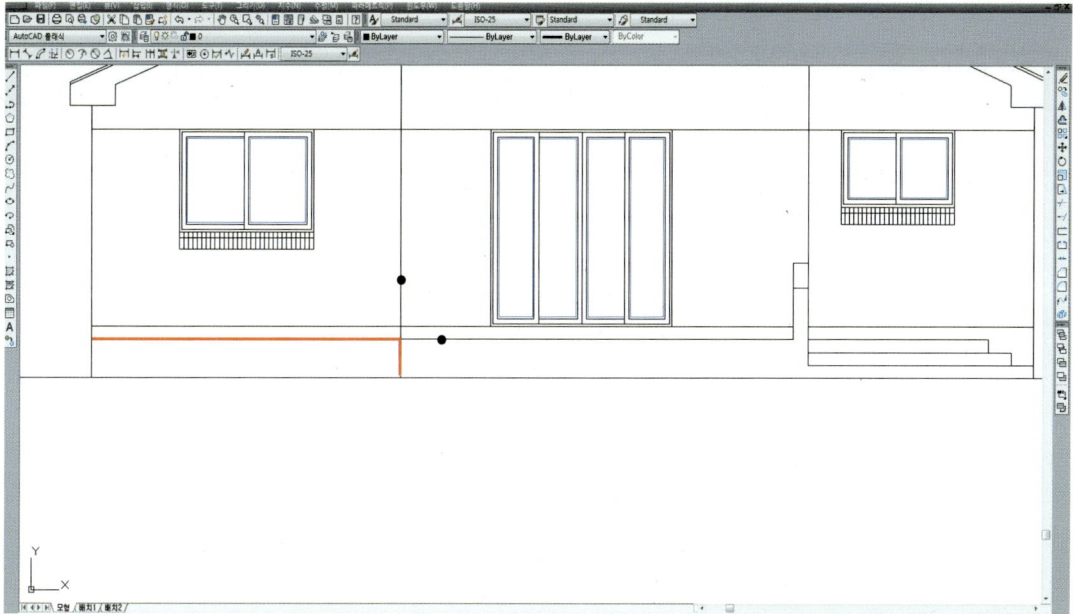

※ 제시된 평면도를 보면 좌측에는 계단참이 없습니다. 또한 계단참과 벽체는 돌출되거나 함몰되지 않고 동일선상에 위치합니다.

26_ line을 이용하여 금속난간을 작도(✕ 표시)한 뒤 offset을 이용하여 90만큼 간격을 띕니다.

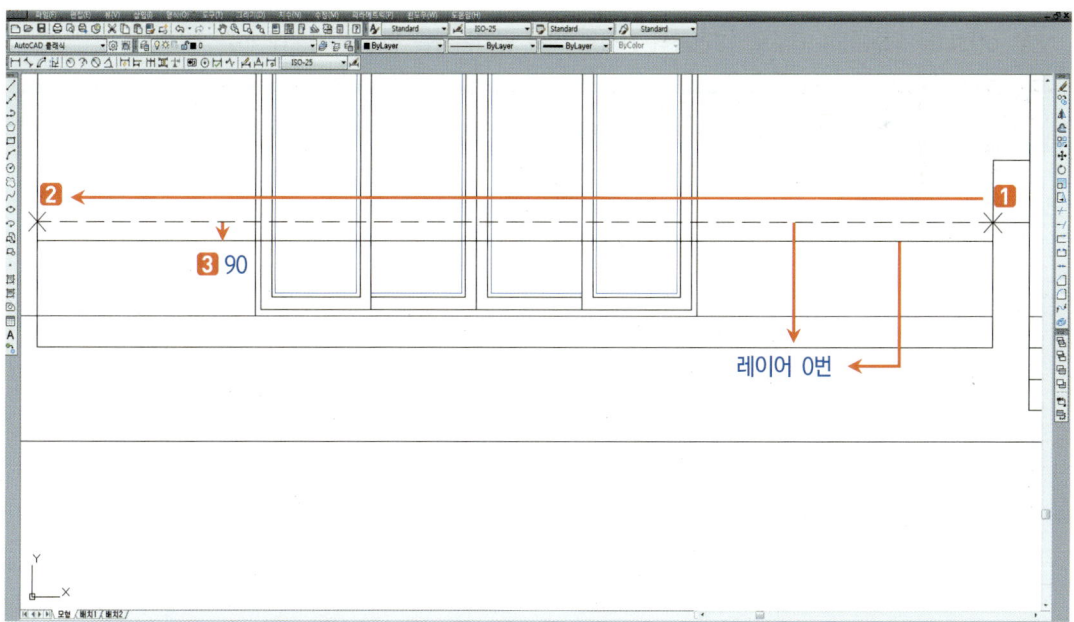

※ 난간두겁은 손스침이라 하기도 하며 난간두겁의 두께는 재료와 시공방법에 따라 다양합니다. 또한 난간의 높이는 2층 이상의 건축물은 높이를 1200mm 이상으로 해야 하지만 시험과 같이 단층건물인 경우에는 이 기준을 따르지 않아도 됩니다.

27_offset을 이용하여 콘크리트 난간(hidden 선)에서 300만큼 띄고 trim을 이용하여 난간두껍의 윗부분(hidden 선)을 잘라내어 난간동자를 만듭니다.

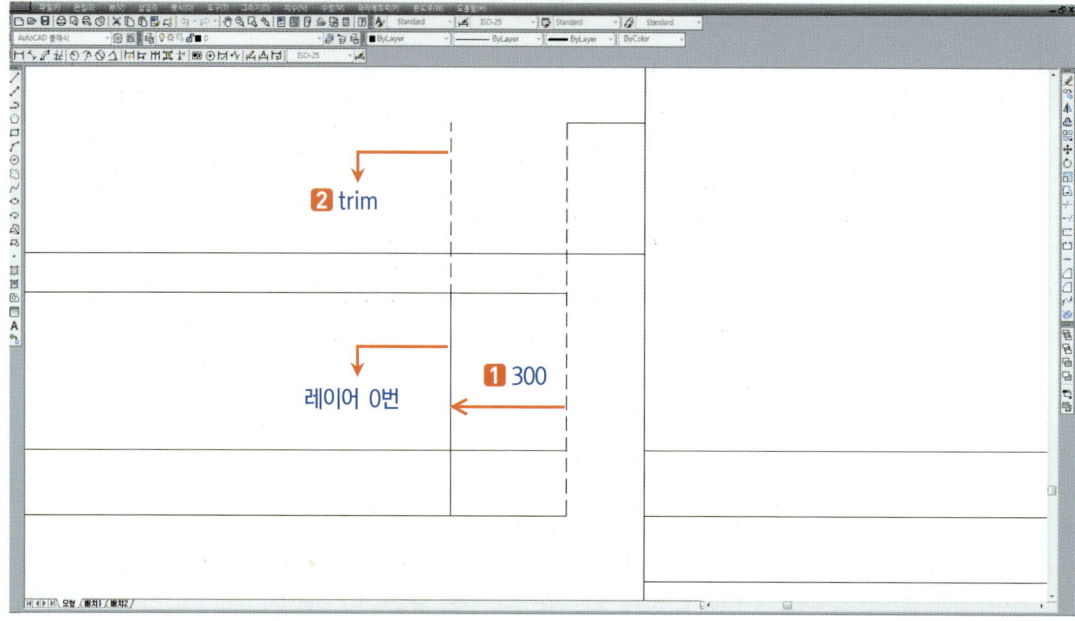

※ 난간동자의 간격은 시공방법에 따라 정해진 것은 없지만 시험을 보는 수험생은 계단의 너비와 같다고 생각하면 됩니다. 참고로 아파트와 같은 건물은 간격을 100mm 이하로 규정하고 있습니다.

28_offset을 이용하여 좌우로 15만큼씩 간격을 띄어 난간동자를 만들고 가운데 선은 지웁니다.

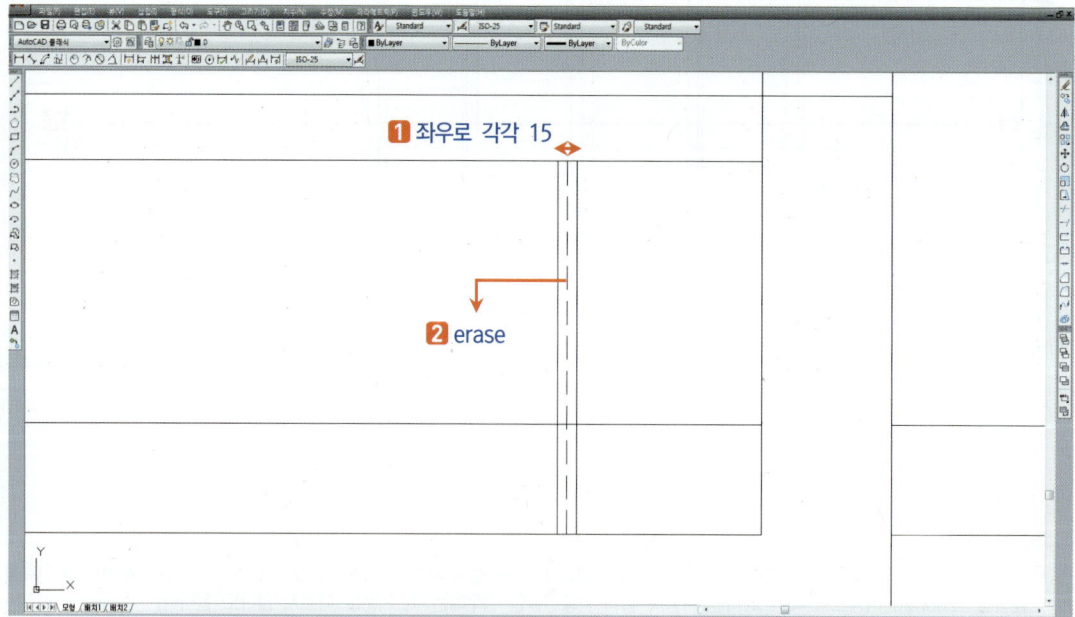

29_array를 이용하여 난간동자(hidden 선)를 벽체까지 배열합니다.

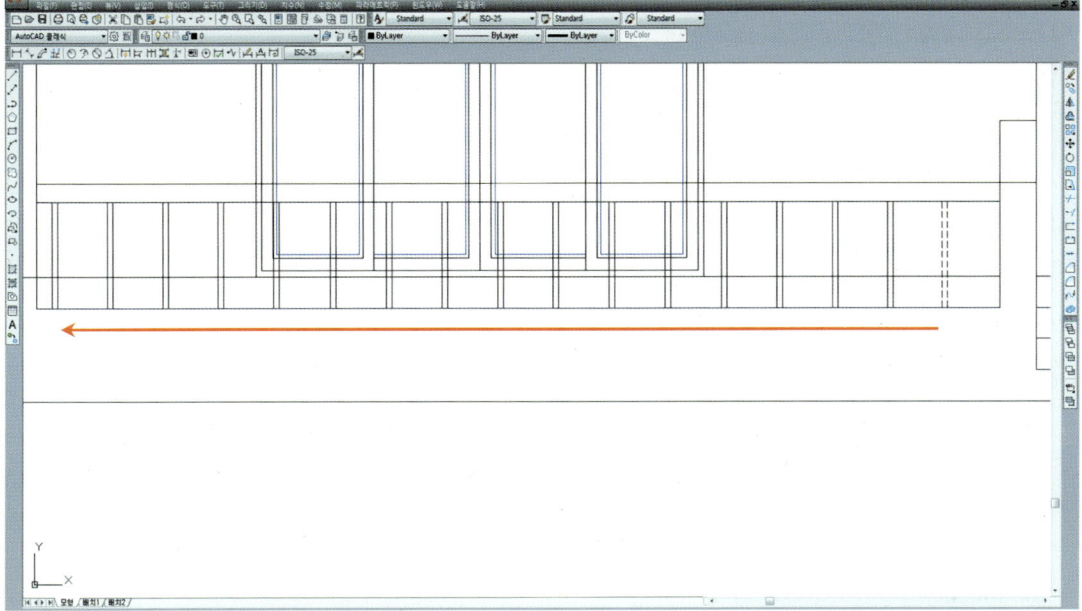

30_trim을 이용하여 난간두겁과 동자 사이의 있는 테라스 창과 고막이 선을 잘라냅니다.

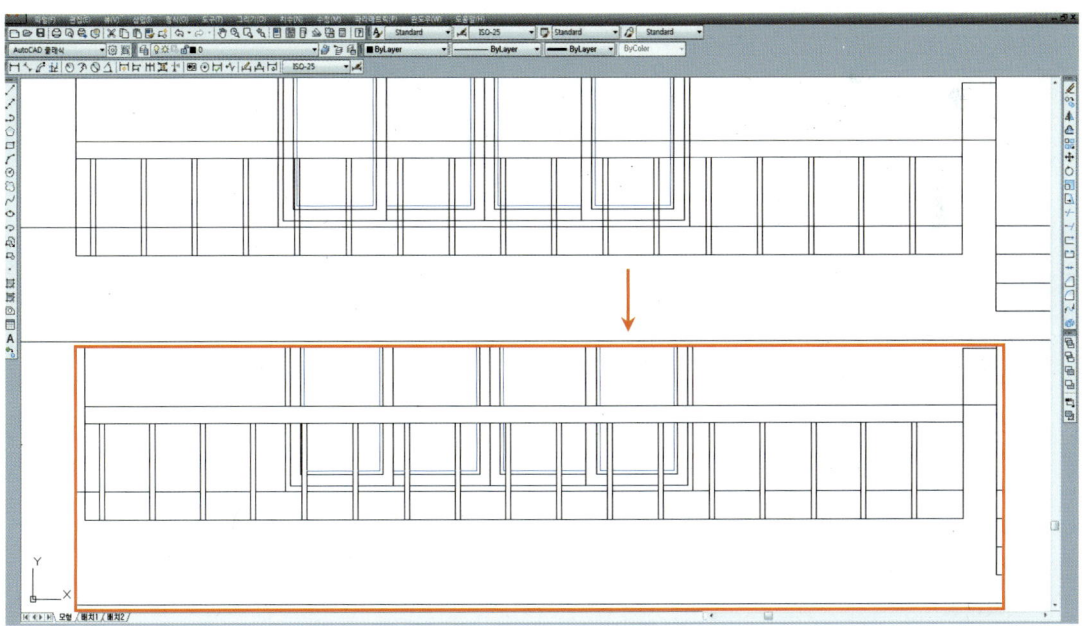

31_offset을 이용하여 계단에 아래와 같이 간격을 띄어 논슬립을 만듭니다.

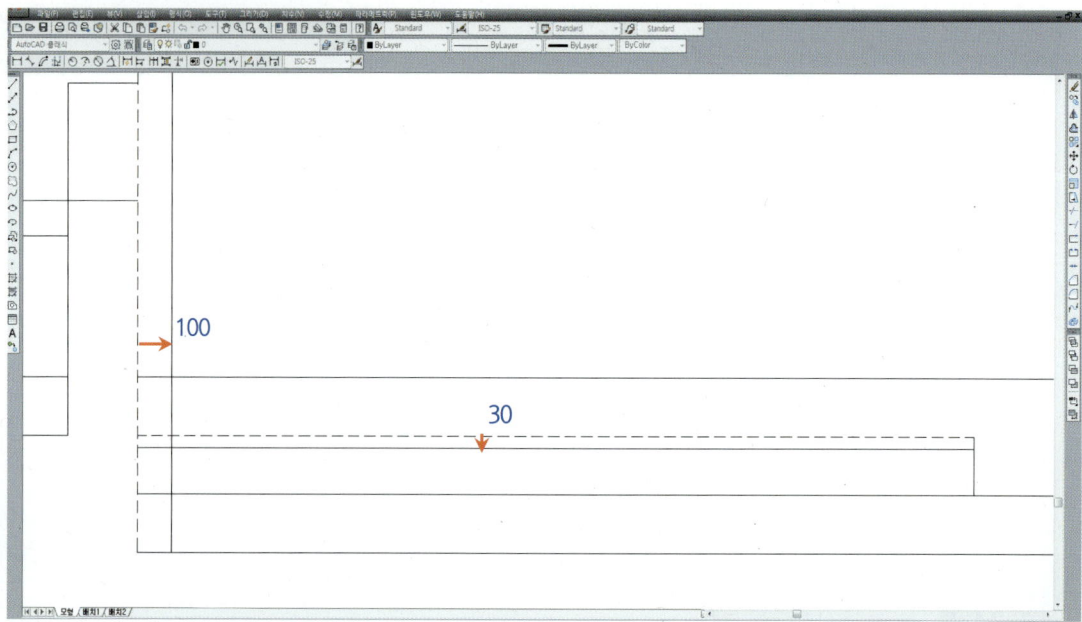

32_fillet을 이용하여 논슬립의 모서리(네모 클릭)를 다듬습니다.

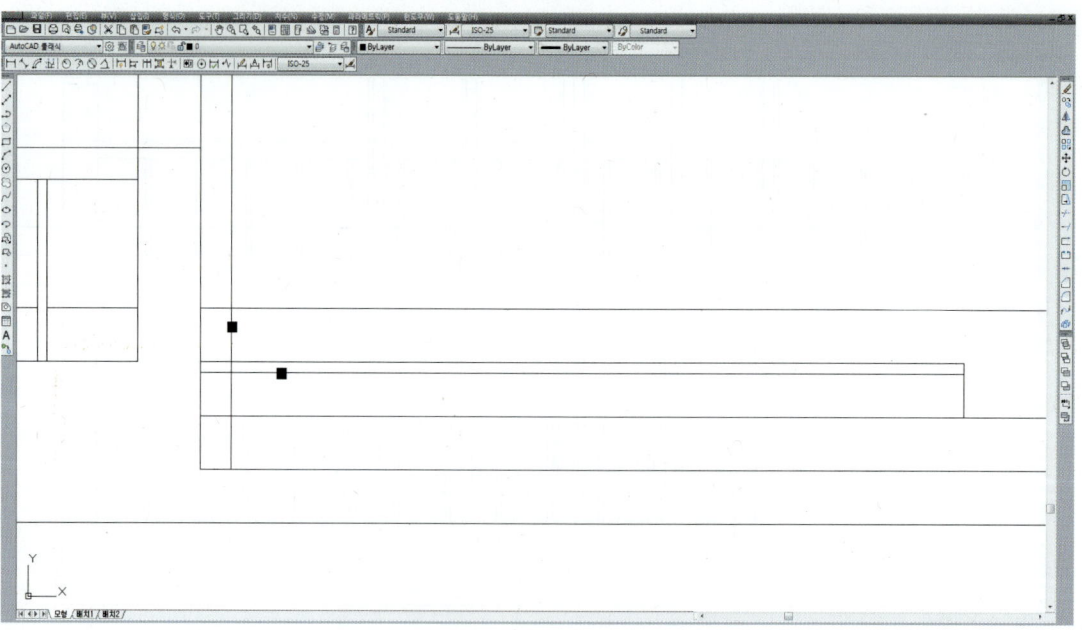

33_ trim을 이용하여 아래와 같이 계단 윗부분(빨간 선)을 잘라냅니다.

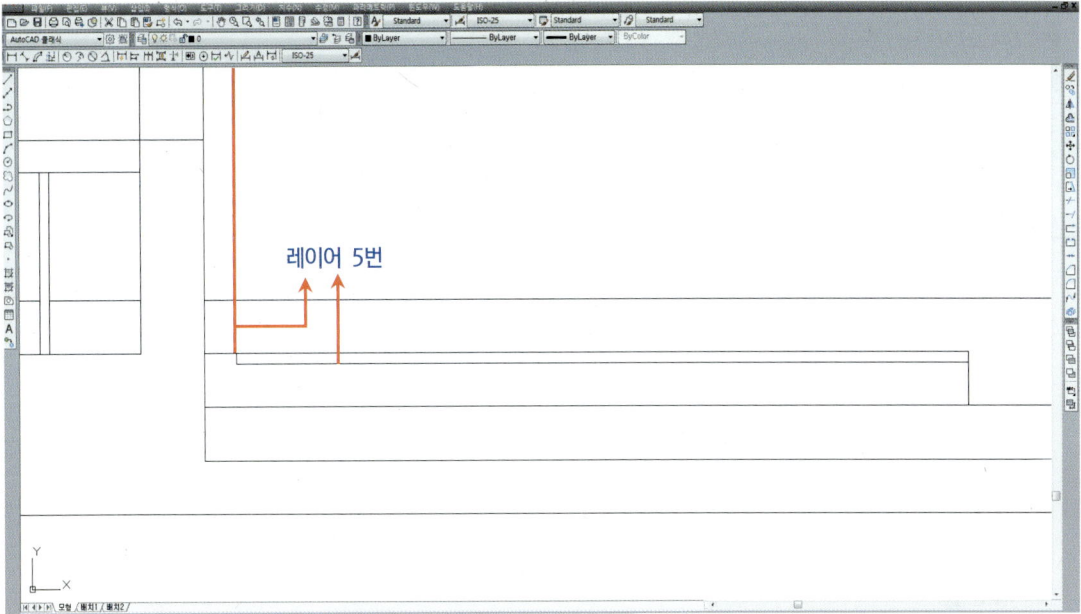

34_ copy를 이용하여 논슬립(파란 선)을 계단 아래에 복사(✖ 표시)한 뒤 extend를 이용하여 계단 끝까지 연장합니다.

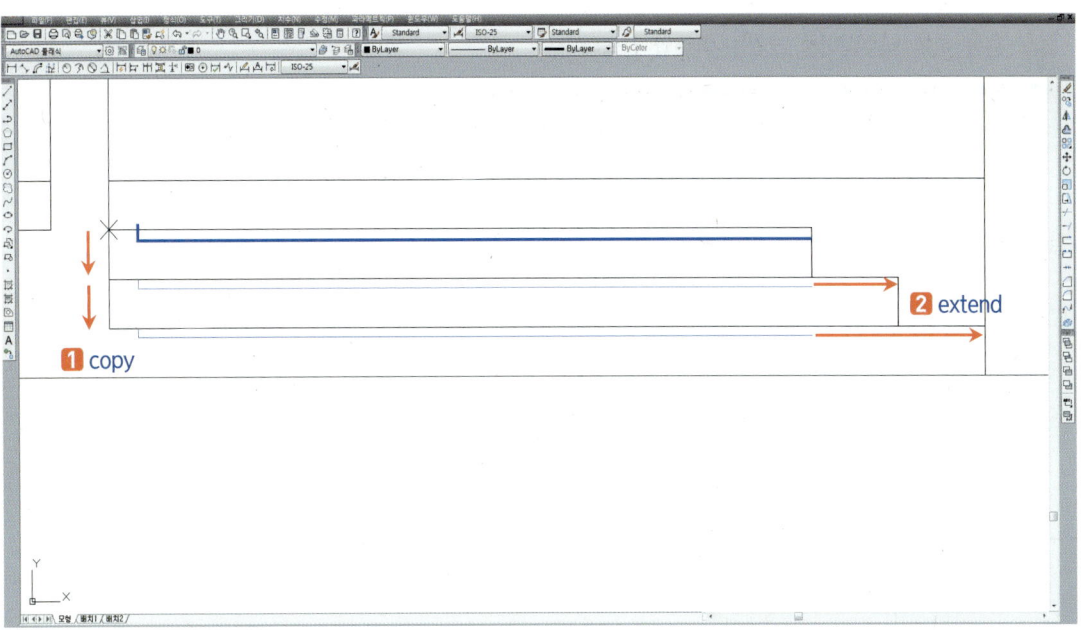

※ 입면도에서 논슬립은 계단이 정면으로 보일 때 작도합니다. 측면으로 보이는 부분은 작도하지 않아도 됩니다. 또한 논슬립은 위 그림처럼 오른쪽으로 붙인 이유는 평면도를 남측에서 봤을 때 계단이 직각으로 꺾여 있음을 표현한 것입니다.

35_좌측과 우측에 홈통(붉은 박스)을 작도합니다.

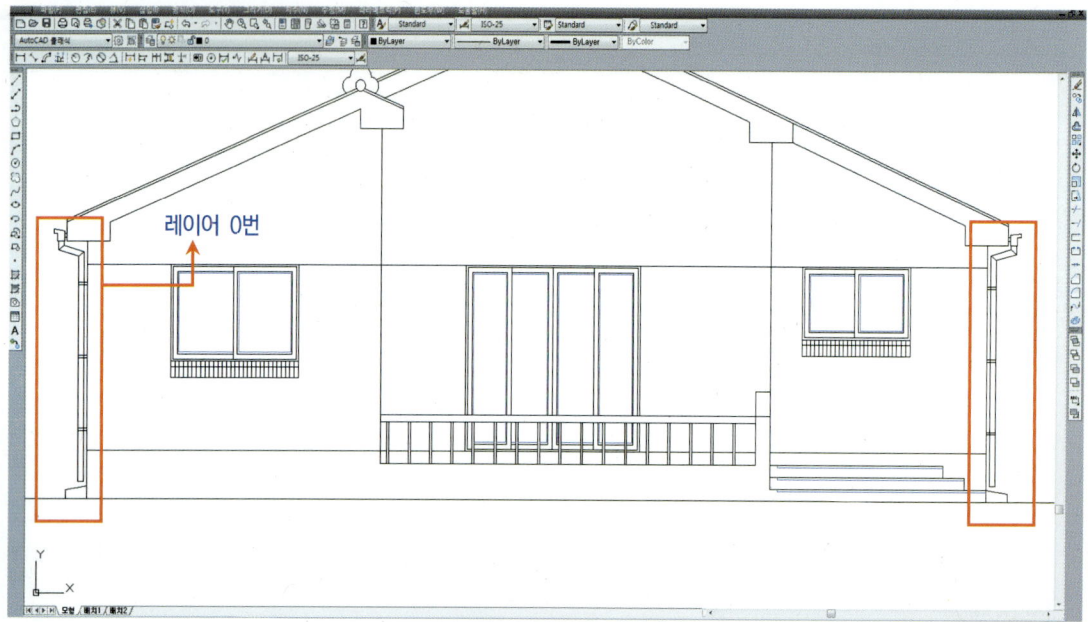

※ 홈통은 처마위치에 모두 작도하는 것이 원칙이나 좌우에만 작도하여도 무방합니다.
※ 홈통작도 방법은 처마부분단면상세도-1 17~28 및 지붕입단면상세도 39~43를 참고하기 바랍니다.

36_홈통 하부 낙수받이돌 크기는 아래와 같습니다.

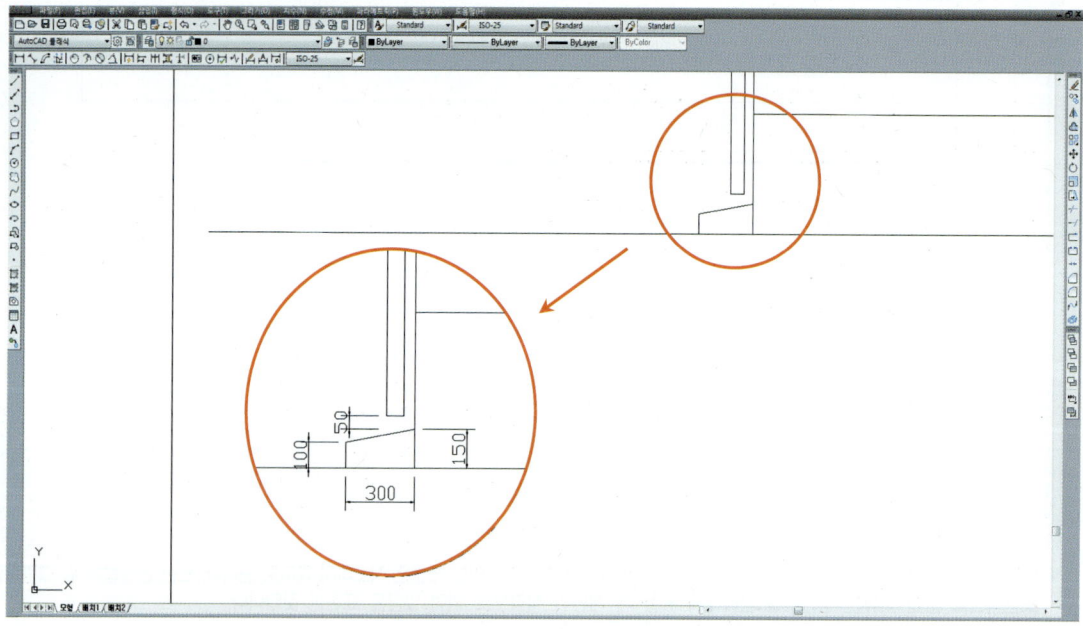

37_ offset을 이용하여 지반의 간격(hidden 선)을 10만큼씩 아래쪽으로 간격을 띕니다.

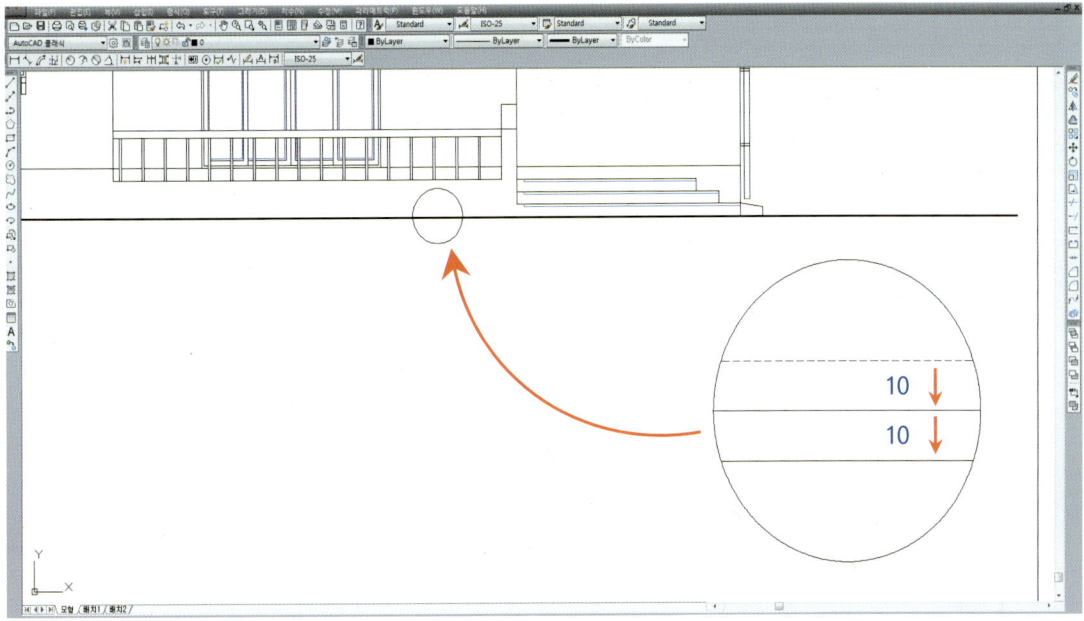

※ 지반을 offset 하는 이유는 하부를 좀 더 안정감 있는 느낌을 주기 위함입니다.

38_ 레이어 1번을 켜고 move를 이용하여 도면의 위치를 보정합니다.

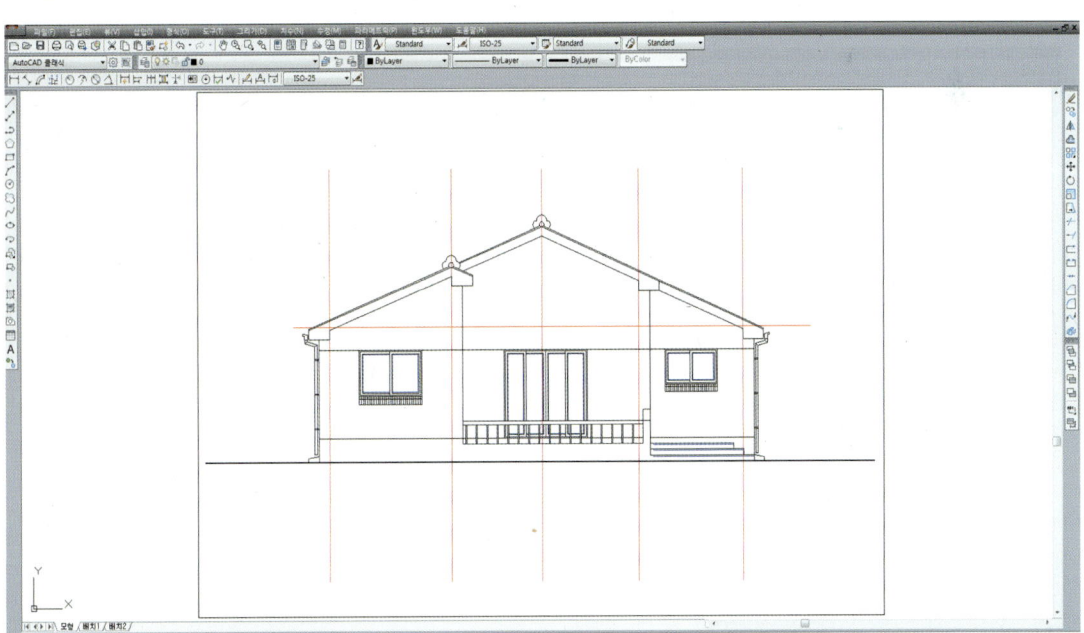

※ 실기시험은 출력된 도면과 수험생이 작도한 file을 모두 제출하기 때문에 지우지 않아야 하며 레이어 1번은 출력 시 끄고 출력해야 합니다.

39_ 건물 좌우에 주위의 배경 등 도면효과를 위한 조경을 작도합니다.

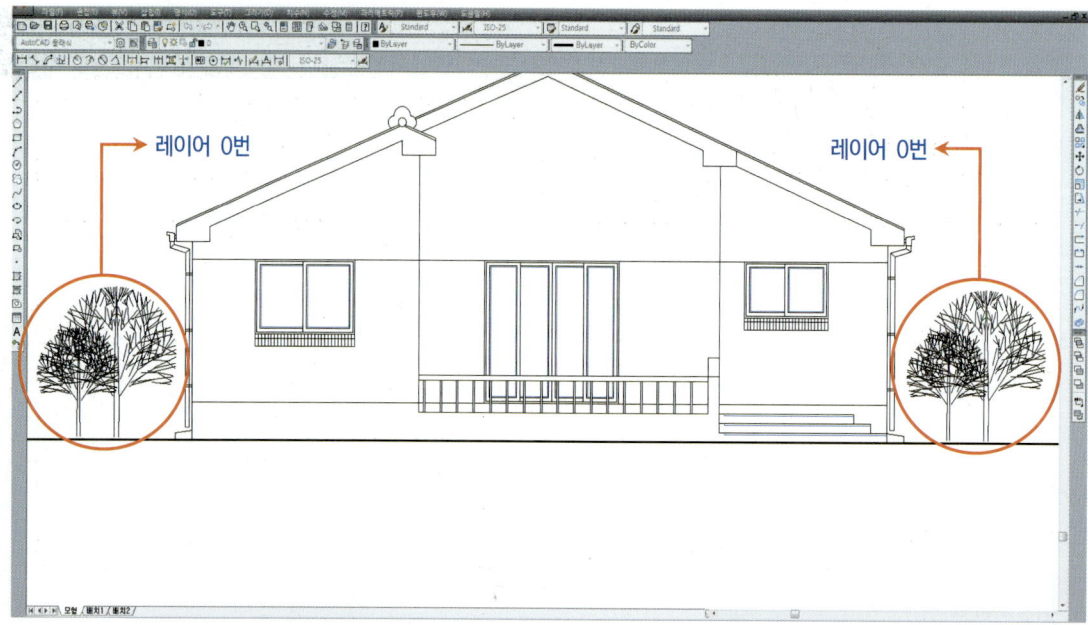

※ 나뭇가지는 많이 만들지 않는 것이 인쇄 후 보기에 좋고 scale을 이용하여 나무의 크기를 달리하여 변화를 주면서 동시에 나무와 나무를 조금 겹치게 표현하는 것이 좋습니다.

40_ 조경을 작도하는 방법은 아래와 같은 순서로 합니다.

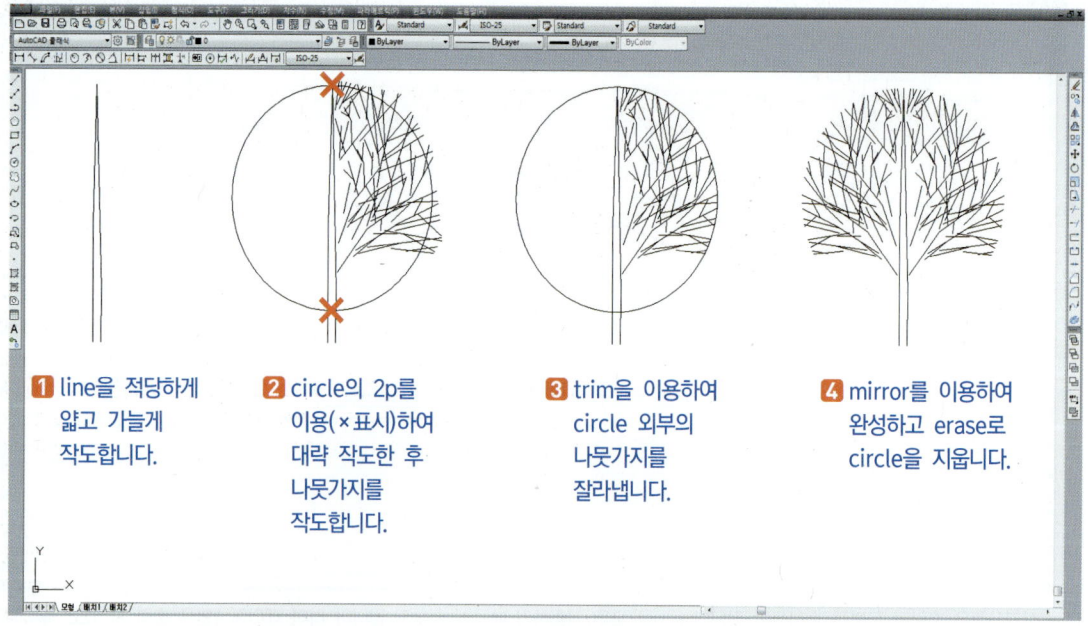

❶ line을 적당하게 얇고 가늘게 작도합니다.

❷ circle의 2p를 이용(×표시)하여 대략 작도한 후 나뭇가지를 작도합니다.

❸ trim을 이용하여 circle 외부의 나뭇가지를 잘라냅니다.

❹ mirror를 이용하여 완성하고 erase로 circle을 지웁니다.

※ 조경 작도 시 osnap(F3) 및 직교(F8)는 끄고 작도하는 것이 수월합니다.

41_ 조경은 건물의 sub 역할을 하는 것이기 때문에 크지 않게 작도하는 것이 좋으며 높이는 테두리 보 밑선보다 낮게 작도합니다.

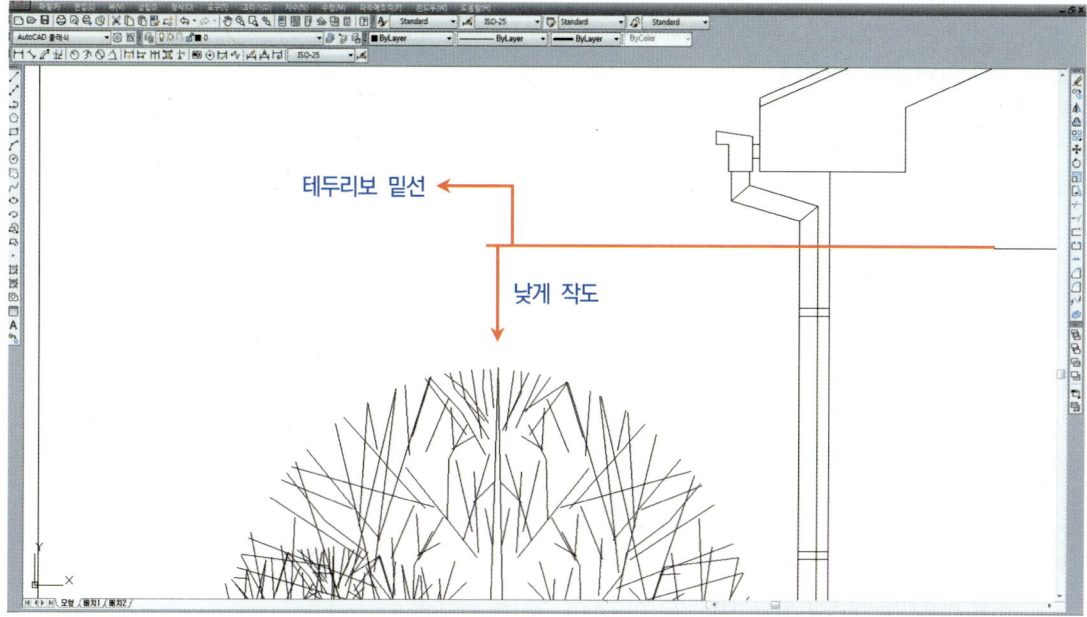

42_ d를 이용하여 지시선을 만들기 위한 옵션을 설정합니다.

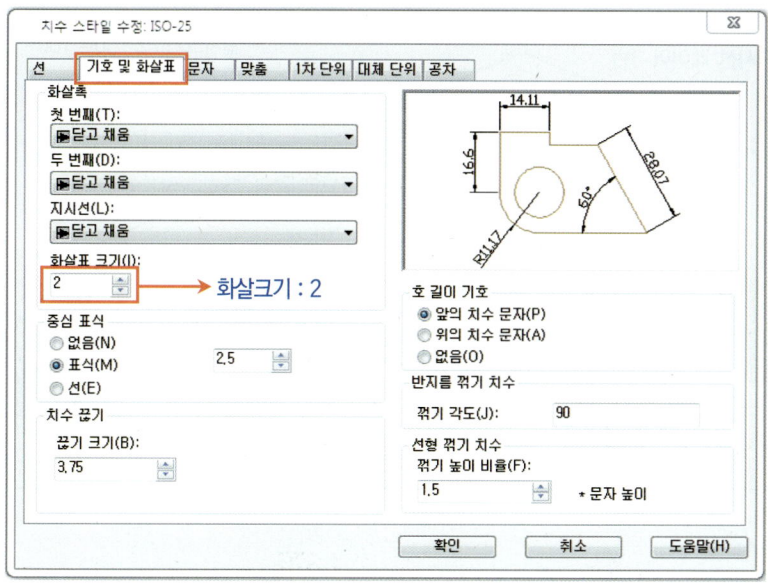

43_ d를 이용하여 지시선을 만들기 위한 옵션을 설정합니다.

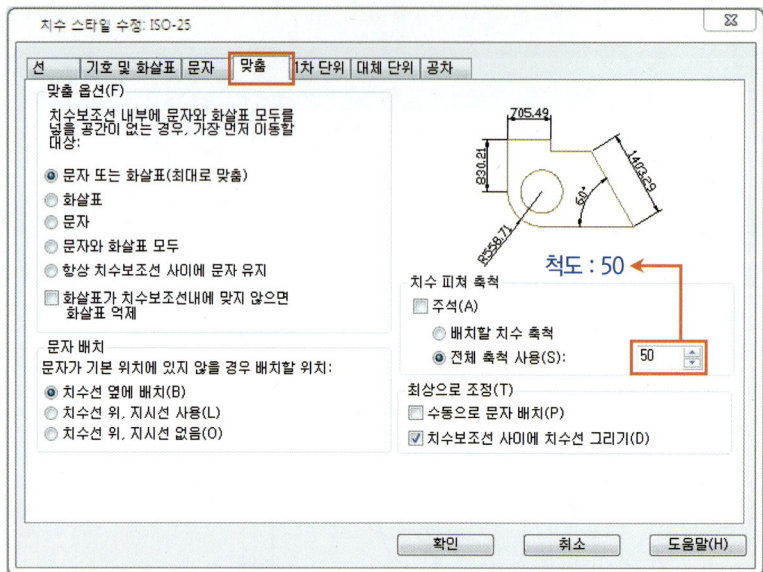

44_ le를 이용하여 아래와 같이 지시선을 이용하여 글자를 기입합니다.

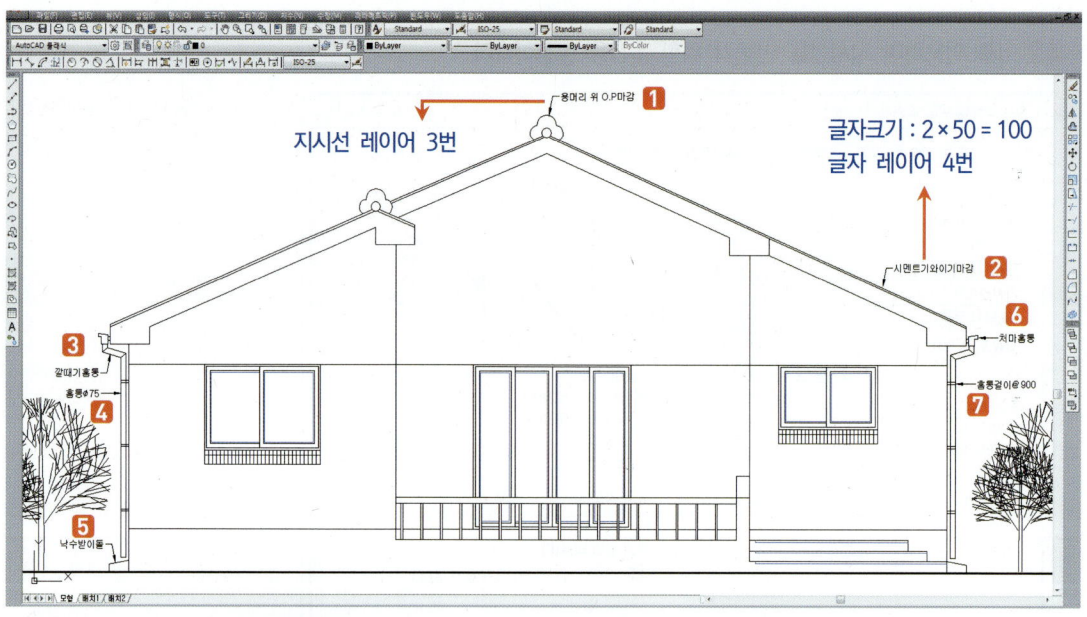

※ 글자를 번호순으로 보면 아래와 같습니다.
　1 용머리 위 O.P마감, **2** 시멘트기와이기마감, **3** 깔때기홈통, **4** 홈통Ø75, **5** 낙수받이돌, **6** 처마홈통, **7** 홈통걸이@900

※ 대각선으로 지시선을 만들 때 극좌표를 이용하여 @300 < 60으로 합니다. 단, 각도는 도면과 글자의 방향성을 고려하여 어느 방향으로든 60도(60도, 120도, -60도, -120도)로 합니다.

45_ 건물에 사용된 재료 및 마감에 대한 내용을 기입니다.

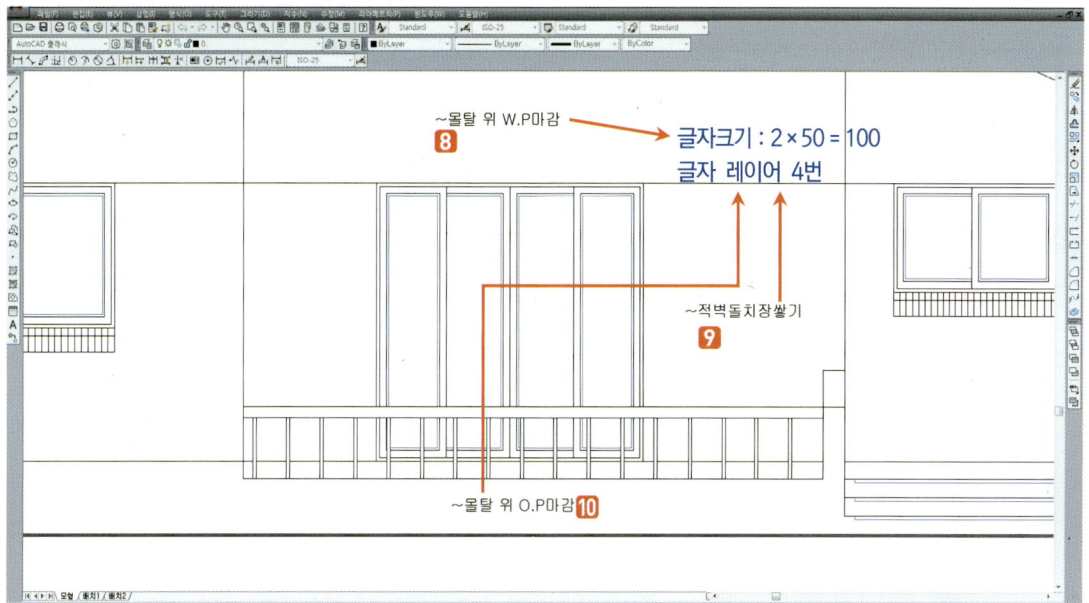

※ 글자를 번호순으로 보면 아래와 같습니다.
8 몰탈 위 W.P마감, 9 적벽돌치장쌓기, 10 몰탈 위 O.P마감

46_ 물매를 작도합니다.

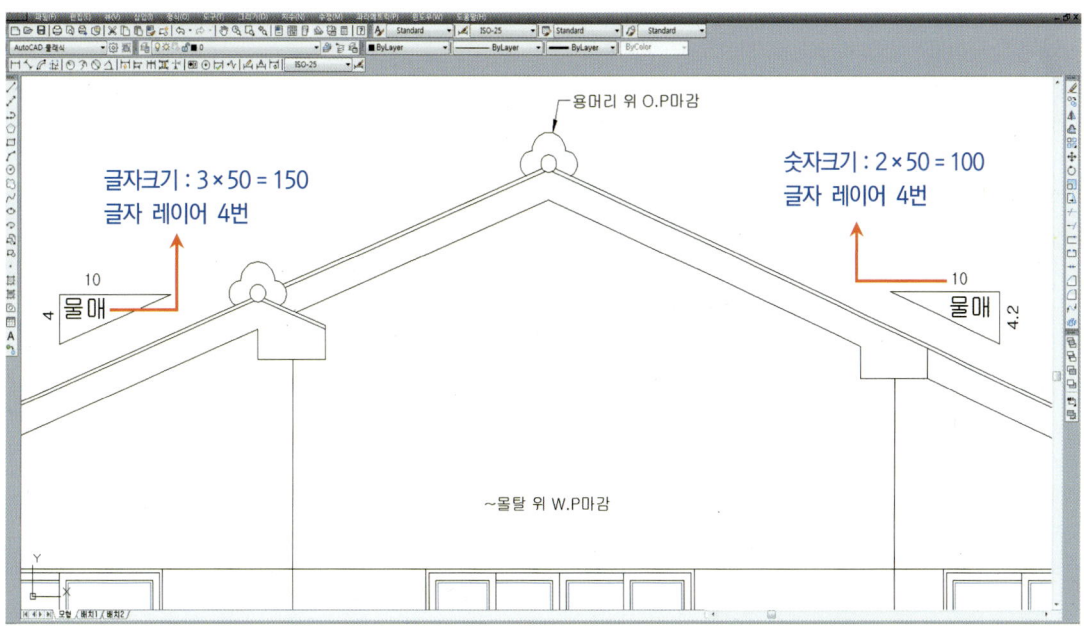

※ 물매의 크기 및 만드는 방법은 지붕입단면상세도에서 41과 42를 참고하기 바랍니다.

47_벽체에 해치를 합니다.

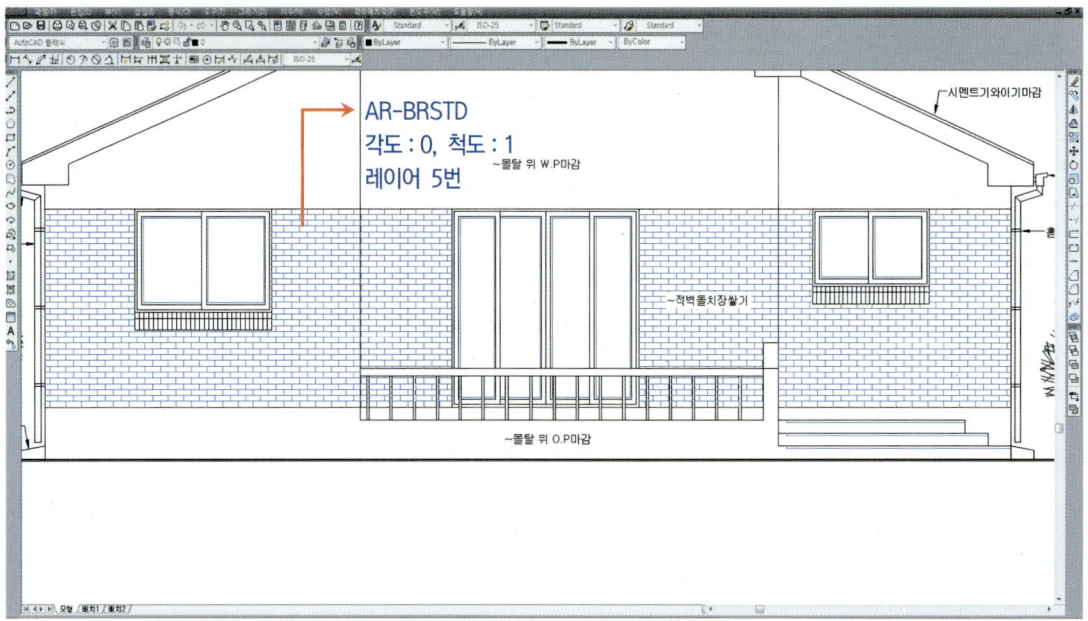

48_표제란을 만듭니다.

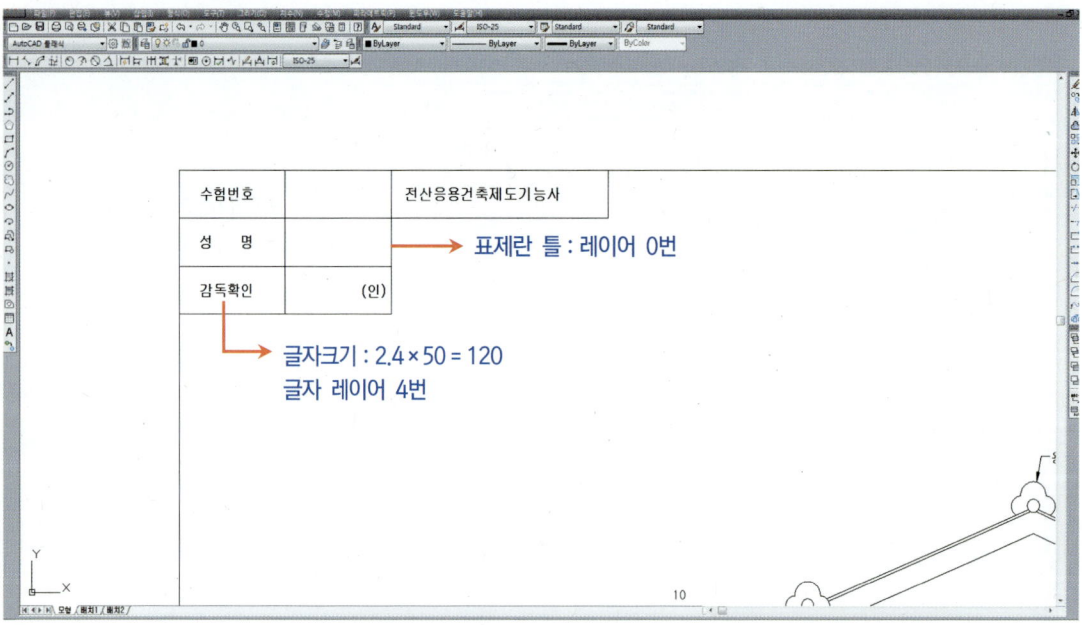

49_제목을 만듭니다.

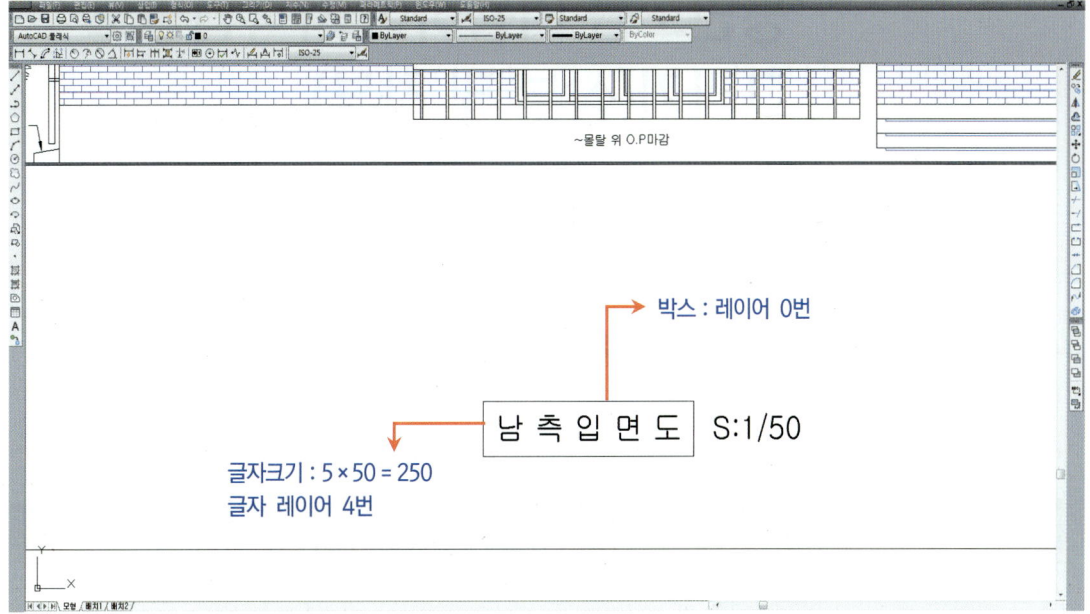

※ 표제란 및 제목을 만드는 방법은 평면도를 이용하여 단면도 그리기(하부)에서 46과 50을 참고하기 바랍니다.

06 평면도를 이용하여 사각입면도 그리기(상부 및 하부)

1 평면도를 이용한 도면독해(상부)

1_아래와 같은 평면도가 주어졌다고 가정하고 남측입면도를 작도할 경우 몇 가지를 해석해야 합니다.

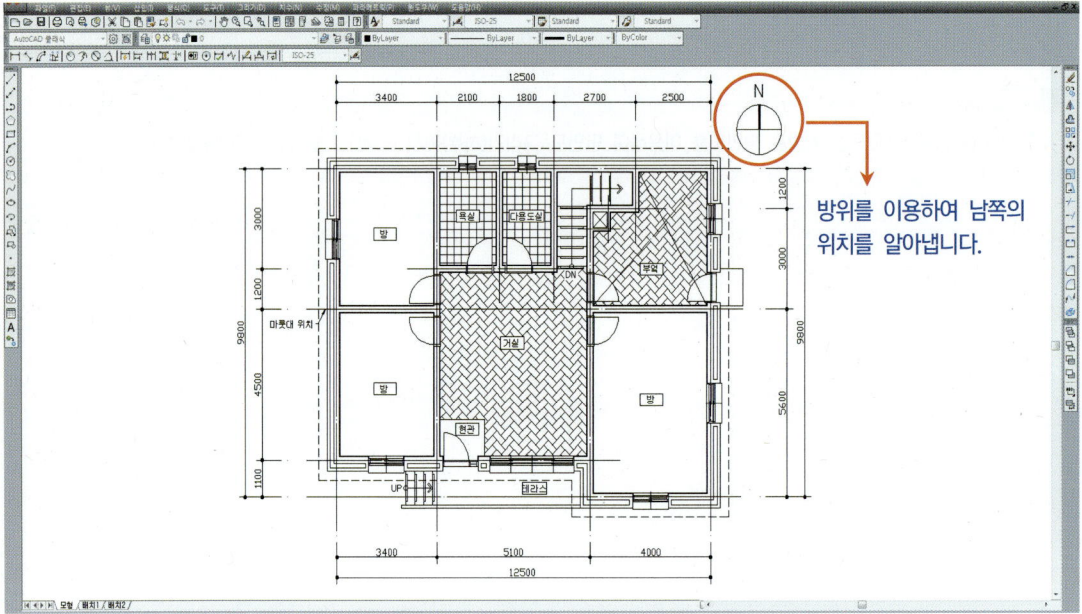

방위를 이용하여 남쪽의 위치를 알아냅니다.

2_ 마룻대를 기준으로 남측에서 보았을 때 지붕이 어떤 모양으로 나올지를 시험지에 그려봅니다.

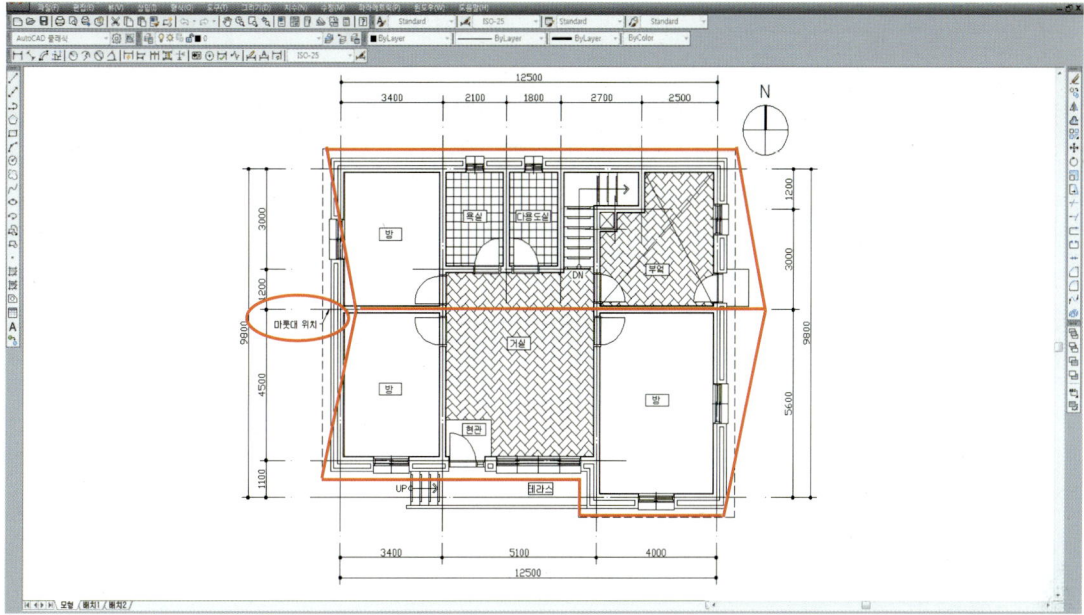

※ 위 그림에서 보듯 마룻대가 가장 높은 곳이므로 마룻대를 기준으로 평면도를 접어보면 쉽게 이해가 될 것입니다.

3_ 마룻대를 기준으로 남측에서 바라본 지붕은 사각(네모)지붕이 나오는데 지붕 높이를 계산하여 작도하거나 삼각(세모)지붕을 작도하여 이용하는데 삼각지붕을 작도하는 것이 편합니다.

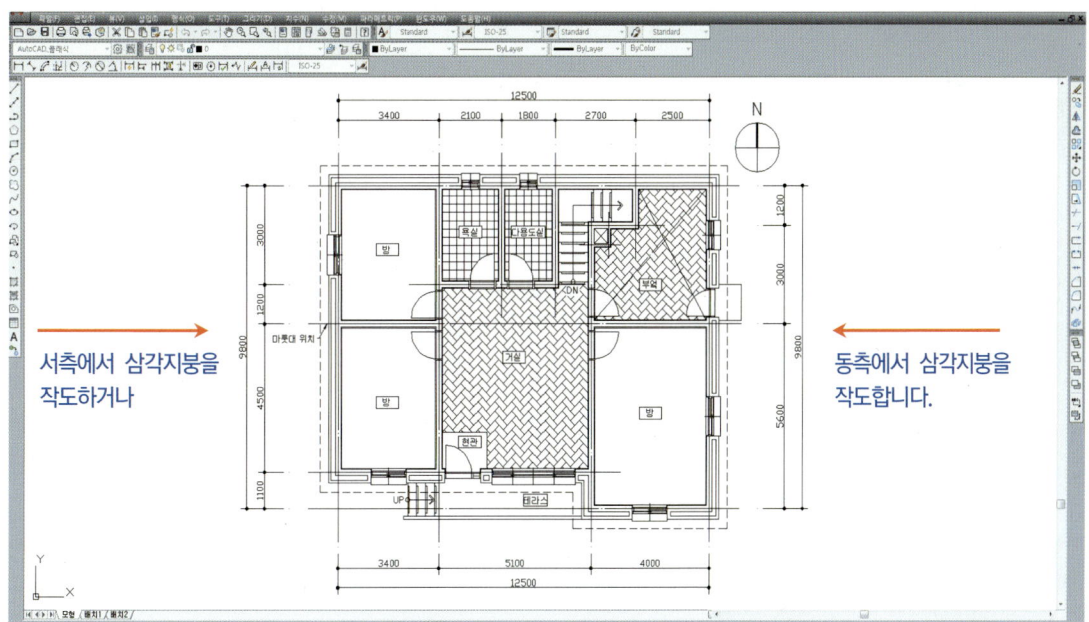

※ 현재 평면도는 좌우로 마룻대가 있어 좌우가 삼각지붕이며 마룻대가 상하로 위치할 경우에는 남측이나 북측이 삼각지붕의 모양이 됩니다.

4_ rotate를 이용하여 서측을 작도하기 위해 평면도를 회전합니다.

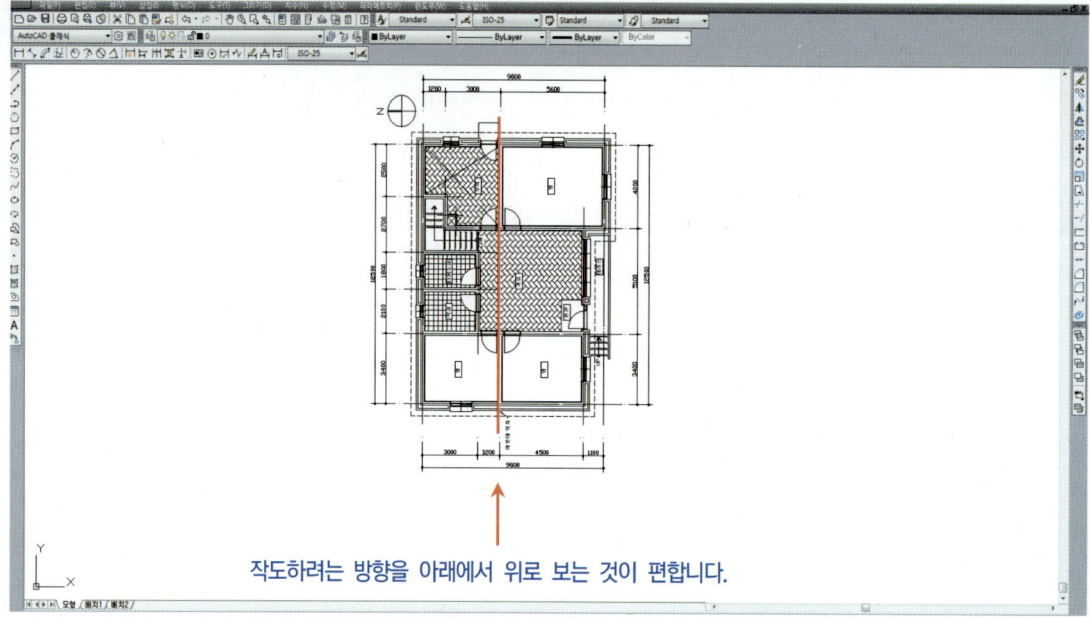

작도하려는 방향을 아래에서 위로 보는 것이 편합니다.

5_ 마룻대를 기준으로 좌측과 우측의 벽체 중심간 거리를 측정한 뒤 중심간 거리가 크게 나오는 곳이 시험에 제시된 물매이기 때문에 이를 기준으로 작도를 시작합니다.

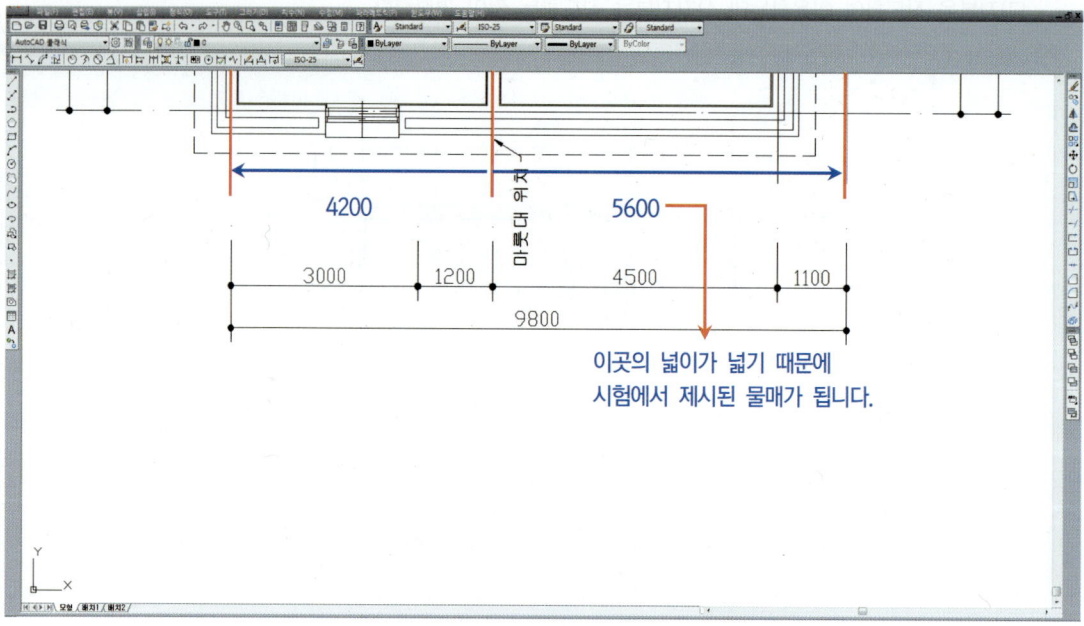

이곳의 넓이가 넓기 때문에
시험에서 제시된 물매가 됩니다.

6_ mvsetup에서 도면척도를 50으로 맞추고 용지크기를 A3로 만든 뒤 line과 offset을 이용하여 벽체와 테두리보의 간격을 띕니다.

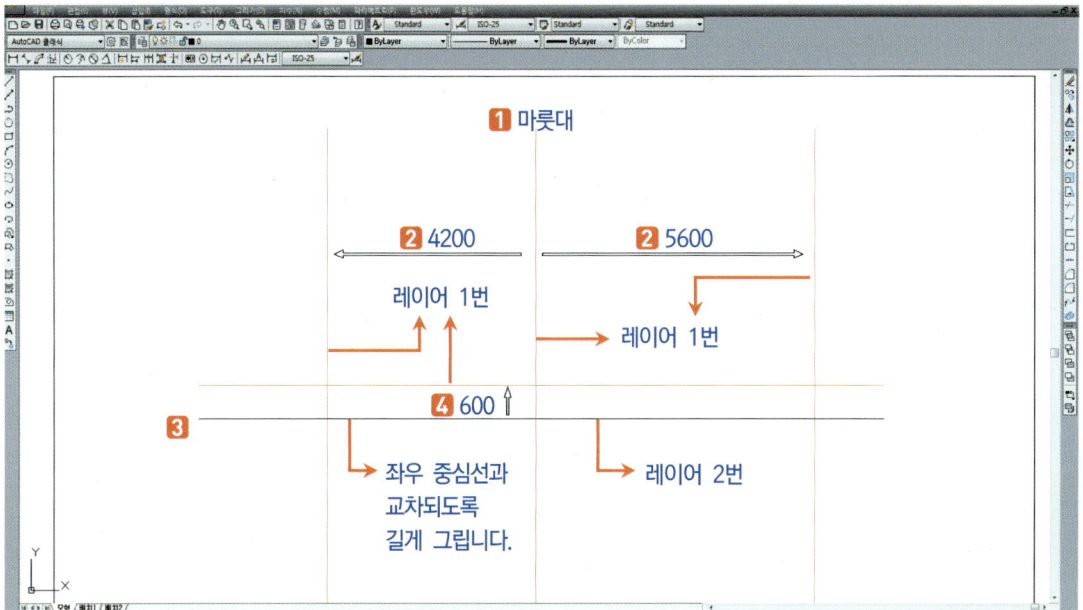

7_ line을 이용하여 벽체중심선과 테두리보 윗선의 교차점(✗ 표시)에서 시험에서 제시한 물매를 작도합니다.

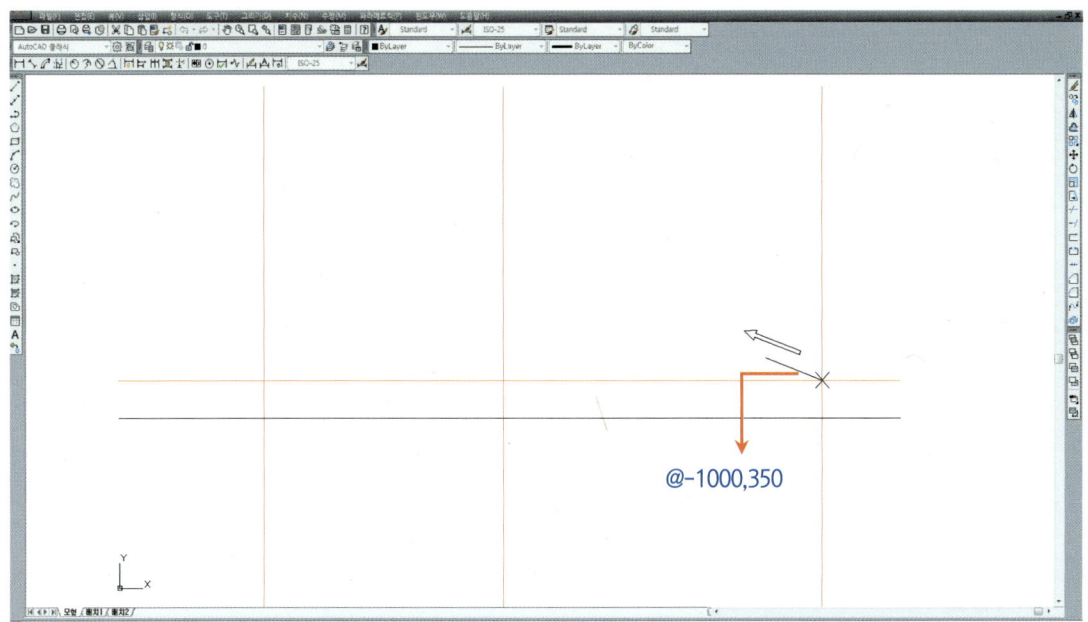

※ 물매가 3.5/10로 출제된 것으로 가정하고 상대좌표를 이용하여 작업을 합니다. 5에서 설명했듯이 우측의 거리(스팬)가 커서 우측에서 물매를 잡아야 하며, 좌표는 @-1000,350을 입력합니다.

8_ extend를 이용하여 마룻대까지 연장(hidden 선)한 뒤 line을 이용하여 마룻대부터 좌측의 테두리보 윗선(동그라미 부분)까지 작도합니다.

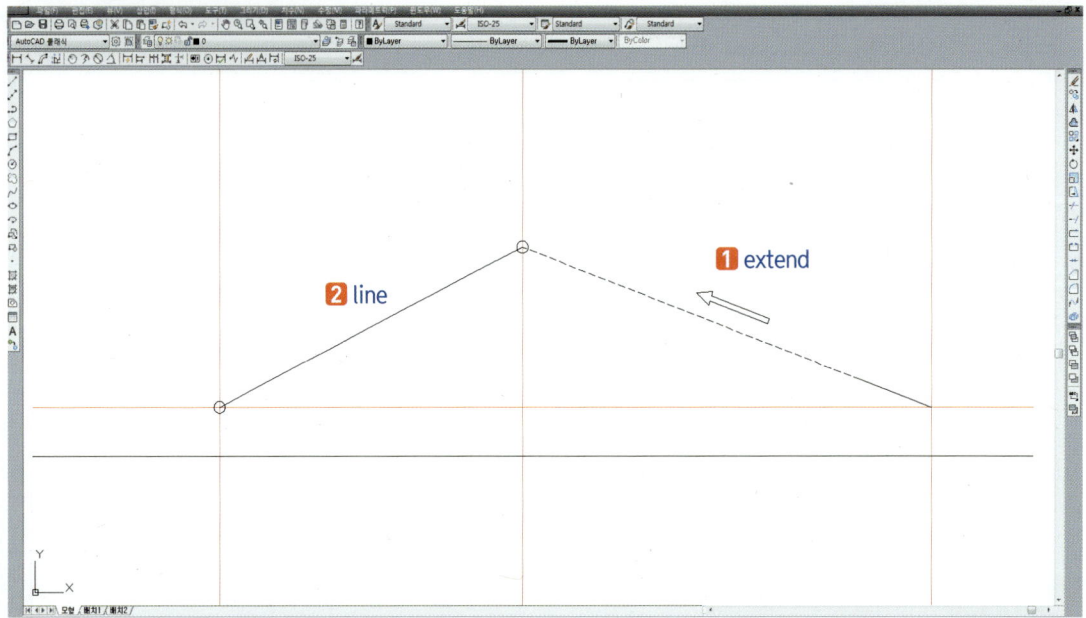

9_ offset을 이용하여 slab의 간격(hidden 선)을 띄고 벽체 중심선에서 처마나옴을 띕니다.

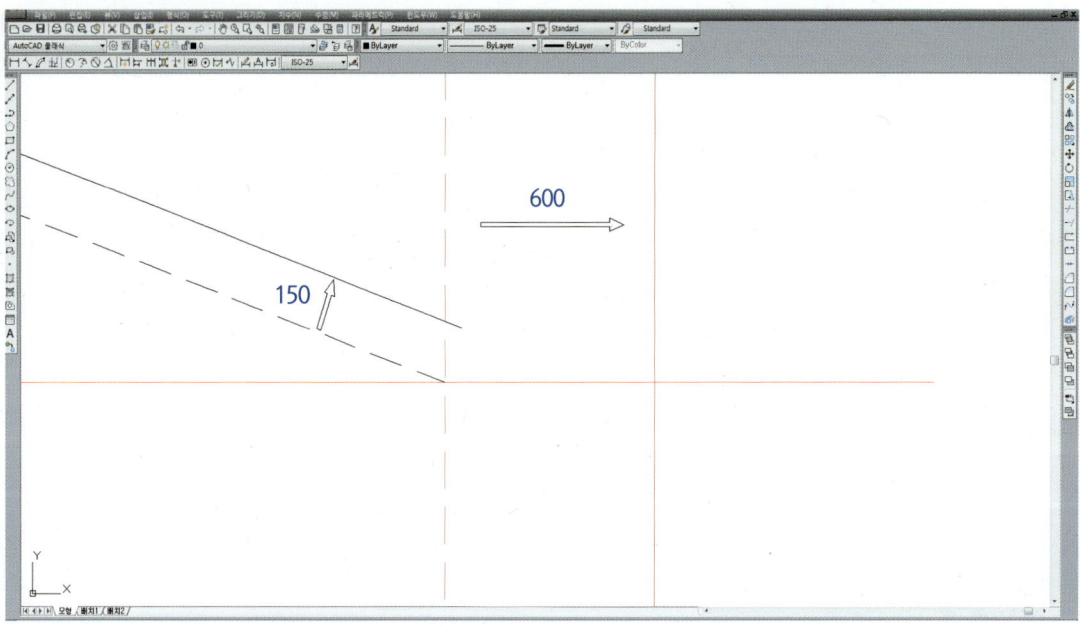

※ 처마나옴이 600mm로 출제된 것으로 가정하고 작업을 합니다.

10_ fillet을 이용하여 아래와 같이 처마의 모서리(네모 클릭)를 다듬습니다.

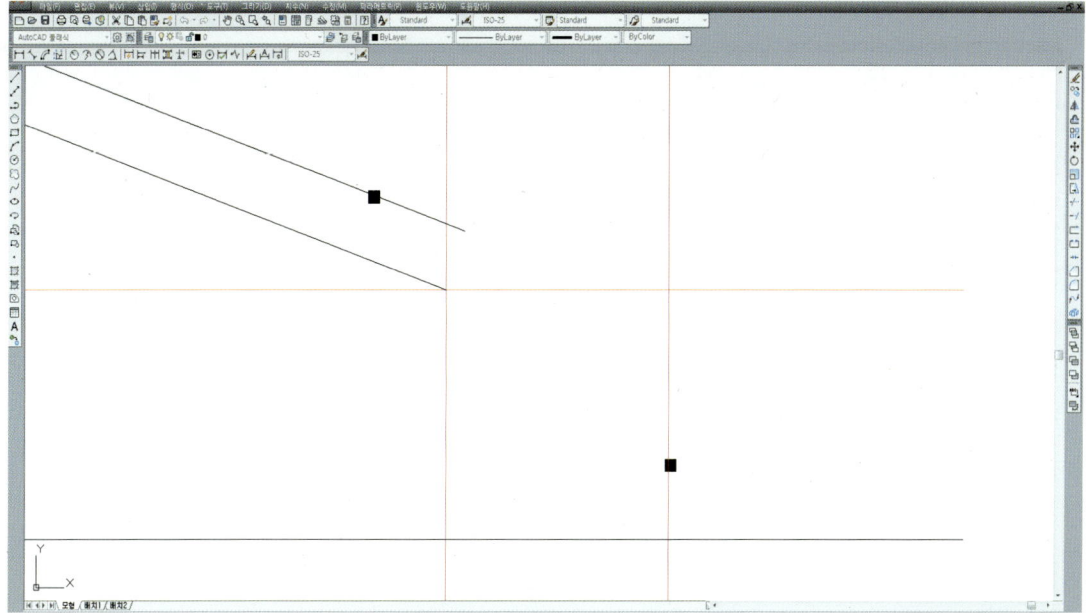

11_ line을 이용하여 처마의 모서리(X 표시)에서 임의의 길이로 선을 그은 뒤 offset을 이용하여 240만큼 간격을 띄어 처마를 만듭니다.

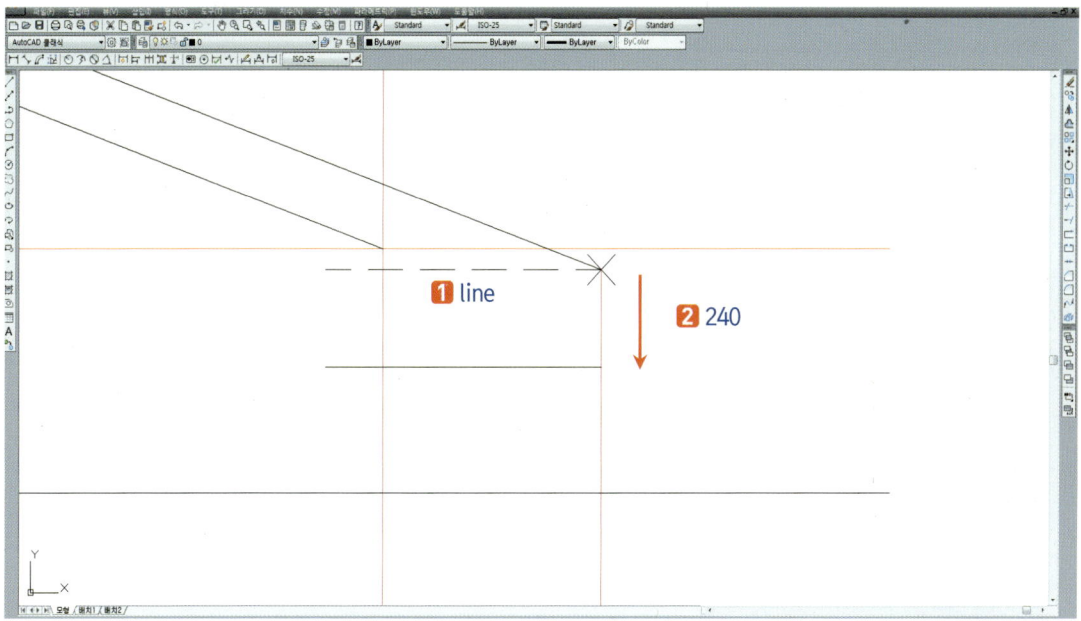

12_ 아래의 평면도에서 보듯 좌측으로 1100이 들어가 벽체 중심 선이 있고 다시 우측으로 처마가 나간 부분을 해석하여야 합니다.

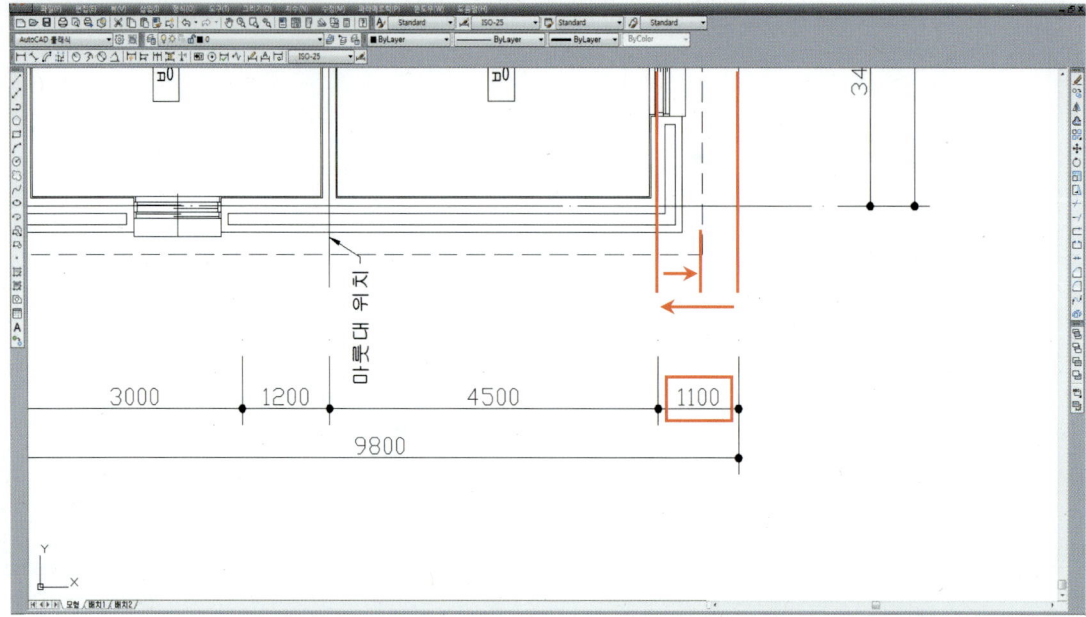

13_ offset을 이용하여 벽체 중심 선(hidden 선)에서 좌측으로 1100, 다시 우측으로 600의 간격을 띕니다.

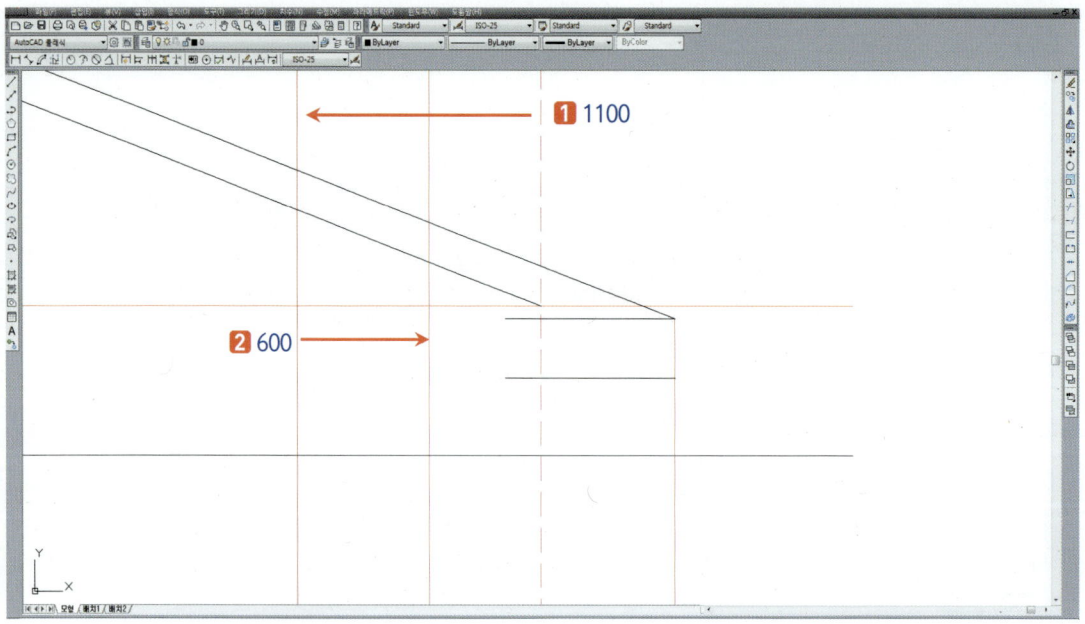

14_ copy를 이용하여 처마를 선택(hidden 선) 후 복사(✖ 표시에서 동그라미 부분까지)합니다.

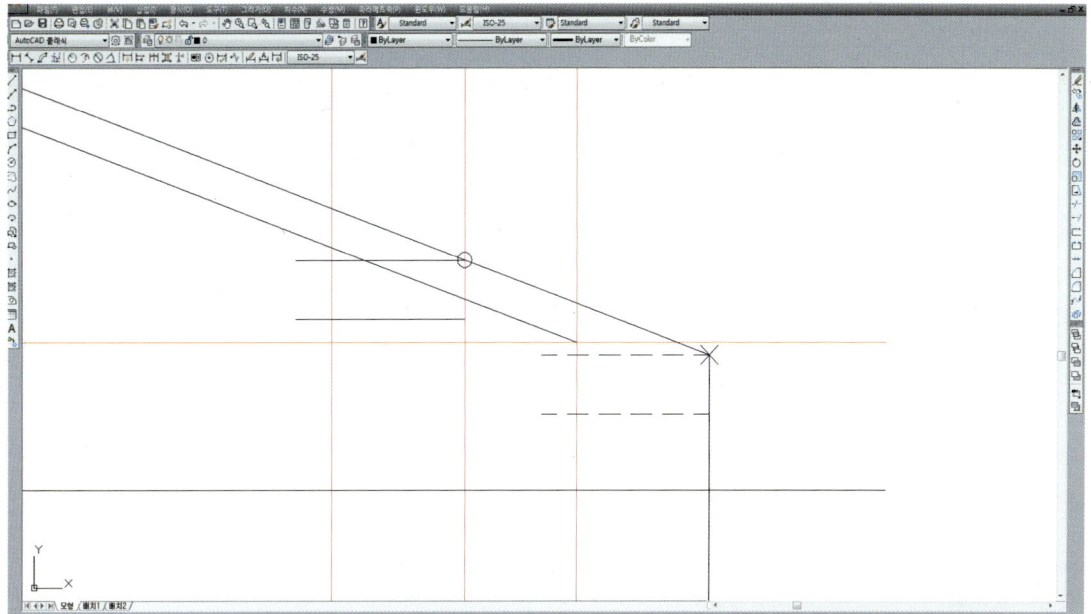

15_ offset을 이용하여 반대편 지붕의 slab 간격(hidden 선)을 띄고 벽체 중심선에서 처마나옴을 띕니다.

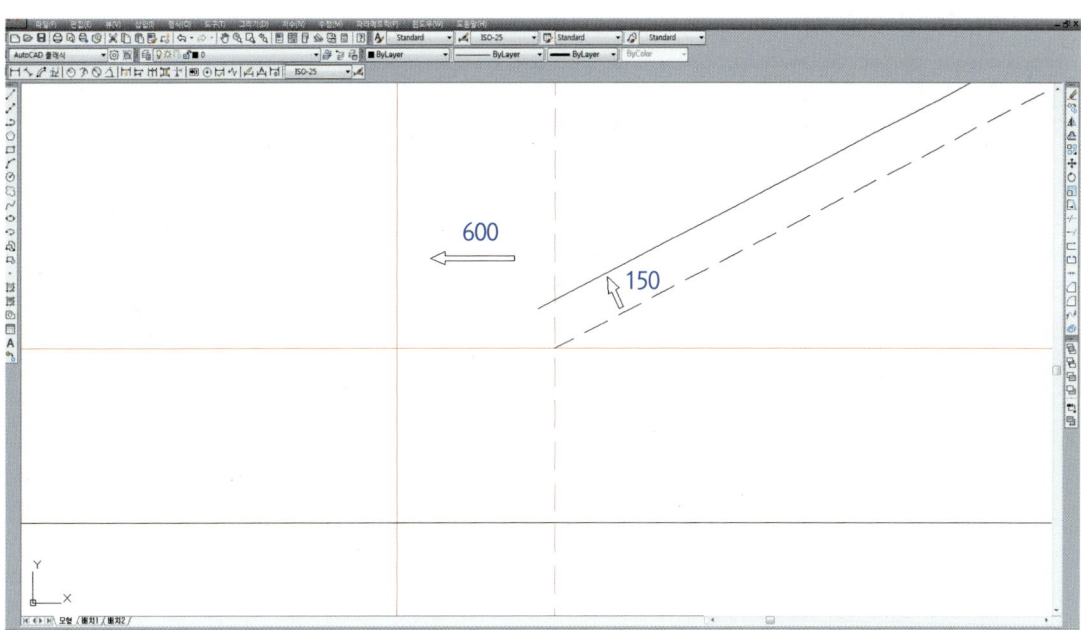

※ 반대편 지붕, 즉 뒤쪽지붕이 보이는지의 여부를 알아보기 위해 처마를 작도하는 것입니다.

16_ fillet을 이용하여 아래와 같이 처마의 모서리(네모 클릭)를 다듬습니다.

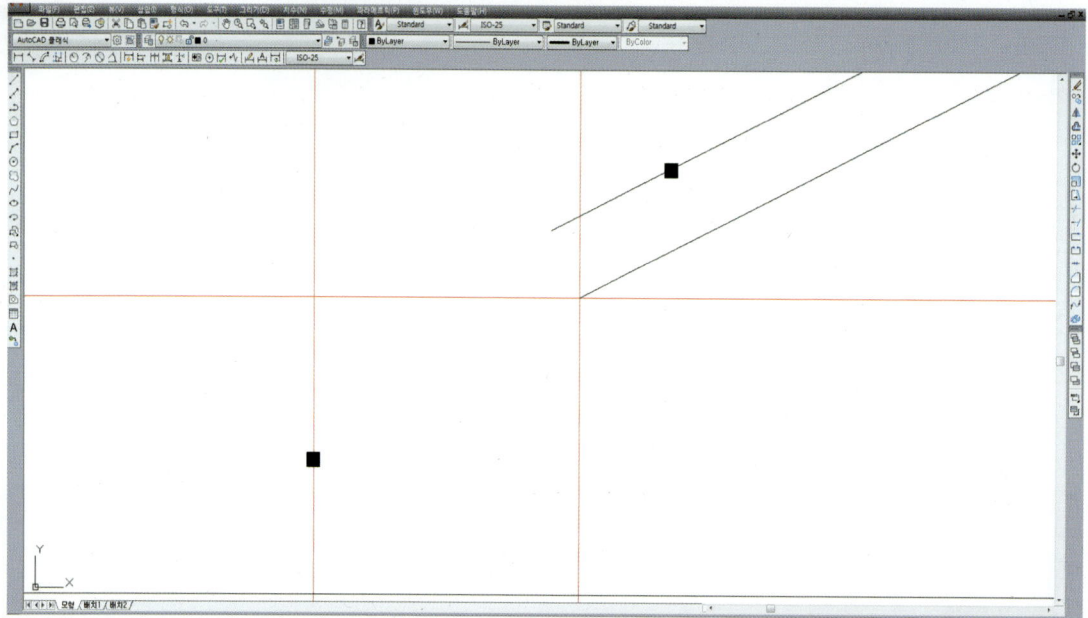

17_ line을 이용하여 처마의 모서리(X 표시)에서 임의의 길이로 선을 그은 뒤 move를 이용하여 240만큼 간격을 띄어 처마를 만듭니다.

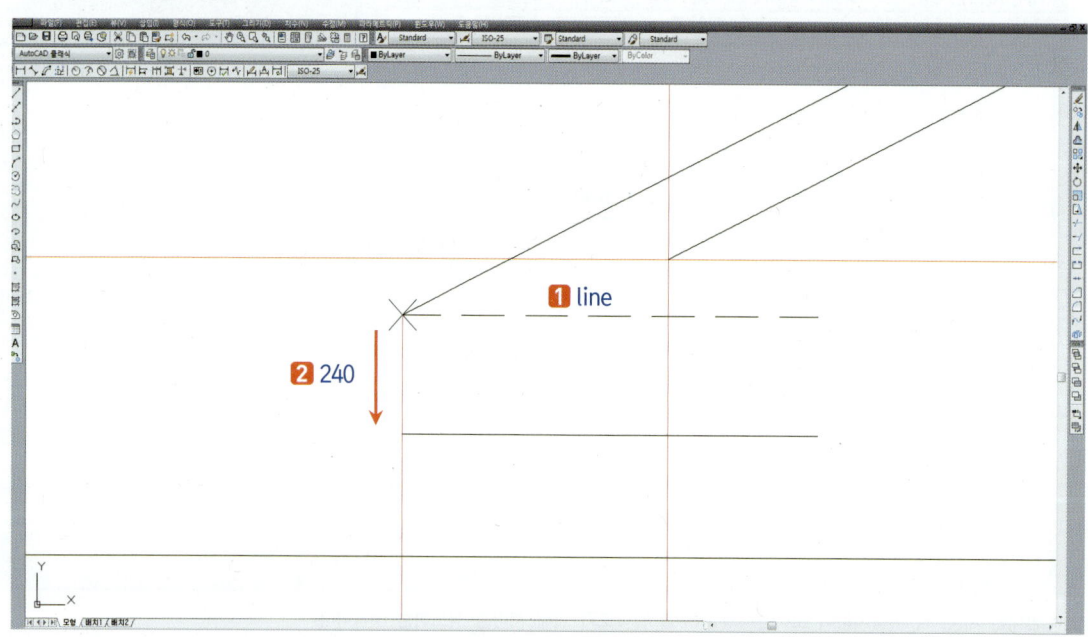

※ offset 대신 move를 하는 이유는 반대편 지붕이 보일 경우 처마의 아래쪽만 보이기 때문입니다.

18_ 평면도에서 보듯 작도해야 할 부분의 처마가 꺾여 있어 (파란 선) 뒤쪽지붕의 처마가 보이게 됩니다.

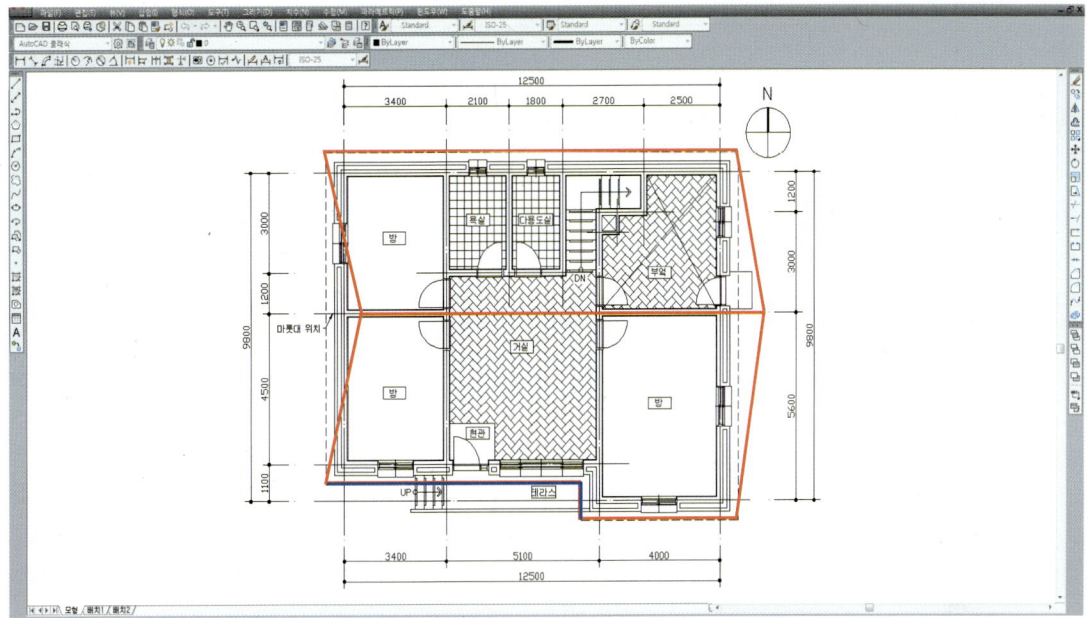

19_ 위 작업에서 18번 지붕작도 시 앞쪽처마와 뒤쪽처마의 높낮이 위치관계를 이해하기 쉽도록 3D 프로그램으로 디자인한 것입니다.

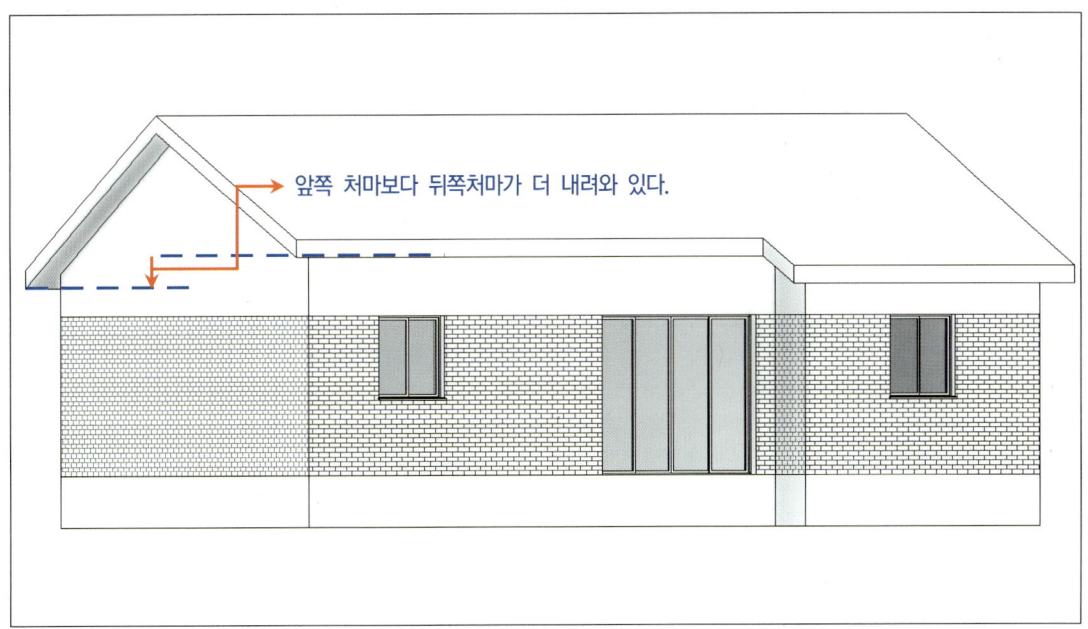

20_ 위 작업에서 **19**번의 앞쪽처마와 뒤쪽처마의 위치관계를 3D 프로그램으로 디자인하여 정면에서 바라본 모습입니다.

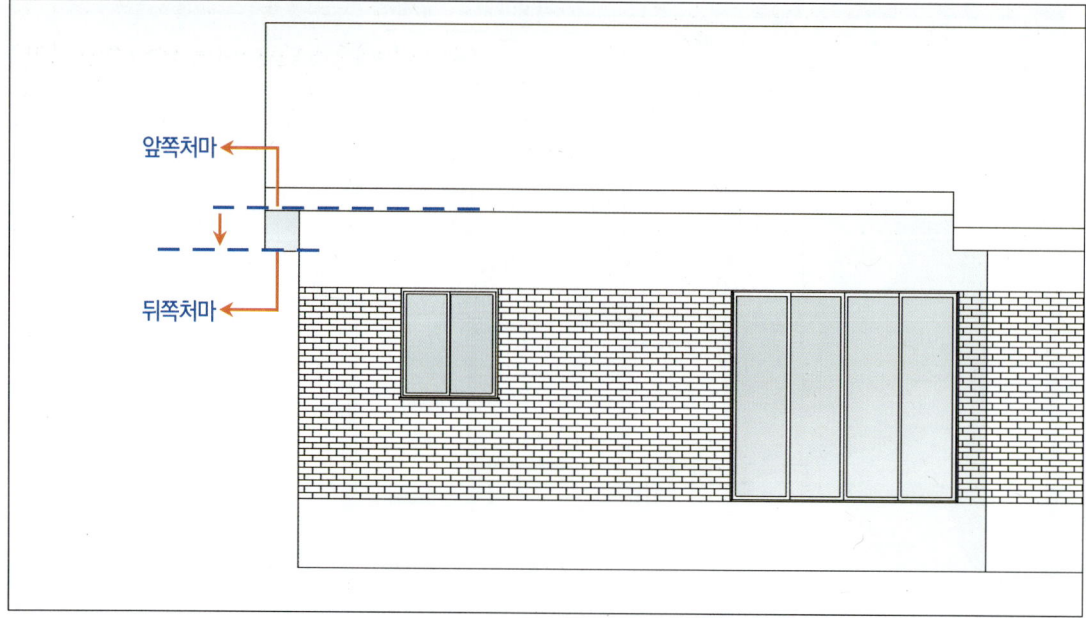

21_ 즉, 꺾인 처마 선(파란 선)보다 뒤쪽처마 선(hidden선)이 아래로 내려와 있다면 뒤쪽지붕을 작도해야 합니다.

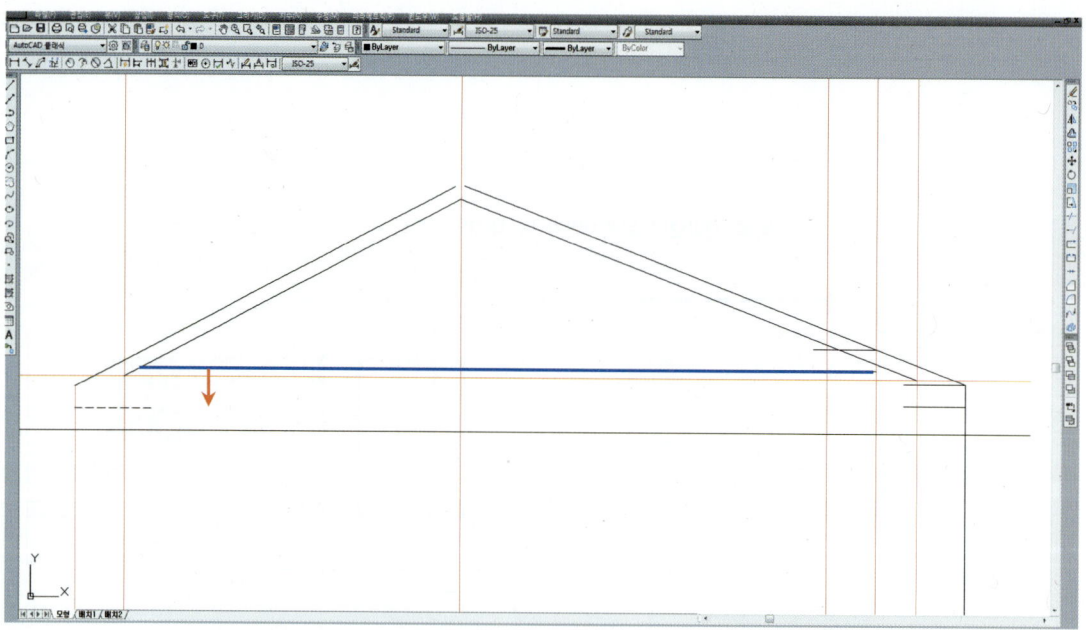

22_ fillet을 이용하여 마룻대의 모서리(네모 클릭)를 편집합니다.

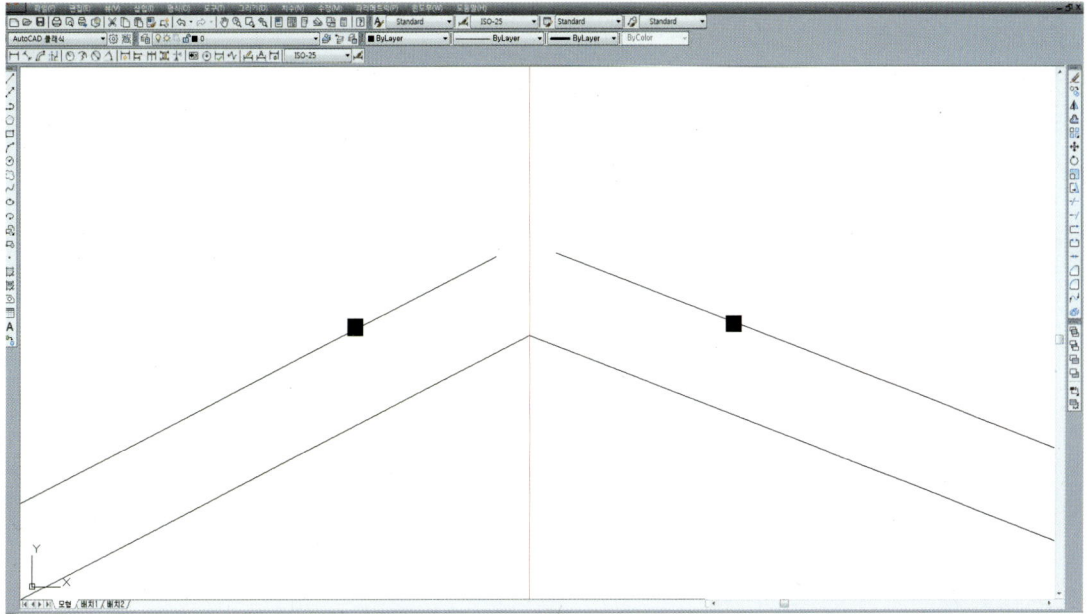

23_ 평면도에 있는 굴뚝의 위치 및 크기를 스케일 자를 이용하여 파악합니다.

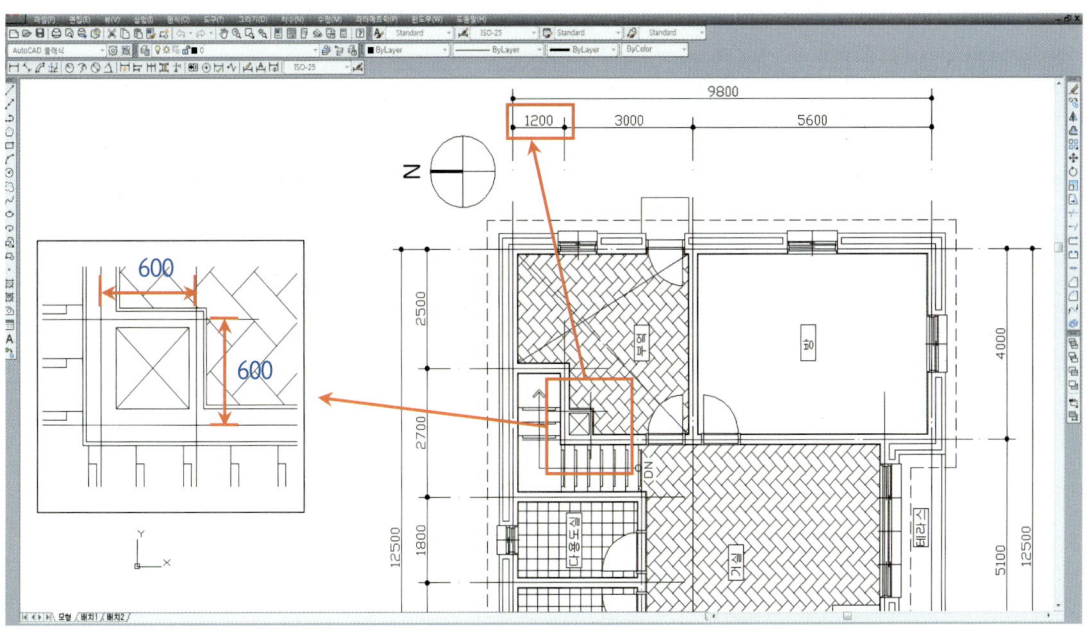

※ 굴뚝을 그려봐야 하는 이유는 굴뚝의 상부가 마룻대보다 높을 경우에 굴뚝을 작도해야 하기 때문입니다.

24_ offset을 이용하여 굴뚝의 중심선 간격(hidden 선)을 띄고 굴뚝의 모양을 그려봅니다.

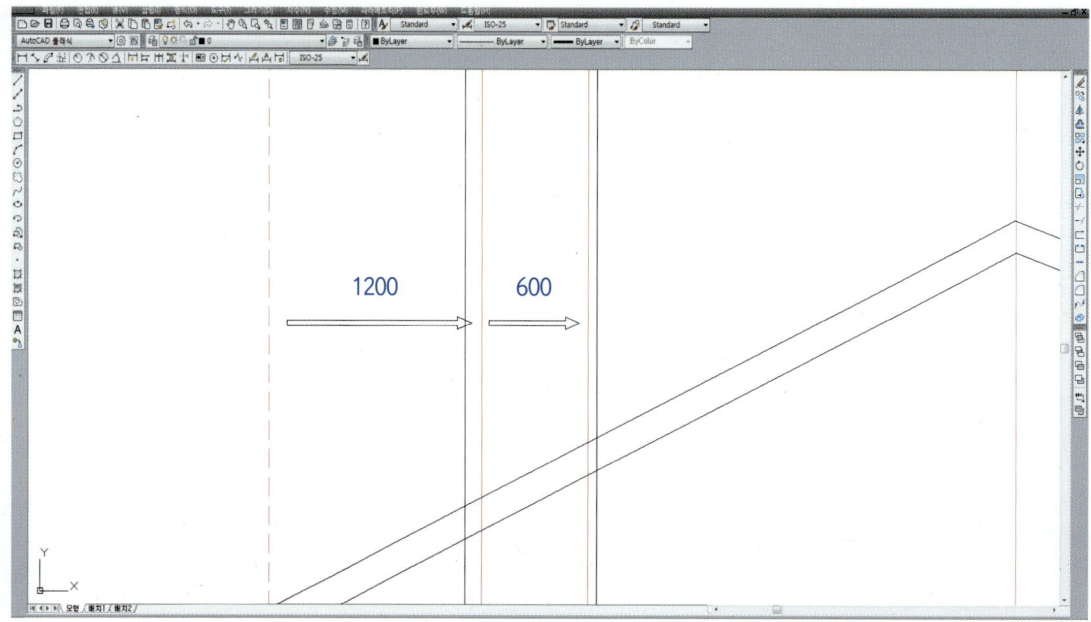

※ 굴뚝작도방법은 4. 평면도를 이용하여 단면도 그리기(상부)의 29~35까지를 참고하기 바랍니다.

25_ line을 이용하여 선을 작도한 뒤 move로 900을 올립니다.

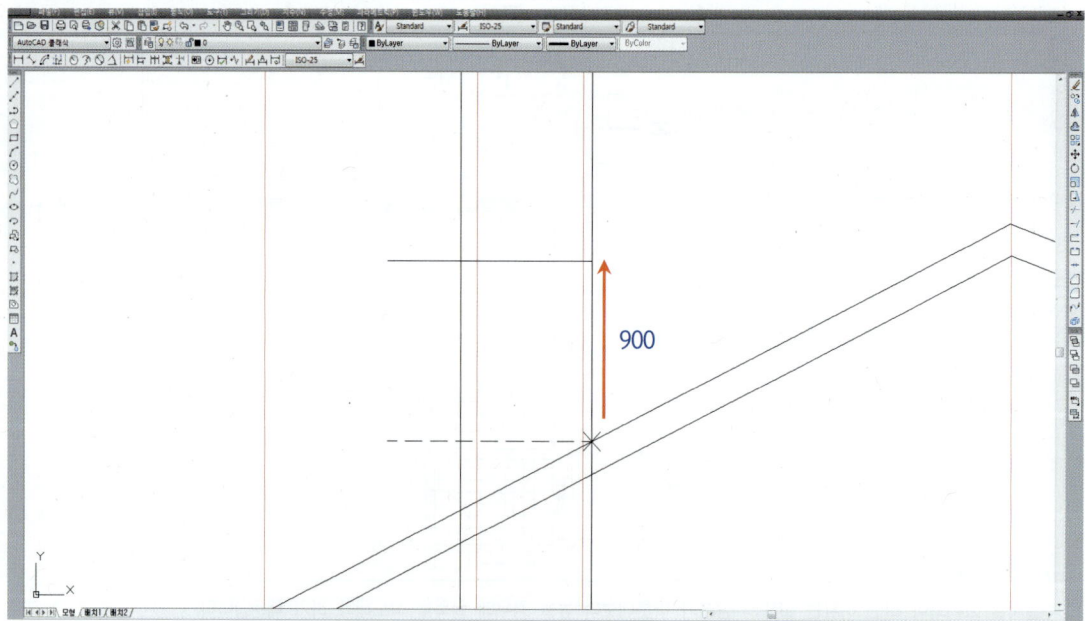

26_ 마룻대 높이(빨간 hidden 선)보다 굴뚝의 높이(파란 hidden 선)가 낮으므로 굴뚝은 작도하지 않습니다.

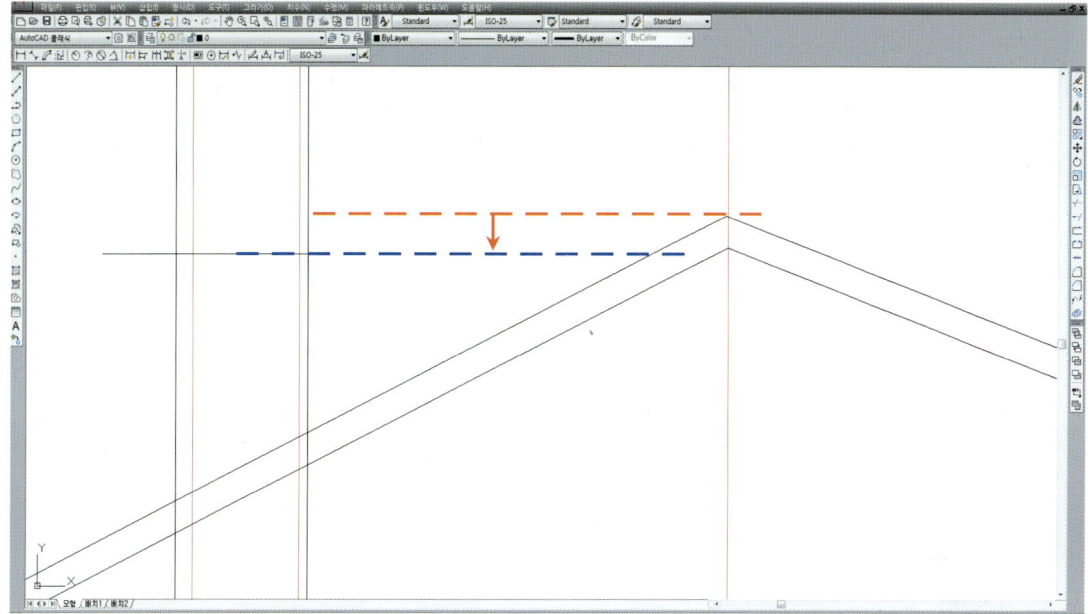

※ erase를 이용하여 굴뚝과 관련된 모든 것을 삭제합니다.

27_ line을 이용하여 마룻대에 임의의 선을 작도합니다.

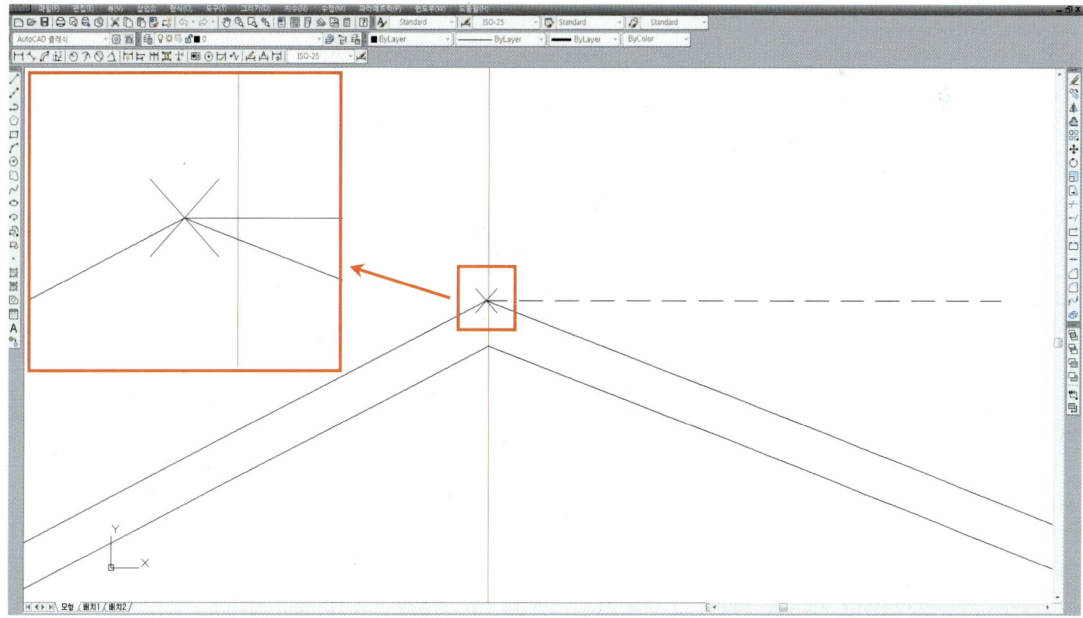

28_ erase를 이용하여 수평선을 제외한 모든 선들(hidden 선)을 삭제합니다.

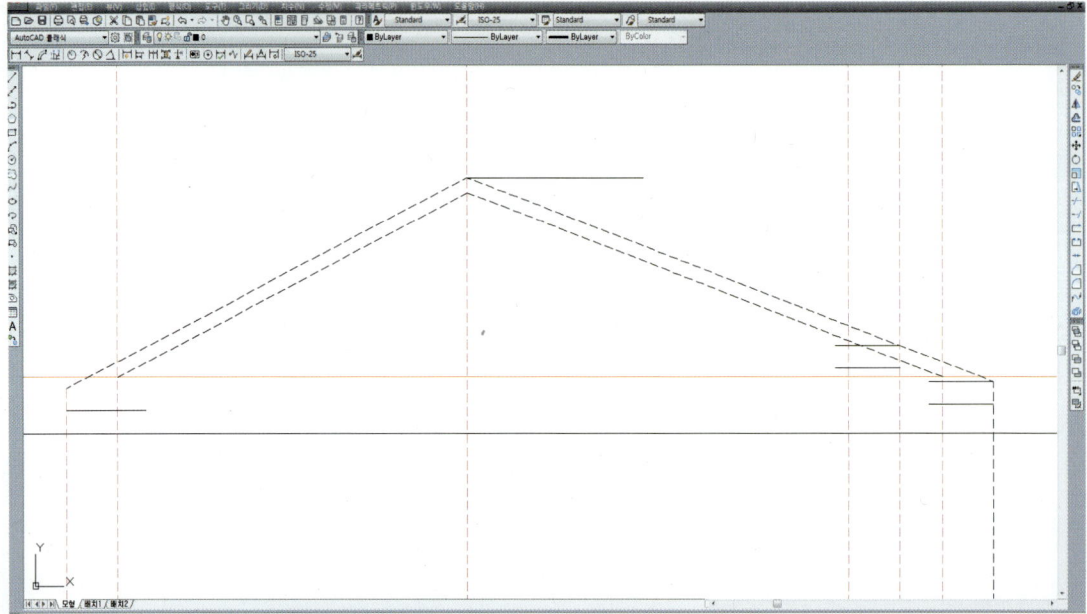

29_ 평면도를 남쪽방향에서 볼 수 있도록 돌립니다.

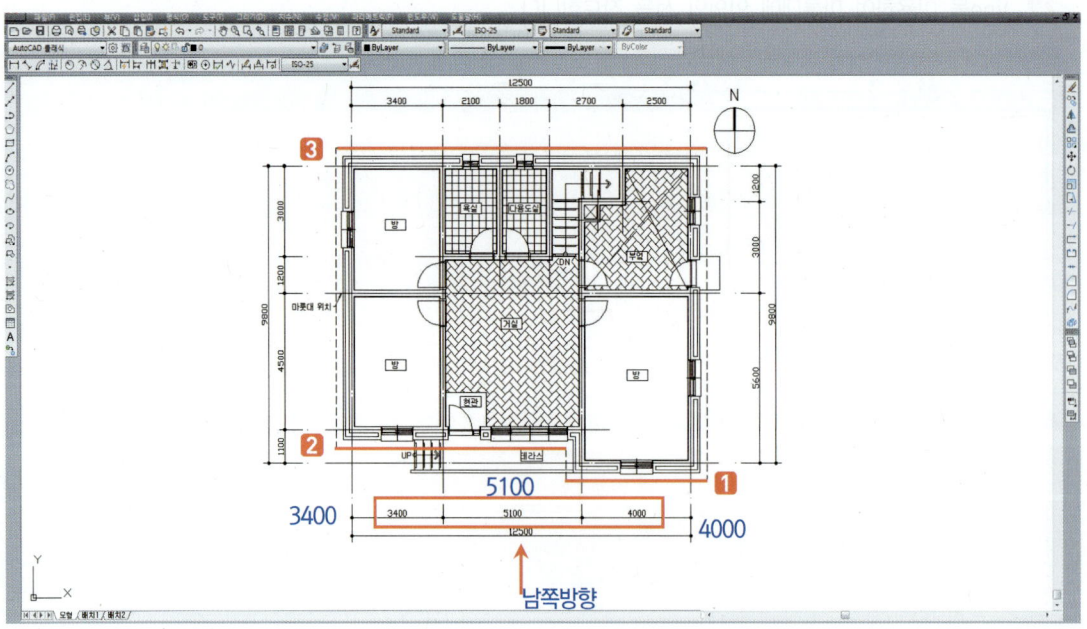

※ ①번이 가장 앞으로 나온 처마이고 ②번이 그 다음 처마가 됩니다. 그리고 ③번은 뒤쪽지붕이 됩니다.

30_ 아래 그림에서 ❶❷❸은 다음과 같습니다.

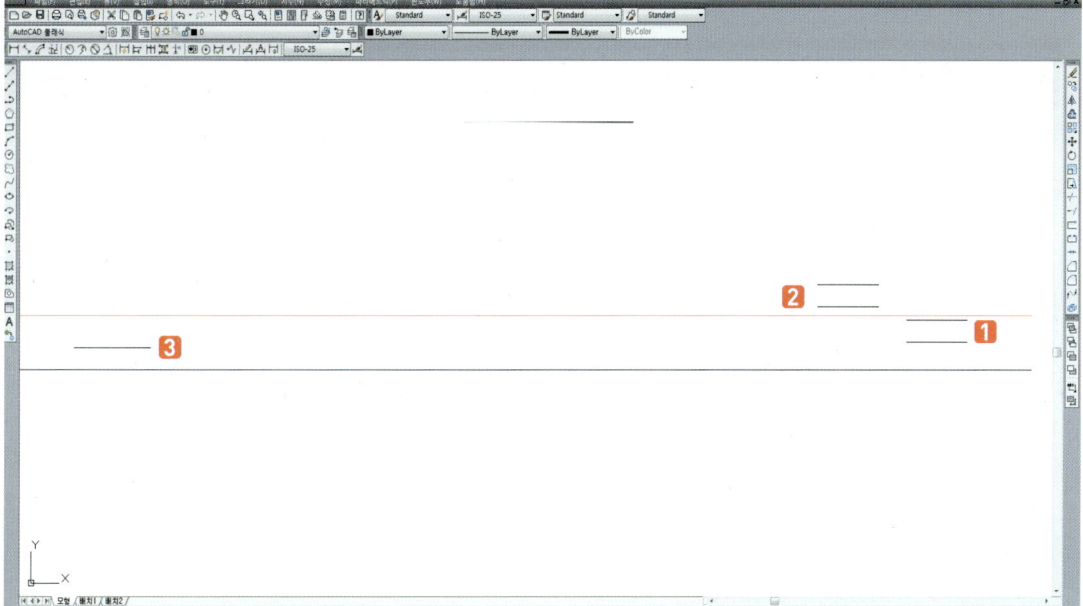

31_ move를 이용하여 평면도와 비슷한 위치에 처마(hidden 선)를 이동합니다.

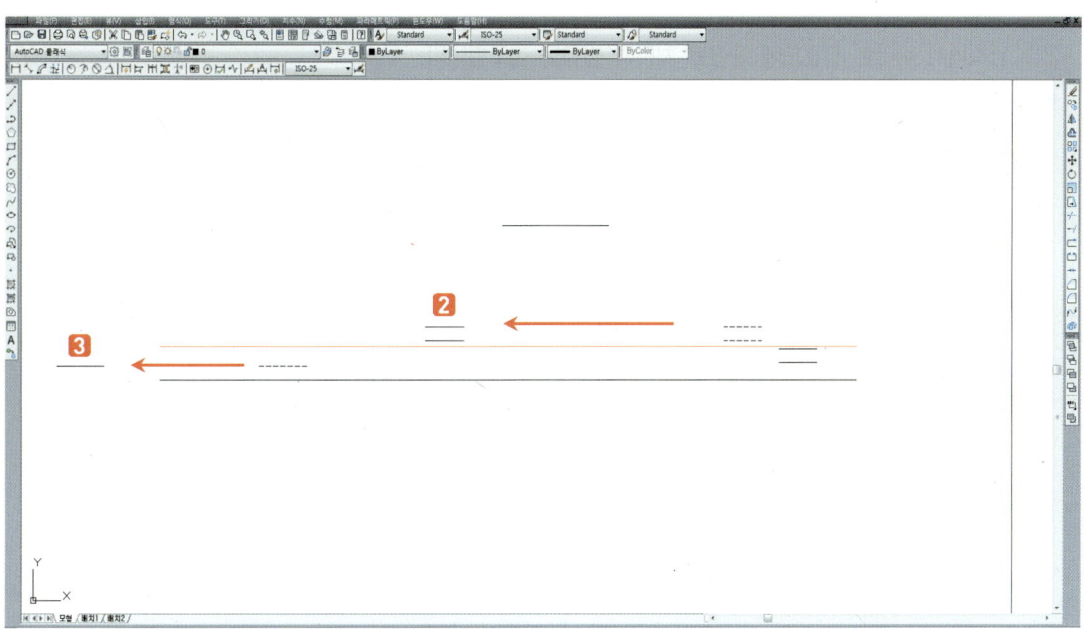

※ ❸번의 뒤쪽지붕의 경우 입면도를 작도할 때 헷갈릴 수 있어 가급적 더 멀리 이동시켜 놓는 것이 좋습니다.

32_ line을 이용하여 임의의 중심선을 작도(hidden 선)한 뒤 offset을 이용하여 평면도에 제시된 각 실 너비의 간격을 띕니다.

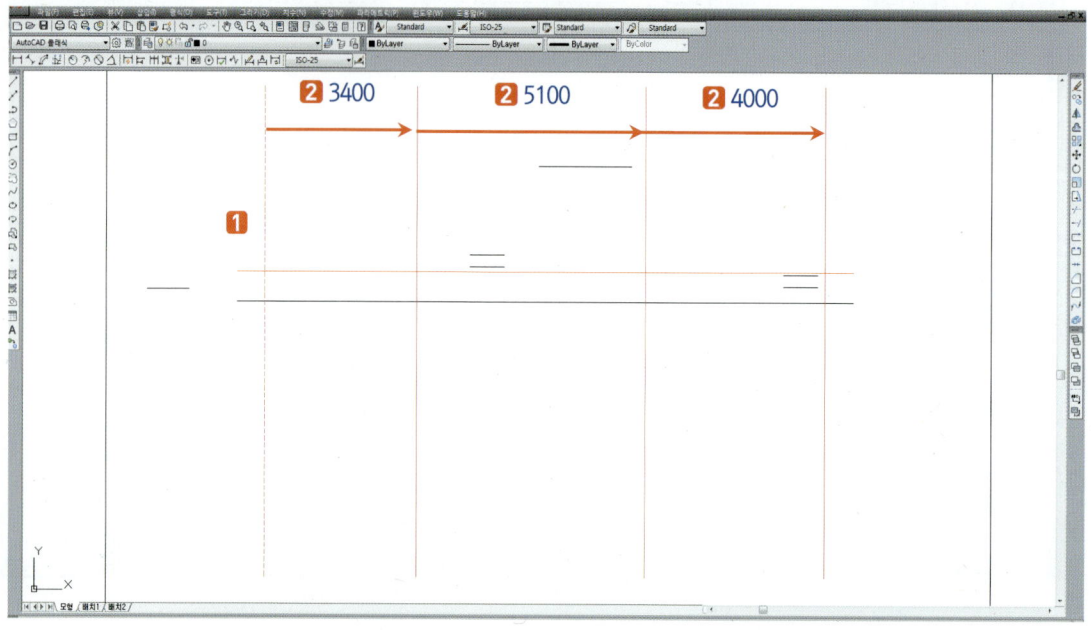

※ 각 실 너비는 29의 평면도를 참고하기 바랍니다.

33_ 남측에서 바라본 평면도에 표현된 처마의 방향을 참고합니다.

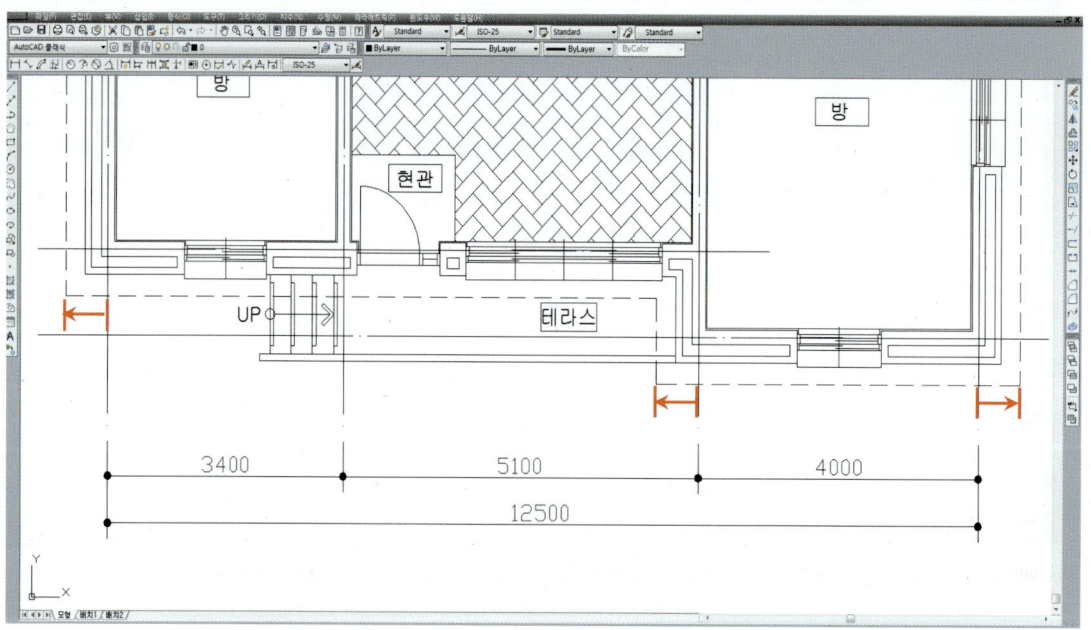

※ 처마방향과 벽체방향은 같기 때문에 벽체를 offset할 때도 처마방향과 같은 방향으로 간격을 띄면 됩니다.

34_ offset을 이용하여 처마의 간격을 띈 후 레이어를 바꿉니다.

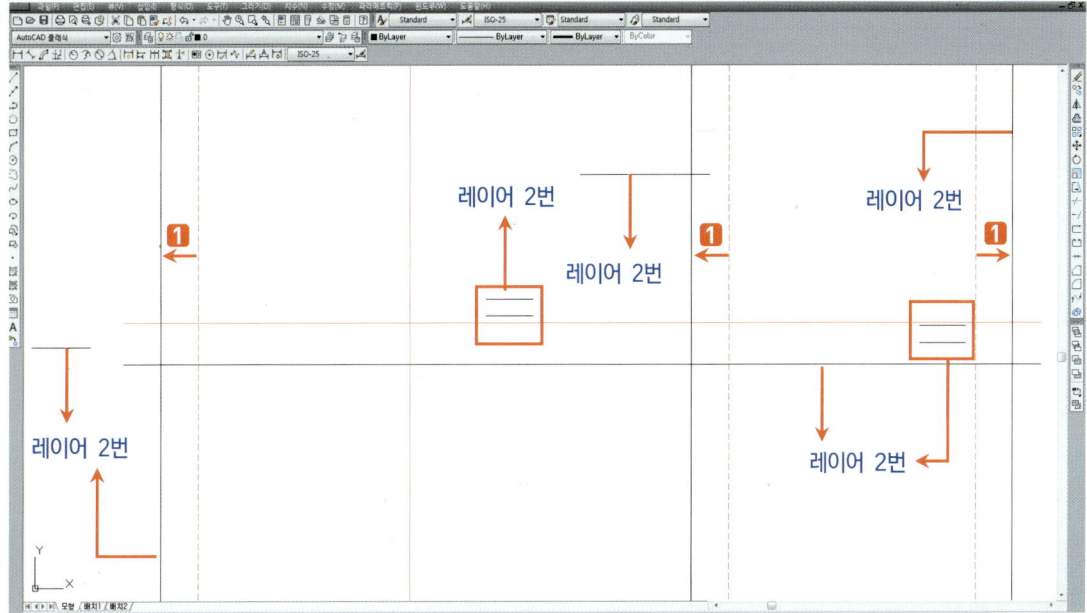

35_ 지붕이 어떤 모양인지 쉽게 알아보는 방법은 평면도에 표시된 처마나옴을 따라 선을 그어 보는 것(빨간 선)입니다.

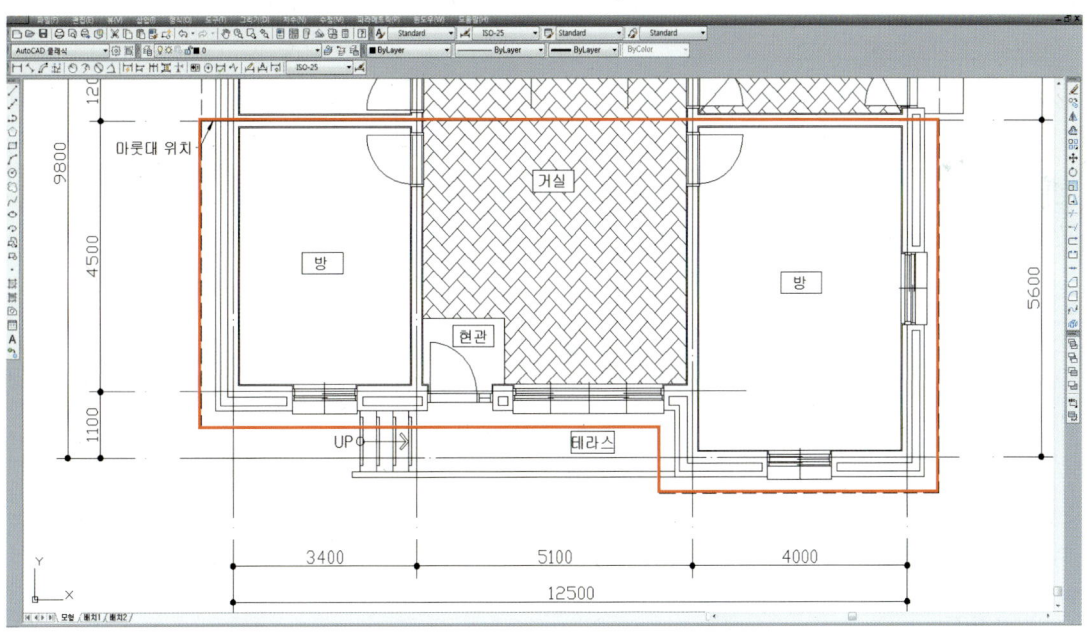

※ 처마나옴에 선을 그어보면 입면도 지붕이 어떤 모양으로 나오는지를 쉽게 알 수 있습니다.

36_fillet을 이용하여 지붕 모서리 (네모 클릭) (세모 클릭)를 다듬습니다.

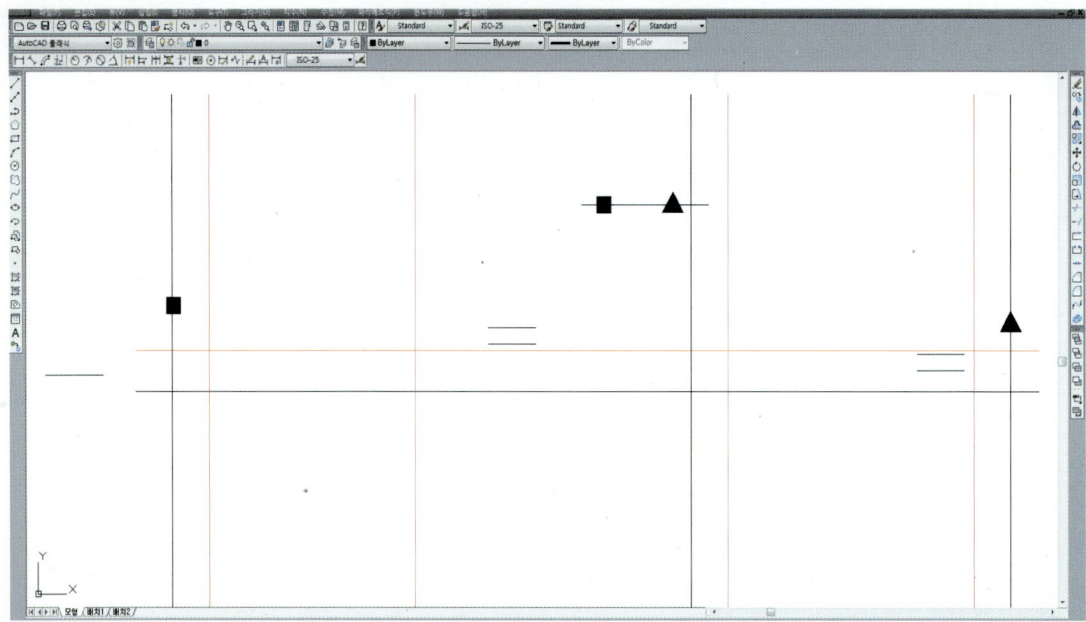

37_fillet을 이용하여 지붕과 처마의 모서리 (네모 클릭) (세모 클릭)를 다듬습니다.

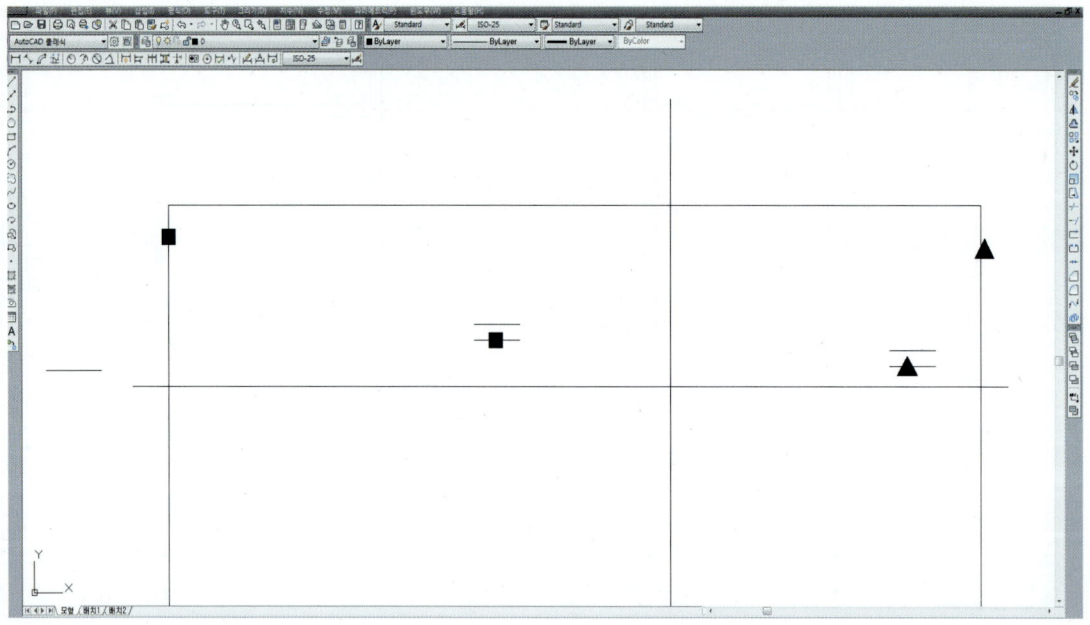

※ fillet을 할 때 중심선(레이어 1번)을 끄고 편집하면 헷갈리지 않고 쉽게 편집할 수 있습니다.

38_ extend를 이용하여 처마를 연장합니다.

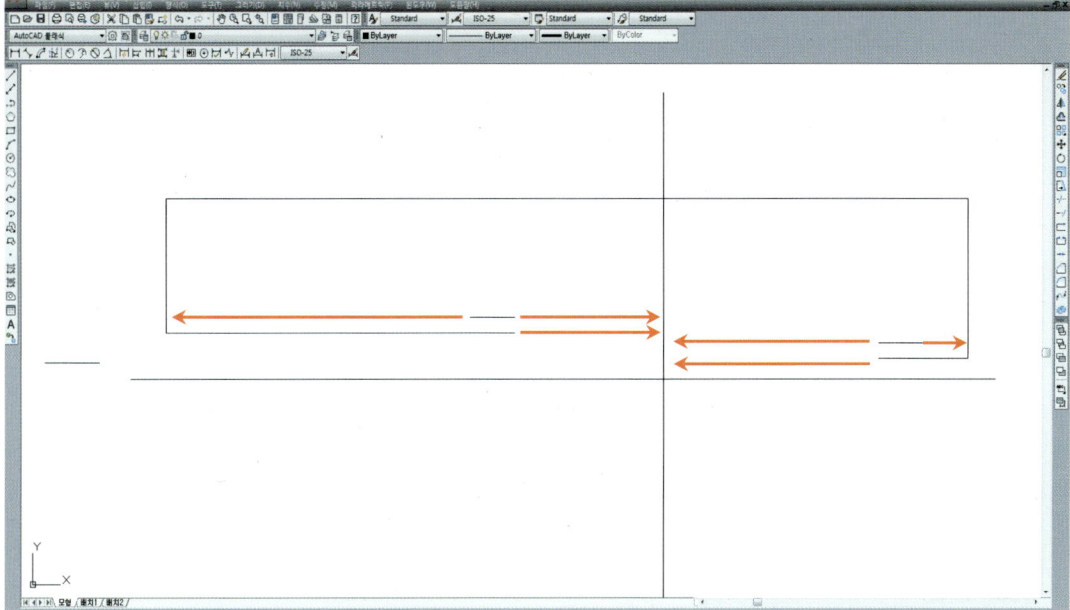

39_ fillet 또는 trim을 이용하여 지붕이 꺾이는 부분(hidden 선)을 편집합니다.

40_ pline 및 rectang을 이용하여 막새기와, 용머리, 수키와를 작도합니다.

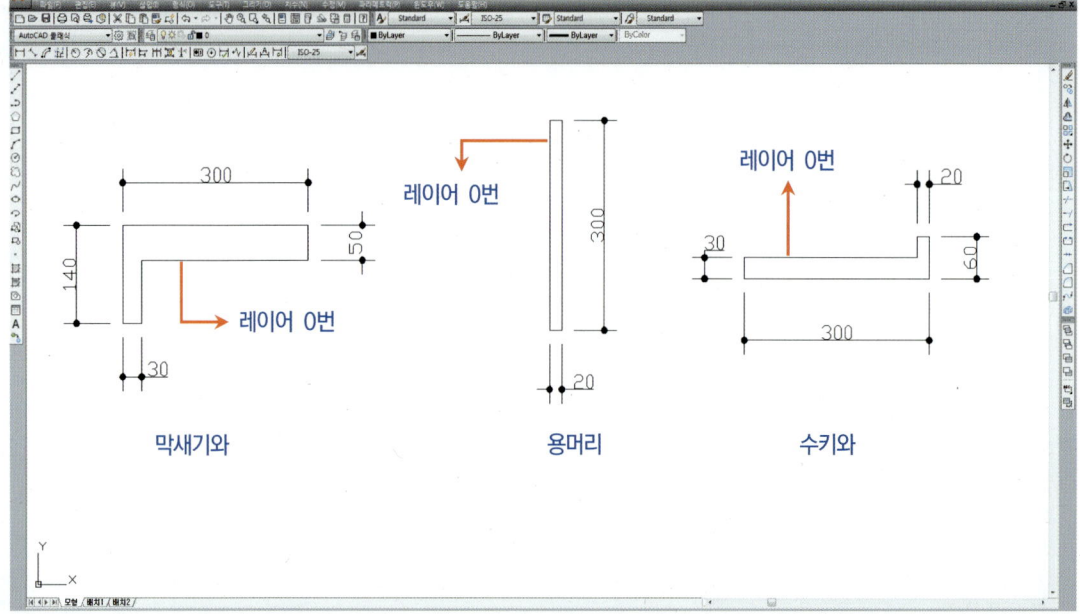

41_ move를 이용하여 막새기와 및 용머리를 좌측 마룻대에 부착합니다.

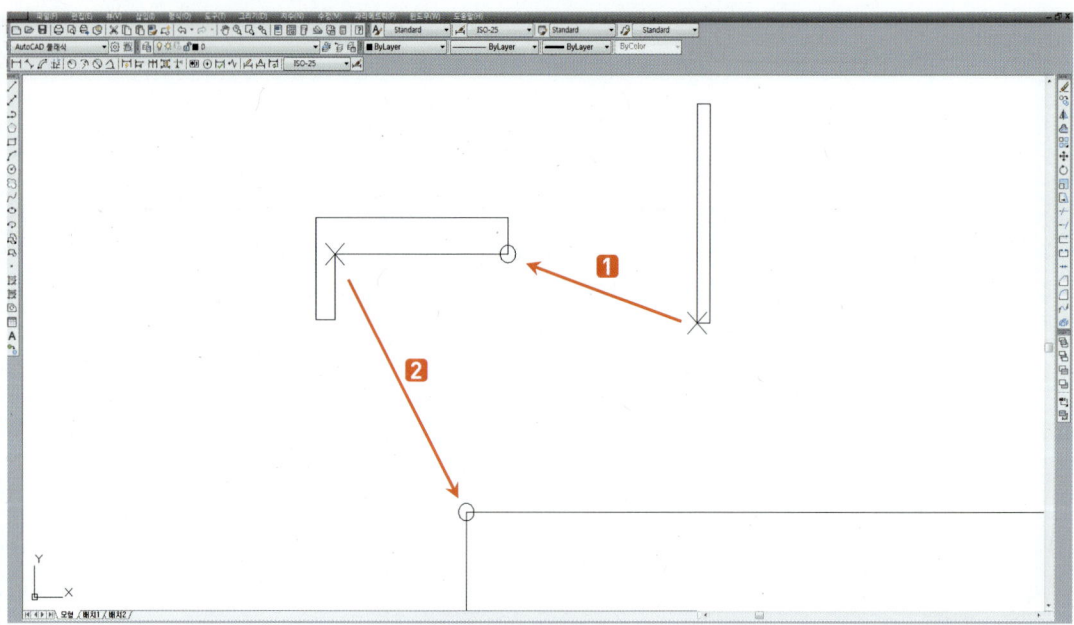

※ 편집을 할 때 중심선(레이어 1번)을 끄고 하면 쉽게 편집할 수 있습니다.

42_ mirror를 이용하여 막새기와 및 용머리(붉은 상자)를 우측마룻대에 대칭시킵니다.

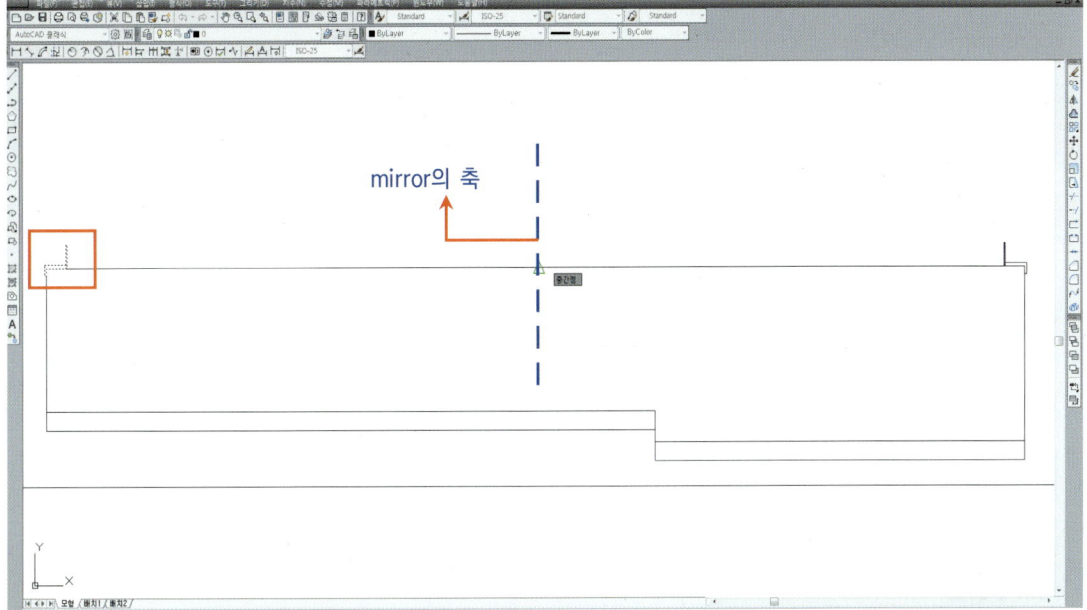

43_ offset을 이용하여 마룻대에서부터 암키와를 만들기 위해 간격을 띄고 stretch로 길이를 줄입니다.

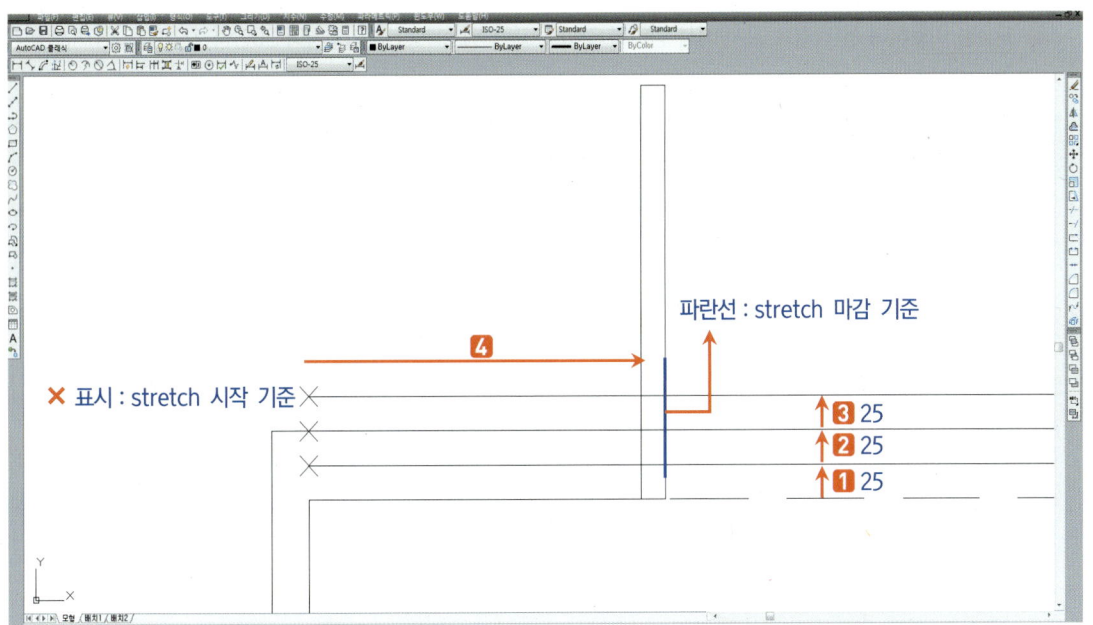

※ 암키와 세 개의 line은 레이어 0번입니다. 또한 우측마룻대에 있는 암키와도 stretch를 이용하여 줄입니다.

44_ move를 이용하여 수키와를 이동시킨 뒤 array를 이용하여 우측에 있는 용머리까지 닿도록 배열합니다.

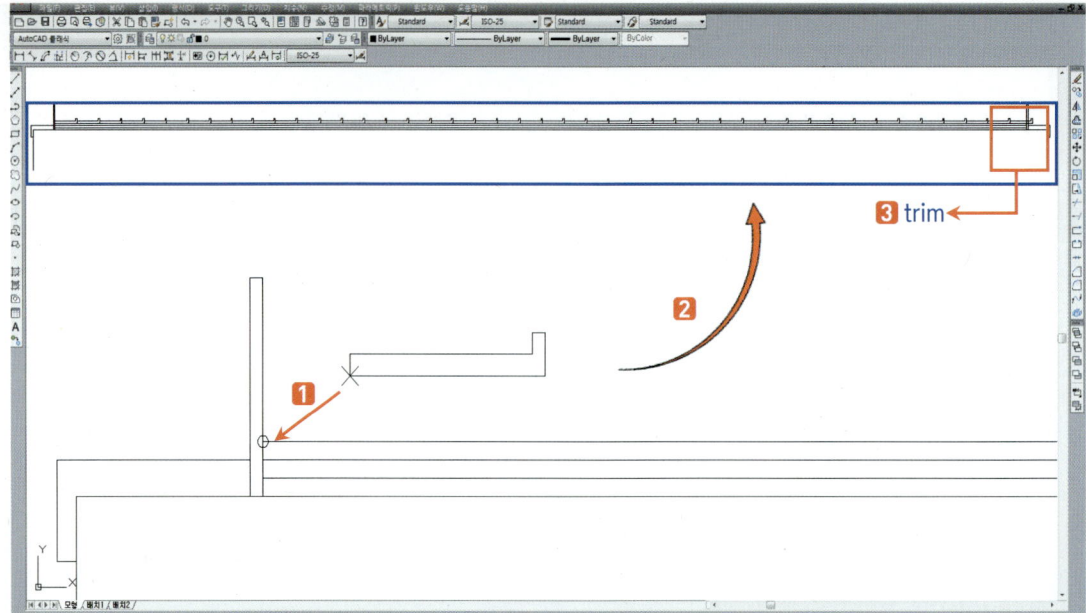

※ 수키와의 array 개수는 반대편 용머리가 닿는 부분까지 해야 합니다. 단 반대편 용머리와 수키와가 닿는 부분은 trim을 이용하여 잘라내야 합니다.

45_ line을 이용하여 용머리(✕ 표시)에서 임의의 길이로 그린 뒤 offset을 이용하여 20만큼 간격을 띄어 시멘트기와를 만들고 array를 이용하여 우측에 있는 용머리 근처까지 가도록 배열합니다.

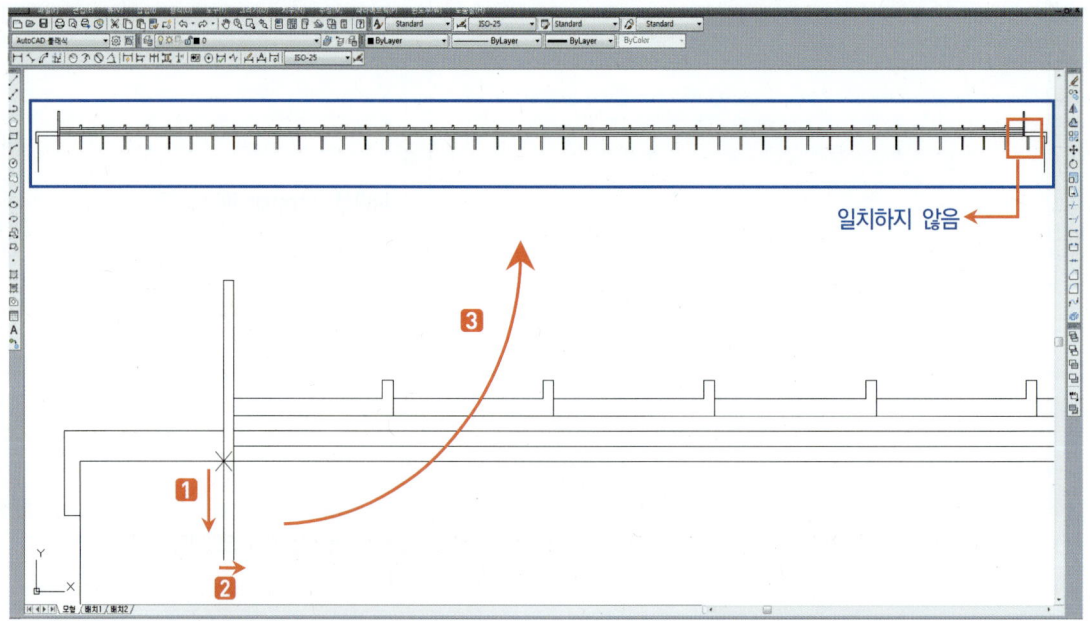

※ 시멘트기와의 line은 레이어 0번입니다. 또한, 시멘트기와의 array 개수는 반대편 용머리 근처까지 해야 합니다. 단 반대편 용머리와 시멘트기와가 닿는 부분은 정확히 일치되지 않습니다.

46_ extend를 이용하여 시멘트기와를 처마부분(빨간 hidden 선)까지 연장합니다.

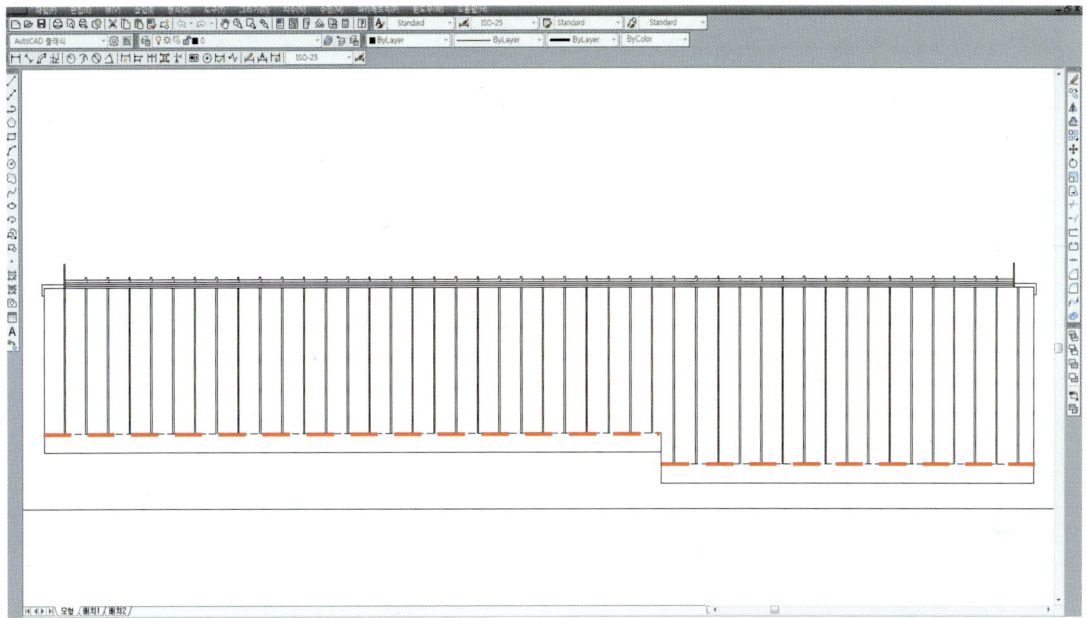

47_ offset을 이용하여 아래와 같이 지붕(hidden 선)에서 처마홈통 및 홈통걸이를 만듭니다.

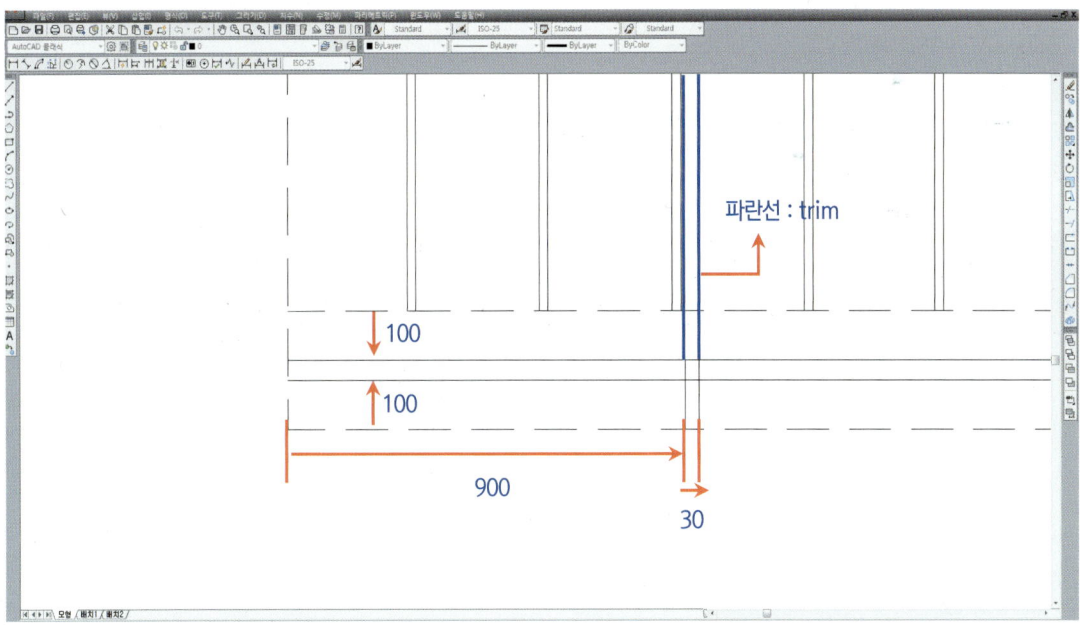

48_위 작업에서 **47**번의 처마홈통의 위치관계를 이해하기 쉽도록 CAD로 디자인한 3D입니다.

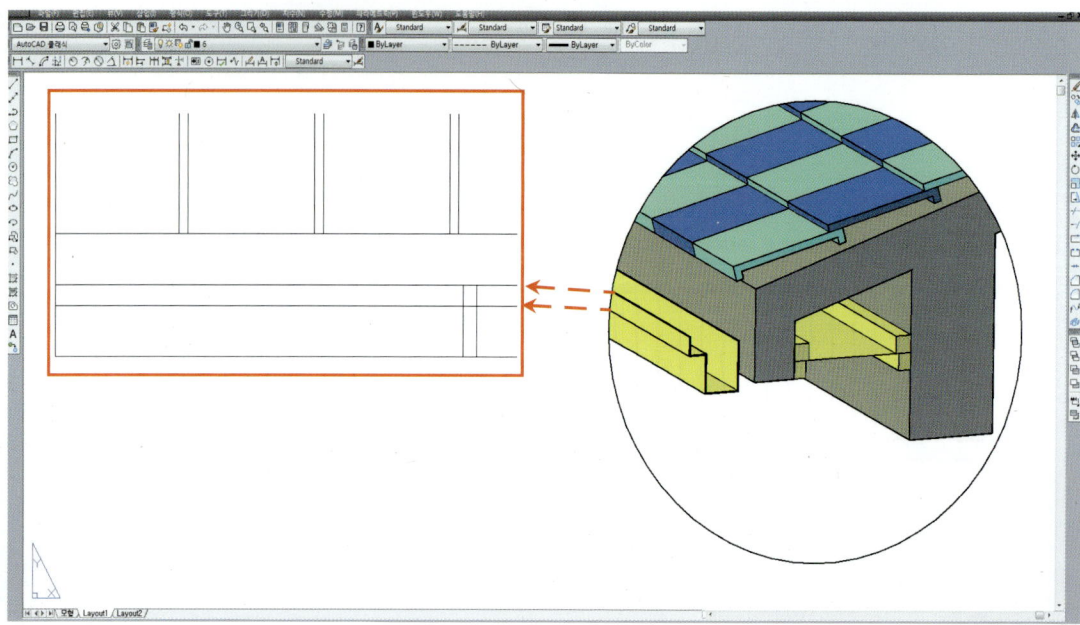

49_array를 이용하여 아래와 같이 홈통걸이를 배열합니다.

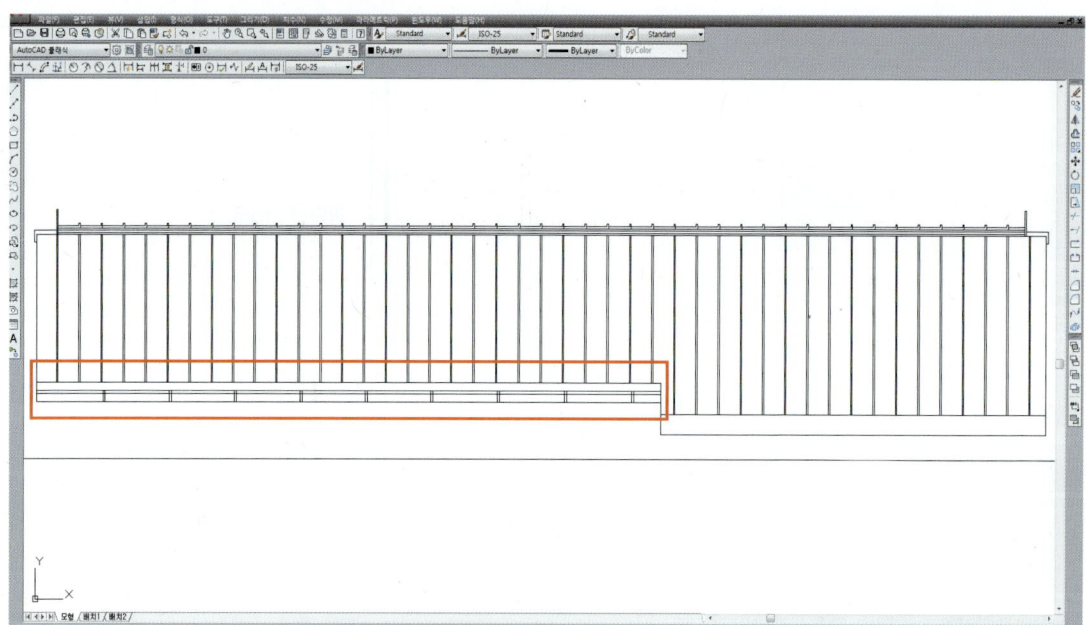

50_copy를 이용하여 아래와 같이 홈통걸이를 복사합니다.

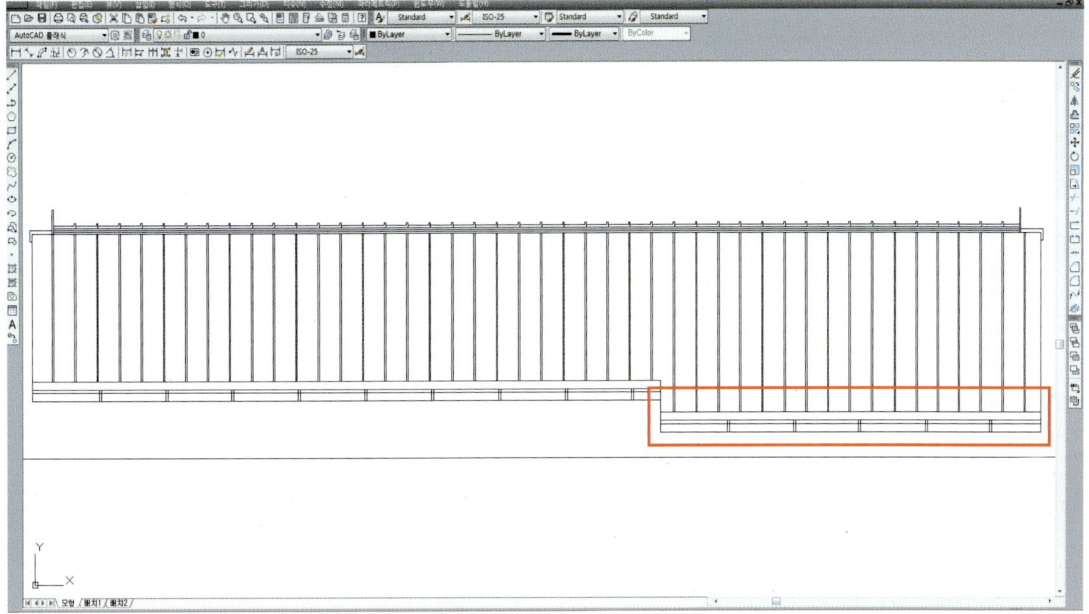

2 평면도를 이용한 도면(하부)

1_ 평면도의 외벽을 확대했을 때 벽 중심선에서 외벽까지 거리가 325mm로 측정됩니다.

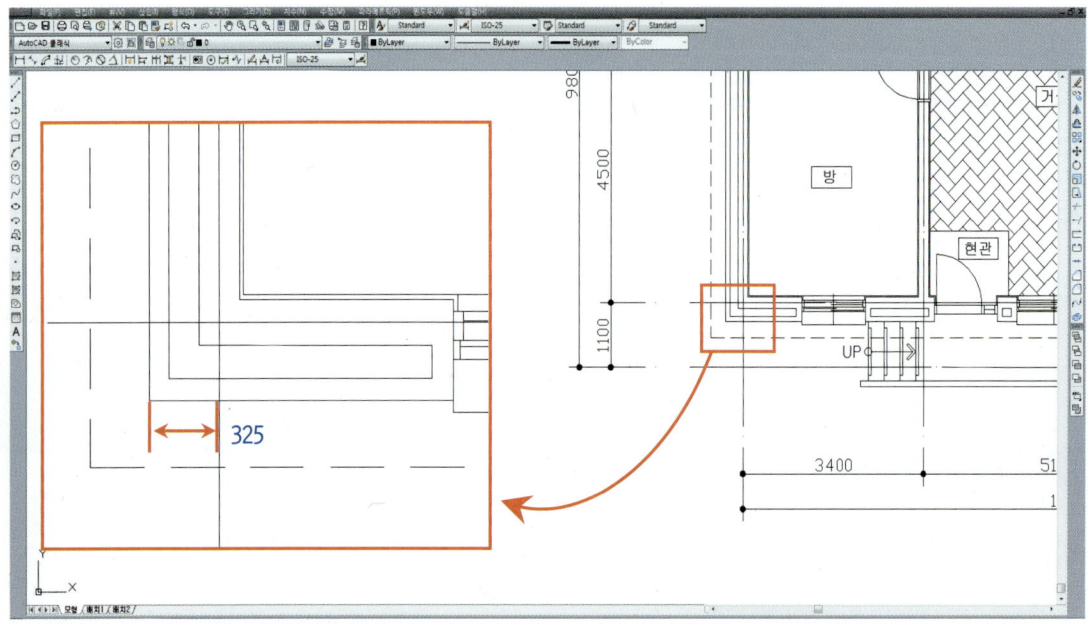

※ 외벽두께는 5. 평면도를 이용하여 삼각입면도 그리기(상부)의 25번의 ※부분을 참고하기 바랍니다.
　여기서 단열재의 두께를 140mm로 가정할 경우 외벽의 총 두께는 280 + 140 = 420mm가 됩니다.

2_offset을 이용하여 평면도에 제시된 벽체 너비만큼 간격을 띄고 벽체를 완성합니다.

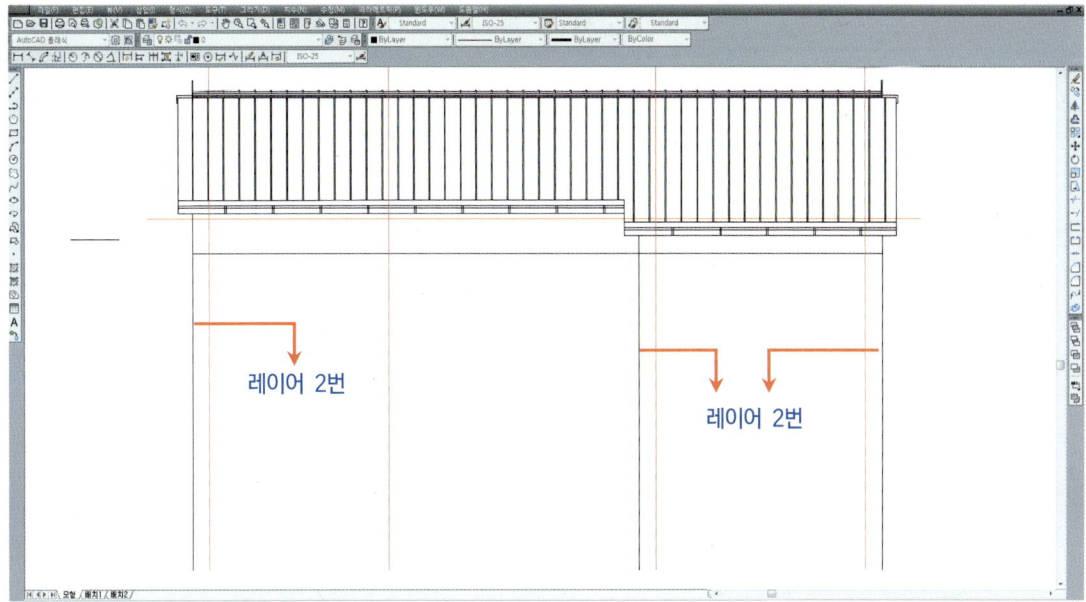

※ 벽체의 offset방향은 처마나옴이 나간 방향과 동일하게 하면 됩니다.
※ 벽체 작도방법은 5. 평면도를 이용하여 삼각입면도 그리기(상부)의 25~28을 참고하기 바랍니다.

3_offset을 이용하여 테두리보 밑 선에서 2300만큼 아래로 띄어 고막이의 위치를 잡은 뒤 고막이에서 750만큼 아래로 띄어 지반의 위치를 잡습니다.

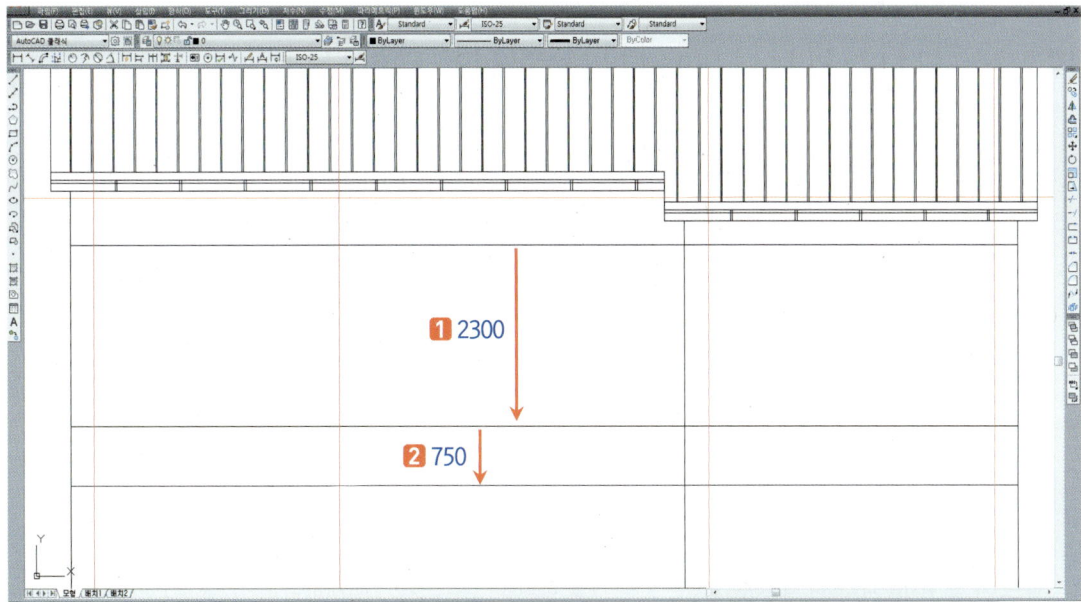

※ 2300을 내리는 이유는 5. 평면도를 이용하여 삼각입면도 그리기(하부)의 **1**번의 ※부분을 참고하기 바랍니다.
※ 750을 내리는 이유에 대한 고막이 높이 계산방법은 3 현관부분상세도 **9**번의 ※를 참고하기 바랍니다.
 즉, 고막이 = 전체 계단 수 + 계단 수 하나를 추가한 높이로, 계단 수 4개 + 1개 = 5개 × 150 = 750입니다.

4_ grip을 이용하여 좌측과 우측으로 지반을 당겨 길게 뽑은 후 trim을 이용하여 지반 선 아래에 위치한 벽을 잘라냅니다.

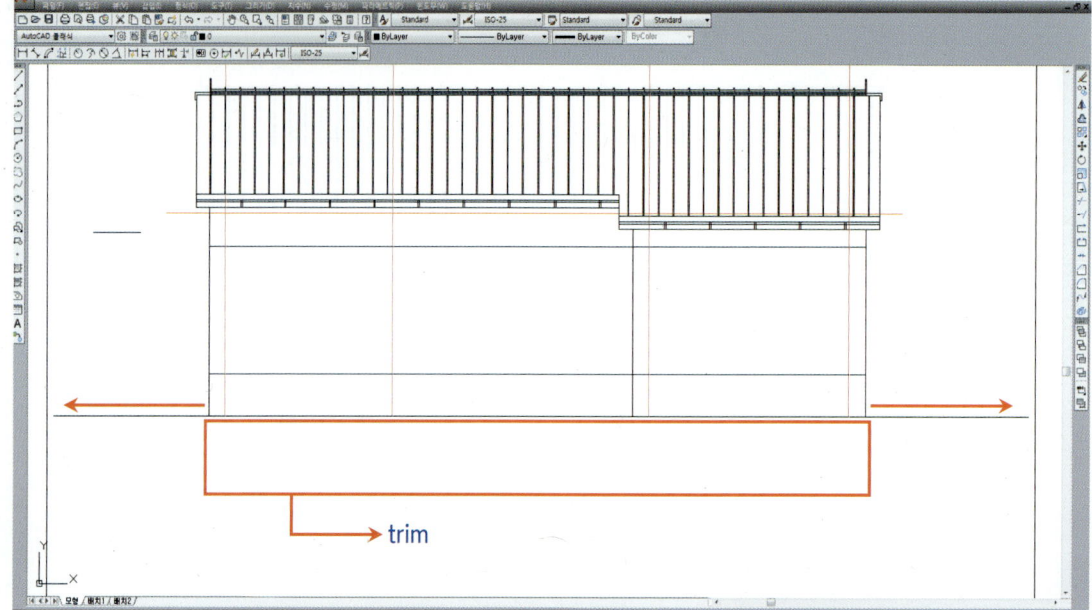

※ 지반 길이 조정 및 trim방법은 5. 평면도를 이용하여 삼각입면도 그리기(하부) **3**과 **4**를 참고하기 바랍니다.

5_ 평면도에 제시된 창의 크기와 위치를 파악한 후 창문을 작도합니다.

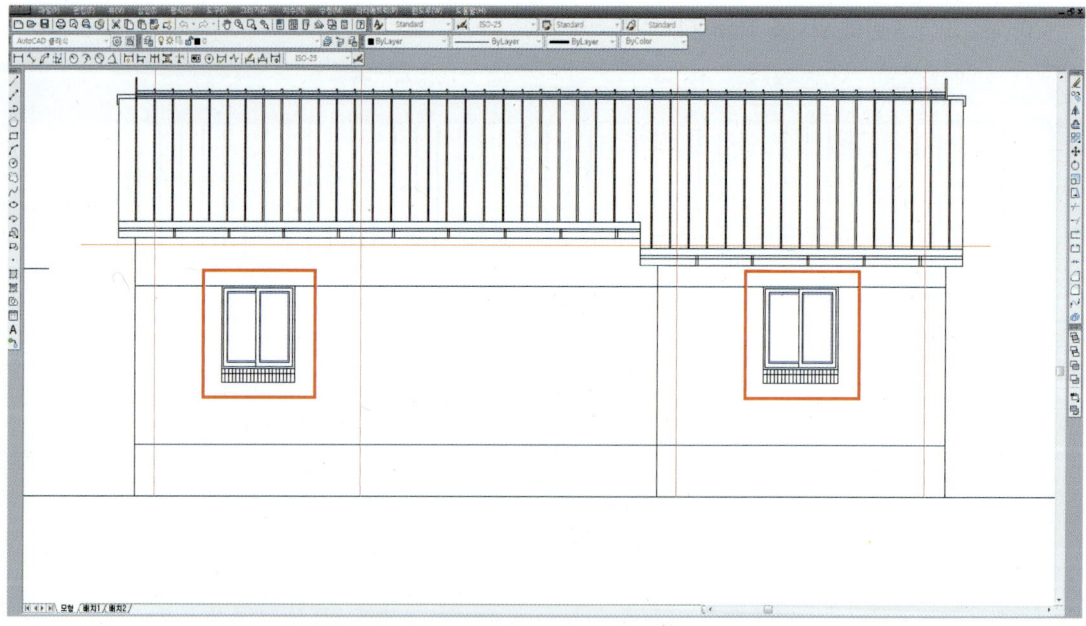

※ 창문크기 및 위치를 파악하여 작도하는 방법은 5. 평면도를 이용하여 삼각입면도 그리기(하부) **6 ~ 12**를 참고하기 바랍니다.

6_ 평면도에 제시된 테라스 창은 벽에서 200이 떨어져 있어 이를 적용 후 작도합니다.

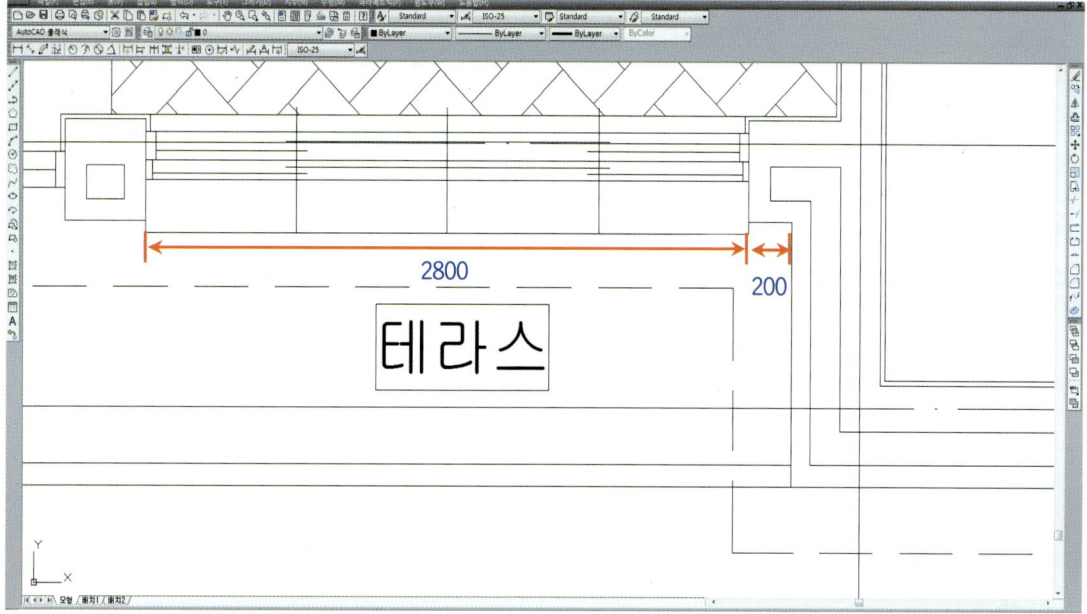

7_ 테라스 창을 작도한 결과는 아래와 같습니다.

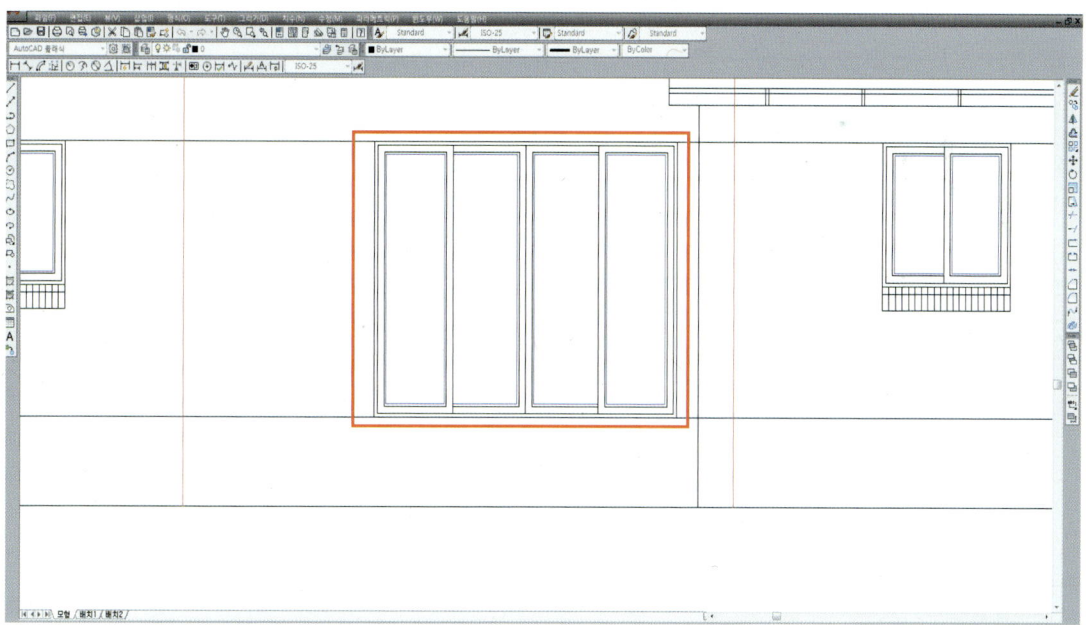

※ 테라스창 작도방법은 5. 평면도를 이용하여 삼각입면도 그리기(하부) 14와 ※를 참고하기 바랍니다.

8_ 평면도에 제시된 계단은 아래와 같이 떨어져 있어 이를 적용 후 작도합니다.

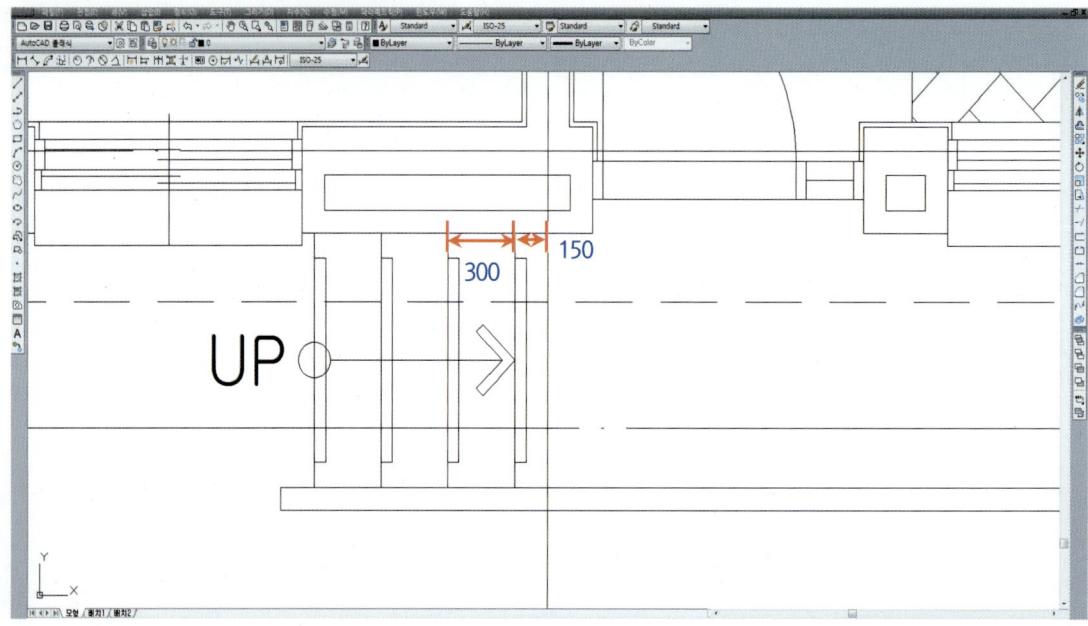

9_ offset을 이용하여 계단의 간격을 띕니다.

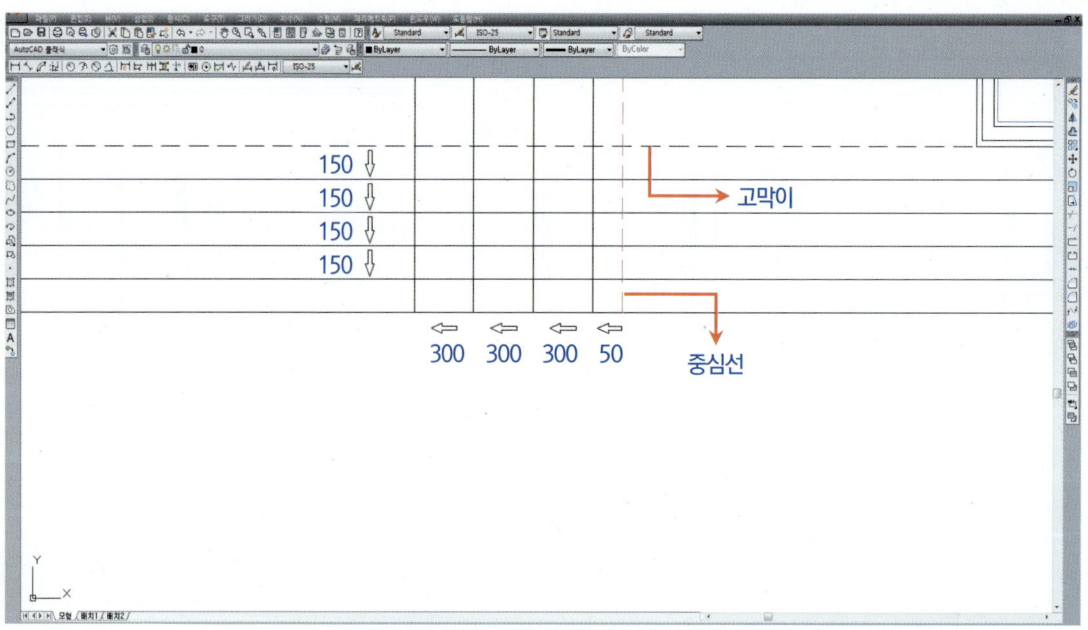

※ 계단작도법은 3 테라스부분단면상세도 12의 ※를 참고합니다.

10_fillet을 이용하여 아래와 같이 계단의 모서리(네모 클릭) 및 계단참을 다듬습니다.

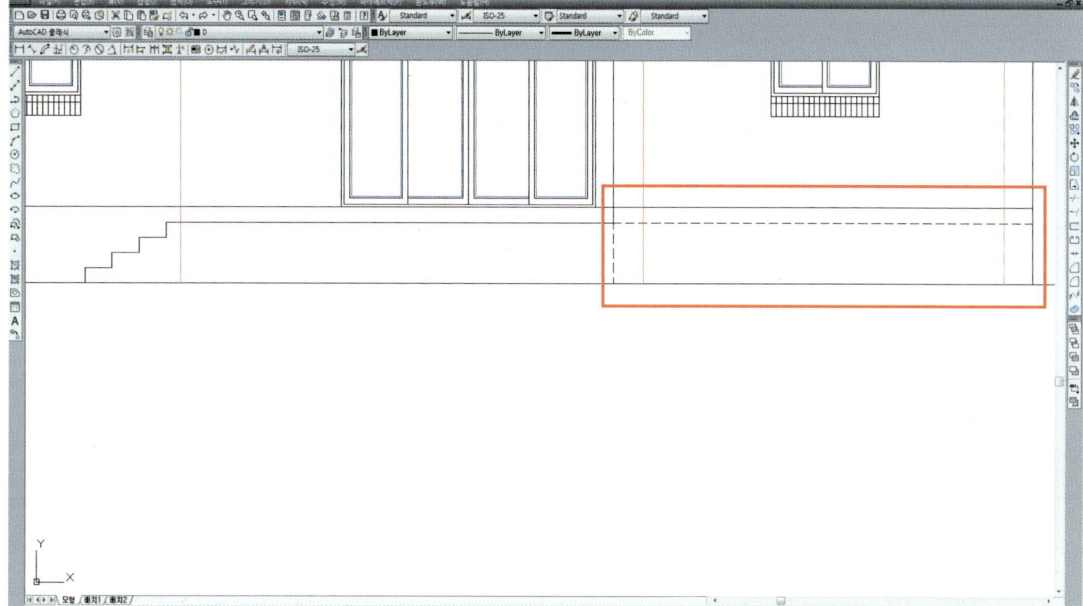

※ 계단참의 모서리는 벽체와 동일선상에 위치하고 있어 돌출되거나 함몰돼 있지 않기 때문에 fillet을 합니다.

11_평면도에 제시된 현관문은 아래와 같이 떨어져 있어 이를 적용 후 작도합니다.

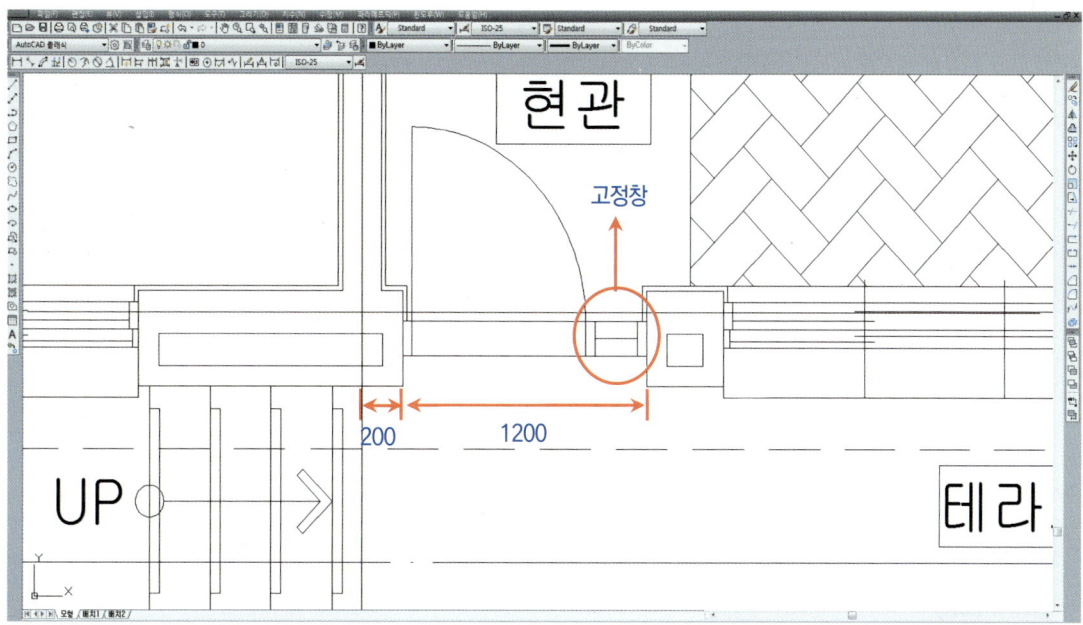

12_ offset을 이용하여 현관문이 위치할 곳의 간격을 띕니다.

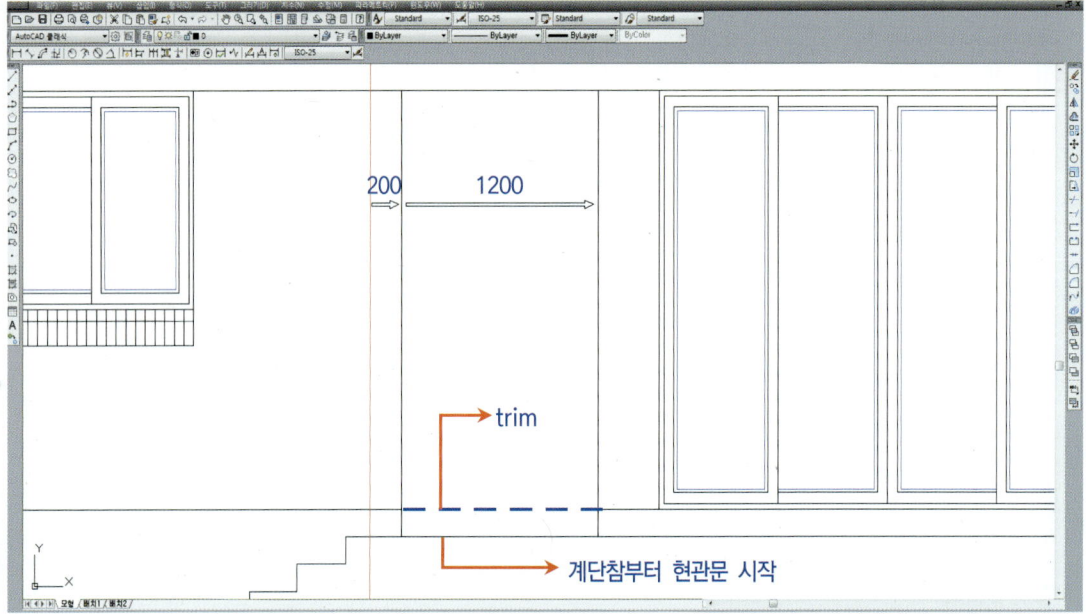

※ 현관문이 계단참부터 시작하는 이유는 현관문을 열고 신발을 벗은 뒤 거실(고막이)로 올라가기 때문입니다.

13_ 현관문을 작도한 결과는 아래와 같습니다.

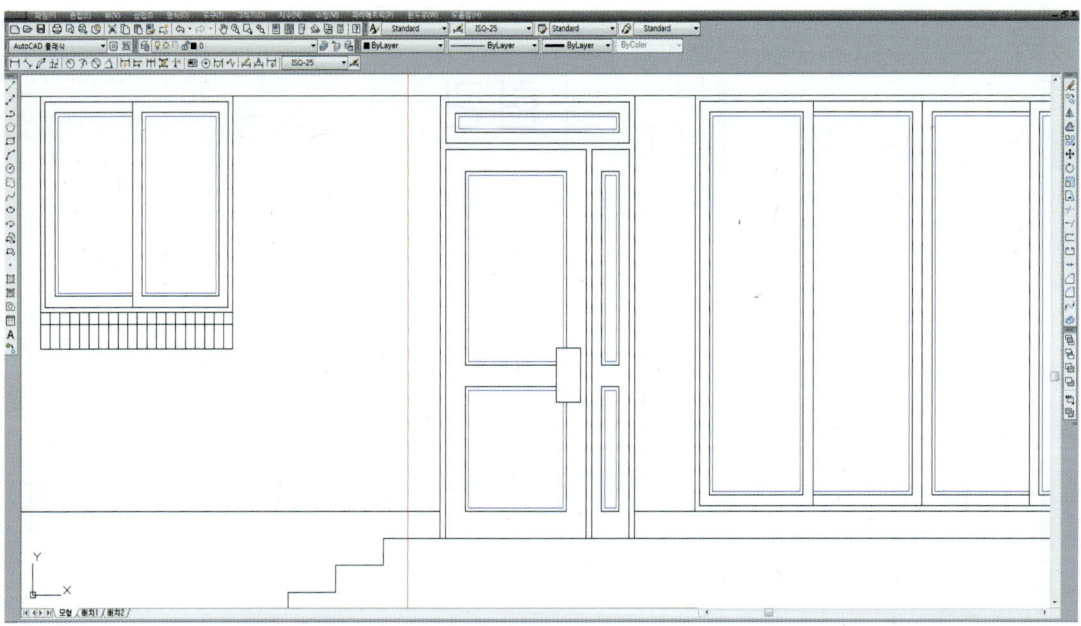

※ 현관문 작도방법은 3. 부분상세도 작도하기의 9. 현관문입면그리기 3 ~ 23을 참고하기 바랍니다.

14_ line을 이용하여 현관문 개폐표시(X 표시)를 합니다.

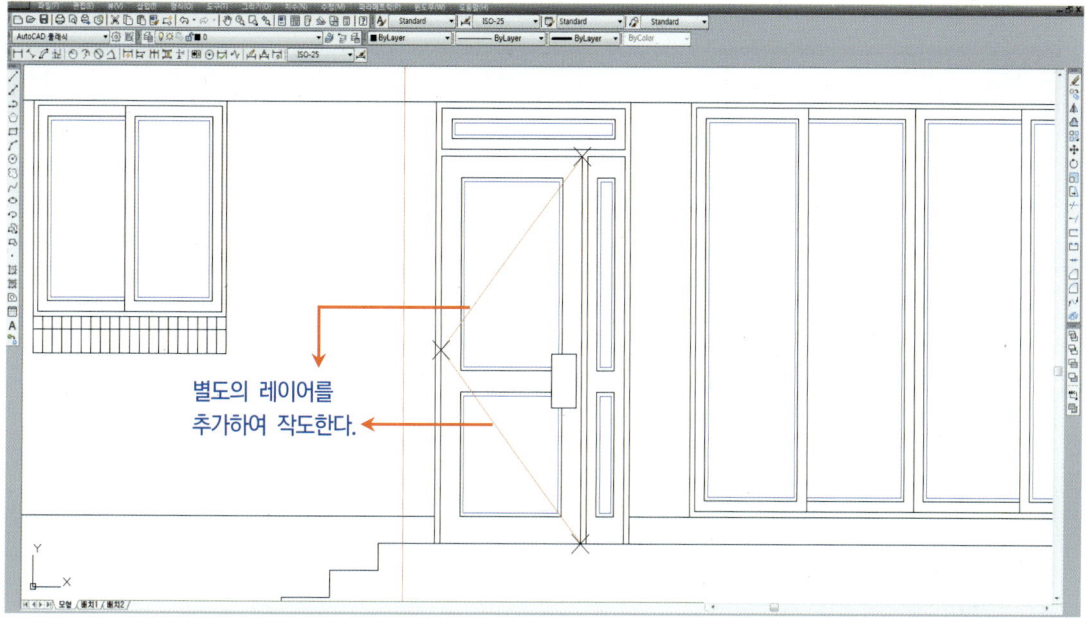

별도의 레이어를
추가하여 작도한다.

※ 문 개폐표시는 붉은색으로 작도를 하는데 레이어 1번으로 작도할 경우 레이어 1번을 끄고 출력하게 되면 같이 꺼지는 문제가 발생하게 되므로 문 개폐에 사용할 레이어를 별도로 추가한 뒤 작도합니다.

※ 문 개폐에 사용할 레이어의 이름은 수험생이 임의로 정하여 사용해도 무방합니다.

15_ move를 이용하여 뒤쪽지붕 선을 처마와 벽체가 만나는 부분의 임의의 위치로 이동합니다.

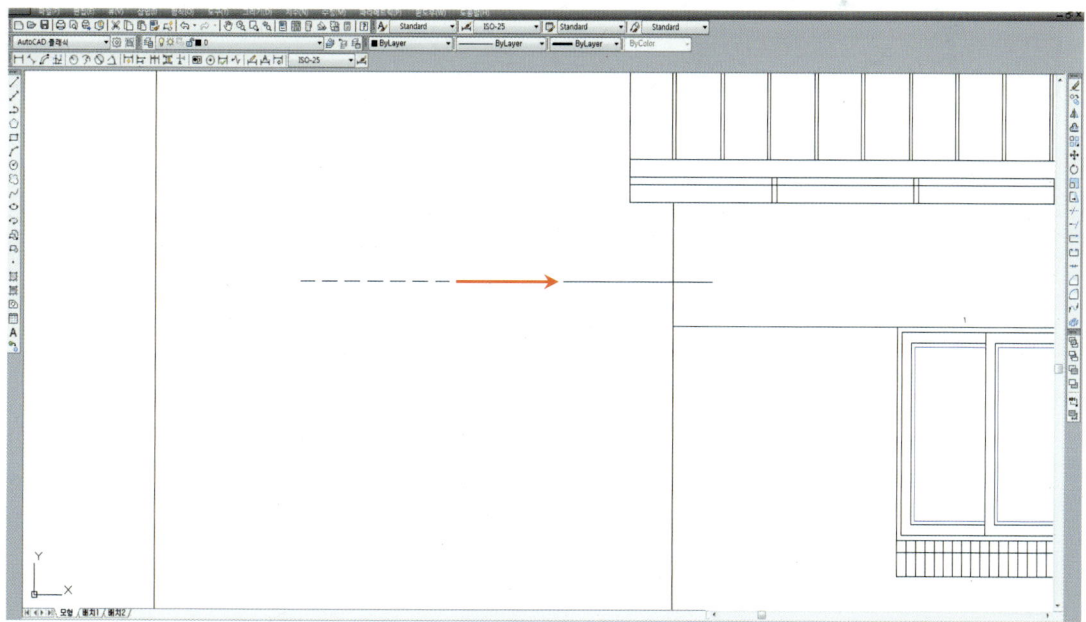

※ 레이어 1번을 끈 상태에서 뒤쪽지붕을 작도하는 것이 편합니다.

16_fillet을 이용하여 처마의 모서리(네모 클릭)를 다듬고 trim을 이용하여 벽체 내부에 위치한 부분(hidden 선)을 잘라냅니다.

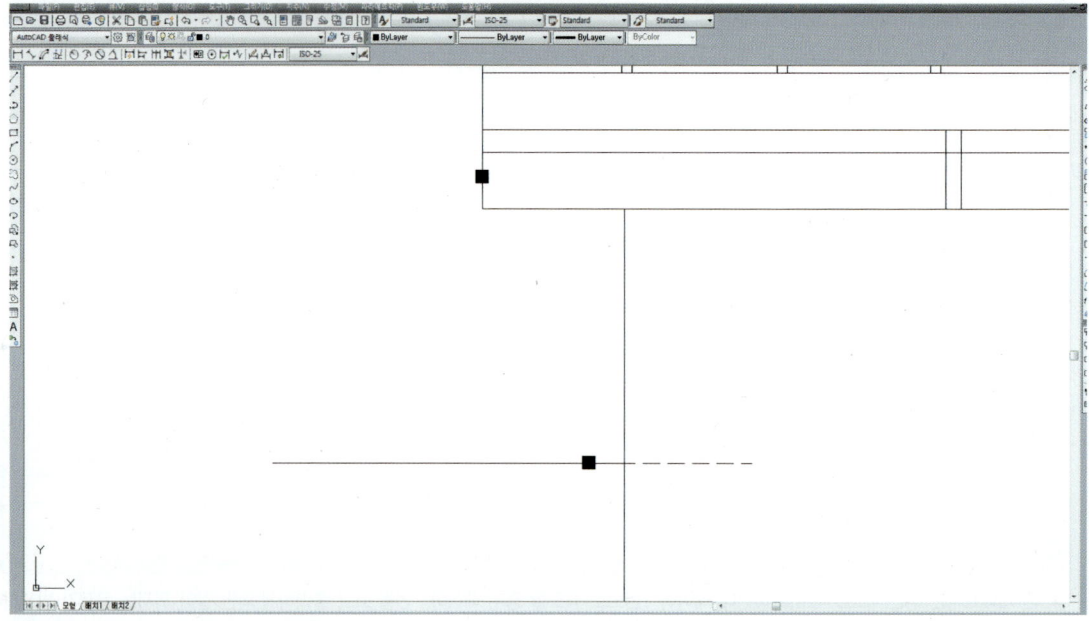

※ fillet과 trim의 편집순서는 관계없습니다.

17_offset을 이용하여 뒤쪽처마부분의 간격을 띄고 fillet으로 모서리(네모 클릭)를 다듬은 뒤 trim을 이용하여 앞 처마 위쪽(hidden 선)을 잘라냅니다.

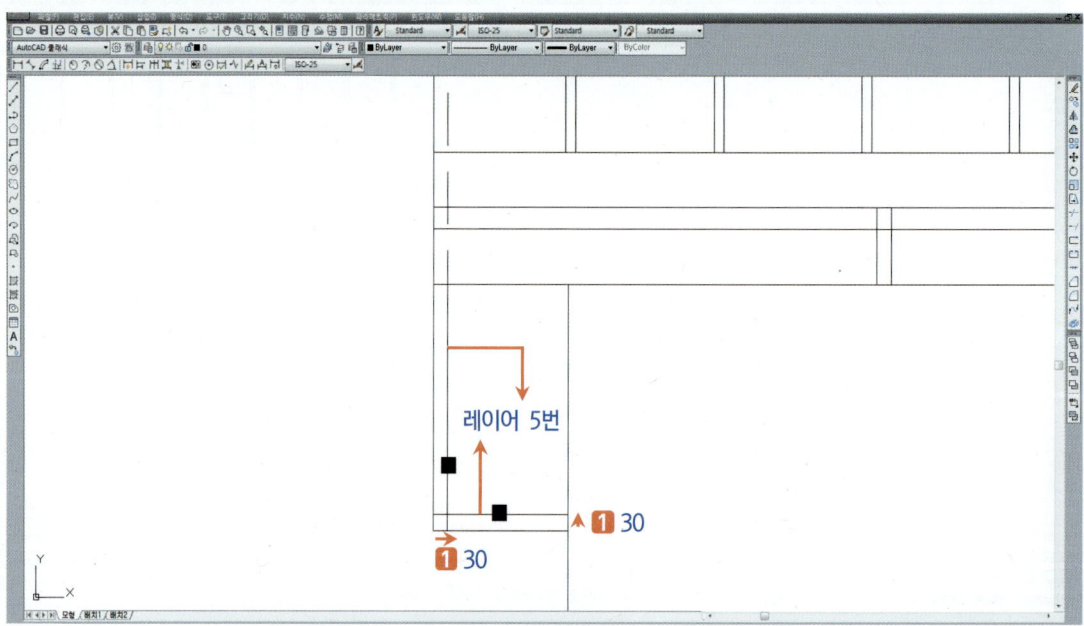

※ fillet과 trim의 편집순서는 관계없습니다.

18_offset을 이용하여 아래와 같이 뒤쪽처마부분을 완성합니다.

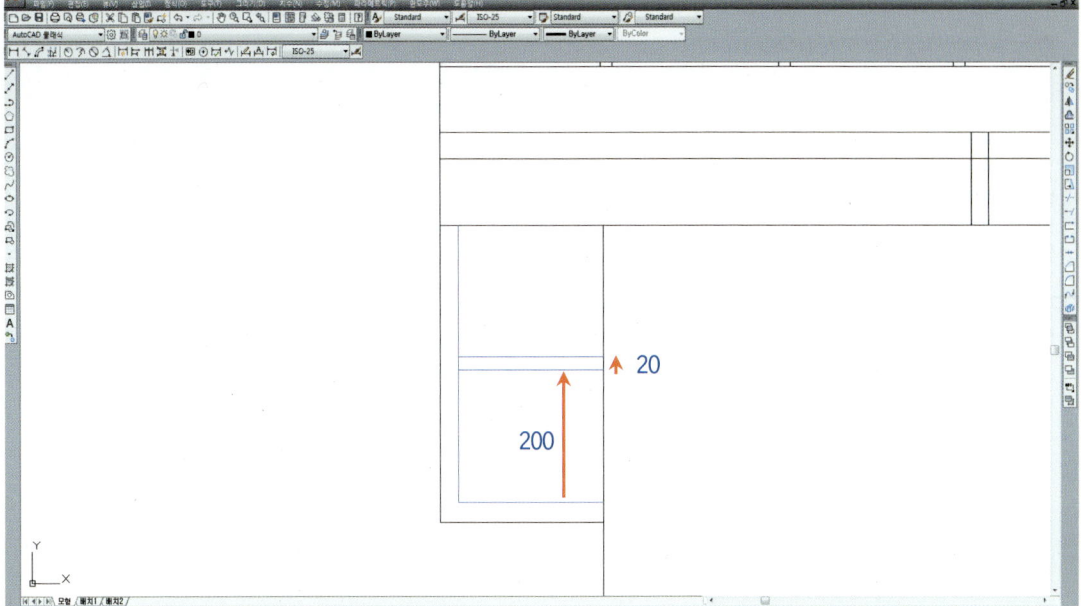

19_offset을 이용하여 벽체 및 지반(hidden 선)에서 낙수받이 돌의 간격을 띕니다.

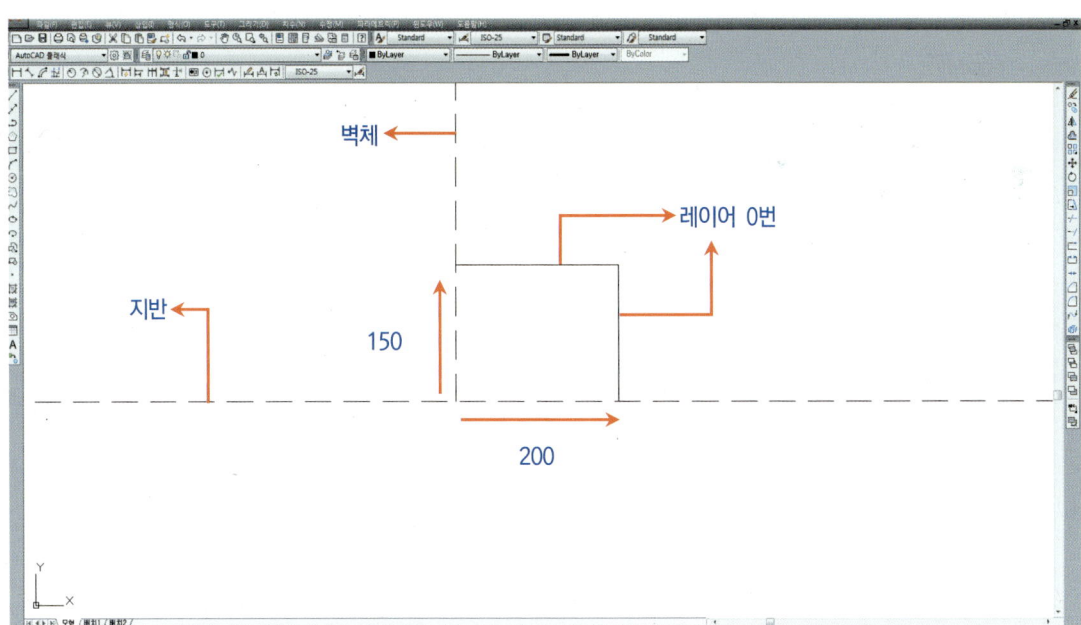

20_ line을 이용하여 낙수받이 중간에서 50만만큼 아래로 선을 작도(hidden 선)한 뒤 offset을 이용하여 홈통지름만큼(hidden 선)의 간격을 띕니다.

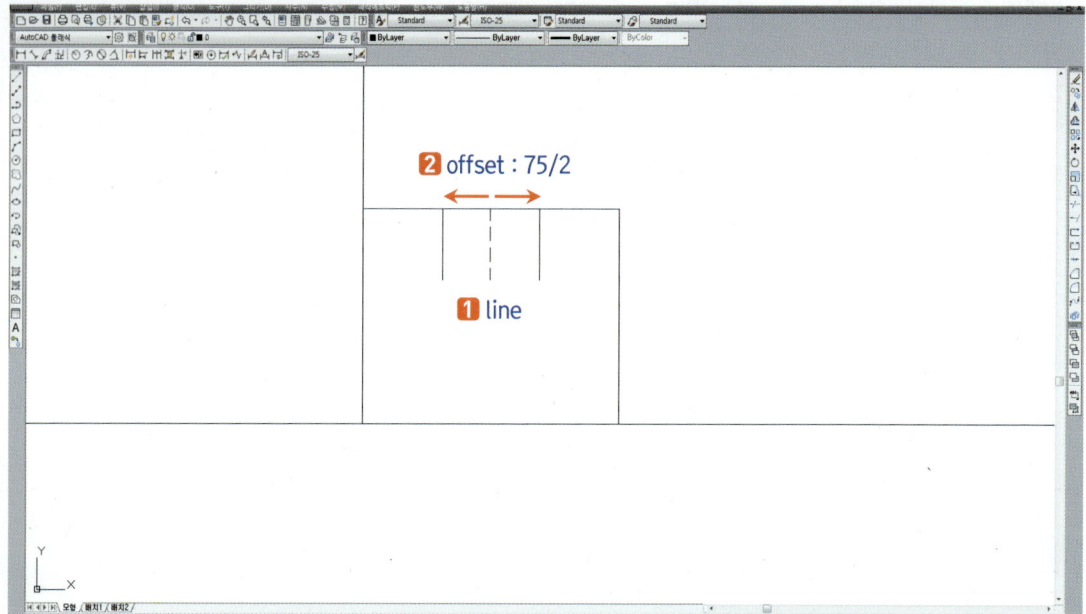

21_ line을 이용하여 낙수받이 돌 내부(파란 선)에 선을 그은 뒤 erase를 이용하여 가운데 위치한 선(hidden 선)을 지웁니다.

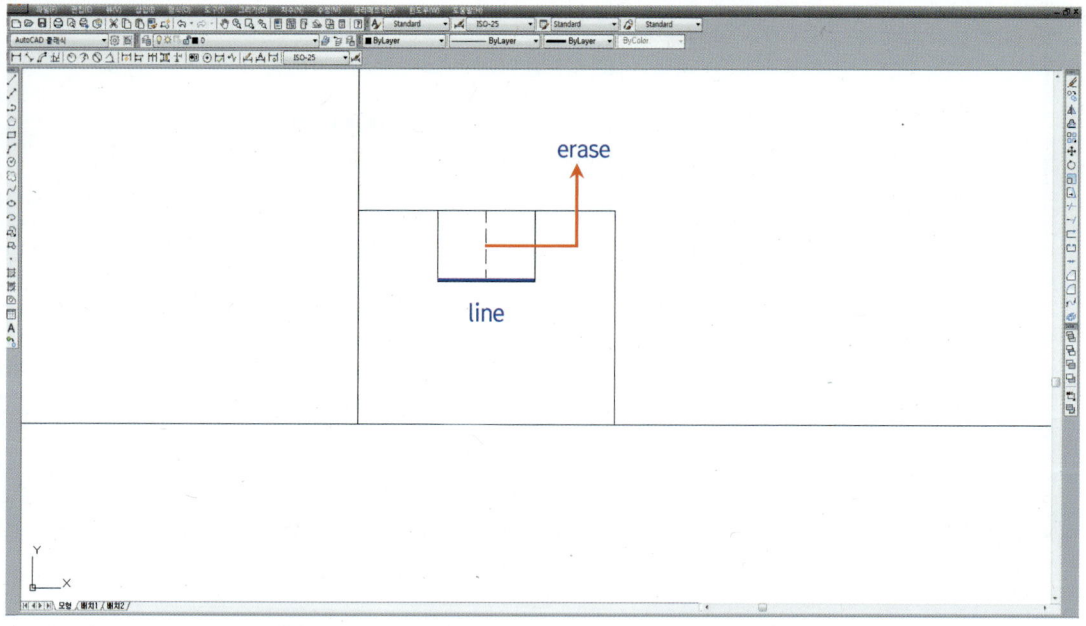

※ line과 erase의 편집순서는 관계없습니다.

22_ copy를 이용하여 낙수받이돌 내부(hidden 선)를 100만큼 위로 복사하여 홈통을 만듭니다.

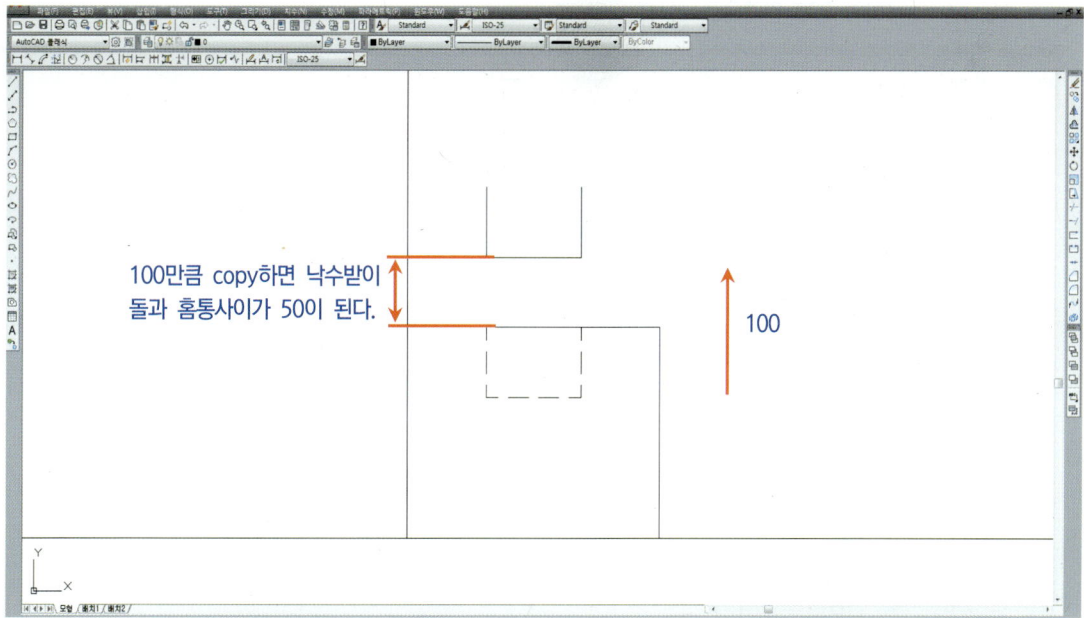

23_ extend를 이용하여 홈통을 처마까지 연장(hidden 선)한 뒤 trim을 이용하여 테두리보 선 및 고막이 선(붉은 선)을 잘라냅니다.

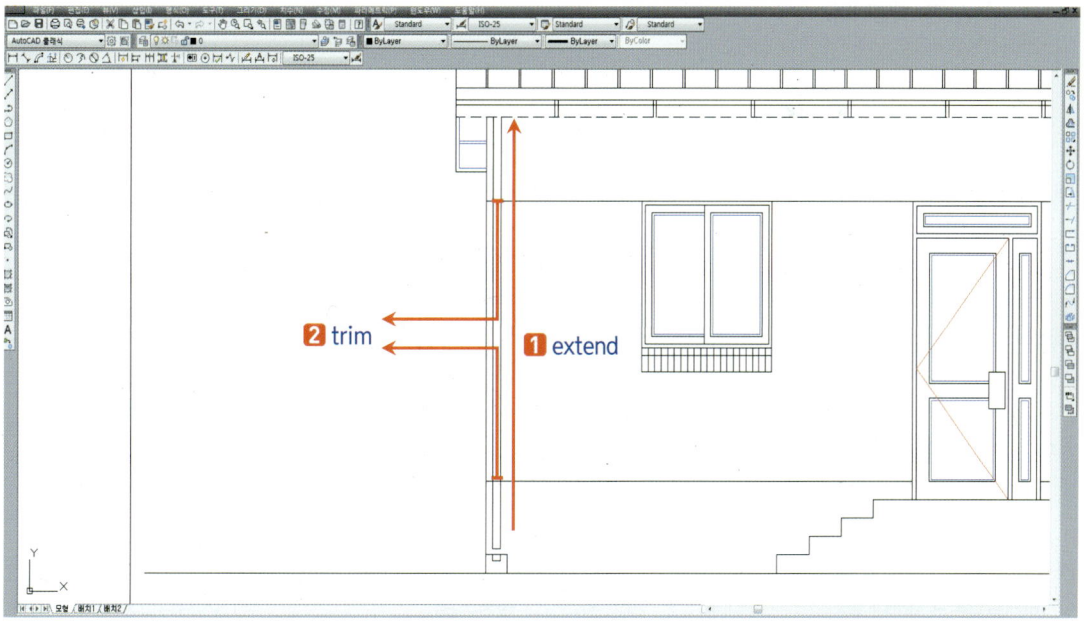

24_ line을 이용하여 임의의 위치에 홈통걸이를 아래와 같이 작도한 뒤 offset을 이용하여 30만큼 간격을 띄고 copy를 이용하여 900 간격으로 복사합니다.

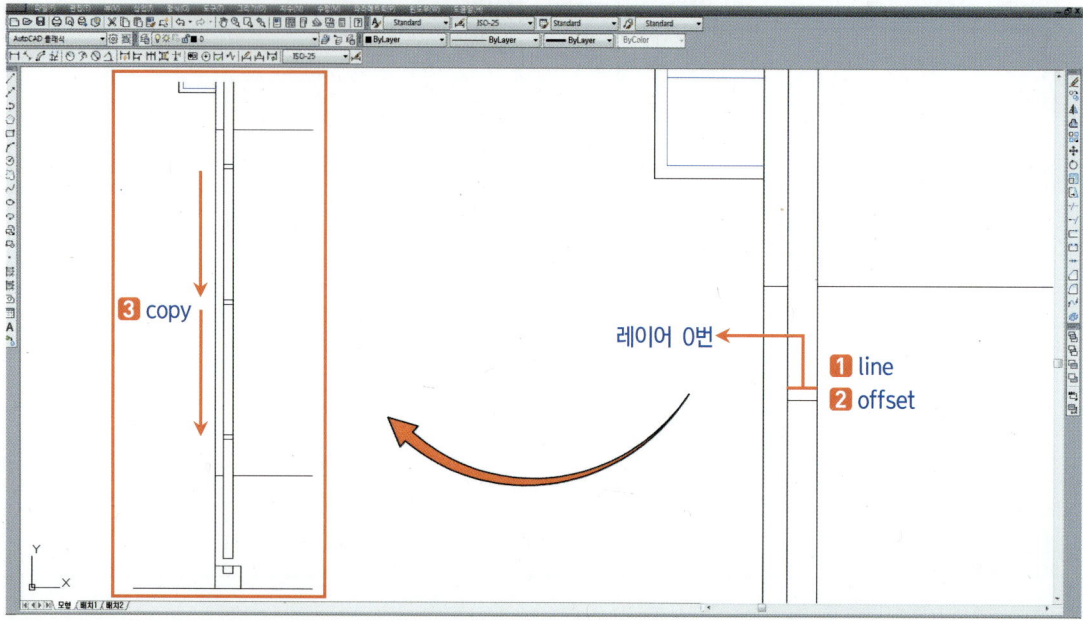

25_ 위 작업에서 24번 홈통작도 시 삼각입면도의 홈통작도와 다른 위치관계를 이해하기 쉽도록 3D 프로그램으로 디자인한 것입니다.

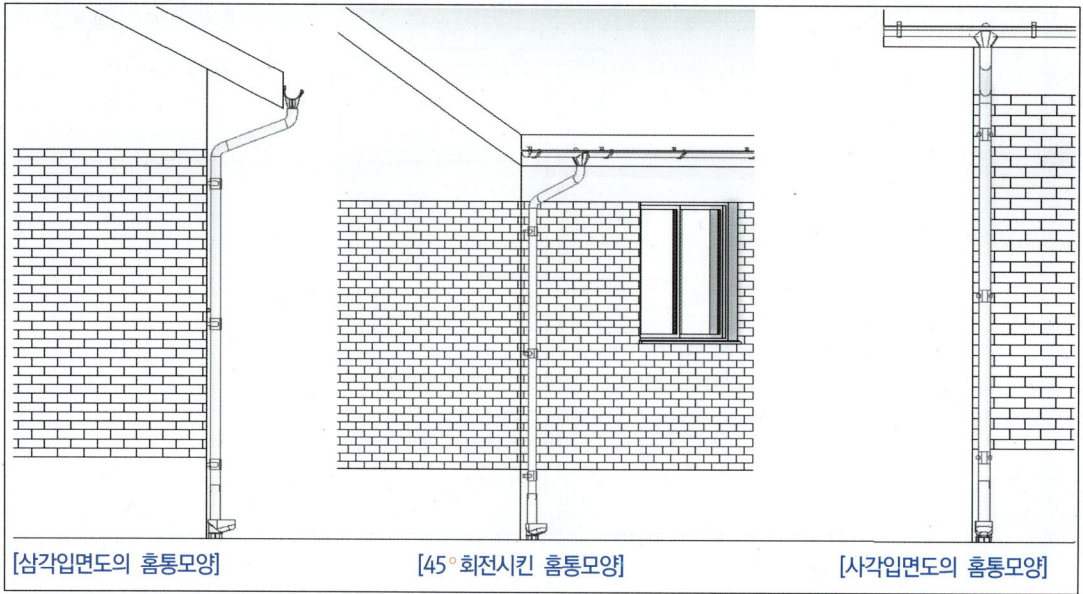

※ 위 그림에서 보이듯 홈통은 삼각입면도와 사각입면도에서 보이는 모습이 다르므로 주의하기 바랍니다.

26_ 건물의 우측에도 동일한 방법으로 홈통을 만듭니다.

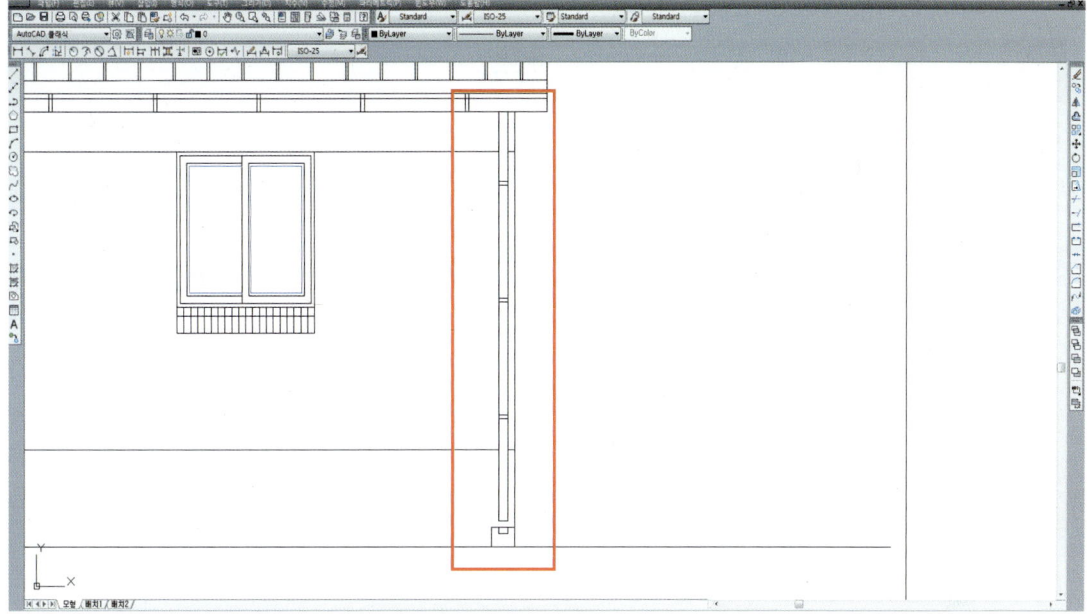

※ mirror를 이용하여 홈통을 대칭시키는 것이 더 효율적입니다.

27_ 평면도에 제시된 난간을 작도합니다.

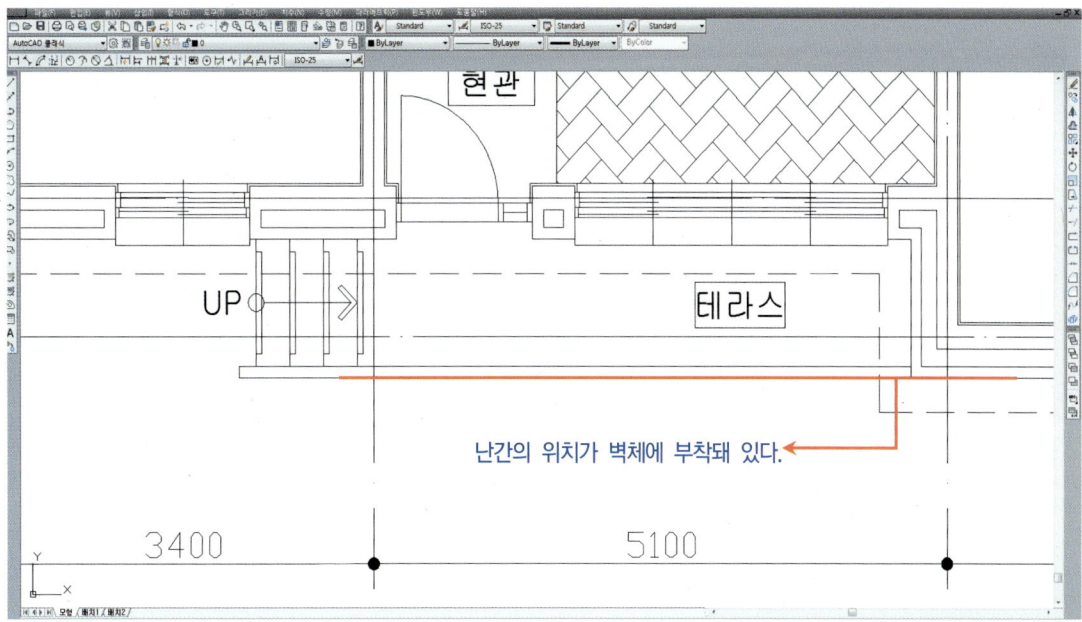

28_ line을 이용하여 계단의 중간점에 선을 작도(hidden 선)한 뒤 offset을 이용하여 계단참 및 계단의 대각 선 (hidden 선)에서 900만큼 간격을 띕니다.

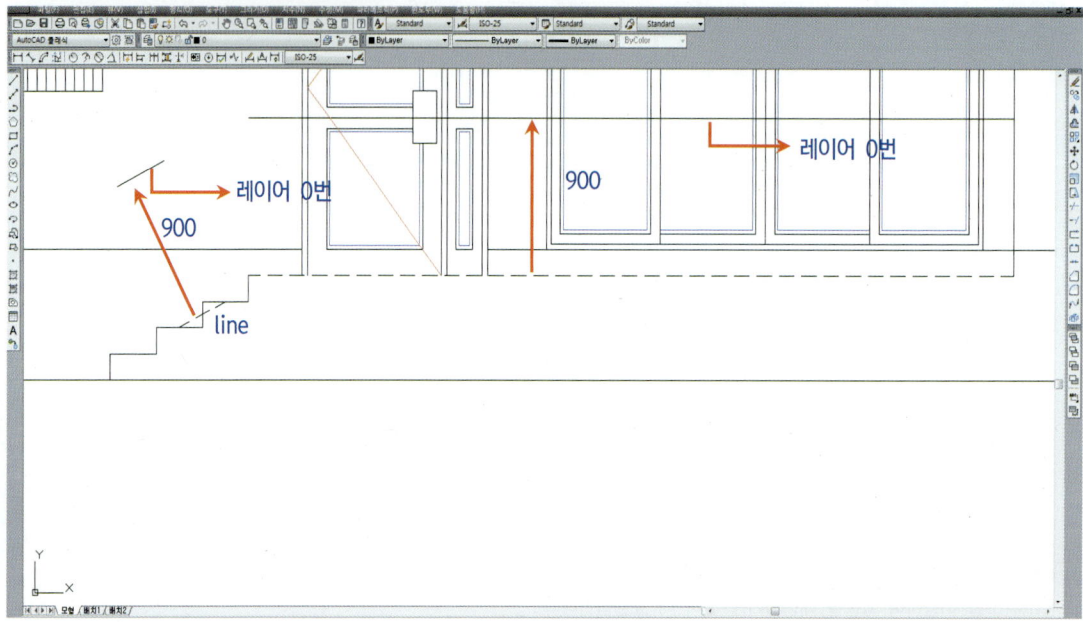

※ 28번의 편집이 끝나면 난간간격을 띄기 위해 계단에 작도했던 대각선을 지웁니다.

29_ offset을 이용하여 난간두겁(hidden 선)의 두께 90을 아래방향으로 간격을 띕니다.

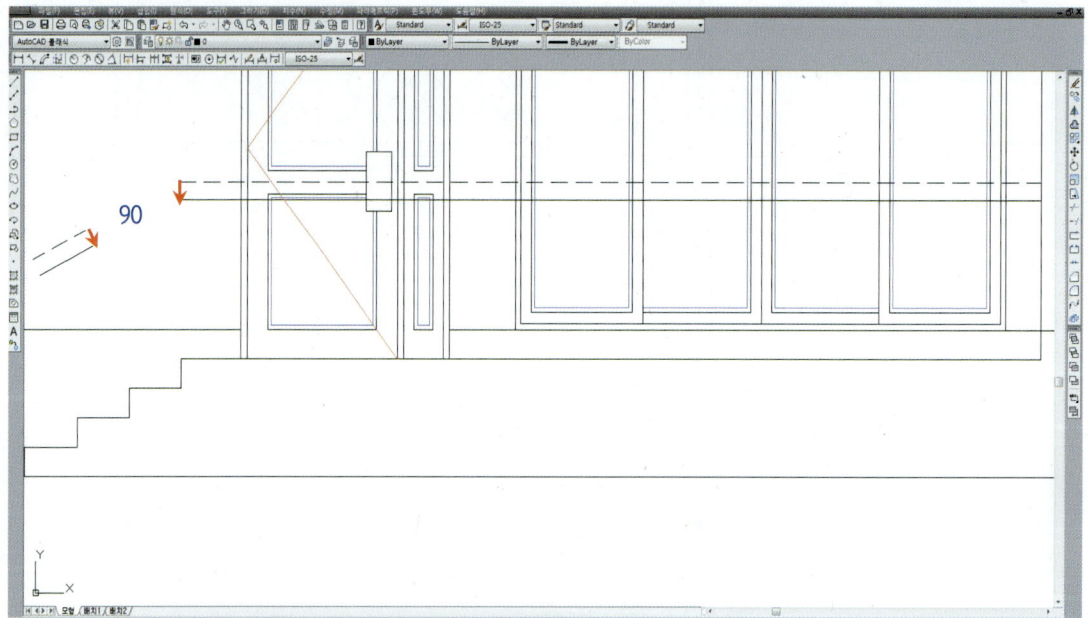

30_ fillet을 이용하여 아래 그림과 같이 난간의 모서리 (네모 클릭) (세모 클릭)를 편집합니다.

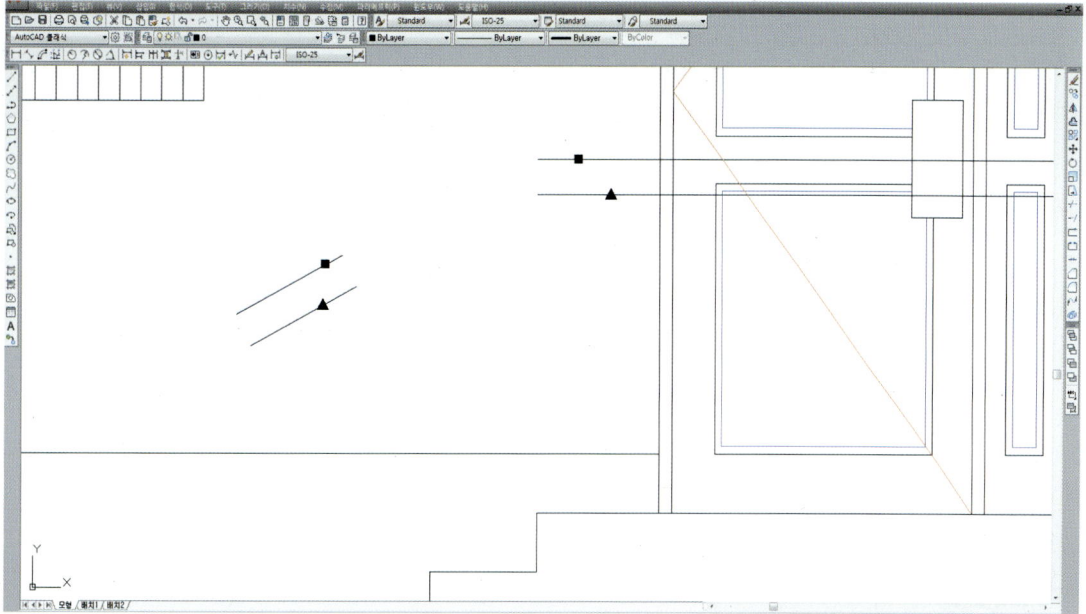

31_ line을 이용하여 계단의 중간점에서 임의의 길이로 선을 긋고 (hidden 선) offset을 이용하여 좌우 각각 15만큼씩 띄어 난간두겁을 표현합니다.

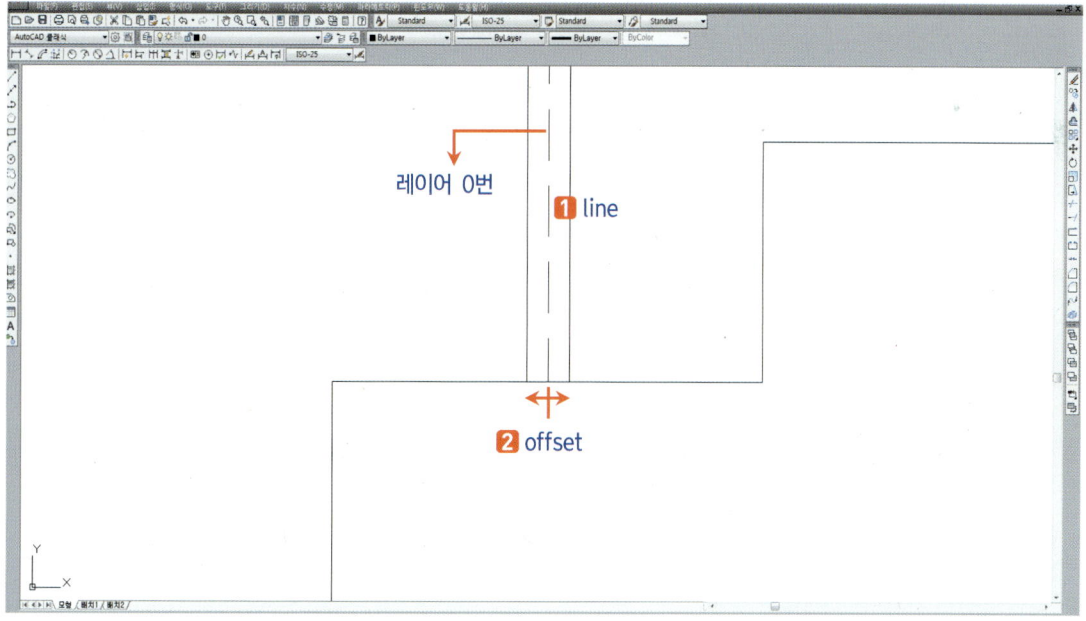

※ 31번의 편집이 끝나면 난간두겁의 가운데 선을 지웁니다.

32_ array를 이용하여 난간두껍(hidden 선)을 아래와 같이 배열합니다.

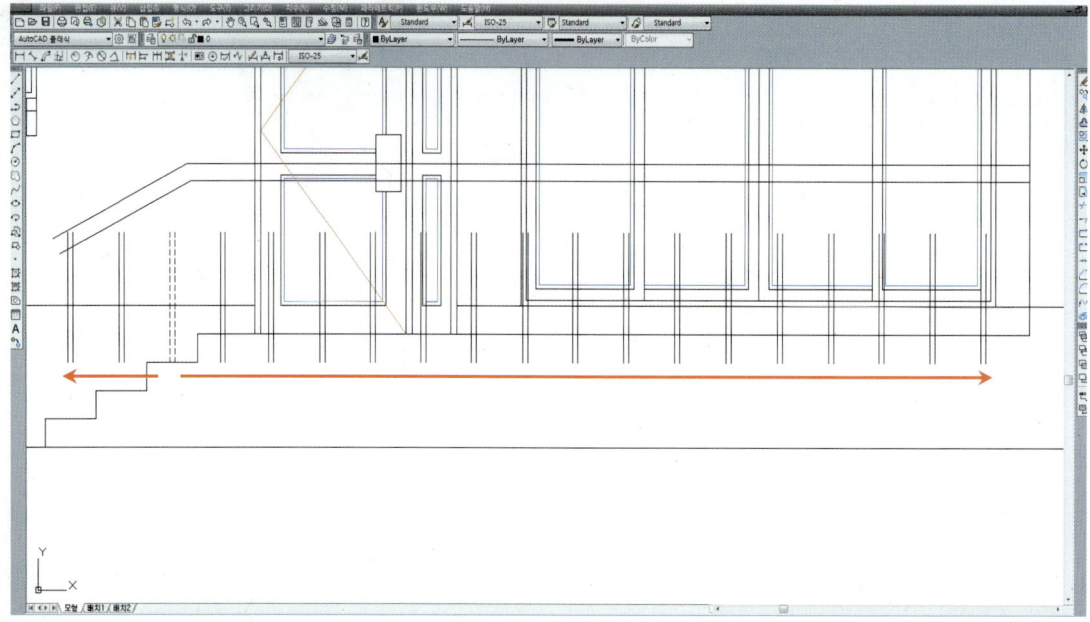

※ 난간두껍의 간격은 정해진 것이 아니라 계단의 너비와 동일하다고 생각하면 됩니다.

33_ trim 또는 extend를 이용하여 난간동자를 난간두껍과 계단(hidden 선) 및 계단참에 잘라내고 연장합니다.

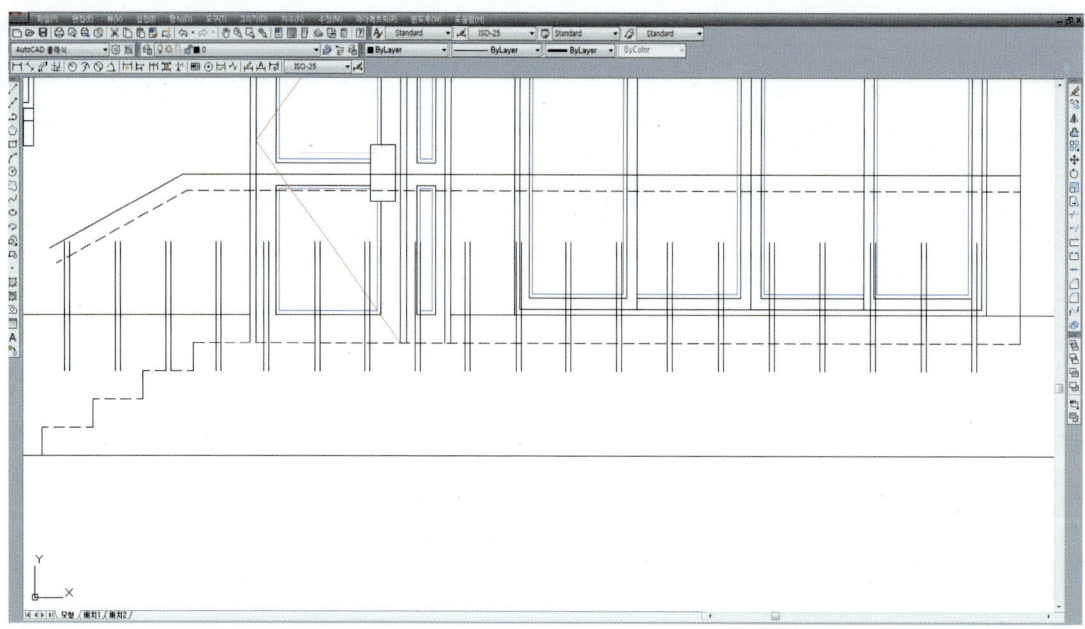

※ trim명령으로 extend를 할 수 있고 extend명령으로 trim을 할 수 있는데 shift키를 누른 상태로 하면 됩니다.

34_ 평면도에 제시된 난간두겁이 계단보다 돌출돼 있는 부분을 작도합니다.

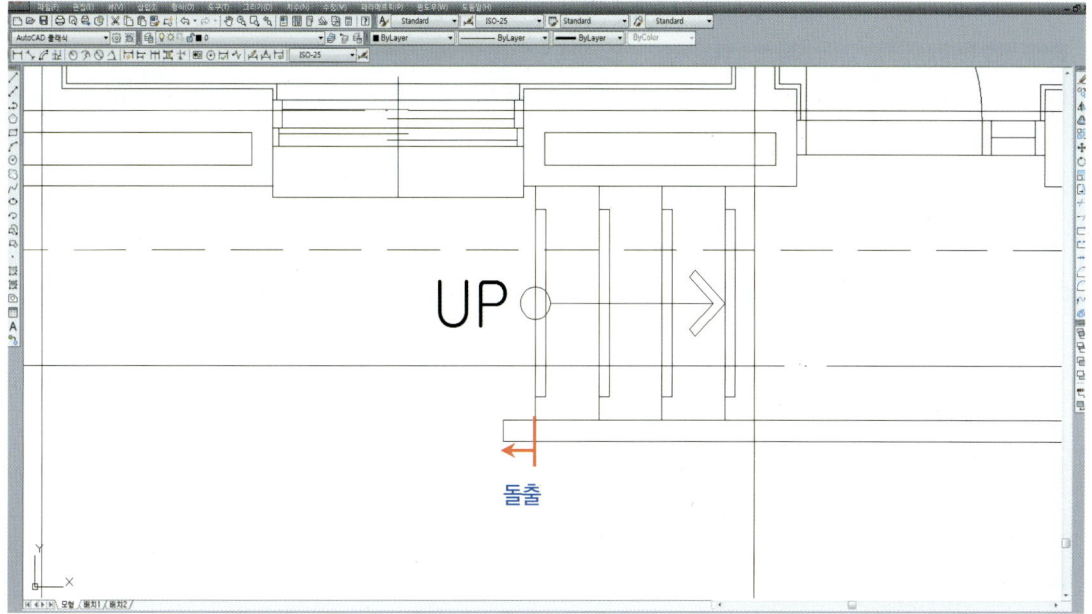

35_ copy를 이용하여 난간동자를 계단 앞 끝부분까지 복사(hidden 선)를 하고 extend를 이용하여 난간두겁의 아래부분을 난간동자 제일 앞쪽까지 연장(✖ 표시)합니다.

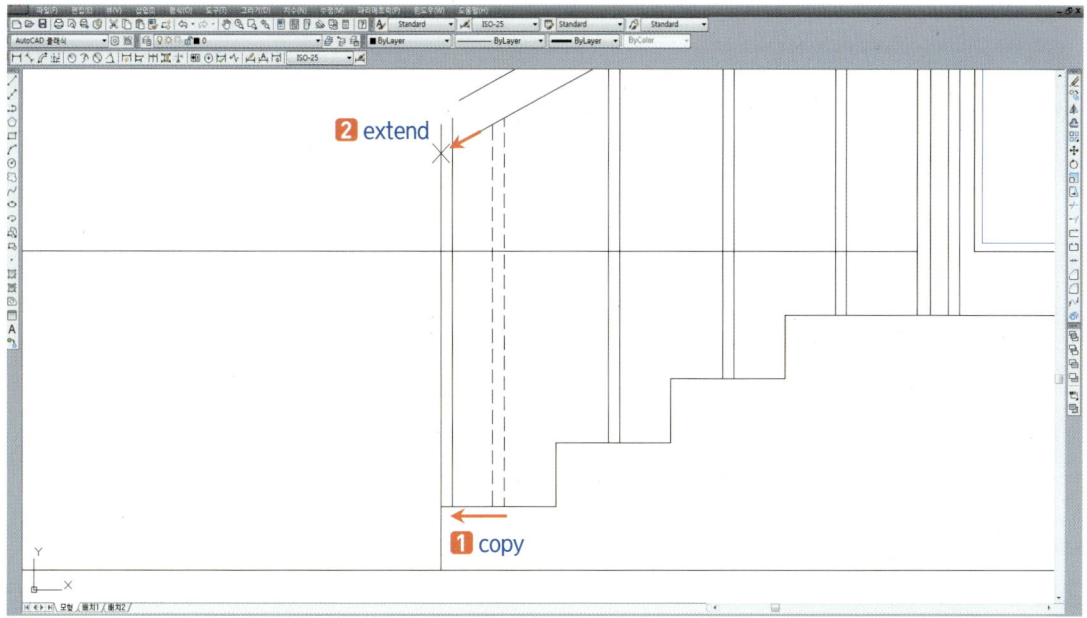

36_line을 이용하여 아래와 같이 난간두겁의 끝부분을 작도(✕ 표시에서 시작)한 뒤 fillet을 이용하며 모서리(네모 클릭)를 다듬고 trim을 이용하여 난간동자(파란 선)를 잘라냅니다.

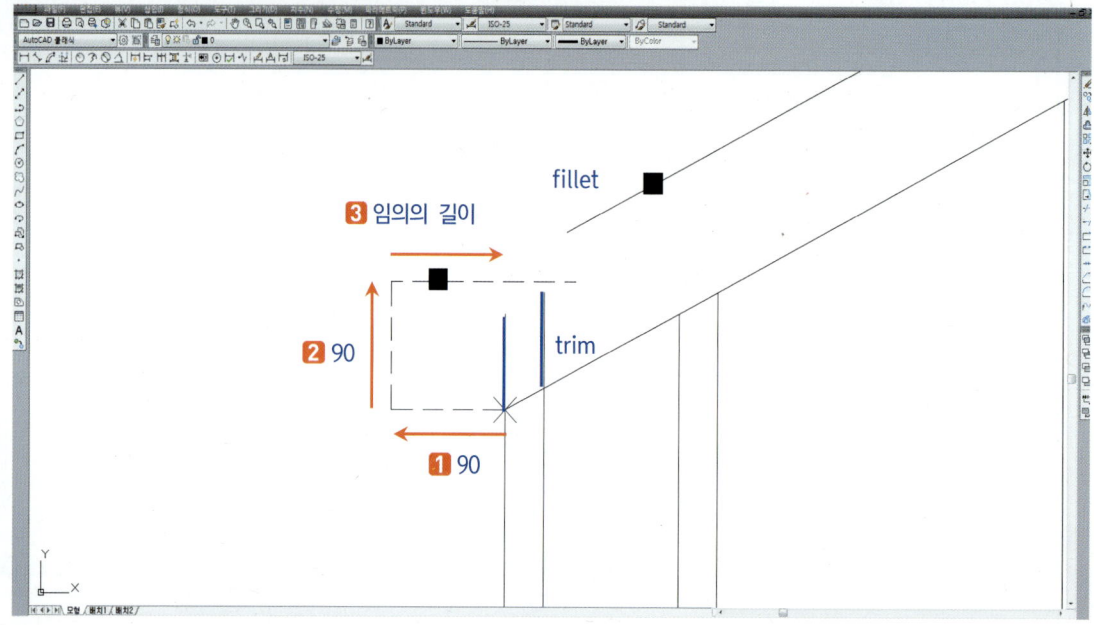

※ trim과 fillet의 편집순서는 관계없습니다.

37_trim을 이용하여 난간두겁과 난간동자 뒤에 겹치는 부분을 모두 잘라냅니다.

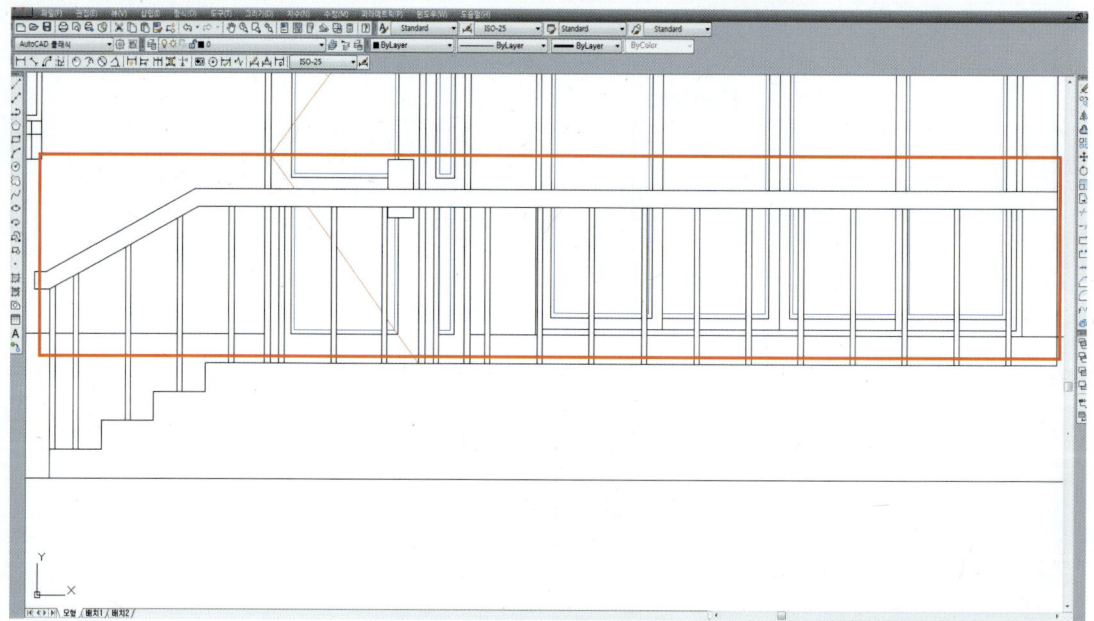

※ 난간이 출제됐을 경우 반드시 난간 뒤에 있는 물체들을 모두 잘라내야 합니다.

38_ 평면도 동측에 제시된 계단참 부분을 작도합니다.

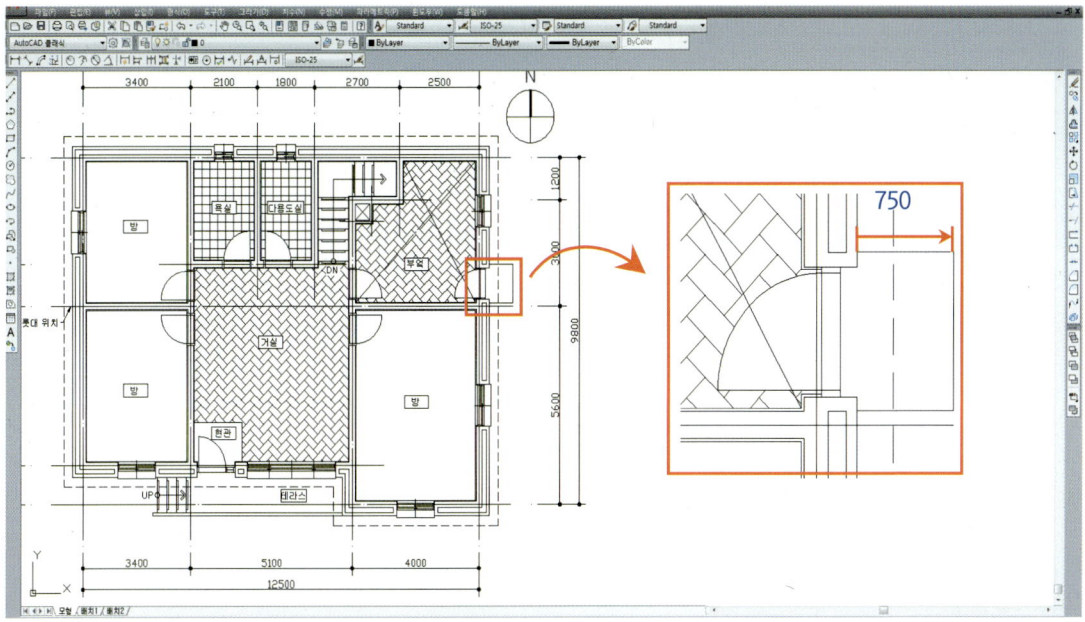

39_ offset을 이용하여 외벽(hidden 선)에서 750, 고막이(hidden 선)에서 150의 간격을 띈 후 fillet을 이용하여 모서리(네모 클릭)를 다듬습니다.

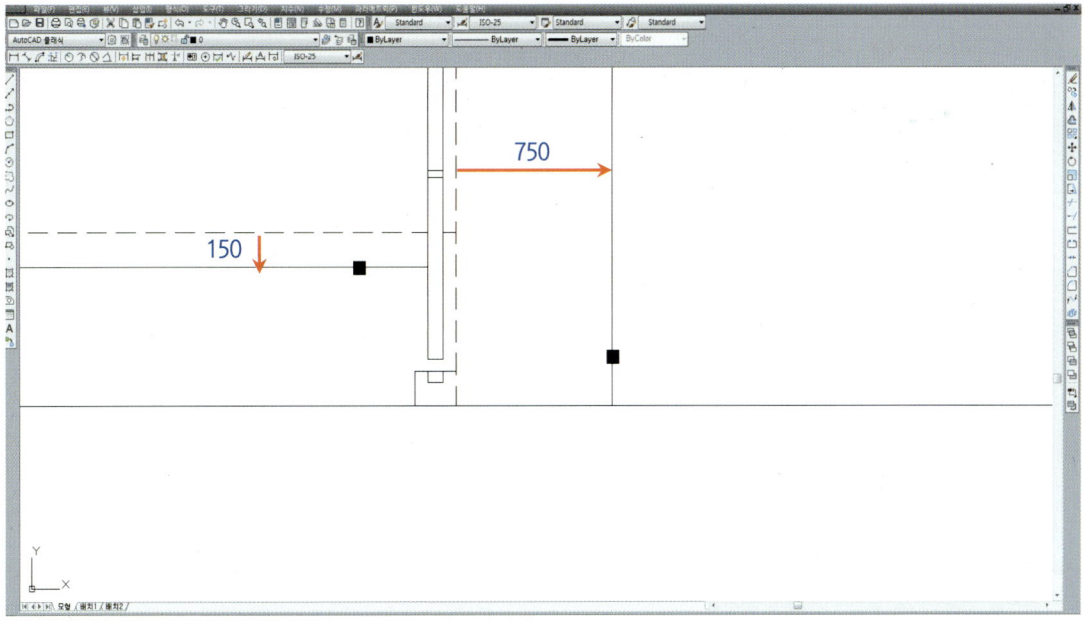

※ 계단참 150을 내린 것은 좌측의 계단참과 높이를 같게 하려고 한 것으로, 고막이가 750으로 높아서 중간높이인 375를 내리는 것도 무방합니다.

40_ trim을 이용하여 우측계단참을 제외한 부분(hidden 선)을 잘라냅니다.

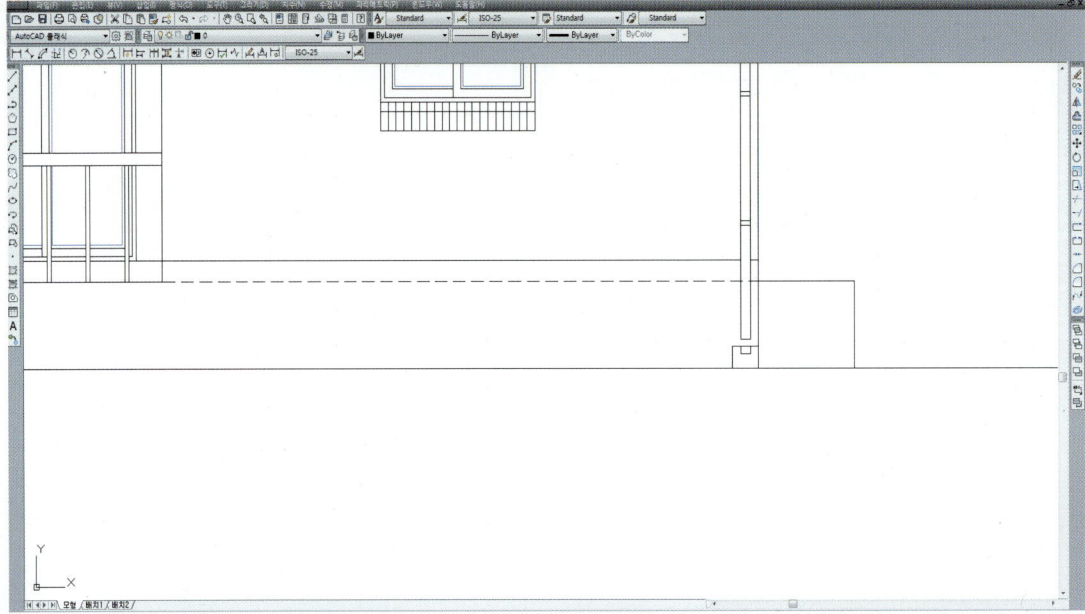

41_ 입면도에 작성할 글자를 작성합니다.

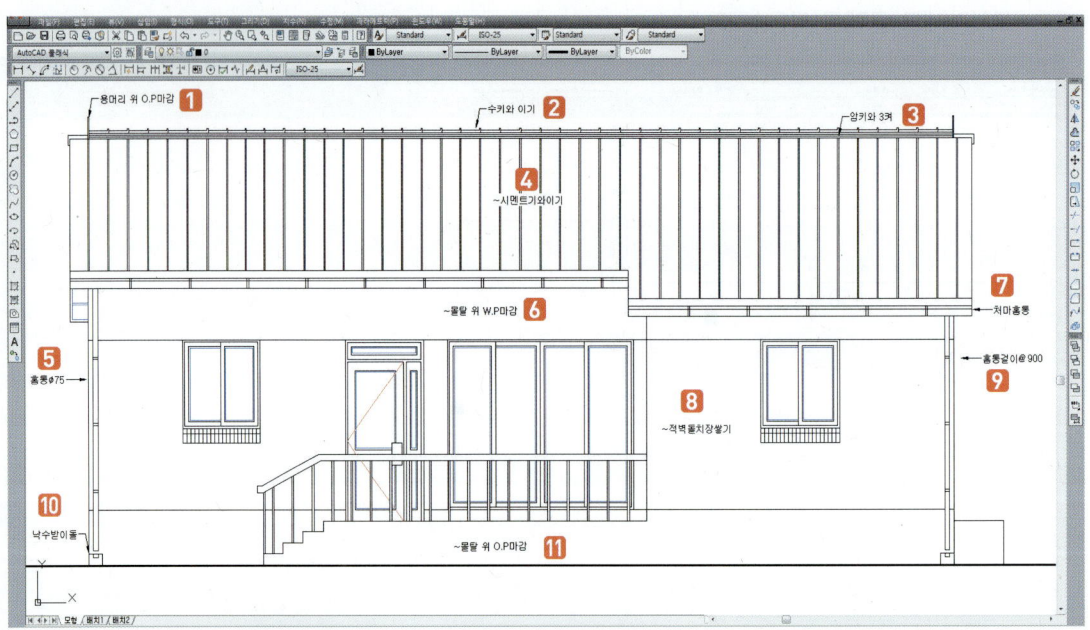

※ 글자를 번호순으로 보면 아래와 같습니다.
1 용머리 위O.P마감, 2 수키와 이기, 3 암키와 3켜, 4 시멘트기와이기, 5 홈통Ø75, 6 몰탈 위 W.P마감, 7 처마홈통,
8 적벽돌치장쌓기, 9 홈통걸이@900, 10 낙수받이돌, 11 몰탈 위 O.P마감

42_ 표제란, 조경, 지반, 해치 등을 완성하여 마무리합니다.

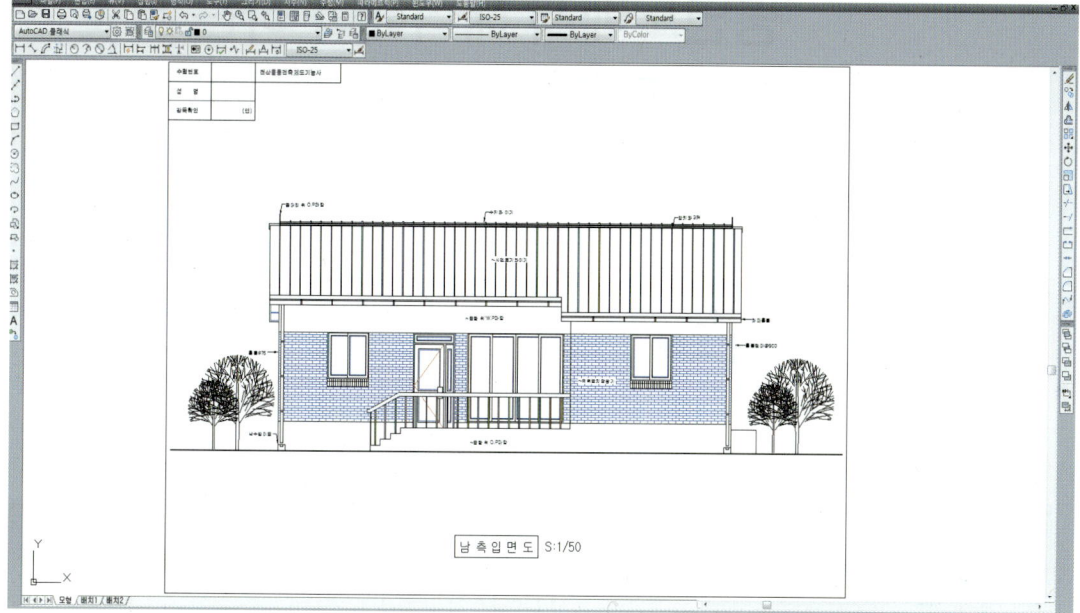

※ 41과 42의 작성 및 작도방법은 5 평면도를 이용하여 삼각입면도 그리기(하부) 38부터 참고하기 바랍니다.

07 평면도에서 해석해야 하는 부분 (난간단면)

1 평면도를 이용한 도면독해

1 평면도를 확대했을 때 아래와 같이 보이는 것이 난간입니다.

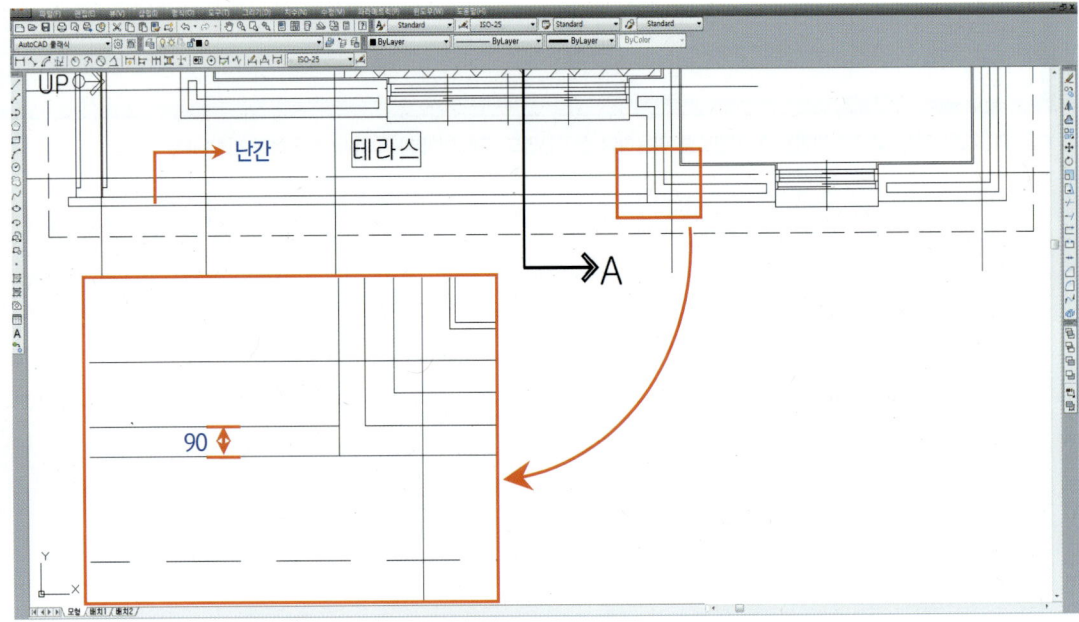

※ 난간의 구성요소는 엄지기둥, 난간두겁, 난간동자로 돼 있으며, 이 도면에서는 난간두겁과 난간동자만 있습니다.
※ 난간의 구성요소 크기는 평면도에서 수험생이 스케일 자로 측정 후 작도합니다.

2_A단면 표시가 난간을 지나가므로 난간두겁은 단면(레이어 2번)으로 작도합니다.

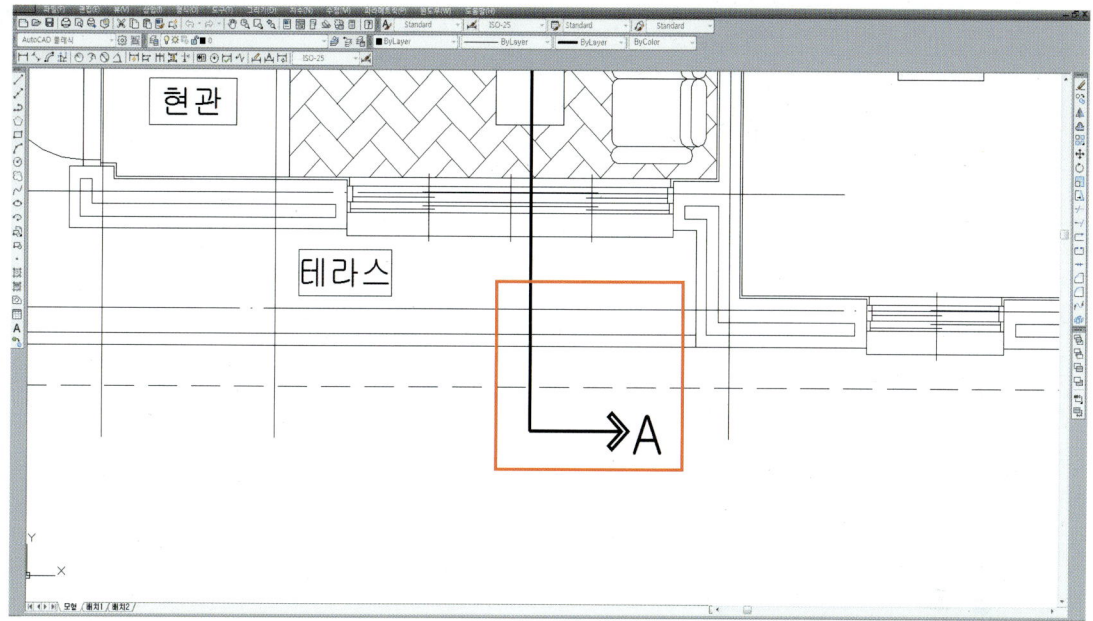

※ 난간은 A단면 표시의 위치에 따라 입면으로 작도해야 하는 경우도 있고 단면으로 작도해야 하는 경우도 있습니다.

3_offset을 이용하여 계단참 인조석(hidden 선)에서 900만큼 간격을 띄어 난간두겁의 위치를 잡습니다.

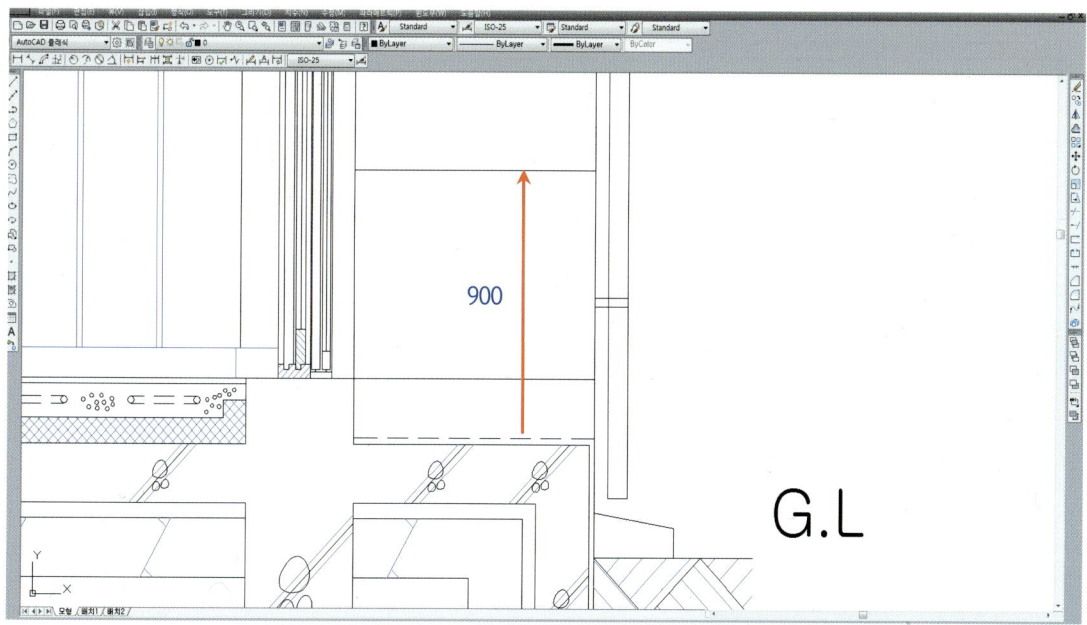

※ 주택법에서 난간높이는 바닥마감 면으로부터 120cm 이상 설치해야 합니다. 다만, 위험이 적은 장소에 설치하는 난간의 경우에는 90cm 이상으로 할 수 있습니다.

※ 건축법에서 난간높이는 2층 이상인 층에 있는 발코니 주위에는 120cm 이상 설치해야 합니다.

4_ rectangle을 이용하여 난간두겁 위치(✖ 표시)에서 아래와 같이 난간두겁을 작도합니다.

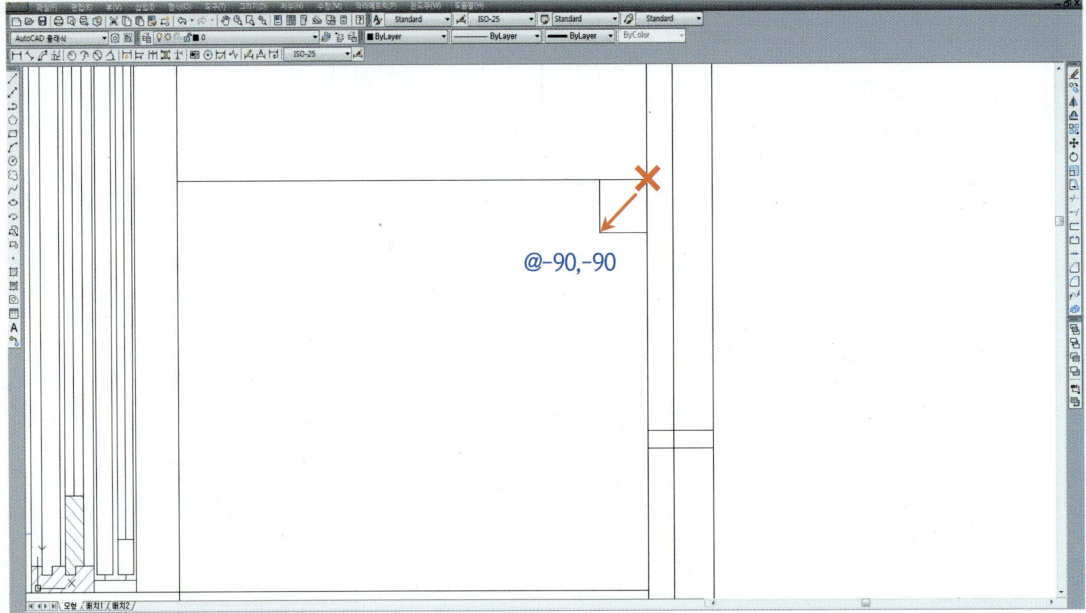

※ 벽 끝에서 난간두겁을 그리는 이유는 2의 평면도에서 난간두겁 끝이 벽체의 끝선과 일치하기 때문입니다.

5_ erase를 이용하여 난간두겁 기준선(hidden 선)을 삭제합니다.

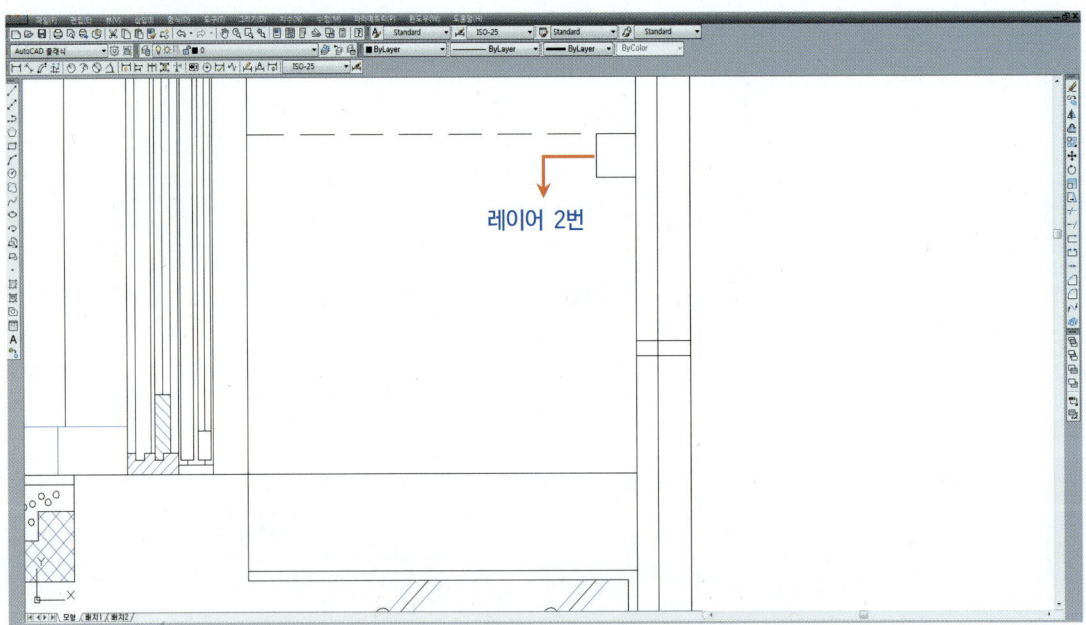

※ 난간두겁의 크기는 평면도에서 스케일 자로 측정 후 작도합니다. 1번의 평면도를 참고하시기 바랍니다.

6_ line을 이용하여 아래와 같이 난간동자의 위치(✕ 표시)를 잡습니다.

7_ offset을 이용하여 난간동자(hidden 선)를 좌우로 간격을 띄고 erase를 이용하여 지웁니다.

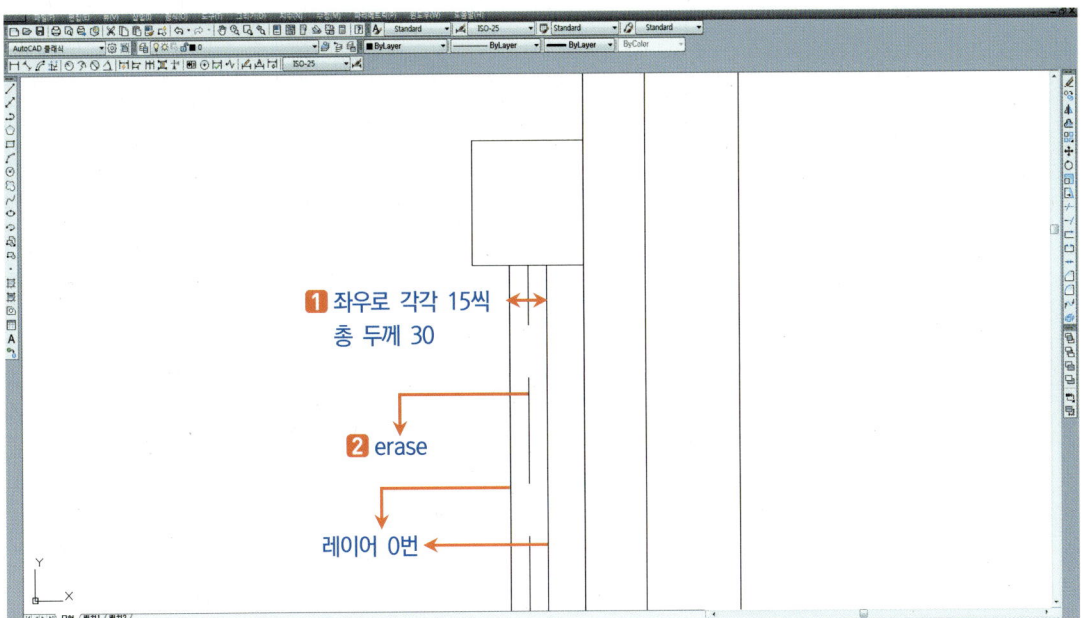

8_ trim을 이용하여 난간동자 뒷부분의 고막이(빨간 선)를 잘라냅니다.

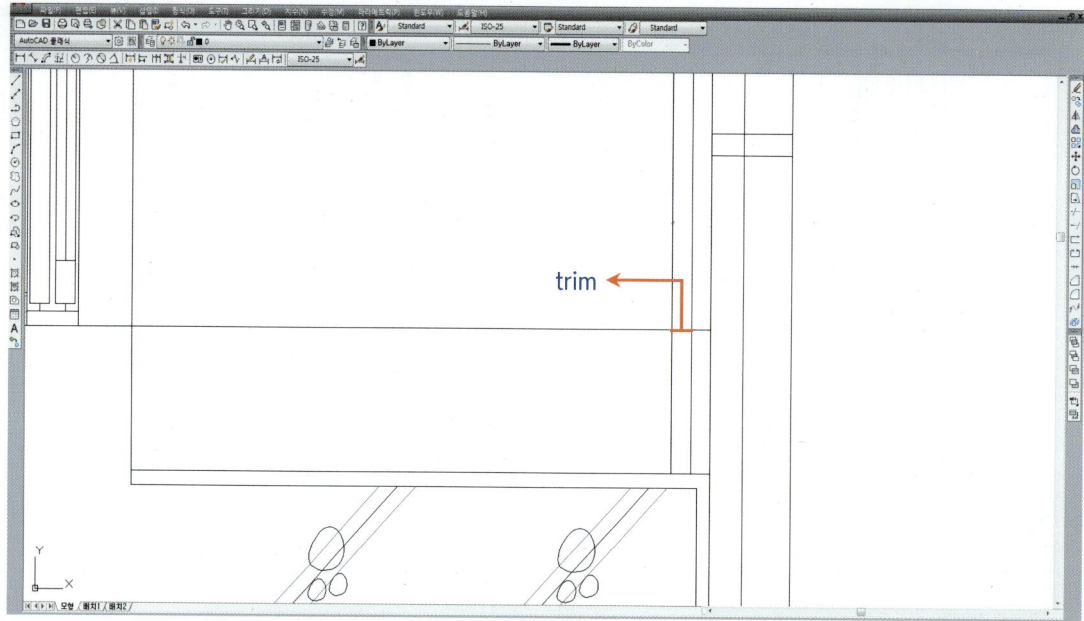

9_ 위의 작업에서 **5**번과 **7**번 난간두겁과 난간동자의 위치관계를 이해하기 쉽도록 3D 프로그램으로 디자인한 것입니다.

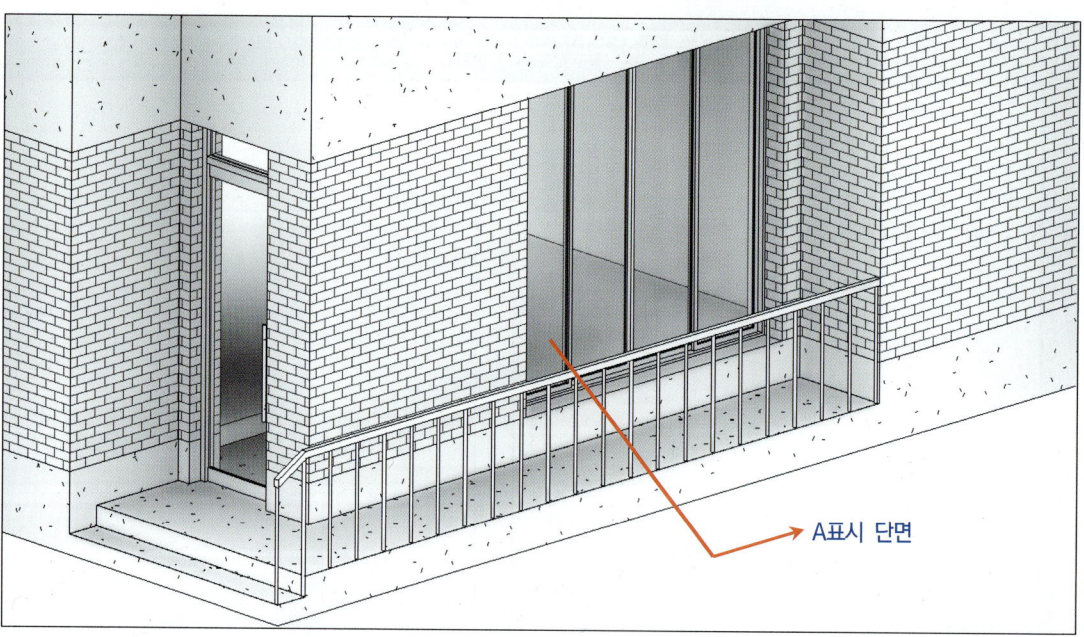

10_ 아래 그림은 위 **9**번을 절단한 뒤 확대한 모습입니다.

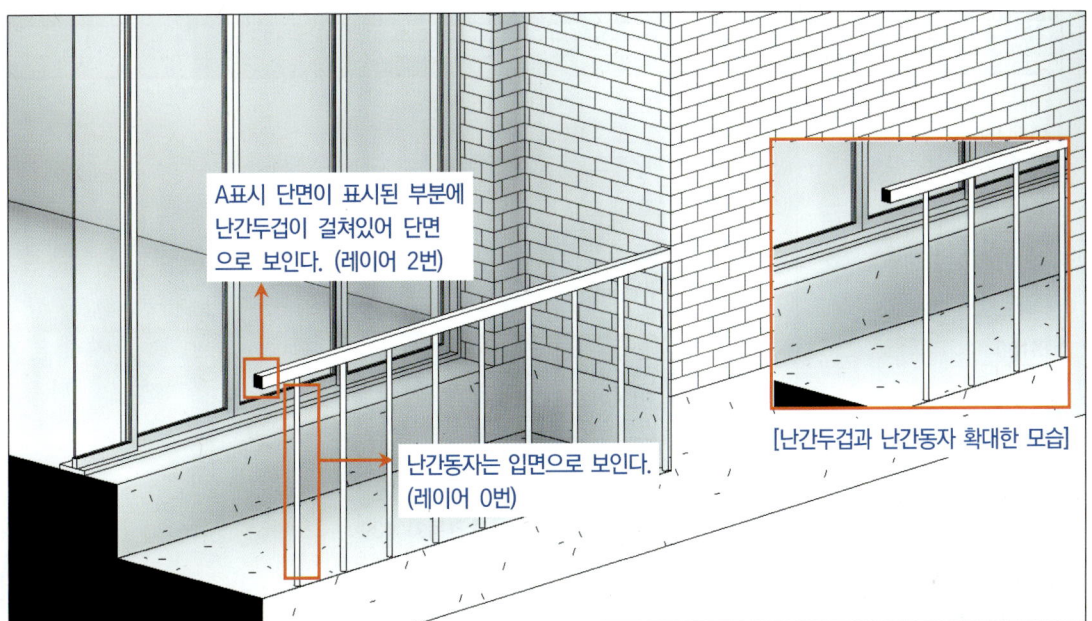

※ 이해를 돕기 위해 3D로 표현해 보았지만 평면도에서 해석이 이루어지지 않을 경우 작도하기가 어렵습니다. 반드시 숙지하셔야 합니다.

11_ mtext를 이용하여 테라스에 들어갈 글자를 작성합니다.

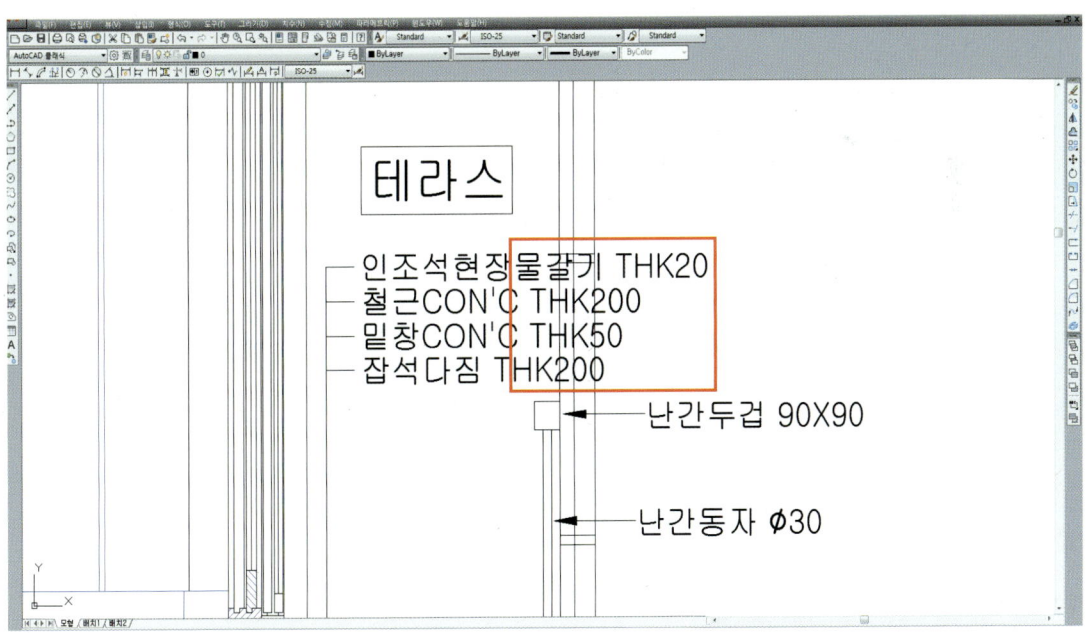

※ 도면에서 건물외부에 글자를 쓸 때 도면과 글자가 겹치는 경우 도면을 trim하지 않고 놔둡니다.

12_ hatch를 이용하여 벽체에 벽돌문양을 삽입합니다.

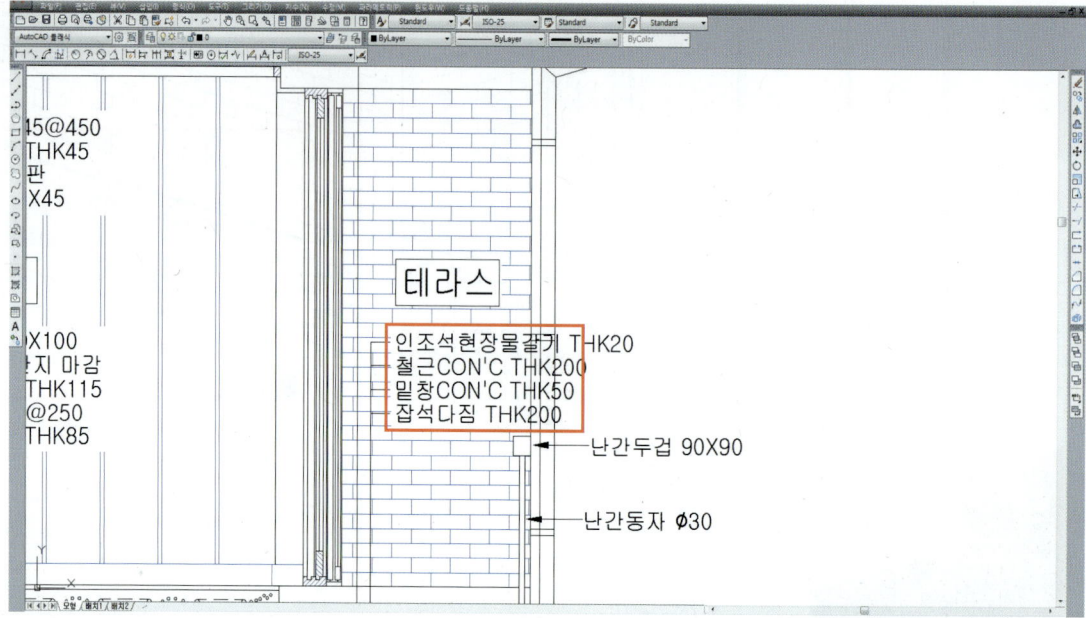

※ 해치와 글자가 겹치지 않아야 합니다.

평면도에서 해석해야 하는 부분 (엄지기둥)

1 평면도를 이용한 도면독해

1_ 평면도를 확대했을 때 아래와 같이 보이는 것이 엄지기둥입니다.

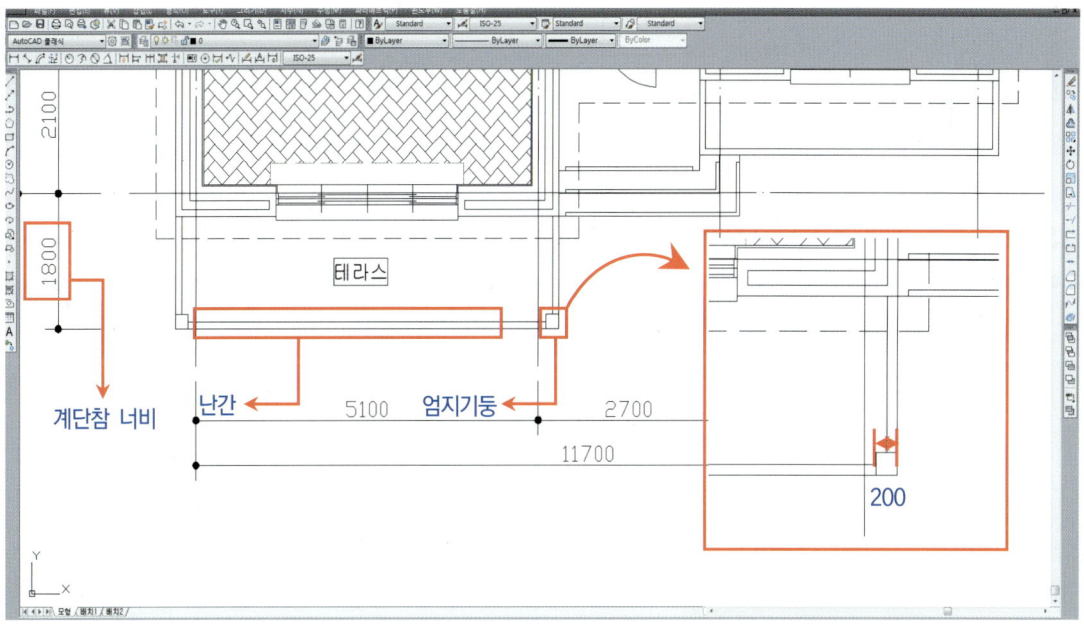

※ 이 도면에서는 엄지기둥과 난간이 있습니다. 엄지기둥의 크기는 도면마다 다르게 출제되므로 스케일 자로 측정한 뒤 작도해야 합니다.
※ 난간의 구성요소 크기는 평면도에서 수험생이 스케일 자로 측정 후 작도합니다.

2_ 평면도에 제시된 테라스의 너비를 참고하여 계단참을 작도한 뒤 offset을 이용하여 계단참(hidden 선)에서 900만큼 간격을 띄어 난간의 위치를 잡고 90만큼 내립니다.

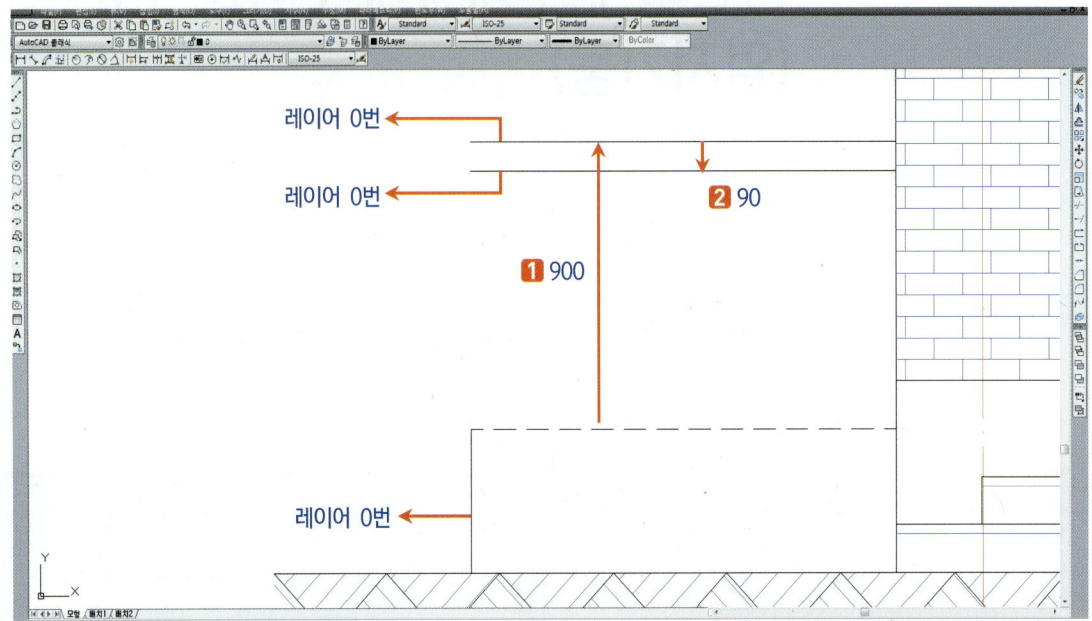

3_ fillet을 이용하여 계단참과 난간의 제일 윗부분(네모 클릭)을 편집합니다.

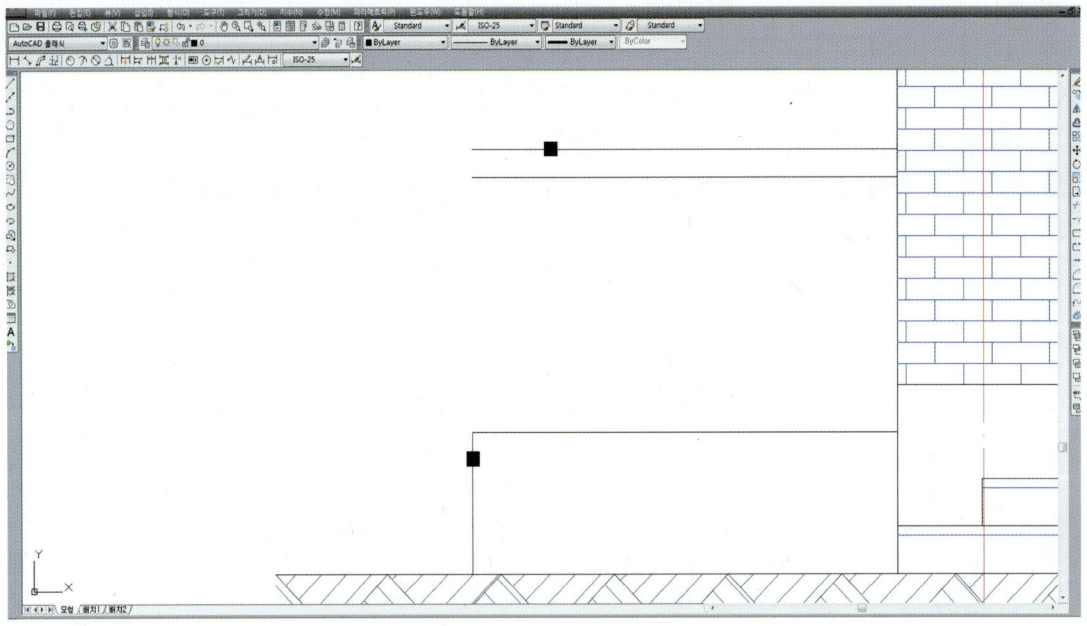

4_ offset을 이용하여 난간 끝(hidden 선)에서 엄지기둥의 폭인 200만큼 간격을 띄고 trim을 이용하여 엄지기둥 위쪽의 가로부분과 계단참 아래부분(빨간 선)을 잘라냅니다.

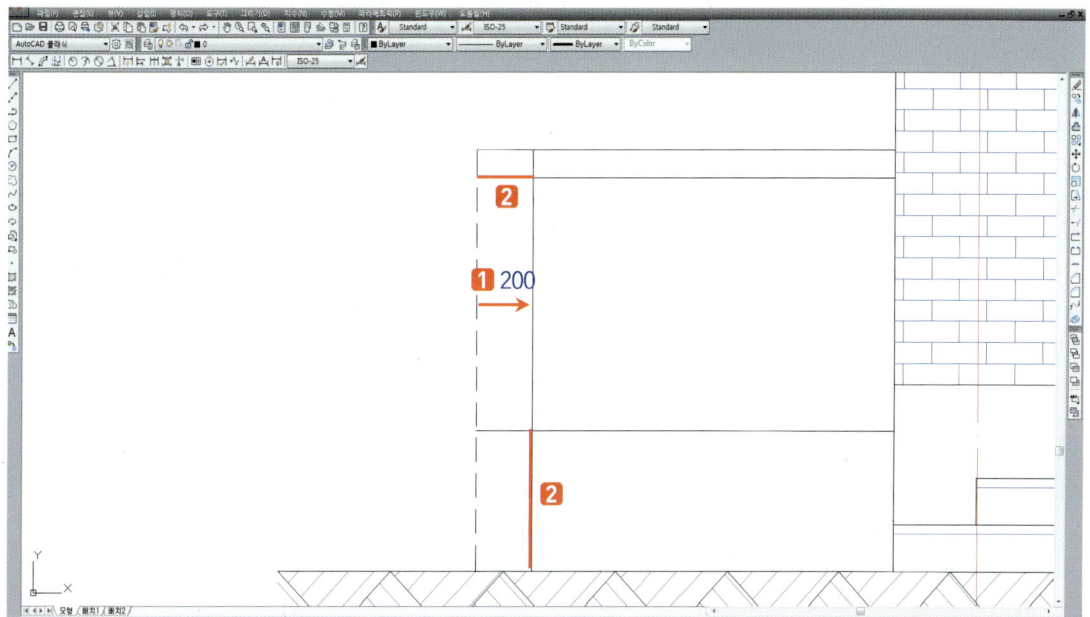

5_ offset을 이용하여 엄지기둥(hidden 선)에서 300만큼 간격을 띄어 난간동자를 만들고 trim을 이용하여 난간과 겹치는 난간동자(빨간 선)를 잘라냅니다.

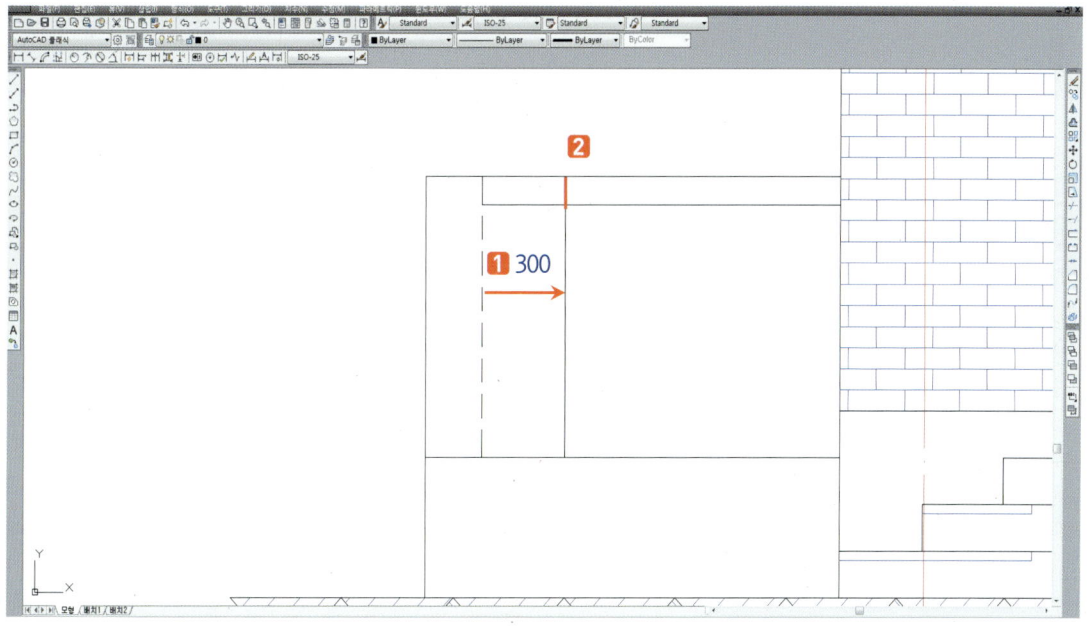

6_offset을 이용하여 난간동자(hidden 선)를 좌우로 간격을 띄고 erase를 이용하여 지웁니다.

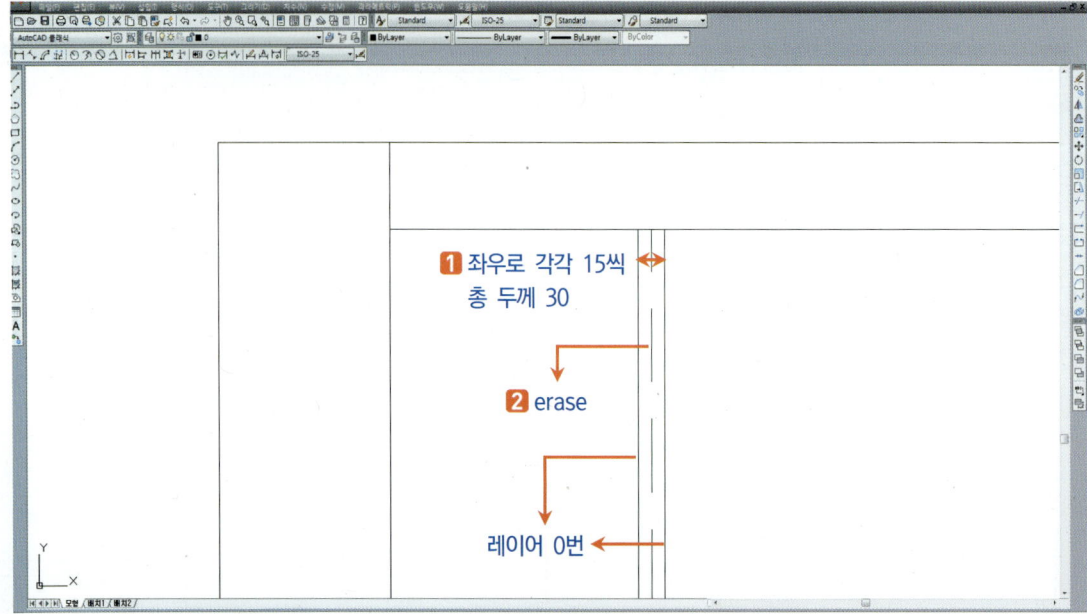

7_array를 이용하여 난간동자(빨간 선)를 벽체까지 배열합니다.

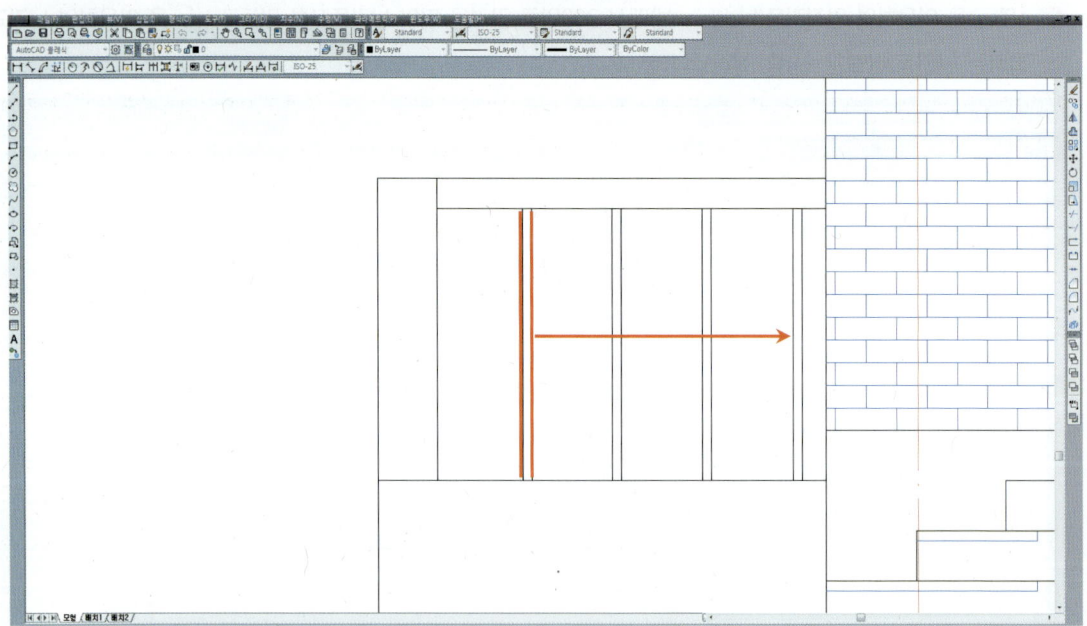

8_ offset을 이용하여 난간 위쪽(hidden 선)에서 50만큼 간격을 띄운 후 rectangle을 이용하여 엄지기둥 위치 (✕ 표시)에서 엄지기둥 머리를 작도하고 line을 지웁니다.

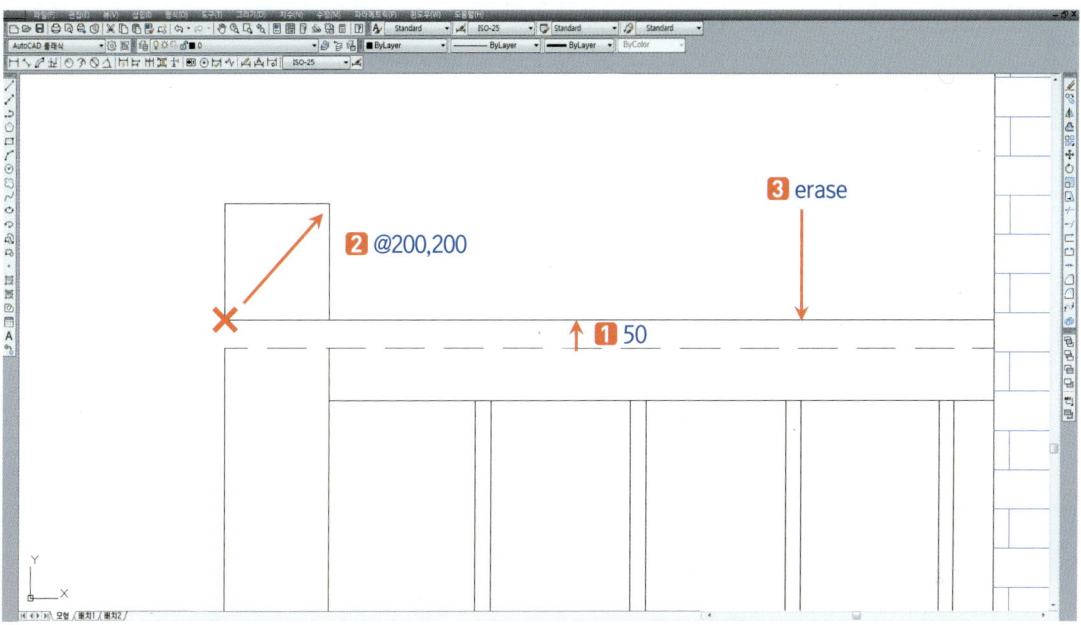

9_ line을 이용하여 엄지기둥 머리와 엄지기둥 사이(hidden 선)에 선을 긋고 offset을 이용하여 난간동자(hidden 선)를 좌우로 간격을 띕니다.

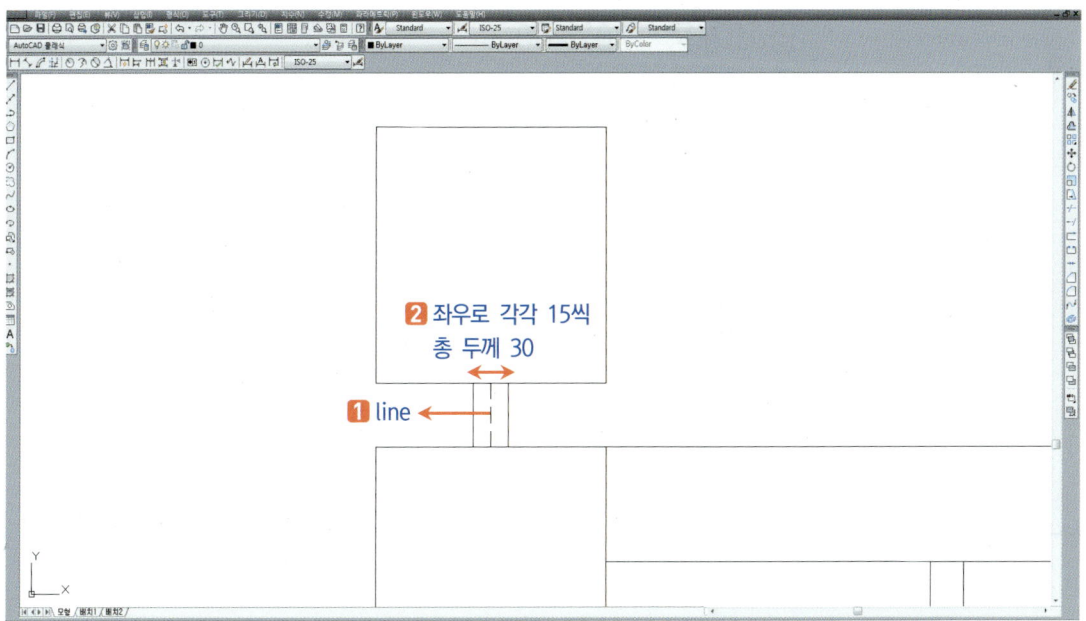

10_ erase를 이용하여 가운데 선(hidden 선)을 지웁니다.

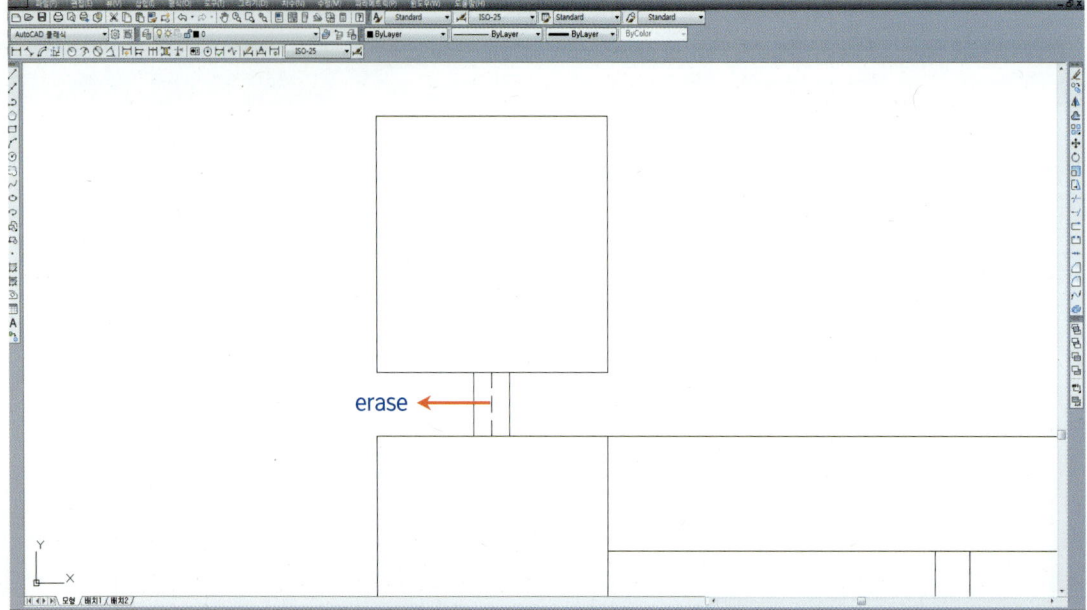

11_ mtext를 이용하여 글자를 기입합니다.

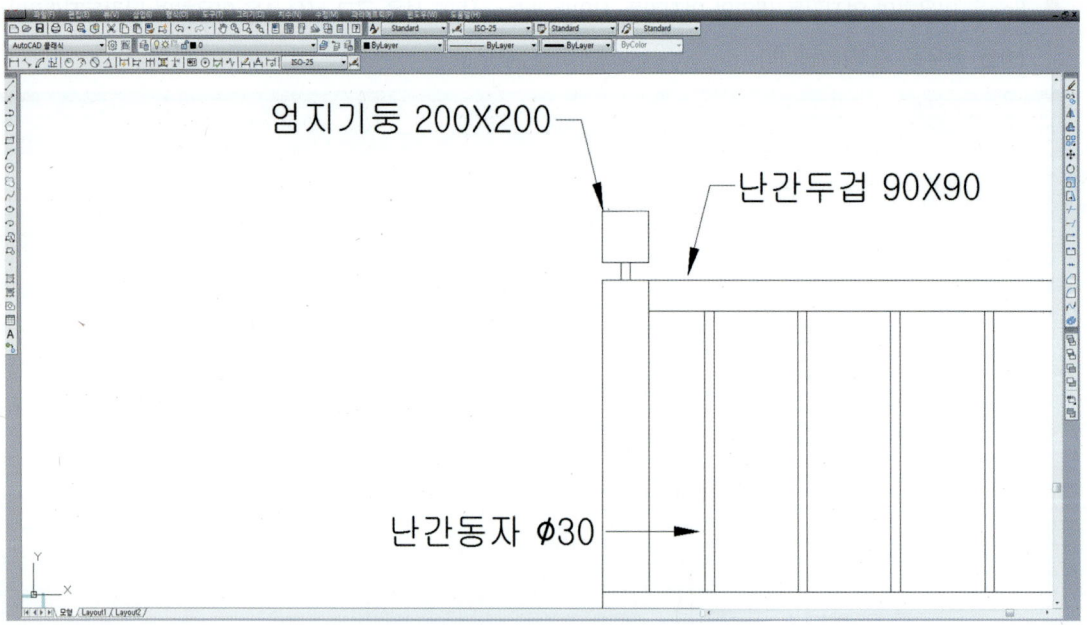

※ 엄지기둥의 array를 하고 나면 마지막 난간동자의 간격이 벽체의 간격과 맞지 않습니다.

12_ 위의 작업에서 **11**번 엄지기둥과 난간두겁 및 난간동자의 위치관계의 이해를 돕기 위한 3D CAD입니다.

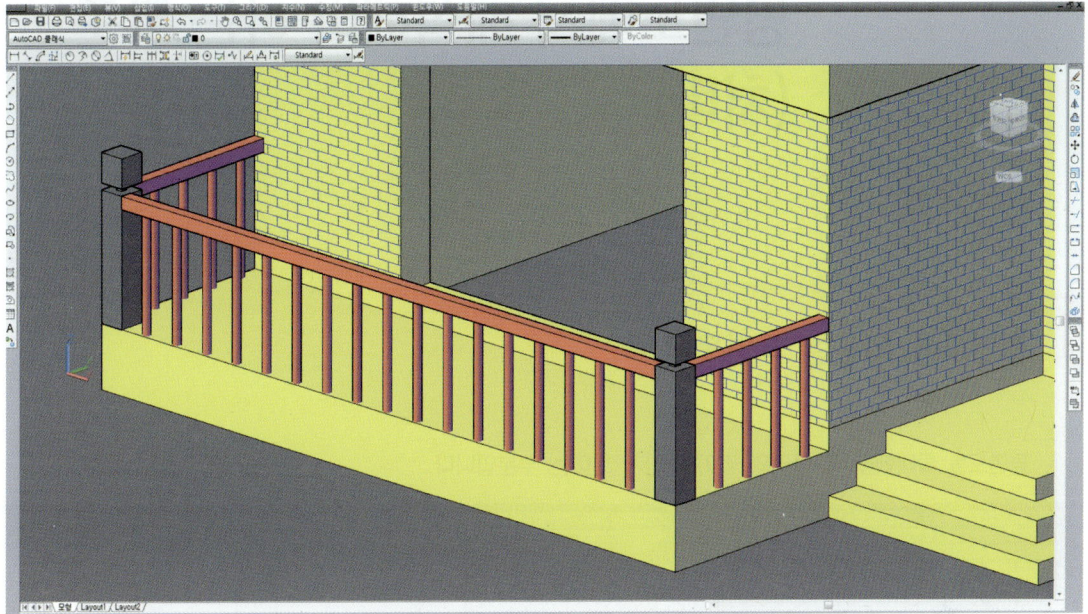

09 평면도에서 해석해야 하는 부분 (처마)

1 평면도를 이용한 도면독해

1_ 평면도를 확대했을 때 아래와 같이 처마가 보이는 부분입니다.

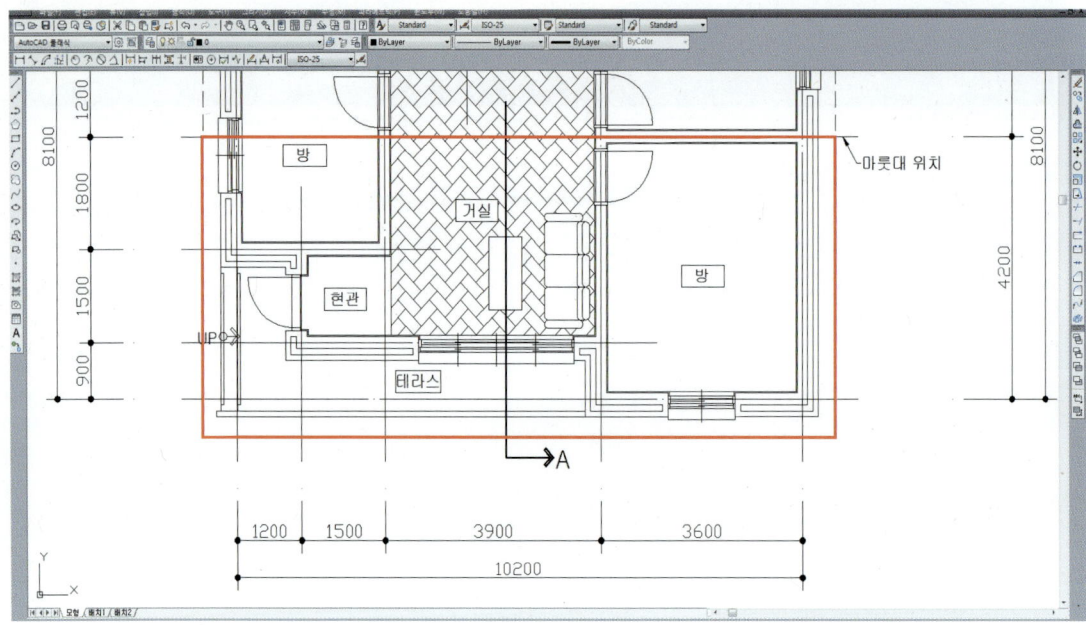

※ 위 그림을 보면 처마나옴이 벽체를 따라 꺾이지 않고 직선으로 돼 있습니다.

2_ 보통 시험에 출제되는 처마나옴은 벽체를 따라 연결되는 아래와 같은 모습이 일반적입니다.

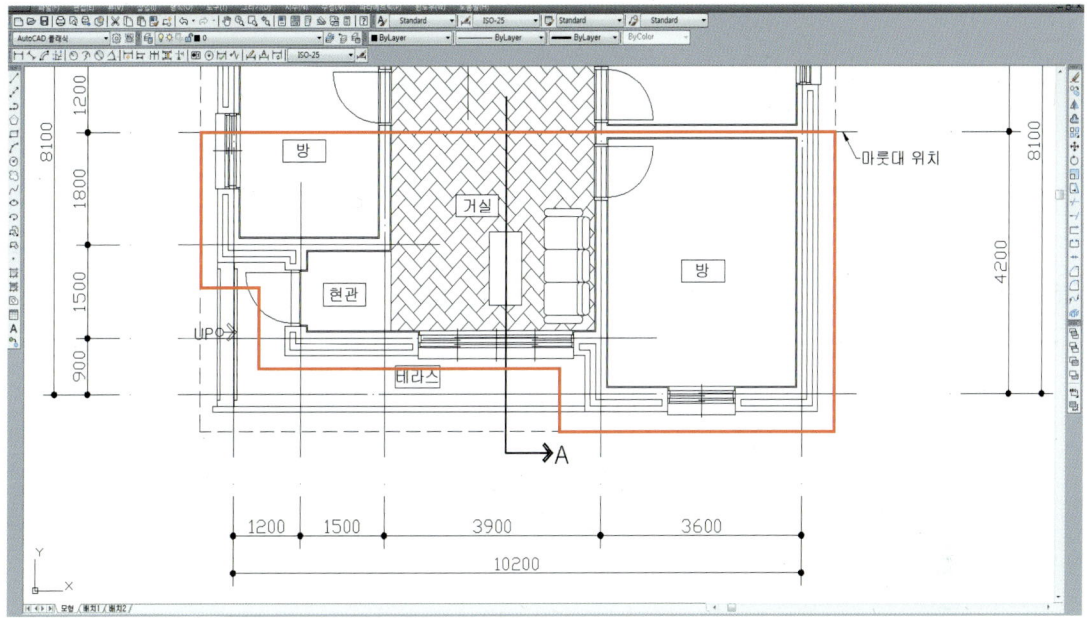

3_ 위의 2번과 같이 출제되면 일반적인 복합지붕이지만 **1**번은 처음부터 처마가 잘리고 방이 위치한 벽은 입면으로, 거실이 위치한 벽은 단면으로 작도해야 합니다.

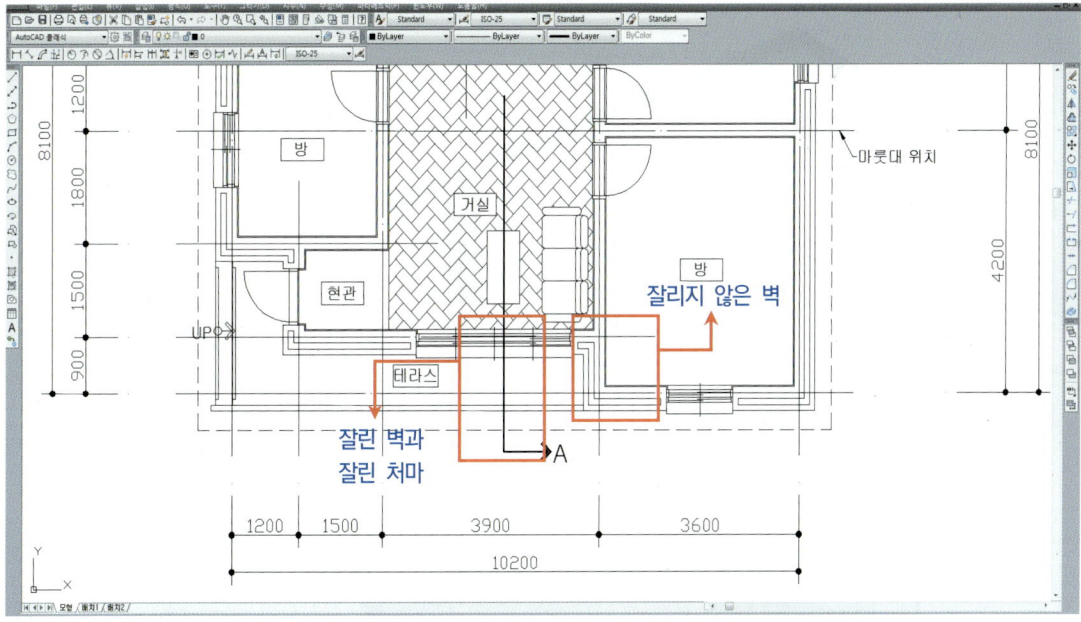

4_ 위의 작업에서 **1**번의 처마나옴 위치관계를 이해하기 쉽도록 3D 프로그램으로 디자인한 것입니다.

처마나옴이 꺾이지 않고 길게 뻗어있다.

5_ 위의 작업에서 **4**번을 **1**에 있는 A표시 단면방향으로 잘랐을 때 처마와 벽체의 위치관계를 이해하기 쉽도록 3D 프로그램으로 디자인한 것입니다.

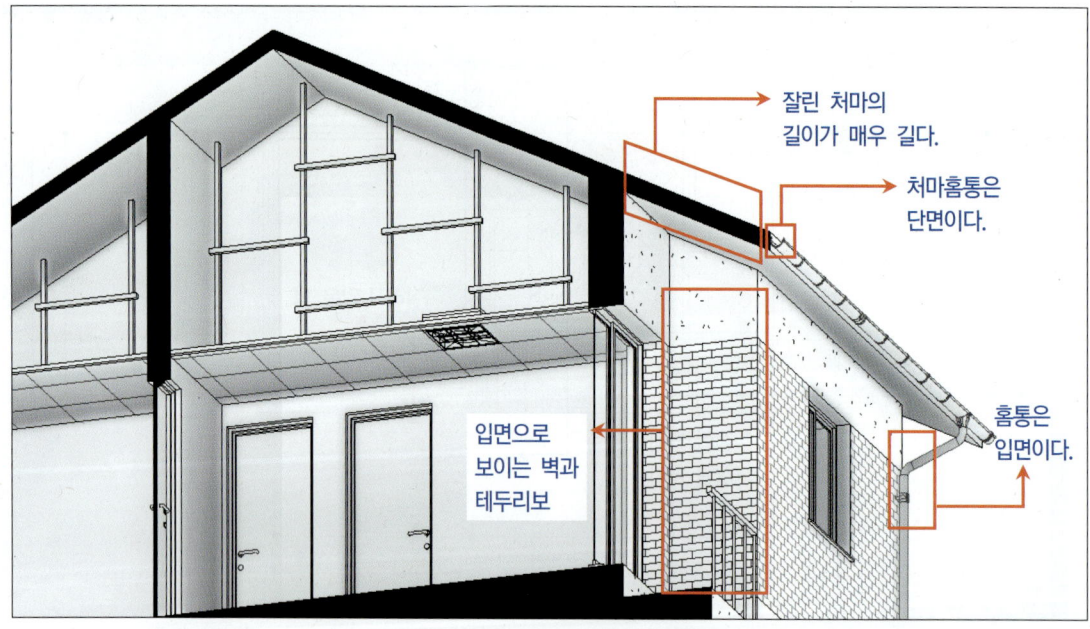

잘린 처마의 길이가 매우 길다.

처마홈통은 단면이다.

입면으로 보이는 벽과 테두리보

홈통은 입면이다.

※ 이해를 돕기 위해 3D로 표현해 보았지만 평면도에서 해석이 이루어지지 않으면 오작 또는 작도의 어려움이 발생하기 때문에 반드시 숙지하셔야 합니다.

6_ mvsetup에서 도면척도를 40으로 맞추고 용지크기를 A3로 만든 뒤 line과 offset을 이용하여 벽체 중심선과 테두리보의 간격을 띕니다.

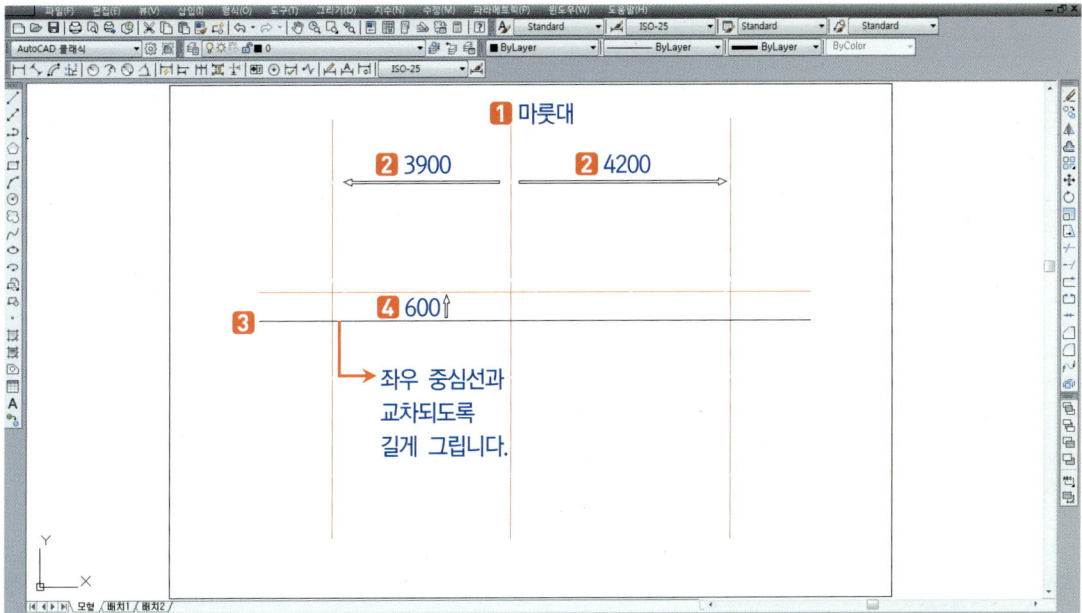

7_ line을 이용하여 벽체중심선과 테두리보 윗선의 교차점(✕ 표시)에서 시험에서 제시한 물매를 작도합니다.

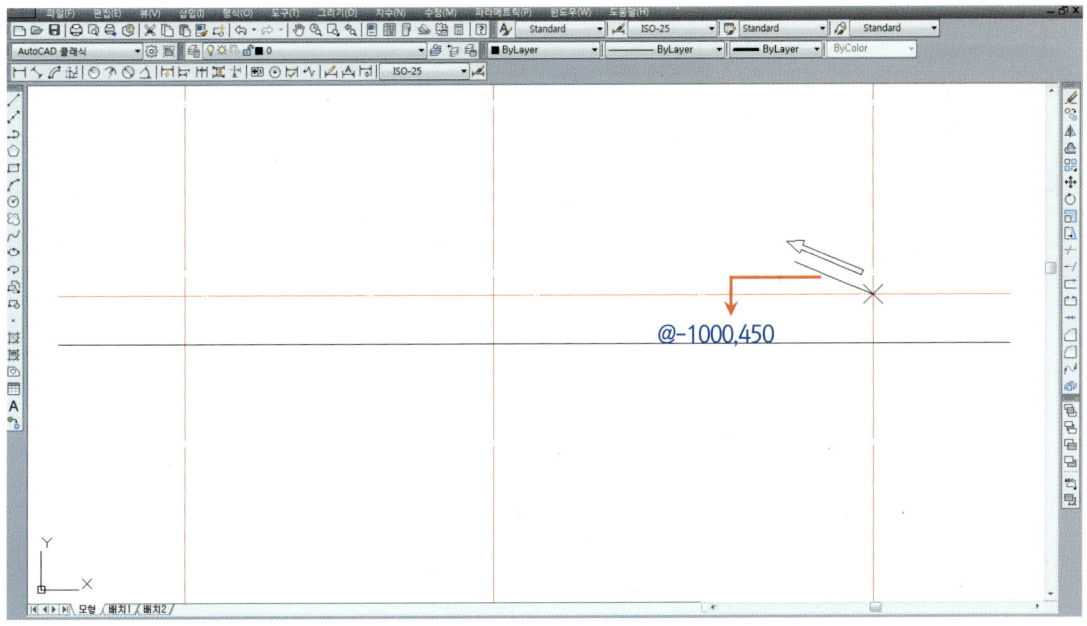

※ 물매가 4.5/10로 출제된 것으로 가정하고 작업을 하였습니다.

8_ extend를 이용하여 마룻대까지 연장(hidden 선)한 뒤 line을 이용하여 마룻대부터 좌측의 테두리보 윗선(동그라미 부분)까지 작도합니다.

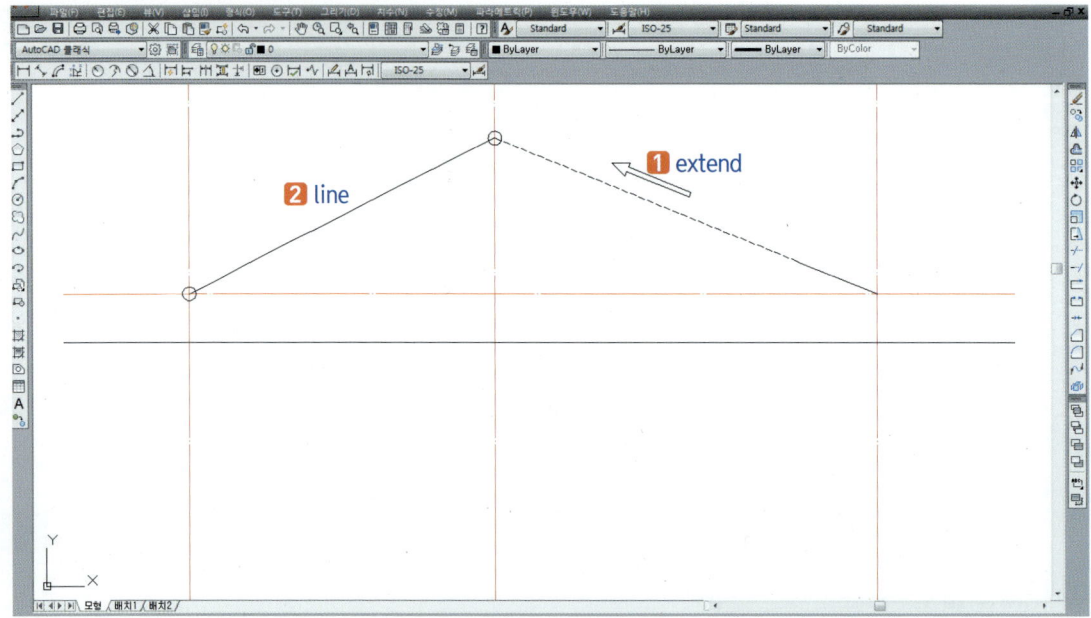

9_ offset을 이용하여 슬랩(hidden 선) 두께 150만큼 간격을 띄고 fillet을 이용하여 마룻대 모서리(네모 클릭)를 다듬습니다.

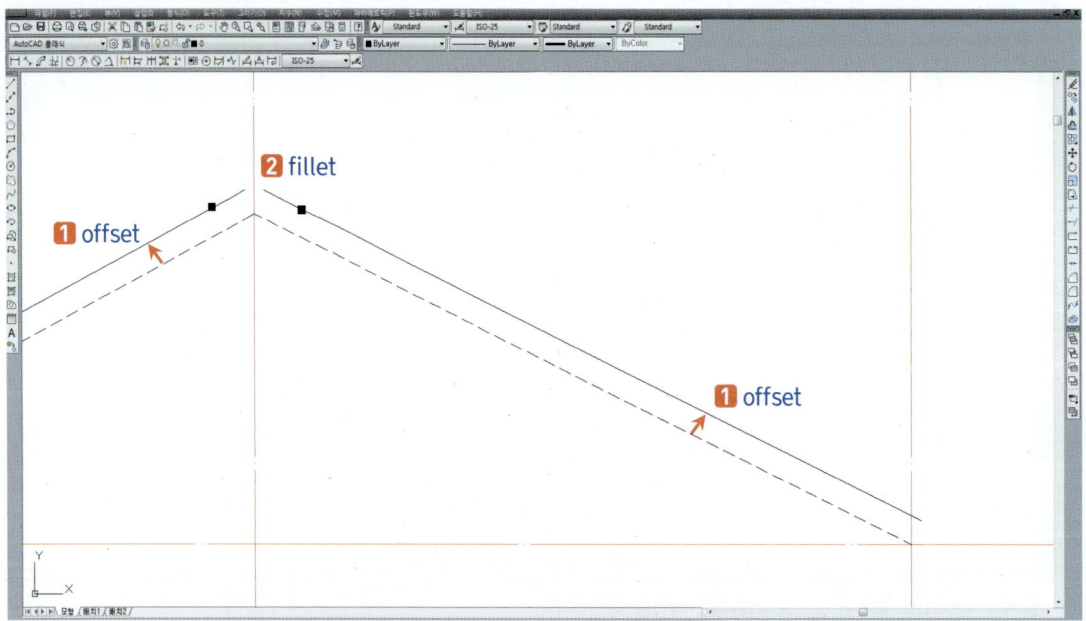

※ 슬랩의 레이어는 2입니다.

10_ 처마와 액체방수 및 기와를 작도합니다.

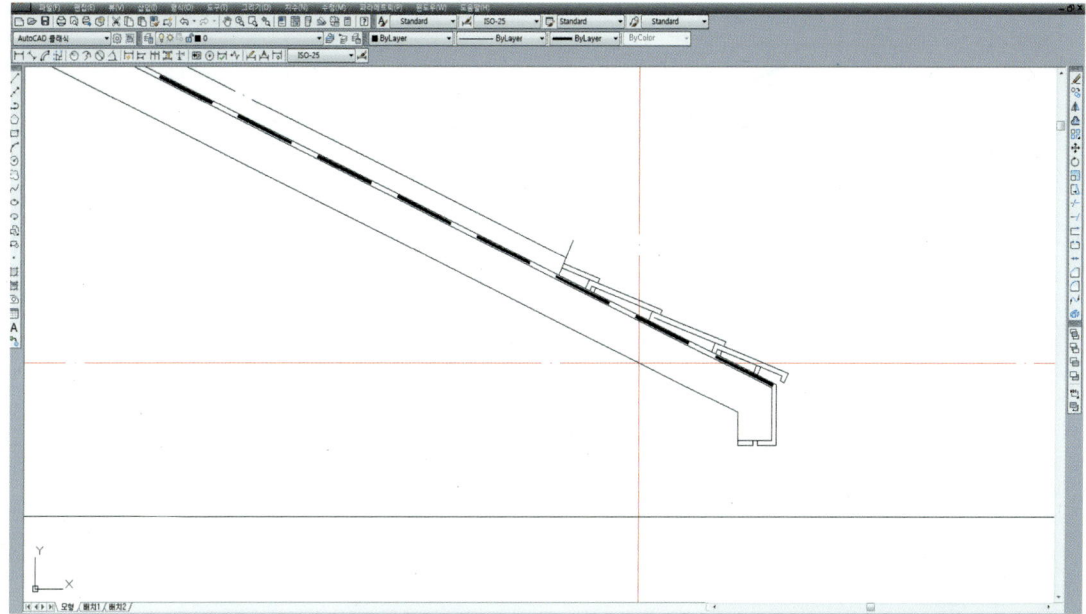

11_ 벽이 잘리는 곳은 아래와 같이 900이 들어간 곳입니다.

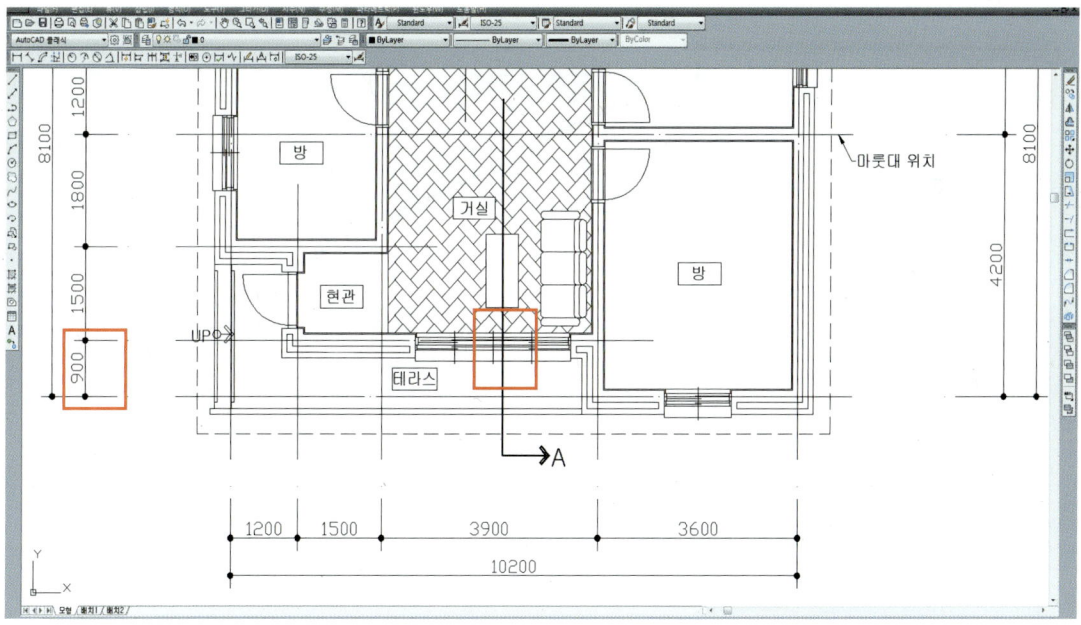

12_ offset을 이용하여 900만큼 간격(hidden 선)을 띄고 테두리보를 작도합니다.

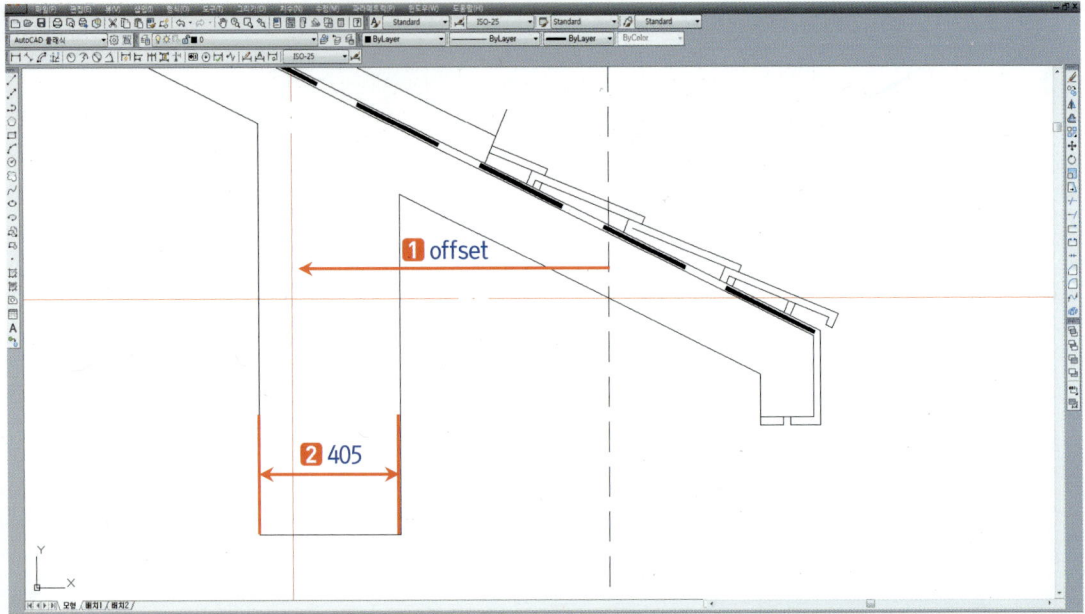

※ 단열재를 125mm로 출제된 것으로 가정하고 작업을 하였습니다.

13_ 처마반자를 작도합니다.

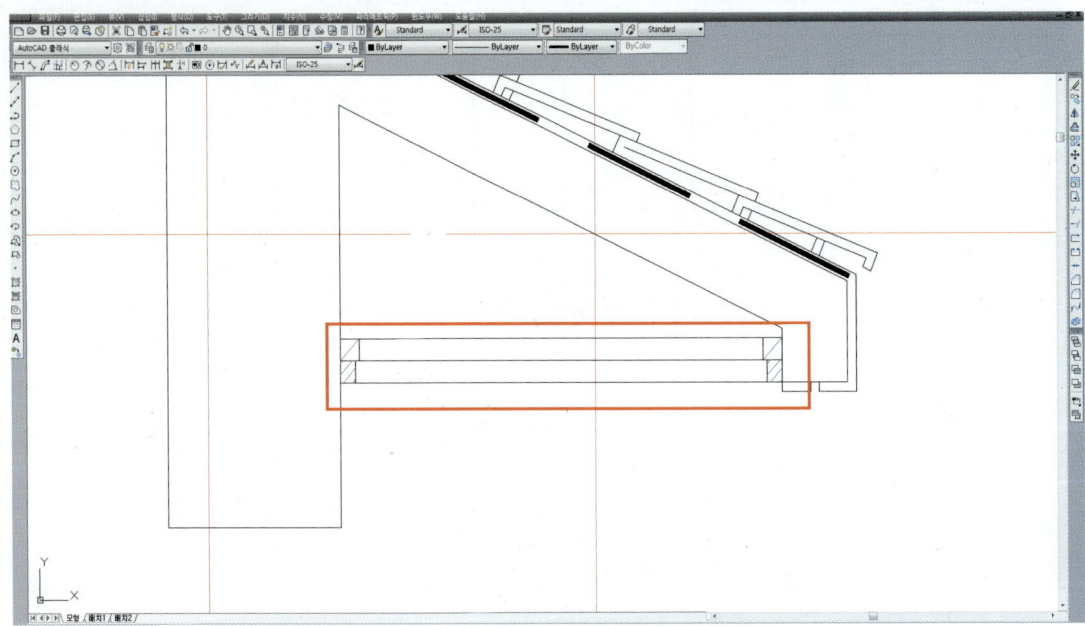

※ 처마가 길게 잘렸기 때문에 처마반자 또한 길게 그려야 한다는 것을 주의하기 바랍니다.

14_ copy를 이용하여 반자틀을 처마반자 중간점(✖ 표시)까지 복사합니다.

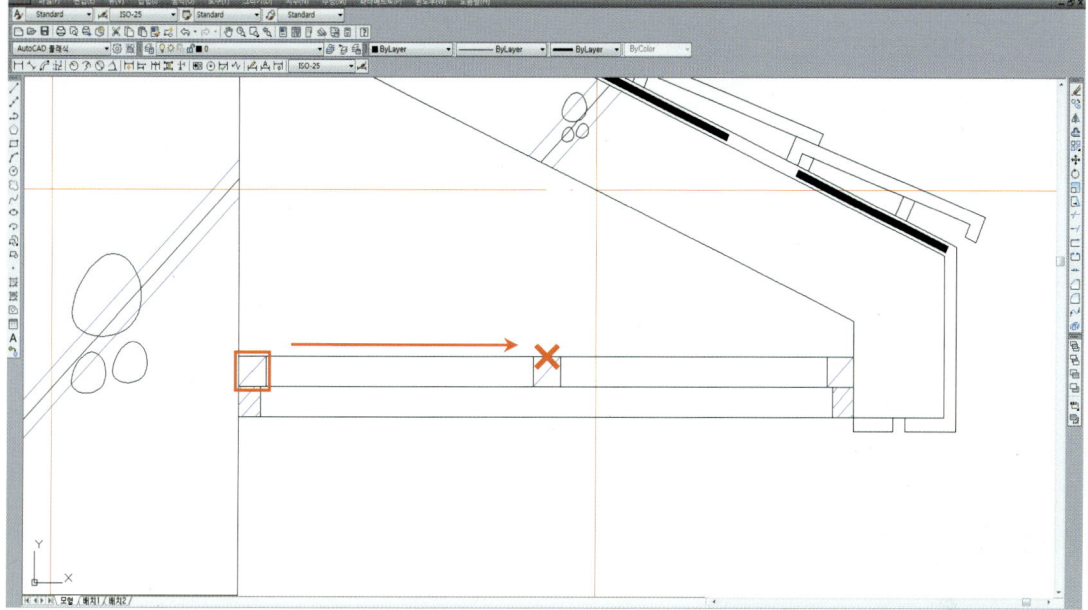

15_ 반자틀에 달대와 달대받이를 작도합니다.

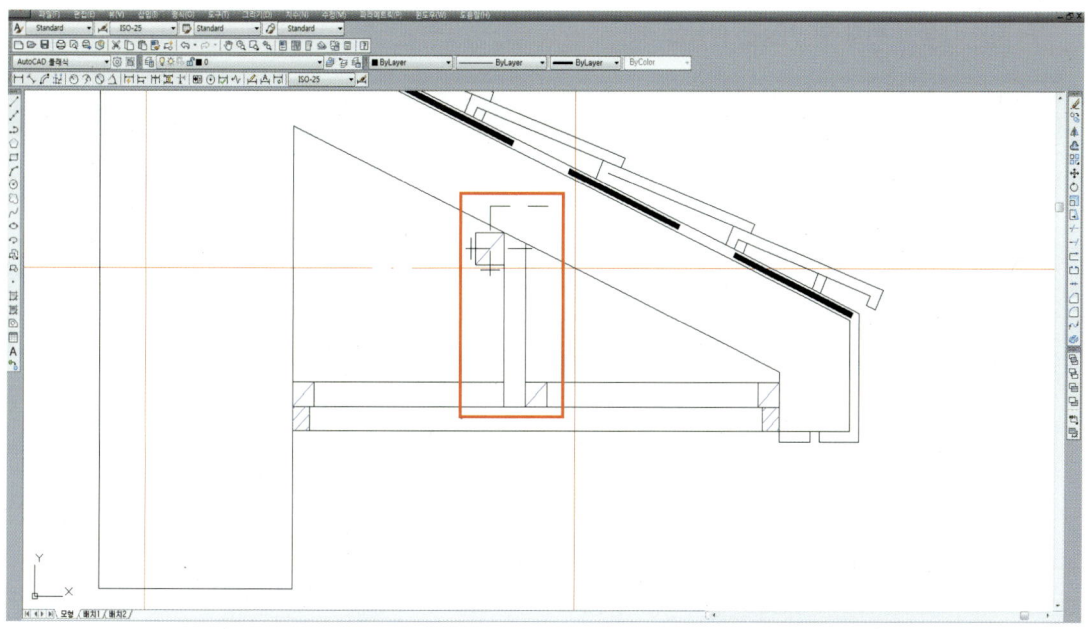

※ 처마가 길기 때문에 달대와 달대받이를 설계하는 것입니다. 그리고 처마반자에는 단열재를 작도하지 않습니다.

16_ 벽과 테두리보 및 처마홈통을 작도합니다.

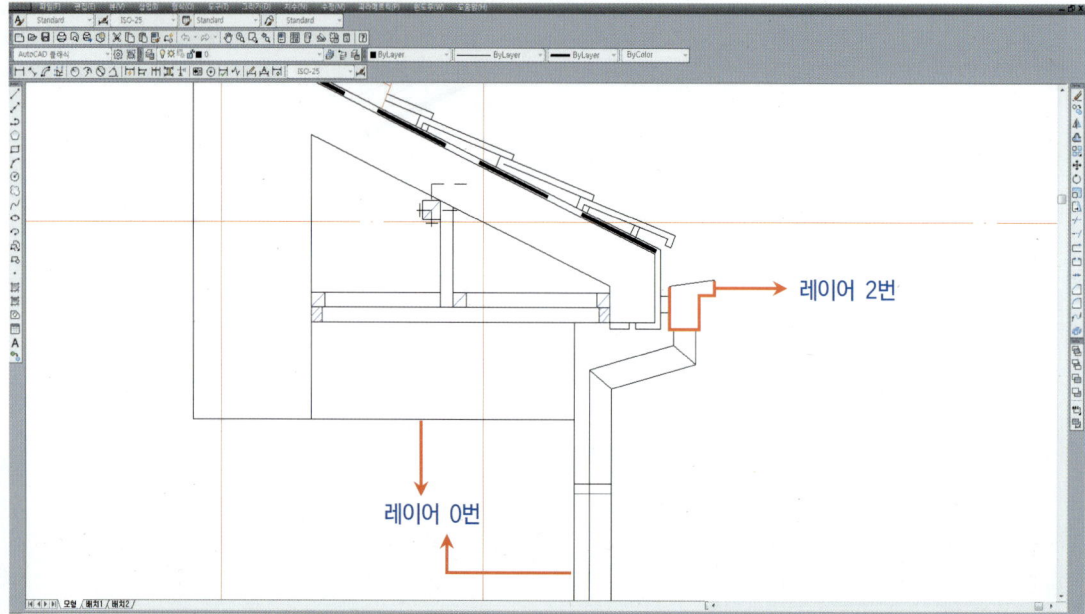

※ 5번 그림을 참고해 보면 벽과 테두리보는 A단면 표시 뒤에 위치하고 있어 입면으로 표현(레이어 0번)해야 하고 처마홈통은 처마가 잘렸기 때문에 처마홈통은 단면으로 표현(레이어 2번)합니다.

17_ 지붕 내부의 반자 및 거실을 완성합니다.

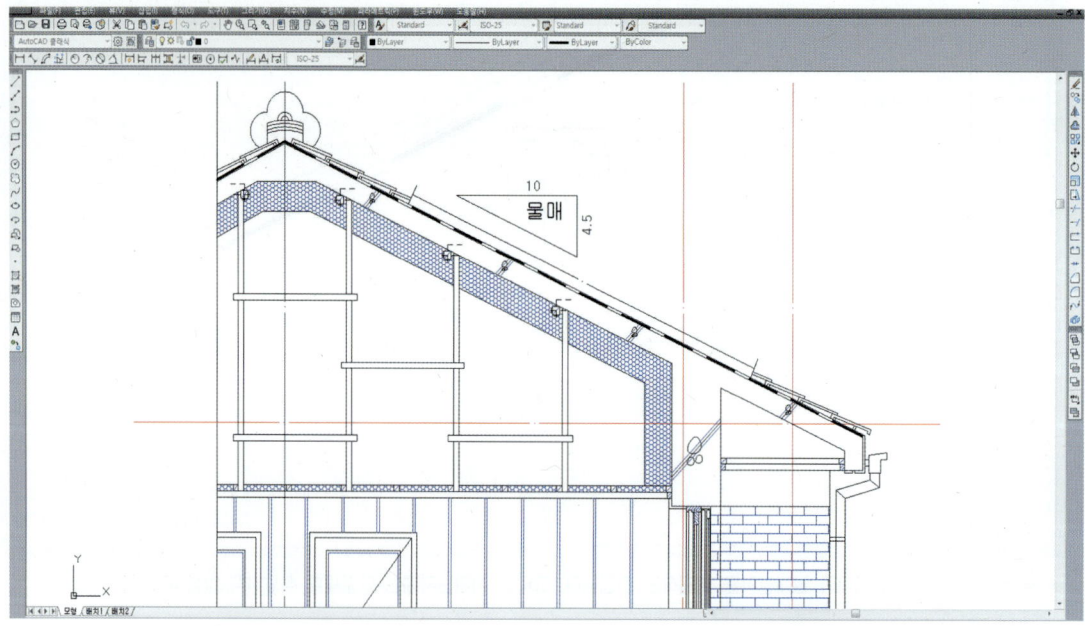

10 평면도에서 해석해야 하는 부분 (화단)

1 평면도를 이용한 도면독해

1_평면도를 확대했을 때 아래와 같이 보이는 것이 화단입니다.

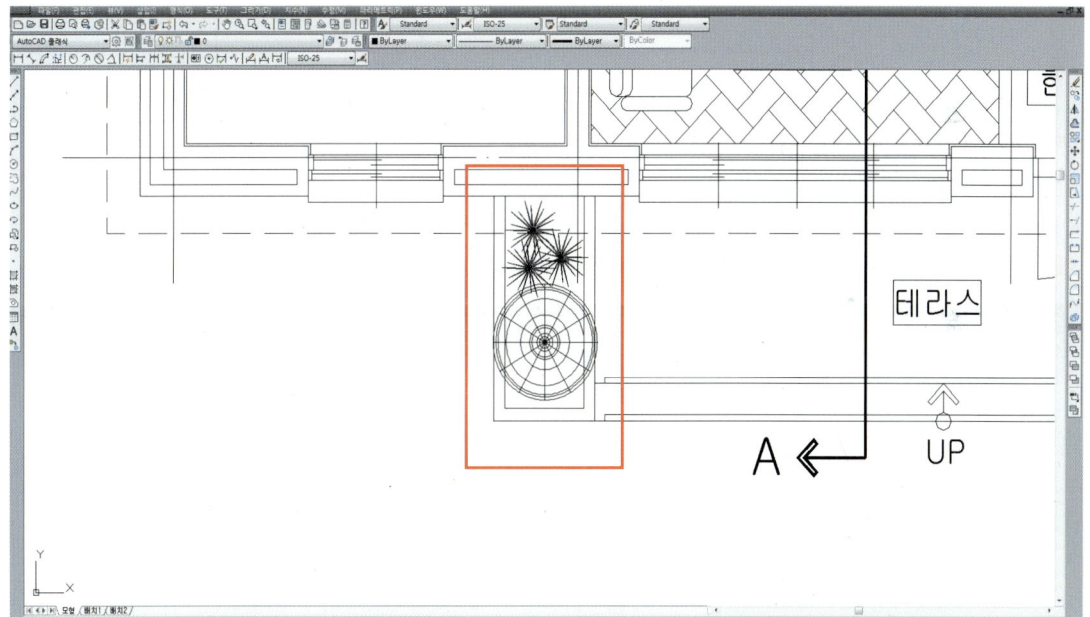

2_ A단면 표시 앞으로 화단이 보이므로 화단을 입면(레이어 0번)으로 작도합니다.

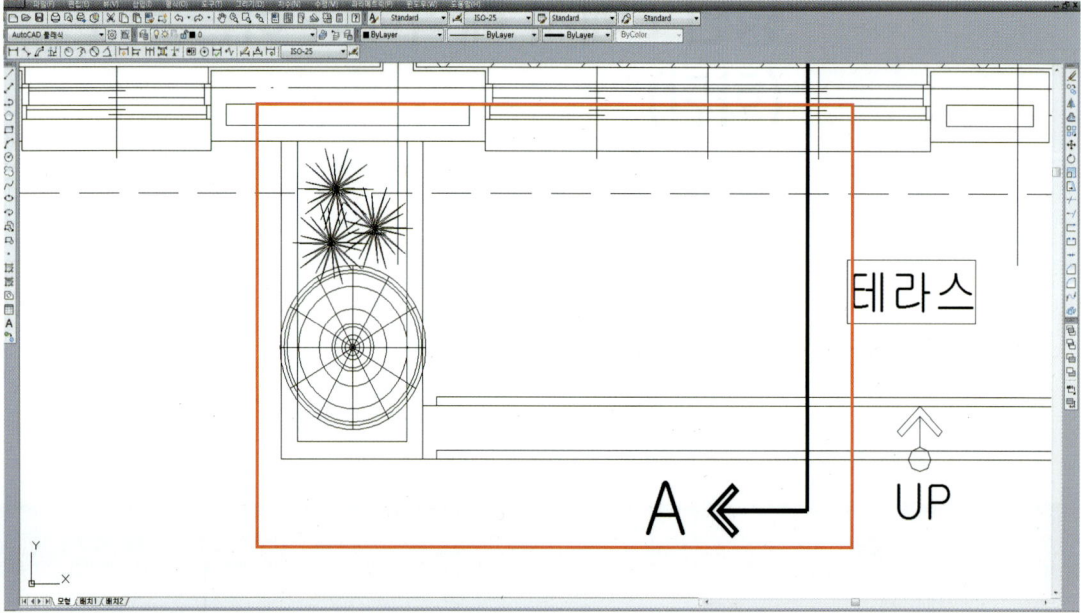

※ 화단은 A단면 표시의 위치에 따라 입면으로 작도해야 하는 경우도 있고 단면으로 작도해야 하는 경우도 있습니다.
※ 화단의 재질은 조적(벽돌)입니다.

3_ grip을 이용하여 계단끝 선을 끌어올려 대략적인 화단의 위치를 잡습니다.

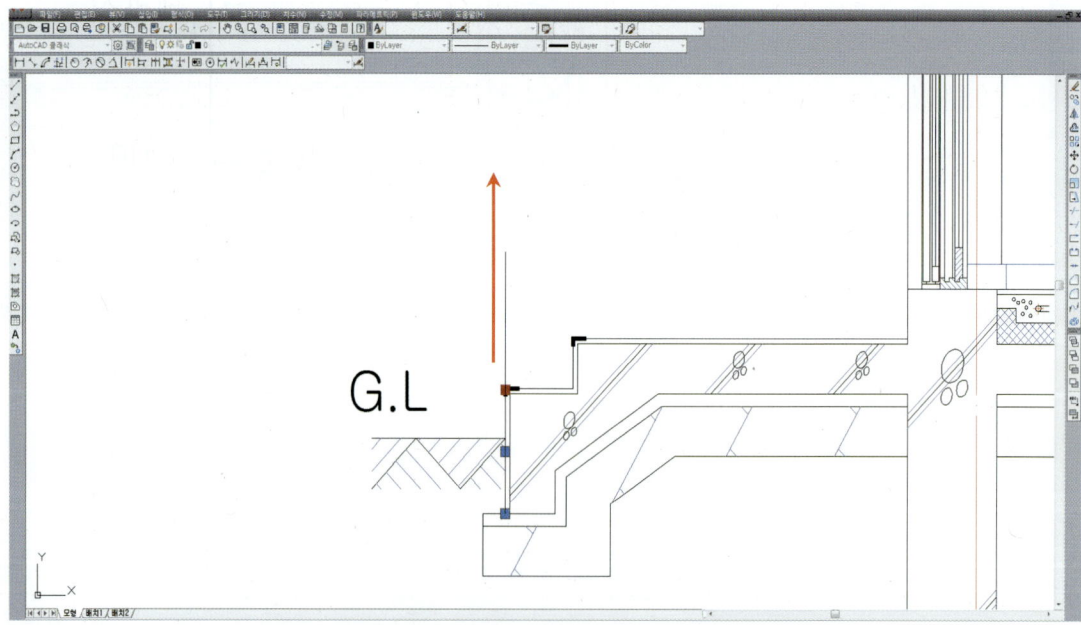

※ 계단 끝 선에서 끌어올리는 이유는 **2**의 평면도에서 화단 끝이 계단의 끝선과 일치하기 때문입니다.

4_ copy를 이용하여 계단참(hidden 선)에서 고막이만큼 위로 복사(✕ 표시)를 합니다.

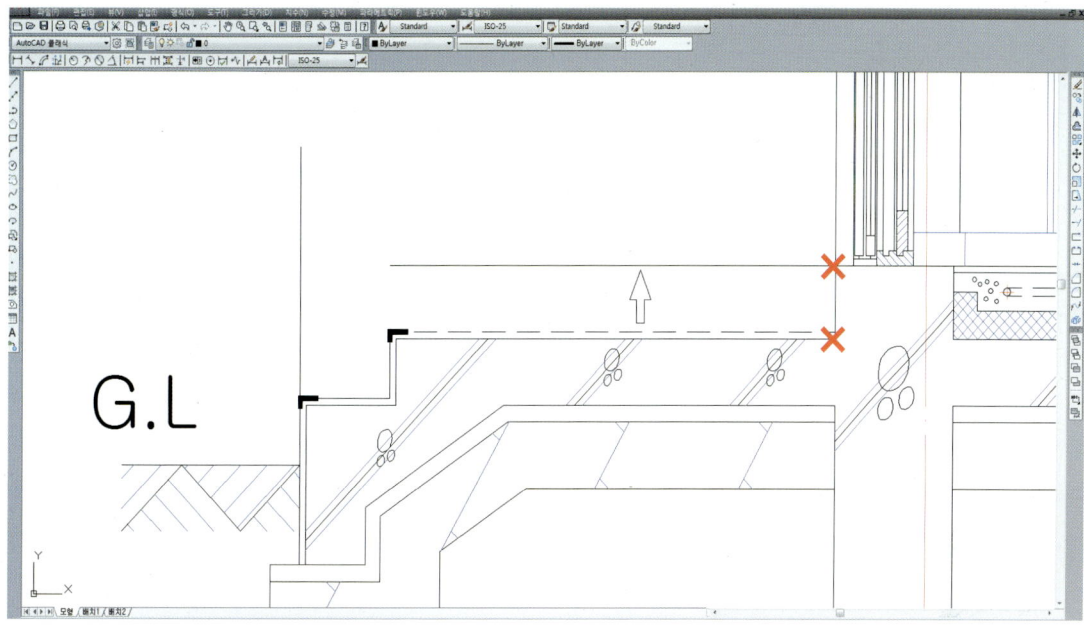

※ 화단높이는 고막이에서 90가량 더 높입니다.
※ 화단 너비는 평면도에서 스케일 자로 측정 후 작도합니다.

5_ offset을 이용하여 90만큼 (hidden 선)간격을 띄고 fillet을 이용하여 모서리(네모 클릭)를 편집합니다.

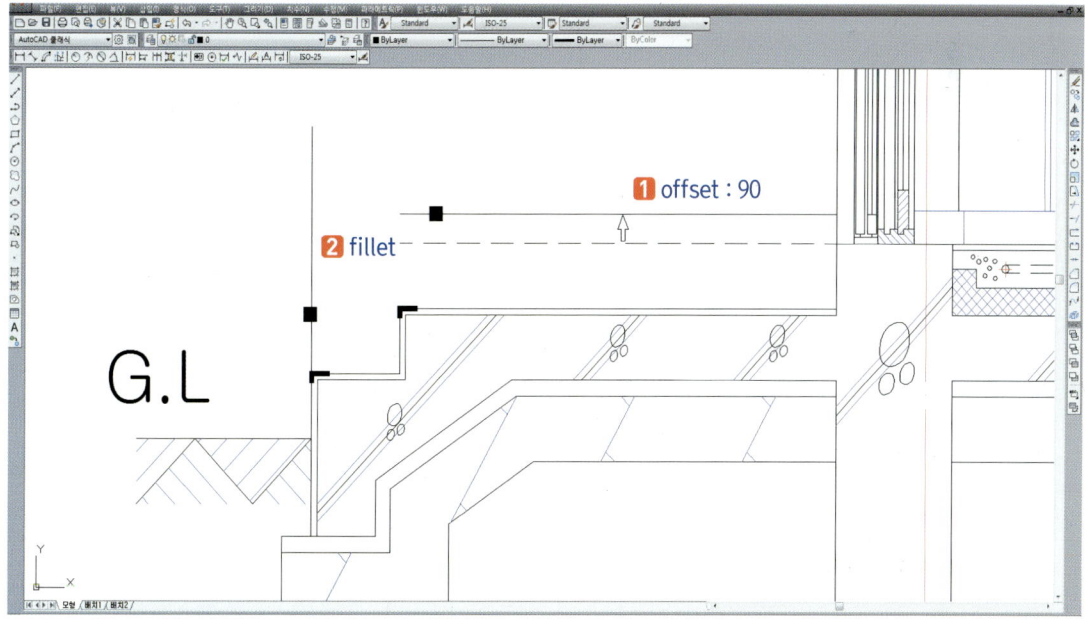

6_ extend를 이용하여 아래와 같이 연장(hidden 선)합니다.

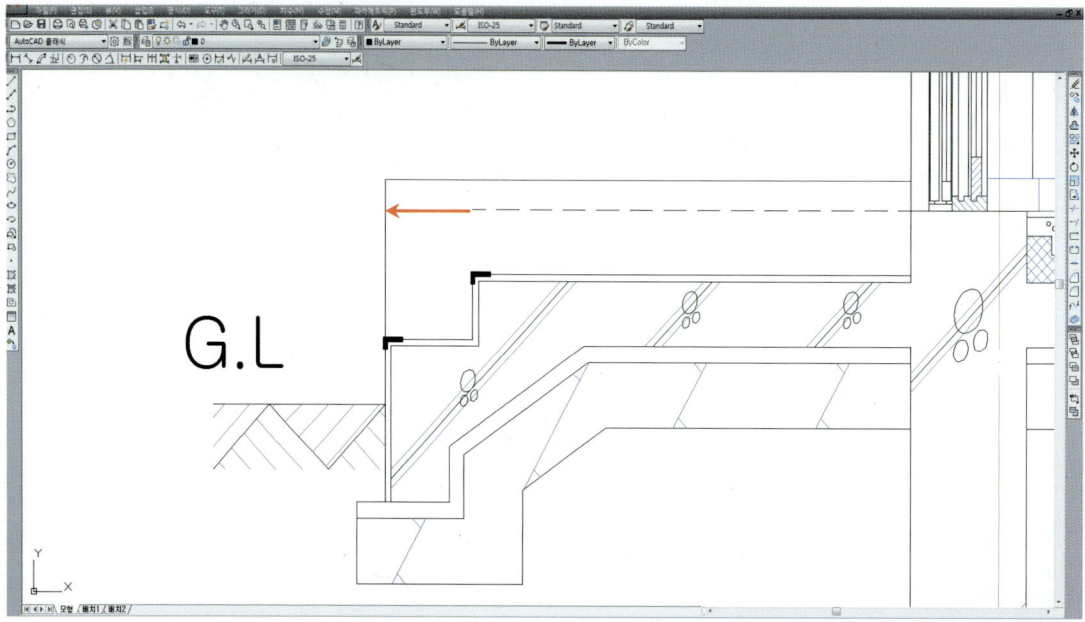

7_ line을 이용하여 화단 끝에 선을 덧그린 뒤 move를 이용하여 57만큼 이동합니다.

※ 벽돌의 간격은 60으로 하여도 무방합니다.

8_array를 이용하여 아래와 같이 정렬합니다.

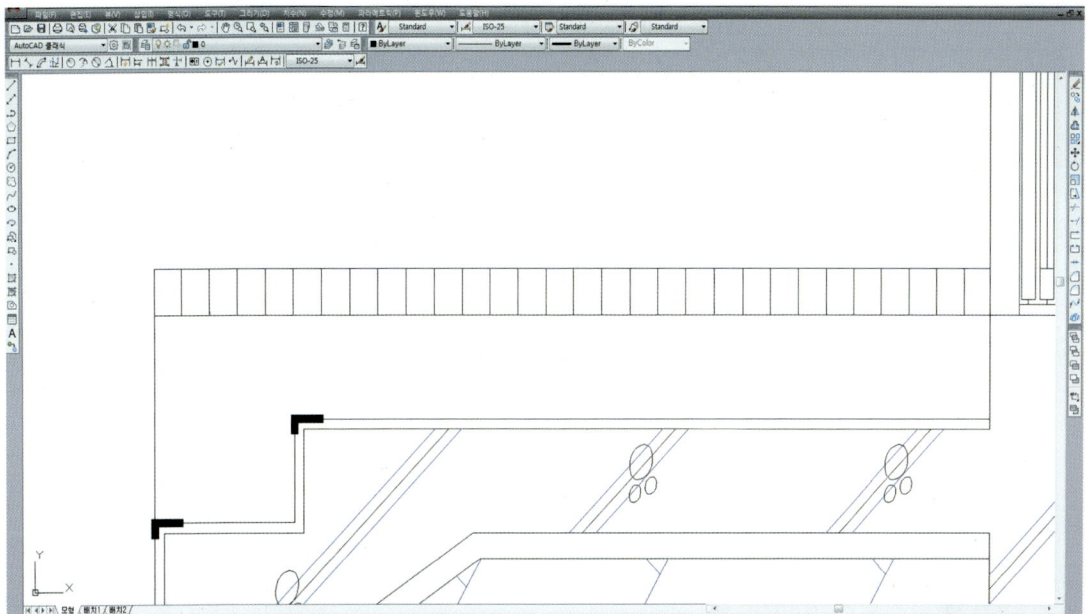

※ 벽돌의 간격이 위 그림과 같이 잘 맞는 경우는 거의 없습니다. 이럴 경우 move를 이용하여 약간씩 이동하면서 간격을 비슷하게 만듭니다.

9_line을 이용하여 아래와 같이 나무를 작도합니다.

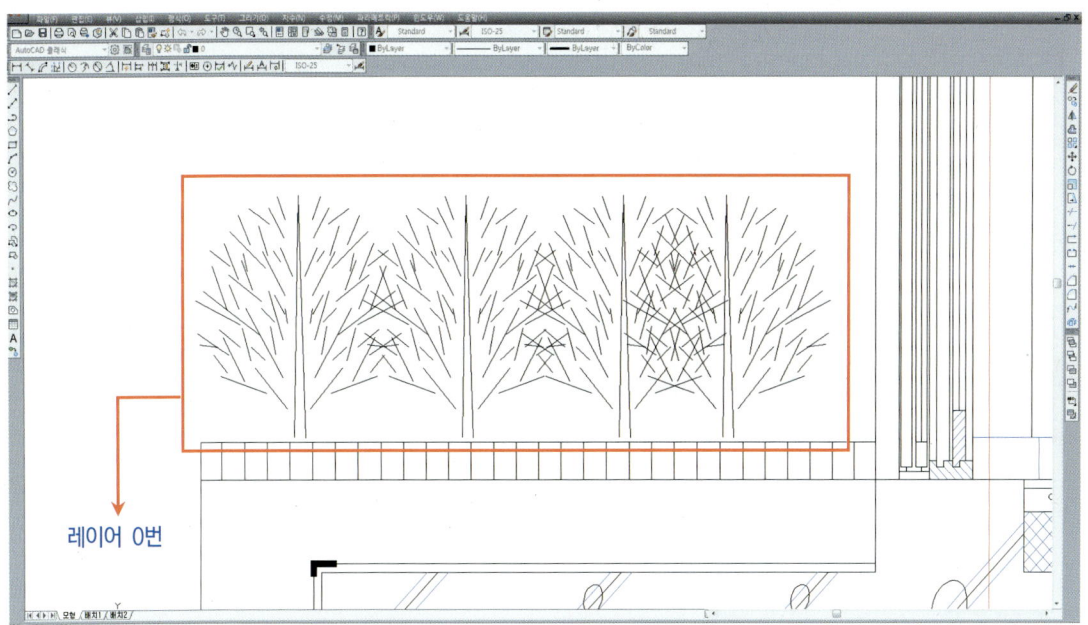

레이어 0번

※ 나무는 화단에 들어가기 때문에 작게 작도해야 나중에 기입할 글자와 겹치지 않습니다.
※ 나무작도 방법은 5 평면도를 이용하여 입면도 그리기(하부)의 40번을 참고하기 바랍니다.

10_mtext를 이용하여 테라스에 들어갈 글자를 작성합니다.

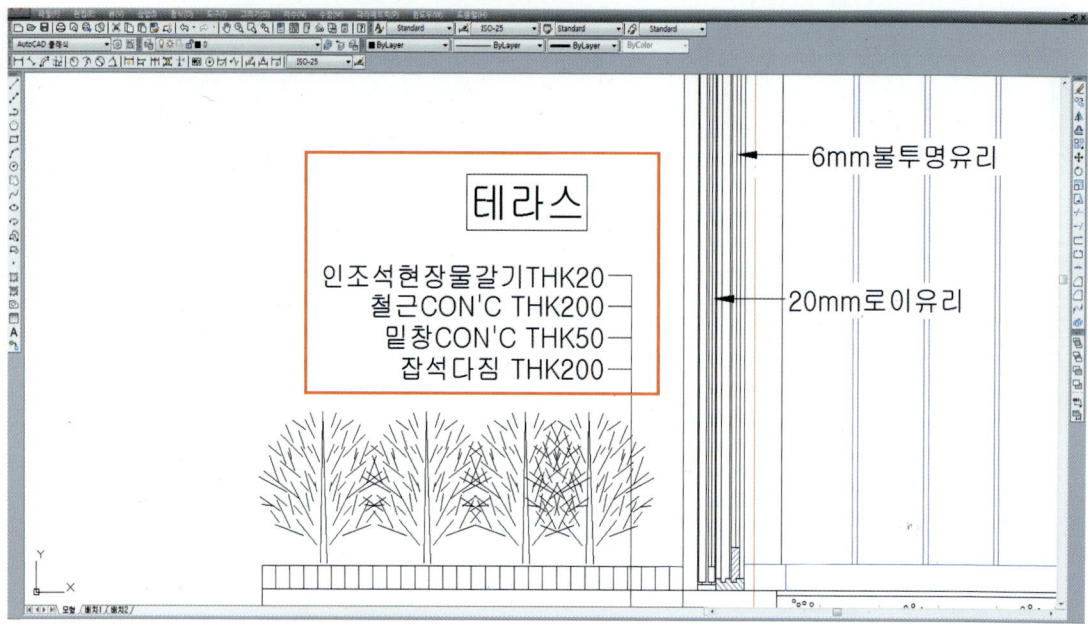

※ 글자는 화단의 나무와 겹치지 않게 기입합니다.

11_hatch를 이용하여 화단하부에 벽돌문양을 삽입합니다.

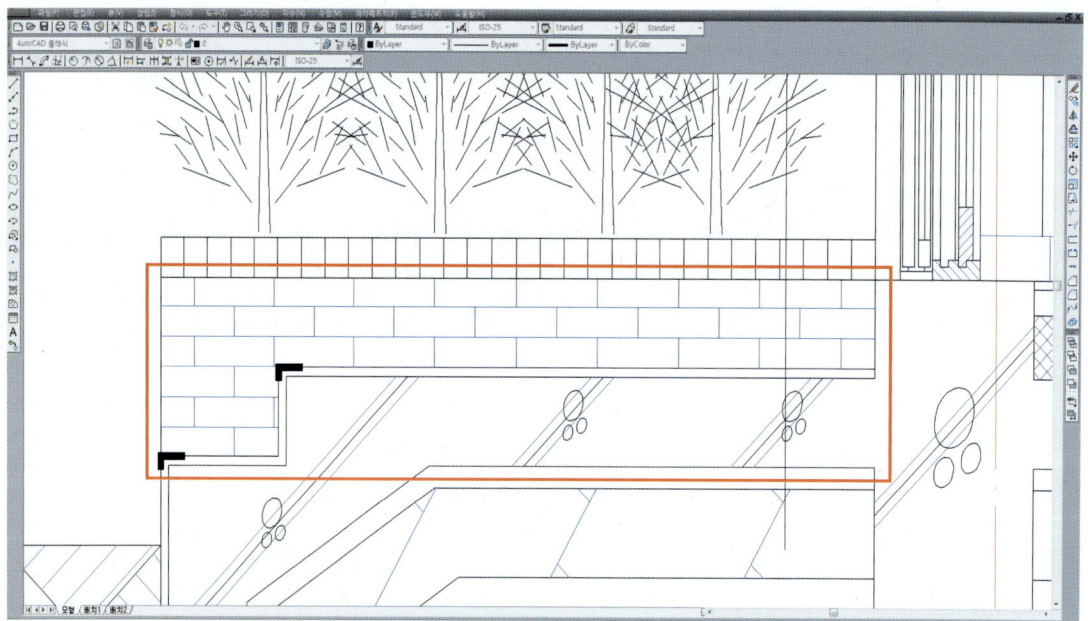

12_아래와 같이 홈통을 작도합니다.

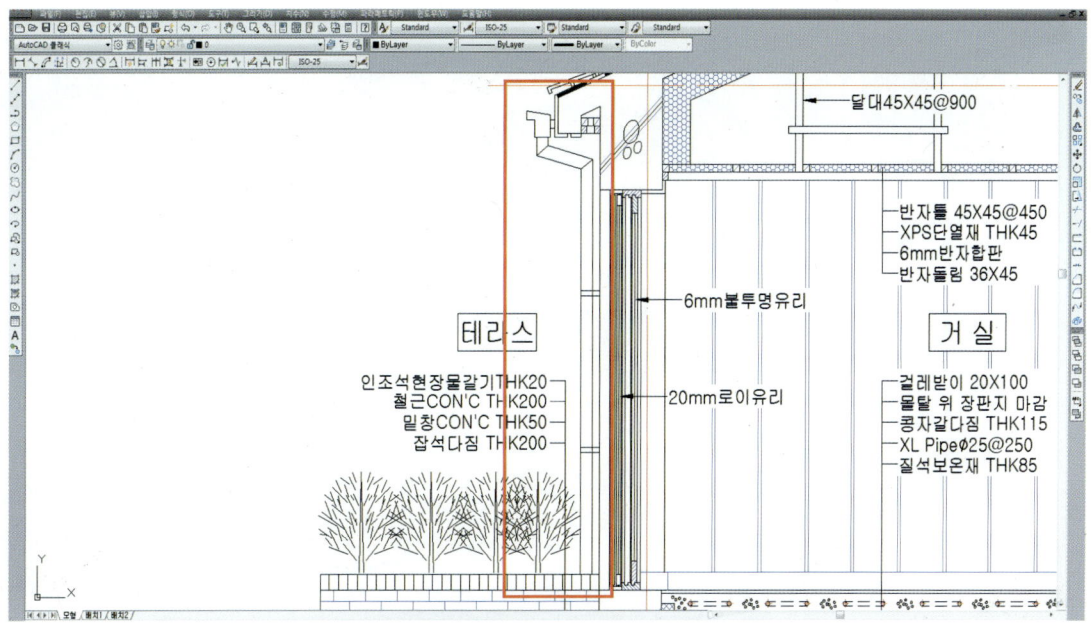

※ 홈통은 지붕(건물) 뒤에 위치하므로 화단 뒤로 보이게 표현해야 합니다.

13_위 작업에서 **12**번 화단을 이해하기 쉽도록 3D 프로그램으로 디자인한 것입니다.

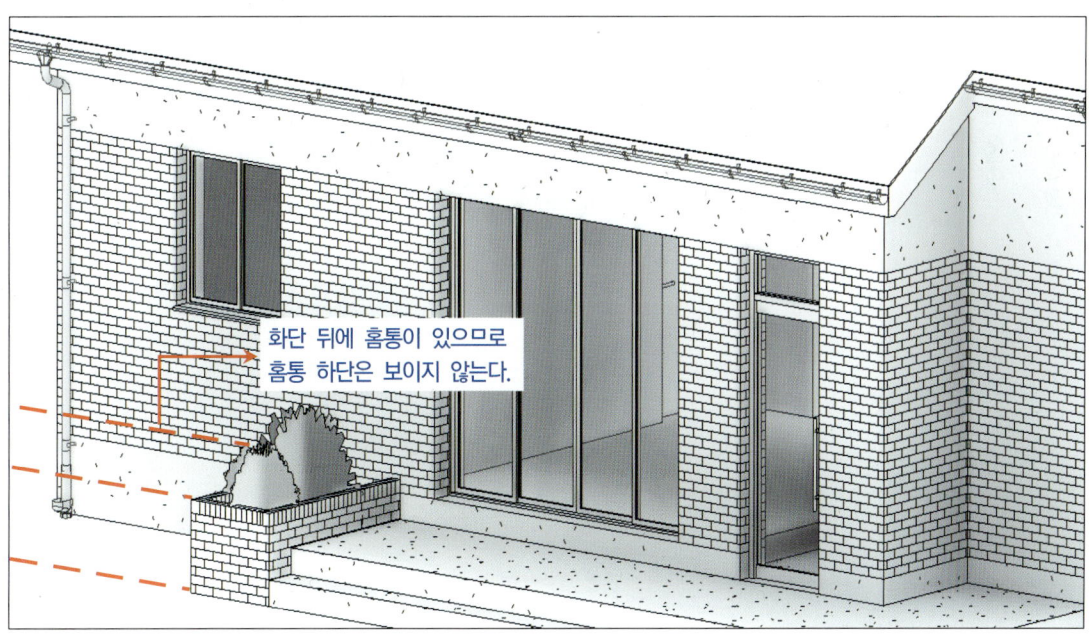

14_ 화단부분을 3D 프로그램에서 좀 더 사실적으로 표현해 보았습니다.

 # 평면도에서 해석해야 하는 부분 (화단단면)

1 평면도를 이용한 도면독해

1_평면도를 확대했을 때 아래와 같이 보이는 것이 화단입니다.

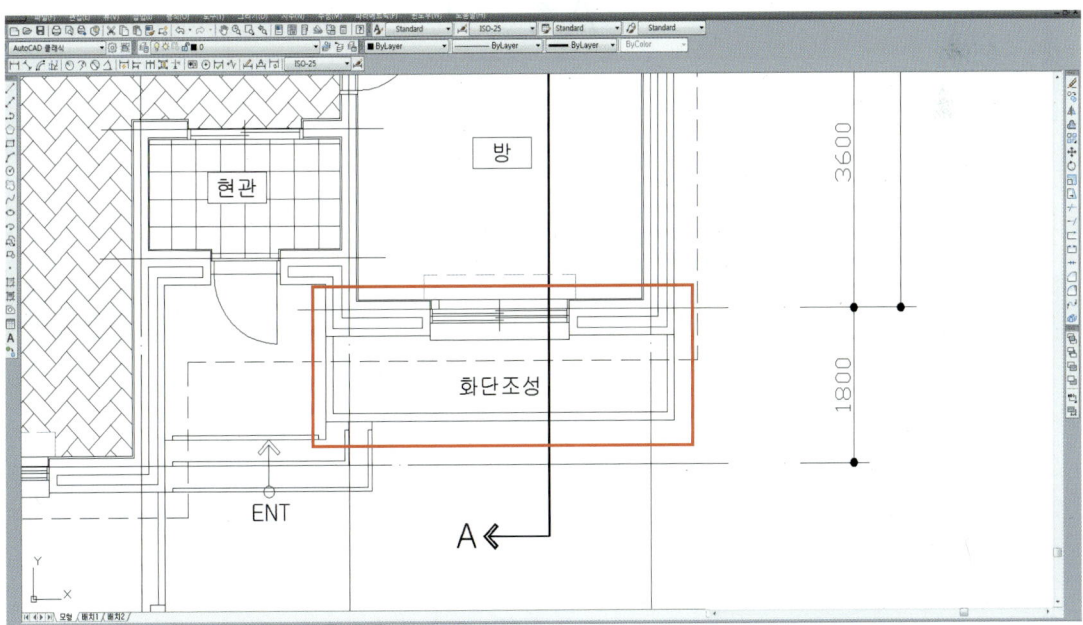

※ 화단은 나무가 그려져 있을 수도 있고 위와 같이 "화단조성"이라는 문구로 기입돼 있을 수도 있습니다.

2_ A단면 표시가 화단을 지나가므로 화단을 단면(레이어 2번)으로 작도합니다.

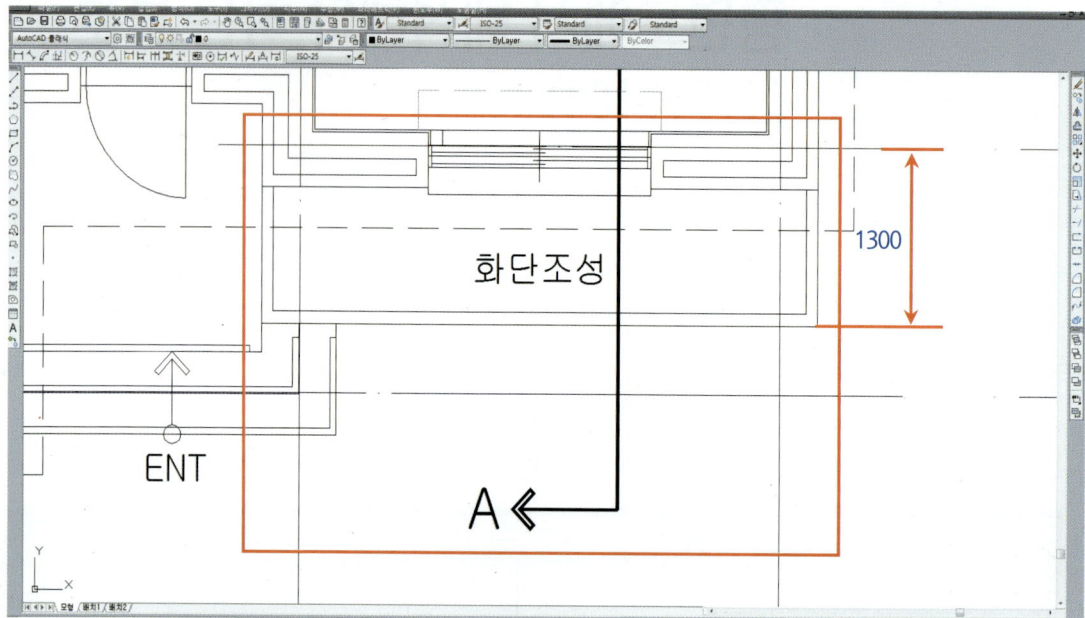

※ 화단의 재질은 조적(벽돌)입니다.

3_ offset을 이용하여 벽 중심(hidden 선)에서 1300만큼 간격을 띕니다.

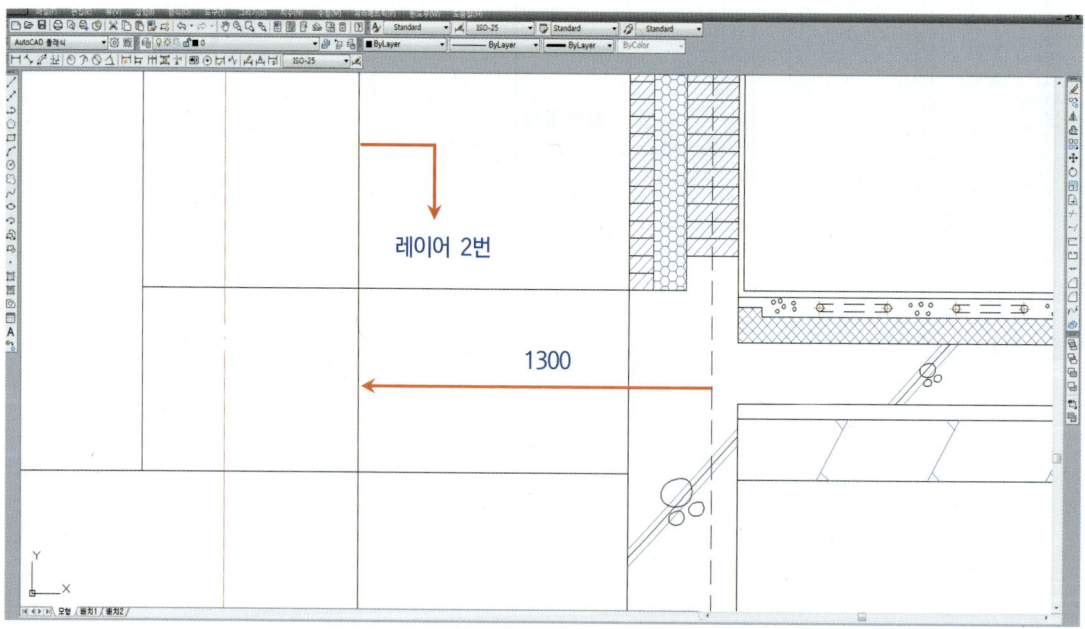

※ 화단 너비는 평면도에서 스케일 자로 측정 후 작도합니다.

4_ offset을 이용하여 고막이(hidden 선)에서 90만큼 간격을 띄고 fillet을 이용하여 모서리(네모 클릭)를 편집합니다.

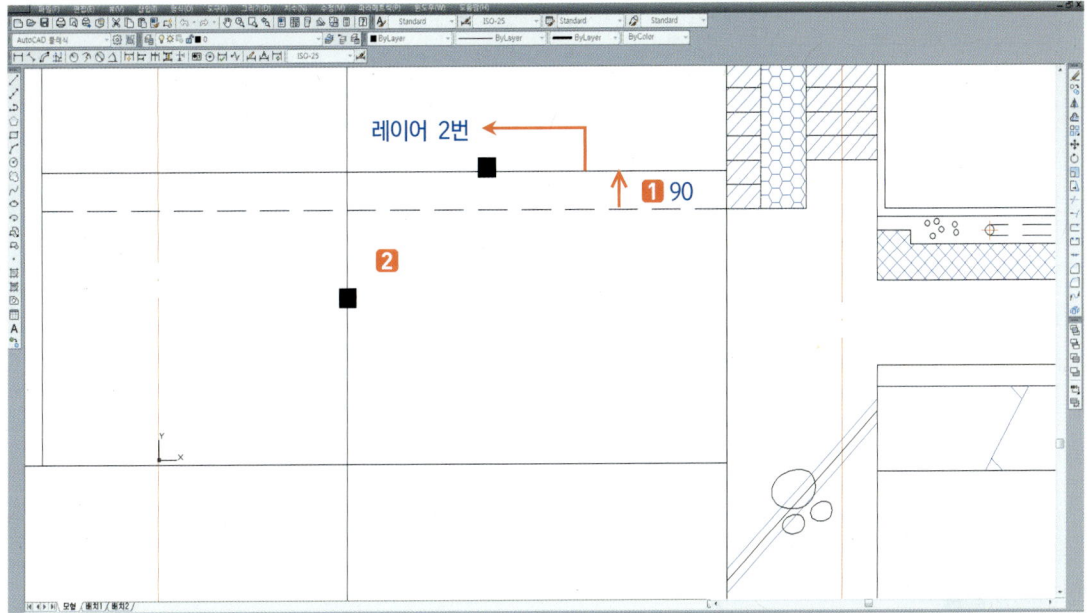

※ 화단높이는 고막이에서 90가량 더 높입니다.

5_ trim을 이용하여 화단 내부(빨간 선)를 잘라냅니다.

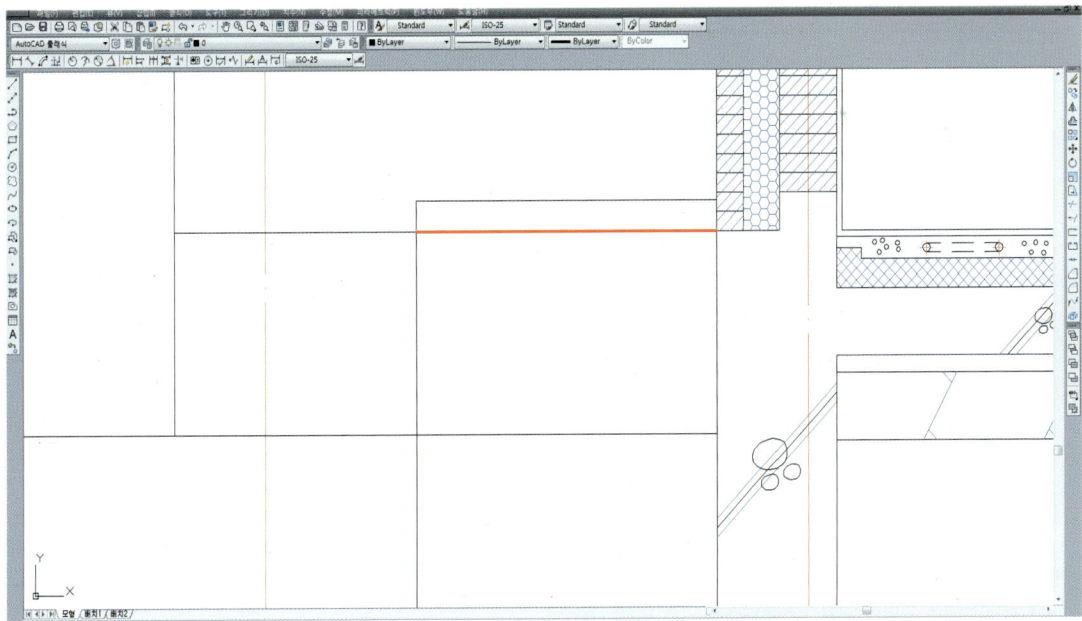

6_ offset을 이용하여 화단 끝(hidden 선)에서 90만큼 간격을 띕니다.

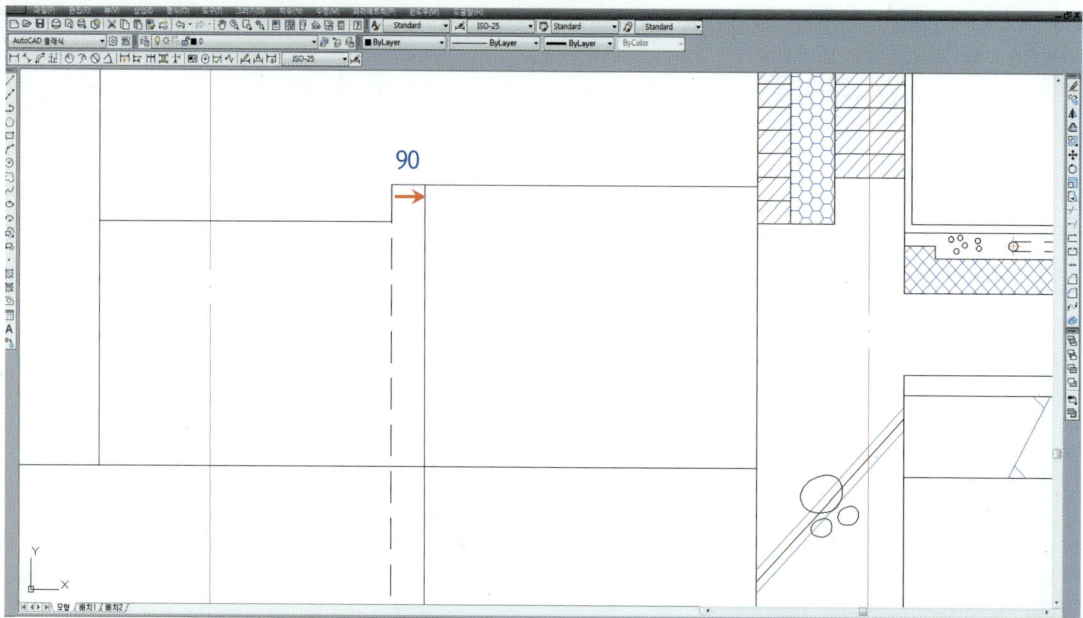

7_ break를 이용하여 화단 단면과 화단 입면 사이(✗ 표시)를 끊고 레이어를 0으로 바꿉니다.

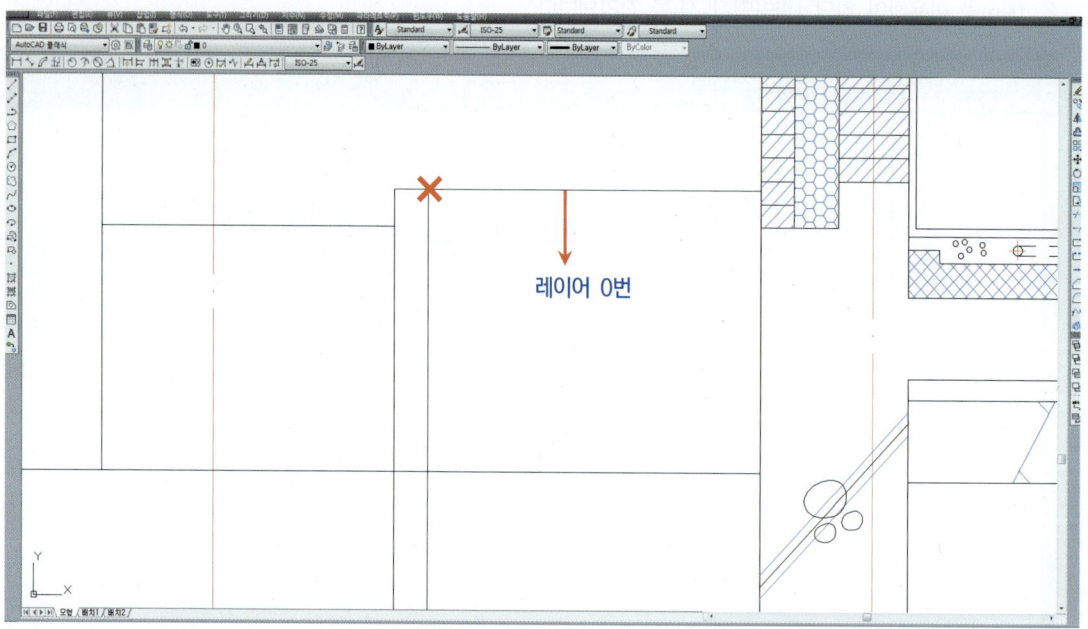

※ 화단의 뒷면은 잘리지 않았기 때문에 레이어를 0으로 합니다.

8_ pline을 이용하여 화단의 흙(✕ 표시)을 만듭니다.

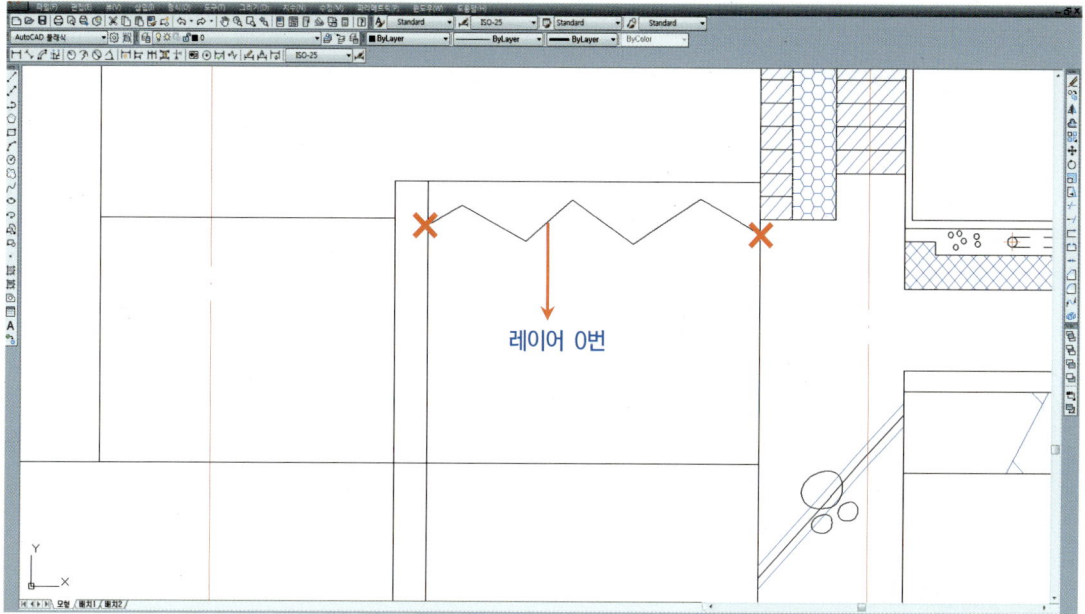

※ pline 작도 시 정해진 수치는 없기 때문에 위 그림과 같이 지그재그 모양으로 임의로 작도합니다.

9_ pedit의 spline 옵션을 이용하여 아래와 같이 흙을 표현합니다.

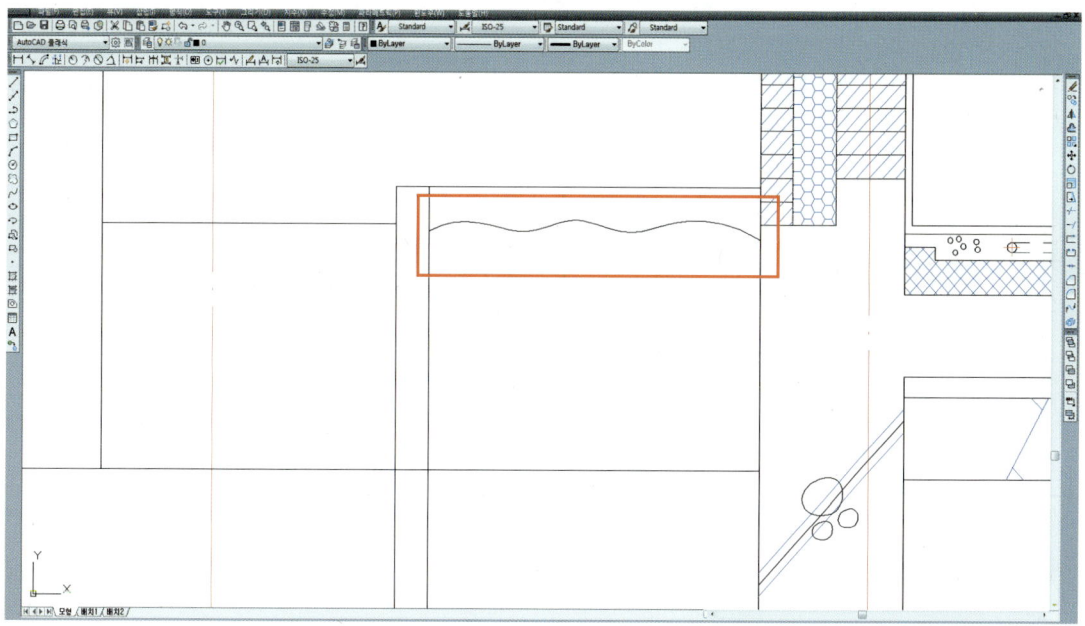

※ 흙의 표현은 위 방법대로 pline명령을 이용하거나 spline명령을 이용하여 바로 작도해도 됩니다.

10_line을 이용하여 아래와 같이 나무를 작도합니다.

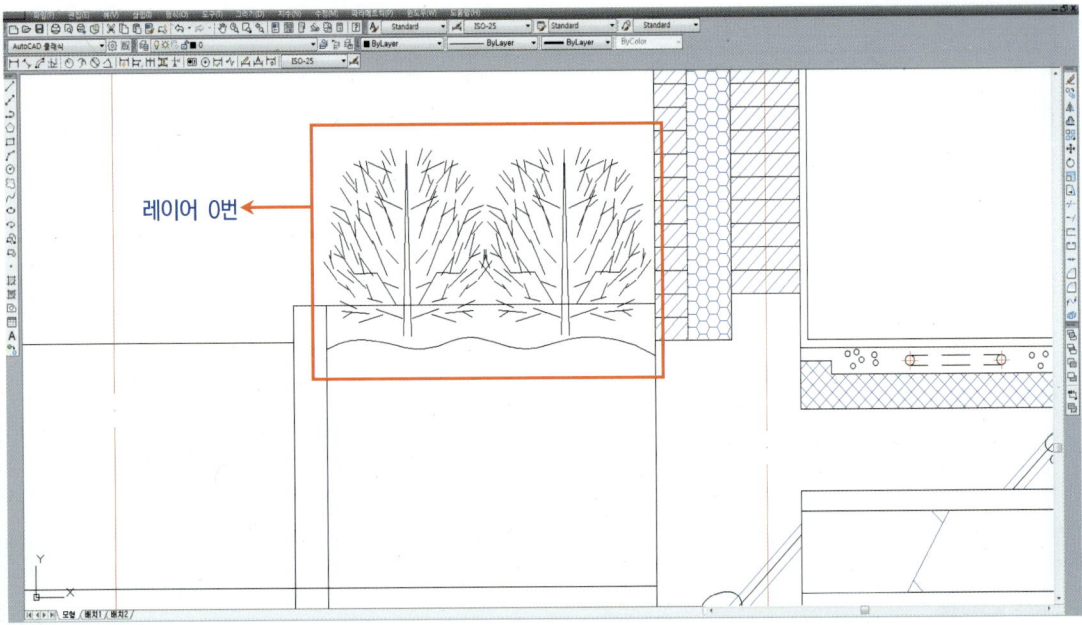

11_offset을 이용하여 지반(hidden 선)에서 300, 200만큼 간격을 띄어 지반 속 화단의 깊이를 만듭니다.

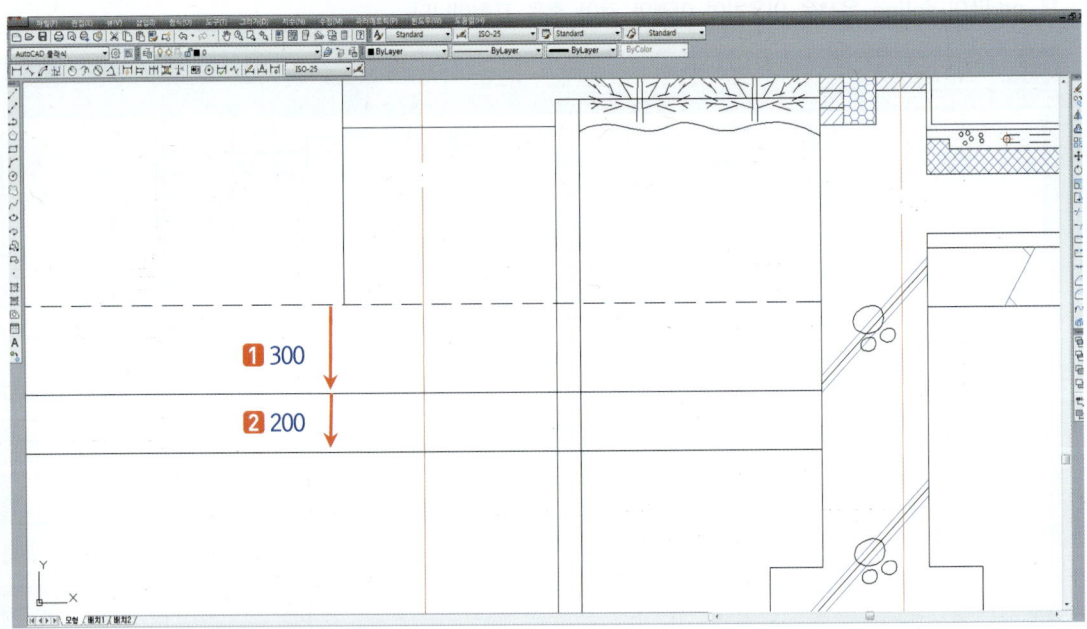

12_ offset을 이용하여 화단 끝(hidden 선)에서 100만큼 간격을 띄어 잡석다짐의 폭을 잡습니다.

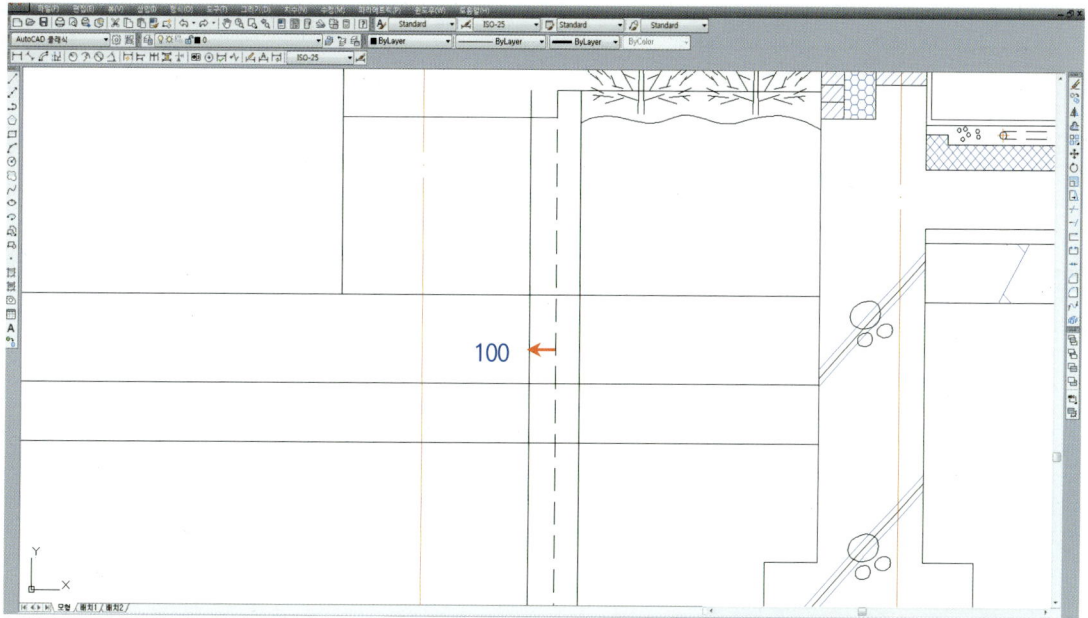

13_ fillet을 이용하여 모서리 (네모 클릭) (세모 클릭)를 편집합니다.

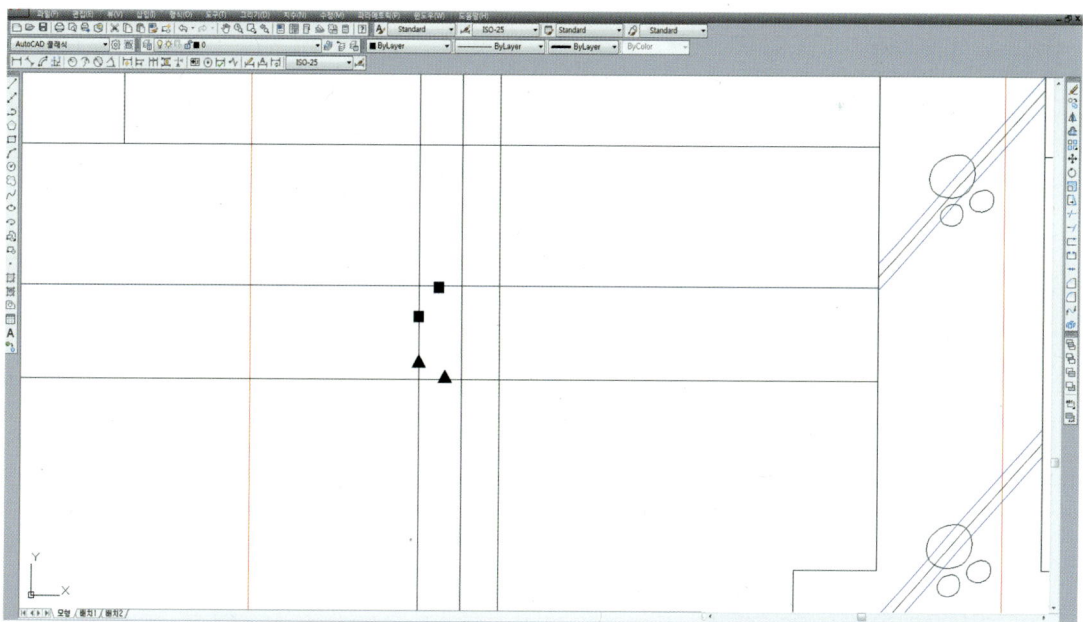

14_trim을 이용하여 지반 안쪽(빨간 선)과 잡석다짐 아래쪽(빨간 선)을 잘라냅니다.

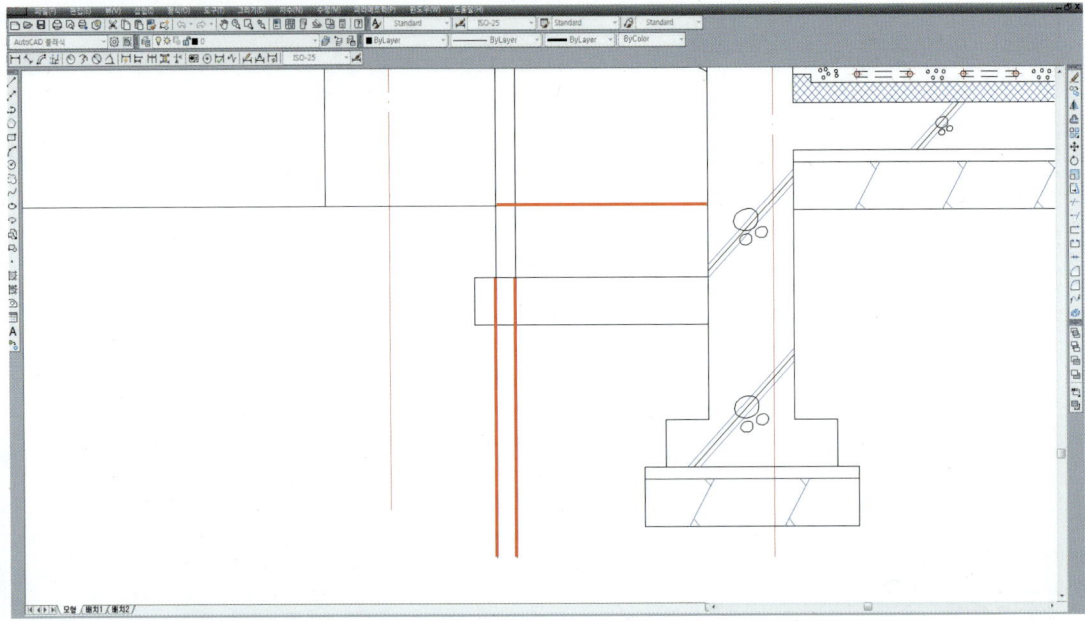

15_line을 이용하여 성토와 잡석다짐을 작도합니다.

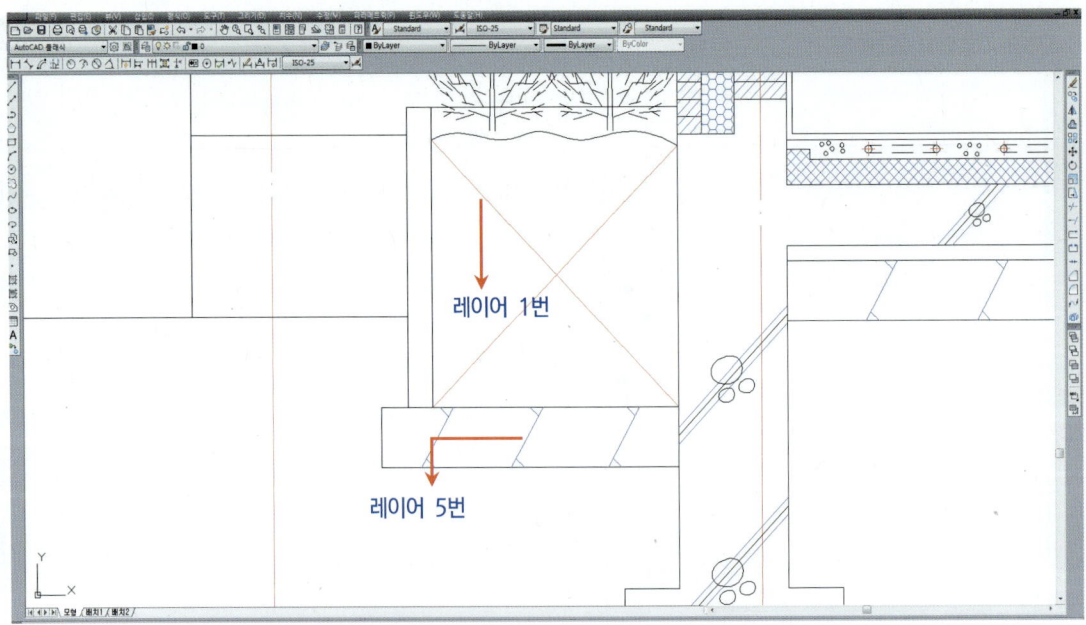

16_array를 이용하여 화단 벽돌(빨간 선)을 배열합니다.

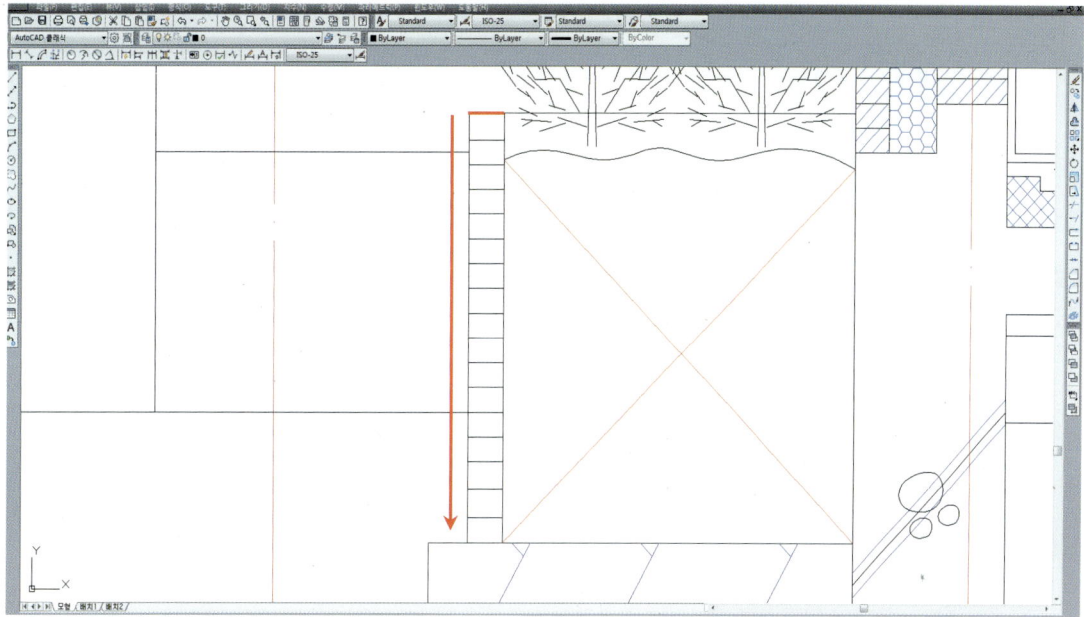

※ 벽돌간격이 화단 끝과 맞지 않는 경우가 대부분이며 이럴 경우 벽돌간격을 약간씩 조정해야 합니다.

17_hatch를 이용하여 화단단면에 벽돌단면 문양을 삽입합니다.

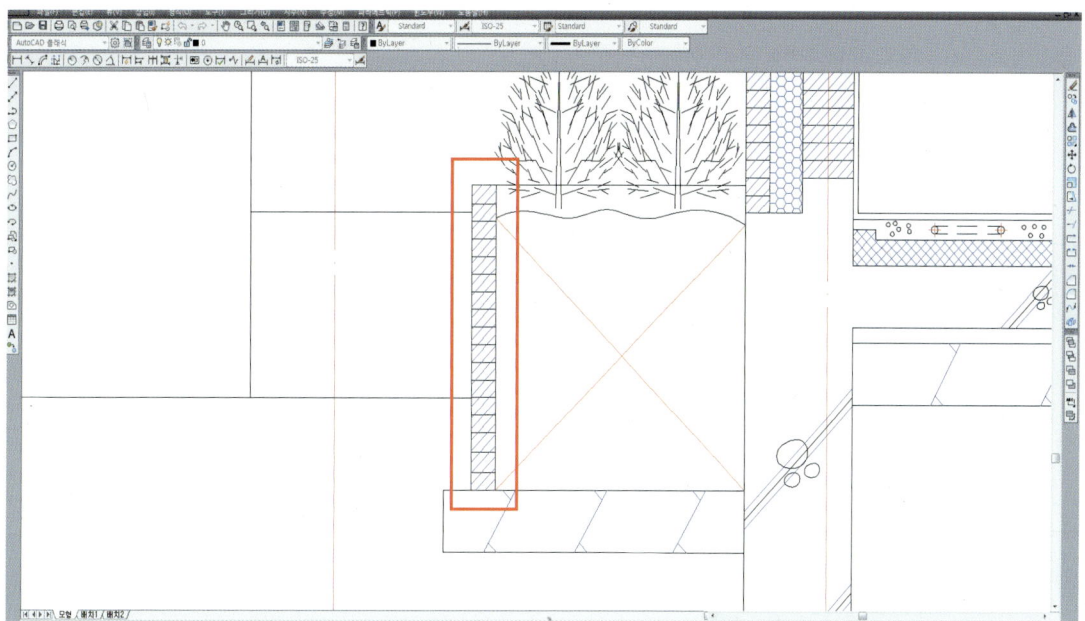

18_hatch를 이용하여 지반을 표현합니다.

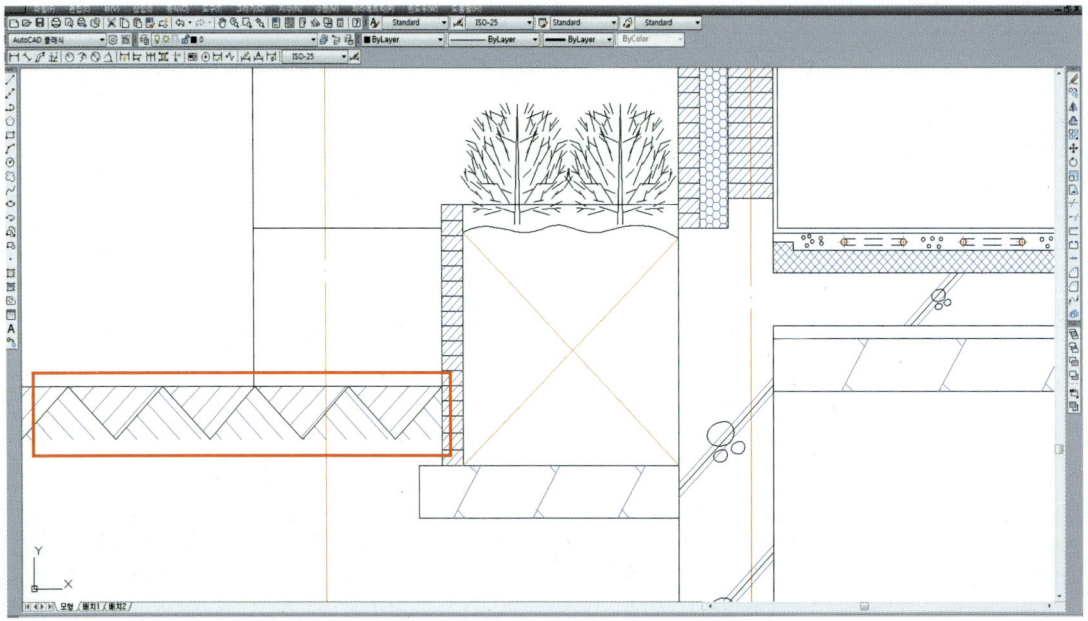

12 평면도에서 해석해야 하는 부분 (평아치)

1 평면도를 이용한 도면독해

1_평면도를 확대했을 때 아래와 같이 보이는 것이 평아치입니다.

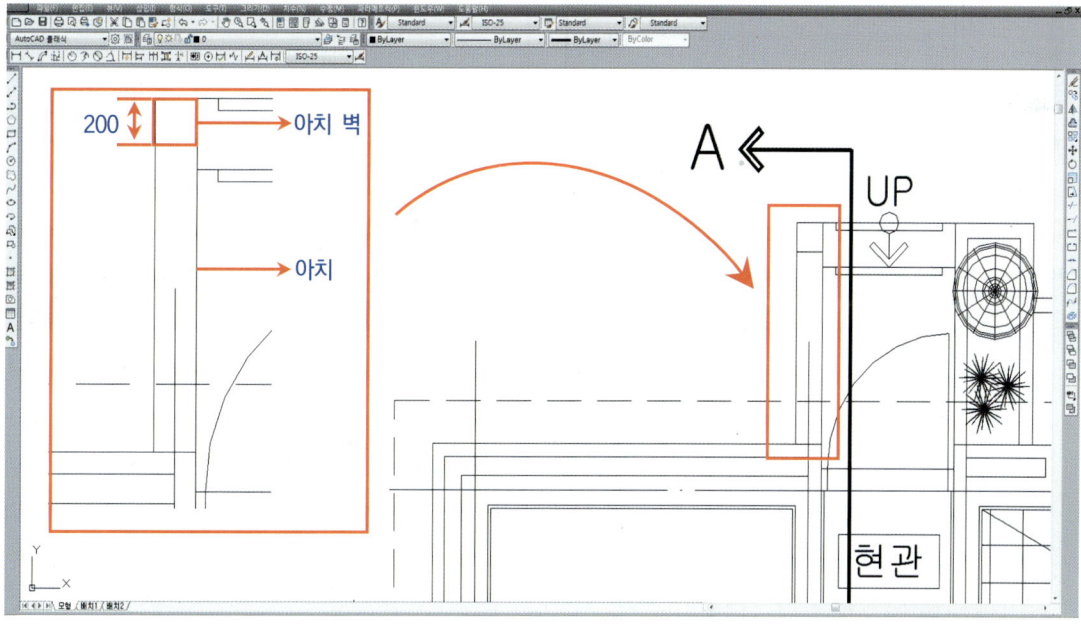

※ 위 그림에서 아치부분을 평면도에서 은선(hidden 선)으로 표현하는 경우도 있습니다.

2_ A단면 표시 앞으로 아치가 보이므로 아치를 입면(레이어 0번)으로 작도합니다.

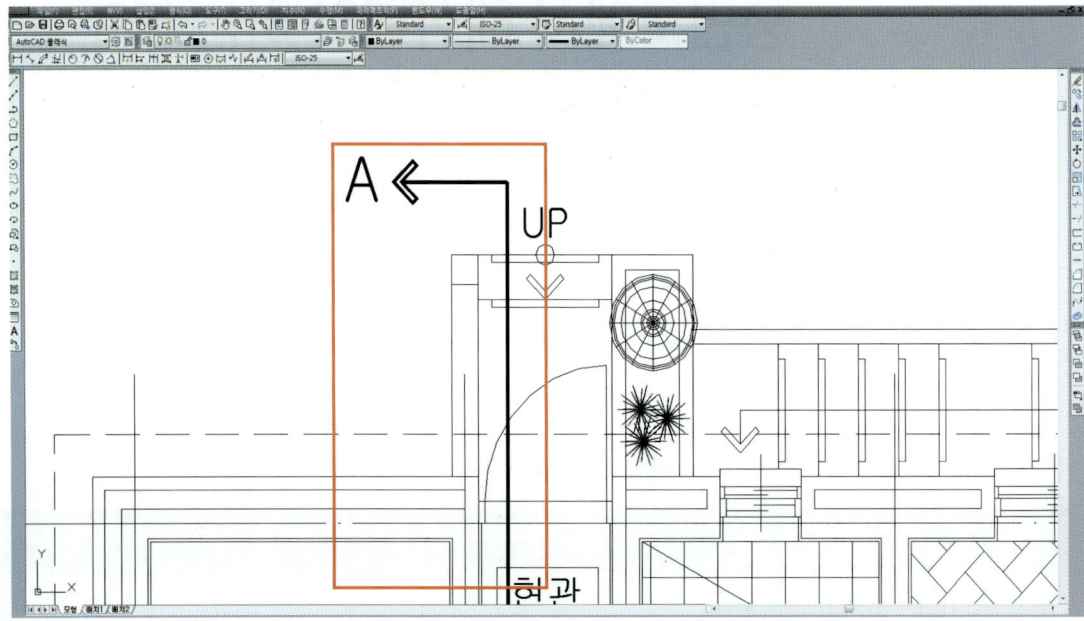

※ 아치는 A단면 표시의 위치에 따라 입면으로 작도해야 하는 경우도 있고 단면으로 작도해야 하는 경우도 있습니다.

3_ grip을 이용하여 계단끝 선을 끌어올려 대략적인 아치의 위치를 잡습니다.

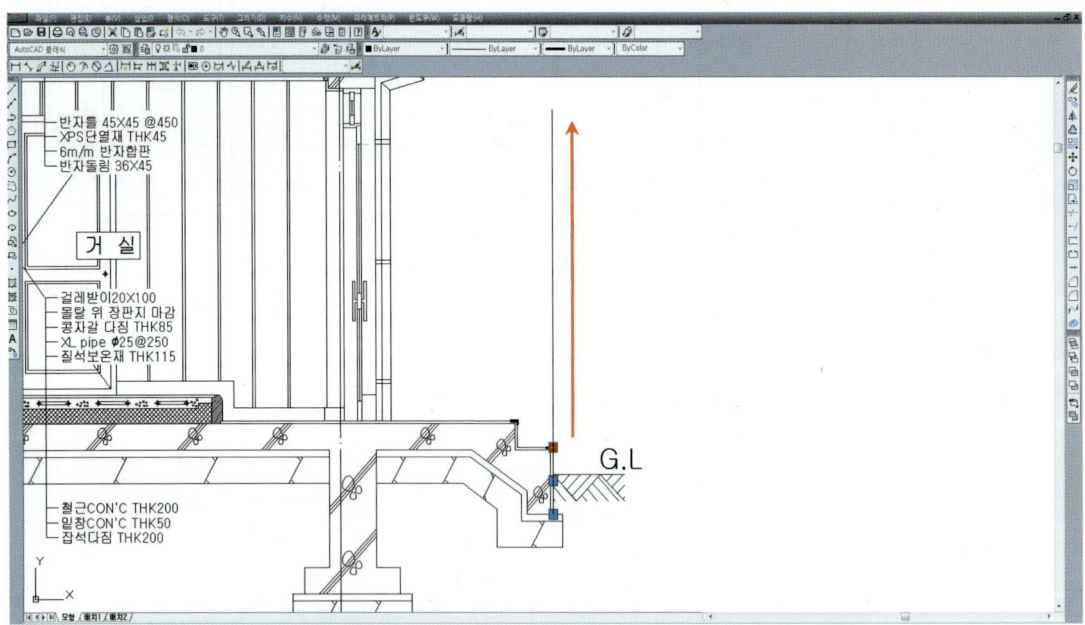

※ 계단 끝 선에서 끌어올리는 이유는 2의 평면도에서 아치 벽 끝이 계단의 끝선과 일치하기 때문입니다.

4_ line을 이용하여 테두리보 밑선(✗ 표시)에서 선을 그어 대략적인 아치의 높이를 잡습니다.

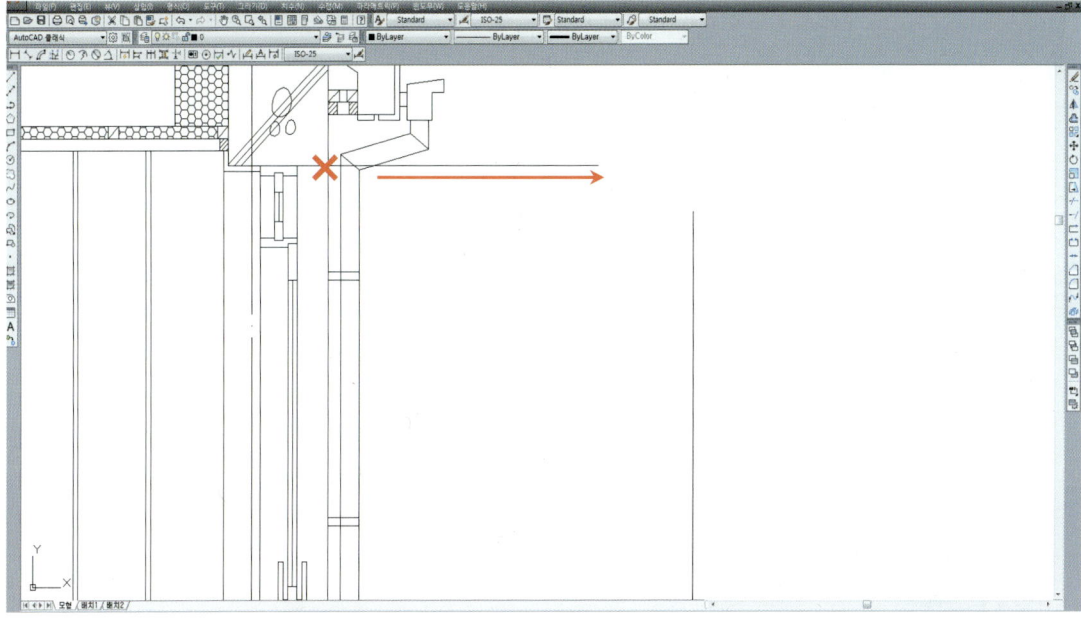

※ 외부에 위치한 아치높이는 테두리보 밑선입니다. 내부에 아치가 위치할 경우 높이는 문 높이인 2100으로 합니다.

5_ offset을 이용하여 200만큼 아래와 좌측(hidden 선)으로 간격을 띕니다.

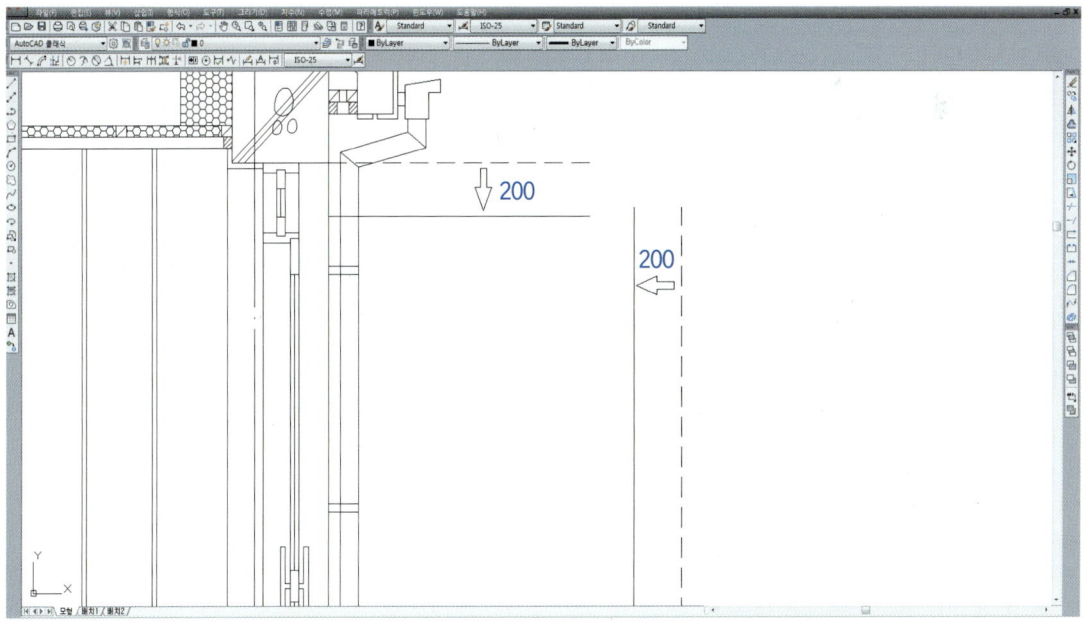

※ 아치 상부 두께는 200으로 정하여 작도하고 아치 벽은 평면도에서 스케일 자로 측정 후 작도합니다. **1**번의 평면도를 참고하시기 바랍니다.

6_fillet을 이용하여 아치의 모서리(네모 클릭) (세모 클릭)를 다듬습니다.

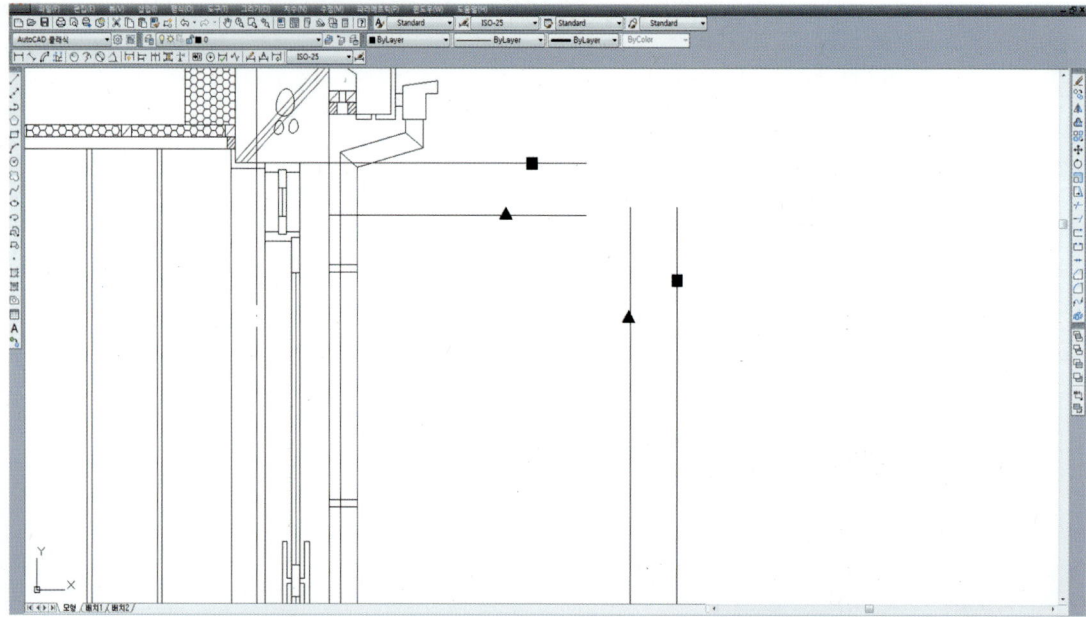

7_trim을 이용하여 아치와 맞닿는 벽체(hidden 선)를 잘라냅니다.

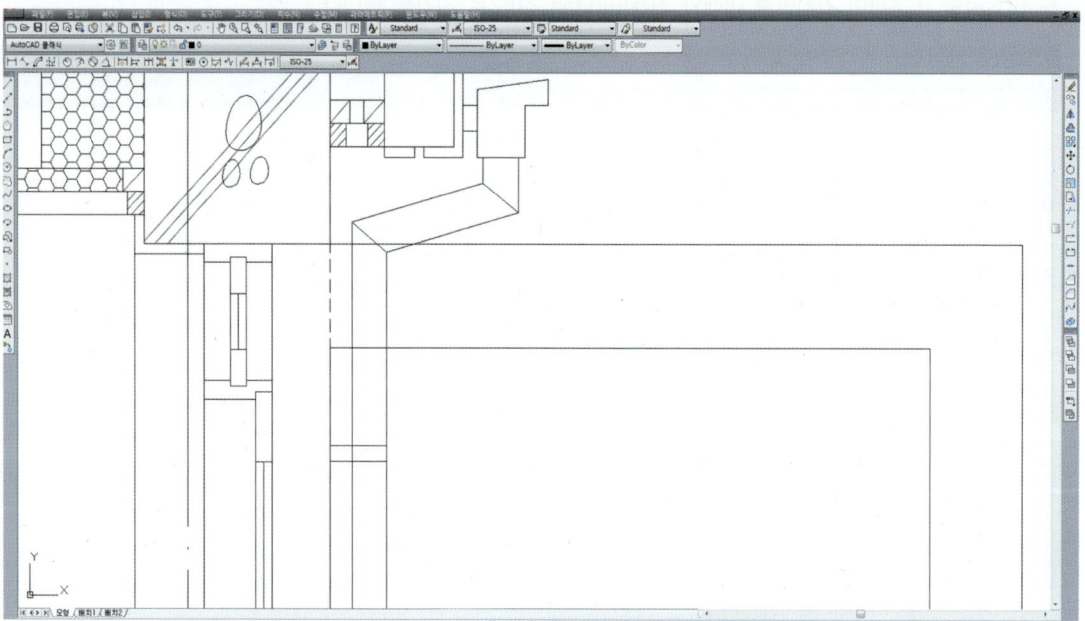

8_ 위 작업에서 **7**번 평아치와 맞닿는 벽체 위치관계를 이해하기 쉽도록 3D 프로그램으로 디자인한 것입니다.

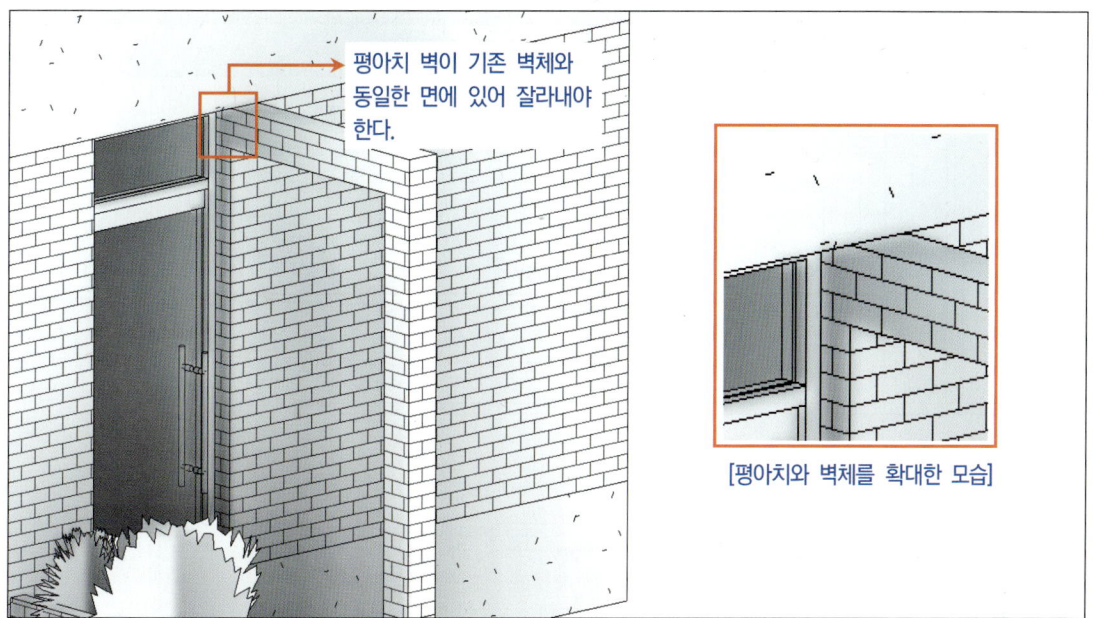

[평아치와 벽체를 확대한 모습]

9_ trim을 이용하여 계단 뒷부분의 아치(hidden 선)를 잘라냅니다.

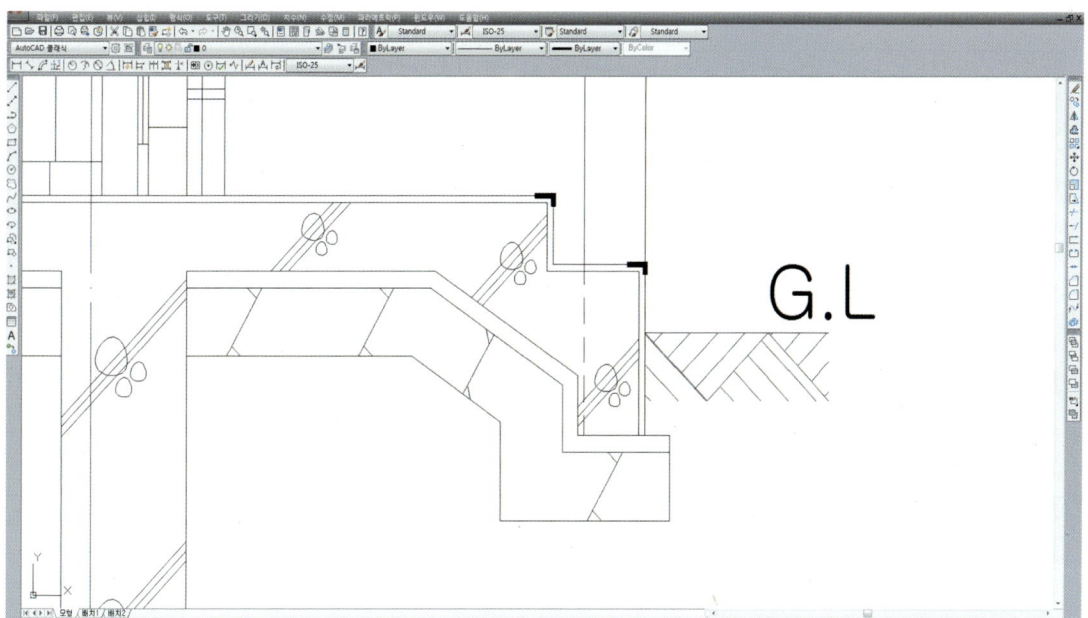

10_ copy를 이용하여 고막이 선(hidden 선)을 아치까지 복사하고 extend를 이용하여 연장합니다.

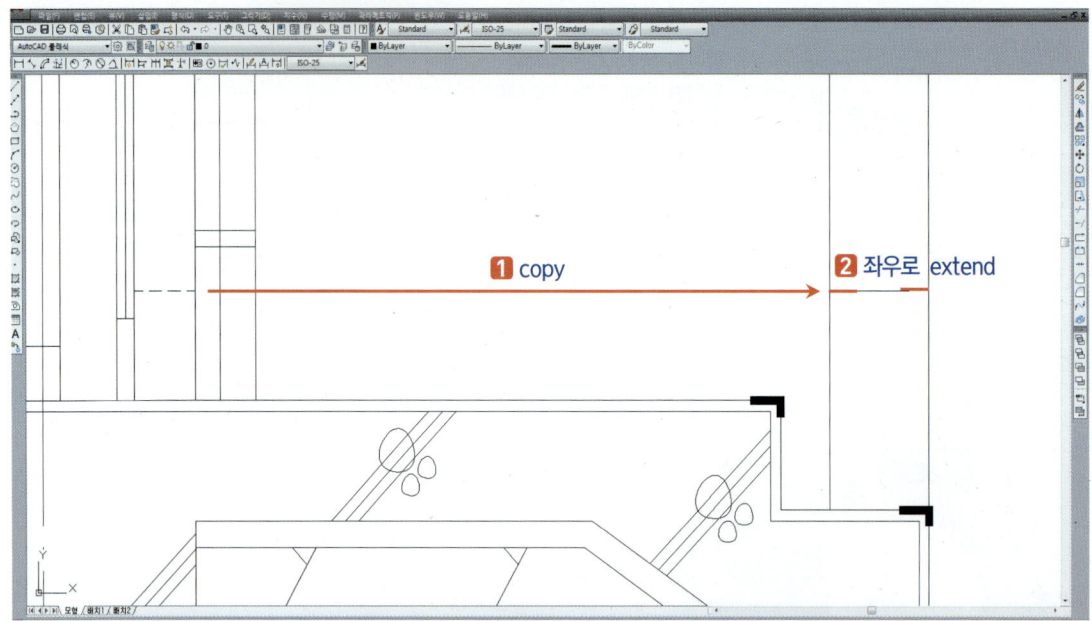

※ 아치는 벽돌이지만 아치의 하부는 고막이를 기준으로 콘크리트입니다.

11_ 위 작업에서 10번 아치하부 위치관계를 이해하기 쉽도록 3D 프로그램으로 디자인한 것입니다.

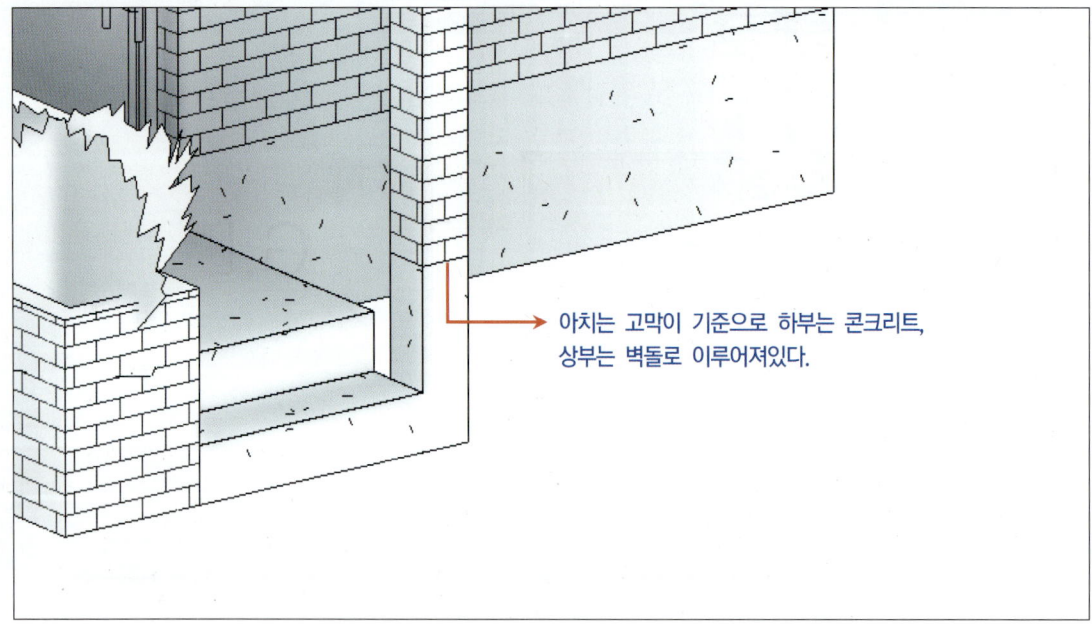

아치는 고막이 기준으로 하부는 콘크리트, 상부는 벽돌로 이루어져있다.

12_아치부분을 3D 프로그램에서 좀 더 사실적으로 표현해 보았습니다.

※ 이해를 돕기 위해 3D로 표현해 보았지만 평면도에서 해석이 이루어지지 않으면 오작 또는 작도의 어려움이 발생하기 때문에 반드시 숙지하셔야 합니다.

13_trim을 이용하여 아치 뒤에 있는 홈통(붉은 선)을 잘라냅니다.

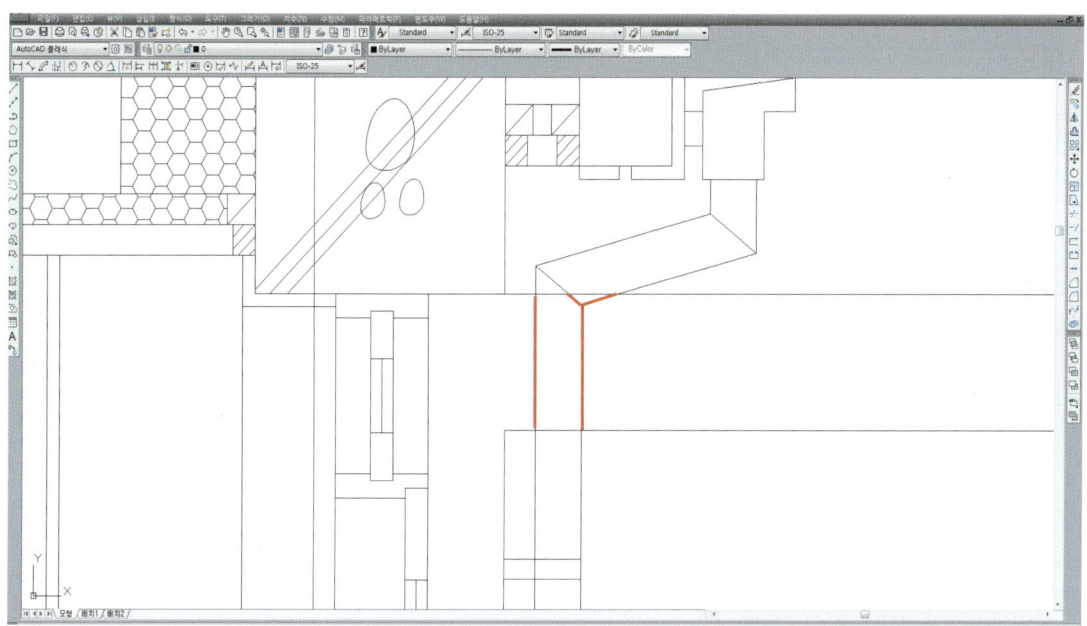

14_ mtext를 이용하여 현관에 들어갈 글자를 작성합니다.

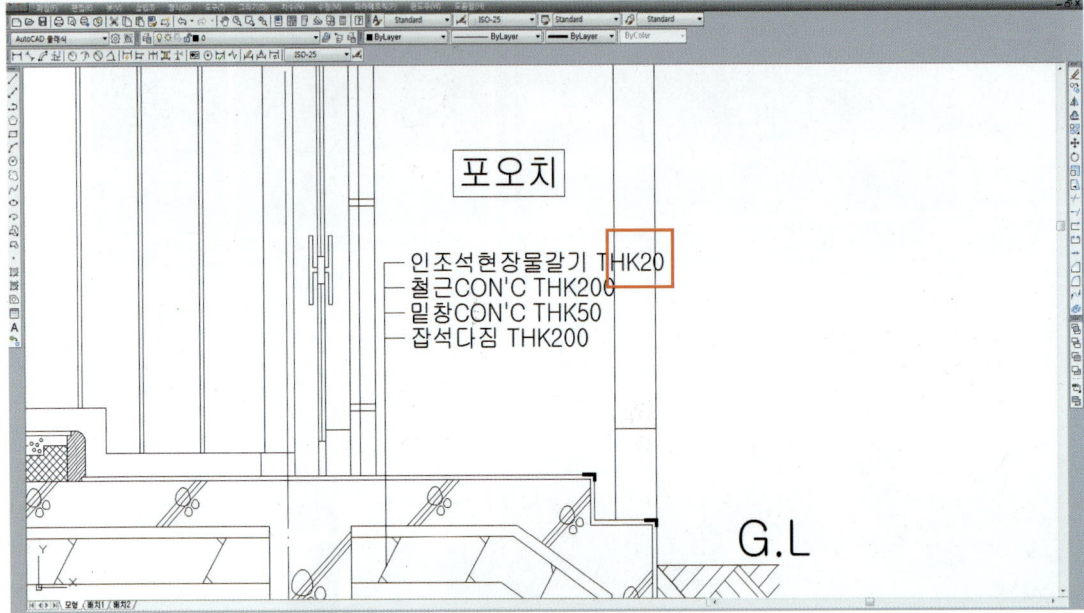

※ 도면에서 건물외부에 글자를 쓸 때 도면과 글자가 겹치는 경우 도면을 trim하지 않고 놔둡니다.

15_ hatch를 이용하여 벽체와 아치에 벽돌문양을 삽입합니다.

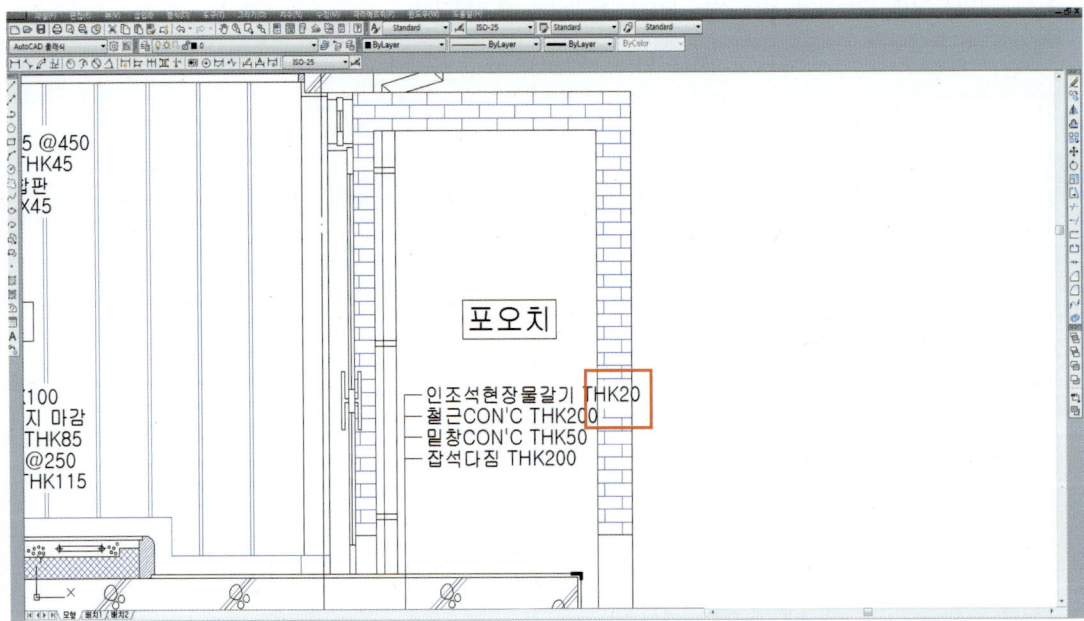

※ 해치와 글자가 겹치지 않아야 합니다.

13 평면도에서 해석해야 하는 부분 (둥근아치 - 실외)

1 평면도를 이용한 도면독해

1_ 평면도를 확대했을 때 아래와 같이 보이는 것이 둥근아치입니다.

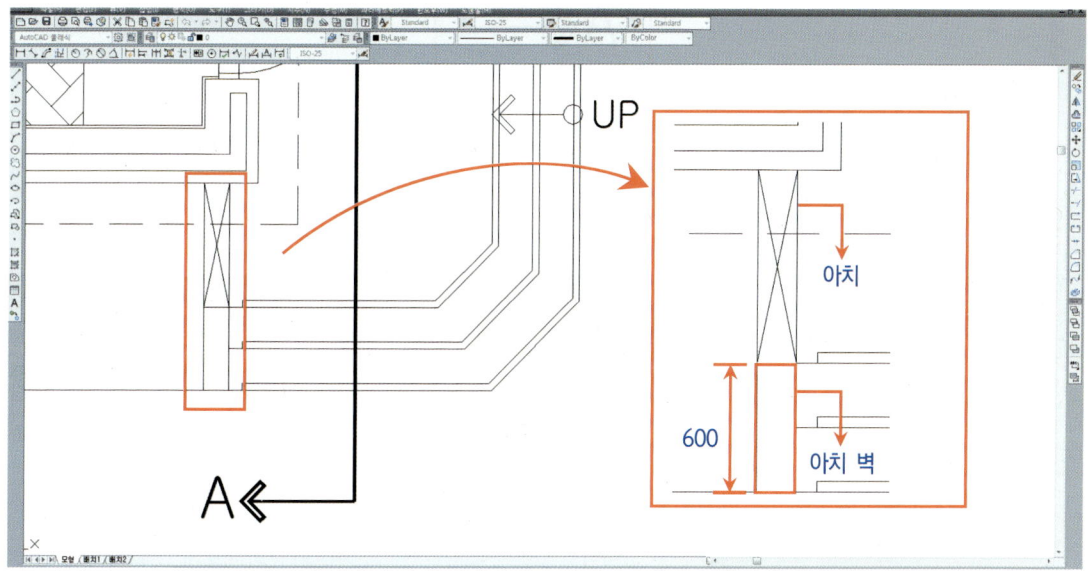

※ 위 그림에서 아치부분을 평면도에서 은선(hidden 선)으로 표현하는 경우도 있습니다.

2_ A단면 표시 앞으로 아치가 보이므로 아치를 입면(레이어 0번)으로 작도합니다.

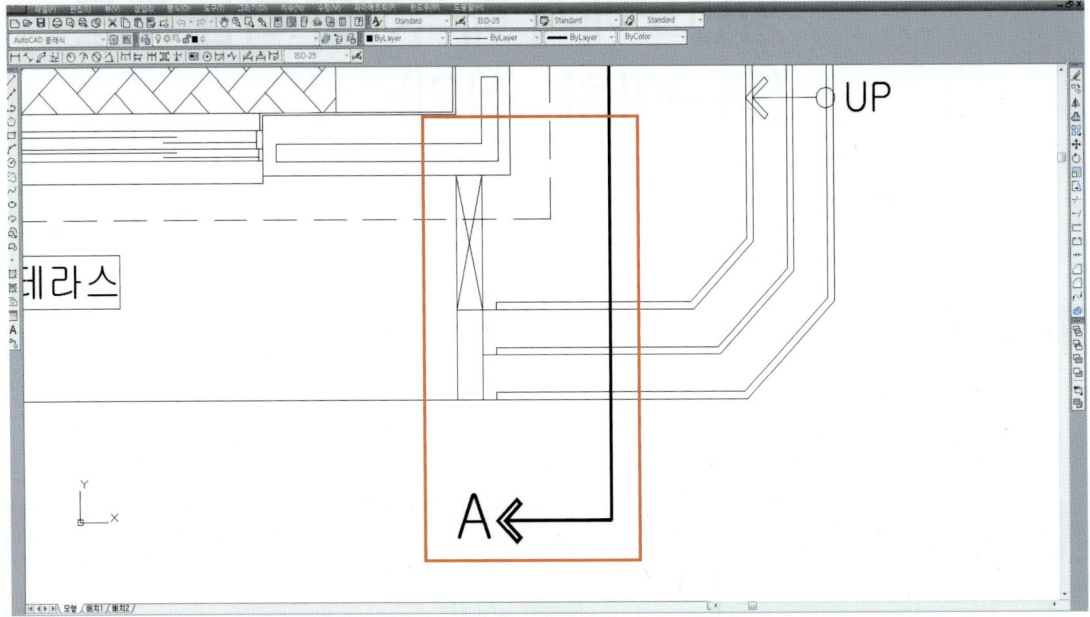

※ 아치는 A단면 표시의 위치에 따라 입면으로 작도해야 하는 경우도 있고 단면으로 작도해야 하는 경우도 있습니다.

3_ grip을 이용하여 계단끝 선을 끌어올려 대략적인 아치의 위치를 잡습니다.

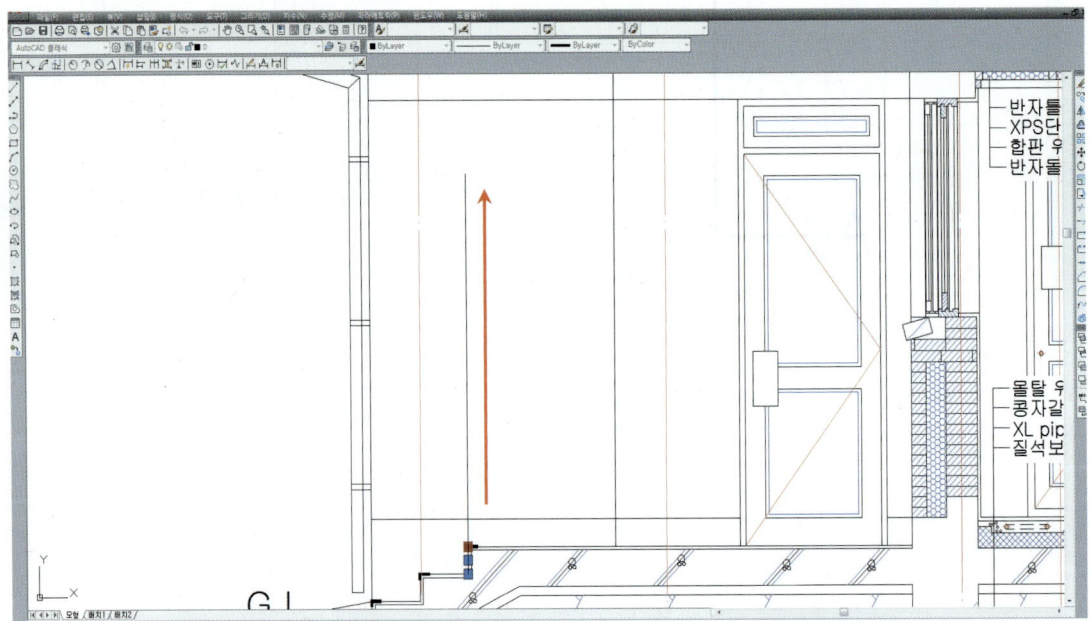

※ 계단 끝 선에서 끌어올리는 이유는 2의 평면도에서 아치 벽 끝이 계단의 끝선과 일치하기 때문입니다.

4_ offset을 이용하여 200만큼 아래(hidden 선)로 간격을 띕니다.

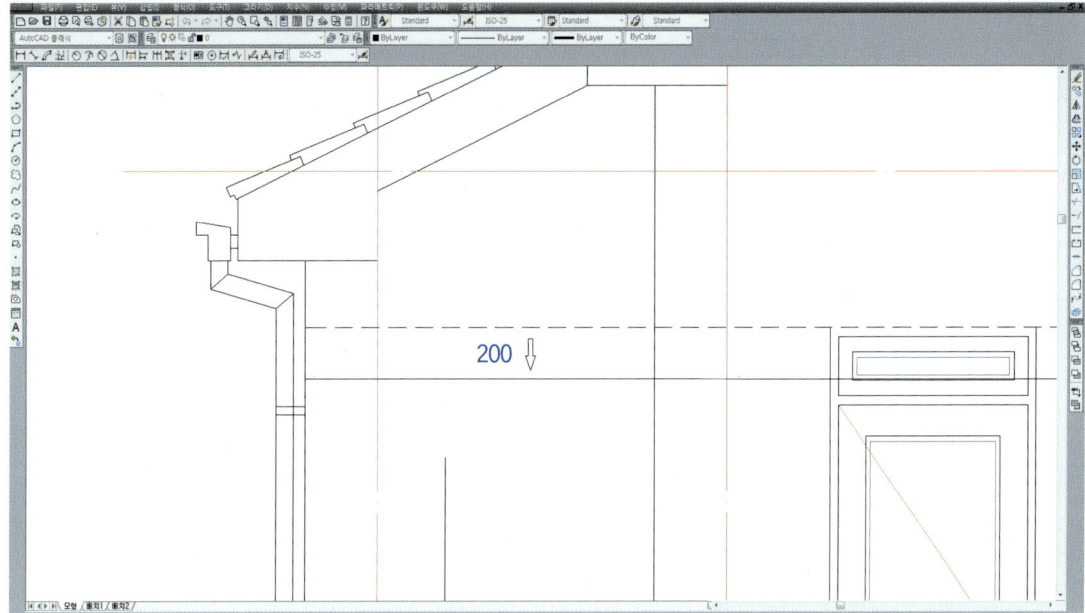

※ 외부에 위치한 아치높이는 테두리보 밑선입니다. 내부에 아치가 위치할 경우 높이는 문 높이인 2100으로 합니다.
※ 아치 상부 두께는 200으로 정하여 작도하고 아치 벽두께는 평면도에서 스케일 자로 측정 후 작도합니다. **1**번의 평면도에서 확대한 부분을 참고하시기 바랍니다.

5_ fillet을 이용하여 아치의 모서리(네모 클릭)를 다듬고 trim을 이용하여 아치가 아닌 부분(hidden 선)을 잘라냅니다.

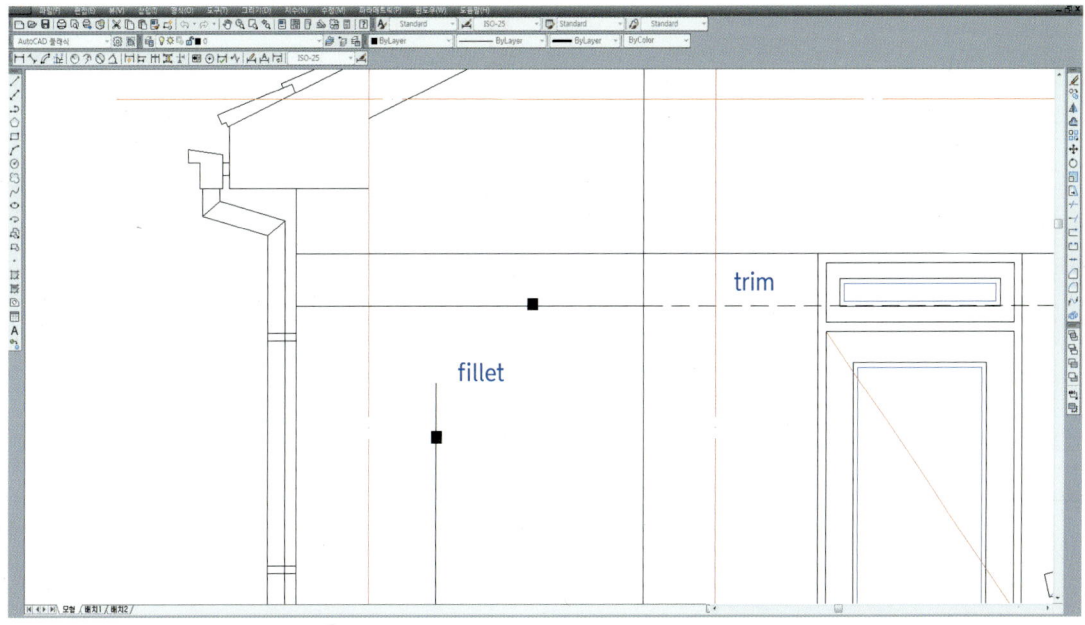

※ fillet과 trim의 순서는 바뀌어도 무방합니다.

6_ circle을 이용하여 둥근아치의 개구부 중심(✗ 표시)에 작도합니다.

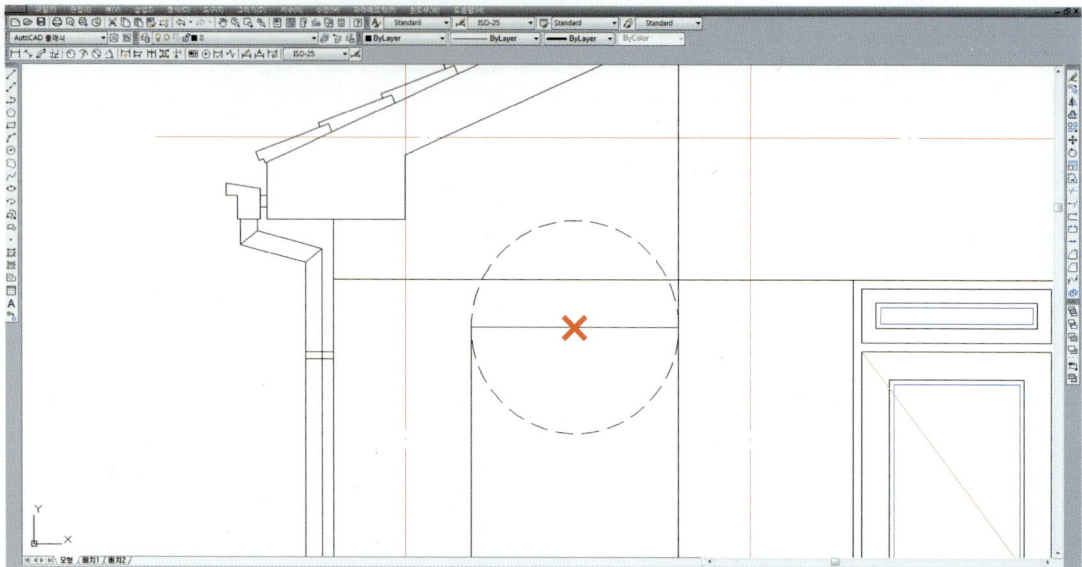

※ 둥근아치의 반지름은 아치 개구부 크기에 따라 변하기 때문에 정해진 크기가 없습니다.

7_ move를 이용하여 원을 아래의 위치까지 이동합니다.

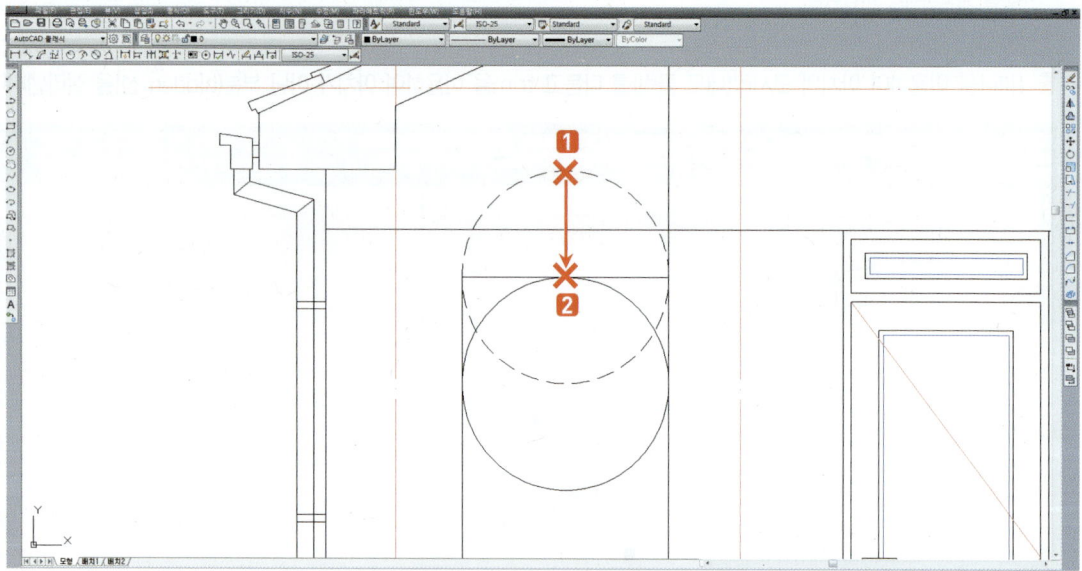

8_erase와 trim을 이용하여 아래에 표시된 부분(hidden 선)을 편집합니다.

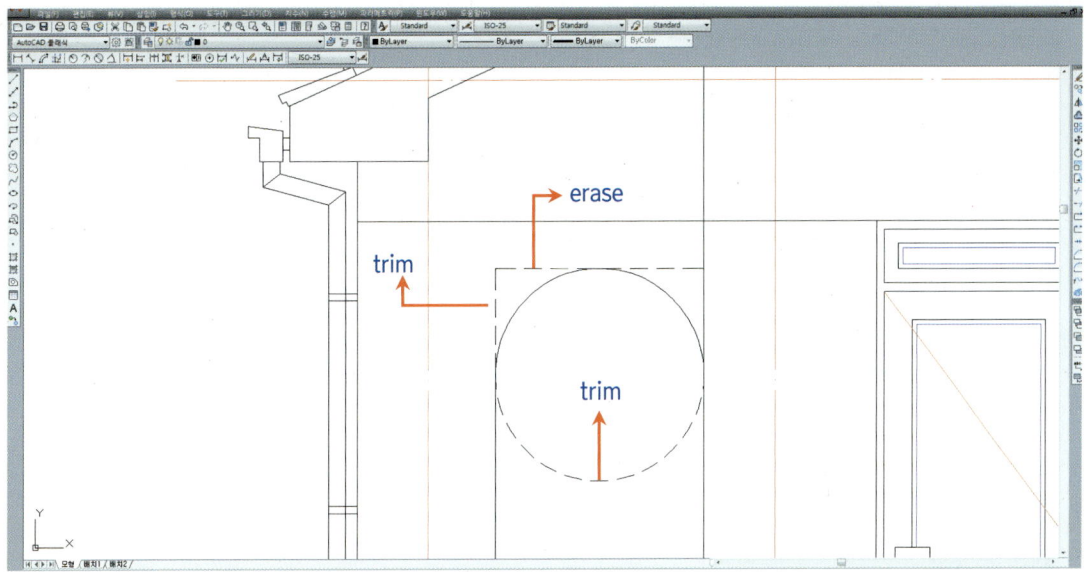

9_mtext를 이용하여 현관에 들어갈 글자를 작성합니다.

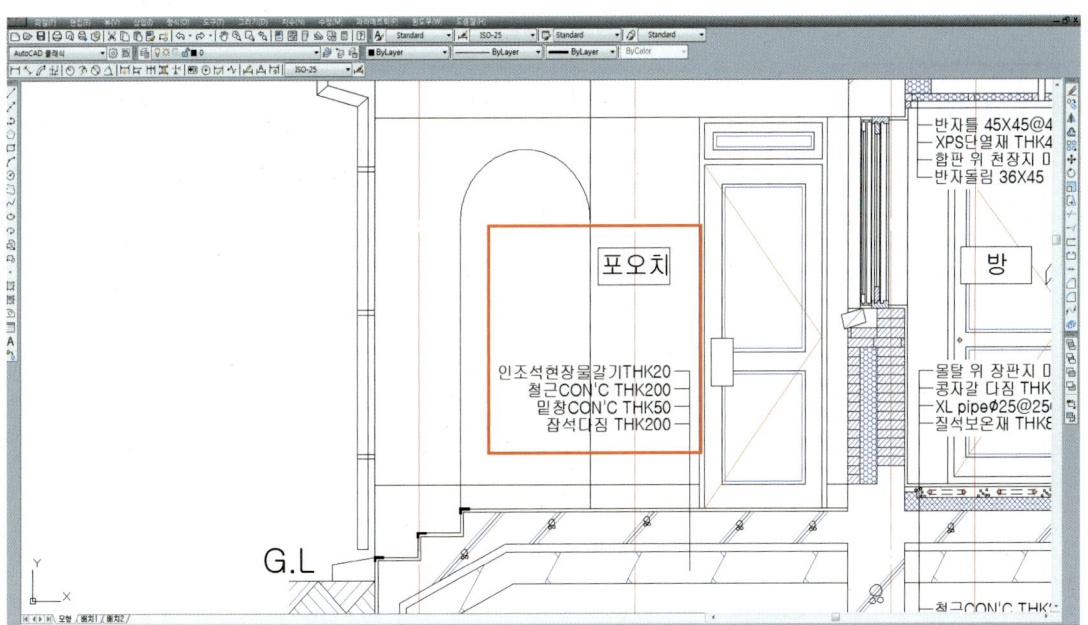

※ 도면에서 건물외부에 글자를 쓸 때 도면과 글자가 겹치는 경우 도면을 trim하지 않고 놔둡니다.

10_A단면 표시 앞쪽으로 아치를 통과하면 벽이 보입니다.

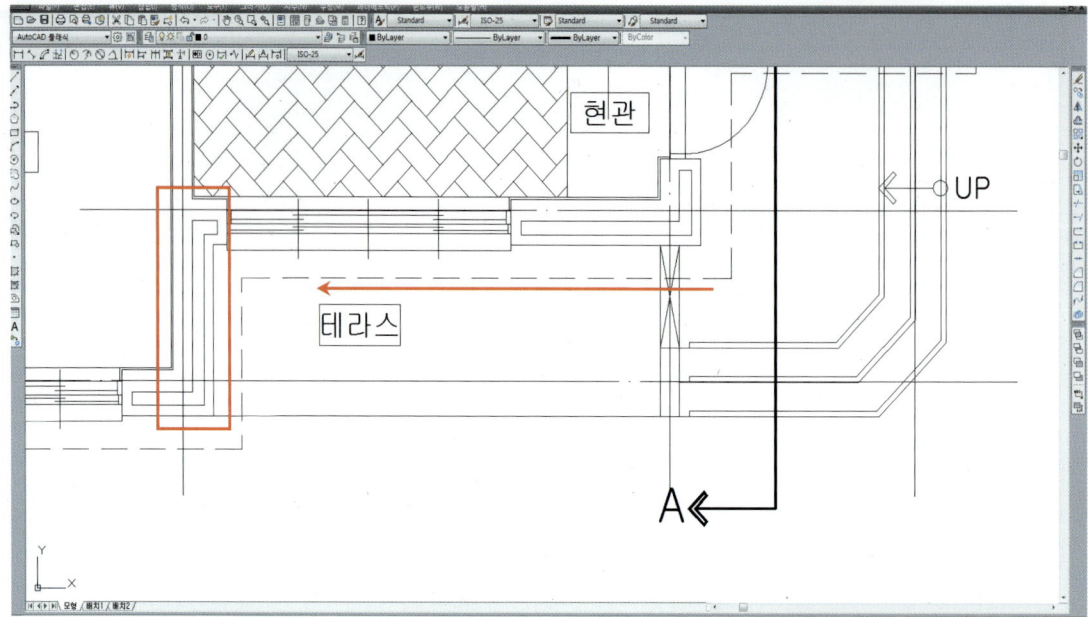

11_hatch를 이용하여 벽체와 아치에 벽돌문양을 삽입합니다.

※ 해치와 글자가 겹치지 않아야 합니다.

12_ 위 작업에서 **10**과 **11**번 아치 통과 후 보이는 벽체의 위치관계를 이해하기 쉽도록 3D 프로그램으로 디자인한 것입니다.

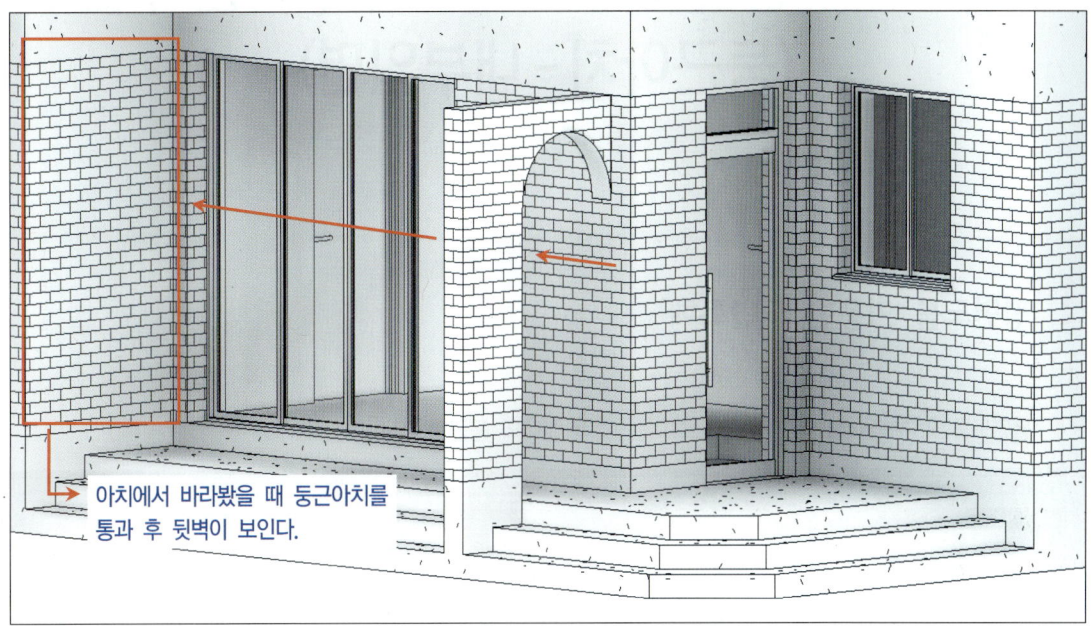

아치에서 바라봤을 때 둥근아치를 통과 후 뒷벽이 보인다.

14 평면도에서 해석해야 하는 부분 (둥근아치 – 내부입면)

1 평면도를 이용한 도면독해

1_ 평면도를 확대했을 때 아래와 같이 보이는 것이 실내의 둥근아치입니다.

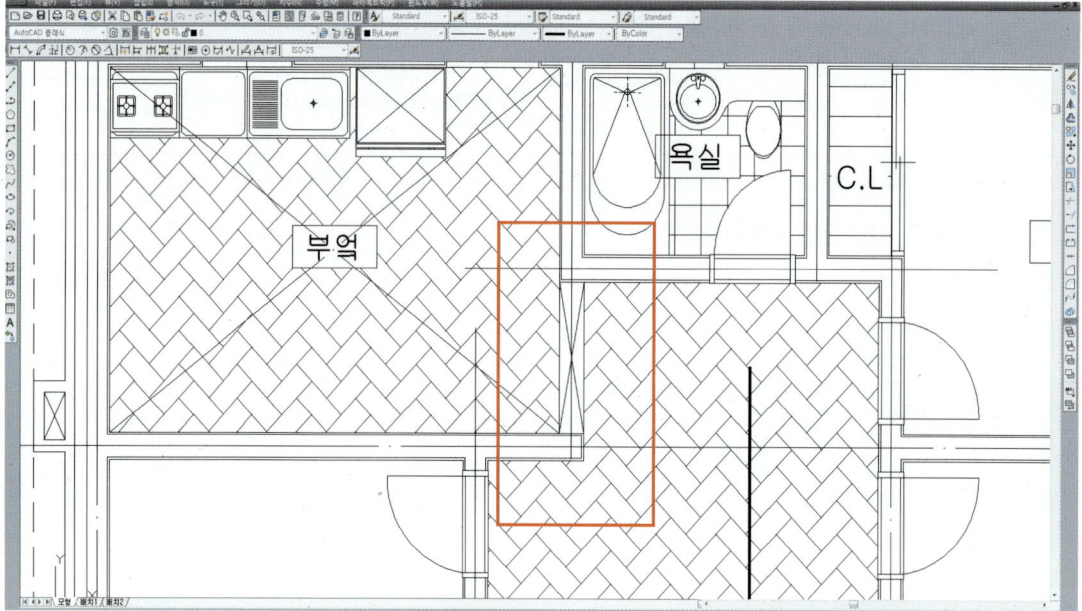

2_ A단면 표시 앞으로 아치가 보이므로 아치를 입면(레이어 0번)으로 작도합니다.

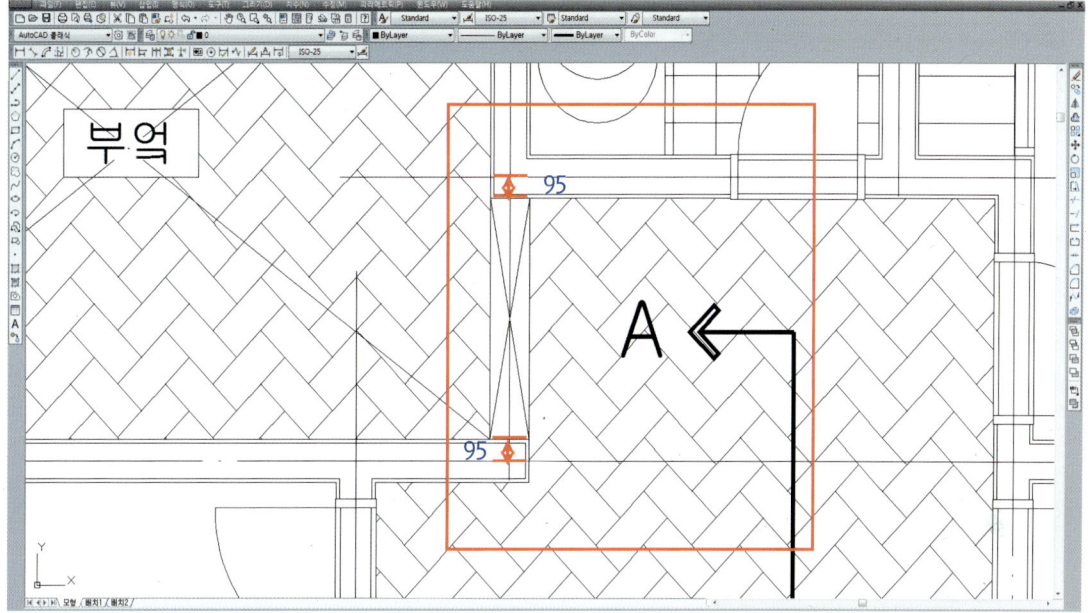

※ 아치는 A단면 표시의 위치에 따라 입면으로 작도해야 하는 경우도 있고 단면으로 작도해야 하는 경우도 있습니다.

3_ 아치 개구부 너비가 1500으로 확인됩니다.

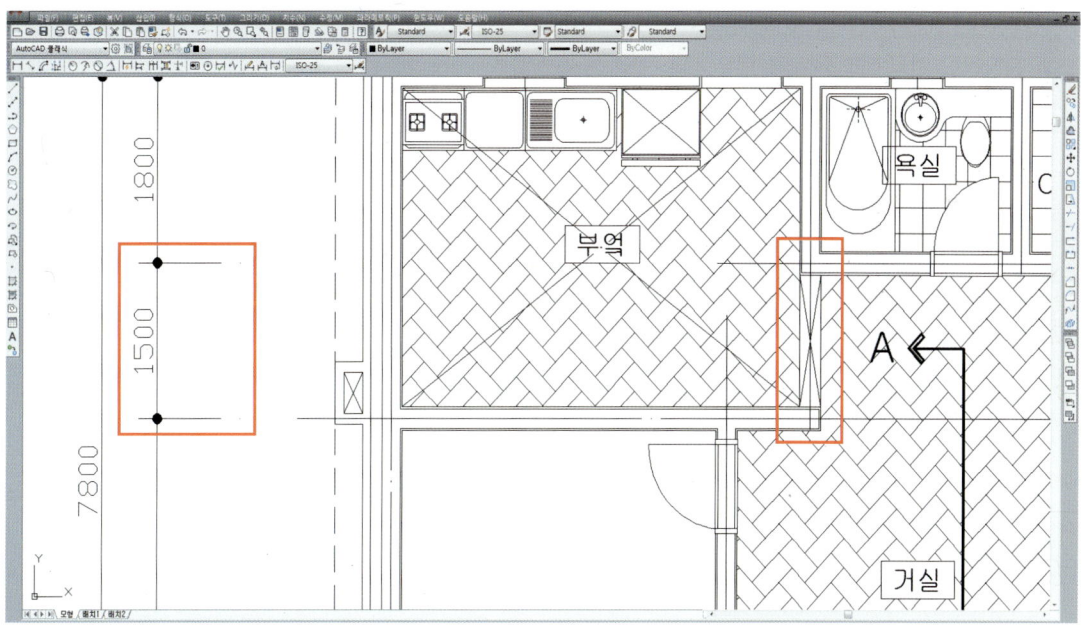

※ 아치 개구부 너비 1500은 벽체 중심선의 거리이므로 안목거리를 이용하여 개구부 너비를 작도해야 합니다.
※ 내벽이 1.0B(190mm)이므로 벽 중심에서 각각 95를 빼면 너비가 됩니다. **2**를 참고하기 바랍니다.

4_offset을 이용하여 중심선에서 1500만큼 간격을 띕니다.

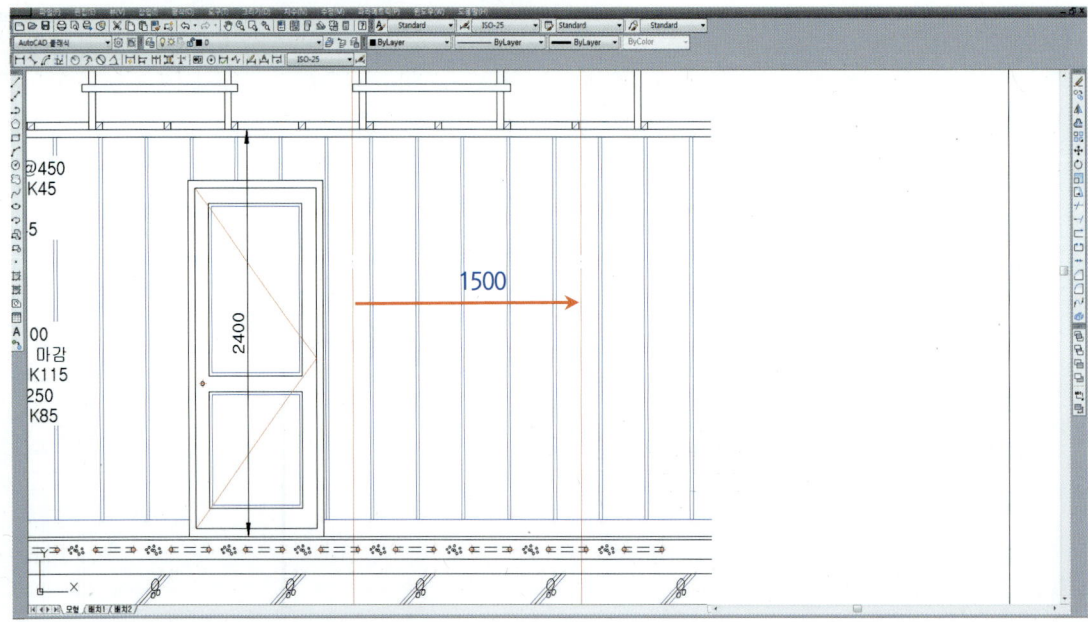

5_offset을 이용하여 벽 중심(hidden 선)에서 95만큼 간격을 띕니다.

6_ offset을 이용하여 거실 바닥(hidden 선)에서 2100만큼 간격을 주어 아치높이를 만듭니다.

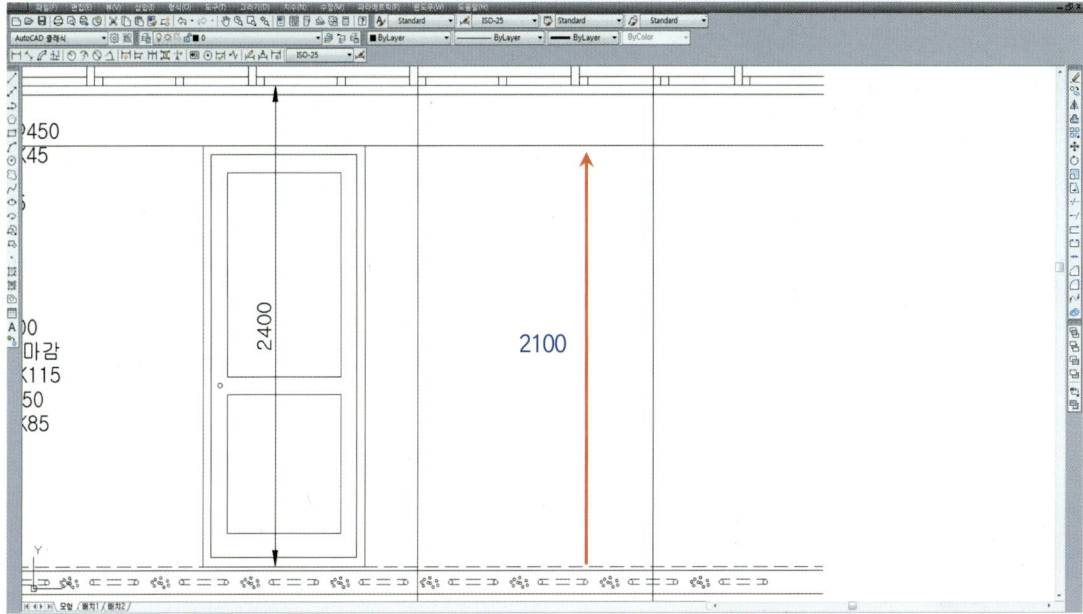

※ 실내 아치의 높이는 실내의 문 높이와 같은 2100으로 합니다. 이에 대한 설명은 10 평면도에서 해석해야 하는 부분 (둥근아치-실외) 4번 ※내용을 참고하기 바랍니다.

※ 도면내부가 번잡하여 어려움이 있다면 위와 같이 레이어를 끄고 (1번, 5번) 작도하는 것도 좋습니다.

7_ fillet을 이용하여 아치의 모서리(네모 클릭) (세모 클릭)를 다듬습니다.

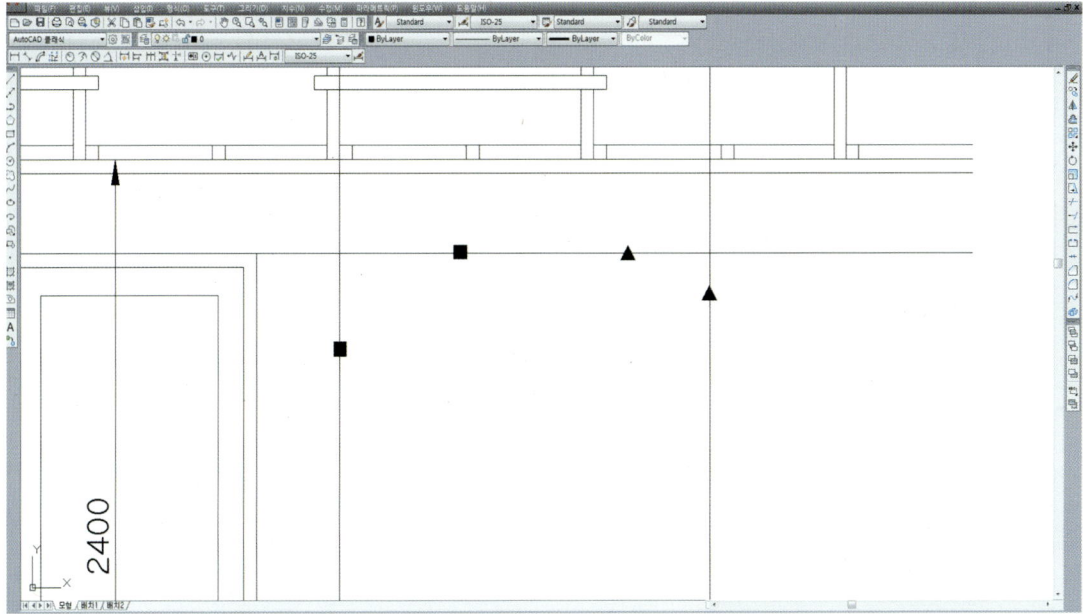

8_ trim을 이용하여 거실 바닥 아래부분(hidden 선)을 잘라냅니다.

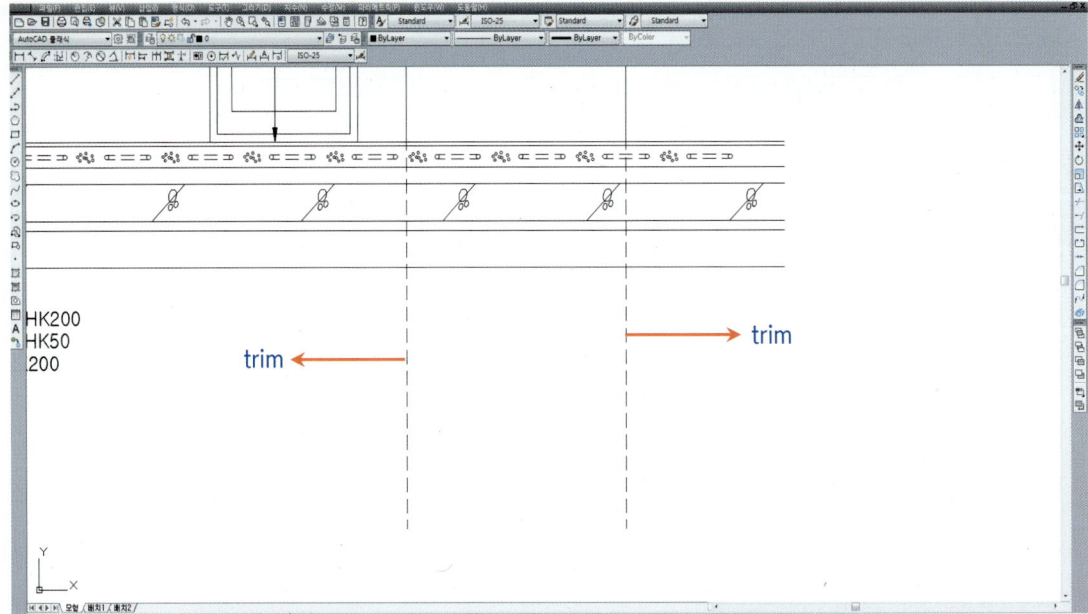

9_ fillet을 이용하여 아치의 평행선(네모 클릭)을 이용해 반원을 만든 후 move를 이용하여 반원을 아래의 위치까지 이동합니다.

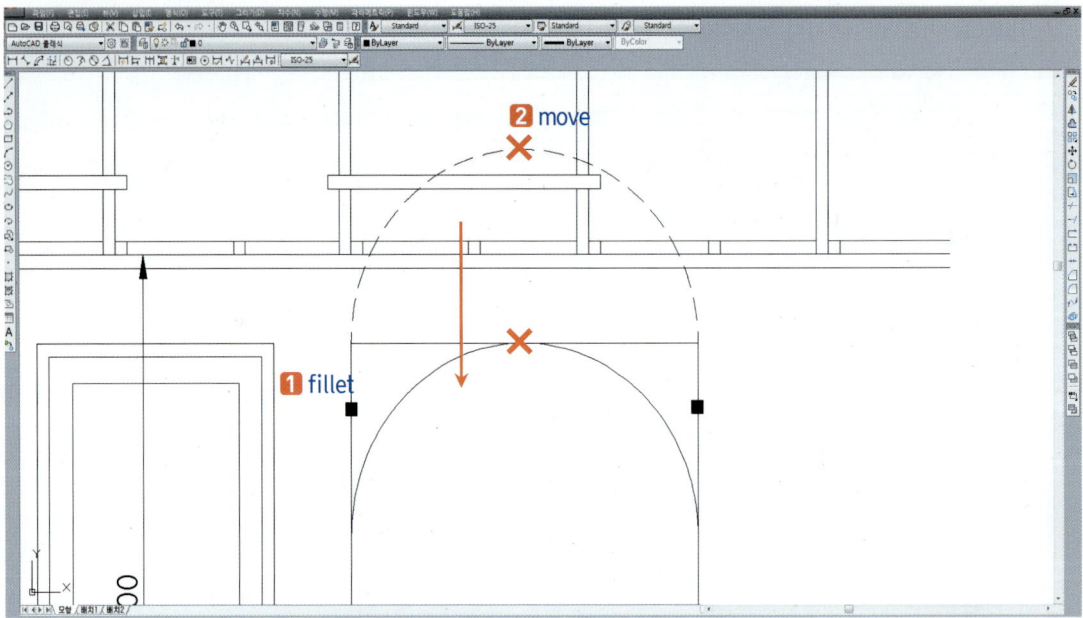

10_ erase와 trim을 이용하여 아래에 표시된 부분(hidden 선)을 편집합니다.

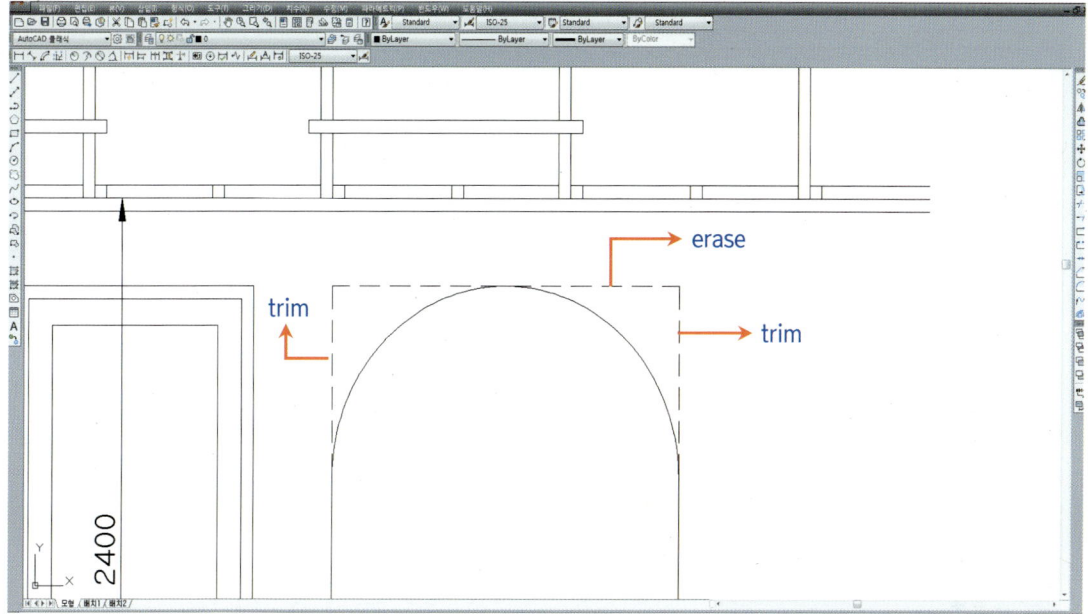

11_ 아치가 절반 정도만 보이기 때문에 이에 대한 편집을 합니다.

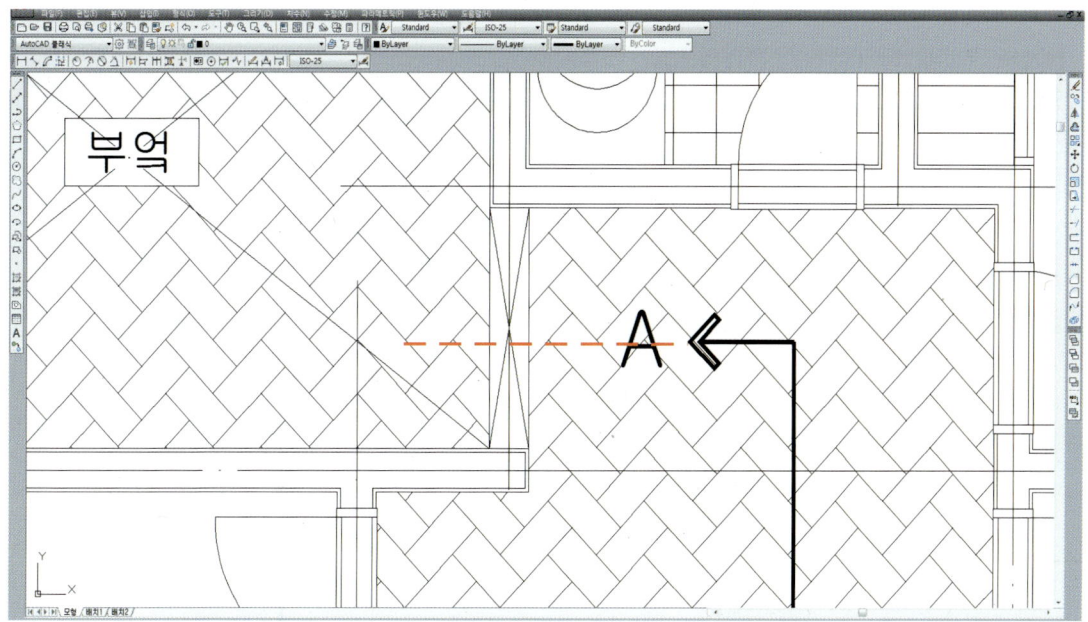

12_ trim을 이용하여 걸레받이 아래의 아치(붉은 선)를 잘라냅니다.

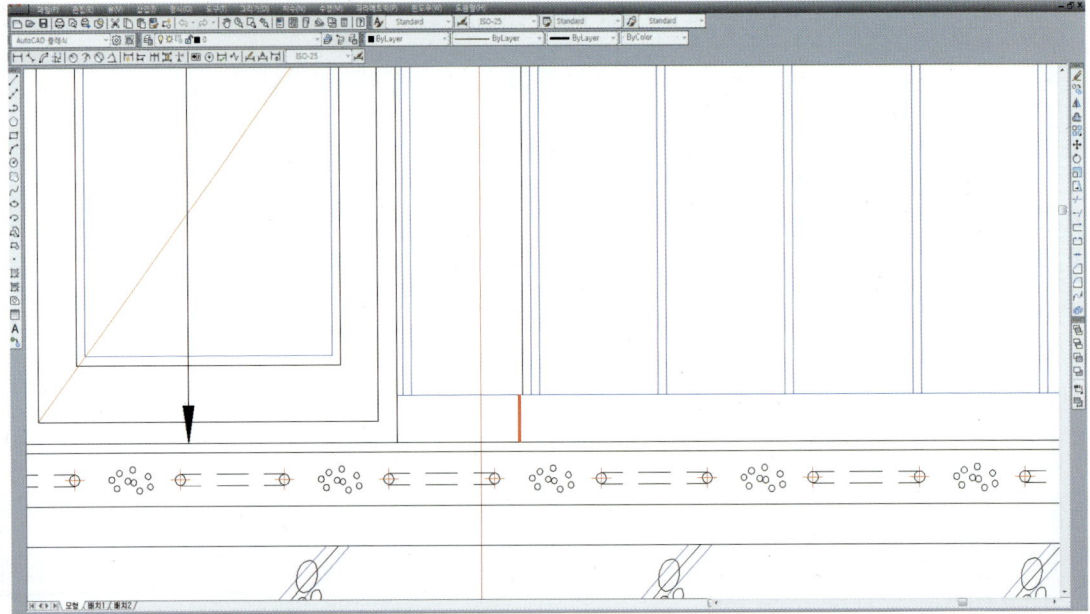

※ 걸레받이는 벽을 휘감아야 하는 재료이기 때문에 아치 아래부분을 잘라내는 것입니다.

13_ 아치 옆 입면으로 보이는 벽체(붉은 선)가 있습니다.

14_ offset을 이용하여 중심선(hidden 선)에서 내부벽체의 간격을 95만큼 띕니다.

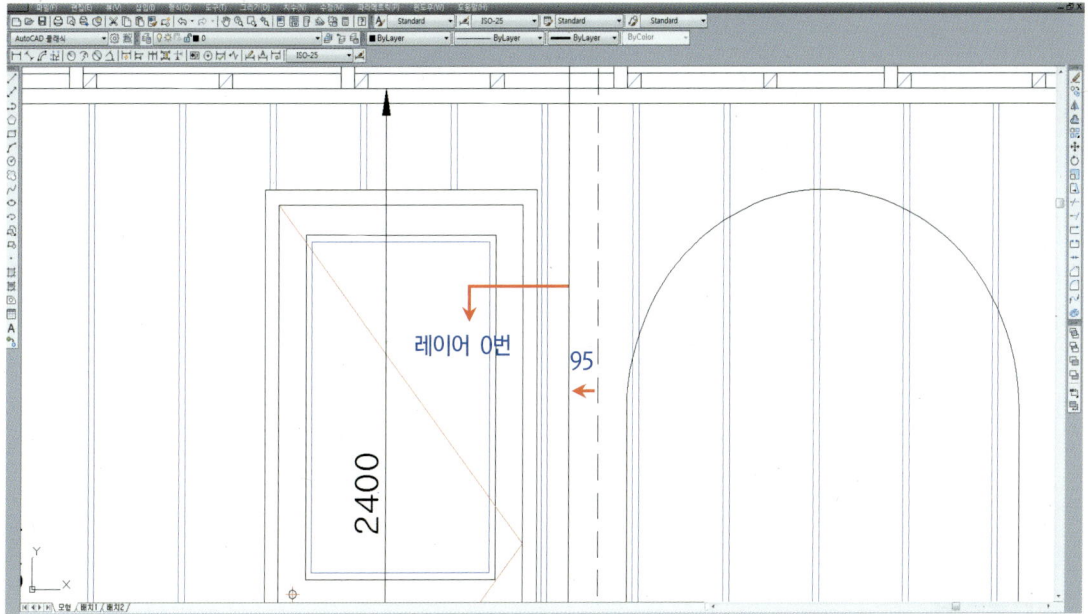

15_ trim을 이용하여 아래와 같이 벽체(빨간 선)를 잘라냅니다.

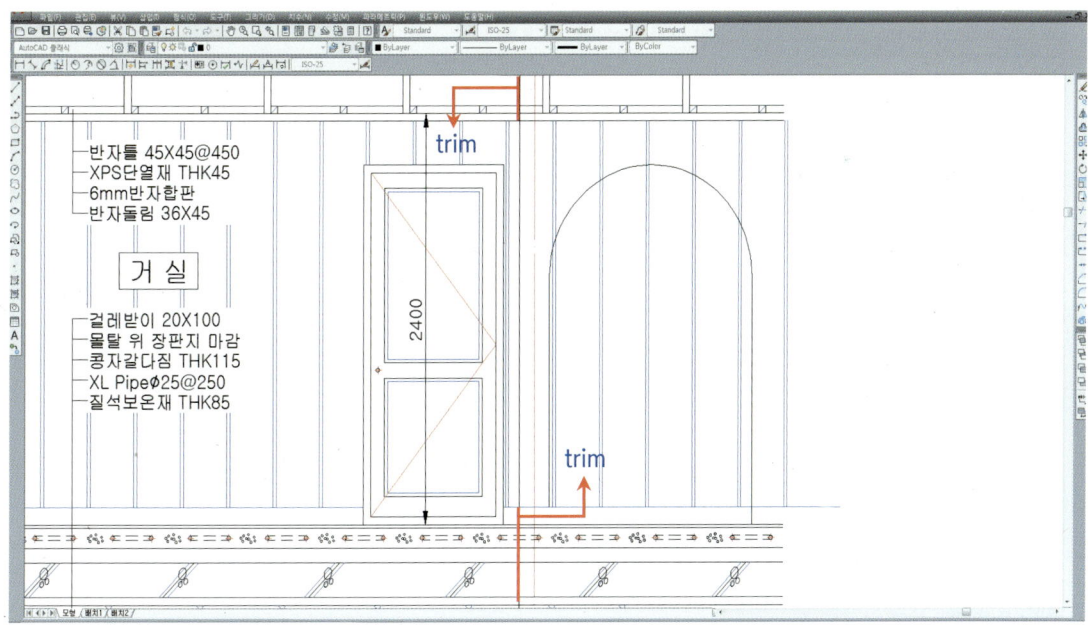

16_ offset을 이용하여 아래와 같이 벽체 및 아치 틀(hidden 선)에서 걸레받이 두께 20만큼의 간격을 각각 띕니다.

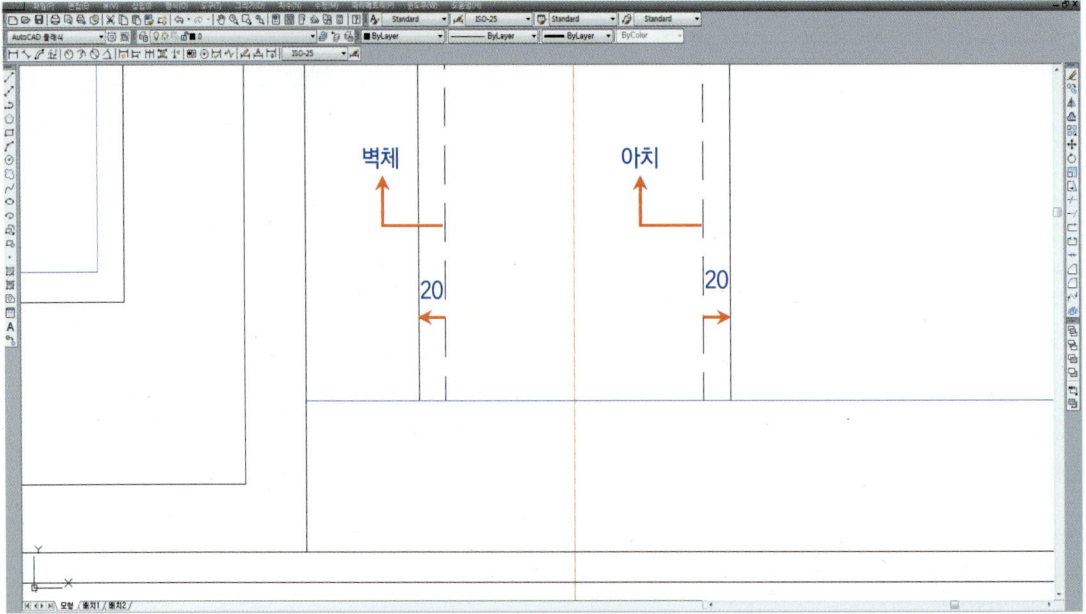

17_ extend(빨간 선)와 trim(hidden 선)을 이용하여 아래와 같이 편집합니다.

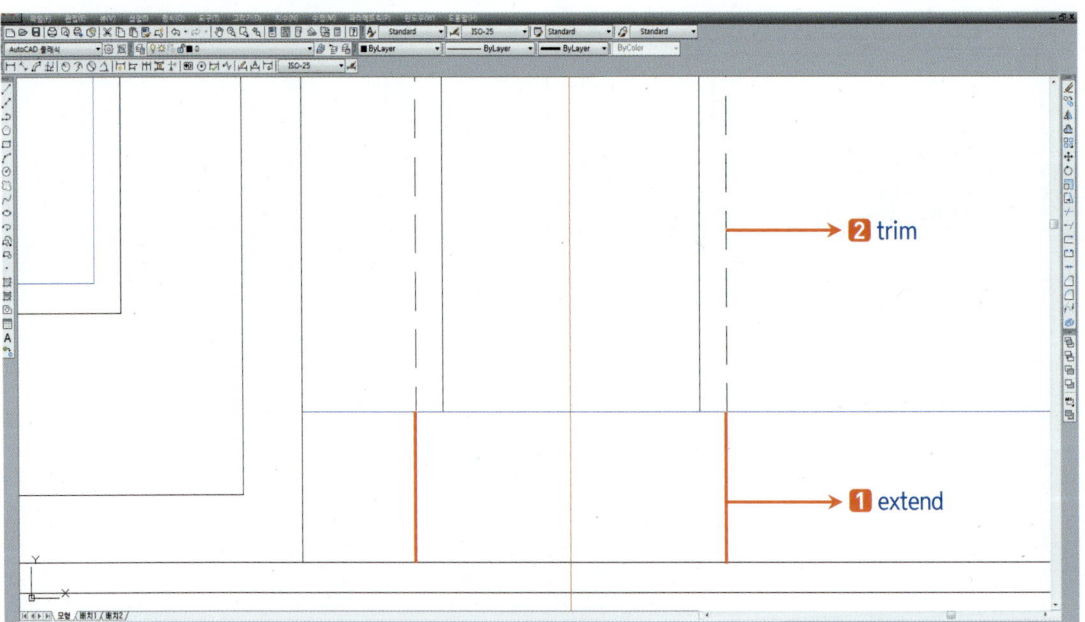

18_ 레이어를 변경하여 아래와 같이 걸레받이를 완성합니다.

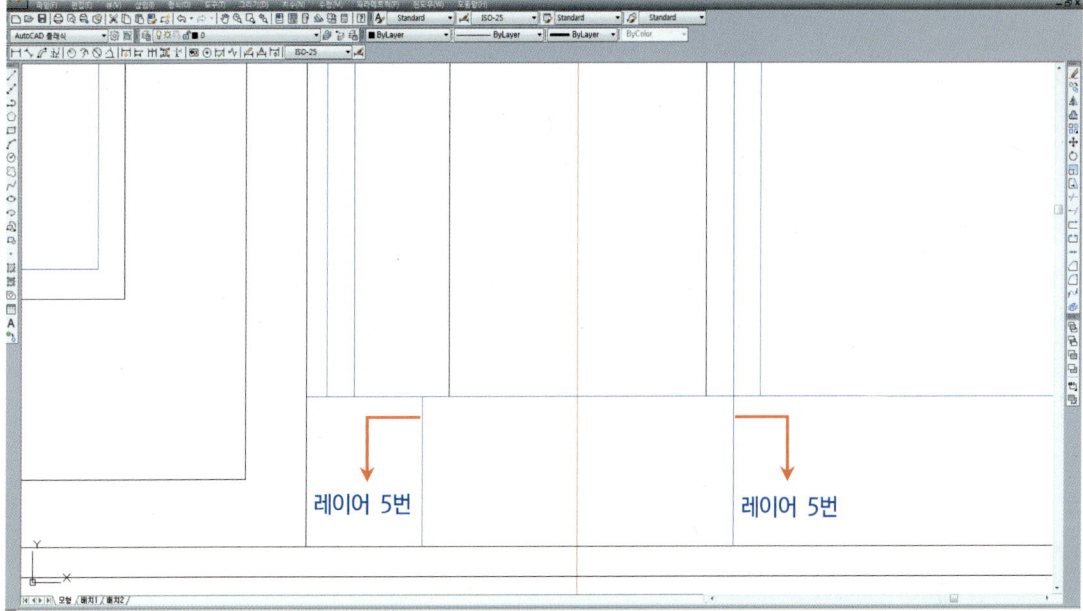

19_ 거실에서 부엌으로 이어지는 아치부분을 3D로 살펴보도록 하겠습니다.

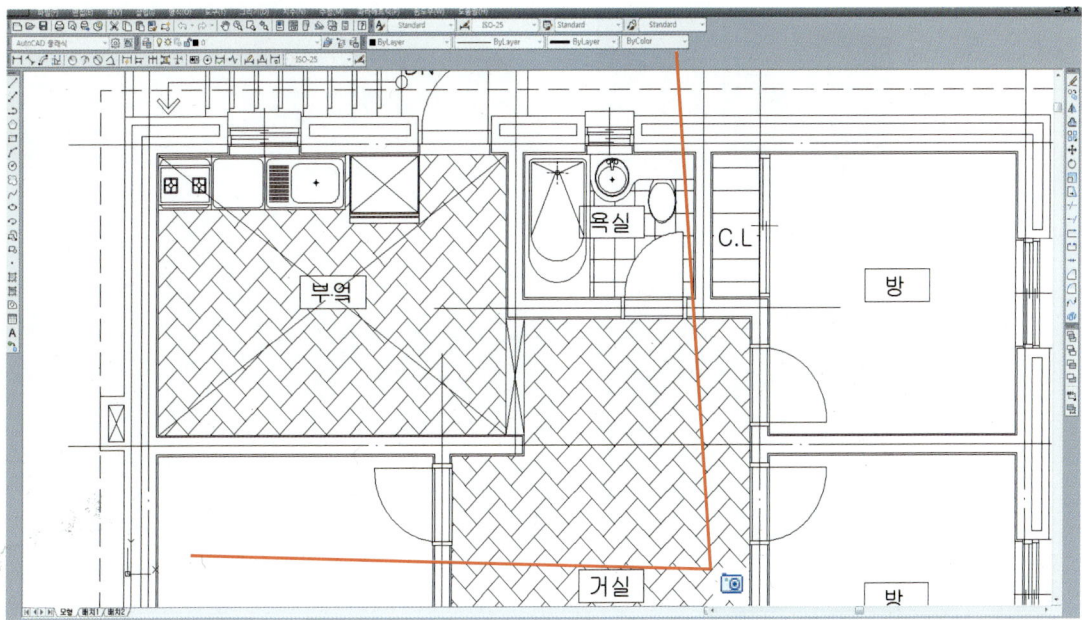

20_ 위 작업에서 **18**번 아치와 벽체 및 걸레받이의 위치관계를 이해하기 쉽도록 3D 프로그램으로 디자인한 것입니다.

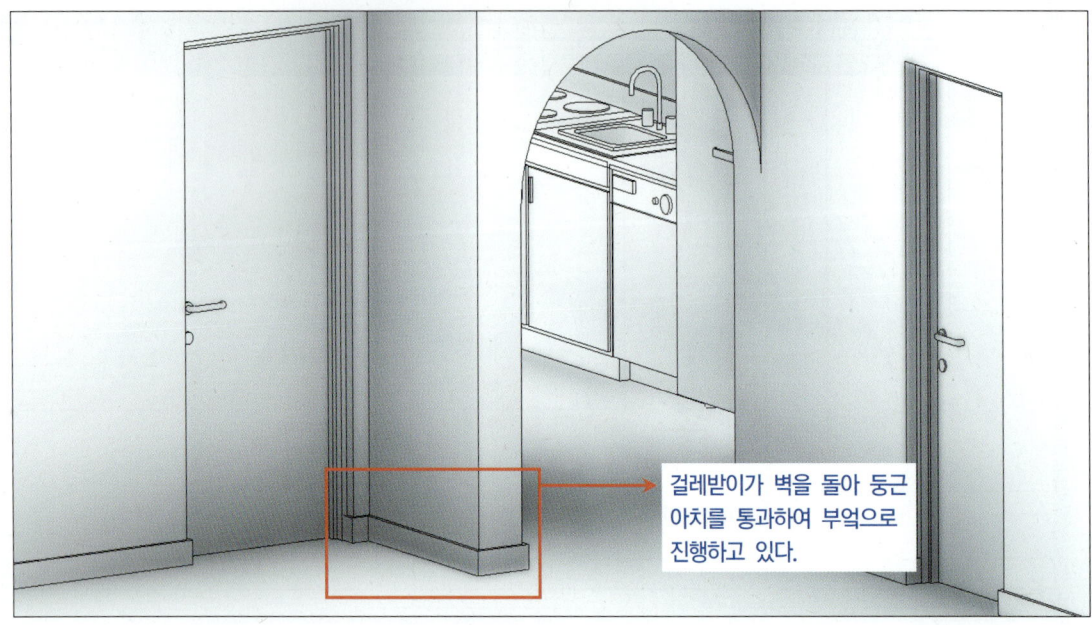

걸레받이가 벽을 돌아 둥근 아치를 통과하여 부엌으로 진행하고 있다.

21_ 아치와 벽체 및 걸레받이 부분을 3D 프로그램에서 좀 더 사실적으로 표현해 보았습니다.

22_ A단면 표시가 있는 부근에 절단선을 만듭니다.

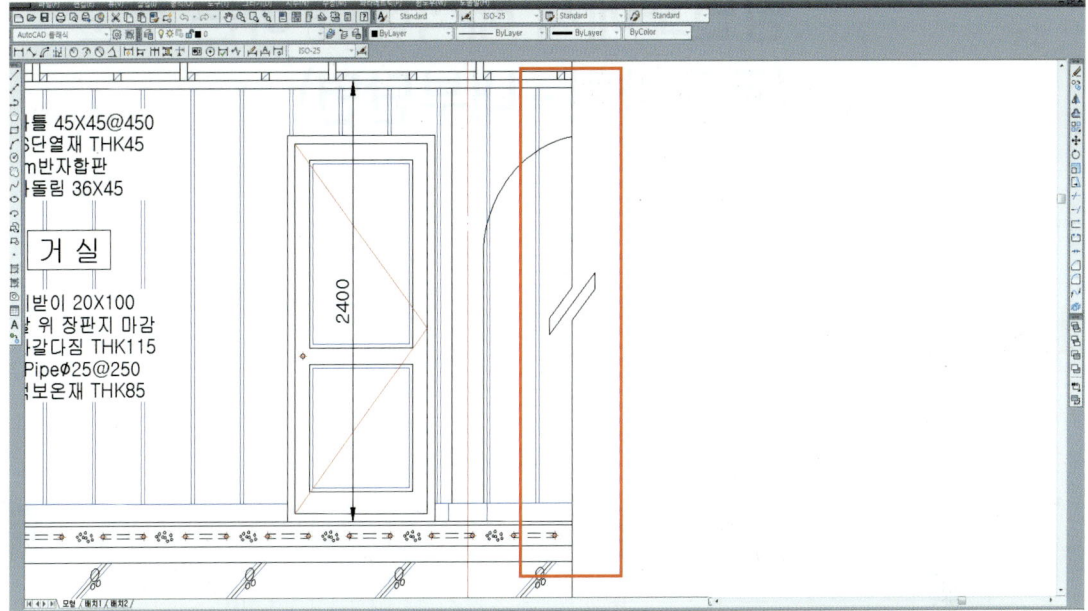

※ 아치 하부의 벽체와 걸레받이 부분이 복잡하다는 생각이 들거나 이해하기 어려울 경우에는 진행하지 않아도 무방합니다.

15 평면도에서 해석해야 하는 부분 (둥근아치 – 내부단면)

1 평면도를 이용한 도면독해

1_평면도를 확대했을 때 아래와 같이 보이는 것이 실내의 둥근아치입니다.

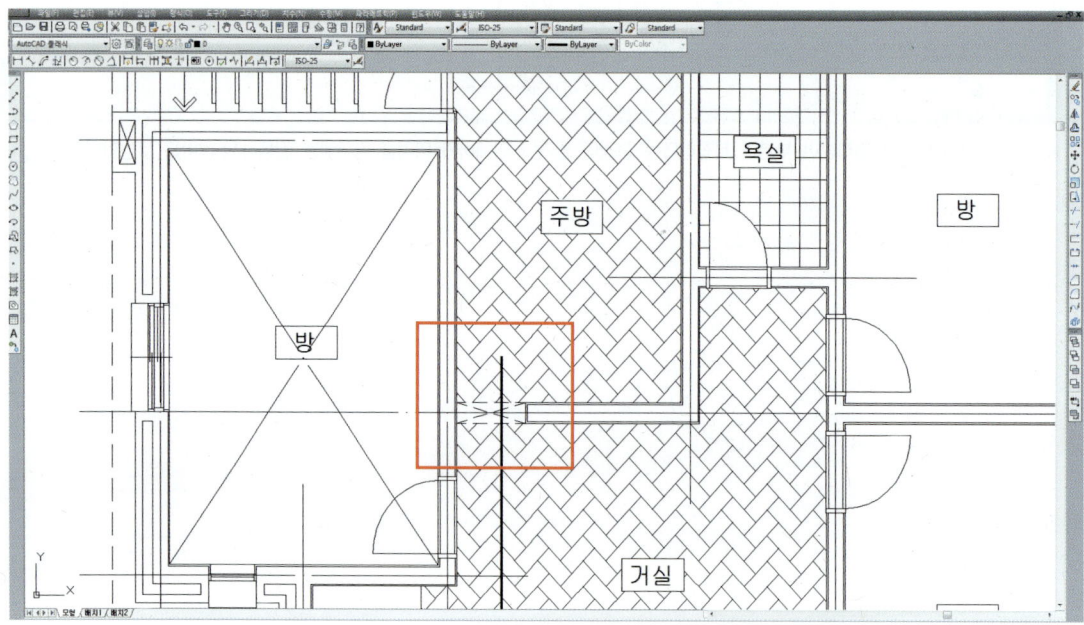

※ 위 그림에서 아치부분을 평면도에서 은선(hidden 선)으로 표현하는 경우도 있습니다.

2_ A단면 표시가 아치 개구부를 지나가므로 아치를 단면(레이어 2번)으로 작도합니다.

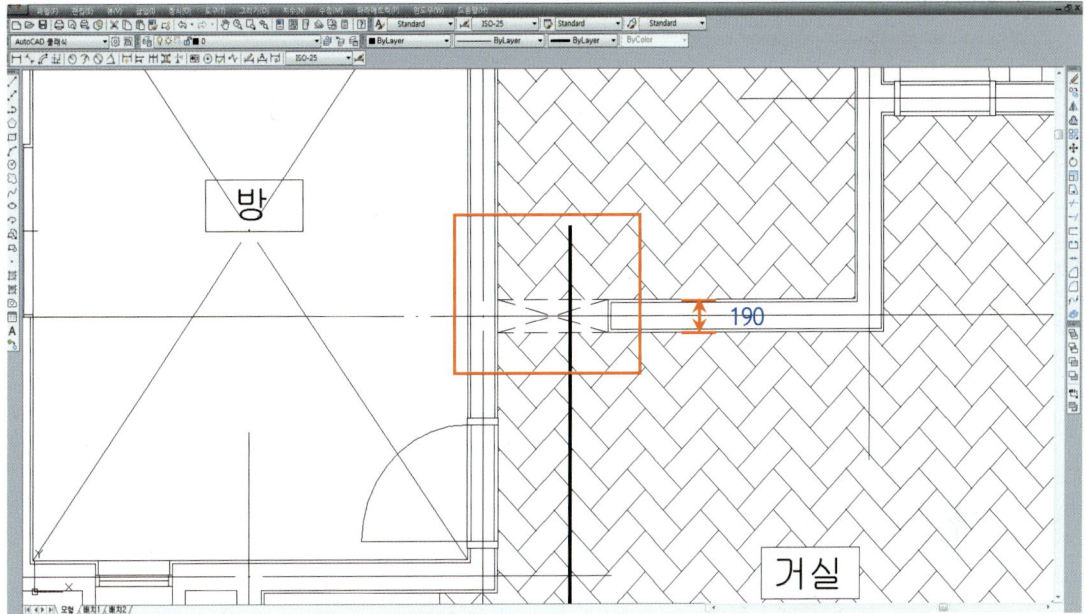

※ 아치는 A단면 표시의 위치에 따라 입면으로 작도해야 하는 경우도 있고 단면으로 작도해야 하는 경우도 있습니다.

3_ offset을 이용하여 중심선(hidden 선)에서 내벽 너비의 간격을 띕니다.

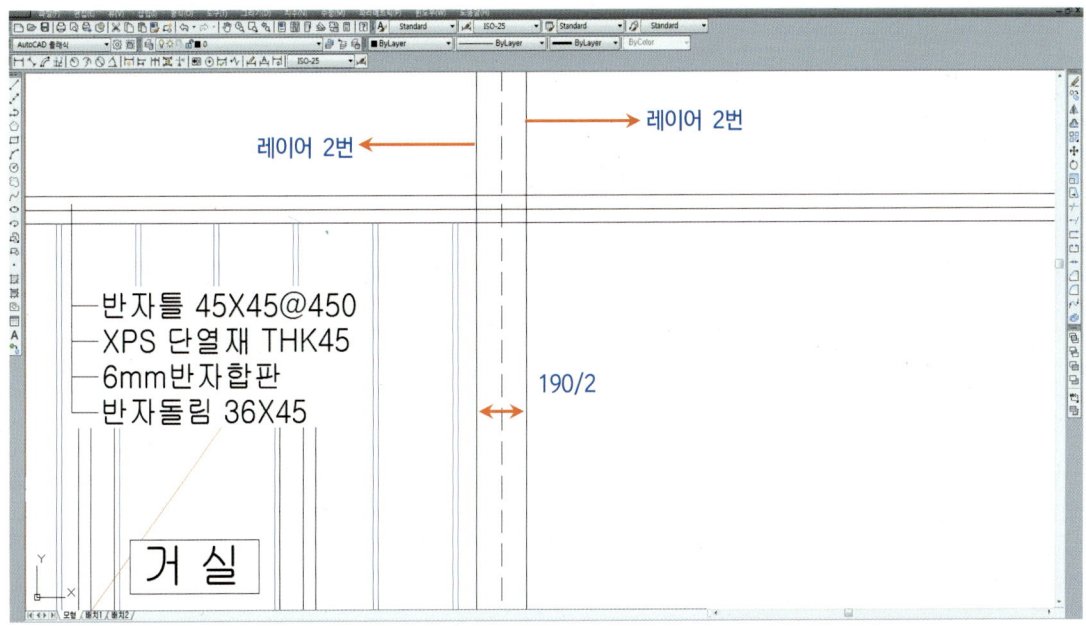

※ 내벽이 1.0B(190mm)이고 중심선이 벽 중앙에 있으므로 벽 중심에서 각각 95의 간격을 띄거나 190/2를 합니다.
※ 위 작업순서의 2를 참고하기 바랍니다.

4_ trim을 이용하여 아치와 겹치는 반자(빨간 선)를 잘라냅니다.

※ 천장은 벽을 관통할 수 없는 구조입니다.

5_ trim과 fillet을 이용하여 헌치 부분(빨간 선)의 벽체와 단열재를 편집합니다.

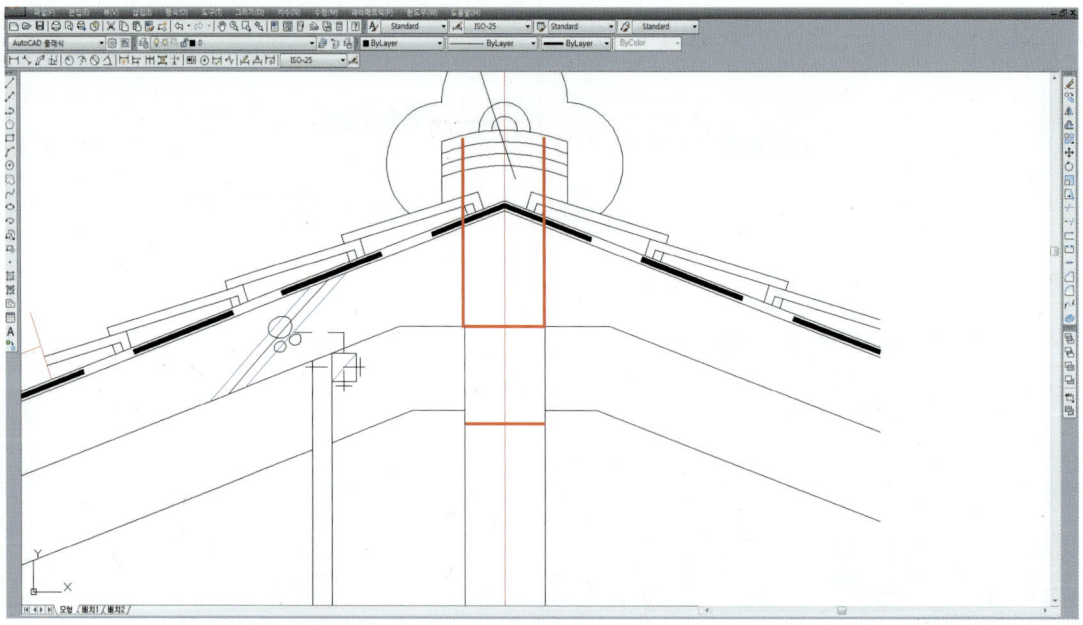

6_ offset을 이용하여 거실 바닥(hidden 선)에서 2100만큼 간격을 주어 아치높이를 만듭니다.

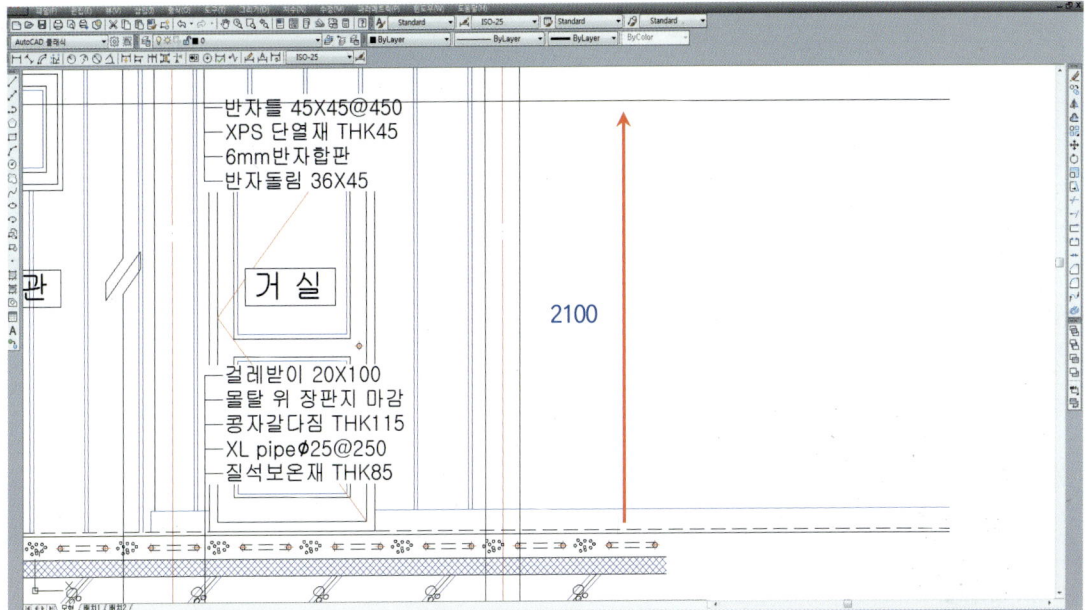

※ 실내 아치의 높이는 실내의 문 높이와 같은 2100으로 합니다. 이에 대한 설명은 14 평면도에서 해석해야 하는 부분(둥근아치-실외) 4번 ※내용을 참고하기 바랍니다.

7_ fillet을 이용하여 아래와 같이 아치 윗부분(네모 클릭) (세모 클릭)의 모서리를 편집합니다.

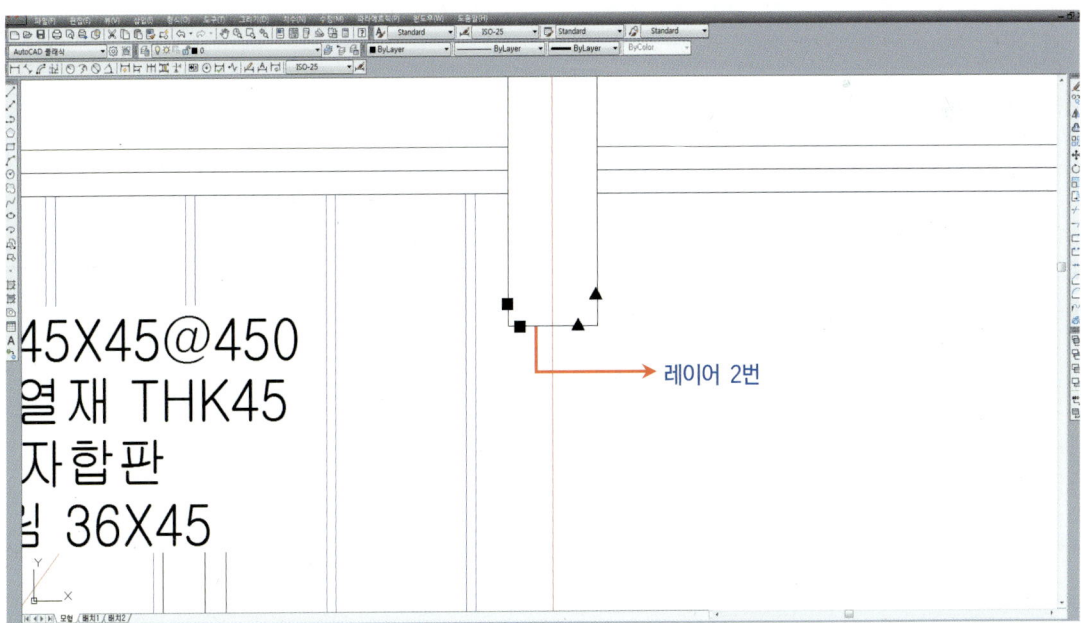

8_offset을 이용하여 아치상부(hidden 선)에서 190만큼 인방보의 간격을 띕니다.

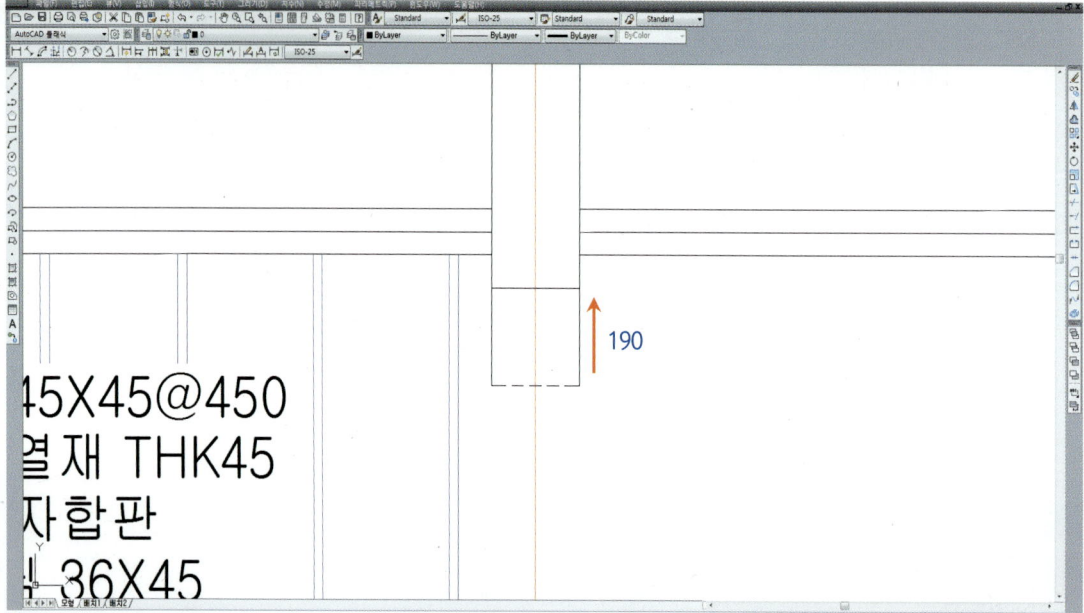

9_line을 이용하여 인방보 내부에 재료표시를 합니다.

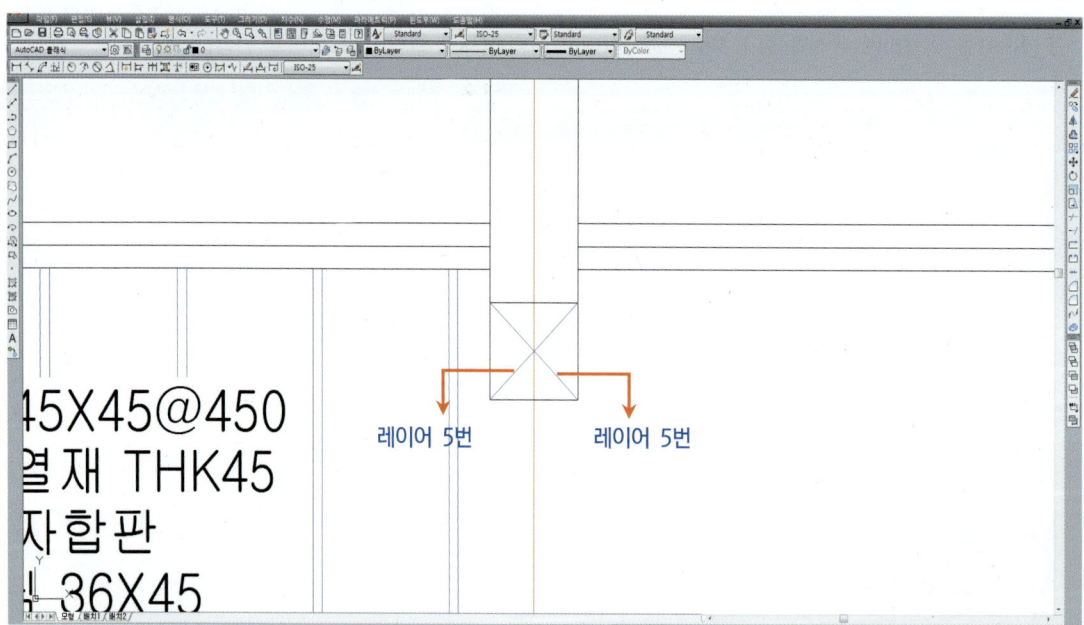

10_ offset을 이용하여 벽체(hidden 선)에서 간격을 띄어 몰탈을 만듭니다.

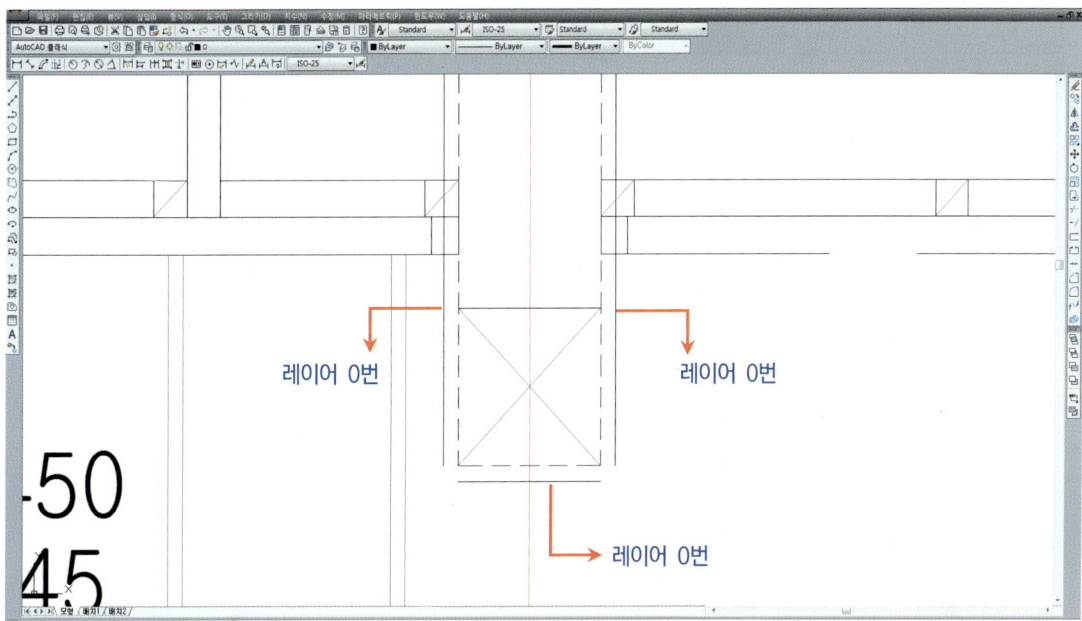

※ 몰탈 간격은 20으로 합니다.

11_ fillet을 이용하여 아래와 같이 아치부분(네모 클릭) (세모 클릭)의 모서리를 편집하고 trim을 이용하여 반자 윗부분(빨간 선)을 잘라냅니다.

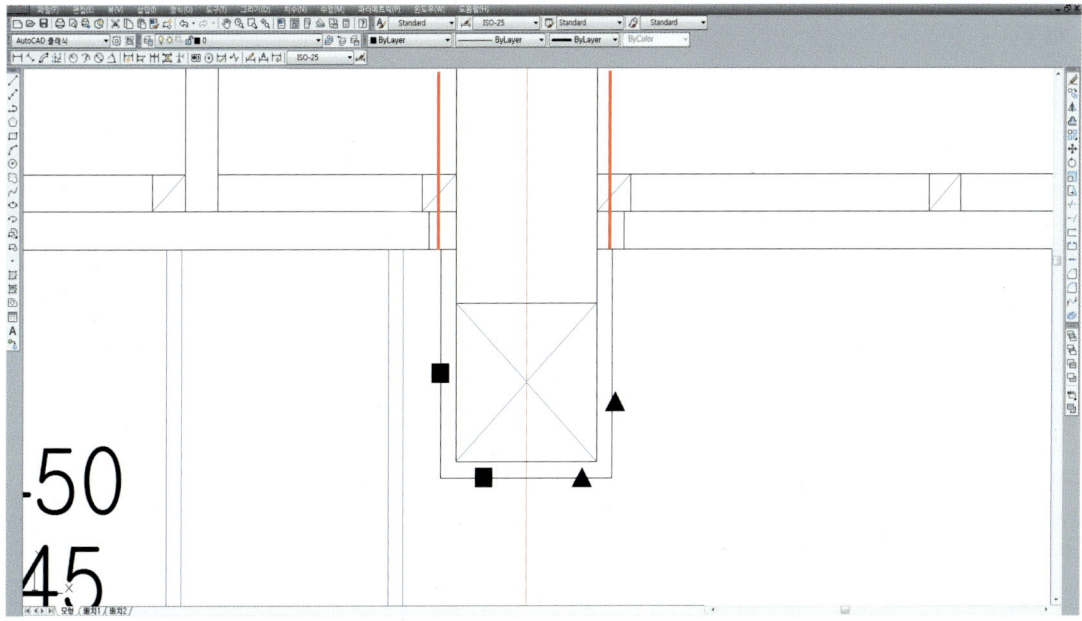

12_ A단면 표시 너머로 아치와 벽(빨간 상자)이 보이기 때문에 이 부분은 입면(레이어 0번)으로 작도합니다.

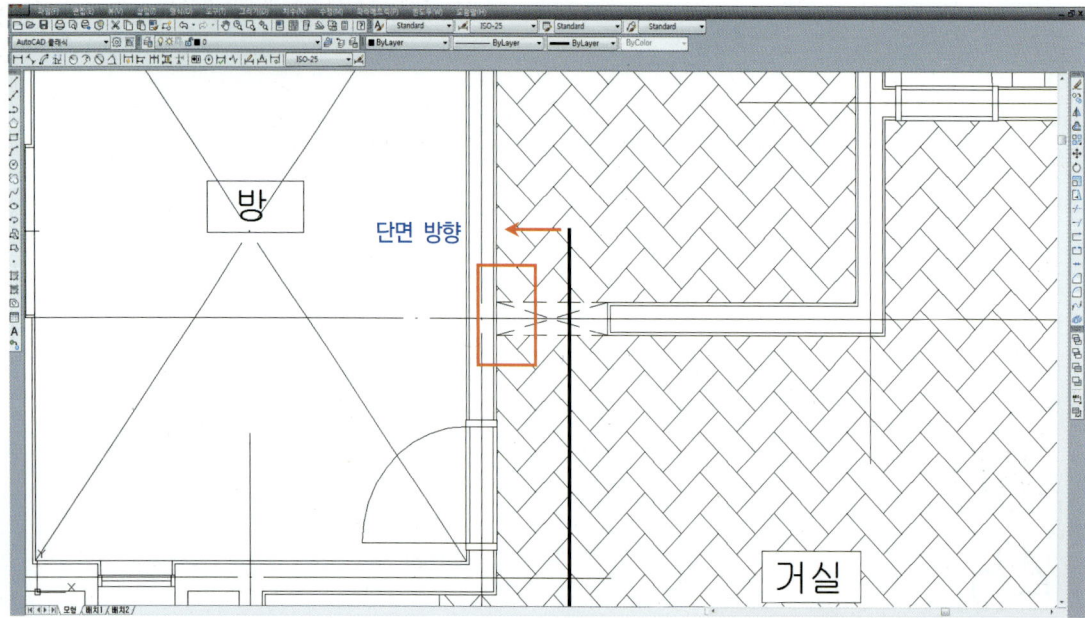

13_ line을 이용하여 아래와 같이 아치 끝점(X 표시)에서 임의의 길이로 선을 작도합니다.

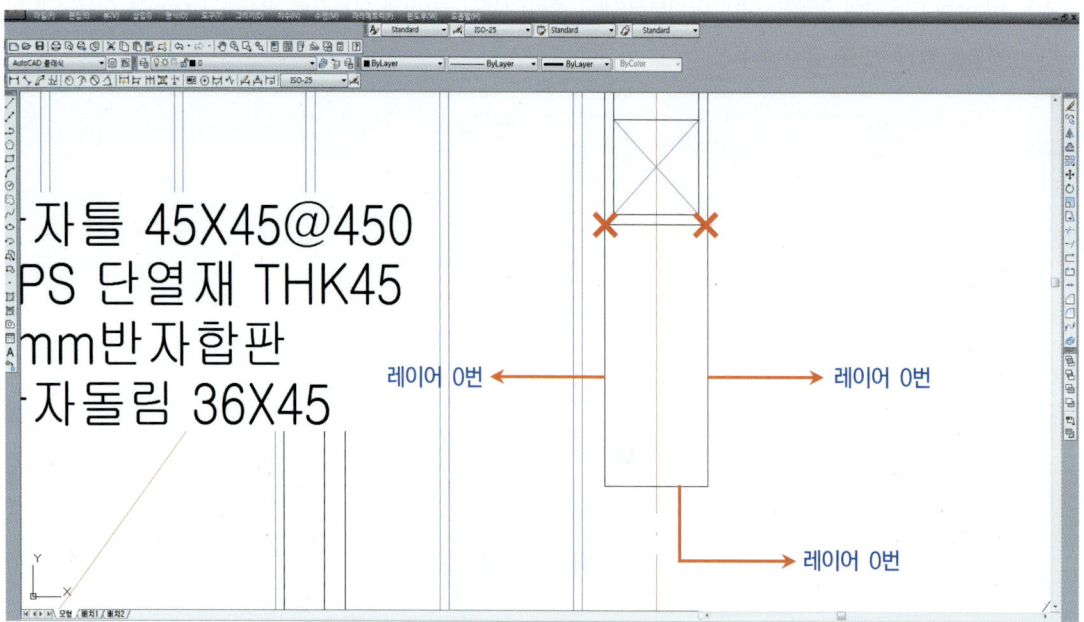

14_ line을 이용하여 아래와 같이 아치 틀 임의의 점(✘ 표시)에서 선을 작도합니다.

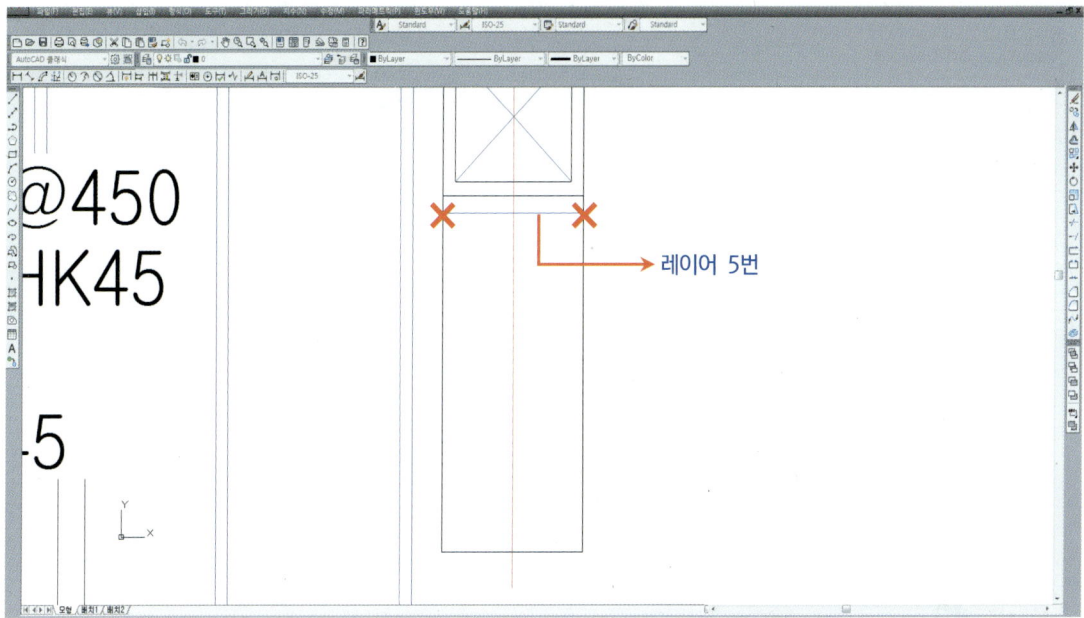

※ 둥근아치의 휘어진 부분을 표현하기 위해 가는 선인 레이어 5번으로 선을 작도하는 것입니다.

15_ copy를 이용하여 아치의 간격(hidden 선)이 점차 넓어지도록 임의의 거리로 복사합니다.

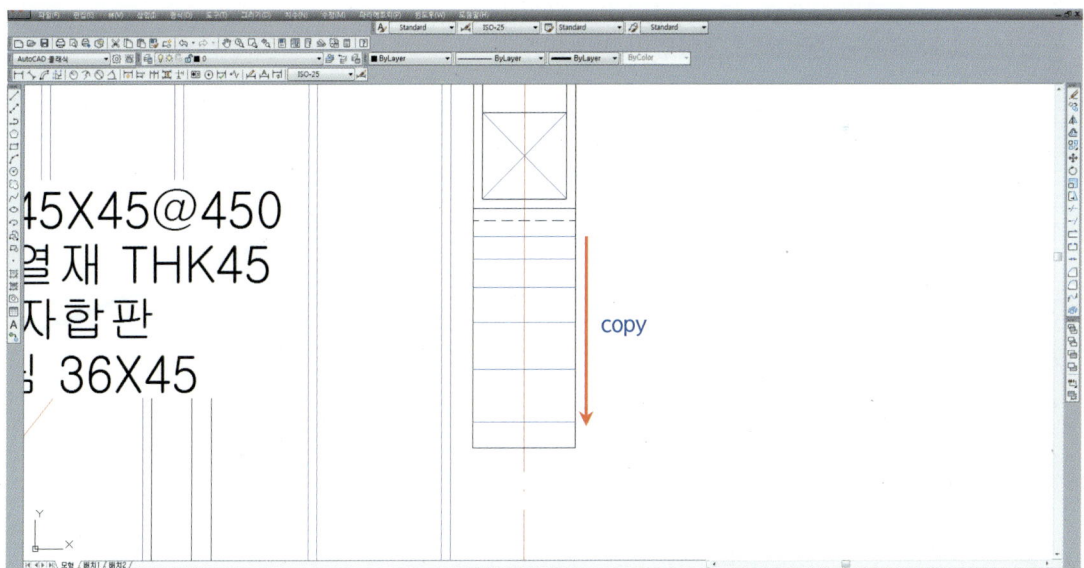

16_array를 인방보 윗선(hidden 선)에서 보 위치까지 벽돌을 배열합니다.

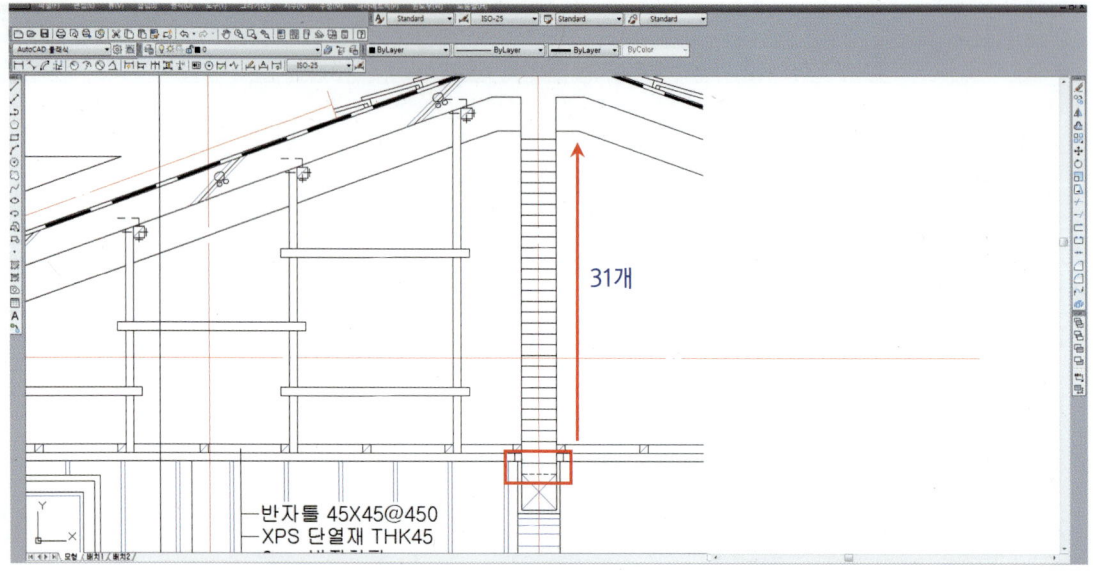

※ array 개수는 보의 높이가 벽두께의 1.5배 이상 되는 지점까지 하면 됩니다.
※ 벽 두께가 190이므로 보의 높이는 190×1.5 = 285 이상이면 됩니다.

17_di를 이용하여 거리측정(✕ 표시)을 해본 결과 충분한 높이가 나옵니다.

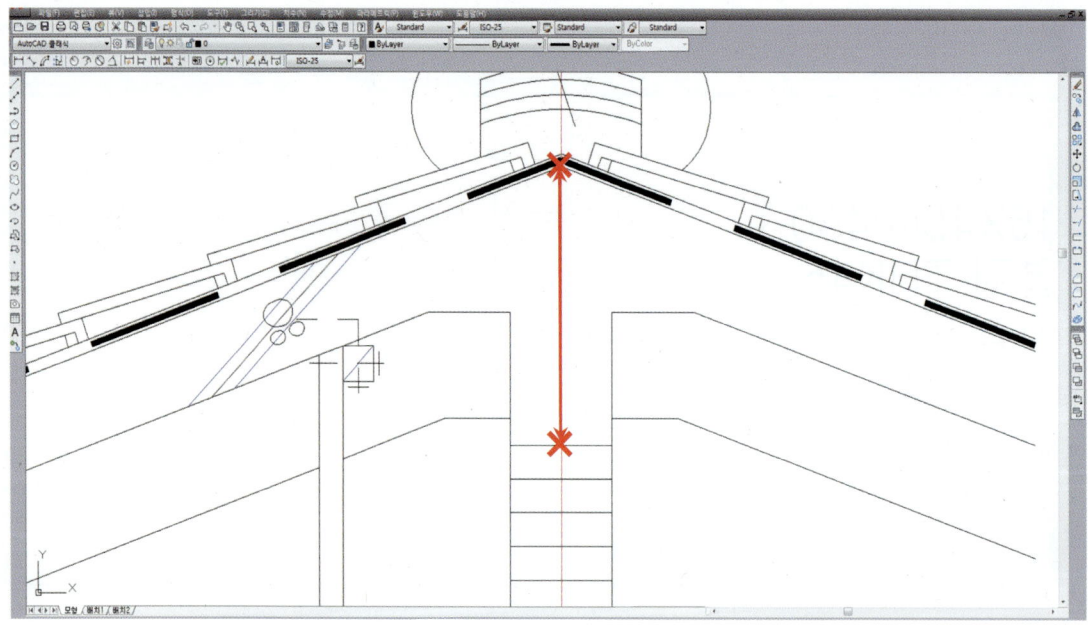

18_ hatch를 이용하여 벽체에 문양을 삽입합니다.

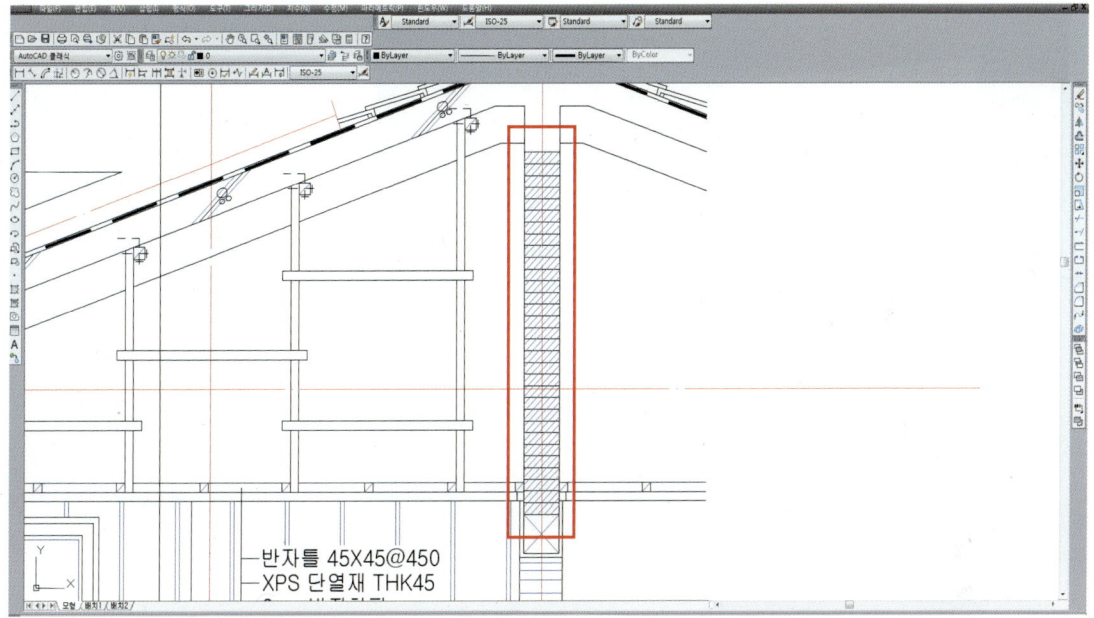

19_ 위 작업에서 **15**번 아치와 벽체의 위치관계를 이해하기 쉽도록 3D 프로그램으로 디자인한 것입니다.

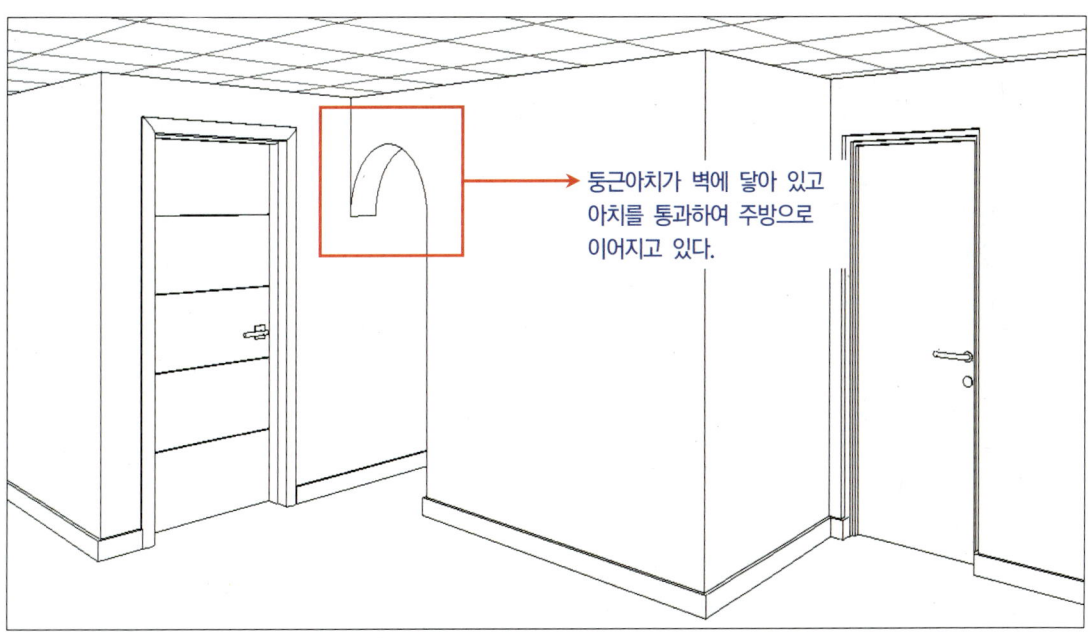

둥근아치가 벽에 닿아 있고 아치를 통과하여 주방으로 이어지고 있다.

20_ 아치와 벽체 부분을 3D 프로그램에서 좀 더 사실적으로 표현해 보았습니다.

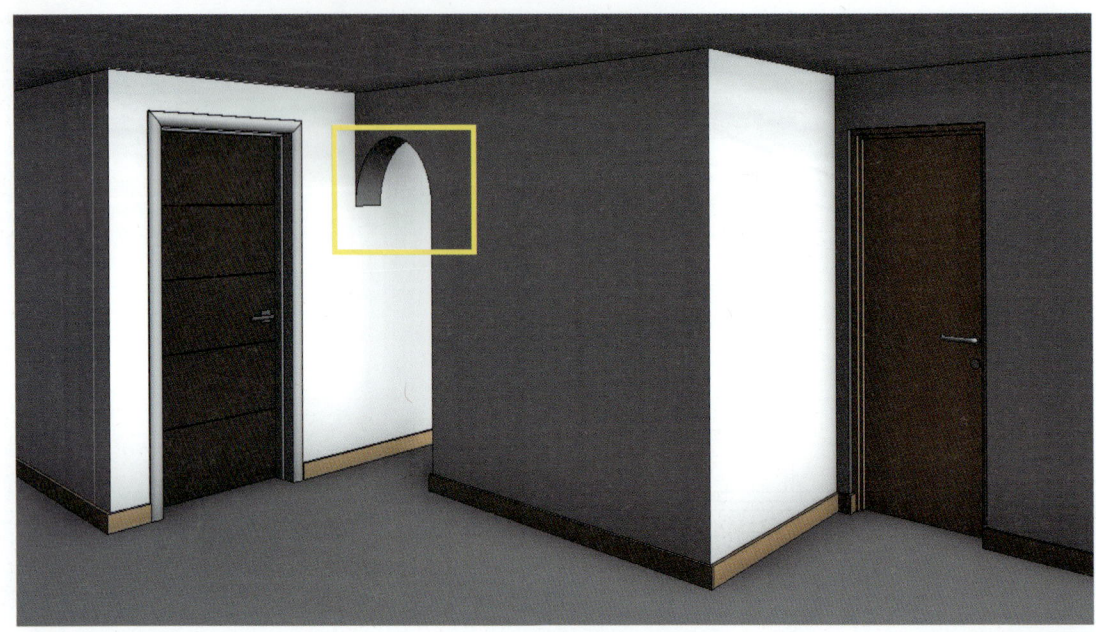

21_ 위 작업에서 **18**번 아치와 벽체의 단면을 3D 프로그램으로 디자인한 것입니다.

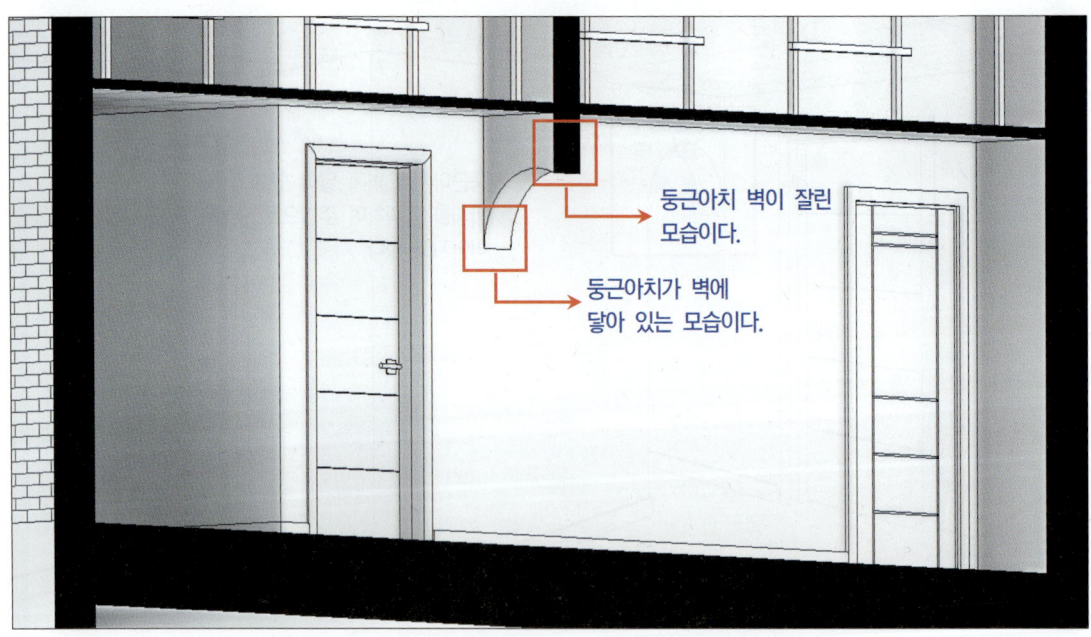

둥근아치 벽이 잘린 모습이다.

둥근아치가 벽에 닿아 있는 모습이다.

22_아치와 벽체 단면을 3D 프로그램에서 좀 더 사실적으로 표현해 보았습니다.

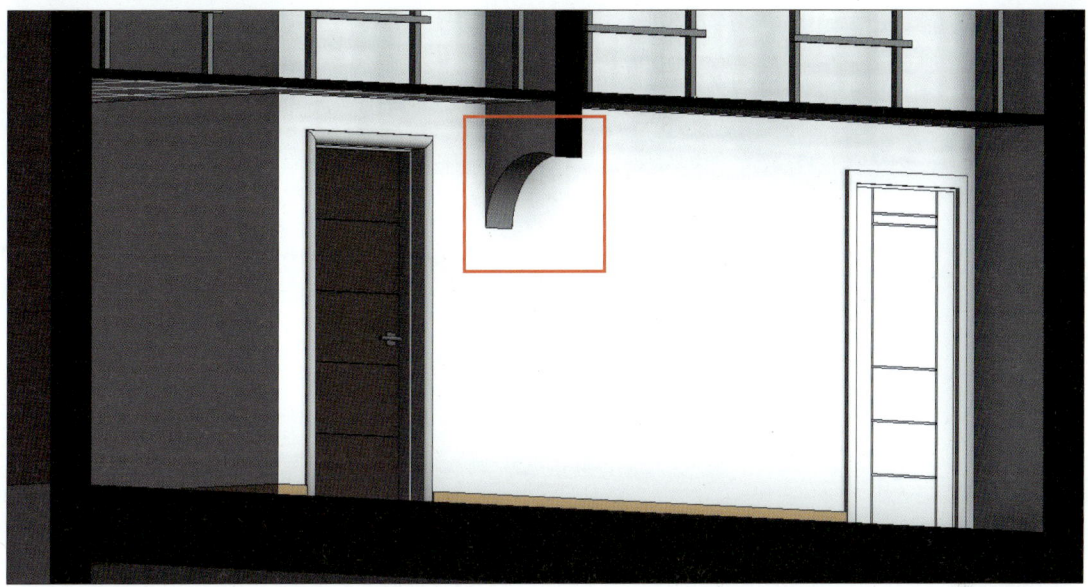

23_A단면 표시가 있는 부근에 절단선을 만듭니다.

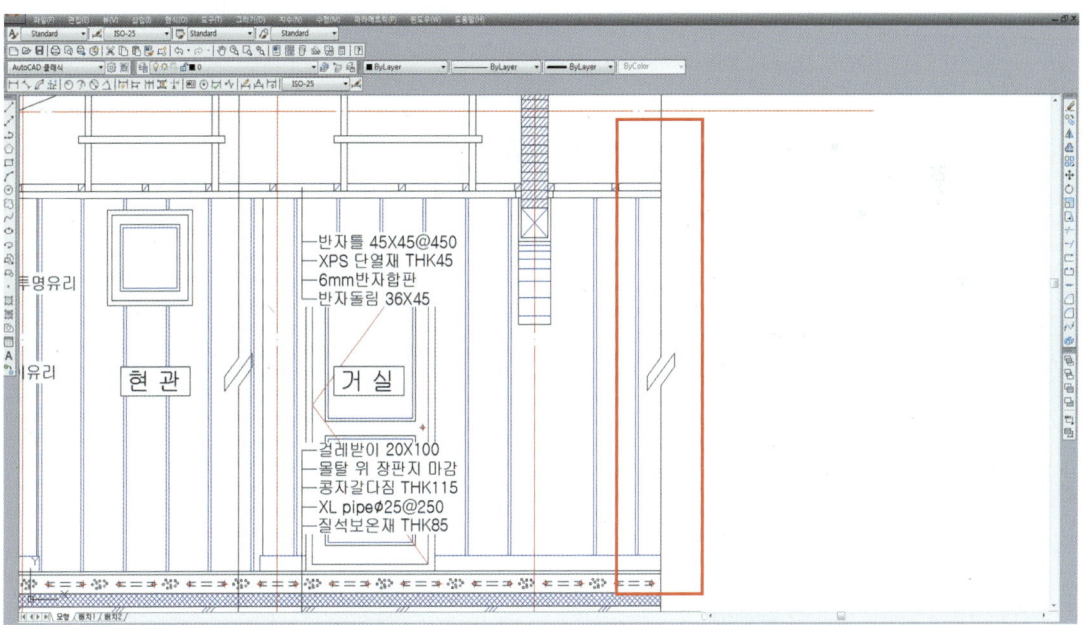

전산응용건축제도 기능사 실기

PART 2

국가기술자격 검정
실기시험
예상문제

01 국가기술자격 검정 실기시험 예상문제 1

자격종목	전산응용건축제도기능사	작품명	주 택

비번호

1. 시험시간 : 표준시간 – 4시간 10분

〈요구사항〉

※ 주어진 평면도를 보고 CAD를 이용하여 아래 조건에 맞게 다음 도면을 작도하시오.

1) A 부분 단면 상세도를 축척 1/40로 작도하시오.
2) 남측 입면도를 축척 1/50로 작도하되 벽면재료 표시 및 주위의 배경 등 도면 효과를 충분히 고려한다.

※ 조건
- 기초 및 지하실 벽체 : 철근콘크리트 구조로 한다.
- 벽체 : 외벽 – 외부로부터 붉은벽돌 0.5B, 시멘트벽돌 1.0B로 하고, 외부마감은 제물치장으로 한다.
  내벽 – 두께 1.0B 시멘트벽돌 쌓기로 한다.
- 단열재 : 외벽 – 120mm, 바닥 – 85mm, 지붕 – 180mm, 1층 바닥 슬래브와 기초는 일체식으로 표현하시오.
- 지붕 : 철근콘크리트 경사슬랩 위 시멘트 기와잇기 마감으로 한다.(물매 : 3.5/10 이상)
- 처마나옴 : 벽체 중심에서 600mm
- 반자높이 : 2400mm, 처마반자 설치
- 창호 : 목재창호로 하되 2중창인 경우 외부창호는 알루미늄 샷시로 한다.
- 각 실의 난방 : 온수파이프 온돌난방으로 한다.
- 평면도에 표현되지 않은 현관 상부 캐노피는 작도하지 않는다.
- 기타 각 부분의 마감, 치수 등 주어지지 않은 조건은 일반적인 시공수준으로 한다.

  ※ 1. 도면작도 작업이 완료 후 감독위원으로부터 확인받은 후 본부요원 입회하에 A3 용지에 도면을 출력한다(단 도면출력시간은 시험시간에서 제외한다).
  2. 선의 통일을 기하기 위하여 아래와 같이 선의 색을 정리하여 출력한다.

- 입면선 : 흰색(7-white) - 0.3mm
- 단면선 : 노란색(2-yellow) - 0.4mm
- 중심선 : 빨강(1-red) - 0.2mm
- 보조선 : 녹색(3-green) - 0.2mm
- 치수 및 문자 : 하늘색(4-cyan) - 0.3mm
- 해칭선 : 파랑(5-blue) - 0.1mm

2. 수험자 유의사항

※ 다음 유의사항을 고려하여 요구사항을 완성하시오.

1. 명기되지 않은 조건은 건축법, 건축구조 및 건축제도 원칙에 따른다.
2. 시험 시작 전 바탕화면에 본인 비번호로 폴더를 생성하고, 폴더 안에 작업내용을 저장하도록 한다.
3. 정전 및 기계 고정 등에 의한 자료손실을 방지하기 위하여 수시로 저장한다.
4. 다음과 같은 경우는 부정행위로 처리한다.
   가) 노트 및 서적, 저장장치를 소지하거나 주고받는 행위
   나) 건물의 구조부분의 상세나 글씨 등을 사전에 블록으로 설정하여 지참 사용하는 경우
5. 작업이 끝나면 감독위원의 확인을 받은 후 문제를 제출하고 본부요원 입회하에 본인이 직접 A3 용지에 흑백으로 도면을 출력하도록 한다. 이때 수험자의 작도 잘못으로 도면 출력이 안되는 경우 또는 출력시간이 30분을 초과할 경우는 실격처리한다(출력시간은 시험시간에서 제외한다).
6. 장비 조작 미숙으로 장비의 파손 및 고장을 일으킬 염려가 있을 경우 실격된다.
7. 다음과 같은 경우에는 오작 및 미완성으로 체점대상에서 제외한다.
   가) 실격
      (1) 시험 중 시설장비의 조작 또는 재료의 취급이 미숙하여 위해를 일으킬 것으로 시험위원 전원이 합의하여 판단한 경우
   나) 미완성
      (1) 시험시간 내에 제출된 작품이라도 다음과 같은 경우
         ① 주어진 조건을 지키지 않고 작도한 경우
         ② 요구한 전 도면을 작도하지 않은 경우
         ③ 건축제도 통칙을 준수하지 않거나 건축 CAD의 기능이 없는 상태에서 완성된 도면
8. 수험번호, 성명은 도면 좌측 상단에 아래와 같이 표제란을 만들어 기재한다.

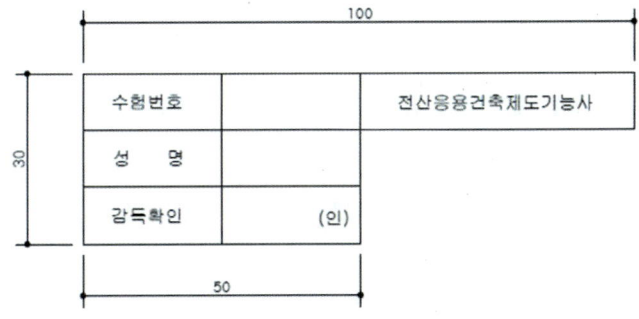

9. 감독위원은 시험 시작 후 수험자에게 표제란을 우선 작도 후 도면을 작도하도록 하여야 하며, 수험자가 감독위원의 동 지시를 따르지 않을 경우 실격처리한다.
10. 테두리선의 여백은 10mm로 한다.

3. 주택평면도 S : 1/100

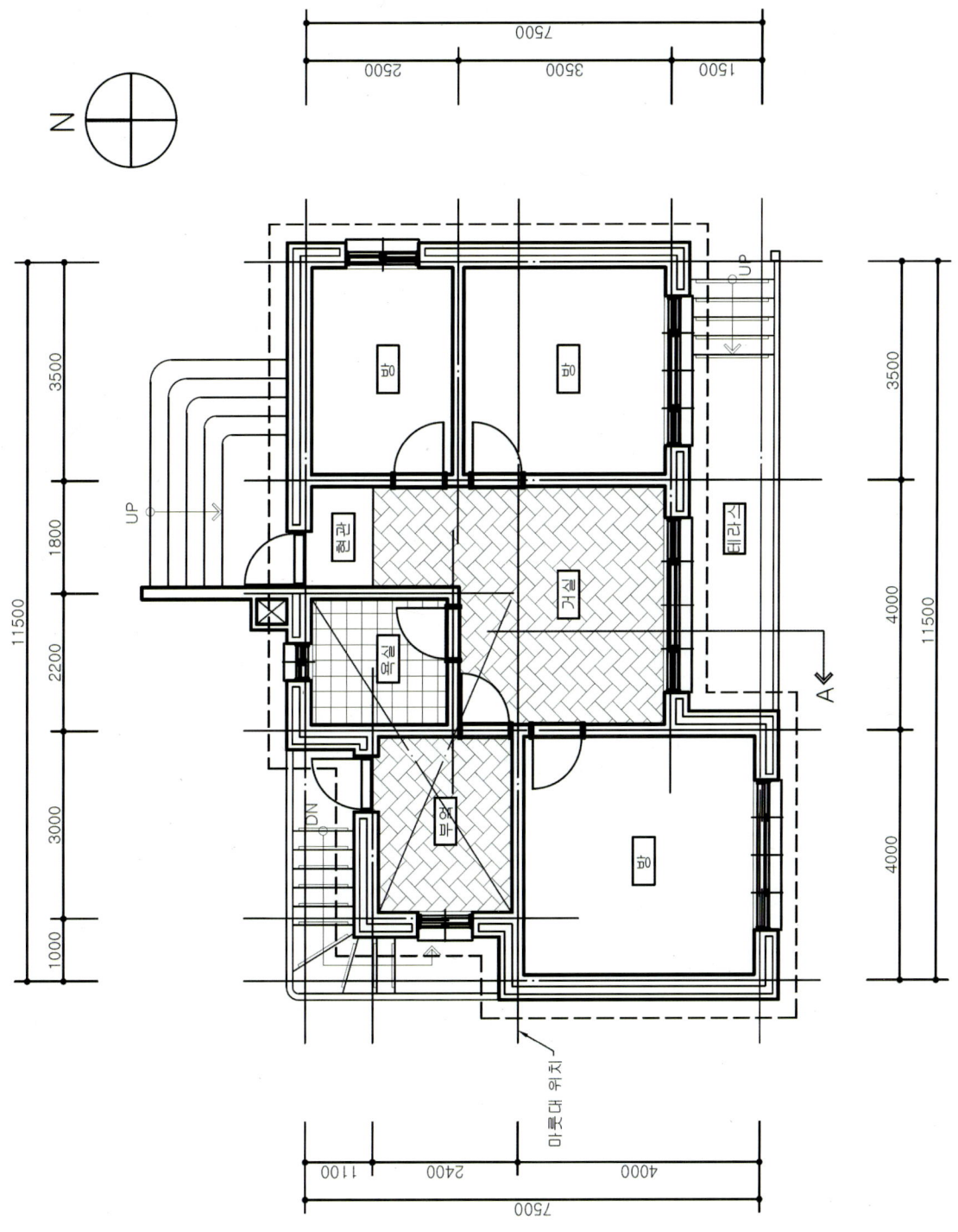

4. 지급재료 목록

일련번호	재료명	규격	자격종목	전산응용건축제도기능사	
			단위	수량	비고
1	출력용지	A3	장	2	
2	USB				
3	프린터잉크	검정기종별 표준량	개	1	1개 검정장당
4					
5					
6					
7					
8					
9					
10					
11					
12					
13					
14					
15					
16					
17					
18					
19					
20					
21					
22					

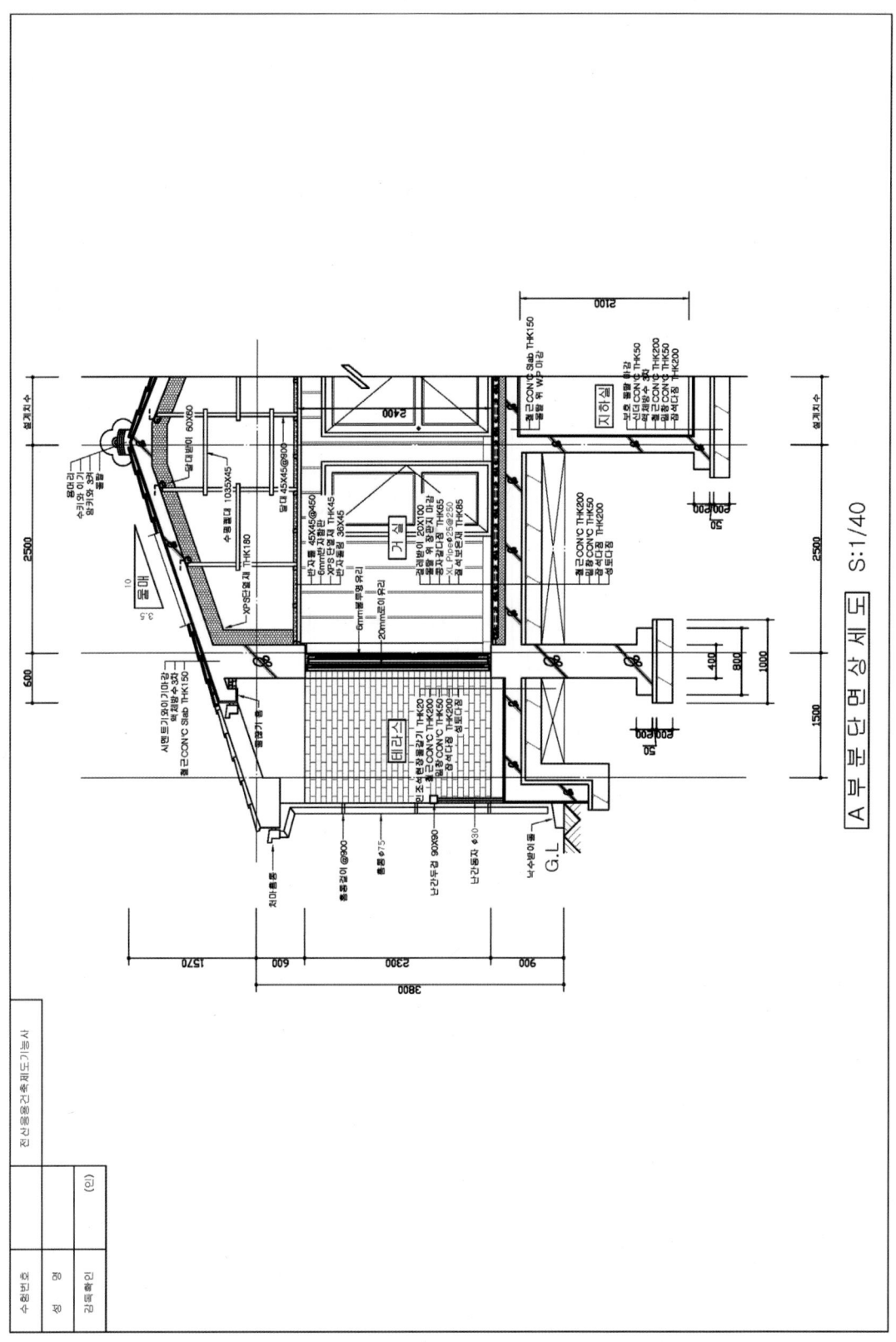

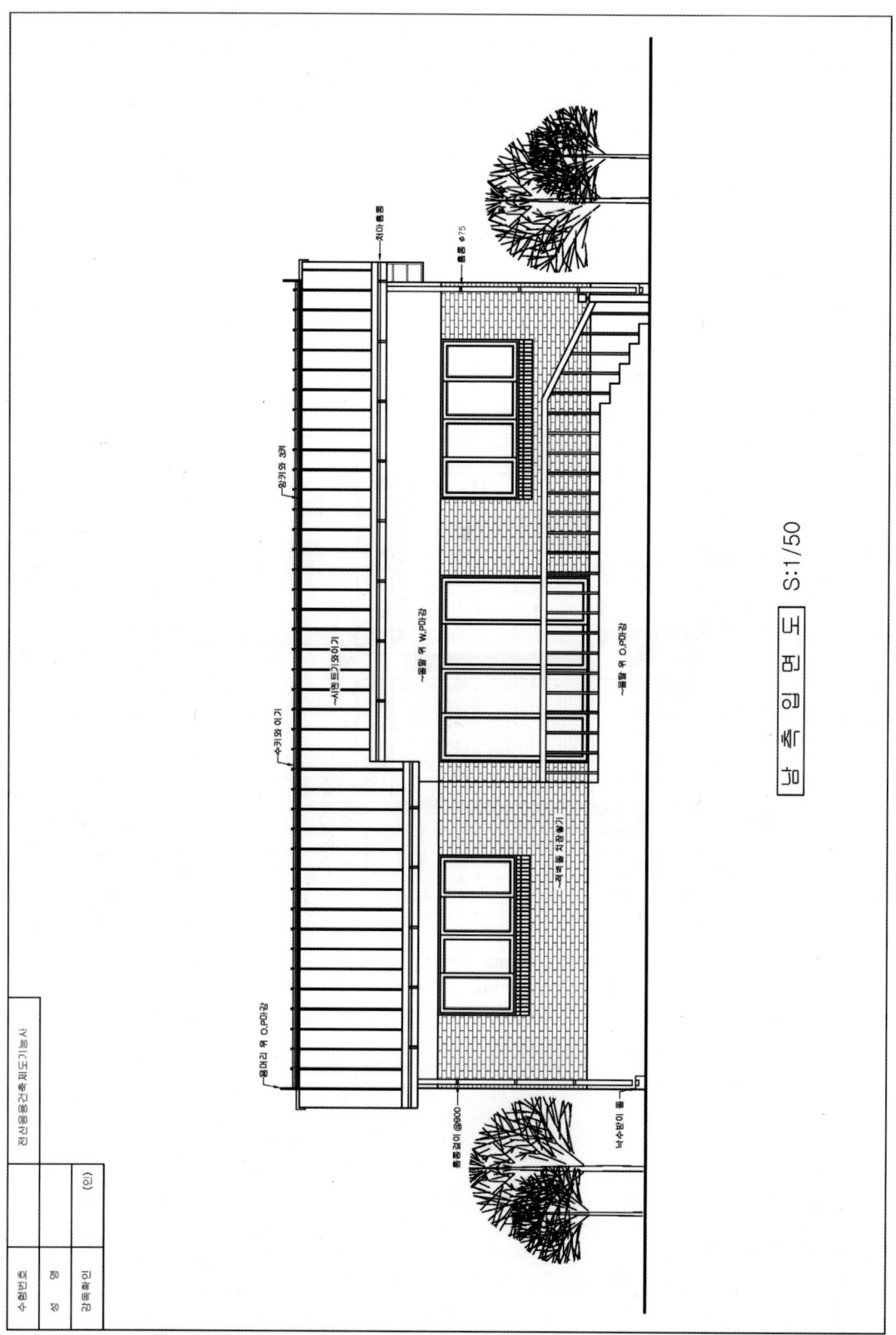

남측입면도 S:1/50

02 국가기술자격 검정 실기시험 예상문제 2

자격종목	전산응용건축제도기능사	작품명	주 택

비번호

1. 시험시간 : 표준시간 – 4시간 10분

〈요구사항〉

※ 주어진 평면도를 보고 CAD를 이용하여 아래 조건에 맞게 다음 도면을 작도하시오.

1) A 부분 단면 상세도를 축척 1/40로 작도하시오.
2) 남측 입면도를 축척 1/50로 작도하되 벽면재료 표시 및 주위의 배경 등 도면 효과를 충분히 고려한다.

※ 조건
- 기초 및 지하실 벽체 : 철근콘크리트 구조로 한다.
- 벽체 : 외벽 – 외부로부터 붉은벽돌 0.5B, 시멘트벽돌 1.0B로 하고, 외부마감은 제물치장으로 한다.
  내벽 – 두께 1.0B 시멘트벽돌 쌓기로 한다.
- 단열재 : 외벽 – 125mm, 바닥 – 85mm, 지붕 – 180mm, 1층 바닥 슬래브와 기초는 일체식으로 표현하시오.
- 지붕 : 철근콘크리트 경사슬랩 위 시멘트 기와잇기 마감으로 한다.(물매 : 4.5/10 이상)
- 처마나옴 : 벽체 중심에서 600mm
- 반자높이 : 2400mm, 처마반자 설치
- 창호 : 목재창호로 하되 2중창인 경우 외부창호는 알루미늄 샷시로 한다.
- 각 실의 난방 : 온수파이프 온돌난방으로 한다.
- 평면도에 표현되지 않은 현관 상부 캐노피는 작도하지 않는다.
- 기타 각 부분의 마감, 치수 등 주어지지 않은 조건은 일반적인 시공수준으로 한다.

  ※ 1. 도면작도 작업이 완료 후 감독위원으로부터 확인받은 후 본부요원 입회하에 A3 용지에 도면을 출력한다(단 도면출력시간은 시험시간에서 제외한다).
  2. 선의 통일을 기하기 위하여 아래와 같이 선의 색을 정리하여 출력한다.

- 입면선 : 흰색(7-white) - 0.3mm
- 단면선 : 노란색(2-yellow) - 0.4mm
- 중심선 : 빨강(1-red) - 0.2mm
- 보조선 : 녹색(3-green) - 0.2mm
- 치수 및 문자 : 하늘색(4-cyan) - 0.3mm
- 해칭선 : 파랑(5-blue) - 0.1mm

2. 수험자 유의사항

※ 다음 유의사항을 고려하여 요구사항을 완성하시오.

1. 명기되지 않은 조건은 건축법, 건축구조 및 건축제도 원칙에 따른다.
2. 시험 시작 전 바탕화면에 본인 비번호로 폴더를 생성하고, 폴더 안에 작업 내용을 저장하도록 하시오.
3. 정전 및 기계 고정 등에 의한 자료손실을 방지하기 위하여 수시로 저장한다.
4. 다음과 같은 경우는 부정행위로 처리한다.
   가) 노트 및 서적, 저장장치를 소지하거나 주고받는 행위
   나) 건물의 구조부분의 상세나 글씨 등을 사전에 블록으로 설정하여 지참 사용하는 경우
5. 작업이 끝나면 감독위원의 확인을 받은 후 문제를 제출하고 본부요원 입회하에 본인이 직접 A3 용지에 흑백으로 도면을 출력하도록 한다. 이때 수험자의 작도 잘못으로 도면 출력이 안되는 경우 또는 출력시간이 10분을 초과할 경우는 실격처리한다(출력시간은 시험시간에서 제외한다).
6. 장비 조작 미숙으로 장비의 파손 및 고장을 일으킬 염려가 있을 경우 실격된다.
7. 다음과 같은 경우에는 채점대상에서 제외하니 유의하기 바란다.
   가) 실격
      (1) 시험 중 시설 장비의 조작 또는 재료의 취급이 미숙하여 위해를 일으킬 것으로 시험위원 전원이 합의하여 판단한 경우
   나) 미완성
      (1) 시험시간 내에 제출된 작품이라도 다음과 같은 경우
         ① 주어진 조건을 지키지 않고 작도한 경우
         ② 요구한 전 도면을 작도하지 않은 경우
         ③ 건축제도 통칙을 준수하지 않거나 건축 CAD의 기능이 없는 상태에서 완성된 도면
8. 수험번호, 성명은 도면 좌측 상단에 아래와 같이 표제란을 만들어 기재한다.

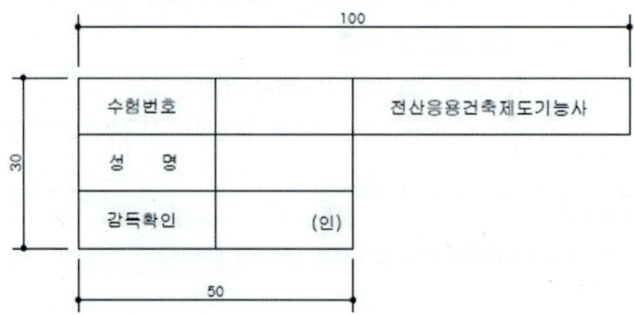

9. 감독위원은 시험 시작 후 수험자에게 표제란을 우선 작도 후 도면을 작도하도록 하여야 하며, 수험자가 감독위원의 동 지시를 따르지 않을 경우 실격처리한다.
10. 테두리선의 여백은 10mm로 한다.

3. 주택평면도 S : 1/100

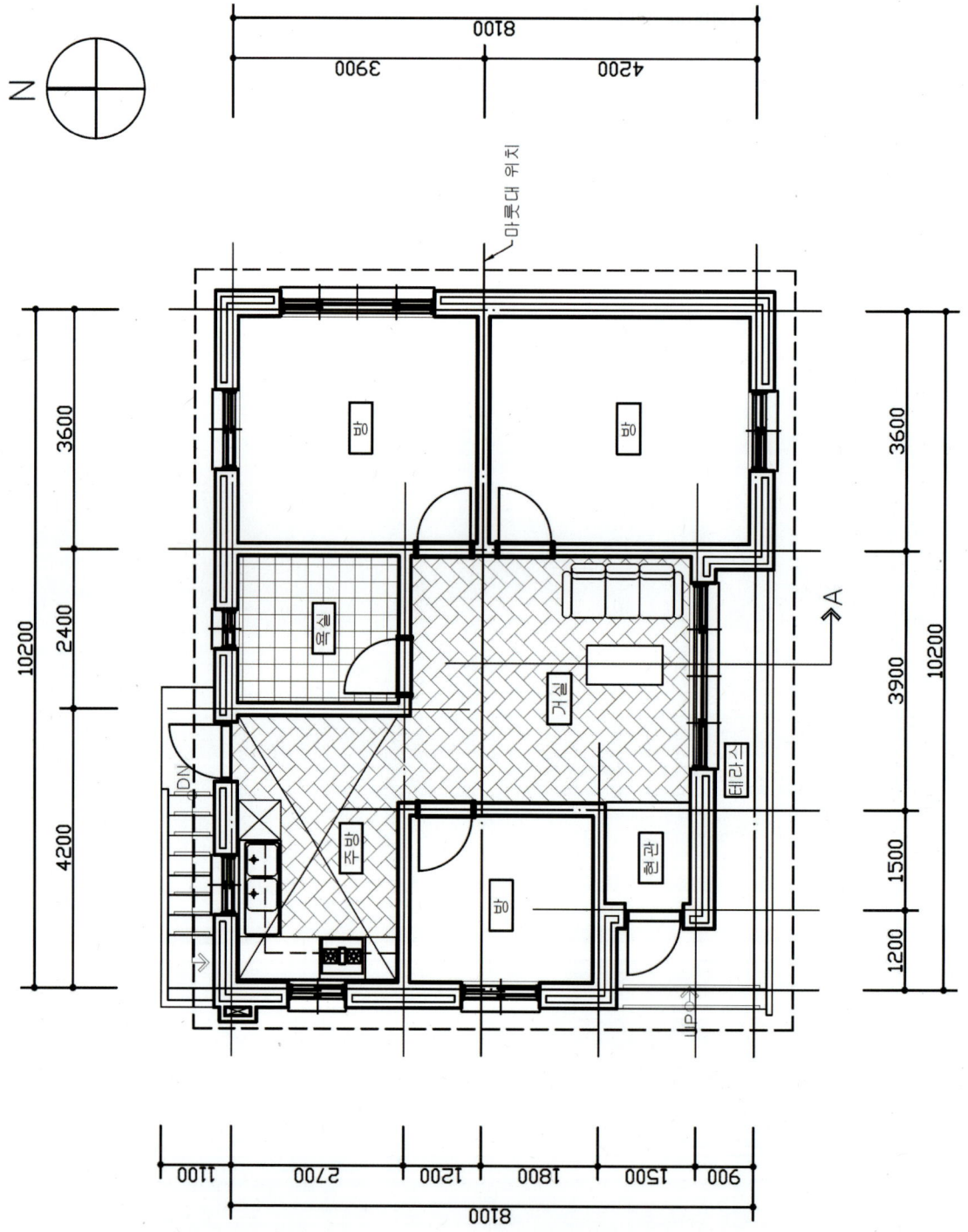

4. 지급재료 목록

일련번호	재료명	규격	자격종목	전산응용건축제도기능사	
			단위	수량	비고
1	출력용지	A3	장	2	
2	USB				
3	프린터잉크	검정기종별 표준량	개	1	1개 검정장당
4					
5					
6					
7					
8					
9					
10					
11					
12					
13					
14					
15					
16					
17					
18					
19					
20					
21					
22					

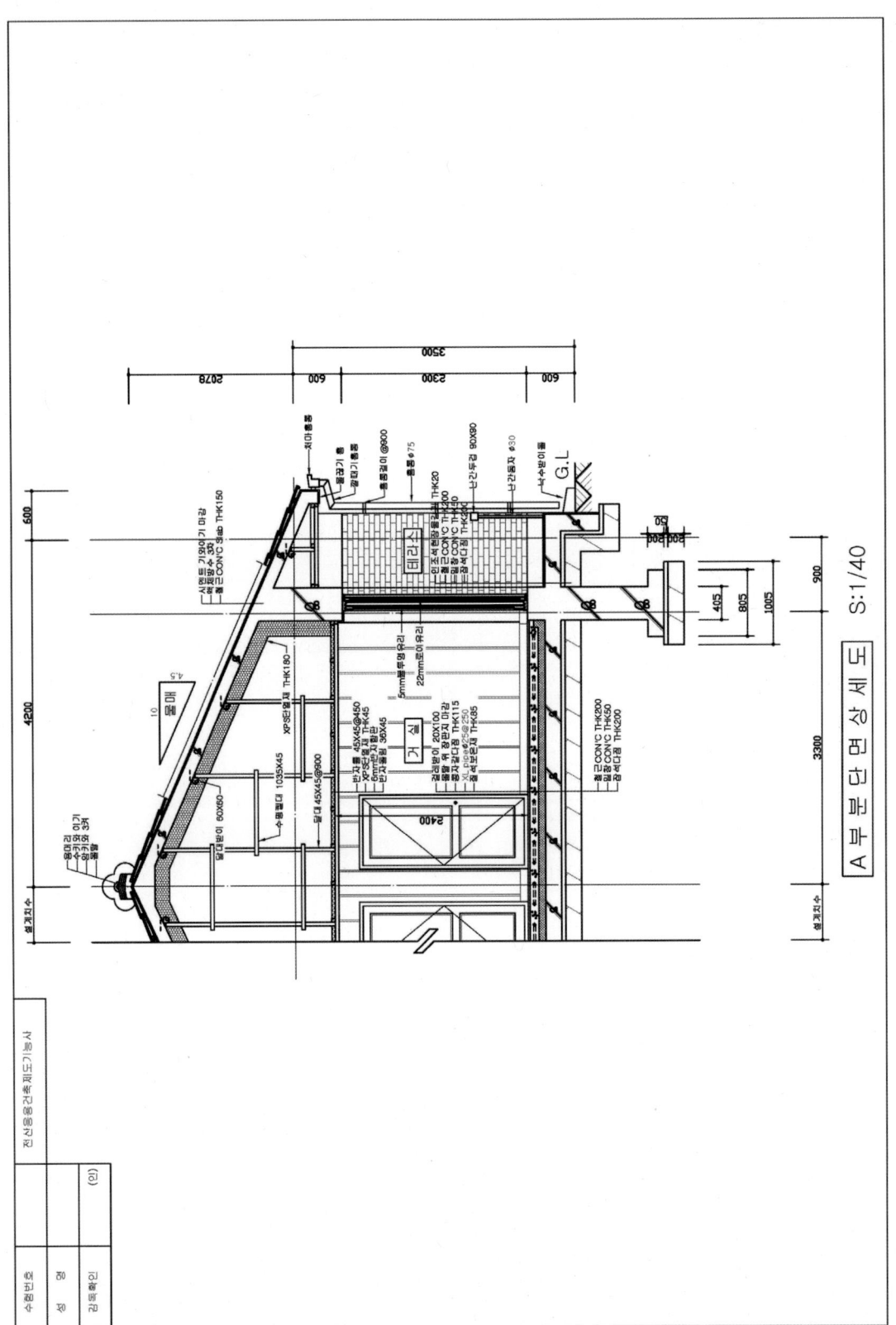

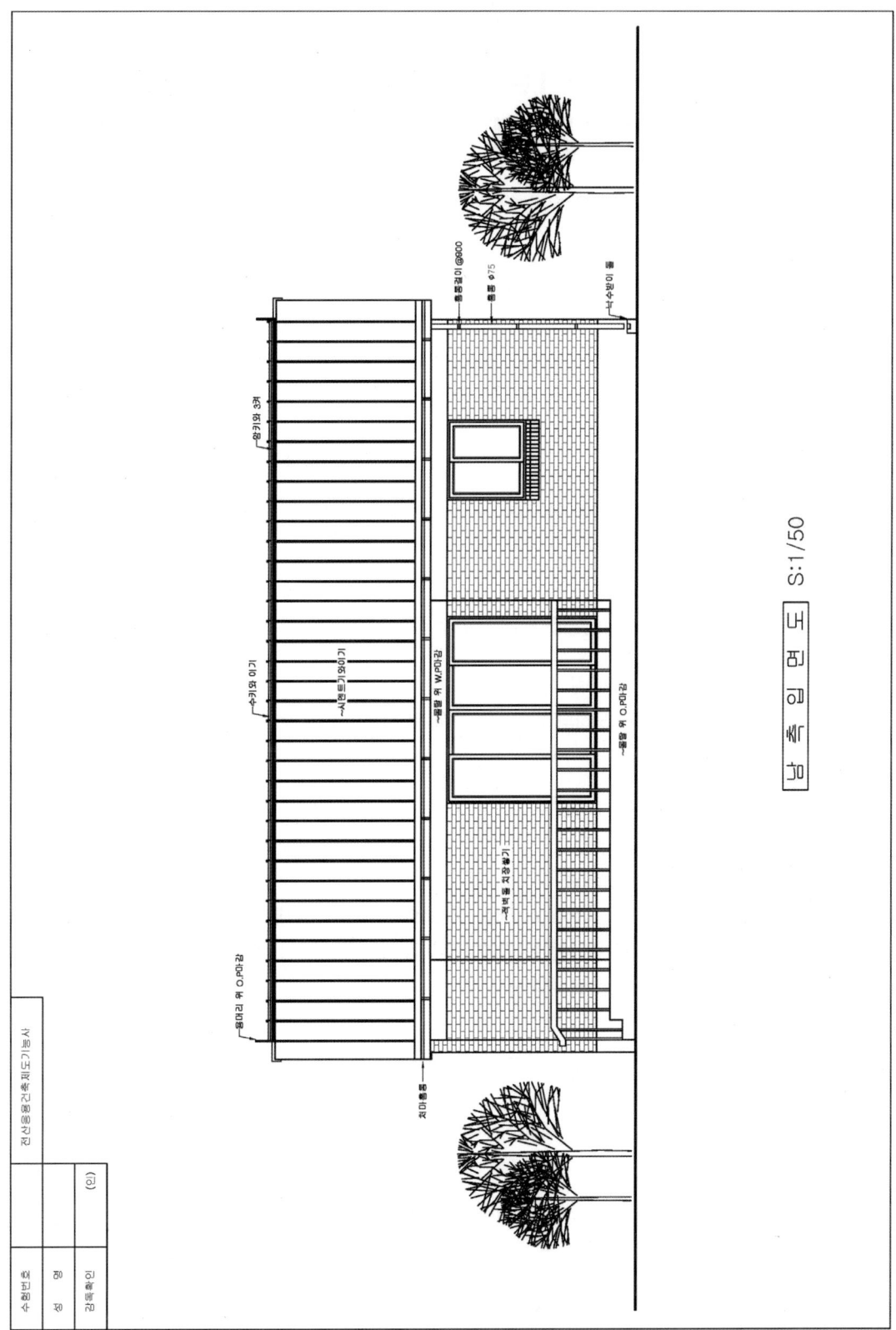

03 국가기술자격 검정 실기시험 예상문제 3

자격종목	전산응용건축제도기능사	작품명	주 택

비번호

1. 시험시간 : 표준시간 - 4시간 10분

〈요구사항〉

※ 주어진 평면도를 보고 CAD를 이용하여 아래 조건에 맞게 다음 도면을 작도하시오.

1) A 부분 단면 상세도를 축척 1/40로 작도하시오.
2) 남측 입면도를 축척 1/50로 작도하되 벽면재료 표시 및 주위의 배경 등 도면 효과를 충분히 고려한다.

※ 조건
- 기초 및 지하실 벽체 : 철근콘크리트 구조로 한다.
- 벽체 : 외벽 - 외부로부터 붉은벽돌 0.5B, 시멘트벽돌 1.0B로 하고, 외부마감은 제물치장으로 한다.
         내벽 - 두께 1.0B 시멘트벽돌 쌓기로 한다.
- 단열재 : 외벽 - 125mm, 바닥 - 115mm, 지붕 - 220mm, 1층 바닥 슬래브와 기초는 일체식으로 표현하시오.
- 지붕 : 철근콘크리트 경사슬랩 위 시멘트 기와잇기 마감으로 한다.(물매 : 4/10 이상)
- 처마나옴 : 벽체 중심에서 600mm, 처마반자 설치
- 반자높이 : 2400mm
- 창호 : 목재창호로 하되 2중창인 경우 외부창호는 알루미늄 샷시로 한다.
- 각 실의 난방 : 온수파이프 온돌난방으로 한다.
- 평면도에 표현되지 않은 현관 상부 캐노피는 작도하지 않는다.
- 기타 각 부분의 마감, 치수 등 주어지지 않은 조건은 일반적인 시공수준으로 한다.

  ※ 1. 도면작도 작업이 완료 후 감독위원으로부터 확인받은 후 본부요원 입회하에 A3 용지에 도면을 출력한다(단 도면출력시간은 시험시간에서 제외한다).
     2. 선의 통일을 기하기 위하여 아래와 같이 선의 색을 정리하여 출력한다.

- 입면선 : 흰색(7-white) - 0.3mm
- 단면선 : 노란색(2-yellow) - 0.4mm
- 중심선 : 빨강(1-red) - 0.2mm
- 보조선 : 녹색(3-green) - 0.2mm
- 치수 및 문자 : 하늘색(4-cyan) - 0.3mm
- 해칭선 : 파랑(5-blue) - 0.1mm

2. 수험자 유의사항

※ 다음 유의사항을 고려하여 요구사항을 완성하시오.

1. 명기되지 않은 조건은 건축법, 건축구조 및 건축제도 원칙에 따른다.
2. 시험 시작 전 바탕화면에 본인 비번호로 폴더를 생성하고, 폴더 안에 작업 내용을 저장하도록 하시오.
3. 정전 및 기계 고정 등에 의한 자료손실을 방지하기 위하여 수시로 저장한다.
4. 다음과 같은 경우는 부정행위로 처리한다.
    가) 노트 및 서적, 저장장치를 소지하거나 주고받는 행위
    나) 건물의 구조부분의 상세나 글씨 등을 사전에 블록으로 설정하여 지참 사용하는 경우
5. 작업이 끝나면 감독위원의 확인을 받은 후 문제를 제출하고 본부요원 입회하에 본인이 직접 A3 용지에 흑백으로 도면을 출력하도록 한다. 이때 수험자의 작도 잘못으로 도면 출력이 안되는 경우 또는 출력시간이 10분을 초과할 경우는 실격처리한다(출력시간은 시험시간에서 제외한다).
6. 장비 조작 미숙으로 장비의 파손 및 고장을 일으킬 염려가 있을 경우 실격된다.
7. 다음과 같은 경우에는 체점대상에서 제외하니 유의하기 바란다.
    가) 실격
        (1) 시험 중 시설 장비의 조작 또는 재료의 취급이 미숙하여 위해를 일으킬 것으로 시험위원 전원이 합의하여 판단한 경우
    나) 미완성
        (1) 시험시간 내에 제출된 작품이라도 다음과 같은 경우
            ① 주어진 조건을 지키지 않고 작도한 경우
            ② 요구한 전 도면을 작도하지 않은 경우
            ③ 건축제도 통칙을 준수하지 않거나 건축 CAD의 기능이 없는 상태에서 완성된 도면
8. 수험번호, 성명은 도면 좌측 상단에 아래와 같이 표제란을 만들어 기재한다.

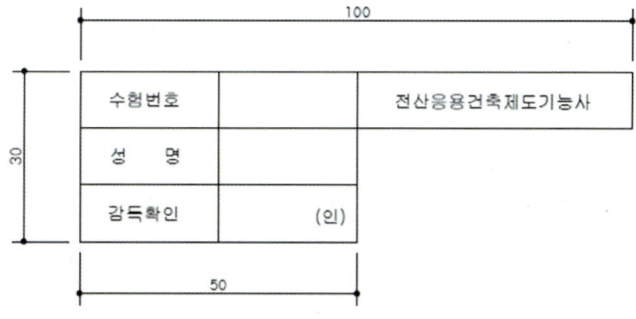

9. 감독위원은 시험 시작 후 수험자에게 표제란을 우선 작도 후 도면을 작도하도록 하여야 하며, 수험자가 감독위원의 동 지시를 따르지 않을 경우 실격처리한다.
10. 테두리선의 여백은 10mm로 한다.

3. 주택평면도 S : 1/100

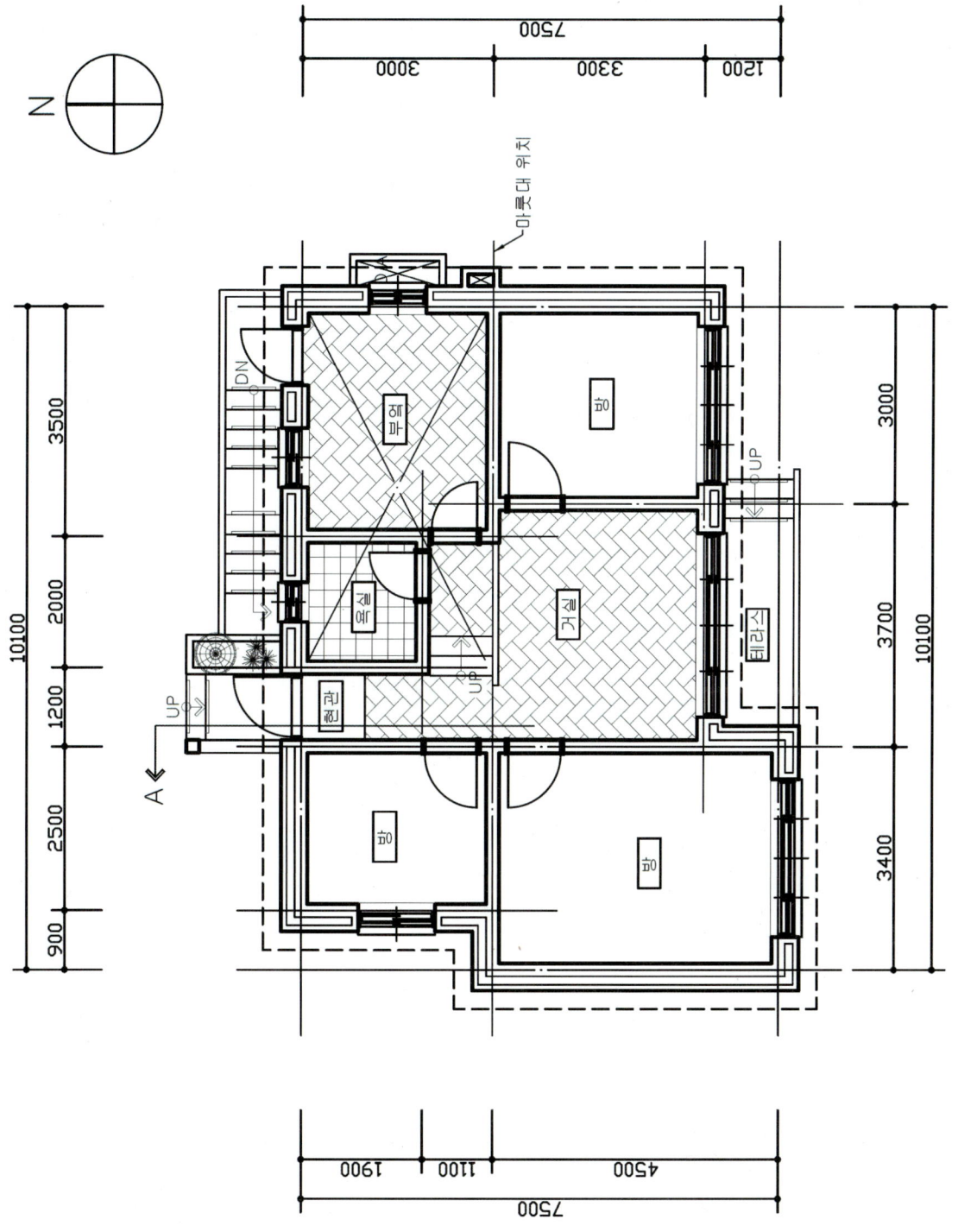

4. 지급재료 목록

일련번호	재료명	규격	자격종목	전산응용건축제도기능사	
			단위	수량	비고
1	출력용지	A3	장	2	
2	USB				
3	프린터잉크	검정기종별 표준량	개	1	1개 검정장당
4					
5					
6					
7					
8					
9					
10					
11					
12					
13					
14					
15					
16					
17					
18					
19					
20					
21					
22					

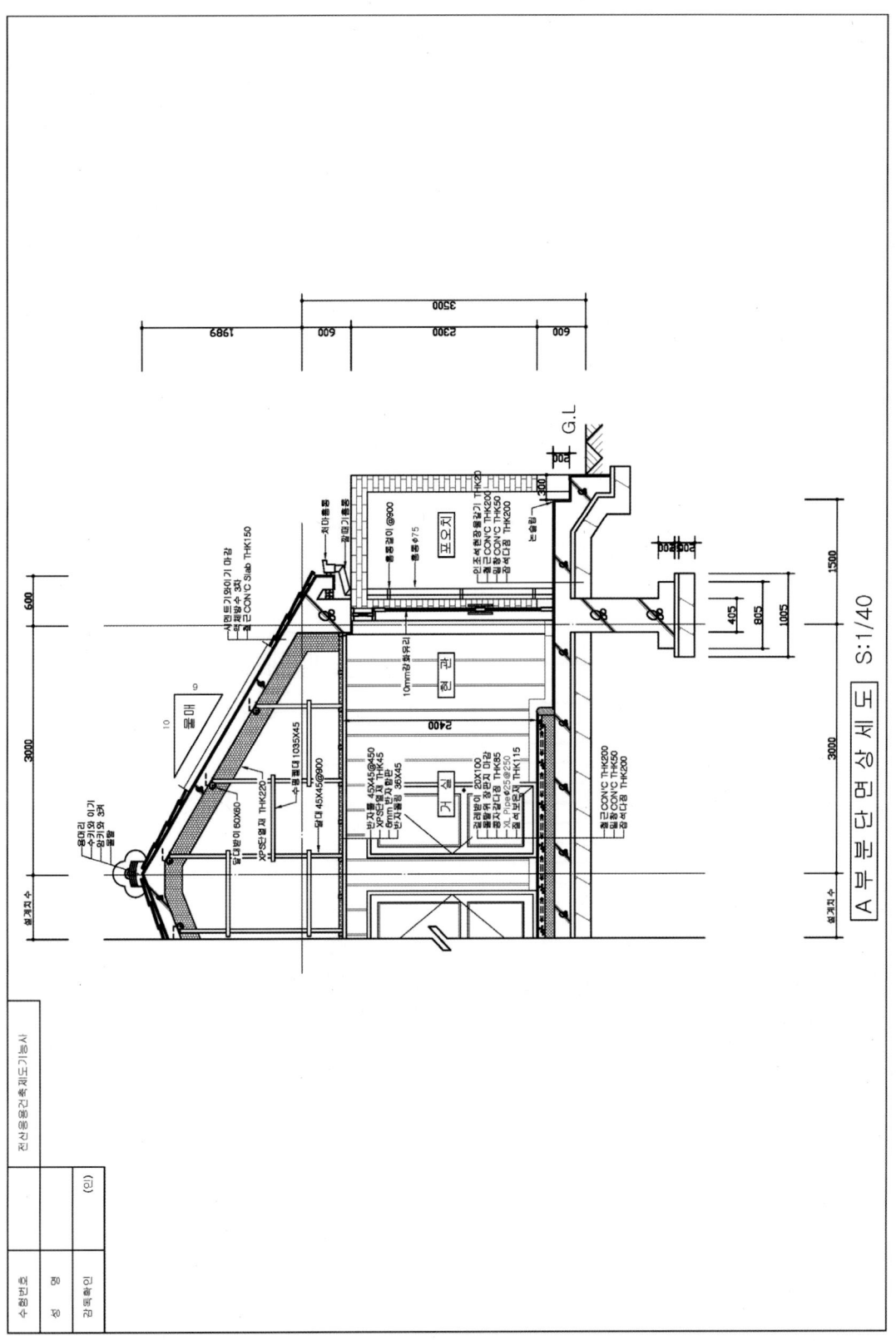

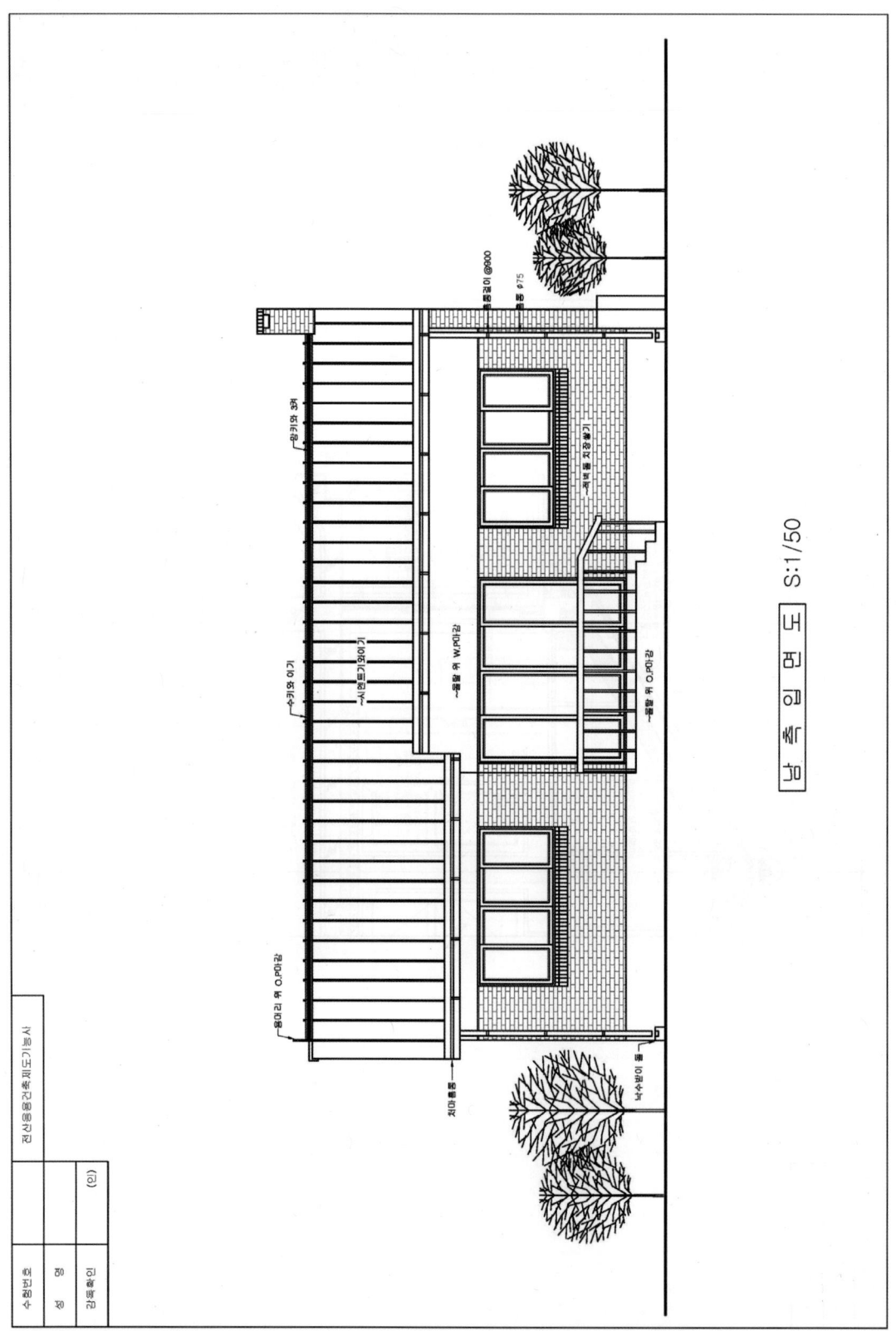

국가기술자격 검정 실기시험 예상문제 4

자격종목	전산응용건축제도기능사	작품명	주 택

비번호

1. 시험시간 : 표준시간 – 4시간 10분

〈요구사항〉

※ 주어진 평면도를 보고 CAD를 이용하여 아래 조건에 맞게 다음 도면을 작도하시오.

1) A 부분 단면 상세도를 축척 1/40로 작도하시오.
2) 남측 입면도를 축척 1/50로 작도하되 벽면재료 표시 및 주위의 배경 등 도면 효과를 충분히 고려한다.

※ 조건
- 기초 및 지하실 벽체 : 철근콘크리트 구조로 한다.
- 벽체 : 외벽 – 외부로부터 붉은벽돌 0.5B, 시멘트벽돌 1.0B로 하고, 외부마감은 제물치장으로 한다.
  내벽 – 두께 1.0B 시멘트벽돌 쌓기로 한다.
- 단열재 : 외벽 – 120mm, 바닥 – 85mm, 지붕 – 180mm, 1층 바닥 슬래브와 기초는 일체식으로 표현하시오.
- 지붕 : 철근콘크리트 경사슬랩 위 시멘트 기와잇기 마감으로 한다.(물매 : 4.5/10 이상)
- 처마나옴 : 벽체 중심에서 600mm
- 반자높이 : 2400mm, 처마반자 설치
- 창호 : 목재창호로 하되 2중창인 경우 외부창호는 알루미늄 샷시로 한다.
- 각 실의 난방 : 온수파이프 온돌난방으로 한다.
- 평면도에 표현되지 않은 현관 상부 캐노피는 작도하지 않는다.
- 기타 각 부분의 마감, 치수 등 주어지지 않은 조건은 일반적인 시공수준으로 한다.

  ※ 1. 도면작도 작업이 완료 후 감독위원으로부터 확인받은 후 본부요원 입회하에 A3 용지에 도면을 출력한다(단 도면출력시간은 시험시간에서 제외한다).
  2. 선의 통일을 기하기 위하여 아래와 같이 선의 색을 정리하여 출력한다.

- 입면선 : 흰색(7-white) - 0.3mm
- 단면선 : 노란색(2-yellow) - 0.4mm
- 중심선 : 빨강(1-red) - 0.2mm
- 보조선 : 녹색(3-green) - 0.2mm
- 치수 및 문자 : 하늘색(4-cyan) - 0.3mm
- 해칭선 : 파랑(5-blue) - 0.1mm

2. 수험자 유의사항

※ 다음 유의사항을 고려하여 요구사항을 완성하시오.

1. 명기되지 않은 조건은 건축법, 건축구조 및 건축제도 원칙에 따른다.
2. 시험 시작 전 바탕화면에 본인 비번호로 폴더를 생성하고, 폴더 안에 작업 내용을 저장하도록 하시오.
3. 정전 및 기계 고정 등에 의한 자료손실을 방지하기 위하여 수시로 저장한다.
4. 다음과 같은 경우는 부정행위로 처리한다.
   가) 노트 및 서적, 저장장치를 소지하거나 주고받는 행위
   나) 건물의 구조부분의 상세나 글씨 등을 사전에 블록으로 설정하여 지참 사용하는 경우
5. 작업이 끝나면 감독위원의 확인을 받은 후 문제를 제출하고 본부요원 입회하에 본인이 직접 A3 용지에 흑백으로 도면을 출력하도록 한다. 이때 수험자의 작도 잘못으로 도면 출력이 안되는 경우 또는 출력시간이 10분을 초과할 경우는 실격처리한다(출력시간은 시험시간에서 제외한다).
6. 장비 조작 미숙으로 장비의 파손 및 고장을 일으킬 염려가 있을 경우 실격된다.
7. 다음과 같은 경우에는 채점대상에서 제외하니 유의하기 바란다.
   가) 실격
      (1) 시험 중 시설 장비의 조작 또는 재료의 취급이 미숙하여 위해를 일으킬 것으로 시험위원 전원이 합의하여 판단한 경우
   나) 미완성
      (1) 시험시간 내에 제출된 작품이라도 다음과 같은 경우
         ① 주어진 조건을 지키지 않고 작도한 경우
         ② 요구한 전 도면을 작도하지 않은 경우
         ③ 건축제도 통칙을 준수하지 않거나 건축 CAD의 기능이 없는 상태에서 완성된 도면
8. 수험번호, 성명은 도면 좌측 상단에 아래와 같이 표제란을 만들어 기재한다.

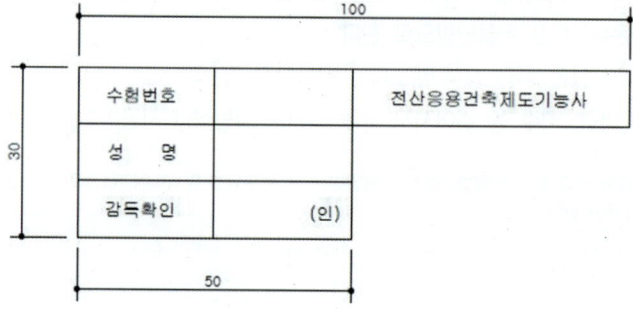

9. 감독위원은 시험 시작 후 수험자에게 표제란을 우선 작도 후 도면을 작도하도록 하여야 하며, 수험자가 감독위원의 동 지시를 따르지 않을 경우 실격처리한다.
10. 테두리선의 여백은 10mm로 한다.

3. 주택평면도 S : 1/100

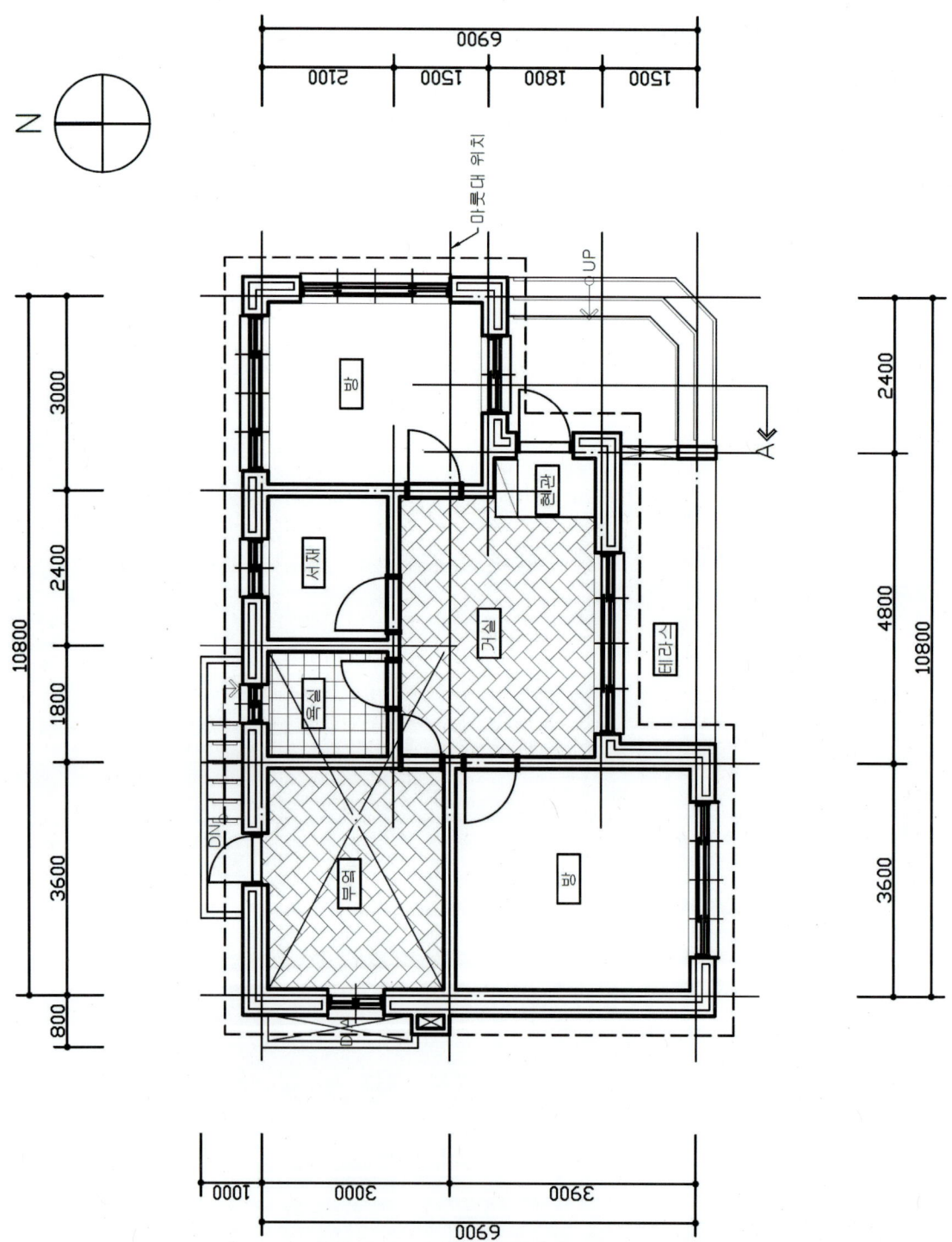

4. 지급재료 목록

일련번호	재료명	규격	자격종목	전산응용건축제도기능사	
			단위	수량	비고
1	출력용지	A3	장	2	
2	USB				
3	프린터잉크	검정기종별 표준량	개	1	1개 검정장당
4					
5					
6					
7					
8					
9					
10					
11					
12					
13					
14					
15					
16					
17					
18					
19					
20					
21					
22					

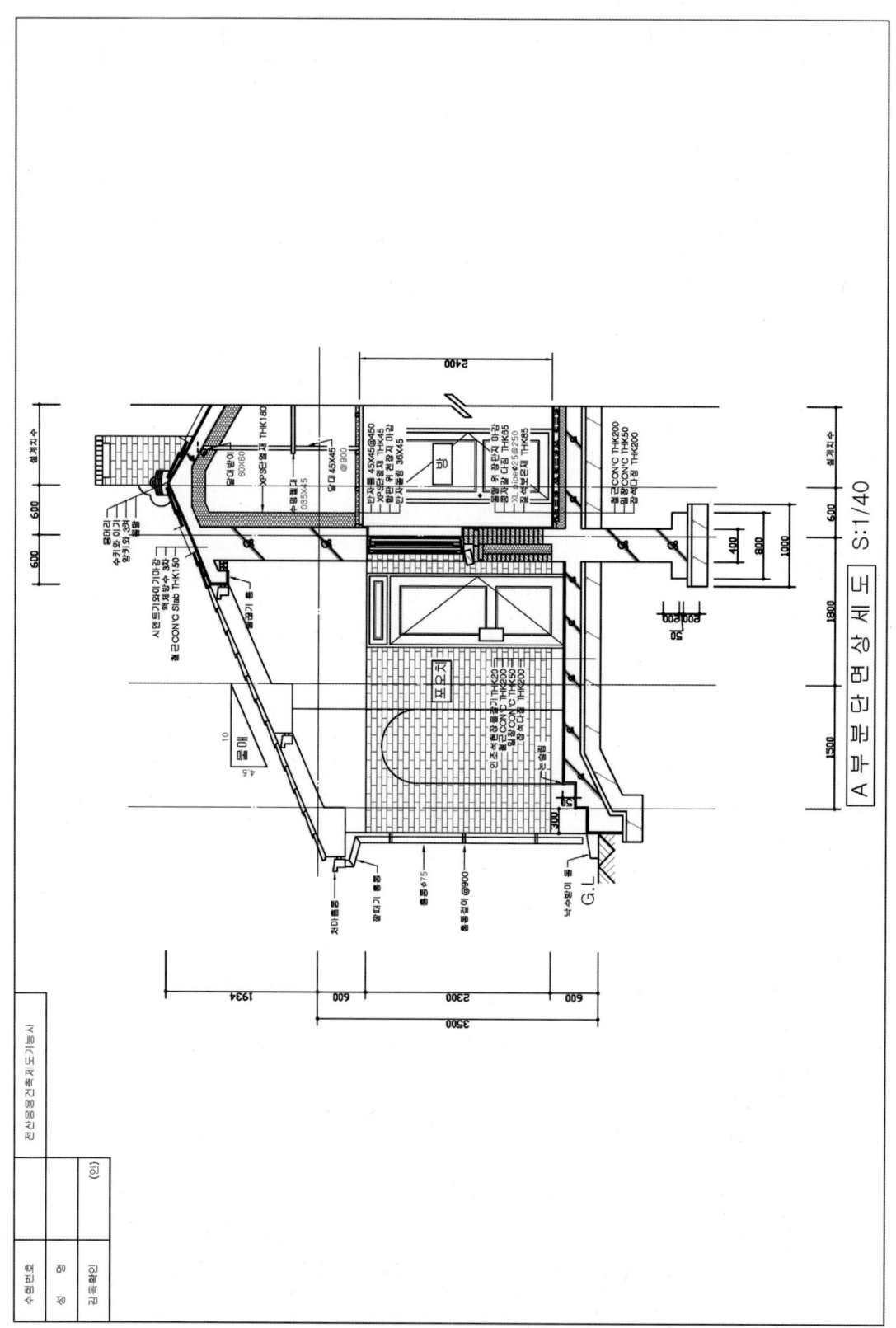

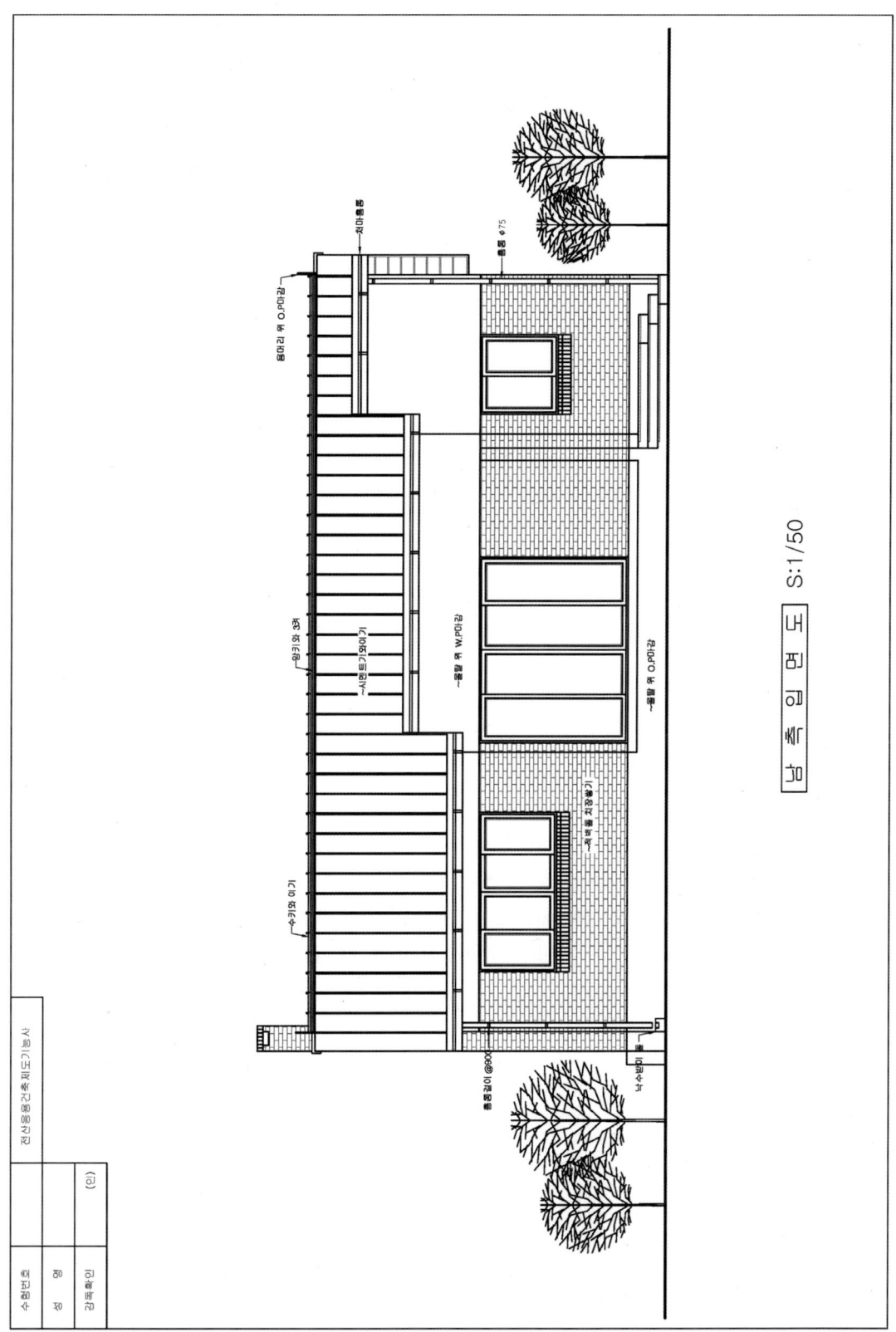

국가기술자격 검정 실기시험 예상문제 5

자격종목	전산응용건축제도기능사	작품명	주 택

비번호

1. 시험시간 : 표준시간 - 4시간 10분

〈요구사항〉

※ 주어진 평면도를 보고 CAD를 이용하여 아래 조건에 맞게 다음 도면을 작도하시오.

1) A 부분 단면 상세도를 축척 1/40로 작도하시오.
2) 남측 입면도를 축척 1/50로 작도하되 벽면재료 표시 및 주위의 배경 등 도면 효과를 충분히 고려한다.

※ 조건
- 기초 및 지하실 벽체 : 철근콘크리트 구조로 한다.
- 벽체 : 외벽 - 외부로부터 붉은벽돌 0.5B, 시멘트벽돌 1.0B로 하고, 외부마감은 제물치장으로 한다.
       내벽 - 두께 1.0B 시멘트벽돌 쌓기로 한다.
- 단열재 : 외벽 - 140mm, 바닥 - 100mm, 지붕 - 180mm, 1층 바닥 슬래브와 기초는 일체식으로 표현하시오.
- 지붕 : 철근콘크리트 경사슬랩 위 시멘트 기와잇기 마감으로 한다.(물매 : 3.5/10 이상)
- 처마나옴 : 벽체 중심에서 600mm
- 반자높이 : 2400mm, 처마반자 설치
- 창호 : 목재창호로 하되 2중창인 경우 외부창호는 알루미늄 샷시로 한다.
- 각 실의 난방 : 온수파이프 온돌난방으로 한다.
- 평면도에 표현되지 않은 현관 상부 캐노피는 작도하지 않는다.
- 기타 각 부분의 마감, 치수 등 주어지지 않은 조건은 일반적인 시공수준으로 한다.

   ※ 1. 도면작도 작업이 완료 후 감독위원으로부터 확인받은 후 본부요원 입회하에 A3 용지에 도면을 출력한다(단 도면출력시간은 시험시간에서 제외한다).
   2. 선의 통일을 기하기 위하여 아래와 같이 선의 색을 정리하여 출력한다.

- 입면선 : 흰색(7-white) - 0.3mm
- 단면선 : 노란색(2-yellow) - 0.4mm
- 중심선 : 빨강(1-red) - 0.2mm
- 보조선 : 녹색(3-green) - 0.2mm
- 치수 및 문자 : 하늘색(4-cyan) - 0.3mm
- 해칭선 : 파랑(5-blue) - 0.1mm

2. 수험자 유의사항

※ 다음 유의사항을 고려하여 요구사항을 완성하시오.

1. 명기되지 않은 조건은 건축법, 건축구조 및 건축제도 원칙에 따른다.
2. 시험 시작 전 바탕화면에 본인 비번호로 폴더를 생성하고, 폴더 안에 작업 내용을 저장하도록 하시오.
3. 정전 및 기계 고정 등에 의한 자료손실을 방지하기 위하여 수시로 저장한다.
4. 다음과 같은 경우는 부정행위로 처리한다.
   가) 노트 및 서적, 저장장치를 소지하거나 주고받는 행위
   나) 건물의 구조부분의 상세나 글씨 등을 사전에 블록으로 설정하여 지참 사용하는 경우
5. 작업이 끝나면 감독위원의 확인을 받은 후 문제를 제출하고 본부요원 입회하에 본인이 직접 A3 용지에 흑백으로 도면을 출력하도록 한다. 이때 수험자의 작도 잘못으로 도면 출력이 안되는 경우 또는 출력시간이 10분을 초과할 경우는 실격처리한다(출력시간은 시험시간에서 제외한다).
6. 장비 조작 미숙으로 장비의 파손 및 고장을 일으킬 염려가 있을 경우 실격된다.
7. 다음과 같은 경우에는 체점대상에서 제외하니 유의하기 바란다.
   가) 실격
      (1) 시험 중 시설 장비의 조작 또는 재료의 취급이 미숙하여 위해를 일으킬 것으로 시험위원 전원이 합의하여 판단한 경우
   나) 미완성
      (1) 시험시간 내에 제출된 작품이라도 다음과 같은 경우
         ① 주어진 조건을 지키지 않고 작도한 경우
         ② 요구한 전 도면을 작도하지 않은 경우
         ③ 건축제도 통칙을 준수하지 않거나 건축 CAD의 기능이 없는 상태에서 완성된 도면
8. 수험번호, 성명은 도면 좌측 상단에 아래와 같이 표제란을 만들어 기재한다.

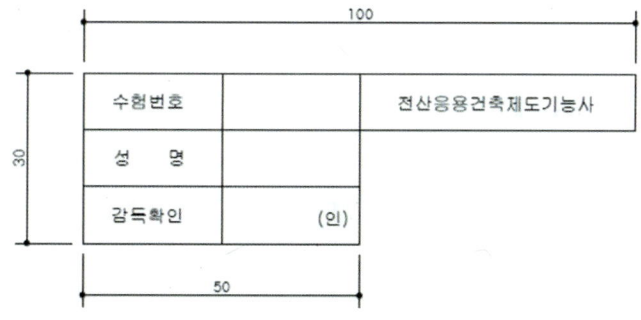

9. 감독위원은 시험 시작 후 수험자에게 표제란을 우선 작도 후 도면을 작도하도록 하여야 하며, 수험자가 감독위원의 동 지시를 따르지 않을 경우 실격처리한다.
10. 테두리선의 여백은 10mm로 한다.

3. 주택평면도 S : 1/100

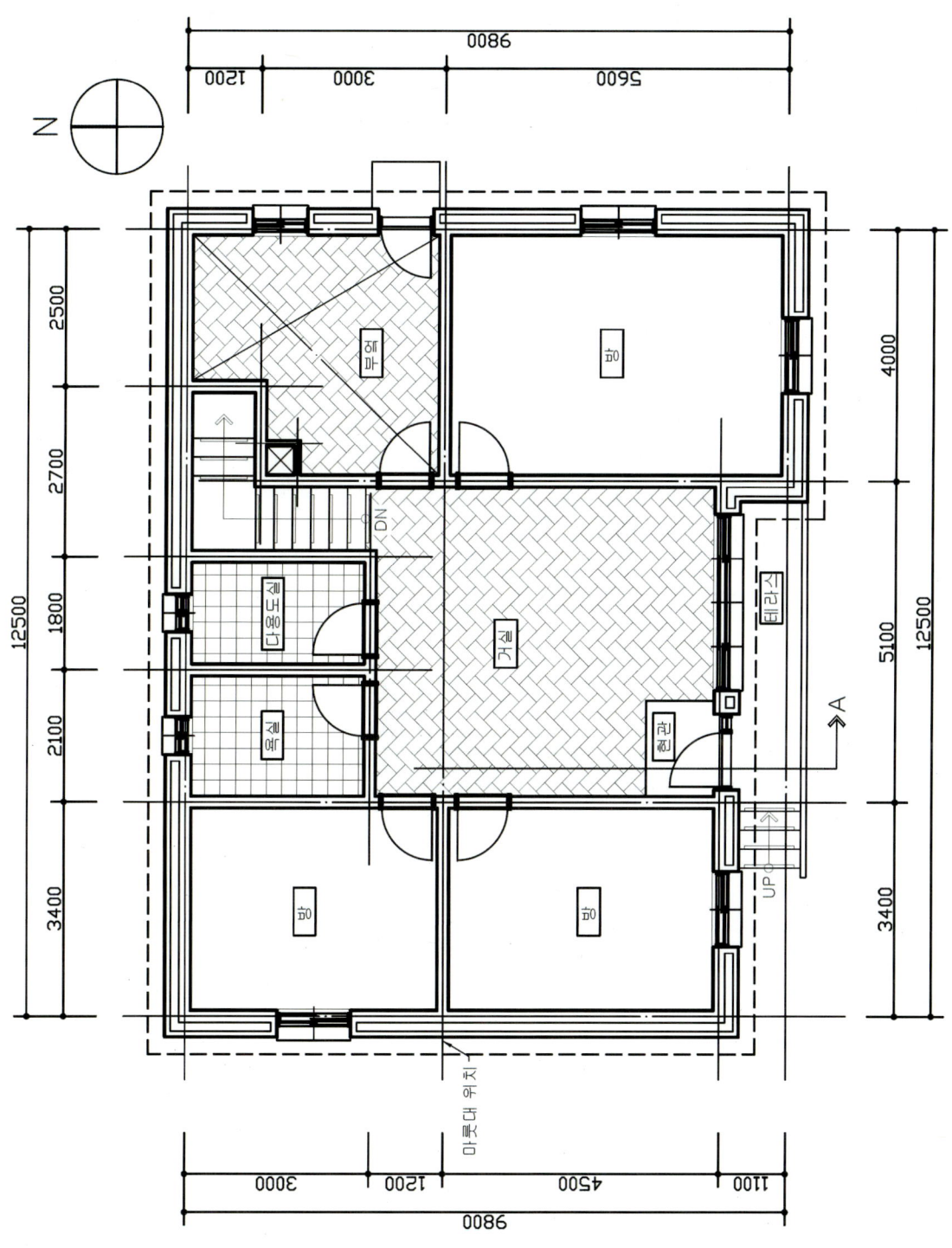

4. 지급재료 목록

일련번호	재료명	규격	자격종목	전산응용건축제도기능사	
			단위	수량	비고
1	출력용지	A3	장	2	
2	USB				
3	프린터잉크	검정기종별 표준량	개	1	1개 검정장당
4					
5					
6					
7					
8					
9					
10					
11					
12					
13					
14					
15					
16					
17					
18					
19					
20					
21					
22					

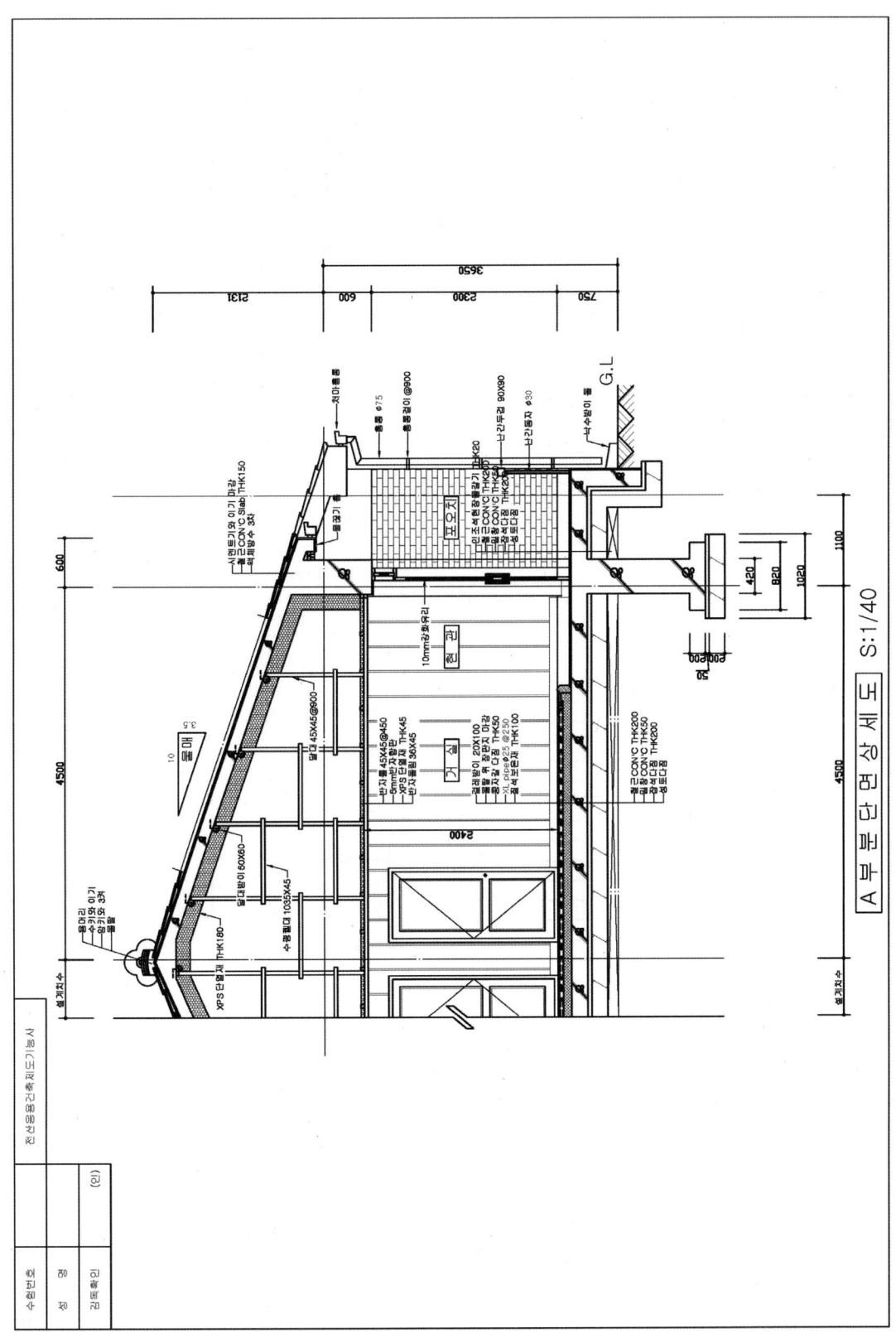

국가기술자격 검정 실기시험 예상문제 6

자격종목	전산응용건축제도기능사	작품명	주 택

비번호

1. 시험시간 : 표준시간 – 4시간 10분

〈요구사항〉

※ 주어진 평면도를 보고 CAD를 이용하여 아래 조건에 맞게 다음 도면을 작도하시오.

1) A 부분 단면 상세도를 축척 1/40로 작도하시오.
2) 남측 입면도를 축척 1/50로 작도하되 벽면재료 표시 및 주위의 배경 등 도면 효과를 충분히 고려한다.

※ 조건
- 기초 및 지하실 벽체 : 철근콘크리트 구조로 한다.
- 벽체 : 외벽 – 외부로부터 붉은벽돌 0.5B, 시멘트벽돌 1.0B로 하고, 외부마감은 제물치장으로 한다.
  내벽 – 두께 1.0B 시멘트벽돌 쌓기로 한다.
- 단열재 : 외벽 – 120mm, 바닥 – 85mm, 지붕 – 180mm, 1층 바닥 슬래브와 기초는 일체식으로 표현하시오.
- 지붕 : 철근콘크리트 경사슬랩 위 시멘트 기와잇기 마감으로 한다.(물매 : 4/10 이상)
- 처마나옴 : 벽체 중심에서 600mm
- 반자높이 : 2400mm, 처마반자 설치
- 창호 : 목재창호로 하되 2중창인 경우 외부창호는 알루미늄 샷시로 한다.
- 각 실의 난방 : 온수파이프 온돌난방으로 한다.
- 평면도에 표현되지 않은 현관 상부 캐노피는 작도하지 않는다.
- 기타 각 부분의 마감, 치수 등 주어지지 않은 조건은 일반적인 시공수준으로 한다.

  ※ 1. 도면작도 작업이 완료 후 감독위원으로부터 확인받은 후 본부요원 입회하에 A3 용지에 도면을 출력한다(단 도면출력시간은 시험시간에서 제외한다).
  2. 선의 통일을 기하기 위하여 아래와 같이 선의 색을 정리하여 출력한다.

- 입면선 : 흰색(7-white) - 0.3mm
- 단면선 : 노란색(2-yellow) - 0.4mm
- 중심선 : 빨강(1-red) - 0.2mm
- 보조선 : 녹색(3-green) - 0.2mm
- 치수 및 문자 : 하늘색(4-cyan) - 0.3mm
- 해칭선 : 파랑(5-blue) - 0.1mm

2. 수험자 유의사항

※ 다음 유의사항을 고려하여 요구사항을 완성하시오.

1. 명기되지 않은 조건은 건축법, 건축구조 및 건축제도 원칙에 따른다.
2. 시험 시작 전 바탕화면에 본인 비번호로 폴더를 생성하고, 폴더 안에 작업 내용을 저장하도록 하시오.
3. 정전 및 기계 고정 등에 의한 자료손실을 방지하기 위하여 수시로 저장한다.
4. 다음과 같은 경우는 부정행위로 처리한다.
   가) 노트 및 서적, 저장장치를 소지하거나 주고받는 행위
   나) 건물의 구조부분의 상세나 글씨 등을 사전에 블록으로 설정하여 지참 사용하는 경우
5. 작업이 끝나면 감독위원의 확인을 받은 후 문제를 제출하고 본부요원 입회하에 본인이 직접 A3 용지에 흑백으로 도면을 출력하도록 한다. 이때 수험자의 작도 잘못으로 도면 출력이 안되는 경우 또는 출력시간이 10분을 초과할 경우는 실격처리한다(출력시간은 시험시간에서 제외한다).
6. 장비 조작 미숙으로 장비의 파손 및 고장을 일으킬 염려가 있을 경우 실격된다.
7. 다음과 같은 경우에는 체점대상에서 제외하니 유의하기 바란다.
   가) 실격
      (1) 시험 중 시설 장비의 조작 또는 재료의 취급이 미숙하여 위해를 일으킬 것으로 시험위원 전원이 합의하여 판단한 경우
   나) 미완성
      (1) 시험시간 내에 제출된 작품이라도 다음과 같은 경우
         ① 주어진 조건을 지키지 않고 작도한 경우
         ② 요구한 전 도면을 작도하지 않은 경우
         ③ 건축제도 통칙을 준수하지 않거나 건축 CAD의 기능이 없는 상태에서 완성된 도면
8. 수험번호, 성명은 도면 좌측 상단에 아래와 같이 표제란을 만들어 기재한다.

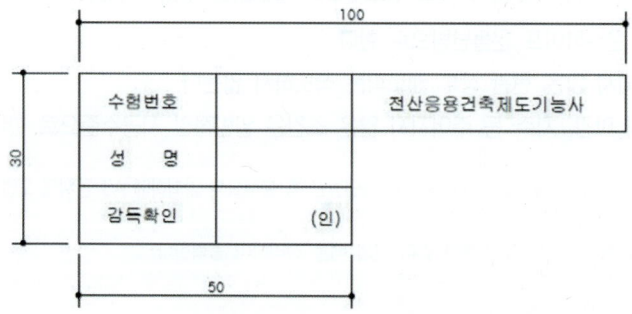

9. 감독위원은 시험 시작 후 수험자에게 표제란을 우선 작도 후 도면을 작도하도록 하여야 하며, 수험자가 감독위원의 동 지시를 따르지 않을 경우 실격처리한다.
10. 테두리선의 여백은 10mm로 한다.

3. 주택평면도 S : 1/100

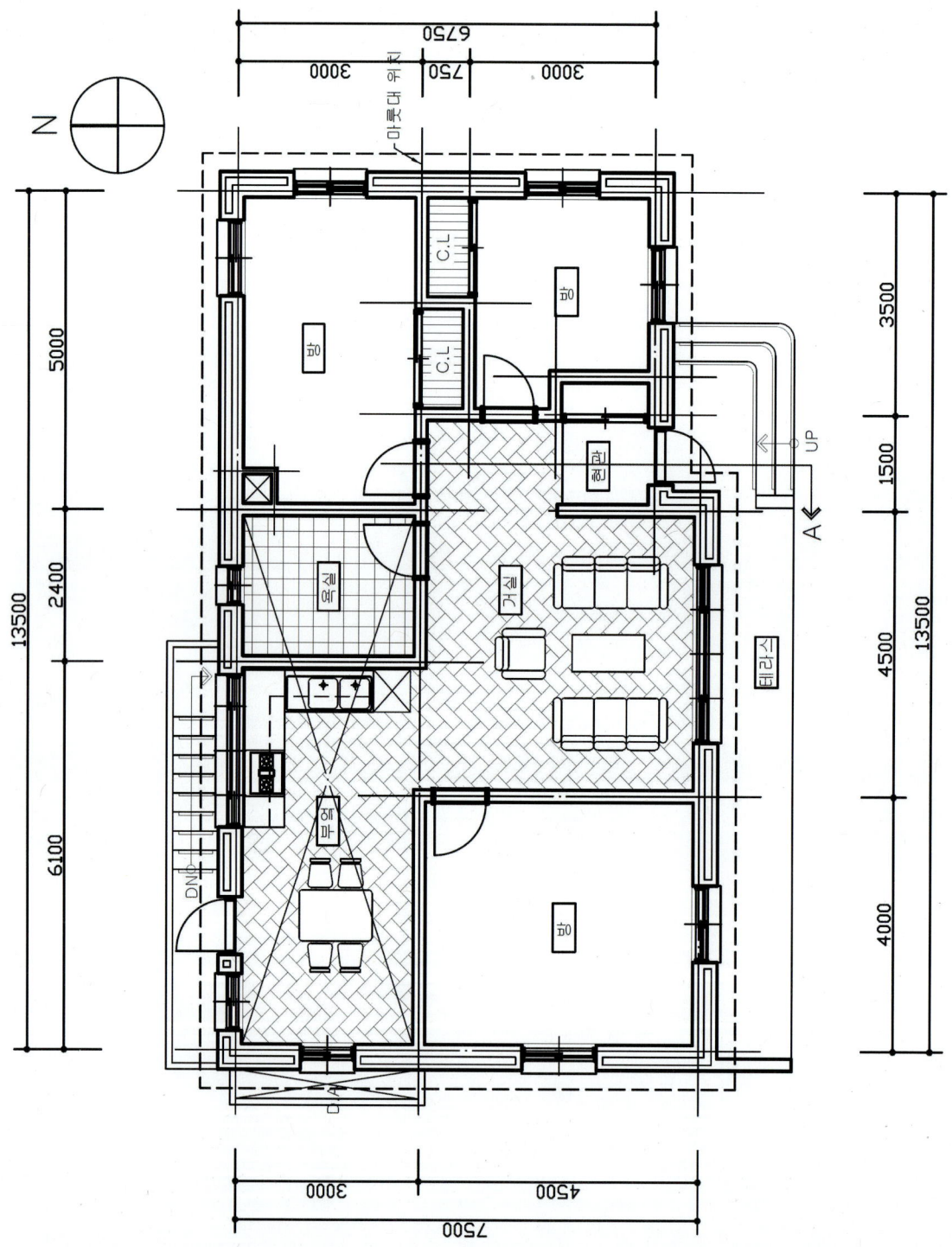

4. 지급재료 목록

일련번호	재료명	규격	자격종목		전산응용건축제도기능사
			단위	수량	비고
1	출력용지	A3	장	2	
2	USB				
3	프린터잉크	검정기종별 표준량	개	1	1개 검정장당
4					
5					
6					
7					
8					
9					
10					
11					
12					
13					
14					
15					
16					
17					
18					
19					
20					
21					
22					

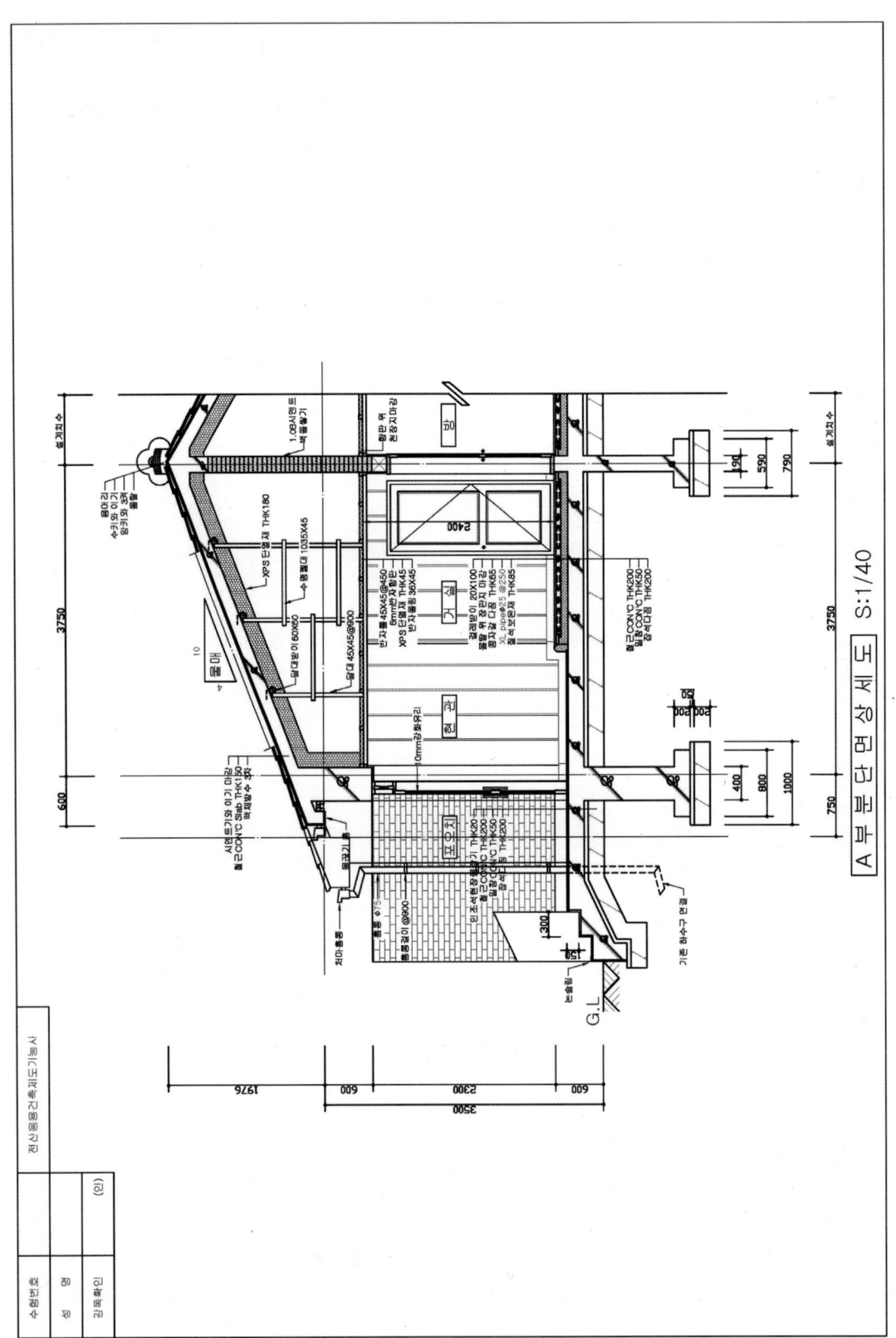

국가기술자격 검정 실기시험 예상문제 7

자격종목	전산응용건축제도기능사	작품명	주 택

비번호

1. 시험시간 : 표준시간 – 4시간 10분

〈요구사항〉

※ 주어진 평면도를 보고 CAD를 이용하여 아래 조건에 맞게 다음 도면을 작도하시오.

1) A 부분 단면 상세도를 축척 1/40로 작도하시오.
2) 남측 입면도를 축척 1/50로 작도하되 벽면재료 표시 및 주위의 배경 등 도면 효과를 충분히 고려한다.

※ 조건

- 기초 및 지하실 벽체 : 철근콘크리트 구조로 한다.
- 벽체 : 외벽 – 외부로부터 붉은벽돌 0.5B, 시멘트벽돌 1.0B로 하고, 외부마감은 제물치장으로 한다.
  내벽 – 두께 1.0B 시멘트벽돌 쌓기로 한다.
- 단열재 : 외벽 – 120mm, 바닥 – 85mm, 지붕 – 180mm, 1층 바닥 슬래브와 기초는 일체식으로 표현하시오.
- 지붕 : 철근콘크리트 경사슬랩 위 시멘트 기와잇기 마감으로 한다.(물매 : 4/10 이상)
- 처마나옴 : 벽체 중심에서 600mm
- 반자높이 : 2400mm, 처마반자 설치
- 창호 : 합성수지 2중창으로 한다.
- 각 실의 난방 : 온수파이프 온돌난방으로 한다.
- 평면도에 표현되지 않은 현관 상부 캐노피는 작도하지 않는다.
- 기타 각 부분의 마감, 치수 등 주어지지 않은 조건은 일반적인 시공수준으로 한다.

  ※ 1. 도면작도 작업이 완료 후 감독위원으로부터 확인받은 후 본부요원 입회하에 A3 용지에 도면을 출력한다(단 도면출력시간은 시험시간에서 제외한다).
  2. 선의 통일을 기하기 위하여 아래와 같이 선의 색을 정리하여 출력한다.

- 입면선 : 흰색(7-white) - 0.3mm
- 단면선 : 노란색(2-yellow) - 0.4mm
- 중심선 : 빨강(1-red) - 0.2mm
- 보조선 : 녹색(3-green) - - 0.2mm
- 치수 및 문자 : 하늘색(4-cyan) - 0.3mm
- 해칭선 : 파랑(5-blue) - 0.1mm

2. 수험자 유의사항

※ 다음 유의사항을 고려하여 요구사항을 완성하시오.

1. 명기되지 않은 조건은 건축법, 건축구조 및 건축제도 원칙에 따른다.
2. 시험 시작 전 바탕화면에 본인 비번호로 폴더를 생성하고, 폴더 안에 작업 내용을 저장하도록 하시오.
3. 정전 및 기계 고정 등에 의한 자료손실을 방지하기 위하여 수시로 저장한다.
4. 다음과 같은 경우는 부정행위로 처리한다.
   가) 노트 및 서적, 저장장치를 소지하거나 주고받는 행위
   나) 건물의 구조부분의 상세나 글씨 등을 사전에 블록으로 설정하여 지참 사용하는 경우
5. 작업이 끝나면 감독위원의 확인을 받은 후 문제를 제출하고 본부요원 입회하에 본인이 직접 A3 용지에 흑백으로 도면을 출력하도록 한다. 이때 수험자의 작도 잘못으로 도면 출력이 안되는 경우 또는 출력시간이 10분을 초과할 경우는 실격처리한다(출력시간은 시험시간에서 제외한다).
6. 장비 조작 미숙으로 장비의 파손 및 고장을 일으킬 염려가 있을 경우 실격된다.
7. 다음과 같은 경우에는 체점대상에서 제외하니 유의하기 바란다.
   가) 실격
      (1) 시험 중 시설 장비의 조작 또는 재료의 취급이 미숙하여 위해를 일으킬 것으로 시험위원 전원이 합의하여 판단한 경우
   나) 미완성
      (1) 시험시간 내에 제출된 작품이라도 다음과 같은 경우
         ① 주어진 조건을 지키지 않고 작도한 경우
         ② 요구한 전 도면을 작도하지 않은 경우
         ③ 건축제도 통칙을 준수하지 않거나 건축 CAD의 기능이 없는 상태에서 완성된 도면
8. 수험번호, 성명은 도면 좌측 상단에 아래와 같이 표제란을 만들어 기재한다.

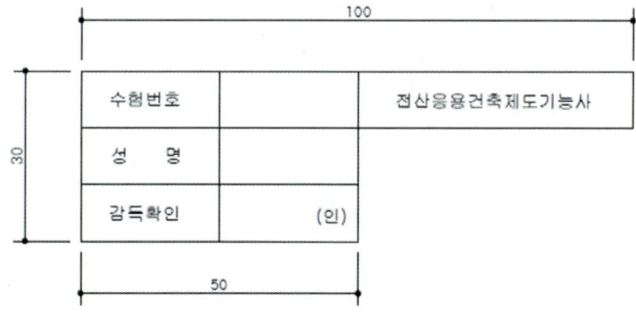

9. 감독위원은 시험 시작 후 수험자에게 표제란을 우선 작도 후 도면을 작도하도록 하여야 하며, 수험자가 감독위원의 동 지시를 따르지 않을 경우 실격처리한다.
10. 테두리선의 여백은 10mm로 한다.

3. 주택평면도 S : 1/100

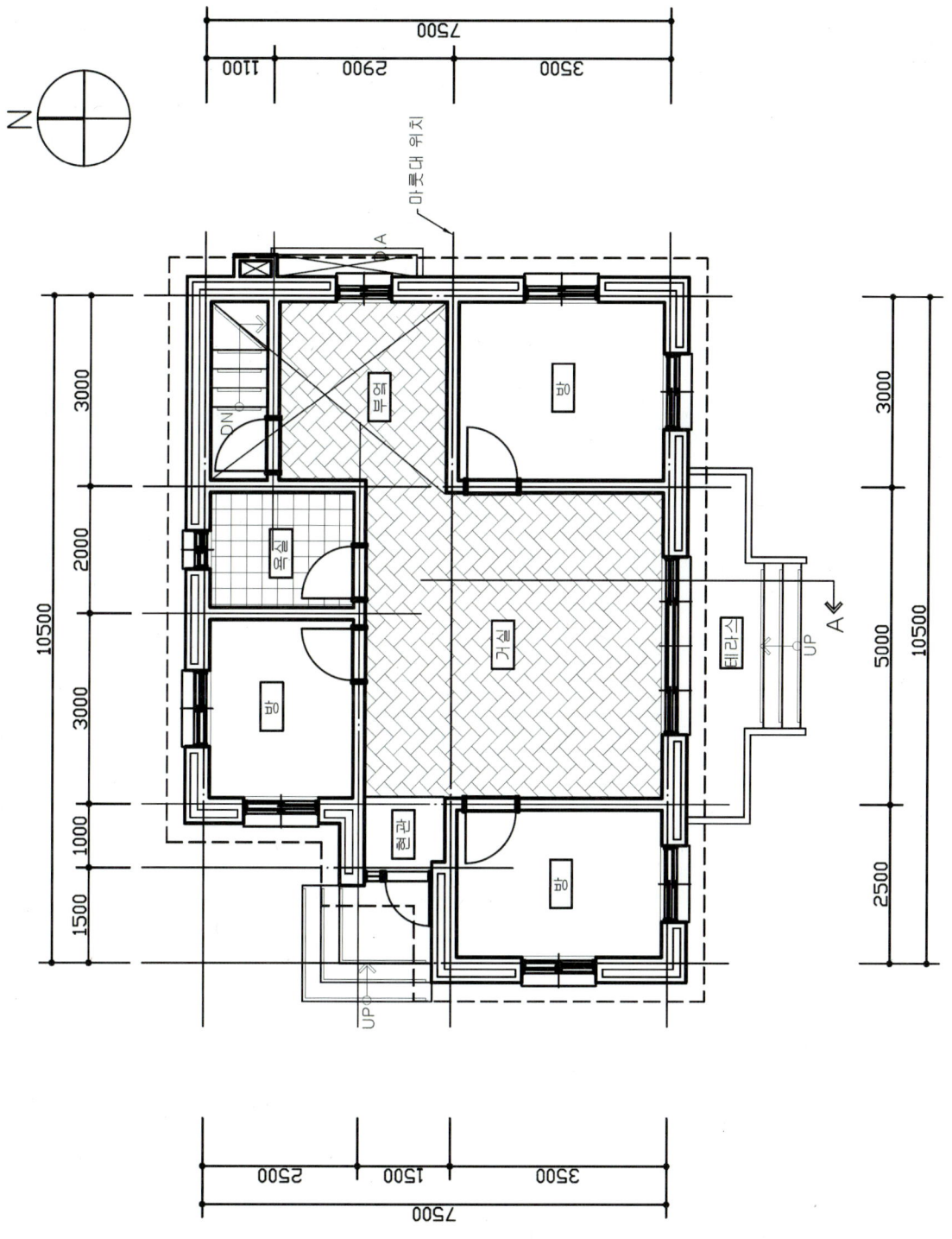

4. 지급재료 목록

일련번호	재료명	규격	자격종목 단위	전산응용건축제도기능사 수량	비고
1	출력용지	A3	장	2	
2	USB				
3	프린터잉크	검정기종별 표준량	개	1	1개 검정장당
4					
5					
6					
7					
8					
9					
10					
11					
12					
13					
14					
15					
16					
17					
18					
19					
20					
21					
22					

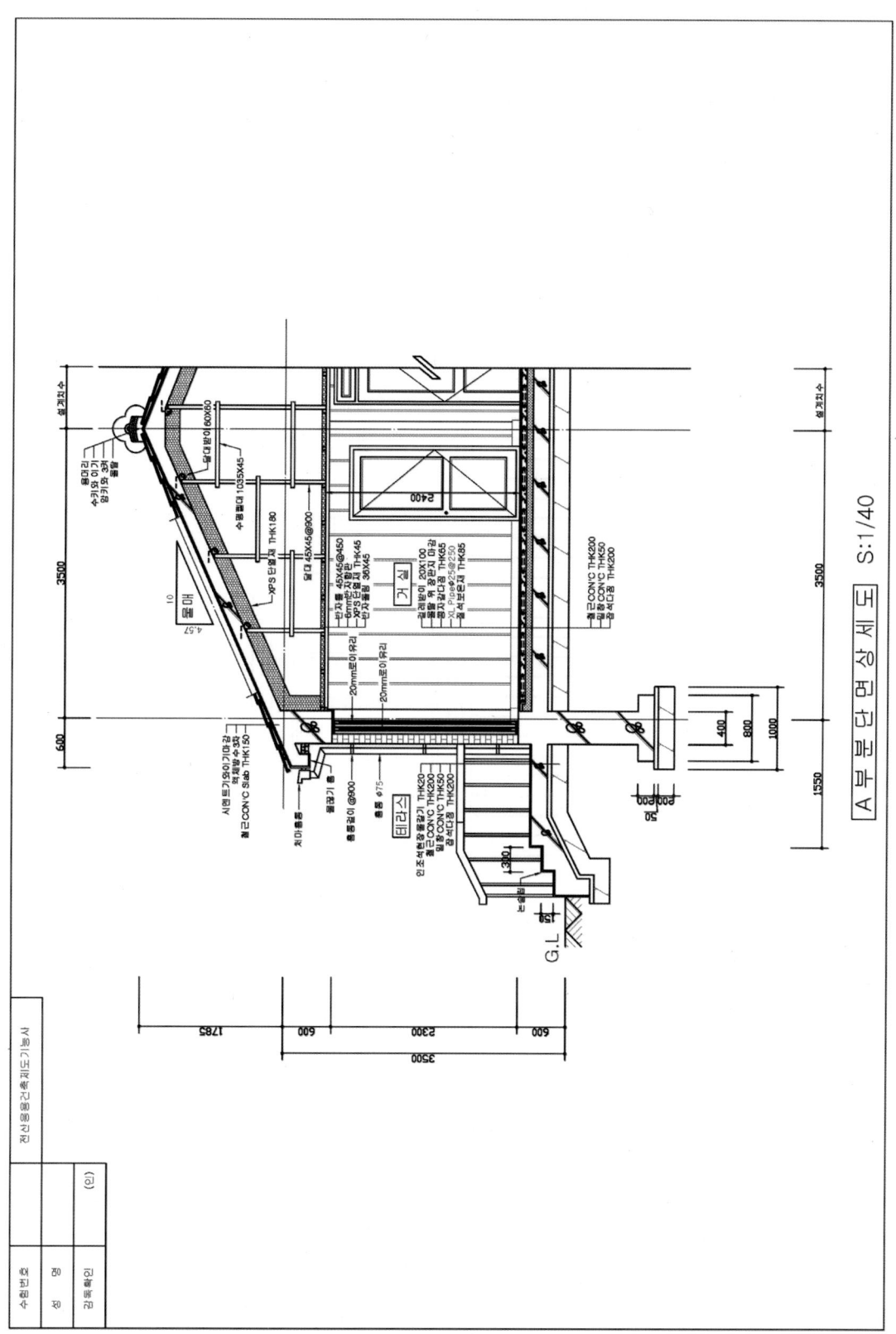

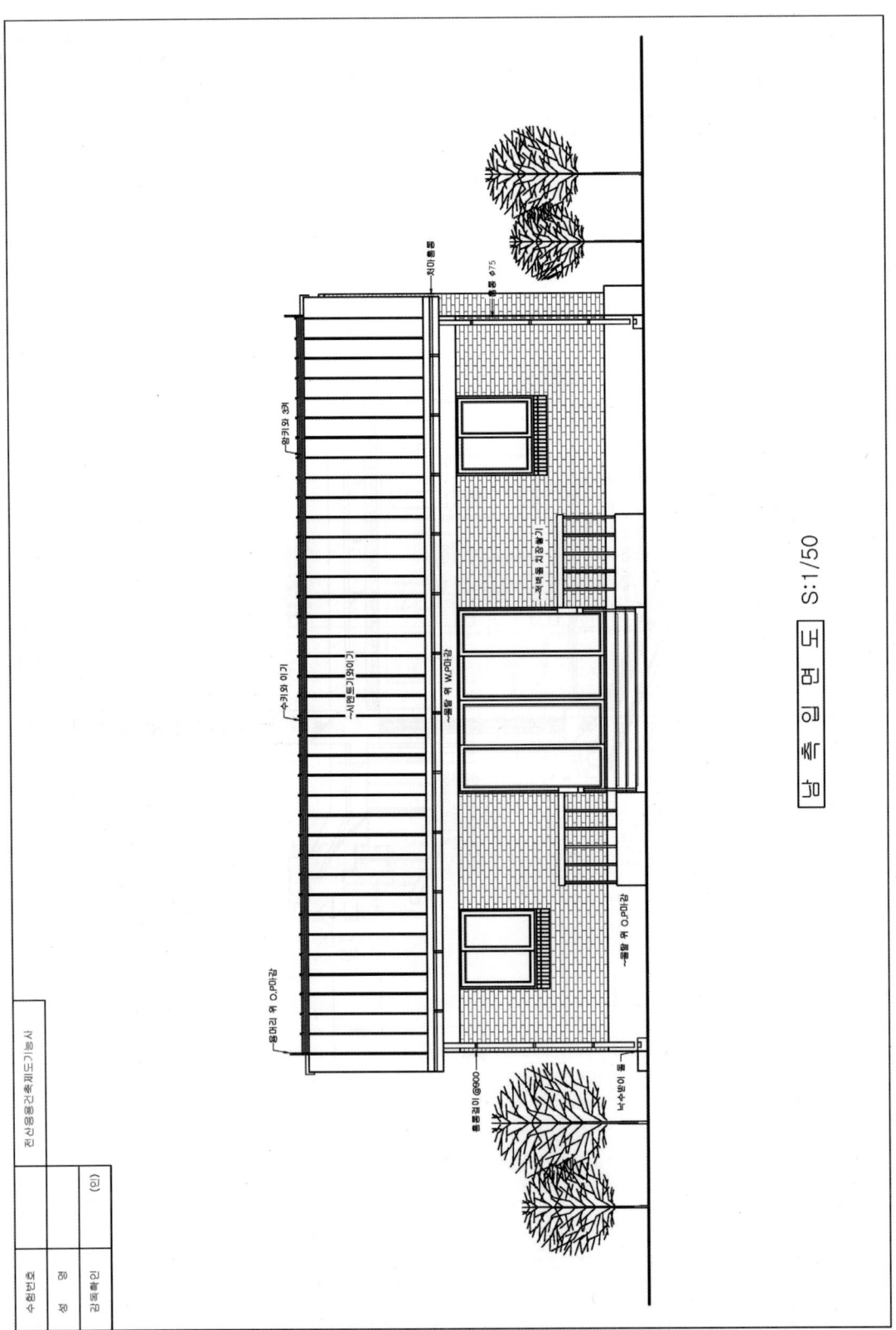

국가기술자격 검정 실기시험 예상문제 8

자격종목	전산응용건축제도기능사	작품명	주 택

비번호

1. 시험시간 : 표준시간 – 4시간 10분

〈요구사항〉

※ 주어진 평면도를 보고 CAD를 이용하여 아래 조건에 맞게 다음 도면을 작도하시오.

1) A 부분 단면 상세도를 축척 1/40로 작도하시오.
2) 남측 입면도를 축척 1/50로 작도하되 벽면재료 표시 및 주위의 배경 등 도면 효과를 충분히 고려한다.

※ 조건
- 기초 및 지하실 벽체 : 철근콘크리트 구조로 한다.
- 벽체 : 외벽 – 외부로부터 붉은벽돌 0.5B, 시멘트벽돌 1.0B로 하고, 외부마감은 제물치장으로 한다.
  　　　 내벽 – 두께 1.0B 시멘트벽돌 쌓기로 한다.
- 단열재 : 외벽 – 120mm, 바닥 – 85mm, 지붕 – 180mm, 1층 바닥 슬래브와 기초는 일체식으로 표현하시오.
- 지붕 : 철근콘크리트 경사슬랩 위 시멘트 기와잇기 마감으로 한다.(물매 : 4/10 이상)
- 처마나옴 : 벽체 중심에서 600mm
- 반자높이 : 2400mm, 처마반자 설치
- 창호 : 목재창호로 하되 2중창인 경우 외부창호는 알루미늄 샷시로 한다.
- 각 실의 난방 : 온수파이프 온돌난방으로 한다.
- 평면도에 표현되지 않은 현관 상부 캐노피는 작도하지 않는다.
- 기타 각 부분의 마감, 치수 등 주어지지 않은 조건은 일반적인 시공수준으로 한다.

　※ 1. 도면작도 작업이 완료 후 감독위원으로부터 확인받은 후 본부요원 입회하에 A3 용지에 도면을 출력한다(단 도면출력시간은 시험시간에서 제외한다).
　　　 2. 선의 통일을 기하기 위하여 아래와 같이 선의 색을 정리하여 출력한다.

- 입면선 : 흰색(7-white) - 0.3mm
- 단면선 : 노란색(2-yellow) - 0.4mm
- 중심선 : 빨강(1-red) - 0.2mm
- 보조선 : 녹색(3-green) - 0.2mm
- 치수 및 문자 : 하늘색(4-cyan) - 0.3mm
- 해칭선 : 파랑(5-blue) - 0.1mm

2. 수험자 유의사항

※ 다음 유의사항을 고려하여 요구사항을 완성하시오.

1. 명기되지 않은 조건은 건축법, 건축구조 및 건축제도 원칙에 따른다.
2. 시험 시작 전 바탕화면에 본인 비번호로 폴더를 생성하고, 폴더 안에 작업 내용을 저장하도록 하시오.
3. 정전 및 기계 고정 등에 의한 자료손실을 방지하기 위하여 수시로 저장한다.
4. 다음과 같은 경우는 부정행위로 처리한다.
    가) 노트 및 서적, 저장장치를 소지하거나 주고받는 행위
    나) 건물의 구조부분의 상세나 글씨 등을 사전에 블록으로 설정하여 지참 사용하는 경우
5. 작업이 끝나면 감독위원의 확인을 받은 후 문제를 제출하고 본부요원 입회하에 본인이 직접 A3 용지에 흑백으로 도면을 출력하도록 한다. 이때 수험자의 작도 잘못으로 도면 출력이 안되는 경우 또는 출력시간이 10분을 초과할 경우는 실격처리한다(출력시간은 시험시간에서 제외한다).
6. 장비 조작 미숙으로 장비의 파손 및 고장을 일으킬 염려가 있을 경우 실격된다.
7. 다음과 같은 경우에는 체점대상에서 제외하니 유의하기 바란다.
    가) 실격
        (1) 시험 중 시설 장비의 조작 또는 재료의 취급이 미숙하여 위해를 일으킬 것으로 시험위원 전원이 합의하여 판단한 경우
    나) 미완성
        (1) 시험시간 내에 제출된 작품이라도 다음과 같은 경우
            ① 주어진 조건을 지키지 않고 작도한 경우
            ② 요구한 전 도면을 작도하지 않은 경우
            ③ 건축제도 통칙을 준수하지 않거나 건축 CAD의 기능이 없는 상태에서 완성된 도면
8. 수험번호, 성명은 도면 좌측 상단에 아래와 같이 표제란을 만들어 기재한다.

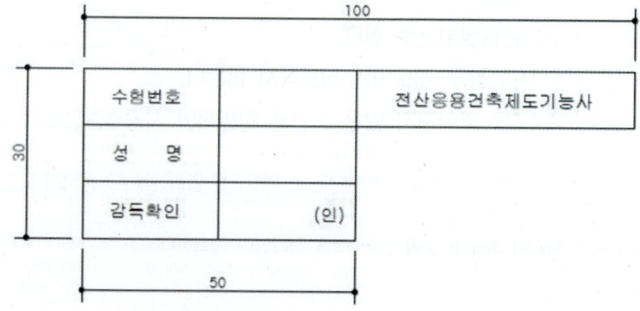

9. 감독위원은 시험 시작 후 수험자에게 표제란을 우선 작도 후 도면을 작도하도록 하여야 하며, 수험자가 감독위원의 동 지시를 따르지 않을 경우 실격처리한다.
10. 테두리선의 여백은 10mm로 한다.

3. 주택평면도 S : 1/100

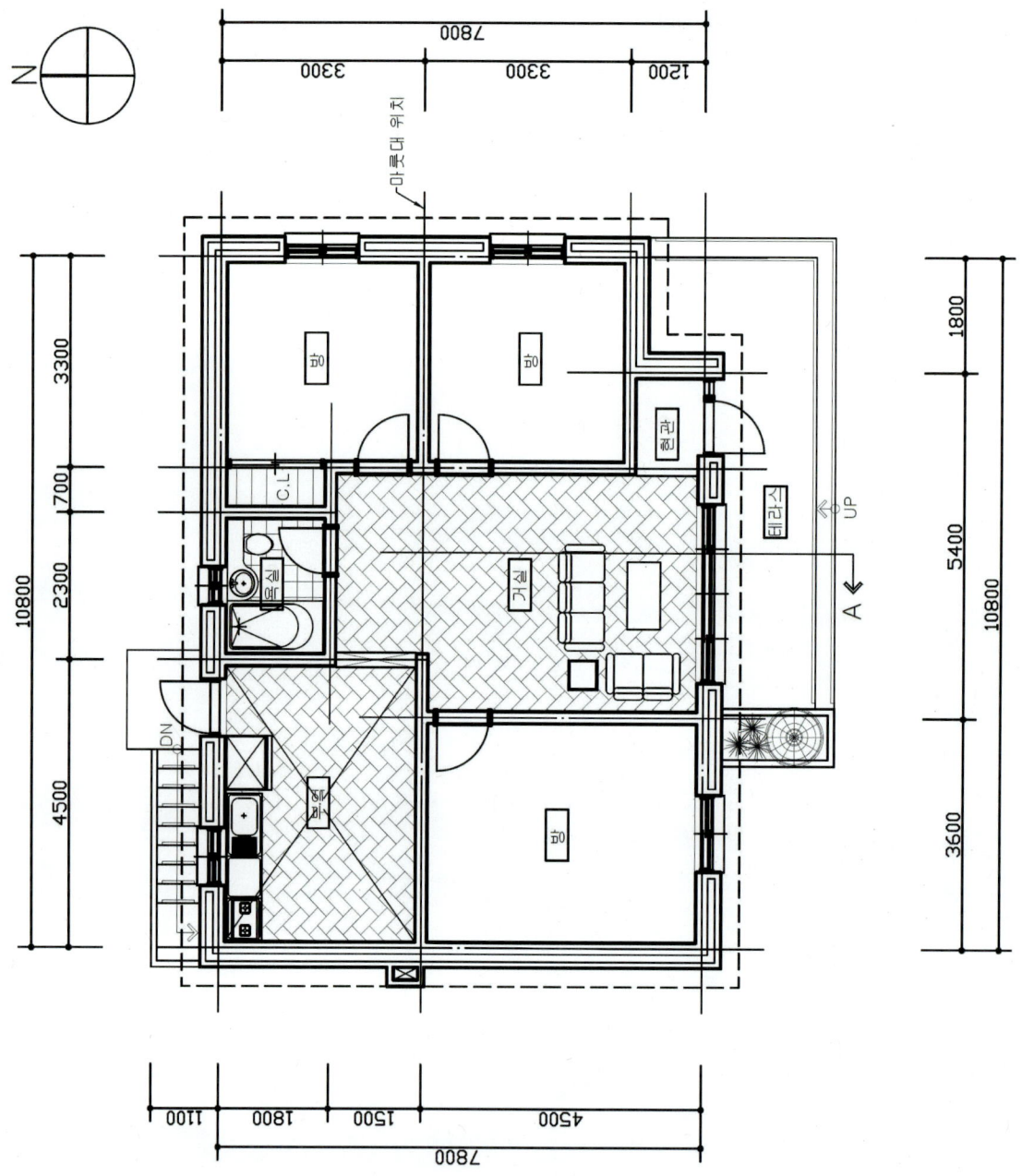

4. 지급재료 목록

일련번호	재료명	규격	자격종목	전산응용건축제도기능사	
			단위	수량	비고
1	출력용지	A3	장	2	
2	USB				
3	프린터잉크	검정기종별 표준량	개	1	1개 검정장당
4					
5					
6					
7					
8					
9					
10					
11					
12					
13					
14					
15					
16					
17					
18					
19					
20					
21					
22					

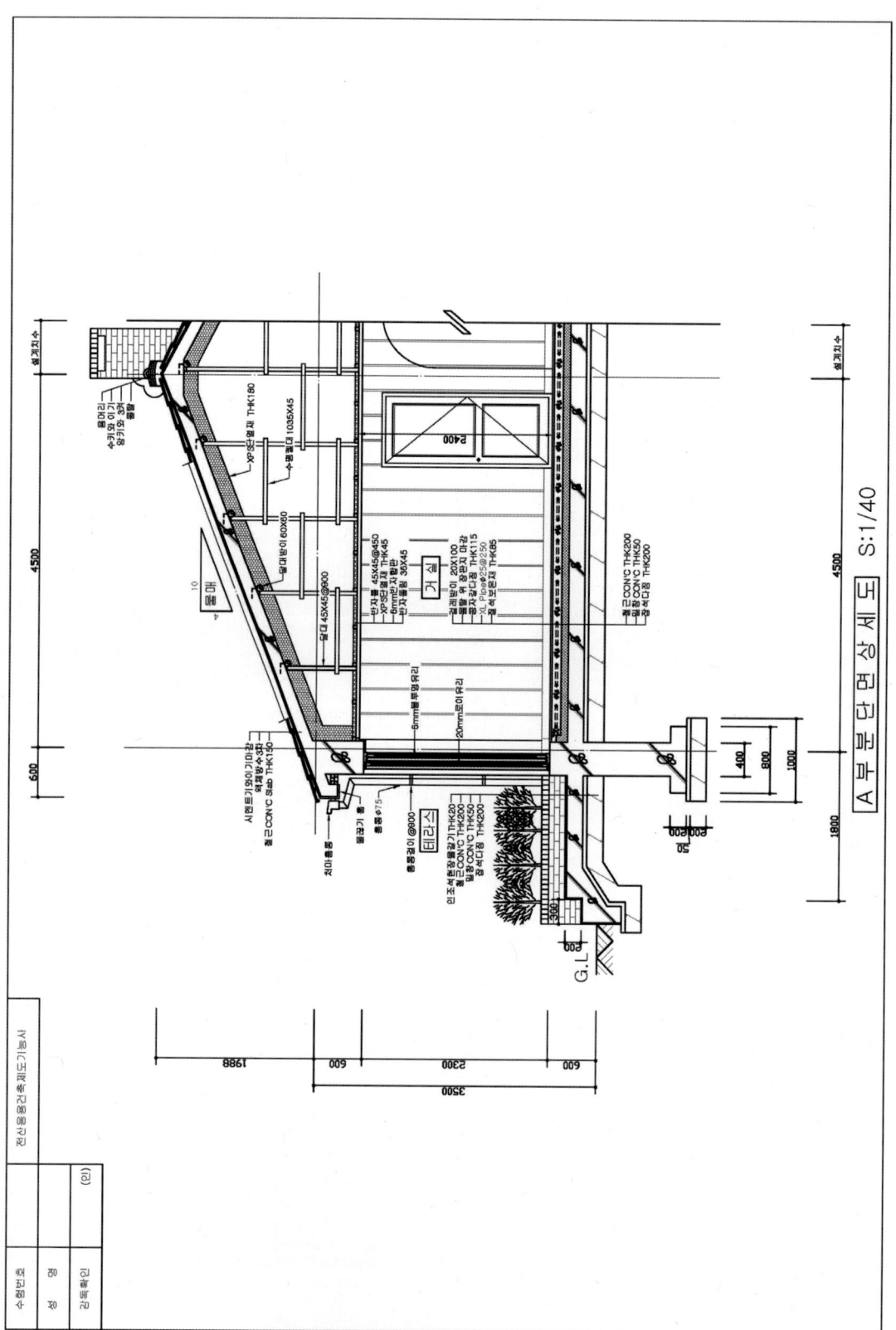

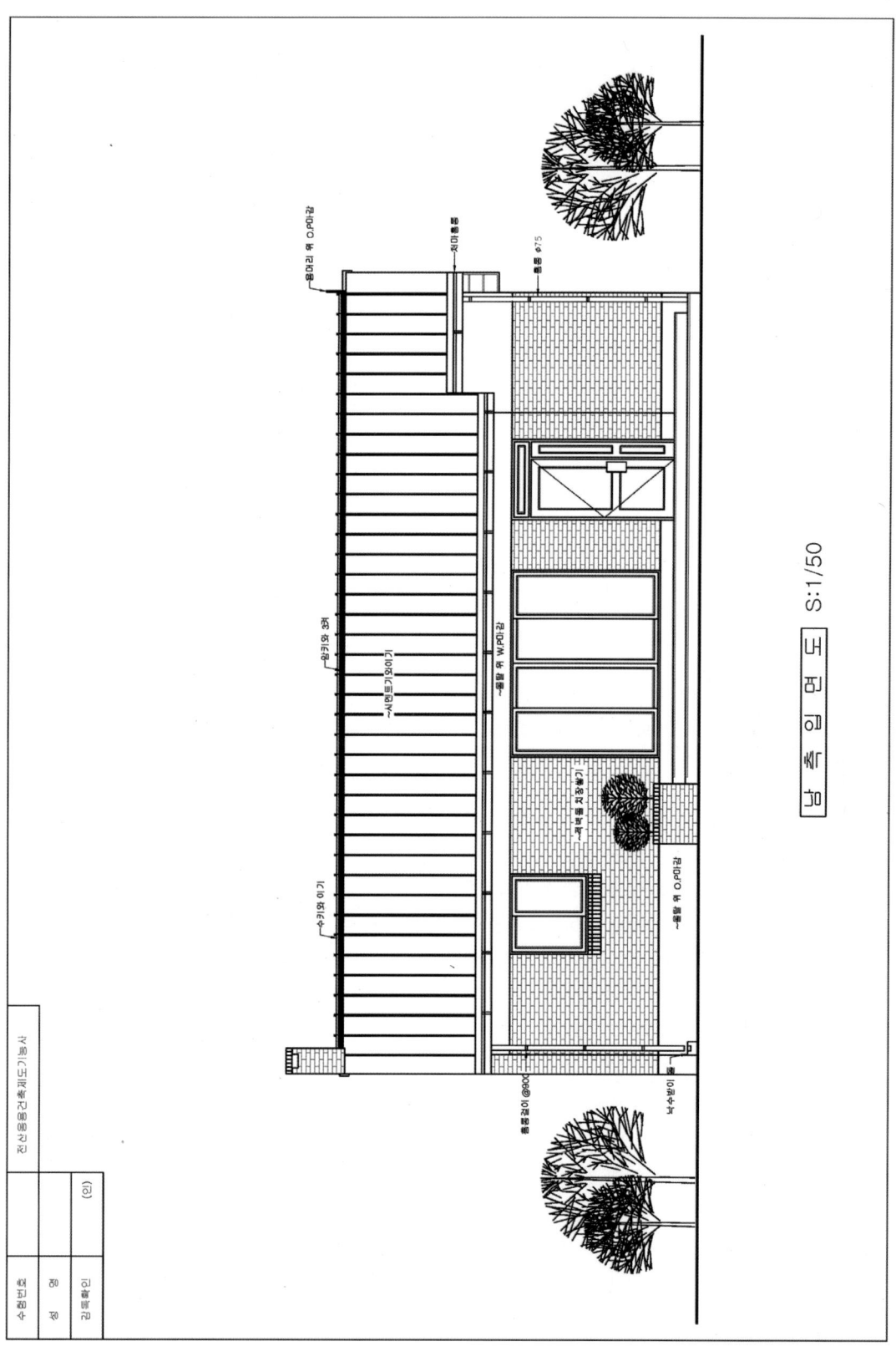

국가기술자격 검정 실기시험 예상문제 9

자격종목	전산응용건축제도기능사	작품명	주 택

비번호

1. 시험시간 : 표준시간 – 4시간 10분

〈요구사항〉

※ 주어진 평면도를 보고 CAD를 이용하여 아래 조건에 맞게 다음 도면을 작도하시오.

1) A 부분 단면 상세도를 축척 1/40로 작도하시오.
2) 남측 입면도를 축척 1/50로 작도하되 벽면재료 표시 및 주위의 배경 등 도면 효과를 충분히 고려한다.

※ 조건
- 기초 및 지하실 벽체 : 철근콘크리트 구조로 한다.
- 벽체 : 외벽 – 외부로부터 붉은벽돌 0.5B, 시멘트벽돌 1.0B로 하고, 외부마감은 제물치장으로 한다.
  내벽 – 두께 1.0B 시멘트벽돌 쌓기로 한다.
- 단열재 : 외벽 – 120mm, 바닥 – 85mm, 지붕 – 180mm, 1층 바닥 슬래브와 기초는 일체식으로 표현하시오.
- 지붕 : 철근콘크리트 경사슬랩 위 시멘트 기와잇기 마감으로 한다.(물매 : 4/10 이상)
- 처마나옴 : 벽체 중심에서 600mm
- 반자높이 : 2400mm, 처마반자 설치
- 창호 : 목재창호로 하되 2중창인 경우 외부창호는 알루미늄 샷시로 한다.
- 각 실의 난방 : 온수파이프 온돌난방으로 한다.
- 평면도에 표현되지 않은 현관 상부 캐노피는 작도하지 않는다.
- 기타 각 부분의 마감, 치수 등 주어지지 않은 조건은 일반적인 시공수준으로 한다.

  ※ 1. 도면작도 작업이 완료 후 감독위원으로부터 확인받은 후 본부요원 입회하에 A3 용지에 도면을 출력한다(단 도면출력시간은 시험시간에서 제외한다).
  2. 선의 통일을 기하기 위하여 아래와 같이 선의 색을 정리하여 출력한다.

- 입면선 : 흰색(7-white) - 0.3mm
- 단면선 : 노란색(2-yellow) - 0.4mm
- 중심선 : 빨강(1-red) - 0.2mm
- 보조선 : 녹색(3-green) - 0.2mm
- 치수 및 문자 : 하늘색(4-cyan) - 0.3mm
- 해칭선 : 파랑(5-blue) - 0.1mm

2. 수험자 유의사항

※ 다음 유의사항을 고려하여 요구사항을 완성하시오.

1. 명기되지 않은 조건은 건축법, 건축구조 및 건축제도 원칙에 따른다.
2. 시험 시작 전 바탕화면에 본인 비번호로 폴더를 생성하고, 폴더 안에 작업 내용을 저장하도록 하시오.
3. 정전 및 기계 고정 등에 의한 자료손실을 방지하기 위하여 수시로 저장한다.
4. 다음과 같은 경우는 부정행위로 처리한다.
   가) 노트 및 서적, 저장장치를 소지하거나 주고받는 행위
   나) 건물의 구조부분의 상세나 글씨 등을 사전에 블록으로 설정하여 지참 사용하는 경우
5. 작업이 끝나면 감독위원의 확인을 받은 후 문제를 제출하고 본부요원 입회하에 본인이 직접 A3 용지에 흑백으로 도면을 출력하도록 한다. 이때 수험자의 작도 잘못으로 도면 출력이 안되는 경우 또는 출력시간이 10분을 초과할 경우는 실격처리한다(출력시간은 시험시간에서 제외한다).
6. 장비 조작 미숙으로 장비의 파손 및 고장을 일으킬 염려가 있을 경우 실격된다.
7. 다음과 같은 경우에는 체점대상에서 제외하니 유의하기 바란다.
   가) 실격
      (1) 시험 중 시설 장비의 조작 또는 재료의 취급이 미숙하여 위해를 일으킬 것으로 시험위원 전원이 합의하여 판단한 경우
   나) 미완성
      (1) 시험시간 내에 제출된 작품이라도 다음과 같은 경우
         ① 주어진 조건을 지키지 않고 작도한 경우
         ② 요구한 전 도면을 작도하지 않은 경우
         ③ 건축제도 통칙을 준수하지 않거나 건축 CAD의 기능이 없는 상태에서 완성된 도면
8. 수험번호, 성명은 도면 좌측 상단에 아래와 같이 표제란을 만들어 기재한다.

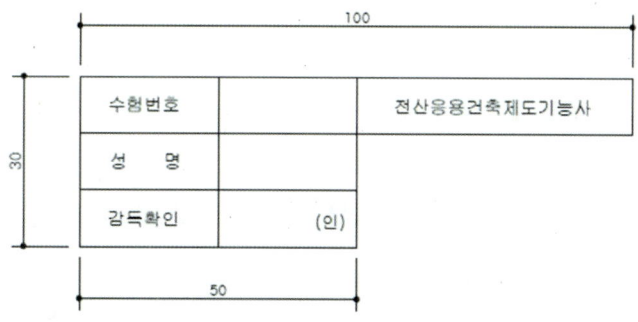

9. 감독위원은 시험 시작 후 수험자에게 표제란을 우선 작도 후 도면을 작도하도록 하여야 하며, 수험자가 감독위원의 동 지시를 따르지 않을 경우 실격처리한다.
10. 테두리선의 여백은 10mm로 한다.

3. 주택평면도 S : 1/100

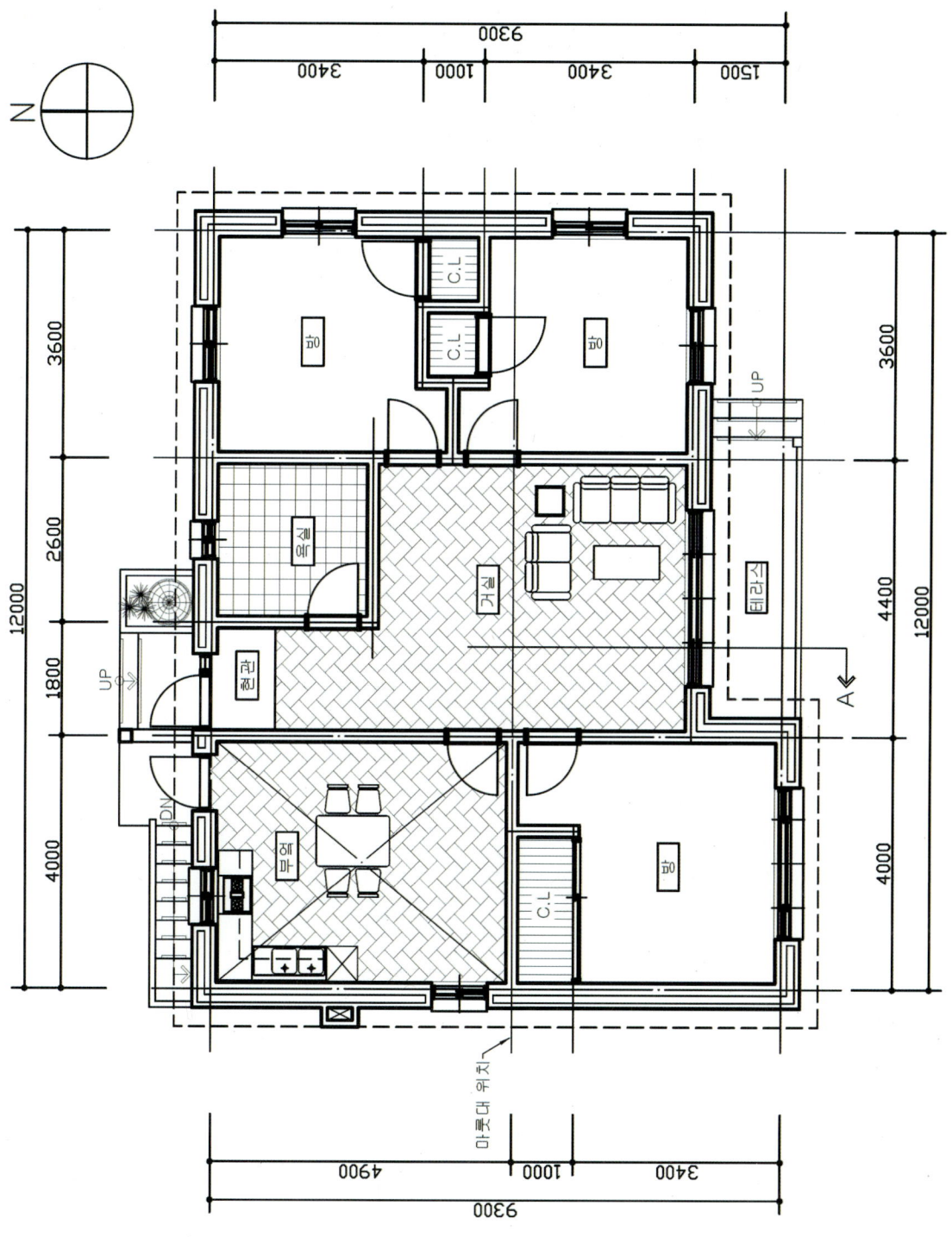

4. 지급재료 목록

일련번호	재료명	규격	자격종목	전산응용건축제도기능사	
			단위	수량	비고
1	출력용지	A3	장	2	
2	USB				
3	프린터잉크	검정기종별 표준량	개	1	1개 검정장당
4					
5					
6					
7					
8					
9					
10					
11					
12					
13					
14					
15					
16					
17					
18					
19					
20					
21					
22					

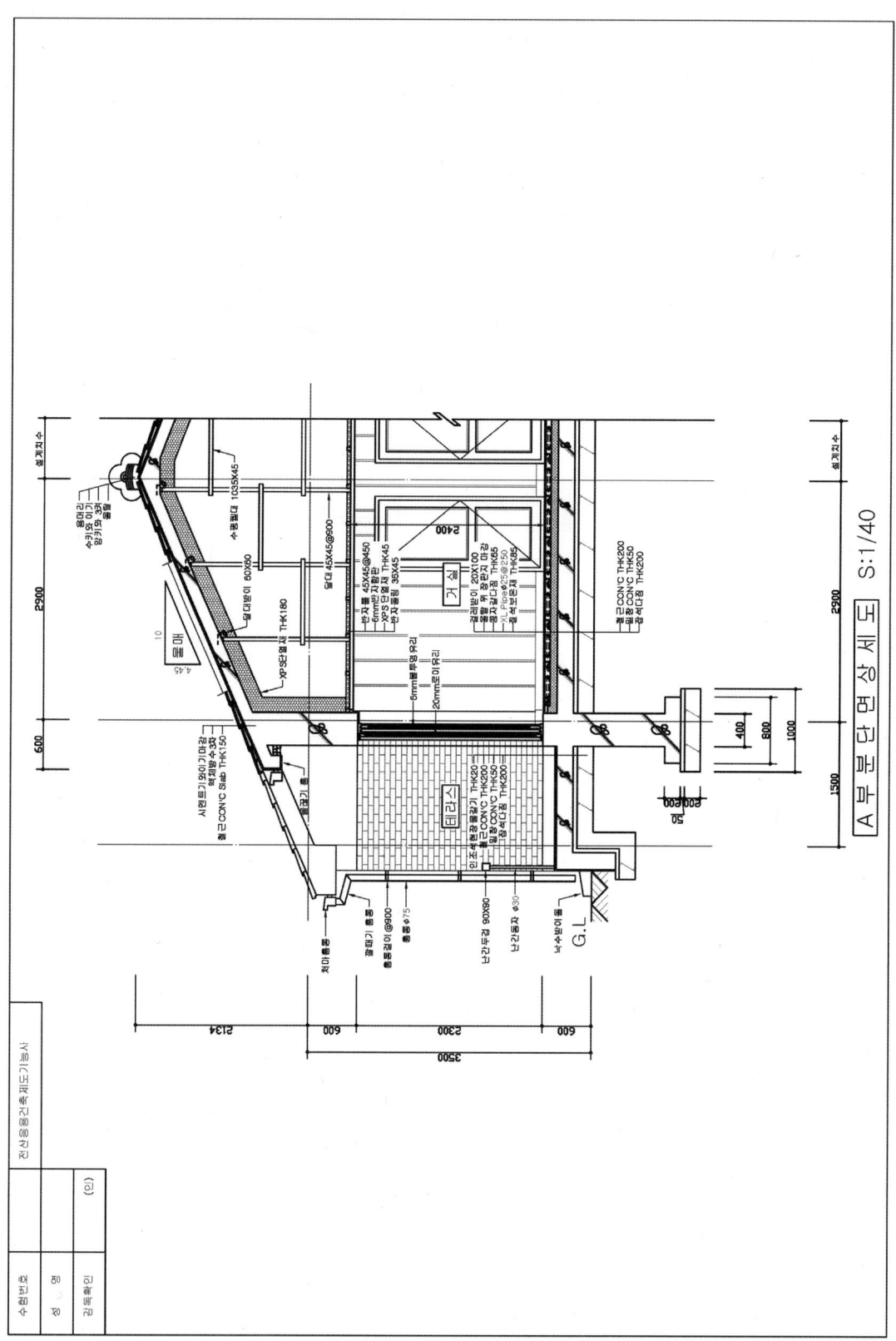

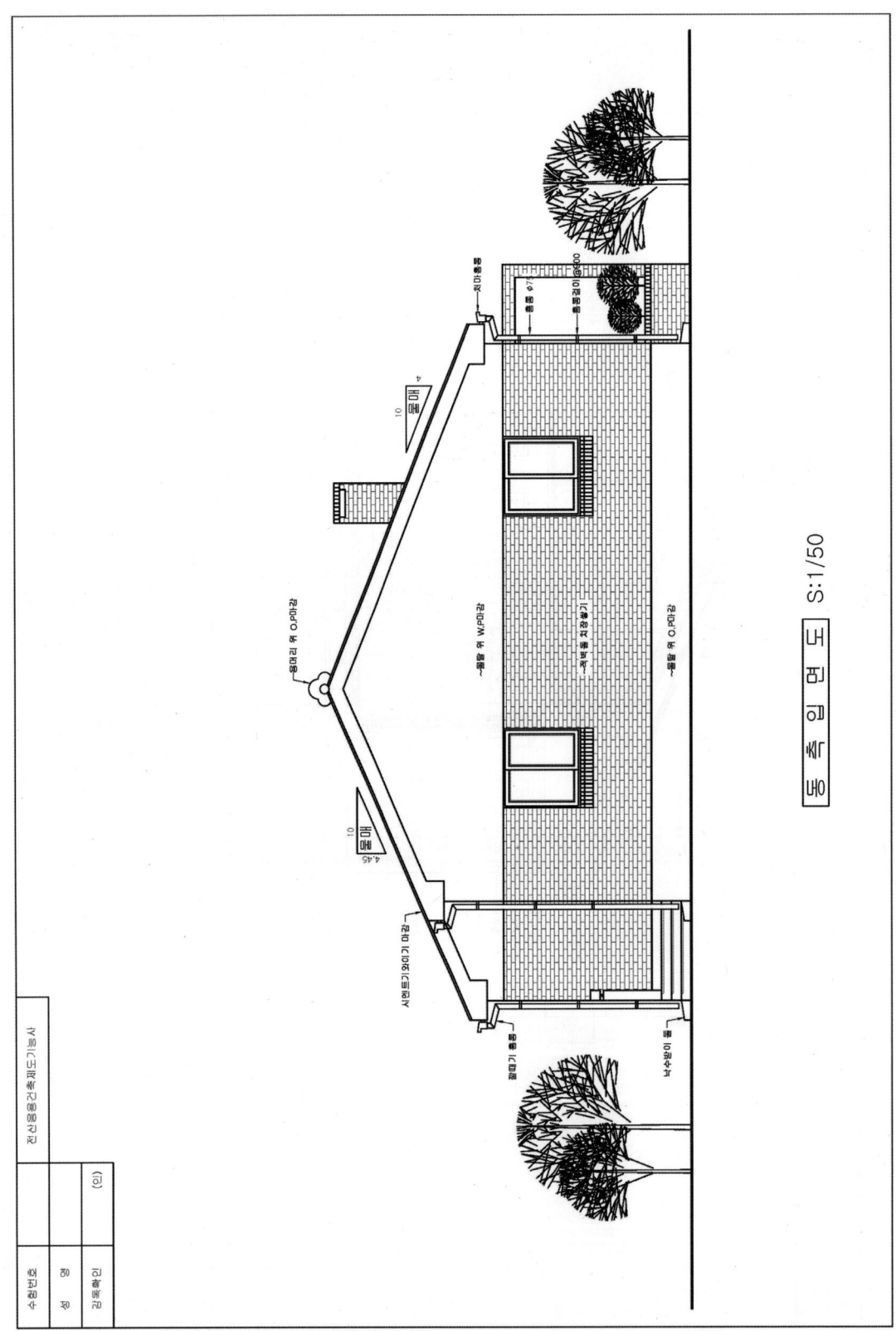

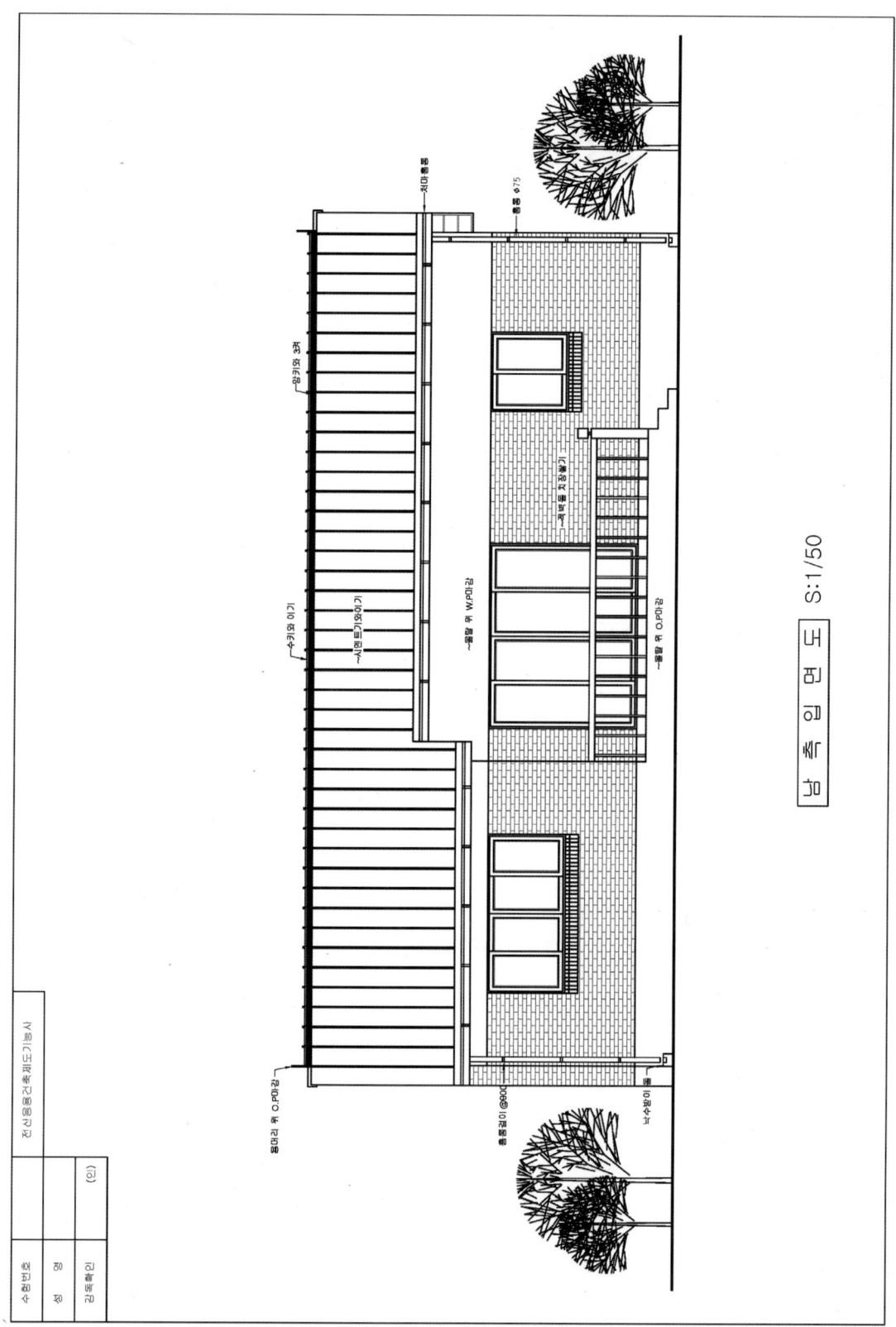

10 국가기술자격 검정 실기시험 예상문제 10

자격종목	전산응용건축제도기능사	작품명	주 택

비번호

1. 시험시간 : 표준시간 – 4시간 10분

〈요구사항〉

※ 주어진 평면도를 보고 CAD를 이용하여 아래 조건에 맞게 다음 도면을 작도하시오.

1) A 부분 단면 상세도를 축척 1/40로 작도하시오.
2) 남측 입면도를 축척 1/50로 작도하되 벽면재료 표시 및 주위의 배경 등 도면 효과를 충분히 고려한다.

※ 조건
- 기초 및 지하실 벽체 : 철근콘크리트 구조로 한다.
- 벽체 : 외벽 – 외부로부터 붉은벽돌 0.5B, 시멘트벽돌 1.0B로 하고, 외부마감은 제물치장으로 한다.
  내벽 – 두께 1.0B 시멘트벽돌 쌓기로 한다.
- 단열재 : 외벽 – 120mm, 바닥 – 85mm, 지붕 – 180mm, 1층 바닥 슬래브와 기초는 일체식으로 표현하시오.
- 지붕 : 철근콘크리트 경사슬랩 위 시멘트 기와잇기 마감으로 한다.(물매 : 4/10 이상)
- 처마나옴 : 벽체 중심에서 600mm
- 반자높이 : 2400mm, 처마반자 설치
- 창호 : 목재창호로 하되 2중창인 경우 외부창호는 알루미늄 샷시로 한다.
- 각 실의 난방 : 온수파이프 온돌난방으로 한다.
- 평면도에 표현되지 않은 현관 상부 캐노피는 작도하지 않는다.
- 기타 각 부분의 마감, 치수 등 주어지지 않은 조건은 일반적인 시공수준으로 한다.

  ※ 1. 도면작도 작업이 완료 후 감독위원으로부터 확인받은 후 본부요원 입회하에 A3 용지에 도면을 출력한다(단 도면출력시간은 시험시간에서 제외한다).
  2. 선의 통일을 기하기 위하여 아래와 같이 선의 색을 정리하여 출력한다.

- 입면선 : 흰색(7-white) - 0.3mm
- 단면선 : 노란색(2-yellow) - 0.4mm
- 중심선 : 빨강(1-red) - 0.2mm
- 보조선 : 녹색(3-green) - 0.2mm
- 치수 및 문자 : 하늘색(4-cyan) - 0.3mm
- 해칭선 : 파랑(5-blue) - 0.1mm

2. 수험자 유의사항

※ 다음 유의사항을 고려하여 요구사항을 완성하시오.

1. 명기되지 않은 조건은 건축법, 건축구조 및 건축제도 원칙에 따른다.
2. 시험 시작 전 바탕화면에 본인 비번호로 폴더를 생성하고, 폴더 안에 작업 내용을 저장하도록 하시오.
3. 정전 및 기계 고정 등에 의한 자료손실을 방지하기 위하여 수시로 저장한다.
4. 다음과 같은 경우는 부정행위로 처리한다.
   가) 노트 및 서적, 저장장치를 소지하거나 주고받는 행위
   나) 건물의 구조부분의 상세나 글씨 등을 사전에 블록으로 설정하여 지참 사용하는 경우
5. 작업이 끝나면 감독위원의 확인을 받은 후 문제를 제출하고 본부요원 입회하에 본인이 직접 A3 용지에 흑백으로 도면을 출력하도록 한다. 이때 수험자의 작도 잘못으로 도면 출력이 안되는 경우 또는 출력시간이 10분을 초과할 경우는 실격처리한다(출력시간은 시험시간에서 제외한다).
6. 장비 조작 미숙으로 장비의 파손 및 고장을 일으킬 염려가 있을 경우 실격된다.
7. 다음과 같은 경우에는 체점대상에서 제외하니 유의하기 바란다.
   가) 실격
      (1) 시험 중 시설 장비의 조작 또는 재료의 취급이 미숙하여 위해를 일으킬 것으로 시험위원 전원이 합의하여 판단한 경우
   나) 미완성
      (1) 시험시간 내에 제출된 작품이라도 다음과 같은 경우
         ① 주어진 조건을 지키지 않고 작도한 경우
         ② 요구한 전 도면을 작도하지 않은 경우
         ③ 건축제도 통칙을 준수하지 않거나 건축 CAD의 기능이 없는 상태에서 완성된 도면
8. 수험번호, 성명은 도면 좌측 상단에 아래와 같이 표제란을 만들어 기재한다.

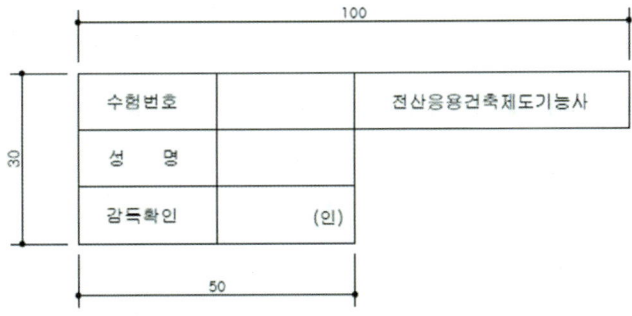

9. 감독위원은 시험 시작 후 수험자에게 표제란을 우선 작도 후 도면을 작도하도록 하여야 하며, 수험자가 감독위원의 동 지시를 따르지 않을 경우 실격처리한다.
10. 테두리선의 여백은 10mm로 한다.

3. 주택평면도 S : 1/100

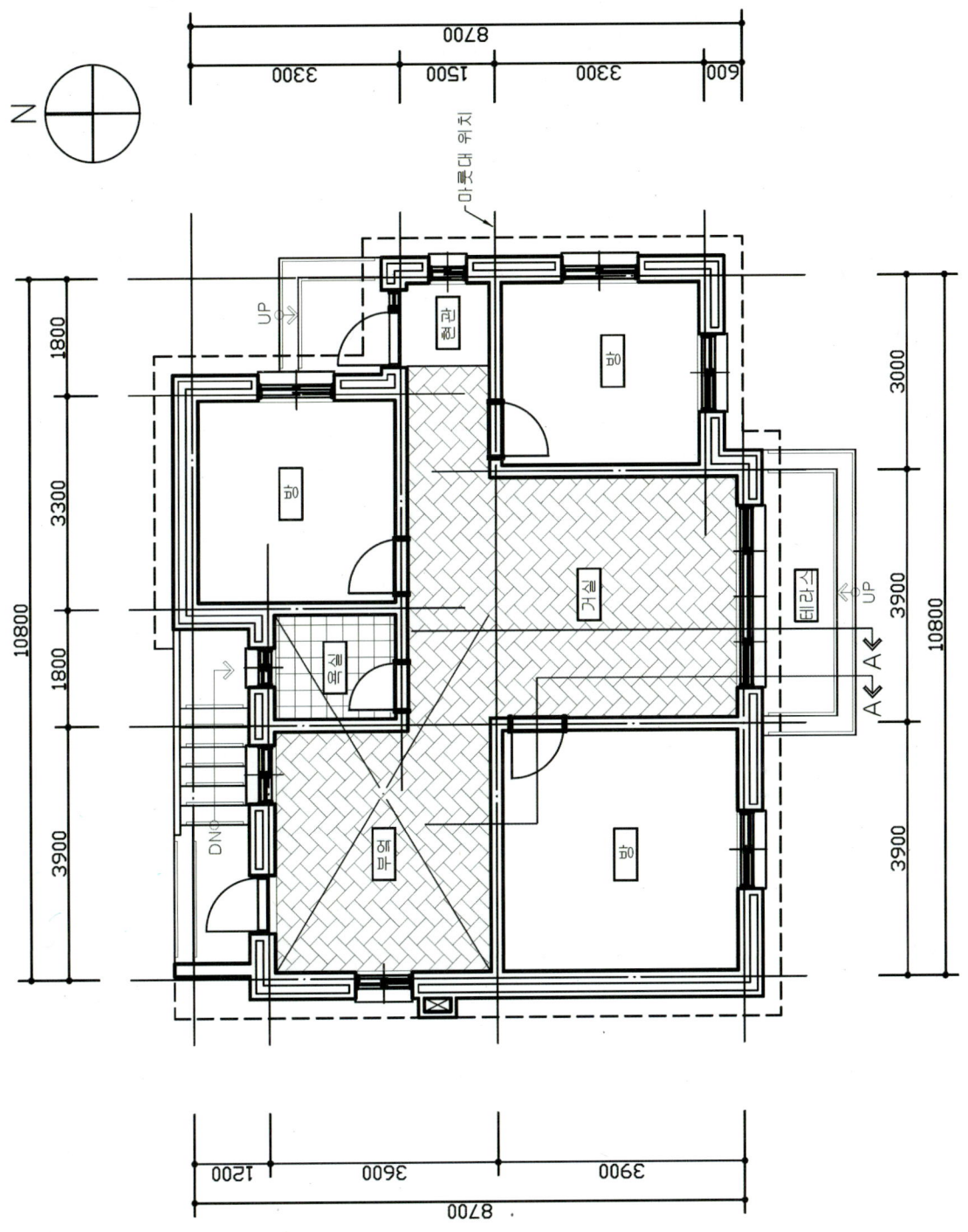

4. 지급재료 목록

일련번호	재료명	규격	자격종목	전산응용건축제도기능사	
			단위	수량	비고
1	출력용지	A3	장	2	
2	USB				
3	프린터잉크	검정기종별 표준량	개	1	1개 검정장당
4					
5					
6					
7					
8					
9					
10					
11					
12					
13					
14					
15					
16					
17					
18					
19					
20					
21					
22					

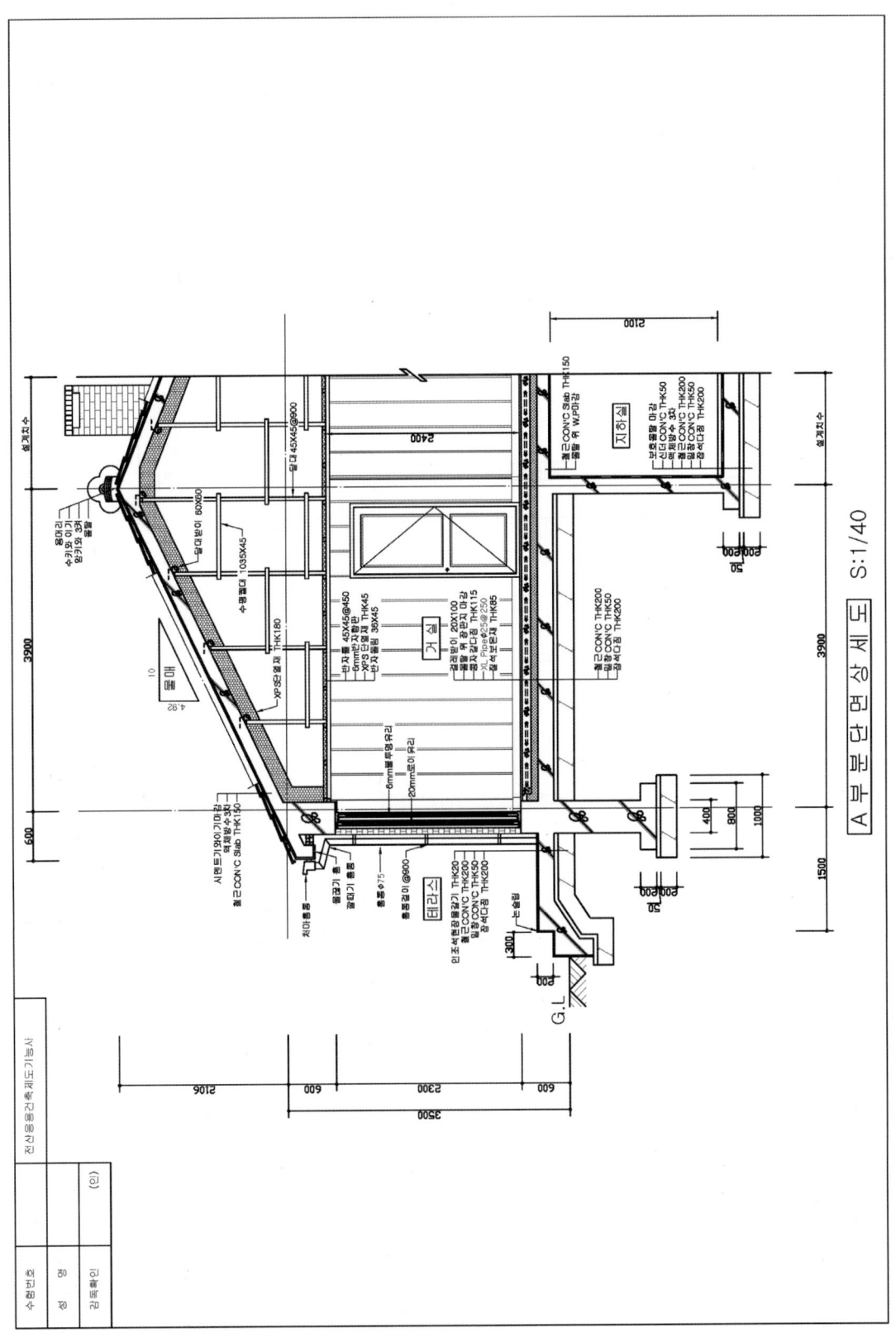

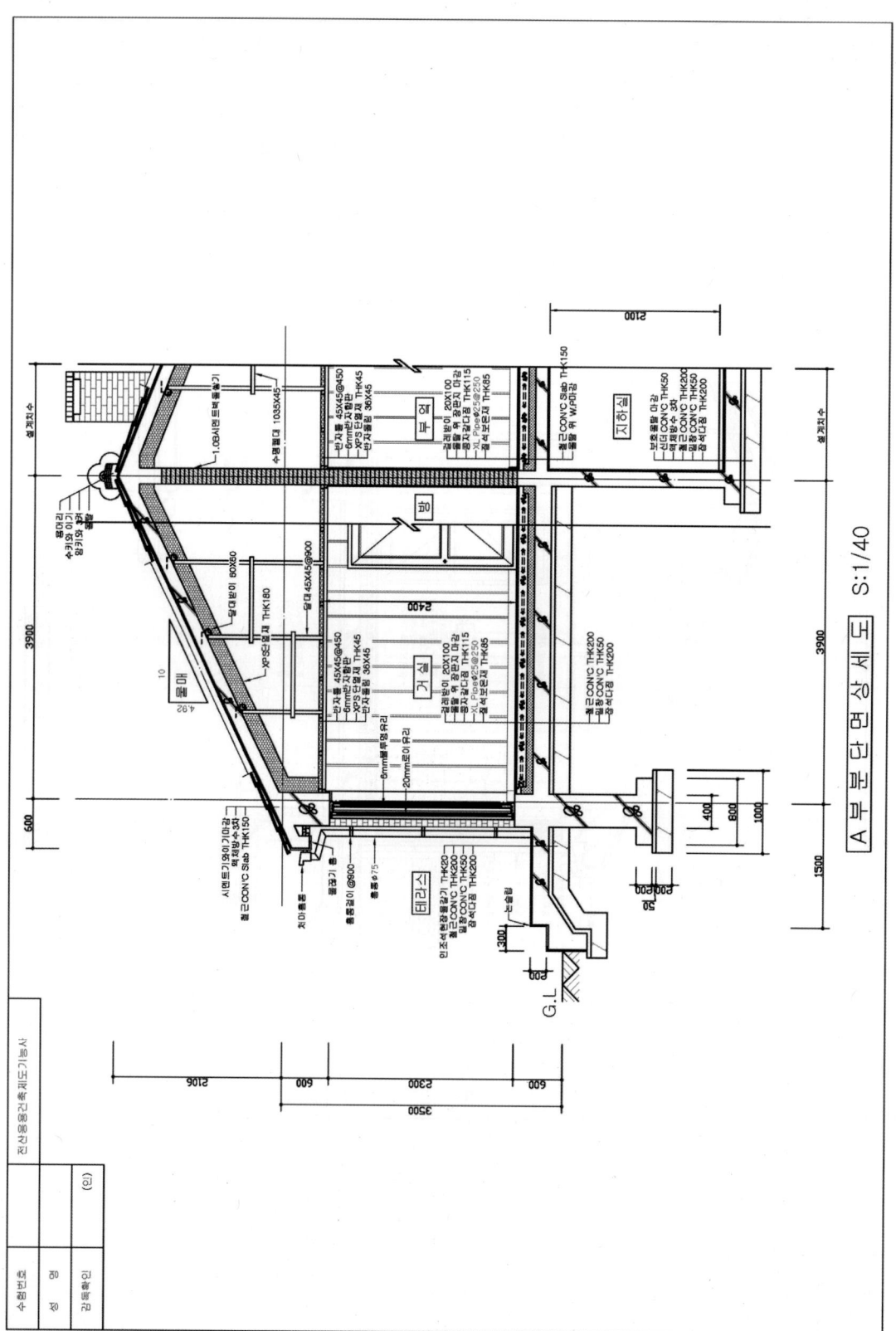

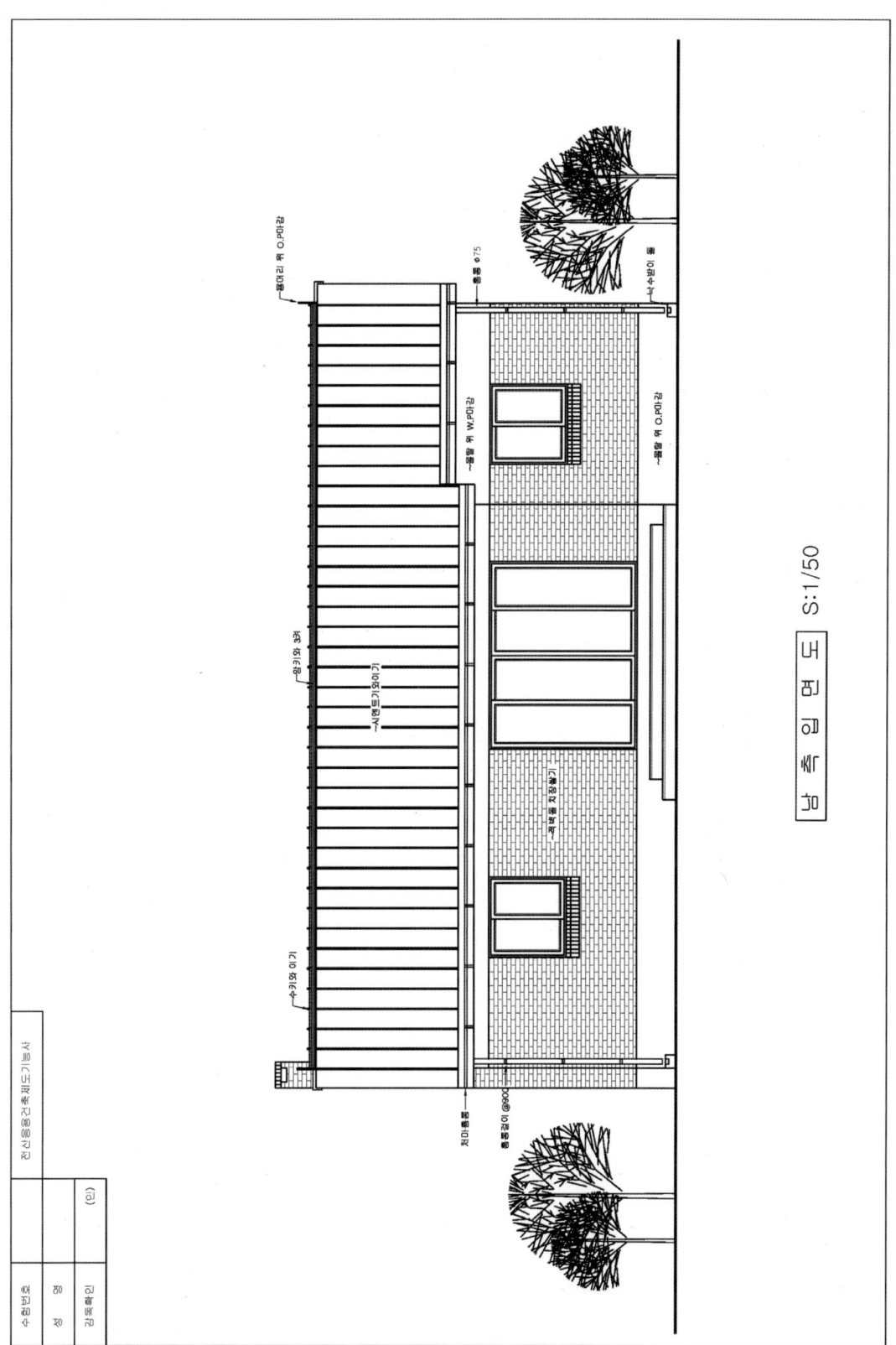

국가기술자격 검정 실기시험 예상문제 11

자격종목	전산응용건축제도기능사	작품명	주 택

비번호

1. 시험시간 : 표준시간 - 4시간 10분

〈요구사항〉

※ 주어진 평면도를 보고 CAD를 이용하여 아래 조건에 맞게 다음 도면을 작도하시오.

1) A 부분 단면 상세도를 축척 1/40로 작도하시오.
2) 동측 입면도를 축척 1/50로 작도하되 벽면재료 표시 및 주위의 배경 등 도면 효과를 충분히 고려한다.

※ 조건
- 기초 및 지하실 벽체 : 철근콘크리트 구조로 한다.
- 벽체 : 외벽 - 외부로부터 붉은벽돌 0.5B, 시멘트벽돌 1.0B로 하고, 외부마감은 제물치장으로 한다.
  내벽 - 두께 1.0B 시멘트벽돌 쌓기로 한다.
- 단열재 : 외벽 - 120mm, 바닥 - 85mm, 지붕 - 180mm, 1층 바닥 슬래브와 기초는 일체식으로 표현하시오.
- 지붕 : 철근콘크리트 경사슬랩 위 시멘트 기와잇기 마감으로 한다.(물매 : 4/10 이상)
- 처마나옴 : 벽체 중심에서 600mm
- 반자높이 : 2400mm, 처마반자 설치
- 창호 : 목재창호로 하되 2중창인 경우 외부창호는 알루미늄 샷시로 한다.
- 각 실의 난방 : 온수파이프 온돌난방으로 한다.
- 평면도에 표현되지 않은 현관 상부 캐노피는 작도하지 않는다.
- 기타 각 부분의 마감, 치수 등 주어지지 않은 조건은 일반적인 시공수준으로 한다.

   ※ 1. 도면작도 작업이 완료 후 감독위원으로부터 확인받은 후 본부요원 입회하에 A3 용지에 도면을 출력한다(단 도면출력시간은 시험시간에서 제외한다).
      2. 선의 통일을 기하기 위하여 아래와 같이 선의 색을 정리하여 출력한다.

- 입면선 : 흰색(7-white) - 0.3mm
- 단면선 : 노란색(2-yellow) - 0.4mm
- 중심선 : 빨강(1-red) - 0.2mm
- 보조선 : 녹색(3-green) - 0.2mm
- 치수 및 문자 : 하늘색(4-cyan) - 0.3mm
- 해칭선 : 파랑(5-blue) - 0.1mm

2. 수험자 유의사항

※ 다음 유의사항을 고려하여 요구사항을 완성하시오.

1. 명기되지 않은 조건은 건축법, 건축구조 및 건축제도 원칙에 따른다.
2. 시험 시작 전 바탕화면에 본인 비번호로 폴더를 생성하고, 폴더 안에 작업 내용을 저장하도록 하시오.
3. 정전 및 기계 고정 등에 의한 자료손실을 방지하기 위하여 수시로 저장한다.
4. 다음과 같은 경우는 부정행위로 처리한다.
   가) 노트 및 서적, 저장장치를 소지하거나 주고받는 행위
   나) 건물의 구조부분의 상세나 글씨 등을 사전에 블록으로 설정하여 지참 사용하는 경우
5. 작업이 끝나면 감독위원의 확인을 받은 후 문제를 제출하고 본부요원 입회하에 본인이 직접 A3 용지에 흑백으로 도면을 출력하도록 한다. 이때 수험자의 작도 잘못으로 도면 출력이 안되는 경우 또는 출력시간이 10분을 초과할 경우는 실격처리한다(출력시간은 시험시간에서 제외한다).
6. 장비 조작 미숙으로 장비의 파손 및 고장을 일으킬 염려가 있을 경우 실격된다.
7. 다음과 같은 경우에는 체점대상에서 제외하니 유의하기 바란다.
   가) 실격
      (1) 시험 중 시설 장비의 조작 또는 재료의 취급이 미숙하여 위해를 일으킬 것으로 시험위원 전원이 합의하여 판단한 경우
   나) 미완성
      (1) 시험시간 내에 제출된 작품이라도 다음과 같은 경우
         ① 주어진 조건을 지키지 않고 작도한 경우
         ② 요구한 전 도면을 작도하지 않은 경우
         ③ 건축제도 통칙을 준수하지 않거나 건축 CAD의 기능이 없는 상태에서 완성된 도면
8. 수험번호, 성명은 도면 좌측 상단에 아래와 같이 표제란을 만들어 기재한다.

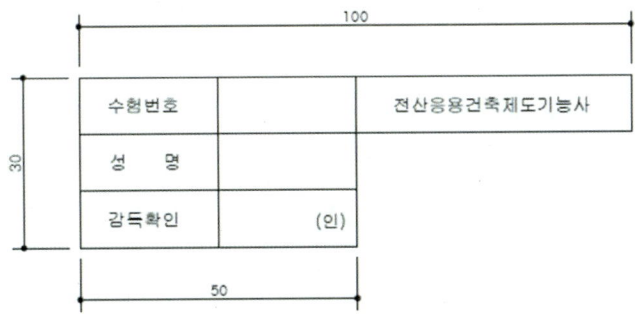

9. 감독위원은 시험 시작 후 수험자에게 표제란을 우선 작도 후 도면을 작도하도록 하여야 하며, 수험자가 감독위원의 동 지시를 따르지 않을 경우 실격처리한다.
10. 테두리선의 여백은 10mm로 한다.

3. 주택평면도 S : 1/100

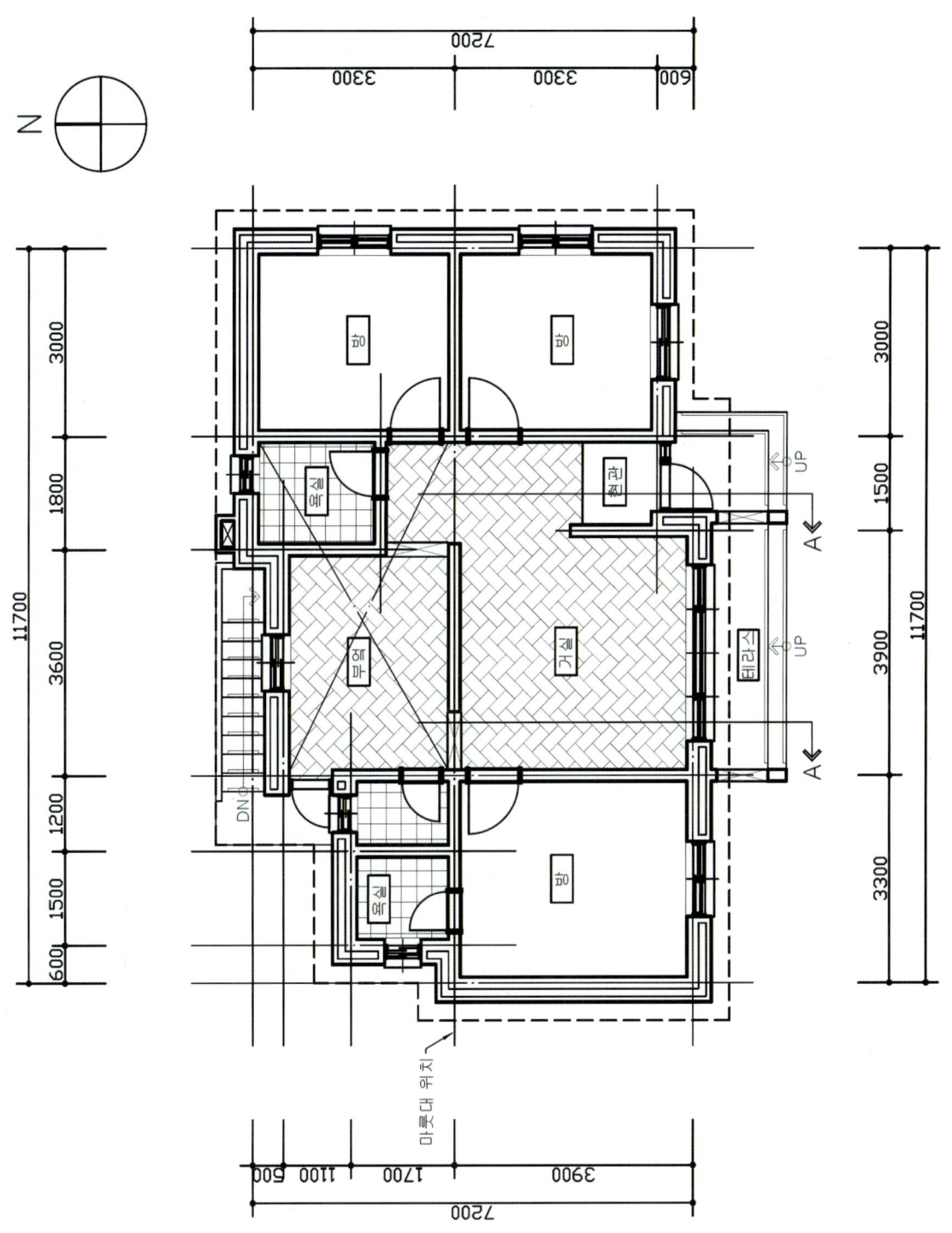

4. 지급재료 목록

일련번호	재료명	규격	자격종목 단위	전산응용건축제도기능사 수량	비고
1	출력용지	A3	장	2	
2	USB				
3	프린터잉크	검정기종별 표준량	개	1	1개 검정장당
4					
5					
6					
7					
8					
9					
10					
11					
12					
13					
14					
15					
16					
17					
18					
19					
20					
21					
22					

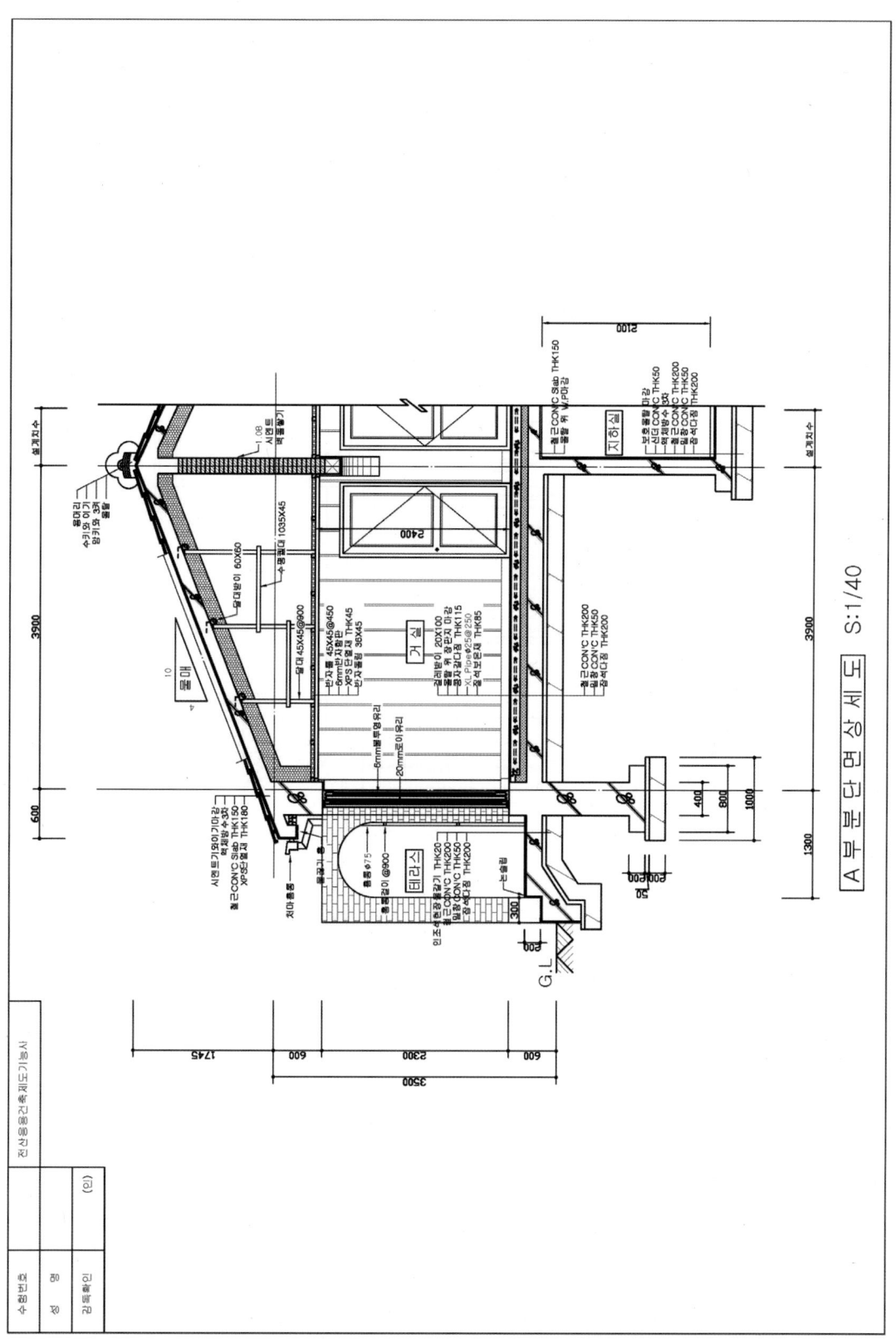

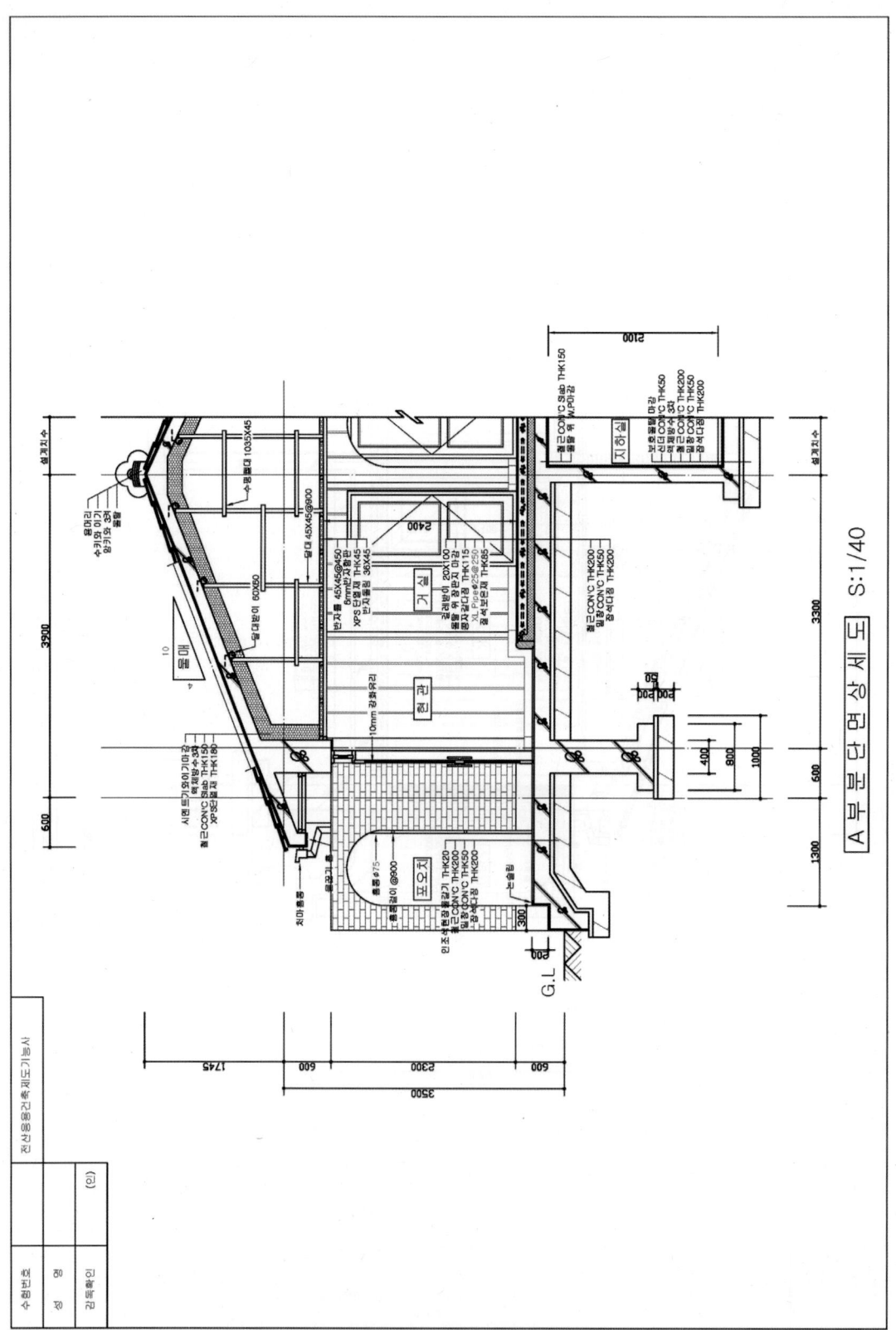

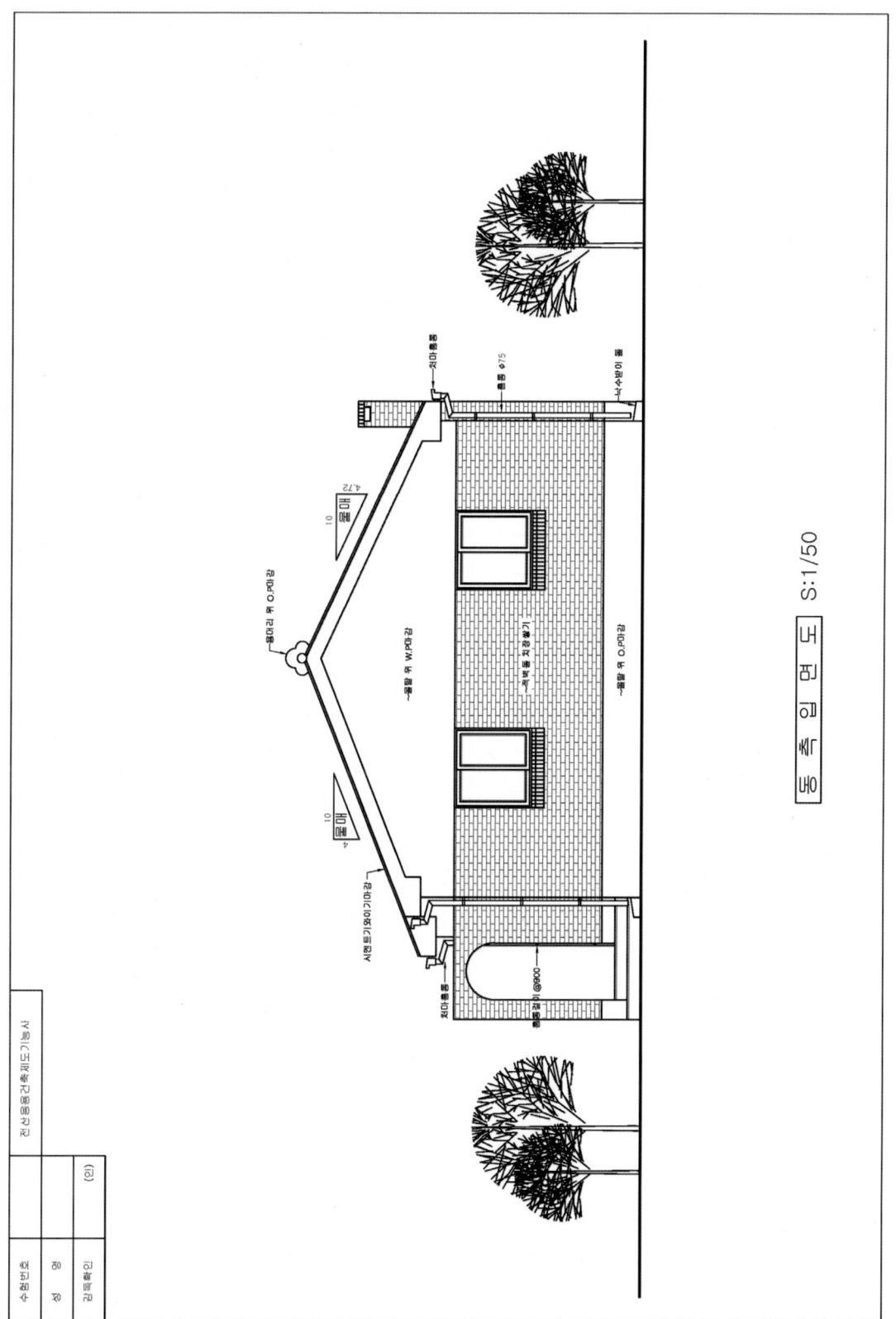

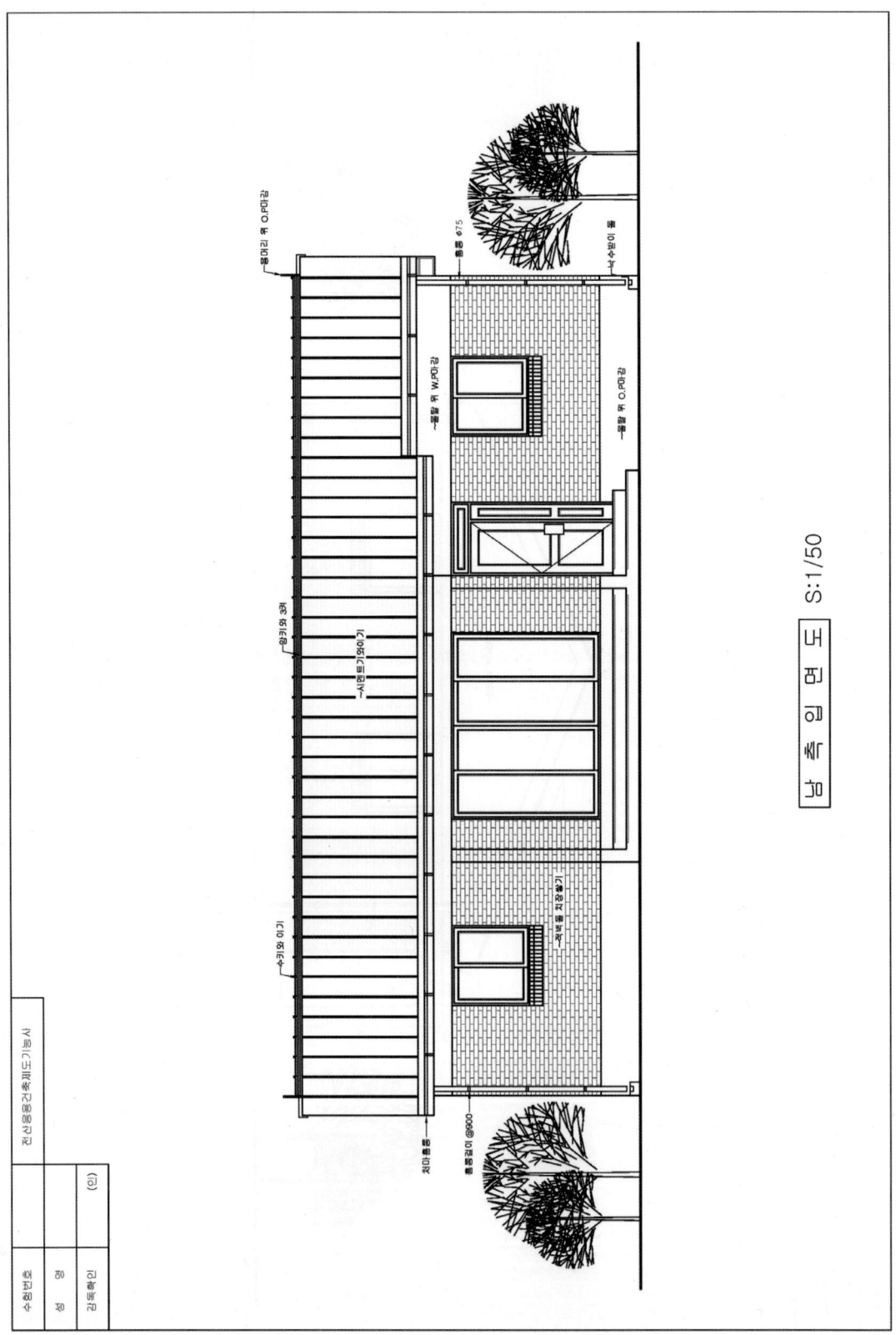

남측입면도 S:1/50

12 국가기술자격 검정 실기시험 예상문제 12

자격종목	전산응용건축제도기능사	작품명	주 택

비번호

1. 시험시간 : 표준시간 - 4시간 10분

〈요구사항〉

※ 주어진 평면도를 보고 CAD를 이용하여 아래 조건에 맞게 다음 도면을 작도하시오.

1) A 부분 단면 상세도를 축척 1/40로 작도하시오.
2) 남측 입면도를 축척 1/50로 작도하되 벽면재료 표시 및 주위의 배경 등 도면 효과를 충분히 고려한다.

※ 조건
- 기초 및 지하실 벽체 : 철근콘크리트 구조로 한다.
- 벽체 : 외벽 - 외부로부터 붉은벽돌 0.5B, 시멘트벽돌 1.0B로 하고, 외부마감은 제물치장으로 한다.
  내벽 - 두께 1.0B 시멘트벽돌 쌓기로 한다.
- 단열재 : 외벽 - 120mm, 바닥 - 85mm, 지붕 - 180mm, 1층 바닥 슬래브와 기초는 일체식으로 표현하시오.
- 지붕 : 철근콘크리트 경사슬랩 위 시멘트 기와잇기 마감으로 한다.(물매 : 4/10 이상)
- 처마나옴 : 벽체 중심에서 600mm
- 반자높이 : 2400mm, 처마반자 설치
- 창호 : 목재창호로 하되 2중창인 경우 외부창호는 알루미늄 샷시로 한다.
- 각 실의 난방 : 온수파이프 온돌난방으로 한다.
- 평면도에 표현되지 않은 현관 상부 캐노피는 작도하지 않는다.
- 기타 각 부분의 마감, 치수 등 주어지지 않은 조건은 일반적인 시공수준으로 한다.

  ※ 1. 도면작도 작업이 완료 후 감독위원으로부터 확인받은 후 본부요원 입회하에 A3 용지에 도면을 출력한다(단 도면출력시간은 시험시간에서 제외한다).
  2. 선의 통일을 기하기 위하여 아래와 같이 선의 색을 정리하여 출력한다.

- 입면선 : 흰색(7-white) - 0.3mm
- 단면선 : 노란색(2-yellow) - 0.4mm
- 중심선 : 빨강(1-red) - 0.2mm
- 보조선 : 녹색(3-green) - 0.2mm
- 치수 및 문자 : 하늘색(4-cyan) - 0.3mm
- 해칭선 : 파랑(5-blue) - 0.1mm

2. 수험자 유의사항

※ 다음 유의사항을 고려하여 요구사항을 완성하시오.

1. 명기되지 않은 조건은 건축법, 건축구조 및 건축제도 원칙에 따른다.
2. 시험 시작 전 바탕화면에 본인 비번호로 폴더를 생성하고, 폴더 안에 작업 내용을 저장하도록 하시오.
3. 정전 및 기계 고정 등에 의한 자료손실을 방지하기 위하여 수시로 저장한다.
4. 다음과 같은 경우는 부정행위로 처리한다.
   가) 노트 및 서적, 저장장치를 소지하거나 주고받는 행위
   나) 건물의 구조부분의 상세나 글씨 등을 사전에 블록으로 설정하여 지참 사용하는 경우
5. 작업이 끝나면 감독위원의 확인을 받은 후 문제를 제출하고 본부요원 입회하에 본인이 직접 A3 용지에 흑백으로 도면을 출력하도록 한다. 이때 수험자의 작도 잘못으로 도면 출력이 안되는 경우 또는 출력시간이 10분을 초과할 경우는 실격처리한다(출력시간은 시험시간에서 제외한다).
6. 장비 조작 미숙으로 장비의 파손 및 고장을 일으킬 염려가 있을 경우 실격된다.
7. 다음과 같은 경우에는 체점대상에서 제외하니 유의하기 바란다.
   가) 실격
      (1) 시험 중 시설 장비의 조작 또는 재료의 취급이 미숙하여 위해를 일으킬 것으로 시험위원 전원이 합의하여 판단한 경우
   나) 미완성
      (1) 시험시간 내에 제출된 작품이라도 다음과 같은 경우
         ① 주어진 조건을 지키지 않고 작도한 경우
         ② 요구한 전 도면을 작도하지 않은 경우
         ③ 건축제도 통칙을 준수하지 않거나 건축 CAD의 기능이 없는 상태에서 완성된 도면
8. 수험번호, 성명은 도면 좌측 상단에 아래와 같이 표제란을 만들어 기재한다.

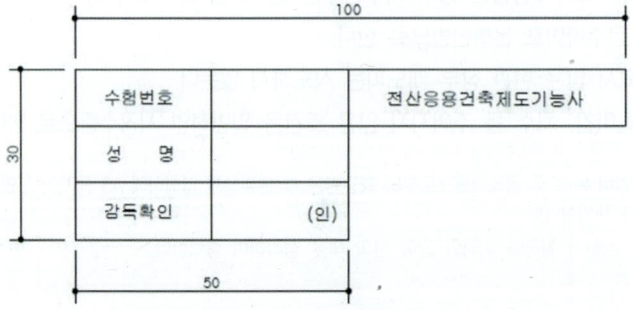

9. 감독위원은 시험 시작 후 수험자에게 표제란을 우선 작도 후 도면을 작도하도록 하여야 하며, 수험자가 감독위원의 동 지시를 따르지 않을 경우 실격처리한다.
10. 테두리선의 여백은 10mm로 한다.

3. 주택평면도 S : 1/100

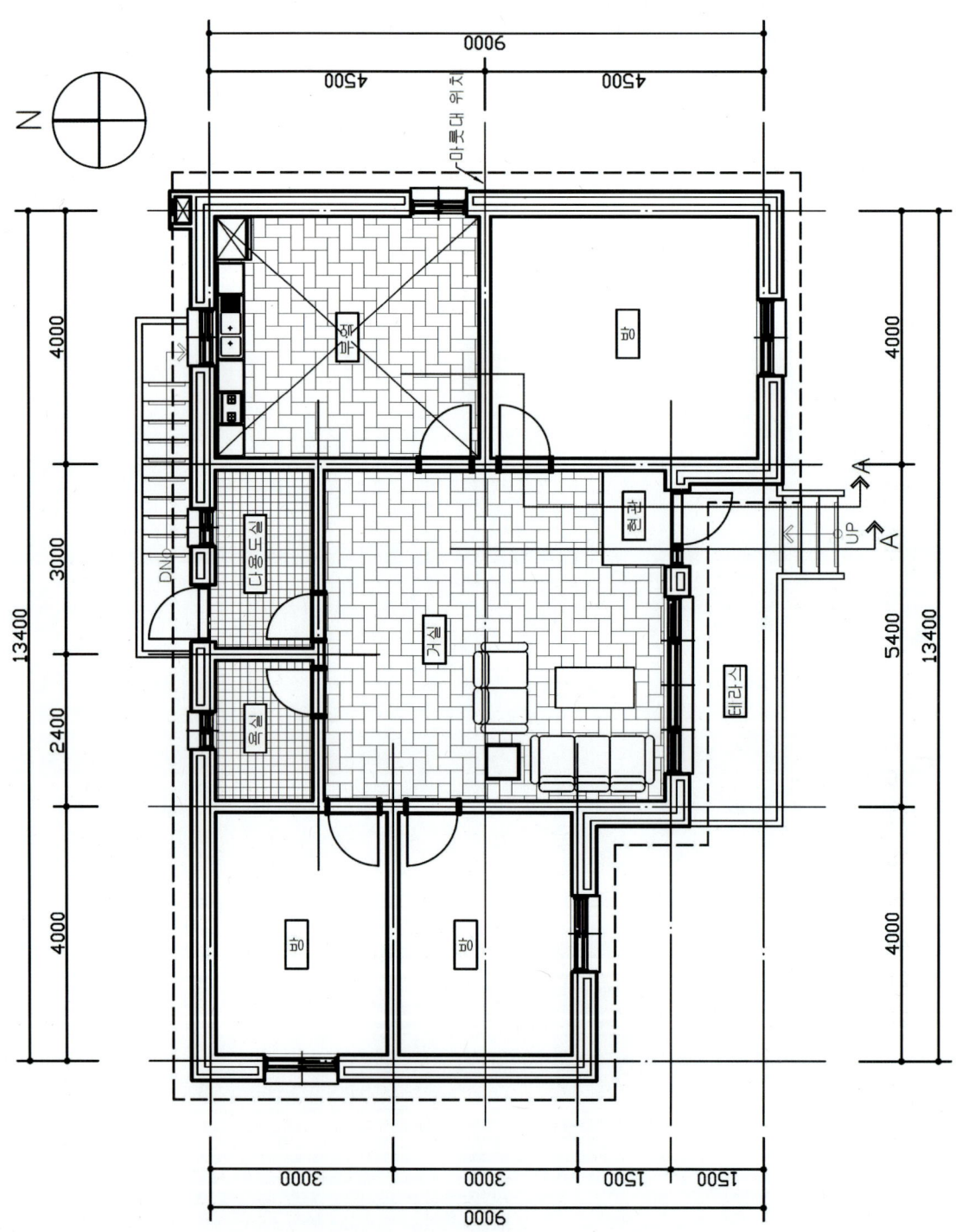

4. 지급재료 목록

일련번호	재료명	규격	자격종목	전산응용건축제도기능사	
			단위	수량	비고
1	출력용지	A3	장	2	
2	USB				
3	프린터잉크	검정기종별 표준량	개	1	1개 검정장당
4					
5					
6					
7					
8					
9					
10					
11					
12					
13					
14					
15					
16					
17					
18					
19					
20					
21					
22					

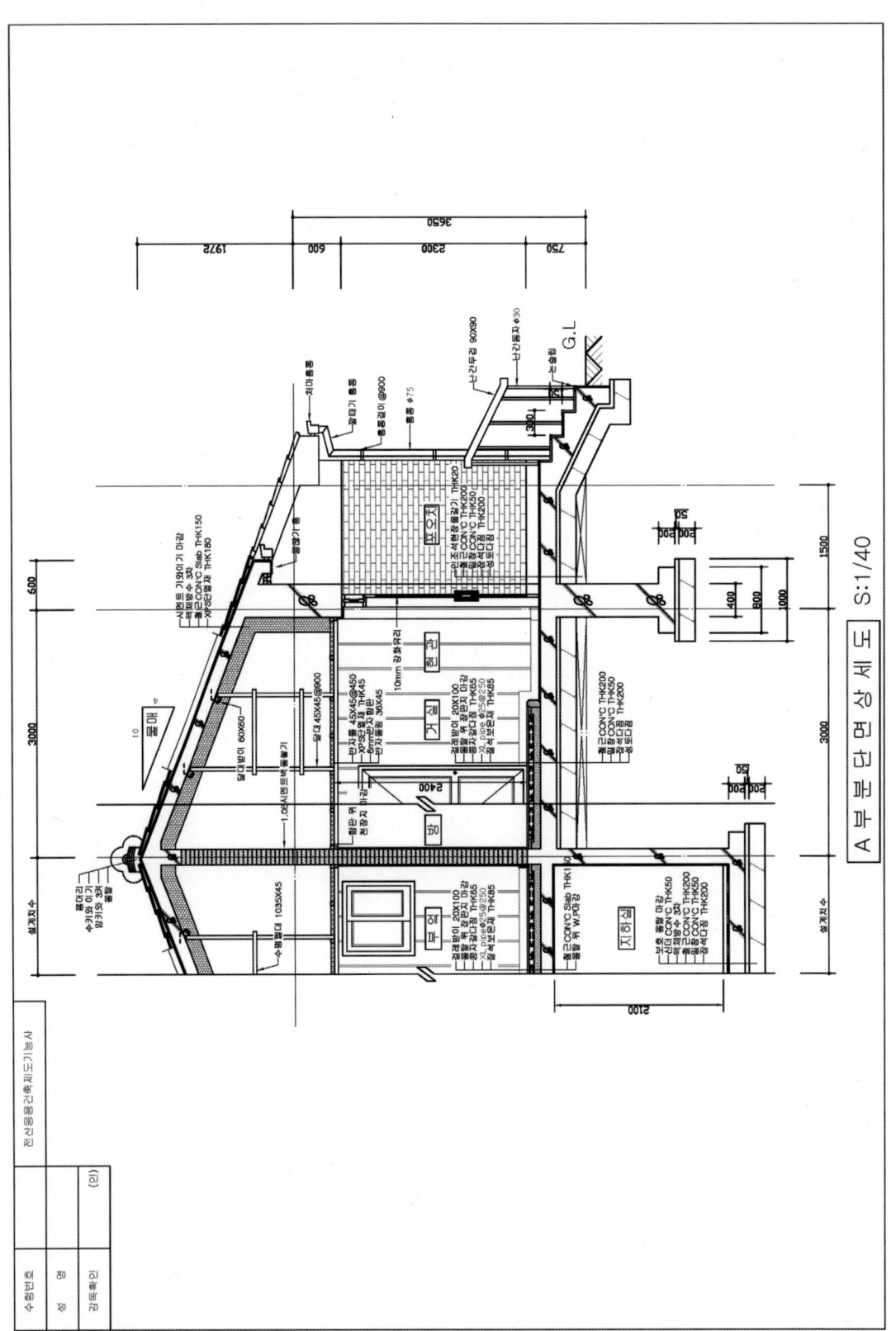

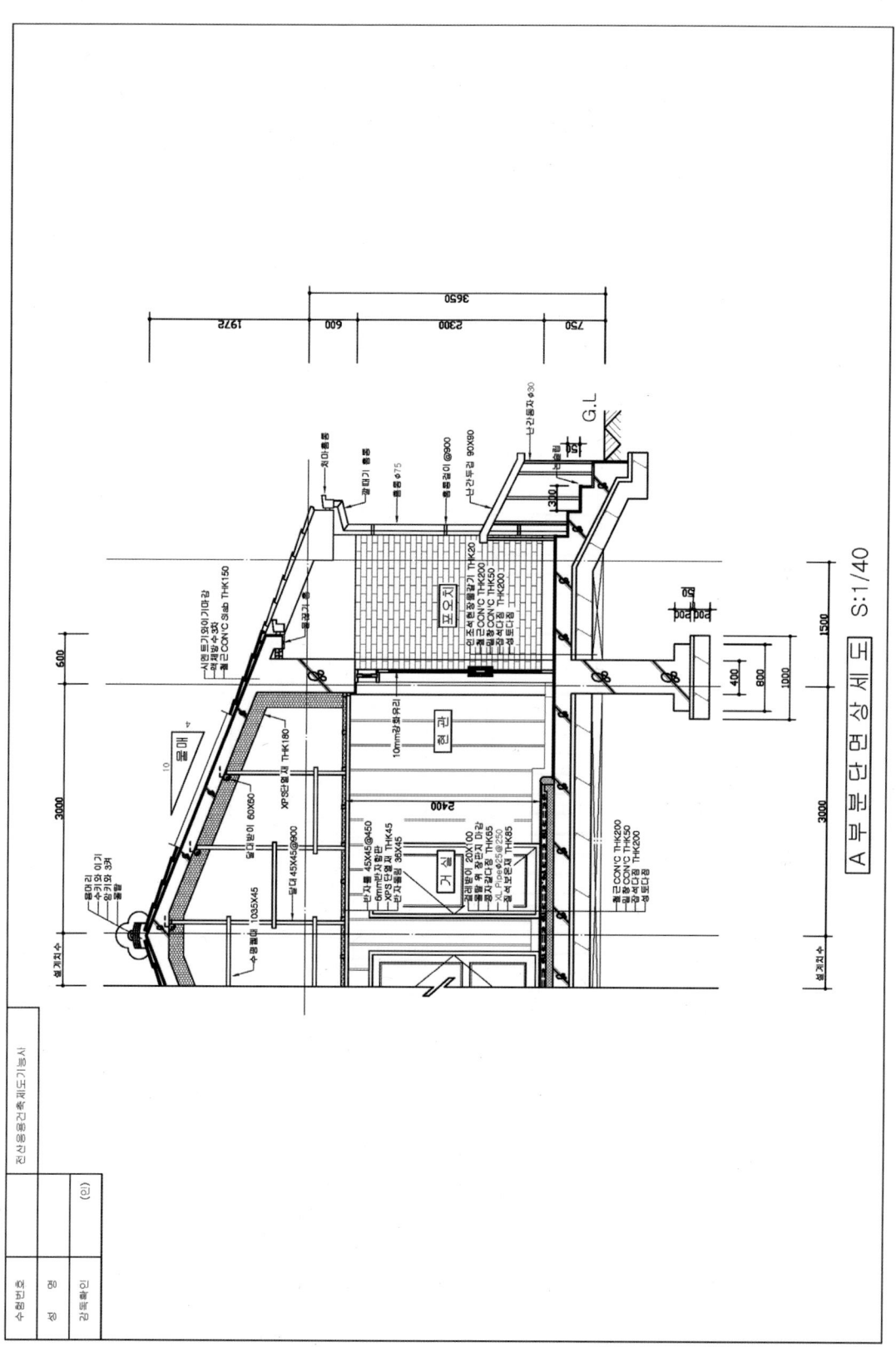

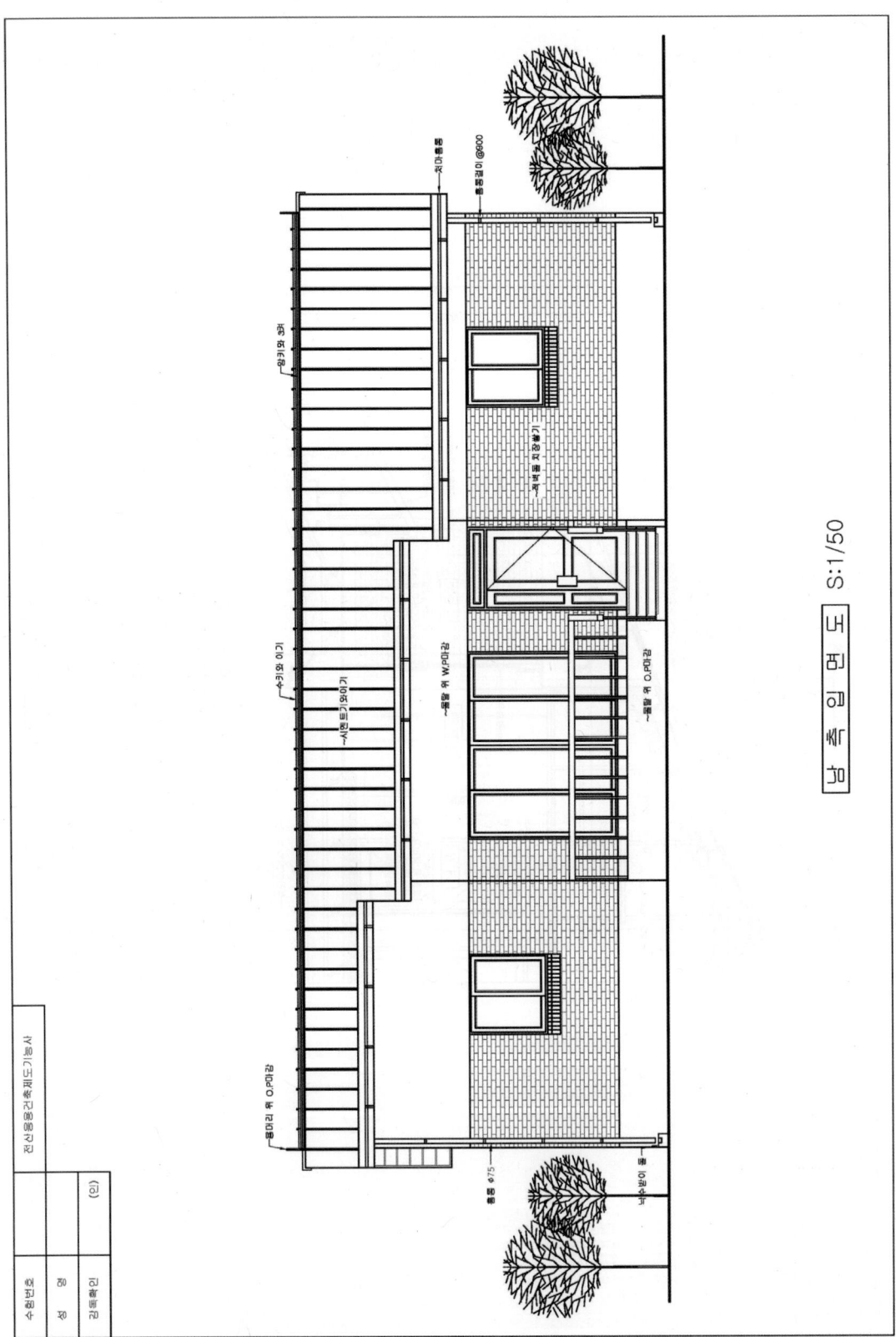

국가기술자격 검정 실기시험 예상문제 13

자격종목	전산응용건축제도기능사	작품명	주 택

비번호

1. 시험시간 : 표준시간 - 4시간 10분

〈요구사항〉

※ 주어진 평면도를 보고 CAD를 이용하여 아래 조건에 맞게 다음 도면을 작도하시오.

1) A 부분 단면 상세도를 축척 1/40로 작도하시오.
2) 남측 입면도를 축척 1/50로 작도하되 벽면재료 표시 및 주위의 배경 등 도면 효과를 충분히 고려한다.

※ 조건
- 기초 및 지하실 벽체 : 철근콘크리트 구조로 한다.
- 벽체 : 외벽 – 외부로부터 붉은벽돌 0.5B, 시멘트벽돌 1.0B로 하고, 외부마감은 제물치장으로 한다.
  내벽 – 두께 1.0B 시멘트벽돌 쌓기로 한다.
- 단열재 : 외벽 – 120mm, 바닥 – 85mm, 지붕 – 220mm, 1층 바닥 슬래브와 기초는 일체식으로 표현하시오.
- 지붕 : 철근콘크리트 경사슬랩 위 시멘트 기와잇기 마감으로 한다.(물매 : 3.5/10 이상)
- 처마나옴 : 벽체 중심에서 600mm
- 반자높이 : 2400mm, 처마반자 설치
- 창호 : 목재창호로 하되 2중창인 경우 외부창호는 알루미늄 샷시로 한다.
- 각 실의 난방 : 온수파이프 온돌난방으로 한다.
- 평면도에 표현되지 않은 현관 상부 캐노피는 작도하지 않는다.
- 기타 각 부분의 마감, 치수 등 주어지지 않은 조건은 일반적인 시공수준으로 한다.

※ 1. 도면작도 작업이 완료 후 감독위원으로부터 확인받은 후 본부요원 입회하에 A3 용지에 도면을 출력한다(단 도면출력시간은 시험시간에서 제외한다).
2. 선의 통일을 기하기 위하여 아래와 같이 선의 색을 정리하여 출력한다.

- 입면선 : 흰색(7-white) - 0.3mm
- 단면선 : 노란색(2-yellow) - 0.4mm
- 중심선 : 빨강(1-red) - 0.2mm
- 보조선 : 녹색(3-green) - 0.2mm
- 치수 및 문자 : 하늘색(4-cyan) - 0.3mm
- 해칭선 : 파랑(5-blue) - 0.1mm

2. 수험자 유의사항

※ 다음 유의사항을 고려하여 요구사항을 완성하시오.

1. 명기되지 않은 조건은 건축법, 건축구조 및 건축제도 원칙에 따른다.
2. 시험 시작 전 바탕화면에 본인 비번호로 폴더를 생성하고, 폴더 안에 작업 내용을 저장하도록 하시오.
3. 정전 및 기계 고정 등에 의한 자료손실을 방지하기 위하여 수시로 저장한다.
4. 다음과 같은 경우는 부정행위로 처리한다.
   가) 노트 및 서적, 저장장치를 소지하거나 주고받는 행위
   나) 건물의 구조부분의 상세나 글씨 등을 사전에 블록으로 설정하여 지참 사용하는 경우
5. 작업이 끝나면 감독위원의 확인을 받은 후 문제를 제출하고 본부요원 입회하에 본인이 직접 A3 용지에 흑백으로 도면을 출력하도록 한다. 이때 수험자의 작도 잘못으로 도면 출력이 안되는 경우 또는 출력시간이 10분을 초과할 경우는 실격처리한다(출력시간은 시험시간에서 제외한다).
6. 장비 조작 미숙으로 장비의 파손 및 고장을 일으킬 염려가 있을 경우 실격된다.
7. 다음과 같은 경우에는 체점대상에서 제외하니 유의하기 바란다.
   가) 실격
      (1) 시험 중 시설 장비의 조작 또는 재료의 취급이 미숙하여 위해를 일으킬 것으로 시험위원 전원이 합의하여 판단한 경우
   나) 미완성
      (1) 시험시간 내에 제출된 작품이라도 다음과 같은 경우
         ① 주어진 조건을 지키지 않고 작도한 경우
         ② 요구한 전 도면을 작도하지 않은 경우
         ③ 건축제도 통칙을 준수하지 않거나 건축 CAD의 기능이 없는 상태에서 완성된 도면
8. 수험번호, 성명은 도면 좌측 상단에 아래와 같이 표제란을 만들어 기재한다.

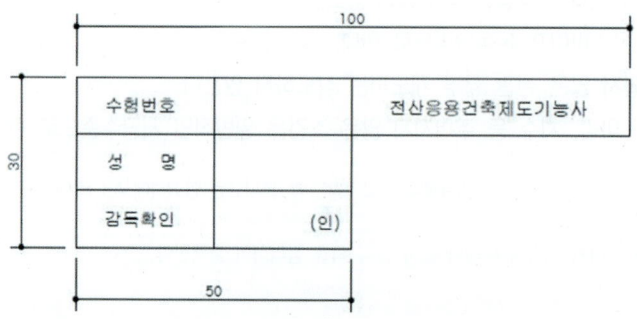

9. 감독위원은 시험 시작 후 수험자에게 표제란을 우선 작도 후 도면을 작도하도록 하여야 하며, 수험자가 감독위원의 동 지시를 따르지 않을 경우 실격처리한다.
10. 테두리선의 여백은 10mm로 한다.

3. 주택평면도 S : 1/100

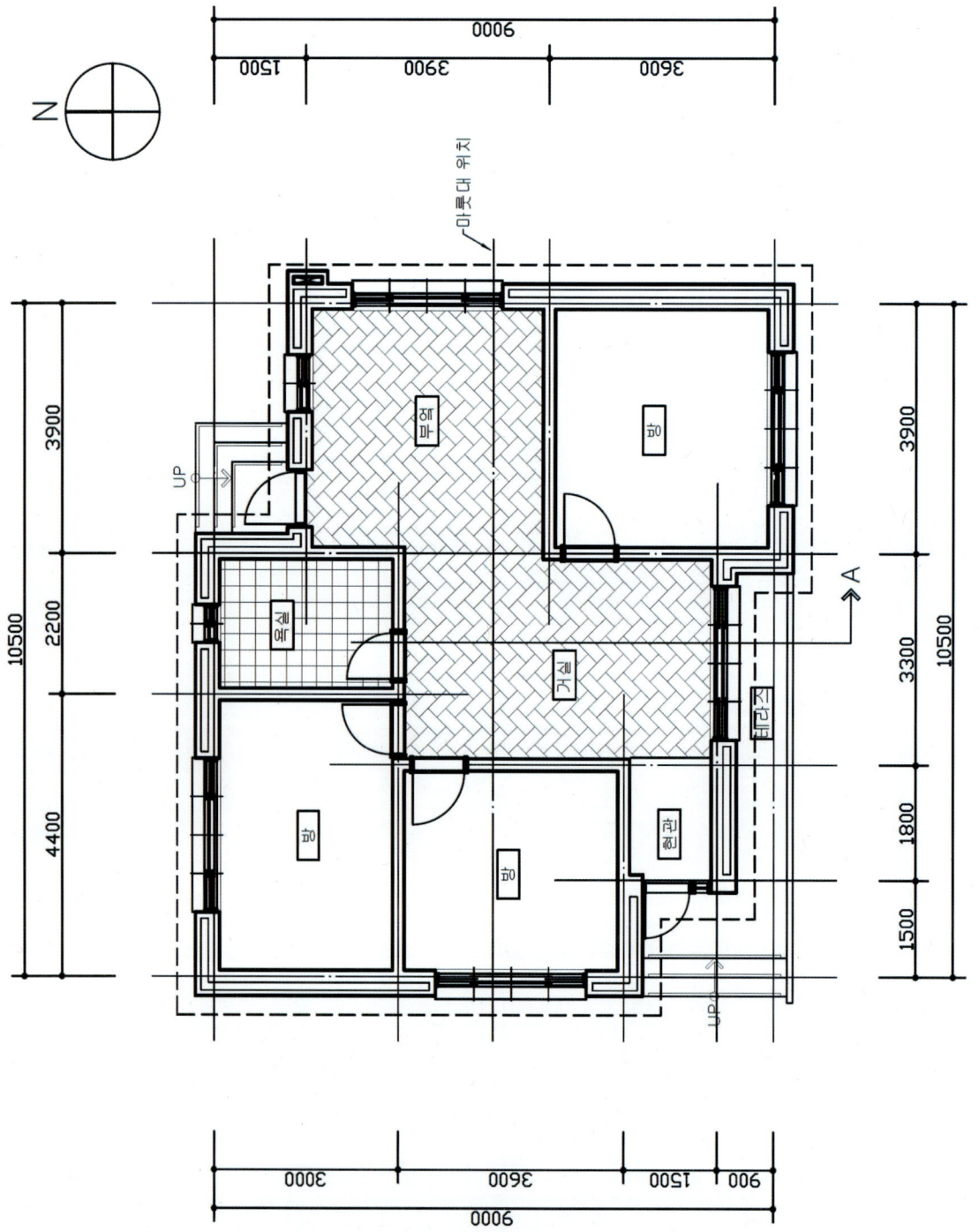

4. 지급재료 목록

일련번호	재료명	규격	단위	수량	비고
			자격종목	전산응용건축제도기능사	
1	출력용지	A3	장	2	
2	USB				
3	프린터잉크	검정기종별 표준량	개	1	1개 검정장당
4					
5					
6					
7					
8					
9					
10					
11					
12					
13					
14					
15					
16					
17					
18					
19					
20					
21					
22					

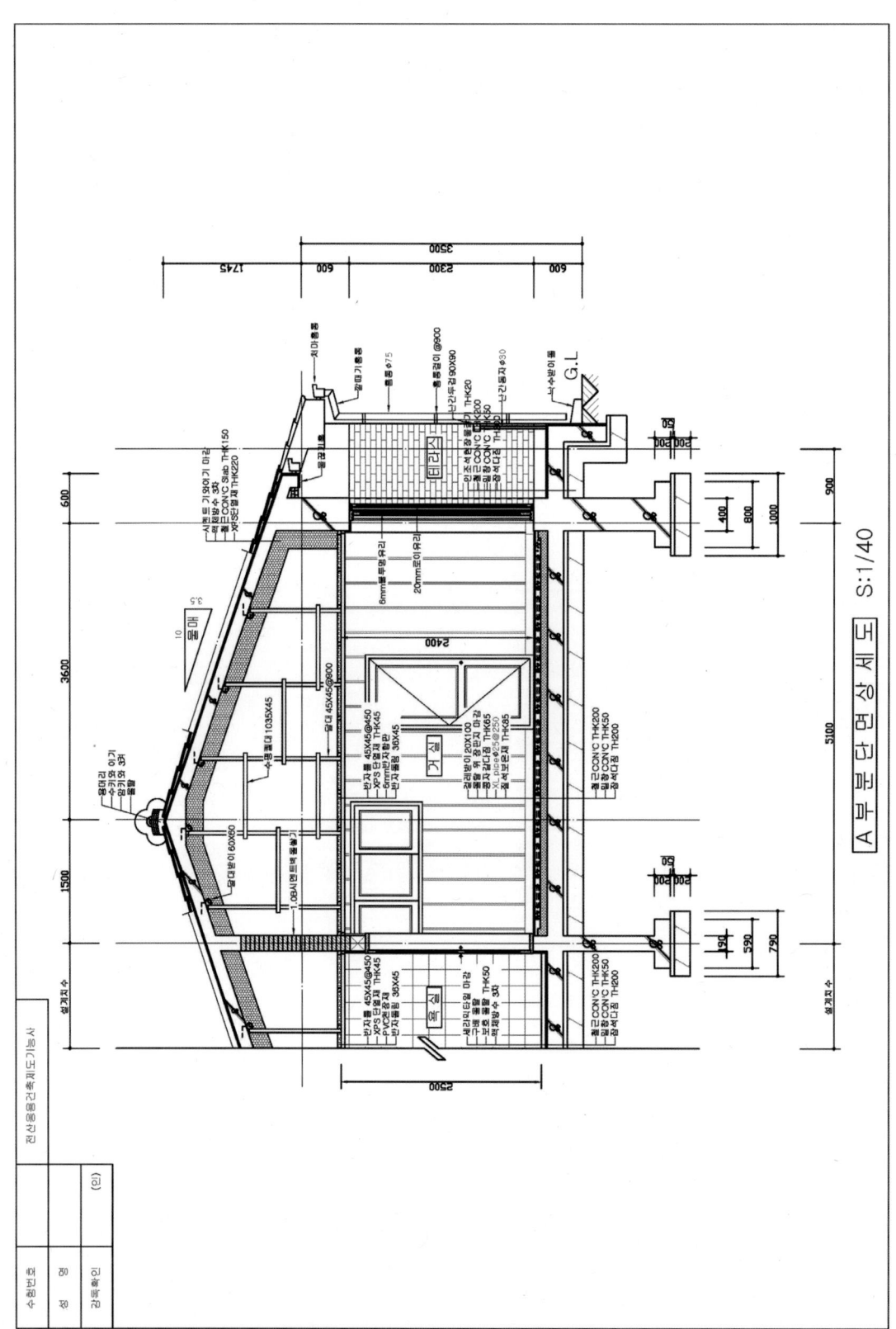

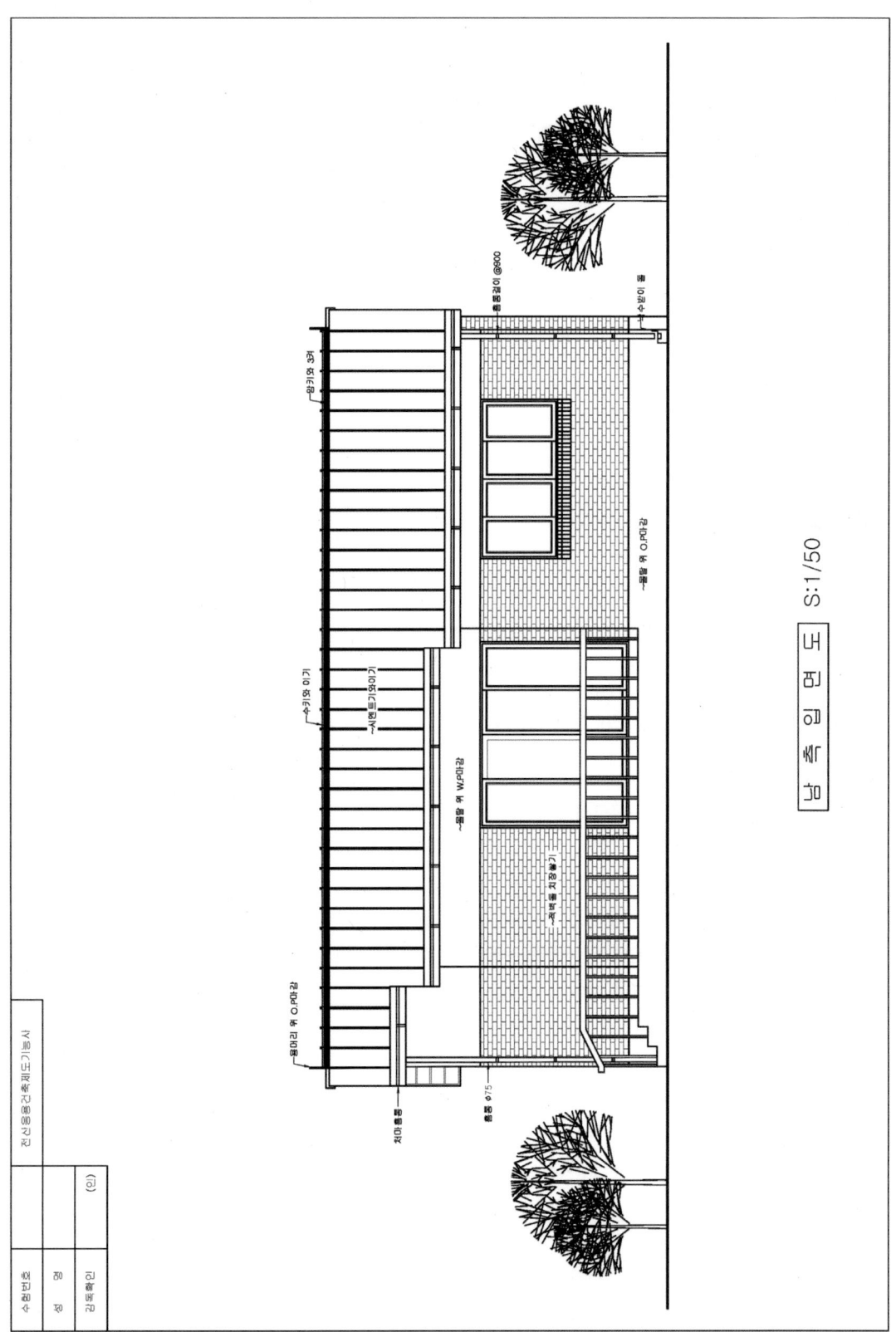

14 국가기술자격 검정 실기시험 예상문제 14

자격종목	전산응용건축제도기능사	작품명	주 택

비번호

1. 시험시간 : 표준시간 – 4시간 10분

〈요구사항〉

※ 주어진 평면도를 보고 CAD를 이용하여 아래 조건에 맞게 다음 도면을 작도하시오.

1) A 부분 단면 상세도를 축척 1/40로 작도하시오.
2) 남측 입면도를 축척 1/50로 작도하되 벽면재료 표시 및 주위의 배경 등 도면 효과를 충분히 고려한다.

※ 조건
- 기초 및 지하실 벽체 : 철근콘크리트 구조로 한다.
- 벽체 : 외벽 – 외부로부터 붉은벽돌 0.5B, 시멘트벽돌 1.0B로 하고, 외부마감은 제물치장으로 한다.
  내벽 – 두께 1.0B 시멘트벽돌 쌓기로 한다.
- 단열재 : 외벽 – 120mm, 바닥 – 85mm, 지붕 – 220mm, 1층 바닥 슬래브와 기초는 일체식으로 표현하시오.
- 지붕 : 철근콘크리트 경사슬래브 위 시멘트 기와잇기 마감으로 한다.(물매 : 3.5/10 이상)
- 처마나옴 : 벽체 중심에서 600mm
- 반자높이 : 2400mm, 처마반자 설치
- 창호 : 목재창호로 하되 2중창인 경우 외부창호는 알루미늄 샷시로 한다.
- 각 실의 난방 : 온수파이프 온돌난방으로 한다.
- 평면도에 표현되지 않은 현관 상부 캐노피는 작도하지 않는다.
- 기타 각 부분의 마감, 치수 등 주어지지 않은 조건은 일반적인 시공수준으로 한다.

※ 1. 도면작도 작업이 완료 후 감독위원으로부터 확인받은 후 본부요원 입회하에 A3 용지에 도면을 출력한다(단 도면출력시간은 시험시간에서 제외한다).
  2. 선의 통일을 기하기 위하여 아래와 같이 선의 색을 정리하여 출력한다.

- 입면선 : 흰색(7-white) - 0.3mm
- 단면선 : 노란색(2-yellow) - 0.4mm
- 중심선 : 빨강(1-red) - 0.2mm
- 보조선 : 녹색(3-green) - 0.2mm
- 치수 및 문자 : 하늘색(4-cyan) - 0.3mm
- 해칭선 : 파랑(5-blue) - 0.1mm

2. 수험자 유의사항

※ 다음 유의사항을 고려하여 요구사항을 완성하시오.

1. 명기되지 않은 조건은 건축법, 건축구조 및 건축제도 원칙에 따른다.
2. 시험 시작 전 바탕화면에 본인 비번호로 폴더를 생성하고, 폴더 안에 작업 내용을 저장하도록 하시오.
3. 정전 및 기계 고정 등에 의한 자료손실을 방지하기 위하여 수시로 저장한다.
4. 다음과 같은 경우는 부정행위로 처리한다.
    가) 노트 및 서적, 저장장치를 소지하거나 주고받는 행위
    나) 건물의 구조부분의 상세나 글씨 등을 사전에 블록으로 설정하여 지참 사용하는 경우
5. 작업이 끝나면 감독위원의 확인을 받은 후 문제를 제출하고 본부요원 입회하에 본인이 직접 A3 용지에 흑백으로 도면을 출력하도록 한다. 이때 수험자의 작도 잘못으로 도면 출력이 안되는 경우 또는 출력시간이 10분을 초과할 경우는 실격처리한다(출력시간은 시험시간에서 제외한다).
6. 장비 조작 미숙으로 장비의 파손 및 고장을 일으킬 염려가 있을 경우 실격된다.
7. 다음과 같은 경우에는 채점대상에서 제외하니 유의하기 바란다.
    가) 실격
        (1) 시험 중 시설 장비의 조작 또는 재료의 취급이 미숙하여 위해를 일으킬 것으로 시험위원 전원이 합의하여 판단한 경우
    나) 미완성
        (1) 시험시간 내에 제출된 작품이라도 다음과 같은 경우
            ① 주어진 조건을 지키지 않고 작도한 경우
            ② 요구한 전 도면을 작도하지 않은 경우
            ③ 건축제도 통칙을 준수하지 않거나 건축 CAD의 기능이 없는 상태에서 완성된 도면
8. 수험번호, 성명은 도면 좌측 상단에 아래와 같이 표제란을 만들어 기재한다.

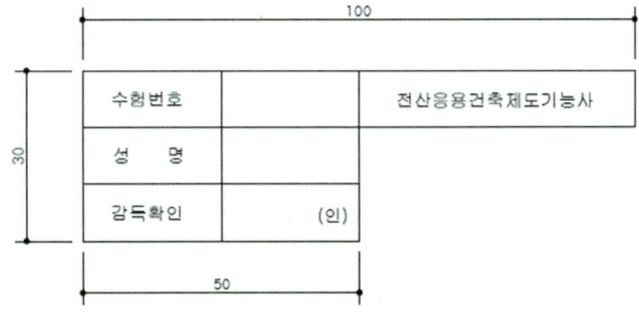

9. 감독위원은 시험 시작 후 수험자에게 표제란을 우선 작도 후 도면을 작도하도록 하여야 하며, 수험자가 감독위원의 동 지시를 따르지 않을 경우 실격처리한다.
10. 테두리선의 여백은 10mm로 한다.

3. 주택평면도 S : 1/100

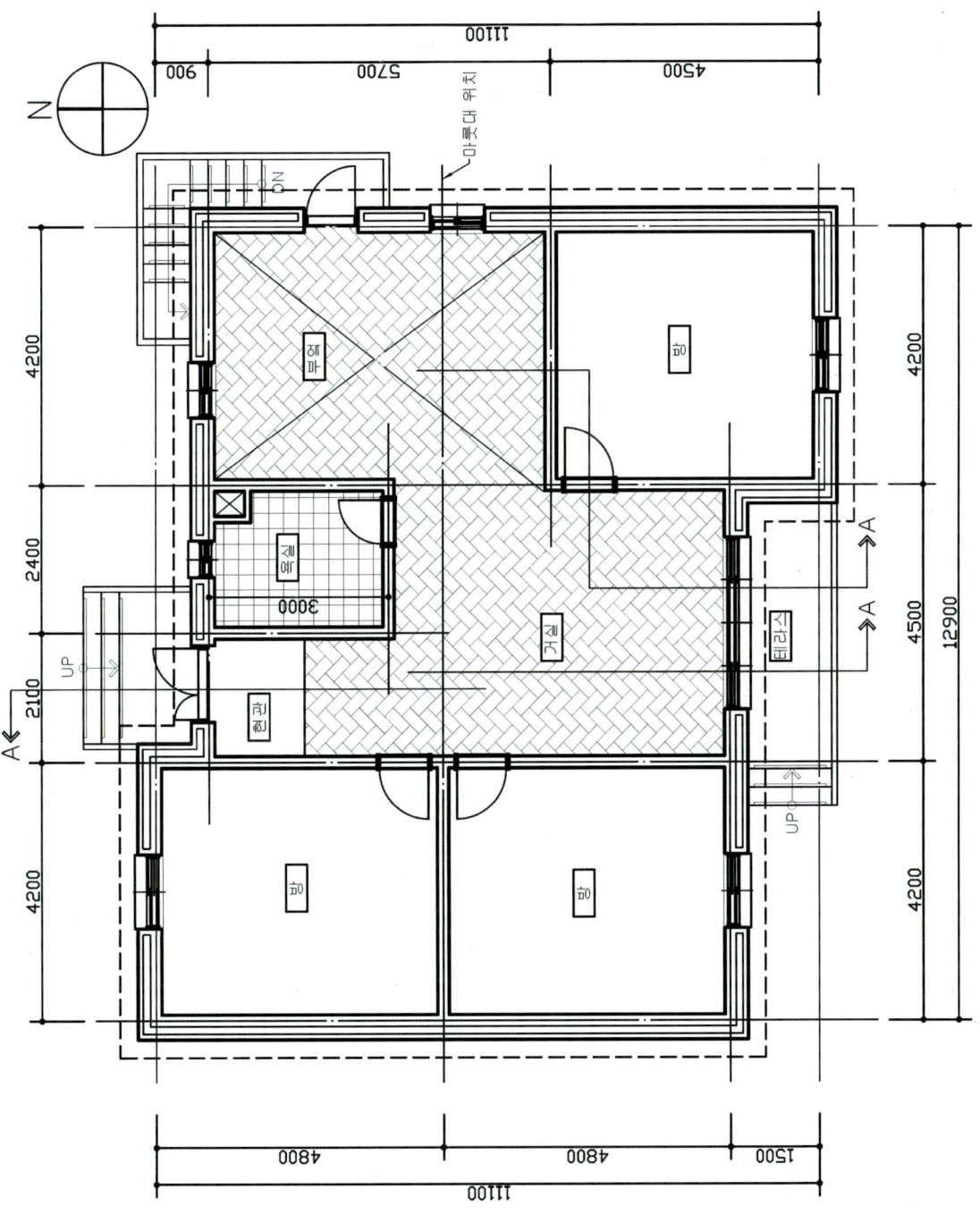

4. 지급재료 목록

일련번호	재료명	규격	자격종목	전산응용건축제도기능사	
			단위	수량	비고
1	출력용지	A3	장	2	
2	USB				
3	프린터잉크	검정기종별 표준량	개	1	1개 검정장당
4					
5					
6					
7					
8					
9					
10					
11					
12					
13					
14					
15					
16					
17					
18					
19					
20					
21					
22					

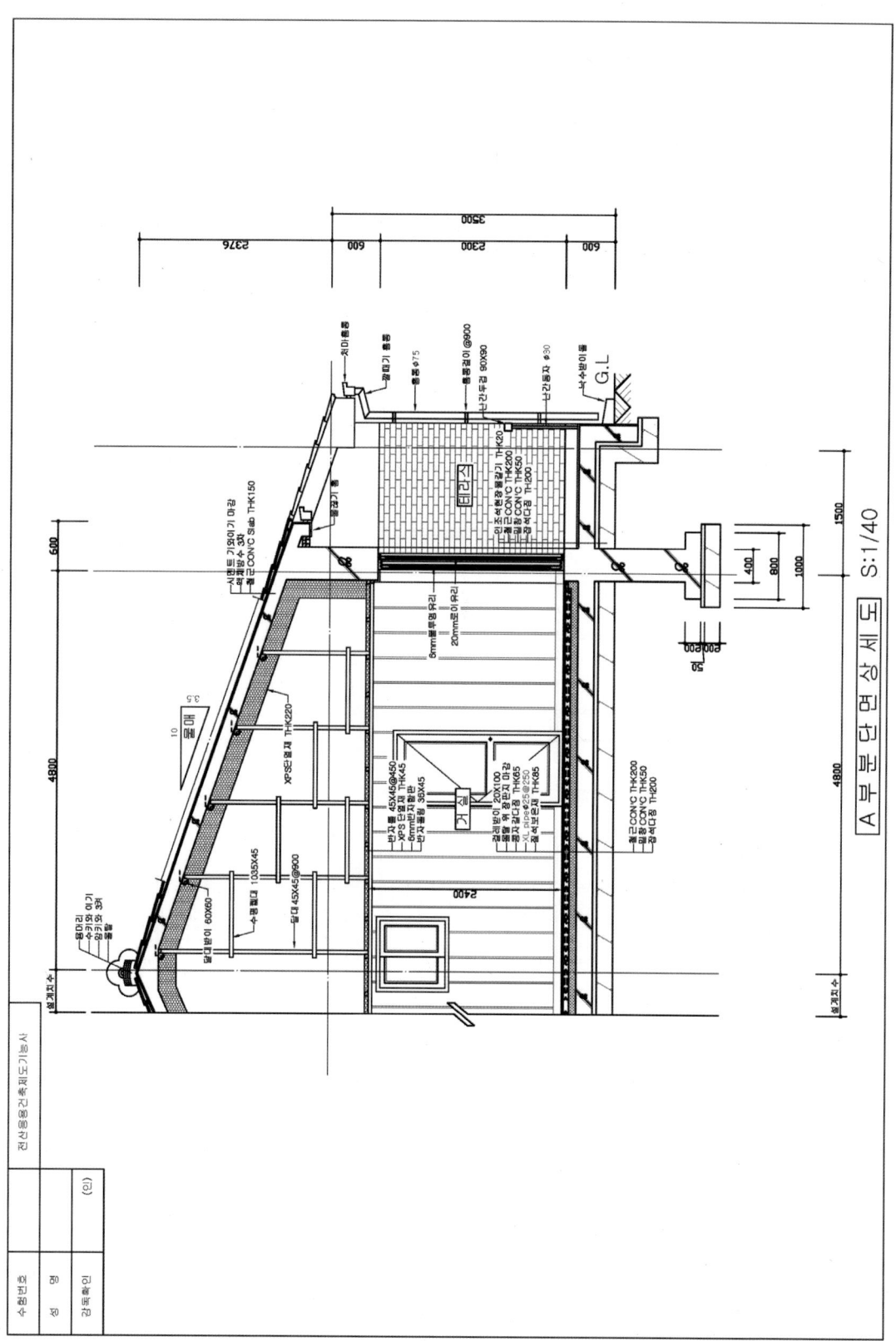

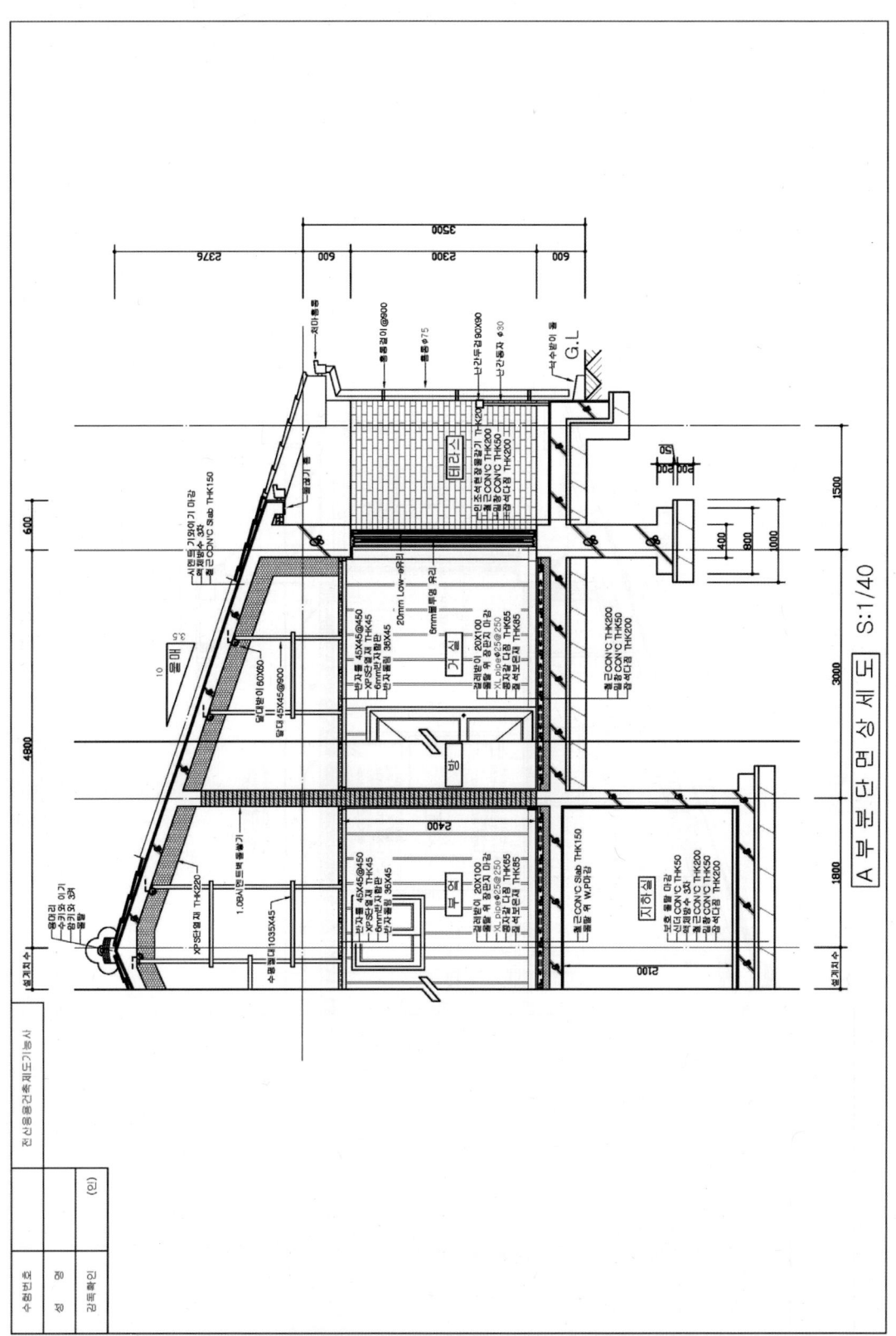

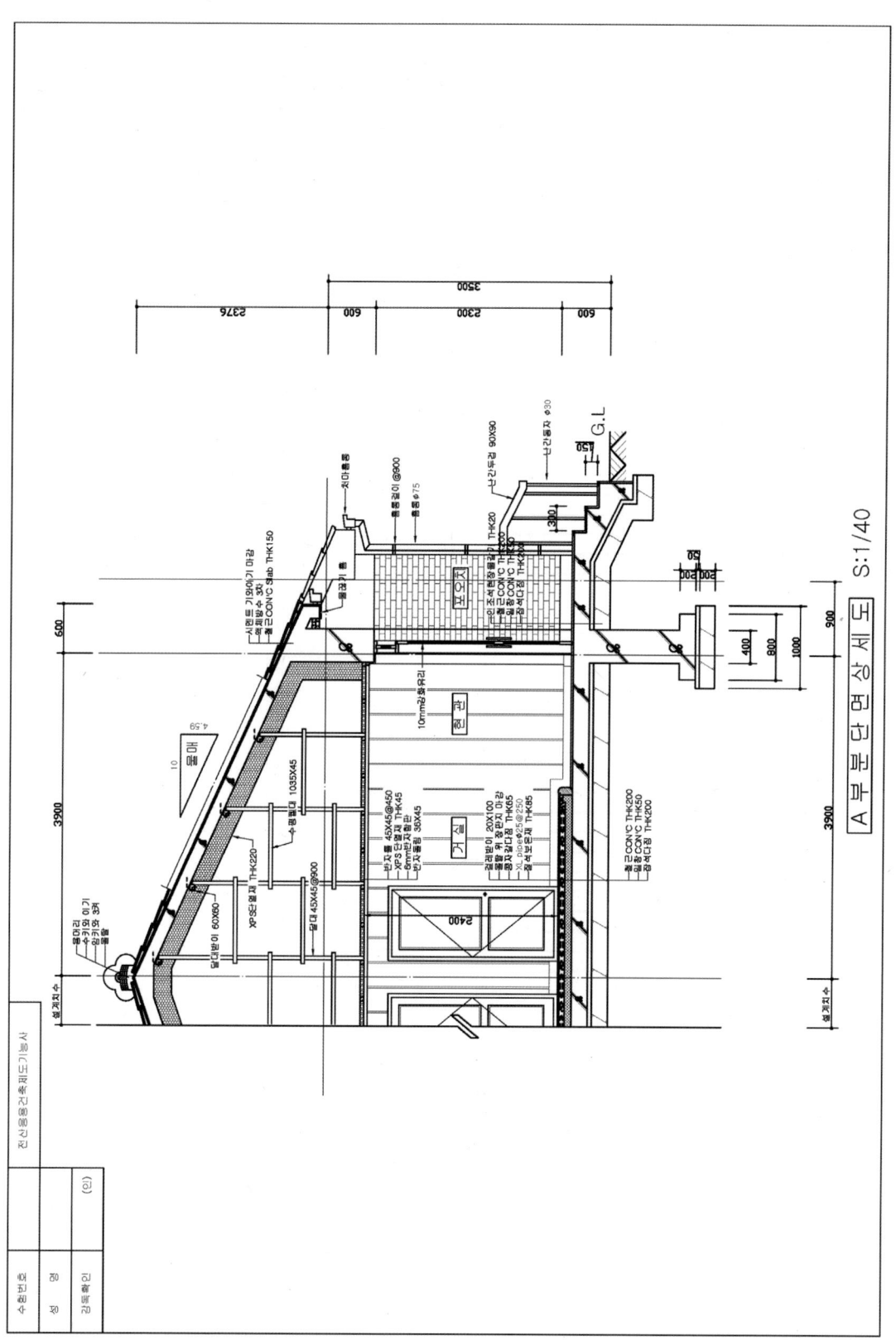

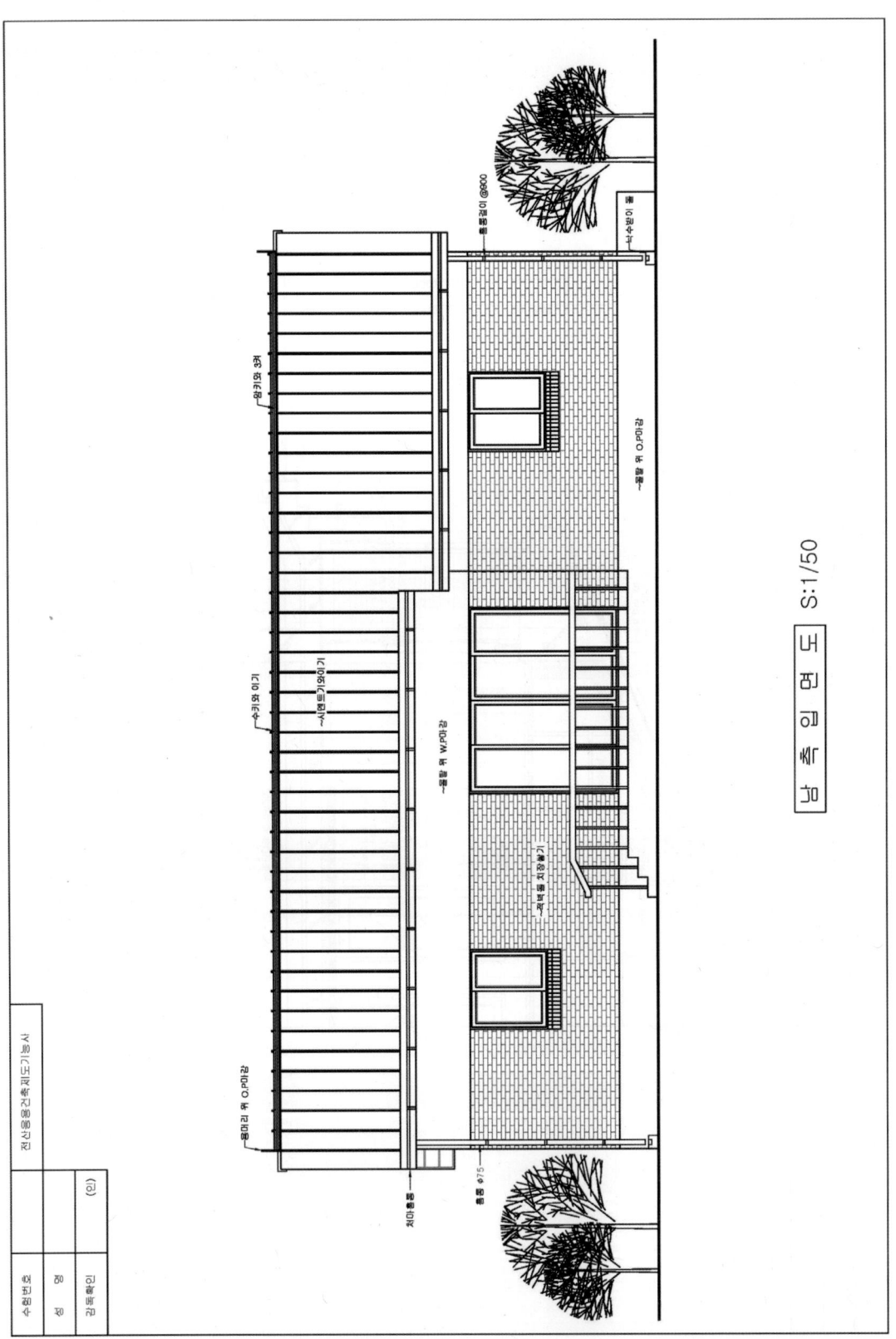

남측입면도 S:1/50

15 국가기술자격 검정 실기시험 예상문제 15

자격종목	전산응용건축제도기능사	작품명	주 택

비번호

1. 시험시간 : 표준시간 – 4시간 10분

〈요구사항〉

※ 주어진 평면도를 보고 CAD를 이용하여 아래 조건에 맞게 다음 도면을 작도하시오.

1) A 부분 단면 상세도를 축척 1/40로 작도하시오.
2) 남측 입면도를 축척 1/50로 작도하되 벽면재료 표시 및 주위의 배경 등 도면 효과를 충분히 고려한다.

※ 조건
- 기초 및 지하실 벽체 : 철근콘크리트 구조로 한다.
- 벽체 : 외벽 – 외부로부터 붉은벽돌 0.5B, 시멘트벽돌 1.0B로 하고, 외부마감은 제물치장으로 한다.
  내벽 – 두께 1.0B 시멘트벽돌 쌓기로 한다.
- 단열재 : 외벽 – 85mm, 바닥 – 85mm, 지붕 – 180mm, 1층 바닥 슬래브와 기초는 일체식으로 표현하시오.
- 지붕 : 철근콘크리트 경사슬랩 위 시멘트 기와잇기 마감으로 한다.(물매 : 3.5/10 이상)
- 처마나옴 : 벽체 중심에서 600mm
- 반자높이 : 2400mm, 처마반자 설치
- 창호 : 합성수지 2중창으로 한다.
- 각 실의 난방 : 온수파이프 온돌난방으로 한다.
- 평면도에 표현되지 않은 현관 상부 캐노피는 작도하지 않는다.
- 기타 각 부분의 마감, 치수 등 주어지지 않은 조건은 일반적인 시공수준으로 한다.

  ※ 1. 도면작도 작업이 완료 후 감독위원으로부터 확인받은 후 본부요원 입회하에 A3 용지에 도면을 출력한다(단 도면출력시간은 시험시간에서 제외한다).
  2. 선의 통일을 기하기 위하여 아래와 같이 선의 색을 정리하여 출력한다.

- 입면선 : 흰색(7-white) - 0.3mm
- 단면선 : 노란색(2-yellow) - 0.4mm
- 중심선 : 빨강(1-red) - 0.2mm
- 보조선 : 녹색(3-green) - 0.2mm
- 치수 및 문자 : 하늘색(4-cyan) - 0.3mm
- 해칭선 : 파랑(5-blue) - 0.1mm

2. 수험자 유의사항

※ 다음 유의사항을 고려하여 요구사항을 완성하시오.

1. 명기되지 않은 조건은 건축법, 건축구조 및 건축제도 원칙에 따른다.
2. 시험 시작 전 바탕화면에 본인 비번호로 폴더를 생성하고, 폴더 안에 작업 내용을 저장하도록 하시오.
3. 정전 및 기계 고정 등에 의한 자료손실을 방지하기 위하여 수시로 저장한다.
4. 다음과 같은 경우는 부정행위로 처리한다.
   가) 노트 및 서적, 저장장치를 소지하거나 주고받는 행위
   나) 건물의 구조부분의 상세나 글씨 등을 사전에 블록으로 설정하여 지참 사용하는 경우
5. 작업이 끝나면 감독위원의 확인을 받은 후 문제를 제출하고 본부요원 입회하에 본인이 직접 A3 용지에 흑백으로 도면을 출력하도록 한다. 이때 수험자의 작도 잘못으로 도면 출력이 안되는 경우 또는 출력시간이 10분을 초과할 경우는 실격처리한다(출력시간은 시험시간에서 제외한다).
6. 장비 조작 미숙으로 장비의 파손 및 고장을 일으킬 염려가 있을 경우 실격된다.
7. 다음과 같은 경우에는 채점대상에서 제외하니 유의하기 바란다.
   가) 실격
      (1) 시험 중 시설 장비의 조작 또는 재료의 취급이 미숙하여 위해를 일으킬 것으로 시험위원 전원이 합의하여 판단한 경우
   나) 미완성
      (1) 시험시간 내에 제출된 작품이라도 다음과 같은 경우
         ① 주어진 조건을 지키지 않고 작도한 경우
         ② 요구한 전 도면을 작도하지 않은 경우
         ③ 건축제도 통칙을 준수하지 않거나 건축 CAD의 기능이 없는 상태에서 완성된 도면
8. 수험번호, 성명은 도면 좌측 상단에 아래와 같이 표제란을 만들어 기재한다.

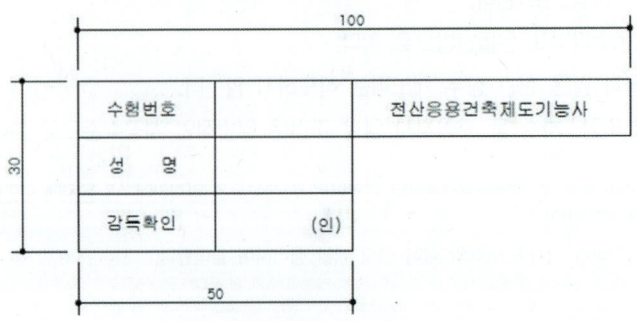

9. 감독위원은 시험 시작 후 수험자에게 표제란을 우선 작도 후 도면을 작도하도록 하여야 하며, 수험자가 감독위원의 동 지시를 따르지 않을 경우 실격처리한다.
10. 테두리선의 여백은 10mm로 한다.

3. 주택평면도 S : 1/100

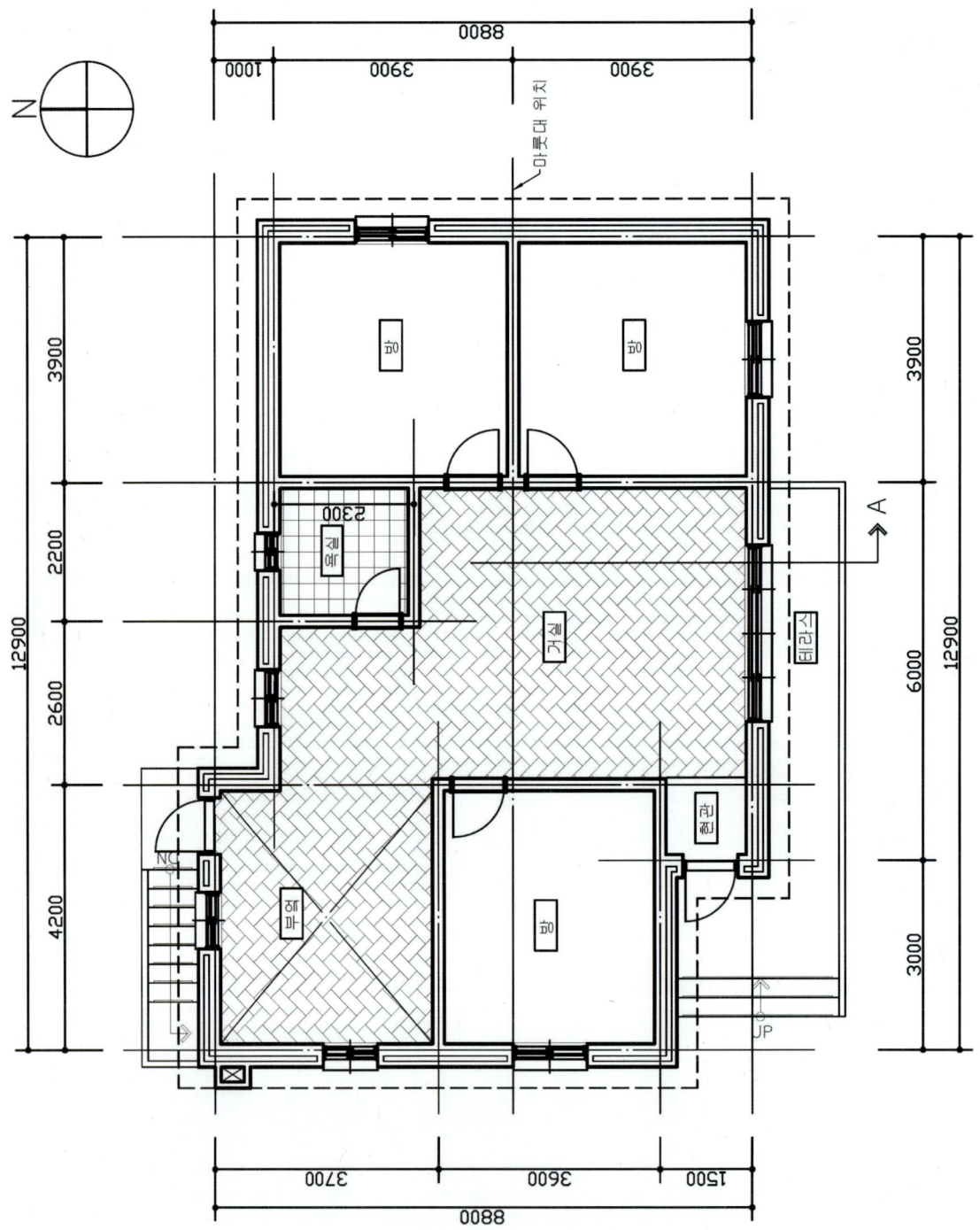

4. 지급재료 목록

일련번호	재료명	규격	자격종목	전산응용건축제도기능사	
			단위	수량	비고
1	출력용지	A3	장	2	
2	USB				
3	프린터잉크	검정기종별 표준량	개	1	1개 검정장당
4					
5					
6					
7					
8					
9					
10					
11					
12					
13					
14					
15					
16					
17					
18					
19					
20					
21					
22					

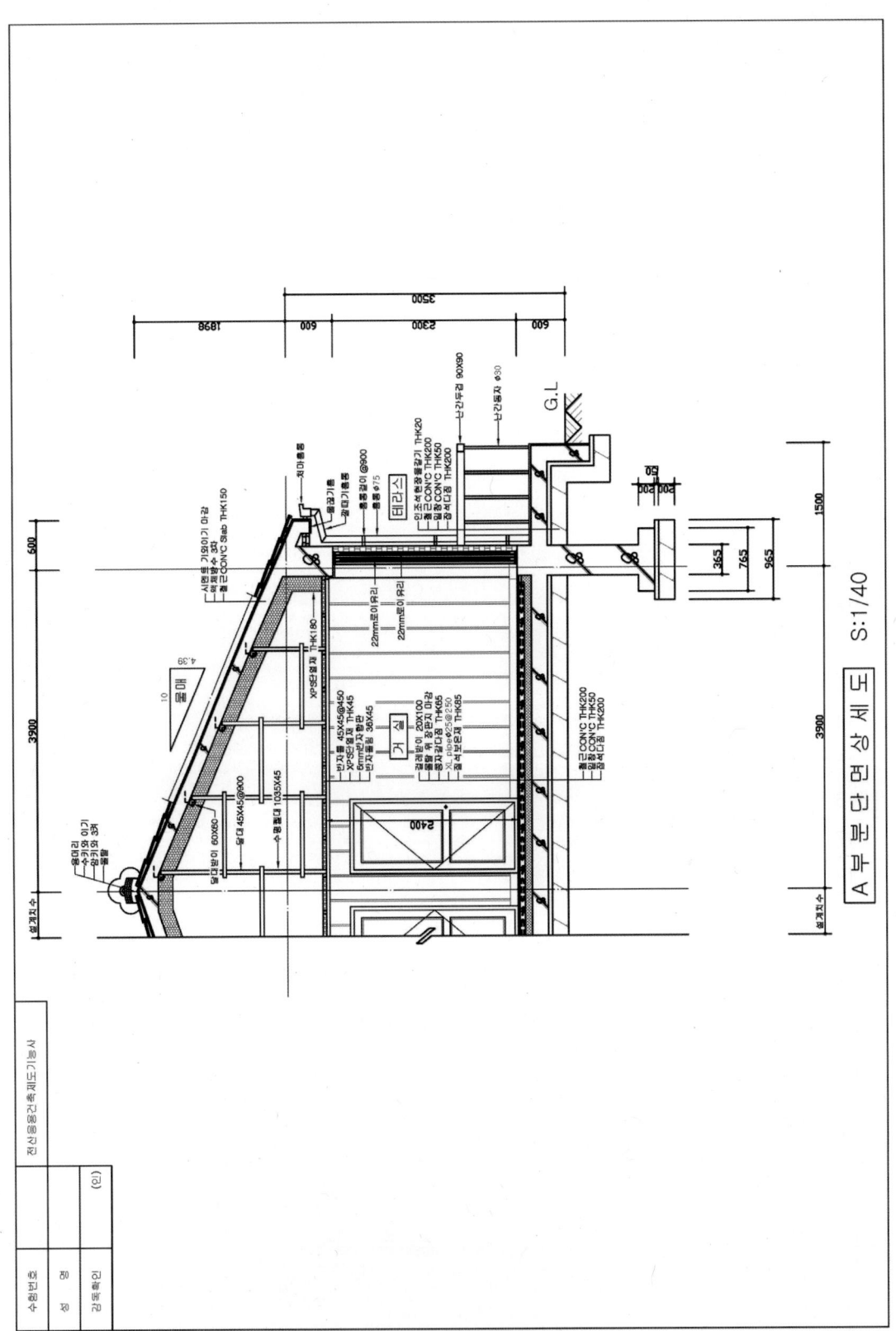

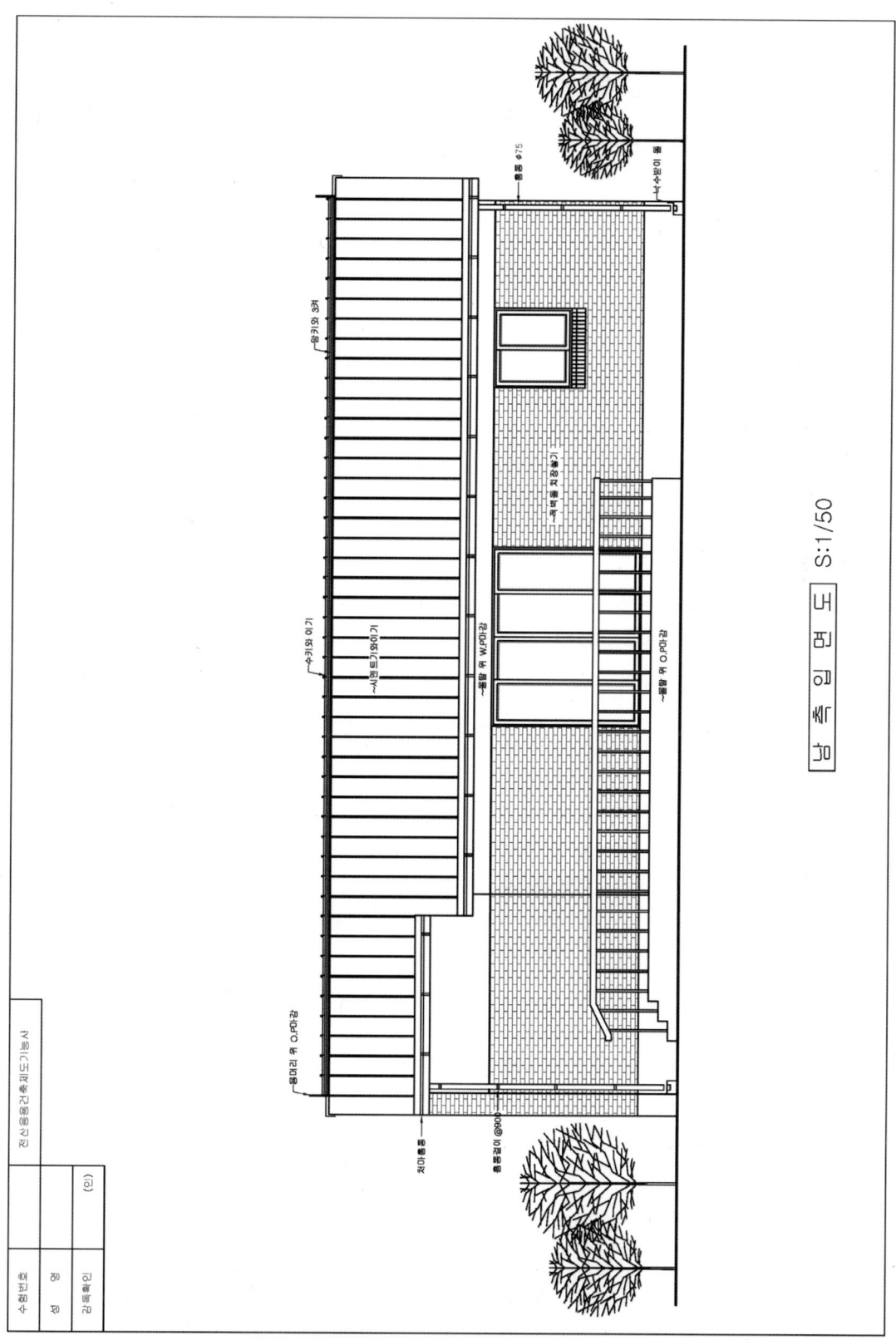

자격종목	전산응용건축제도기능사	작품명	주 택

비번호

1. 시험시간 : 표준시간 – 4시간 10분

〈요구사항〉

※ 주어진 평면도를 보고 CAD를 이용하여 아래 조건에 맞게 다음 도면을 작도하시오.

1) A 부분 단면 상세도를 축척 1/40로 작도하시오.
2) 남측 입면도를 축척 1/50로 작도하되 벽면재료 표시 및 주위의 배경 등 도면 효과를 충분히 고려한다.

※ 조건
- 기초 및 지하실 벽체 : 철근콘크리트 구조로 한다.
- 벽체 : 외벽 – 외부로부터 붉은벽돌 0.5B, 시멘트벽돌 1.0B로 하고, 외부마감은 제물치장으로 한다.
  내벽 – 두께 1.0B 시멘트벽돌 쌓기로 한다.
- 단열재 : 외벽 – 120mm, 바닥 – 85mm, 지붕 – 220mm, 1층 바닥 슬래브와 기초는 일체식으로 표현하시오.
- 지붕 : 철근콘크리트 경사슬랩 위 시멘트 기와잇기 마감으로 한다.(물매 : 3.5/10 이상)
- 처마나옴 : 벽체 중심에서 600mm
- 반자높이 : 2400mm, 처마반자 설치
- 창호 : 목재창호로 하되 2중창인 경우 외부창호는 알루미늄 샷시로 한다.
- 각 실의 난방 : 온수파이프 온돌난방으로 한다.
- 평면도에 표현되지 않은 현관 상부 캐노피는 작도하지 않는다.
- 기타 각 부분의 마감, 치수 등 주어지지 않은 조건은 일반적인 시공수준으로 한다.

  ※ 1. 도면작도 작업이 완료 후 감독위원으로부터 확인받은 후 본부요원 입회하에 A3 용지에 도면을 출력한다(단 도면출력시간은 시험시간에서 제외한다).
     2. 선의 통일을 기하기 위하여 아래와 같이 선의 색을 정리하여 출력한다.

- 입면선 : 흰색(7-white) - 0.3mm
- 단면선 : 노란색(2-yellow) - 0.4mm
- 중심선 : 빨강(1-red) - 0.2mm
- 보조선 : 녹색(3-green) - 0.2mm
- 치수 및 문자 : 하늘색(4-cyan) - 0.3mm
- 해칭선 : 파랑(5-blue) - 0.1mm

2. 수험자 유의사항

※ 다음 유의사항을 고려하여 요구사항을 완성하시오.

1. 명기되지 않은 조건은 건축법, 건축구조 및 건축제도 원칙에 따른다.
2. 시험 시작 전 바탕화면에 본인 비번호로 폴더를 생성하고, 폴더 안에 작업 내용을 저장하도록 하시오.
3. 정전 및 기계 고정 등에 의한 자료손실을 방지하기 위하여 수시로 저장한다.
4. 다음과 같은 경우는 부정행위로 처리한다.
    가) 노트 및 서적, 저장장치를 소지하거나 주고받는 행위
    나) 건물의 구조부분의 상세나 글씨 등을 사전에 블록으로 설정하여 지참 사용하는 경우
5. 작업이 끝나면 감독위원의 확인을 받은 후 문제를 제출하고 본부요원 입회하에 본인이 직접 A3 용지에 흑백으로 도면을 출력하도록 한다. 이때 수험자의 작도 잘못으로 도면 출력이 안되는 경우 또는 출력시간이 10분을 초과할 경우는 실격처리한다(출력시간은 시험시간에서 제외한다).
6. 장비 조작 미숙으로 장비의 파손 및 고장을 일으킬 염려가 있을 경우 실격된다.
7. 다음과 같은 경우에는 체점대상에서 제외하니 유의하기 바란다.
    가) 실격
        (1) 시험 중 시설 장비의 조작 또는 재료의 취급이 미숙하여 위해를 일으킬 것으로 시험위원 전원이 합의하여 판단한 경우
    나) 미완성
        (1) 시험시간 내에 제출된 작품이라도 다음과 같은 경우
            ① 주어진 조건을 지키지 않고 작도한 경우
            ② 요구한 전 도면을 작도하지 않은 경우
            ③ 건축제도 통칙을 준수하지 않거나 건축 CAD의 기능이 없는 상태에서 완성된 도면
8. 수험번호, 성명은 도면 좌측 상단에 아래와 같이 표제란을 만들어 기재한다.

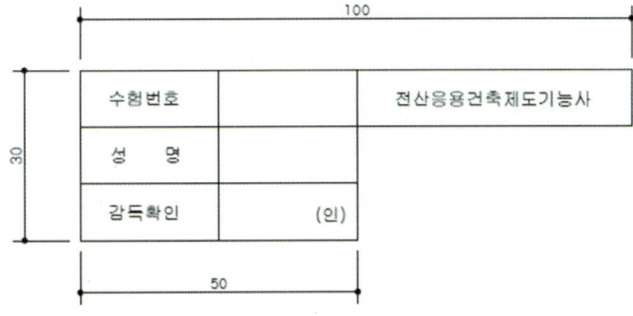

9. 감독위원은 시험 시작 후 수험자에게 표제란을 우선 작도 후 도면을 작도하도록 하여야 하며, 수험자가 감독위원의 동 지시를 따르지 않을 경우 실격처리한다.
10. 테두리선의 여백은 10mm로 한다.

3. 주택평면도 S : 1/100

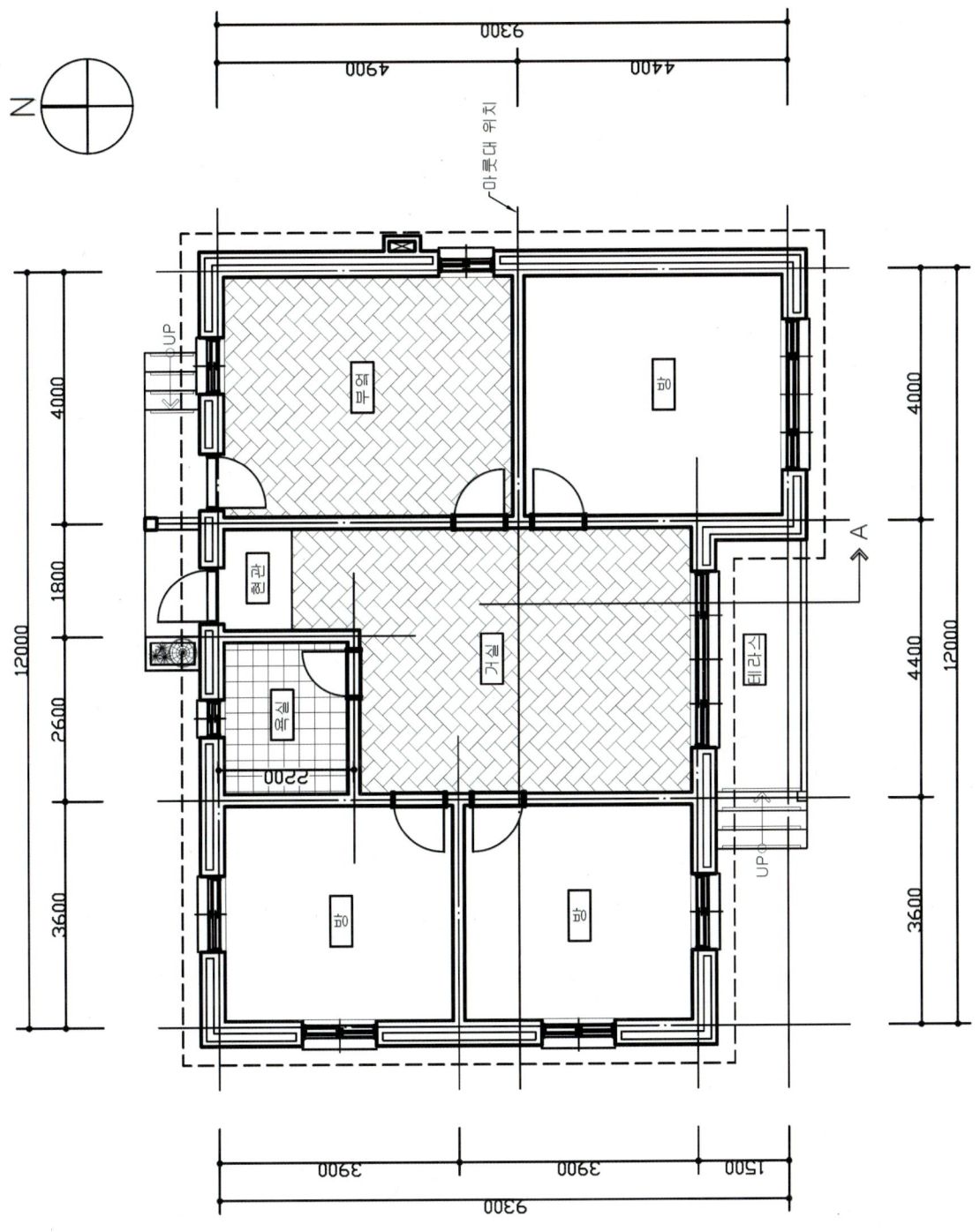

4. 지급재료 목록

일련번호	재료명	규격	자격종목 전산응용건축제도기능사		
			단위	수량	비고
1	출력용지	A3	장	2	
2	USB				
3	프린터잉크	검정기종별 표준량	개	1	1개 검정장당
4					
5					
6					
7					
8					
9					
10					
11					
12					
13					
14					
15					
16					
17					
18					
19					
20					
21					
22					

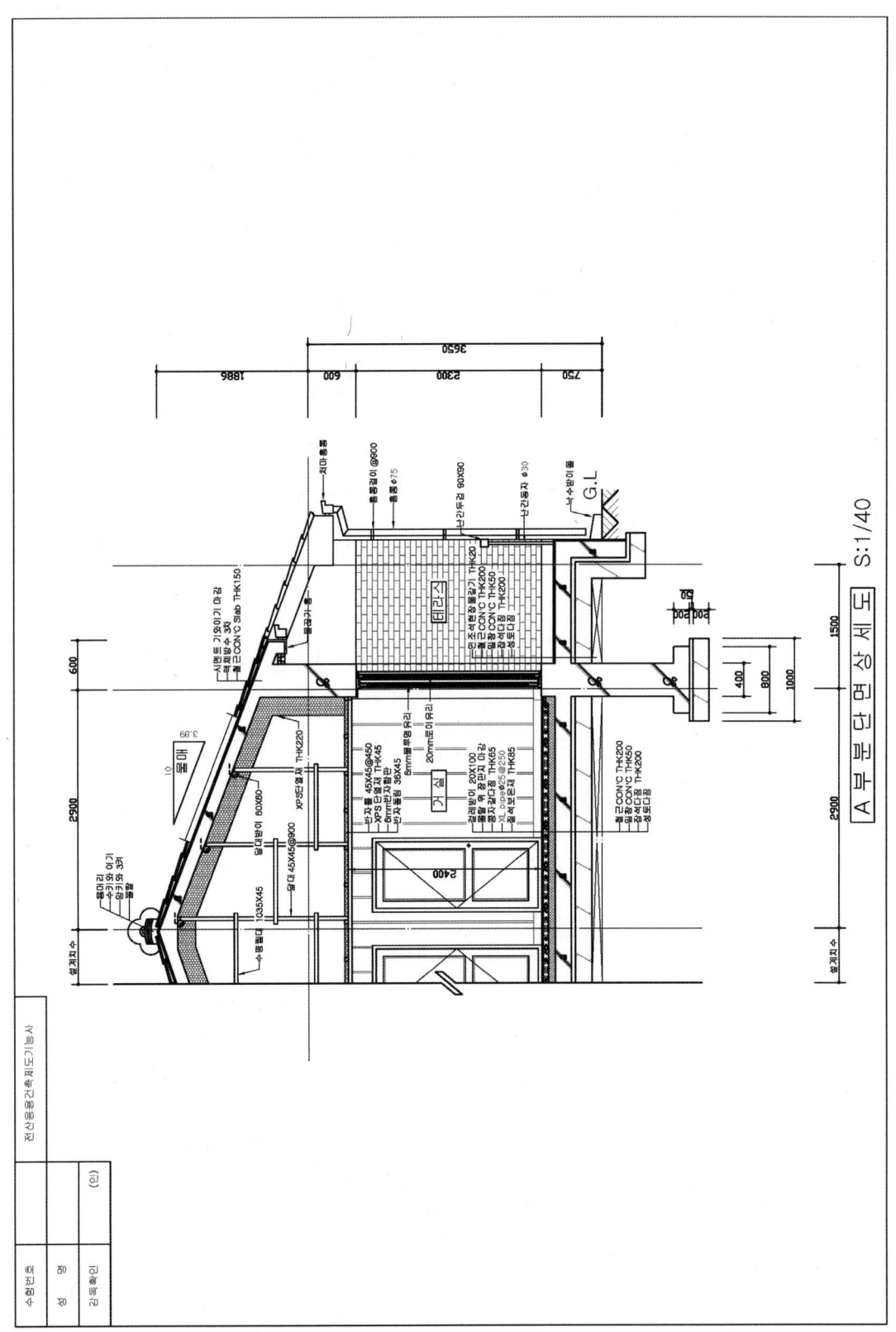

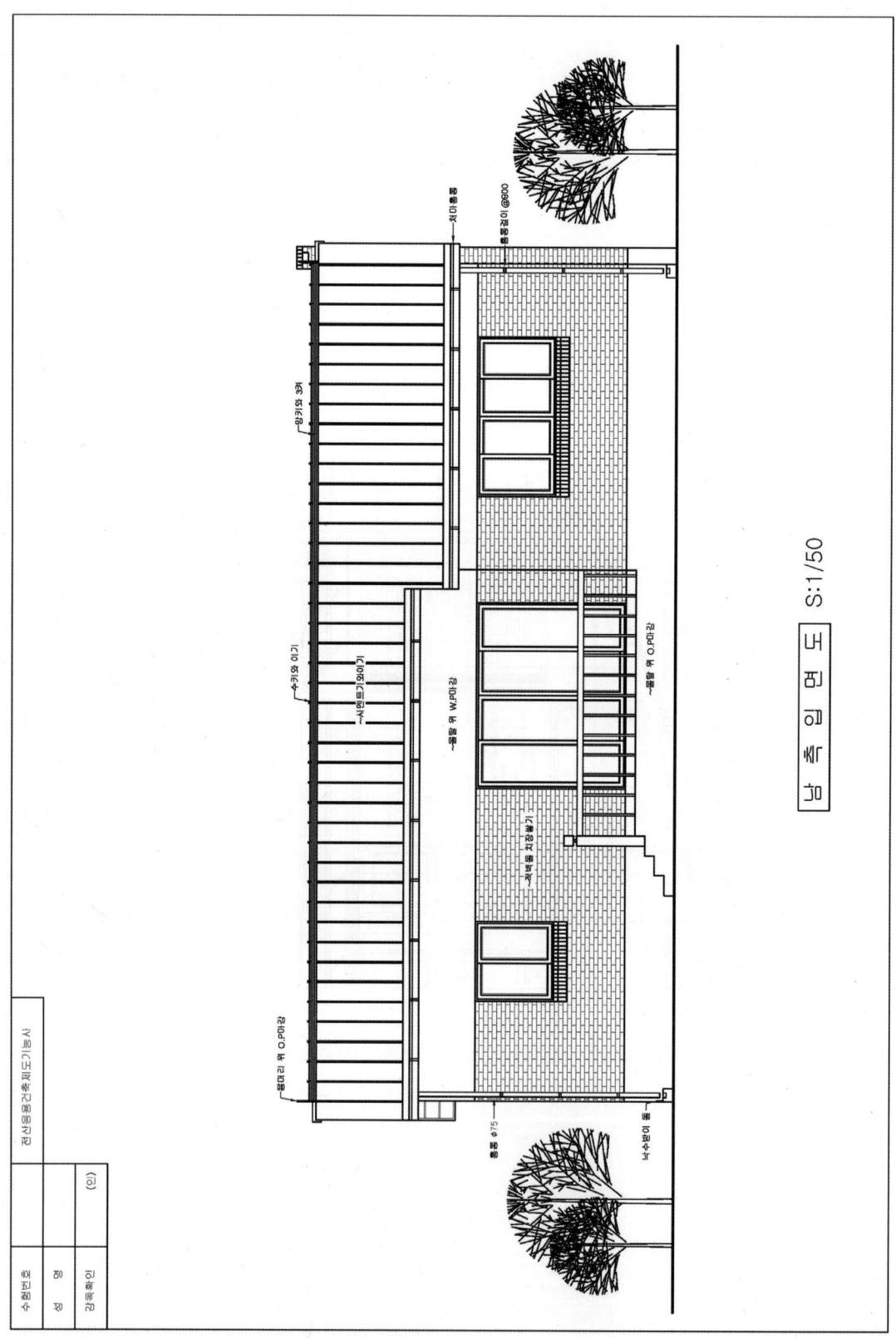

국가기술자격 검정 실기시험 예상문제 17

자격종목	전산응용건축제도기능사	작품명	주 택

비번호

1. 시험시간 : 표준시간 – 4시간 10분

〈요구사항〉

※ 주어진 평면도를 보고 CAD를 이용하여 아래 조건에 맞게 다음 도면을 작도하시오.

1) A 부분 단면 상세도를 축척 1/40로 작도하시오.
2) 남측 입면도를 축척 1/50로 작도하되 벽면재료 표시 및 주위의 배경 등 도면 효과를 충분히 고려한다.

※ 조건
- 기초 및 지하실 벽체 : 철근콘크리트 구조로 한다.
- 벽체 : 외벽 – 외부로부터 붉은벽돌 0.5B, 시멘트벽돌 1.0B로 하고, 외부마감은 제물치장으로 한다.
  내벽 – 두께 1.0B 시멘트벽돌 쌓기로 한다.
- 단열재 : 외벽 – 120mm, 바닥 – 85mm, 지붕 – 220mm, 1층 바닥 슬래브와 기초는 일체식으로 표현하시오.
- 지붕 : 철근콘크리트 경사슬랩 위 시멘트 기와잇기 마감으로 한다.(물매 : 3.5/10 이상)
- 처마나옴 : 벽체 중심에서 600mm
- 반자높이 : 2300mm, 처마반자 설치
- 창호 : 목재창호로 하되 2중창인 경우 외부창호는 알루미늄 샷시로 한다.
- 각 실의 난방 : 온수파이프 온돌난방으로 한다.
- 평면도에 표현되지 않은 현관 상부 캐노피는 작도하지 않는다.
- 기타 각 부분의 마감, 치수 등 주어지지 않은 조건은 일반적인 시공수준으로 한다.

  ※ 1. 도면작도 작업이 완료 후 감독위원으로부터 확인받은 후 본부요원 입회하에 A3 용지에 도면을 출력한다(단 도면출력시간은 시험시간에서 제외한다).
  2. 선의 통일을 기하기 위하여 아래와 같이 선의 색을 정리하여 출력한다.

- 입면선 : 흰색(7-white) - 0.3mm
- 단면선 : 노란색(2-yellow) - 0.4mm
- 중심선 : 빨강(1-red) - 0.2mm
- 보조선 : 녹색(3-green) - 0.2mm
- 치수 및 문자 : 하늘색(4-cyan) - 0.3mm
- 해칭선 : 파랑(5-blue) - 0.1mm

2. 수험자 유의사항

※ 다음 유의사항을 고려하여 요구사항을 완성하시오.

1. 명기되지 않은 조건은 건축법, 건축구조 및 건축제도 원칙에 따른다.
2. 시험 시작 전 바탕화면에 본인 비번호로 폴더를 생성하고, 폴더 안에 작업 내용을 저장하도록 하시오.
3. 정전 및 기계 고정 등에 의한 자료손실을 방지하기 위하여 수시로 저장한다.
4. 다음과 같은 경우는 부정행위로 처리한다.
   가) 노트 및 서적, 저장장치를 소지하거나 주고받는 행위
   나) 건물의 구조부분의 상세나 글씨 등을 사전에 블록으로 설정하여 지참 사용하는 경우
5. 작업이 끝나면 감독위원의 확인을 받은 후 문제를 제출하고 본부요원 입회하에 본인이 직접 A3 용지에 흑백으로 도면을 출력하도록 한다. 이때 수험자의 작도 잘못으로 도면 출력이 안되는 경우 또는 출력시간이 10분을 초과할 경우는 실격처리한다(출력시간은 시험시간에서 제외한다).
6. 장비 조작 미숙으로 장비의 파손 및 고장을 일으킬 염려가 있을 경우 실격된다.
7. 다음과 같은 경우에는 채점대상에서 제외하니 유의하기 바란다.
   가) 실격
      (1) 시험 중 시설 장비의 조작 또는 재료의 취급이 미숙하여 위해를 일으킬 것으로 시험위원 전원이 합의하여 판단한 경우
   나) 미완성
      (1) 시험시간 내에 제출된 작품이라도 다음과 같은 경우
         ① 주어진 조건을 지키지 않고 작도한 경우
         ② 요구한 전 도면을 작도하지 않은 경우
         ③ 건축제도 통칙을 준수하지 않거나 건축 CAD의 기능이 없는 상태에서 완성된 도면
8. 수험번호, 성명은 도면 좌측 상단에 아래와 같이 표제란을 만들어 기재한다.

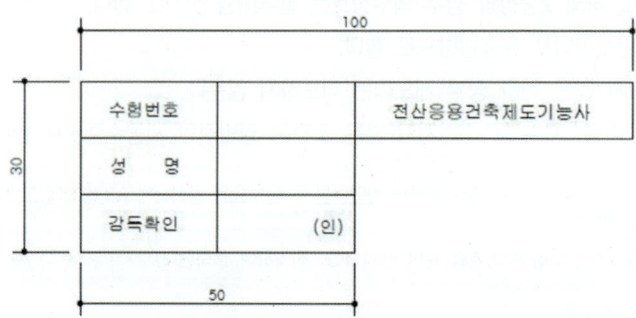

9. 감독위원은 시험 시작 후 수험자에게 표제란을 우선 작도 후 도면을 작도하도록 하여야 하며, 수험자가 감독위원의 동 지시를 따르지 않을 경우 실격처리한다.
10. 테두리선의 여백은 10mm로 한다.

3. 주택평면도 S : 1/100

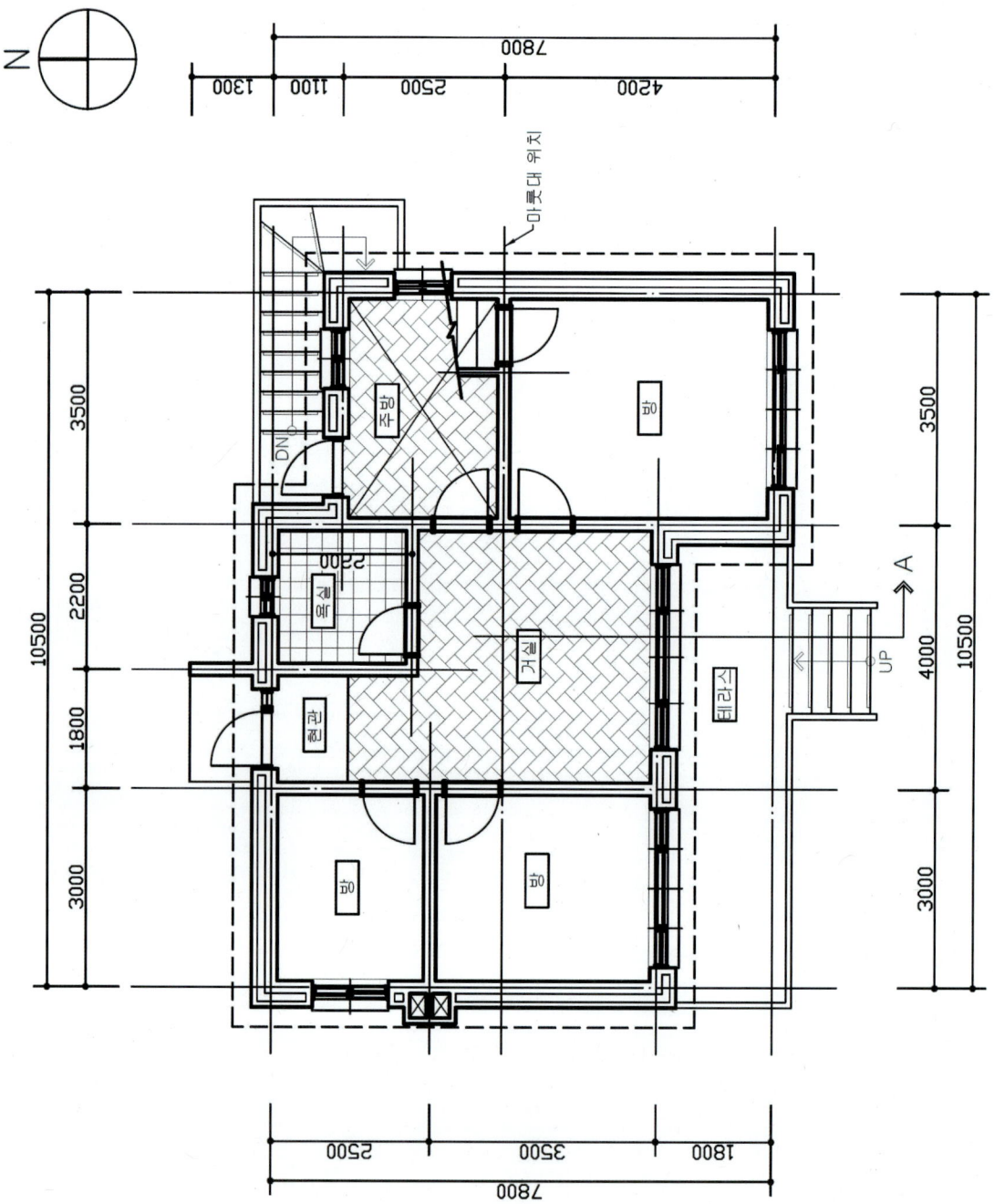

4. 지급재료 목록

일련번호	재료명	규격	자격종목	전산응용건축제도기능사	
			단위	수량	비고
1	출력용지	A3	장	2	
2	USB				
3	프린터잉크	검정기종별 표준량	개	1	1개 검정장당
4					
5					
6					
7					
8					
9					
10					
11					
12					
13					
14					
15					
16					
17					
18					
19					
20					
21					
22					

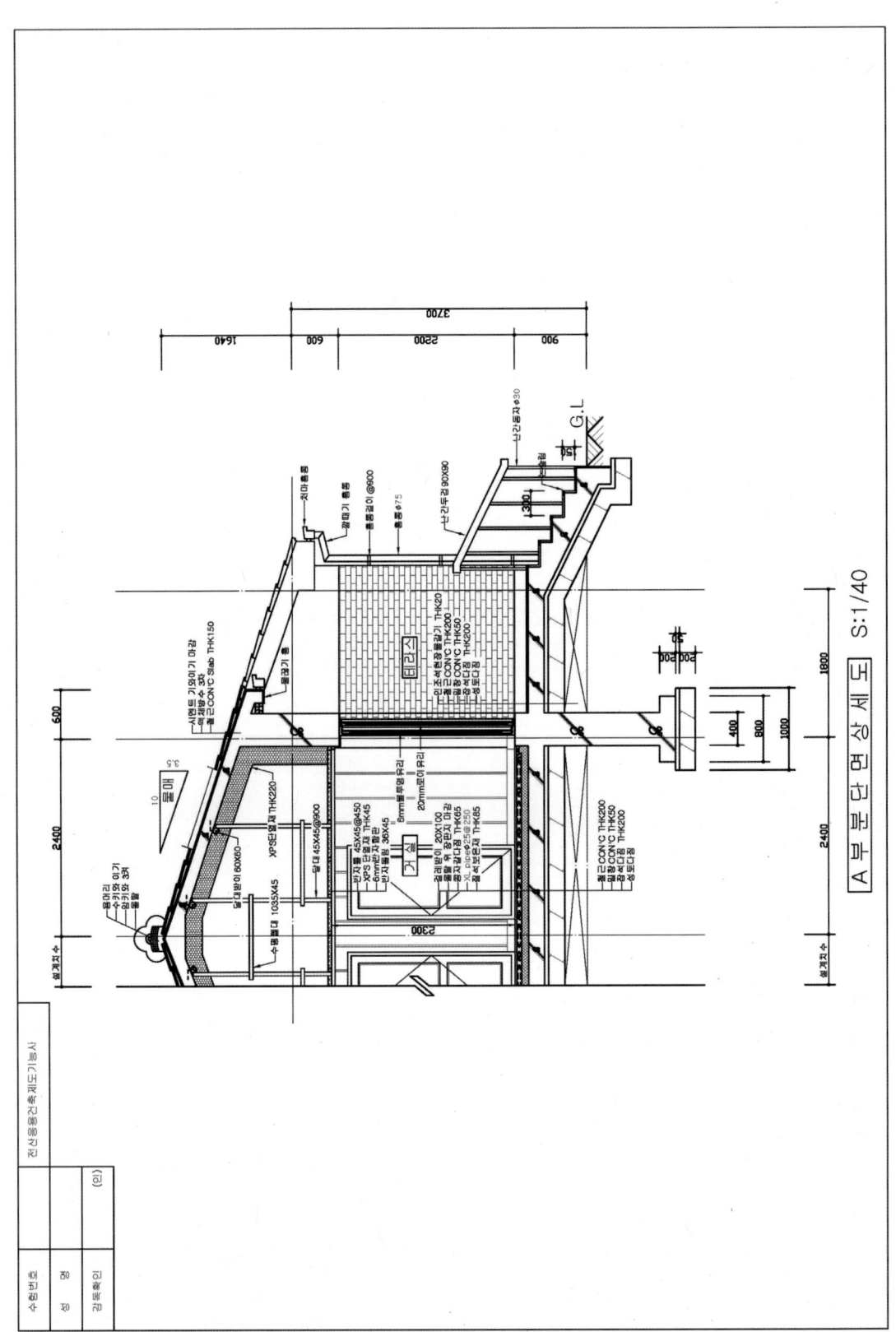

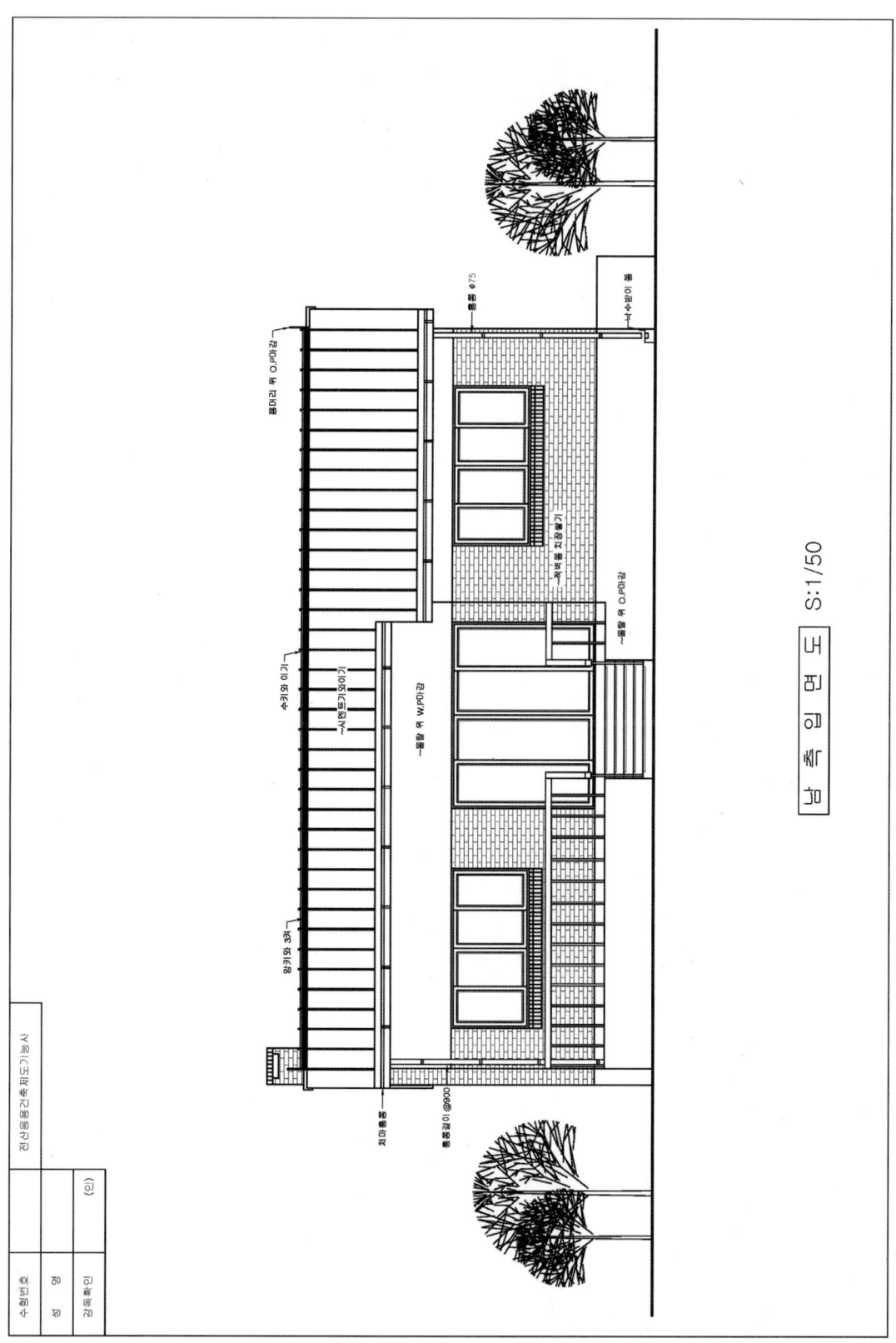

남측입면도 S:1/50

국가기술자격 검정 실기시험 예상문제 18

자격종목	전산응용건축제도기능사	작품명	주 택

비번호

1. 시험시간 : 표준시간 – 4시간 10분

〈요구사항〉

※ 주어진 평면도를 보고 CAD를 이용하여 아래 조건에 맞게 다음 도면을 작도하시오.

1) A 부분 단면 상세도를 축척 1/40로 작도하시오.
2) 남측 입면도를 축척 1/50로 작도하되 벽면재료 표시 및 주위의 배경 등 도면 효과를 충분히 고려한다.

※ 조건
- 기초 및 지하실 벽체 : 철근콘크리트 구조로 한다.
- 벽체 : 외벽 – 외부로부터 붉은벽돌 0.5B, 시멘트벽돌 1.0B로 하고, 외부마감은 제물치장으로 한다.
  내벽 – 두께 1.0B 시멘트벽돌 쌓기로 한다.
- 단열재 : 외벽 – 125mm, 바닥 – 85mm, 지붕 – 220mm, 1층 바닥 슬래브와 기초는 일체식으로 표현하시오.
- 지붕 : 철근콘크리트 경사슬랩 위 시멘트 기와잇기 마감으로 한다.(물매 : 4/10 이상)
- 처마나옴 : 벽체 중심에서 600mm
- 반자높이 : 2400mm, 처마반자 설치
- 창호 : 목재창호로 하되 2중창인 경우 외부창호는 알루미늄 샷시로 한다.
- 각 실의 난방 : 온수파이프 온돌난방으로 한다.
- 평면도에 표현되지 않은 현관 상부 캐노피는 작도하지 않는다.
- 기타 각 부분의 마감, 치수 등 주어지지 않은 조건은 일반적인 시공수준으로 한다.

※ 1. 도면작도 작업이 완료 후 감독위원으로부터 확인받은 후 본부요원 입회하에 A3 용지에 도면을 출력한다(단 도면출력시간은 시험시간에서 제외한다).
   2. 선의 통일을 기하기 위하여 아래와 같이 선의 색을 정리하여 출력한다.

- 입면선 : 흰색(7-white) - 0.3mm
- 단면선 : 노란색(2-yellow) - 0.4mm
- 중심선 : 빨강(1-red) - 0.2mm
- 보조선 : 녹색(3-green) - 0.2mm
- 치수 및 문자 : 하늘색(4-cyan) - 0.3mm
- 해칭선 : 파랑(5-blue) - 0.1mm

2. 수험자 유의사항

※ 다음 유의사항을 고려하여 요구사항을 완성하시오.

1. 명기되지 않은 조건은 건축법, 건축구조 및 건축제도 원칙에 따른다.
2. 시험 시작 전 바탕화면에 본인 비번호로 폴더를 생성하고, 폴더 안에 작업 내용을 저장하도록 하시오.
3. 정전 및 기계 고정 등에 의한 자료손실을 방지하기 위하여 수시로 저장한다.
4. 다음과 같은 경우는 부정행위로 처리한다.
   가) 노트 및 서적, 저장장치를 소지하거나 주고받는 행위
   나) 건물의 구조부분의 상세나 글씨 등을 사전에 블록으로 설정하여 지참 사용하는 경우
5. 작업이 끝나면 감독위원의 확인을 받은 후 문제를 제출하고 본부요원 입회하에 본인이 직접 A3 용지에 흑백으로 도면을 출력하도록 한다. 이때 수험자의 작도 잘못으로 도면 출력이 안되는 경우 또는 출력시간이 10분을 초과할 경우는 실격처리한다(출력시간은 시험시간에서 제외한다).
6. 장비 조작 미숙으로 장비의 파손 및 고장을 일으킬 염려가 있을 경우 실격된다.
7. 다음과 같은 경우에는 채점대상에서 제외하니 유의하기 바란다.
   가) 실격
      (1) 시험 중 시설 장비의 조작 또는 재료의 취급이 미숙하여 위해를 일으킬 것으로 시험위원 전원이 합의하여 판단한 경우
   나) 미완성
      (1) 시험시간 내에 제출된 작품이라도 다음과 같은 경우
         ① 주어진 조건을 지키지 않고 작도한 경우
         ② 요구한 전 도면을 작도하지 않은 경우
         ③ 건축제도 통칙을 준수하지 않거나 건축 CAD의 기능이 없는 상태에서 완성된 도면
8. 수험번호, 성명은 도면 좌측 상단에 아래와 같이 표제란을 만들어 기재한다.

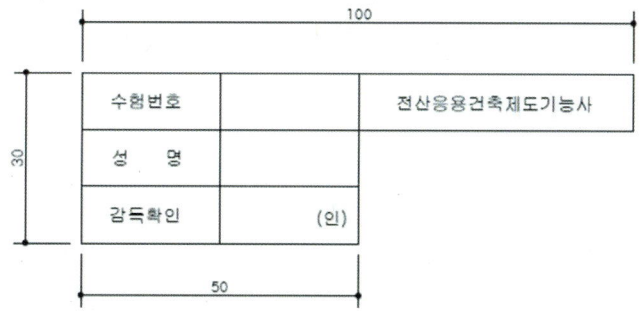

9. 감독위원은 시험 시작 후 수험자에게 표제란을 우선 작도 후 도면을 작도하도록 하여야 하며, 수험자가 감독위원의 동 지시를 따르지 않을 경우 실격처리한다.
10. 테두리선의 여백은 10mm로 한다.

3. 주택평면도 S : 1/100

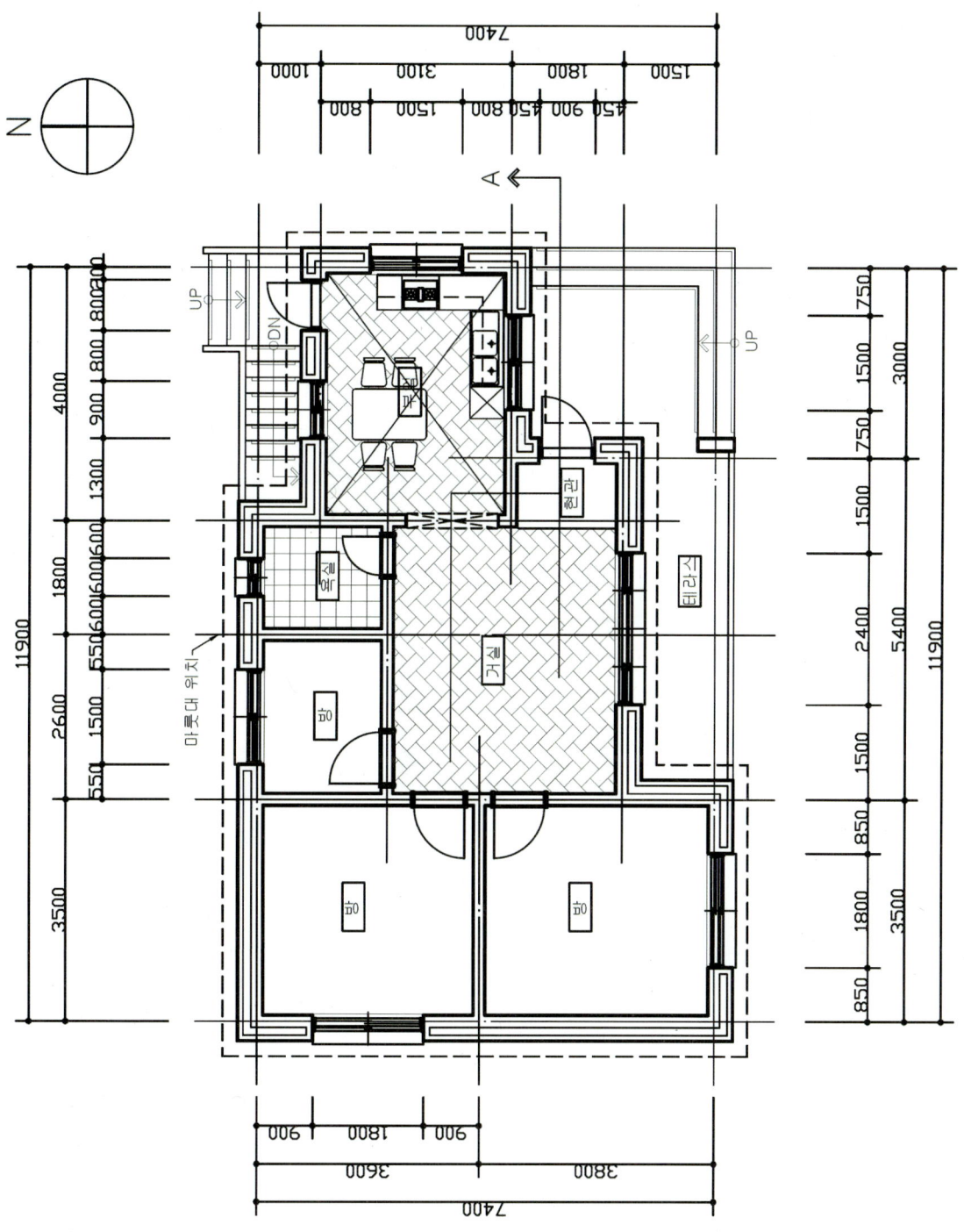

4. 지급재료 목록

일련번호	재료명	규격	자격종목	전산응용건축제도기능사	
			단위	수량	비고
1	출력용지	A3	장	2	
2	USB				
3	프린터잉크	검정기종별 표준량	개	1	1개 검정장당
4					
5					
6					
7					
8					
9					
10					
11					
12					
13					
14					
15					
16					
17					
18					
19					
20					
21					
22					

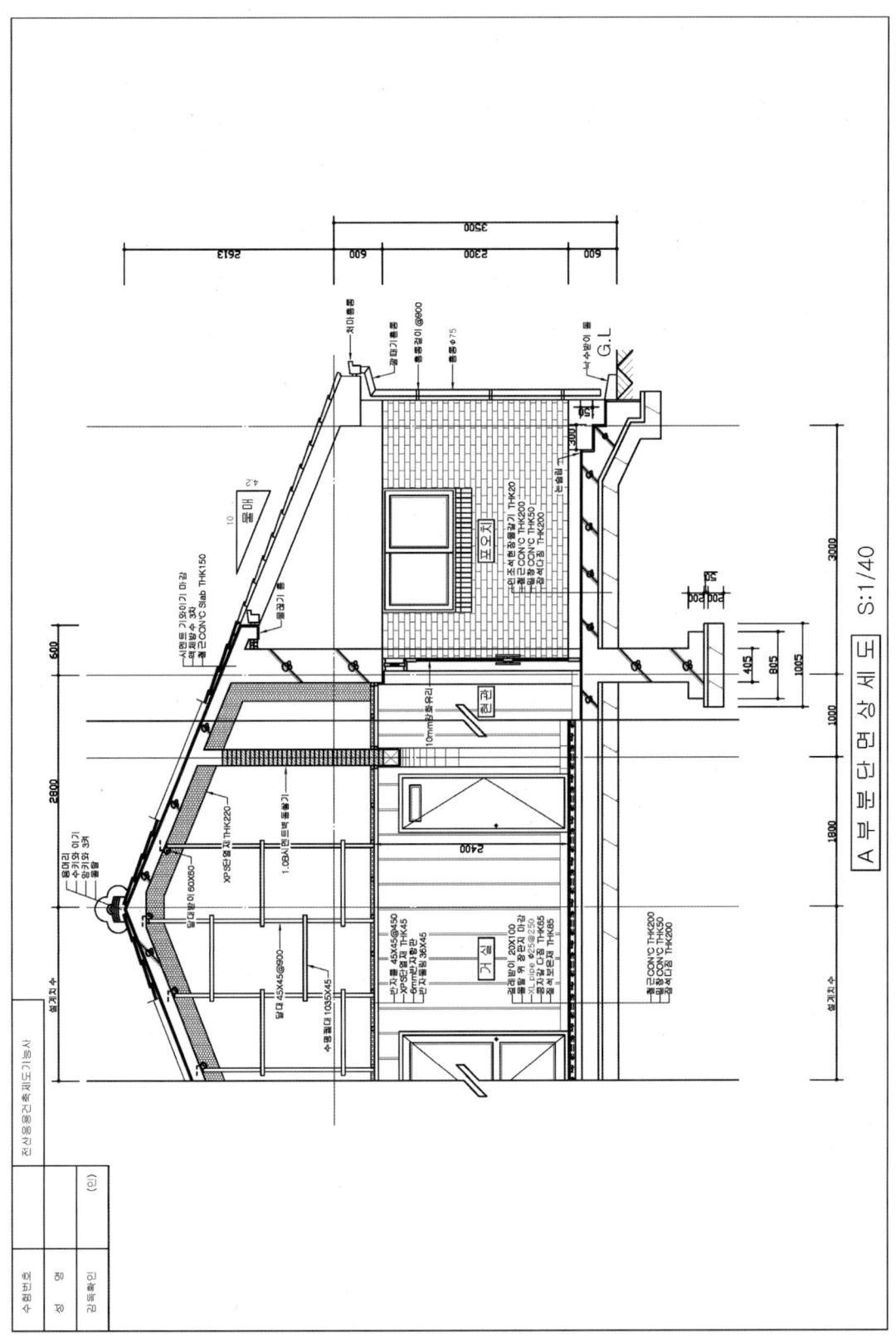

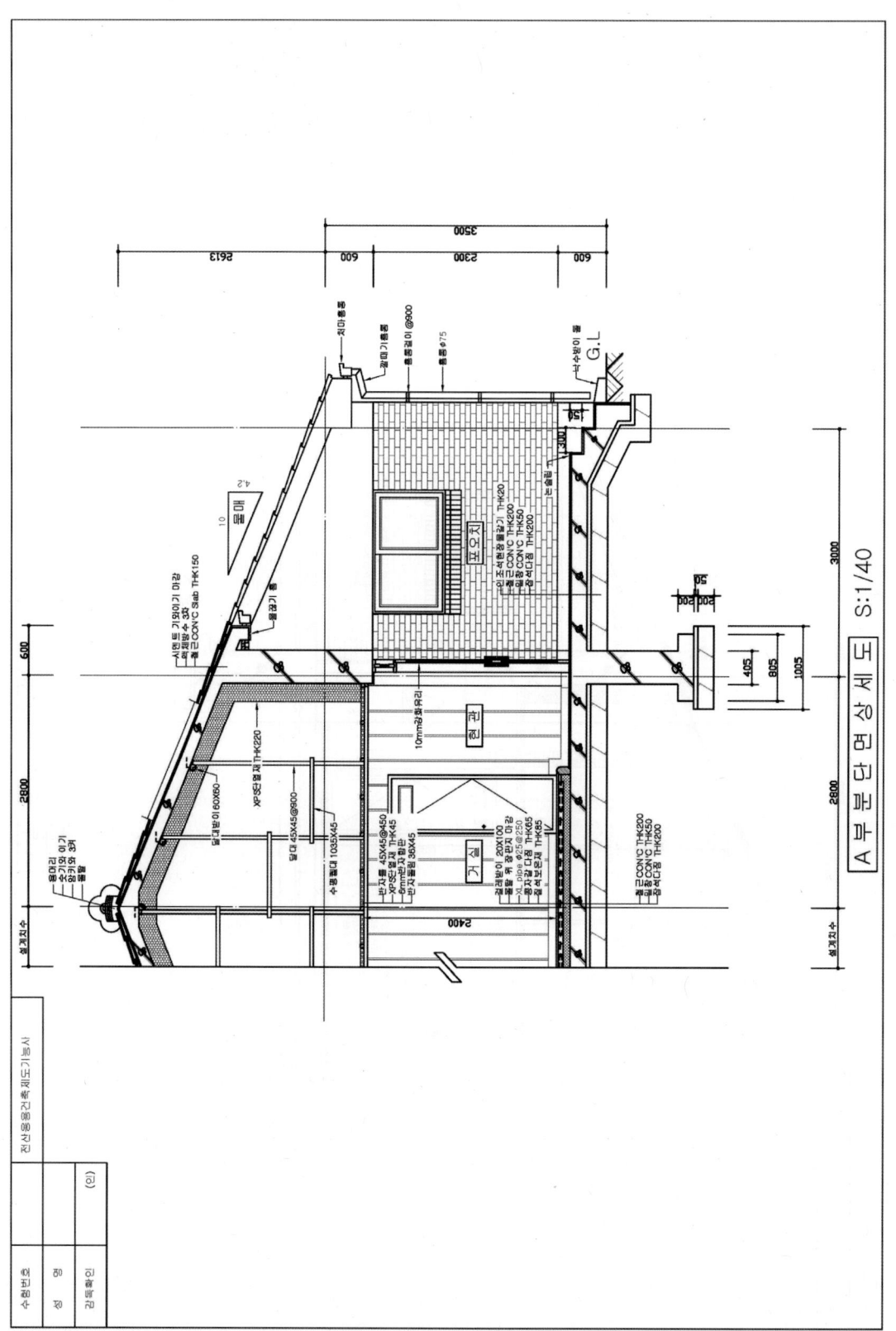

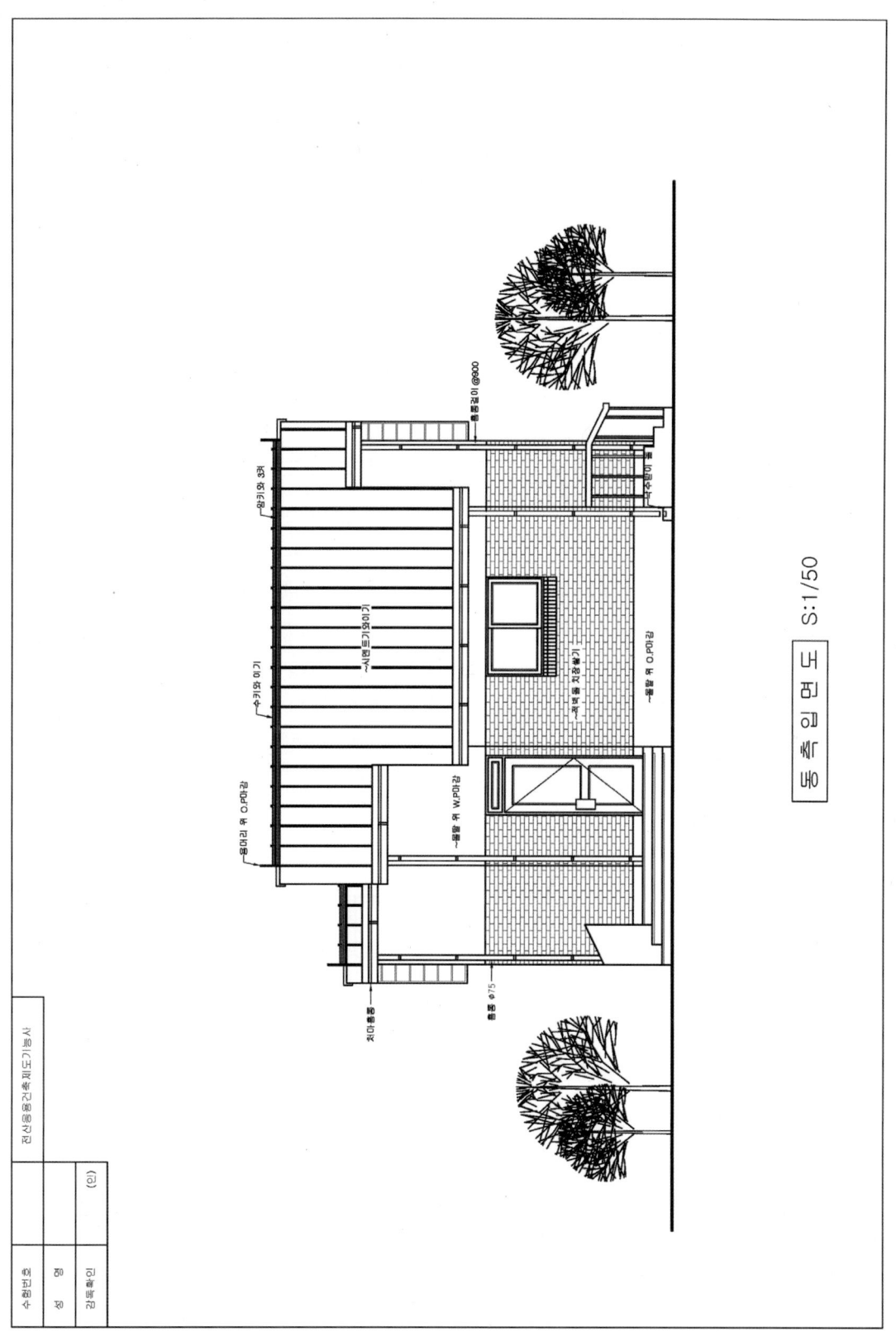

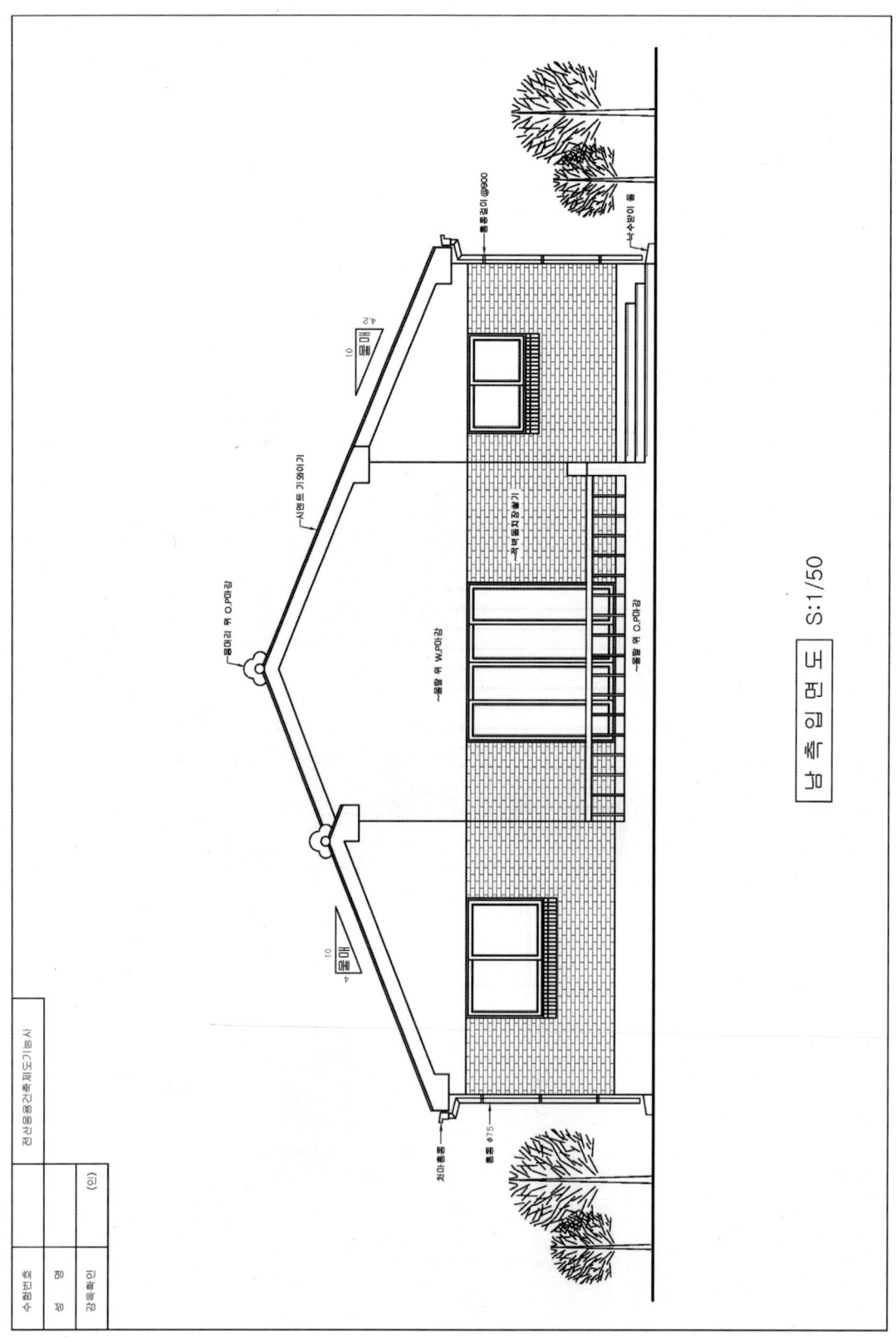

국가기술자격 검정 실기시험 예상문제 19

자격종목	전산응용건축제도기능사	작품명	주 택

비번호

1. 시험시간 : 표준시간 – 4시간 10분

〈요구사항〉

※ 주어진 평면도를 보고 CAD를 이용하여 아래 조건에 맞게 다음 도면을 작도하시오.

1) A 부분 단면 상세도를 축척 1/40로 작도하시오.
2) 남측 입면도를 축척 1/50로 작도하되 벽면재료 표시 및 주위의 배경 등 도면 효과를 충분히 고려한다.

※ 조건

- 기초 및 지하실 벽체 : 철근콘크리트 구조로 한다.
- 벽체 : 외벽 – 외부로부터 붉은벽돌 0.5B, 시멘트벽돌 1.0B로 하고, 외부마감은 제물치장으로 한다.
  내벽 – 두께 1.0B 시멘트벽돌 쌓기로 한다.
- 단열재 : 외벽 – 125mm, 바닥 – 85mm, 지붕 – 180mm, 1층 바닥 슬래브와 기초는 일체식으로 표현하시오.
- 지붕 : 철근콘크리트 경사슬랩 위 시멘트 기와잇기 마감으로 한다.(물매 : 3.5/10 이상)
- 처마나옴 : 벽체 중심에서 600mm
- 반자높이 : 2400mm, 처마반자 설치
- 창호 : 목재창호로 하되 2중창인 경우 외부창호는 알루미늄 샷시로 한다.
- 각 실의 난방 : 온수파이프 온돌난방으로 한다.
- 평면도에 표현되지 않은 현관 상부 캐노피는 작도하지 않는다.
- 기타 각 부분의 마감, 치수 등 주어지지 않은 조건은 일반적인 시공수준으로 한다.

  ※ 1. 도면작도 작업이 완료 후 감독위원으로부터 확인받은 후 본부요원 입회하에 A3 용지에 도면을 출력한다(단 도면출력시간은 시험시간에서 제외한다).
  2. 선의 통일을 기하기 위하여 아래와 같이 선의 색을 정리하여 출력한다.

- 입면선 : 흰색(7-white) - 0.3mm
- 단면선 : 노란색(2-yellow) - 0.4mm
- 중심선 : 빨강(1-red) - 0.2mm
- 보조선 : 녹색(3-green) - 0.2mm
- 치수 및 문자 : 하늘색(4-cyan) - 0.3mm
- 해칭선 : 파랑(5-blue) - 0.1mm

2. 수험자 유의사항

※ 다음 유의사항을 고려하여 요구사항을 완성하시오.

1. 명기되지 않은 조건은 건축법, 건축구조 및 건축제도 원칙에 따른다.
2. 시험 시작 전 바탕화면에 본인 비번호로 폴더를 생성하고, 폴더 안에 작업 내용을 저장하도록 하시오.
3. 정전 및 기계 고정 등에 의한 자료손실을 방지하기 위하여 수시로 저장한다.
4. 다음과 같은 경우는 부정행위로 처리한다.
   가) 노트 및 서적, 저장장치를 소지하거나 주고받는 행위
   나) 건물의 구조부분의 상세나 글씨 등을 사전에 블록으로 설정하여 지참 사용하는 경우
5. 작업이 끝나면 감독위원의 확인을 받은 후 문제를 제출하고 본부요원 입회하에 본인이 직접 A3 용지에 흑백으로 도면을 출력하도록 한다. 이때 수험자의 작도 잘못으로 도면 출력이 안되는 경우 또는 출력시간이 10분을 초과할 경우는 실격처리한다(출력시간은 시험시간에서 제외한다).
6. 장비 조작 미숙으로 장비의 파손 및 고장을 일으킬 염려가 있을 경우 실격된다.
7. 다음과 같은 경우에는 채점대상에서 제외하니 유의하기 바란다.
   가) 실격
      (1) 시험 중 시설 장비의 조작 또는 재료의 취급이 미숙하여 위해를 일으킬 것으로 시험위원 전원이 합의하여 판단한 경우
   나) 미완성
      (1) 시험시간 내에 제출된 작품이라도 다음과 같은 경우
         ① 주어진 조건을 지키지 않고 작도한 경우
         ② 요구한 전 도면을 작도하지 않은 경우
         ③ 건축제도 통칙을 준수하지 않거나 건축 CAD의 기능이 없는 상태에서 완성된 도면
8. 수험번호, 성명은 도면 좌측 상단에 아래와 같이 표제란을 만들어 기재한다.

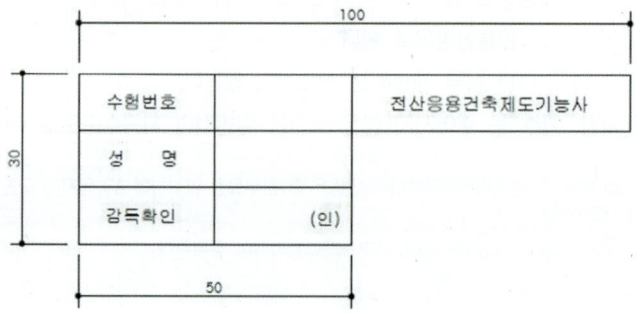

9. 감독위원은 시험 시작 후 수험자에게 표제란을 우선 작도 후 도면을 작도하도록 하여야 하며, 수험자가 감독위원의 동 지시를 따르지 않을 경우 실격처리한다.
10. 테두리선의 여백은 10mm로 한다.

3. 주택평면도 S : 1/100

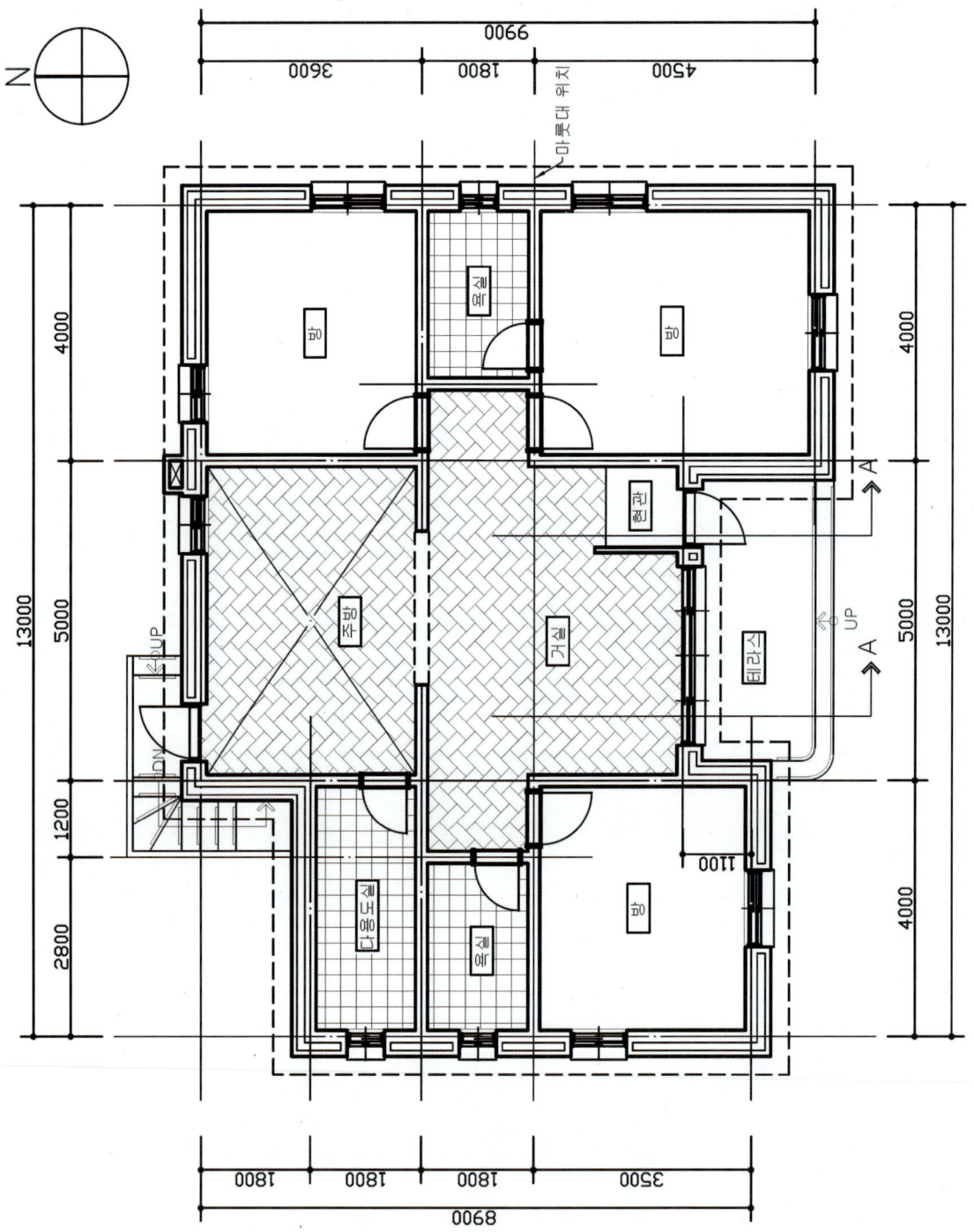

4. 지급재료 목록

일련번호	재료명	규격	단위	수량	비고
			자격종목	전산응용건축제도기능사	
1	출력용지	A3	장	2	
2	USB				
3	프린터잉크	검정기종별 표준량	개	1	1개 검정장당
4					
5					
6					
7					
8					
9					
10					
11					
12					
13					
14					
15					
16					
17					
18					
19					
20					
21					
22					

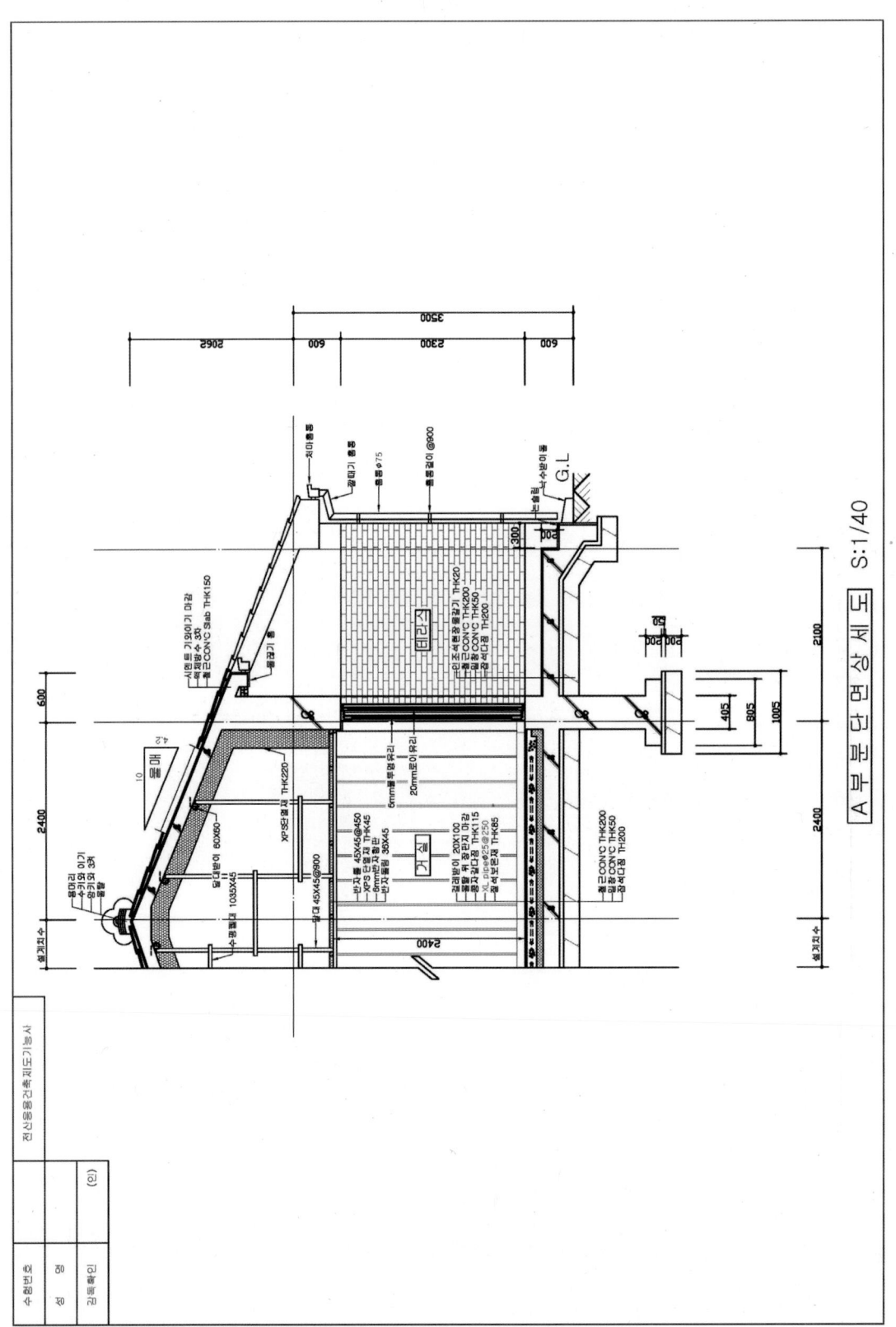

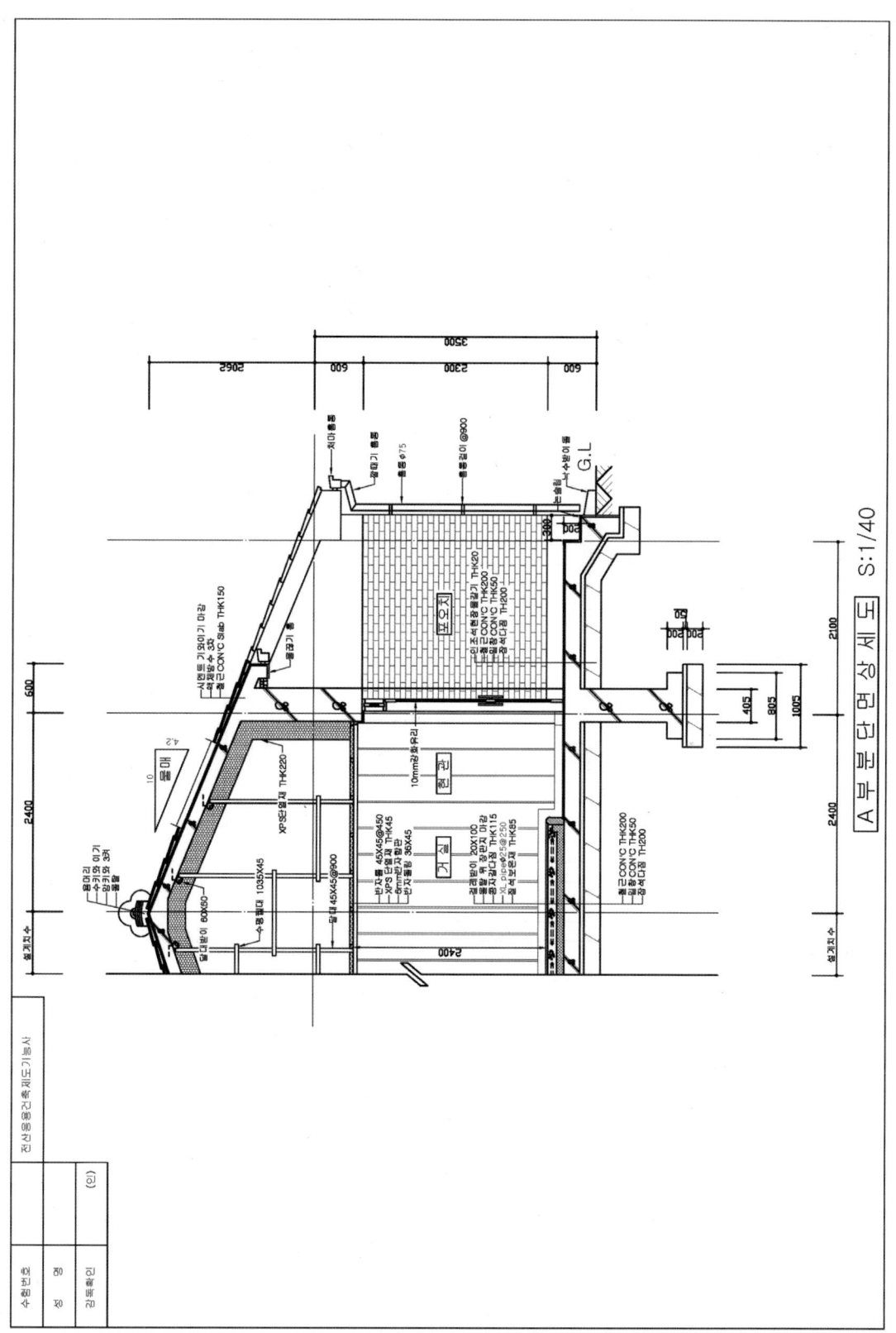

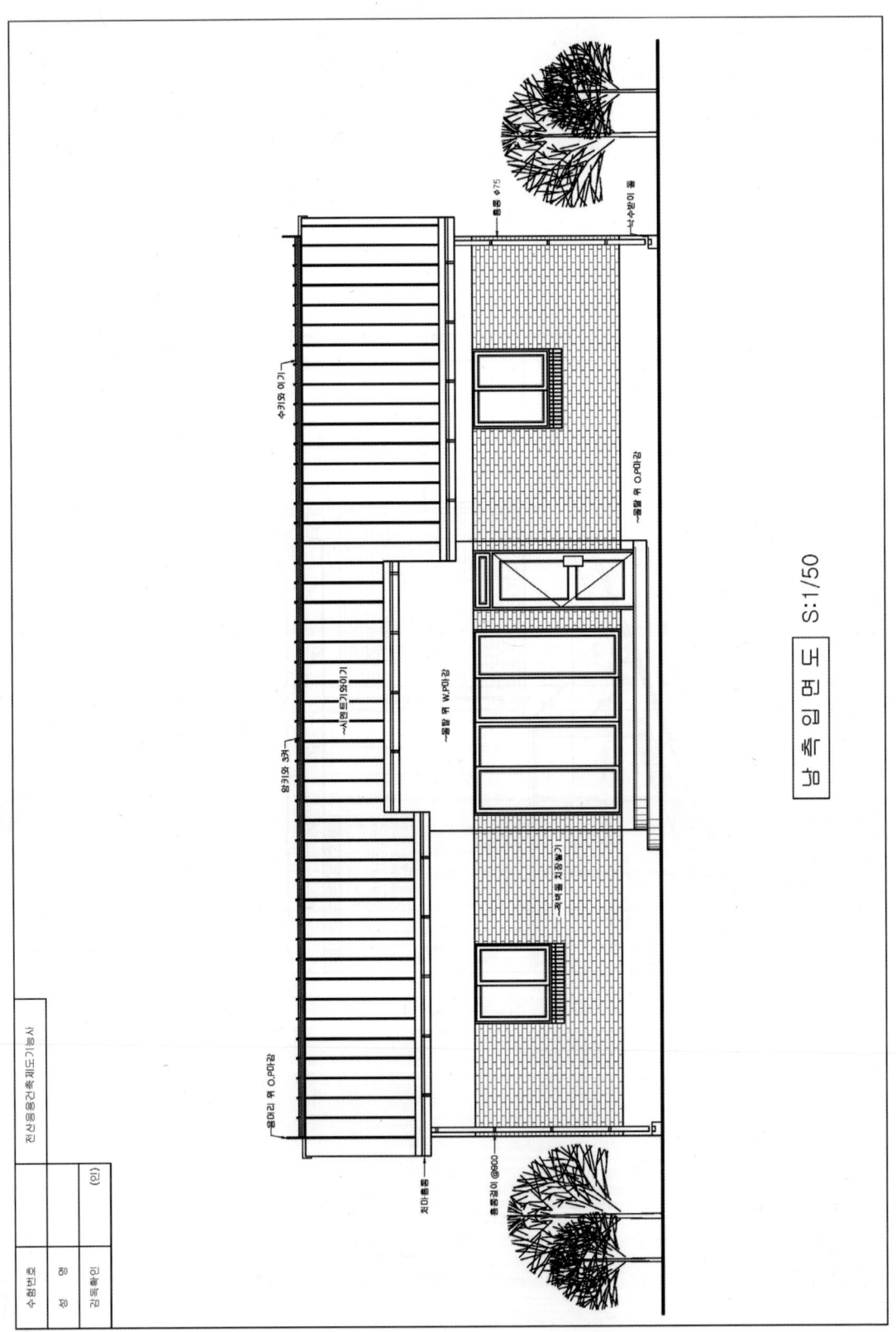

20 국가기술자격 검정 실기시험 예상문제 20

자격종목	전산응용건축제도기능사	작품명	주 택

비번호

1. 시험시간 : 표준시간 – 4시간 10분

〈요구사항〉

※ 주어진 평면도를 보고 CAD를 이용하여 아래 조건에 맞게 다음 도면을 작도하시오.

1) A 부분 단면 상세도를 축척 1/40로 작도하시오.
2) 남측 입면도를 축척 1/50로 작도하되 벽면재료 표시 및 주위의 배경 등 도면 효과를 충분히 고려한다.

※ 조건
- 기초 및 지하실 벽체 : 철근콘크리트 구조로 한다.
- 벽체 : 외벽 – 외부로부터 붉은벽돌 0.5B, 시멘트벽돌 1.0B로 하고, 외부마감은 제물치장으로 한다.
    내벽 – 두께 1.0B 시멘트벽돌 쌓기로 한다.
- 단열재 : 외벽 – 125mm, 바닥 – 85mm, 지붕 – 220mm, 1층 바닥 슬래브와 기초는 일체식으로 표현하시오.
- 지붕 : 철근콘크리트 경사슬랩 위 시멘트 기와잇기 마감으로 한다.(물매 : 4/10 이상)
- 처마나옴 : 벽체 중심에서 600mm
- 반자높이 : 2400mm, 처마반자 설치
- 창호 : 목재창호로 하되 2중창인 경우 외부창호는 알루미늄 샷시로 한다.
- 각 실의 난방 : 온수파이프 온돌난방으로 한다.
- 평면도에 표현되지 않은 현관 상부 캐노피는 작도하지 않는다.
- 기타 각 부분의 마감, 치수 등 주어지지 않은 조건은 일반적인 시공수준으로 한다.

    ※ 1. 도면작도 작업이 완료 후 감독위원으로부터 확인받은 후 본부요원 입회하에 A3 용지에 도면을 출력한다(단 도면출력시간은 시험시간에서 제외한다).
        2. 선의 통일을 기하기 위하여 아래와 같이 선의 색을 정리하여 출력한다.

- 입면선 : 흰색(7-white) - 0.3mm
- 단면선 : 노란색(2-yellow) - 0.4mm
- 중심선 : 빨강(1-red) - 0.2mm
- 보조선 : 녹색(3-green) - 0.2mm
- 치수 및 문자 : 하늘색(4-cyan) - 0.3mm
- 해칭선 : 파랑(5-blue) - 0.1mm

2. 수험자 유의사항

※ 다음 유의사항을 고려하여 요구사항을 완성하시오.

1. 명기되지 않은 조건은 건축법, 건축구조 및 건축제도 원칙에 따른다.
2. 시험 시작 전 바탕화면에 본인 비번호로 폴더를 생성하고, 폴더 안에 작업 내용을 저장하도록 하시오.
3. 정전 및 기계 고정 등에 의한 자료손실을 방지하기 위하여 수시로 저장한다.
4. 다음과 같은 경우는 부정행위로 처리한다.
   가) 노트 및 서적, 저장장치를 소지하거나 주고받는 행위
   나) 건물의 구조부분의 상세나 글씨 등을 사전에 블록으로 설정하여 지참 사용하는 경우
5. 작업이 끝나면 감독위원의 확인을 받은 후 문제를 제출하고 본부요원 입회하에 본인이 직접 A3 용지에 흑백으로 도면을 출력하도록 한다. 이때 수험자의 작도 잘못으로 도면 출력이 안되는 경우 또는 출력시간이 10분을 초과할 경우는 실격처리한다(출력시간은 시험시간에서 제외한다).
6. 장비 조작 미숙으로 장비의 파손 및 고장을 일으킬 염려가 있을 경우 실격된다.
7. 다음과 같은 경우에는 채점대상에서 제외하니 유의하기 바란다.
   가) 실격
      (1) 시험 중 시설 장비의 조작 또는 재료의 취급이 미숙하여 위해를 일으킬 것으로 시험위원 전원이 합의하여 판단한 경우
   나) 미완성
      (1) 시험시간 내에 제출된 작품이라도 다음과 같은 경우
         ① 주어진 조건을 지키지 않고 작도한 경우
         ② 요구한 전 도면을 작도하지 않은 경우
         ③ 건축제도 통칙을 준수하지 않거나 건축 CAD의 기능이 없는 상태에서 완성된 도면
8. 수험번호, 성명은 도면 좌측 상단에 아래와 같이 표제란을 만들어 기재한다.

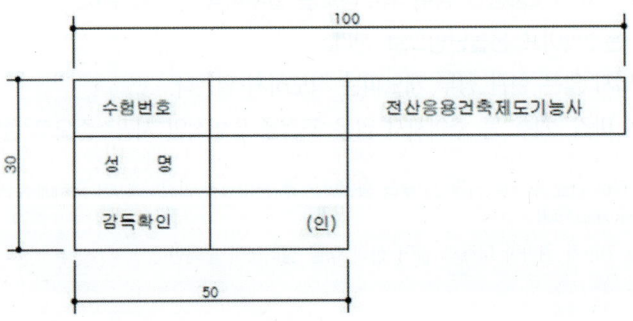

9. 감독위원은 시험 시작 후 수험자에게 표제란을 우선 작도 후 도면을 작도하도록 하여야 하며, 수험자가 감독위원의 동 지시를 따르지 않을 경우 실격처리한다.
10. 테두리선의 여백은 10mm로 한다.

3. 주택평면도 S : 1/100

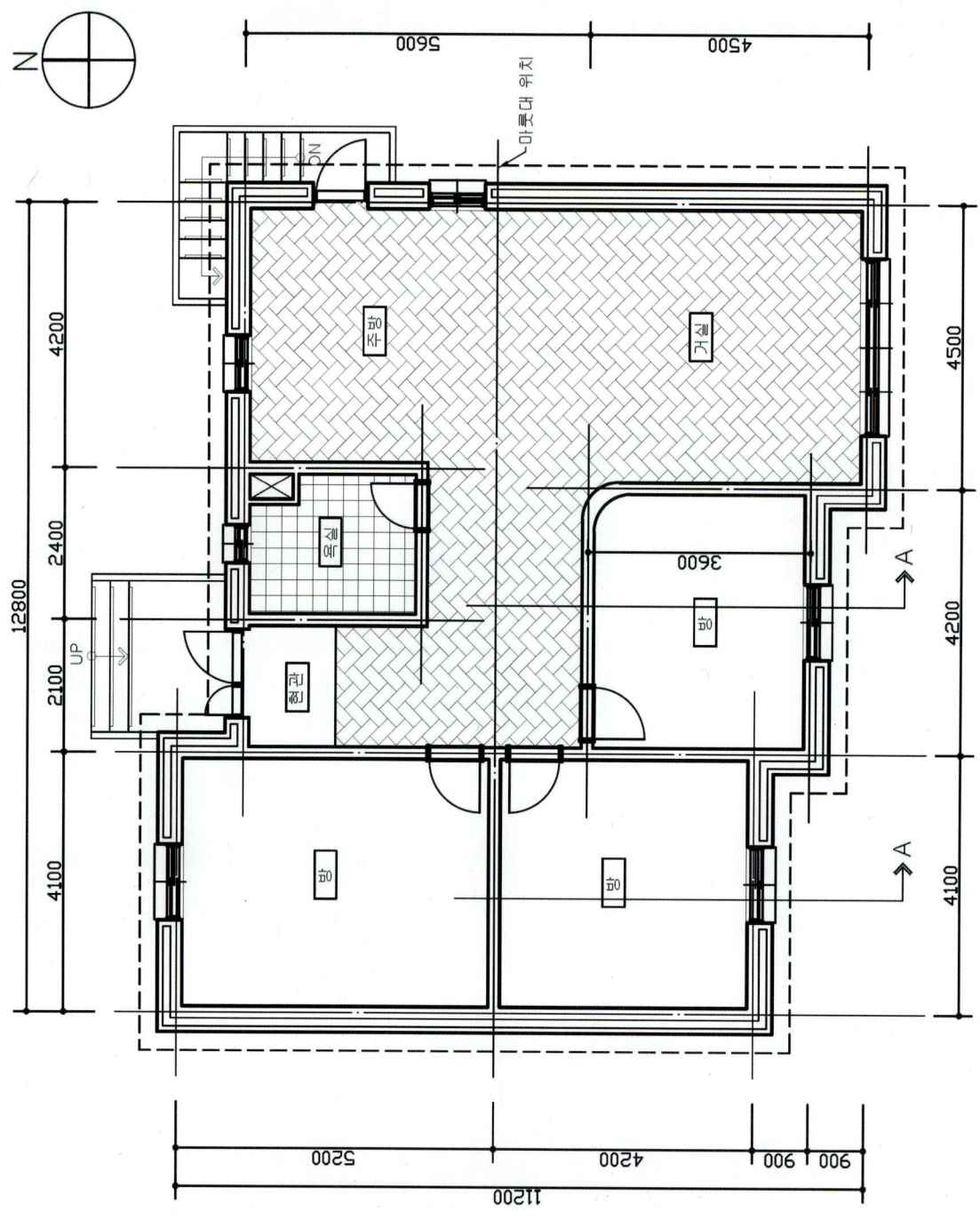

4. 지급재료 목록

일련번호	재료명	규격	자격종목		전산응용건축제도기능사	
			단위	수량	비고	
1	출력용지	A3	장	2		
2	USB					
3	프린터잉크	검정기종별 표준량	개	1	1개 검정장당	
4						
5						
6						
7						
8						
9						
10						
11						
12						
13						
14						
15						
16						
17						
18						
19						
20						
21						
22						

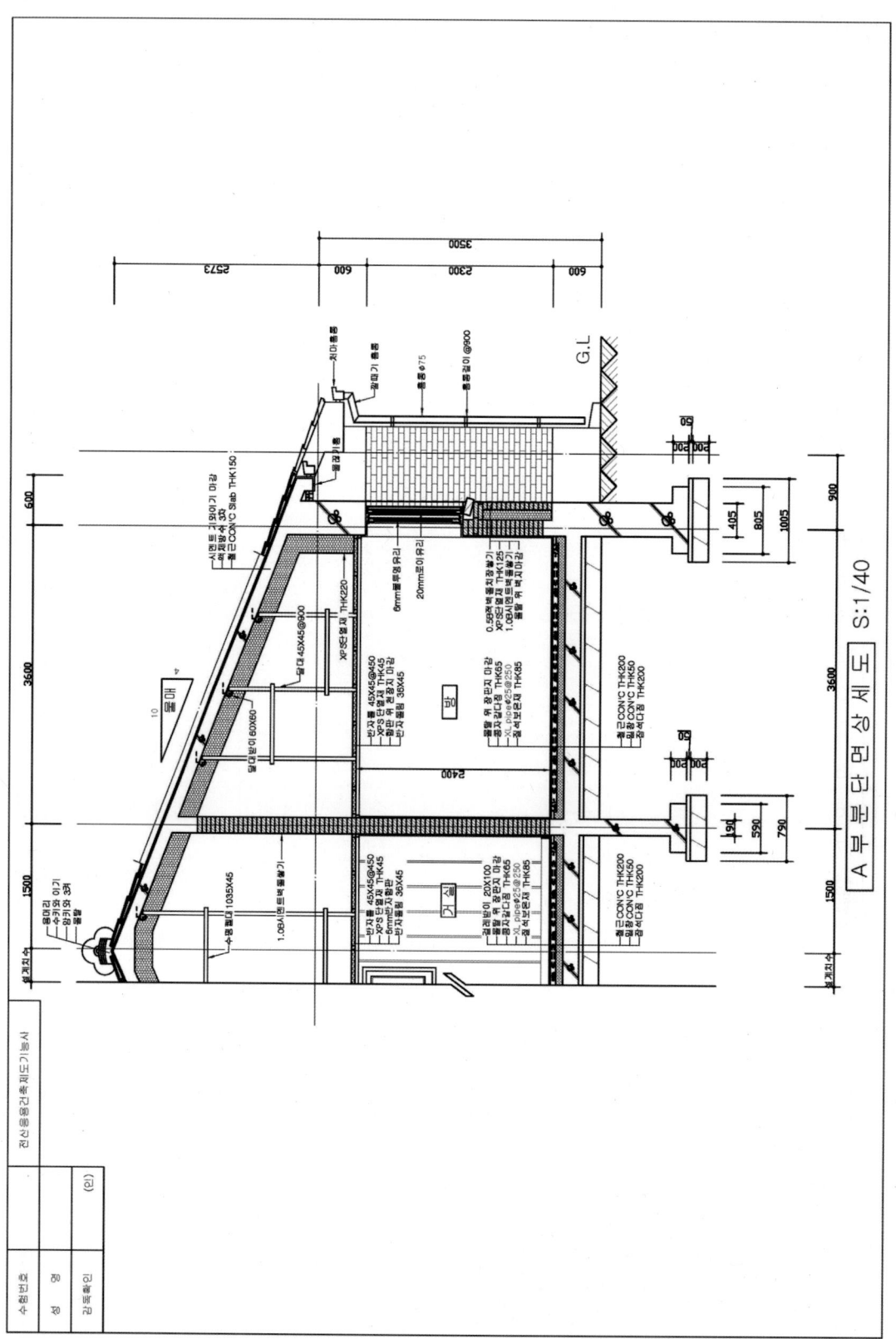

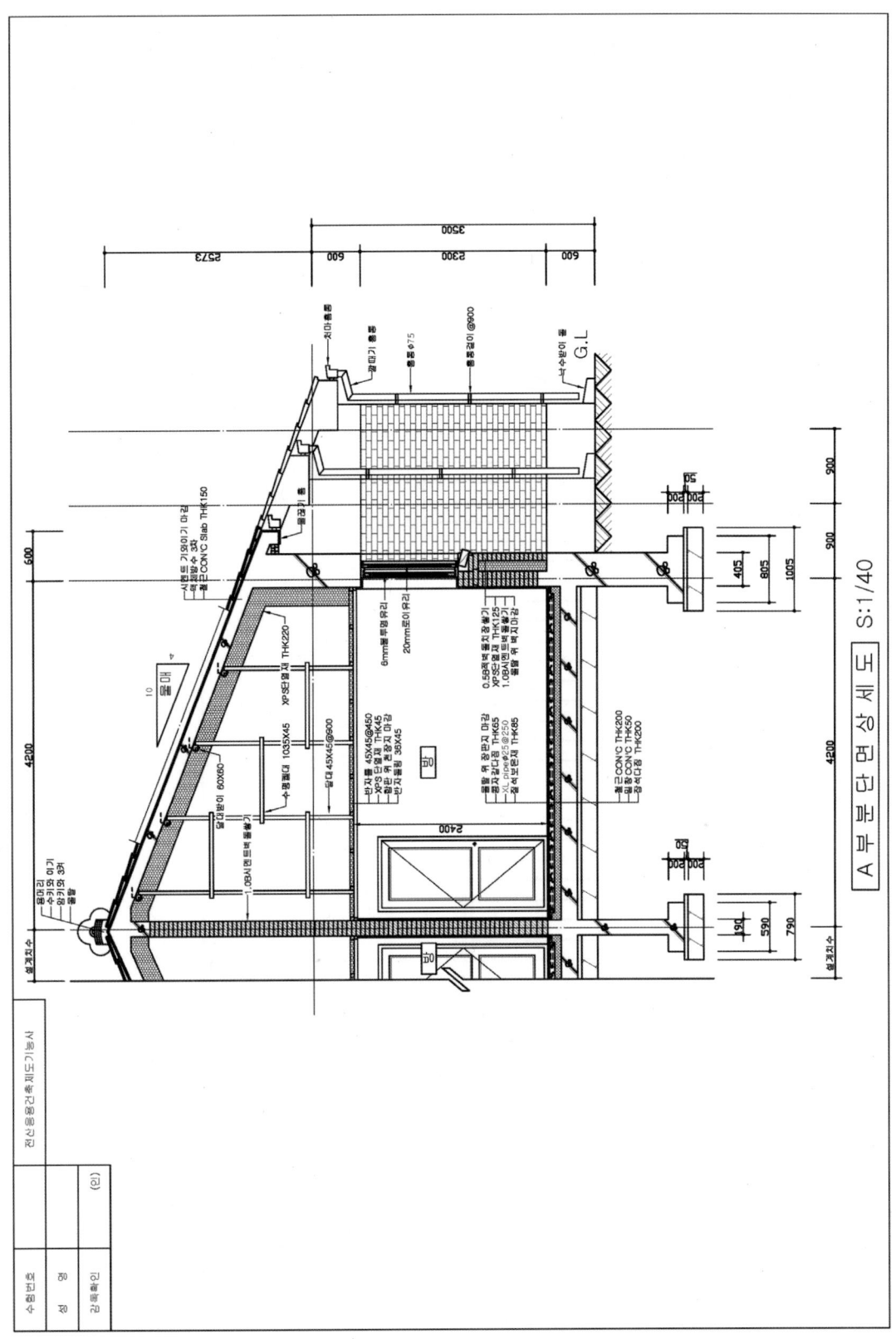

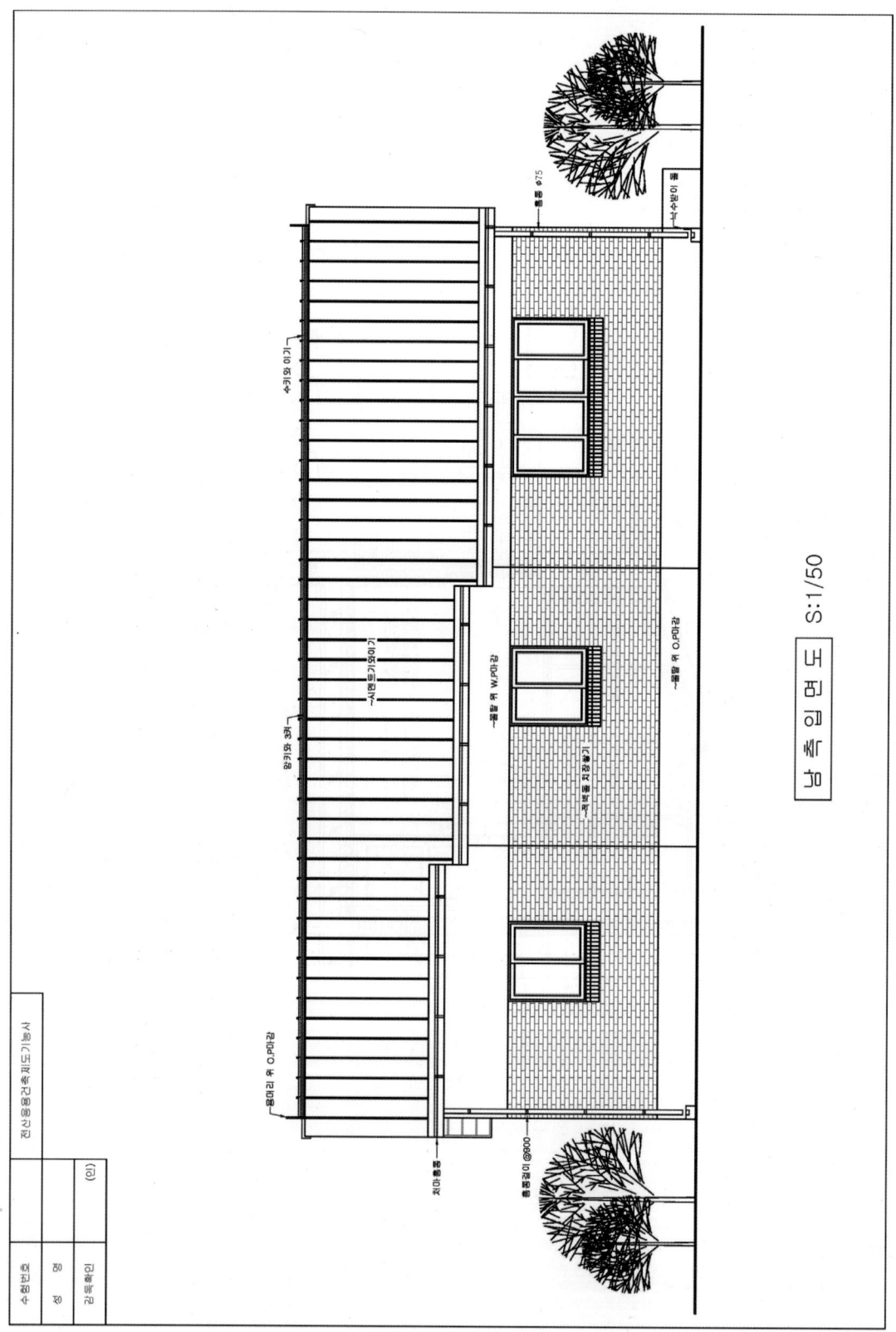

21 국가기술자격 검정 실기시험 예상문제 21

자격종목	전산응용건축제도기능사	작품명	주 택

비번호

1. 시험시간 : 표준시간 – 4시간 10분

〈요구사항〉

※ 주어진 평면도를 보고 CAD를 이용하여 아래 조건에 맞게 다음 도면을 작도하시오.

1) A 부분 단면 상세도를 축척 1/40로 작도하시오.
2) 남측 입면도를 축척 1/50로 작도하되 벽면재료 표시 및 주위의 배경 등 도면 효과를 충분히 고려한다.

※ 조건
- 기초 및 지하실 벽체 : 철근콘크리트 구조로 한다.
- 벽체 : 외벽 – 외부로부터 붉은벽돌 0.5B, 시멘트벽돌 1.0B로 하고, 외부마감은 제물치장으로 한다.
  내벽 – 두께 1.0B 시멘트벽돌 쌓기로 한다.
- 단열재 : 외벽 – 125mm, 바닥 – 85mm, 지붕 – 180mm, 1층 바닥 슬래브와 기초는 일체식으로 표현하시오.
- 지붕 : 철근콘크리트 경사슬랩 위 시멘트 기와잇기 마감으로 한다.(물매 : 3.5/10 이상)
- 처마나옴 : 벽체 중심에서 600mm
- 반자높이 : 2400mm, 처마반자 설치
- 창호 : 목재창호로 하되 2중창인 경우 외부창호는 알루미늄 샷시로 한다.
- 각 실의 난방 : 온수파이프 온돌난방으로 한다.
- 평면도에 표현되지 않은 현관 상부 캐노피는 작도하지 않는다.
- 기타 각 부분의 마감, 치수 등 주어지지 않은 조건은 일반적인 시공수준으로 한다.

  ※ 1. 도면작도 작업이 완료 후 감독위원으로부터 확인받은 후 본부요원 입회하에 A3 용지에 도면을 출력한다(단 도면출력시간은 시험시간에서 제외한다).
  2. 선의 통일을 기하기 위하여 아래와 같이 선의 색을 정리하여 출력한다.

- 입면선 : 흰색(7-white) - 0.3mm
- 단면선 : 노란색(2-yellow) - 0.4mm
- 중심선 : 빨강(1-red) - 0.2mm
- 보조선 : 녹색(3-green) - 0.2mm
- 치수 및 문자 : 하늘색(4-cyan) - 0.3mm
- 해칭선 : 파랑(5-blue) - 0.1mm

2. 수험자 유의사항

※ 다음 유의사항을 고려하여 요구사항을 완성하시오.

1. 명기되지 않은 조건은 건축법, 건축구조 및 건축제도 원칙에 따른다.
2. 시험 시작 전 바탕화면에 본인 비번호로 폴더를 생성하고, 폴더 안에 작업 내용을 저장하도록 하시오.
3. 정전 및 기계 고정 등에 의한 자료손실을 방지하기 위하여 수시로 저장한다.
4. 다음과 같은 경우는 부정행위로 처리한다.
    가) 노트 및 서적, 저장장치를 소지하거나 주고받는 행위
    나) 건물의 구조부분의 상세나 글씨 등을 사전에 블록으로 설정하여 지참 사용하는 경우
5. 작업이 끝나면 감독위원의 확인을 받은 후 문제를 제출하고 본부요원 입회하에 본인이 직접 A3 용지에 흑백으로 도면을 출력하도록 한다. 이때 수험자의 작도 잘못으로 도면 출력이 안되는 경우 또는 출력시간이 10분을 초과할 경우는 실격처리한다(출력시간은 시험시간에서 제외한다).
6. 장비 조작 미숙으로 장비의 파손 및 고장을 일으킬 염려가 있을 경우 실격된다.
7. 다음과 같은 경우에는 체점대상에서 제외하니 유의하기 바란다.
    가) 실격
        (1) 시험 중 시설 장비의 조작 또는 재료의 취급이 미숙하여 위해를 일으킬 것으로 시험위원 전원이 합의하여 판단한 경우
    나) 미완성
        (1) 시험시간 내에 제출된 작품이라도 다음과 같은 경우
            ① 주어진 조건을 지키지 않고 작도한 경우
            ② 요구한 전 도면을 작도하지 않은 경우
            ③ 건축제도 통칙을 준수하지 않거나 건축 CAD의 기능이 없는 상태에서 완성된 도면
8. 수험번호, 성명은 도면 좌측 상단에 아래와 같이 표제란을 만들어 기재한다.

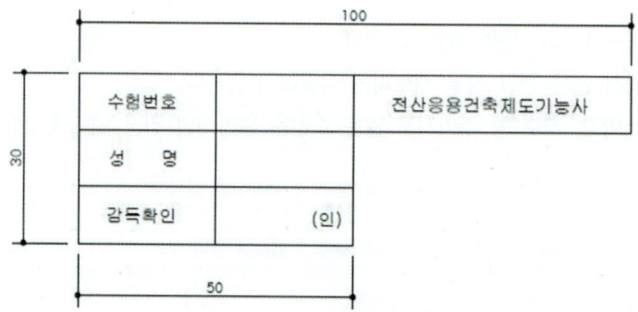

9. 감독위원은 시험 시작 후 수험자에게 표제란을 우선 작도 후 도면을 작도하도록 하여야 하며, 수험자가 감독위원의 동 지시를 따르지 않을 경우 실격처리한다.
10. 테두리선의 여백은 10mm로 한다.

3. 주택평면도 S : 1/100

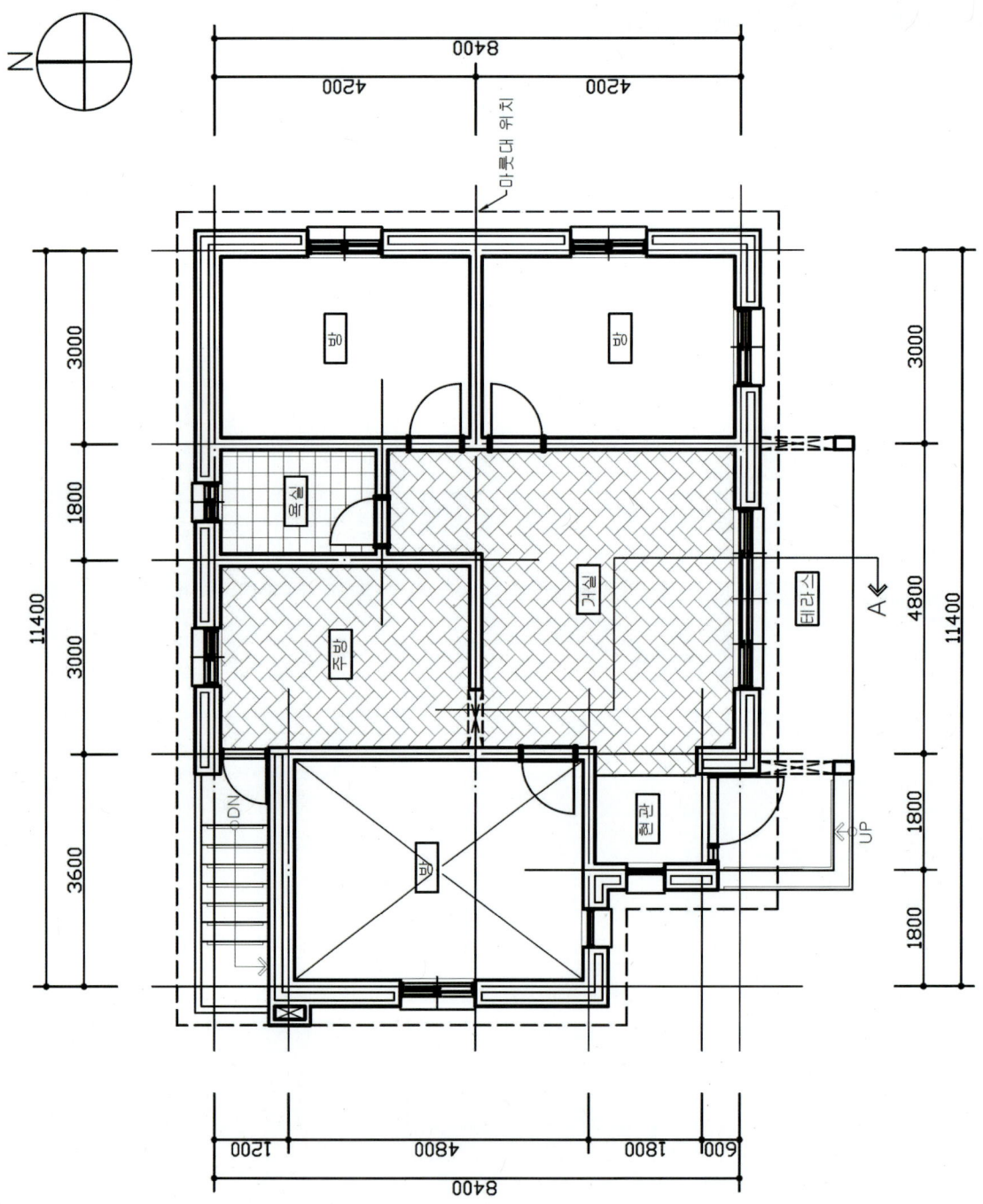

4. 지급재료 목록

일련번호	재료명	규격	자격종목	전산응용건축제도기능사	
			단위	수량	비고
1	출력용지	A3	장	2	
2	USB				
3	프린터잉크	검정기종별 표준량	개	1	1개 검정장당
4					
5					
6					
7					
8					
9					
10					
11					
12					
13					
14					
15					
16					
17					
18					
19					
20					
21					
22					

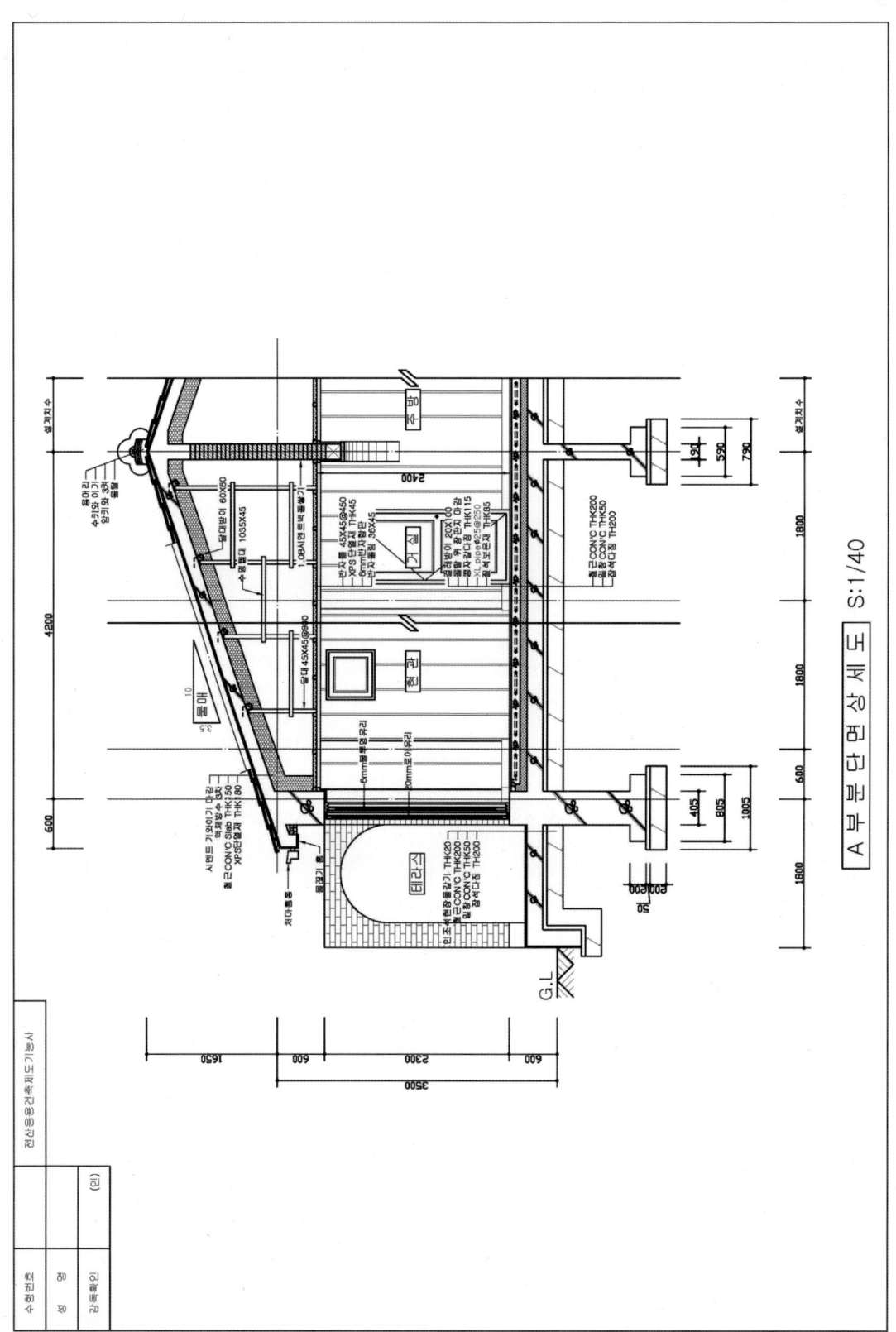

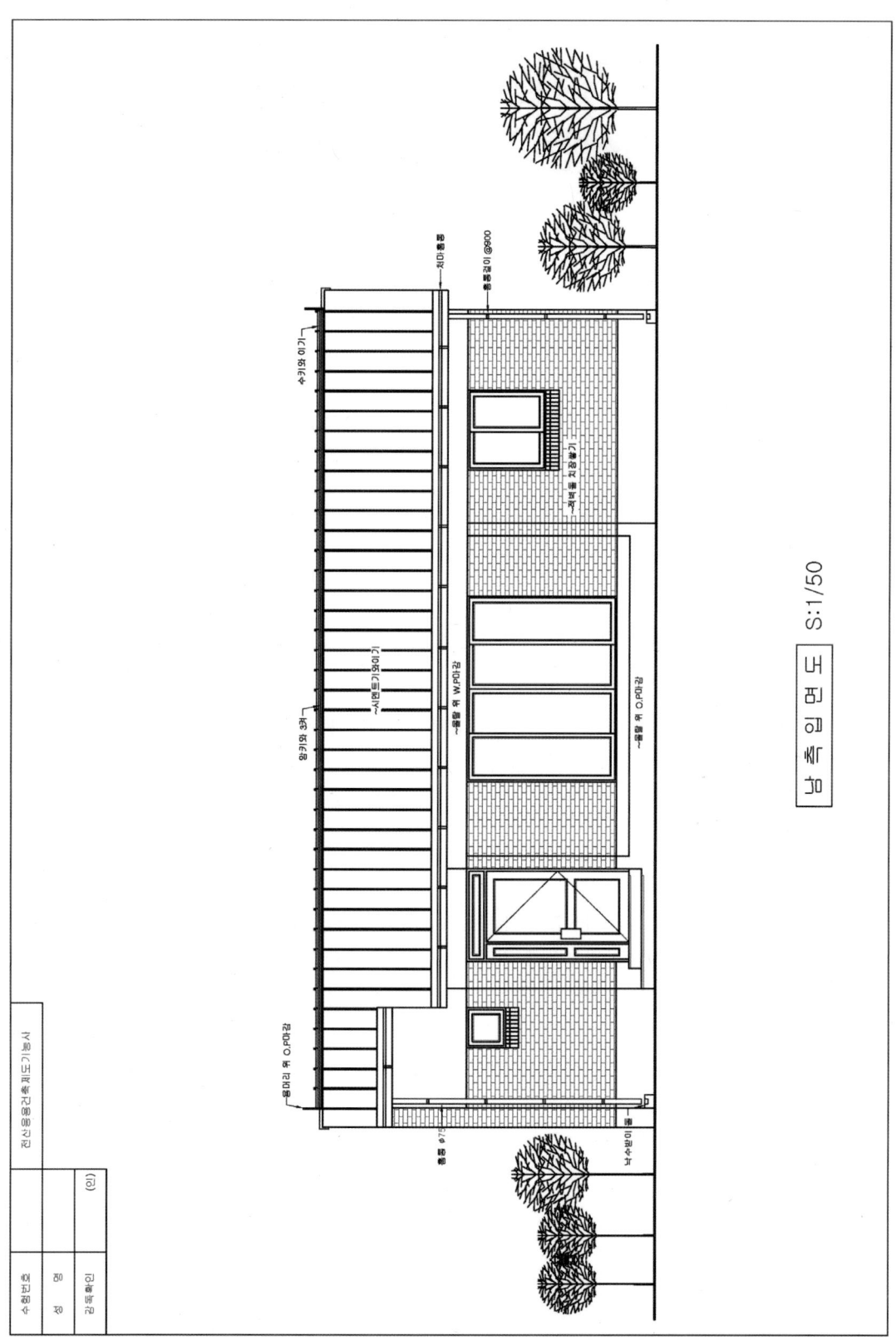

22 국가기술자격 검정 실기시험 예상문제 22

자격종목	전산응용건축제도기능사	작품명	주 택

비번호

1. 시험시간 : 표준시간 - 4시간 10분

〈요구사항〉

※ 주어진 평면도를 보고 CAD를 이용하여 아래 조건에 맞게 다음 도면을 작도하시오.

1) A 부분 단면 상세도를 축척 1/40로 작도하시오.
2) 남측 입면도를 축척 1/50로 작도하되 벽면재료 표시 및 주위의 배경 등 도면 효과를 충분히 고려한다.

※ 조건
- 기초 및 지하실 벽체 : 철근콘크리트 구조로 한다.
- 벽체 : 외벽 - 외부로부터 붉은벽돌 0.5B, 시멘트벽돌 1.0B로 하고, 외부마감은 제물치장으로 한다.
        내벽 - 두께 1.0B 시멘트벽돌 쌓기로 한다.
- 단열재 : 외벽 - 125mm, 바닥 - 85mm, 지붕 - 220mm, 1층 바닥 슬래브와 기초는 일체식으로 표현하시오.
- 지붕 : 철근콘크리트 경사슬랩 위 시멘트 기와잇기 마감으로 한다.(물매 : 4/10 이상)
- 처마나옴 : 벽체 중심에서 600mm
- 반자높이 : 2400mm, 처마반자 설치
- 창호 : 목재창호로 하되 2중창인 경우 외부창호는 알루미늄 샷시로 한다.
- 각 실의 난방 : 온수파이프 온돌난방으로 한다.
- 평면도에 표현되지 않은 현관 상부 캐노피는 작도하지 않는다.
- 기타 각 부분의 마감, 치수 등 주어지지 않은 조건은 일반적인 시공수준으로 한다.

※ 1. 도면작도 작업이 완료 후 감독위원으로부터 확인받은 후 본부요원 입회하에 A3 용지에 도면을 출력한다(단 도면출력시간은 시험시간에서 제외한다).
   2. 선의 통일을 기하기 위하여 아래와 같이 선의 색을 정리하여 출력한다.

- 입면선 : 흰색(7-white) - 0.3mm
- 단면선 : 노란색(2-yellow) - 0.4mm
- 중심선 : 빨강(1-red) - 0.2mm
- 보조선 : 녹색(3-green) - 0.2mm
- 치수 및 문자 : 하늘색(4-cyan) - 0.3mm
- 해칭선 : 파랑(5-blue) - 0.1mm

2. 수험자 유의사항

※ 다음 유의사항을 고려하여 요구사항을 완성하시오.

1. 명기되지 않은 조건은 건축법, 건축구조 및 건축제도 원칙에 따른다.
2. 시험 시작 전 바탕화면에 본인 비번호로 폴더를 생성하고, 폴더 안에 작업 내용을 저장하도록 하시오.
3. 정전 및 기계 고정 등에 의한 자료손실을 방지하기 위하여 수시로 저장한다.
4. 다음과 같은 경우는 부정행위로 처리한다.
   가) 노트 및 서적, 저장장치를 소지하거나 주고받는 행위
   나) 건물의 구조부분의 상세나 글씨 등을 사전에 블록으로 설정하여 지참 사용하는 경우
5. 작업이 끝나면 감독위원의 확인을 받은 후 문제를 제출하고 본부요원 입회하에 본인이 직접 A3 용지에 흑백으로 도면을 출력하도록 한다. 이때 수험자의 작도 잘못으로 도면 출력이 안되는 경우 또는 출력시간이 10분을 초과할 경우는 실격처리한다(출력시간은 시험시간에서 제외한다).
6. 장비 조작 미숙으로 장비의 파손 및 고장을 일으킬 염려가 있을 경우 실격된다.
7. 다음과 같은 경우에는 체점대상에서 제외하니 유의하기 바란다.
   가) 실격
      (1) 시험 중 시설 장비의 조작 또는 재료의 취급이 미숙하여 위해를 일으킬 것으로 시험위원 전원이 합의하여 판단한 경우
   나) 미완성
      (1) 시험시간 내에 제출된 작품이라도 다음과 같은 경우
         ① 주어진 조건을 지키지 않고 작도한 경우
         ② 요구한 전 도면을 작도하지 않은 경우
         ③ 건축제도 통칙을 준수하지 않거나 건축 CAD의 기능이 없는 상태에서 완성된 도면
8. 수험번호, 성명은 도면 좌측 상단에 아래와 같이 표제란을 만들어 기재한다.

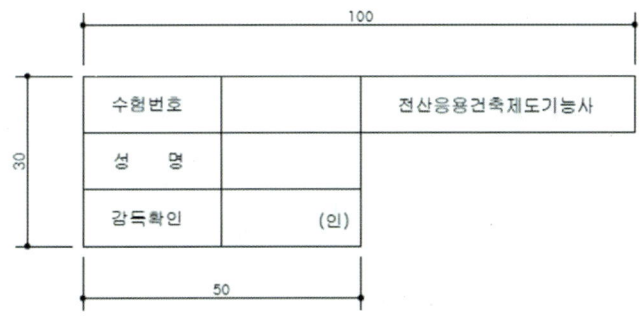

9. 감독위원은 시험 시작 후 수험자에게 표제란을 우선 작도 후 도면을 작도하도록 하여야 하며, 수험자가 감독위원의 동 지시를 따르지 않을 경우 실격처리한다.
10. 테두리선의 여백은 10mm로 한다.

3. 주택평면도 S : 1/100

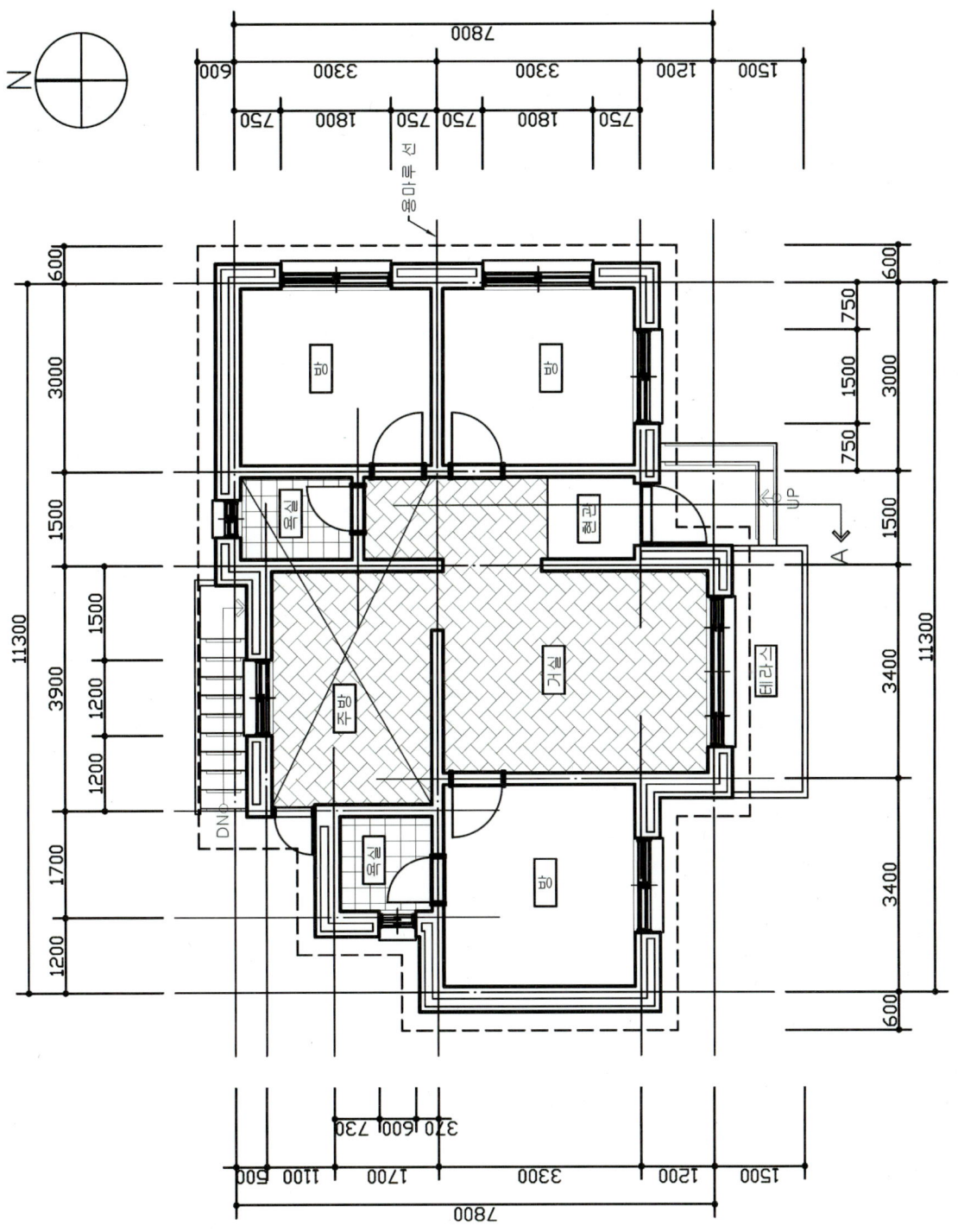

4. 지급재료 목록

일련번호	재료명	규격	자격종목		전산응용건축제도기능사
			단위	수량	비고
1	출력용지	A3	장	2	
2	USB				
3	프린터잉크	검정기종별 표준량	개	1	1개 검정장당
4					
5					
6					
7					
8					
9					
10					
11					
12					
13					
14					
15					
16					
17					
18					
19					
20					
21					
22					

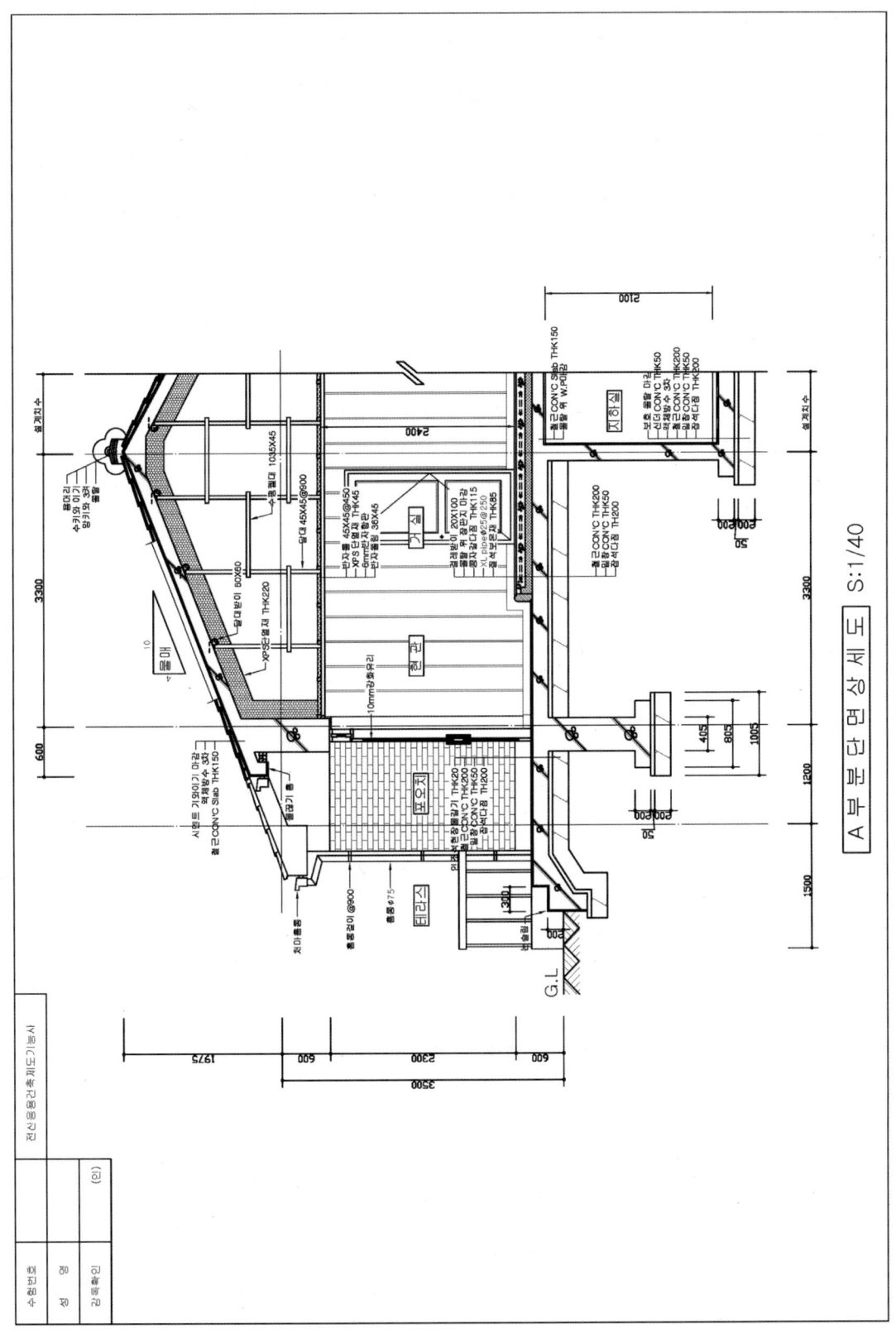

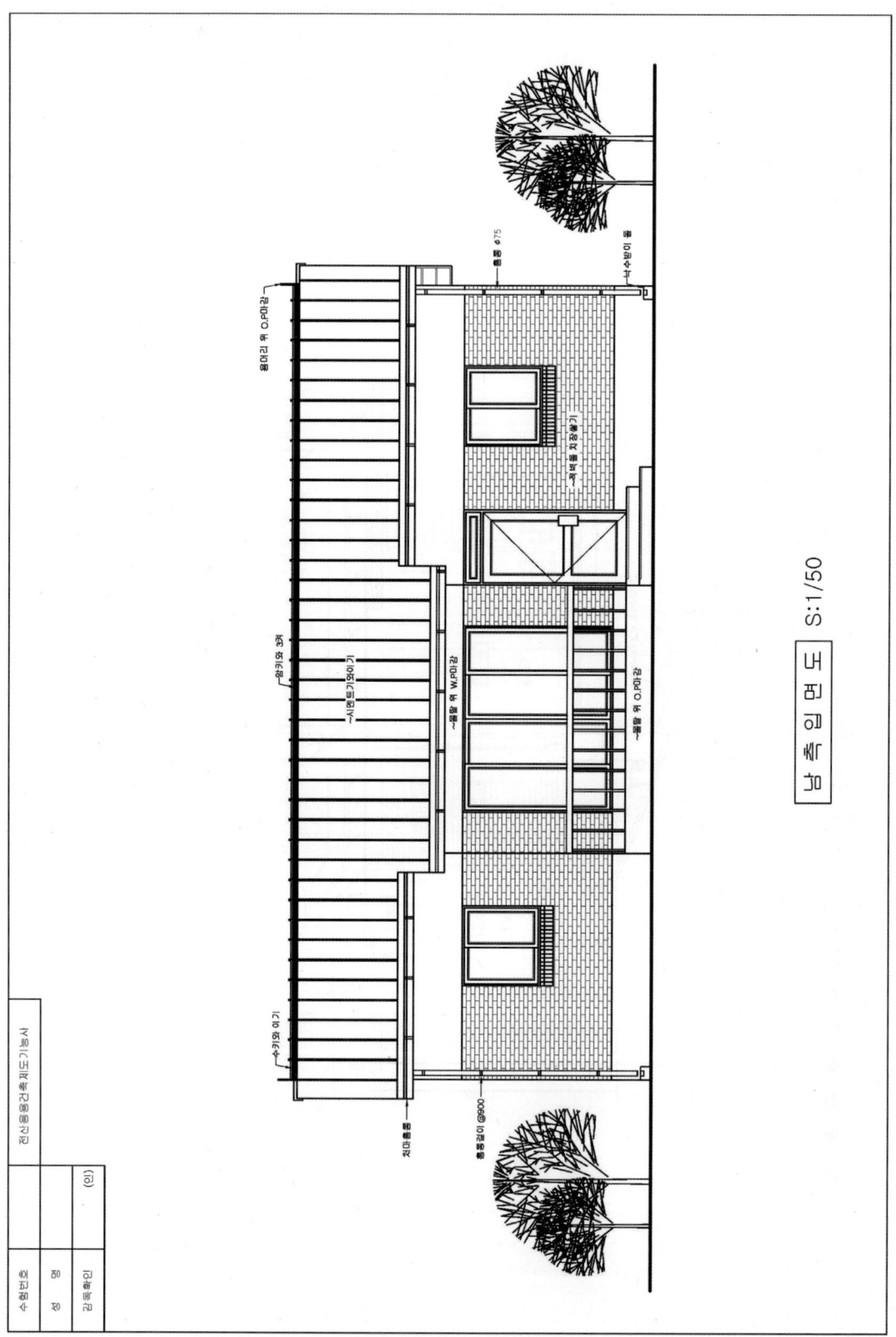

23 국가기술자격 검정 실기시험 예상문제 23

자격종목	전산응용건축제도기능사	작품명	주 택

비번호

1. 시험시간 : 표준시간 - 4시간 10분

〈요구사항〉

※ 주어진 평면도를 보고 CAD를 이용하여 아래 조건에 맞게 다음 도면을 작도하시오.

1) A 부분 단면 상세도를 축척 1/40로 작도하시오.
2) 남측 입면도를 축척 1/50로 작도하되 벽면재료 표시 및 주위의 배경 등 도면 효과를 충분히 고려한다.

※ 조건
- 기초 및 지하실 벽체 : 철근콘크리트 구조로 한다.
- 벽체 : 외벽 - 외부로부터 붉은벽돌 0.5B, 시멘트벽돌 1.0B로 하고, 외부마감은 제물치장으로 한다.
  내벽 - 두께 1.0B 시멘트벽돌 쌓기로 한다.
- 단열재 : 외벽 - 125mm, 바닥 - 85mm, 지붕 - 220mm, 1층 바닥 슬래브와 기초는 일체식으로 표현하시오.
- 지붕 : 철근콘크리트 경사슬랩 위 시멘트 기와잇기 마감으로 한다.(물매 : 4/10 이상)
- 처마나옴 : 벽체 중심에서 600mm
- 반자높이 : 2400mm, 처마반자 설치
- 창호 : 목재창호로 하되 2중창인 경우 외부창호는 알루미늄 샷시로 한다.
- 각 실의 난방 : 온수파이프 온돌난방으로 한다.
- 평면도에 표현되지 않은 현관 상부 캐노피는 작도하지 않는다.
- 기타 각 부분의 마감, 치수 등 주어지지 않은 조건은 일반적인 시공수준으로 한다.

  ※ 1. 도면작도 작업이 완료 후 감독위원으로부터 확인받은 후 본부요원 입회하에 A3 용지에 도면을 출력한다(단 도면출력시간은 시험시간에서 제외한다).
     2. 선의 통일을 기하기 위하여 아래와 같이 선의 색을 정리하여 출력한다.

- 입면선 : 흰색(7-white) - 0.3mm
- 단면선 : 노란색(2-yellow) - 0.4mm
- 중심선 : 빨강(1-red) - 0.2mm
- 보조선 : 녹색(3-green) - 0.2mm
- 치수 및 문자 : 하늘색(4-cyan) - 0.3mm
- 해칭선 : 파랑(5-blue) - 0.1mm

2. 수험자 유의사항

※ 다음 유의사항을 고려하여 요구사항을 완성하시오.

1. 명기되지 않은 조건은 건축법, 건축구조 및 건축제도 원칙에 따른다.
2. 시험 시작 전 바탕화면에 본인 비번호로 폴더를 생성하고, 폴더 안에 작업 내용을 저장하도록 하시오.
3. 정전 및 기계 고장 등에 의한 자료손실을 방지하기 위하여 수시로 저장한다.
4. 다음과 같은 경우는 부정행위로 처리한다.
    가) 노트 및 서적, 저장장치를 소지하거나 주고받는 행위
    나) 건물의 구조부분의 상세나 글씨 등을 사전에 블록으로 설정하여 지참 사용하는 경우
5. 작업이 끝나면 감독위원의 확인을 받은 후 문제를 제출하고 본부요원 입회하에 본인이 직접 A3 용지에 흑백으로 도면을 출력하도록 한다. 이때 수험자의 작도 잘못으로 도면 출력이 안되는 경우 또는 출력시간이 10분을 초과할 경우는 실격처리한다(출력시간은 시험시간에서 제외한다).
6. 장비 조작 미숙으로 장비의 파손 및 고장을 일으킬 염려가 있을 경우 실격된다.
7. 다음과 같은 경우에는 채점대상에서 제외하니 유의하기 바란다.
    가) 실격
        (1) 시험 중 시설 장비의 조작 또는 재료의 취급이 미숙하여 위해를 일으킬 것으로 시험위원 전원이 합의하여 판단한 경우
    나) 미완성
        (1) 시험시간 내에 제출된 작품이라도 다음과 같은 경우
            ① 주어진 조건을 지키지 않고 작도한 경우
            ② 요구한 전 도면을 작도하지 않은 경우
            ③ 건축제도 통칙을 준수하지 않거나 건축 CAD의 기능이 없는 상태에서 완성된 도면
8. 수험번호, 성명은 도면 좌측 상단에 아래와 같이 표제란을 만들어 기재한다.

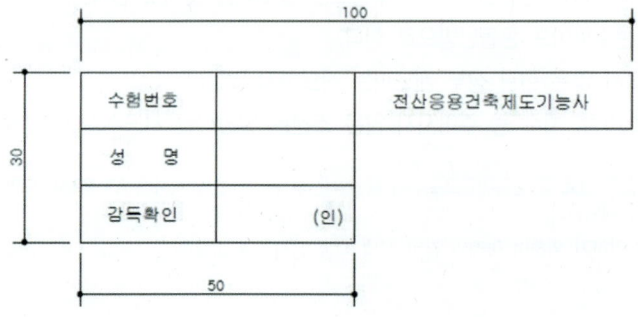

9. 감독위원은 시험 시작 후 수험자에게 표제란을 우선 작도 후 도면을 작도하도록 하여야 하며, 수험자가 감독위원의 동 지시를 따르지 않을 경우 실격처리한다.
10. 테두리선의 여백은 10mm로 한다.

3. 주택평면도 S : 1/100

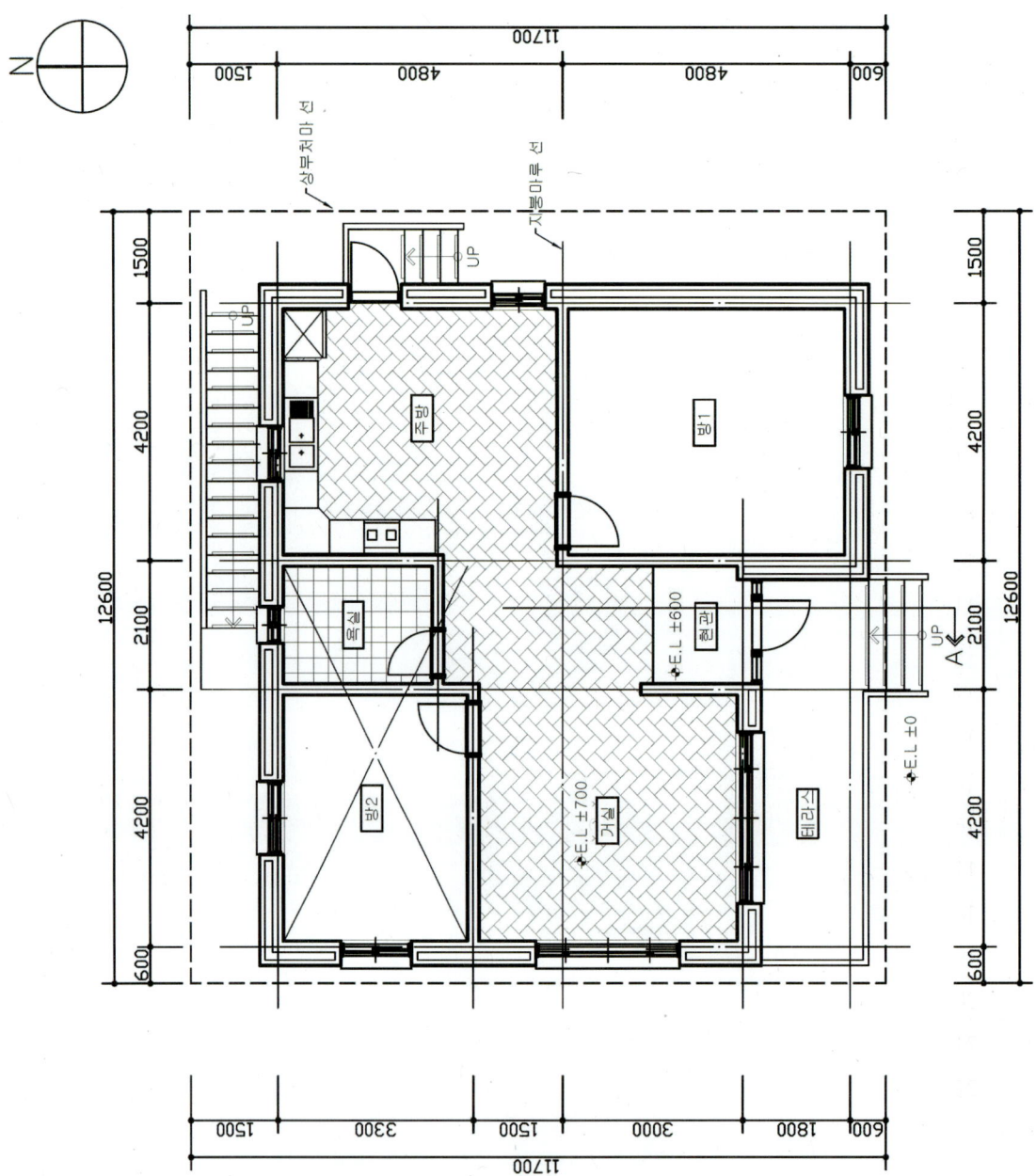

4. 지급재료 목록

일련번호	재료명	규격	자격종목	전산응용건축제도기능사	
			단위	수량	비고
1	출력용지	A3	장	2	
2	USB				
3	프린터잉크	검정기종별 표준량	개	1	1개 검정장당
4					
5					
6					
7					
8					
9					
10					
11					
12					
13					
14					
15					
16					
17					
18					
19					
20					
21					
22					

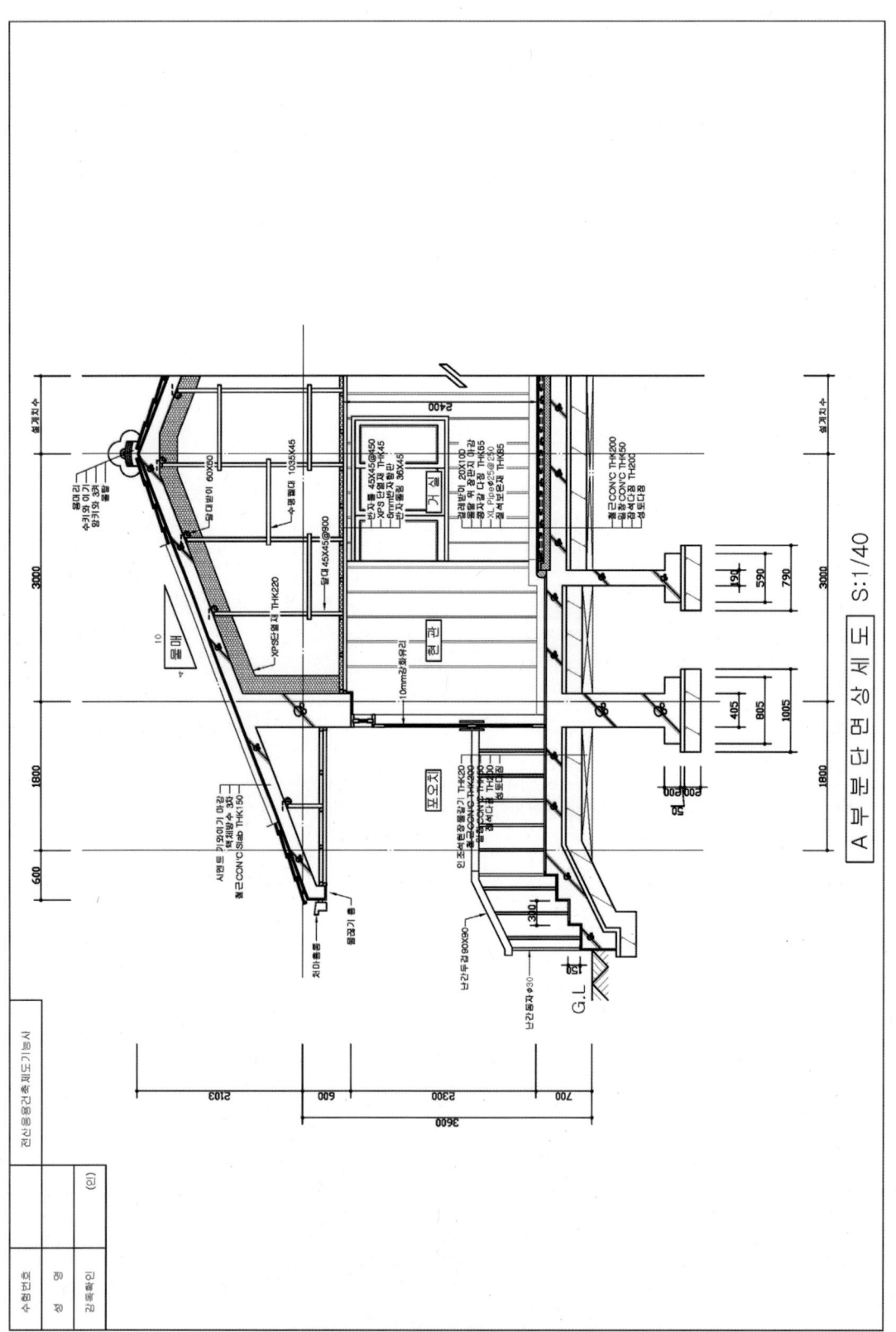

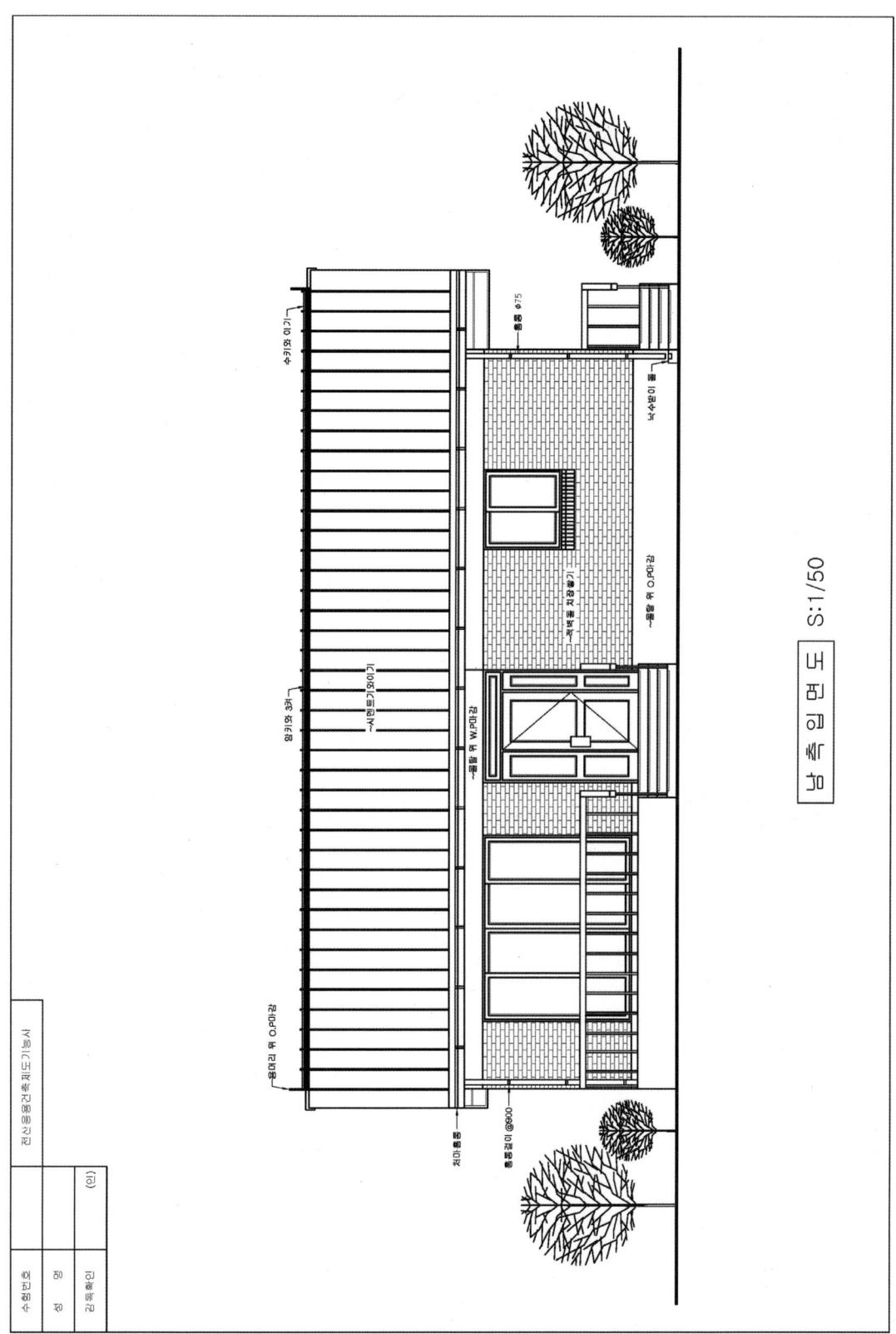

국가기술자격 검정 실기시험 예상문제 24

자격종목	전산응용건축제도기능사	작품명	주 택

비번호

1. 시험시간 : 표준시간 – 4시간 10분

〈요구사항〉

※ 주어진 평면도를 보고 CAD를 이용하여 아래 조건에 맞게 다음 도면을 작도하시오.

1) A 부분 단면 상세도를 축척 1/40로 작도하시오.
2) 남측 입면도를 축척 1/50로 작도하되 벽면재료 표시 및 주위의 배경 등 도면 효과를 충분히 고려한다.

※ 조건
- 기초 및 지하실 벽체 : 철근콘크리트 구조로 한다.
- 벽체 : 외벽 – 외부로부터 붉은벽돌 0.5B, 시멘트벽돌 1.0B로 하고, 외부마감은 제물치장으로 한다.
         내벽 – 두께 1.0B 시멘트벽돌 쌓기로 한다.
- 단열재 : 외벽 – 125mm, 바닥 – 85mm, 지붕 – 220mm, 1층 바닥 슬래브와 기초는 일체식으로 표현하시오.
- 지붕 : 철근콘크리트 경사슬랩 위 시멘트 기와잇기 마감으로 한다.(물매 : 4/10 이상)
- 처마나옴 : 벽체 중심에서 600mm
- 반자높이 : 2400mm, 처마반자 설치
- 창호 : 합성수지 2중창으로 한다.
- 각 실의 난방 : 온수파이프 온돌난방으로 한다.
- 평면도에 표현되지 않은 현관 상부 캐노피는 작도하지 않는다.
- 기타 각 부분의 마감, 치수 등 주어지지 않은 조건은 일반적인 시공수준으로 한다.

  ※ 1. 도면작도 작업이 완료 후 감독위원으로부터 확인받은 후 본부요원 입회하에 A3 용지에 도면을 출력한다(단 도면출력시간은 시험시간에서 제외한다).
     2. 선의 통일을 기하기 위하여 아래와 같이 선의 색을 정리하여 출력한다.

- 입면선 : 흰색(7-white) - 0.3mm
- 단면선 : 노란색(2-yellow) - 0.4mm
- 중심선 : 빨강(1-red) - 0.2mm
- 보조선 : 녹색(3-green) - 0.2mm
- 치수 및 문자 : 하늘색(4-cyan) - 0.3mm
- 해칭선 : 파랑(5-blue) - 0.1mm

2. 수험자 유의사항

※ 다음 유의사항을 고려하여 요구사항을 완성하시오.

1. 명기되지 않은 조건은 건축법, 건축구조 및 건축제도 원칙에 따른다.
2. 시험 시작 전 바탕화면에 본인 비번호로 폴더를 생성하고, 폴더 안에 작업 내용을 저장하도록 하시오.
3. 정전 및 기계 고정 등에 의한 자료손실을 방지하기 위하여 수시로 저장한다.
4. 다음과 같은 경우는 부정행위로 처리한다.
   가) 노트 및 서적, 저장장치를 소지하거나 주고받는 행위
   나) 건물의 구조부분의 상세나 글씨 등을 사전에 블록으로 설정하여 지참 사용하는 경우
5. 작업이 끝나면 감독위원의 확인을 받은 후 문제를 제출하고 본부요원 입회하에 본인이 직접 A3 용지에 흑백으로 도면을 출력하도록 한다. 이때 수험자의 작도 잘못으로 도면 출력이 안되는 경우 또는 출력시간이 10분을 초과할 경우는 실격처리한다(출력시간은 시험시간에서 제외한다).
6. 장비 조작 미숙으로 장비의 파손 및 고장을 일으킬 염려가 있을 경우 실격된다.
7. 다음과 같은 경우에는 채점대상에서 제외하니 유의하기 바란다.
   가) 실격
      (1) 시험 중 시설 장비의 조작 또는 재료의 취급이 미숙하여 위해를 일으킬 것으로 시험위원 전원이 합의하여 판단한 경우
   나) 미완성
      (1) 시험시간 내에 제출된 작품이라도 다음과 같은 경우
         ① 주어진 조건을 지키지 않고 작도한 경우
         ② 요구한 전 도면을 작도하지 않은 경우
         ③ 건축제도 통칙을 준수하지 않거나 건축 CAD의 기능이 없는 상태에서 완성된 도면
8. 수험번호, 성명은 도면 좌측 상단에 아래와 같이 표제란을 만들어 기재한다.

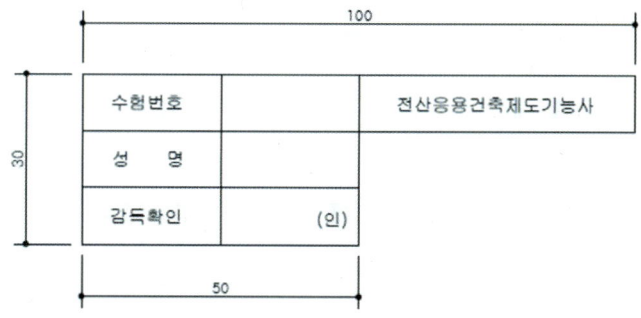

9. 감독위원은 시험 시작 후 수험자에게 표제란을 우선 작도 후 도면을 작도하도록 하여야 하며, 수험자가 감독위원의 동 지시를 따르지 않을 경우 실격처리한다.
10. 테두리선의 여백은 10mm로 한다.

3. 주택평면도 S : 1/100

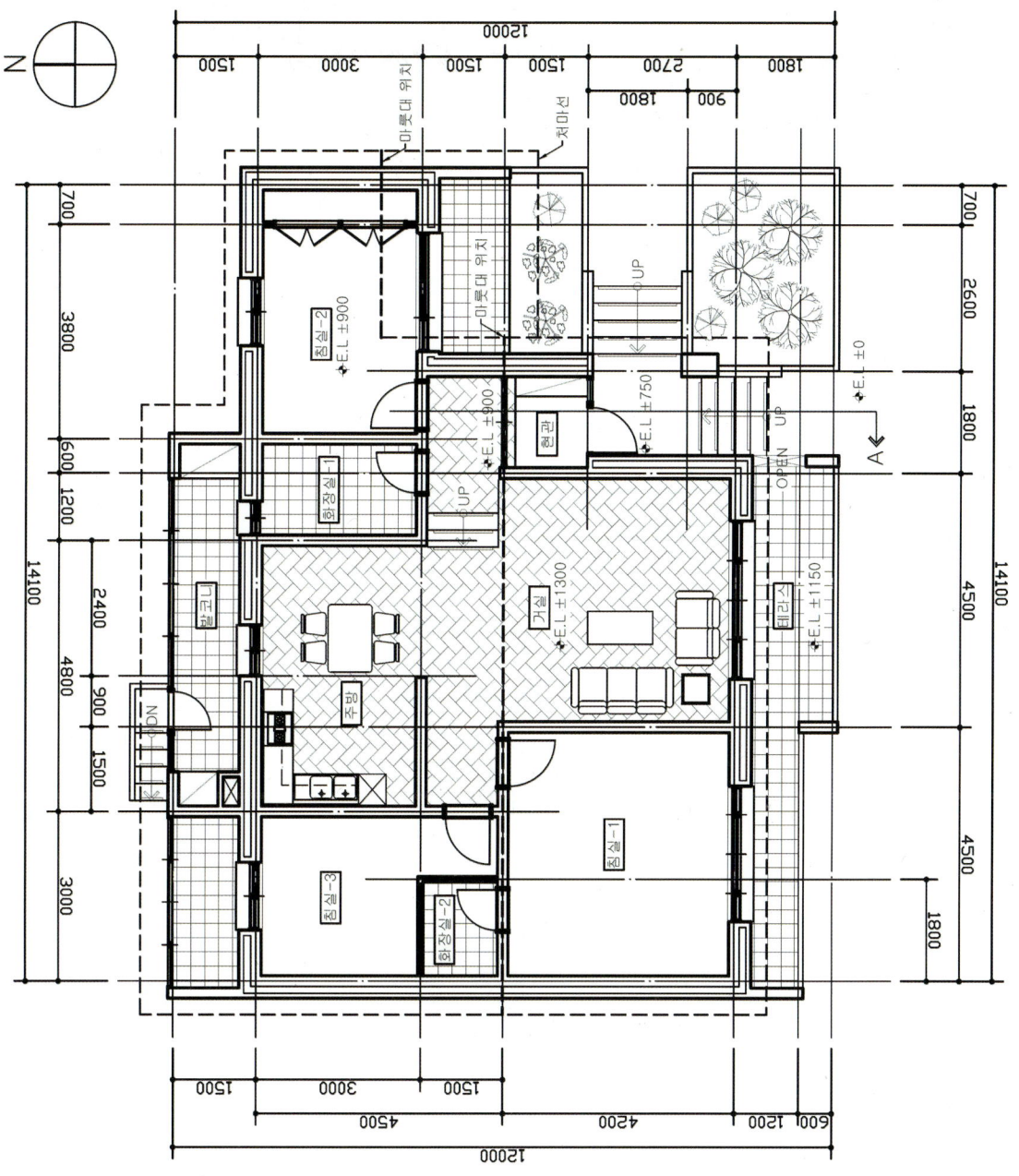

4. 지급재료 목록

일련번호	재료명	규격	자격종목	전산응용건축제도기능사	
			단위	수량	비고
1	출력용지	A3	장	2	
2	USB				
3	프린터잉크	검정기종별 표준량	개	1	1개 검정장당
4					
5					
6					
7					
8					
9					
10					
11					
12					
13					
14					
15					
16					
17					
18					
19					
20					
21					
22					

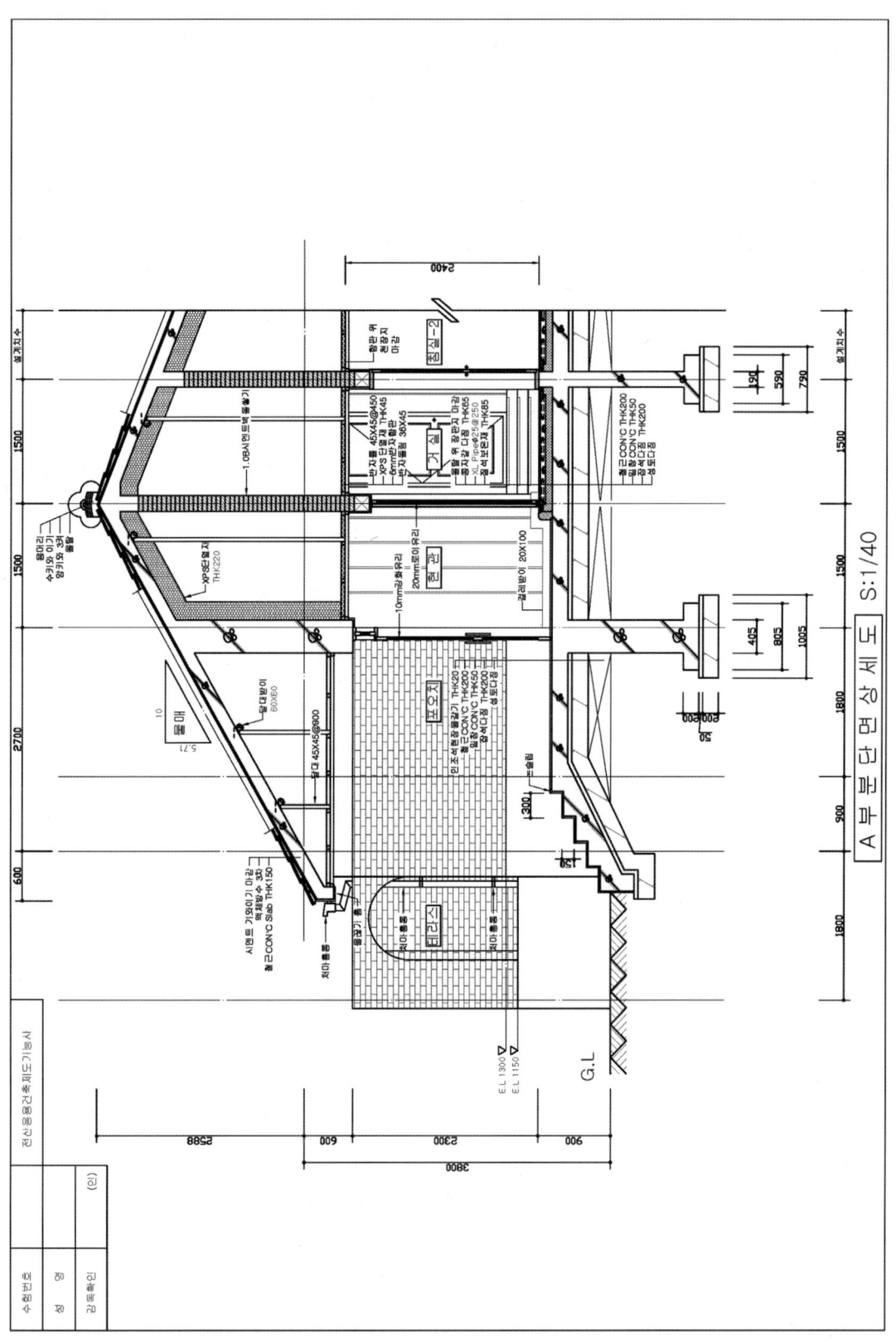

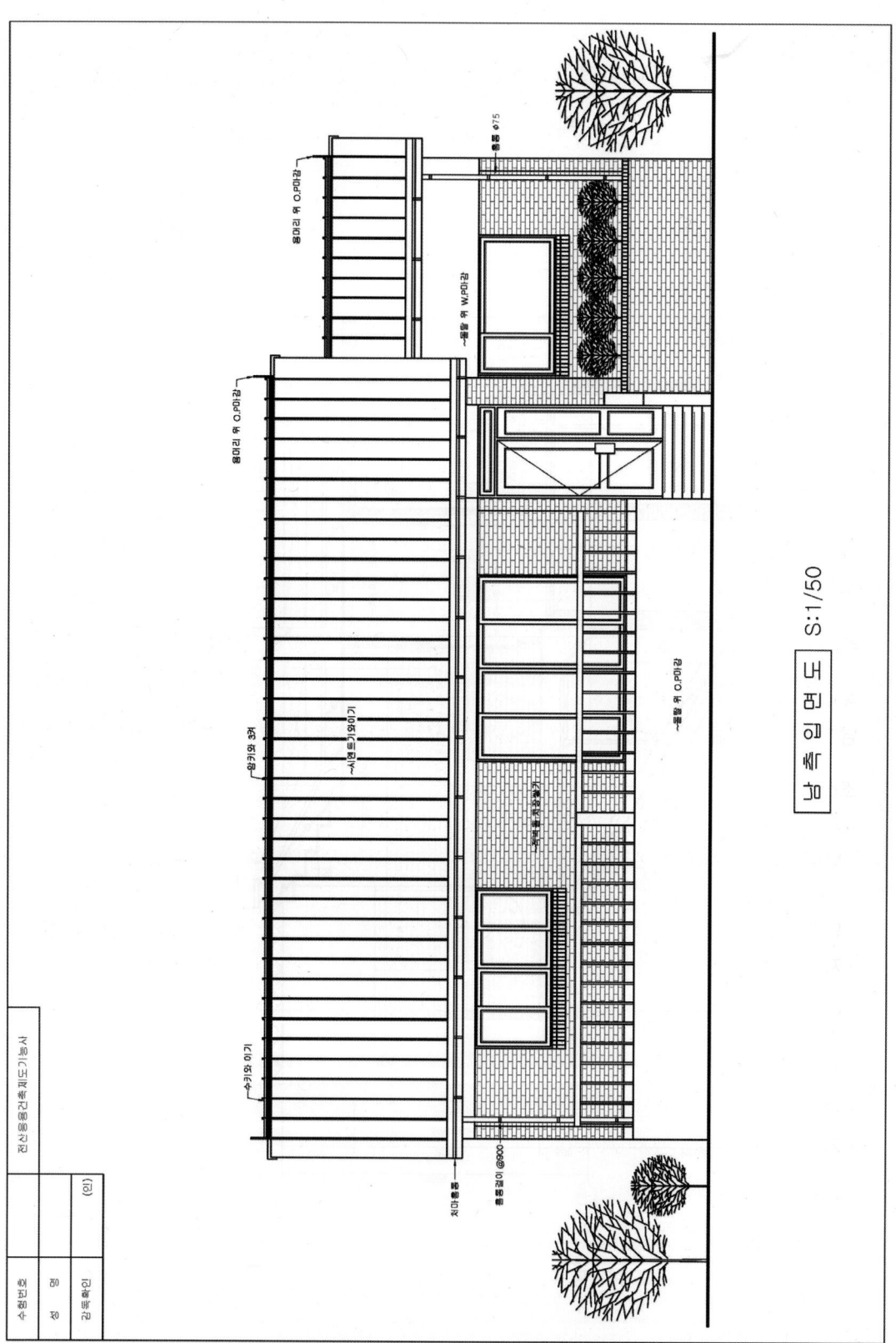

25 국가기술자격 검정 실기시험 예상문제 25

자격종목	전산응용건축제도기능사	작품명	주 택

비번호

1. 시험시간 : 표준시간 – 4시간 10분

〈요구사항〉

※ 주어진 평면도를 보고 CAD를 이용하여 아래 조건에 맞게 다음 도면을 작도하시오.

1) A 부분 단면 상세도를 축척 1/40로 작도하시오.
2) 남측 입면도를 축척 1/50로 작도하되 벽면재료 표시 및 주위의 배경 등 도면 효과를 충분히 고려한다.

※ 조건
- 기초 및 지하실 벽체 : 철근콘크리트 구조로 한다.
- 벽체 : 외벽 – 외부로부터 붉은벽돌 0.5B, 시멘트벽돌 1.0B로 하고, 외부마감은 제물치장으로 한다.
  내벽 – 두께 1.0B 시멘트벽돌 쌓기로 한다.
- 단열재 : 외벽 – 125mm, 바닥 – 85mm, 지붕 – 220mm, 1층 바닥 슬래브와 기초는 일체식으로 표현하시오.
- 지붕 : 철근콘크리트 경사슬랩 위 시멘트 기와잇기 마감으로 한다.(물매 : 4/10 이상)
- 처마나옴 : 벽체 중심에서 600mm
- 반자높이 : 2400mm, 처마반자 설치
- 창호 : 합성수지 2중창으로 한다.
- 각 실의 난방 : 온수파이프 온돌난방으로 한다.
- 기타 각 부분의 마감, 치수 등 주어지지 않은 조건은 일반적인 시공수준으로 한다.

  ※ 1. 도면작도 작업이 완료 후 감독위원으로부터 확인받은 후 본부요원 입회하에 A3 용지에 도면을 출력한다(단 도면출력시간은 시험시간에서 제외한다).
  2. 선의 통일을 기하기 위하여 아래와 같이 선의 색을 정리하여 출력한다.

- 입면선 : 흰색(7-white) - 0.3mm
- 단면선 : 노란색(2-yellow) - 0.4mm
- 중심선 : 빨강(1-red) - 0.2mm
- 보조선 : 녹색(3-green) - 0.2mm
- 치수 및 문자 : 하늘색(4-cyan) - 0.3mm
- 해칭선 : 파랑(5-blue) - 0.1mm

2. 수험자 유의사항

※ 다음 유의사항을 고려하여 요구사항을 완성하시오.

1. 명기되지 않은 조건은 건축법, 건축구조 및 건축제도 원칙에 따른다.
2. 시험 시작 전 바탕화면에 본인 비번호로 폴더를 생성하고, 폴더 안에 작업 내용을 저장하도록 하시오.
3. 정전 및 기계 고정 등에 의한 자료손실을 방지하기 위하여 수시로 저장한다.
4. 다음과 같은 경우는 부정행위로 처리한다.
   가) 노트 및 서적, 저장장치를 소지하거나 주고받는 행위
   나) 건물의 구조부분의 상세나 글씨 등을 사전에 블록으로 설정하여 지참 사용하는 경우
5. 작업이 끝나면 감독위원의 확인을 받은 후 문제를 제출하고 본부요원 입회하에 본인이 직접 A3 용지에 흑백으로 도면을 출력하도록 한다. 이때 수험자의 작도 잘못으로 도면 출력이 안되는 경우 또는 출력시간이 10분을 초과할 경우는 실격처리한다(출력시간은 시험시간에서 제외한다).
6. 장비 조작 미숙으로 장비의 파손 및 고장을 일으킬 염려가 있을 경우 실격된다.
7. 다음과 같은 경우에는 체점대상에서 제외하니 유의하기 바란다.
   가) 실격
      (1) 시험 중 시설 장비의 조작 또는 재료의 취급이 미숙하여 위해를 일으킬 것으로 시험위원 전원이 합의하여 판단한 경우
   나) 미완성
      (1) 시험시간 내에 제출된 작품이라도 다음과 같은 경우
         ① 주어진 조건을 지키지 않고 작도한 경우
         ② 요구한 전 도면을 작도하지 않은 경우
         ③ 건축제도 통칙을 준수하지 않거나 건축 CAD의 기능이 없는 상태에서 완성된 도면
8. 수험번호, 성명은 도면 좌측 상단에 아래와 같이 표제란을 만들어 기재한다.

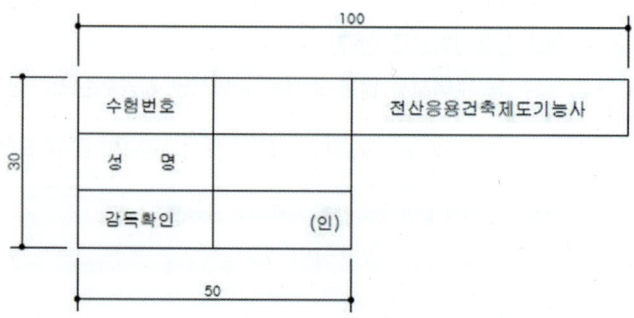

9. 감독위원은 시험 시작 후 수험자에게 표제란을 우선 작도 후 도면을 작도하도록 하여야 하며, 수험자가 감독위원의 동 지시를 따르지 않을 경우 실격처리한다.
10. 테두리선의 여백은 10mm로 한다.

3. 주택평면도 S : 1/100

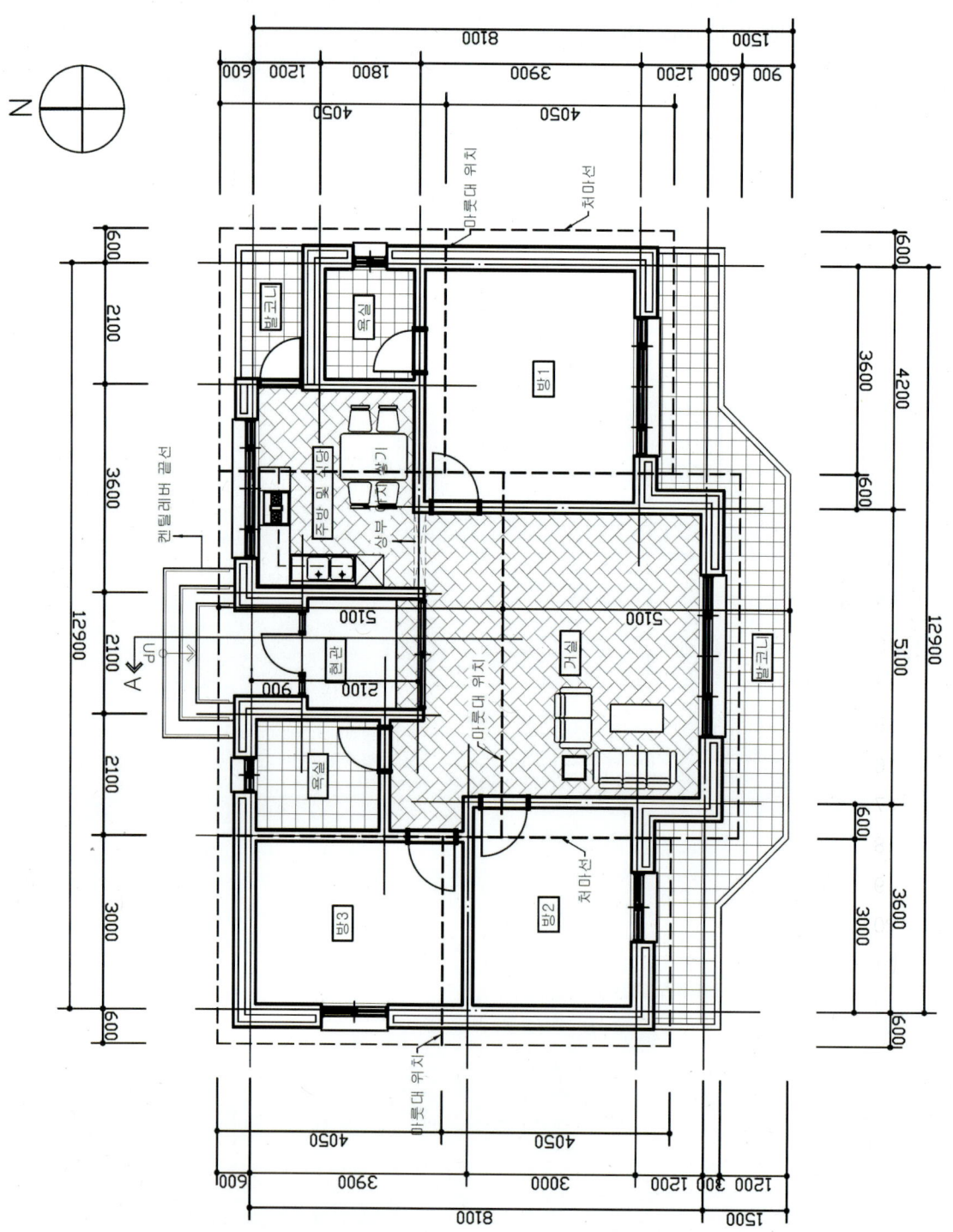

4. 지급재료 목록

일련번호	재료명	규격	자격종목	전산응용건축제도기능사	
			단위	수량	비고
1	출력용지	A3	장	2	
2	USB				
3	프린터잉크	검정기종별 표준량	개	1	1개 검정장당
4					
5					
6					
7					
8					
9					
10					
11					
12					
13					
14					
15					
16					
17					
18					
19					
20					
21					
22					

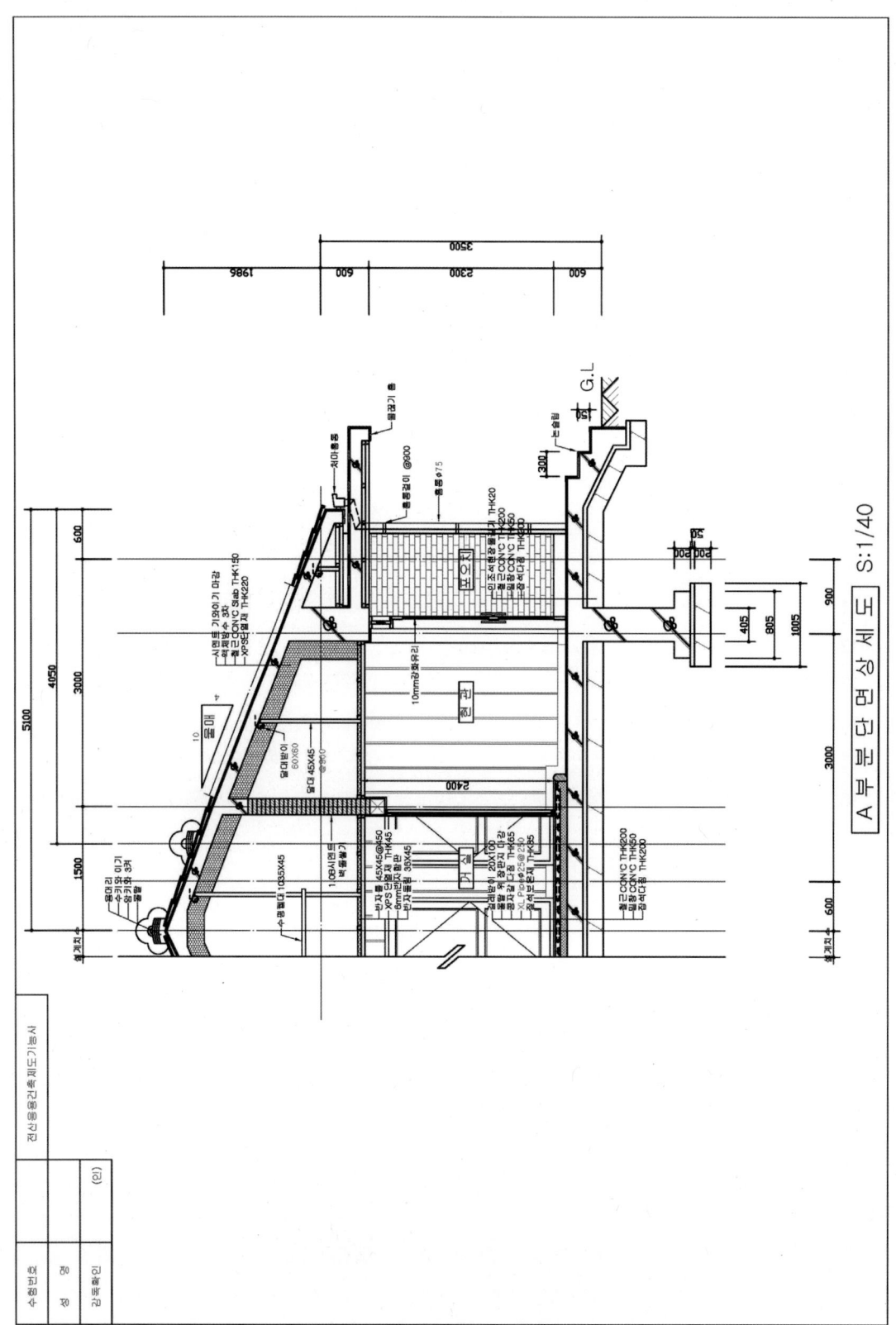

국가기술자격 검정 실기시험 예상문제 26

자격종목	전산응용건축제도기능사	작품명	주 택

비번호

1. 시험시간 : 표준시간 – 4시간 10분

〈요구사항〉

※ 주어진 평면도를 보고 CAD를 이용하여 아래 조건에 맞게 다음 도면을 작도하시오.

1) A 부분 단면 상세도를 축척 1/40로 작도하시오.
2) 남측 입면도를 축척 1/50로 작도하되 벽면재료 표시 및 주위의 배경 등 도면 효과를 충분히 고려한다.

※ 조건
- 기초 및 지하실 벽체 : 철근콘크리트 구조로 한다.
- 벽체 : 외벽 – 외부로부터 붉은벽돌 0.5B, 시멘트벽돌 1.0B로 하고, 외부마감은 제물치장으로 한다.
  내벽 – 두께 1.0B 시멘트벽돌 쌓기로 한다.
- 단열재 : 외벽 – 120mm, 바닥 – 85mm, 지붕 – 220mm, 1층 바닥 슬래브와 기초는 일체식으로 표현하시오.
- 지붕 : 철근콘크리트 경사슬랩 위 시멘트 기와잇기 마감으로 한다.(물매 : 4/10 이상)
- 처마나옴 : 벽체 중심에서 600mm
- 반자높이 : 2400mm, 처마반자 설치
- 창호 : 합성수지 2중창으로 한다.
- 각 실의 난방 : 온수파이프 온돌난방으로 한다.
- 평면도에 표현되지 않은 현관 상부 캐노피는 작도하지 않는다.
- 기타 각 부분의 마감, 치수 등 주어지지 않은 조건은 일반적인 시공수준으로 한다.

  ※ 1. 도면작도 작업이 완료 후 감독위원으로부터 확인받은 후 본부요원 입회하에 A3 용지에 도면을 출력한다(단 도면출력시간은 시험시간에서 제외한다).
  2. 선의 통일을 기하기 위하여 아래와 같이 선의 색을 정리하여 출력한다.

- 입면선 : 흰색(7-white) - 0.3mm
- 단면선 : 노란색(2-yellow) - 0.4mm
- 중심선 : 빨강(1-red) - 0.2mm
- 보조선 : 녹색(3-green) - 0.2mm
- 치수 및 문자 : 하늘색(4-cyan) - 0.3mm
- 해칭선 : 파랑(5-blue) - 0.1mm

2. 수험자 유의사항

※ 다음 유의사항을 고려하여 요구사항을 완성하시오.

1. 명기되지 않은 조건은 건축법, 건축구조 및 건축제도 원칙에 따른다.
2. 시험 시작 전 바탕화면에 본인 비번호로 폴더를 생성하고, 폴더 안에 작업 내용을 저장하도록 하시오.
3. 정전 및 기계 고정 등에 의한 자료손실을 방지하기 위하여 수시로 저장한다.
4. 다음과 같은 경우는 부정행위로 처리한다.
   가) 노트 및 서적, 저장장치를 소지하거나 주고받는 행위
   나) 건물의 구조부분의 상세나 글씨 등을 사전에 블록으로 설정하여 지참 사용하는 경우
5. 작업이 끝나면 감독위원의 확인을 받은 후 문제를 제출하고 본부요원 입회하에 본인이 직접 A3 용지에 흑백으로 도면을 출력하도록 한다. 이때 수험자의 작도 잘못으로 도면 출력이 안되는 경우 또는 출력시간이 10분을 초과할 경우는 실격처리한다(출력시간은 시험시간에서 제외한다).
6. 장비 조작 미숙으로 장비의 파손 및 고장을 일으킬 염려가 있을 경우 실격된다.
7. 다음과 같은 경우에는 체점대상에서 제외하니 유의하기 바란다.
   가) 실격
      (1) 시험 중 시설 장비의 조작 또는 재료의 취급이 미숙하여 위해를 일으킬 것으로 시험위원 전원이 합의하여 판단한 경우
   나) 미완성
      (1) 시험시간 내에 제출된 작품이라도 다음과 같은 경우
         ① 주어진 조건을 지키지 않고 작도한 경우
         ② 요구한 전 도면을 작도하지 않은 경우
         ③ 건축제도 통칙을 준수하지 않거나 건축 CAD의 기능이 없는 상태에서 완성된 도면
8. 수험번호, 성명은 도면 좌측 상단에 아래와 같이 표제란을 만들어 기재한다.

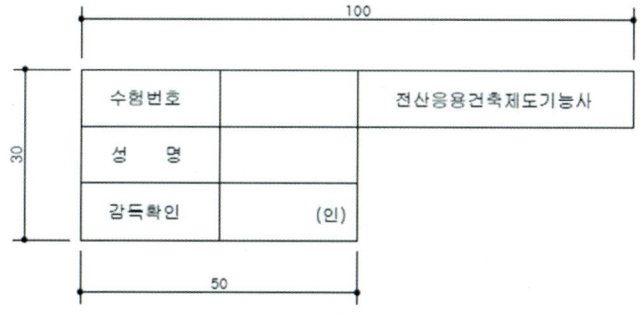

9. 감독위원은 시험 시작 후 수험자에게 표제란을 우선 작도 후 도면을 작도하도록 하여야 하며, 수험자가 감독위원의 동 지시를 따르지 않을 경우 실격처리한다.
10. 테두리선의 여백은 10mm로 한다.

3. 주택평면도 S : 1/100

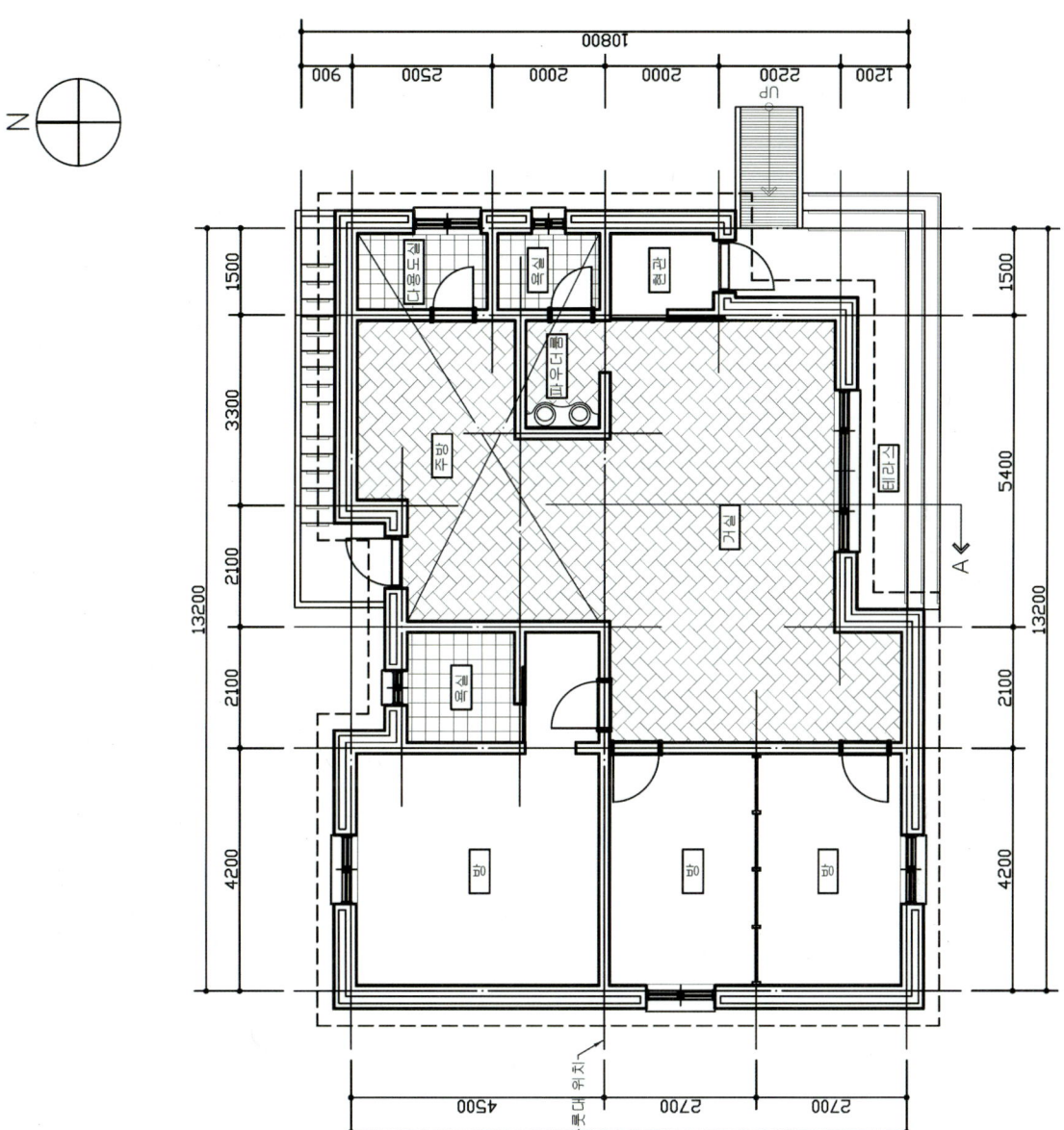

4. 지급재료 목록

일련번호	재료명	규격	자격종목	전산응용건축제도기능사	
			단위	수량	비고
1	출력용지	A3	장	2	
2	USB				
3	프린터잉크	검정기종별 표준량	개	1	1개 검정장당
4					
5					
6					
7					
8					
9					
10					
11					
12					
13					
14					
15					
16					
17					
18					
19					
20					
21					
22					

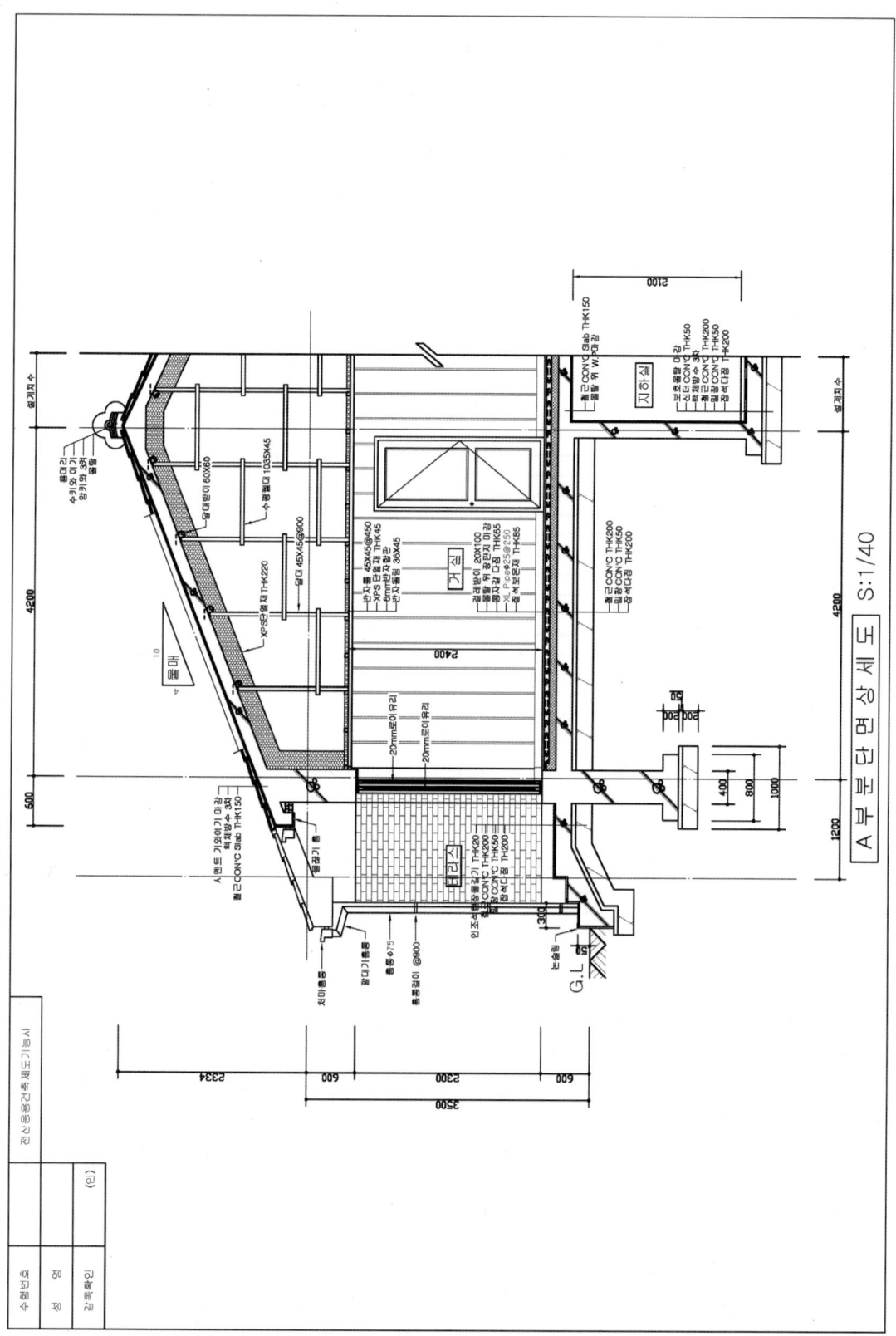

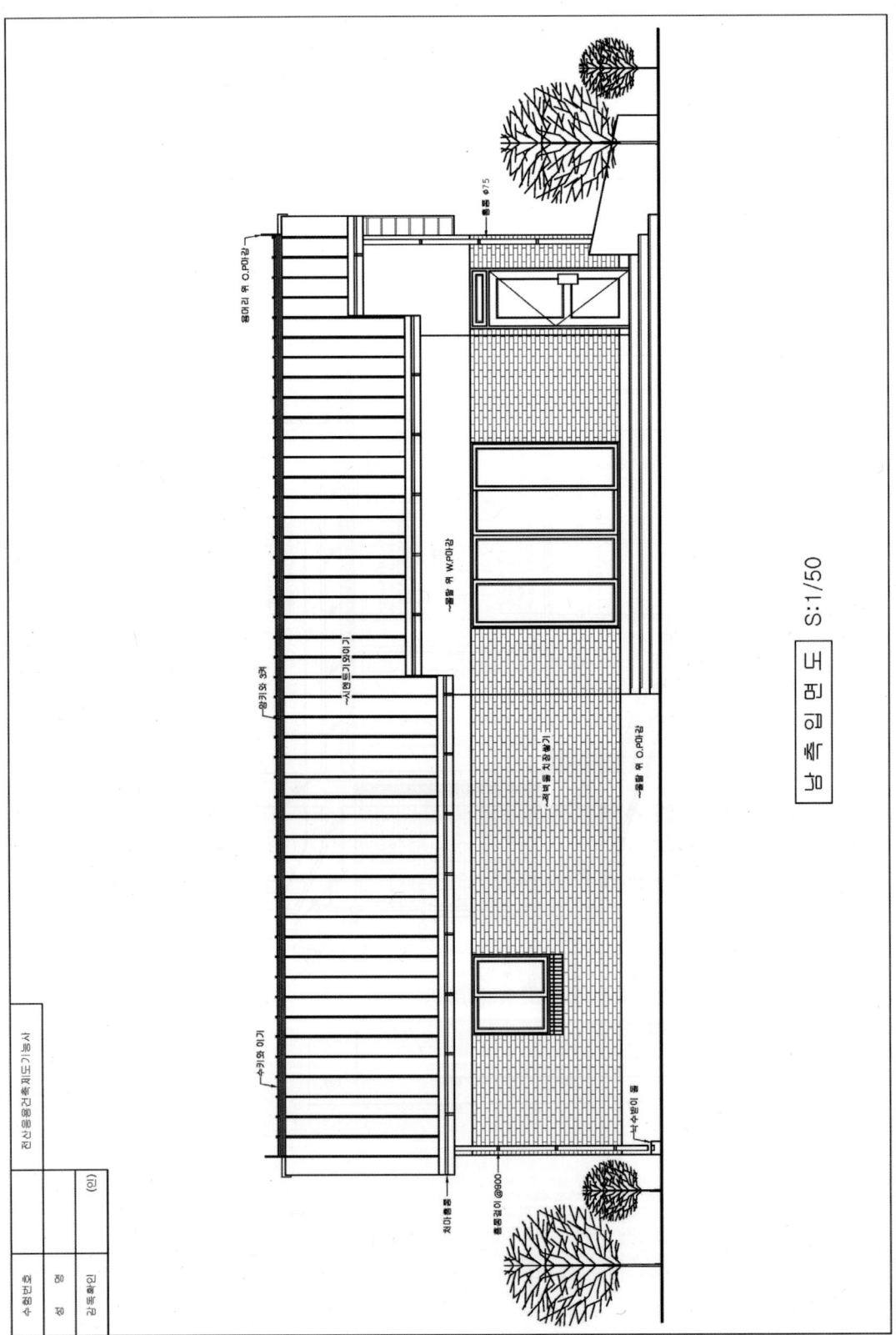

27 국가기술자격 검정 실기시험 예상문제 27

자격종목	전산응용건축제도기능사	작품명	주 택

비번호

1. 시험시간 : 표준시간 - 4시간 10분

〈요구사항〉

※ 주어진 평면도를 보고 CAD를 이용하여 아래 조건에 맞게 다음 도면을 작도하시오.

1) A 부분 단면 상세도를 축척 1/40로 작도하시오.
2) 남측 입면도를 축척 1/50로 작도하되 벽면재료 표시 및 주위의 배경 등 도면 효과를 충분히 고려한다.

※ 조건
- 기초 및 지하실 벽체 : 철근콘크리트 구조로 한다.
- 벽체 : 외벽 - 외부로부터 붉은벽돌 0.5B, 시멘트벽돌 1.0B로 하고, 외부마감은 제물치장으로 한다.
  내벽 - 두께 1.0B 시멘트벽돌 쌓기로 한다.
- 단열재 : 외벽 - 120mm, 바닥 - 85mm, 지붕 - 220mm, 1층 바닥 슬래브와 기초는 일체식으로 표현하시오.
- 지붕 : 철근콘크리트 경사슬랩 위 시멘트 기와잇기 마감으로 한다.(물매 : 4/10 이상)
- 처마나옴 : 벽체 중심에서 600mm
- 반자높이 : 2400mm, 처마반자 설치
- 창호 : 합성수지 2중창으로 한다.
- 각 실의 난방 : 온수파이프 온돌난방으로 한다.
- 기타 각 부분의 마감, 치수 등 주어지지 않은 조건은 일반적인 시공수준으로 한다.

※ 1. 도면작도 작업이 완료 후 감독위원으로부터 확인받은 후 본부요원 입회하에 A3 용지에 도면을 출력한다(단 도면출력시간은 시험시간에서 제외한다).
  2. 선의 통일을 기하기 위하여 아래와 같이 선의 색을 정리하여 출력한다.

- 입면선 : 흰색(7-white) - 0.3mm
- 단면선 : 노란색(2-yellow) - 0.4mm
- 중심선 : 빨강(1-red) - 0.2mm
- 보조선 : 녹색(3-green) - 0.2mm
- 치수 및 문자 : 하늘색(4-cyan) - 0.3mm
- 해칭선 : 파랑(5-blue) - 0.1mm

2. 수험자 유의사항

※ 다음 유의사항을 고려하여 요구사항을 완성하시오.

1. 명기되지 않은 조건은 건축법, 건축구조 및 건축제도 원칙에 따른다.
2. 시험 시작 전 바탕화면에 본인 비번호로 폴더를 생성하고, 폴더 안에 작업 내용을 저장하도록 하시오.
3. 정전 및 기계 고장 등에 의한 자료손실을 방지하기 위하여 수시로 저장한다.
4. 다음과 같은 경우는 부정행위로 처리한다.
   가) 노트 및 서적, 저장장치를 소지하거나 주고받는 행위
   나) 건물의 구조부분의 상세나 글씨 등을 사전에 블록으로 설정하여 지참 사용하는 경우
5. 작업이 끝나면 감독위원의 확인을 받은 후 문제를 제출하고 본부요원 입회하에 본인이 직접 A3 용지에 흑백으로 도면을 출력하도록 한다. 이때 수험자의 작도 잘못으로 도면 출력이 안되는 경우 또는 출력시간이 10분을 초과할 경우는 실격처리한다(출력시간은 시험시간에서 제외한다).
6. 장비 조작 미숙으로 장비의 파손 및 고장을 일으킬 염려가 있을 경우 실격된다.
7. 다음과 같은 경우에는 체점대상에서 제외하니 유의하기 바란다.
   가) 실격
      (1) 시험 중 시설 장비의 조작 또는 재료의 취급이 미숙하여 위해를 일으킬 것으로 시험위원 전원이 합의하여 판단한 경우
   나) 미완성
      (1) 시험시간 내에 제출된 작품이라도 다음과 같은 경우
         ① 주어진 조건을 지키지 않고 작도한 경우
         ② 요구한 전 도면을 작도하지 않은 경우
         ③ 건축제도 통칙을 준수하지 않거나 건축 CAD의 기능이 없는 상태에서 완성된 도면
8. 수험번호, 성명은 도면 좌측 상단에 아래와 같이 표제란을 만들어 기재한다.

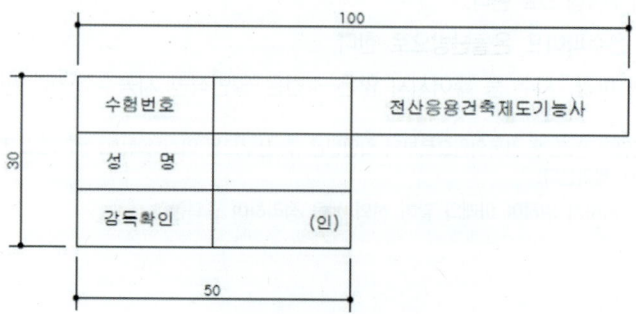

9. 감독위원은 시험 시작 후 수험자에게 표제란을 우선 작도 후 도면을 작도하도록 하여야 하며, 수험자가 감독위원의 동 지시를 따르지 않을 경우 실격처리한다.
10. 테두리선의 여백은 10mm로 한다.

3. 주택평면도 S : 1/100

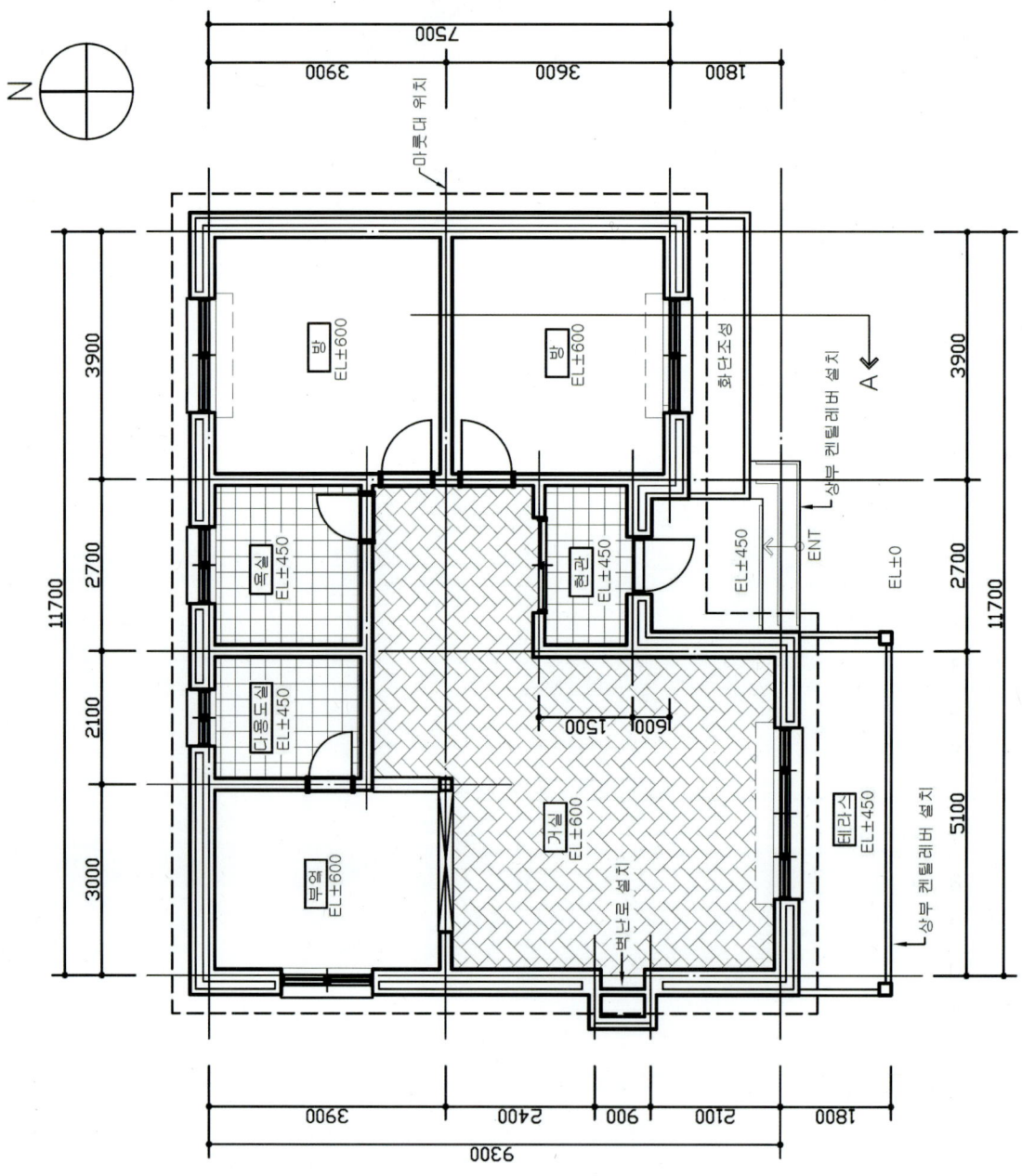

4. 지급재료 목록

일련번호	재료명	규격	자격종목	전산응용건축제도기능사	
			단위	수량	비고
1	출력용지	A3	장	2	
2	USB				
3	프린터잉크	검정기종별 표준량	개	1	1개 검정장당
4					
5					
6					
7					
8					
9					
10					
11					
12					
13					
14					
15					
16					
17					
18					
19					
20					
21					
22					

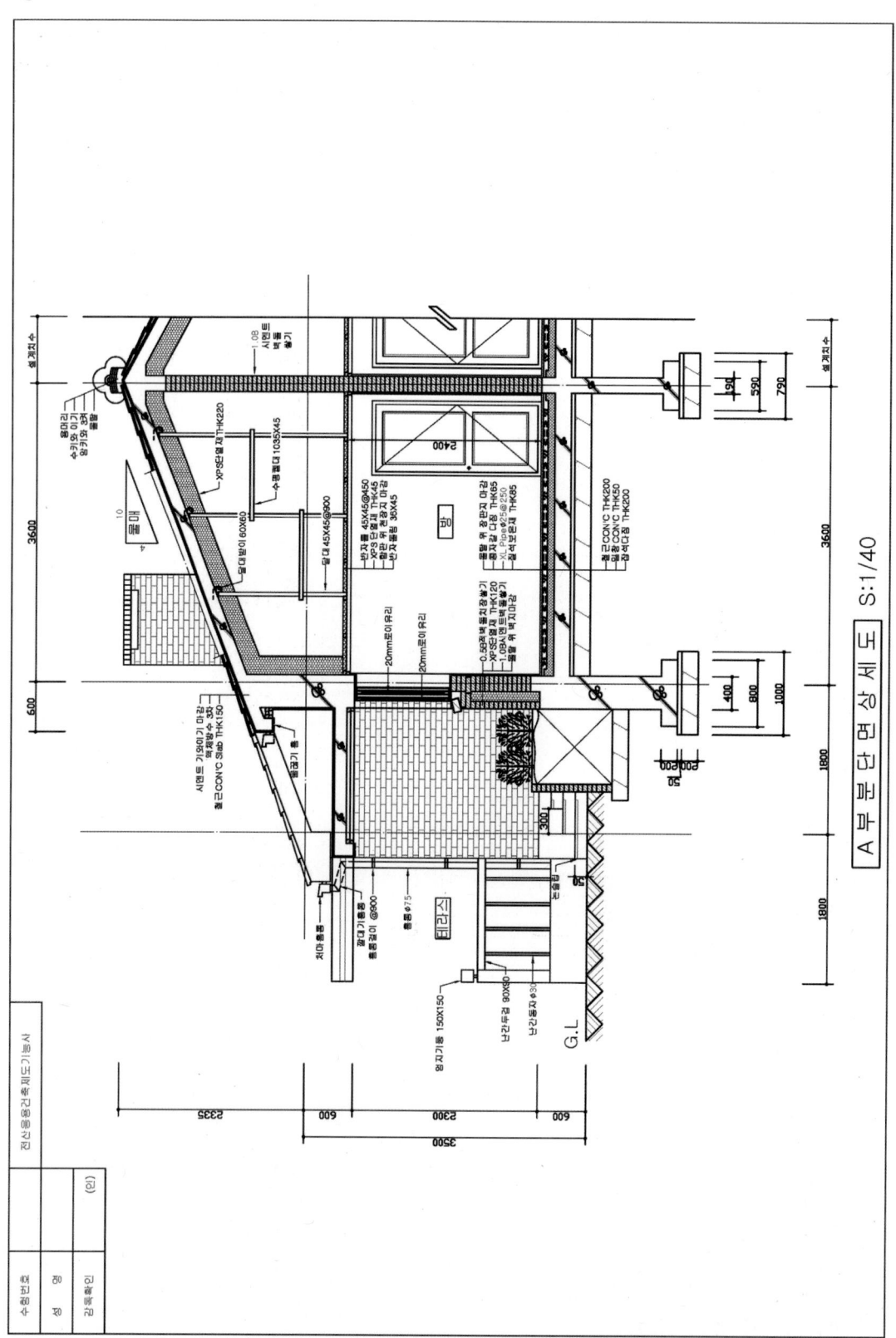

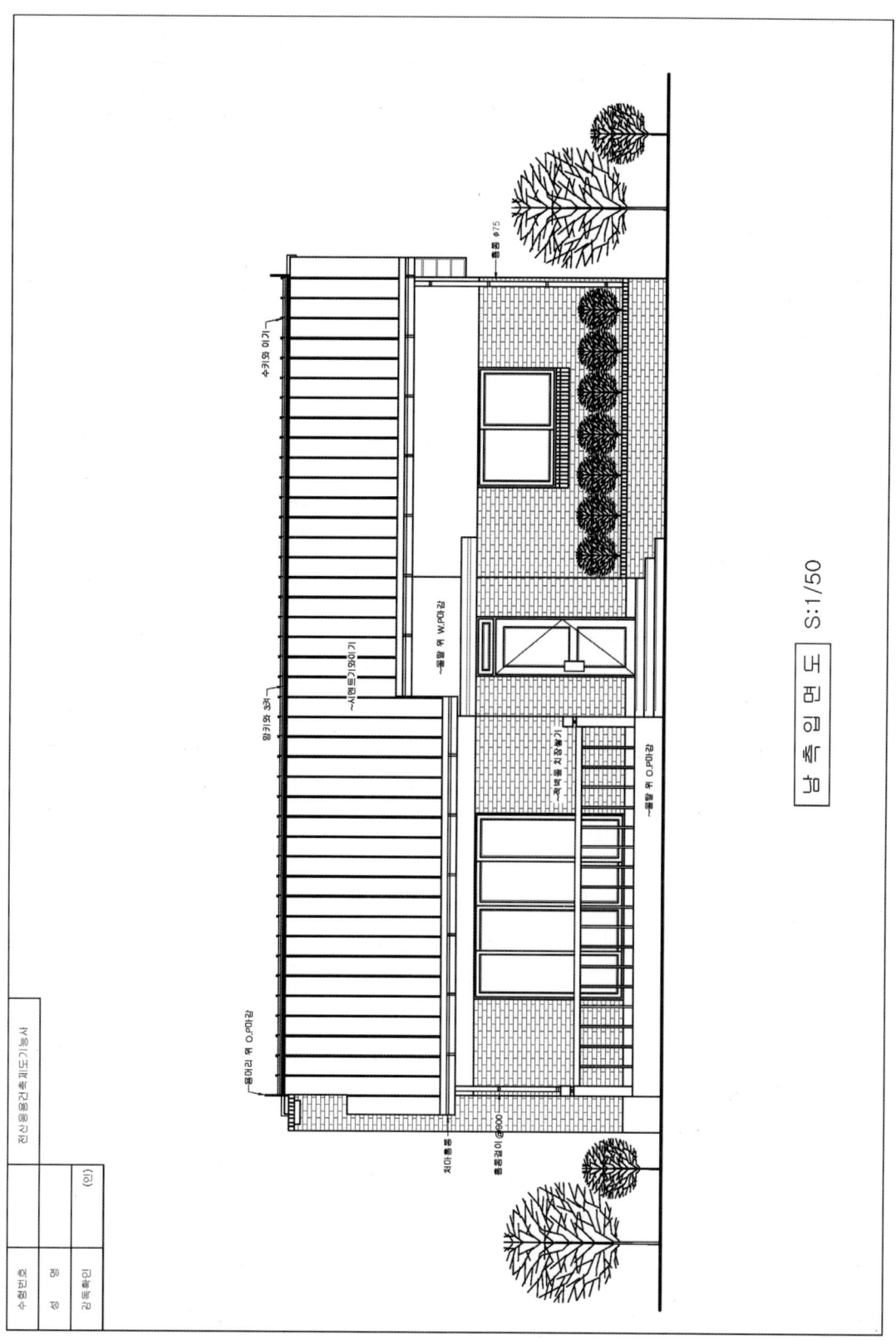

전산응용건축제도기능사 실기

초판 인쇄 2024년 3월 1일
초판 발행 2024년 3월 10일

저　　자　정한철
발 행 자　조규백
발 행 처　도서출판 구민사
　　　　　(07293) 서울특별시 영등포구 문래북로 116, 604호(문래동 3가 46, 트리플렉스)
전　　화　(02) 701-7421
팩　　스　(02) 3273-9642
홈페이지　www.kuhminsa.co.kr
신고번호　제2012-000055호(1980년 2월 4일)

I S B N　979-11-6875-349-5　　(13500)
정　　가　30,000원

낙장 및 파본은 구입하신 서점에서 바꿔드립니다.
본 서를 허락없이 부분 또는 전부를 무단복제, 게재행위는 저작권법에 저촉됩니다.